MATLAB® & Simulink® 开发实例系列丛书

# 最优化方法及其 MATLAB 实现

许国根　赵后随　黄智勇　编著



北京航空航天大学出版社

## 内 容 简 介

优化技术是一种以数学为基础，用于求解各种工程问题优化解的应用技术。本书较为系统地介绍了最优化技术的基本理论和方法及其现有绝大多数优化算法的 MATLAB 程序实现。

本书分上、下两篇，其中，上篇主要介绍经典优化算法，如各种无约束优化方法、各种约束优化方法、各种规划算法、图论等；下篇主要介绍诸如遗传算法、粒子群等多种现代优化算法，特别是群智能优化算法的基本理论、实现技术以及算法融合方法。本书既注重计算方法的实用性，又有一定的理论分析，对于每种算法都配有丰富的例题及 MATLAB 程序，可供学习者使用。

本书既可作为高等院校数学与应用数学、信息与计算科学、统计学、计算数学、运筹学、控制论等与优化技术相关的专业，以及地质、水利、化学和环境等专业优化技术教学的本科生或研究生的教材或教学参考用书，也可作为对最优化理论与算法感兴趣的教师与工程技术人员的参考用书。

**图书在版编目(CIP)数据**

最优化方法及其 MATLAB 实现 / 许国根，赵后随，黄智勇编著. -- 北京 ：北京航空航天大学出版社，2018.5

ISBN 978-7-5124-2716-7

Ⅰ. ①最… Ⅱ. ①许… ②赵… ③黄… Ⅲ. ①Matlab 软件－程序设计 Ⅳ. ①TP317

中国版本图书馆 CIP 数据核字(2018)第 103381 号



**最优化方法及其 MATLAB 实现**

许国根　赵后随　黄智勇　编著

责任编辑　杨　昕

*

北京航空航天大学出版社出版发行

北京市海淀区学院路 37 号(邮编 100191)　http://www.buaapress.com.cn

发行部电话:(010)82317024　传真:(010)82328026

读者信箱: goodtextbook@126.com　邮购电话:(010)82316936

北京九州迅驰传媒文化有限公司印装　各地书店经销

*

开本:787×1 092　1/16　印张:29.5　字数:793 千字

2018 年 7 月第 1 版　2023 年 2 月第 5 次印刷　印数:6 001～6 500 册

ISBN 978-7-5124-2716-7　定价:69.00 元

---

# 前　言

最优化技术是一种以数学为基础，用于求解各种工程问题优化解的应用技术，其作为一个重要的科学分支一直受到人们的广泛重视，并在诸多领域得到迅速推广和应用，如系统控制、人工智能、模式识别、生产调度、金融、计算机工程等。

本书理论联系实际，较为全面地介绍了最优化技术的基本理论和方法，并通过大量的实例和现有绝大多数优化算法的 MATLAB 程序帮助读者提高学习效果，其主要读者是对最优化理论与算法感兴趣的高校师生、科技工作者等。读者只需具有微积分、线性代数和 MATLAB 程序设计基础等知识即可。通过对本书的学习和 MATLAB 编程实践，读者能了解各种最优化理论和方法，并可应用于科学研究和工程实践中。

国内外论述最优化理论的参考书为数众多，但由于最优化方法较多，所以一般书籍都只有满篇的数学公式，即使给出算法，也只是伪代码，没有提供具体的优化算法程序，这无助于大多数科学工作者学习优化理论。没有具体的算法程序，求解优化问题是非常困难甚至是不可能的。虽然借助 MATLAB 中的优化工具箱能解决一些优化问题，但对于较为复杂的优化问题，MATLAB 提供的优化函数也无能为力，而且 MATLAB 中的优化工具箱也不可能包罗万象。对大多数读者而言，目前还缺少一本内容较全面，囊括绝大多数优化算法并且能提供具体算法程序的实用参考书。鉴于此，作者撰写了本书，想通过对最优化方法的理论、实例及算法程序的介绍，帮助广大读者借助书中提供的 MATLAB 程序，了解乃至掌握最优化理论，并在科学研究和实际工程中应用。

本书从理论基础、算法流程、实例三个方面对最优化理论进行阐述，避免空洞的理论说教，着重介绍算法程序和实例，具有较强的指导性和实用性；力求内容全面、广泛，真正做到“一书在手，优化算法不愁”。本书分上、下两篇，上篇主要介绍经典优化算法，如无约束优化方法中的线搜索方法、梯度法、牛顿法、拟牛顿法、共轭梯度法等，约束优化问题中的罚函数法、可行方向法、线性及非线性规划、二次规划、动态规划、整数规划、多目标规划及图论等；下篇主要介绍现代优化算法，特别是各种智能优化算法的基本理论、实现技术以及算法融合方法，如进化算法（包括遗传算法、进化规划、进化策略、差分进化、量子遗传等）、粒子群、模拟退火、混沌优化、禁忌、蚁群、混合蛙跳、人工蜂群、神经网络、猫群、猴群、狼群、群居蜘蛛、布谷鸟、果蝇、人工鱼群、细菌人工免疫、蝙蝠、人工萤火虫、化学反应、文化算法、生物地理、入侵野草、引力搜索、和声搜索、竞选、人工植物、人工烟花等多种优化算法。可以这样说，本书几乎囊括了现在常用的最优化方法，内容既注重实用性，又有一定的理论分析，并且每种算法都配有一定的例题及 MATLAB 程序，供读者使用。希望通过这样的编写安排，使读者能全面地了解和掌握各种优化方法，根据实际需求，“择己所需”，解决各自研究领域中遇到的实际问题。

由于至今还没有一种有效的能够应用于所有问题的最优化理论和方法，即存在着所谓的无免费午餐定理，即算法 A 在某些函数中的表现超过算法 B，但在其他函数中算法 B 的表现要比算法 A 好，所以在实际应用时读者应根据具体情况选择合适的优化算法或组成混合算法。

本书中的各种优化算法程序都借助于 MATLAB 完成。之所以选择 MATLAB，是因为它对使用者的数学基础和计算机语言知识的要求不高，但编程效率和计算效率极高，还可以在计算机上直接输出结果和精美的图形。

MATLAB 的功能非常强大，且版本不断更新，一个人要想掌握它的全部功能还是非常困难的，而且也没有必要。无论 MATLAB 怎样发展(版本不断更新)，归根结底它只是一个工具。其实 MATLAB 也没有大家想象的那么难，还是非常容易学习的，经过短时间的学习即可编程进行计算；但要精通它却需要有较好的学习方法。在学习 MATLAB 时，应重点关注和掌握 MATLAB 的基本知识(程序结构、函数结构、数据结构等)、编程技巧及函数编写方法，并不断进行编程实践。用 MATLAB 中的简单内部函数构成常用算法或过程的函数，再由它们构成一个个复杂的程序或函数。作者就是按照这个方法学习 MATLAB 的，编写各种程序时使用的也都是一些基本函数及基本语句，这样即使使用低版本的 MATLAB 也能编写出效果较好的程序。

不仅 MATLAB 的学习如此，本书优化算法的学习也应如此。MATLAB 虽然有优化算法工具箱(主要是各种经典优化算法)、遗传算法、粒子群、模拟退火等算法函数，但并不表示没必要再自己编写这些算法程序了。对于任何一个优化算法，只有通过自己编程实践才能进一步加深对其编写方法，以及对 MATLAB 功能的理解进而掌握和应用，在此基础上才能在程序中对算法的不足之处加以改进，否则永远是纸上谈兵。如果通过本书的学习，既能掌握优化算法，又能加深对 MATLAB 的理解，并能借助于 MATLAB 的基本功能实现任何算法和方法，摆脱"MATLAB 控"，最终达到"没有计算机做不到的，只有你想不到的"的计算机编程境界，那么作者将会感到非常欣慰。

考虑到 MATLAB 不同版本有些函数应用的差异，本书编辑了基于 2014 版本、2016 版本与 2019 版本使用的优化方法程序，读者可以根据自己的 MATLAB 版本利用书中提供的相应程序解决各种优化问题。虽然作者在编程时，秉承"使用简单，输入简单，其他一切都让计算机完成"的原则，且考虑了多种情况，但受数学水平的制约，再加上精力和时间有限，不可能考虑得非常全面，难免会在程序中出现一些"bug"；或者由于没有对输入参数程序结构等内容进行优化，导致程序的性能并不是最优(主要是没有考虑计算速度、耗时、内存等指标)，在解决其他问题时，程序有可能会出错或得不到最优的结果。希望读者能自己根据算法的原理、各种函数的功能及出错时 MATLAB 的提示"debug"，着重查找数据、参数、函数的输入格式及使用方法有没有错误，对函数、输入参数进行优化改进，以提高函数的性能。事实上，这才是学习和掌握 MATLAB 以及本书中介绍的各种最优化算法的最好方法。本书的目的也在于此，书中提供的程序只是起到一个"抛砖引玉"的作用。通过这样的训练，读者无论是在掌握 MATLAB 技巧上还是在学习最优化理论上，都会有极大的提高。

本书的出版得到了张剑、张永勇、崔虎、王坤、王爽、戴津星、郭和军、吕晓猛、李茸、马岚、王焕春、谢拯、慕晓刚等同仁和研究生的帮助，他们在本书的选题、内容及编程等方面给予了很多的帮助；同时也得到了北京航空航天大学出版社的大力支持，策划编辑陈守平对本书的内容、编排等提出了宝贵的意见，在此表示衷心的感谢！另外，书中参考了许多学者的研究成果，在此一并表示感谢！

**北京航空航天大学出版社联合 MATLAB 中文论坛为本书设立了在线交流版块，网址：https://www.ilovematlab.cn/forum-268-1.html（读者也可以在该版块下载程序源代码）。**我们希望借助这个版块实现与广大读者面对面的交流，解决大家在阅读本书过程中遇到的问题，分享彼此的学习经验，共同进步。

由于作者水平有限，书中存在的错误和疏漏之处，恳请广大读者和同行批评指正。本书勘误网址：https://www.ilovematlab.cn/thread-550348-1-1.html，作者邮箱：xuggsx@sina.com。

作　者<br>2017 年 12 月于西安

北航科技图书

**本书为读者免费提供书中示例的程序源代码，请扫描本页二维码→关注“北航科技图书”公众号→回复“2716”获得百度网盘的下载链接。**

如使用中遇到任何问题，请发送电子邮件至 goodtextbook@126.com，或致电 010-82317738 咨询处理。

# 目　　录

## 下　篇　现代智能优化算法

# 第 1 章 概 论

在现实生活中，经常会遇到某类实际问题，要求在众多的方案中选择一个最优方案。例如，在工程设计中，怎样选择参数使设计方案在满足要求的前提下达到成本最低；在产品加工过程中，如何搭配各种原料的比例才能既降低成本，又提高产品质量；在资源配置时，如何分配现有资源，使分配方案得到最好的经济效益。在各个领域，诸如此类问题不胜枚举。这一类问题的特点，就是要在所有可能的方案中，选出最合理的，以达到事先规定的最优目标的方案，即最优化方案。寻找最优方案的方法称为最优化方法，为解决这类问题所需的数学计算方法及处理手段即为优化算法。

最优化问题是个古老的问题，早在 17 世纪欧洲就有人提出了求解最大值最小值的问题，并给出了一些求解法则。随着科学的发展，人们逐渐提出了许多优化算法并由此形成了系统的优化理论，如线性规划、非线性规划、整数规划和动态规则等。但由于这些传统的优化算法，一般只适用于求解小规模问题，不适合在实际工程中应用，所以自 20 世纪 80 年代以来，一些新颖的优化算法，如人工神经网络、混沌、遗传算法、进化规划、模拟退火、禁忌搜索及其混合策略等，通过模拟或揭示某些自然现象或过程而得到发展，其思想和内容涉及数学、物理学、生物进化、人工智能和统计力学等学科，为解决复杂问题提供了新的思路和手段，这些算法独特的优点和机制，引起了国内外学者的广泛重视并掀起了该领域的研究热潮，且在诸多领域得到了成功应用。

随着生产和科学研究突飞猛进的发展，特别是计算机科学技术的发展及广泛应用，以及人类生存空间和认识与改造世界范围的拓宽，人们对科学技术提出了新的和更高的要求，其中高效的优化技术不仅成为一种迫切需要，而且有了求解的有力工具，最优化理论和算法也就迅速发展起来，形成一个新的学科，并在工农业、交通运输、系统工程、人工智能、模式识别、生产调度、工艺优化和计算机工程等诸多领域中发挥着越来越重要的作用。因此，有关最优化方法的基本知识已成为新的工程技术、管理等人员所必备的基本知识之一。

## 1.1 最优化问题及其分类

所谓最优化问题，用数学语言来说，就是求一个一元或多元函数在某个给定集合上的极值。当量化地求解一个实际的最优化问题时，首先要把这个问题转化为一个数学问题，即建立数学模型。这是非常重要的一环。要建立一个合适的数学模型，必须对实际问题有很好的了解，经过分析、研究抓住其主要因素，理清它们之间的相互关系，然后综合利用有关学科的知识和数学的知识来完成。

### 1.1.1 最优化问题举例

**【例 1.1】** 著名的 Michaelis - Menten 酶催化动力学方程为

$$r=\frac{r_{\max}S}{k_m+S}$$

式中：$r_{\max}$ 是最大反应速率；$k_m$ 是 Michaelis 常数；$S$ 是底物的浓度。

为了确定参数 $r_{\max}$ 和 $k_m$，通常在不同底物下测定初始速率。问应怎样根据 $m$ 个实验数据来确定参数 $r_{\max}$ 和 $k_m$。

如果将参数 $r_{\max}$ 和 $k_m$ 确定，那就确定了 $r$ 对 $S$ 的一个函数关系，这个函数在几何上对应一条 S 形曲线。但是这条曲线未必刚好通过实验点，一般都要产生偏差，而这种偏差当然越小越好。一般用所有测量点沿铅直方向到曲线距离的平方和来描述这种偏差，则此问题的数学模型为

$$\min \sum_{i=1}^{m}\left(r_i - \frac{r_{\max} S}{k_m + S}\right)^2$$

即最小二乘模型。

**【例 1.2】** 已知某物流公司到 $m$ 个产量分别为 $a_1, a_2, \cdots, a_m$ 的产地 $A_1, A_2, \cdots, A_m$ 运输某物品到 $n$ 个销量分别为 $b_1, b_2, \cdots, b_n$ 的销地 $B_1, B_2, \cdots, B_n$。假定产销平衡，即

$$\sum_{i=1}^{m} a_i = \sum_{j=1}^{n} b_j$$

由 $A_i$ 到 $B_j$ 的运费为 $c_{ij}(i=1,2,\cdots,m; j=1,2,\cdots,n)$。问在保障供给的条件下，由每个产地到每个销地的运输量为多少总运费最小？

设由 $A_i$ 到 $B_j$ 的运输量为 $x_{ij}$，则总运费为

$$\sum_{i=1}^{m}\sum_{j=1}^{n} c_{ij} x_{ij}$$

其中，应满足

$$\sum_{j=1}^{n} x_{ij} = a_i, \quad i = 1,2,\cdots,m$$

$$\sum_{i=1}^{m} x_{ij} = b_j, \quad j = 1,2,\cdots,n$$

用数学式子描述，可写出以上问题的数学模型为

$$\min \sum_{i=1}^{m}\sum_{j=1}^{n} x_{ij} c_{ij}$$

$$\text{s.t.}\begin{cases} \sum_{j=1}^{n} x_{ij} = a_i, & i = 1,2,\cdots,m \\ \sum_{i=1}^{m} x_{ij} = b_j, & j = 1,2,\cdots,n \\ x_{ij} \geqslant 0 \end{cases}$$

**【例 1.3】** 设自来水公司要为 4 个新居民区供水。自来水公司和 4 个居民区的位置、可供铺设管线的地方及距离如图 1-1 所示。图 1-1 中，$V_0$ 点表示自来水公司，$V_1 \sim V_4$ 点分别表示 4 个居民区，各条边表示可供铺设管线的位置；数字（称为权数）表示相应的距离。请选择一个管线总长度最短的铺设方案。

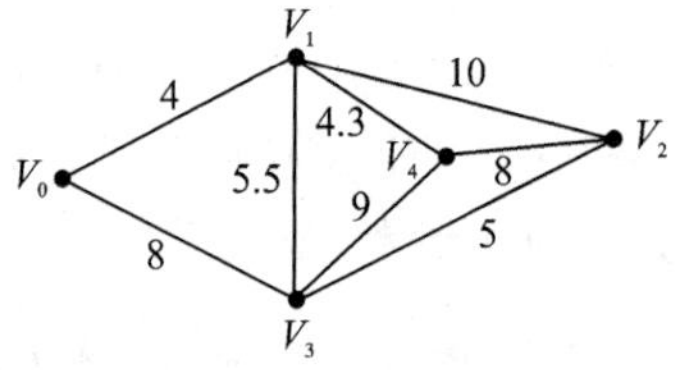


**图 1-1 管线铺设示意图**

这个管路铺设问题如果用图论理论描述，就是在图 1-1 中找出一个树，而且要使权数总和尽量小，也即最小生成树。

在实际工程技术、现代化管理和自然科学中，还有许多类似的问题都可以归结为最优化问题。

以上最优化问题乃至几乎所有类型的最优化问题都可以用下面的数学模型来描述

$$\begin{cases}\min f(\boldsymbol{x}) \\ \text{s.t.}\quad g_i(\boldsymbol{x}) \geqslant 0, \quad i=1,2,\cdots,m \\ \qquad h_i(\boldsymbol{x})=0, \quad i=m+1,\cdots,p\end{cases} \tag{1-1}$$

式中：$f(\boldsymbol{x})$、$g_i(\boldsymbol{x})$、$h_i(\boldsymbol{x})$为给定的 $n$ 元函数，其中 $f(\boldsymbol{x})$称为目标函数，$g_i(\boldsymbol{x})$称为不等式约束函数，$h_i(\boldsymbol{x})$称为等式约束函数，$\boldsymbol{x}=(x_1,x_2,\cdots,x_n)^{\mathrm{T}}$ 为 $n$ 维实欧氏空间 $\mathbf{R}^n$ 内的一点，称为决策变量，s. t. 为 subject to(受限于)的缩写。对于极大化目标函数以及约束条件 $g_i(\boldsymbol{x})\leqslant 0$ 的情况，均可通过在目标函数或约束函数前添加负号等价地转化为极小化目标函数或 $g_i(\boldsymbol{x})\geqslant 0$。

令 $R=\{\boldsymbol{x}\mid g_i(\boldsymbol{x})\geqslant 0, i=1,2,\cdots,m; h_i(\boldsymbol{x})=0, i=m+1,\cdots,p\}$，称 $R$ 为式(1-1)的可行集或容许集，称 $\boldsymbol{x}\in R$ 为式(1-1)的可行解或容许解。相应地视有无约束条件可将优化问题分为有约束优化问题和无约束优化问题，特别地把约束函数为等式的优化问题称为等式约束优化问题，约束函数为不等式的优化问题称为不等式约束优化问题。此外，通常把目标函数为二次函数而约束函数都是线性函数的优化问题称为二次规划，而把目标函数和约束函数都是线性函数的优化问题称为线性规划。

优化问题涉及的工程领域众多，问题种类与性质繁多。归纳而言，其可分为函数优化问题和组合优化问题两大类，其中函数优化问题的对象是一定区间内的连续变量，而组合优化的对象则是解空间中的离散状态。

优化问题还可以根据不同的方法进行分类。例如根据问题的特征，优化问题可主要分为以下5类：

① 无约束方法：用于优化无约束问题。

② 约束方法：用于在约束搜索空间中寻找解。

③ 多目标优化方法：用于有多个目标需要优化的问题中。

④ 多解(小生境)方法：能够找到多个解。

⑤ 动态方法：能够找到并跟踪变化的最优解。

### 1.1.2 函数优化问题

函数优化问题通常可描述为：令 $S$ 为 $\mathbf{R}^n$ 上的有界子集(即变量的定义域)，$f:S\to\mathbf{R}$ 为 $n$ 维实值函数，所谓函数 $f$ 在 $S$ 域上全局最小化就是寻找点 $\boldsymbol{X}_{\min}\in S$ 使得 $f(\boldsymbol{X}_{\min})$在 $S$ 域上全局最小，即 $\forall \boldsymbol{X}\in S: f(\boldsymbol{X}_{\min})\leqslant f(\boldsymbol{X})$。

函数优化问题常用于算法性能的比较，一般是基于 Benchmark 的典型问题展开，其中一些 Benchmark 问题见表1-1。

**表1-1 一些 Benchmark 问题**

| Benchmark 问题 | 最优状态 |
| --- | --- |
| $f_1(\boldsymbol{X})=\sum_{i=1}^{30} x_i^2, \quad \lvert x_i\rvert\leqslant 100$ | $\min f_1(\boldsymbol{X})=f_1(0,0,\cdots,0)=0$ |
| $f_2(\boldsymbol{X})=\sum_{i=1}^{30}\lvert x_i\rvert+\prod_{i=1}^{30}\lvert x_i\rvert, \quad x_i\leqslant 100$ | $\min f_2(\boldsymbol{X})=f_2(0,0,\cdots,0)=0$ |

续表 1-1

| Benchmark 问题 | 最优状态 |
|---|---|
| $f_3(\boldsymbol{X})=\sum_{i=1}^{30}\left(\sum_{j=1}^{i}x_j\right)^2,\quad \lvert x_i\rvert\leqslant 100$ | $\min f_3(\boldsymbol{X})=f_3(0,0,\cdots,0)=0$ |
| $f_4(\boldsymbol{X})=\sum_{i=1}^{29}[100(x_{i+1}-x_i^2)^2+(1-x_i)^2],\quad \lvert x_i\rvert\leqslant 30$ | $\min f_4(\boldsymbol{X})=f_4(1,1,\cdots,1)=0$ |
| $f_5(\boldsymbol{X})=\sum_{i=1}^{30}\left[x_i^2-10\cos(2\pi x_i)+10\right],\quad \lvert x_i\rvert\leqslant 5.12$ | $\min f_5(\boldsymbol{X})=f_5(0,0,\cdots,0)=0$ |
| $f_6(\boldsymbol{X})=\frac{1}{4\,000}\sum_{i=1}^{30}x_i^2-\prod_{i=1}^{30}\cos\left(\frac{x_i}{\sqrt{i}}\right)+1,\quad \lvert x_i\rvert\leqslant 600$ | $\min f_6(\boldsymbol{X})=f_6(0,0,\cdots,0)=0$ |
| $f_7(\boldsymbol{X})=\sum_{i=1}^{30}(\lvert x_i+0.5\rvert)^2,\quad \lvert x_i\rvert\leqslant 100$ | $\min f_7(\boldsymbol{X})=f_7(0,0,\cdots,0)=0$ |
| $f_8(\boldsymbol{X})=4x_1^2-2.1x_1^4+x_1^6/3+x_1x_2-4x_2^2+4x_2^4,\quad \lvert x_i\rvert\leqslant 5$ | $\min f_8(\boldsymbol{X})=f_8(0.089\,83,-0.712\,6)$<br>$=f_8(-0.089\,83,0.712\,6)$<br>$=-1.031\,628\,5$ |
| $f_9(\boldsymbol{X})=\cos(2\pi x_1)\cos(2\pi x_2)\mathrm{e}^{-\left(x_1^2+x_2^2\right)/10},\quad \lvert x_i\rvert\leqslant 1$ | $\max f_9(\boldsymbol{X})=f_9(0,0)=1$ |
| $f_{10}(\boldsymbol{X})=100(x_1^2-x_2)+(1-x_1)^2,\quad \lvert x_i\rvert\leqslant 2.048$ | $\min f_{10}(\boldsymbol{X})=f_{10}(1,1)=0$<br>$\max f_{10}(\boldsymbol{X})=f_{10}(-2.048,-2.048)=3\,905$ |
| $f_{11}(\boldsymbol{X})=\frac{\sin x_1}{x_1}\cdot\frac{\sin x_2}{x_2},\quad \lvert x_i\rvert\leqslant 10$ | $\max f_{11}(\boldsymbol{X})=f_{11}(0,0)=1$ |
| $f_{12}(\boldsymbol{X})=(x_1^2+x_2-11)^2+(x_1+x_2^2-7)^2$<br>$\text{s.t.}\begin{cases}g_1(\boldsymbol{X})=4.84-(x_1-0.05)^2-(x_2-2.5)^2\geqslant 0\\ g_2(\boldsymbol{X})=x_1^2+(x_2-2.5)^2-4.84\geqslant 0\\ 0\leqslant x_i\leqslant 6\end{cases}$ | $\min f_{12}(\boldsymbol{X})=13.590\,8$ |
| $f_{13}(\boldsymbol{X})=(x_1-1)^2+(x_2-1)^2$<br>$\text{s.t.}\begin{cases}h(\boldsymbol{X})=x_1-2x_2+1=0\\ g(\boldsymbol{X})=-x_1^2/4-x_2^2+1>0\\ 0\leqslant x_i\leqslant 10\end{cases}$ | $\min f_{13}(\boldsymbol{X})=1.393\,3$ |

## 1.1.3 数学规划

在一些等式或不等式约束条件下，求一个目标函数的极大(或极小)的优化模型称为数学规划。视有、无约束条件而分别称为约束数学规划和无约束数学规划。

约束数学规划的一般形式为

$$\begin{cases}\max f(\boldsymbol{x}) \quad 或 \quad \min f(\boldsymbol{x})\\ \text{s.t.}\quad h_i(\boldsymbol{x})=0,\quad i=1,2,\cdots,l\\ \qquad\quad g_j(\boldsymbol{x})\geqslant 0,\quad j=1,2,\cdots,m\end{cases}$$

若目标函数 $f(\boldsymbol{x})$ 和约束条件中的函数 $h(\boldsymbol{x})$、$g(\boldsymbol{x})$ 均为线性函数，则称数学规划为线性规划，否则称非线性规划。若数学规划中的变量 $\boldsymbol{x}$ 限取整数值则称为整数规划，特别地，若 $\boldsymbol{x}$ 均限取值 0 或 1，则称为 0-1 规划；若变量 $\boldsymbol{x}$ 中部分变量限取整数值，则称为混合整数规划。

在数学规划中，把满足所有约束条件的点 $\boldsymbol{x}$ 称为可行点(或可行解)，所有可行点组成的

点集称为可行域,若把可行域记为 $S$,即

$$S=\{x \mid h_i(x)=0, i=1,2,\cdots,l; g_j(x)\geqslant 0, j=1,2,\cdots,m\}$$

于是数学规划即求 $x^* \in S$,且使 $f(x^*)$ 在 $S$ 上达到最大(或最小),把 $x^*$ 称为最优点(最优解),$f(x^*)$ 称为最优值。

在线性规划和非线性规划中,如所研究的问题都只含有一个目标函数,则这类问题常称为单目标规划;如果含有多个目标函数,则称为多目标规划。

### 1.1.4 组合优化问题

组合优化问题通常可描述为:令 $\Omega=\{s_1,s_2,\cdots,s_n\}$ 为所有状态构成的解空间,$C(s_i)$ 为状态 $s_i$ 对应的目标函数值,要求寻找最优解 $s^*$,使得 $\forall s_i \in \Omega, C(s^*)=\min C(s_i)$。组合优化问题往往涉及排序、分割、筛选等问题,是运筹学的一个重要分支。

**1. 旅行商(Traveling Salesman Problem,TSP)问题**

给定 $n$ 个城市和两两城市间的距离,要求确定一条经过各城市一次并回到起始城市的最短路径。

**2. 加工调度(Scheduling Problem,如 Flow - shop,Job - shop)问题**

Job - shop 问题是一类较 TSP 更为复杂的典型加工调度问题,是许多实际问题的简化模型。一个 Job - shop 问题可描述为:$n$ 个工件在 $m$ 台机器上加工,$O_{ij}$ 表示第 $i$ 个工件在第 $j$ 台机器上的操作,相应的操作时间 $T_{ij}$ 为已知,事先给定各工件在各机器上的加工次序(称为技术约束条件),要求确定与技术约束条件相容的各机器上所有工件的加工次序,使加工性能指标达到最优。在 Job - shop 问题中,通常还假定每一时刻每台机器只能加工一个工件,且每个工件只能被一台机器所加工,同时加工过程不间断。

**3. 0 - 1 背包问题**

对于 $n$ 个体积分别为 $a_i$、价值分别为 $c_i$ 的物品,如何将它们装入总体积为 $b$ 的背包中,使得所选物品的总价值最大。

**4. 装箱问题**

装箱问题即如何以个数最小的、尺寸为 1 的箱子,装入 $n$ 个尺寸不超过 1 的物品。

**5. 聚类问题**

$m$ 维空间上的 $n$ 个模式 $\{X_i \mid i=1,2,\cdots,n\}$ 要求聚成 $k$ 类,使得各类本身内的点相距最近,例如要求

$$\min D^2=\sum_{i=1}^{n}\|X_i^{(p)}-R_p\|$$

式中:$R_p$ 为第 $p$ 类的中心,即

$$R_p=\sum_{i=1}^{n_p}X_i^{(p)}/n_p$$

式中:$p=1,2,\cdots,k$;$n_p$ 为第 $p$ 类中的点数。

虽然组合问题的描述非常简单,但最优化求解非常困难,其主要原因是所谓的"组合爆炸"。例如,聚类问题的可能划分有 $k^n/k!$ 个,Job - shop 的可能排列方式有 $(n!)^m$ 个,置于置换排列描述的 $n$ 座城市 TSP 问题有 $n!$ 种可行排列。显然状态数量随问题规模呈指数增长,即使计算机处理速率很快(如 1 亿次/s),要穷举规模较大(如 $n=20$)的情况也是需要很长时间的,更不用说更大规模问题的求解。因此,解决这些问题的关键在于寻求有效的优化算法,

也正是这些问题的代表性和复杂性引发了人们对组合优化理论与算法的研究。

针对组合优化，人们也构造了大量用作测试算法的 Benchmark 问题，其具体数据可以参考相关文献。

## 1.2 邻域函数与局部搜索

邻域函数是优化中的一个重要的概念，其作用是指导如何由一个（组）解来产生一个（组）新解。邻域函数的设计往往依赖于问题的特性和解的表达方式（编码），由于优化状态表征方式的不同，函数优化与组合优化中的邻域函数的具体方式存在明显的差异。

函数优化中邻域函数的概念比较直观。利用距离的概念通过附加扰动来构造邻域函数是最常用的方式，如 $\boldsymbol{x}_{\text{new}}=\boldsymbol{x}_{\text{old}}+\eta\zeta$，其中 $\eta$ 为尺度参数，$\zeta$ 为满足某种概率分布的随机数或白噪声或混沌序列或梯度信息等。

在组合优化中，传统的距离概念显然不再适用，但其基本思想仍然是通过一个解产生另一个解。令$(S,F,f)$为一个组合优化问题，其中 $S$ 为所有解构成的状态空间，$F$ 为 $S$ 上的可行域，$f$ 为目标函数，则一个邻域函数可定义为一种映射，即 $N:S\to 2^S$。其含义是对于每个解 $i\in S$，一些“邻近”$i$ 的解构成的邻域 $S_i\subset S$，而任意 $j\in S_i$ 称为 $i$ 的邻域解。

例如，某 TSP 问题的一个解为(1,2,3,4)，即旅行顺序为 1,2,3,4，则 $k$ 个点上的交换就可认为是一种邻域函数，从而可得到(2,1,3,4)、(1,2,4,3)、(1,4,3,2)、(3,2,1,4)等新解。

基于邻域函数的概念，可以定义局部极小和全局最小值概念。若 $\forall j\in S_i\cap F$，满足 $f(j)\geqslant f(i)$，则称 $i$ 为 $f$ 在 $F$ 上的局部极小值；若 $\forall j\in F$，满足 $f(j)\geqslant f(i)$，则称 $i$ 为在 $F$ 上的全局最小解。

局部搜索算法是基于贪婪思想，利用邻域函数进行搜索的。其过程为：从一个初始解出发，利用邻域函数持续地在当前解的邻域中搜索比它好的解，若能够找到如此的解，就以此解为新的当前解，然后重复上述过程，否则结束搜索过程，并以当前解作为最终解。很明显，局部搜索算法的性能完全依赖于邻域函数和初始解。因此，要使局部搜索算法具有全局最优的搜索能力，除了需要设计较好的邻域函数和适当的初始值外，还需要在搜索策略上进行，否则无法避免陷入局部极小或者解的完全枚举。

鉴于局部搜索算法的上述缺点，智能优化算法如模拟退火算法、遗传算法等，从不同的角度利用不同的搜索机制和策略完全实现对局部搜索算法的改进，以获取较好的全局优化性能。

## 1.3 优化问题的复杂性

传统的优化算法都是基于严格的数学模型的，当模型（如变量的维数多、约束方程多、非线性强等）不能用显式的方程来表达时，这些方法往往不能进行有效的求解，或者求解的时间过长或者求解的效果差。

算法的时间和空间复杂性对计算机的求解能力有很大影响。算法对时间和空间的需要量称为算法的时间复杂性和空间复杂性。问题的时间与空间复杂性是指求解该问题的所有算法中复杂性最小的算法的时间复杂性与空间复杂性。

算法或问题的复杂性一般可表示为问题规模 $n$（如 TSP 问题中的城市数）的函数。时间复杂性记为 $T(n)$，空间复杂性记为 $S(n)$。在算法分析和设计中，把求解问题的关键操作如加、减、乘、比较等运算指定为基本操作。算法执行基本操作的次数就定义为算法的时间复杂性，算法执行期间占用的存储单元定义为算法的空间复杂性。

按照计算复杂性理论研究问题求解的难易程度，可把问题分为：(1) P类问题，它是指一类能够用确定性算法在多项式时间内求解的判定问题。(2) NP问题，它是指一类可以用不确定性多项式算法求解的判定问题。(3) NP完全问题，判定一个问题 $D$ 是NP完全问题的条件是：① $D$ 属于NP类；② NP中的任何问题都能够在多项式时间内转化为 $D$。一个满足条件②但不满足条件①的问题称为NP难问题。NP难问题不一定是NP类问题，一个NP难问题至少与NP完全问题一样难，也许更难。

一般而言，最优化问题都是一些难解问题。TSP、0-1背包问题、图着色问题等都是NP完全问题，至今还没有有效的多项式时间解法。用确定性的优化算法求NP完全问题的最优解，需要的计算时间与问题规模之间呈指数关系。此时对于大规模问题，由于计算时间的限制，往往难以得到问题的最优解，用近似算法求解得到的近似解质量较差，而且最坏情况下的时间复杂性是未知的。因此，从数学的角度来讲，现有的近似算法不可能求出大规模组合优化问题的高质量的近似解。

## 1.4 优化算法发展状况

随着应用和需求的不断发展，优化算法理论和研究也得到了较大的发展。就优化算法的原理而言，目前工程常用的优化算法主要有经典算法、构造型算法、改进型优化算法、基于系统动态演化的算法、混合型算法和群智能算法等现代优化算法。

**1. 经典算法**

经典算法包括线性规划、动态规划、整数规划和分支定界等运筹学中的传统算法。这些算法在求解小规模问题中已得到很大成功，但在现代工程中往往不实用。

**2. 构造型算法**

构造型算法是用构造的方法快速建立问题的解，例如调度问题中的Johnson法、Palmer法、Gupta法等。这种算法的优化质量通常较差，难以满足工程需要。

**3. 改进型算法**

改进型算法或称为邻域搜索算法。从任一解出发，通过对其邻域的不断搜索和对当前解的判断替换来实现优化。根据搜索行为，又可分为局部搜索法和指导性搜索法。前者有爬山法、最陡下降法等；后者有模拟退火、遗传算法、禁忌算法、进化算法、群智能算法等。

**4. 基于系统动态演化的方法**

基于系统动态演化的方法是将优化过程转化为系统动态的演化过程，然后基于系统动态的演化来实现优化，如神经网络法和混沌搜索法等。

**5. 混合型算法**

混合型算法是将上述各算法从结构或操作上进行混合而产生的各类算法，如遗传-神经网络算法等。

现代实际工程问题往往具有大规模、强约束、非线性、多极值、多目标、建模困难等特点，寻求一种适合于现代工程问题的具有智能特征的优化算法已成为引人注目的研究方向。一个优化算法要取得优异的优化质量、快速的优化效率、鲁棒和可靠的优化性能，必须具有以下能力：① 全局搜索能力，以适应问题的非线性和多极值性；② 一定优化质量意义下的高效搜索能力，以适应问题的大规模性以及NP类等问题的复杂性；③ 对各目标的合理平衡能力，以适应问题的多目标性和强约束性；④ 良好的鲁棒性，以适应问题的不确定性和算法本身的参数；

⑤ 搜索操作的灵活性和有效性，以适应问题中连续与离散变量共存的特点。

近 20 年来，一些新颖的优化算法，如人工神经网络、混沌、遗传算法、进化规划、模拟退火、禁忌搜索及其混合优化策略等，通过模拟或揭示某些自然现象或过程而得到发展，其思想和内容涉及数学、物理学、生物进化、人工智能、神经科学和统计学等方面，为解决复杂问题提供了新的思路和手段。这些算法的独特优点和机制，引起了国内外学者的广泛重视，并掀起了该领域的研究热潮，且在诸多领域得到了成功应用。近些年来，随着人工智能和人工生命的兴起，出现了一些新型的仿生算法，其中较具代表性的有蚁群算法、粒子群算法和人工鱼群算法等，这些算法加快推动了群智能优化算法的发展。

值得指出的是，对于所有函数集合，并不存在万能的最佳优化算法。所有算法在整个函数类上的平均表现度量是相同的。为此关于优化算法的研究应从寻找所有可能函数上的通用优化算法转变为以下两个方面：

① 以算法为导向，确定其适用的问题类。对于每一个算法，都有其适用的和不适用的问题，对于给定的算法，要尽可能通过理论分析和实际应用，找出其适用的范围，归纳特定的问题类，使其成为一个指示性算法。

② 以问题为导向，确定其适用的算法。对于较小的特定问题类或特定的实际应用问题，设计出具有针对性的适用算法。实际上，大多数在优化算法方面的研究都属于这一范畴，因为它们主要是根据进化的原理设计新的算法，或者将现有算法进一步优化改造，以期对若干特定的函数类取得较好的优化效果。

# 上　篇

# 经典优化方法

# 第2章 无约束优化方法

本章将讨论如下的优化模型：

$$\min_{x\in\mathbf{R}^n} f(\boldsymbol{x}) \tag{2-1}$$

式中：$f$ 是 $\boldsymbol{x}$ 的实值连续函数，通常假定具有二阶连续偏导数。

## 2.1 最优性条件

无约束优化问题的最优性条件包含一阶条件和二阶条件。

一阶必要条件：设 $f$ 在点 $\boldsymbol{x}^{(0)}$ 处连续可微，且 $\boldsymbol{x}^{(0)}$ 为局部极小点，则必有梯度 $\nabla f(\boldsymbol{x}^{(0)})=0$。

其中，梯度 $\nabla f(\boldsymbol{x})$ 为以下向量：

$$\nabla f(\boldsymbol{x})=\left[\frac{\partial f(\boldsymbol{x})}{\partial x_1},\frac{\partial f(\boldsymbol{x})}{\partial x_2},\cdots,\frac{\partial f(\boldsymbol{x})}{\partial x_n}\right]^{\mathrm{T}} \tag{2-2}$$

二阶必要条件：设 $f$ 在开集 $D$ 上二阶连续可微，若 $\boldsymbol{x}^*$ 是式(2-1)的一个局部极小值，则必有 $\nabla f(\boldsymbol{x}^*)=0$ 且 $\nabla^2 f(\boldsymbol{x}^*)$ 是半正定矩阵。

二阶充分条件：设 $f$ 在开集 $D$ 上二阶连续可微，若 $\boldsymbol{x}^*\in D$ 满足条件 $\nabla f(\boldsymbol{x}^*)=0$ 及 $\nabla^2 f(\boldsymbol{x}^*)$ 是正定矩阵，则 $\boldsymbol{x}^*$ 是式(2-1)的一个局部极小点。

一般来说，目标函数的驻点不一定是极小点，但对于目标函数是凸函数的无约束优化问题，其驻点、局部极小点和全局极小点三者是等价的。

## 2.2 迭代法

利用局部极小点的一阶必要条件，求函数极值的问题往往可化成求解

$$\nabla f(\boldsymbol{x})=0$$

即求 $\boldsymbol{x}$，使其满足

$$\begin{cases}\dfrac{\partial f(\boldsymbol{x})}{\partial x_1}=0\\ \quad\vdots\\ \dfrac{\partial f(\boldsymbol{x})}{\partial x_n}=0\end{cases} \tag{2-3}$$

的问题。这是含有 $n$ 个变量，$n$ 个方程的方程组，并且一般是非线性的。只有在比较特殊的情况下，方程组(2-3)才可以求出准确解；在一般情况下都不能用解析的方法求解准确解，只能用数值方法逐步求其近似解，即求解无约束最优化问题的各种迭代方法。

迭代法的基本思想是：在给出 $f(\boldsymbol{x})$ 的极小点位置的一个初始估计点 $\boldsymbol{x}^{(0)}$ 后，计算一系列的点列 $\boldsymbol{x}^{(k)}(k=1,2,\cdots)$，希望点列 $\{\boldsymbol{x}^{(k)}\}$ 的极限 $\boldsymbol{x}^*$ 就是 $f(\boldsymbol{x})$ 的一个极小点。点列由下式给出：

$$\boldsymbol{x}^{(k+1)}=\boldsymbol{x}^{(k)}+\lambda_k\boldsymbol{d}^{(k)} \tag{2-4}$$

式中：$\boldsymbol{d}^{(k)}$为一个向量；$\lambda_k$ 为一个实数(称为步长)。当 $\boldsymbol{d}^{(k)}$ 与 $\lambda_k$ 确定之后，由 $\boldsymbol{x}^{(k)}$ 就可以唯一地确定 $\boldsymbol{x}^{(k+1)}$，依次下去就可以求出点列$\{\boldsymbol{x}^{(k)}\}$。如果这个点列逼近要求的极小点 $\boldsymbol{x}^*$，则称这个点列为极小化序列。所以对于每一个迭代点 $\boldsymbol{x}^{(k)}$，如能设法给出 $\boldsymbol{d}^{(k)}$、$\lambda_k$，则算法也就确定了。各种迭代法的区别就在于得出方向 $\boldsymbol{d}^{(k)}$ 与步长 $\lambda_k$ 的方式不同，特别是方向 $\boldsymbol{d}^{(k)}$(搜索方向)的产生在方法中起着关键的作用。

虽然选取 $\boldsymbol{d}^{(k)}$ 与 $\lambda_k$ 的方法多种多样，但一般都遵循以下原则：

(1) 极小化序列对应的函数值是逐次减少的，至少是不增的，即

$$f(\boldsymbol{x}^{(0)})\geqslant f(\boldsymbol{x}^{(1)})\geqslant\cdots\geqslant f(\boldsymbol{x}^{(k)})\geqslant\cdots$$

具有这样性质的算法，称为下降递推算法或下降算法。一般迭代法都具有这样的性质。

(2) 极小化序列$\{\boldsymbol{x}^{(k)}\}$中的某一点 $\boldsymbol{x}^{(N)}$ 本身是 $f(\boldsymbol{x})$的极小点，或者$\{\boldsymbol{x}^{(k)}\}$有一个极限 $\boldsymbol{x}^*$，它是函数 $f(\boldsymbol{x})$的一个极小点。具有这样性质的算法称为收敛的。对于任何一个算法，这个要求是基本的。

因此，当提出一种算法时，往往要对其收敛性进行研究，但这个工作是困难的。事实上有许多方法在经过长时间的实际应用之后，其收敛性才得到证明。有的算法虽然收敛性尚未得到证明，但在某些实际问题的应用中却显示出是很有效的，因而仍可以使用它。另外，任何一种算法，也只能对于满足一定条件的目标函数收敛。此外，当目标函数具有不止一个极小点时，求得的往往是一个局部极小点，这时可以改变初始点的取值，重新计算，如果求得的仍是同一个极小点，就可以认为它是总体极小点了。

综上，最优化算法中的迭代法一般由以下四步组成。

(1) 选择初始点 $\boldsymbol{x}^{(0)}$。虽然各种方法各类函数对初始点的要求不尽相同，但总体来说越靠近最优点越好。

(2) 如果已求得 $\boldsymbol{x}^{(k)}$，且 $\boldsymbol{x}^{(k)}$不是极小点，则设法选取一个方向 $\boldsymbol{d}^{(k)}$，使目标函数 $f(\boldsymbol{x})$沿 $\boldsymbol{d}^{(k)}$是下降的，至少是不增的。

(3) 当方向 $\boldsymbol{d}^{(k)}$确定后，在射线 $\boldsymbol{x}^{(k)}+\lambda_k\boldsymbol{d}^{(k)}$ ($\lambda_k\geqslant0$)上选取适当的步长 $\lambda_k$，使 $f(\boldsymbol{x}^{(k)}+\lambda_k\boldsymbol{d}^{(k)})\leqslant f(\boldsymbol{x}^{(k)})$，如此就确定了下一点 $\boldsymbol{x}^{(k+1)}=\boldsymbol{x}^{(k)}+\lambda_k\boldsymbol{d}^{(k)}$。

(4) 检验所得的新点 $\boldsymbol{x}^{(k+1)}$是否为极小点，或满足精度要求的近似点。检验方法因算法的不同而不同。

## 2.3 收敛速度

**定义 1：** 设序列$\{\boldsymbol{x}^{(k)}\}$收敛于解 $\boldsymbol{x}^*$，若存在常数 $P\geqslant0$ 及 $L$，使当 $k$ 从某个 $k_0$ 开始时，

$$\|\boldsymbol{x}^{(k+1)}-\boldsymbol{x}^*\|\leqslant L\|\boldsymbol{x}^{(k)}-\boldsymbol{x}^*\|^P$$

成立，则称$\{\boldsymbol{x}^{(k)}\}$为 $P$ 阶收敛。

**定义 2：** 设序列$\{\boldsymbol{x}^{(k)}\}$收敛于解 $\boldsymbol{x}^*$，若存在常数 $k_0$、$L$ 及 $\theta\in(0,1)$，使当 $k\geqslant k_0$ 时，

$$\|\boldsymbol{x}^{(k+1)}-\boldsymbol{x}^*\|\leqslant L\theta^k$$

成立，则称$\{\boldsymbol{x}^{(k)}\}$为线性收敛。

**定义 3：** 设序列$\{\boldsymbol{x}^{(k)}\}$收敛于解 $\boldsymbol{x}^*$，若任意给定 $\beta>0$，都存在 $k_0>0$，使当 $k\geqslant k_0$ 时，

$$\|\boldsymbol{x}^{(k+1)}-\boldsymbol{x}^*\|\leqslant\beta\|\boldsymbol{x}^{(k)}-\boldsymbol{x}^*\|$$

成立，则称$\{\boldsymbol{x}^{(k)}\}$为超线性收敛。

一般来说，二阶收敛最快，但不易达到，超线性收敛比线性收敛快，如果一个算法具有超线性以上的收敛，则是一个很好的算法。

**注意**：一阶收敛不一定是线性收敛。

## 2.4 终止准则

综合考虑精度与耗时情况，可以采用以下算法终止准则：

$$|f^{(k+1)}-f^{(k)}|<\varepsilon \quad 及 \quad f^{(k+1)}-f^{(k)}\leqslant \|\boldsymbol{x}^{(k+1)}-\boldsymbol{x}^{(k)}\|<\varepsilon$$

或者

$$\left|\frac{f^{(k+1)}-f^{(k)}}{f^{(k)}}\right|<\varepsilon \quad 及 \quad \left|\frac{f^{(k+1)}-f^{(k)}}{f^{(k)}}\right|\leqslant \frac{\|\boldsymbol{x}^{(k+1)}-\boldsymbol{x}^{(k)}\|}{\|\boldsymbol{x}^{(k)}\|}<\varepsilon$$

其中 $\varepsilon$ 是事先给定的要求精度。

有时在计算时使用了目标函数的梯度值，则当满足

$$\|\nabla f(\boldsymbol{x}^{(k)})\|<\varepsilon$$

时，也可以作算法终止准则。

## 2.5 一维搜索

在最优化的迭代算法中，如果步长 $\lambda_k$ 是由求 $\varphi(\lambda)=f(\boldsymbol{x}^{(k)}+\lambda_k\boldsymbol{d}^{(k)})$ 的极小值确定的，即 $f(\boldsymbol{x}^{(k)}+\lambda_k\boldsymbol{d}^{(k)})=\min\limits_{\lambda\geqslant 0} f(\boldsymbol{x}^{(k)}+\lambda_k\boldsymbol{d}^{(k)})$，则这种确定步长的方法称为一维搜索或简称线搜索。线搜索有精确线搜索和非精确线搜索之分，其中，精确线搜索是指选取步长 $\lambda_k$ 使目标函数沿方向 $\boldsymbol{d}^{(k)}$ 达到最小，而非精确线搜索是指选取步长 $\lambda_k$ 使目标函数得到可接受的下降量。

精确线搜索的基本思想是：首先确定包含问题最优解的搜索区间，然后采用某种插值或分割技术缩小这个区间，进行搜索求解。

精确线搜索一般分为两类：一类是使用函数导数的搜索，如插值法、牛顿法及抛物线法等；另一类是不使用导数的搜索，如黄金分割法、分数法及成功-失败法等。

由于精确线搜索方法要计算很多的函数值和梯度值，从而耗费较多的计算资源，特别是当迭代点远离最优点时，精确线搜索方法通常不是十分有效和合理的。因此，非精确线搜索方法受到了广泛的重视。非精确线搜索遵循 Wolfe - Powell 准则和 Armijo 准则。

### 2.5.1 平分法

根据最优性条件可知，在 $f(x)$ 极小点 $x^*$ 处 $f'(x^*)=0$，并且当 $x<x^*$ 时，函数是递减的，即 $f'(x)<0$；而当 $x>x^*$ 时，函数是递增的，即 $f'(x)>0$，如果能找到某一个区间 $[a,b]$，具有性质 $f'(a)<0, f'(b)>0$，则在 $a,b$ 之间必有 $f(x)$ 的极小点 $x^*$，并且 $f'(x^*)=0$。为了找到 $x^*$，取 $x_0=\dfrac{a+b}{2}$，若 $f'(x_0)>0$，则在 $[a,x_0]$ 区间上有极小点，这时以 $[a,x_0]$ 作为新的区间；若 $f'(x_0)<0$，则在 $[x_0,b]$ 上有极小点，因此以 $[x_0,b]$ 作为新的区间。继续这个过程，逐步将区间缩小，当区间 $[a,b]$ 充分小时，或者当 $f'(x_0)$ 充分小时，即可将 $[a,b]$ 的中点取做极小点的近似，这时有明显的估计：

$$\left|x^*-\frac{a+b}{2}\right|<\frac{b-a}{2}$$

至于初始区间$[a,b]$，一般可采用下述进退法确定：首先取一初始点 $x_0$，若 $f'(x_0)<0$，则在 $x_0$ 右方取点 $x_1=x_0+\Delta x$（$\Delta x$ 为事先给定的一个步长）；若 $f'(x_1)>0$，则令 $a=x_0$，$b=x_1$；若仍有 $f'(x_1)<0$，则取点 $x_2=x_1+\Delta x$（或者先将 $\Delta x$ 扩大一倍，再令 $x_2=x_1+\Delta x$）；若 $f'(x_2)>0$，则以$[x_1,x_2]$作为区间$[a,b]$，否则继续下去。对于 $f'(x_0)>0$ 的情况，则采用类似于 $f'(x_0)<0$ 的方法进行。

初始区间$[a,b]$也可以通过判定函数值是否呈现"高-低-高"的三点而确定。例如，当找出 $x_k,x_{k+1},x_{k+2}$ 三点并满足 $f(x_k)>f(x_{k+1})$ 且 $f(x_{k+2})>f(x_{k+1})$时，便可得到含有极小点的区间$[a,b]=[x_k,x_{k+2}]$。这时只需要函数值的比较，而不需要计算导数值。

进退法确定搜索区间$[a,b]$的框图如图 2-1 所示。

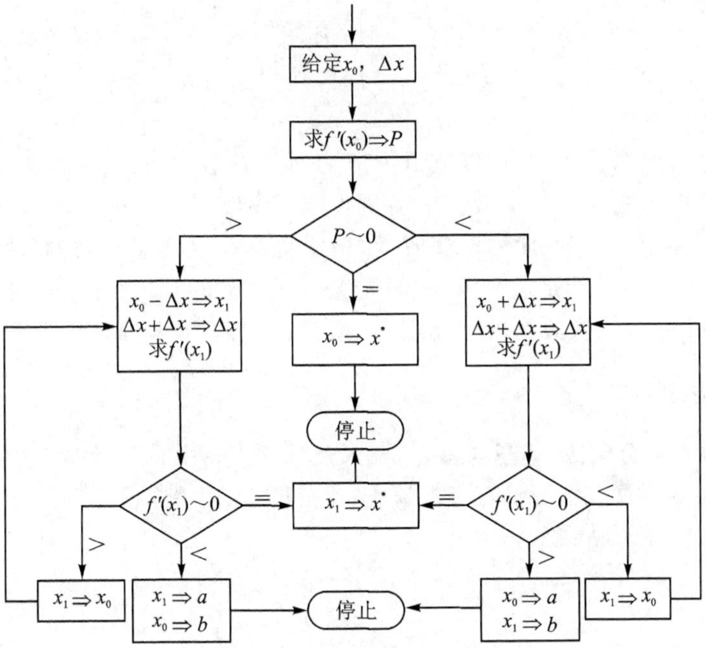


**图 2-1 确定搜索区间$[a,b]$**

## 2.5.2 牛顿法

牛顿法(Newton)的基本思想是：用 $f(x)$在已知点 $x_0$ 处的二阶 Taylor 展开式来近似代替 $f(x)$，即取 $f(x)\approx g(x)$，其中 $g(x)=f(x_0)+f'(x_0)(x-x_0)+\frac{1}{2}f''(x_0)(x-x_0)^2$，用 $g(x)$的极小点 $x_1$ 作为 $f(x)$的近似极小点，如图 2-2 所示，实质就是用切线法求解方程 $f'(x)=0$。

$g(x)$的极小点可以根据其一阶导数值求得

$$x_1=x_0-\frac{f'(x_0)}{f''(x_0)} \tag{2-5}$$

类似的，若已知点 $x^{(k)}$，则有

$$x^{(k+1)}=x^{(k)}-\frac{f'(x^{(k)})}{f''(x^{(k)})},\quad k=0,1,2,\cdots \tag{2-6}$$

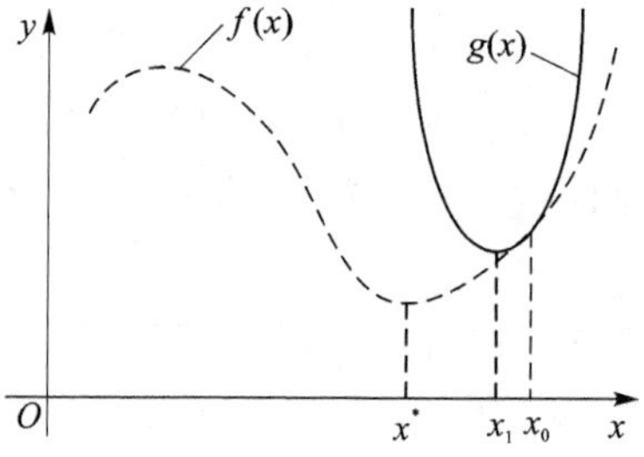


图 2-2 牛顿法

按式(2-6)进行迭代计算,便可求得一个序列$\{x^{(k)}\}$。这种求一元函数极小值的一维搜索方法称为牛顿法。当$|f'(x^{(k)})|\leqslant\varepsilon(\varepsilon>0)$时,迭代结束,$x^{(k)}$为$f(x)$的近似极小点,即$x^*\approx x^{(k)}$。

牛顿法的优点是收敛速度快,可以证明,它至少是二阶收敛的,但它需要计算二阶导数,初始点要选好,即要求$x_0\in N(x^*,\delta)$,$\delta>0$,否则可能不收敛。

要注意的是,牛顿法产生的序列即使收敛,极限也不一定是$f(x)$的极小点,而只能保证它是$f(x)$的驻点。驻点可能是极小点,也可能是极大点,也可能既不是极小点,也不是极大点。因此,为了保证牛顿法收敛到极小点,应要求$f''(x^{(n)})>0$,至少对足够大的$n$如此。

## 2.5.3 0.618 法

0.618 法也称黄金分割法,其基本思想是:通过试探点函数值的比较,使包含极小点的搜索区间不断缩小。该方法仅需要计算函数值,适用范围广,使用方便。

0.618 法取试探点的规则为

$$\lambda_k=a_k+0.382(b_k-a_k)$$
$$\mu_k=a_k+0.618(b_k-a_k)$$

其计算步骤如下:

**步骤 0:** 置初始区间$[a_0,b_0]$及精度要求$(0\leqslant\varepsilon\ll1)$,计算试探点

$$p_0=a_0+0.382(b_0-a_0)$$
$$q_0=a_0+0.618(b_0-a_0)$$

和函数值$f(p_0)$、$f(q_0)$,令$i=0$。

**步骤 1:** 若$f(p_i)\leqslant f(q_i)$,则转步骤 2;否则,转步骤 3。

**步骤 2:** 计算左试探点。若$|q_i-a_i|\leqslant\varepsilon$,则停止计算,输出$p_i$;否则,令

$$a_{i+1}=a_i,\quad b_{i+1}=q_i,\quad f(q_{i+1})=f(p_i),\quad q_{i+1}=p_i$$
$$p_{i+1}=a_{i+1}+0.382(b_{i+1}-a_{i+1})$$

计算$f(p_{i+1})$,令$i=i+1$,转步骤 1。

**步骤 3:** 计算右试探点。若$|b_i-p_i|\leqslant\varepsilon$,则停止计算,输出$q_i$;否则,令

$$a_{i+1}=p_i,\quad b_{i+1}=b_i,\quad f(p_{i+1})=f(q_i),\quad p_{i+1}=q_i$$
$$q_{i+1}=a_{i+1}+0.618(b_{i+1}-a_{i+1})$$

计算$f(q_{i+1})$,令$i=i+1$,转步骤 1。

0.618 法框图如图 2-3 所示。

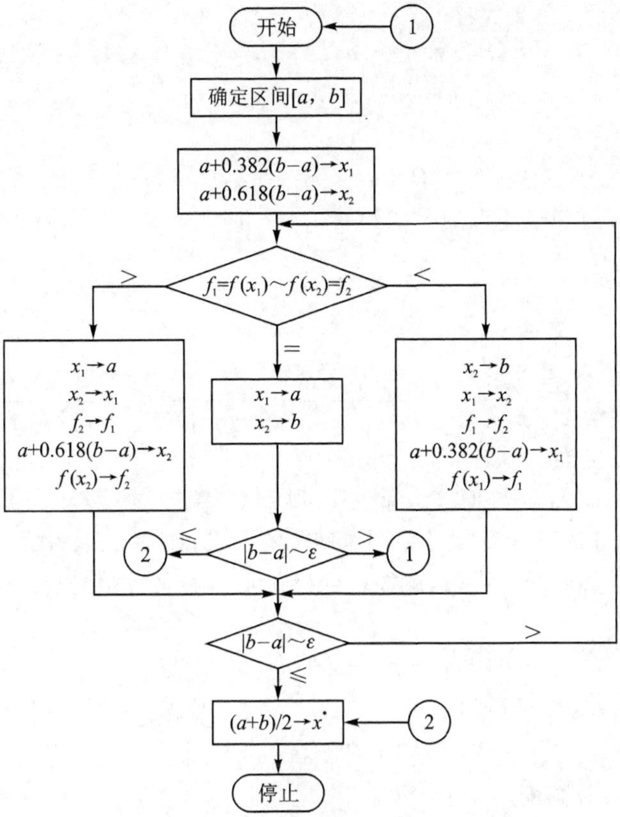


图 2-3　0.618 法框图

## 2.5.4　抛物线法

抛物线法也称二次插值法，其基本思想是：在搜索区间中不断使用二次多项式去近似目标函数，并逐步用插值多项式的极小点去逼近线搜索问题。

设已知函数 $f(x)$ 在三点 $x_1$、$x_2$、$x_3$ 且 $x_1<x_2<x_3$ 处的函数值为 $f_1$、$f_2$ 和 $f_3$，为了保证在搜索区间 $[x_1,x_3]$ 内存在着函数 $f(x)$ 的一个极小点 $x^*$，在选取初始点 $x_1$、$x_2$、$x_3$ 时，要求它们满足条件

$$f(x_1)>f(x_2),\quad f(x_3)>f(x_2)$$

即从“两头高中间低”的搜索区间开始。可以通过 $(x_1,f_1)$、$(x_2,f_2)$、$(x_3,f_3)$ 三点作一条二次插值多项式曲线（抛物线），并且认为这条抛物线在区间 $[x_1,x_3]$ 上近似于曲线 $f(x)$，于是可以用这条抛物线 $P(x)$ 的极小点 $\mu$ 作为 $f(x)$ 极小点的近似，如图 2-4 所示。

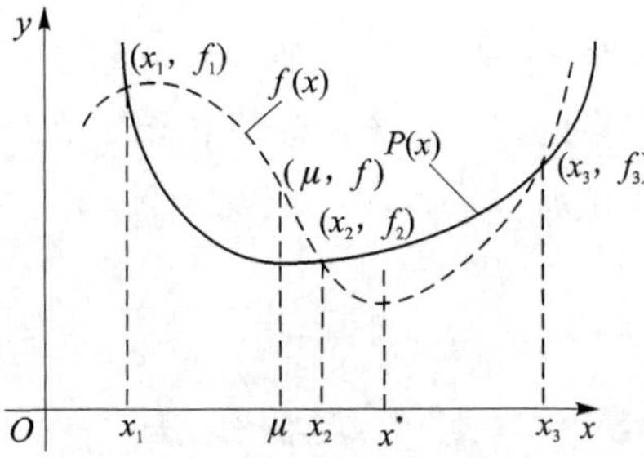


图 2-4　抛物线法

设过三点 $(x_1,f_1)$、$(x_2,f_2)$、$(x_3,f_3)$ 的抛物线为

$$P(x)=a_0+a_1x+a_2x^2,\quad a_2\neq 0$$

其满足

$$P(x_1)=a_0+a_1x_1+a_2x_1^2=f(x_1)$$
$$P(x_2)=a_0+a_1x_2+a_2x_2^2=f(x_2)$$
$$P(x_3)=a_0+a_1x_3+a_2x_3^2=f(x_3)$$

则 $P(x)$的导数值为

$$P'(x)=a_1+2a_1x$$

令其为零,则可得计算近似极小点的公式为

$$\mu=-\frac{a_1}{2a_2} \tag{2-7}$$

式(2-7)也可以写成

$$\mu=\frac{f_1(x_2^2-x_3^2)+f_2(x_3^2-x_1^2)+f_3(x_1^2-x_2^2)}{2[(x_2-x_3)f_1+(x_3-x_1)f_2+(x_1-x_2)f_3]}$$

此点即为 $f(x)$的极小点的一次近似。

然后算出在点 $\mu$ 处的函数值 $f_\mu$,就可以得到四个点$(x_1,f_1)$、$(x_2,f_2)$、$(x_3,f_3)$和$(\mu,f_\mu)$,从中找出相邻的且满足"两头高中间低"的三点,如图 2-4 中的$\mu$、$x_2$、$x_3$,然后再以这三点作二次抛物线,如此重复进行,就能得到极小点的新估计值,直至满足一定的迭代准则为止。

常用的迭代准则有:如果$\begin{cases}|f(\mu)-f(x_2)|<\varepsilon\\ \text{或}|x_2-\mu|<\varepsilon\\ \text{或}|f(\mu)-P(x_2)|<\varepsilon\end{cases}$,则迭代结束,$x^*\approx\mu$;否则迭代继续。

其中,$\varepsilon>0$ 为已知的计算精度。

根据以上原理,可以得出抛物线法的计算步骤如下:

**步骤 0:** 根据进退法确定三点 $x_0$,$x_1=x_0+h$,$x_2=x_0+2h(h>0)$,且对应的函数值满足$f_1<f_0$,$f_1<f_2$,设定容许误差 $0\leqslant\varepsilon\ll1$。

**步骤 1:** 若$|x_2-x_0|\leqslant\varepsilon$,则停止,输出 $x^*=x_1$。

**步骤 2:** 根据下式计算插值点

$$\overline{x}=x_0+\frac{(3f_0-4f_1+f_2)h}{2(f_0-2f_1+f_2)}$$

以及相应的函数值 $\overline{f}=f(\overline{x})$。若 $f_1\leqslant\overline{f}$,则转步骤 4;否则,转步骤 3。

**步骤 3:** 若 $x_1>\overline{x}$,则 $x_2=x_1$,$x_1=\overline{x}$,$f_2=f_1$,$f_1=\overline{f}$,转步骤 1;否则,$x_0=x_1$,$x_1=\overline{x}$,$f_0=f_1$,$f_1=\overline{f}$,转步骤 1。

**步骤 4:** 若 $x_1<\overline{x}$,则 $x_2=\overline{x}$,$f_2=\overline{f}$,转步骤 1;否则,$x_0=\overline{x}$,$f_0=\overline{f}$,转步骤 1。

如果已知一点的函数值和导数值及另一点的函数值,那么也可以用二次插值法,此时计算近似极小点的公式为

$$\mu=x_1-\frac{f_1'(x_2-x_1)^2}{2[f_2-f_1-f_1'(x_2-x_1)]}$$

### 2.5.5 二点三次插值法

二点三次插值法是用 $a$、$b$ 两点处的函数值 $f(a)$、$f(b)$和导数值 $f'(a)$、$f'(b)$来构造三次插值多项式 $P(x)$,然后用三次多项式 $P(x)$的极小点作为极小点 $f(x)$的近似值,如图 2-5 所示。一般来说,二点三次插值法比抛物线法的收敛速度要快一些。

二点三次插值法的计算步骤如下：

**步骤 0**：输入初始点 $x_0$、初始步长 $\alpha$ 及精度要求 $\varepsilon$。

**步骤 1**：置 $x_1 = x_0$，计算 $f_1 = f(x_1)$，$f'_1 = f'(x_1)$。若 $|f'_1| \leqslant \varepsilon$，则停止计算。

**步骤 2**：若 $f'_1 > 0$，则置 $\alpha = -|\alpha|$；否则，置 $\alpha = |\alpha|$。

**步骤 3**：置 $x_2 = x_1 + \alpha$，计算 $f_2 = f(x_2)$，$f'_2 = f'(x_2)$。若 $|f'_2| \leqslant \varepsilon$，则停止计算。

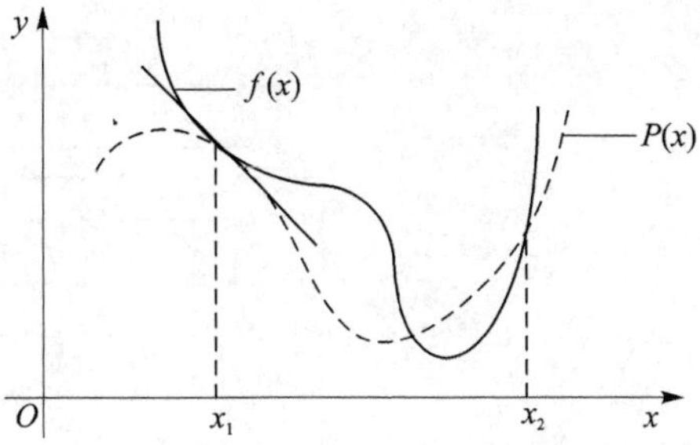


**图 2-5　二点三次插值法**

**步骤 4**：若 $f'_1 f'_2 > 0$，则置 $\alpha = 2\alpha$，$x_1 = x_2$，$f_1 = f_2$，$f'_1 = f'_2$，转步骤 3。

**步骤 5**：计算

$$z = \frac{3(f_2 - f_1)}{x_2 - x_1} - f'_1 - f'_2$$

$$\omega = \mathrm{sign}(x_2 - x_1)\sqrt{z^2 - f'_1 f'_2}$$

$$\mu = x_1 + (x_2 - x_1)\left(1 - \frac{f'_2 + \omega + z}{f'_2 - f'_1 + 2\omega}\right)$$

并计算 $f = f(\mu)$，$f' = f'(\mu)$。

**步骤 6**：若 $|f'| \leqslant \varepsilon$，则停止计算，输出 $x^* = \mu$；否则，置 $\alpha = \dfrac{\alpha}{10}$，$x_1 = \mu$，$f_1 = f$，$f'_1 = f'$，转步骤 2。

## 2.5.6 “成功-失败”法

“成功-失败”法的计算步骤如下：

(1) 给定初始点 $x_0 \in \mathbf{R}$，搜索步长 $h > 0$ 及精度 $\varepsilon > 0$。

(2) 计算 $x_1 = x_0 + h$，$f(x_1)$。

(3) 若 $f(x_1) < f(x_0)$，则搜索成功，下一次搜索就大步前进，用 $x_1$ 代替 $x_0$，$2h$ 代替 $h$，继续进行搜索；若 $f(x_1) \geqslant f(x_0)$，则搜索失败，下一次搜索就小步后退。首先看是否有 $|h| \leqslant \varepsilon$，若是，则取 $x^* \approx x_0$，计算结束；否则，用 $-h/4$ 代替 $h$，返回第(2)步，继续进行搜索。

“成功-失败”法的计算框图如图 2-6 所示。

## 2.5.7 非精确一维搜索

由于该方法的优点，非精确一维搜索方法越来越流行。

**1. Wolfe 准则**

Wolfe 准则是指给定 $\rho \in (0, 0.5)$，$\sigma \in (\rho, 1)$，要求 $\lambda_k$ 使得下面两个不等式同时成立满足如下条件：

1°　$f(\boldsymbol{x}^{(k)} + \alpha_k \boldsymbol{d}^{(k)}) \leqslant f(\boldsymbol{x}^{(k)}) + \rho\lambda_k \boldsymbol{g}_k^{\mathrm{T}} \boldsymbol{d}^{(k)}$　　(2-8)

2°　$\nabla f(\boldsymbol{x}^{(k)} + \lambda_k \boldsymbol{d}^{(k)})^{\mathrm{T}} \boldsymbol{d}^{(k)} \geqslant \sigma \boldsymbol{g}_k^{\mathrm{T}} \boldsymbol{d}^{(k)}$　　(2-9)

式中：$\boldsymbol{g}_k = g(\boldsymbol{x}^{(k)}) = \nabla f(\boldsymbol{x}^{(k)})$。

式(2-9)有时也用更强的条件来代替，即

$$|\nabla f(\boldsymbol{x}^{(k)} + \lambda_k \boldsymbol{d}^{(k)})^{\mathrm{T}} \boldsymbol{d}^{(k)}| \leqslant -\sigma \boldsymbol{g}_k^{\mathrm{T}} \boldsymbol{d}^{(k)} \tag{2-10}$$

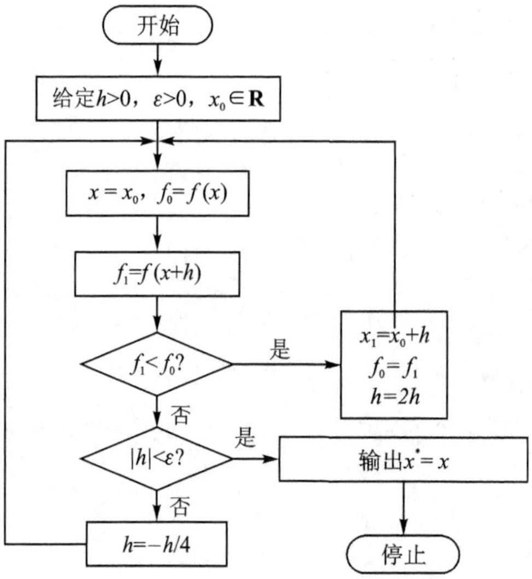


**图 2-6 “成功-失败”法的计算框图**

这样当 $\sigma$ 充分小时，可保证式(2-10)变成近似精确一维搜索。式(2-8)和式(2-9)也称为强 Wolfe 准则。

强 Wolfe 准则表明，由该准则得到新的迭代点 $\boldsymbol{x}^{(k+1)}=\boldsymbol{x}^{(k)}+\lambda_k\boldsymbol{d}^{(k)}$ 在 $\boldsymbol{x}^{(k)}$ 的某一邻域内并使目标函数有一定的下降量。

**2. Armijo 准则**

Armijo 准则是指给定 $\beta\in(0,1)$，$\sigma\in(0,0.5)$，令步长因子 $\alpha_k=\beta^{m_k}$，其中 $m_k$ 为满足下列不等式的最小非负整数

$$f(\boldsymbol{x}^{(k)}+\beta^m\boldsymbol{d}^{(k)})\leqslant f(\boldsymbol{x}^{(k)})+\sigma\beta^m\boldsymbol{g}_k^{\mathrm{T}}\boldsymbol{d}^{(k)}$$

**3. 非精确一维搜索算法一**

非精确一维搜索算法一即为直接法，其计算步骤如下：

设点 $\boldsymbol{x}^{(k)}$、搜索方向 $\boldsymbol{d}^{(k)}$ 已求得，求出 $f_k=f(\boldsymbol{x}^{(k)})$，$\boldsymbol{g}_k=\nabla f(\boldsymbol{x}^{(k)})$。

(1) 给定 $\rho\in(0,1)$ ，$\sigma\in(\rho,1)$，令 $a=0$，$b=-\infty$，$\lambda=1$，$j=0$。

(2) 令 $\boldsymbol{x}^{(k+1)}=\boldsymbol{x}^{(k)}+\lambda_k\boldsymbol{d}^{(k)}$，计算 $f_{k+1}=f(\boldsymbol{x}^{(k+1)})$，$\boldsymbol{g}_{k+1}=\nabla f(\boldsymbol{x}^{(k+1)})$。若 $\lambda$ 满足 Wolfe 准则，则令 $\lambda_{k+1}=\lambda$，计算结束；否则，令 $j=j+1$。若 $\lambda$ 不满足条件 1°，则转步骤(3)；若 $\lambda$ 满足条件 1°，不满足条件 2°，则转步骤(4)。

(3) 令 $b=\lambda$，$\lambda=(\lambda+a)/2$，返回步骤(2)。

(4) 令 $a-\lambda$，$\lambda=\min(2\lambda,(\lambda+a)/2)$，返回步骤(2)。

上述算法中的步骤(3)和步骤(4)的放大与缩小系数 2 与 1/2 也可改取为 $1/\beta$、$\beta(0<\beta<1)$或者 $\beta_2>1$、$0<\beta_1<1$。另外，根据经验，常取 $\rho=0.1$，$\sigma=0.5$。

**4. 非精确一维搜索算法二**

非精确一维搜索算法二即为二次插值法，其计算步骤如下：

(1) 给定 $c_1\in(0,1)$，$c_2\in(c_1,1)$，$T>0$，令 $\lambda_1=0$，$\lambda_2=1$，$\lambda_3=+\infty$，$j=0$。

(2) 若 $\lambda_2$ 满足条件 1°、2°，则令 $\lambda_k=\lambda_2$，计算结束；否则，转步骤(3)。

(3) 计算 $\varphi_1=f(\boldsymbol{x}^{(k)}+\lambda_1\boldsymbol{d}^{(k)})$，$\varphi_2=f(\boldsymbol{x}^{(k)}+\lambda_2\boldsymbol{d}^{(k)})$，$\varphi'_1=\nabla f(\boldsymbol{x}^{(k)}+\lambda_1\boldsymbol{d}^{(k)})^{\mathrm{T}}\boldsymbol{d}^{(k)}$ 及 $\hat{\lambda}=\lambda_1+\frac{1}{2}(\lambda_2-\lambda_1)\Big/\left[1+\frac{\varphi_1-\varphi_2}{(\lambda_2-\lambda_1)\varphi_1'}\right]$。

(4) 若 $\lambda_1<\hat{\lambda}<\lambda_2$，则令 $\lambda_3=\lambda_2, \lambda_2=\hat{\lambda}$，返回步骤(2)；若 $\lambda_2\leqslant\hat{\lambda}<\lambda_3$，则令 $\lambda_1=\lambda_2, \lambda_2=\hat{\lambda}$，返回步骤(2)；否则，转步骤(5)。

(5) 若 $\hat{\lambda}\leqslant\lambda_1$，则令 $\hat{\lambda}=\lambda_1+T\Delta\lambda$；若 $\hat{\lambda}\geqslant\lambda_3$，则令 $\hat{\lambda}=\lambda_3-T\Delta\lambda$（其中 $\Delta\lambda=\lambda_3-\lambda_1$），令 $\lambda_2=\hat{\lambda}$，返回步骤(2)。

# 2.6 基本下降法

## 2.6.1 最速下降法

最速下降法，也称梯度法，是一种用于求多个变量函数极值问题的最早的方法，后来提出的不少方法都是对这个方法改进的结果。

**1. 基本思想**

考虑到函数 $f(\boldsymbol{x})$ 在点 $\boldsymbol{x}^{(k)}$ 处沿着方向 $\boldsymbol{d}$ 的方向导数 $f_{\boldsymbol{d}}(\boldsymbol{x}^{(k)})=\nabla f(\boldsymbol{x}^{(k)})^{\mathrm{T}}\boldsymbol{d}$ 是表示 $f(\boldsymbol{x})$ 在点 $\boldsymbol{x}^{(k)}$ 处沿方向 $\boldsymbol{d}$ 的变化率，因此当 $f$ 连续可微时，方向导数为负，说明函数值沿着该方向下降；方向导数越小，表明下降得越快。因此，确定搜索方向 $\boldsymbol{d}^{(k)}$ 的一个思想，就是以 $f(\boldsymbol{x})$ 在点 $\boldsymbol{x}^{(k)}$ 方向导数最小的方向作为搜索方向，即令

$$\boldsymbol{d}^{(k)}=-\nabla f(\boldsymbol{x}^{(k)}) \tag{2-11}$$

**2. 迭代步骤**

迭代步骤如下：

(1) 给定初始点 $\boldsymbol{x}^{(0)}$，精度 $0\leqslant\varepsilon\ll1$，令 $k=0$。

(2) 计算 $\nabla f(\boldsymbol{x}^{(0)})$。

(3) 若 $\|\nabla f(\boldsymbol{x}^{(k)})\|\leqslant\varepsilon$，则迭代结束，取 $\boldsymbol{x}^*=\boldsymbol{x}^{(k)}$；否则转步骤(4)。

(4) 这时 $\|\nabla f(\boldsymbol{x}^{(k)})\|\geqslant\varepsilon$，用精确一维搜索求

$$\varphi(\lambda)=f(\boldsymbol{x}^{(k)}-\lambda\nabla f(\boldsymbol{x}^{(k)}))$$

的一个极小点 $\lambda_k$，使 $f(\boldsymbol{x}^{(k)}-\lambda_k\nabla f(\boldsymbol{x}^{(k)}))<f(\boldsymbol{x}^{(k)})$。

(5) 令 $\boldsymbol{x}^{(k+1)}=\boldsymbol{x}^{(k)}-\lambda_k\nabla f(\boldsymbol{x}^{(k)})$，$k=k+1$，返回步骤(2)。

最速下降法的计算框图如图 2-7 所示。

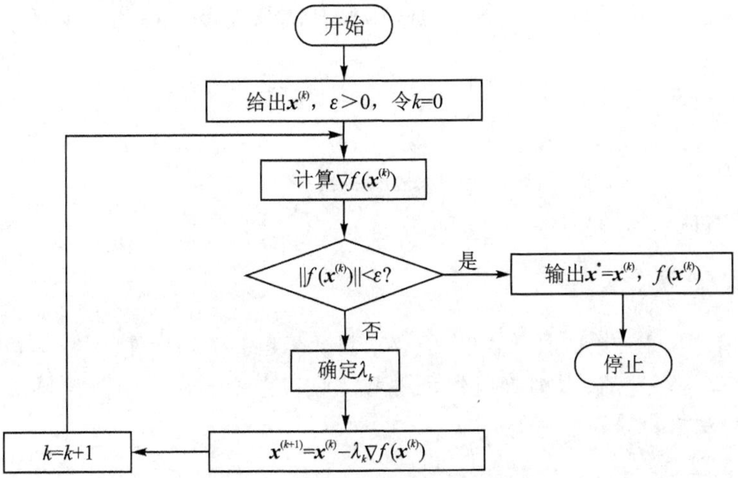


**图 2-7 最速下降法的计算框图**

最速下降法的计算量不大且是收敛的，但收敛速度慢，特别是当迭代点接近最优点时，每次迭代行进的距离越来越短。

### 2.6.2 牛顿法

牛顿法是一维搜索中的牛顿法在多维情况中的推广。其基本思想与一维问题类似，在局部，用一个二次函数 $g(\boldsymbol{x})$ 近似地代替目标函数 $f(\boldsymbol{x})$，然后用 $g(\boldsymbol{x})$ 的极小点作为 $f(\boldsymbol{x})$ 的近似极小点。

设 $\boldsymbol{x}^{(k)}$ 为 $f(\boldsymbol{x})$ 的一个近似极小点，则根据最优性条件，可得其极小点为

$$\hat{\boldsymbol{x}}=\boldsymbol{x}^{(k)}-[(\nabla^2 f(\boldsymbol{x}^{(k)})]^{-1}\nabla f(\boldsymbol{x}^{(k)})$$

取 $\hat{\boldsymbol{x}}$ 作为 $f(\boldsymbol{x})$ 的近似极小点，这样就得到牛顿法的迭代公式，即

$$\boldsymbol{x}^{(k+1)}=\boldsymbol{x}^{(k)}-[\nabla^2 f(\boldsymbol{x}^{(k)})]^{-1}\nabla f(\boldsymbol{x}^{(k)}) \tag{2-12}$$

牛顿法至少是二阶收敛的，因此它的收敛速度快，但它要求 $f(\boldsymbol{x})$ 二阶可微，并且计算 $[\nabla^2 f(\boldsymbol{x})]^{-1}$ 较为困难，初始点 $\boldsymbol{x}^{(0)}$ 不能离极小点 $\boldsymbol{x}^*$ 太远，否则迭代可能不收敛。

如果要避免初始点对迭代收敛性影响过大的情况，则可以采用阻尼牛顿法，或称修正牛顿法。

### 2.6.3 阻尼牛顿法

在牛顿法中，步长 $\lambda_k$ 总是取 1。在阻尼牛顿法中，每步迭代沿方向

$$\boldsymbol{d}^{(k)}=-[\nabla^2 f(\boldsymbol{x}^{(k)})]^{-1}\nabla f(\boldsymbol{x}^{(k)})$$

进行一维搜索来决定 $\lambda_k$，即取 $\lambda_k$，使

$$f(\boldsymbol{x}^{(k)}+\lambda_k\boldsymbol{d}^{(k)})=\min_{\lambda\geqslant 0} f(\boldsymbol{x}^{(k)}+\lambda\boldsymbol{d}^{(k)})$$

而用迭代公式

$$\boldsymbol{x}^{(k+1)}=\boldsymbol{x}^{(k)}-\lambda_k[\nabla^2 f(\boldsymbol{x}^{(k)})]^{-1}\nabla f(\boldsymbol{x}^{(k)}) \tag{2-13}$$

来代替式(2-12)。

阻尼牛顿法保持了牛顿法收敛速度快的优点，且又不要求初始点选得很好，因而在实际应用中取得了较好的结果。

阻尼牛顿法的计算步骤如下：

(1) 给定初始点 $\boldsymbol{x}^{(0)}$，精度 $0\leqslant\varepsilon\ll 1$，令 $k=0$。

(2) 计算 $\nabla f(\boldsymbol{x}^{(k)})$，若 $\|\nabla f(\boldsymbol{x}^{(k)})\|\leqslant\varepsilon$ 成立，则算法结束，$\boldsymbol{x}^{(k)}$ 即为近似极小点；否则，转步骤(3)。

(3) 计算 $[\nabla^2 f(\boldsymbol{x}^{(k)})]^{-1}$ 及 $\boldsymbol{d}^{(k)}=-[\nabla^2 f(\boldsymbol{x}^{(k)})]^{-1}\nabla f(\boldsymbol{x}^{(k)})$。

(4) 沿 $\boldsymbol{d}^{(k)}$ 进行一维搜索，决定步长 $\lambda_k$。

(5) 令 $\boldsymbol{x}^{(k+1)}=\boldsymbol{x}^{(k)}+\lambda_k\boldsymbol{d}^{(k)}$，$k=k+1$，返回步骤(2)。

阻尼牛顿法的计算框图如图 2-8 所示。

### 2.6.4 修正牛顿法

牛顿法虽具有不低于二阶的收敛速度，但要求目标函数的 Hesse 阵(海赛阵 $G(\boldsymbol{x})=\nabla^2 f(\boldsymbol{x})$)在每个迭代点处都是正定的，否则难以保证牛顿方向 $\boldsymbol{d}^{(k)}=-\boldsymbol{G}_k^{-1}\boldsymbol{g}_k$ 是下降方向。为弥补这一缺陷，可对牛顿法进行修正。

**1. 牛顿-梯度法**

对牛顿法修正的途径之一是将牛顿法与梯度法结合起来，构造“牛顿-梯度法”，其基本思

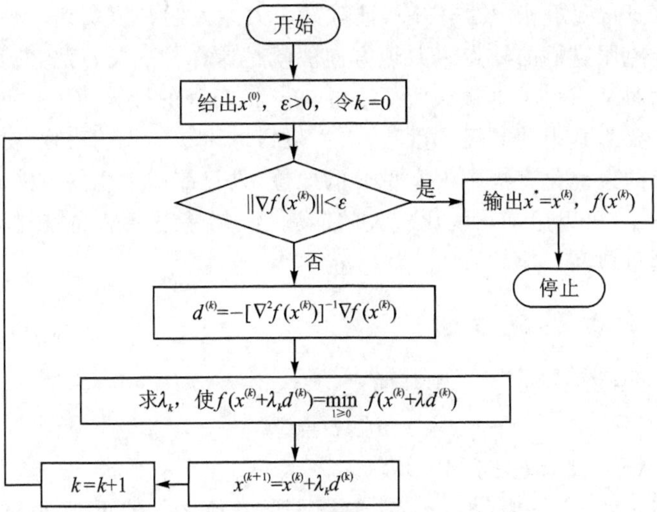


**图 2-8　阻尼牛顿法的计算框图**

想是：若 Hesse 阵正定，则采用牛顿方向作为搜索方向；否则，若 Hesse 阵奇异，或者虽然非奇异但牛顿方向不是下降方向，则采用负梯度方向作为搜索方向。

牛顿-梯度法的计算步骤如下：

(1) 选取初始点 $\boldsymbol{x}^{(0)}$，容许误差 $0\leqslant\varepsilon\ll1$，令 $k=0$。

(2) 计算 $\boldsymbol{g}_k=\nabla f(x^{(k)})$，若 $\|g_k\|\leqslant\varepsilon$ 成立，则算法结束，$\boldsymbol{x}^{(k)}$ 即为近似极小点；否则转步骤(3)。

(3) 计算 $\boldsymbol{G}_k=\nabla^2 f(\boldsymbol{x}^{(k)})$，并求解线性方程组

$$\boldsymbol{G}_k\boldsymbol{d}_k=-\boldsymbol{g}_k$$

若方程组有解 $\boldsymbol{d}_k$，且满足 $\boldsymbol{g}_k^{\mathrm{T}}\boldsymbol{d}_k<0$，则转步骤(4)；否则，令 $\boldsymbol{d}_k=-\boldsymbol{g}_k$，转步骤(4)。

(4) 由线搜索方法确定步长因子 $\lambda_k$。

(5) 令 $\boldsymbol{x}^{(k+1)}=\boldsymbol{x}^{(k)}+\lambda_k\boldsymbol{d}^{(k)}$，$k=k+1$，返回步骤(2)。

**2. 修正牛顿法**

克服 Hesse 阵正定缺陷的另一途径是在每一迭代步中适当地选取参数 $\mu_k$ 使得矩阵正定，具体计算步骤如下：

(1) 选取参数 $\beta\in(0,1)$，$\sigma\in(0,0.5)$，初始点 $\boldsymbol{x}^{(0)}$，容许误差 $0\leqslant\varepsilon\ll1$，参数 $\tau\in[0,1]$，令 $k=0$。

(2) 计算 $\boldsymbol{g}_k=\nabla f(\boldsymbol{x}^{(k)})$，$\mu_k=\|\boldsymbol{g}_k\|^{1+\tau}$。若 $\|g_k\|\leqslant\varepsilon$ 成立，则算法结束，$\boldsymbol{x}^{(k)}$ 即为近似极小点；否则，转步骤(3)。

(3) 计算 $\boldsymbol{G}_k=\nabla^2 f(\boldsymbol{x}^{(k)})$，并求解线性方程组

$$(\boldsymbol{G}_k+\mu_k\boldsymbol{I})\boldsymbol{d}=-\boldsymbol{g}_k$$

得方程组有解 $\boldsymbol{d}_k$。

(4) 由线搜索方法确定步长因子 $\lambda_k$。

(5) 令 $\boldsymbol{x}^{(k+1)}=\boldsymbol{x}^{(k)}+\lambda_k\boldsymbol{d}^{(k)}$，$k=k+1$，返回步骤(2)。

## 2.7　共轭方向法和共轭梯度法

最速下降法计算步骤简单，但收敛速度太慢，而牛顿法和阻尼牛顿法收敛速度快，但要计

算二阶偏导数矩阵(Hesse 矩阵)及其逆阵,计算量太大。人们希望找到一种方法,能兼顾这两种方法的优点,又能克服它们的缺点。共轭方向法就是这样的一类方法,它比最速下降法的收敛速度要快得多,同时又避免了牛顿法所要求的 Hesse 矩阵的计算、存储和求逆。

共轭方向法,主要是其中的共轭梯度法,对一般目标函数的无约束优化问题的求解具有较高的效率,因此在无约束优化算法中占有重要的地位,是目前最常用的方法之一。由于它的计算公式简单,存储量小,可以用来求解比较大的问题,特别是用于最优控制问题时,效果很好,因此,引起了人们的重视和兴趣。

## 2.7.1 共轭方向和共轭方向法

设 $\boldsymbol{A}$ 为 $n$ 阶对称矩阵,$\boldsymbol{p}$、$\boldsymbol{q}$ 为 $n$ 维列向量,若

$$\boldsymbol{p}^{\mathrm{T}}\boldsymbol{A}\boldsymbol{q}=0 \tag{2-14}$$

则称向量 $\boldsymbol{p}$ 与 $\boldsymbol{q}$ 为 $\boldsymbol{A}$ -正交,或关于 $\boldsymbol{A}$ -共轭。

如果 $\boldsymbol{A}=\boldsymbol{I}_n$,则式(2-14)变为 $\boldsymbol{p}^{\mathrm{T}}\boldsymbol{q}=0$,这就是通常意义下的正交性,故 $\boldsymbol{A}$ -共轭或 $\boldsymbol{A}$ -正交是正交概念的推广。

如果对于有限个向量 $\boldsymbol{p}_1,\boldsymbol{p}_2,\cdots,\boldsymbol{p}_m$,有 $\boldsymbol{p}_i^{\mathrm{T}}\boldsymbol{A}\boldsymbol{p}_j=0(i\neq j,j=1,2,\cdots,m)$成立,则称这个向量组为 $\boldsymbol{A}$ -正交(或共轭)向量组,也称它们为一组 $\boldsymbol{A}$ 共轭方向。

对于 $n$ 元二次函数的无约束优化问题

$$\min f(\boldsymbol{x})=c+\boldsymbol{b}^{\mathrm{T}}\boldsymbol{x}+\frac{1}{2}x^{\mathrm{T}}\boldsymbol{H}\boldsymbol{x} \tag{2-15}$$

式中:$c$ 为常数;$\boldsymbol{x}$、$\boldsymbol{b}$ 为 $n$ 维列向量;$\boldsymbol{H}$ 为 $n$ 阶对称正定矩阵。这时,$\nabla f(\boldsymbol{x})=\boldsymbol{b}+\boldsymbol{H}\boldsymbol{x}$,$\nabla^2 f(\boldsymbol{x})=\boldsymbol{H}$,$f(\boldsymbol{x})$有唯一的极小点,在极小点 $\boldsymbol{x}^*$ 处

$$\nabla f(\boldsymbol{x}^*)=\boldsymbol{b}+\boldsymbol{H}\boldsymbol{x}^*=0$$

则

$$\boldsymbol{x}^*=-\boldsymbol{H}^{-1}\boldsymbol{b}$$

因此,对 $n$ 元二次函数 $f(\boldsymbol{x})$,有下述结论:

设 $\boldsymbol{H}$ 为 $n$ 阶对称正定矩阵,$\boldsymbol{d}^{(0)},\boldsymbol{d}^{(1)},\cdots,\boldsymbol{d}^{(n-1)}$ 是一组 $\boldsymbol{H}$ 共轭方向,对式(2-15),若从任一初始点 $\boldsymbol{x}^{(0)}\in\mathbf{R}^n$ 出发,依次沿方向 $\boldsymbol{d}^{(0)},\boldsymbol{d}^{(1)},\cdots,\boldsymbol{d}^{(n-1)}$ 进行精确一维搜索,则至多经过 $n$ 次迭代,即可求得 $f(\boldsymbol{x})$的最小点。

由此可见,只要能选取一组 $\boldsymbol{H}$ 共轭的方向 $\boldsymbol{d}^{(0)},\boldsymbol{d}^{(1)},\cdots,\boldsymbol{d}^{(n-1)}$,就可以用上述方法在 $n$ 步之内求得 $n$ 元二次函数 $f(\boldsymbol{x})$的极小点,这种算法称为共轭方向法。这种算法对于形如式(2-15)的二次函数,具有有限步收敛的性质。

共轭方向法的计算步骤如下:

给定正定二次函数 $f(\boldsymbol{x})=\frac{1}{2}\boldsymbol{x}^{\mathrm{T}}\boldsymbol{Q}\boldsymbol{x}+\boldsymbol{b}^{\mathrm{T}}\boldsymbol{x}+c$,精度 $0\leqslant\varepsilon\ll 1$。

(1) 给定初始点 $\boldsymbol{x}^{(0)}\in\mathbf{R}^n$,计算 $\boldsymbol{g}_0=\nabla f(\boldsymbol{x}^{(0)})=\boldsymbol{Q}\boldsymbol{x}^{(0)}-\boldsymbol{b}$,$\boldsymbol{d}_k=-\boldsymbol{g}_0$。令 $k=0$。

(2) 若$\|\boldsymbol{g}_k\|\leqslant\varepsilon$,则停止计算,输出 $\boldsymbol{x}^*\approx\boldsymbol{x}_k$;否则,转步骤(3)。

(3) 利用精确一维搜索方法确定步长因子 $\alpha_k$,即

$$f(\boldsymbol{x}_0+\alpha_k\boldsymbol{d}_k)=\min f(\boldsymbol{x}_0+\alpha\boldsymbol{d}_k)$$

(4) 计算 $\boldsymbol{x}^{(k+1)}=\boldsymbol{x}_0+\alpha_k\boldsymbol{d}_k$,$\boldsymbol{g}_{k+1}=\Delta f(\boldsymbol{x}^{(k+1)})=\boldsymbol{Q}\boldsymbol{x}^{(k+1)}-\boldsymbol{b}$,$\alpha_k=\dfrac{\boldsymbol{g}_{k+1}^{\mathrm{T}}\boldsymbol{Q}\boldsymbol{d}_k}{\boldsymbol{d}_k^{\mathrm{T}}\boldsymbol{Q}\boldsymbol{d}_k}$,$\boldsymbol{d}_{k+1}=-\nabla f(\boldsymbol{x}^{(k+1)})+\alpha_k\boldsymbol{d}_k$。

(5) 令 $k=k+1$，转步骤(2)。

## 2.7.2 共轭梯度法

共轭方向的选取具有很大的任意性，而对应于不同的一组共轭方向就有不同的共轭方向法。作为一种算法，自然是希望共轭方向能在迭代过程中逐次生成。共轭梯度法即是这样的一种算法，它利用每次一维最优化所得到的点 $\boldsymbol{x}^{(i)}$ 处的梯度来生成共轭方向，其具体步骤如下：

(1) 给定初始点 $\boldsymbol{x}^{(0)}$ 及精度 $0\leqslant\varepsilon\ll 1$。

(2) 计算 $\boldsymbol{g}_0=\nabla f(\boldsymbol{x}^{(0)})$，令 $\boldsymbol{d}^{(0)}=-\boldsymbol{g}_0$，$k=0$。

(3) 求 $\min\limits_{\lambda\geqslant 0} f(\boldsymbol{x}^{(k)}+\lambda\boldsymbol{d}^{(k)})$ 决定 $\lambda_k$，计算

$$\boldsymbol{x}^{(k+1)}=\boldsymbol{x}^{(k)}+\lambda_k\boldsymbol{d}^{(k)},\quad \boldsymbol{g}_{k+1}=\nabla f(\boldsymbol{x}^{(k+1)})$$

(4) 若 $\|\boldsymbol{g}_{k+1}\|\leqslant\varepsilon$，则迭代结束；否则，转步骤(5)。

(5) 若 $k<n-1$，则计算

$$\mu_{k+1}\triangleq\mu_{k+1,k}=\frac{\|\boldsymbol{g}_{k+1}\|^2}{\|\boldsymbol{g}_k\|^2}$$

$$\boldsymbol{d}_{k+1}=-\boldsymbol{g}_{k+1}+\mu_{k+1}\boldsymbol{d}^{(k)}$$

令 $k=k+1$，转回步骤(3)。

若 $k=n-1$，则令 $\boldsymbol{x}^{(0)}=\boldsymbol{x}^{(n)}$，转回步骤(2)。

共轭梯度法的计算框图如图2-9所示。

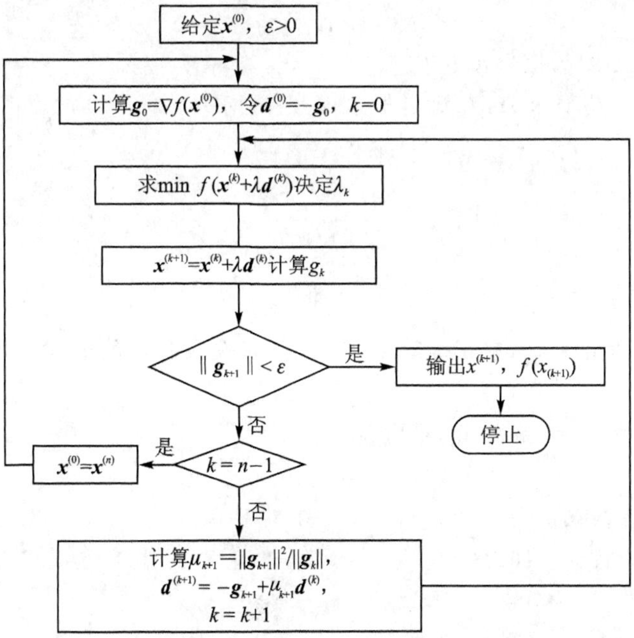


**图2-9 共轭梯度法的计算框图**

应当注意，由于 $n$ 维问题的共轭方向只有 $n$ 个，在 $n$ 步之后，连续进行计算已无意义，而且舍入误差的积累也越来越大。因此，在实际应用时，多采用计算 $n$ 步后，就以所得的近似极小点 $\boldsymbol{x}^{(n)}$ 为初始点，重新开始迭代。这样可以取得较好的效果。

## 2.8 变尺度法(拟牛顿法)

变尺度法(又称拟牛顿法)是求解无约束优化问题最有效的算法之一,得到了广泛的研究和应用。它综合了最速下降法和牛顿法的优点,使算法既具有快速收敛的优点,又可以不计算二阶偏导数矩阵和逆矩阵,就可以构造出每次迭代的搜索方向 $\boldsymbol{d}^{(k)}$。

分析最速下降法和阻尼牛顿法的计算公式,发现它们可以用

$$\boldsymbol{x}_{(k+1)}=\boldsymbol{x}^{(k)}-\lambda_k\boldsymbol{H}_k\nabla f(\boldsymbol{x}^{(k)})$$

来统一描述。若 $\boldsymbol{H}_k$ 为单位矩阵 $\boldsymbol{I}$,则为最速下降法的计算公式;若 $\boldsymbol{H}_k=[\nabla^2 f(\boldsymbol{x}^{(k)})]^{-1}$,则为阻尼牛顿法的计算公式。特别地,若步长 $\lambda_k=1$,则得到牛顿法的迭代公式。

为了保证牛顿法的优点,希望 $\boldsymbol{H}_k$ 能近似地等于$[\nabla^2 f(\boldsymbol{x}^{(k)})]^{-1}$,并且能在迭代计算中逐次生成,即

$$\boldsymbol{H}_{k+1}=\boldsymbol{H}_k+\boldsymbol{C}_k \tag{2-16}$$

式中:$\boldsymbol{C}_k$ 称为修正矩阵,$\boldsymbol{C}_k$ 不同,就可以得到不同的算法。

为了研究 $\boldsymbol{H}_k\approx[\nabla^2 f(\boldsymbol{x}^{(k)})]^{-1}$ 的条件,对于一般的 $n$ 元二次函数,可以将 $f(\boldsymbol{x})$在点 $\boldsymbol{x}^{(k+1)}$处进行 Taylor 展开,取其前三项,可以得到

$$\nabla f(\boldsymbol{x})\approx\nabla f(\boldsymbol{x}^{(k+1)})+\boldsymbol{G}_{k+1}(\boldsymbol{x}-\boldsymbol{x}^{(k+1)})$$

或写成

$$\boldsymbol{g}_{k+1}-\boldsymbol{g}_k\approx\boldsymbol{G}_{k+1}\Delta\boldsymbol{x}_k$$

即

$$\boldsymbol{G}_{k+1}\Delta\boldsymbol{x}_k\approx\Delta\boldsymbol{g}_k \tag{2-17}$$

或

$$\Delta\boldsymbol{x}_k\approx\boldsymbol{G}_{k+1}^{-1}\Delta\boldsymbol{g}_k \tag{2-18}$$

称式(2-17)和式(2-18)为拟牛顿方程。

为了使 $\boldsymbol{H}_k\approx\boldsymbol{G}_k^{-1}$,应要求 $\boldsymbol{H}_{k+1}$ 满足拟牛顿方程,即

$$\boldsymbol{H}_{k+1}\Delta\boldsymbol{g}_k=\Delta\boldsymbol{x}_k \tag{2-19}$$

或

$$\boldsymbol{B}_{k+1}\Delta\boldsymbol{x}_k=\Delta\boldsymbol{g}_k \tag{2-20}$$

式中:$\boldsymbol{B}_{k+1}=\boldsymbol{H}_{k+1}^{-1}$。

### 2.8.1 对称秩 1 算法

为了使迭代计算简单易行,修正矩阵 $\boldsymbol{C}_k$ 应尽可能选取简单的形式,通常要求 $\boldsymbol{C}_k$ 的秩越小越好。

若要求 $\boldsymbol{C}_k$ 是秩为 1 的对称矩阵,则可设

$$\boldsymbol{C}_k=\alpha_k\boldsymbol{u}\boldsymbol{u}^{\mathrm{T}} \tag{2-21}$$

式中:$\alpha_k\neq0$,为待定常数;$\boldsymbol{u}=(u_1,u_2,\cdots,u_n)^{\mathrm{T}}\neq0$。

将式(2-21)代入式(2-16)得

$$\boldsymbol{H}_{k+1}=\boldsymbol{H}_k+\alpha_k\boldsymbol{u}\boldsymbol{u}^{\mathrm{T}}$$

将上式代入式(2-19)得

$$\boldsymbol{H}_k\Delta\boldsymbol{g}_k+\alpha_k\boldsymbol{u}(\boldsymbol{u}^{\mathrm{T}}\Delta\boldsymbol{g}_k)=\Delta\boldsymbol{x}_k$$

由于 $\alpha_k$、$\boldsymbol{u}^{\mathrm{T}}\Delta\boldsymbol{g}_k$ 为数值量,所以 $\boldsymbol{u}$ 与 $\Delta\boldsymbol{x}_k-\boldsymbol{H}_k\Delta\boldsymbol{g}_k$ 成正比,可以取

$$\boldsymbol{u}=\Delta\boldsymbol{x}_k-\boldsymbol{H}_k\Delta\boldsymbol{g}_k$$

故

$$\alpha_k=\frac{1}{\boldsymbol{u}^{\mathrm{T}}\Delta\boldsymbol{g}_k}=\frac{1}{\Delta\boldsymbol{g}_k^{\mathrm{T}}(\Delta\boldsymbol{x}_k-\boldsymbol{H}_k\Delta\boldsymbol{g}_k)}$$

式中：$\Delta \boldsymbol{g}_k^{\mathrm{T}}(\Delta \boldsymbol{x}_k - \boldsymbol{H}_k \Delta \boldsymbol{g}_k) \neq 0$。

$$\boldsymbol{H}_{k+1} = \boldsymbol{H}_k + \frac{(\Delta \boldsymbol{x}_k - \boldsymbol{H}_k \Delta \boldsymbol{g}_k)(\Delta \boldsymbol{x}_k - \boldsymbol{H}_k \Delta \boldsymbol{g}_k)^{\mathrm{T}}}{\Delta \boldsymbol{g}_k^{\mathrm{T}}(\Delta \boldsymbol{x}_k - \boldsymbol{H}_k \Delta \boldsymbol{g}_k)} \tag{2-22}$$

式(2-22)称为对称秩 1 公式。由对称秩 1 公式确定的变尺度算法称为对称秩 1 变尺度算法。此算法简单，但也存在明显的缺点：一是当 $\boldsymbol{H}_k$ 正定时，由式(2-22)确定的 $\boldsymbol{H}_{k+1}$ 不一定是正定的，因此不能保证 $\boldsymbol{d}^{(k)} = -\boldsymbol{H}_k \boldsymbol{g}_k$ 是下降方向；二是式(2-22)的分母可能为零或近似为零，前者将使算法失效，后者将引起计算不稳定。

## 2.8.2　DFP 算法

DFP 算法是最先提出的变尺度算法，目前仍在广泛的使用。它是一种秩 2 对称算法，此时修正矩阵 $\boldsymbol{C}_k$ 可以写成

$$\boldsymbol{C}_k = \alpha_k \boldsymbol{u}\boldsymbol{u}^{\mathrm{T}} + \beta_k \boldsymbol{v}\boldsymbol{v}^{\mathrm{T}}$$

式中：$\boldsymbol{u}$、$\boldsymbol{v}$ 为待定的 $n$ 维向量；$\alpha_k$、$\beta_k$ 为待定常数。

与对称秩 1 算法同样处理，可以得到

$$\alpha_k \boldsymbol{u}(\boldsymbol{u}^{\mathrm{T}} \Delta \boldsymbol{g}_k) + \beta_k \boldsymbol{v}(\boldsymbol{v}^{\mathrm{T}} \Delta \boldsymbol{g}_k) = \Delta \boldsymbol{x}_k - \boldsymbol{H}_k \Delta \boldsymbol{g}_k$$

满足上式的 $\alpha_k$、$\beta_k$、$\boldsymbol{u}$、$\boldsymbol{v}$ 有无数种取法，比较简单的一种取法是：

$$\boldsymbol{u} = \boldsymbol{H}_k \Delta \boldsymbol{g}_k, \quad \boldsymbol{v} = \Delta \boldsymbol{x}_k$$

$$\alpha_k = -\frac{1}{\boldsymbol{u}^{\mathrm{T}} \Delta \boldsymbol{g}_k} = -\frac{1}{\Delta \boldsymbol{g}_k^{\mathrm{T}} \boldsymbol{H}_k \Delta \boldsymbol{g}_k}, \quad \beta_k = \frac{1}{\boldsymbol{v}^{\mathrm{T}} \Delta \boldsymbol{g}_k} = \frac{1}{\Delta \boldsymbol{x}_k^{\mathrm{T}} \Delta \boldsymbol{g}_k}$$

可以得到

$$\boldsymbol{H}_{k+1} = \boldsymbol{H}_k + \frac{\Delta \boldsymbol{x}_k \Delta \boldsymbol{x}_k^{\mathrm{T}}}{\Delta \boldsymbol{x}_k^{\mathrm{T}} \Delta \boldsymbol{g}_k} - \frac{\boldsymbol{H}_k \Delta \boldsymbol{g}_k (\boldsymbol{H}_k \Delta \boldsymbol{g}_k)^{\mathrm{T}}}{\Delta \boldsymbol{g}_k^{\mathrm{T}} \boldsymbol{H}_k \Delta \boldsymbol{g}_k} \tag{2-23}$$

式(2-23)就是 DFP 变尺度算法的计算公式。

DFP 算法的计算步骤如下：

(1) 给定初始 $\boldsymbol{x}^{(0)}$、计算精度 $0 \leqslant \varepsilon \ll 1$ 和初始矩阵 $\boldsymbol{H}_0 = \boldsymbol{I}$(单位矩阵)，令 $k=0$。

(2) 计算 $\boldsymbol{d}^{(k)} = -\boldsymbol{H}_k \boldsymbol{g}_k$，沿 $\boldsymbol{d}^{(k)}$ 进行精确一维搜索，求出步长 $\lambda^k$，使

$$f(\boldsymbol{x}^{(k)} + \lambda_k \boldsymbol{d}^{(k)}) = \min_{\lambda \geqslant 0} f(\boldsymbol{x}^{(k)} + \lambda \boldsymbol{d}^{(k)})$$

令

$$\boldsymbol{x}^{(k+1)} = \boldsymbol{x}^{(k)} + \lambda_k \boldsymbol{d}^{(k)}$$

(3) 若 $\|\boldsymbol{g}_k\| \leqslant \varepsilon$，则取 $\boldsymbol{x}^* = \boldsymbol{x}^{(k+1)}$，计算结束；否则，由式(2-23)计算 $\boldsymbol{H}_{k+1}$。若 $k \neq n-1$，则令 $k=k+1$，返回步骤(2)；若 $k=n-1$，则令 $\boldsymbol{x}^0 = \boldsymbol{x}^{(k+1)}$，$k=0$，返回步骤(2)。

DFP 算法的优点是：(1) 若目标函数 $f(\boldsymbol{x})$ 是 $n$ 元二次严格凸函数，则当初始矩阵取 $\boldsymbol{H}_0 = \boldsymbol{I}$(单位矩阵)时，算法具有二次收敛性；(2) 如果 $f(\boldsymbol{x}) \in C^1$ 为严格凸函数，则算法是全局收敛的；(3) 若 $\boldsymbol{H}_k$ 为对称正定矩阵，且 $\boldsymbol{g}_k \neq 0$，则由式(2-23)确定的 $\boldsymbol{H}_{k+1}$ 也是对称正定的。

DFP 算法的缺点是：(1) 需要的存储量较大，大约需要 $O(n^2)$ 个存储单元；(2) 数值计算的稳定性比 BFGS 算法稍差；(3) 在使用不精确一维搜索时，它的计算效果不如 BFGS 算法。

## 2.8.3　BFGS 算法

BFGS 算法是由 Broyden、Fletcher、Goldfarb 和 Shanno 等人给出的，它是目前最流行也是最有效的拟牛顿算法，其计算公式如下：

$$\boldsymbol{H}_{k+1}=\boldsymbol{H}_k-\frac{\boldsymbol{H}_k\Delta\boldsymbol{g}_k\Delta\boldsymbol{g}_k^{\mathrm{T}}\boldsymbol{H}_k}{\Delta\boldsymbol{g}_k^{\mathrm{T}}\boldsymbol{H}_k\Delta\boldsymbol{g}_k}+\frac{\Delta\boldsymbol{x}_k\Delta\boldsymbol{x}_k^{\mathrm{T}}}{\Delta\boldsymbol{x}_k^{\mathrm{T}}\Delta\boldsymbol{g}_k}+(\Delta\boldsymbol{g}_k^{\mathrm{T}}\boldsymbol{H}_k\Delta\boldsymbol{g}_k)\boldsymbol{v}_k\boldsymbol{v}_k^{\mathrm{T}}$$

或写成

$$\boldsymbol{H}_{k+1}=\boldsymbol{H}_k+\frac{\mu_k\Delta\boldsymbol{x}_k\Delta\boldsymbol{x}_k^{\mathrm{T}}-\boldsymbol{H}_k\Delta\boldsymbol{g}_k\Delta\boldsymbol{x}_k^{\mathrm{T}}-\Delta\boldsymbol{x}_k\Delta\boldsymbol{g}_k^{\mathrm{T}}\boldsymbol{H}_k}{\Delta\boldsymbol{x}_k^{\mathrm{T}}\Delta\boldsymbol{g}_k}$$

式中：$\mu_k=1+\dfrac{\Delta\boldsymbol{g}_k^{\mathrm{T}}\boldsymbol{H}_k\Delta\boldsymbol{g}_k}{\Delta\boldsymbol{x}_k^{\mathrm{T}}\Delta\boldsymbol{g}_k}$。

BFGS算法不仅具有二次收敛性，而且只要初始矩阵对称正定，则用BFGS修正公式所产生的 $\boldsymbol{H}_k$ 也是对称正定的，且不易变为奇异，因此具有较好的数值稳定性。

为了减少内存，提出了有限内存BFGS方法，其基本原理如下：

对于无约束优化问题

$$\min f(\boldsymbol{x}),\quad \boldsymbol{x}\in\mathbf{R}^n$$

式中：$f:\mathbf{R}^n\to\mathbf{R}, f\in C^1$。

拟牛顿方程可写成

$$\boldsymbol{x}^{(k+1)}=\boldsymbol{x}^{(k)}+\boldsymbol{H}_{k+1}\boldsymbol{y}_k,\quad k=1,2,\cdots$$

式中：$\boldsymbol{y}_k=\boldsymbol{g}_{k+1}-\boldsymbol{g}_k=\nabla f(\boldsymbol{x}^{(k+1)})-\nabla f(\boldsymbol{x}^{(k)})$；$\boldsymbol{x}^{(k+1)}=\boldsymbol{x}^{(k)}+\alpha_k\boldsymbol{d}_k$，其中，$\boldsymbol{d}_k$ 为搜索方向，$\boldsymbol{d}_k=-\boldsymbol{H}_k\boldsymbol{g}_k$，$\alpha_k$ 为搜索步长，BFGS修正公式可写成

$$\boldsymbol{H}_{k+1}=\left(\boldsymbol{I}-\frac{\boldsymbol{s}_k\boldsymbol{y}_k^{\mathrm{T}}}{\boldsymbol{s}_k^{\mathrm{T}}\boldsymbol{y}_k}\right)\boldsymbol{H}_k\left(\boldsymbol{I}-\frac{\boldsymbol{y}_k\boldsymbol{s}_k^{\mathrm{T}}}{\boldsymbol{s}_k^{\mathrm{T}}\boldsymbol{y}_k}\right)+\frac{\boldsymbol{s}_k\boldsymbol{s}_k^{\mathrm{T}}}{\boldsymbol{s}_k^{\mathrm{T}}\boldsymbol{y}_k}\tag{2-24}$$

式中：$\boldsymbol{s}_k=\boldsymbol{x}^{(k+1)}-\boldsymbol{x}^{(k)}$。

记 $\rho_k=1/\boldsymbol{s}_k^{\mathrm{T}}\boldsymbol{y}_k\cdot\boldsymbol{V}_k=(\boldsymbol{I}-\rho_k\boldsymbol{y}_k\boldsymbol{s}_k^{\mathrm{T}})$，则式(2-24)可改写成

$$\boldsymbol{H}_{k+1}=(\boldsymbol{V}_k^{\mathrm{T}}\cdots\boldsymbol{V}_{k-i}^{\mathrm{T}})\boldsymbol{H}_{k-i}(\boldsymbol{V}_k\cdots\boldsymbol{V}_{k-i})+\sum_{j=0}^{i-1}\rho_{k-i+j}\left(\prod_{l=0}^{i-j-1}\boldsymbol{V}_{k-l}^{\mathrm{T}}\right)\boldsymbol{s}_{k-i+j}\boldsymbol{s}_{k-i+j}^{\mathrm{T}}\left(\prod_{l=0}^{i-j-1}\boldsymbol{V}_{k-l}^{\mathrm{T}}\right)^{\mathrm{T}}+\rho_k\boldsymbol{s}_k\boldsymbol{s}_k^{\mathrm{T}}$$

令 $i=m$，$\boldsymbol{H}_{k-m}=\boldsymbol{H}_k^{(0)}$，则得到有限内存BFGS方法的矩阵修正公式如下：

$$\boldsymbol{H}_{k+1}=(\boldsymbol{V}_k^{\mathrm{T}}\cdots\boldsymbol{V}_{k-m}^{\mathrm{T}})\boldsymbol{H}_k^{(0)}(\boldsymbol{V}_{k-m}\cdots\boldsymbol{V}_k)+\sum_{j=0}^{m-1}\rho_{k-m+j}\left(\prod_{l=0}^{m-j-1}\boldsymbol{V}_{k-l}^{\mathrm{T}}\right)\boldsymbol{s}_{k-i+j}\boldsymbol{s}_{k-i+j}^{\mathrm{T}}\left(\prod_{l=0}^{m-j-1}\boldsymbol{V}_{k-l}^{\mathrm{T}}\right)^{\mathrm{T}}+\rho_k\boldsymbol{s}_k\boldsymbol{s}_k^{\mathrm{T}}\tag{2-25}$$

其中，$\boldsymbol{H}_k^{(0)}$ 可取为

$$\boldsymbol{H}_k^{(0)}=\frac{\boldsymbol{s}_k^{\mathrm{T}}\boldsymbol{y}_k}{\|\boldsymbol{y}_k\|_2^2}\boldsymbol{I}\tag{2-26}$$

有限内存BFGS法的具体计算步骤如下：

(1) 给定 $\boldsymbol{x}_1\in\mathbf{R}^n$，$\boldsymbol{H}_1\in\mathbf{R}^{n\times n}$，对称正定，取非负整数 $\hat{m}$(一般取 $3\leqslant\hat{m}\leqslant 8$)，$0<b_1\leqslant b_2<1$，精度 $0\leqslant\varepsilon\ll 1$，令 $k=1$。

(2) 若 $\|\boldsymbol{g}_k\|\leqslant\varepsilon$，则计算结束，取最优解为 $\boldsymbol{x}^*\approx\boldsymbol{x}^{(k)}$；否则，计算 $\boldsymbol{d}_k=-\boldsymbol{H}_k\boldsymbol{g}_k$。

(3) 利用非精确一维搜索确定步长 $\alpha_k$，令 $\boldsymbol{x}^{(k+1)}=\boldsymbol{x}^{(k)}+\alpha_k\boldsymbol{d}_k$。

(4) 令 $m=\min\{k,\hat{m}\}$，按式(2-25)计算 $\boldsymbol{H}_{k+1}$，若 $k=1$，则 $\boldsymbol{H}_1^{(0)}=\boldsymbol{H}_1$；否则，$\boldsymbol{H}_k^{(0)}$ 由式(2-26)确定。

(5) 令 $k=k+1$，转步骤(2)。

上述算法中的非精确一维搜索算法的计算步骤如下：

(1) 给定 $0<b_1\leqslant b_2<1$，令 $\alpha=1$，$\alpha_1=1$，$f_1=f(\boldsymbol{x})$，$f_1'=\boldsymbol{d}^{\mathrm{T}}\nabla f(\boldsymbol{x})$，$\alpha_2=+\infty$，$f_2'=-1$。

(2) 计算 $f=f(\boldsymbol{x}+\alpha\boldsymbol{d})$，若 $f_1-f\geqslant-\alpha b_1 f_1'$，则转步骤(4)；否则令 $\alpha_2=\alpha$，$f_2=f$。

(3) 利用 $f_1$、$f_1'$、$f_2$ 进行二次插值求 $\alpha$，即

$$\alpha=\alpha_1+\frac{1}{2}\cdot\frac{\alpha_2-\alpha_1}{1+\dfrac{f_1-f_2}{(\alpha_2-\alpha_1)f_1'}}$$

转步骤(2)。

(4) 计算 $f_1'=\boldsymbol{d}^{\mathrm{T}}\nabla f(\boldsymbol{x}+\alpha\boldsymbol{d})$，若 $\|f_1'\|\leqslant-b_2 f_1'$，则结束；否则，若 $f_1'<0$，则转步骤(6)，否则令 $\alpha_2=\alpha$，$f_2=f$，$f_2'=f$。

(5) 利用 $f_1$、$f_1'$、$f_2$、$f_2'$进行三次插值求 $\alpha$，即

$$\alpha=\alpha_1-\frac{f_1'(\alpha_2-\alpha_1)}{\sqrt{(\beta-f_1')^2-f_1'f_2'}-\beta}$$

其中，$\beta=2f_1'+f_2'-\dfrac{3(f_2-f_1)}{\alpha_2-\alpha_1}$，转步骤(2)。

(6) 若 $\alpha_2=+\infty$，则转步骤(7)；否则，令 $\alpha_1=\alpha$，$f_1=f$，$f_2=f$，$f_1'=f'$，若 $f_2'>0$，则转步骤(5)，否则转步骤(3)。

(7) 利用 $f_1$、$f_1'$、$f$、$f'$进行三次插值求 $\alpha$，即

$$\hat{\alpha}=\alpha-\frac{f(\alpha-\alpha_1)}{\sqrt{(\hat{\beta}-f')^2-f'f_1'}-\hat{\beta}}$$

其中，$\hat{\beta}=2f'+f_1'-\dfrac{3(f_1-f)}{\alpha_1-\alpha}$，$\alpha_1=\alpha$，$f_1=f$，$f_1'=f'$，$\alpha=\hat{\alpha}$，转步骤(2)。

在上述算法中的步骤(3)和步骤(5)要求 $\alpha\in[\alpha_1+\lambda(\alpha_2-\alpha_1),\alpha_2-\tau(\alpha_2-\alpha_1)]$，其中 $\tau>0$(通常令 $\tau=0.1$)，若不满足这个条件，则可令

$$\alpha=\min\{\max\{\alpha,\alpha_1+\tau(\alpha_2-\alpha_1)\},\alpha_2-\tau(\alpha_2-\alpha_1)\}$$

在步骤(7)中要求 $\hat{\alpha}=[\alpha+(\alpha-\alpha_1),\alpha_2+9(\alpha-\alpha_1)]$，若不满足这个条件，则可令

$$\hat{\alpha}=\min\{\max\{\hat{\alpha},\alpha+(\alpha-\alpha_1)\},\alpha+9(\alpha-\alpha_1)\}$$

## 2.9　直接搜索法

上面所讲的几种方法，都要利用目标函数的一阶或二阶偏导数，但在实际问题中，所遇到的目标函数往往比较复杂，有的甚至难以写出其明确的解析表达式，因此，它们的导数很难求得，甚至根本无法求得。这时就不能采用导数的方法，而是采用求多变量函数极值的直接搜索法。这类方法的特点是方法简单，适用范围较广，但由于没有利用函数的分析性质，故其收敛速度一般较慢。

### 2.9.1　Hook - Jeeves 方法

这是一种简单而且容易实现的算法，它由两类“移动”构成，一类称为探测搜索，其目的是探求下降的有利方向；另一类称为模式搜索，其目的是沿着有利方向进行加速。所以，此方法也称为步长加速法或模式搜索法。

Hook - Jeeves 方法的计算步骤如下：

设初始点和初始步长分别为 $\boldsymbol{x}^{(1)}$ 和 $d$，坐标向量为 $\boldsymbol{e}_1,\boldsymbol{e}_2,\cdots,\boldsymbol{e}_n$，加速因子和计算精度分

别为 $\alpha>0$ 和 $\varepsilon>0$。

(1) 令 $\boldsymbol{y}^{(1)}=\boldsymbol{x}^{(1)}, k=j=1$。

(2) 若 $f(\boldsymbol{y}^{(j)}+d\boldsymbol{e}_j)<f(\boldsymbol{y}^{(j)})$，则称为试验成功，令 $\boldsymbol{y}^{(j+1)}=\boldsymbol{y}^{(j)}+d\boldsymbol{e}_j$，转步骤(3)；否则，若 $f(\boldsymbol{y}^{(j)}+d\boldsymbol{e}_j)\geqslant f(\boldsymbol{y}^{(j)})$，则称为试验失败。此时，若 $f(\boldsymbol{y}^{(j)}-d\boldsymbol{e}_j)<f(\boldsymbol{y}^{(j)})$，则令 $\boldsymbol{y}^{(j+1)}=\boldsymbol{y}^{(j)}-d\boldsymbol{e}_j$，转步骤(3)；若 $f(\boldsymbol{y}^{(j)}-d\boldsymbol{e}_j)\geqslant f(\boldsymbol{y}^{(j)})$，则令 $\boldsymbol{y}^{(j+1)}=\boldsymbol{y}^{(j)}$，转步骤(3)。

(3) 若 $j<n$，则令 $j=j+1$，返回步骤(2)；否则 $j=n$。若 $f(\boldsymbol{y}^{(n+1)})\geqslant f(\boldsymbol{x}^{(k)})$，则转步骤(5)；若 $f(\boldsymbol{y}^{(n+1)})<f(\boldsymbol{x}^{(k)})$，则转步骤(4)。

(4) 令 $\boldsymbol{x}^{(k+1)}=\boldsymbol{y}^{(n+)}, \boldsymbol{y}^{(1)}=\boldsymbol{x}^{(k+1)}+\alpha(\boldsymbol{x}^{(k+1)}-\boldsymbol{x}^{(k)}), k=k+1$，再令 $j=1$，返回步骤(2)。

(5) 若 $d\leqslant\varepsilon$，则计算结束，取 $\boldsymbol{x}^*\approx\boldsymbol{x}^{(k)}$；否则，令 $d=d/2, \boldsymbol{y}^{(1)}=\boldsymbol{x}^{(k)}, \boldsymbol{x}^{(k+1)}=\boldsymbol{x}^{(k)}, k=k+1$，再令 $j=1$，返回步骤(2)。

在上述步骤中，第(2)步和(3)步是一种探测搜索，探求下降的有利方向；第(4)步是沿着找到的有利方向加速前进；第(5)步判断是否可以结束。

Hook－Jeeves 方法的计算框图如图 2－10 所示。

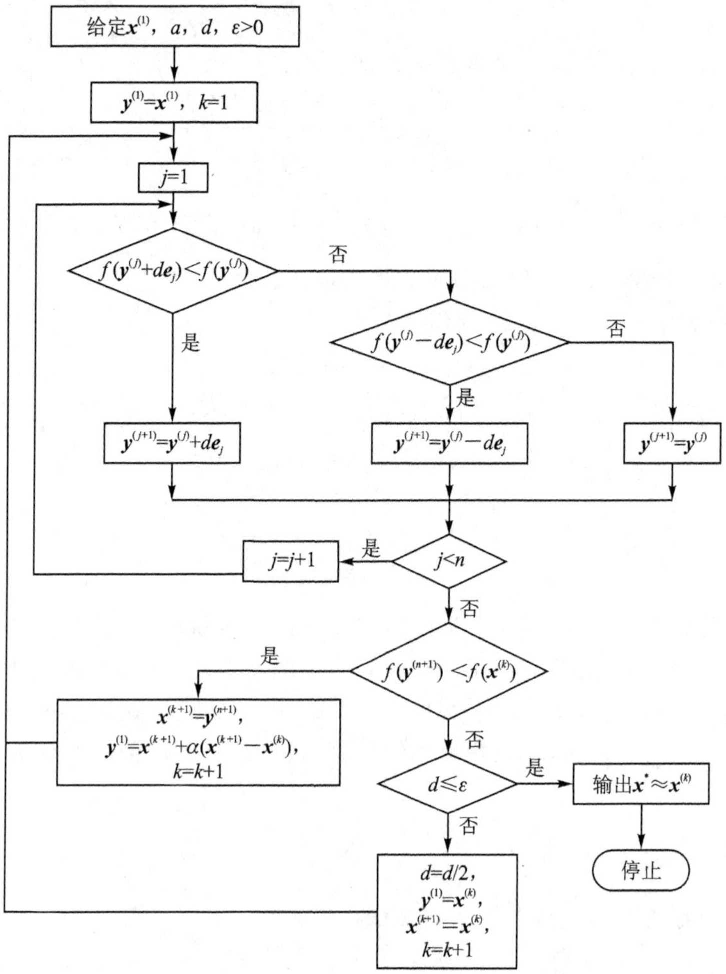


**图 2－10　Hook－Jeeves 方法的计算框图**

## 2.9.2　单纯形法

无约束极小化的单纯形法与线性规划的单纯形法不同，其迭代步骤如下：

对问题 $\min f(\boldsymbol{x}), \boldsymbol{x} \in \mathbf{R}^n$，在 $n$ 维空间中适当选取 $n+1$ 个点 $\boldsymbol{x}^{(0)}, \boldsymbol{x}^{(1)}, \cdots, \boldsymbol{x}^{(n)}$，构成一个单纯形。通常选取正规单纯形（即边长相等的单纯形），一般可以要求这 $n+1$ 个点使向量组 $\boldsymbol{x}^{(1)}-\boldsymbol{x}^{(0)}, \boldsymbol{x}^{(2)}-\boldsymbol{x}^{(0)}, \cdots, \boldsymbol{x}^{(n)}-\boldsymbol{x}^{(0)}$ 线性无关。

(1) 计算函数值 $f(\boldsymbol{x}^{(i)}), i=0,1,\cdots,n$，决定坏点 $\boldsymbol{x}^{(h)}$ 和好点 $\boldsymbol{x}^{(l)}$，于是

$$f_h = f(\boldsymbol{x}^{(h)}) = \max\{f(\boldsymbol{x}^{(0)}, \cdots, f(\boldsymbol{x}^{(n)})\}$$

$$f_l = f(\boldsymbol{x}^{(l)}) = \min\{f(\boldsymbol{x}^{(0)}, \cdots, f(\boldsymbol{x}^{(n)})\}$$

(2) 算出除点 $\boldsymbol{x}^{(h)}$ 外的 $n$ 个点的中心点，即

$$\boldsymbol{x}^c = \frac{1}{n}\left(\sum_{i=0}^{n} \boldsymbol{x}^{(i)} - \boldsymbol{x}^{(h)}\right)$$

并求出反射点：

$$\boldsymbol{x}^{(r)} = 2\boldsymbol{x}^{(c)} - \boldsymbol{x}^{(h)}$$

(3) 若 $f_r = f(\boldsymbol{x}^{(r)}) \geqslant f_h$，则进行压缩，即令 $\boldsymbol{x}^{(s)} = \boldsymbol{x}^{(h)} + \lambda(\boldsymbol{x}^{(r)} - \boldsymbol{x}^{(h)}) = (1-\lambda)\boldsymbol{x}^{(h)} + \lambda\boldsymbol{x}^{(r)}$，并求出 $f_s = f(\boldsymbol{x}^{(s)})$，然后转步骤(5)，其中，$\lambda$ 为给定的压缩系数，可取 $\lambda=1/4$ 或 $\lambda=3/4$，一般要求 $\lambda \neq 0$；若 $f_r < f_h$，则转步骤(4)。

(4) 进行扩张，即令

$$\boldsymbol{x}^{(e)} = \boldsymbol{x}^{(h)} + \mu(\boldsymbol{x}^{(r)} - \boldsymbol{x}^{(h)}) = (1-\mu)\boldsymbol{x}^{(h)} + \mu\boldsymbol{x}^{(r)}$$

式中：$\mu > 1$ 为给定的扩张系数，可取 $\mu \in [1.2, 2]$（扩张条件 $f_r < f_h$ 也可换为 $f_r \leqslant f_l$）。

计算 $f_e = f(\boldsymbol{x}^{(e)})$，若 $f_e \leqslant f_r$，则令 $\boldsymbol{x}^{(s)} = \boldsymbol{x}^{(e)}$；否则，令 $\boldsymbol{x}^{(s)} = \boldsymbol{x}^{(r)}$，$f_s = f_r$。

(5) 若 $f_s < f_h$，则用 $\boldsymbol{x}^{(s)}$ 替换 $\boldsymbol{x}^{(h)}$，$f_s$ 替换 $f_h$，把这样得到的新点 $\boldsymbol{x}^{(s)}$ 和其他 $n$ 个点构成一个新的单纯形，重新确定 $\boldsymbol{x}^{(l)}$ 和 $\boldsymbol{x}^{(h)}$，然后返回步骤(2)；若 $f_s \geqslant f_h$，则转步骤(6)。

(6) 若 $\dfrac{f_h - f_l}{|f_l|} < \varepsilon$，其中 $\varepsilon > 0$ 或

$$\sum_{i=1}^{n} [f(\boldsymbol{x}^{(i)}) - f(\boldsymbol{x}^{(l)})]^2 < \varepsilon$$

成立，则计算结束，取 $\boldsymbol{x}^* \approx \boldsymbol{x}^{(l)}$，$f^* \approx f_l$；否则，缩短边长，令

$$\boldsymbol{x}^{(i)} = (\boldsymbol{x}^{(i)} + \boldsymbol{x}^{(l)})/2, \quad i=0,1,\cdots,n$$

返回步骤(1)，继续进行计算。

单纯形法的计算框图如图 2－11 所示。算法中初始单纯形的顶点可以直接给定，也可以自动生成。例如，给定初始点 $\boldsymbol{x}^{(0)}$ 及步长 $d$ 后，令

$$\boldsymbol{x}^{(i)} = \boldsymbol{x}^{(0)} + d\boldsymbol{e}_i, \quad i=0,1,\cdots,n$$

式中：$\boldsymbol{e}_i$ 为第 $i$ 个坐标的单位向量。

## 2.9.3　Powell 方法

Powell 方法（方向加速法）在一定条件下是一种共轭方向法，它是直接搜索法中比较有效的一种方法。

Powell 方法的计算步骤如下：

(1) 给定初始点 $\boldsymbol{x}^{(0)}$，计算精度 $0 \leqslant \varepsilon \ll 1$，$n$ 个初始的线性无关的搜索方向（一般取为 $n$ 个

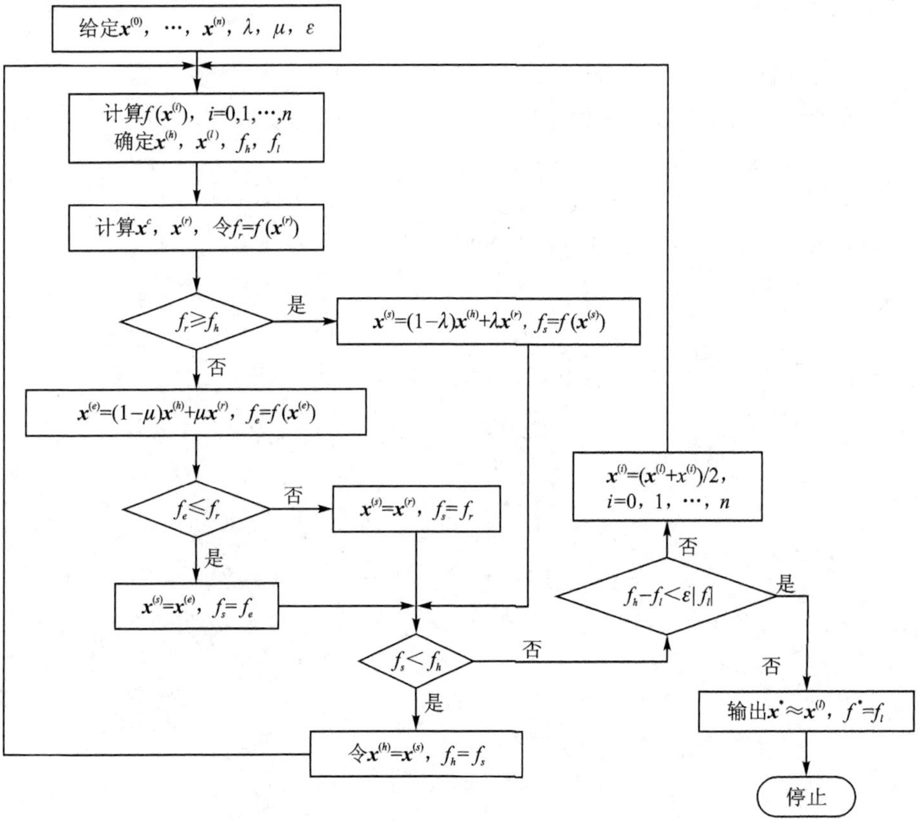


**图 2-11　单纯形法的计算框图**

坐标轴方向)为 $e_1, e_2, \cdots, e_n$。令

$$s_j = e_{j+1}, \quad j=0,1,\cdots,n-1, \quad k=0$$

(2) 进行一维搜索,决定 $\lambda_k$,使得

$$f(x^{(k)}+\lambda_k s_k)=\min f(x^{(k)}+\lambda s_k)$$

令 $x^{(k+1)}=x^{(k)}+\lambda_k s_k$,若 $k<n$,则令 $k=k+1$,转向步骤(2);否则,转向步骤(3)。

(3) 若 $\|x^{(n)}-x^{(0)}\| \leqslant \varepsilon$,则计算结束,取 $x^* \approx x^{(n)}$;否则,求整数 $j\,(0 \leqslant j \leqslant n-1)$,使

$$\Delta = f(x^{(j)})-f(x^{(j+1)})=\max_{1\leqslant i\leqslant n-1}[f(x^{(i)})-f(x^{(i+1)})]$$

(4) 令 $f_1=f(x^{(0)})$, $f_2=f(x^{(n)})$, $f_3=f(2x^{(n)}-x^{(0)})$,若 $2\Delta<f_1-2f_2+f_3$,则方向 $s_0, s_1, \cdots, s_{n-1}$ 不变,令 $x^{(0)}=x^{(n)}$, $k=0$,返回步骤(2);否则,令

$$s_n=\frac{x^{(n)}-x^{(0)}}{\|x^{(n)}-x^{(0)}\|} \quad 或 \quad s_n=x^{(n)}-x^{(0)}$$

$$s_i=s_{i+1}, \quad i=j, j+1, \cdots, n-1$$

转向步骤(5)。

(5) 求 $\lambda_n$,使得

$$f(x^{(n)}+\lambda_n s_n)=\min f(x^{(n)}+\lambda s_n)$$

令 $x^{(0)}=x^{(n)}+\lambda_n s_n$, $k=0$,返回步骤(2)。

## 2.10　算法的 MATLAB 实现

对于优化问题，MATLAB 中有优化工具箱可以使用，它的主要功能有求解线性规划和二次规划、求解函数的最大值和最小值、非线性函数的最小二乘、多目标优化、约束条件下的优化、求解非线性方程等。优化工具箱中专用函数有 11 个。但为了学习优化方法，我们仍然编写了各种优化方法的 MATLAB 函数，以期通过程序的编写能更好地掌握各种优化方法。

**【例 2.1】** 对于优化问题，如果给出的是初始点而不是优化区间，则需要利用进退法求出其优化区间。试用进退法求解下列函数的优化区间，其中初始点为 0，步长为 0.2。

$$f(x)=2x^2-x-1$$

**解**：根据进退法的原理，可自编函数 interval 进行计算。函数格式如下：

```
y = interval(phi,x0,lamda,type)
```

其中，phi 为原函数（符号格式）；x0 为初值；lamda（lamda＞0）为步长；type 为控制变量，当 type 为“f”时利用函数进行计算，为“d”时利用导数进行计算。如果初始点为最值，则输出为函数的最优值。

```
>> phi = '2 * x^2 - x - 1';x0 = 0;lamda = 0.2;
>> [a,b] = interval(phi,x0,lamda,'f');
```

可得到

```
a  = 0;b = 0.6000
```

**【例 2.2】** 函数的极值可以通过求函数的导数精确求得。试用此方法求解下列函数的极值情况。

（1）$f(x)=e^{-x}\sin x^2$，区间[0,5]。

（2）$f(x,y)=3(1-x)^2e^{-x^2-(y+1)^2}-10\left(\frac{x}{5}-x^3-y^5\right)e^{-x^2-y^2}-\frac{1}{3}e^{-(x+1)^2-y^2}$，区间[−3,3]。

（3）$f(x,y,z)=3(x^3+y^3-z^3)+(z-x-y)$。

（4）在 $G=w^2+2u^2+3v^2-1=0$，$K=5w+5u-3v-6=0$ 的约束条件下，确定 $z=7w-6u+4v$ 的最优值。

**解**：函数求极值的方法是先计算一阶导数，再计算一阶导数的零点，这些导数就是极值的位置点。当零点的二阶导数是负数时对应极大值，反之对应极小值。

（1）据此，可自编函数 myfzeros 进行计算，函数格式如下：

```
out = myfzeros(phi,x0)
```

其中，phi 为原函数（符号变量格式）；x0 为极值区间，输出为极值。

```
>> phi = sym('exp( - x) * sin(x^2)');x0 = [0,5];
>> out = myfzeros(phi,x0);
        out = max:[1.0637 2.7705 3.7422 4.5066]              % 极大值位置
              min:[0 2.1167 3.2932 4.1423 4.8435]            % 极小值位置
    value: [0 0.3124  - 0.1172 0.0616  - 0.0367 0.0235  - 0.0158 0.0110  - 0.0078]
```

（2）对于多元函数的极值，用自编函数 mymultifun 进行计算，函数格式如下：

```
out = mymultifun(phi,x_range,x0,x_syms,type)
```

其中，phi 为原函数（符号格式）；x_range 为变量取值范围；x0 为极值的估计值；x_syms 为变量

(元胞格式);type 为求极值方法的选择,当 type 为“u_L”时,根据特征值求极值;为“u_c”时,根据拉格朗日方法求条件极值;为“u_u”时,根据初值求极值。下面分别求解:

```
>> clear;syms x y
>> phi = (3 * (1 - x)^2 * exp( - x^2 - (y + 1)^2) - 10 * (x/5 - x^3 - y^5) * exp( - x^2 - y^2) - exp( - (x + 1)^2 - y^2)/3);
>> x_syms = {'x','y'};x_range = [ - 3 3];
>> x0 = [ - 1.3479  0.1491; - 0.0069  1.5702;0.2972  0.3421;      % 根据函数的图像,用 ginput 选择
       - 0.4631  - 0.6228;0.2281  - 1.6579;1.3479  - 0.0439];
>> out = mymultifun(phi,x_range,x0,x_syms,'u_u');                  % 其中等分数为 20
   out.x: [6x2 double]                                             % 驻点
      pb: {'min'  'max'  'min'  'max'  'min'  'max'}
   value: {[ - 3.0498]  [8.1062]  [ - 0.0649]  [3.7766]  [ - 6.5511]  [3.5925]}     % 极值
   out.x =  - 1.3474 0.2045; - 0.0093 1.5814;0.2964 0.3202
          - 0.4600  - 0.6292;0.2283  - 1.6255;1.2857  - 0.0048
```

(3)

```
>> clear;syms x y z;
>> x_syms = {'x','y','z'};phi = 3 * (x^3 + y^3 - z^3) + (z - x - y);
>> out = mymultifun(phi,[],[],x_syms,'u_L');
  out = x: [2x3 double]
  pb: {'min'  'max'}                                  % 极大或极小的标志
  value: [ - 0.6667  0.6667]                          % 极值
>> out.x =   0.3333     0.3333    - 0.3333            % 驻点
          - 0.3333   - 0.3333     0.3333
```

(4)

```
>> clear;syms x y z a b;
>> phi = 7 * x - 6 * y + 4 * z + a * (x^2 + 2 * y^2 + 3 * z^2 - 1) + b * (5 * x + 5 * y - 3 * z - 6);
>> x_syms = {{'x','y','z'},{'a','b'}};
>> out = mymultifun(phi,[],[],x_syms,'u_c');
  out  =  x: [2x5 double]
        pb: {'max'  'min'}
     value: [5.0786   - 0.3379]
  out.x = - 12.1872     3.2160  0.9469  0.2068   - 0.0772    % 分别对应 λ1、λ2、w、u、v 值
           12.1872   - 4.0061  0.5346  0.5340   - 0.2191
```

**【例 2.3】** 分别用平分法、0.618 法、牛顿法、抛物线法、二点三次插值法、“成功-失败”法求函数 $f(x)=3x^2-2\tan x$ 在区间[0,1]上的极小值,其中容许误差 $\varepsilon=10^{-4}$。

**解**:根据平分法、0.618 法、牛顿法、抛物线法、二点三次插值法的原理,自编函数 myDF、goldcut、mynewton1、myparabola 进行计算。

```
>> a = 0;b = 1;esp = 0.0001;phi = '3 * x^2 - 2 * tan(x)';
>> [x0,minf] = myDF(phi,a,b,esp);                     % 平分法
>> [x0,minf] =  goldcut (phi,a,b,esp);                % 0.618 法
>> [xmin,minf] = mynewton1(phi,0,esp);                % 牛顿法,初始值为一个点
>> [x0,minf] = myparabola(phi,[a b],esp);             % 抛物线法
>> [x0,minf] = interpolation(phi,[a,b],0.1);          % 二点三次插值法,0.1 为初始步长
>> [x,minf] = mysucfail(phi,0,0.1,esp);               % “成功 - 失败”法,0.1 为搜索步长,此值不宜太小
```

以上函数均可得到在 $x=0.389\ 5$ 处有极小值$-0.365\ 8$。

利用 MATLAB 中的 fminbnd 函数可以求得相同的结果。

注:对于无约束的一元函数极值(极小值)问题,MATLAB 中的函数为 fminbnd 和 fminsearch。

(1) fminbnd 函数

```
[x,y] = fminbnd(fun,x1,x2)     %区间[x1,x2]
```

此函数只能求出一个极小值。

(2) fminsearch 函数

```
[x,y] = fminsearch (fun,x0)       %初始点 x0
```

此函数可以求解初始点附近的极值点。

**【例 2.4】** 设 $f(\boldsymbol{x})=100(x_2-x_1^2)^2+(1-x_1)^2$,已求得 $\boldsymbol{x}^{(k)}=(0,0)^{\mathrm{T}}$,$\boldsymbol{d}^{(k)}=(1,0)^{\mathrm{T}}$,试确定在 $\boldsymbol{x}^{(k)}$ 点,沿方向 $\boldsymbol{d}^{(k)}$ 的步长 $\lambda_k$,使 Wolfe 准则成立。

**解:** 根据 Wolfe 准则、Armijo 准则,自编函数 mysearch 进行计算。

```
>> clear;syms x y; fun = 100 * (y - x^2)^2 + (1 - x)^2;
>> x_syms = {'x','y'};d0 = [1 0];x0 = [0 0];
>> [y,x] = mysearch(fun,x0,x_syms,d0,'d');              %根据 Wolfe 准则直接搜索求解
>> [y,x] = mysearch(fun,x0,x_syms,d0,'a');              %根据 Armijo 准则求解
>> y = 0.1250                                           %步长
>> x = (0.1250 0)                                       %x^(k+1)
```

注:此函数中用 Wolfe 准则直接搜索法、Armijo 准则法、解方程法和一维搜索法四种方法求解步长。

**【例 2.5】** 在一个化工过程中,有两个大小相同的串联搅拌槽反应器。液体 A 以每小时 5 000 kg 的流量首先连续加入第一个反应器中。如果这两个反应器保持相同的恒定温度,并进行如下的反应

$$\mathrm{A}\xrightarrow{k_1}\mathrm{B}\xrightarrow{k_2}\mathrm{C}$$

在此温度下,反应速率常数 $k_1=6.0\ \mathrm{h}^{-1}$,$k_2=3.0\ \mathrm{h}^{-1}$,并假定流体的密度恒定为 960 kg/m$^3$。问需多大体积的容器,使产品的产率最高。

**解:** 根据反应动力学理论,可得到下列的差分方程:

A 组分

$$C_{\mathrm{A},n-1}-C_{\mathrm{A},n}=k_1C_{\mathrm{A},n}t$$

B 组分

$$C_{\mathrm{B},n-1}-C_{\mathrm{B},n}=k_2C_{\mathrm{B},n}t-k_1C_{\mathrm{A},n}t$$

则可得 B 的产率的完全解为

$$C_{\mathrm{B}}=k_2\rho_2^n+\frac{\alpha k_1}{\beta-\alpha}\rho_1^n$$

式中:$\alpha=k_1t$;$\beta=k_2t$;$\rho_1=(1+\alpha)^{-1}$;$\rho_2=(1+\beta)^{-1}$。

代入边界条件及各参数值,可得到

$$C_{\mathrm{B},n}=-1\ 920\left[\left(\frac{1}{1+6t}\right)^2-\left(\frac{1}{1+3t}\right)^2\right]$$

在利用例 2.3 中的各函数目标对函数求最大值时应注意:一是初始点要选好;二是各函数都有适用范围。本例中选 myparabola 函数就会陷入死循环。

```
>> phi = '1920 * ((1/(1 + 6 * x))^2 - (1/(1 + 3 * x))^2)';
>> [xmin,minf] = interpolation(phi,[0,1],0.1);
>> xmin = 0.1171
```

即 0.117 h 后，B 的浓度达到最大，此时需要容器的体积为

$$V = 5\ 000\ \mathrm{kg/h} \times \frac{0.117\ \mathrm{h}}{960\ \mathrm{kg/m^3}} = 0.609\ \mathrm{m^3}$$

**【例 2.6】** 用最速下降法、基本牛顿法、阻尼牛顿法、牛顿-梯度法、修正牛顿法求下列函数的最优值。

$$f(x_1,x_2) = x_1^2 + 2x_2^2 - 4x_1 - 2x_1x_2,\quad \text{初始点}(1,1)^{\mathrm{T}}$$

**解**：根据最速下降法、各类牛顿法的原理，自编相应的函数进行计算。

```
>> clear;syms x y
>> fun = x^2 + 2 * y^2 - 4 * x - 2 * x * y;
>> x_syms = {'x','y'};x0 = [1 1];
>> [xmin,minf] = mygrad(fun,x0,x_syms,0.0001);                   %最速下降法
>> [xmin,minf] = mynewton2(fun,x0,x_syms,'nt',0.0001);     %基本牛顿法
>> [xmin,minf] = mynewton2(fun,x0,x_syms,'zn',0.0001);     %阻尼牛顿法
>> [xmin,minf] = mynewton2(fun,x0,x_syms,'ng',0.0001);     %牛顿-梯度法
>> [xmin,minf] = mynewton2(fun,x0,x_syms,'xz',0.0001);     %修正牛顿法
```

以上函数均可得到最小值，如下：

```
>> xmin = 4.0000    2.0000
```

注：① 在应用修正牛顿法时，可以采用默认值（直接按回车键）。

② 对于无约束的多元函数极值（极小值）问题，MATLAB 中的函数为 fminunc，如下：

```
[x, fval] = fminunc(fun,x0)    %x0 初始点,fun 为匿名函数或函数
```

对于有约束的函数极值（极小值）问题，可以用 MATLAB 中的 linprog、fminbnd、fmincon、quadprog、fseminf、fminmax、fgoalattain、lsqlin 等函数求解。

**【例 2.7】** 用共轭方向法和共轭梯度法求解下列函数的极小值。

$$f(x_1,x_2) = x_1^3 + x_2^3 - 3x_1x_2,\quad \text{初始点}(2,2)^{\mathrm{T}}$$

**解**：根据共轭梯度法的原理，自编相应的函数进行计算。

```
>> clear;syms x y
>> fun = x^3 + y^3 - 3 * x * y;
>> x0 = [2 2];x_syms = {'x','y'};esp = 0.0001;
>> [xmin,minf] = myconju(fun,[2 2],x_syms,esp);
>> xmin =  1     1     %极小点
```

**【例 2.8】** 利用沥取法从矿石中萃取贵重的成分 A。矿渣原料以每小时 2 t 加入分段萃取器中，用纯溶剂萃取后，得到含有 A 为 5%的浓溶液，每段萃取分离后，1 t 惰性矿渣中含有 2 t 溶剂。如果每一萃取阶段的设备费用为 50 000 元，安装和辅助设备的费用与所购置设备费用的比为 $F=1.5$，每年的操作时间为 $H=8\ 400$ h。设 $k_F$ 是每年固定费用与设备总安装费的比，已知 $k_F/H=0.000\ 03$，每个萃取段每小时的操作费用为 $t=0.25$ 元。已知 A 的售价为每磅（1 lb＝0.453 6 kg）1.5 元，溶剂成本为每磅 4 分，矿渣成本为每磅 0.5 分。试确定使每小时利润最高的理论级数，并计算每小时的利润。

**解**：根据题中数据，可得到每小时的利润为

$$P_H = 600\left(1 - \frac{r-1}{r^m - 1}\right) - 4m - 2 - 320r$$

式中：$r = \dfrac{w_0}{sf}$，其中，$w_0$ 为新鲜溶剂的流量（磅/小时），$s$ 为惰性固体的流量（磅/小时），$f$ 为残泥中残留的液体；$m$ 为理论萃取组的数目。

由这个函数的特点可知，用一般的最优化方法都不易取得成功。现采用坐标轮换法求解。坐标轮换法的原理是：先固定某一变量（例 $x$），再利用单变量方法求解另一个变量（例 $y$）的最佳值，然后固定 $y$ 在求得的最佳值上，求变量 $x$ 的最佳值，这样循环进行，直至函数值不再发生变化。

根据坐标轮换法的原理，自编函数进行计算。

```
>> clear;syms x y
>> fun = -600 * (1 - (x - 1)/(x^y - 1)) + 4 * y + 20 + 320 * x;           %转换成求最小值
>> x_syms = {'x','y'};x0 = [0 1;7 15];esp = 0.0001;
>> [xmin,minf] = coord(fun,x0,x_syms,esp);
>> xmin = 0.9632   12.0310                                                %即 r = 0.9632,m = 12.0310
>> minf = -162.8370                                                       %即最大利润为 162.8370
```

**【例 2.9】** 利用各变尺度法求解下列函数的极小值。

$$f(x_1,x_2)=x_1+2x_2^2+\exp(x_1^2+x_2^2),\quad 初始点(1,0)^T$$

**解：**根据变尺度法的原理，自编相应的函数进行计算。

```
>> clear;syms x y
>> fun = x + 2 * y^2 + exp(x^2 + y^2);
>> x_syms = {'x';'y'};x0 = [1 0];esp = 0.0001;
>> [xmin,minf] = mynnewtown(fun,x0,x_syms,esp);        %对称秩 1 算法
>> [xmin,minf] = DFP(fun,x0,x_syms,esp);               %DEP 算法
>> [xmin,minf] = mybroyden(fun,x0,x_syms,esp);         %broyden 算法
>>[xmin,minf] = BFGS(fun,x0,x_syms,esp);               %BFGS 算法
>> xmin = -0.4194    0                                 %极小点
```

**【例 2.10】** 利用直接搜索法求解下列函数的最优值。

$$f(x_1,x_2)=4x_1^2+x_2^2-40x_1-12x_2+136,\quad 初始点(4,8)^T$$

**解：**根据直接搜索法的原理，自编相应的函数进行计算。

```
>> clear;syms x y
>> fun = 4 * x^2 + y^2 - 40 * x - 12 * y + 136;
>> d = 1;alpha = 1;esp = 0.0001; x0 = [4 8]; x_syms = {'x','y'};
>> [minx,minf] = hooke(fun,x0',x_syms,d,alpha,esp);        %Hook-Jeeves 方法
>> [minx,minf] = powell(fun,x0,x_syms,esp);                %Powell 方法
>> x0 = {[8 9],[10 9],[8 11]};
>> [minx,minf] = mycomplex(fun,[],x_syms,x0,2,esp);         %单纯形法
>> minx = 5   6                                             %极小值
```

从计算结果可以看出，相对而言，单纯形法的精度较差。

**【例 2.11】** 利用 MATLAB 中的相关函数求解下列函数的极小值。

$$f(x_1,x_2)=3x_1^2+x_2^2+2x_1x_2$$

**解：**首先，编写目标函数 optifun5。

```
Function [f,g] = optifun5(x)
f = 3 * x(1)^2 + 2 * x(1) * x(2) + x(2)^2;
if nargout>1
    g(1) = 6 * x(1) + 2 * x(2);    %梯度,可以提高运行的速度和精度
    g(2) = 2 * x(1) + 2 * x(2);
end
```

然后，就可以利用 fminunc 函数进行计算。

```
>> options = optimset('GradObj','on');x0 = [1,1];
>> [x,fval] = fminunc(@optifun5,x0,options);
>> x = 1.0e-015 * (0.3331  -0.4441)       %极小值
```

用本章介绍的各种算法的自编函数可以得到同样的结果。

# 第 3 章

# 约束优化方法

在实际优化问题中，其自变量的取值大都要受到一定的限制，这种限制在最优化方法中称为约束条件，相应的优化问题便称为约束优化问题。

约束优化问题的一般形式为

$$\begin{cases}\min f(\boldsymbol{x}), & \boldsymbol{x} \in \mathbf{R}^n \\ \text{s.t.} \quad h_i(\boldsymbol{x})=0, & i=1,2,\cdots,l \\ \qquad\;\; g_i(\boldsymbol{x}) \geqslant 0, & i=1,2,\cdots,m\end{cases}$$

式中：$f$、$g_i$、$h_i$ 均为实值连续函数，且一般假定具有二阶连续偏导数。

约束优化问题的解法较多，但目前尚没有一种对一切问题都普遍有效的算法，而且求得的解多是局部最优解。

约束优化方法大体上可分为以下三类：

(1) 用线性规划或二次规划来逐次逼近非线性规划的方法，如 SLP、SQP 法等。

(2) 把约束优化问题转化为无约束优化问题来求解的方法，如可行方向法、梯度投影法、既约梯度法等。

(3) 对约束问题不预先作转换的直接搜索方法，如复形法、随机试验法等。

## 3.1 最优性条件

### 3.1.1 等式约束问题的最优性条件

对于下面的等式约束问题

$$\begin{cases}\min f(\boldsymbol{x}) \\ \text{s.t.} \quad h_i(\boldsymbol{x})=0, \quad i=1,2,\cdots,l\end{cases} \tag{3-1}$$

为了研究方便，作拉格朗日函数

$$L(\boldsymbol{x},\boldsymbol{\lambda})=f(\boldsymbol{x})-\sum_{i=1}^{l}\lambda_i h_i(\boldsymbol{x})$$

式中：$\boldsymbol{\lambda}=(\lambda_1,\lambda_2,\cdots,\lambda_l)$为乘子向量。

拉格朗日定理(一阶必要条件)：假设 $\boldsymbol{x}^*$ 是问题(3-1)的局部极小点，$f(\boldsymbol{x})$和 $h_i(\boldsymbol{x})$($i=1,2,\cdots,l$)在 $\boldsymbol{x}^*$ 的某邻域内连续可微，若向量组$\nabla h_i(\boldsymbol{x}^*)$ ($i=1,2,\cdots,l$)线性无关，则存在乘子向量 $\boldsymbol{\lambda}^*$，使得$\nabla_x L(\boldsymbol{x}^*,\boldsymbol{\lambda}^*)=0$，即

$$\nabla f(\boldsymbol{x}^*)-\sum_{i=1}^{l}\lambda_i^* \nabla h_i(\boldsymbol{x}^*)=0$$

上式即为拉格朗日定理，描述了问题(3-1)取极小值的一阶必要条件，也就是通常所说的 KKT 条件(Karush-Kuhn-Tucker 条件)。

如果目标函数和约束函数都是二阶连续可微的，则可以考虑下面的二阶充分条件。

二阶充分条件：对于问题(3-1)，假设 $f(\boldsymbol{x})$ 和 $h_i(\boldsymbol{x})(i=1,2,\cdots,l)$ 都是二阶连续可微的，并且存在 $(\boldsymbol{x}^*,\boldsymbol{\lambda}^*)\in\mathbf{R}^n\times\mathbf{R}^l$ 使得 $\nabla L(\boldsymbol{x}^*,\boldsymbol{\lambda}^*)=0$。若对任意的 $\boldsymbol{0}\neq\boldsymbol{d}\in\mathbf{R}^n$，$\nabla h_i(\boldsymbol{x}^*)^{\mathrm{T}}\boldsymbol{d}=0$ $(i=1,2,\cdots,l)$，均有 $\boldsymbol{d}^{\mathrm{T}}\nabla_{xx}^2L(\boldsymbol{x}^*,\boldsymbol{\lambda}^*)\boldsymbol{d}>0$，则 $\boldsymbol{x}^*$ 是问题(3-1)的一个严格局部极小点。

其中，拉格朗日函数的梯度和关于 $\boldsymbol{x}$ 的 Hesse 阵的计算过程如下：

$$\nabla L(\boldsymbol{x},\lambda)=\begin{pmatrix}\nabla_x L(\boldsymbol{x},\boldsymbol{\lambda})\\ \nabla_x L(\boldsymbol{x},\boldsymbol{\lambda})\end{pmatrix}=\begin{pmatrix}\nabla f(\boldsymbol{x})-\sum_{i=1}^{l}\lambda_i\nabla h_i(\boldsymbol{x})\\ -h(\boldsymbol{x})\end{pmatrix}$$

$$\nabla_{xx}^2L(\boldsymbol{x},\boldsymbol{\lambda})=\nabla^2 f(\boldsymbol{x})-\sum_{i=1}^{l}\lambda_i\nabla^2 h_i(\boldsymbol{x})$$

## 3.1.2　不等式约束问题的最优性条件

对于下面的不等式约束问题

$$\begin{cases}\min f(\boldsymbol{x}), & \boldsymbol{x}\in\mathbf{R}^n\\ \text{s.t.}\quad g_i(\boldsymbol{x})\geqslant 0, & i=1,2,\cdots,m\end{cases}\tag{3-2}$$

记可行域为 $D=\{\boldsymbol{x}\in\mathbf{R}^n\mid g_i(\boldsymbol{x})\geqslant 0,i=1,2,\cdots,m\}$，指标集 $I=\{1,2,\cdots,m\}$。

若问题(3-2)的一个可行点 $\overline{\boldsymbol{x}}\in D$ 使得 $g_i(\overline{\boldsymbol{x}})=0$，则不等式约束 $g_i(\boldsymbol{x})\geqslant 0$ 称为 $\overline{\boldsymbol{x}}$ 的有效约束。反之，若有 $g_i(\overline{\boldsymbol{x}})>0$，则不等式约束 $g_i(\boldsymbol{x})\geqslant 0$ 称为 $\overline{\boldsymbol{x}}$ 的非有效约束。称集合 $I(\overline{\boldsymbol{x}})=\{i\mid g_i(\overline{\boldsymbol{x}})=0\}$ 为 $\overline{\boldsymbol{x}}$ 处的有效约束指标集，简称为 $\boldsymbol{x}$ 处的有效集(或积极集)。

KTT 条件：若 $\boldsymbol{x}^*$ 是问题(3-2)的局部极小值，有效约束集是 $I(\boldsymbol{x}^*)=\{i\mid g_i(\boldsymbol{x}^*)=0,i=1,2,\cdots,m\}$，并设 $f(\boldsymbol{x})$ 和 $g_i(\boldsymbol{x})(i=1,2,\cdots,m)$ 在 $\boldsymbol{x}^*$ 处可微。若向量组 $\nabla g_i(\boldsymbol{x}^*)(i\in I(\boldsymbol{x}^*))$ 线性无关，则存在向量 $\boldsymbol{\lambda}^*=(\lambda_1^*,\lambda_2^*,\cdots,\lambda_m^*)^{\mathrm{T}}$ 使得

$$\begin{cases}\nabla f(\boldsymbol{x}^*)-\sum_{i=1}^{m}\lambda_i^*\nabla g_i(\boldsymbol{x}^*)=0\\ g_i(\boldsymbol{x}^*)\geqslant 0,\quad \lambda_i^*\geqslant 0,\quad \lambda_i^*g_i(\boldsymbol{x}^*)=0,\quad i=1,2,\cdots,m\end{cases}$$

## 3.1.3　一般约束问题的最优性条件

考虑下面的一般约束优化问题

$$\begin{cases}\min f(\boldsymbol{x}), & \boldsymbol{x}\in\mathbf{R}^n\\ \text{s.t.}\quad h_i(\boldsymbol{x})=0, & i=1,2,\cdots,l\\ \qquad\ g_i(\boldsymbol{x})\geqslant 0, & i=1,2,\cdots,m\end{cases}\tag{3-3}$$

记可行域为 $D=\{\boldsymbol{x}\in\mathbf{R}^n\mid h_i=0,i\in\varepsilon,g_i(\boldsymbol{x})\geqslant 0,i\in I\}$，指标集 $\varepsilon=\{1,2,\cdots,l\}$，$I=\{1,2,\cdots,m\}$。

KTT 一阶必要条件：设 $\boldsymbol{x}^*$ 是问题(3-3)的局部极小点，在 $\boldsymbol{x}^*$ 处的有效约束集为

$$S(\boldsymbol{x}^*)=\varepsilon\cup I(\boldsymbol{x}^*)=\varepsilon\cup\{i\mid g_i(\boldsymbol{x}^*)=0,i\in I\}\tag{3-4}$$

并设 $f(\boldsymbol{x})$、$h_i(\boldsymbol{x})(i\in\varepsilon)$ 和 $g_i(\boldsymbol{x})(i\in I)$ 在 $\boldsymbol{x}^*$ 处可微。若向量组 $\nabla h_i(\boldsymbol{x}^*)(i\in\varepsilon)$，$\nabla g_i(\boldsymbol{x}^*)$ $(i\in I(\boldsymbol{x}^*))$ 线性无关，则存在向量 $(\boldsymbol{\mu}^*,\boldsymbol{\lambda}^*)\in\mathbf{R}^l\times\mathbf{R}^m$，其中，$\boldsymbol{\mu}^*=(\mu_1^*,\mu_2^*,\cdots,\mu_l^*)^{\mathrm{T}}$，$\boldsymbol{\lambda}^*=(\lambda_1^*,\lambda_2^*,\cdots,\lambda_m^*)^{\mathrm{T}}$，使得

$$\begin{cases}\nabla f(\boldsymbol{x}^*)-\sum_{i=1}^{l}\mu_i^*\nabla h_i(\boldsymbol{x}^*)-\sum_{i=1}^{m}\lambda_i^*\nabla g_i(\boldsymbol{x}^*)=0\\ h_i(\boldsymbol{x}^*)=0,\quad i\in\varepsilon\\ g_i(\boldsymbol{x}^*)\geqslant 0,\quad \lambda_i^*\geqslant 0,\quad \lambda_i^*g_i(\boldsymbol{x}^*)=0,\quad i\in I\end{cases}\tag{3-5}$$

式(3-5)即为 KTT 条件,满足这一条件的点 $\boldsymbol{x}^*$ 称为 KKT 点,$(\boldsymbol{x}^*,(\boldsymbol{\mu}^*,\boldsymbol{\lambda}^*))$称为 KTT 对,其中$(\boldsymbol{\mu}^*,\boldsymbol{\lambda}^*)$称为问题的拉格朗日乘子。通常 KKT 点、KTT 对和 KKT 条件可以不加区别地使用。

与等式约束相仿,可以定义问题(3-3)的拉格朗日函数为

$$L(\boldsymbol{x},\boldsymbol{\mu},\boldsymbol{\lambda})=f(\boldsymbol{x})-\sum_{i=1}^{l}\mu_i h_i(\boldsymbol{x})-\sum_{i=1}^{m}\lambda_i g_i(\boldsymbol{x})$$

不难求出它关于变量 $\boldsymbol{x}$ 的梯度和 Hesse 矩阵分别为

$$\nabla_x L(\boldsymbol{x},\boldsymbol{\mu},\boldsymbol{\lambda})=\nabla f(\boldsymbol{x})-\sum_{i=1}^{l}\mu_i \nabla h_i(\boldsymbol{x})-\sum_{i=1}^{m}\lambda_i \nabla g_i(\boldsymbol{x})$$

$$\nabla_{xx}^2 L(\boldsymbol{x},\boldsymbol{\mu},\boldsymbol{\lambda})=\nabla^2 f(\boldsymbol{x})-\sum_{i=1}^{l}\mu_i \nabla^2 h_i(\boldsymbol{x})-\sum_{i=1}^{m}\lambda_i \nabla^2 g_i(\boldsymbol{x})$$

KTT 二阶充分条件:对于问题(3-3),假设 $f(\boldsymbol{x})$、$h_i(\boldsymbol{x})(i\in\varepsilon)$和 $g_i(\boldsymbol{x})(i\in I)$都是二阶连续可微的,有效约束集由式(3-4)定义,且$(\boldsymbol{x}^*,(\boldsymbol{\mu}^*,\boldsymbol{\lambda}^*))$是问题(3-3)的 KKT 点。若对任意的 $\boldsymbol{0}\neq\boldsymbol{d}\in\mathbf{R}^n$,$\nabla h_i(\boldsymbol{x}^*)^{\mathrm{T}}\boldsymbol{d}=0(i\in\varepsilon)$,$\nabla g_i(\boldsymbol{x}^*)^{\mathrm{T}}\boldsymbol{d}=0(i\in I(\boldsymbol{x}^*))$均有 $\boldsymbol{d}^{\mathrm{T}}\nabla_{xx}^2 L(\boldsymbol{x}^*,\boldsymbol{\mu}^*,\boldsymbol{\lambda}^*)\boldsymbol{d}>0$,则 $\boldsymbol{x}^*$ 是问题(3-3)的一个严格局部极小点。

一般而言,问题(3-3)的 KKT 点不一定是局部极小点,但如果问题是凸优化,则 KKT 点、局部极小点、全局极小点三者是等价的。

凸优化问题由下式定义:

对于约束优化问题

$$\begin{cases}\min f(\boldsymbol{x}), & \boldsymbol{x}\in\mathbf{R}^n\\ \text{s.t.}\quad h_i(\boldsymbol{x})=0, & i=1,2,\cdots,l\\ \qquad\ \ g_i(\boldsymbol{x})\geqslant 0, & i=1,2,\cdots,m\end{cases}$$

若 $f(\boldsymbol{x})$是凸函数,$h_i(\boldsymbol{x})(i=1,2,\cdots,l)$是线性函数,$g_i(\boldsymbol{x})(i=1,2,\cdots,m)$是凹函数(即$-g_i(\boldsymbol{x})$是凸函数),则上述优化问题称为凸优化问题。

## 3.2 罚函数法

罚函数法的基本思想是:根据约束条件的特点,将其转化为某种惩罚函数并增加到目标函数中去,从而将约束优化问题转化为一系列的无约束优化问题来求解。通过求解一系列无约束最优化问题来得到约束优化问题的最优解,这类方法称为序列无约束极小化方法(Sequential Unconstrained Minimization Technique,SUMT),简称 SUMT 法,它包括外罚函数法、内点法和乘子法。

### 3.2.1 外罚函数法

考虑

$$\begin{cases}\min f(\boldsymbol{x}), & \boldsymbol{x}\in\mathbf{R}^n\\ \text{s.t.}\quad h_i(\boldsymbol{x})=0, & i\in\varepsilon=1,2,\cdots,l\\ \qquad\ \ g_i(\boldsymbol{x})\geqslant 0, & i\in I=1,2,\cdots,m\end{cases}$$

记可行域 $D=\{\boldsymbol{x}\in\mathbf{R}^n\,|\,h_i(\boldsymbol{x})=0(i\in\varepsilon),g_i(\boldsymbol{x})\geqslant 0(i\in I)\}$,构造罚函数

$$\overline{P}(\boldsymbol{x})=\sum_{i=1}^{l}h_i^2(\boldsymbol{x})+\sum_{i=1}^{m}[\min\{0,g_i(\boldsymbol{x})\}]^2$$

罚函数 $\overline{P}(\boldsymbol{x})$ 应满足：

(1) $\overline{P}(\boldsymbol{x})$ 是连续的；

(2) 对任意 $\boldsymbol{x}\in\mathbf{R}^n$，有 $\overline{P}(\boldsymbol{x})\geqslant 0$；

(3) 当且仅当 $\boldsymbol{x}\in D$ 时，$\overline{P}(\boldsymbol{x})=0$，

和增广目标函数

$$P(\boldsymbol{x},\sigma)=f(\boldsymbol{x})+\sigma\overline{P}(\boldsymbol{x})$$

式中：$\sigma>0$ 为罚参数或罚因子。

很明显，当 $\boldsymbol{x}\in D$ 时，即 $\boldsymbol{x}$ 为可行点时，$P(\boldsymbol{x},\sigma)=f(\boldsymbol{x})$，此时目标函数没有受到额外的惩罚；而当 $\boldsymbol{x}\notin D$ 时，即 $\boldsymbol{x}$ 为不可行点时，$P(\boldsymbol{x},\sigma)>f(\boldsymbol{x})$，此时目标函数受到了额外的惩罚，$\sigma$ 越大，受到的惩罚越重。当 $\sigma$ 充分大时，要使 $P(\boldsymbol{x},\sigma)$ 达到极小，罚函数 $\overline{P}(\boldsymbol{x})$ 应充分小，从而 $P(\boldsymbol{x},\sigma)$ 的极小点充分逼近可行域 $D$，而其极小值自然充分逼近 $f(\boldsymbol{x})$ 在 $D$ 上的极小值，这样求解一般约束优化问题(3-3)就可以转化为求解一系列无约束的优化问题，即

$$\min P(\boldsymbol{x},\sigma_k)=f(\boldsymbol{x})+\sigma_k\overline{P}(\boldsymbol{x}) \tag{3-6}$$

式中：$\sigma_k$ 为正数序列且 $\sigma_k\to+\infty$。

外罚函数法的计算步骤如下：

(1) 给定初始点 $\boldsymbol{x}^{(0)}\in\mathbf{R}^n$，终止误差 $0\leqslant\varepsilon\ll 1$，$\sigma_1>0$，$\gamma>1$，令 $k=1$。

(2) 以 $\boldsymbol{x}^{(k-1)}$ 为初始点求解问题(3-6)，得极小点 $\boldsymbol{x}^{(k)}$。

(3) 若 $\sigma_k\overline{P}(\boldsymbol{x}^{(k)})\leqslant\varepsilon$，则停止计算，输出 $\boldsymbol{x}\approx\boldsymbol{x}^{(k)}$ 作为原问题的近似极小点；否则，转步骤(4)。

(4) 令 $\sigma_{k+1}=\gamma\sigma_k$，$k=k+1$，转步骤(2)。

算法中 $\gamma\in[2,50]$，常取 $\gamma\in[4,10]$。

设算法产生序列 $\{\boldsymbol{x}^{(k)}\}$ 和 $\{\sigma_k\}$，$\boldsymbol{x}^*$ 是约束优化问题(3-3)的全局极小点。若 $\boldsymbol{x}^{(k)}$ 为无约束问题(3-6)的全局极小点，并且罚参数 $\sigma_k\to+\infty$，则 $\{\boldsymbol{x}^{(k)}\}$ 的任一聚点 $\boldsymbol{x}^{\infty}$ 都是问题(3-3)的全局极小点，即算法是收敛的。

外罚函数法算法简单，可以直接调用无约束优化算法的通用程序，因而容易编程实现，但也存在缺点：(1) $\boldsymbol{x}^{(k)}$ 往往不是可行点，这对于某些实际问题是难以接受的；(2) 罚参数 $\sigma_k$ 的选取比较困难；(3) $\overline{P}(\boldsymbol{x})$ 一般是不可微的，因而难以直接使用导数的优化算法，从而收敛速度缓慢。

### 3.2.2 内点法

**1. 不等式约束优化问题的内点法**

内点法一般只适用于不等式约束优化问题，如下：

$$\begin{cases}\min f(\boldsymbol{x}), & \boldsymbol{x}\in\mathbf{R}^n\\ \text{s.t.}\quad g_i(\boldsymbol{x})\geqslant 0, & i=1,2,\cdots,m\end{cases} \tag{3-7}$$

记可行域 $D=\{\boldsymbol{x}\in\mathbf{R}^n\mid g_i(\boldsymbol{x})\geqslant 0, i=1,2,\cdots,m\}$。

内点法的迭代过程始终在可行域内进行，为此把初始点取在可行域内，并在可行域的边界上设置一道“障碍”，使迭代点靠近边界点时，给出的新的目标函数值迅速增大，这样使迭代点始终留在可行域内。因此，内点法也称内罚函数法或障碍函数法，它只用于可行域的内点集非空的情况，即

$$D_0=\{\boldsymbol{x}\in\mathbf{R}^n\mid g_i(\boldsymbol{x})>0, i=1,2,\cdots,m\}\neq\varnothing$$

与外罚函数法类似，需要构造如下的增广目标函数

$$H(\boldsymbol{x},\tau)=f(\boldsymbol{x})+\tau\overline{H}(\boldsymbol{x})$$

式中：$\tau>0$ 为罚参数或罚因子；$\overline{H}(\boldsymbol{x})$为障碍函数。

$H(\boldsymbol{x},\tau)$应具有如下的特征：在可行域的内部与边界较远的地方，与目标函数尽可能相近，而在接近边界时可以取任意大的值。或者说 $\overline{H}(\boldsymbol{x})$需要满足这样的性质：当 $\boldsymbol{x}$ 在 $D_0$ 趋向于边界时，至少有一个 $g_i(\boldsymbol{x})$趋向于 0，而 $\overline{H}(\boldsymbol{x})$要趋向于无穷大。

通常有两种方法选取 $\overline{H}(\boldsymbol{x})$，一种是倒数障碍函数，即

$$\overline{H}(\boldsymbol{x})=\sum_{i=1}^{m}\frac{1}{g_i(\boldsymbol{x})}$$

另一种是对数障碍函数，即

$$\overline{H}(\boldsymbol{x})=-\sum_{i=1}^{m}\ln[g_i(\boldsymbol{x})]$$

与外罚函数法类似，将求解不等式约束优化问题(3－7)转化为求解序列无约束优化问题

$$\min H(\boldsymbol{x},\tau_k)=f(\boldsymbol{x})+\tau_k\overline{H}(\boldsymbol{x}) \tag{3-8}$$

式中：$\tau_k\to 0$。

一般来说，采用对数形式的障碍函数的收敛速度比采用倒数形式的快，因此，实际中通常采用对数形式的障碍函数。

内点法的计算步骤如下：

(1) 给定初始点 $\boldsymbol{x}^{(0)}\in D_0$，终止误差 $0\leqslant\varepsilon\ll 1$，$\tau_1>0$，$\rho\in(0,1)$，令 $k=1$。

(2) 以 $\boldsymbol{x}^{(k-1)}$为初始点求解问题(3－8)，得极小点 $\boldsymbol{x}^{(k)}$。

(3) 若 $\tau_k\overline{H}(\boldsymbol{x}^{(k)})\leqslant\varepsilon$，则停止计算，输出 $\boldsymbol{x}\approx\boldsymbol{x}^{(k)}$ 作为原问题的近似极小点；否则，转步骤(4)。

(4) 令 $\tau_{k+1}=\rho\tau_k$，$k=k+1$，转步骤(2)。

内点法算法简单，适应性强，但随着迭代过程的进行，罚参数将变得越来越小，趋向于 0，使得增广目标函数的病态性越来越严重，这给无约束子问题的求解带来了数值实现上的困难，以致迭代的失败。此外，要求初始点 $\boldsymbol{x}_0$ 是一个严格的可行点也是比较麻烦的，甚至是困难的。

内点法也是收敛的，即设算法产生序列$\{\boldsymbol{x}^{(k)}\}$和$\{\tau_k\}$，$\boldsymbol{x}^*$ 是约束优化问题(3－7)的全局极小点。若 $\boldsymbol{x}^{(k)}$为 $H(\boldsymbol{x},\tau_k)$的全局极小点，并且 $\tau_k\to 0$，则$\{\boldsymbol{x}^{(k)}\}$的任一聚点 $\overline{\boldsymbol{x}}$ 都是问题(3－7)的全局极小点。

**2. 一般约束问题的内点法**

对于一般约束优化问题(3－3)，考虑到外罚函数法和内点法的优点和缺点，采用混合罚函数法，即对于等式约束利用“外罚函数”的思想，而对于不等式约束则利用“障碍函数”的思想，构造出混合增广目标函数

$$H(\boldsymbol{x},\mu)=f(\boldsymbol{x})+\frac{1}{2\mu}\sum_{i=1}^{l}h_i^2(\boldsymbol{x})+\mu\sum_{i=1}^{m}\frac{1}{g_i(\boldsymbol{x})}$$

或

$$H(\boldsymbol{x},\mu)=f(\boldsymbol{x})+\frac{1}{2\mu}\sum_{i=1}^{l}h_i^2(\boldsymbol{x})-\mu\sum_{i=1}^{m}\ln[g_i(\boldsymbol{x})]$$

于是可以类似于内点法或外罚函数法的算法框架建立相应的算法，但选取初始点仍是一个困难的问题。

另一种途径是引入松弛变量 $y_i$，$i=1,2,\cdots,m$，将问题等价地转化为

$$\begin{cases}\min f(\boldsymbol{x}), & \boldsymbol{x}\in\mathbf{R}^n\\ \text{s. t.}\quad h_i(\boldsymbol{x})=0, & i=1,2,\cdots,l\\ \qquad g_i(\boldsymbol{x})-y_i=0, & i=1,2,\cdots,m\\ \qquad y_i\geqslant 0, & i=1,2,\cdots,m\end{cases} \tag{3-9}$$

然后构造等价问题(3-9)的混合增广目标函数

$$\psi(\boldsymbol{x},\boldsymbol{y},\mu)=f(\boldsymbol{x})+\frac{1}{2\mu}\sum_{i=1}^{l}h_i^2(\boldsymbol{x})+\frac{1}{2\mu}\sum_{i=1}^{m}[g_i(\boldsymbol{x})-y_i]^2+\mu\sum_{i=1}^{m}\frac{1}{y_i}$$

或

$$\psi(\boldsymbol{x},\boldsymbol{y},\mu)=f(\boldsymbol{x})+\frac{1}{2\mu}\sum_{i=1}^{l}h_i^2(\boldsymbol{x})+\frac{1}{2\mu}\sum_{i=1}^{m}[g_i(\boldsymbol{x})-y_i]^2-\mu\sum_{i=1}^{m}\ln y_i$$

在此基础上,就可以建立相应的求解算法。此时,任意的 $\boldsymbol{x},\boldsymbol{y}(\boldsymbol{y}>\boldsymbol{0})$ 均可以作为一个合适的初始点来启动相应的迭代算法。

### 3.2.3 乘子法

乘子法是 Powell 和 Hestenes 于 1969 年针对等式约束优化问题同时独立提出的一种优化算法,后推广到求解不等式约束优化问题,其基本思想是从原问题的拉格朗日函数出发,再加上适当的罚函数,从而将原问题转化为求解一系列的无约束优化子问题。它主要是为了克服罚函数法中随着算法的进行,增广目标函数的病态会越来越严重,使无约束优化方法的计算难以进行下去的缺点。

**1. 等式约束问题的乘子法**

对于等式约束优化问题

$$\begin{cases}\min f(\boldsymbol{x}) \\ \text{s.t.}\quad h_i(\boldsymbol{x})=0,\quad i=1,2,\cdots,l\end{cases}\tag{3-10}$$

其拉格朗日函数为

$$L(\boldsymbol{x},\boldsymbol{\lambda})=f(\boldsymbol{x})-\boldsymbol{\lambda}^{\mathrm{T}}\boldsymbol{h}(\boldsymbol{x})$$

式中:$\boldsymbol{h}(\boldsymbol{x})=(h_1(\boldsymbol{x}),h_2(\boldsymbol{x}),\cdots,h_l(\boldsymbol{x}))^{\mathrm{T}}$;$\boldsymbol{\lambda}=(\lambda_1,\lambda_2,\cdots,\lambda_l)^{\mathrm{T}}$ 为乘子向量。

设$(\boldsymbol{x}^*,\boldsymbol{\lambda}^*)$是问题(3-10)的 KKT 对,则由最优性条件有

$$\nabla_{\boldsymbol{x}}L(\boldsymbol{x}^*,\boldsymbol{\lambda}^*)=0,\quad \nabla_{\boldsymbol{\lambda}}L(\boldsymbol{x}^*,\boldsymbol{\lambda}^*)=-h(\boldsymbol{x}^*)=0$$

此外,不难发现,对于任意的 $\boldsymbol{x}\in D$,有

$$L(\boldsymbol{x}^*,\boldsymbol{\lambda}^*)=f(\boldsymbol{x}^*)\leqslant f(\boldsymbol{x})=f(\boldsymbol{x})-(\boldsymbol{\lambda}^*)^{\mathrm{T}}\boldsymbol{h}(\boldsymbol{x})=L(\boldsymbol{x},\boldsymbol{\lambda}^*)$$

上式表明,若乘子向量已知,则问题(3-10)可等价转化为

$$\begin{cases}\min L(\boldsymbol{x},\boldsymbol{\lambda}^*),\quad \boldsymbol{x}\in\mathbf{R}^n \\ \text{s.t.}\quad \boldsymbol{h}(\boldsymbol{x})=0\end{cases}\tag{3-11}$$

用外罚函数法求解问题(3-11),便可写出增广目标函数

$$\psi(\boldsymbol{x},\boldsymbol{\lambda}^*,\sigma)=L(\boldsymbol{x},\boldsymbol{\lambda}^*)+\frac{\sigma}{2}\|\boldsymbol{h}(\boldsymbol{x})\|^2$$

上式中乘子向量 $\boldsymbol{\lambda}^*$ 事先并不知道,故可考虑下面的增广目标函数

$$\begin{aligned}\psi(\boldsymbol{x},\boldsymbol{\lambda}^*,\sigma)&=L(\boldsymbol{x},\boldsymbol{\lambda}^*)+\frac{\sigma}{2}\|\boldsymbol{h}(\boldsymbol{x})\|^2\\&=f(\boldsymbol{x})-\boldsymbol{\lambda}^{\mathrm{T}}\boldsymbol{h}(\boldsymbol{x})+\frac{\sigma}{2}\|\boldsymbol{h}(\boldsymbol{x})\|^2\end{aligned}$$

首先固定一个 $\boldsymbol{\lambda}=\bar{\boldsymbol{\lambda}}$,求 $\psi(\boldsymbol{x},\boldsymbol{\lambda}^*,\sigma)$的极小点 $\bar{\boldsymbol{x}}$,然后再适当改变 $\boldsymbol{\lambda}$ 的值,求新的 $\bar{\boldsymbol{x}}$,直至达到满足要求的 $\boldsymbol{x}^*$ 和 $\boldsymbol{\lambda}^*$ 为止。具体来说,在第 $k$ 次迭代求无约束子问题 $\min\psi(\boldsymbol{x},\boldsymbol{\lambda}_k,\sigma)$的极小点 $\boldsymbol{x}^{(k)}$时,由取极值的必要条件可知

$$\nabla_x \psi(\boldsymbol{x}^{(k)},\boldsymbol{\lambda}_k,\sigma)=\nabla f(\boldsymbol{x}^{(k)})-\nabla h(\boldsymbol{x}^{(k)})[\boldsymbol{\lambda}_k-\sigma \boldsymbol{h}(\boldsymbol{x}^{(k)})]=0$$

而在原问题的 KKT 对$(\boldsymbol{x}^*,\boldsymbol{\lambda}^*)$处,有

$$\nabla f(\boldsymbol{x}^*)-\nabla h(\boldsymbol{x}^*)\lambda^*=0,\quad \boldsymbol{h}(\boldsymbol{x}^*)=\boldsymbol{0}$$

因为希望$\{\boldsymbol{x}^{(k)}\}\to\boldsymbol{x}^*$,$\{\boldsymbol{\lambda}_k\}\to\boldsymbol{\lambda}^*$,所以比较上面两式,可取乘子序列$\{\boldsymbol{\lambda}_k\}$的更新公式为

$$\boldsymbol{\lambda}_{k+1}=\boldsymbol{\lambda}_k-\sigma \boldsymbol{h}(\boldsymbol{x}^{(k)}) \tag{3-12}$$

由式(3-12)可以看出$\{\boldsymbol{\lambda}_k\}$收敛的充分必要条件为$\{\boldsymbol{h}(\boldsymbol{x}^{(k)})\}\to\boldsymbol{0}$。

根据以上讨论,可得出乘子算法的步骤如下:

(1) 给定初始点$\boldsymbol{x}^{(0)}\in\mathbf{R}^n$,$\boldsymbol{\lambda}_1\in\mathbf{R}^l$,终止误差$0\leqslant\varepsilon\ll 1$,$\sigma_1>0$,$\theta\in(0,1)$,$\eta>1$,令$k=1$。

(2) 以$\boldsymbol{x}^{(k-1)}$为初始点求解无约束子问题,得极小点$\boldsymbol{x}^{(k)}$

$$\min \psi(\boldsymbol{x},\boldsymbol{\lambda}_k,\sigma_k)=f(\boldsymbol{x})-\boldsymbol{\lambda}_k^{\mathrm{T}}\boldsymbol{h}(\boldsymbol{x})+\frac{\sigma_k}{2}\|\boldsymbol{h}(\boldsymbol{x})\|^2$$

(3) 若$\|\boldsymbol{h}(\boldsymbol{x}^{(k)})\|\leqslant\varepsilon$,则停止计算,输出$\boldsymbol{x}^*\approx\boldsymbol{x}^{(k)}$作为原问题的近似极小点;否则,转步骤(4)。

(4) 令$\boldsymbol{\lambda}_{k+1}=\boldsymbol{\lambda}_k-\sigma\boldsymbol{h}(x^{(k)})$。

(5) 若$\|\boldsymbol{h}(\boldsymbol{x}^{(k)})\|\geqslant\theta\|\boldsymbol{h}(\boldsymbol{x}^{(k-1)})\|$,则令$\sigma_{k+1}=\eta\sigma_k$;否则,$\sigma_{k+1}=\sigma_k$。

(6) 令$k=k+1$,转步骤(2)。

**2. 一般约束问题的乘子法**

对于一般约束优化问题(3-3),乘子法的基本思想是先引进辅助变量把不等式约束转化为等式约束,然后再利用最优性条件消去辅助变量。

此时,增广拉格朗日函数为

$$\psi(\boldsymbol{x},\boldsymbol{\mu},\boldsymbol{\lambda},\sigma)=f(\boldsymbol{x})-\sum_{i=1}^{l}\mu_i h_i(\boldsymbol{x})+\frac{\sigma}{2}\sum_{i=1}^{l}h_i^2(\boldsymbol{x})+\frac{1}{2\sigma}\sum_{i=1}^{m}\left\{[\min\{0,\sigma g_i(\boldsymbol{x})-\lambda_i\}]^2-\lambda_i^2\right\}$$

乘子迭代公式为

$$(\boldsymbol{\mu}_{k+1})_i=(\boldsymbol{\mu}_k)_i-\sigma h_i(\boldsymbol{x}^{(k)}),\quad i=1,2,\cdots,l$$
$$(\boldsymbol{\lambda}_{k+1})_i=\max\{0,(\boldsymbol{\lambda}_k)_i-\sigma g_i(\boldsymbol{x}^{(k)})\},\quad i=1,2,\cdots,m$$

令

$$\beta_k=\left\{\sum_{i=1}^{l}h_i^2(\boldsymbol{x}^{(k)})+\sum_{i=1}^{m}\left[\min\left\{g_i(\boldsymbol{x}^{(k)}),\frac{(\boldsymbol{\lambda}_k)_i}{\sigma}\right\}\right]^2\right\}^{1/2}$$

则终止准则为$\beta_k\leqslant\varepsilon$。

从而可写出一般约束优化问题乘子法的计算步骤如下:

(1) 给定初始点$\boldsymbol{x}^{(0)}\in\mathbf{R}^n$,$\boldsymbol{\lambda}_1\in\mathbf{R}^m$,$\boldsymbol{\mu}_1\in\mathbf{R}^l$,终止误差$0\leqslant\varepsilon\ll1$,$\sigma_1>0$,$\theta\in(0,1)$,$\eta>1$,令$k=1$。

(2) 以$\boldsymbol{x}^{(k-1)}$为初始点求解下面无约束子问题,得极小点$\boldsymbol{x}^{(k)}$。

$$\min \psi(\boldsymbol{x},\boldsymbol{\mu}_k,\boldsymbol{\lambda}_k,\sigma_k)=f(\boldsymbol{x})-\sum_{i=1}^{l}(\mu_k)_i h_i(\boldsymbol{x})+\frac{\sigma_k}{2}\sum_{i=1}^{l}h_i^2(\boldsymbol{x})+$$
$$\frac{1}{2\sigma_k}\sum_{i=1}^{m}\left\{[\min\{0,\sigma_k g_i(\boldsymbol{x})-(\lambda_k)_i\}]^2-(\lambda_k)_i^2\right\}$$

(3) 若$\beta_k\leqslant\varepsilon$,则停止计算,输出$\boldsymbol{x}^*\approx\boldsymbol{x}^{(k)}$作为原问题的近似极小点;否则,转步骤(4)。

(4) 更新乘子算子

$$(\boldsymbol{\mu}_{k+1})_i=(\boldsymbol{\mu}_k)_i-\sigma_k h_i(\boldsymbol{x}^{(k)}),\quad i=1,2,\cdots,l$$
$$(\boldsymbol{\lambda}_{k+1})_i=\max\{0,(\boldsymbol{\lambda}_k)_i-\sigma_k g_i(\boldsymbol{x}^{(k)})\},\quad i=1,2,\cdots,m$$

(5) 若 $\beta_k \geqslant \theta\beta_{k-1}$，则令 $\sigma_{k+1}=\eta\sigma_k$；否则，$\sigma_{k+1}=\sigma_k$。

(6) 令 $k=k+1$，转步骤(2)。

## 3.3 可行方向法

可行方向法是一类直接处理约束优化问题的方法，其基本思想是：要求每一步迭代产生的搜索方向不仅对目标函数而言是下降的，而且对约束函数来说是可行方向，即在给定一可行点 $\boldsymbol{x}^{(k)}$ 后，用某种方法确定一个改进的可行方向 $\boldsymbol{d}_k$，然后沿方向 $\boldsymbol{d}_k$ 求解一个有约束的线搜索问题，得极小点 $\boldsymbol{\lambda}_k$，令 $\boldsymbol{x}^{(k+1)}=\boldsymbol{x}^{(k)}+\boldsymbol{\lambda}_k\boldsymbol{d}_k$，如果 $\boldsymbol{x}^{(k+1)}$ 还不是最优解，则重复上述步骤。

可行方向法大体上有三类，它们的主要区别是选择可行方向的策略不同。

(1) 用求解一个线性规划问题来确定 $\boldsymbol{d}_k$，如 Zoutendijk 方法和 Frank - Wolfe 方法等。

(2) 利用投影矩阵来直接构造一个改进的可行方向 $\boldsymbol{d}_k$，如 Rosen 的梯度投影法和 Rosen - Polak 方法等。

(3) 利用既约梯度，直接构造一个改进的可行方向 $\boldsymbol{d}_k$，如 Wolfe 的既约梯度法及其各种改进凸单纯形法等。

### 3.3.1 Zoutendijk 可行方向法

**1. 线性约束下的可行方向法**

考虑下面的线性优化问题

$$\begin{cases}\min f(\boldsymbol{x}), & x \in \mathbf{R}^n \\ \text{s.t.} & \boldsymbol{Ax} \geqslant \boldsymbol{b} \\ & \boldsymbol{Ex} = \boldsymbol{e}\end{cases} \tag{3-13}$$

式中：$f(\boldsymbol{x})$连续可微；$\boldsymbol{A}$ 为 $m\times n$ 矩阵；$\boldsymbol{E}$ 为 $l\times n$ 矩阵；$\boldsymbol{b}\in\mathbf{R}^m$；$\boldsymbol{e}\in\mathbf{R}^l$，即问题(3 - 13)有 $m$ 个线性不等式约束和 $l$ 个线性等式约束。

设 $\bar{\boldsymbol{x}}$ 是问题(3 - 13)的一个可行点，且在 $\bar{\boldsymbol{x}}$ 处有 $\boldsymbol{A}_1\bar{\boldsymbol{x}}=\boldsymbol{b}_1$，$\boldsymbol{A}_2\bar{\boldsymbol{x}}>\boldsymbol{b}_2$，其中，

$$\boldsymbol{A}=\begin{pmatrix}\boldsymbol{A}_1\\ \boldsymbol{A}_2\end{pmatrix},\quad \boldsymbol{b}=\begin{pmatrix}\boldsymbol{b}_1\\ \boldsymbol{b}_2\end{pmatrix}$$

则 $\boldsymbol{d}\in\mathbf{R}^n$ 是点 $\bar{\boldsymbol{x}}$ 处的下降可行方向的充分必要条件是

$$\boldsymbol{A}_1\boldsymbol{d}\geqslant 0,\quad \boldsymbol{Ed}=0,\quad \nabla f(\bar{\boldsymbol{x}})^{\mathrm{T}}\boldsymbol{d}<0$$

据此可知，要寻找问题(3 - 13)的可行点 $\bar{\boldsymbol{x}}$ 处的一个下降可行方向 $\boldsymbol{d}$ 或者 KKT 点，可以通过求解下述线性规划问题得到。

$$\begin{cases}\min \nabla f(\bar{\boldsymbol{x}})^{\mathrm{T}}\boldsymbol{d} \\ \text{s.t.} \quad \boldsymbol{A}_1\boldsymbol{d}\geqslant \boldsymbol{0} \\ \qquad \boldsymbol{Ed}=\boldsymbol{0} \\ \qquad -1\leqslant d_i\leqslant 1, \quad i=1,2,\cdots,n\end{cases}$$

式中：$\boldsymbol{d}=(d_1,d_2,\cdots,d_n)^{\mathrm{T}}$。

从而可写出求解问题(3 - 13)的可行方向法的计算步骤如下：

(1) 给定初始可行点 $\boldsymbol{x}^{(0)}\in\mathbf{R}^n$，终止误差 $0<\varepsilon_1,\varepsilon_2\ll 1$，令 $k=1$。

(2) 在 $\boldsymbol{x}^{(k)}$ 处，将不等式约束分为有效约束和非有效约束

$$\boldsymbol{A}_1\boldsymbol{x}^{(k)}=\boldsymbol{b}_1,\quad \boldsymbol{A}_2\boldsymbol{x}^{(k)}>\boldsymbol{b}_2$$

式中：$\boldsymbol{A}=\begin{pmatrix}\boldsymbol{A}_1\\ \boldsymbol{A}_2\end{pmatrix}$；$\boldsymbol{b}=\begin{pmatrix}\boldsymbol{b}_1\\ \boldsymbol{b}_2\end{pmatrix}$。

(3) 若 $\boldsymbol{x}^{(k)}$ 是可行域的一个内点(此时问题(3-13)中没有等式约束，即 $\boldsymbol{E}=\boldsymbol{0}$ 且 $\boldsymbol{A}_1=\boldsymbol{0}$)且 $\|\nabla f(\boldsymbol{x}^{(k)})\|<\varepsilon_1$，则停止计算，输出 $\boldsymbol{x}^{(k)}$ 作为原问题的近似极小点；否则，若 $\boldsymbol{x}^{(k)}$ 是可行域的一个内点但 $\|\nabla f(\boldsymbol{x}^{(k)})\|\geqslant\varepsilon_1$，则取搜索方向 $\boldsymbol{d}_k=-\nabla f(\boldsymbol{x}^{(k)})$，转步骤(6)(即用目标函数的负梯度方向作为搜索方向再求步长，此时类似于无约束优化问题)。若 $\boldsymbol{x}^{(k)}$ 不是可行域的一个内点，则转步骤(4)。

(4) 求解线性规划问题

$$\begin{cases}\min\ z=\nabla f(\boldsymbol{x}^{(k)})^{\mathrm{T}}\boldsymbol{d}\\ \text{s.t.}\quad \boldsymbol{A}_1\boldsymbol{d}\geqslant\boldsymbol{0}\\ \qquad\ \ \boldsymbol{E}\boldsymbol{d}=\boldsymbol{0}\\ \qquad\ \ -1\leqslant d_i\leqslant 1,\quad i=1,2,\cdots,n\end{cases}$$

式中：$\boldsymbol{d}=(d_1,d_2,\cdots,d_n)^{\mathrm{T}}$，得最优解和最优值分别为 $\boldsymbol{d}_k$ 和 $z_k$。

(5) 若 $|z_k|<\varepsilon_2$，则停止计算，输出 $\boldsymbol{x}^{(k)}$ 作为原问题的极小点；否则，以 $\boldsymbol{d}_k$ 作为搜索方向，转步骤(6)。

(6) 首先由下式计算 $\bar{\alpha}$

$$\bar{\alpha}=\begin{cases}\min\left\{\dfrac{\bar{\boldsymbol{b}}_i}{\bar{\boldsymbol{d}}_i}=\dfrac{(\boldsymbol{b}_2-\boldsymbol{A}_2\boldsymbol{x}^{(k)})_i}{(\boldsymbol{A}_2\boldsymbol{d}_k)_i}\,\middle|\,\bar{\boldsymbol{d}}_i<0\right\}, & \bar{\boldsymbol{d}}\ngeqslant 0\\ \infty, & \bar{\boldsymbol{d}}\geqslant 0\end{cases}$$

式中：$\bar{\boldsymbol{b}}_i$、$\bar{\boldsymbol{d}}_i$ 分别为向量 $\bar{\boldsymbol{b}}$、$\bar{\boldsymbol{d}}$ 的第 $i$ 个分量。

然后求解一维搜索问题得最优解 $\alpha_k$。

$$\begin{cases}\min\ f(\boldsymbol{x}^{(k)}+\alpha\boldsymbol{d}_k)\\ \text{s.t.}\quad 0\leqslant\alpha\leqslant\bar{\alpha}\end{cases}$$

(7) 令 $\boldsymbol{x}^{(k+1)}=\boldsymbol{x}^{(k)}+\alpha_k\boldsymbol{d}_k$，$k=k+1$，转步骤(2)。

**2. 非线性约束下的可行方向法**

考虑下面的非线性约束优化问题

$$\begin{cases}\min\ f(\boldsymbol{x}),\quad \boldsymbol{x}\in\mathbf{R}^n\\ \text{s.t.}\quad g_i(\boldsymbol{x})\geqslant 0,\quad i=1,2,\cdots,m\end{cases}\tag{3-14}$$

式中：$f(\boldsymbol{x})$ 和 $g_i(\boldsymbol{x})(i=1,2,\cdots,m)$ 都是连续可微的函数。

设 $\bar{\boldsymbol{x}}$ 是问题(3-14)的一个可行点，指标集 $I(\bar{\boldsymbol{x}})=\{i\,|\,g_i(\bar{\boldsymbol{x}})=0\}$，$f(\boldsymbol{x})$ 和 $g_i(\boldsymbol{x})(i\in I(\bar{\boldsymbol{x}}))$ 在 $\bar{\boldsymbol{x}}$ 处可微，$g_i(\boldsymbol{x})(i\notin I(\bar{\boldsymbol{x}}))$ 在 $\bar{\boldsymbol{x}}$ 处连续，若

$$\nabla f(\bar{\boldsymbol{x}})^{\mathrm{T}}\boldsymbol{d}<0,\quad \nabla g_i(\bar{\boldsymbol{x}})^{\mathrm{T}}\boldsymbol{d}\geqslant 0,\quad i\in I(\bar{\boldsymbol{x}})$$

则 $\boldsymbol{d}$ 是问题(3-14)在 $\bar{\boldsymbol{x}}$ 处的下降可行方向。

据此可知在问题(3-14)中引入辅助变量后，等价于下面的线性不等式组求 $\boldsymbol{d}$ 和 $z$。

$$\begin{cases}\nabla f(\bar{\boldsymbol{x}})^{\mathrm{T}}\boldsymbol{d}\leqslant z\\ -\nabla g_i(\bar{\boldsymbol{x}})^{\mathrm{T}}\boldsymbol{d}\leqslant z,\quad i\in I(\bar{\boldsymbol{x}})\\ z\leqslant 0\end{cases}\tag{3-15}$$

满足式(3-15)的下降方向 $\boldsymbol{d}$ 和数 $z$ 一般有很多个，所以一般将式(3-15)转化为以 $z$ 为目标函数的线性规划问题

$$\begin{cases}\min z \\ \text{s. t.} \quad \nabla f(\overline{\boldsymbol{x}})^{\mathrm{T}}\boldsymbol{d} \leqslant z \\ \quad -\nabla g_i(\overline{\boldsymbol{x}})^{\mathrm{T}}\boldsymbol{d} \leqslant z, \quad i \in I(\overline{\boldsymbol{x}}) \\ \quad -1 \leqslant d_i \leqslant 1, \quad i=1,2,\cdots,n\end{cases} \tag{3-16}$$

式中：$\boldsymbol{d}=(d_1,d_2,\cdots,d_n)^{\mathrm{T}}$。

设问题(3-16)的最优解为 $\overline{\boldsymbol{d}}$，最优值为 $\overline{z}$，那么，若 $\overline{z}<0$，则 $\overline{\boldsymbol{d}}$ 是问题(3-14)在 $\overline{\boldsymbol{x}}$ 处的下降可行方向；否则，若 $\overline{z}=0$，$\overline{\boldsymbol{x}}$ 是问题(3-14)的可行点，指标集 $I(\overline{\boldsymbol{x}})=\{i \mid g_i(\overline{\boldsymbol{x}})=0\}$，则 $\overline{\boldsymbol{x}}$ 是问题(3-14)的 Fritz-John 点。

据此，可写出求解问题(3-14)的可行方向法的计算步骤如下：

(1) 给定初始可行点 $\boldsymbol{x}^{(0)} \in \mathbf{R}^n$，终止误差 $0<\varepsilon_1,\varepsilon_2 \ll 1$，令 $k=1$。

(2) 确定 $\boldsymbol{x}^{(k)}$ 处的有效约束指标集 $I(\boldsymbol{x}^{(k)})$，即

$$I(\boldsymbol{x}^{(k)})=\{i \mid g_i(\boldsymbol{x}^{(k)})=0\}$$

若 $I(\boldsymbol{x}^{(k)})=\varnothing$，且 $\|\nabla f(\boldsymbol{x}^{(k)})\|<\varepsilon_1$，则停止计算，输出 $\boldsymbol{x}^{(k)}$ 作为原问题的近似极小点；否则，若 $I(\boldsymbol{x}^{(k)})=\varnothing$，但 $\|\nabla f(\boldsymbol{x}^{(k)})\| \geqslant \varepsilon_1$，则取搜索方向 $\boldsymbol{d}_k=-\nabla f(\boldsymbol{x}^{(k)})$，转步骤(5)；反之，若 $I(\boldsymbol{x}^{(k)}) \neq \varnothing$，则转步骤(3)。

(3) 求解线性规划问题

$$\begin{cases}\min z \\ \text{s. t.} \quad \nabla f(\boldsymbol{x}^{(k)})^{\mathrm{T}} d \leqslant z \\ \quad -\nabla g_i(\boldsymbol{x}^{(k)})^{\mathrm{T}}\boldsymbol{d} \leqslant z, \quad i \in I(\boldsymbol{x}^{(k)}) \\ \quad -1 \leqslant d_i \leqslant 1, \quad i=1,2,\cdots,n\end{cases}$$

式中：$\boldsymbol{d}=(d_1,d_2,\cdots,d_n)^{\mathrm{T}}$，得最优解和最优值分别为 $\boldsymbol{d}_k$ 和 $z_k$。

(4) 若 $|z_k|<\varepsilon_2$，则停止计算，输出 $\boldsymbol{x}^{(k)}$ 作为原问题的极小点；否则，以 $\boldsymbol{d}_k$ 作为搜索方向，转步骤(5)。

(5) 首先由下式计算 $\overline{\alpha}$，即

$$\overline{\alpha}=\sup\{\alpha \mid g_i(\boldsymbol{x}^{(k)}+\alpha \boldsymbol{d}_k) \geqslant 0, \quad i=1,2,\cdots,m\}$$

然后求解一维线搜索问题得最优解 $\alpha_k$

$$\begin{cases}\min f(\boldsymbol{x}^{(k)}+\alpha \boldsymbol{d}_k) \\ \text{s. t.} \quad 0 \leqslant \alpha \leqslant \overline{\alpha}\end{cases}$$

(6) 令 $\boldsymbol{x}^{(k+1)}=\boldsymbol{x}^{(k)}+\alpha_k \boldsymbol{d}_k$，$k=k+1$，转步骤(2)。

上述的可行方向法可能会出现“锯齿现象”，使得收敛速度很慢，甚至不收敛于 K-T 点，此时就需要进行修正。

## 3.3.2　梯度投影法

对于无约束优化问题，任取一点，若其梯度不为 0，则沿负梯度方向前进，总可以找到一个新的使目标函数值下降的点，这就是梯度法。对于约束优化问题，如果再沿负梯度方向前进，可能是不可行的，因此需要将负梯度方向投影到可行方向上去，也即当迭代点 $\boldsymbol{x}^{(k)}$ 是可行域 $D$ 的内点时，取 $\boldsymbol{d}_k=-\nabla f(\boldsymbol{x}^{(k)})$ 作为搜索方向；否则，当 $\boldsymbol{x}^{(k)}$ 是可行域 $D$ 的边界点时，取 $-\nabla f(\boldsymbol{x}^{(k)})$ 在这些边界面交集上的投影作为搜索方向，这就是梯度投影法的基本思想，它是由 Roesn 于 1962 年针对线性约束优化问题提出的一种优化算法。

**梯度投影法的理论基础**

投影矩阵 $\boldsymbol{P}\in\mathbf{R}^{n\times n}$ 应满足

$$\boldsymbol{P}=\boldsymbol{P}^{\mathrm{T}},\quad \boldsymbol{P}^2=\boldsymbol{P}$$

且具有以下的基本性质：

(1) $\boldsymbol{P}$ 是半正定的；

(2) $\boldsymbol{I}-\boldsymbol{P}$ 也是投影矩阵，其中 $\boldsymbol{I}$ 为单位矩阵；

(3) 设 $\boldsymbol{Q}=\boldsymbol{I}-\boldsymbol{P}$，则

$$L=\{\boldsymbol{y}\mid \boldsymbol{P}\boldsymbol{x}\mid \boldsymbol{x}\in\mathbf{R}^n\},\quad L^{\perp}=\{\boldsymbol{z}\mid \boldsymbol{Q}\boldsymbol{x}\mid \boldsymbol{x}\in\mathbf{R}^n\}$$

是互相正交的线性子空间，并且对于任意的 $\boldsymbol{x}\in\mathbf{R}^n$ 可唯一地表示为

$$\boldsymbol{x}=\boldsymbol{y}+\boldsymbol{z},\quad \boldsymbol{y}\in L,\quad \boldsymbol{z}\in L^{\perp}$$

对于线性约束的优化问题

$$\begin{cases}\min f(\boldsymbol{x}), & \boldsymbol{x}\in\mathbf{R}^n\\ \text{s. t.} & \boldsymbol{A}\boldsymbol{x}\geqslant\boldsymbol{b}\\ & \boldsymbol{E}\boldsymbol{x}=\boldsymbol{e}\end{cases}\tag{3-17}$$

式中：$f(\boldsymbol{x})$连续可微；$\boldsymbol{A}$ 为 $m\times n$ 矩阵；$\boldsymbol{E}$ 为 $l\times n$ 矩阵；$\boldsymbol{b}\in\mathbf{R}^m$；$\boldsymbol{e}\in\mathbf{R}^l$；其可行域为 $D=\{\boldsymbol{x}\in\mathbf{R}^n\mid\boldsymbol{A}\boldsymbol{x}\geqslant\boldsymbol{b},\boldsymbol{E}\boldsymbol{x}=\boldsymbol{e}\}$。

设 $\bar{\boldsymbol{x}}$ 是问题(3-17)的一个可行点，且满足 $\boldsymbol{A}_1\bar{\boldsymbol{x}}=\boldsymbol{b}_1$，$\boldsymbol{A}_2\bar{\boldsymbol{x}}>\boldsymbol{b}_2$，其中，

$$\boldsymbol{A}=\begin{pmatrix}\boldsymbol{A}_1\\ \boldsymbol{A}_2\end{pmatrix},\quad \boldsymbol{b}=\begin{pmatrix}\boldsymbol{b}_1\\ \boldsymbol{b}_2\end{pmatrix}$$

又设

$$\boldsymbol{M}=\begin{pmatrix}\boldsymbol{A}_1\\ \boldsymbol{E}\end{pmatrix}$$

是行满秩矩阵，$\boldsymbol{P}=\boldsymbol{I}-\boldsymbol{M}^{\mathrm{T}}(\boldsymbol{M}\boldsymbol{M}^{\mathrm{T}})^{-1}\boldsymbol{M}$，$\boldsymbol{P}\nabla f(\bar{\boldsymbol{x}})\neq 0$，若取 $\boldsymbol{d}=-\boldsymbol{P}\nabla f(\bar{\boldsymbol{x}})$，则 $\boldsymbol{d}$ 是点 $\bar{\boldsymbol{x}}$ 处的一个下降可行方向。

如果 $\boldsymbol{P}\nabla f(\bar{\boldsymbol{x}})=0$，令 $\boldsymbol{\omega}=(\boldsymbol{M}\boldsymbol{M}^{\mathrm{T}})^{-1}M\nabla f(\bar{\boldsymbol{x}})=\begin{pmatrix}\boldsymbol{\lambda}\\ \boldsymbol{\mu}\end{pmatrix}$，其中 $\boldsymbol{\lambda}$ 和 $\boldsymbol{\mu}$ 分别对应于 $\boldsymbol{A}_1$ 和 $\boldsymbol{E}$，则

(1) 如果 $\boldsymbol{\lambda}\geqslant\boldsymbol{0}$，那么 $\bar{\boldsymbol{x}}$ 是问题(3-16)的 KKT 点；

(2) 如果 $\boldsymbol{\lambda}\ngeqslant\boldsymbol{0}$，不妨设 $\lambda_j<0$，那么先从 $\boldsymbol{A}_1$ 中去掉 $\lambda_j$ 所对应的行，得到新矩阵$\tilde{\boldsymbol{A}}_1$，然后令

$$\tilde{\boldsymbol{M}}=\begin{pmatrix}\tilde{\boldsymbol{A}}_1\\ \boldsymbol{E}\end{pmatrix},\quad \tilde{\boldsymbol{P}}=\boldsymbol{I}-\tilde{\boldsymbol{M}}^{\mathrm{T}}(\tilde{\boldsymbol{M}}\tilde{\boldsymbol{M}}^{\mathrm{T}})^{-1}\tilde{\boldsymbol{M}},\quad \boldsymbol{d}=-\tilde{\boldsymbol{P}}\nabla f(\bar{\boldsymbol{x}})$$

则 $\boldsymbol{d}$ 是点 $\bar{\boldsymbol{x}}$ 处的一个下降可行方向。

根据以上分析，可以给出 Rosen 梯度投影法的计算步骤：

(1) 给定初始可行点 $\boldsymbol{x}^{(0)}\in\mathbf{R}^n$，令 $k=0$。

(2) 在 $\boldsymbol{x}^{(k)}$处确定有效约束和非有效约束

$$\boldsymbol{A}_1\boldsymbol{x}^{(k)}=\boldsymbol{b}_1,\quad \boldsymbol{A}_2\boldsymbol{x}^{(k)}>\boldsymbol{b}_2$$

其中，$\boldsymbol{A}=\begin{pmatrix}\boldsymbol{A}_1\\ \boldsymbol{A}_2\end{pmatrix}$，$\boldsymbol{b}=\begin{pmatrix}\boldsymbol{b}_1\\ \boldsymbol{b}_2\end{pmatrix}$。

(3) 令

$$\boldsymbol{M}=\begin{pmatrix}\boldsymbol{A}_1\\ \boldsymbol{E}\end{pmatrix}$$

若 $\boldsymbol{M}$ 是空的，则令 $\boldsymbol{P}=\boldsymbol{I}$；否则，令 $\boldsymbol{P}=\boldsymbol{I}-\boldsymbol{M}^{\mathrm{T}}(\boldsymbol{M}\boldsymbol{M}^{\mathrm{T}})^{-1}\boldsymbol{M}$。

(4) 计算 $\boldsymbol{d}_k=-\widetilde{\boldsymbol{P}}\nabla f(\boldsymbol{x}^{(k)})$。若 $\|\boldsymbol{d}_k\|\neq 0$，则转步骤(6)；否则转步骤(5)。

(5) 计算

$$\boldsymbol{\omega}=(\boldsymbol{M}\boldsymbol{M}^{\mathrm{T}})^{-1}\boldsymbol{M}\nabla f(\boldsymbol{x}^{(k)})=\begin{pmatrix}\boldsymbol{\lambda}\\ \boldsymbol{\mu}\end{pmatrix}$$

若 $\boldsymbol{\lambda}\geqslant\boldsymbol{0}$，则停止计算，输出 $\boldsymbol{x}^{(k)}$ 为 KKT 点；否则，选取 $\boldsymbol{\lambda}$ 的某个负分量，如 $\lambda_j<0$，修正矩阵 $\boldsymbol{A}_1$，即去掉 $\boldsymbol{A}_1$ 中对应于 $\lambda_j$ 的行，转步骤(3)。

(6) 求解下面一维搜索问题，确定步长因子

$$\begin{cases}\min f(\boldsymbol{x}^{(k)}+\alpha\boldsymbol{d}_k)\\ \text{s. t.}\quad 0\leqslant\alpha\leqslant\bar{\alpha}\end{cases}$$

其中 $\bar{\alpha}$ 由下式确定

$$\bar{\alpha}=\begin{cases}\min\left\{\dfrac{(\boldsymbol{b}_2-\boldsymbol{A}_2\boldsymbol{x}^{(k)})_i}{(\boldsymbol{A}_2\boldsymbol{d}_k)_i}\,\middle|\,(A_2\boldsymbol{d}_k)_i<0\right\}, & \boldsymbol{A}_2\boldsymbol{d}_k\not\geqslant 0\\ +\infty, & \boldsymbol{A}_2\boldsymbol{d}_k\geqslant 0\end{cases}$$

(7) 令 $\boldsymbol{x}^{(k+1)}=\boldsymbol{x}^{(k)}+\alpha_k\boldsymbol{d}_k$，$k=k+1$，转步骤(2)。

### 3.3.3　简约梯度法

简约梯度法是由 Wolfe 于 1963 年针对线性等式约束的非线性优化问题而提出的一种新的可行方向法。

考虑具有线性约束的非线性优化问题

$$\begin{cases}\min f(\boldsymbol{x}),\quad \boldsymbol{x}\in\mathbf{R}^n\\ \text{s. t.}\quad \boldsymbol{A}\boldsymbol{x}=\boldsymbol{b}\\ \qquad\quad \boldsymbol{x}\geqslant\boldsymbol{0}\end{cases}\tag{3-18}$$

式中：$\boldsymbol{A}\in\mathbf{R}^{m\times n}(m>n)$；秩为 $m$；$\boldsymbol{b}\in\mathbf{R}^m$；$f:\mathbf{R}^n\to\mathbf{R}$。

设矩阵 $\boldsymbol{A}$ 的任意 $m$ 个列都线性无关，并且约束条件的每个基本可行点都有 $m$ 个正分量，在此假设下，每个可行解至少有 $m$ 个正分量，至多有 $n-m$ 个零分量。简约梯度法的基本思想是把求解线性规划的单纯形法推广到解线性约束的非线性优化问题(3-18)。先利用等式约束条件消去一些变量，然后利用降维所形成的简约梯度来构造下降方向，接着作线搜索求步长，重复此过程逐步逼近极小点。

**1. 确立简约梯度**

令
$$\boldsymbol{A}=(\boldsymbol{B}\quad\boldsymbol{N}),\quad \boldsymbol{x}=\begin{pmatrix}\boldsymbol{x}_B\\ \boldsymbol{x}_N\end{pmatrix}$$

式中：$\boldsymbol{B}$ 为 $m\times m$ 可逆矩阵；$\boldsymbol{x}_B$、$\boldsymbol{x}_N$ 分别为由基变量和非基变量构成的向量，那么问题(3-18)的线性约束就可以表示成

$$\boldsymbol{B}\boldsymbol{x}_B+\boldsymbol{N}\boldsymbol{x}_N=\boldsymbol{b}$$

而 $\boldsymbol{x}\geqslant\boldsymbol{0}$ 可以变成

$$\boldsymbol{x}_B=\boldsymbol{B}^{-1}\boldsymbol{b}-\boldsymbol{B}^{-1}\boldsymbol{N}\boldsymbol{x}_N\geqslant\boldsymbol{0},\quad \boldsymbol{x}_N\geqslant\boldsymbol{0}$$

现假设 $\boldsymbol{x}$ 是非退化的解，即 $\boldsymbol{x}_B>\boldsymbol{0}$，则 $f(\boldsymbol{x})$ 可以化成关于 $\boldsymbol{x}_N$ 的函数，即

$$f(\boldsymbol{x})=f(\boldsymbol{x}_B,\boldsymbol{x}_N)=f(\boldsymbol{B}^{-1}\boldsymbol{b}-\boldsymbol{B}^{-1}\boldsymbol{N}\boldsymbol{x}_N,\boldsymbol{x}_N):=F(\boldsymbol{x}_N)$$

称 $n-m$ 维向量 $\boldsymbol{x}_N$ 的函数 $F(\boldsymbol{x}_N)$ 的梯度为 $f(\boldsymbol{x})$ 的简约梯度，记为 $\boldsymbol{r}(\boldsymbol{x}_N)$，即

$$\begin{aligned} \boldsymbol{r}(\boldsymbol{x}_N) &= \nabla_{\boldsymbol{x}_N} F(\boldsymbol{x}_N) = \nabla_{\boldsymbol{x}_N} f(\boldsymbol{B}^{-1}\boldsymbol{b} - \boldsymbol{B}^{-1}\boldsymbol{N}\boldsymbol{x}_N, \boldsymbol{x}_N) \\ &= \nabla_N f(\boldsymbol{x}_B, \boldsymbol{x}_N) - (\boldsymbol{B}^{-1}\boldsymbol{N})^{\mathrm{T}} \nabla_B f(\boldsymbol{x}_B, \boldsymbol{x}_N) \end{aligned}$$

式中：$\nabla_N = \nabla_{\boldsymbol{x}_N}$；$\nabla_B = \nabla_{\boldsymbol{x}_B}$。

**2. 确定搜索方向**

令

$$\boldsymbol{d}_k = \begin{pmatrix} \boldsymbol{d}_k^B \\ \boldsymbol{d}_k^N \end{pmatrix}$$

欲使 $\boldsymbol{d}_k$ 为下降可行方向，需满足

$$\begin{cases} \nabla f(\boldsymbol{x}^{(k)})^{\mathrm{T}} \boldsymbol{d}_k < 0 \\ \boldsymbol{A}\boldsymbol{d}_k = 0 \\ (\boldsymbol{d}_k)_j \geqslant 0, \quad 若 (\boldsymbol{x}^{(k)})_j = 0 \end{cases} \tag{3-19}$$

满足式(3-19)的 $\boldsymbol{d}_k$ 可以有多种选取方法，其中一种简单的取法为

$$(\boldsymbol{d}_k^N)_j = \begin{cases} -(\boldsymbol{x}^{(k)})_j^N r_j((\boldsymbol{x}^{(k)})^N), & r_j((\boldsymbol{x}^{(k)})^N) \geqslant 0 \\ -r_j((\boldsymbol{x}^{(k)})^N), & 其他 \end{cases}$$

$$\boldsymbol{d}_k = \begin{pmatrix} -\boldsymbol{B}^{-1} N \boldsymbol{d}_k^N \\ \boldsymbol{d}_k^N \end{pmatrix} = \begin{pmatrix} -\boldsymbol{B}^{-1} N \\ \boldsymbol{I}_{n-m} \end{pmatrix} \boldsymbol{d}_k^N$$

**3. 确定步长**

为保持 $\boldsymbol{x}^{(k+1)} \geqslant 0$，即

$$(\boldsymbol{x}^{(k+1)})_j = (\boldsymbol{x}^{(k)})_j + \alpha (\boldsymbol{d}_k)_j \geqslant 0, \quad j = 1, 2, \cdots, n$$

需确定 $\alpha$ 的取值范围。可以令

$$\bar{\alpha} = \begin{cases} \min\left\{ -\dfrac{(\boldsymbol{x}^{(k)})_j}{(\boldsymbol{d}_k)_j} \,\middle|\, (\boldsymbol{d}_k)_j < 0 \right\}, & \boldsymbol{d}_k \ngeqslant 0 \\ +\infty, & \boldsymbol{d}_k \geqslant 0 \end{cases}$$

根据上述方法构造的搜索方法 $\boldsymbol{d}_k$，若 $\boldsymbol{d}_k \neq \boldsymbol{0}$，则其必为下降可行方向，否则相应的 $\boldsymbol{x}_k$ 必为 KKT 点。

下面是 Wolfe 简约梯度法的计算步骤：

(1) 给定初始可行点 $\boldsymbol{x}^{(0)} \in \mathbf{R}^n$，令 $k = 0$。

(2) 确定搜索方向，将 $\boldsymbol{x}^{(k)}$ 分解成

$$\boldsymbol{x}^{(k)} = \begin{pmatrix} \boldsymbol{x}_B^{(k)} \\ \boldsymbol{x}_N^{(k)} \end{pmatrix}$$

式中：$\boldsymbol{x}_B^{(k)}$ 为基变量，由 $\boldsymbol{x}^{(k)}$ 的 $m$ 个最大分量组成，这些分量的下标集记为 $J_k$。

相应地，将 $\boldsymbol{A}$ 分解成 $\boldsymbol{A} = (\boldsymbol{B} \quad \boldsymbol{N})$，按下式计算 $\boldsymbol{d}_k$。

$$\boldsymbol{r}(\boldsymbol{x}_N^{(k)}) = \nabla_N f(\boldsymbol{x}_B^{(k)}, \boldsymbol{x}_N^{(k)}) - (\boldsymbol{B}^{-1}\boldsymbol{N})^{\mathrm{T}} \nabla_B f(\boldsymbol{x}_B^{(k)}, \boldsymbol{x}_N^{(k)})$$

$$(\boldsymbol{d}_k^N)_j = \begin{cases} -(\boldsymbol{x}^{(k)})_j^N r_j((\boldsymbol{x}^{(k)})^N), & r_j((\boldsymbol{x}^{(k)})^N) \geqslant 0 \\ -r_j((\boldsymbol{x}^{(k)})^N), & 其他 \end{cases}$$

$$\boldsymbol{d}_k = \begin{pmatrix} \boldsymbol{d}_k^B \\ \boldsymbol{d}_k^N \end{pmatrix} = \begin{pmatrix} -\boldsymbol{B}^{-1} N \\ \boldsymbol{I}_{n-m} \end{pmatrix} \boldsymbol{d}_k^N$$

(3) 检验终止准则，若 $\boldsymbol{d}_k = \boldsymbol{0}$，则为 KKT 点，停止计算；否则，转步骤(4)。

(4) 求解下面一维搜索问题，确定步长 $\alpha_k$。

$$\begin{cases}\min f(\boldsymbol{x}^{(k)}+\alpha\boldsymbol{d}_k)\\ \text{s.t.}\quad 0\leqslant\alpha\leqslant\bar{\alpha}\end{cases}$$

其中 $\bar{\alpha}$ 由下式确定

$$\bar{\alpha}=\begin{cases}\min\left\{-\dfrac{(\boldsymbol{x}^{(k)})_j}{(\boldsymbol{d}_k)_j}\,\middle|\,(\boldsymbol{d}_k)_j<0\right\}, & \boldsymbol{d}_k\ngeqslant 0\\ +\infty, & \boldsymbol{d}_k\geqslant 0\end{cases}$$

令 $\boldsymbol{x}^{(k+1)}=\boldsymbol{x}^{(k)}+\alpha_k\boldsymbol{d}_k$。

(5) 修正基变量，若 $\boldsymbol{x}_B^{(k+1)}>0$，则基变量不变；否则，若有 $j$ 使得 $(\boldsymbol{x}_B^{(k+1)})_j=0$，则将 $(\boldsymbol{x}_B^{(k+1)})_j$ 换出基，而以 $(\boldsymbol{x}_B^{(k+1)})_j$ 中最大分量换入基，构成新的基向量 $\boldsymbol{x}_B^{(k+1)}$ 和 $\boldsymbol{x}_N^{(k+1)}$。

(6) 令 $k=k+1$，转步骤(2)。

### 3.3.4 广义简约梯度法

设一般非线性约束优化问题

$$\begin{cases}\min f(\boldsymbol{x}),\quad \boldsymbol{x}\in\mathbf{R}^n\\ \text{s.t.}\quad h_i(\boldsymbol{x})=0,\quad i\in\varepsilon=\{1,2,\cdots,l\}\\ \qquad\ g_i(\boldsymbol{x})\geqslant 0,\quad i\in I=\{1,2,\cdots,m\}\end{cases}\tag{3-20}$$

式中：$f$、$h_i(i\in\varepsilon)$、$g_i(i\in I)$ 为连续可微的函数。

假设 $\boldsymbol{x}^{(k)}$ 是第 $k$ 次可行迭代点，记 $I_k=\varepsilon\cup\{i\,|\,g_i(\boldsymbol{x}^{(k)})=0\}$，$\boldsymbol{x}^{(k)}$ 的前 $s$ 个变量组成的子向量为基向量 $\boldsymbol{x}_B^{(k)}$，其余 $n-s$ 个变量组成的子向量为非基向量 $\boldsymbol{x}_N^{(k)}$，$c(\boldsymbol{x}^{(k)})=(h_1(\boldsymbol{x}^{(k)}),\cdots,h_l(\boldsymbol{x}^{(k)}),g_i(\boldsymbol{x}^{(k)})(i\in I_k\backslash\varepsilon))^{\mathrm{T}}$，下式 $s\times s$ 矩阵（为方便起见，去掉 $k$ 的标记）为

$$\nabla_B c(\boldsymbol{x})=(\nabla_B h_1(\boldsymbol{x}),\cdots,\nabla_B h_l(\boldsymbol{x}),\nabla_B g_1(\boldsymbol{x}),\cdots,\nabla_B g_{s-l}(\boldsymbol{x}))^{\mathrm{T}}$$

式中：

$$c(\boldsymbol{x})=(h_1(\boldsymbol{x}),\cdots,h_l(\boldsymbol{x}),g_1(\boldsymbol{x}),\cdots,g_{s-l}(\boldsymbol{x}))^{\mathrm{T}}=(c_1(\boldsymbol{x}),\cdots,c_s(\boldsymbol{x}))$$

$$\nabla_B c_i(\boldsymbol{x})=\begin{pmatrix}\dfrac{\partial c_i(\boldsymbol{x})}{\partial x_1}\\ \vdots\\ \dfrac{\partial c_i(\boldsymbol{x})}{\partial x_s}\end{pmatrix},\quad i=1,2,\cdots,s$$

再记矩阵 $\nabla_N c(\boldsymbol{x})$

$$\nabla_N c(\boldsymbol{x})=(\nabla_N c_1(\boldsymbol{x}),\nabla_N c_2(\boldsymbol{x}),\cdots,\nabla_N c_s(\boldsymbol{x}))^{\mathrm{T}}\in\mathbf{R}^{s\times(n-s)}$$

式中：

$$\nabla_N c_i(\boldsymbol{x})=\begin{pmatrix}\dfrac{\partial c_i(\boldsymbol{x})}{\partial x_{s+1}}\\ \vdots\\ \dfrac{\partial c_i(\boldsymbol{x})}{\partial x_n}\end{pmatrix},\quad i=1,2,\cdots,s$$

设
$$c(\boldsymbol{x}^{(k)})=(h_1(\boldsymbol{x}^{(k)}),\cdots,h_l(\boldsymbol{x}^{(k)}),g_i(\boldsymbol{x}^{(k)})(i\in I_k\backslash\varepsilon))^{\mathrm{T}}$$

则关于 $\boldsymbol{x}_N$ 的梯度（简约梯度）为

$$r(\boldsymbol{x}_N)=\nabla_N f(\boldsymbol{x})-\nabla_N c(\boldsymbol{x})[\nabla_B c(\boldsymbol{x})]^{-1}\nabla_B f(\boldsymbol{x})\tag{3-21}$$

下降可行方向 $\boldsymbol{d}_k$ 为

$$\boldsymbol{d}_k=\begin{pmatrix}\boldsymbol{d}_k^B\\ \boldsymbol{d}_k^N\end{pmatrix}=\begin{pmatrix}-J_{BN}(\boldsymbol{x}_N^{(k)})^{\mathrm{T}}\boldsymbol{r}(\boldsymbol{x}_N^{(k)})\\ -\boldsymbol{r}(\boldsymbol{x}_N^{(k)})\end{pmatrix}=\begin{pmatrix}-J_{BN}(\boldsymbol{x}_N^{(k)})^{\mathrm{T}}\\ -\boldsymbol{I}_{n-s}\end{pmatrix}\boldsymbol{r}(\boldsymbol{x}_k^N) \tag{3-22}$$

式中：

$$J_{BN}(\boldsymbol{x}_N)=\left[\frac{\partial(x_1,\cdots,x_s)}{\partial(x_{s+1},\cdots,x_n)}\right]^{\mathrm{T}}=\begin{bmatrix}\dfrac{\partial x_1}{\partial x_{s+1}} & \dfrac{\partial x_2}{\partial x_{s+1}} & \cdots & \dfrac{\partial x_s}{\partial x_{s+1}}\\ \vdots & \vdots & & \vdots\\ \dfrac{\partial x_1}{\partial x_n} & \dfrac{\partial x_2}{\partial x_n} & \cdots & \dfrac{\partial x_s}{\partial x_n}\end{bmatrix}$$

而搜索步长 $\alpha_k$ 同样可以通过求解下列一维极小问题而得，

$$\begin{cases}\min\ f(\boldsymbol{x}^{(k)}+\alpha\boldsymbol{d}_k)\\ \text{s.t.}\quad c_i(\boldsymbol{x}^{(k)}+\alpha\boldsymbol{d}_k)=0, & i\in\varepsilon\\ \qquad c_i(\boldsymbol{x}^{(k)}+\alpha\boldsymbol{d}_k)\geqslant 0, & i\in I\end{cases} \tag{3-23}$$

乘子估算为

$$\boldsymbol{v}_k=(\boldsymbol{\mu}_k^{\mathrm{T}},\boldsymbol{\lambda}_k^{\mathrm{T}})^{\mathrm{T}}=[\nabla c(\boldsymbol{x}^{(k)})]^{+}\ \nabla f(\boldsymbol{x}^{(k)}) \tag{3-24}$$

式中：$[\nabla c(\boldsymbol{x}^{(k)})]^{+}$ 为矩阵 $\nabla c(\boldsymbol{x}^{(k)})$ 的广义逆。

广义简约梯度法的计算步骤如下：

(1) 给定初始可行点 $\boldsymbol{x}^{(0)}\in\mathbf{R}^n$，终止误差 $0\leqslant\varepsilon\ll 1$，令 $k=0$。

(2) 检验终止条件，确定基变量 $\boldsymbol{x}_B^{(k)}$ 和非基变量 $\boldsymbol{x}_N^{(k)}$，由式(3-21)计算简约梯度 $r(\boldsymbol{x}_N^{(k)})$。若 $\|r(\boldsymbol{x}_N^{(k)})\|\leqslant\varepsilon$，则停止计算，输出 $\boldsymbol{x}^{(k)}$ 作为原问题的近似极小点。

(3) 确定搜索方向，由式(3-22)计算下降可行方向。

(4) 进行线搜索，解子问题(3-23)得搜索步长 $\alpha_k$，令 $\boldsymbol{x}^{(k+1)}=\boldsymbol{x}^{(k)}+\alpha_k\boldsymbol{d}_k$。

(5) 修正基变量。先求 $\boldsymbol{x}^{(k+1)}$ 处的有效集，设为 $\bar{I}_{k+1}$，由式(3-24)计算 $\boldsymbol{\lambda}_{k+1}$。若 $\boldsymbol{\lambda}_{k+1}\geqslant\mathbf{0}$，则 $I_{k+1}=\bar{I}_{k+1}$；否则，$I_{k+1}$ 是 $\bar{I}_{k+1}$ 中删除 $\boldsymbol{\lambda}_{k+1}$ 最小分量所对应的约束指标集。

(6) 令 $k=k+1$，转步骤(2)。

**注意**：算法中终止的检验，实际还需差别对应于不等式约束的拉格朗日的非负性，若不满足还需进行改进。

广义简约梯度法通过消去某些变量在降维空间中运算，能够较快确定最优解，可用来求解大型问题，是目前求解非线性优化问题的最有效的方法之一。

## 3.4 二次逼近法

由于线性规划和二次规划都比较容易求解，所以自然而然地可以把一般的非线性约束优化问题线性化，然后用线性规划方法来逐步求其近似解，这种方法称为线性逼近法或序列线性规划法，简写为 SLP 法。但是，线性逼近法的精度较差，收敛速度慢，而二次规划法有比较有效的算法，因此现在多用二次规划法来逐步逼近非线性规划方法(称为二次逼近法或序列二次规划法，简写为 SQP 法)。此方法已成为目前最为流行的重要约束优化算法之一。

### 3.4.1 二次规划的概念

所谓二次规划(QP)，是指在变量 $\boldsymbol{x}$ 的线性等式和线性不等式约束下，求二次函数 $Q(\boldsymbol{x})$ 的极小值问题，即

$$\begin{cases}\min Q(\boldsymbol{x})=\dfrac{1}{2}\boldsymbol{x}^{\mathrm{T}}\boldsymbol{G}\boldsymbol{x}+\boldsymbol{g}^{\mathrm{T}}\boldsymbol{x} \\ \text{s.t.}\quad \boldsymbol{a}_i^{\mathrm{T}}\boldsymbol{x}=b_i, \quad i=1,2,\cdots,m \\ \qquad\ \ \boldsymbol{a}_i^{\mathrm{T}}\boldsymbol{x}\leqslant b_i, \quad i=m+1,\cdots,p\end{cases} \tag{3-25}$$

其中,$\boldsymbol{G}$ 为 $n$ 阶对称矩阵,$\boldsymbol{g},\boldsymbol{a}_1,\boldsymbol{a}_2,\cdots,\boldsymbol{a}_p$ 均为 $n$ 维列向量,假设 $\boldsymbol{a}_1,\boldsymbol{a}_2,\cdots,\boldsymbol{a}_m$ 线性无关,$\boldsymbol{x}=(x_1,x_2,\cdots,x_n)^{\mathrm{T}}$,$b_1,b_2,\cdots,b_p$ 为已知常数,$m\leqslant n,p\geqslant m$,用 $S$ 表示问题(3-25)的可行集。

问题(3-25)的约束可能不相容,也可能没有有限的最小值,这时称 QP 问题无解。若 $\boldsymbol{G}\geqslant\boldsymbol{0}$,则问题(3-25)就是一个凸 QP 问题,它的任何局部最优解,也是全局最优解,简称整体解;若 $\boldsymbol{G}>\boldsymbol{0}$,则问题(3-25)是一个正定 QP 问题,只要存在整体解,则它是唯一的,若 $\boldsymbol{G}$ 不定,则问题(3-25)是一个一般的 QP 问题。

设 $\bar{\boldsymbol{x}}$ 是问题(3-25)的可行解,若某个 $i\in\{1,2\cdots,p\}$ 使得 $\boldsymbol{a}_i^{\mathrm{T}}\bar{\boldsymbol{x}}=b_i$ 成立,则称它为 $\bar{\boldsymbol{x}}$ 点处的有效约束,称在 $\bar{\boldsymbol{x}}$ 点处所有有效约束的指标组成的集合 $J=J(\bar{\boldsymbol{x}})=\{i\mid\boldsymbol{a}_i^{\mathrm{T}}=b_i\}$ 为 $\bar{\boldsymbol{x}}$ 点处的有效约束指标集,简称为 $\bar{\boldsymbol{x}}$ 点处的有效集。

显然,对于任何可行点 $\bar{\boldsymbol{x}}$,所有等式约束都是有效约束,只有不等式约束才可能是非有效约束。

### 3.4.2 牛顿-拉格朗日法

考虑纯等式约束的优化问题

$$\begin{cases}\min f(\boldsymbol{x}), \quad \boldsymbol{x}\in\mathbf{R}^n \\ \text{s.t.}\quad h_i(\boldsymbol{x})=0, \quad i\in\varepsilon=\{1,2,\cdots,l\}\end{cases} \tag{3-26}$$

式中:$f:\mathbf{R}^n\to\mathbf{R},h_i:\mathbf{R}^n\to\mathbf{R}(i\in\varepsilon)$都为二阶连续可微的实函数。

记 $\boldsymbol{h}(\boldsymbol{x})=(h_1(\boldsymbol{x}),h_2(\boldsymbol{x}),\cdots,h_l(\boldsymbol{x}))^{\mathrm{T}}$,则问题(3-26)的拉格朗日函数为

$$L(\boldsymbol{x},\boldsymbol{\mu})=f(\boldsymbol{x})-\sum_{i=1}^{l}\mu_i\boldsymbol{h}(\boldsymbol{x})=f(\boldsymbol{x})-\boldsymbol{\mu}^{\mathrm{T}}\boldsymbol{h}(\boldsymbol{x})$$

式中:$\boldsymbol{\mu}=(\mu_1,\mu_2,\cdots,\mu_l)^{\mathrm{T}}$,为拉格朗日乘子向量。

约束函数 $\boldsymbol{h}(\boldsymbol{x})$的梯度矩阵为

$$\nabla\boldsymbol{h}(\boldsymbol{x})=(\nabla h_1(\boldsymbol{x}),\nabla h_2(\boldsymbol{x}),\cdots,\nabla h_l(\boldsymbol{x}))$$

则 $\boldsymbol{h}(\boldsymbol{x})$的 Jacobi 矩阵为 $\boldsymbol{A}(\boldsymbol{x})=\nabla\boldsymbol{h}(\boldsymbol{x}^{\mathrm{T}})$。根据问题(3-26)的 KKT 条件,可以得到如下的方程组

$$\nabla L(\boldsymbol{x},\boldsymbol{\mu})=\begin{pmatrix}\nabla_x L(\boldsymbol{x}^{\mathrm{T}},\boldsymbol{\mu}) \\ \nabla_{\mu} L(\boldsymbol{x}^{\mathrm{T}},\boldsymbol{\mu})\end{pmatrix}=\begin{pmatrix}\nabla f(\boldsymbol{x})-\boldsymbol{A}(\boldsymbol{x})^{\mathrm{T}}\boldsymbol{\mu} \\ -\boldsymbol{h}(\boldsymbol{x})\end{pmatrix} \tag{3-27}$$

可以用多种方法解方程组(3-27)。如果用牛顿法,则记函数$\nabla\boldsymbol{L}(\boldsymbol{x},\boldsymbol{\mu})$的 Jacobi 矩阵(或为 KKT 矩阵)为

$$\boldsymbol{N}(\boldsymbol{x},\boldsymbol{\mu})=\begin{pmatrix}W(\boldsymbol{x},\boldsymbol{\mu}) & -\boldsymbol{A}(\boldsymbol{x})^{\mathrm{T}} \\ -\boldsymbol{A}(\boldsymbol{x}) & \boldsymbol{0}\end{pmatrix}$$

式中:

$$\boldsymbol{W}(\boldsymbol{x},\boldsymbol{\mu})=\nabla_{xx}^2 L(\boldsymbol{x},\boldsymbol{\mu})=\nabla^2 f(\boldsymbol{x})-\sum_{i=1}^{l}\mu_i\nabla^2 h_i(\boldsymbol{x})$$

为拉格朗日函数 $L(\boldsymbol{x},\boldsymbol{\mu})$关于 $\boldsymbol{x}$ 的 Hesse 阵。

对于给定的点 $\boldsymbol{z}_k=(\boldsymbol{x}_k,\boldsymbol{\mu}_k)$，牛顿法的迭代格式为

$$\boldsymbol{z}_{k+1}=\boldsymbol{z}_k+\boldsymbol{p}_k$$

式中：$\boldsymbol{p}_k$ 满足下面的线性方程组

$$\boldsymbol{N}(\boldsymbol{x}^{(k)},\boldsymbol{\mu}_k)\boldsymbol{p}_k=-\nabla L(\boldsymbol{x}^{(k)},\boldsymbol{\mu}_k)$$

即

$$\begin{pmatrix}\boldsymbol{W}(\boldsymbol{x}^{(k)},\boldsymbol{\mu}_k) & -\boldsymbol{A}(\boldsymbol{x}^{(k)})^{\mathrm{T}}\\ -\boldsymbol{A}(\boldsymbol{x}^{(k)}) & \boldsymbol{0}\end{pmatrix}\begin{pmatrix}\boldsymbol{d}_k\\ \boldsymbol{v}_k\end{pmatrix}=\begin{pmatrix}-\nabla f(\boldsymbol{x}^{(k)})+\boldsymbol{A}(\boldsymbol{x}^{(k)})^{\mathrm{T}}\boldsymbol{\mu}_k\\ \boldsymbol{h}(\boldsymbol{x}^{(k)})\end{pmatrix} \tag{3-28}$$

对于上述方程(3-28)，只要 $\boldsymbol{A}(\boldsymbol{x}^{(k)})$ 行满秩且 $\boldsymbol{W}(\boldsymbol{x}^{(k)},\boldsymbol{\mu}_k)$ 是正定的，那么其系数矩阵就是非奇异的，且方程有唯一解。通常把这种基于求解方程组(3-28)的优化方法称为拉格朗日方法，特别地，如果用牛顿法求解该方程组，则称为牛顿-拉格朗日方法。因此，根据牛顿法的性质，该方法具有局部二次收敛性质。

根据以上分析，牛顿-拉格朗日方法的计算步骤如下：

(1) 给定初始可行点 $\boldsymbol{x}^{(0)}\in\mathbf{R}^n,\boldsymbol{\mu}_0\in\mathbf{R}^l,\beta,\sigma\in(0,1),0\leqslant\varepsilon\ll 1$，令 $k=0$。

(2) 计算 $\|\nabla L(\boldsymbol{x}^{(k)},\boldsymbol{\mu}_k)\|$，若 $\|\nabla L(\boldsymbol{x}^{(k)},\boldsymbol{\mu}_k)\|\leqslant\varepsilon$，则停止计算；否则转步骤(3)。

(3) 解方程组(3-28)得 $\boldsymbol{p}_k=(\boldsymbol{d}_k^{\mathrm{T}},\boldsymbol{v}_k^{\mathrm{T}})^{\mathrm{T}}$。

(4) 设 $m_k$ 是满足下列不等式的最小非负数 $m$，即

$$\|\nabla L(\boldsymbol{x}^{(k)}+\beta^m\boldsymbol{d}_k,\boldsymbol{\mu}_k+\beta^m\boldsymbol{v}_k)\|^2\leqslant(1-\sigma\beta^m)\|\nabla L(\boldsymbol{x}^{(k)},\boldsymbol{\mu}_k)\|^2$$

令 $\alpha_k=\beta^{m_k}$。

(5) 令 $\boldsymbol{x}^{(k+1)}=\boldsymbol{x}^{(k)}+\alpha_k\boldsymbol{d}_k,\boldsymbol{\mu}_{k+1}=\boldsymbol{\mu}_k+\alpha_k\boldsymbol{v}_k,k=k+1$，转步骤(2)。

### 3.4.3 SQP 算法

**1. 基于拉格朗日函数 Hesse 阵的 SQP 方法**

在上一小节介绍的牛顿-拉格朗日法中，鉴于迭代求解方程组(3-28)在数值上不是很稳定，故可以考虑将它转化为一个严格的凸二次规划问题，转化的条件是问题(3-26)解 $\boldsymbol{x}^*$ 点处最优性二阶充分条件成立，即对满足 $\boldsymbol{A}(\boldsymbol{x}^*)^{\mathrm{T}}\boldsymbol{d}=\boldsymbol{0}$ 的任一向量 $\boldsymbol{d}\neq\boldsymbol{0}$，成立

$$\boldsymbol{d}^{\mathrm{T}}\boldsymbol{W}(\boldsymbol{x}^*,\boldsymbol{\mu}^*)\boldsymbol{d}>0$$

这时，当 $\tau>0$ 充分小时，有

$$\boldsymbol{W}(\boldsymbol{x}^*,\boldsymbol{\mu}^*)+\frac{1}{2\tau}\boldsymbol{A}(\boldsymbol{x}^*)^{\mathrm{T}}\boldsymbol{A}(\boldsymbol{x}^*)$$

正定。考虑方程组(3-28)中的 $\boldsymbol{W}(\boldsymbol{x}^{(k)},\boldsymbol{\mu}_k)$ 用一个正定矩阵来代替，记

$$\boldsymbol{B}(\boldsymbol{x}^{(k)},\boldsymbol{\mu}_k)=\boldsymbol{W}(\boldsymbol{x}^{(k)},\boldsymbol{\mu}_k)+\frac{1}{2\tau}\boldsymbol{A}(\boldsymbol{x}^{(k)})^{\mathrm{T}}\boldsymbol{A}(\boldsymbol{x}^{(k)})$$

则线性方程组(3-28)等价于

$$\begin{pmatrix}\boldsymbol{B}(\boldsymbol{x}^{(k)},\boldsymbol{\mu}_k) & -\boldsymbol{A}(\boldsymbol{x}^{(k)})^{\mathrm{T}}\\ \boldsymbol{A}(\boldsymbol{x}^{(k)}) & \boldsymbol{0}\end{pmatrix}\begin{pmatrix}\boldsymbol{d}_k\\ \bar{\boldsymbol{\mu}}_k\end{pmatrix}=-\begin{pmatrix}\nabla f(\boldsymbol{x}^{(k)})\\ \boldsymbol{h}(\boldsymbol{x}^{(k)})\end{pmatrix} \tag{3-29}$$

进一步，可以把方程组(3-29)转化为严格凸二次规划，设 $\boldsymbol{B}(\boldsymbol{x}^{(k)},\boldsymbol{\mu}_k)$ 是 $n\times n$ 正定矩阵，$\boldsymbol{A}(\boldsymbol{x}^{(k)})$ 是 $l\times n$ 行满秩矩阵，则 $\boldsymbol{d}_k$ 满足式(3-29)的充分条件是 $\boldsymbol{d}_k$ 为严格凸二次规划

$$\begin{cases}\min\ q_k(\boldsymbol{d})=\dfrac{1}{2}\boldsymbol{d}^{\mathrm{T}}\boldsymbol{B}(\boldsymbol{x}^{(k)},\boldsymbol{\mu}_k)\boldsymbol{d}+\nabla f(\boldsymbol{x}^{(k)})^{\mathrm{T}}\boldsymbol{d}\\ \text{s.t.}\quad \boldsymbol{h}(\boldsymbol{x}^{(k)})+\boldsymbol{A}(\boldsymbol{x}^{(k)})\boldsymbol{d}=\boldsymbol{0}\end{cases} \tag{3-30}$$

的全局极小点。

定义罚函数

$$P(\boldsymbol{x},\boldsymbol{\mu})=\|\nabla L(\boldsymbol{x},\boldsymbol{\mu})\|^2=\|\nabla f(\boldsymbol{x})-A(\boldsymbol{x})^{\mathrm{T}}\boldsymbol{\mu}\|^2+\|\boldsymbol{h}(\boldsymbol{x})\|^2$$

于是有下列的纯等式约束优化问题的 SQP 算法：

(1) 给定初始可行点 $\boldsymbol{x}^{(0)}\in\mathbf{R}^n,\boldsymbol{\mu}_0\in\mathbf{R}^l,\beta,\sigma\in(0,1),0\leqslant\varepsilon\ll1$，令 $k=0$。

(2) 计算 $P(\boldsymbol{x}^{(k)},\boldsymbol{\mu}_k)$，若 $P(\boldsymbol{x}^{(k)},\boldsymbol{\mu}_k)\leqslant\varepsilon$，则停止计算；否则转步骤(3)。

(3) 求解二次规划子问题(3-30)得 $\boldsymbol{d}_k$ 和 $\bar{\boldsymbol{\mu}}_k$，并令

$$\boldsymbol{v}_k=\bar{\boldsymbol{\mu}}_k-\boldsymbol{\mu}_k-\frac{1}{2\tau}\boldsymbol{A}(\boldsymbol{x}^{(k)})\boldsymbol{d}_k$$

(4) 设 $m_k$ 是满足下列不等式的最小非负数 $m$，即

$$P(\boldsymbol{x}^{(k)}+\beta^m\boldsymbol{d}_k,\boldsymbol{\mu}_k+\beta^m\boldsymbol{v}_k)\leqslant(1-\sigma\beta^m)P(\boldsymbol{x}^{(k)},\boldsymbol{\mu}_k)$$

令 $\alpha_k=\beta^{m_k}$。

(5) 令 $\boldsymbol{x}^{(k+1)}=\boldsymbol{x}^{(k)}+\alpha_k\boldsymbol{d}_k,\boldsymbol{\mu}_{k+1}=\boldsymbol{\mu}_k+\alpha_k\boldsymbol{v}_k,k=k+1$，转步骤(2)。

**2. 基于修正 Hesse 阵的 SQP 方法**

考虑一般形式的约束优化问题

$$\begin{cases}\min f(\boldsymbol{x}), & \boldsymbol{x}\in\mathbf{R}^n\\ \text{s.t.}\quad h_i(\boldsymbol{x})=0, & i\in\varepsilon=\{1,2,\cdots,l\}\\ \qquad g_i(\boldsymbol{x})\geqslant0, & i\in I=\{1,2,\cdots,m\}\end{cases}$$

在给定点$(\boldsymbol{x}^{(k)},\boldsymbol{\mu}_k,\boldsymbol{\lambda}_k)$之后，将约束函数线性化，并且对拉格朗日函数进行二次多项式近似，得到下列形式的二次规划子问题

$$\begin{cases}\min \frac{1}{2}\boldsymbol{d}^{\mathrm{T}}\boldsymbol{W}_k\boldsymbol{d}+\nabla f(\boldsymbol{x}^{(k)})^{\mathrm{T}}\boldsymbol{d}\\ \text{s.t.}\quad h_i(\boldsymbol{x}^{(k)})+\nabla h_i(\boldsymbol{x}^{(k)})^{\mathrm{T}}\boldsymbol{d}=0, & i\in\varepsilon\\ \qquad g_i(\boldsymbol{x}^{(k)})+\nabla g_i(\boldsymbol{x}^{(k)})^{\mathrm{T}}\boldsymbol{d}\geqslant0, & i\in I\end{cases}\tag{3-31}$$

式中：$\varepsilon=\{1,2,\cdots,l\}$；$I=\{1,2,\cdots,m\}$；$\boldsymbol{W}_k=\boldsymbol{W}(\boldsymbol{x}^{(k)},\boldsymbol{\mu}_k,\boldsymbol{\lambda}_k)=\nabla^2_{xx}L(\boldsymbol{x}^{(k)},\boldsymbol{\mu}_k,\boldsymbol{\lambda}_k)$。

拉格朗日函数为

$$L(\boldsymbol{x},\boldsymbol{\mu},\boldsymbol{\lambda})=f(\boldsymbol{x})-\sum_{i\in\varepsilon}\mu_ih_i(\boldsymbol{x})-\sum_{i\in I}\lambda_ig_i(\boldsymbol{x})$$

于是迭代点 $\boldsymbol{x}^{(k)}$ 的校正步 $\boldsymbol{d}_k$ 以及新的拉格朗日乘子估计量 $\boldsymbol{\mu}_{k+1}$、$\boldsymbol{\lambda}_{k+1}$ 可以分别定义为问题(3-31)的最优解 $\boldsymbol{d}^*$ 和相应的拉格朗日乘子 $\boldsymbol{\mu}^*$、$\boldsymbol{\lambda}^*$。

问题(3-31)可能不存在可行点，为了克服这一困难，可以引进辅助变量 $\xi$，然后求解下面的线性规划

$$\begin{cases}\min(-\xi)\\ \text{s.t.}\quad -\xi h_i(\boldsymbol{x}^{(k)})+\nabla h_i(\boldsymbol{x}^{(k)})^{\mathrm{T}}\boldsymbol{d}=0, & i\in\varepsilon\\ \qquad -\xi g_i(\boldsymbol{x}^{(k)})+\nabla g_i(\boldsymbol{x}^{(k)})^{\mathrm{T}}\boldsymbol{d}\geqslant0, & i\in U_k\\ \qquad g_i(\boldsymbol{x}^{(k)})+\nabla g_i(\boldsymbol{x}^{(k)})^{\mathrm{T}}\boldsymbol{d}\geqslant0, & i\in V_k\\ \qquad -1\leqslant\xi\leqslant0\end{cases}\tag{3-32}$$

式中：$\boldsymbol{U}_k=\{i\,|\,g_i(\boldsymbol{x}^{(k)})<0,i\in I\}$；$\boldsymbol{V}_k=\{i\,|\,g_i(\boldsymbol{x}^{(k)})\geqslant0,i\in I\}$。

显然 $\xi=0,\boldsymbol{d}=\boldsymbol{0}$ 是线性规划(3-32)的一个可行点，并且该线性规划的极小点 $\bar{\xi}=-1$ 当且仅当二次规划子问题(3-31)是相容的，即子问题的可行域非空。

当 $\bar{\xi}=-1$ 时,可以用线性规划问题的最优解 $\bar{\boldsymbol{d}}$ 作为初始点,求出二次规划子问题的最优解 $\boldsymbol{d}_k$,而当 $\bar{\xi}=0$ 或接近于 0 时,二次规划子问题无可行点,此时需要重新选择迭代初始点 $\boldsymbol{x}^{(k)}$,然后再进行 SQP 计算。当 $\bar{\xi}\neq-1$ 但比较接近 $-1$ 时,可以用对应 $\bar{\xi}$ 的约束条件来代替原来的约束条件,再求解修正后的二次规划子问题。

在构造二次规划子问题(3-31)时,需计算拉格朗日函数在迭代点 $\boldsymbol{x}^{(k)}$ 处的 Hesse 阵 $\boldsymbol{W}_k=\boldsymbol{W}(\boldsymbol{x}^{(k)},\boldsymbol{\mu}_k,\boldsymbol{\lambda}_k)$,其计算量巨大。为了克服这一缺陷,可以用对称正定矩阵 $\boldsymbol{B}_k$ 代替拉格朗日矩阵的序列二次规划法,即 Wilson-Han-Powell 方法(WHP 方法)。

WHP 方法需要构造一个下列形式的二次规划子问题

$$\begin{cases}\min \dfrac{1}{2}\boldsymbol{d}^{\mathrm{T}}\boldsymbol{B}_k\boldsymbol{d}+\nabla f(\boldsymbol{x}^{(k)})^{\mathrm{T}}\boldsymbol{d} \\ \text{s. t.}\quad h_i(\boldsymbol{x}^{(k)})+\nabla h_i(\boldsymbol{x}^{(k)})^{\mathrm{T}}\boldsymbol{d}=0, \quad i\in\varepsilon \\ \qquad\ \ g_i(\boldsymbol{x}^{(k)})+\nabla g_i(\boldsymbol{x}^{(k)})^{\mathrm{T}}\boldsymbol{d}\geqslant 0, \quad i\in I\end{cases} \tag{3-33}$$

并用此问题的解 $\boldsymbol{d}_k$ 作为原问题的变量 $\boldsymbol{x}$ 在第 $k$ 次迭代过程中的搜索方向。

WHP 方法的计算步骤如下:

(1) 给定初始可行点 $\boldsymbol{x}^{(0)}\in\mathbf{R}^n$,初始对称矩阵 $\boldsymbol{B}_0\in\mathbf{R}^{n\times n}$,容许误差 $0\leqslant\varepsilon\ll1$ 和满足 $\sum\limits_{k=0}^{\infty}\eta_k<+\infty$ 的非负数列$\{\eta_k\}$。取参数 $\sigma>0$ 和 $\delta>0$,令 $k=0$。

(2) 求解二次规划子问题(3-33),得最优解 $\boldsymbol{d}_k$。

(3) 若 $\|\boldsymbol{d}_k\|\leqslant\varepsilon$,则停止计算,输出 $\boldsymbol{x}^{(k)}$ 作为原问题的近似极小点。

(4) 利用下列 $l_1$ 罚函数 $P_\sigma(\boldsymbol{x})$,即

$$P_\sigma(\boldsymbol{x})=f(\boldsymbol{x})+\frac{1}{\sigma}\left\{\sum_{i\in\varepsilon}|h_i(\boldsymbol{x})|+\sum_{i\in I}|[g_i(\boldsymbol{x})]_-|\right\}$$

式中:$\sigma>0$,$[g_i(\boldsymbol{x})]_-=\max\{0,-g_i(\boldsymbol{x})\}$。

按照某种线搜索规划确定步长 $\alpha_k\in(0,\delta]$,使得

$$P_\sigma(\boldsymbol{x}^{(k)}+\alpha\boldsymbol{d}_k)\leqslant\min_{\alpha\in(0,\delta]}P_\sigma(\boldsymbol{x}^{(k)}+\alpha\boldsymbol{d}_k)+\eta_k$$

(5) 令 $\boldsymbol{x}^{(k+1)}=\boldsymbol{x}^{(k)}+\alpha_k\boldsymbol{d}_k$,更新 $\boldsymbol{B}_k$ 为 $\boldsymbol{B}_{k+1}$。

(6) 令 $k=k+1$,转步骤(2)。

在 WHP 算法中,有两个问题需要注意:一是二次规划子问题的 Hesse 阵的选择;二是算法的收敛性。

对于第一个问题,即 Hesse 阵的选择可以有以下两种方法。

① 基于拟牛顿校正公式的选择方法。

令 $\boldsymbol{s}_k=\boldsymbol{x}^{(k+1)}-\boldsymbol{x}^{(k)}$,$\boldsymbol{y}_k=\nabla_x L(\boldsymbol{x}^{(k+1)},\boldsymbol{\mu}_{k+1})-\nabla_x L(\boldsymbol{x}^{(k)},\boldsymbol{\mu}_{k+1})$,则矩阵 $\boldsymbol{B}_k$ 的校正公式为

$$\boldsymbol{B}_{k+1}=\boldsymbol{B}_k-\frac{\boldsymbol{B}_k\boldsymbol{s}_k\boldsymbol{s}_k^{\mathrm{T}}\boldsymbol{B}_k}{\boldsymbol{s}_k^{\mathrm{T}}\boldsymbol{B}_k\boldsymbol{s}_k}+\frac{\boldsymbol{z}_k\boldsymbol{z}_k^{\mathrm{T}}}{\boldsymbol{s}_k^{\mathrm{T}}\boldsymbol{z}_k}$$

式中:

$$\boldsymbol{z}_k=\omega_k\boldsymbol{y}_k+(1-\omega_k)\boldsymbol{B}_k\boldsymbol{s}_k$$

$$\omega_k=\begin{cases}1, & \boldsymbol{s}_k^{\mathrm{T}}\boldsymbol{y}_k\geqslant 0.2\boldsymbol{s}_k^{\mathrm{T}}\boldsymbol{B}_k\boldsymbol{s}_k \\ \dfrac{0.8\boldsymbol{s}_k^{\mathrm{T}}\boldsymbol{B}_k\boldsymbol{s}_k}{\boldsymbol{s}_k^{\mathrm{T}}\boldsymbol{B}_k\boldsymbol{s}_k-\boldsymbol{s}_k^{\mathrm{T}}\boldsymbol{y}_k}, & \boldsymbol{s}_k^{\mathrm{T}}\boldsymbol{y}_k\geqslant 0.2\boldsymbol{s}_k^{\mathrm{T}}\boldsymbol{B}_k\boldsymbol{s}_k\end{cases}$$

② 基于增广拉格朗日函数的选择方法。

增广拉格朗日函数的 Hesse 阵为

$$\nabla_{xx}^2 L_A(\boldsymbol{x}^*,\boldsymbol{\mu}^*,\sigma)=\nabla_{xx}^2 L_A(\boldsymbol{x}^*,\boldsymbol{\mu}^*)+\frac{1}{\sigma}\boldsymbol{A}(\boldsymbol{x}^*)^{\mathrm{T}}\boldsymbol{A}(\boldsymbol{x}^*)$$

式中：$(\boldsymbol{x}^*,\boldsymbol{\mu}^*)$为 KTT 点；$\boldsymbol{A}(\boldsymbol{x}^*)$为 $\boldsymbol{x}^*$ 处约束函数的 Jacobi 矩阵。

对于第二个问题，即为了保证算法全局收敛性，通常借助于以下的价值函数来确定搜索步长。

① $l_1$ 价值函数。

对于纯等式约束的优化问题，价值函数为

$$\phi_1(\boldsymbol{x})=f(\boldsymbol{x})+\frac{1}{\sigma}\|\boldsymbol{h}(\boldsymbol{x})\|_1$$

对于一般的约束优化问题，价值函数为

$$\begin{aligned}P_\sigma(\boldsymbol{x})&=f(\boldsymbol{x})+\frac{1}{\sigma}[\|\boldsymbol{h}(\boldsymbol{x})\|_1+\|\boldsymbol{g}(\boldsymbol{x})_{-1}\|_1]\\&=f(\boldsymbol{x})+\frac{1}{\sigma}\left\{\sum_{i\in\varepsilon}|h_i(\boldsymbol{x})|+\sum_{i\in I}|[g_i(\boldsymbol{x})]_{-1}|\right\}\end{aligned}$$

② Fletcher 价值函数。

Fletcher 价值函数也称增广拉格朗日价值函数，其表达式如下：

$$\phi_F(\boldsymbol{x},\sigma)=f(\boldsymbol{x})-\boldsymbol{\mu}(\boldsymbol{x})^{\mathrm{T}}\boldsymbol{h}(\boldsymbol{x})+\frac{1}{2\sigma}\|\boldsymbol{h}(\boldsymbol{x})\|^2$$

式中：$\boldsymbol{\mu}(\boldsymbol{x})$为乘子向量，$\sigma>0$ 为罚参数。

若函数 $\boldsymbol{h}(\boldsymbol{x})$的 Jacobi 矩阵 $\boldsymbol{A}(\boldsymbol{x})=\nabla\boldsymbol{h}(\boldsymbol{x})^{\mathrm{T}}$ 是行满秩的，则乘子向量可取为

$$\boldsymbol{\mu}(\boldsymbol{x})=[\boldsymbol{A}(\boldsymbol{x})\boldsymbol{A}(\boldsymbol{x})^{\mathrm{T}}]^{-1}\boldsymbol{A}(\boldsymbol{x})\nabla f(\boldsymbol{x})$$

即是下面的最小二乘问题的解

$$\min_{\mu\in\mathbf{R}^l}\|\nabla f(\boldsymbol{x})-\boldsymbol{A}(\boldsymbol{x})^{\mathrm{T}}\boldsymbol{\mu}\|$$

**3. 一般形式优化问题的 SQP 方法**

根据以上讨论，可给出一般形式优化问题的 SQP 方法的计算步骤：

(1) 给定初始点$(\boldsymbol{x}^{(0)},\boldsymbol{\mu}_0,\boldsymbol{\lambda}_0)\in\mathbf{R}^n\times\mathbf{R}^l\times\mathbf{R}^m$，对称矩阵 $\boldsymbol{B}_0\in\mathbf{R}^{n\times n}$，计算

$$\boldsymbol{A}_0^\varepsilon=\nabla\boldsymbol{h}(\boldsymbol{x}^{(0)})^{\mathrm{T}},\quad\boldsymbol{A}_0^I=\nabla\boldsymbol{g}(\boldsymbol{x}^{(0)})^{\mathrm{T}},\quad\boldsymbol{A}_0=\begin{pmatrix}\boldsymbol{A}_0^\varepsilon\\\boldsymbol{A}_0^I\end{pmatrix}$$

选择参数 $\eta\in(0,1/2)$，$\rho\in(0,1)$，容许误差 $0\leqslant\varepsilon_1,\varepsilon_2\ll1$，令 $k=0$。

(2) 求解子问题

$$\begin{cases}\min\ \dfrac{1}{2}\boldsymbol{d}^{\mathrm{T}}\boldsymbol{B}_k\boldsymbol{d}+\nabla f(\boldsymbol{x}^{(k)})^{\mathrm{T}}\boldsymbol{d}\\\text{s.t.}\quad\boldsymbol{h}(\boldsymbol{x}^{(k)})+\boldsymbol{A}_k^\varepsilon\boldsymbol{d}=0\\\qquad\ \ \boldsymbol{g}(\boldsymbol{x}^{(k)})+\boldsymbol{A}_k^I\boldsymbol{d}\geqslant0\end{cases}$$

得最优解 $\boldsymbol{d}_k$。

(3) 若$\|\boldsymbol{d}_k\|_1\leqslant\varepsilon_1$ 且$\|\boldsymbol{h}_k\|_1+\|(\boldsymbol{g}_k)_-\|_1\leqslant\varepsilon_2$，则停止计算，得到原问题的一个近似 KKT 点$(\boldsymbol{x}^{(k)},\boldsymbol{\mu}_k,\boldsymbol{\lambda}_k)$。

(4) 选择 $l_1$ 价值函数 $\phi(\boldsymbol{x},\sigma)$，即

$$\phi(\boldsymbol{x},\sigma)=f(\boldsymbol{x})+\frac{1}{\sigma}[\|\boldsymbol{h}(\boldsymbol{x})\|_1+\|\boldsymbol{g}(\boldsymbol{x})_{-1}\|_1]$$

令 $\tau=\max\{\|\boldsymbol{\mu}_k\|,\|\boldsymbol{\lambda}_k\|\}$,任意选择一个 $\delta>0$,定义罚参数的修正规则为

$$\sigma_k=\begin{cases}\sigma_{k-1}, & \sigma_{k-1}^{-1}\geqslant\tau+\delta\\ (\tau+2\delta)^{-1}, & \sigma_{k-1}^{-1}<\tau+\delta\end{cases}$$

使得 $\boldsymbol{d}_k$ 是该函数在 $\boldsymbol{x}_k$ 处的下降方向。

(5) 设 $m_k$ 是满足下列不等式的最小非负数 $m$,即

$$\phi(\boldsymbol{x}^{(k)}+\rho^m\boldsymbol{d}_k,\sigma_k)-\phi(\boldsymbol{x}^{(k)},\sigma_k)\leqslant\eta\rho^m\phi'(\boldsymbol{x}^{(k)},\sigma_k;\boldsymbol{d}_k)$$

令 $\alpha_k=\rho^{m_k}$,$\boldsymbol{x}^{(k+1)}=\boldsymbol{x}^{(k)}+\alpha_k\boldsymbol{d}_k$。

(6) 计算

$$\boldsymbol{A}_{k+1}^{\varepsilon}=\nabla\boldsymbol{h}(\boldsymbol{x}^{(k+1)})^{\mathrm{T}},\quad \boldsymbol{A}_{k+1}^{I}=\nabla\boldsymbol{g}(\boldsymbol{x}^{(k+1)})^{\mathrm{T}},\quad \boldsymbol{A}_{k+1}=\begin{pmatrix}\boldsymbol{A}_{k+1}^{\varepsilon}\\ \boldsymbol{A}_{k+1}^{I}\end{pmatrix}$$

以及最小二乘乘子

$$\begin{pmatrix}\boldsymbol{\mu}_{k+1}\\ \boldsymbol{\lambda}_{k+1}\end{pmatrix}=[\boldsymbol{A}_{k+1}\boldsymbol{A}_{k+1}^{\mathrm{T}}]^{-1}\boldsymbol{A}_{k+1}\nabla f(\boldsymbol{x}^{(k+1)})$$

(7) 校正矩阵 $\boldsymbol{B}_k$ 为 $\boldsymbol{B}_{k+1}$,令

$$\boldsymbol{s}_k=\alpha_k\boldsymbol{d}_k,\quad \boldsymbol{y}_k=\nabla_xL(\boldsymbol{x}^{(k+1)},\boldsymbol{\mu}_{k+1},\boldsymbol{\lambda}_{k+1})-\nabla_xL(\boldsymbol{x}^{(k)},\boldsymbol{\mu}_{k+1},\boldsymbol{\lambda}_{k+1})$$

$$\boldsymbol{B}_{k+1}=\boldsymbol{B}_k-\frac{\boldsymbol{B}_k\boldsymbol{s}_k\boldsymbol{s}_k^{\mathrm{T}}\boldsymbol{B}_k}{\boldsymbol{s}_k^{\mathrm{T}}\boldsymbol{B}_k\boldsymbol{s}_k}+\frac{\boldsymbol{z}_k\boldsymbol{z}_k^{\mathrm{T}}}{\boldsymbol{s}_k^{\mathrm{T}}\boldsymbol{z}_k}$$

式中:

$$\boldsymbol{z}_k=\omega_k\boldsymbol{y}_k+(1-\omega_k)\boldsymbol{B}_k\boldsymbol{s}_k$$

参数 $\omega_k$ 定义为

$$\omega_k=\begin{cases}1, & \boldsymbol{s}_k^{\mathrm{T}}\boldsymbol{y}_k\geqslant 0.2\boldsymbol{s}_k^{\mathrm{T}}\boldsymbol{B}_k\boldsymbol{s}_k\\ \dfrac{0.8\boldsymbol{s}_k^{\mathrm{T}}\boldsymbol{B}_k\boldsymbol{s}_k}{\boldsymbol{s}_k^{\mathrm{T}}\boldsymbol{B}_k\boldsymbol{s}_k-\boldsymbol{s}_k^{\mathrm{T}}\boldsymbol{y}_k}, & \boldsymbol{s}_k^{\mathrm{T}}\boldsymbol{y}_k\geqslant 0.2\boldsymbol{s}_k^{\mathrm{T}}\boldsymbol{B}_k\boldsymbol{s}_k\end{cases}$$

(8) 令 $k=k+1$,转步骤(2)。

## 3.5 极大熵方法

极大熵方法是近年来出现的一种新的优化方法,它的基本思想是利用最大熵原理推导出一个可微函数 $G_p(\boldsymbol{x})$(通常称为极大熵函数),用函数 $G_p(\boldsymbol{x})$ 来逼近最大值函数 $G(x)=\max\limits_{1\leqslant i\leqslant m}\{g_i(\boldsymbol{x})\}$,就可把求解约束优化问题转化为单约束优化问题,把某些不可微优化问题转化为可微优化问题,使问题简化。

考虑一般的约束优化问题

$$\begin{cases}\min F(\boldsymbol{x})=\max\limits_{1\leqslant k\leqslant s}f_k(\boldsymbol{x}), & \boldsymbol{x}\in\mathbf{R}^n\\ \text{s.t.}\quad h_j(\boldsymbol{x})=0, & j=1,2,\cdots,l\\ \qquad\ g_i(\boldsymbol{x})\leqslant 0, & i=1,2,\cdots,m\end{cases}\tag{3-34}$$

其中,$f_k(\boldsymbol{x}),g_i(\boldsymbol{x}),h_j(\boldsymbol{x}):\mathbf{R}^n\to\mathbf{R}$,$f_k(\boldsymbol{x}),g_i(\boldsymbol{x}),h_j(\boldsymbol{x})\in C^1$。

令 $G(\boldsymbol{x})=\max\limits_{1\leqslant i\leqslant m}\{g_i(\boldsymbol{x})\}$,$H(\boldsymbol{x})=\max\limits_{1\leqslant j\leqslant l}\{h_j^2(\boldsymbol{x})\}$,则问题(3-34)与下列问题(3-35)等价

$$\begin{cases}\min F(\boldsymbol{x}), & \boldsymbol{x}\in\mathbf{R}^n\\ \text{s.t.}\quad H(\boldsymbol{x})=0\\ \qquad\ G(\boldsymbol{x})\leqslant 0\end{cases}\tag{3-35}$$

令
$$F_p(\boldsymbol{x})=\frac{1}{p}\ln\sum_{i=1}^{s}\exp[pf_i(\boldsymbol{x})],\quad p>0$$
$$G_q(\boldsymbol{x})=\frac{1}{q}\ln\sum_{i=1}^{m}\exp[qg_i(\boldsymbol{x})],\quad q>0$$
$$H_t(\boldsymbol{x})=\frac{1}{t}\ln\sum_{j=1}^{l}\exp[th_i^2(\boldsymbol{x})],\quad t>0$$
则求问题(3-34)的近似最优解,可转化为求解当为正且充分大时如下的优化问题
$$\begin{cases}\min F_p(\boldsymbol{x}), & \boldsymbol{x}\in\mathbf{R}^n\\ \text{s.t.} & H_t(\boldsymbol{x})\leqslant(r\ln l)/t\\ & G_q(\boldsymbol{x})\leqslant 0\end{cases}\tag{3-36}$$
式中:$r\in(1,+\infty)$为常数。

问题(3-36)仅含有两个不等式约束,且目标函数和约束函数 $f_k(\boldsymbol{x}),g_i(\boldsymbol{x}),h_j(\boldsymbol{x})\in C^1$ 时,均是连续可微的,因此比问题(3-34)容易求解。利用增广拉格朗日乘子法可进一步将其转化为无约束优化问题求解,而无约束优化问题可用有限内存的 BFGS 方法求解,这样就为求解大规模的约束优化问题和某些不可微问题提供了一种比较简单而有效的近似方法。

下面给出具体的计算步骤:

(1) 给定初始点 $\boldsymbol{x}^{(0)}$,初始拉格朗日乘子 $\mu_1^{(1)}=0,\mu_2^{(1)}=0,C>0,p,q,t\in[10^3,10^6],r\geqslant 1$,计算精度 $\varepsilon>0$,令 $k=1$。

(2) 以 $\boldsymbol{x}^{(k-1)}$ 为初始点,用有限内存 BFGS 方法求解 $\min\varphi(\boldsymbol{x},\mu)$,设其解为 $\boldsymbol{x}^{(k)}$,其中 $\varphi(\boldsymbol{x},\boldsymbol{\mu})$ 由下式确定
$$\varphi(\boldsymbol{x},\boldsymbol{\mu})=f(\boldsymbol{x})+\frac{1}{2c}\{[\max(0,\mu_1+cG_q(\boldsymbol{x}))]^2-\mu_1^2+[\max(0,\mu_2+c(H_t(\boldsymbol{x})-(r\ln l)/t))]^2-\mu_2^2\}$$

(3) 计算
$$\tau=\left\{[\max(G_q(\boldsymbol{x}^{(k)}),\mu_1^{(k)}/c)]^2+\left[\max\left(H_t(\boldsymbol{x}^{(k)})-\frac{r\ln l}{t},\mu_2^{(k)}/c\right)\right]^2\right\}$$
若 $\tau\leqslant\varepsilon$,则计算结束,取 $\boldsymbol{x}^{(k)}$ 为问题(3-34)的近似最优解;否则计算
$$\beta=\frac{\left\{G_q^2(\boldsymbol{x}^{(k)})+\left[H_t(\boldsymbol{x}^{(k)})-\dfrac{r\ln l}{t}\right]^2\right\}^{\frac{1}{2}}}{\left\{G_q^2(\boldsymbol{x}^{(k-1)})+\left[H_t(\boldsymbol{x}^{(k-1)})-\dfrac{r\ln l}{t}\right]^2\right\}^{\frac{1}{2}}}$$
若 $\beta<1/4$,则转步骤(4);否则,令 $c=2c$,转步骤(4)。

(4) 计算
$$\mu_1^{(k+1)}=\max[0,\mu_1^{(k)}+cG_q(\boldsymbol{x}^{(k)})]$$
$$\mu_2^{(k+1)}=\max\{0,\mu_2^{(k)}+c[H_t(\boldsymbol{x}^{(k)})-(r\ln l)/t]\}$$
令 $k=k+1$,返回步骤(2)。

## 3.6 算法的 MATLAB 实现

**【例 3.1】** 用罚函数法求下列各函数的极小值:

(1) $\begin{cases}\min\ f(\boldsymbol{x})=(x_1-3)^2+(x_2-2)^2 \\ \text{s. t.}\quad g(\boldsymbol{x})=x_1+x_2-4\leqslant 0\end{cases}$；

(2) $\begin{cases}\min\ f(\boldsymbol{x})=\dfrac{1}{3}(x_1+1)^3+x_2 \\ \text{s. t.}\quad g_1(\boldsymbol{x})=x_1-1\geqslant 0 \\ \qquad\quad g_2(\boldsymbol{x})=x_2\geqslant 0\end{cases}$；

(3) $\begin{cases}\min\ f(\boldsymbol{x})=x_1^2+x_2^2 \\ \text{s. t.}\quad g_1(\boldsymbol{x})=2x_1+x_2-2\leqslant 0 \\ \qquad\quad g_2(\boldsymbol{x})=-x_1+1\leqslant 0\end{cases}$。

**解:**根据罚函数的原理，自编 sumt 函数进行计算。

(1)

```
>> clear
>> syms x y m u1
>> x_syms = 'x,y';esp = 0.0001;type = 's';u_syms = 'u1';M = 1;x0 = [1 1];
>> fun = (x - 3)^2 + (y - 2)^2 + m * (x + y - 4)^2;
>> [xmin,minf] = sumt(fun,x0,x_syms,u_syms,M,type,esp);        % 搜索法求解
>> xmin = 2.5000    1.5000                                     % 极小值
```

函数中用对话框的形式输入目标函数及约束函数，输入时应注意目标函数形式应与窗口中 fun 中的目标函数形式完全一致；如果没有相应的函数则用空矩阵符号[]代替；不等式约束都以标准式输入。

本题的输入格式如图 3-1 所示。

(2)

```
>> clear
>> syms x y r m
>> x_syms = 'x,y';esp = 0.0001;type = 'j';u_syms = [];M = 1;x0 = [1 1];
>> fun = (x + 1)^3/12 + y + r * (1/(x - 1) + 1/y);
>> [xmin,minf] = sumt(fun,x0,x_syms,u_syms,M,type,esp);   % 解方程法
>> xmin = 1   0                                           % 极小值
```

本题的输入格式如图 3-2 所示。

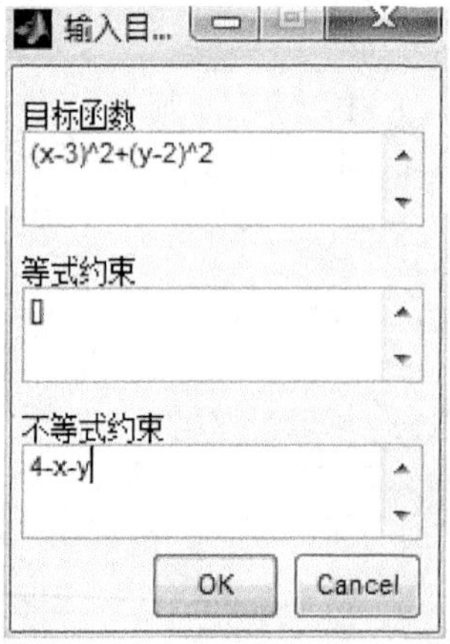


**图 3-1　输入对话框(1)**

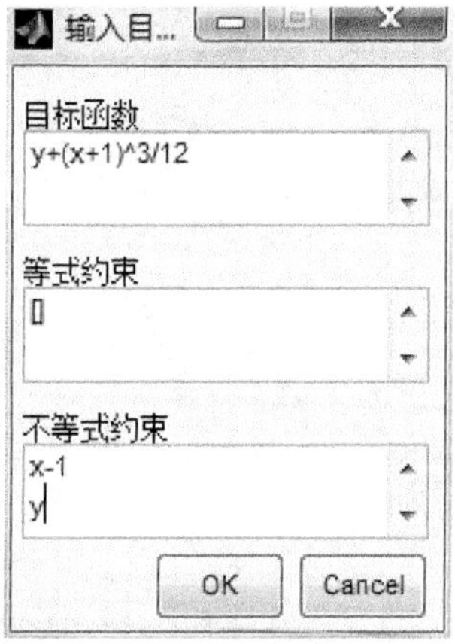


**图 3-2　输入对话框(2)**

(3)

```
>> clear
>> syms x y r m u1 u2
>> x_syms = 'x,y';esp = 0.0001;type = 'j';u_syms = 'u1,u2';M = 1;x0 = [1 1];
>> fun = x^2 + y^2 + m * (u1 * (2 - 2 * x - y)^2 + u2 * (x - 1)^2);
>> [xmin,minf] = sumt(fun,x0,x_syms,u_syms,M,type,esp);          % 罚函数法函数
>> xmin = 1.0000   0                                               % 极小值
```

**【例 3.2】** 利用乘子法求解下列约束优化问题

$$\begin{cases}\min f(\boldsymbol{x}) = -3x_1^2 - x_2^2 - 2x_3^2 \\ \text{s. t.} \quad x_1^2 + x_2^2 + x_3^2 = 3 \\ \qquad\quad x_2 \geqslant x_1 \\ \qquad\quad x_1 \geqslant 0\end{cases}$$

**解**:根据乘子法 PHR 算法的原理,自编 PHR 函数进行计算。

```
>> clear
>> syms x y z
>> fun = - 3 * x^2 - y^2 - 2 * z^2;hfun = x^2 + y^2 + z^2 - 3;gfun = [y - x;x];
>> x_syms = 'x,y,z';x0 = [0 0 0];esp = 0.0001;
>> [xmin,minf] = PHR(fun,gfun,hfun,x0,x_syms,esp);          % PHR 算法函数
>> xmin = 1.2247   1.2247   0                                % 极小值
```

**【例 3.3】** 利用 Zoutendijk 方法求解下列函数的极值

$$\begin{cases}\min f(\boldsymbol{x}) = 2x_1^2 + 2x_2^2 - 2x_1x_2 - 4x_1 - 6x_2 \\ \text{s. t.} \quad x_1 + x_2 \leqslant 2 \\ \qquad\quad x_1 + 5x_2 \leqslant 5 \\ \qquad\quad x_1, x_2 \geqslant 0\end{cases}$$

**解**:根据 Zoutendijk 方法的原理,自编 zoutendijk 函数进行计算。

```
>> clear
>> fun = '2 * x^2 + 2 * y^2 - 2 * x * y - 4 * x - 6 * y';
>> gfun = {'- x - y + 2';'- x - 5 * y + 5';'x';'y'};hfun = [];
>> x0 = [0 0];esp1 = 0.0001;esp2 = 0.0001;x_syms = 'x,y';
>> [xmin,minf] = zoutendijk(fun,hfun,gfun,x0,x_syms,esp1,esp2,1);   % zoutendijk 法函数
>> xmin = 1.1290   0.7742                                           % 极小值
```

**【例 3.4】** 用 Rosen 梯度投影法求解下列优化问题

$$\begin{cases}\min f(\boldsymbol{x}) = x_1^2 + 4x_2^2 \\ \text{s. t.} \quad x_1 + x_2 \geqslant 1 \\ \qquad\quad 15x_1 + 10x_2 \geqslant 12 \\ \qquad\quad x_1, x_2 \geqslant 0\end{cases}$$

**解**:根据 Rosen 梯度投影法的原理,自编 rosen 函数进行计算。

```
>> clear
>> fun = 'x^2 + 4 * y^2';
>> gfun = {'x + y - 1';'15 * x + 10 * y - 12';'x';'y'};
>> hfun = [];
>> x0 = [0 2];x_syms = 'x,y';
>> [xmin,minf] = rosen(fun,hfun,gfun,x0,x_syms);          % Rosen 算法函数
>> xmin = 0.8000     0.2000                                % 极小值
```

**【例 3.5】** 用简约梯度法求解下列优化问题

$$\begin{cases} \min f(\boldsymbol{x}) = 2x_1^2 + 2x_2^2 - 2x_1x_2 - 4x_1 - 6x_2 \\ \text{s. t.} \quad x_1 + x_2 + x_3 = 2 \\ \qquad x_1 + 5x_2 + x_4 = 5 \\ \qquad x_1, x_2, x_3, x_4 \geqslant 0 \end{cases}$$

**解**:根据简约梯度法的原理,自编 wolfe 函数进行计算。此函数只适合等式约束的优化问题,如果有不等式约束,则可通过增加虚拟变量,将之变成等式约束。

```
>> clear
>> fun = '2 * x^2 + 2 * y^2 - 2 * x * y - 4 * x - 6 * y';
>> hfun = {'x + y + z - 2';'x + 5 * y + t - 5'};
>> x0 = [0 0 2 5];esp = 0.0001;x_syms = 'x,y,z,t';
>> [xmin,minf] = wolfe(fun,hfun,x0,x_syms);             % wolfe 函数
>> xmin = 1.1290    0.7742    0.0968    0.0000         % 极小值
```

**【例 3.6】** 用牛顿-拉格朗日方法求解下列优化问题

$$\begin{cases} \min f(\boldsymbol{x}) = 1 - x_1^2 + e^{-x_1 - x_2} + x_2^2 - 2x_1x_2 + e^{x_1} - 3x_2 \\ \text{s. t.} \quad x_1^2 + x_2^2 - 5 = 0 \end{cases}$$

**解**:根据牛顿-拉格朗日方法的原理,自编 newlag 函数进行计算。

```
>> clear
>> fun = '1 - x^2 + exp( - x - y) + y^2 - 2 * x * y + exp(x) - 3 * y';
>> hfun = {'x^2 + y^2 - 5'};
>> x0 = [1 1];x_syms = 'x,y';esp = 0.0001;
>> [xmin,minf] = newlag(fun,hfun,x0,x_syms,esp);     % newlag 函数
>> xmin = 1.4419    1.7091                          % 极小值
```

**【例 3.7】** 用 SQP 求解下列优化问题

$$\begin{cases} \min f(\boldsymbol{x}) = \dfrac{1}{2}(x_1^2 + x_2^2 + x_3^2) \\ \text{s. t.} \quad x_1 + 2x_2 - x_3 = 4 \\ \qquad x_1 - x_2 + x_3 = -2 \end{cases}$$

**解**:根据 SQP 方法的原理,编写 sqp 函数进行计算。

```
>> clear
>> fun = '(x^2 + y^2 + z^2)/2';
>> hfun = {'x + 2 * y - z - 4';'x - y + z + 2'};
>> x0 = [0 0 0];esp = 0.0001;
>> x_syms = 'x,y,z';
>> [xmin,minf] = sqp(fun,hfun,x0,x_syms);        % sqp 函数
>> xmin = 0.2857    1.4286    - 0.8571           % 极值
```

计算中可以发现,经过一次迭代就可以得到最优值,并符合 SQP 算法的终止规则。

**【例 3.8】** 用 SQP 方法求解下列优化问题

$$(1) \begin{cases} \min f(\boldsymbol{x}) = e^{x_1x_2x_3x_4x_5} - \dfrac{1}{2}(x_1^3 + x_2^3 + 1)^2 \\ \text{s. t.} \quad x_1^2 + x_2^2 + x_3^2 + x_4^2 + x_5^2 = 10 \\ \qquad x_2x_3 - 5x_4x_5 = 0 \\ \qquad x_1^3 + x_2^3 = -1 \end{cases};$$

$$
(2)\begin{cases}\min\ f(\boldsymbol{x})=\mathrm{e}^{-x_1-x_2}+x_1^2+2x_1x_2+x_2^2+2x_1+6x_2\\ \text{s. t.}\quad 2-x_2-x_2\geqslant 0\\ \qquad x_1,x_2\geqslant 0\end{cases}
$$

。

**解：**根据基于光滑牛顿法求解二次规划子问题的 SQP 方法，编写函数 newsqp 进行计算。

(1)

```
>> clear
>> fun = 'exp(x1 * x2 * x3 * x4 * x5) - (x1^3 + x2^3 + 1)^2/2';
>> hfun = {'x1^2 + x2^2 + x3^2 + x4^2 + x5^2 - 10';'x2 * x3 - 5 * x4 * x5';'x1^3 + x2^3 + 1'};
>> gfun = [];
>> x_syms = 'x1,x2,x3,x4,x5';x0 = [ - 1.7 1.5 1.8 - .6 - 0.6];mu = [0 0 0]';lam = [];
>> [xmin,minf,mu,lam] = newsqp(fun,hfun,gfun,x0,x_syms,mu,lam);      % newsqp 函数
>> xmin =  - 1.7171   1.5957   1.8272   - 0.7636   - 0.7636            % 极值
```

(2)

```
>> clear
>> fun = 'exp( - x1 - x2) + x1^2 + 2 * x1 * x2 + x2^2 + 2 * x1 + 6 * x2';
>> gfun = {'2 - x1 - x2';'x1';'x2'};
>> hfun = [];
>> x_syms = 'x1,x2';x0 = [1 1];
>> [xmin,minf,mu,lam] = newsqp(fun,hfun,gfun,x0,x_syms);          % newsqp 函数
>> xmin = 1.0e - 010 * ( - 0.2239   - 0.0002)                     % 极值
```

**【例 3.9】** 用 MATLAB 中的 fmincon 函数求解侧面积为 150 m² 的体积最大的长方体体积。

**解：**根据题意，可写出此题的数学模型为

$$
\begin{cases}\min\ f(\boldsymbol{x})=-x_1x_2x_3\\ \text{s. t.}\quad 2(x_1x_3+x_2x_3+x_1x_2)=150\end{cases}
$$

因为约束条件为非线性等式约束，所以需编写一个约束文件，然后再调用 fmincon 函数进行求解。

优化函数：

```
function y = optifun7(x)
y = - x(1) * x(2) * x(3);
```

约束函数：

```
function [c,ceq] = mycon1(x)
ceq = x(2) * x(3) + x(1) * x(2) + x(1) * x(3) - 75;
c = [];
```

再调用 fmincon 函数进行计算：

```
>> options = optimset('Algorithm','sqp');     % 改变计算方法
>> [x,val] = fmincon(@optifun7,[1 2 3],[],[],[],[],zeros(3,1),[inf;inf;inf],@mycon1);
```

得到结果如下：

```
x = 5.0000   5.0000   5.0000       % 长方体尺寸
val = - 125.0000                   % 体积为 125 m^3
```

注：利用 fmincon 函数并不能对每一个优化问题都能得到正确答案，如下列问题。此问题的近似最优解：驻点[78.001 9　33.001 4　29.993 7　44.997 4　36.774 1]，最优值：

$-30\ 665.997\ 9$。

$$\begin{cases} \min f(\boldsymbol{x}) = 5.357\ 854\ 7x_3^2 + 0.835\ 689x_1x_5 + 37.293\ 239x_1 - 40\ 792.141 \\ \text{s.t.}\quad 0 \leqslant g_1(\boldsymbol{x}) \leqslant 92 \\ \qquad 90 \leqslant g_2(\boldsymbol{x}) \leqslant 110 \\ \qquad 20 \leqslant g_3(\boldsymbol{x}) \leqslant 25 \\ \qquad 78 \leqslant x_1 \leqslant 102 \\ \qquad 33 \leqslant x_2 \leqslant 45 \\ \qquad 27 \leqslant x_3 \leqslant 45 \\ \qquad 27 \leqslant x_4 \leqslant 45 \\ \qquad 27 \leqslant x_5 \leqslant 45 \end{cases}$$

其中：

$$g_1(\boldsymbol{x}) = 0.005\ 685\ 8x_2x_5 - 0.002\ 205\ 3x_3x_5 + 0.000\ 626\ 2x_1x_4 + 85.334\ 40$$

$$g_2(\boldsymbol{x}) = 0.002\ 181\ 3x_3^2 + 0.007\ 131\ 7x_2x_5 + 0.002\ 995\ 5x_1x_2 - 80.512\ 49$$

$$g_3(\boldsymbol{x}) = 0.004\ 702\ 6x_3x_5 + 0.001\ 908\ 5x_3x_4 + 0.001\ 254\ 7x_1x_3 - 9.300\ 961$$

# 第 4 章

# 最小二乘问题

最小二乘问题是一类特殊的无约束优化问题，它在实际应用中具有十分重要的意义。这类问题在某种意义下可以看作是一定超定方程组（方程的个数远多于未知变量的个数）的问题，由于超定方程组一般是无解的，所以这时期望得到的是其残量的最小范数解。

设某系统输入变量（自变量）$\boldsymbol{x}$ 与输出数据（因变量）$y$ 服从函数关系 $f(\boldsymbol{x})$，其中函数关系式中的各常数项 $\boldsymbol{t}\in\mathbf{R}^n$ 未知，即为待定参数。不失一般性，将函数关系式写成

$$y=f(\boldsymbol{x},\boldsymbol{t})$$

式中：$\boldsymbol{x}$ 为待定参数（向量）。

为了估计参数 $\boldsymbol{x}$ 的值，可以多次试验取得一系列观测数据 $(\boldsymbol{t}_1,y_1)$，$(\boldsymbol{t}_2,y_2)$，…，$(\boldsymbol{t}_m,y_m)$，然后基于模型输出值与实际观测值的误差平方和

$$S(\boldsymbol{x})=\sum_{i=1}^{m}[y_i-f(\boldsymbol{x},\boldsymbol{t}_i)]^2$$

最小，来求参数 $\boldsymbol{t}$ 的值，这就是最小二乘问题。一般地，$m\gg n$。

若定义残差函数 $r_i(\boldsymbol{x})=y_i-f(\boldsymbol{x},\boldsymbol{t}_i)$，$i=1,2,\cdots,m$，并记

$$\boldsymbol{r}(\boldsymbol{x})=(r_1(\boldsymbol{x}),r_2(\boldsymbol{x}),\cdots,r_m(\boldsymbol{x}))^{\mathrm{T}}$$

则上述最小二乘问题可表示为

$$\min_{x\in\mathbf{R}^n}\|\boldsymbol{r}(\boldsymbol{x})\|_2^2$$

习惯上通常将上式等价写成

$$\min_{x\in\mathbf{R}^n}\frac{1}{2}\|\boldsymbol{r}(\boldsymbol{x})\|_2^2$$

在最小二乘问题中，如果残差函数 $\boldsymbol{r}(\boldsymbol{x})$ 关于 $\boldsymbol{x}$ 是线性的（也即函数表达式 $f(\boldsymbol{x})$ 是线性的），则称该问题为线性最小二乘问题，也称线性回归；否则称该问题为非线性最小二乘问题，又称为非线性回归。

## 4.1 线性最小二乘问题的数值解法

设 $\boldsymbol{A}\in\mathbf{R}^{m\times n}$，$\boldsymbol{b}\in\mathbf{R}^m$，线性最小二乘问题就是

$$\min_{x\in\mathbf{R}^n}\frac{1}{2}\|\boldsymbol{b}-\boldsymbol{A}\boldsymbol{x}\|_2^2 \tag{4-1}$$

很显然，线性最小二乘问题(4-1)等价于确定 $\boldsymbol{x}_{\mathrm{LS}}$ 使得

$$\|\boldsymbol{b}-\boldsymbol{A}\boldsymbol{x}_{\mathrm{LS}}\|_2=\min_{x\in\mathbf{R}^n}\|\boldsymbol{b}-\boldsymbol{A}\boldsymbol{x}\|_2$$

称 $\boldsymbol{x}_{\mathrm{LS}}$ 为最小二乘解或极小解，所有最小二乘解的集合记为 $S_{\mathrm{LS}}$。

线性最小二乘的解 $\boldsymbol{x}_{\mathrm{LS}}$ 又可称为线性方程组

$$\boldsymbol{A}\boldsymbol{x}=\boldsymbol{b},\quad \boldsymbol{A}\in\mathbf{R}^{m\times n},\quad \boldsymbol{b}\in\mathbf{R}^m \tag{4-2}$$

的最小二乘解，即 $\boldsymbol{x}_{\mathrm{LS}}$ 在残量 $\boldsymbol{r}(\boldsymbol{x})=\boldsymbol{b}-\boldsymbol{A}\boldsymbol{x}$ 的 2-范数最小意义下满足方程组(4-2)。当

$m>n$ 时，方程组(4-2)称为超定方程组或矛盾方程组；当 $m<n$ 时，方程组(4-2)称为欠定方程组。

很明显，若将矩阵 $\boldsymbol{A}$ 写成 $\boldsymbol{A}=(\boldsymbol{a}_1,\boldsymbol{a}_2,\cdots,\boldsymbol{a}_n)$，$\boldsymbol{a}_i\in\mathbf{R}^m$，$i=1,2,\cdots,m$，则求解最小二乘问题(4-1)等价于求 $\{\boldsymbol{a}_i\}_{i=1}^n$ 的线性组合使之与向量 $\boldsymbol{b}$ 之差的 2-范数达到最小。这时可分两种情况，第一种是 $\{\boldsymbol{a}_i\}_{i=1}^n$ 线性无关，即 $\boldsymbol{A}$ 为列满秩；第二种是 $\{\boldsymbol{a}_i\}_{i=1}^n$ 线性相关，即 $\boldsymbol{A}$ 为亏秩。

### 4.1.1 满秩线性最小二乘问题

假设 $\boldsymbol{A}\in\mathbf{R}^{m\times n}(m\geqslant n)$ 为满秩列矩阵，故 $\boldsymbol{A}^{\mathrm{T}}\boldsymbol{A}$ 为对称正定矩阵，此时最小二乘问题(4-1)(或超定方程组(4-2))的法方程 $\boldsymbol{A}^{\mathrm{T}}\boldsymbol{A}\boldsymbol{x}=\boldsymbol{A}^{\mathrm{T}}\boldsymbol{b}$ 存在唯一解，可以用 Cholesky 分解法求解法方程，即

(1) 对 $n$ 阶对称正定矩阵 $\boldsymbol{A}^{\mathrm{T}}\boldsymbol{A}$ 作 Cholesky 分解 $\boldsymbol{A}^{\mathrm{T}}\boldsymbol{A}=\boldsymbol{L}\boldsymbol{L}^{\mathrm{T}}$，其中 $\boldsymbol{L}$ 为下三角矩阵。

(2) 然后依次解 $\boldsymbol{L}\boldsymbol{y}=\boldsymbol{A}^{\mathrm{T}}\boldsymbol{b}$，$\boldsymbol{L}^{\mathrm{T}}\boldsymbol{x}=\boldsymbol{y}$ 得到最小二乘问题(4-1)的解 $\boldsymbol{x}_{\mathrm{LS}}$。

求解最小二乘问题(4-1)更常用的方法是 QR 分解法。利用 QR 分解，可以确定超定方程组的最小二乘解。

考虑线性方程组 $\boldsymbol{A}\boldsymbol{x}=\boldsymbol{b}$，其中 $\boldsymbol{A}\in\mathbf{R}^{m\times n}(m>n)$ 列满秩，$\boldsymbol{b}\in\mathbf{R}^m$，那么

$$\boldsymbol{A}\boldsymbol{x}=\boldsymbol{b}\Leftrightarrow\boldsymbol{Q}\begin{pmatrix}\boldsymbol{R}\\\boldsymbol{O}\end{pmatrix}\boldsymbol{x}=\boldsymbol{b}\Leftrightarrow\begin{pmatrix}\boldsymbol{R}\\\boldsymbol{O}\end{pmatrix}\boldsymbol{x}=\boldsymbol{Q}^{\mathrm{T}}\boldsymbol{b}$$

(1) 计算系数矩阵 $\boldsymbol{A}$ 的 QR 分解 $[Q,R]=\mathrm{qr}(A)$。

(2) 用回代法求解下列上三角形方程组的最小二乘解 $\boldsymbol{x}_{\mathrm{LS}}$

$$\begin{pmatrix}\boldsymbol{R}\\\boldsymbol{O}\end{pmatrix}\boldsymbol{x}=\boldsymbol{Q}^{\mathrm{T}}\boldsymbol{b}$$

### 4.1.2 亏秩线性最小二乘问题

对于亏秩的线性最小二乘问题，可以用矩阵的奇异值分解来求解。此时矩阵的逆为广义逆，其定义如下：

设 $\boldsymbol{A}\in\mathbf{R}^{m\times n}$，若有 $\boldsymbol{X}\in\mathbf{R}^{n\times m}$ 满足

(1) $\boldsymbol{A}\boldsymbol{X}\boldsymbol{A}=\boldsymbol{A}$；

(2) $\boldsymbol{X}\boldsymbol{A}\boldsymbol{X}=\boldsymbol{X}$；

(3) $(\boldsymbol{A}\boldsymbol{X})^{\mathrm{T}}=\boldsymbol{A}\boldsymbol{X}$；

(4) $(\boldsymbol{X}\boldsymbol{A})^{\mathrm{T}}=\boldsymbol{X}\boldsymbol{A}$，

则称 $\boldsymbol{X}$ 为矩阵 $\boldsymbol{A}$ 的广义逆，记为 $\boldsymbol{A}^{+}$。

广义逆可以用奇异值分解的方法求解，即

设秩为 $r(r\geqslant 1)$ 的 $m\times n$ 实矩阵 $\boldsymbol{A}$ 的奇异值分解为

$$\boldsymbol{A}=\boldsymbol{U}\begin{pmatrix}\boldsymbol{\Sigma}_r & \boldsymbol{O}\\\boldsymbol{O} & \boldsymbol{O}\end{pmatrix}\boldsymbol{V}^{\mathrm{T}}$$

式中：$\boldsymbol{\Sigma}_r=\mathrm{diag}\{\sigma_1,\sigma_2,\cdots,\sigma_r\}$，$\sigma_i>0(i=1,2,\cdots,r)$ 为矩阵 $\boldsymbol{A}$ 正奇异值；$\boldsymbol{U}\in\mathbf{R}^{m\times m}$ 和 $\boldsymbol{V}\in\mathbf{R}^{n\times n}$ 均为正交阵，则

$$\boldsymbol{A}^{+}=\boldsymbol{V}\begin{pmatrix}\boldsymbol{\Sigma}_r^{-1} & \boldsymbol{O}\\\boldsymbol{O} & \boldsymbol{O}\end{pmatrix}\boldsymbol{U}^{\mathrm{T}}$$

利用广义逆，便可以求解方程组(4-2)，无论其是否有解。当有解时，其解 $\|\boldsymbol{x}_{\mathrm{LS}}\|_2=$

$\min\limits_{Ax=b}\|x\|_2$ 称为极小范数解；当无解时，其解 $\|x_{LS}\|_2=\min\limits_{\min\|Ax=b\|_2}\|x\|_2$ 称为极小范数最小二乘解。

设 $A\in\mathbf{R}_r^{m\times n}(m>n)$ 的奇异值分解为

$$A=U\Sigma V^{\mathrm{T}},\quad \Sigma=\underset{\quad r\quad\ n-r}{\begin{pmatrix}\Sigma_r & O\\ O & O\end{pmatrix}}\begin{matrix}r\\ m-r\end{matrix}$$

式中：$\Sigma_r=\mathrm{diag}\{\sigma_1,\sigma_2,\cdots,\sigma_r\}$，$\sigma_1\geqslant\sigma_2\geqslant\cdots\geqslant\sigma_r>0$；$U=(u_1,u_2,\cdots,u_m)$ 和 $V=(v_1,v_2,\cdots,v_n)$ 为正交阵，则

$$x_{LS}=A^{+}b=V\begin{pmatrix}\Sigma_r^{-1} & O\\ O & O\end{pmatrix}U^{\mathrm{T}}=\sum_{i=1}^{r}\frac{u_i^{\mathrm{T}}b}{\sigma_i}v_i$$

## 4.2 非线性最小二乘问题的数值解法

非线性最小二乘问题在科学研究与实际工程应用中十分常见，而且它还可以通过 KKT 条件与非线性方程组建立起重要的关系。

### 4.2.1 Gauss - Newton 法

非线性最小二乘问题是求向量 $x\in\mathbf{R}^n$，使得 $\|F(x)\|^2$ 最小，其中映射 $F:\mathbf{R}^n\to\mathbf{R}^m$ 是连续可微函数。

记 $F(x)=(F_1(x),\ F_2(x),\ \cdots,\ F_m(x))^{\mathrm{T}}$，则非线性最小二乘问题可以表示为

$$\min_{x\in\mathbf{R}^n} f(x)=\frac{1}{2}\|F(x)\|^2=\frac{1}{2}\sum_{i=1}^{m}F_i^2(x) \tag{4-3}$$

它是一个无约束优化问题。因此，可以用无约束问题的数值方法，如牛顿法、拟牛顿法等方法求解，但鉴于其特殊性，有下述介绍的更为合理的求解算法。

问题(4 - 3)目标函数 $f$ 的梯度和 Hesse 阵分别为

$$g(x)=\nabla f(x)=\nabla\left(\frac{1}{2}\|F(x)\|^2\right)=J(x)^{\mathrm{T}}F(x)=\sum_{i=1}^{m}F_i(x)\,\nabla F_i(x)$$

$$\begin{aligned}G(x)=\nabla^2 f(x)&=\sum_{i=1}^{m}\nabla F_i(x)(\nabla F_i(x))^{\mathrm{T}}+\sum_{i=1}^{m}F_i(x)\,\nabla^2F_i(x)\\&=J(x)^{\mathrm{T}}J(x)+\sum_{i=1}^{m}F_i(x)\,\nabla^2F_i(x)\\&=J(x)^{\mathrm{T}}J(x)+S(x)\end{aligned}$$

式中：$J(x)=F'(x)=(\nabla F_1(x),\nabla F_2(x),\cdots,\nabla F_m(x))^{\mathrm{T}}$，$S(x)=\sum\limits_{i=1}^{m}F_i(x)\,\nabla^2F_i(x)$。

利用牛顿型迭代算法，可得到求解非线性最小二乘问题的迭代算法

$$x^{(k+1)}=x^{(k)}-(J_k^{\mathrm{T}}J_k+S_k)^{-1}J_k^{\mathrm{T}}F_k$$

式中：$S_k=S(x^{(k)})$，$J_k=J(x^{(k)})$，$F_k=F(x^{(k)})$。

在标准假设下，容易得到牛顿算法的收敛性质，但因为要计算 $S(x)$ 中的 $\nabla^2F_i(x)$，计算量较大，如果忽略这一项，便可得到求解非线性最小二乘问题的 Gauss - Newton 迭代算法公式：

$$x^{(k+1)}=x^{(k)}+d_k^{\mathrm{GN}}$$

式中：$d_k^{\mathrm{GN}}=-[J_k^{\mathrm{T}}J_k]^{-1}J_k^{\mathrm{T}}F_k$。

容易验证 $\boldsymbol{d}_k^{\mathrm{GN}}$ 是优化问题 $\min\limits_{d\in\mathbf{R}^n}\frac{1}{2}\|\boldsymbol{F}(\boldsymbol{x}^{(k)})+\boldsymbol{J}_k\boldsymbol{d}\|^2$ 的最优解,若向量函数 $\boldsymbol{F}(\boldsymbol{x})$ 的 Jacobi 矩阵是列满秩的,则 Gauss - Newton 方向是下降方向。

为了保证算法的收敛性,算法中引入线搜索步长规则。设水平集 $\boldsymbol{L}(\boldsymbol{x}^{(0)})$ 有界,$\boldsymbol{J}(\boldsymbol{x})=\boldsymbol{F}'(x)$ 在 $\boldsymbol{L}(\boldsymbol{x}^{(0)})$ 上 Lipschitz 连续且满足一致性条件

$$\|\boldsymbol{J}(\boldsymbol{x})\boldsymbol{y}\|\geqslant\alpha\|\boldsymbol{y}\|,\quad\forall\,\boldsymbol{y}\in\mathbf{R}^n$$

式中:$\alpha>0$ 为一常数,在 Wolfe 步长规则下,即

$$\begin{cases}f(\boldsymbol{x}^{(k)}+\alpha_k\boldsymbol{d}_k)\leqslant f_k+\rho\alpha_k\boldsymbol{g}_k^{\mathrm{T}}\boldsymbol{d}_k\\ \boldsymbol{g}(\boldsymbol{x}^{(k)}+\alpha_k\boldsymbol{d}_k)^{\mathrm{T}}\boldsymbol{d}_k\geqslant\sigma\boldsymbol{g}_k^{\mathrm{T}}\boldsymbol{d}_k\end{cases}$$

式中:$0<\rho<\sigma<1$。那么 Gauss - Newton 算法产生的迭代序列 $\{\boldsymbol{x}^{(k)}\}$ 收敛到问题(4 - 3)的一个稳定点,即

$$\lim_{k\to\infty}\boldsymbol{J}(\boldsymbol{x}^{(k)})\boldsymbol{F}(\boldsymbol{x}^{(k)})=0$$

### 4.2.2 Levenberg - Marquardt 方法(L - M 方法)

Gauss - Newton 算法在迭代过程中要求矩阵 $\boldsymbol{J}(\boldsymbol{x}^{(k)})$ 列满秩,这限制了它的应用。为了克服这个困难,可以采用 L - M 方法,它是通过求解下述优化模型来获取搜索方向

$$\boldsymbol{d}_k=\arg\min_{d\in\mathbf{R}^n}\|\boldsymbol{J}_k\boldsymbol{d}+\boldsymbol{F}_k\|^2+\mu_k\|\boldsymbol{d}\|^2$$

式中:$\mu_k>0$。

根据最优性条件,可求得

$$\boldsymbol{d}_k=-(\boldsymbol{J}_k^{\mathrm{T}}\boldsymbol{J}_k+\mu_k\boldsymbol{I})^{-1}\boldsymbol{J}_k^{\mathrm{T}}\boldsymbol{F}_k \tag{4-4}$$

是 $f(\boldsymbol{x})$ 在 $\boldsymbol{x}^{(k)}$ 处的下降方向,这样便可得到求解非线性最小二乘问题的 L - M 算法,算法步骤如下:

(1) 选取参数 $\beta,\sigma\in(0,1)$,$\mu_0>0$,初始点 $\boldsymbol{x}^{(0)}\in\mathbf{R}^n$,容许误差 $0\leqslant\varepsilon\ll1$,令 $k=0$。

(2) 计算 $\boldsymbol{g}(\boldsymbol{x}^{(k)})=\nabla f(\boldsymbol{x}^{(k)})$,若 $\|\boldsymbol{g}(\boldsymbol{x}^{(k)})\|\leqslant\varepsilon$,则停止计算,输出 $\boldsymbol{x}^{(k)}$ 作为近似极小点。

(3) 求解方程组

$$(\boldsymbol{J}_k^{\mathrm{T}}\boldsymbol{J}_k+\mu_k\boldsymbol{I})\boldsymbol{d}=-\boldsymbol{J}_k^{\mathrm{T}}\boldsymbol{F}_k$$

得解 $\boldsymbol{d}_k$。

(4) $m_k$ 是满足下列不等式的最小非负数 $m$,即

$$f(\boldsymbol{x}^{(k)}+\beta^m\boldsymbol{d}_k)\leqslant f(\boldsymbol{x}^{(k)})+\sigma\beta^m\boldsymbol{g}_k^{\mathrm{T}}\boldsymbol{d}_k$$

令 $\alpha_k=\beta^{m_k}$,$\boldsymbol{x}^{(k+1)}=\boldsymbol{x}^{(k)}+\alpha_k\boldsymbol{d}_k$。

(5) 按某种方式更新 $\mu_k$ 的值,令 $k=k+1$,转步骤(2)。

L - M 方法的关键是在迭代过程中如何调整参数 $\mu_k$。可以采用调整依赖域半径的策略。首先在当前迭代点定义一个二次函数

$$q_k(\boldsymbol{d})=f_k+(\boldsymbol{J}_k^{\mathrm{T}}\boldsymbol{F}_k)^{\mathrm{T}}\boldsymbol{d}+\frac{1}{2}\boldsymbol{d}^{\mathrm{T}}(\boldsymbol{J}_k^{\mathrm{T}}\boldsymbol{J}_k)\boldsymbol{d}$$

基于当前给出的 $\mu_k$,根据式(4 - 4)计算 $\boldsymbol{d}_k$,然后考虑 $q_k(\boldsymbol{d})$ 和目标函数的增量

$$\Delta q_k=q_k(\boldsymbol{d}_k)-q_k(\boldsymbol{0})=(\boldsymbol{J}_k^{\mathrm{T}}\boldsymbol{F}_k)^{\mathrm{T}}\boldsymbol{d}_k+\frac{1}{2}\boldsymbol{d}_k^{\mathrm{T}}(\boldsymbol{J}_k^{\mathrm{T}}\boldsymbol{J}_k)\boldsymbol{d}_k$$

$$\Delta f_k=f(\boldsymbol{x}^{(k)}+\boldsymbol{d}_k)-f(\boldsymbol{x}^{(k)})=f(\boldsymbol{x}^{(k+1)})-f(\boldsymbol{x}^{(k)})$$

用 $r_k$ 表示两增量之比,即

$$r_k = \frac{\Delta f_k}{\Delta q_k} = \frac{f(\boldsymbol{x}^{(k+1)}) - f(\boldsymbol{x}^{(k)})}{(\boldsymbol{J}_k^{\mathrm{T}}\boldsymbol{F}_k)^{\mathrm{T}}\boldsymbol{d}_k + \frac{1}{2}\boldsymbol{d}_k^{\mathrm{T}}(\boldsymbol{J}_k^{\mathrm{T}}\boldsymbol{J}_k)\boldsymbol{d}_k}$$

在 L－M 方法的每一步，先给 $\mu_k$ 一个初始值，如取上一次迭代步的值，计算 $\boldsymbol{d}_k$。然后根据 $r_k$ 的值调整 $\mu_k$，最后再根据调整后的 $\mu_k$ 计算 $\boldsymbol{d}_k$ 并进行线搜索，进而完成 L－M 方法的一个迭代步。显然，当 $r_k$ 接近 1 时，二次函数 $q_k(\boldsymbol{d})$ 在 $\boldsymbol{x}^{(k)}$ 处拟合目标函数比较好，用 L－M 方法求解非线性最小二乘问题时，参数 $\mu$ 应取得小一些，换言之，此时用 Gauss－Newton 法求解更为有效；反过来，当 $r_k$ 接近 0 时，二次函数 $q_k(\boldsymbol{d})$ 在 $\boldsymbol{x}^{(k)}$ 处拟合目标函数比较差，需要减少 $\boldsymbol{d}_k$ 的模长，即需要增大参数 $\mu$ 的取值来限制 $\boldsymbol{d}_k$ 的模长；而当比值 $r_k$ 既不接近于 0 也不接近于 1 时，则认为参数 $\mu_k$ 选取恰当，不需要调整。通常 $r_k$ 的临界值为 0.25 和 0.75。据此，可得到算法中参数 $\mu_k$ 的一个更新规则

$$\mu_{k+1} = \begin{cases} 0.1\mu_k, & r_k > 0.75 \\ \mu_k, & 0.25 \leqslant r_k \leqslant 0.75 \\ 10\mu_k, & r_k < 0.25 \end{cases}$$

## 4.3　算法的 MATLAB 实现

**【例 4.1】**　在最小二乘问题中，线性最小二乘问题最为简单，它可以通过求解线性方程组的方法求得问题的解。

在无芽酶试验中，发现吸氧量 $y$ 与底水 $x_1$ 和吸氧时间 $x_2$ 都有关系，今在水温(17±1)℃条件下得到一批数据，如表 4－1 所列。

**表 4－1　试验数据表**

| 序　号 | $x_1$（底水） | $x_2$（吸氧时间） | $y$（吸氧量） | 序　号 | $x_1$（底水） | $x_2$（吸氧时间） | $y$（吸氧量） |
|---|---|---|---|---|---|---|---|
| 1 | 136.500 | 215 | 6.200 0 | 7 | 138.500 | 215 | 4.900 0 |
| 2 | 136.500 | 250 | 7.500 0 | 8 | 138.500 | 215 | 4.100 0 |
| 3 | 136.500 | 180 | 4.800 0 | 9 | 140.500 | 180 | 2.800 0 |
| 4 | 138.500 | 250 | 5.100 0 | 10 | 140.500 | 215 | 3.100 0 |
| 5 | 138.500 | 180 | 4.600 0 | 11 | 140.500 | 250 | 4.300 0 |
| 6 | 138.500 | 215 | 4.600 0 | | | | |

由经验知 $y$ 与 $x_1$、$x_2$ 之间可用以下线性相关关系描述

$$y = b_0 + b_1 x_1 + b_2 x_2 + \varepsilon$$

试由给出的数据求出最小二乘估计，并检验线性方程的显著性、确定因素的主次顺序。

**解**：根据线性最小二乘问题及方差分析的原理，可编写函数 myls 进行相关的计算。

```
>> A = [136.5 215;136.5 250;136.5 180;138.5 250;
    138.5 180;138.5 215;138.5 215;138.5 215;140.5 180;140.5 215;140.5 250];
>> b = [6.2 7.5 4.8 5.1 4.6 4.6 4.9 4.1 2.8 3.1 4.3]';
>> [x,r] = myls(A,b);      % 最小二乘函数
>> x = 95.7112   -0.6917   0.0224
```

此函数在进行回归分析时，首先需确定回归式中是否有常数项。另外，如果输出数为 3 个时，则进行方差分析（方差分析的结果在第 3 个输出参数中）；如果输出数为 2 个时，则只进行最小二乘分析。

本题的方差分析结果见如下：

```
'方差来源'   '偏差平方和'   '自由度'   '方差'       'F值'       'Fα'        '显著性'
'x1'         [11.4817]      [1]        [11.4817]    [49.9614]   [5.3177]    '高度显著'
'x2'         [3.6817]       [1]        [3.6817]     [16.0204]   [11.2586]   '高度显著'
'回归'       [15.1633]      [2]        [7.5817]     [32.9909]   [4.4590]    '高度显著'
'剩余'       [1.8385]       [8]        [0.2298]     []          [8.6491]    []
'总和'       [17.0018]      [10]       []           []          []          []
```

**【例 4.2】** 非线性最小二乘问题是科学与工程计算中十分常见的一类问题。非线性最小二乘问题可以有两种方法求解：一是通过一定的规则将其转化成线性最小二乘问题，但有时并不能转化成线性最小二乘；二是求解非线性方程（组）。

求函数 $y=k_0 e^{k_1 x}$，使之满足如表 4-2 所列的实验值。

**表 4-2 实验值(1)**

| $x$ | 0.1 | 0.2 | 0.3 | 0.4 | 0.5 |
|---|---|---|---|---|---|
| $y$ | 1.22 | 1.00 | 0.82 | 0.67 | 0.55 |

**解**：根据 Levenberg-Marquardt 方法的原理，编写函数 mylm 进行计算。

```
>> clear
>> fun = 'k0 * exp(k1 * x) - b'; x_syms = 'x,b';b_syms = 'k0,k1';x0 = [1.4  -1.0];
>> x = [0.1 0.2 0.3 0.4 0.5]';b = [1.22 1.00 0.82 0.67 0.55]';
>> [xmin,minf] = mylm(fun,x0,x_syms,x,b,b_syms);          % mylm 函数
>> xmin = 1.4895    -1.9932                               % k0、k1 的值
```

注：mylm 函数中可以通过 Fk、JFk 函数形式输入相关的目标函数及目标函数的梯度，这种情况特别适用于不易用简单函数式表示的目标函数。

**【例 4.3】** 利用 L-M 方法求解非线性方程组

$$F(\boldsymbol{x})=(F_1(\boldsymbol{x}),F_2(\boldsymbol{x}),\cdots,F_n(\boldsymbol{x}))^{\mathrm{T}}=0$$

式中：

$$F_i(\boldsymbol{x})=x_i x_{i+1}-1,\quad i=1,2,\cdots,n-1$$

$$F_i(\boldsymbol{x})=x_1 x_n-1,\quad \boldsymbol{x}=(x_1,x_2,\cdots,x_n)^{\mathrm{T}}$$

**解**：本例题中，目标函数不易用简单的函数式计算，所以首先编制两个分别计算 $\boldsymbol{F}(\boldsymbol{x})$ 及其 Jacobi 矩阵 $\boldsymbol{J}(\boldsymbol{x})$ 的 m 文件，再调用 mylm1 函数进行计算，初值为 $(3,3,\cdots,3)^{\mathrm{T}}(n=100)$。

```
>> x0 = 3. * ones(100,1);
>> [xmin,minf] = mylm1(x0);
```

可以得到最优值为 $(1,1,\cdots,1)^{\mathrm{T}}$。

**【例 4.4】** 炼钢过程中用来盛钢水的钢包，由于受钢水的侵蚀作用，容积会不断扩大，表 4-3 给出了使用次数 $x$ 和容积 $y$ 增大量的实验数据。已知两个变量间存在着双曲线的关系，试找出 $x$ 和 $y$ 的关系式，并研究其相应的方差。

表 4-3　实测实验数据表

| 使用次数 ($x$) | 增大容积 ($y$) | 使用次数 ($x$) | 增大容积 ($y$) | 使用次数 ($x$) | 增大容积 ($y$) | 使用次数 ($x$) | 增大容积 ($y$) |
|---|---|---|---|---|---|---|---|
| 2 | 6.42 | 6 | 9.70 | 11 | 10.59 | 15 | 10.90 |
| 3 | 8.20 | 7 | 10.00 | 12 | 10.60 | 16 | 10.76 |
| 4 | 9.58 | 8 | 9.93 | 13 | 10.80 | | |
| 5 | 9.50 | 9 | 9.99 | 14 | 10.60 | | |

**解**:此题利用牛顿迭代法求解,编写函数 newlm 进行计算。

```
>> clear
>> fun = 'k0 - k1/x - b';
>> x_syms = 'x,b';b_syms = 'k0,k1';
>> x0 = [10 100]; esp = 1e - 6;
>> x = [2:16]';b = [6.42 8.2 9.58 9.5 9.7 10 9.93 9.99 10.49 10.59 10.6 10.8 10.6 10.9 10.76]';
>> [beta,minf,stats] = newls(fun,x,b,x0,x_syms,b_syms,1,esp);
>> beta = 11.3944     9.6006         %拟合参数
>> stats{1} =                        %方差分析
'方差来源'   '偏差平方和'   '自由度'   '方差'       'F 值'        'Fα'        '显著性'
'回归'       [19.0325]      [1]        [19.0325]    [392.6223]    [4.6672]    '高度显著'
'剩余'       [0.6302]       [13]       [0.0485]     []            [9.0738]    []
'总和'       [19.6627]      [14]       []           []            []          []
```

此函数中有两种方法:一是利用牛顿迭代法,二是直接解方程。对于本题,两种方法的计算结果相同。

**【例 4.5】**　在实际工作中,有时满足 $n$ 组实验值的函数,可表示为下列多项式

$$\phi(\boldsymbol{x})=a_0f_0(\boldsymbol{x})+a_1f_1(\boldsymbol{x})+\cdots+a_mf_m(\boldsymbol{x})$$

其中,$f_i(\boldsymbol{x})$是已知函数,$m$ 是函数数目($m<n$)。这些函数可以取已知的正交多项式,例如勒让德多项式。

用正交多项式,求适合表 4-4 实验值的函数 $y=a_0+bx+cx^2$。

表 4-4　实验值(2)

| | | | | | | |
|---|---|---|---|---|---|---|
| $x$ | 0.50 | 1.00 | 1.50 | 2.00 | 2.50 | 3.00 |
| $y$ | 1.01 | 1.08 | 1.16 | 1.25 | 1.29 | 1.30 |

**解**:根据正交多项式拟合的原理,编写函数 orthfun 进行计算。

```
>> clear
>> x1 = [0.50 1.00 1.50 2.00 2.5 3.0];b = [1.01 1.08 1.16 1.25 1.29 1.30];m = 2;
>> [fun,res] = orthfun(x1,b,2);                    %勒让德多项式函数,二次多项式
>> fun = -(230 * x^2 - 1673 * x - 6216)/7000       %函数表达式
>> res = 8.9429e-004                               %拟合误差
```

程序运行后得到的函数表达式是字符表达式。本题如表示成一般的数学表达式,则为

$$y=0.888\,0+0.239\,0x-0.032\,856x^2$$

由于勒让德多项式要求自变量为整数,所以 orthfun 函数进行数据多项式拟合时,实验数据必须等间距。

**【例 4.6】**　MATLAB 中与最小二乘有关的函数有 lsqnonneg、lsqlin(线性最小二乘)、

lsqnonlin(非线性最小二乘)、lsqcurvefit(非线性曲线回归)等。

用函数 $y=k_0+k_1 e^{-0.02k_2 x}$(其中 $k_0$、$k_1$、$k_2$ 是待定系数)来拟合表 4－5 的数据。

**表 4－5 实验值(3)**

| $x$ | 1 | 2 | 3 | 4 | 5 | 6 | 7 | 8 | 9 | 10 |
|---|---|---|---|---|---|---|---|---|---|---|
| $y$ | 3.5 | 3.0 | 2.6 | 2.3 | 2.1 | 1.9 | 1.7 | 1.6 | 1.5 | 1.4 |

**解**:由于这个函数模型不能简化成线性函数,所以需要采用非线性拟合,用 lsqnonlin、lsqcurvefit 任何一个都可以,但使用这两者时函数的格式不一样。

(1) 使用 lsqcurvefit 时,输入函数为

```
function y = optifun8(x,x1)
y = x(1) + x(2) * exp( - 0.02 * x(3) * x1);
```

再进行计算

```
>> x1 = 1:10;y1 = [3.5 3.0 2.6 2.3 2.1 1.9 1.7 1.6 1.5 1.4]; x0 = [1 1 1];
>> k = lsqcurvefit(@optifun8,x0,x1,y1);
```

(2) 使用 lsqnonlin 时,输入函数为

```
function y = optifun9(x)
x1 = 1:10;
y1 = [3.5 3.0 2.6 2.3 2.1 1.9 1.7 1.6 1.5 1.4];
y = y1 - (x(1) + x(2) * exp( - 0.02 * x(3) * x1));
```

再进行计算

```
>> x1 = 1:10;y1 = [3.5 3.0 2.6 2.3 2.1 1.9 1.7 1.6 1.5 1.4]; x0 = [1 1 1];
>> k = lsqnonlin(@optifun9,x0);
```

两者计算结果一致,显示结果如下:

```
k = 1.0992   2.9910   11.2454
```

# 第 5 章 线性规划

线性规划(Linear Programming,LP)是运筹学的一个重要分支,在工业、农业、商业、交通运输、军事、政治、经济、社会和管理等领域的最优设计和决策问题中,有很多问题都可以归结为线性规划问题。

## 5.1 线性规划的标准形式

线性规划问题的数学模型有不同的形式,目标函数有的要求极大化,有的要求极小化,约束条件可以是线性等式,也可以是线性不等式。约束变量通常是非负约束,也可以在$(-\infty, +\infty)$区间内取值。但是无论是哪种形式,线性规划的数学模型都可以统一为下面的标准形

$$\begin{cases} \min \boldsymbol{c}^{\mathrm{T}}\boldsymbol{x} \\ \text{s.t.} \quad \boldsymbol{A}\boldsymbol{x}=\boldsymbol{b} \\ \qquad\ \ \boldsymbol{x} \geqslant \boldsymbol{0} \end{cases} \tag{5-1}$$

式中:$\boldsymbol{x}=(x_1,x_2,\cdots,x_n)^{\mathrm{T}} \in \mathbf{R}^n$;$\boldsymbol{c}=(c_1,c_2,\cdots,c_n)^{\mathrm{T}} \in \mathbf{R}^n$;$\boldsymbol{A}=(a_1,a_2,\cdots,a_m)^{\mathrm{T}} \in \mathbf{R}^{m\times n}$;$\boldsymbol{b}=(b_1,b_2,\cdots,b_m)^{\mathrm{T}} \in \mathbf{R}^m$。

各种形式的线性规划均可化为标准形:

(1) 若问题的目标是求目标函数 $z$ 的最大值,则可令 $f=-z$,把原问题转化为在相同约束条件下求 $\min f$。

(2) 如果约束条件中具有不等式约束 $\sum\limits_{j=1}^{n} a_{ij}x_j \leqslant b_i$,则可以引进新变量 $x'_i$,并用下面两个约束条件取代这个不等式

$$\sum_{j=1}^{n} a_{ij}x_j + x'_i = b_i, \quad x'_i \geqslant 0$$

称变量 $x'_i$为松弛变量。

(3) 如果约束条件中具有不等式约束 $\sum\limits_{j=1}^{n} a_{ij}x_j \geqslant b_i$,则可引进新变量 $x''_i$,并用下面两个约束条件取代这个不等式

$$\sum_{j=1}^{n} a_{ij}x_j - x''_i = b_i, \quad x''_i \geqslant 0$$

这个新变量 $x''_i$称为剩余变量。

(4) 如果约束条件中出现 $x_j \geqslant h_j (h_j \neq 0)$,则可引进新变量 $y_j = x_j - h_j$ 替代原问题中的变量 $x_j$,于是问题中原有的约束条件 $x_j \geqslant h_j$,就化成 $y_j \geqslant 0$。

(5) 如果变量 $x_j$ 的符号不受限制(自由变量),则可引进两个新变量 $y'_j$和 $y''_j$,并以 $x_j = y'_j - y''_j$代入问题的目标函数和约束条件消去$x_j$,同时在约束条件中增加 $y'_j \geqslant 0$ 和 $y''_j \geqslant 0$ 两个约束条件。

## 5.2 线性规划的基本定理

对于一般线性规划的标准形(5-1),变量的个数 $n$ 称为线性规划的维数,等式约束方程的数目 $m$ 称为线性规划的阶数。满足约束条件的点 $\boldsymbol{x}=(x_1,x_2,\cdots,x_n)^{\mathrm{T}}$ 称可行点或可行解,也称容许解。

设矩阵 $\boldsymbol{A}$ 的秩 $r(\boldsymbol{A})$ 为 $m$,则可以从 $\boldsymbol{A}$ 的 $n$ 列中选出列,使它们线性无关。不失一般性,设 $\boldsymbol{A}$ 的前 $m$ 列是线性无关的,即设 $a_j=(a_{1j},a_{2j},\cdots,a_{mj})^{\mathrm{T}}(j=1,2,\cdots,m)$是线性无关的,令

$$\boldsymbol{B}=(a_1,a_2,\cdots,a_m)=\begin{bmatrix} a_{11} & a_{12} & \cdots & a_{1m} \\ a_{21} & a_{22} & \cdots & a_{2m} \\ \vdots & \vdots & & \vdots \\ a_{m1} & a_{m2} & \cdots & a_{mm} \end{bmatrix}$$

$\boldsymbol{B}$ 是非奇异的,因此方程组 $\boldsymbol{B}\boldsymbol{x}_B=\boldsymbol{b}$ 有唯一解 $\boldsymbol{x}_B=\boldsymbol{B}^{-1}\boldsymbol{b}$,其中 $\boldsymbol{x}_B$ 是一个 $m$ 维列向量。

令 $\boldsymbol{x}^{\mathrm{T}}=(\boldsymbol{x}_B^{\mathrm{T}},\boldsymbol{0}^{\mathrm{T}})$,就可得到线性方程组 $\boldsymbol{A}\boldsymbol{x}=\boldsymbol{b}$ 的一个解 $\boldsymbol{x}$,其前 $m$ 个分量等于 $\boldsymbol{x}_B$ 的相应分量,后面的 $n-m$ 个分量均为零,称 $\boldsymbol{B}$ 为基或基底,解矢量 $\boldsymbol{x}$ 为约束方程组 $\boldsymbol{A}\boldsymbol{x}=\boldsymbol{b}$ 关于基底 $\boldsymbol{B}$ 的基本解,而与 $\boldsymbol{B}$ 的列相应的 $\boldsymbol{x}$ 的分量 $x_i$ 称为基本变量,当基本解中有一个或一个以上的基本变量 $x_i$ 为零时,这个解称为退化的基本解。

当一个可行解 $\boldsymbol{x}$ 又是基本解时,称它为基本可行解(或基可行解),若它是退化的,则称它为退化的基本可行解。很显然,一个基本可行解 $\boldsymbol{x}$ 是一个不超过 $m$ 个正 $x_i$(即非负)的可行解,而一个非退化的基本可行解 $\boldsymbol{x}$ 是恰有 $m$ 个正 $x_i$ 的可行解。

由于 $\boldsymbol{A}$ 是 $m\times n$ 矩阵,故线性规划标准形(5-1)的不同的基最多有 $\mathrm{C}_n^m$ 个,而一个基最多对应一个基可行解,故线性规划(5-1)最多有 $\mathrm{C}_n^m$ 个基可行解。

设 $\boldsymbol{x}$ 是线性规划(5-1)的一个可行解,当它使目标函数 $f(\boldsymbol{x})$ 达到最小(大)值时,称其为最优可行解,简称最优解或解,而目标函数所达到的最小(大)值称为线性规划问题的值或最优值。

例如,对下列约束函数

$$\begin{cases} x_1+x_2+x_3=2 \\ x_1+2x_2+4x_3=4 \\ x_1\geqslant 0, \quad x_2\geqslant 0, \quad x_3\geqslant 0 \end{cases}$$

其中,$\boldsymbol{A}=\begin{bmatrix} 1 & 1 & 1 \\ 1 & 2 & 4 \end{bmatrix}$,$\boldsymbol{b}=\begin{bmatrix} 2 \\ 4 \end{bmatrix}$,则 $\boldsymbol{P}_1=\begin{bmatrix} 1 \\ 1 \end{bmatrix}$,$\boldsymbol{P}_2=\begin{bmatrix} 1 \\ 2 \end{bmatrix}$,$\boldsymbol{P}_3=\begin{bmatrix} 1 \\ 4 \end{bmatrix}$。

因此,$\boldsymbol{B}_1=(\boldsymbol{P}_1,\boldsymbol{P}_2)$,$\boldsymbol{B}_2=(\boldsymbol{P}_2,\boldsymbol{P}_3)$,$\boldsymbol{B}_3=(\boldsymbol{P}_1,\boldsymbol{P}_3)$都是线性规划的基。

取 $\boldsymbol{B}_1$ 为基时,$x_1$、$x_2$ 为基变量,$x_3$ 为非基变量,基可行解为

$$\boldsymbol{X}_{B_1}=\boldsymbol{B}_1^{-1}\boldsymbol{b}=\begin{bmatrix} 1 & 1 \\ 1 & 2 \end{bmatrix}^{-1}\begin{bmatrix} 2 \\ 4 \end{bmatrix}=\begin{bmatrix} 0 \\ 2 \end{bmatrix}, \quad \boldsymbol{X}^1=\begin{bmatrix} \boldsymbol{X}_{B_1} \\ 0 \end{bmatrix}=\begin{bmatrix} 0 & 2 & 0 \end{bmatrix}^{\mathrm{T}}$$

这是一个退化的基可行解。

取 $\boldsymbol{B}_2$ 为基时,$x_2$、$x_3$ 为基变量,$x_1$ 为非基变量,基可行解为

$$\boldsymbol{X}_{B_2}=\boldsymbol{B}_2^{-1}\boldsymbol{b}=(2,0)^{\mathrm{T}}, \quad \boldsymbol{X}^2=(0,2,0)^{\mathrm{T}}$$

这也是一个退化的基可行解。

取 $\boldsymbol{B}_3$ 为基时,$x_1$、$x_3$ 为基变量,$x_2$ 为非基变量,基可行解为

$$X_{B_3}=B_3^{-1}b=\left(\frac{4}{3},\frac{2}{3}\right)^{\mathrm{T}},\quad X^3=\left(\frac{4}{3},0,\frac{2}{3}\right)^{\mathrm{T}}$$

这是一个非退化的基可行解。

线性规划的基本定理表述如下：

(1) 若线性规划问题有可行解，则必有基可行解。

(2) 若线性规划问题有最优解，则必有最优基可行解。

(3) 若线性规划问题的可行域有界，则必有最优解。

从基本定理可知，在寻找线性规划问题(5-1)的最优解时，只需要研究基可行解就可以，也即从基可行解中去寻找就行了，而基可行解的个数是有限的，因此可以在有限步内求得线性规划问题的最优解，而且最优解必可在其可行解的顶点处取得。

# 5.3 单纯形法

根据线性规划的基本定理，一个求解线性规划问题的方法是求出所有的基本可行解及其对应的目标函数值，并相互比较，即可求得其中相应目标函数值最小(大)的最优解。很明显这种方法属于枚举法，只适用于线性规划问题的阶数 $m\leqslant 6$ 与维数 $n\leqslant 5$ 的情况，当这两个数值较大时，这个方法的计算量迅速增长，以至成为不可能。因此，需要寻找其他的计算量小的方法，如单纯形法和其他算法。

## 5.3.1 基本单纯形法

单纯形法的基本想法是从线性规划可行集的某一个顶点出发，沿着使目标函数值下降的方向寻求下一个顶点，而顶点个数是有限的，所以，只要这个线性规划有最优解，那么通过有限步迭代后，必可求出最优解。

为了用迭代法求出线性规划的最优解，需要解决以下三个问题：

(1) 最优解判别准则，即迭代终止的判别标准。

(2) 换基运算，即从一个基可行解迭代出另一个基可行解的方法。

(3) 进基列的选择，即选择合适的列以进行换基运算，可以使目标函数值有较大下降。

**1. 最优解判别准则**

考虑标准形的线性规划问题(5-1)，如果已知一个可行基 $\boldsymbol{B}$ 是一个 $m$ 阶单位矩阵，不妨设 $\boldsymbol{B}$ 刚好位于矩阵 $\boldsymbol{A}$ 的前 $m$ 列，这时，约束方程的形式为

$$\begin{cases}x_1+a_{1,m+1}x_{m+1}+\cdots+a_{1n}x_n=b_1\\x_2+a_{2,m+1}x_{m+1}+\cdots+a_{2n}x_n=b_2\\\quad\vdots\\x_m+a_{m,m+1}x_{m+1}+\cdots+a_{mn}x_n=b_m\\x_i\geqslant 0,\quad i=1,2,\cdots,m\end{cases}\tag{5-2}$$

此时，与 $\boldsymbol{B}$ 对应的基可行解是 $\boldsymbol{X}^0=(b_1,\cdots,b_m,0,\cdots,0)^{\mathrm{T}}$。

设 $\boldsymbol{A}=(\boldsymbol{I},\boldsymbol{N})$，$\boldsymbol{I}=(\boldsymbol{P}_1,\boldsymbol{P}_2,\cdots,\boldsymbol{P}_m)$为单位矩阵，$\boldsymbol{N}=(\boldsymbol{P}_{m+1},\boldsymbol{P}_{m+2},\cdots,\boldsymbol{P}_n)$，

$$\boldsymbol{X}_I=(x_1,x_2,\cdots,x_m)^{\mathrm{T}},\quad \boldsymbol{X}_N=(x_{m+1},x_{m+2},\cdots,x_n)^{\mathrm{T}}$$

$$\boldsymbol{C}_I=(c_1,c_2,\cdots,c_m)^{\mathrm{T}},\quad \boldsymbol{C}_N=(c_{m+1},c_{m+2},\cdots,c_n)^{\mathrm{T}}$$

则有

$$\boldsymbol{X}=\begin{bmatrix}\boldsymbol{X}_I\\ \boldsymbol{X}_N\end{bmatrix},\quad \boldsymbol{C}=\begin{bmatrix}\boldsymbol{C}_I\\ \boldsymbol{C}_N\end{bmatrix}$$

于是,线性规划问题(5-1)可记为

$$\begin{cases}\min f(\boldsymbol{X})=\boldsymbol{c}_I^{\mathrm{T}}\boldsymbol{x}_I+\boldsymbol{c}_N^{\mathrm{T}}\boldsymbol{x}_N\\ \text{s. t.}\quad \boldsymbol{I}\boldsymbol{X}_I+\boldsymbol{N}\boldsymbol{X}_N=\boldsymbol{b}\\ \qquad \boldsymbol{X}_I\geqslant\boldsymbol{0},\quad \boldsymbol{X}_N\geqslant\boldsymbol{0}\end{cases}$$

显然,$\boldsymbol{X}^0=\begin{bmatrix}\boldsymbol{b}\\ \boldsymbol{0}\end{bmatrix}$是此线性规划的一个基可行解。如果$\boldsymbol{C}_I^{\mathrm{T}}N-\boldsymbol{C}_N^{\mathrm{T}}\leqslant 0$,则它是此线性规划的最优解,用分量的形式表示,令$\sigma_j=\boldsymbol{C}_I^{\mathrm{T}}\boldsymbol{P}_j-c_j(j=m+1,\cdots,n)$,则当$\sigma_j\leqslant 0$时,$\boldsymbol{X}^0=\begin{bmatrix}\boldsymbol{b}\\ \boldsymbol{0}\end{bmatrix}$是最优解,称$\sigma_j$为$\boldsymbol{P}_j$或$x_j$的判别数。很明显,基向量或基变量的判别数必定为零。如果某个判别数$\sigma_j>0$,而相应的列向量$\boldsymbol{P}_j\leqslant 0$,则这个线性规划无最优解。

如果$\boldsymbol{A}$中没有单位矩阵,或基$\boldsymbol{B}$并不是一个单位矩阵,则判别系数的计算公式为

$$\sigma_j=\boldsymbol{C}_B^{\mathrm{T}}\boldsymbol{B}^{-1}\boldsymbol{P}_j-c_j,\quad j=1,\cdots,n$$

**2. 换基运算**

对于式(5-2)特殊的约束,很明显$\boldsymbol{X}=(b_1,\cdots,b_m,0,\cdots,0)^{\mathrm{T}}$是一个基可行解,现在从$\boldsymbol{X}$出发,寻找新的基可行解。

对于矩阵

$$(\boldsymbol{Ab})=\begin{bmatrix}1 & & & & a_{1,m+1}\cdots a_{1l}\cdots a_{1n} & b_1\\ & \ddots & & & \vdots\qquad\vdots\qquad\vdots & \vdots\\ & & 1 & & a_{k,m+1}\cdots a_{kl}\cdots a_{kn} & b_k\\ & & & \ddots & \vdots\qquad\vdots\qquad\vdots & \vdots\\ & & & 1 & a_{m,m+1}\cdots a_{ml}\cdots a_{mn} & b_m\end{bmatrix}$$

用$\boldsymbol{P}_j$表示矩阵$\boldsymbol{A}$的第$j$列,则有

$$(\boldsymbol{Ab})=(\boldsymbol{P}_1,\ \boldsymbol{P}_2,\cdots,\ \boldsymbol{P}_n,\boldsymbol{b})$$

其中,$\boldsymbol{I}=(\boldsymbol{P}_1,\ \boldsymbol{P}_2,\cdots,\ \boldsymbol{P}_m)$是一个基。

若$a_{kl}\neq 0$,则可用矩阵的初等变换(不换行)将第$l$列变为初始单位向量$(0,\cdots,0,1,0,\cdots,0)^{\mathrm{T}}$,此时$\boldsymbol{P}_k$变为非初始单位向量,与此同时,矩阵$(\boldsymbol{Ab})$变为

$$(\boldsymbol{Ab})=\begin{bmatrix}1 & a'_{1k}\cdots a'_{1,m+1} & \cdots & 0 & \cdots & a'_{1n} & b'_1\\ \ddots & \vdots\qquad\vdots & & \vdots & & \vdots & \vdots\\ & a'_{kk}\cdots a'_{k,m+1} & \cdots & 1 & \cdots & a'_{kn} & b'_k\\ & \vdots\qquad\vdots & & \vdots & & \vdots & \vdots\\ & a'_{mk}\cdots a'_{m,m+1} & \cdots & 0 & \cdots & a'_{mn} & b'_m\end{bmatrix}$$

其中,

$$a'_{kj}=\frac{a_{kj}}{a_{kl}},\quad j=1,\cdots,n$$

$$a'_{ij}=a_{ij}-\frac{a_{kj}}{a_{kl}}a_{il},\quad i=1,\cdots,m,\quad i\neq k,\quad j=1,2,\cdots,n$$

$$b'_k=\frac{b_k}{a_{kl}}$$

$$b'_i = b_i - \frac{b_k}{a_{kl}} a_{il}, \quad i = 1, \cdots, m, \quad i \neq k$$

于是，得新基

$$\boldsymbol{I} = (\boldsymbol{P}_1, \boldsymbol{P}_2, \cdots, \boldsymbol{P}_{k-1}, \boldsymbol{P}_l, \boldsymbol{P}_{k+1}, \cdots, \boldsymbol{P}_m)$$

以上的运算即为换基运算，$a_{kl}$ 称为主元，$\boldsymbol{P}_l$ 称为进基列，$\boldsymbol{P}_k$ 称为出基列，$x_l$ 称为进基变量，$x_k$ 称为出基变量，其中主元应符合条件 $\frac{b_k}{a_{kl}} = \min\limits_{1 \leqslant i \leqslant m} \left\{ \frac{b_i}{a_{il}} \middle| a_{il} > 0 \right\}$。

**注意**：并不是 $\boldsymbol{A}$ 的任何一列都可以引入基中。在确定进基列时，应保证该列至少有一个正分量。

**3. 进基列的选择**

在换基运算中，选择至少有一个正分量，同时判别数最大的那一列作为进基列，这时目标函数值将获得较大下降。

例如，给定线性规划

$$\begin{cases} \min f(\boldsymbol{x}) = x_1 - 2x_2 + 3x_3 - 4x_4 + x_6 \\ \text{s.t.} \quad x_1 + 3x_4 - x_5 + 3x_6 = 2 \\ \qquad x_2 + 2x_4 - 2x_5 + x_6 = 1 \\ \qquad x_3 - 2x_4 - x_5 + 2x_6 = 3 \\ \qquad x_j \geqslant 0, \quad j = 1, 2, \cdots, 6 \end{cases}$$

显然，$\boldsymbol{X}^0 = (2,1,3,0,0,0)^{\mathrm{T}}$ 是一个初始基可行解，基变量为 $x_1, x_2, x_3$。

$$(\boldsymbol{Ab}) = \begin{bmatrix} 1 & 0 & 0 & 3 & -1 & 3 & 2 \\ 0 & 1 & 0 & 2 & -2 & 1 & 1 \\ 0 & 0 & 1 & -2 & -1 & 2 & 3 \end{bmatrix} = (\boldsymbol{P}_1 \boldsymbol{P}_2 \boldsymbol{P}_3 \boldsymbol{P}_4 \boldsymbol{P}_5 \boldsymbol{P}_6 \boldsymbol{b}) \tag{5-3}$$

先确定进基列，因 $\boldsymbol{P}_5 = (-1, -2, -1)^{\mathrm{T}} < 0$，故不能选作进基列。

$$\sigma_4 = \boldsymbol{C}_I^{\mathrm{T}} \boldsymbol{P}_4 - c_4 = (1, -2, 3) \begin{bmatrix} 3 \\ 2 \\ -2 \end{bmatrix} - (-4) = -1 < 0$$

$$\sigma_6 = \boldsymbol{C}_I^{\mathrm{T}} \boldsymbol{P}_6 - c_6 = (1, -2, 3) \begin{bmatrix} 3 \\ 1 \\ 2 \end{bmatrix} - 1 = 6 > 0$$

所以根据 $\sigma_l = \max\limits_{1 \leqslant j \leqslant n} \{\sigma_j\}$，选 $\boldsymbol{P}_6$ 作为进基列。

再确定主元。因要将 $\boldsymbol{P}_6$ 引入基中，所以主元 $a_{k6}$ 应满足

$$\frac{b_k}{a_{k6}} = \min_{1 \leqslant i \leqslant m} \left\{ \frac{b_i}{a_{i6}} \middle| a_{i6} > 0 \right\} = \min \left\{ \frac{2}{3}, \frac{1}{1}, \frac{3}{2} \right\} = \frac{2}{3} = \frac{b_1}{a_{16}}$$

$a_{16}$ 即为式(5-3)中第 1 行第 6 列的 3。

以 $a_{16} = 3$ 为主元对式(5-3)进行换基运算，即使 $a_{16}$ 变为 1，这一列（第 6 列）的其他元素变为 0，因此，式(5-3)中的第 1 行除以 3（主元），第 2 行变为第 2 行减去第 1 行×(1/3)，第 3 行变为第 3 行减去第 1 行×(2/3)，便可以得到以下矩阵

$$(\boldsymbol{Ab})=\begin{bmatrix} \frac{1}{3} & 0 & 0 & 1 & -\frac{1}{3} & 1 & \frac{2}{3} \\ -\frac{1}{3} & 1 & 0 & 1 & -\frac{5}{3} & 0 & \frac{1}{3} \\ -\frac{2}{3} & 0 & 1 & -4 & -\frac{1}{3} & 0 & \frac{5}{3} \end{bmatrix}$$

新基可行解为 $\boldsymbol{X}^1=\left(0,\frac{1}{3},\frac{5}{3},0,0,\frac{2}{3}\right)^{\mathrm{T}}$。

根据以上讨论，就可以给出以下的单纯形算法。

对于线性规划标准形(5-1)，设 $\boldsymbol{A}$ 中有 $m$ 个列 $\boldsymbol{P}_{j1},\boldsymbol{P}_{j2},\cdots,\boldsymbol{P}_{jm}$ 构成单位矩阵。

已知 $\boldsymbol{A}=(\boldsymbol{P}_1,\boldsymbol{P}_2,\cdots,\boldsymbol{P}_n)$，$\boldsymbol{I}=(\boldsymbol{P}_{j1},\boldsymbol{P}_{j2},\cdots,\boldsymbol{P}_{jm})$，$\boldsymbol{b}=(b_1,b_2,\cdots,b_m)$，$\boldsymbol{C}^{\mathrm{T}}=(c_1,c_2,\cdots,c_n)$，$\boldsymbol{C}_I^{\mathrm{T}}=(c_{j1},c_{j2},\cdots,c_{jm})^{\mathrm{T}}$。

计算步骤：

(1) 构造初始单纯形表

$$\begin{bmatrix} \boldsymbol{P}_1\boldsymbol{P}_2\cdots\boldsymbol{P}_n\boldsymbol{b} \\ \sigma_1\sigma_2\cdots\sigma_n f_0 \end{bmatrix}$$

其中，$\sigma_j=\boldsymbol{C}_I^{\mathrm{T}}\boldsymbol{P}_j-c_j(j=1,\cdots,n)$，$f_0=\boldsymbol{C}_I^{\mathrm{T}}\boldsymbol{b}$。

(2) 求 $\sigma_l=\max\limits_{1\leqslant j\leqslant n}\{\sigma_j\}$。

(3) 若 $\sigma_l\leqslant 0$，则 $\boldsymbol{X}^0=\{x_1^0,x_2^0,\cdots,x_n^0\}$，其中 $x_{ji}^0=b_i(i=1,2,\cdots,m)$，$x_{jl}^0=0(l\neq 1,\cdots,m)$ 就是最优解；否则转步骤(4)。

(4) 若 $\boldsymbol{P}_l\leqslant 0$，则无最优解；否则转步骤(5)。

(5) 求 $\frac{b_k}{a_{kl}}=\min\limits_{1\leqslant i\leqslant n}\left\{\frac{b_l}{a_{il}}\middle|a_{il}>0\right\}$。

(6) 以 $a_{kl}$ 为主元对初始单纯形表作换基运算得新单纯形表，其中判别数及目标函数值的计算公式如下：

$$\sigma_j'=\sigma_j-\frac{a_{kj}}{a_{kl}}a_l$$

$$f'=f_0-\frac{b_k}{a_{kl}}\sigma_l$$

转步骤(2)。

在以上算法中，总是假定矩阵 $\boldsymbol{A}$ 中有一个现成的单位矩阵，于是就可以得到一个初始基可行解。但事实上，对于一般的线性规划，$\boldsymbol{A}$ 中未必刚好有一个 $m$ 阶单位矩阵，也即这个线性规划没有现成的初始基可行解。这个问题，可以通过引入人工变量的方法解决。

对于线性规划

$$\begin{cases} \min f(\boldsymbol{x})=c_1x_1+c_2x_2+\cdots+c_nx_n \\ a_{11}x_1+a_{12}x_2+\cdots+a_{1n}x_n=b_1 \\ a_{21}x_1+a_{22}x_2+\cdots+a_{2n}x_n=b_2 \\ \quad\vdots \\ a_{m1}x_1+a_{m2}x_2+\cdots+a_{mn}x_n=b_m \\ x_j\geqslant 0,\quad j=1,2,\cdots,n \end{cases} \tag{5-4}$$

引入 $y_1,y_2,\cdots,y_m$ 人工变量，构造线性规划

$$
\begin{cases}
\min \boldsymbol{Y}=y_1+y_2+\cdots+y_n x_n \\
\text{s.t.}\quad y_1+a_{11}x_1+a_{12}x_2+\cdots+a_{1n}x_n=b_1 \\
\qquad y_2+a_{21}x_1+a_{22}x_2+\cdots+a_{2n}x_n=b_2 \\
\qquad \vdots \\
\qquad y_m+a_{m1}x_1+a_{m2}x_2+\cdots+a_{mn}x_n=b_m \\
\qquad y_i\geqslant 0,\quad x_j\geqslant 0,\quad i=1,2,\cdots,m,\quad j=1,2,\cdots,n
\end{cases}
\tag{5-5}
$$

$y_1,y_2,\cdots,y_m$ 所对应的列 $\boldsymbol{d}_1=(1,0,\cdots,0)^{\mathrm{T}},\cdots,\boldsymbol{d}_m=(0,0,\cdots,1)^{\mathrm{T}}$ 称为人工向量，$\boldsymbol{I}=[d_1,d_2,\cdots,d_m]$是单位矩阵。$\boldsymbol{Y}^0=(b_1,\ b_2,\cdots,\ b_m,\ 0,\cdots,0)^{\mathrm{T}}$ 是问题(5 - 4)的初始基可行解。

从 $\boldsymbol{Y}^0$ 出发，对问题(5 - 5)作换基运算，当求得其最优解后，删除人工变量所在列，就得到原线性规划(5 - 4)的初始单纯形表，其中的基可行解就是问题(5 - 4)的初始基可行解，再继续利用单纯形表求解便可得到原线性规划(5 - 4)的最优解。所以以上方法一般要做两次单纯形法才能求得最优解，因此这种方法有时又称为两阶段单纯形法。

## 5.3.2　单纯形法的改进

**1. 避免循环**

在单纯形法迭代过程中，为了保证每一次换基运算后，目标函数值都有所下降，其基可行解应是非退化的，即 $\boldsymbol{b}>0$。但在实际中，不一定能完全保证这一点，此时经过若干次换基运算，单纯形表又恢复为初始单纯形表，这样将构成无穷的循环，正判别数永远不会消除，最优解也永远求不出来。

为了避免循环的出现，可以采取以下的措施，主要是针对主元的选取作一些改变。

(1) 进基列 $\boldsymbol{P}_s$ 的选取

$$s=\min\{j\mid \sigma_j>0\}$$

即在所有判别数为正的那些列中，以列标最小，也就是最左边的那一列作为进基列。

(2) 主元 $a_{rs}$ 的选取

求
$$\theta=\min\left\{\frac{b_i}{a_{is}}\,\middle|\,a_{is}>0\right\}$$

$$j_r=\min_i\left\{j_i\,\middle|\,\theta=\frac{b_i}{a_{is}},a_{is}>0\right\}$$

则以 $a_{rs}$ 为主元，即若在进基列 $\boldsymbol{P}_s$ 中有多个分量符合主元条件，则取基变量下标最小的那一个作为主元。

**2. 修正单纯形法**

在单纯形法的换基运算中，并非所有的列都要进基或出基，尤其是当 $n$ 比 $m$ 大得多时，实际上只有少量列向量进基或出基。但在进基或出基的运算中，所有列的元素都要进行同样的运算，显然其中不参与进基或出基的那些列的运算是没有用处的。

为此，提出以下的修正单纯形法。

对于线性规划(5 - 1)：

(1) 计算 $\boldsymbol{B}^{-1}$，$\pi=\boldsymbol{C}_B^{\mathrm{T}}\boldsymbol{B}^{-1}$，其中 $\boldsymbol{B}$ 为基，为 $m$ 阶可逆矩阵。

(2) 计算 $\sigma_j=\pi\boldsymbol{P}_j-c_j(j=1,2,\cdots,n)$。若所有 $\sigma_j$ 非正，则当前基可行解 $\boldsymbol{X}^0=(x_1^0,x_2^0,\cdots,x_n^0)$为最优解，其中 $x_{ji}^0=b_{i0}(i=1,2,\cdots,m)$，$x_{jl}^0=0(l\neq 1,2,\cdots,m)$，$\boldsymbol{X}_B=\boldsymbol{B}^{-1}b=(b_{10},\cdots,b_{m0})^{\mathrm{T}}$；否则转步骤(3)。

(3) $s=\min\{j\,|\,\sigma_j>0\}$，计算向量 $\boldsymbol{B}^{-1}\boldsymbol{P}_s=(b_{1s},b_{2s}\cdots,b_{ms})^{\mathrm{T}}$，其中 $\boldsymbol{P}_s$ 是下一次换基运算中的进基列。

若所有 $b_{is}\leqslant 0(i=1,2,\cdots,m)$，则原线性规划无最优解；否则转步骤(4)。

(4) 求 $\theta=\min\left\{\dfrac{b_i}{b_{is}}\,\middle|\,b_{is}>0\right\}$ 和 $j_r=\min\limits_i\left\{j_i\,\middle|\,\theta=\dfrac{b_i}{b_{is}},b_{is}>0\right\}$。

(5) 形成矩阵 $\boldsymbol{E}_{rs}$

$$\boldsymbol{E}_{rs}=\begin{bmatrix} 1 & & & -\dfrac{b_{1s}}{b_{rs}} & & & \\ & \ddots & & \vdots & & & \\ & & 1 & -\dfrac{b_{r-1,s}}{b_{rs}} & & & \\ & & & \dfrac{1}{b_n} & & & \\ & & & -\dfrac{b_{r-1,s}}{b_{rs}} & 1 & & \\ & & & \vdots & & \ddots & \\ & & & -\dfrac{b_{ms}}{b_{rs}} & & & 1 \end{bmatrix}$$

(6) 计算 $\overline{\boldsymbol{B}}^{-1}=\boldsymbol{E}_{rs}\boldsymbol{B}^{-1}$，$\boldsymbol{X}_{\overline{B}}=\overline{\boldsymbol{B}}^{-1}\boldsymbol{b}$，以 $\overline{\boldsymbol{B}}^{-1}$ 代替 $\boldsymbol{B}^{-1}$，转步骤(1)。

## 5.4 线性规划问题的对偶问题

对于任何一个线性规划问题，存在与之密切相关的另一个线性规划问题，称为该问题的对偶问题。

给定线性规划问题

$$\begin{cases}\min\ \boldsymbol{c}^{\mathrm{T}}\boldsymbol{x} \\ \text{s. t.}\quad \boldsymbol{Ax}\geqslant\boldsymbol{b} \\ \qquad\quad \boldsymbol{x}\geqslant\boldsymbol{0}\end{cases} \tag{5-6}$$

式中：$\boldsymbol{c}=(c_1,c_2,\cdots,c_n)^{\mathrm{T}}\in\mathbf{R}^n$，$\boldsymbol{A}=(a_1,a_2,\cdots,a_m)^{\mathrm{T}}\in\mathbf{R}^{m\times n}$，$\boldsymbol{b}=(b_1,b_2,\cdots,b_m)^{\mathrm{T}}\in\mathbf{R}^m$。

称线性规划问题

$$\begin{cases}\max\ g(\boldsymbol{y})=\boldsymbol{b}^{\mathrm{T}}\boldsymbol{y} \\ \text{s. t.}\quad \boldsymbol{A}^{\mathrm{T}}\boldsymbol{y}\leqslant\boldsymbol{c} \\ \qquad\quad \boldsymbol{y}\geqslant\boldsymbol{0}\end{cases} \tag{5-7}$$

为问题(5-6)的对称对偶问题，称问题(5-6)为原问题。

而对于线性规划问题

$$\begin{cases}\min\ \boldsymbol{c}^{\mathrm{T}}\boldsymbol{x} \\ \text{s. t.}\quad \boldsymbol{Ax}=\boldsymbol{b} \\ \qquad\quad \boldsymbol{x}\geqslant\boldsymbol{0}\end{cases} \tag{5-8}$$

下列线性规划

$$\begin{cases}\max\ g(\boldsymbol{y})=\boldsymbol{b}^{\mathrm{T}}\boldsymbol{y} \\ \text{s. t.}\quad \boldsymbol{A}^{\mathrm{T}}\boldsymbol{y}\leqslant\boldsymbol{c}\end{cases} \tag{5-9}$$

称为原问题(5-8)的非对称形式的对偶线性规划。

原问题与对偶问题之间存在着表 5-1 所列的对应关系。

**表 5-1　原问题与对偶问题的对应关系**

| 原问题 | 对偶问题 |
|---|---|
| min | max |
| $n$ 个变量 | $n$ 个约束条件 |
| $m$ 个约束条件 | $m$ 个变量 |
| 不等式约束(≤) | 非负变量 |
| 非负变量 | 不等式约束(≥) |
| 等式约束 | 自由变量 |
| 自由变量 | 等式约束 |

分别记 $D_p$ 和 $D_D$ 为原问题(5-6)和对偶问题(5-7)的可行域，则两者之间存在如下的一种密切关系。

设原问题(5-6)和对偶问题(5-7)都有可行点，则

(1) 对任何 $\boldsymbol{x}\in D_p$，任何 $\boldsymbol{y}\in D_D$ 均有

$$\boldsymbol{c}^{\mathrm{T}}\boldsymbol{x}\geqslant\boldsymbol{b}^{\mathrm{T}}\boldsymbol{y}$$

(2) 若点 $\boldsymbol{x}^*\in D_p$，$\boldsymbol{y}^*\in D_D$ 满足 $\boldsymbol{c}^{\mathrm{T}}\boldsymbol{x}^*=\boldsymbol{b}^{\mathrm{T}}\boldsymbol{y}^*$，则 $\boldsymbol{x}^*$ 和 $\boldsymbol{y}^*$ 分别是原问题(5-6)和对偶问题(5-7)的最优解。

下面的定理称为线性规划问题的对偶定理：

(1) 若线性规划问题(5-6)或其对偶问题(5-7)之一有最优解，则两个问题都有最优解，而且两个问题的最优目标函数值相等。

(2) 若线性规划问题(5-6)或其对偶问题(5-7)之一的目标函数值无界，则另一问题无可行解。

从以上定理可以看出，原问题(5-6)的最优解对应的拉格朗日乘子是其对偶问题的最优解，反之亦然；另一方面，也可以从单纯形法的角度将原问题和对偶问题联系起来，若 $\boldsymbol{x}^*$ 是原问题的最优解，$\boldsymbol{B}$ 是相应的基，则$(\boldsymbol{C}_B^{\mathrm{T}}\boldsymbol{B}^{-1})^{\mathrm{T}}$ 是其对偶问题(5-7)的最优解，而这是可以直接从原问题的最终单纯形表中求得。

在原问题中引入剩余变量 $x_{n+1},\cdots,x_{n+m}$ 使其变为标准形式的线性规划，然后再用单纯形法求解，当全部判别数 $\sigma_j$ 非正时，所得单纯形表是最终单纯形表，设相应的最优基是 $\boldsymbol{B}$，则相应于剩余变量 $x_{n+l}(l=1,2\cdots,m)$ 的判别数的相反数即为对偶问题(5-7)的最优解。

## 5.4.1　对偶单纯形法

对于线性规划原问题(5-8)及其对偶问题(5-9)，设 $\boldsymbol{X}$ 是原问题(5-8)的一个基本解，且 $\boldsymbol{X}$ 的所有判别数非正，则称 $\boldsymbol{X}$ 为问题(5-9)的一个正则解，其所对应的基 $\boldsymbol{B}$ 称为正则基。

与单纯形法一样，对偶单纯形法也需要解决三个问题：

(1) 初始正则解的确定；

(2) 换基运算；

(3) 终止准则。

其中换基运算的基本过程如下：

设有初始正则解 $\boldsymbol{X}^0=(a_1,a_2,\cdots,a_n)^{\mathrm{T}}$ 与初始正则基 $\boldsymbol{B}=\boldsymbol{I}=[\boldsymbol{P}_1\boldsymbol{P}_2\cdots\boldsymbol{P}_m]$。

(1) 建立初始对偶单纯形表

$$\begin{bmatrix} 1 & & & & & b_{1,m+1}\cdots b_{1l}\cdots b_{1n} & a_1 \\ & \ddots & & & & \vdots \quad\ \vdots \quad\ \vdots & \vdots \\ & & 1 & & & b_{k,m+1}\cdots b_{kl}\cdots b_{kn} & a_k \\ & & & \ddots & & \vdots \quad\ \vdots \quad\ \vdots & \vdots \\ & & & & 1 & b_{m,m+1}\cdots b_{ml}\cdots b_{mn} & a_m \\ 0 & \cdots & 0 & \cdots & 0 & \sigma_{m+1}\ \cdots\ \sigma_l\ \cdots\ \sigma_n & f_0 \end{bmatrix}$$

(2) 确定主元 $b_{kl}$。

设 $a_k<0$,以 $b_{kl}$ 为主元作换基运算,则有

$$a'_k=\frac{a_k}{b_{kl}}$$

$$\sigma'_j=\sigma_j-\frac{b_{kj}}{b_{kl}}\sigma_l$$

$$\sigma'_l=\sigma_l-\frac{b_{kj}}{b_{kl}}\sigma_l=0$$

为使 $a'_k\geqslant 0$,且 $\sigma'_j\leqslant 0$,$b_{kl}$ 应满足

$$b_{kl}<0$$

$$\frac{\sigma_l}{b_{kl}}=\min\left\{\frac{\sigma_j}{b_{kj}}\middle|b_{kj}<0\right\}$$

也即先由 $a_k<0$,确定 $b_{kl}$ 所在的行坐标 $k$,再在第 $k$ 行中确定主元 $b_{kl}$。

(3) 作换基运算

$$a'_k=\frac{a_k}{b_{kl}}$$

$$a'_i=a_i-\frac{a_k}{b_{kl}}b_{il},\quad i=1,2,\cdots,m,\quad i\neq k$$

$$b'_{kj}=\frac{b_{kj}}{b_{kl}},\quad j=1,2,\cdots,n$$

$$b'_{ij}=b_{ij}-\frac{b_{kj}}{b_{kl}}b_{il},\quad i=1,\cdots,m,\quad j=1,2,\cdots,n,\quad i\neq k$$

据此,可给出对偶单纯形法算法的步骤:

(1) 构造初始对偶单纯形表

$$\begin{bmatrix} \boldsymbol{P}_1\boldsymbol{P}_2\cdots\boldsymbol{P}_n\boldsymbol{\alpha} \\ \sigma_1\sigma_2\cdots\sigma_n f_0 \end{bmatrix}$$

其中,$\boldsymbol{\alpha}=(a_1,a_2,\cdots,a_m)^{\mathrm{T}}$。

(2) 若 $\boldsymbol{\alpha}\geqslant 0$,则当前正则解就是最优解;否则,取

$$j_k=\min\{j_i\mid x_{ji}=a_i<0\}$$

(3) 若 $b_{kj}\geqslant 0(j=1,2,\cdots,n)$,则原问题(5-8)无可行解;否则确定主元 $b_{kl}$,使

$$\frac{\sigma_l}{b_{kl}}=\min\left\{\frac{\sigma_j}{b_{kj}}\middle|b_{kj}<0,0\leqslant j\leqslant n\right\}$$

(4) 以 $b_{kl}$ 为主元,作换基运算后转步骤(2)。

## 5.4.2　对偶线性规划的应用

在一般情况下，求解线性规划多用原始单纯形法，但对下面几种情况，则用对偶单纯形法比较方便。

**1. 线性规划具有以下的形式**

$$\begin{cases}\min \boldsymbol{c}^{\mathrm{T}}\boldsymbol{x} \\ \text{s.t.} \quad \boldsymbol{A}\boldsymbol{x} \geqslant \boldsymbol{b} \\ \qquad \boldsymbol{x} \geqslant \boldsymbol{0}\end{cases}$$

为解此线性规划，可以添加剩余变量，使原规划变为

$$\begin{cases}\min \boldsymbol{c}^{\mathrm{T}}\boldsymbol{x} \\ \text{s.t.} \quad \boldsymbol{A}\boldsymbol{x} - \boldsymbol{Y} = \boldsymbol{b} \\ \qquad \boldsymbol{x} \geqslant \boldsymbol{0}, \quad \boldsymbol{Y} \geqslant \boldsymbol{0}\end{cases}$$

取 $\boldsymbol{Y}$ 所在列为基，则基 $\boldsymbol{B}=\boldsymbol{I}$ 是一个单位矩阵，因此有一个明显的正则解

$$\boldsymbol{Y} = -\boldsymbol{b}$$

然后再作对偶单纯形法计算，便可求得最优解。

例如，求解下列线性规划

$$\begin{cases}\min f(\boldsymbol{x}) = x_1 + 2x_2 \\ \text{s.t.} \quad x_1 + x_2 \leqslant -6 \\ \qquad x_2 - x_2 \geqslant -4 \\ \qquad x_1 \geqslant 2 \\ \qquad x_2 \leqslant 6 \\ \qquad x_1 \geqslant 0, \quad x_2 \geqslant 0\end{cases}$$

添加剩余变量 $x_3, x_4, x_5, x_6$，并变为标准形

$$\begin{cases}\min f(\boldsymbol{x}) = x_1 + 2x_2 \\ \text{s.t.} \quad x_1 + x_2 + x_3 = 6 \\ \qquad -x_1 + x_2 + x_4 = 4 \\ \qquad -x_1 + x_5 = -2 \\ \qquad x_2 + x_6 = 6 \\ \qquad x_j \geqslant 0, \quad j = 1, \cdots, 6\end{cases}$$

很明显，$(6,4,-2,6)^{\mathrm{T}}$ 是初始正则解。

列单纯形表如表 5-2 所列。

**表 5-2　单纯形表(1)**

| $\boldsymbol{P}_1$ | $\boldsymbol{P}_2$ | $\boldsymbol{P}_3$ | $\boldsymbol{P}_4$ | $\boldsymbol{P}_5$ | $\boldsymbol{P}_6$ | $\boldsymbol{\alpha}$ |
|---|---|---|---|---|---|---|
| 1 | 1 | 1 | 0 | 0 | 0 | 6 |
| −1 | 1 | 0 | 1 | 0 | 0 | 4 |
| −1 | 0 | 0 | 0 | 1 | 0 | −2 |
| 0 | 1 | 0 | 0 | 0 | 1 | 6 |
| −1 | −2 | 0 | 0 | 0 | 0 | 0 |

因 $\boldsymbol{\alpha}$ 中有负数，所以要进行换基运算。

首先选主元。因 $\boldsymbol{\alpha}=(6,4,-2,6)^{\mathrm{T}}$ 中只有 $-2<0$，所以对应的 $k=3$（如有多个负 $\alpha_i$ 值，取最小的行标），然后计算第 3 行对应的 $\dfrac{\sigma_j}{b_{kj}}$，确定 $l$ 使得 $\dfrac{\sigma_l}{b_{kl}}=\min\left\{\dfrac{\sigma_j}{b_{kj}}\middle| b_{kj}<0,0\leqslant j\leqslant n\right\}$。在此 $l=1$$\left(\text{如有相等}\dfrac{\sigma_j}{b_{kj}}\text{值，取最小的列标}\right)$。据此可确定主元为 $b_{kl}=-1$。

作换基运算可得表 5-3。

因 $\boldsymbol{\alpha}$ 均为非负值，所以迭代结束，其最优解为 $(2,0)^{\mathrm{T}}$，目标函数值为 2。

表 5-3 单纯形表(2)

| $P_1$ | $P_2$ | $P_3$ | $P_4$ | $P_5$ | $P_6$ | $\alpha$ |
|---|---|---|---|---|---|---|
| 0 | 1 | 1 | 0 | 1 | 0 | 4 |
| 0 | 1 | 0 | 1 | −1 | 0 | 6 |
| 1 | 0 | 0 | 0 | −1 | 0 | 2 |
| 0 | 1 | 0 | 0 | 0 | 1 | 6 |
| 0 | −2 | 0 | 0 | −1 | 0 | 2 |

**2. 求解下面的两个线性规划**

$$\begin{cases}\min\ \boldsymbol{c}^{\mathrm{T}}\boldsymbol{x}\\ \text{s. t.}\quad \boldsymbol{A}\boldsymbol{x}\geqslant \boldsymbol{b}^1\\ \qquad\quad \boldsymbol{x}\geqslant \boldsymbol{0}\end{cases}\tag{5-10}$$

$$\begin{cases}\min\ \boldsymbol{c}^{\mathrm{T}}\boldsymbol{x}\\ \text{s. t.}\quad \boldsymbol{A}\boldsymbol{x}\geqslant \boldsymbol{b}^2\\ \qquad\quad \boldsymbol{x}\geqslant \boldsymbol{0}\end{cases}\tag{5-11}$$

这两个线性规划，除了 $\boldsymbol{b}^1$ 和 $\boldsymbol{b}^2$ 不同外，其余条件完全相同。

这时可用原始单纯形法求问题(5-10)，得其最优基 $\boldsymbol{B}$，它也是问题(5-11)的正则基，其相应的基本解 $\boldsymbol{X}^0$ 是问题(5-10)的正则解，于是可从 $\boldsymbol{X}^0$ 出发用对偶单纯形法问题(5-11)的最优解。

例如，求解下列线性规划

$$(\text{P1})\begin{cases}\min\ f(\boldsymbol{x})=5x_1+21x_3\\ \text{s. t.}\quad x_1-x_2+6x_3-x_4=2\\ \qquad\quad x_2+x_2+2x_3+x_5=1\\ \qquad\quad x_j\geqslant 0\quad (j=1,\cdots,5)\end{cases}\quad 与\quad (\text{P2})\begin{cases}\min\ f(\boldsymbol{x})=5x_1+21x_3\\ \text{s. t.}\quad x_1-x_2+6x_3-x_4=3\\ \qquad\quad x_2+x_2+2x_3+x_5=6\\ \qquad\quad x_j\geqslant 0\quad (j=1,\cdots,5)\end{cases}$$

利用原始单纯形法，可以求得线性规划(P1)的最后一张单纯形表，如表 5-4 所列。

表 5-4 单纯形表(3)

| $P_1$ | $P_2$ | $P_3$ | $P_4$ | $P_5$ | $\alpha$ |
|---|---|---|---|---|---|
| 0 | −1/2 | 1 | −1/4 | 1/4 | 1/4 |
| 1 | 2 | 0 | 1/2 | −3/2 | 1/2 |
| 0 | −1/2 | 0 | −11/4 | −9/4 | 31/4 |

由此可得(P1)的最优基为 $\boldsymbol{B}=(\boldsymbol{P}_3\boldsymbol{P}_1)$，它也是(P2)的正则基。

据此可求得(P2)的初始正则解及目标函数值。

$$\boldsymbol{B}^{-1}\boldsymbol{b}^2=\begin{bmatrix}6 & 1\\2 & 1\end{bmatrix}^{-1}\begin{bmatrix}3\\6\end{bmatrix}=\begin{bmatrix}-\dfrac{3}{4}\\\dfrac{15}{2}\end{bmatrix}$$

$$\boldsymbol{C}_B^{\mathrm{T}}\boldsymbol{B}^{-1}\boldsymbol{b}^2=(21,5)\begin{bmatrix}-\dfrac{3}{4}\\\dfrac{15}{2}\end{bmatrix}=\frac{87}{4}$$

即初始正则解为 $\boldsymbol{X}^0=(15/2,0,-3/4,0,0)^{\mathrm{T}}$，此时的目标函数值为 87/4。

于是，可以得到(P2)的一个单纯形表，如表 5－5 所列。

**表 5－5　单纯形表(4)**

| $\boldsymbol{P}_1$ | $\boldsymbol{P}_2$ | $\boldsymbol{P}_3$ | $\boldsymbol{P}_4$ | $\boldsymbol{P}_5$ | $\boldsymbol{\alpha}$ |
|---|---|---|---|---|---|
| 0 | −1/2 | 1 | −1/4 | 1/4 | −3/4 |
| 1 | 2 | 0 | 1/2 | −3/2 | 12/5 |
| 0 | −1/2 | 0 | −11/4 | −9/4 | 87/4 |

根据对偶单纯形法，主元为 $b_{12}$ 即−1/2，进行换基运算，得单纯形表，如表 5－6 所列。

**表 5－6　单纯形表(5)**

| $\boldsymbol{P}_1$ | $\boldsymbol{P}_2$ | $\boldsymbol{P}_3$ | $\boldsymbol{P}_4$ | $\boldsymbol{P}_5$ | $\boldsymbol{\alpha}$ |
|---|---|---|---|---|---|
| 0 | 1 | −2 | 1/2 | −1/2 | 3/2 |
| 1 | 0 | 4 | −1/2 | −1/2 | 9/2 |
| 0 | 0 | −1 | −5/2 | −5/2 | 45/2 |

得(P2)的最优解 $(9/2,3/2,0,0,0)^{\mathrm{T}}$。

**3. 如果已求得线性规划**

$$\begin{cases}\min \boldsymbol{c}^{\mathrm{T}}\boldsymbol{x}\\ \text{s.t.}\quad \boldsymbol{A}\boldsymbol{x}=\boldsymbol{b}\\ \qquad\quad \boldsymbol{x}\geqslant\boldsymbol{0}\end{cases}$$

的最优基为 $\boldsymbol{B}$，但是由于情况变化，又需要加入新的约束条件 $\boldsymbol{\alpha}^{\mathrm{T}}\boldsymbol{x}\leqslant d$，其中 $\boldsymbol{\alpha}=(a_1,a_2,\cdots,a_n)^{\mathrm{T}}$，$d$ 是常数，即要求解下列的线性规划

$$\begin{cases}\min \boldsymbol{c}^{\mathrm{T}}\boldsymbol{x}\\ \text{s.t.}\quad \boldsymbol{A}\boldsymbol{x}=\boldsymbol{b}\\ \qquad\quad \boldsymbol{\alpha}^{\mathrm{T}}\boldsymbol{x}\leqslant d\\ \qquad\quad \boldsymbol{x}\geqslant\boldsymbol{0}\end{cases}\tag{5-12}$$

这时可以利用对偶单纯形法求解。其基本思想是：若 $\boldsymbol{B}=(\boldsymbol{P}_{j1},\boldsymbol{P}_{j2},\cdots,\boldsymbol{P}_{jm})$，则

$$\overline{\boldsymbol{B}}=\begin{bmatrix}\boldsymbol{P}_{j1} & \boldsymbol{P}_{j2} & \cdots & \boldsymbol{P}_{jm} & 0\\ a_{j1} & a_{j2} & \cdots & a_{jm} & 1\end{bmatrix}$$

是问题(5－11)的正则基，其相应的基本解 $\boldsymbol{X}^0$ 是正则解，于是，可以从 $\boldsymbol{X}^0$ 出发，用对偶单纯形

法求出问题(5-12)的最优解。

## 5.5 算法的 MATLAB 实现

**【例 5.1】** 利用单纯形法求解下列线性规划：

(1) $\begin{cases} \min z = -2x_1 - 3x_2 \\ \text{s.t.} \quad 2x_1 + 2x_2 \leqslant 12 \\ \qquad x_1 + 2x_2 \leqslant 8 \\ \qquad 4x_1 \leqslant 16 \\ \qquad x_1, x_2 \geqslant 0 \end{cases}$；

(2) $\begin{cases} \min z = -x_1 - 2x_2 \\ \text{s.t.} \quad x_1 \leqslant 4 \\ \qquad x_2 \leqslant 3 \\ \qquad x_1 + 2x_2 \leqslant 8 \\ \qquad x_1, x_2 \geqslant 0 \end{cases}$；

(3) $\begin{cases} \min z = -\frac{3}{4}x_4 + 20x_5 - \frac{1}{2}x_6 + 6x_7 \\ \text{s.t.} \quad x_1 + \frac{1}{4}x_4 - 8x_5 - x_6 + 9x_7 = 0 \\ \qquad x_2 + \frac{1}{2}x_4 - 12x_5 - \frac{1}{2}x_6 + 3x_7 = 0 \\ \qquad x_3 + x_6 = 1 \\ \qquad x_1, x_2, x_3, x_4, x_5, x_6, x_7 \geqslant 0 \end{cases}$；

(4) $\begin{cases} \min z = -3x_1 + x_2 + x_3 \\ \text{s.t.} \quad x_1 - 2x_2 + x_3 \leqslant 11 \\ \qquad -4x_1 + x_2 + 2x_3 \geqslant 3 \\ \qquad -2x_1 + x_3 = 1 \\ \qquad x_1, x_2, x_3 \geqslant 0 \end{cases}$。

**解**：(1) 将所给线性规划问题化成标准形

$$\begin{cases} \min z = -2x_1 - 3x_2 \\ \text{s.t.} \quad 2x_1 + 2x_2 + x_3 = 12 \\ \qquad x_1 + 2x_2 + x_4 = 8 \\ \qquad 4x_1 + x_5 = 16 \\ \qquad x_1, x_2, x_3, x_4, x_5 \geqslant 0 \end{cases}$$

然后根据单纯形法的原理，编写函数 simplex 进行计算。

```
>> clear
>> A = [2 2 1 0 0;1 2 0 1 0;4 0 0 0 1];b = [12;8;16];c = [-2 -3 0 0 0];
>> [minx,minf,A2,s] = simplex(A,b,c);                    % 单纯形法函数
>> minx = 4   2                                          % 最优解
>> minf = -14                                            % 最优值
```

此函数中 A 为约束函数阵，b 是系数阵，c 是目标函数系数阵(如有虚拟变量，则要加上虚

拟变量)；输出中 s 表示是否为无穷解。

(2) 首先化成标准形

$$\begin{cases} \min z = -2x_1 - 3x_2 \\ \text{s.t.} \quad x_1 + x_3 = 4 \\ \qquad x_2 + x_4 = 3 \\ \qquad x_1 + 2x_2 + x_5 = 8 \\ \qquad x_1, x_2, x_3, x_4, x_5 \geqslant 0 \end{cases}$$

然后调用 simplex 函数进行计算。

```
>> A=[1 0 1 0 0;0 1 0 1 0;1 2 0 0 1];b=[4;3;8];c=[-1 -2 0 0 0];
>>[minx,minf,A2,s]=simplex(A,b,c);
>> minx= [2 3 2 0 0];x1:[2 3]
>> s='有无穷个解'                %说明此题有无穷个解,给出的只是其中的一个
```

(3) 此题是 1955 年 E. M. Beale 提出的著名例子，如果主元选择不好，会出现死循环。

```
>> clear
>> A=[1 0 0 1/4 -8 -1 9;0 1 0 1/2 -12 -1/2 3;0 0 1 0 0 1 0];
>> b=[0;0;1];c=[0 0 0 -3/4 20 -1/2 6];
>>[minx,minf,A2,s]=simplex(A,b,c);
>> minx= [0.7500 0 0 1 0 1 0],x1:[1 0 1 0]
```

(4) 此题没有初始基可行解，所以需要添加人工变量。在此采用两阶段单纯形法求解。首先要化成标准形，然后再计算。

```
>> clear
>> A=[1 -2 1 1 0;4 -1 -2 0 1;-2 0 1 0 0];b=[11;-3;1];c=[-3 1 1 0 0];
>>[minx,minf,A2,s]=simplex(A,b,c);
>> minx=x:[3.3333 0 7.6667 0 -1]
   x1:[3.3333 0 7.6667]
```

在 simplex 函数中，自动判别是否有初始可行解，如没有则进行两阶段单纯形法。

**【例 5.2】** 用修正单纯形法求解下列线性规划

$$\begin{cases} \min z = -(3x_1 + x_2 + 3x_3) \\ \text{s.t.} \quad 2x_1 + x_2 + x_3 \leqslant 2 \\ \qquad x_1 + 2x_2 + 3x_3 \leqslant 5 \\ \qquad 2x_1 + 2x_2 + x_3 \leqslant 6 \\ \qquad x_1, x_2, x_3 \geqslant 0 \end{cases}$$

**解：**根据修正单纯形法的原理，编写函数 simplex1 进行计算。首先将原问题化成标准形，然后再进行计算。

```
>> clear
>> A=[2 1 1 1 0 0;1 2 3 0 1 0;2 2 1 0 0 1];b=[2;5;6];c=[-3 -1 -3 0 0 0];
>> minx=simplex1(A,b,c);                    %修正单纯形法函数
>> minx=x:[0.2000 0 1.6000 0 0 4]           %计算结果
       x1:[0.2000 0 1.6000]
        f:-5.4000
```

此函数只适用于求解有初始可行解的线性规划问题。

**【例 5.3】** 用大 M 法求解下列线性规划

$$\begin{cases}\min z = -x_1 - 2x_2 - 3x_3 + x_4 \\ \text{s.t.}\quad x_1 + 2x_2 + 3x_3 = 15 \\ \qquad x_1 + x_2 + 5x_3 = 20 \\ \qquad x_1 + 2x_2 + x_3 + x_4 = 10 \\ \qquad x_1, x_2, x_3 \geqslant 0\end{cases}$$

**解**:根据大 M 法的原理,只要设定一定的 M 值,就可以利用单纯形法求解。

此例利用修正单纯形法求解,首先将其转化成标准形后再求解。

```
>> clear
>> A = [1 2 1 1;1 2 3 0 ;2 1 5 0];b = [10;15;20];c = [-1 -2 -3 1];
>> minx = simplex1(A,b,c);
>> minx  x: [2.5000 2.5000 2.5000 0 0 0]
        x1: [2.5000 2.5000 2.5000 0]
         f: -15
```

**【例 5.4】** 利用对偶单纯形法求解线性规划

$$\begin{cases}\min z = x_1 + 2x_2 \\ \text{s.t.}\quad x_1 + 2x_2 \geqslant 4 \\ \qquad x_1 \leqslant 5 \\ \qquad 3x_1 + 2x_2 \geqslant 6 \\ \qquad x_1, x_2 \geqslant 0\end{cases}$$

**解**:很明显,此线性规划因为初始的判别数为负,所以不能用单纯形法求得,或求得的结果不正确,需要利用对偶单纯形法求解。

根据对偶单纯形法的原理,编写函数 dualsimplex 进行计算。

首先化成标准形,再进行计算。

```
>> clear
>> A = [-1 -2 1 0 0;1 0 0 1 0;-3 -1 0 0 1];b = [-4;5;-6];c = [1 2 0 0 0];
>> minx = dualsimplex(A,b,c);              % 对偶单纯形法函数
>> minx = x: [1.6000 1.2000 0 3.4000 0]    % 计算结果
         x1: [1.6000 1.2000]
          f: 4
```

事实上,此题还有一个解[4 0 0 1 6],是选择另一个主元计算时产生的。

**【例 5.5】** 某厂利用 A、B、C 三种原料生产两种产品Ⅰ、Ⅱ,有关数据见表 5-7。问:(1) 该厂应如何安排生产计划,才能获利最大?(2) 求三种原料的影子价格,并解释其经济意

**表 5-7 产品数据**

| 原料 \ 生产单位产品所需原料的数量 \ 产品 | Ⅰ | Ⅱ | 原料的供应量 |
|---|---|---|---|
| A | 1 | 1 | 150 |
| B | 2 | 3 | 240 |
| C | 3 | 2 | 300 |
| 产品的单位 | 2.4 | 1.8 | |

义。(3) 若该厂计划购买原料以增加供应量,三种原料中的哪一种最值得购买?(4) 若某公司欲从该厂购进这三种原料,该厂应如何确定三种原料的价格,才能使得双方都能接受?(5) 若该厂计划新投产产品Ⅲ,生产单位产品Ⅲ所需原料的数量分别为1、1、1,该厂应如何确定产品Ⅲ的单价?

**解**:(1) 根据题意,可建立如下的线性规划问题

$$\begin{cases}\max z = 2.4x_1 + 1.8x_2 \\ \text{s.t.} \quad x_1 + x_2 \leqslant 150 \\ \qquad 2x_1 + 3x_2 \leqslant 240 \\ \qquad 3x_1 + 2x_2 \leqslant 300 \\ \qquad x_1, x_2 \geqslant 0\end{cases}$$

解此线性规划。

```
≫ clear
≫ A=[1 1 1 0 0;2 3 0 1 0;3 2 0 0 1];b=[150;240;300];c=[-2.4 -1.8 0 0 0];
≫ [minx,minf,A2,s]=simplex(A,b,c);
≫ minx=x: [84 24 42 0 0]
       x1: [84 24]
≫ minf=-244.8000
≫ A2=0        -0.0000    1.0000    -0.2000    -0.2000      42.0000    %最后一张单纯形表
       0       1.0000         0     0.6000    -0.4000      24.0000
  1.0000            0         0    -0.4000     0.6000      84.0000
       0            0         0    -0.1200    -0.7200    -244.8000
```

该厂只需将产品Ⅰ、Ⅱ的生产数量分别定为84、24,即可获利最大,且最大利润为244.8。

(2) 根据求解线性规划所得的最后一张单纯形表中自由变量$x_3$、$x_4$、$x_5$的判别数(由(1)计算所得的A2中最后一行)知,关于最优基($\boldsymbol{P}_1$,$\boldsymbol{P}_2$,$\boldsymbol{P}_3$)的对偶最优解为$y=(y_1,y_2,y_3)^{\mathrm{T}}=(0,0.12,0.72)^{\mathrm{T}}$,即关于三种原料A、B、C的供应量$b_1=150$、$b_2=240$、$b_3=300$的影子价格分别为$y_1=0$、$y_2=0.12$、$y_3=0.72$。

影子价格$y_1=0$的经济意义:原料A的供应量的单位改变量对最大利润没有影响。

影子价格$y_2=0.12$的经济意义:原料B的供应量$b_2$增加一个单位时,最大利润将增加0.12个单位。

影子价格$y_3=0.72$的经济意义:原料C的供应量$b_3$增加一个单位时,最大利润将增加0.72个单位。

(3) 因原料C的影子价格最大,故C最值得购买。

(4) 设该厂将A、B、C三种原料的价格分别确定为$y_1$、$y_2$、$y_3$,则可建立线性规划

$$\begin{cases}\max f = 150y_1 + 240y_2 + 300y_3 \\ \text{s.t.} \quad y_1 + 2y_2 + 3y_3 \geqslant 2.4 \\ \qquad y_1 + 3y_2 + 3y_3 \geqslant 1.8 \\ \qquad y_1, y_2, y_3 \geqslant 0\end{cases}$$

很明显,此线性规划即为第(1)问中线性规划的对偶问题,所以其解为$y=(y_1,y_2,y_3)^{\mathrm{T}}=(0,0.12,0.72)^{\mathrm{T}}$。故该厂只需将三种原料的价格分别定为0、0.12、0.72,双方都能接受。

(5) 产品Ⅲ的单价应不低于$0\times1+0.12\times1+0.72\times1=0.84$。

【例5.6】 设线性规划

$$\begin{cases} \min\ z=-2x_1-3x_2-x_3 \\ \text{s.t.}\quad x_1+x_2+x_3\leqslant 150 \\ \qquad\ \ x_1+4x_2+7x_3\leqslant 9 \\ \qquad\ \ x_1,x_2,x_3\geqslant 0 \end{cases}$$

问：(1) 对目标函数中非基决策变量的系数作敏感性分析；

(2) 对目标函数中基决策变量的系数作敏感性分析；

(3) 对约束方程组的右端的常数作敏感性分析。

**解**:所谓敏感性分析,就是分析当条件发生改变时,线性规划的最优解如何变化。

首先对线性规划求解,得到最后一张单纯形表。

```
>> clear
>> A=[1 1 1 1 0;1 4 7 0 1];b=[3;9];c=[-2 -3 -1 0 0];
>> [minx,minf,A2,s]=simplex(A,b,c);
>> minx: [1 2 0 0 0]      minf = -8          % 最优解
>> A2 =  1.0000          0   -1.0000    1.3333   -0.3333    1.0000
              0     1.0000    2.0000   -0.3333    0.3333    2.0000
              0          0   -3.0000   -1.6667   -0.3333   -8.0000
```

从 A2 中可算出,基变量为 $x_1$、$x_2$,非基变量为 $x_3$,最后一行为各变量对应的判别数。

(1) 对于非基变量,要使最优解不变,应使变量对应的系数的变化值不超过其判别数。

对于本例 $x_3$ 非基变量,只有 $\Delta c_3\geqslant r_3=-3$ 才能保证最优解不变。

例如,当目标函数变为 $z=-2x_1-3x_2-2x_3$ 时,$\Delta c_3=-1$,所以最优解不变;而当目标函数变为 $z=-2x_1-3x_2-6x_3$ 时,$\Delta c_3=-5$,故最优解将发生变化。此时 $r=r_3-\Delta c_3=2$,即将 A2 中 $x_3$ 对应的判别数改为 2,将得到一张新的单纯形表,然后确定主元,并进行换基运算,便可得到新的最优解。

```
>> A=[1 0 -1 4/3 -1/3;0 1 2 -1/3 1/3];b=[1;2];sigma=[0 0 2 -5/3 -1/3];f0=-8; % 根据 A2 得到
>> y=progturn(A,b,sigma,f0,2,3);       % 换基函数,以 A 中第 2 行,第 3 列的元素为主元
>> y=1.0000     0.5000          0     1.1667    -0.1667     2.0000
          0     0.5000     1.0000    -0.1667     0.1667     1.0000
          0    -1.0000          0    -1.3333    -0.6667   -10.0000
```

从单纯形表中可看出,新的最优值为$-10$,最优解为[2　0　1]。

(2) 对于基变量,要使最优解不变,则要求对应的系数变化满足下列条件

$$\begin{cases} \Delta c_k\leqslant -\dfrac{r_j}{a_{kj}}, & a_{kj}>0 \\ \Delta c_k\geqslant -\dfrac{r_j}{a_{kj}}, & a_{kj}<0 \end{cases},\quad j=m+1,m+2,\cdots,n$$

对于本例 $x_1$,要使最优解不变,应有

$$-1=\max\left\{-\frac{-3}{-1},-\frac{-\frac{1}{3}}{-\frac{1}{3}}\right\}\leqslant \Delta c_1\leqslant \min\left\{-\frac{-\frac{5}{3}}{\frac{4}{3}}\right\}=\frac{5}{4}$$

当目标函数变为 $z=-3x_1-3x_2-x_3$ 时,因 $\Delta c_1=-1$,故最优解不变;而当目标函数变为 $z=-3x_2-x_3$ 时,因 $\Delta c_1=2$,故最优解将发生变化,再按下列方法计算判别数及目标值的变化

$$z_0'=z_0+\Delta c_1 b_{10}=-8+2\times 1=-6$$

$$r'_3 = r_3 + \Delta c_1 a_{13} = -3 + 2 \times (-1) = -5$$

$$r'_4 = r_4 + \Delta c_1 a_{14} = -\frac{5}{3} + 2 \times \frac{4}{3} = 1$$

$$r'_5 = r_5 + \Delta c_1 a_{15} = -\frac{1}{3} + 2 \times \left(-\frac{1}{3}\right) = -1$$

根据计算的新的判别数和函数值，进行换基运算（主元为 A2 中第 1 行，第 4 列的元素），可以得到单纯形表

```
y =  0.7500          0     -0.7500    1.0000    -0.2500     0.7500
     0.2500     1.0000      1.7500         0     0.2500     2.2500
    -0.7500          0     -4.2500         0    -0.7500    -6.7500
```

最优解为[0　2.25　0]，最优值为$-6.75$。

(3) 对于约束方程组系数，要使最优值不变，则要求

$$\begin{cases} \Delta b_k \leqslant -\dfrac{b_{i0}}{w_{ik}}, & w_{ik} > 0 \\ \Delta b_k \geqslant -\dfrac{b_{i0}}{w_{ik}}, & w_{ik} < 0 \end{cases}, \quad i = 1, 2, \cdots, m$$

式中：$w_{ik}$ 为最后一张单纯形表中非基变量对应的系数阵中的元素。

对于本例如果变化值为 $b_2$，则有

$$\boldsymbol{b} = \begin{pmatrix} 3 \\ 9 \end{pmatrix}, \quad \boldsymbol{b}_2 = 9, \quad \boldsymbol{B}^{-1} = \begin{bmatrix} \dfrac{4}{3} & -\dfrac{1}{3} \\ -\dfrac{1}{3} & \dfrac{1}{3} \end{bmatrix}$$

要使最优基不变，则应有

$$-6 = \max\left\{-\frac{2}{\frac{1}{3}}\right\} \leqslant \Delta b_2 \leqslant \min\left\{-\frac{1}{-\frac{1}{3}}\right\} = 3$$

因此如果右端的常数变成 $\boldsymbol{b} = \begin{pmatrix} 3 \\ 6 \end{pmatrix}$，则 $\Delta b_2 = -3$，故最优基不变，此时 $\overline{b'} = B^{-1} b' = \begin{bmatrix} \dfrac{4}{3} & -\dfrac{1}{3} \\ -\dfrac{1}{3} & \dfrac{1}{3} \end{bmatrix} \begin{bmatrix} 3 \\ 6 \end{bmatrix} = \begin{bmatrix} 2 \\ 1 \end{bmatrix}$，故新的最优解为[2　1　0]，根据目标函数可求得最优值为$-7$；如果变成 $\boldsymbol{b} = \begin{pmatrix} 3 \\ 13 \end{pmatrix}$，则 $\Delta b_2 = 4$，故最优基将发生变化。

$$z'_0 = z_0 + \Delta b_2 \sum_{i=1}^{2} c_i w_{i2} = -8 + 4 \times \left[(-2) \times \left(-\frac{1}{3}\right) + (-3) \times \frac{1}{3}\right] = -\frac{28}{3}$$

$$b'_{10} = b_{10} + \Delta b_2 w_{12} = 1 + 4 \times \left(-\frac{1}{3}\right) = -\frac{1}{3}$$

$$b'_{20} = b_{20} + \Delta b_2 w_{22} = 2 + 4 \times \frac{1}{3} = \frac{10}{3}$$

式中：$c$ 为目标函数中对应变量的系数值，$w_{ij}$ 为 $\boldsymbol{B}^{-1}$ 中相应的系数。

此时判别数为[0　0　$-3$　$-5/3$　$-1/3$]，再进行换基运算，此时的主元根据对偶单纯

形法规则得到(此例为 A2 中第 1 行、第 5 列的元素)。新的单纯形表如下:

```
>> y = -3.0000        0       3.0000    -4.0000    1.0000     1.0000
        1.0000    1.0000      1.0000     1.0000         0     3.0000
       -1.0000        0      -2.0000    -3.0000         0    -9.0000
```

从而可得最优解为[0　3　0],最优值为−9。

**【例 5.7】** 某车间有两台机床甲和乙,可用于加工三种工件。假定这两台机床的可用台时数分别为 700 和 800,三种工件的数量分别为 300、500 和 400,且已知用三种机床加工单位数量的工件所需的台时数和加工费用如表 5-8 所列,问怎样分配机床的加工任务,才能既满足加工工件的要求,又能使总加工费用最低?

**表 5-8　机床加工情况表**

| 机床类型 | 单位工作所需加工台时数 | | | 单位工件的加工费用 | | | 可用台时数 |
|---|---|---|---|---|---|---|---|
| | 工件 1 | 工件 2 | 工件 3 | 工件 1 | 工件 2 | 工件 3 | |
| 甲 | 0.4 | 1.1 | 1.0 | 13 | 9 | 10 | 700 |
| 乙 | 0.5 | 1.2 | 1.3 | 11 | 12 | 8 | 800 |

**解**:MATLAB 中求解线性规划的函数为 linprog。

```
>> f = [13;9;10;11;12;8]; A = [0.4 1.1 1 0 0 0;0 0 0 0.5 1.2 1.3];b = [700;800];
>> Aeq = [1 0 0 1 0 0;0 1 0 0 1 0;0 0 1 0 0 1];beq = [300;500;400];
>> lb = zeros(6,1);
>> [x,val] = linprog(f,A,b,Aeq,beq,lb,[]);
>> x = [0.0000  500.0000  0.0000  300.0000  0.0000  400.0000]   % 最优解
>> val  = 1.1000e + 004                                          % 最优值
```

用自编的 simplex 函数计算也可得到相同的结果。

# 第6章 动态规划

动态规划(Dynamic Programming,DP)是运筹学的一个分支,是求解决策过程最优化的过程。20世纪50年代初,美国数学家贝尔曼(R. Bellman)等人在研究多阶段决策过程的优化问题时,提出了著名的最优化原理,从而创立了动态规划。动态规划的应用极其广泛,包括工程技术、经济、工业生产、军事以及自动化控制等领域,并在背包问题、生产经营问题、资金管理问题、资源分配问题、最短路径问题和复杂系统可靠性问题等中取得了显著的效果。

## 6.1 理论基础

对于图6-1所示的决策过程,它被分成若干个互相联系的阶段,在每一个阶段都需要做出决策。一个阶段的决策确定以后,常常影响到下一个阶段的决策,从而就完全确定了一个过程的活动路线,这样的决策过程称为多阶段决策问题。

**图6-1 多阶段决策过程**

各个阶段的决策构成一个决策序列,称为一个策略。每一个阶段都有若干个决策可选拔,因而就有许多策略以供选择,对应于一个策略可以确定活动的效果,这个效果可以用数量来确定。策略不同,效果也不同,多阶段决策问题就是要在可以选择的那些策略中,选取一个最优策略,以在预定的标准下达到最好的效果。

在生产工程实践中,多阶段决策的例子有很多。如图6-2所示的网络,求A到G的最短路线就是动态规划中一个较为直观的典型例子。它要求在各个阶段做一个恰当的决策,使这些决策组成的一个决策序列所决定的一条路线的总路程(距离)最短。

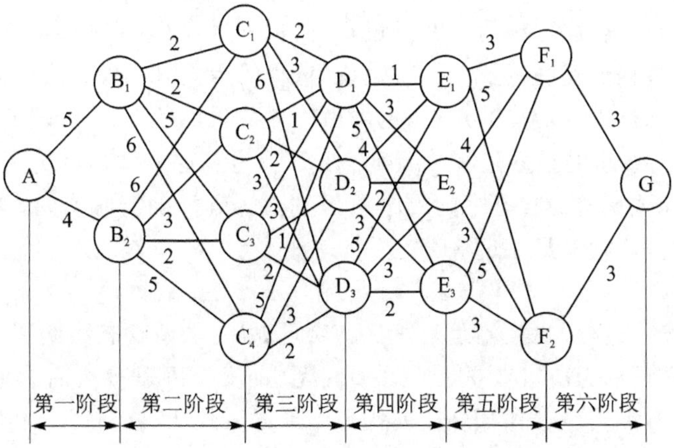


**图6-2 多阶段决策问题**

在第一阶段，A 为起点，终点为 $B_1$ 和 $B_2$，因而可以有两条路线 $B_1$ 和 $B_2$ 可供选择。如果选择 $B_2$，则第一阶段的决策结果就是 $B_2$，记为 $u_1(A)=B_2$，它既是每一阶段路线的终点，又是第二阶段路线的起点。

在第二阶段中，由 $B_2$ 出发，对应它有一个可选择的终点集合$\{C_1,C_2,C_3,C_4\}$，若选择由 $B_2$ 到 $C_3$ 为第二阶段的决策，即 $u_2(B)=C_3$，则它既是第二阶段的终点又是第三阶段的起点。

其余各阶段以此类推，可以得知：各个阶段的决策不同，线路就不同。显然，当某个阶段的起点给定时，它直接影响着后续各阶段的行进路线及路线长度，而后面各阶段路线的发展则不受这点以前各阶段路线的影响。

要求解这个问题，最容易想到的是穷举法，即把从 A 到 G 所有可能的每一条路线的距离全部计算出来，然后从中找出最短者。显然这样的计算是相当麻烦的，特别是当阶段数和每个阶段的可选择数很多时，计算量巨大以至有可能不能完成，因此需要寻找更好的算法，即动态规划方法。

## 基本概念和符号

**1. 阶　段**

在处理问题时，常把所给问题恰当地划分成若干个相互联系的小问题。如果原问题是一个过程，则小问题就是过程的几个阶段，如图 6-2 所示的问题就分成 6 个阶段。阶段往往按时间与空间的自然特征划分，过程不同，阶段数就可能不同，描述阶段的变量称为阶段变量。在多数情况下，阶段变量是离散的，用 $k$ 表示，取自然数 1,2,…。

**2. 状　态**

状态表示系统在某一阶段开始时段所处的自然状况或客观条件，它不以人的主观意志为转移，也称为不可控因素。图 6-2 中，状态就是某阶段的出发位置，它既是该阶段的起点，又是前一阶段路线的终点。通常一个阶段有若干个状态，如图 6-2 中第 2 个阶段有 2 个状态。一般第 $k$ 阶段的状态就是第 $k$ 阶段所有起点的集合。

描述过程状态的变量称为状态变量。它可以用一个数、一组数或一个向量来表示，第 $k$ 阶段的状态变量记为 $s_k$，状态变量取值的集合称为状态集合。某个阶段所有可能状态的全部可用状态集合来描述，如图 6-2 中第 3 阶段的状态变量为 $s_3=\{C_1,C_2,C_3,C_4\}$。

状态变量的取法根据具体问题而定，可以有不同的取法，但都必须满足一个重要的性质：由某阶段状态出发的后续过程(称为后部子过程，简称子过程)不受前面演变过程的影响，所有各阶段确定了，整个过程也就确定了。也就是说，过程的历史只能通过当前的状态去影响它未来的发展，当前的状态是以往历史的总结，也即由第 $k$ 阶段的状态 $s_k$ 出发的子过程，可以看作是一个以状态 $s_k$ 为初始态的独立过程$\{s_k,s_{k+1},\cdots,s_{n+1}\}$。这一性质称为无后效性，它是动态规划中状态与通常描述系统的状态之间的本质区别。在具体确定状态时，必须使状态包含问题给出的足够的信息，使它满足无后效性。

**3. 决策和策略**

对于给定的最优化过程，决策就是某段状态给定以后，从该状态演变到下一阶段某状态的选择。描述决策的变量称为决策变量。在许多问题中，决策可以自然而然地表示为一个数或一组数。不同的决策对应着不同的数值，因状态满足无后效性，故在每个阶段选择决策时只需考虑当前的状态而无须考虑过程的历史。

第 $k$ 阶段的决策与此阶段的状态有关，它是状态变量的函数，通常用 $u_k(s_k)$表示第 $k$ 阶

段处于 $s_k$ 状态时的决策变量，而这个决策又决定了第 $k+1$ 阶段的状态。在实际问题中，决策变量的取值往往被限制在某一范围之内，此范围称为允许决策集合。通常用 $D_k(s_k)$ 表示第 $k$ 阶段从状态 $s_k$ 出发的允许决策集合，显然 $u_k(s_k)\in D_k(s_k)$。如图 6-2 中的第二阶段，若从状态 $B_2$ 出发，就可做出 4 种不同的决策，其允许决策集合 $D_2(B_2)=\{C_1,C_2,C_3,C_4\}$，若选取的点为 $C_2$，则 $C_2$ 是状态 $B_2$ 在决策 $u_2(B_2)$ 作用下的一个新的状态，记为 $u_2(B_2)=C_2$。

策略是一个按顺序排列的决策组成的集合。由过程的第一阶段开始到终点为止的过程，称为问题的全过程。由每段的决策 $u_k(s_k)(k=1,2,\cdots,n)$ 按顺序排列组成的决策函数序列 $\{u_k(s_k),\cdots, u_n(s_n)\}$ 称为 $k$ 子过程策略，简称子策略，记为 $p_{k,n}(s_k)$，即

$$p_{k,n}(s_k)=\{u_k(s_k),\cdots, u_n(s_n)\}$$

当 $k=1$ 时，此决策函数序列称为全过程的一个策略，简称策略，记为 $p_{1,n}(s_1)$，即

$$P_{1,n}(s_k)=\{u_1(s_1),u_2(s_2),\cdots, u_n(s_n)\}$$

在实际问题中，可选择的策略有一定的范围限制，这个范围就是允许策略集合，记做 $P$。从允许策略集合中找出的达到最优的策略，称为最优策略。对某一子过程中以类似方法定义最优子策略。根据无后效性，在确定 $k$ 子过程的最优子策略时，第 $k$ 段前的决策对此无影响，初始状态及前 $k-1$ 段上的各决策仅影响第 $k$ 段的状态 $s_k$。

**4. 状态转移方程**

某一阶段的状态变量及决策变量一经确定，下一阶段的状态也就随之确定。设第 $k$ 阶段的状态变量为 $s_k$，决策变量为 $u_k(s_k)$，则第 $k+1$ 阶段的状态 $s_{k+1}$ 随 $s_k$ 和 $u_k(s_k)$ 值的变化而变化，这种确定的对应关系记为

$$s_{k+1}=T_k(s_k, u_k),\quad k=1,2,\cdots,n$$

它描述了从 $k$ 阶段到 $k+1$ 阶段的状态转移规律，称为状态转移方程，$T_k(s_k, u_k)$ 称为状态转移函数。

**5. 指标函数和最优指标函数**

在多阶段决策过程最优问题中，指标函数是用来衡量所实现过程的优劣的一种数量指标，也称为目标函数。它是一个定义在全过程和所有后部子过程上的确定数量函数，常用 $V_{k,n}$ 表示子过程的指标函数，即

$$V_{k,n}=V_{k,n}(s_k,u_k, s_{k+1},\cdots, s_{n+1})$$

在不同的问题中，指标的含义也不同，可能是距离、利润、成本、产品的产量或资源消耗等。

指标函数的最优值称为相应的最优指标函数，记为 $f_k$，即

$$f_k(s_k)=\underset{u_k(s_k)\in D_k(s_k)}{\mathrm{opt}} V_{k,n}(s_k,u_k,s_{k+1},\cdots,s_{n+1}),\quad k=1,2,\cdots,n$$

式中：opt 是指最优化，可根据题意取 min 或 max。

图 6-3 所示为动态规划的步骤。

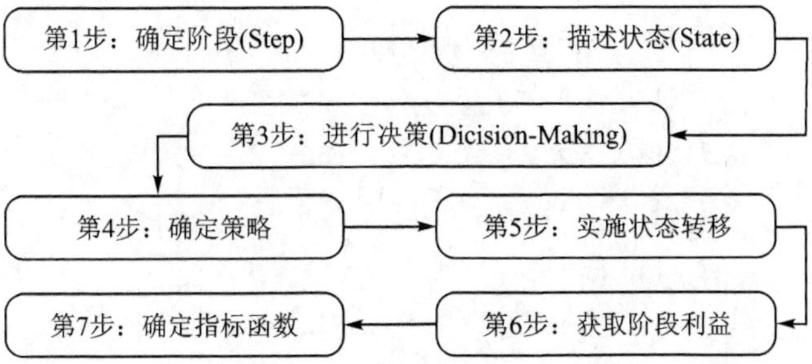


**图 6-3　动态规划的步骤**

## 6.2 最优化原理和基本方程

动态规划的最优化原理是由美国的贝尔曼首先提出的，它的具体表述为："作为整个过程的最优策略具有这样的性质：无论过去的状态和决策如何，对前面的决策所形成的状态而言，余下的诸决策必须构成最优策略"。利用这个原理，可以把多阶段决策问题的求解过程看成是一个连续的递推过程，由后向前逐步推算。在求解时，各段以前的状态和决策，对其后面的子问题来说，只不过相当于其初始条件而已，并不影响后面过程的最优策略。因此，可以把一个问题按阶段分解成许多相互联系的子问题。其中每一个子问题均是一个比原问题简单得多的优化问题，且每一个子问题的求解仅利用它的下一阶段子问题的优化结果，这样依次求解，最后可求得原问题的最优解。

根据最优化原理，就可以求解图 6-2 所示的动态规划问题，即用"反向追踪"逐步递推的方法，求出各点到 G 点的最短路线，最后求出由 A 到 G 的最短路线。

根据图 6-2 可知，边界条件为 $f_7(s_7)=f_7(\mathrm{G})=0$，下面通过"反向追踪"可得各决策点的决策变量 $u_k(s_k)(k=6,5,4,3,2,1)$。

① 当 $k=6$ 时，起点状态集为 $s_6=\{\mathrm{F}_1,\mathrm{F}_2\}$，由于各点到 G 点均只有一条路线，所以允许决策集合为 $D_6(s_6)=\{\mathrm{G}\}$，有

$$f_6(\mathrm{F}_1)=d_6(\mathrm{F}_1,s_7)+f_7(s_7)=d_6(\mathrm{F}_1,\mathrm{G})+f_7(\mathrm{G})=3,\quad u_6(\mathrm{F}_1)=\mathrm{G}$$

$$f_6(\mathrm{F}_2)=d_6(\mathrm{F}_2,s_7)+f_7(s_7)=d_6(\mathrm{F}_2,\mathrm{G})+f_7(\mathrm{G})=3,\quad u_6(\mathrm{F}_1)=\mathrm{G}$$

② 当 $k=5$ 时，起点状态集为 $s_6=\{\mathrm{E}_1,\mathrm{E}_2,\mathrm{E}_3\}$，以其中的任何一点出发都有两个选择，即到 $\mathrm{F}_1$ 或到 $\mathrm{F}_2$，允许决策集合为 $D_5(s_5)=\{\mathrm{F}_1,\mathrm{F}_2\}$，有

$$f_5(\mathrm{E}_1)=\min\begin{Bmatrix}d_5(\mathrm{E}_1,\mathrm{F}_1)+f_6(\mathrm{F}_1)\\d_5(\mathrm{E}_1,\mathrm{F}_2)+f_6(\mathrm{F}_2)\end{Bmatrix}=\min\begin{Bmatrix}3+3\\5+3\end{Bmatrix}=6,\quad u_5(\mathrm{E}_1)=\mathrm{F}_1$$

即从 $\mathrm{E}_1$ 到 G 的最短距离为 6，其路线为 $\mathrm{E}_1\to\mathrm{F}_1\to\mathrm{G}$。

同理，可得

$$f_5(\mathrm{E}_2)=\min\begin{Bmatrix}d_5(\mathrm{E}_2,\mathrm{F}_1)+f_6(\mathrm{F}_1)\\d_5(\mathrm{E}_2,\mathrm{F}_2)+f_6(\mathrm{F}_2)\end{Bmatrix}=\min\begin{Bmatrix}4+3\\3+3\end{Bmatrix}=6,\quad u_5(\mathrm{E}_2)=\mathrm{F}_2$$

$$f_5(\mathrm{E}_3)=\min\begin{Bmatrix}d_5(\mathrm{E}_3,\mathrm{F}_1)+f_6(\mathrm{F}_1)\\d_5(\mathrm{E}_3,\mathrm{F}_2)+f_6(\mathrm{F}_2)\end{Bmatrix}=\min\begin{Bmatrix}5+3\\3+3\end{Bmatrix}=6,\quad u_5(\mathrm{E}_3)=\mathrm{F}_2$$

③ 当 $k=4$ 时，类似的，允许决策集合为 $D_4(s_4)=\{\mathrm{E}_1,\mathrm{E}_2,\mathrm{E}_3\}$，有

$$f_4(\mathrm{D}_1)=\min\begin{Bmatrix}d_4(\mathrm{D}_1,\mathrm{E}_1)+f_5(\mathrm{E}_1)\\d_4(\mathrm{D}_1,\mathrm{E}_2)+f_5(\mathrm{E}_2)\\d_4(\mathrm{D}_1,\mathrm{E}_3)+f_5(\mathrm{E}_3)\end{Bmatrix}=\min\begin{Bmatrix}1+6\\3+6\\5+6\end{Bmatrix}=7,\quad u_4(\mathrm{D}_1)=\mathrm{E}_1$$

$$f_4(\mathrm{D}_2)=\min\begin{Bmatrix}d_4(\mathrm{D}_2,\mathrm{E}_1)+f_5(\mathrm{E}_1)\\d_4(\mathrm{D}_2,\mathrm{E}_2)+f_5(\mathrm{E}_2)\\d_4(\mathrm{D}_2,\mathrm{E}_3)+f_5(\mathrm{E}_3)\end{Bmatrix}=\min\begin{Bmatrix}4+6\\2+6\\3+6\end{Bmatrix}=8,\quad u_4(\mathrm{D}_2)=\mathrm{E}_2$$

$$f_4(\mathrm{D}_3)=\min\begin{Bmatrix}d_4(\mathrm{D}_3,\mathrm{E}_1)+f_5(\mathrm{E}_1)\\d_4(\mathrm{D}_3,\mathrm{E}_2)+f_5(\mathrm{E}_2)\\d_4(\mathrm{D}_3,\mathrm{E}_3)+f_5(\mathrm{E}_3)\end{Bmatrix}=\min\begin{Bmatrix}5+6\\3+6\\2+6\end{Bmatrix}=8,\quad u_4(\mathrm{D}_3)=\mathrm{E}_3$$

④ 当 $k=3$ 时，有

$$f_3(C_1)=\min\begin{Bmatrix}d_3(C_1,D_1)+f_4(D_1)\\d_3(C_1,D_2)+f_4(D_2)\\d_3(C_1,D_3)+f_4(D_3)\end{Bmatrix}=\min\begin{Bmatrix}2+7\\3+8\\6+8\end{Bmatrix}=9,\quad u_3(C_1)=D_1$$

$$f_3(C_2)=\min\begin{Bmatrix}d_3(C_2,D_1)+f_4(D_1)\\d_3(C_2,D_2)+f_4(D_2)\\d_3(C_2,D_3)+f_4(D_3)\end{Bmatrix}=\min\begin{Bmatrix}1+7\\2+8\\3+8\end{Bmatrix}=8,\quad u_3(C_2)=D_1$$

$$f_3(C_3)=\min\begin{Bmatrix}d_3(C_3,D_1)+f_4(D_1)\\d_3(C_3,D_2)+f_4(D_2)\\d_3(C_3,D_3)+f_4(D_3)\end{Bmatrix}=\min\begin{Bmatrix}3+7\\1+8\\2+8\end{Bmatrix}=9,\quad u_3(C_3)=D_2$$

$$f_3(C_4)=\min\begin{Bmatrix}d_3(C_4,D_1)+f_4(D_1)\\d_3(C_4,D_2)+f_4(D_2)\\d_3(C_4,D_3)+f_4(D_3)\end{Bmatrix}=\min\begin{Bmatrix}5+7\\3+8\\2+8\end{Bmatrix}=10,\quad u_3(C_4)=D_3$$

⑤ 当 $k=2$ 时，有

$$f_2(B_1)=\min\begin{Bmatrix}d_2(B_1,C_1)+f_3(C_1)\\d_2(B_1,C_2)+f_3(C_2)\\d_2(B_1,C_3)+f_3(C_3)\\d_2(B_1,C_4)+f_3(C_4)\end{Bmatrix}=\min\begin{Bmatrix}2+9\\2+8\\5+9\\6+10\end{Bmatrix}=10,\quad u_2(B_1)=C_2$$

$$f_2(B_2)=\min\begin{Bmatrix}d_2(B_2,C_1)+f_3(C_1)\\d_2(B_2,C_2)+f_3(C_2)\\d_2(B_2,C_3)+f_3(C_3)\\d_2(B_2,C_4)+f_3(C_4)\end{Bmatrix}=\min\begin{Bmatrix}6+9\\3+8\\2+9\\5+10\end{Bmatrix}=11,\quad u_2(B_2)=C_2 \text{ 或 } C_3$$

⑥ 当 $k=1$ 时，有

$$f_1(A)=\min\begin{Bmatrix}d_1(A,B_1)+f_2(B_1)\\d_2(A,B_2)+f_2(B_2)\end{Bmatrix}=\min\begin{Bmatrix}5+10\\4+11\end{Bmatrix}=15,\quad u_1(A)=B_1 \text{ 或 } B_2$$

于是，得到从起点 A 到终点 G 的最短距离为 15。

为了找出最短路线，再按计算的顺序反推之，可得到最优决策函数序列 $\{u_k\}$，即由 $u_1(A)=B_1$，$u_2(B_1)=C_2$，$u_3(C_2)=D_1$，$u_4(D_1)=E_1$，$u_5(E_1)=F_1$，$u_6(F_1)=G$ 组成一个最优策略，因而找出相应的最短路线为 $p_{1,6}(s_1)=A\to B_1\to C_2\to D_1\to E_1\to F_1\to G$；或由 $u_1(A)=B_2$，$u_2(B_2)=C_2$，$u_3(C_2)=D_1$，$u_4(D_1)=E_1$，$u_5(E_1)=F_1$，$u_6(F_1)=G$ 组成一个最优策略，相应的最短路线为 $p_{1,6}(s_1)=A\to B_2\to C_2\to D_1\to E_1\to F_1\to G$；或由 $u_1(A)=B_2$，$u_2(B_2)=C_3$，$u_3(C_3)=D_2$，$u_4(D_2)=E_2$，$u_5(E_2)=F_2$，$u_6(F_2)=G$ 组成一个最优策略，相应的最短路线为 $p_{1,6}(s_1)=A\to B_2\to C_3\to D_2\to E_2\to F_2\to G$ 等路线。

从计算中可看出，在求解的各个阶段都利用了 $k$ 阶段与 $k+1$ 阶段之间的递推关系

$$\begin{cases}f_k(s_k)=\min\limits_{u_k\in D_k(s_k)}\{d_k(s_k,u_k(s_k))+f_{k+1}(u_k(s_k))\},\quad k=1,2,\cdots,n\\f_{n+1}(s_{n+1})=c\end{cases}$$

式中：$c$ 为常数，其值可以由终端条件来确定，即为边界条件。在较多的实际问题中，这个常数为 0。

对于具有 $n$ 阶段的动态规划问题，在求子过程的最优指标函数时，$k$ 子过程与 $k+1$ 子过

程有如下的递推关系

$$\begin{cases} f_k(s_k)=\underset{u_k \in D_k(s_k)}{\text{opt}}\{v_k(s_k,u_k(s_k))\otimes f_{k+1}(u_k(s_k))\}, \quad k=1,2,\cdots,n \\ f_{n+1}(s_{n+1})=0 \text{ 或 } 1 \end{cases} \tag{6-1}$$

式(6-1)即为动态规划的基本方程,其中,当$\otimes$为加法时取 $f_{n+1}(s_{n+1})=0$ ,当$\otimes$为乘法时取 $f_{n+1}(s_{n+1})=1$ 。

常见指标函数的形式有:

(1) 过程和它的任一子过程的指标函数是各阶段指标函数和的形式,即

$$V_{k,n}=\sum_{j=k}^{n} v_j(s_j,u_j)$$

式中:$v_j(s_j,u_j)$表示第 $j$ 段的指标函数,此时有

$$V_{k,n}=v_k(s_k,u_k)+V_{k+1,n}(s_{k+1},u_{k+1},\cdots,s_{n+1})$$

$$f_k(s_k)=\underset{u_k \in D_k(s_k)}{\text{opt}}\{v_k(s_k,u_k)+f_{k+1}(s_k)\}$$

(2) 过程和它的任一子过程的指标函数是各阶段指标函数乘积的形式,即

$$V_{k,n}=\prod_{j=k}^{n} v_j(s_j,u_j)$$

此时有

$$V_{k,n}=v_k(s_k,u_k)\times V_{k+1,n}$$

$$f_k(s_k)=\underset{u_k \in D_k(s_k)}{\text{opt}}\{v_k(s_k,u_k)\times f_{k+1}(s_{k+1})\}$$

(3) 过程和它的任一子过程的指标函数是各阶段指标函数的最小值形式,即

$$V_{k,n}=\min_{k\leqslant j\leqslant n} v_j(s_j,u_j)$$

此时有

$$V_{k,n}=\min\{v_k(s_k,u_k),V_{k+1,n}\}$$

$$f_k(s_k)=\underset{u_k \in D_k(s_k)}{\text{opt}}\{\min[v_k(s_k,u_k),f_{k+1}(s_{k+1})]\}$$

## 6.3 动态规划的建模方法及步骤

动态规划是将较难解决的大问题分解为通常较容易解决的子问题的一种独特的思想方法,是考察问题的一种有效途径,而不是一种特殊的算法。因而,它不像线性规划那样有一个标准的数学表达式和明确定义的一组规则,而必须根据具体问题进行具体分析。

要把一个实际问题用动态规划方程求解,首先要构造动态规划的数学模型。而在建立动态规划模型时,除了要将问题恰当地分成若干个阶段外,还必须按下列基本要求进行,这也是构成动态规划数学模型的基本条件。

(1) 正确选择状态变量 $s_k$,使它既能描述过程的状态,又能满足无后效性。

动态规划中的状态与一般的状态概念是不同的,它必须具有如下三个特征:

① 要能够用来描述受控过程的演变特征。

② 要满足无后效性。

③ 可知性,即规定的各段变量的取值可直接或间接知道。

(2) 确定决策变量 $u_k(s_k)$及每段的允许决策集合 $D_k(s_k)=\{u_k(s_k)\}$。

(3) 写出状态转移方程。根据各段的划分和各段间演变的规律,写出状态转移方程

$$s_{k+1}=T_k(s_k,u_k)$$

(4) 根据题意，列出指标函数关系，并要满足递推性(泛函方程)。

例如，某种机器可以在高、低两种不同的负荷下生产。在高负荷下生产时，产品的年产量 $S_1$ 和投入生产的机器数量 $u_1$ 的关系为 $S_1=8u_1$，这时机器的年完好率为0.7，即如果年初完好机器的数量为 $u_1$，到年终时完好的机器就为 $0.7u_1$。在低负荷下生产时，产品的年产量 $S_2$ 和投入生产的机器数量 $u_2$ 的关系为 $S_2=5u_2$，相应的机器年完好率为0.9。假设开始生产时完好的机器数量为100台，要求制定一个五年计划，在每年开始时，决定如何重新分配完好的机器在两种不同的负荷下生产，使在五年内生产的产品的总产量达到最高。

很明显，此题属于多阶段决策，可以用动态规划求解。设阶段序数 $k$ 表示年度，状态变量 $s_k$ 为第 $k$ 年度初拥有的完好机器数量，同时也是第 $k-1$ 年度末时的完好机器数量，决策变量 $u_k$ 为第 $k$ 年度中分配高负荷下生产的机器数量，于是 $s_k-u_k$ 为该年度中分配在低负荷下生产的机器数量。

状态转移方程为

$$s_{k+1}=0.7u_k+0.9(s_k-u_k),\quad k=1,2,3,4,5$$

第 $k$ 段的允许决策集合为 $p_{k,n}(s_k)=\{u_k;0\leqslant u_k\leqslant s_k\}$。

设 $v_k$ 为第 $k$ 年度的产量，则

$$v_k=8u_k+5(s_k-u_k)$$

于是指标函数为

$$V_{1,5}=\sum_{k=1}^{5}v_k(s_k,u_k)$$

令 $f_k(s_k)$ 表示由 $s_k$ 出发采用最优分配方案到第5年度结束这段时期内产品的产量，根据最优化原理，有递推关系式

$$\begin{cases}f_k(s_k)=\max\limits_{u_k\in D_k(s_k)}\{8u_k+5(s_k-u_k)+f_{k+1}(s_{k+1})\}, & k=1,2,\cdots,5\\ f_6(s_6)=0\end{cases}$$

逆序计算过程如下：

当 $k=5$ 时，有

$$\begin{aligned}f_5(s_5)&=\max_{0\leqslant u_5\leqslant s_5}\{8u_5+5(s_5-u_5)+f_6(s_6)\}\\&=\max_{0\leqslant u_5\leqslant s_5}\{8u_5+5(s_5-u_5)\}=\max_{0\leqslant u_5\leqslant s_5}\{3u_5+5s_5\}\end{aligned}$$

因 $f_5$ 是 $u_5$ 线性单调函数，故可得最优解 $u_5^*=s_5$，相应的，有 $f_5(s_5)=8s_5$。

当 $k=4$ 时，有

$$\begin{aligned}&u_4^*=s_4\\&f_4(s_4)=\max_{0\leqslant u_4\leqslant s_4}\{8u_4+5(s_4-u_4)+8s_5\}\\&\qquad=\max_{0\leqslant u_4\leqslant s_4}\{8u_4+5(s_4-u_4)+8[0.7u_4+0.9(s_4-u_4)]\}=13.6s_4\end{aligned}$$

类似的，有

$$u_3^*=s_3,\quad f_3(s_3)=17.5\,s_3$$

$$u_2^*=0,\quad f_2(s_2)=20.8\,s_2$$

$$u_1^*=0,\quad f_1(s_1)=23.7\,s_1$$

因 $s_1=100$，所以 $f_1(s_1)=2\,370$(单位)。

计算结果表明，最优策略为，即前两年应把年初全部完好的机器投入低负荷生产，后三年应把年初全部完好的机器投入高负荷生产，这样所得产量最高，为 2 370 个单位。每个年初的完好机器数为

$$s_1=100$$
$$s_2=0.7u_1^*+0.9(s_1-u_1^*)=0.9s_1=90$$
$$s_3=0.7u_2^*+0.9(s_2-u_2^*)=0.9s_2=81$$
$$s_4=0.7u_3^*+0.9(s_3-u_3^*)=0.7s_3\approx 57$$
$$s_5=0.7u_4^*+0.9(s_4-u_4^*)=0.7s_4\approx 40$$
$$s_6=0.7u_5^*+0.9(s_5-u_5^*)=0.7s_5\approx 28$$

在此题中始端状态是固定的，而终端状态是自由的，因此得出的策略称为始端固定终端自由的最优策略。如果终端也固定，即添加一定的附加条件，如规定在第 5 年结束时，完好的机器数量为 50 台，此时应怎样安排才能得到最高的产量？

由 $s_{k+1}=0.7u_k+0.9(s_k-u_k)$，有

$$s_6=0.7u_5+0.9(s_5-u_5)=50$$

即

$$u_5=4.5s_5-250$$

$$f_5(s_5)=\max_{u_5}\{8u_5+5(s_5-u_5)\}$$
$$=8(4.5s_5-250)+5(s_5-4.5s_5+250)=18.5s_5-750$$

当 $k=4$ 时，有

$$f_4(s_4)=\max_{0\leqslant u_4\leqslant s_4}\{8u_4+5(s_4-u_4)+f_5(s_5)\}$$
$$=\max_{0\leqslant u_4\leqslant s_4}\{21.65s_4-0.74u_4-750\}$$

显然，最优解 $u_4^*=0$，相应的 $f_4(s_4)=21.65s_4-750\approx 21.7s_4-750$。

类似的，有

$$u_3^*=0,\quad f_3(s_3)=24.5\,s_3-750$$
$$u_2^*=0,\quad f_2(s_2)=27.1\,s_2-750$$
$$u_1^*=0,\quad f_1(s_1)=29.4\,s_1-750$$

因 $s_1=100$，所以 $f_1(100)=2\ 190$，这表明限定 5 年后的完好机器为 50 台的情况下，总产量低些，其最优策略也有所变化，即第 1 年至第 4 年全部完好的机器都应投入低负荷下生产，而在第 5 年，只能将部分完好机器投入高负荷下生产，此时

$$s_1=100$$
$$s_2=0.9s_1=90$$
$$s_3=0.9s_2=81$$
$$s_4=0.9s_3\approx 73$$
$$s_5=0.9s_4\approx 67$$

于是 $u_5^*=4.5s_5-250\approx 45$，即在第 5 年度，只能有 45 台机器投入高负荷下生产。

## 6.4 函数空间迭代法和策略空间迭代法

一般求解动态规划时，阶段数是固定的，是一个定期的多阶段决策过程。但在实际中，还

会碰到不固定步数的动态规划问题。

给定一个如图 6-4 所示的网络，共有 1,2,…,$N$ 个结点。任意两结点 $i$ 和 $j$ 之间的距离为 $C_{ij}$，$0 \leqslant C_{ij} < \infty$，其中 $C_{ij}=0$ 表示 $i$ 和 $j$ 为同一个结点，$C_{ij}=\infty$ 表示 $i$ 和 $j$ 两结点间无通路。由一个结点直接到另一个结点算作一步或一段，如果 $N$ 是固定的，要求在不限定步数的条件下，找出由各点到点 $N$ 的最短路线。

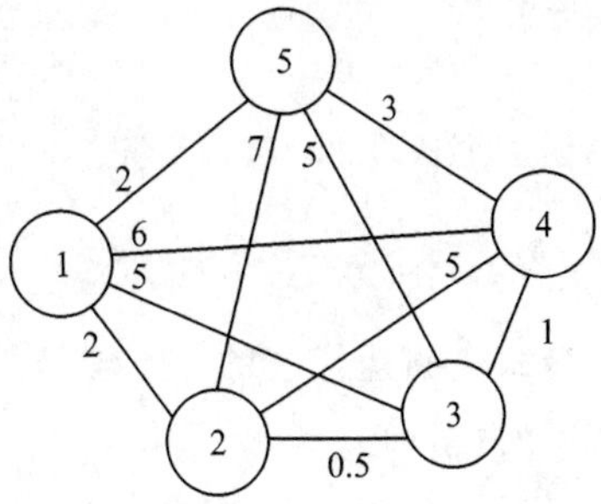


图 6-4　网络图

很明显，在此阶段数是不固定的，只能是由问题的条件和最优值函数确定的一个待求未知数。如图 6-2 中由 1 到 5 可以经过 1 步(点)、2 步、3 步、4 步到达，其中必有一条途径是最短的，其余的类似。

若给定初始状态 $i$ 和策略 $u(t)(t=1,2,\cdots,N-1)$，则由状态 $i$ 到终状态 $N$ 的路线就完全确定，所以任何子过程都可以用$\{i, u(t)\}$表示，其中 $i$ 为子过程的初始状态，$u(t)$为子过程的相应策略。用 $V(i, u(t))$表示由状态 $i$ 开始，用策略 $u(t)$到达终状态 $N$ 的路长，$f(i)$表示由状态 $i$ 开始到状态 $N$ 的最短路长，则由最优化原理可知

$$f(i)=V(i,u^*(t))=\min_{u(t)} V(i,u(t))$$

式中：$u^*(t)$表示最优策略。

设策略 $u(t)$使状态 $i$ 一步转移到状态 $j$，即 $u(t)=j$，则

$$V(i,u(t))=C_{ij}+V(j,u(t))$$

对 $u(t)$求最优，有

$$\begin{cases} f(i)=\min\limits_{1\leqslant j\leqslant N}\{C_{ij}+V(j,u(t))\}=\min\limits_{1\leqslant j\leqslant N}\{C_{ij}+f(j)\}, & i=1,\cdots,N-1 \\ f(N)=0 \text{ 即 } C_{NN}=0, & \text{边界条件} \end{cases} \tag{6-2}$$

式(6-2)即是上述问题的动态规划基本方程，它是关系最优值函数 $f(i)$的函数方程，而不是递推关系。

与一般的动态规划问题相比较，可以看出此类问题的状态、决策及其相应的允许集合、状态变换函数、阶段指标函数等都与 $k$ 无关。满足上述条件的决策过程通常称为平衡过程，所得到的策略是平稳策略。

通过函数空间迭代法和策略空间迭代法求解方程(6-2)便可求得任一点 $i$ 到终点 $N$ 的最短路长。

## 6.4.1　函数空间迭代法

函数空间迭代法的基本思想是：以段数(步数)作为变量，先求在各个不同段数下的最优策略，然后从这些最优解中再选最优者，同时也确定了最优段数。其步骤如下：

(1) 选定一初始函数 $f_1(i)$，即

$$\begin{cases} f_1(i)=C_{iN}, & i=1,2,\cdots,N-1 \\ f_1(N)=0 \end{cases}$$

(2) 用下列迭代关系式求出 $f_k(i)$，即

$$\begin{cases} f_k(i)=\min\limits_{1\leqslant j\leqslant N}\{C_{ij}+f_{k-1}(j)\}, & i=1,\cdots,N-1 \\ f_k(N)=0, & k>1 \end{cases}$$

式中：$f_k(i)$表示由 $i$ 点出发朝固定点走 $k$ 步后的最短路线（不一定到达 $N$ 点）。

(3) 当

$$f_{k+1}(i)=f_k(i),\quad i=1,2,\cdots,N$$

对一切 $i$ 都成立时，迭代结束。

## 6.4.2 策略空间迭代法

策略空间迭代法的基本思想是：先给出初始策略$\{u_0(1),\cdots,u_0(N-1)\}$，然后按某种方式求新策略$\{u_1(1),\cdots,u_1(N-1)\}$，$\{u_2(1),\cdots,u_2(N-1)\}$，…，直到求出最优策略。若对某一个 $k$，有 $u_k(i)=u_{k-1}(i)$对一切 $i(i=1,2,\cdots,N-1)$都成立，则称策略收敛，此时$\{u_k(1),\cdots,u_k(N-1)\}$就是最优策略，然后根据最优策略再求指标函数的最优值。其步骤如下：

(1) 选一个无回路的初始策略$\{u_0(1),\cdots,u_0(N-1)\}$，置 $k=0$。

(2) 由策略$\{u_k(1),\cdots,u_k(N-1)\}$求指标函数 $f_k(i)$，即由

$$\begin{cases}f_k(i)=C_{i,u_k(i)}+f_k(u_k(i)), & i=1,\cdots,N-1\\ f_k(N)=0\end{cases}$$

解出 $f_k(i)$，其中 $C_{i,u_k(i)}$为已知，$i=1,2,\cdots,N-1$。

(3) 由指标函数 $f_k(i)(i=1,2,\cdots,N-1)$求下一次迭代的新策略$\{u_{k+1}(1),\cdots,u_{k+1}(N-1)\}$，即 $u_{k+1}(i)$是下式的解

$$\min_{u(i)}\{C_{i,u(i)}+f_k(u(i))\},\quad i=1,\cdots,N-1$$

(4) 若 $u_{k+1}(i)=u_k(i)$对一切 $i(i=1,2,\cdots,N-1)$都成立，则迭代结束，最优策略 $u^*(i)=u_{k+1}(i)\ (i=1,2,\cdots,N-1)$，其相应的$\{f_{k+1}(i)\}$为最优值，并且$\{f_{k+1}(i)\}$一致收敛于方程式(6-2)的解，否则置 $k=k+1$，转步骤(2)。

策略空间迭代法的迭代次数要比函数空间迭代法的少，即收敛要快，特别是当对实际问题已有较多经验时，可以选取一个离最优策略较近的初始策略，这时收敛速度更快，所以一般策略空间迭代法比函数空间迭代法要好一些。

例如，对图 6-4 所示的动态规划用函数空间迭代法求解的过程如下：

先选定一初始函数

$$\begin{cases}f_1(i)=C_{i5}, & i=1,\cdots,4\\ f_1(5)=0\end{cases}$$

根据图中的数据有 $f_1(1)=C_{15}=2$；$f_1(2)=C_{25}=7$；$f_1(3)=C_{35}=5$；$f_1(4)=C_{45}=3$。

然后再反复利用关系

$$\begin{cases}f_k(i)=\min\limits_{1\leqslant j\leqslant 5}\{C_{ij}+f_{k-1}(j)\}\\ f_k(5)=0\end{cases}$$

求出$\{f_k(i)\}$。

当 $k=2$ 时，由 $f_2(i)=\min\limits_{1\leqslant j\leqslant 5}\{C_{ij}+f_1(j)\}$，可得

$$f_2(1)=\min\{0+2,6+7,5+5,2+3,2+0\}=2$$

$$f_2(2)=\min\{6+2,0+7,0.5+5,5+3,7+0\}=5.5$$

$$f_2(3)=\min\{5+2,0.5+7,0+5,1+3,5+0\}=4$$

$$f_2(4)=\min\{2+2,5+7,1+5,0+3,3+0\}=3$$

即求出由点 1,2,3,4 分别走 2 步到达 5 时的各自最短路线为 2,5.5,4,3。

当 $k=3$ 时，由 $f_3(i)=\min\limits_{1\leqslant j\leqslant 5}\{C_{ij}+f_2(j)\}$，可得

$$f_3(1)=\min\{0+2,6+5.5,5+4,2+3,2+0\}=2$$

$$f_3(2)=\min\{6+2,0+5.5,0.5+4,5+3,7+0\}=4.5$$

$$f_3(3)=\min\{5+2,0.5+5.5,0+4,1+3,5+0\}=4$$

$$f_3(4)=\min\{2+2,5+5.5,1+4,0+3,3+0\}=3$$

当 $k=4$ 时，由 $f_4(i)=\min\limits_{1\leqslant j\leqslant 5}\{C_{ij}+f_3(j)\}$，可得

$$f_4(1)=\min\{0+2,6+4.5,5+4,2+3,2+0\}=2$$

$$f_4(2)=\min\{6+2,0+4.5,0.5+4,5+3,7+0\}=4.5$$

$$f_4(3)=\min\{5+2,0.5+4.5,0+4,1+3,5+0\}=4$$

$$f_4(4)=\min\{2+2,5+4.5,1+4,0+3,3+0\}=3$$

计算结果表明，由点 1,2,3,4 分别走 4 步到达 5 的各自最短距离仍然是 2,4.5,4,3，与走 3 步时的最短距离分别相同，说明迭代过程收敛，符合终止条件。

然后再在 $f_4(i)$ 的计算过程中，根据最短距离的位置找出对应的最优策略 $\{u^*(i),i=1,\cdots,4\}$，即找出由点 $i$ 出发到点 5 时最优到达的下一个点（不能取 $C_{ii}=0$ 的位置作为 $u^*(i)$），可以得到

$$u^*(1)=5,\quad u^*(2)=3,\quad u^*(3)=4,\quad u^*(4)=5$$

于是由各点到达点 5 的最短路线和距离为

①→⑤　　相应的最短距离为 2；
②→③→④→⑤　　相应的最短距离为 4.5；
③→④→⑤　　相应的最短距离为 4；
④→⑤　　相应的最短距离为 3。

策略空间迭代法求解过程如下：

先选取一个初始策略 $\{u_0(i)\}$，例如，取

$$u_0(1)=5,\quad u_0(2)=4,\quad u_0(3)=5,\quad u_0(4)=3$$

然后反复利用由策略求指标函数，即由 $u_k(i)\to f_k(i)$ 和由指标函数求策略，由 $f_k(i)\to u_{k+1}(i)$，一直到得出 $u_{k+1}(i)=u_k(i)$ 对一切 $i$ 都成立为止。

(1) 由 $u_0(i)\to f_0(i)$。

将 $u_0(i)$ 分别代入下式

$$\begin{cases} f_0(i)=C_{i,u_0(i)}+f_0[u_0(i)] \\ f_0(5)=0 \end{cases}$$

计算出 $f_0(i)$，所以有

$$f_0(1)=C_{1,u_0(1)}+f_0[u_0(1)]=C_{15}^*+f_0(5)=C_{15}=2$$

$$f_0(3)=C_{35}+f_0(5)=5$$

$$f_0(4)=C_{43}+f_0(3)=1+5=6$$

$$f_0(2)=C_{24}+f_0(4)=5+6=11$$

由 $f_0(i)\to u_1(i)$。

将 $f_0(i)$ 代入 $\min\limits_{u(i)}\{C_{i,u(i)}+f_0[u(i)]\}$ 中，并求出它的解 $u_1(i)$，则

$$\min_{u(i)}\{C_{i,u(i)}+f_0[u(i)]\}=\min_{1\leqslant j\leqslant 5}\{C_{ij}+f_0(j)]\}$$

当 $i=1$ 时，有

$$\min_{1\leqslant j\leqslant 5}\{C_{1j}+f_0(j)\}=\min\{C_{11}+f_0(1),C_{12}+f_0(2),C_{13}+f_0(3),C_{14}+f_0(4),C_{15}+f_0(5)\}$$
$$=\min\{0+2,6+11,5+5,2+6,2+0\}$$

于是 $u_1(1)=5$。

当 $i=2$ 时，由

$$\min_{1\leqslant j\leqslant 5}\{C_{2j}+f_0(j)\}=\min\{6+2,0+11,0.5+5,5+6,7+0\}$$

可得 $u_1(2)=3$。

当 $i=3$ 时，由

$$\min_{1\leqslant j\leqslant 5}\{C_{3j}+f_0(j)\}=\min\{5+2,0.5+11,0+5,1+6,5+0\}$$

可得 $u_1(3)=5$。

当 $i=4$ 时，由

$$\min_{1\leqslant j\leqslant 5}\{C_{4j}+f_0(j)\}=\min\{2+2,5+11,1+5,0+6,3+0\}$$

可得 $u_1(4)=5$。

所以第 1 次迭代策略为 $\{u_1(i)\}=\{5,3,5,5\}$。

(2) 由 $u_1(i)\rightarrow f_1(i)$。

根据 $\begin{cases}f_1(i)=C_{i,u_1(i)}+f_1[u_1(i)]\\ f_1(5)=0\end{cases}$，计算出 $f_1(i)$。

$$f_1(1)=C_{15}=2$$
$$f_1(3)=C_{35}=5$$
$$f_1(4)=C_{45}=3$$
$$f_1(2)=C_{23}+f_1(3)=0.5+5=5.5$$

由 $f_1(i)\rightarrow u_2(i)$。

当 $i=1$ 时，有

$$\min_{1\leqslant j\leqslant 5}\{C_{1j}+f_1(j)\}=\min\{0+2,6+5.5,5+5,2+3,2+0\}$$

可得 $u_2(1)=5$。

当 $i=2$ 时，由

$$\min_{1\leqslant j\leqslant 5}\{C_{2j}+f_1(j)\}=\min\{6+2,0+5.5,0.5+5,5+3,7+0\}$$

可得 $u_2(2)=3$。

当 $i=3$ 时，由

$$\min_{1\leqslant j\leqslant 5}\{C_{3j}+f_1(j)\}=\min\{5+2,0.5+5.5,0+5,1+3,5+0\}$$

可得 $u_2(3)=4$。

当 $i=4$ 时，由

$$\min_{1\leqslant j\leqslant 5}\{C_{4j}+f_1(j)\}=\min\{2+2,5+5.5,1+5,0+3,3+0\}$$

可得 $u_2(4)=5$。

所以第 2 次迭代策略为 $\{u_2(i)\}=\{5,3,4,5\}$。

类似的，进行第 3 次迭代，可得迭代策略为 $\{u_3(i)\}=\{5,3,4,5\}$。

由于 $u_2(i)=u_3(i)$ 对一切 $i$ 都成立，所以迭代结束，其最优策略为 $\{u^*(1),u^*(2),u^*(3),u^*(4)\}=\{5,3,4,5\}$。其结果与函数迭代法的一样。

## 6.5 动态规划与静态规划的关系

动态规划与静态规划(线性和非线性规划等)研究的对象本质上都是在若干约束条件下的函数极值问题。两种规划在很多情况下原则上是可以相互转换的。

动态规划可以看作求决策 $u_1, u_2, \cdots, u_n$ 使指标函数 $V_{1n}(x_1, u_1, u_2, \cdots, u_n)$ 达到最优(最大或最小)的极值问题,状态转移方程、端点条件以及允许状态集、允许决策集等是约束条件,原则上可以用非线性规划方法求解。

一些静态规划只要适当引入阶段变量、状态、决策等就可以用动态规划方法求解。

例如,用动态规划求解下列非线性规划

$$\begin{cases} \max \sum_{k=1}^{n} g_k(u_k) \\ \text{s.t.} \quad \sum_{k=1}^{n} u_k = a, \quad u_k \geqslant 0 \end{cases}$$

式中:$g_k(u_k)$为任意的已知函数。

首先按变量 $u_k$ 的序号划分阶段,看作 $n$ 段决策过程。设状态为 $x_1, x_2, \cdots, x_{n+1}$,取问题中的变量 $u_1, u_2, \cdots, u_k$ 为决策,状态转移方程为

$$x_1 = a, \quad x_{k+1} = x_k - u_k, \quad k = 1, 2, \cdots, n$$

取 $g_k(u_k)$为阶段指标,最优值函数的基本方程为(注意 $x_{n+1}=0$)

$$\begin{cases} f_k(x_k) = \max\limits_{0 \leqslant u_k \leqslant x_k} [g_k(x_k) + f_{k+1}(x_{k+1})] \\ 0 \leqslant x_k \leqslant a, \quad k = n, n-1, \cdots, 1 \\ f_{n+1}(0) = 0 \end{cases}$$

按照逆序解法求出对应于 $x_k$ 每个取值的最优决策 $u_k^*(x_k)$,计算至 $f_1(a)$后即可得用状态转移方程得到的最优序列$\{x_k^*\}$和最优决策序列$\{u_k^*(x_k^*)\}$。

与静态规划相比,动态规划的优越性如下:

① 能够得到全局最优解。由于约束条件确定的约束集合往往很复杂,即使指标函数较简单,用非线性规划方法也很难求出全局最优解。而动态规划方法把全过程化为一系列结构相似的子问题,每个子问题的变量个数大大减少,约束集合也简单得多,易于得到全局最优解。特别是对于约束集合、状态转移和指标函数不能用分析形式给出的优化问题,可以对每个子过程用枚举法求解,而约束条件越多,决策的搜索范围越小,求解也就越容易。对于这类问题,动态规划通常是求全局最优解的唯一方法。

② 可以得到一族最优解。与非线性规划只能得到全过程的一个最优解不同,动态规划得到的是全过程及所有后部子过程的各个状态的一族最优解。有些实际问题需要这样的解族,即使不需要,它们在分析最优策略和最优值对于状态的稳定性时也是很有用的。当最优策略由于某些原因不能实现时,这样的解族可以用来寻找次优策略。

③ 能够利用经验提高求解效率。如果实际问题本身就是动态的,由于动态规划方法反映了过程逐段演变的前后联系和动态特征,那么在计算中可以利用实际知识和经验提高求解效率。如在策略迭代法中,实际经验能够帮助选择较好的初始策略,提高收敛速度。

动态规划的主要缺点如下:

① 没有统一的标准模型,也没有构造模型的通用方法,甚至还没有判断一个问题能否构

造动态规划模型的准则。这样就只能对每类问题进行具体分析，构造具体的模型。对于较复杂的问题在选择状态、决策、确定状态转移规律等方面需要丰富的想象力和灵活的技巧性，这就带来了应用上的局限性。

② 用数值方法求解时存在维数灾。若一维状态变量有 $m$ 个取值，那么对于 $n$ 维问题，状态 $x_k$ 就有 $m^n$ 个值，对于每个状态值都要计算、存储函数 $f_k(x_k)$，对于 $n$ 稍大的实际问题的计算往往是不现实的。目前还没有克服维数灾的有效的一般方法。

实际上，动态规划只是求解某类问题的一种方法，是考察问题的一种视角和途径，而并不是一种特殊的算法。因而它不像线性规划那样有一个标准(通用)的数学表达式和明确定义的一组规则，它需要根据具体问题进行具体分析，从而采取适当的方法进行求解，而且求解动态规划并不是一定要用逆序算法，也可以用其他的方法。另外，对于同一问题的求解，使用不同的求解方法可以找到更多的方案，也就是说，在使用不同的求解方法时可能会得到不同的方案，而这些方案均能达成同一个目标。



## 6.6 算法的 MATLAB 实现

**【例 6.1】** 石油输送管道铺设最优方案的选择问题。考虑图 6-5 所示的网络图，设 A 为出发地，E 为目的地，B、C、D 分别为三个必须建立油泵加压站的地区，其中 $B_1$、$B_2$，$C_1$、$C_2$、$C_3$，$D_1$、$D_2$ 分别为可供选择的各站站位。图 6-5 中的线段表示管道可铺设的位置，线段旁的数字表示铺设这些管道所需的费用。问如何铺设管道才能使总费用最小？

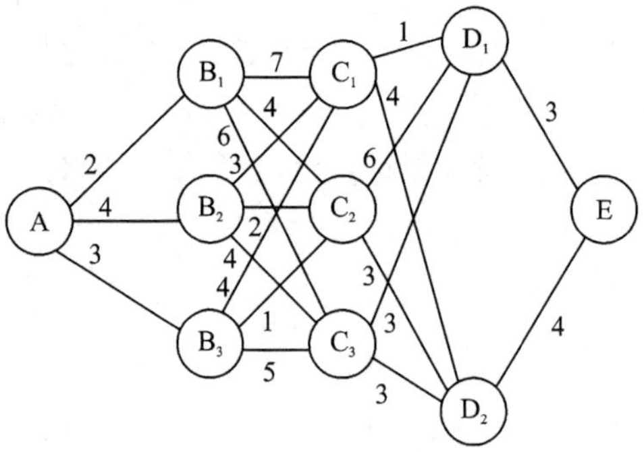

**图 6-5　管道线路示意图**

**解：**这是典型的动态规划问题，既可以用动态规划的逆序算法，也可以直接利用穷举法求解。

(1) 首先利用穷举法求解。

```
>> clear
>> x = {[1];[2 3 4];[5 6 7];[8 9];[10]};                    %各点的序号
>> d = {[2 4 3];[7 4 6;3 2 4;4 1 5];[1 4;6 3;3 3];[3;4]};   %对应的路径长
>> str = {'A';'B1,B2,B3';'C1,C2,C3';'D1,D2';'E'};
>> [y,rd2] = road(x,d,str);                                 %穷举法求路径的函数 road
>> y =11                                                    %最短路径值
>> rd2 = 'A→B2→C1→D1→E'                                     %用字母表示的最短路径
         'A→B3→C1→D1→E'
         'A→B3→C2→D2→E'
```



(2) 利用动态规划求解。

利用动态规划逆序算法求解，首先要编写阶段指标函数 subfun、状态转移函数 trafun、决策变量 decisfun 等函数。

```
>> clear
>> x =[ 1     2     5     8     10
       NaN    3     6     9     NaN
       NaN    4     7    NaN    NaN];
```

```
≫ str = {'A';'B1,B2,B3';'C1,C2,C3';'D1,D2';'E'};
≫ d = [2 4 3 7 4 6 3 2 4 4 1 5 1 4 6 3 3 3 3 4]';
≫ [y,fval,rd2] = dyprog(x,d,@decisfun1,@subfun1,@trafun1,[],str);
≫ rd2 = 'A→B3→C2→D2→E'        % 最短路径
```

(3) 利用 0-1 规划求解。

因为路径中的每个节点都存在是否被选的情况，所以此题是一个 0-1 规划问题。

设 $x_{ij}$ 为路线(节点 $i$→节点 $j$)，0 表示未被选中，1 表示选中。对于每一个节点，净流量等于零(即流入量与流出量相等)，根据题意可以写出如下的数学模型：

$$\begin{aligned}\min z = & 2x_{AB_1} + 4x_{AB_2} + 3x_{AB_3} + 7x_{B_1C_1} + 4x_{B_1C_2} + 6x_{B_1C_3} + 3x_{B_2C_1} + \\ & 2x_{B_2C_2} + 4x_{B_2C_3} + 4x_{B_3C_1} + x_{B_3C_2} + 5x_{B_3C_3} + x_{C_1D_1} + 4x_{C_1D_2} + \\ & 6x_{C_2D_1} + 3x_{C_2D_2} + 3x_{C_3D_1} + 3x_{C_3D_3} + 3x_{D_1E} + 4x_{D_2E}\end{aligned}$$

$$\text{s.t.}\begin{cases} x_{AB_1} + x_{AB_2} + x_{AB_3} = 1 \\ x_{AB_1} - x_{B_1C_1} - x_{B_1C_2} - x_{B_1C_3} = 0 \\ x_{AB_2} - x_{B_2C_1} - x_{B_2C_2} - x_{B_2C_3} = 0 \\ x_{AB_3} - x_{B_3C_1} - x_{B_3C_2} - x_{B_3C_3} = 0 \\ x_{B_1C_1} + x_{B_2C_1} + x_{B_3C_1} - x_{C_1D_1} - x_{C_1D_2} = 0 \\ x_{B_1C_2} + x_{B_2C_2} + x_{B_3C_2} - x_{C_2D_1} - x_{C_2D_2} = 0 \\ x_{B_1C_3} + x_{B_2C_3} + x_{B_3C_3} - x_{C_3D_1} - x_{C_3D_2} = 0 \\ x_{C_1D_1} + x_{C_2D_1} + x_{C_3D_1} - x_{D_1E} = 0 \\ x_{C_2D_2} + x_{C_2D_2} + x_{C_3D_2} - x_{D_2E} = 0 \\ x_{D_1E} + x_{D_2E} = 1 \end{cases}$$

因为变量数较多，所以不宜采用隐枚举法的 mybintprog 函数，用 MATLAB 中的 bintprog 函数或第 7 章中的 intprog 函数进行计算都可以得到相同的结果。

```
≫ clear
≫ b = [1;0;0;0;0;0;0;0;0;1];f = [2 4 3 7 4 6 3 2 4 4 1 5 1 4 6 3 3 3 3 4];
≫ A = [1 1 1 0 0 0 0 0 0 0 0 0 0 0 0 0 0 0 0 0;1 0 0 -1 -1 -1 0 0 0 0 0 0 0 0 0 0 0 0 0 0
      0 1 0 0 0 0 -1 -1 -1 0 0 0 0 0 0 0 0 0 0 0;0 0 1 0 0 0 0 0 0 -1 -1 -1 0 0 0 0 0 0 0 0
      0 0 0 1 0 0 1 0 0 1 0 0 -1 -1 0 0 0 0 0 0;0 0 0 0 1 0 0 1 0 0 1 0 0 0 -1 -1 0 0 0 0
      0 0 0 0 0 1 0 0 1 0 0 1 0 0 0 0 -1 -1 0 0;0 0 0 0 0 0 0 0 0 0 0 0 1 0 1 0 1 0 0 0 -1 0
      0 0 0 0 0 0 0 0 0 0 0 0 0 1 0 1 0 1 0 0 0 -1;0 0 0 0 0 0 0 0 0 0 0 0 0 0 0 0 0 0 1 1];
≫ [x,fval] = bintprog(f,[],[],A,b);
≫ x' = 0  1  0  0  0  0  1  0  0  0  0  0  1  0  0  0  0  0  1  0
```

路径为 A→B2→C1→D1→E。

**【例 6.2】** 国家拟拨款 60 万元用于 4 个工厂的扩建工程，各工厂扩建后创造的利润与投资额有关，具体数据如表 6-1 所列。请问如何投资，才能使总利润最大？

**解**：问题按工厂分为四个阶段，甲、乙、丙、丁四个工厂分别编号为 1,2,3,4。

设状态变量 $s_k$ 表示分配给第 $k$～$n$ 个工厂的投资额，决策变量 $u_k$ 表示分配给第 $k$ 个工厂的投资额，则可得状态转移方程：$s_{k+1} = s_k - u_k$。

设阶段指标函数 $v_k(u_k)$ 表示 $u_k$ 投资额分配到第 $k$ 个工厂所获得的利润值，$f_k(s_k)$ 表示 $s_k$ 投资额分配给第 $k$～$n$ 个工厂所获得的最大利润值，则可得基本方程

$$\begin{cases} f_k(s_k) = \underset{u_k \in D_k(s_k)}{\text{opt}} \left[ v_k(s_k, u_{k+1}(s_{k+1})) + f_{k+1}(u_{k+1}(s_{k+1})) \right] \\ f_5(s_5) = 0 \end{cases}$$

**表 6-1 各工厂得到投资后可获得的利润**

| 工厂 \ 投资额 $x$ | 0 | 10 | 20 | 30 | 40 | 50 | 60 |
|---|---|---|---|---|---|---|---|
| 甲厂 | 0 | 20 | 50 | 65 | 80 | 85 | 85 |
| 乙厂 | 0 | 20 | 40 | 50 | 55 | 60 | 65 |
| 丙厂 | 0 | 25 | 60 | 85 | 100 | 110 | 115 |
| 丁厂 | 0 | 25 | 40 | 50 | 60 | 65 | 70 |

利用动态规划逆序算法进行计算。

```
>> clear
>> c=[0,0,0,0;20,20,25,25;50,40,60,40;65,50,85,50;80,55,100,60;85,60,110,65;85,65,115,70];
>> x=[0  0  0  0;10  10  10  10; 20  20  20  20; 30  30  30  30
     40  40  40  40; 50  50  50  50;60  60  60  60];
>> [y,fval]=dyprog(x,-c,@decisfun2,@subfun2,@trafun2);      % 求最大值
```

根据 $y$ 最后 4 行的数据，可以得到投资方案为 $x_1=20, x_2=0, x_3=30, x_4=10$，最大利润为 160。

此题还可以采用 0-1 规划方法求解。

设 $x_{ij}$ 表示第 $i$ 个工厂 ($i=1,2,3,4$)是否分配到 $j$ 投资额($x_{ij}=1$ 表示分配到投资额，$x_{ij}=0$ 表示未分配到投资额)。

设 $y_i$ 表示每个工厂分配到的投资额的状态(每个工厂只能有一种分配投资额的情况)，有

$$y_i = \sum_{j=0}^{6} x_{ij} = 1, \quad i=1,2,3,4$$

$s_i$ 表示每个工厂分配到的投资额的数目，有

$$s_i = 0 \cdot x_{i0} + 10 \cdot x_{i1} + 20 \cdot x_{i2} + 30 \cdot x_{i3} + 40 \cdot x_{i4} + 50 \cdot x_{i5} + 60 \cdot x_{i6}, \quad i=1,2,3,4$$

sum 表示各工厂分配到的投资额的总资金，有

$$\text{sum} = \sum_{i=1}^{4} s_i = a, \quad a=0,10,20,30,40,50,60$$

于是有如下的数学模型

$$\begin{cases} \max z = (0 \cdot x_{10} + 20 \cdot x_{11} + 50 \cdot x_{12} + 65 \cdot x_{13} + 80 \cdot x_{14} + 85 \cdot x_{15} + 85 \cdot x_{16}) + \\ \qquad (0 \cdot x_{20} + 20 \cdot x_{21} + 40 \cdot x_{22} + 50 \cdot x_{23} + 55 \cdot x_{24} + 60 \cdot x_{25} + 65 \cdot x_{26}) + \\ \qquad (0 \cdot x_{30} + 25 \cdot x_{31} + 60 \cdot x_{32} + 85 \cdot x_{33} + 100 \cdot x_{34} + 110 \cdot x_{35} + 115 \cdot x_{36}) + \\ \qquad (0 \cdot x_{40} + 25 \cdot x_{41} + 40 \cdot x_{42} + 50 \cdot x_{43} + 60 \cdot x_{44} + 65 \cdot x_{45} + 70 \cdot x_{46}) \\ \text{s.t.} \quad y_i = \sum_{j=0}^{6} x_{ij} = 1, \quad i=1,2,3,4 \\ \qquad s_i = 0 \cdot x_{i0} + 10 \cdot x_{i1} + 20 \cdot x_{i2} + 30 \cdot x_{i3} + 40 \cdot x_{i4} + 50 \cdot x_{i5} + 60 \cdot x_{i6}, \quad i=1,2,3,4 \\ \qquad \text{sum} = \sum_{i=1}^{4} s_i = a, \quad a=0,10,20,30,40,50,60 \\ \qquad x_{ij} = 0 \text{ 或 } 1 \end{cases}$$

```
>> clear
>> f = -[0 20 50 65 80 85 85 0 20 40 50 55 60 65 0 25 60 85 100 110 115…
        0 25 40 50 60 65 70 0 0 0 0];
>> Aeq = [ones(1,7) zeros(1,25);zeros(1,7) ones(1,7) zeros(1,18);
        zeros(1,14) ones(1,7) zeros(1,11);zeros(1,21) ones(1,7) zeros(1,4)
        0  10  20  30  40  50  60  zeros(1,21)   -1  0  0  0
        zeros(1,7)   0  10  20  30  40  50  60  zeros(1,14)  0   -1    0  0
        zeros(1,14)  0  10  20  30  40  50  60  zeros(1,7)   0    0  -1  0
        zeros(1,21)  0  10  20  30  40  50  60  0  0  0   -1;zeros(1,28) 1 1 1 1];
>> Beq = [1 1 1 1 0 0 0 0 60];LB = zeros(32,1);UB = [ones(1,28) 60 60 60 60]';
>> [x,val,stats] = intprog(f,[],[],1:32,Aeq,Beq,LB,UB);
```

两种方法可以得到相同的结果。

**【例 6.3】** 某货运公司使用一种最大承载能力为 12 吨的卡车来装载四种货物，每种货物的质量及价值如表 6－2 所列，请问：(1)应如何装载才能使总价值最大？(2)如果货物 1 和货物 2 至少装一件，又应如何装载才能保证总价值最大？

**表 6－2　四种货物的质量及价值**

| 货物编号 | 1 | 2 | 3 | 4 |
|---|---|---|---|---|
| 单位质量/吨 | 3 | 4 | 2 | 5 |
| 单位价值/百元 | 4 | 5 | 3 | 6 |

**解**：这是背包问题，将在第 7 章进行介绍，其数学模型分别为

问题 1：
$$\begin{cases}\max\ z=4x_1+5x_2+3x_3+6x_4\\ \text{s.t.}\quad 3x_1+4x_2+2x_3+5x_4\leqslant 12;\\ \qquad x_i\geqslant 0\text{ 且为整数}\end{cases}$$

问题 2：
$$\begin{cases}\max\ z=4x_1+5x_2+3x_3+6x_4\\ \text{s.t.}\quad 3x_1+4x_2+2x_3+5x_4\leqslant 12\\ \qquad x_i\geqslant 0\text{ 且为整数}\\ \qquad x_1,x_2\geqslant 1\end{cases}。$$

对问题 1，计算过程如下：

```
>> clear
>> c = [4,5,3,6];T = 12;
>> x = nan * ones(T+1,4);      %本题为 4 阶段动态规划问题，各阶段可能取值 0～T
>> x(:,1) = (0:T);             %第 1 阶段最大承载量为 0～T
>> x(:,2) = (0:T)';            %第 2 阶段最大承载量为 0～T
>> x(:,3) = (0:T)';            %第 3 阶段最大承载量为 0～T
>> x(:,4) = (0:T)';
>> [y,fval] = dyprog(x,c,@decisfun3,@subfun3,@trafun3);
```

由 y 的最后 4 行，可以得到

```
>> y = 1    12    0     0
       2    12    0     0
       3    12    6   -18
       4     0    0     0
```

当卡车装载 3 号货物 6 件时，卡车所装载的货物价值最大，为 1 800 元。

对问题 2，计算过程如下：

```
>> clear
>> T = 12;x = nan * ones(T + 1,4);
>> x(1:T - 6,1) = (7:T);          % 第 1 阶段最大承载量为 7～T
>> x(1:T - 3,2)  = (4:T)';        % 第 2 阶段最大承载量为 4～T
>> x(:,3) = (0:T)';               % 第 3 阶段最大承载量为 0～T
>> x(:,4) = (0:T)';
>> c = [4,5,3,6];
>> [y,fval] = dyprog(x,c,@decisfun4,@subfun3,@trafun3);
```

同样，根据 y 值的最后 4 行可得到以下结果：

```
>> y = 1    12    2    - 8
       2     6    1    - 5
       3     2    1    - 3
       4     0    0      0
```

卡车装载 1 号货物 2 件，2 号和 3 号货物各 1 件时，能取得最大价值 1 600 元。

此题的整数规划解法在此就不再介绍了，可参照第 7 章的相关例题。

**【例 6.4】** 有一个人带一个背包上山，其可携带物品质量的限度为 10 千克，背包体积限制为 22 立方米。假设有 3 种物品可供选择装入背包。已知第 $i$ 种物品每件质量为 $w_i$ 千克，体积为 $v_i$ 立方米，携带该物品 $u$ 件产生的效益值为 $c\times u$。问此人该如何选择携带物品，才能使产生的效益值最大？其中，$w=[3\ 4\ 5]$，$v=[8\ 6\ 4]$，$c=[4\ 5\ 6]$。

**解**：这是一个二维的动态规划问题，用二维动态规划函数 dyprog2 进行计算。

```
>> a1 = 0:10;b1 = 0:22;s1 = nan * ones(11,1);s1(1) = 10;s2 = nan * ones(23,1);s2(1) =  22;
>> x1 = [s1 a1' a1'];x2 = [s2 b1' b1'];
>> [y,fval] = dyprog2(x1,x2,@decisfun6,@subfun6,@trafun6);
>> y = 1    10    22    2    1    - 8
       2     4     6    1    1    - 5
       3     0     0    0    1      0
```

最优装入方案为 $u_1=2$，$u_2=1$，$u_3=0$，也即各种物品分别装入 2 件、1 件、0 件，此时产生的效益最大，效益值为 13。

**【例 6.5】** 设现有两种原料，数量各为 3 单位，现要将这两种原料分配用于生产 3 种产品。如果第一种原料以数量 $u_j$ 单位，第二种原料以数量 $v_j$ 单位用于生产第 $j$ 种产品，则所得的收入如表 6-3 所列，问应如何分配这两种原料于 3 种产品的生产使总收入最大？

**表 6-3　收入情况表**

| 产品 / $v$ / $u$ | 产品Ⅰ | | | | 产品Ⅱ | | | | 产品Ⅲ | | | |
|---|---|---|---|---|---|---|---|---|---|---|---|---|
| | 0 | 1 | 2 | 3 | 0 | 1 | 2 | 3 | 0 | 1 | 2 | 3 |
| 0 | 0 | 1 | 3 | 6 | 0 | 2 | 4 | 6 | 0 | 3 | 5 | 8 |
| 1 | 4 | 5 | 6 | 7 | 1 | 4 | 6 | 7 | 2 | 5 | 7 | 9 |
| 2 | 5 | 6 | 7 | 8 | 4 | 6 | 8 | 9 | 4 | 7 | 9 | 11 |
| 3 | 6 | 7 | 8 | 9 | 6 | 8 | 10 | 11 | 6 | 9 | 11 | 13 |

**解**：

```
>> clear;
>> a1 = 0:3;b1 = 0:3;s1 = nan * ones(4,1);s1(1) = 3;s2 = nan * ones(4,1);s2(1) = 3;
>> x1 = [s1 a1' a1'];x2 = [s2 b1' b1'];
```

```
>> [y,fval] = dyprog2(x1,x2,@decisfun5,@subfun5,@trafun5);
>> y = 1    3    3    1    0    -4
       2    2    3    2    0    -4
       3    0    3    0    3    -8
```

分配给第一种产品的第一种原料为 1,第二种为 0;

分配给第二种产品的第一种原料为 2,第二种为 0;

分配给第三种产品的第一种原料为 0,第二种为 3。

此时可以得到最大收入为 16。

**【例 6.6】** 某工厂与商户签订合同,约定在 4 个月内出售一定数量的某种产品,产量限制为 10 的倍数,工厂每月最多生产 100 件,产品可以存储,存储费用为每件 200 元,每个月的需求量及每件产品的生产成本见表 6-4。现在分别在 1 月初没有存货可用以及 1 月初有 20 件存货可用的两种情况下确定每月的生产量,要求既能满足每月的合同需求量,又能使生产成本和存储费用达到最小。

**表 6-4　每个月的需求量及每件产品的生产成本**

| 月　份 | 每件生产成本/百元 | 需要量/件 |
|---|---|---|
| 1 | 70 | 60 |
| 2 | 72 | 70 |
| 3 | 80 | 120 |
| 4 | 76 | 60 |

**解**:这是一个 4 阶段的动态规划问题,其阶段指标的函数为 $v_k(x_k,u_k)=c_ku_k+2x_k$。

状态转移方程为 $x_{k+1}=x_k+u_k-q_k$。

基本方程为

$$\begin{cases} f_4(x_4,u_4)=v_4(x_4,u_4) \\ f_k(x_k,u_k)=\min\{v_k(x_k,u_k)+f_{k+1}(x_{k+1}) \mid u_k\in D_k(x_k)\}, \quad k=3,2,1 \end{cases}$$

为了全面考虑 1 月初存货的影响,可以将 1 月初存货分别为 0、10、20、30、40、50、60 的所有可能情况都进行计算。

```
>> clear
>> x = nan * ones(14,4); c = [70 72 80 76];
>> x(1:7,1) = 10 * (0:6)'; x(1:11,2) = 10 * (0:10)'; x(1:12,3) = 10 * (2:13)';x(1:7,4) = 10 * (0:6)';
>> [y,fval] = dyprog(x,c,@decisfun7,@subfun7,@trafun7);
```

从 y 值可以看出当 1 月初没有存货时,最优决策为每月分别生产 100、100、50、60 件,总成本为 22 980 元;当有 20 件存货时,最优决策为每月分别生产 100、100、30、60 件,总成本为 21 500 元。

此题也为整数规划。设 $u_k$ 为第 $k$ 个月的生产量,$s_k$ 为第 $k$ 阶段开始的产品存储数,$a$ 为 1 月初的存货。由于产量限制为 10 的倍数,故令 $u_k=10m$,$m$ 为整数且 $0\leqslant m\leqslant 10$,则有以下的数学模型:

$$\begin{cases} \min z=(70u_1+72u_2+80u_3+76u_4)+2(s_1+s_2+s_3+s_4+s_5) \\ \text{s.t.}\quad s_1=a, \quad s_2=s_1+u_1-60, \quad s_3=s_2+u_2-70, \quad s_4=s_3+u_3-120 \\ \qquad s_5=s_4+u_4-60, \quad u_k=10m_k, \quad k=1,2,3,4 \\ \qquad 0\leqslant m_k\leqslant 10 \text{ 且为整数}, \quad s_k,u_k\geqslant 0, \quad k=1,2,3,4, \quad s5=0 \end{cases}$$

```
>> clear
>> Aeq = [1 zeros(1,8) -1 0 0 0 0;0 1 zeros(1, 7) 0 -1 0 0 0; 0 0 1 zeros(1,6) 0 0 -1 0 0;
        0 0 0 1zeros(1,5) 0 0 0 -1 0;zeros(1,4) 1 zeros(1,8);1 0 0 0 1 -1 zeros(1,7);
        0 1 0 0 0 1 -1zeros(1,6);0 0 1 0 0 0 1 -1 zeros(1,5);0 0 0 1 0 0 0 1 -1 zeros(1,4);
        0 0 0 0 0 0 0 0 1 0 0 0 0];
>> LB = [0 0 0 0 0 0 0 0 0 0 0 0 0]';
>> UB = [100 100 100 100 100 100 100 100 0 10 10 10 10]';
>> f = [70 72 80 76 2 * ones(1,5) 0 0 0 0];Beq = [0;0;0;0;20;60;70;120;60;0];
>> [x,val] = intprog(f,[],[],[10 11 12 13],Aeq,Beq,LB,UB);
```

两种方法可以得到相同的结果。

**【例 6.7】** 现有 4 种不同的车床 1、2、3 和 4，同时加工 500 件相同的零件。各车床加工一个零件的时间分别为 0.5、0.1、0.2 和 0.05 小时不等。问如何给 4 个车床分配加工零件数目使完工时间最短？

**解**：设状态变量 $x_k$ 表示分配给第 $k$ 号车床到第 4 号车床的零件数，决策变量 $u_k$ 表示分配给第 $k$ 号车床的零件数，$u_k=0,1,\cdots,x_k$，则状态转移方程为 $x_{k+1}=x_k-u_k$，阶段指标函数 $v_k(u_k)$表示 $u_k$ 个零件分配到第 $k$ 号车床加工所需的时间，$v_k(u_k)=u_k t_k$，$t_k$ 是 $k$ 号车床的加工时间。$f_k(x_k)$表示 $x_k$ 个零件分配给第 $k$ 至第 4 号车床加工所需的最短时间，基本方程为

$$\begin{cases} f_5(x_5)=0, \quad G(a,b)=\max(a,b) \quad \text{(用时最长的车床所需时间为总加工时间)} \\ f_k(x_k)=\min\{G(v_k(u_k),f_{k+1}(x_{k+1}))\mid u_k\}, \quad k=4,3,2,1 \end{cases}$$

```
>> clear
>> n = 500;x1 = [n;nan * ones(n,1)];x2 = 0:n;x3 = [0;nan * ones(n,1)];
>> x = [x1 x2' x2' x2' x3]; t = [0.5;0.1;0.2;0.05];
>> [y,fval] = dyprog(x,t,@decisfun8,@subfun8,@trafun8,@objfun8);
>> y = 1.0000   500.0000    27.0000   13.5000
       2.0000   473.0000   135.0000   13.5000
       3.0000   338.0000    67.0000   13.4000
       4.0000   271.0000   271.0000   13.5500
       5.0000          0          0         0
>> fval = 13.5500
```

给 1、2、3 和 4 号车床加工的零件分别为 27、135、67 和 271 件，500 件零件同时加工用时为 13.55 小时。

**【例 6.8】** 某电子设备由 5 种元件 1、2、3、4、5 组成，这 5 种元件的可靠性分别为 0.9、0.8、0.5、0.7、0.6。为保证电子设备系统的可靠性，同种元件可并联多个。现允许设备使用的元件的总数为 15 个，问如何设计使设备可靠？

**解**：设状态变量 $x_k$ 为配置第 $k$ 个元件时可用元件的总数，决策变量 $u_k$ 为第 $k$ 个元件并联的数目，$c_k$ 为第 $k$ 个元件的可靠性，阶段指标函数为 $v_k(x_k,u_k)=1-(1-c_k)^{u_k}$，状态转移方程为 $x_{k+1}=x_k-u_k$，基本方程为

$$\begin{cases} f_4(x_4,u_4)=v_4(x_4,u_4), \quad G_k(a,b)=a\cdot b \\ f_k(x_k,u_k)=\min\{G_k(v_k(x_k,u_k),f_{k+1}(x_{k+1}))\mid u_k\in D_k(x_k)\}, \quad k=4,3,2,1 \end{cases}$$

```
>> clear
>> n = 15; x1 = [n;nan * ones(n-1,1)];x2 = 1:n;x2 = x2';x = [x1 x2 x2 x2 x2];c = [0.9 0.8 0.5 0.7 0.6];
>> [y,fval] = dyprog(x,c,@decisfun9,@subfun9,@trafun9,@objfun9);
>> y = 1.0000    15.0000    2.0000    -0.9900
       2.0000    13.0000    2.0000    -0.9600
       3.0000    11.0000    4.0000    -0.9375
       4.0000     7.0000    3.0000    -0.9730
       5.0000     4.0000    4.0000    -0.9744
>> fval = -0.8447
```

1、2、3、4 和 5 号元件分别并联 2 个、2 个、4 个、3 个和 4 个，系统总可靠性最大为 0.844 7。此题也是一个非线性规划问题，其数学模型为

$$\begin{cases} \max z = \prod_{i=1}^{5} R_i \\ \text{s.t.} \quad \sum_{i=1}^{5} x_i = 15 \\ \quad R_1 = 1-(1-0.9)^{x_1}, \quad R_2 = 1-(1-0.8)^{x_2}, \quad R_3 = 1-(1-0.5)^{x_3} \\ \quad R_4 = 1-(1-0.7)^{x_4}, \quad R_5 = 1-(1-0.6)^{x_5} \\ \quad x_i \geqslant 0 \text{ 且为整数} \end{cases}$$

下面调用 MATLAB 中的 fmincon 函数进行计算。

```
>> x1 = [3 * ones(1,5) 0.5 * ones(1,5)]';              % 设定初始值
>> Aeq = [ones(1,5) zeros(1,5)];Beq = 15;
>> LB = [ones(1,5) 0.5 * ones(1,5)];UB = [10 * ones(1,5) ones(1,5)];
>> options = optimset('Algorithm','sqp');              % 设定算法
>> [x,fval] = fmincon(@optifun10,x1,[],[],Aeq,Beq,LB,UB,@optifun11,options);
>> for i = 1:5;x(i) = round(x(i)); end                 % 对并联的元件数取整
>> x(6) = 1 - 0.1^x(1);x(7) = 1 - 0.2^x(2);x(8) = 1 - 0.5^x(3);x(9) = 1 - 0.3^x(4);x(10) = 1 - 0.4^x(5);
>> f = x(6) * x(7) * x(8) * x(9) * x(10);              % 重新计算可靠性
>> x = 2.0000;2.0000;4.0000;3.0000;4.0000              % 可并联的元件数
0.9900;0.9600;0.9375;0.9730;0.9744                     % 对应的元件的可靠性
>> f = 0.8447                                          % 系统可靠性
```

**【例 6.9】** 有 $n$ 个城市 $v_1, v_2, \cdots, v_n$，每两个城市之间都有道路相通，城市 $i$ 和 $j$ 之间的距离为 $d_{ij}$（其中 $d_{ii}=0$），有一商人拟从城市 $v_1$ 出发，经过其余各城市 $v_2, \cdots, v_n$ 都恰好一次，再回到出发城市 $v_1$，试为这个商人求出一条总路程最短的旅行路线。

**解**：此题就是旅行商问题（Traveling Salesman Proplem，TSP）。求解 TSP 问题可以有多种方法，注意到 TSP 问题是一个多阶段决策问题，所以也可以利用动态规划来求解。

据此，可编写 dyprogTSP 函数进行计算。

```
>> clear
>> d = [0 8 5 6;6 0 8 5;7 9 0 5;9 7 8 0];
>> [road,f] = dyprogTSP(d);          % 此函数还可以从指定的城市开始出发
>> road = 1  3  4  2  1              % 最短路径
>> f = 23                            % 最短路径长度
```

# 第 7 章

# 整数规划

整数规划(Integer Programming,IP)是一类要求决策变量取整数值的数学规划。要求变量仅取 0 或 1 值的数学规划称为 0－1 规划,只要求部分变量取整数值的数学规划称为混合型整数规划,要求全部变量取整数值的数学规划称为纯整数规划。

在实际研究中,有许多变量具有不可分割的性质,如人数、机器数、方案数、项目数等;而开与关、取与舍、有与无等逻辑现象都需要用 0－1 变量来描述。因此,整数规划在许多领域中有着重要的应用,如分配问题、工厂选址、线路设计等。1963 年,R. E. Gomory 提出了解整数规划的割平面算法,使整数规划逐渐成为一个独立的分支。

## 7.1 理论基础

在线性规划问题中,有些最优解可能是分数或小数,但对于生产运作实践中的某些具体问题,常常要求变量必须是整数。如当求解变量是机器设备的台数、工作人员的数量、物品的件数或装货的车辆数时,这些变量都要求取整。为了满足整数的要求,初看起来似乎只要把用线性规划求得的非整数按照一定的法则取舍化成整数就可以了,但实际上化整后的数不见得是可行解和最优解,所以应该有特殊的方法来求解最优整数解的问题,称这样的问题为整数线性规划问题(Integer Linear Programming,ILP)。

由整数线性规划与线性规划的定义可知,整数线性规划的模型与线性规划的模型只是在变量的非负性约束上存在差异。因此,在一般的线性规划中,增加规定决策变量为整数,即为整数线性规划。

### 7.1.1 整数线性规划的标准形式

根据整数线性规划的定义,其数学模型的标准形式可由线性规划模型的标准形式改变而得,即

$$\begin{cases} \min(\text{或}\ \max) z = \boldsymbol{c}^{\mathrm{T}}\boldsymbol{x} \\ \text{s.t.}\quad \boldsymbol{A}\boldsymbol{x} \leqslant \boldsymbol{b} \\ \qquad \boldsymbol{x} \geqslant \boldsymbol{0}, \quad x_i \in I, \quad i \in J \subset \{1,2,\cdots,n\} \end{cases} \tag{7-1}$$

式中:$\boldsymbol{x}=(x_1,x_2,\cdots,x_n)^{\mathrm{T}}\in\mathbf{R}^n$,$\boldsymbol{c}=(c_1,c_2,\cdots,c_n)^{\mathrm{T}}\in\mathbf{R}^n$,$\boldsymbol{A}=(a_1,a_2,\cdots,a_m)^{\mathrm{T}}\in\mathbf{R}^{m\times n}$,$\boldsymbol{b}=(b_1,b_2,\cdots,b_m)^{\mathrm{T}}\in\mathbf{R}^m$,$I=\{0,1,2,\cdots,n\}$。

若 $J=\{1,2,\cdots,n\}$,则式(7－1)为纯整数规划问题;若 $J\neq\{1,2,\cdots,n\}$,则式(7－1)为混合型整数规划问题;若 $I=\{0,1\}$,则式(7－1)为 0－1 规划问题。

### 7.1.2 整数线性规划的求解

由整数规划问题的定义可知,放松整数约束后的整数线性规划问题就变成线性规划问题,称为整数线性规划的线性规划松驰问题。由此可见,整数线性规划问题的解集是线性规划问

题解集的子集。当松弛问题有界时，由于自变量取值的组合是有限的，从而整数线性规划的可行解数量也是有限的，因此自然会想到采用穷举法逐一分析而获得最优解。很明显，这种方法的计算量将随着整数变量数目的增加而呈指数增长，以致当变量数目较多时此方法不可行。于是，用于求解整数线性规划问题的普遍方法得以开发。目前，常用的方法有分支定界法、割平面法、分解方法、群论法、动态规划法、隐枚举法、匈牙利法等。分支定界法是实际应用较多的一种方法，它是基于线性规划的方法，首先用线性规划法求得整数规划的非整数解，然后不断强化约束条件来求得整数解。其他算法比它要逊色一些，但又各具特点，适用于求解不同类型的整数规划问题。

## 7.1.3　松　驰

考察问题 $P$（式(7-1)），在其中放弃某些约束条件所得到的问题 $\widetilde{P}$ 称为 $P$ 的松驰问题。若用 $R$、$\widetilde{R}$ 分别表示 $P$ 与 $\widetilde{P}$ 的可行解，用 $x^*$ 和 $z^*$、$\widetilde{x^*}$ 和 $\widetilde{z^*}$ 分别表示 $P$ 与 $\widetilde{P}$ 的一个最优解和最优值，则对于任何松驰问题 $\widetilde{P}$，有如下重要性质：

(1) $R \subset \widetilde{R}$。

(2) 若 $\widetilde{P}$ 没有可行解，则 $P$ 也没有可行解。

(3) $z^* \leqslant \widetilde{z^*}$（对于求最小值问题 $P$，则有 $z^* \geqslant \widetilde{z^*}$）。

(4) 若 $\widetilde{x^*} \in R$，则 $\widetilde{x^*}$ 也是 $P$ 的最优解。

通常的松驰方式是去掉决策变量取整数值这一约束 $x_i \in I (i \in J)$，有时也采用去掉 $\boldsymbol{x} \geqslant \boldsymbol{0}$ 或去掉 $\boldsymbol{Ax} \leqslant \boldsymbol{b}$ 的松驰方式。

## 7.1.4　分　解

用 $R(P)$ 表示问题 $P$ 的可行集，若条件

(1) $\bigcup\limits_{i=1}^{m} R(P_i) = R(P)$；

(2) $R(P_i) \cap R(P_j) = \varnothing (1 \leqslant i \neq j \leqslant m)$

成立，则称问题 $P$ 被分解为子问题 $P_1, P_2, \cdots, P_m$ 之和。一般是一分为二，即 $m=2$。

例如，下列问题 $P$

$$
\begin{cases}
\max z = 5x_1 + 8x_2 \\
\text{s.t.} \quad x_1 + x_2 \leqslant 6 \\
\qquad 5x_1 + 9x_2 \leqslant 45 \\
\qquad x_1, x_2 \geqslant 0, \quad x_i \in I, \quad i = 1,2
\end{cases}
$$

去掉约束 $x_i \in I (i=1,2)$，得到松驰问题 $\widetilde{P}$，其最优解为 $\widetilde{x^*} = (2.25, 3.75)^{\mathrm{T}}$，最优值为 $\widetilde{z^*} = 41.25$。在 $P$ 的原有约束条件之外，分别增加约束条件：$x_2 \geqslant 4$ 和 $x_2 \leqslant 3$，形成两个子问题 $P_1$ 和 $P_2$，则问题 $P$ 被分解为子问题 $P_1$ 和 $P_2$。像这种把可行集 $R(P)$ 分割为较小的子集 $R(P_1)$ 和 $R(P_2)$ 的作法，称为分割。

概括地讲，求解一个整数线性规划问题 $P$ 的基本步骤是：首先选定一种松驰方式，将问题 $P$ 松驰成为 $\widetilde{P}$，使其较易求解。若 $\widetilde{P}$ 没有可行解，则 $P$ 也没有可行解。若 $\widetilde{P}$ 的最优解 $\widetilde{x^*}$ 也是 $P$ 的可行解，即 $\widetilde{x^*} \in R$，则它就是 $P$ 的最优解，计算结束。若 $\widetilde{x^*} \notin R$，则下一步的求解至

少有两条不同的途径：一是设法改进松弛问题 $\widetilde{P}$，以期求得 $P$ 的最优解，割平面法就属于这一类，它用 LP 问题作为松弛问题，通过逐次生成割平面条件来不断地改进松弛问题，使最后求得的松弛问题的最优解也是整数解，从而也就是问题 $P$ 的最优解；二是利用分解技术，将 $P$ 分解为两个或几个子问题之和，这类算法又分为隐数法和分支定界法两类，它们都是用 LP 问题作为松弛问题，不同之处仅在探测(求解)子问题的先后次序不一样。隐数法是按照后出现的子问题先探测，先出现的子问题后探测，即按"先入后出"的原则来确定求解子问题的先后顺序，这种方法的计算程序一般简单，计算过程中需要保存的中间信息较少，但计算时间一般较长。分支定界法是按照上界的大小来确定探测子问题的先后次序的，上界大的子问题优先探测。这种方法选取子问题灵活，计算程序复杂，需要保存的中间信息也要多一些，但对于求极大值问题而言，由于上界大的子问题中存在整数最优解的可能性较大，因此计算时间往往要短一些。

## 7.2 分支定界法

分支定界法可用于求解纯整数规划和混合型整数规划，它的基本思想是：将要求解的 IP 问题 $P$ 不断地分解为子问题的和，如果对每个子问题的可行域(子域)都能找到域内的最优解，或者明确原问题 $P$ 的最优解肯定不在这个域内，这样原问题在这个子域上就容易解决了。分成子问题是逐步进行的，这个过程称为分支。对于每个子问题，仍然是求解它相应的松弛 LP 问题，若得到最优整数解或可以肯定原问题 $P$ 的最优解不在这个子域内，则这个子域就查清了，不需再分支；若该子问题最优解不是整数解，又不能确定原问题 $P$ 的最优解是否在这个子域内，则把这个子域分成两部分，而把子问题的非整数最优解排除在外。

分支定界法的具体计算步骤如下：

首先，将要求解的整数线性规划问题称为 ILP，将与其对应的线性规划问题称为原问题 LP。

第 1 步，求解原问题 LP，可能得到以下情况之一：

(1) LP 没有可行解，此时 ILP 也没有可行解，停止计算。

(2) LP 有最优解且解的各个分量均为整数，因而它就是 ILP 的最优解，停止计算。

(3) LP 有最优解，但不符合 ILP 中的整数条件要求，此时记它的目标函数值为 $f_0$，记 ILP 的最优目标函数值为 $f$，则一定有 $f \geqslant f_0$。

第 2 步，迭代。

(1) 分支：在 LP 的最优解中任选一个不符合整数条件的变量 $x_j$(通常情况下选取最大值的非整数分量构造添加约束条件)，设其为 $v_j$，构造两个约束条件 $x_j \leqslant v_j$ 和 $x_j \geqslant v_j + 1$，将这两个条件分别加入问题 LP，从而将 LP 分为两个子问题 $LP_1$ 和 $LP_2$。不考虑整数条件要求，分别求解 $LP_1$ 和 $LP_2$。

(2) 定界：以每个子问题为一分支并标明求解的结果，与其他问题的解进行比较，找出最优目标函数值最小者作为新的下界，替换 $f_0$；从符合整数条件的各分支中，找出目标函数值的最小者作为新的上界 $f^*$，从而得知 $f_0 \leqslant f \leqslant f^*$。

(3) 比较与剪支：各分支的最优目标函数值中若有大于 $f^*$ 者，则剪掉这一分支(说明这一支所代表的子问题已无继续分解的必要)；若小于 $f^*$，且不符合整数条件，则重复第 1 步，直至得到最优目标函数值 $f = f^*$ 为止，从而得到最优整数解 $x_j^*$ $(j = 1, 2, \cdots, n)$。

分支定界法的计算框图如图 7－1 所示。

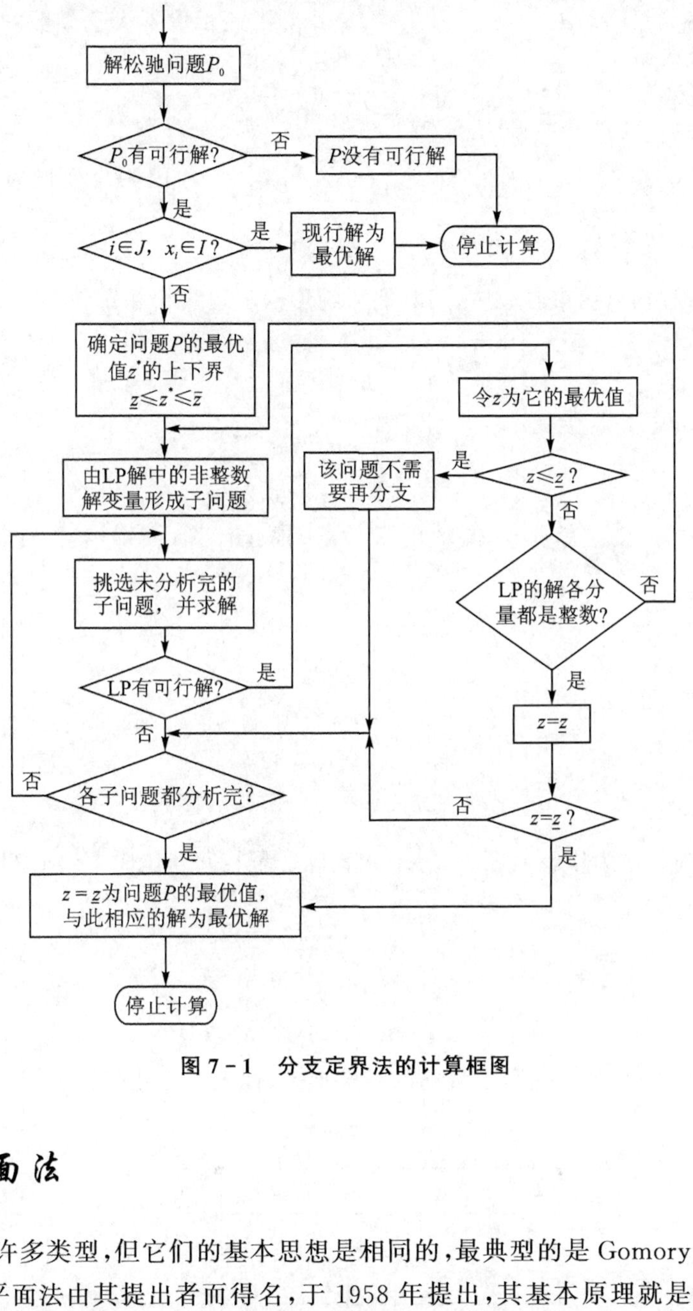


**图 7－1　分支定界法的计算框图**

## 7.3　割平面法

割平面法有许多类型，但它们的基本思想是相同的，最典型的是 Gomory 割平面法。

Gomory 割平面法由其提出者而得名，于 1958 年提出，其基本原理就是在整数线性规划的松弛问题中附加线性约束，以割去松弛问题最优解附近的非整数解，得到整数解顶点。

Gomory 割平面法的算法步骤如下：

(1) 解纯 IP 问题 $P$ 的松弛问题 $\widetilde{P}$，若 $\widetilde{P}$ 没有可行解，则 $P$ 也没有可行解，停止计算。若 $\widetilde{P}$ 的最优解 $\widetilde{x^*}$ 为整数解，则 $\widetilde{x^*}$ 即为问题 $P$ 的最优解，停止计算；否则转步骤(2)。

(2) 求割平面方程。任选 $\widetilde{x^*}$ 的一个非整数分量 $x_p$（$x_p$ 为基变量），并定义包含该基变量的切割约束方程

$$x_p + \sum_{j\in T} r_{ij}x_j = b_{con} \quad (T\ \text{为非基变量的下标集})$$

(3) 令 $\bar{r}_{ij} = r_{ij} - [r_{ij}]$，$\bar{d}_{con} = b_{con} - [b_{con}]$，其中"[]"表示取不大于某数的最大整数。将切割约束方程变换为

$$x_p + \sum_{j\in T}[r_{ij}]x_j - [b_{con}] = \bar{d}_{con} - \sum_{j\in T}\bar{r}_{ij}x_j$$

由于 $0 \leqslant \bar{r}_{ij} < 1$，$0 \leqslant \bar{b}_{con} < 1$，所以有 $\bar{d}_{con} - \sum_{j\in T}\bar{r}_{ij}x_j < 1$，因为自变量为整数，所以 $x_p + \sum_{j\in T}[r_{ij}]x_j - [b_{con}]$ 为整数，进一步有 $\bar{d}_{con} - \sum_{j\in T}\bar{r}_{ij}x_j \leqslant 0$。

(4) 将切割方程加入约束方程中，用对偶单纯形法求解线性规划

$$\begin{cases} \min\ z = \boldsymbol{c}^{\mathrm{T}}\boldsymbol{x} \\ \text{s. t.}\quad \boldsymbol{Ax} = \boldsymbol{b} \\ \qquad \bar{d}_{con} - \sum_{j\in T}\bar{r}_{ij}x_j \leqslant 0 \\ \qquad \boldsymbol{x} \geqslant \boldsymbol{0},\quad i = 1,2,\cdots,n \end{cases}$$

若其最优解为整数解，则它就是问题 $P$ 的最优解，停止计算；否则，将这个最优解重新记为 $\widetilde{x^*}$，返回步骤(2)。

例如，求解 IP 问题 $P$

$$\begin{cases} \min\ z = -x_1 - 27x_2 \\ \text{s. t.}\quad -x_1 + x_2 \leqslant 1 \\ \qquad 24x_1 + 4x_2 \leqslant 25 \\ \qquad x_1, x_2 \geqslant 0,\quad x_1, x_2 \in I \end{cases}$$

去掉约束 $x_i \in I$，使之成为松弛问题 $\widetilde{P}$，并引入松弛变量将问题化成下列 LP 问题

$$\begin{cases} \min\ z = -x_1 - 27x_2 \\ \text{s. t.}\quad -x_1 + x_2 + x_3 = 1 \\ \qquad 24x_1 + 4x_2 + x_4 = 25 \\ \qquad x_i \geqslant 0,\quad i = 1,2,3,4 \end{cases}$$

用单纯形法求解此 LP 问题 $P_0$，可得最终的单纯形表，如表 7-1 所列。

**表 7-1　单纯形表(1)**

| $\boldsymbol{P}_1$ | $\boldsymbol{P}_2$ | $\boldsymbol{P}_3$ | $\boldsymbol{P}_4$ | $\boldsymbol{\alpha}$ |
|---|---|---|---|---|
| 0 | 1 | 6/7 | 1/28 | 7/4 |
| 1 | 0 | −1/7 | 1/28 | 3/4 |
| 0 | 0 | 23 | 1 | 48 |

从而，得到问题 $P_0$ 的最优解 $\boldsymbol{x}^{(0)} = \left(\frac{3}{4}, \frac{7}{4}\right)^{\mathrm{T}}$，它不是整数解，所以不是问题 $P$ 的最优解，需确定割平面条件。从表 7-1 中任选一个与非整数值变量对应的约束条件(称诱导方程)，如

$$x_1 + \left(-\frac{1}{7}\right)x_3 + \frac{1}{28}x_4 = \frac{3}{4} \tag{7-2}$$

将式(7-2)中的所有系数分解为整数与非负小数(分数)两部分之和，即

$$(1+0)x_1+\left(-1+\frac{6}{7}\right)x_3+\left(0+\frac{1}{28}\right)x_4=0+\frac{3}{4}$$

整理(把整系数和非整系数左右分开)后可得

$$x_1-x_3+0\cdot x_4-0=\frac{3}{4}-0\cdot x_1-\left(\frac{6}{7}\right)x_3-\left(\frac{1}{28}\right)x_4$$

上式中的左边为整数,右边也应为整数,且不会超过 3/4。因此,可得

$$\frac{3}{4}-\frac{6}{7}x_3-\frac{1}{28}x_4\leqslant 0 \tag{7-3}$$

也可写成

$$-24x_3-x_4\leqslant -21 \tag{7-4}$$

式(7-3)或式(7-5)即为割平面条件,引入松弛变量,则式(7-4)可变成

$$-24x_3-x_4+x_5=-21 \tag{7-5}$$

式(7-5)即为割平面方程。

把割平面方程(7-5)加到表 7-1 中,如表 7-2 所列,用对偶单纯形法继续求解,可得如表 7-3 所列的单纯形表。

**表 7-2　单纯形表(2)**

| $\boldsymbol{P}_1$ | $\boldsymbol{P}_2$ | $\boldsymbol{P}_3$ | $\boldsymbol{P}_4$ | $\boldsymbol{P}_5$ | $\boldsymbol{\alpha}$ |
|---|---|---|---|---|---|
| 0 | 1 | 6/7 | 1/28 | 0 | 7/4 |
| 1 | 0 | −1/7 | 1/28 | 0 | 3/4 |
| 1 | 0 | −24 | −1 | 1 | −21 |
| 0 | 0 | 23 | 1 | 0 | 48 |

**表 7-3　单纯形表(3)**

| $\boldsymbol{P}_1$ | $\boldsymbol{P}_2$ | $\boldsymbol{P}_3$ | $\boldsymbol{P}_4$ | $\boldsymbol{P}_5$ | $\boldsymbol{\alpha}$ |
|---|---|---|---|---|---|
| 0 | 1 | 0 | 0 | 1/28 | 1 |
| 1 | 0 | 0 | 1/24 | −1/168 | 7/8 |
| 0 | 0 | 1 | 1/24 | −1/24 | 7/8 |
| 0 | 0 | 0 | 1/24 | 23/24 | 223/8 |

又得到新解 $\boldsymbol{x}^{(1)}=\left(\frac{7}{8},1\right)^{\mathrm{T}}$,这仍然不是问题 $P$ 的最优解。按照前面的方法,又可以确定诱导方程为

$$x_3+\frac{1}{24}x_4-\frac{1}{24}x_5=\frac{7}{8}$$

割平面条件为

$$-x_4-23x_5\leqslant -21$$

割平面方程为

$$-x_4-23x_5+x_6=-21$$

再进行 LP 的求解,可得最优解为 $\boldsymbol{x}^{(2)}=(0,1)^{\mathrm{T}}$,此为整数解,所以是问题 $P$ 的最优解,最优值为 $-27$。

图 7－2 所示为计算过程的割平面过程。根据约束条件可得

$$x_3 = 1 + x_1 - x_2$$

$$x_4 = 25 - 24x_1 - 4x_2$$

将它们分别代入割平面条件中并进行化简，可得约束条件 $x_2 \leqslant 1$。把此约束条件加到问题 $\widetilde{P}$ 中，形成问题 $P_1$，相当于将问题 $\widetilde{P}$ 的可行域 $R(\widetilde{P})$ 割去一部分（包含非整数解的部分），即将 $R(\widetilde{P})$ 中的 $x_2 > 1$ 的部分割去。其他迭代过程的割平面过程类似。

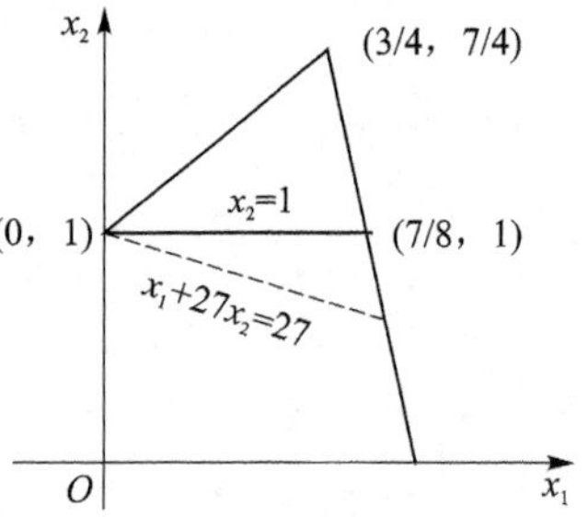


图 7－2 割平面过程

割平面法的计算过程需多次切割，收敛速度较慢，因此完全用它来求解 IP 问题的仍然不多，如果与其他方法（如分支定界法）配合使用，那么效果会好一些。

## 7.4 隐枚举法

隐枚举法是求解 0－1 规划常用的方法。对于有 $n$ 个变量的 0－1 规划问题，由于每个变量只取 0,1 两个值，故 $n$ 个变量所有可能的 0－1 组合数有 $2^n$ 个。若对这 $2^n$ 个组合点逐点进行检查其可行性，并算出每个可行点上的目标函数值，再比较它们的大小以求得最优解和最优值，则这种方法称为完全枚举法（或称为穷举法）。

完全枚举法只适用于变量个数较少的 0－1 规划问题，当 $n$ 较大时，用这种方法求解，计算量将变得相当大，此时，某些问题的求解几乎是不可能的。隐枚举法可以克服这个缺点，它只需比较目标函数在一小部分组合点上的取值大小就能求得最优解和最优值。

### 7.4.1 0－1 规划的标准形式

0－1 规划的标准形式如下：

$$\begin{cases} \min z = \boldsymbol{c}^{\mathrm{T}}\boldsymbol{x} = \sum_{i=1}^{n} c_i x_i \\ \text{s.t.} \quad \boldsymbol{A}\boldsymbol{x} \leqslant \boldsymbol{b} \\ \qquad x_i = 0 \text{ 或 } 1, \quad i = 1,2,\cdots,n \end{cases} \tag{7-6}$$

式中：$\boldsymbol{x} = (x_1, x_2, \cdots, x_n)^{\mathrm{T}} \in \mathbf{R}^n$，$\boldsymbol{c} = (c_1, c_2, \cdots, c_n)^{\mathrm{T}} \in \mathbf{R}^n$，$\boldsymbol{A} = (a_{ij})_{m\times n}$，$\boldsymbol{b} = (b_1, b_2, \cdots, b_m)^{\mathrm{T}}$，$c_i \geqslant 0, i = 0,1,2,\cdots,n$。

一般形式的 0－1 规划问题可按下列方法化成标准形式：

(1) 若问题是求目标函数的极大值，则可令 $f = -z$，把原问题转化为在相同约束条件下求 $\min f$。

(2) 若目标函数中存在某个 $c_i < 0$，则可令 $x_i = 1 - y_i$，$c_i x_i = c_i(1 - y_i) = c_i - c_i y_i$，这样 $y_i$ 的系数 $-c_i$ 就是正数了。

(3) 如果约束条件中具有不等式约束 $\sum_{j=1}^{n} a_{ij} x_j \geqslant b_i$，则将此不等式两边同乘以 $-1$，改写成

$$\sum_{j=1}^{n} (-a_{ij}) x_j \leqslant -b_i$$

(4) 如果约束条件中存在等式约束 $\sum_{j=1}^{n}a_{ij}x_j=b_i$，则可用下列两个不等式约束来代替

$$\sum_{j=1}^{n}a_{ij}x_j\leqslant b_i$$

$$\sum_{j=1}^{n}(-a_{ij})x_j\leqslant -b_i$$

(5) 如果约束条件中存在 $k$ 个等式约束($k>1$)，可以设为 $\sum_{j=1}^{n}a_{ij}x_j=b_i$，$i=1,2\cdots,k$，则可用下列 $k+1$ 个不等式约束来代替

$$\sum_{j=1}^{n}a_{ij}x_j\leqslant b_i,\quad i=1,2,\cdots,k$$

$$\sum_{i=1}^{k}\sum_{j=1}^{n}(-a_{ij})x_j\leqslant \sum_{i=1}^{k}(-b_i)$$

在求解 0-1 规划时，为了较快地求得问题的最优解，一般常重新排列顺序，使目标函数中的系数递增，即使 $c_1\leqslant c_2\leqslant\cdots\leqslant c_{n-1}\leqslant c_n$ 成立。

## 7.4.2 隐枚举法的基本步骤

隐枚举法的计算过程通常用枚举树图来表示，其基本步骤如下：

(1) 将 0-1 规划问题化为标准形式；检查所有变量均取零值的点(即零点)是否可行。若可行，则零点即为最优解，对应的目标函数值就是最优值，停止计算；否则，转步骤(2)。

(2) 令所有变量为自由变量。

(3) 任选一自由变量 $x_i$，令 $x_i$ 为固定变量(一般选目标函数中的系数较小的变量为固定变量)，则问题就被分成 $x_i=0$ 和 $x_i=1$ 两支，再令所有自由变量取零值，得到每支各一个试探值，转步骤(4)。

(4) ①若该支的试探解可行，则将该试探值的目标值标于该支的旁边，并在该支下方标记"—"；② 若该支的试探解不可行，且存在一个不等式约束，将该支的所有固定变量值代入后，所得的不等式中所有负系数之和大于右端常量，或当所有系数均为正数而最小的正数大于右端常量时，则在该支上不存在问题的可行解，在该支下方标记"—"；③ 若该支的试探解不可行，且 $z_0$ 与 $c_0$ 之和大于已标记"—"的可行试探目标值，其中 $z_0$ 为该试探解的目标值，$c_0$ 为目标函数中对应该支自由变量的最小系数，则该支不存在问题的最优解，在该支下方标记"—"。

(5) 凡标记"—"的支称为已探明的支。

(6) ①若所有支均已探明，则从标记"—"中找出问题的所有可行试探解，若无可行试探解，则问题无最优解；若存在可行试探解，则比较所有可行试探解的目标值，选其最小者，从而得问题的最优解和最优值。② 若仍存在未探明的分支，任选一未探明的支，转步骤(3)。

例如，求解下列 0-1 规划问题

$$\begin{cases}\min z=2x_1+5x_2+3x_3+4x_4\\ \text{s.t.}\quad -4x_1+x_2+x_3+x_4\geqslant 0\\ \qquad\quad -2x_1+4x_2+2x_3+4x_4\geqslant 4\\ \qquad\quad x_1+x_2-x_3+x_4\geqslant 1\\ \qquad\quad x_i=0\text{ 或 }1,\quad i=1,2,3,4\end{cases}$$

将该问题标准化，记为 $P_0$，即

$$\begin{cases}\min z = 2x_1 + 5x_2 + 3x_3 + 4x_4 \\ \text{s.t.} \quad 4x_1 - x_2 - x_3 - x_4 \leqslant 0 \\ \qquad 2x_1 - 4x_2 - 2x_3 - 4x_4 \leqslant -4 \\ \qquad -x_1 - x_2 + x_3 - x_4 \leqslant -1 \\ \qquad x_i = 0 \text{ 或 } 1, \quad i = 1,2,3,4\end{cases}$$

检查零点$(0,0,0,0)^T$是否可行。本题不可行，任选一自由变量，如选$x_1$，令其为固定变量，则问题$P_0$就分为$x_1=1$和$x_1=0$两支，分别记为问题$P_1$和$P_2$，即

$$(P_1)\begin{cases}\min z = 2x_1 + 5x_2 + 3x_3 + 4x_4 \\ \text{s.t.} \quad 4x_1 - x_2 - x_3 - x_4 \leqslant 0 \\ \qquad 2x_1 - 4x_2 - 2x_3 - 4x_4 \leqslant -4 \\ \qquad -x_1 - x_2 + x_3 - x_4 \leqslant -1 \\ \qquad x_1 = 1, \quad x_i = 0 \text{ 或 } 1, \quad i = 2,3,4\end{cases}$$

$$(P_2)\begin{cases}\min z = 2x_1 + 5x_2 + 3x_3 + 4x_4 \\ \text{s.t.} \quad 4x_1 - x_2 - x_3 - x_4 \leqslant 0 \\ \qquad 2x_1 - 4x_2 - 2x_3 - 4x_4 \leqslant -4 \\ \qquad -x_1 - x_2 + x_3 - x_4 \leqslant -1 \\ \qquad x_1 = 0, \quad x_i = 0 \text{ 或 } 1, \quad i = 2,3,4\end{cases}$$

考察问题$P_1$，即有试探解$(1,0,0,0)^T$，知其不可行，将该支固定变量$x_1=1$代入第1个约束条件可得$-x_2-x_3-x_4 \leqslant -4$，因为系数$-1-1-1>-4$，所以该支不存在问题的可行解，不必再分，标记“—”。考察问题$P_2$，即有试探解$(0,0,0,0)^T$，知其不可行。那么再选一个自由变量，如$x_2$，令其为固定变量，则问题$P_2$就分成了$x_2=1$和$x_2=0$两支，其试探解分别为$(0,1,0,0)^T$和$(0,0,0,0)^T$，判断它们是否可行。如此进行下去，就可以得到问题$P_0$的最优解，计算过程的枚举树图如图7-3所示，最终得到的最优解为$(0,0,0,1)^T$，最优值为4。

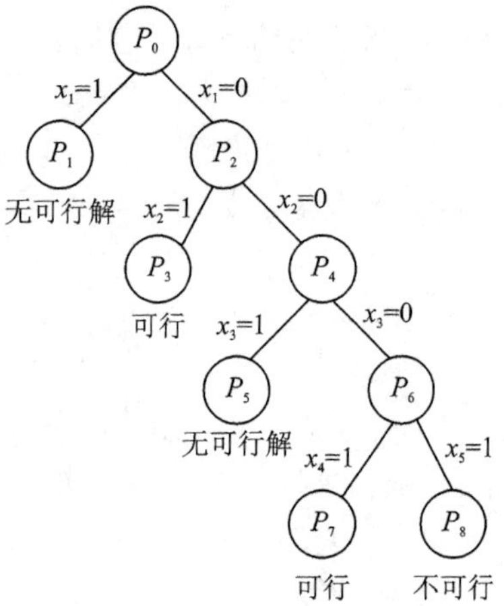


图 7-3　枚举树图

## 7.5 匈牙利法

匈牙利法是匈牙利数学家考尼格提出的求解指派问题的一种方法。指派问题是一种特殊的0-1规划问题和特殊的运输问题，因此可以采用整数规划的方法或用运输问题解法来求解，但由于其独特的模型结构，可以采用匈牙利法以克服整数规划方法计算繁杂、计算时间长的缺点。

### 7.5.1 指派问题的标准形式

指派问题的描述如下：

欲指派$n$个人去做$n$件事。已知第$i$个人做第$j$件事的费用为$c_{ij}(i,j=1,2,\cdots,n)$，要求拟定一个方案，使每个人做一件事，且使总费用最小。

设 $x_{ij}=\begin{cases}1, & \text{第 } i \text{ 人做第 } j \text{ 件事}\\ 0, & \text{否则}\end{cases}$，$i,j=1,2,\cdots,n$，则指派问题的数学模型为

$$\begin{cases}\min z=\sum_{i=1}^{n}\sum_{j=1}^{n}c_{ij}x_{ij}\\ \text{s. t.}\quad \sum_{j=1}^{n}x_{ij}=1,\quad i=1,2,\cdots,n,\quad (\text{第 } i \text{ 人做一件事})\\ \qquad \sum_{i=1}^{n}x_{ij}=1,\quad j=1,2,\cdots,n,\quad (\text{第 } j \text{ 件事由一人去做})\\ \qquad x_{ij}=0 \text{ 或 } 1,\quad i,j=1,2,\cdots,n\end{cases} \tag{7-7}$$

记 $\boldsymbol{C}=(c_{ij})_{n\times n}$ 为指派问题的系数矩阵，$c_{ij}\geqslant 0$，$j=1,2,\cdots,n$。在实际问题中，根据具体意义，$\boldsymbol{C}$ 可以有不同的名称，如费用矩阵、成本矩阵、时间矩阵等。

问题的每一行可行解可用矩阵表示为

$$\boldsymbol{X}=(x_{ij})_{n\times n}$$

其中，$\boldsymbol{X}$ 每行元素之和或每列元素之和为 1，且 $x_{ij}=0$ 或 1，$i,j=1,2,\cdots,n$。

## 7.5.2 匈牙利法的基本步骤

匈牙利法的主要理论依据是下面的两个定理。

**定理 1**：设指派问题的系数矩阵 $\boldsymbol{C}=(c_{ij})_{n\times n}$，若将 $\boldsymbol{C}$ 的第 $i$ 行各元素减去 $u_i$，将 $\boldsymbol{C}$ 的第 $j$ 列元素减去 $v_j$，$i,j=1,2,\cdots,n$，则所得的新的系数矩阵 $\boldsymbol{C}'=(c'_{ij})_{n\times n}$ 对应的指派问题的最优解与 $\boldsymbol{C}$ 对应的指派问题的最优解一致。

**定理 2**：若一方阵中的一部分元素为零，另一部分元素非零，则覆盖方阵内所有零元素的最少直线数等于位于该方阵中位于不同行列的零元素的最多个数。

使用定理 1 变换系数矩阵，使其含有许多零元素，并保证变换后的系数矩阵各元素不小于零。这样若能找到 $n$ 个位于不同行、不同列的零元素，则在问题的解矩阵 $\boldsymbol{X}$ 中，令这 $n$ 个零对应的位置上元素为 1，其余元素为 0，便得到了指派问题的一个最优解。若不能找到 $n$ 个位于不同行、不同列的零元素，则再利用定理 1，将系数矩阵中零元素的位置做恰当调整，不断地进行这样的操作，直至找到 $n$ 个位于不同行、不同列的零元素为止。

匈牙利法的具体计算步骤如下：

步骤 1，变换系数矩阵 $\boldsymbol{C}$。

将 $\boldsymbol{C}$ 每一行的各元素都减去本行的最小元素，每一列的各元素都减去本列的最小元素，使变换后的系数矩阵各行各列均出现零元素，且每个元素不小于零。记变换后的系数矩阵为 $\boldsymbol{C}'=(c'_{ij})_{n\times n}$。

步骤 2，找 $\boldsymbol{C}'$ 位于不同行、不同列的零元素。

若 $\boldsymbol{C}'$ 的某行只有一个零元素，则将其圈起来，并将与其同列的其余零元素画×；若 $\boldsymbol{C}'$ 的某列只有一个零元素，则将其圈起来，并将与其同行的其余零元素画×。如此重复，直至 $\boldsymbol{C}'$ 的所有零元素都被圈起来或画×为止(当符合条件的零元素不唯一时，任选其一即可)。

令 $Q=\{t_{ij}\mid c'_{ij}=0 \text{ 被圈起来}\}$，若 $|Q|=n$，则可得到问题的最优解 $x_{ij}=\begin{cases}1, & t_{ij}\in Q\\ 0\end{cases}$，停止计算；否则，进行步骤 3。

步骤 3，找出能覆盖 $\boldsymbol{C}'$ 中所有零元素的最小直线集合。

① 若某行没有圈起来的零元素，则在此行打√；

② 在打√的行中，对画×的零元素所在的列打√；

③ 在打√的列中，对圈起来的零元素所在的行打√；

④ 如此重复，直到再也不存在可打√的行、列为止；

⑤ 对未打√的行画一横线，对打√的列画一竖线，这些直线便为所求的直线集合。

令 $\boldsymbol{C}'$ 的未被直线覆盖的最小元素为 $\theta$，将未被直线覆盖的元素所在的行的各元素都减去 $\theta$，对画直线的列中各元素都加上这个元素。这样得到一个新矩阵，仍记为 $\boldsymbol{C}'$，返回步骤 2。为消除负元素，可将负元素所在的列(或行)的各元素都加上 $\theta$。

例如，今有 4 位教师 A、B、C、D 和 4 门课程：微积分、线性代数、概率论和运筹学。不同教师上不同课程的课时费(单位：元)如表 7－4 所列。问应如何排定课表才能使总课时费最少？

**表 7－4　数据表**

| 课　程<br>教　师 | 微积分 | 线性代数 | 概率论 | 运筹学 |
|---|---|---|---|---|
| A | 2 | 10 | 9 | 7 |
| B | 15 | 4 | 14 | 8 |
| C | 13 | 14 | 16 | 11 |
| D | 4 | 15 | 13 | 9 |

很明显这是一个指派问题，$n=4$，$\boldsymbol{C}=\begin{bmatrix} 2 & 10 & 9 & 7 \\ 15 & 4 & 14 & 8 \\ 13 & 14 & 16 & 11 \\ 4 & 15 & 13 & 9 \end{bmatrix}$。

根据匈牙利算法，第 1 步，进行约化 $\boldsymbol{C}$，可得

$$\boldsymbol{C}=\begin{bmatrix} 2 & 10 & 9 & 7 \\ 15 & 4 & 14 & 8 \\ 13 & 14 & 16 & 11 \\ 4 & 15 & 13 & 9 \end{bmatrix} \xrightarrow[\text{的最小值}]{\text{每行减去本行}} \begin{bmatrix} 0 & 8 & 7 & 5 \\ 11 & 0 & 10 & 4 \\ 2 & 3 & 5 & 0 \\ 0 & 11 & 9 & 5 \end{bmatrix} \xrightarrow[\text{的最小值}]{\text{每列减去本列}} \begin{bmatrix} 0 & 8 & 2 & 5 \\ 11 & 0 & 5 & 4 \\ 2 & 3 & 0 & 0 \\ 0 & 11 & 4 & 5 \end{bmatrix}=\boldsymbol{C}'$$

第 2 步，进行打○或×，有

$$\begin{bmatrix} \textcircled{0} & 8 & 2 & 5 \\ 11 & \textcircled{0} & 5 & 4 \\ 2 & 3 & \textcircled{0} & \times\!\!\!\!0 \\ \times\!\!\!\!0 & 11 & 4 & 5 \end{bmatrix}$$

第 3 步，找覆盖 $\boldsymbol{C}'$ 的所有零元素的数目最少的直线，有

$$\begin{matrix} \begin{bmatrix} \textcircled{0} & 8 & 2 & 5 \\ 11 & \textcircled{0} & 5 & 4 \\ 2 & 3 & \textcircled{0} & \times\!\!\!\!0 \\ \times\!\!\!\!0 & 11 & 4 & 5 \end{bmatrix} & \begin{matrix} \surd \\ \\ \\ \surd \end{matrix} \\ \begin{matrix} \surd & \quad & \quad & \quad \end{matrix} & \end{matrix}$$

继续约化，$\theta=2$，有

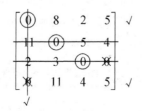

$$C \xrightarrow[\text{各元素减去最小值}]{\text{未被直线覆盖的行}} \begin{bmatrix} -2 & 6 & 0 & 3 \\ 11 & 0 & 5 & 4 \\ 2 & 3 & 0 & 0 \\ -2 & 9 & 2 & 3 \end{bmatrix} \xrightarrow[\text{元素加上最小值}]{\text{画直线的列各}} \begin{bmatrix} 0 & 6 & 0 & 3 \\ 13 & 0 & 5 & 4 \\ 4 & 3 & 0 & 0 \\ 0 & 9 & 2 & 3 \end{bmatrix}$$

再进行打○或×,有

$$\begin{bmatrix} \otimes & 6 & \textcircled{0} & 3 \\ 13 & \textcircled{0} & 5 & 4 \\ 4 & 3 & \otimes & \textcircled{0} \\ \textcircled{0} & 9 & 2 & 3 \end{bmatrix}$$

因圈起来的零元素有 4 个,此为最优解,其值为 $x_{13}=x_{22}=x_{34}=x_{41}=1$,其余 $x_{ij}=0$,再根据 $\boldsymbol{C}$ 矩阵得到最优值为 $9+4+11+4=28$。

故最优课表:4 位教师 A、B、C、D 分别上概率论、线性代数、运筹学和微积分,此时总课时费用最少为 28 元。

## 7.6 算法的 MATLAB 实现

**【例 7.1】** 假如有容量为 9 单位的背包,要装入 4 种体积为 2、3、4 和 5 的物品,它们的价值分别是 3、4、5 和 7。请问应怎样装包才能使尽可能装满包的同时,使包内物品的价值最大?

**解:**对于背包问题可以用贪心算法和动态规划算法求解,在此用贪心算法求解。

贪心算法的基本思想是尽可能地将"价值-体积(质量等)比"中的最大者对应的变量取 1(即装入包内),不能取 1 时则取分数(或 0,取决于题意中物品的要求)。

据此,编写函数 greedy 进行计算。

```
>> volume = [2 3 4 5];value = [3 4 5 7];T = 9;
>> y = greedy(value,volume,T);
>> y = 1.0000     0.6667     0     1.0000          % 将物品 1、4 全部放入包内,物品 2 不放入或放入 0.6667 份,
                                                   % 物品 3 不放入。如果不允许分数,则装入包内物品的价值为 12
```

此函数还可以计算指定某些变量取值的情况。

**【例 7.2】** 求解下列整数(IP)规划问题

$$\begin{cases} \min z = -x_1 - 27x_2 \\ \text{s. t.}\quad -x_1 + x_2 \leqslant 1 \\ \qquad 24x_1 + 4x_2 \leqslant 25 \\ \qquad x_1, x_2 \geqslant 0, \quad x_i \in I, \quad i=1,2 \end{cases}$$

**解:**对于本例,用割平面法求解。根据割平面法的原理,编写函数 gomory 进行计算。

```
>> clear
>> A = [-1 1 1 0;24 4 0 1];b = [1;25];c = [-1 -27 0 0];
>> [x,val] = gomory(A,b,c);                    % 割平面函数
>> x =  x: [1.1102e-016 1 0 21 0 0]
     x1: [1.1102e-016 1]
      f: -27
      A: [5x7 double]
```

最优解为 $[0\ 1]^{\mathrm{T}}$,最优值为 $-27$。

**【例 7.3】** 利用分支定界法求解下列整数规划

$$\begin{cases}\max z=3x_1+2x_2\\ \text{s.t.}\quad 2x_1+3x_2\leqslant 14\\ \qquad 4x_1+2x_2\leqslant 18\\ \qquad x_1,x_2\geqslant 0,\quad x_i\in I,\quad i=1,2\end{cases}$$

**解**:根据分支定界法的原理,编写函数 intprog 进行计算。

```
>> clear
>> f=[-3 -2];A=[2 3;4 2];b=[14;18];Aeq=[];Beq=[];lb=[0;0];ub=[inf;inf];I=[1 2];
>> [x,val]=intprog(f,A,b,I,Aeq,Beq,lb,ub);
>> x= 4  1          %最优解
>> val= -14.0000    %最优值
```

**【例 7.4】** 已知某公司最近开发了三种新产品,为了追求最大利益化,有如下要求:

(1) 在三种新产品中,最多只能选择两种进行生产;

(2) 两个工厂中必须选择一个专门生产新产品。

两个工厂中各种产品的单位生产成本是相同的,但是由于生产设备不同,每单位产品所需的生产时间是不同的。表 7-5 和表 7-6 给出了相关的数据。工厂制定的目标是通过选择产品、工厂以及确定各种产品的产量,获得最大总利润。请问需怎样安排生产?

**表 7-5 三种产品的相关数据(1)**

| 工　厂 | 单位产品的生产时间/h | | | 每周可获得的生产时间/h |
|---|---|---|---|---|
| | 产品Ⅰ | 产品Ⅱ | 产品Ⅲ | |
| 1 | 3 | 4 | 2 | 60 |
| 2 | 4 | 6 | 2 | 80 |

**表 7-6 三种产品的相关数据(2)**

| 类　别 | 产品Ⅰ | 产品Ⅱ | 产品Ⅲ |
|---|---|---|---|
| 单位利润/万元 | 5 | 6 | 7 |
| 启动成本/万元 | 50 | 60 | 70 |
| 每周可销售量 | 14 | 10 | 18 |

**解**:设 $x_i$ 为新产品 $i(i=1,2,3)$ 的周产量;$y_i$ 表示是否生产某种新产品,$y_i=1$ 表示生产,$y_i=0$ 表示不生产,其中,$i=1,2,3$;$c$ 表示选择哪家工厂,$c=0$ 表示选择工厂 1,$c=1$ 表示选择工厂 2。

根据题意可得出如下的数学模型

$$\begin{cases}\max z=(5x_1-50)+(6x_2-60)+(7x_3-70)\\ \text{s.t.}\quad y_1+y_2+y_3\leqslant 2\\ \qquad x_1\leqslant 14y_1,\quad x_2\leqslant 10y_2,\quad x_3\leqslant 18y_3\\ \qquad 3x_1+4x_2+2x_3\leqslant 60+Mc\\ \qquad 4x_1+6x_2+2x_3\leqslant 80+M(1-c)\\ \qquad x_1,x_2,x_3\geqslant 0,\quad y_1,y_2,y_3=0\text{ 或 }1,\quad c=0\text{ 或 }1\end{cases}$$

式中:$M$ 为相对极大值(本例取 100),用于改变不等式约束的右端值,从而使某个工厂必须被选择。

```
>> clear;
>> f=[-5 -6 -7 0 0 0 0]; b=[2;0;0;0;60;180];I=[1 2 3 4 5 6 7];
>> lb=[0;0;0;0;0;0;0];ub=[inf;inf;inf;1;1;1;1];
>> A=[0 0 0 1 1 1 0;1 0 0 -14 0 0 0;0 1 0 0 -10 0 0;
     0 0 1 0 0 -18 0;3 4 2 0 0 0 -100;4 6 2 0 0 0 100];
>> [x,val]=intprog(f,A,b,I,[],[],lb,ub);
>> x=11   0  18  1  0  1  1   %最优解
```

由工厂2选择新产品Ⅰ和Ⅲ，每周的生产量分别为11和18。

```
>> val=-181.0000                    %最优值
```

扣除成本，最后可获得的总利润为61万元。

**【例7.5】** 现有一个容积为36 m³，最大装载质量为40 t的集装箱，需要装入两种产品。产品甲为箱式包装，每箱体积为0.3 m³，质量为0.7 t，每箱价值为1.5万元；产品乙为袋装包装，每袋体积为0.5 m³，质量为0.2 t，每袋价值为1万元。请问：应当装入多少箱产品甲（不可拆开包装）及多少袋产品乙（可以拆开包装）才能使集装箱所载货物的价值最大？

**解**：很明显，此题为包含非整数的混合整数线性规划，其数学模型可以根据题意得出

$$\begin{cases} \max z = 1.5x_1 + x_2 \\ \text{s.t.} \quad 0.3x_1 + 0.5x_2 \leqslant 36 \\ \qquad 0.7x_1 + 0.2x_2 \leqslant 40 \\ \qquad x_1 \geqslant 0 \text{ 且取整} \\ \qquad x_2 \geqslant 0 \end{cases}$$

intprog函数也可以计算混合整数规划问题。

```
>> f=[-1.5 -1]; A=[0.3 0.5;0.7 0.2];b=[36;40];I=1;
>> [x,val,stats]=intprog(f,A,b,I,[],[],[],[]);          %I为指定整数的变量序号向量
>> x=44.0000                    %甲装载量
     45.6000                    %乙装载量
>> val=-111.6000                %装载物的价值为-111.6万元
```

**【例7.6】** 某公司准备在A、B、C三个地区建立货运站。考察了7个地点，准备从中选择3个，选择时规定：A地区的$x_1$、$x_2$、$x_3$三个地点中至多选两个；B地区的$x_4$、$x_5$两个地点中至少选一个；C地区的$x_6$、$x_7$两个地点中至少选一个。

设备投资费用与每年可获得的利润如表7-7所列，如果投资总额不超过700万元，试问应选择哪几个点可使每年利润最大？

**表7-7 设备投资费用与每年可获得的利润**

| 位置<br>费用与利润 | $x_1$ | $x_2$ | $x_3$ | $x_4$ | $x_5$ | $x_6$ | $x_7$ |
|---|---|---|---|---|---|---|---|
| 设备投资费/万元 | 13 | 18 | 21 | 29 | 11 | 28 | 19 |
| 年终获利润/万元 | 21 | 25 | 27 | 37 | 19 | 33 | 25 |

**解**：这是一个0-1规划问题，可采用隐枚举法求解。

根据题意得出的数学模型如下：

$$\begin{cases} \max z = 21x_1 + 25x_2 + 27x_3 + 37x_4 + 19x_5 + 33x_6 + 25x_7 \\ \text{s. t.} \quad 13x_1 + 18x_2 + 21x_3 + 29x_4 + 11x_5 + 28x_6 + 19x_7 \leqslant 700 \\ \qquad x_1 + x_2 + x_3 \leqslant 2 \\ \qquad x_4 + x_5 \geqslant 1 \\ \qquad x_6 + x_7 \geqslant 1 \\ \qquad x_i = 0 \text{ 或 } 1, \quad i = 1,2,\cdots,7 \end{cases}$$

```
>> clear
>> f = [-21 -25 -27 -37 -19 -33 -25];
>> A = [13 18 21 29 11 28 19;1 1 1 0 0 0 0;0 0 0 -1 -1 0 0;0 0 0 0 0 -1 -1];
>> b = [700;2;-1;-1];
>> [xmin,val] = mybintprog(f,A,b);
>> xmin = 0  1  1  1  1  1  1      %除 x1 外,其余地点都选
>> val = -166                      %可获得的最大利润为 166
```

此函数也可以指定初始点。

**【例 7.7】** 今有 4 名译员 A、B、C、D 将一份中文资料分别译为英文、日文、德文和俄文,其耗时如表 7-8 所列。问应如何安排任务才能使总耗时最少?

**表 7-8 翻译耗时表**

小时

| 资料<br>译员 | 英文 | 日文 | 德文 | 俄文 |
|---|---|---|---|---|
| A | 2 | 15 | 13 | 4 |
| B | 10 | 4 | 14 | 15 |
| C | 9 | 14 | 16 | 13 |
| D | 7 | 8 | 11 | 9 |

**解:**这是一个指派问题,可以利用匈牙利法求得。

根据匈牙利法的原理,编写 Hungarian 函数进行计算:

```
>> clear
>> C = [2 15 13 4;10 4 14 15;9 14 16 13;7 8 11 9];
>> [x,val,C] = Hungarian(C);            %匈牙利法函数
>> x = 3    1                            %对应矩阵中的行与列
       2    2
       4    3
       1    4
>> val = 28                              %费用
```

根据计算结果,可安排最优任务:译员 A、B、C、D 分别翻译俄文、日文、英文和德文,此时总时数最少为 28 小时。

**【例 7.8】** 利用匈牙利法求解下列指派问题。

$$\boldsymbol{C} = \begin{bmatrix} 7 & 5 & 9 & 8 & 11 \\ 9 & 12 & 7 & 11 & 9 \\ 8 & 5 & 4 & 6 & 9 \\ 7 & 3 & 6 & 9 & 6 \\ 4 & 6 & 7 & 5 & 11 \end{bmatrix}$$

**解**：利用 Hungarian 函数进行计算。

```
>> C=[7 5 9 8 11;9 12 7 11 9;8 5 4 6 9;7 3 6 9 6;4 6 7 5 11];
>> [x,val,C]=Hungarian(C);
>> x=5    1          %解
     1    2
     2    3
     3    4
     4    5
>> val=28            %最少费用
>> C= Inf    -Inf      3      Inf      3      %最后的格子集
      1       6     -Inf       2     Inf
      3       2      Inf    -Inf       3
      2     Inf        2       3    -Inf
   -Inf       4        4     Inf       6
```

其中，Inf 表示Ø，-Inf 表示⓪。

从计算过程可看出，此题需 2 次约化，而且可以有多种方案，计算结果只是其中的一种，读者可以利用 lattice 函数进行不同方案的计算。Hungarian 函数中约化方案是指定第一个最少⓪行的第 1 个零。

**【例 7.9】**　整数规划中 MATLAB 只提供了求解 0-1 规划的 bintprog 函数，利用此函数求解下列 0-1 规划问题

$$\begin{cases}\min z=7x_1+5x_2+6x_3+8x_4+9x_5 \\ \text{s.t.}\quad 3x_1-x_2+x_3+x_4-2x_5\geqslant 2 \\ \qquad -x_1-3x_2+x_3+2x_4-x_5\leqslant 0 \\ \qquad -x_1-x_2+3x_3+x_4+x_5\geqslant 1 \\ \qquad x_i=0\text{ 或 }1,\quad i=1,2,\cdots,5\end{cases}$$

**解**：

```
>> clear
>> f=[7 5 6 8 9];A=[-3 1 -1 -1 2;-1 -3 1 2 -1;1 1 -3 -1 -1];b=[-2;0;1];
>> [x,val]=bintprog(f,A,b);
>> x=1  0  0  0  0        %最优解
>> val=7                  %最优值
```

# 第 8 章

# 二次规划问题

二次规划是非线性规划中的一种特殊情形,它的目标函数是二次实函数,约束函数都是线性函数。

二次规划比较简单,便于求解,并且一些非线性优化问题可以转化为求解一系列的二次规划问题,因此有必要研究二次规划问题的求解方法。

二次规划的算法较多,本章将介绍求解等式约束凸二次规划的零空间方法和值空间方法(通常称为拉格朗日乘子法),以及求解一般约束凸二次规划的有效集方法。

## 8.1 等式约束二次规划的解法

考虑如下的二次规划问题

$$\begin{cases}\min \dfrac{1}{2}\boldsymbol{x}^{\mathrm{T}}\boldsymbol{H}\boldsymbol{x}+\boldsymbol{c}^{\mathrm{T}}\boldsymbol{x} \\ \text{s.t.} \quad \boldsymbol{A}\boldsymbol{x}=\boldsymbol{b}\end{cases} \tag{8-1}$$

式中:$\boldsymbol{H}\in\mathbf{R}^{n\times n}$ 对称正定;$\boldsymbol{A}\in\mathbf{R}^{m\times n}$ 行满秩;$\boldsymbol{c},\boldsymbol{x}\in\mathbf{R}^{n}$,$\boldsymbol{b}\in\mathbf{R}^{m}$。

### 8.1.1 零空间方法

设 $\boldsymbol{x}_0$ 满足 $\boldsymbol{A}\boldsymbol{x}_0=\boldsymbol{b}$,记 $\boldsymbol{A}$ 的零空间为

$$\boldsymbol{N}(\boldsymbol{A})=\{z\in\mathbf{R}^{n}\mid \boldsymbol{A}\boldsymbol{Z}=\boldsymbol{0}\}$$

则问题(8-1)的任一可行点 $\boldsymbol{x}$ 可表示成 $\boldsymbol{x}=\boldsymbol{x}_0+z(z\in\boldsymbol{N}(\boldsymbol{A}))$,问题(8-1)可表示为

$$\begin{cases}\min \dfrac{1}{2}z^{\mathrm{T}}\boldsymbol{H}z+z^{\mathrm{T}}(\boldsymbol{c}+\boldsymbol{H}\boldsymbol{x}_0) \\ \text{s.t.} \quad \boldsymbol{A}z=\boldsymbol{b}\end{cases}$$

令 $z\in\mathbf{R}^{n\times(n-m)}$ 是 $\boldsymbol{N}(\boldsymbol{A})$ 的一组基组成的矩阵,则对任意的 $\boldsymbol{d}\in\mathbf{R}^{n-m}$ 有 $z=\boldsymbol{Z}\boldsymbol{d}\in\boldsymbol{N}(\boldsymbol{A})$,于是问题(8-1)变成无约束优化问题

$$\min \frac{1}{2}\boldsymbol{d}^{\mathrm{T}}(\boldsymbol{Z}^{\mathrm{T}}\boldsymbol{H}\boldsymbol{Z})\boldsymbol{d}+\boldsymbol{d}^{\mathrm{T}}[\boldsymbol{Z}^{\mathrm{T}}(\boldsymbol{c}+\boldsymbol{H}\boldsymbol{x}_0)] \tag{8-2}$$

可以发现,当 $\boldsymbol{H}$ 是半正定时,$\boldsymbol{Z}^{\mathrm{T}}\boldsymbol{H}\boldsymbol{Z}$ 也是半正定的,此时,若 $\boldsymbol{d}^*$ 是问题(8-2)的稳定点,则 $\boldsymbol{d}^*$ 也是问题(8-2)的全局极小点,同时 $\boldsymbol{x}^*=\boldsymbol{x}_0+\boldsymbol{Z}\boldsymbol{d}^*$ 是问题(8-1)的全局极小点,$\boldsymbol{\lambda}^*=\boldsymbol{A}^{\dagger}(\boldsymbol{H}\boldsymbol{x}^*+\boldsymbol{c})$ 是相应的拉格朗日乘子,其中 $\boldsymbol{A}^{\dagger}$ 是矩阵 $\boldsymbol{A}$ 的广义逆。

其中可行点 $\boldsymbol{x}_0$ 和零空间 $\boldsymbol{N}(\boldsymbol{A})$ 的基矩阵 $\boldsymbol{Z}$ 的确定方法如下:

先对 $\boldsymbol{A}^{\mathrm{T}}$ 作 QR 分解

$$\boldsymbol{A}^{\mathrm{T}}=\boldsymbol{Q}\begin{pmatrix}\boldsymbol{R}\\ \boldsymbol{0}\end{pmatrix}=(\boldsymbol{Q}_1 \quad \boldsymbol{Q}_2)\begin{pmatrix}\boldsymbol{R}\\ \boldsymbol{0}\end{pmatrix} \tag{8-3}$$

式中:$\boldsymbol{Q}$ 为一个 $n$ 阶正交阵,$\boldsymbol{R}$ 为一个 $m$ 阶上三角阵,$\boldsymbol{Q}_1\in\mathbf{R}^{n\times m}$,$\boldsymbol{Q}_2\in\mathbf{R}^{n\times(n-m)}$,则

$$\boldsymbol{x}_0=\boldsymbol{Q}_1\boldsymbol{R}^{-1}b,\quad \boldsymbol{Z}=\boldsymbol{Q}_2 \tag{8-4}$$

同时有

$$A^{\dagger}=Q_1R^{-T} \tag{8-5}$$

以上方法是基于约束函数的系数矩阵的零空间，因此称为零空间方法。

零空间方法的算法步骤如下：

(1) 输入矩阵 $\boldsymbol{H}$、$\boldsymbol{A}$ 和向量 $\boldsymbol{c}$、$\boldsymbol{b}$。

(2) 由式(8-3)对 $\boldsymbol{A}^{T}$ 进行 QR 分解得矩阵 $\boldsymbol{Q}_1$、$\boldsymbol{Q}_2$ 和 $\boldsymbol{R}$。

(3) 根据式(8-4)计算可行点 $\boldsymbol{x}_0$ 和零空间 $\boldsymbol{N}(\boldsymbol{A})$的基矩阵 $\boldsymbol{Z}$。

(4) 求解无约束优化子问题(8-2)得 $\boldsymbol{d}^*$。

(5) 计算全局极小点 $\boldsymbol{x}^*=\boldsymbol{x}_0+\boldsymbol{Z}\boldsymbol{d}^*$ 和相应的拉格朗日乘子 $\boldsymbol{\lambda}^*=\boldsymbol{A}^{\dagger}(\boldsymbol{H}\boldsymbol{x}^*+\boldsymbol{c})$，其中 $\boldsymbol{A}^{\dagger}$ 由式(8-5)确定。

## 8.1.2　拉格朗日乘子法

问题(8-1)的拉格朗日函数为

$$L(x,\lambda)=\frac{1}{2}x^{T}Hx+c^{T}x-\lambda^{T}(Ax-b)$$

令

$$\nabla_x L(x,\lambda)=0,\quad \nabla_\lambda L(x,\lambda)=0$$

可得到方程组

$$\begin{pmatrix} H & -A^{T} \\ -A & 0 \end{pmatrix}\begin{pmatrix} x \\ \lambda \end{pmatrix}=\begin{pmatrix} -c \\ -b \end{pmatrix} \tag{8-6}$$

称上述方程组的系数矩阵

$$\begin{pmatrix} H & -A^{T} \\ -A & 0 \end{pmatrix}$$

为拉格朗日矩阵。

要使问题(8-6)有唯一解，应在问题(8-1)的解 $\boldsymbol{x}^*$ 处满足二阶充分条件

$$d^{T}Hd>0,\quad \forall d\in \mathbf{R}^n,\quad d\neq 0,\quad Ad=0$$

此时，问题(8-1)的解为

$$\begin{pmatrix} \bar{x} \\ \bar{\lambda} \end{pmatrix}=\begin{pmatrix} G & -B^{T} \\ -B & C \end{pmatrix}\begin{pmatrix} -c \\ b \end{pmatrix}=\begin{pmatrix} -Gc+B^{T}b \\ -Bc-Cb \end{pmatrix}$$

其中

$$G=H^{-1}-H^{-1}A^{T}(AH^{-1}A^{T})^{-1}AH^{-1} \tag{8-7}$$

$$B=(AH^{-1}A^{T})^{-1}AH^{-1} \tag{8-8}$$

$$C=-(AH^{-1}A^{T})^{-1} \tag{8-9}$$

$\bar{\boldsymbol{x}}$ 和 $\bar{\boldsymbol{\lambda}}$ 还可以用另一种等价表达式表示。设 $\boldsymbol{x}_k$ 是问题(8-11)的任一可行点(即 $\boldsymbol{x}_k$ 满足 $\boldsymbol{A}\boldsymbol{x}_k=\boldsymbol{b}$)，而在此点处目标函数的梯度为 $\boldsymbol{g}_k=\nabla f(\boldsymbol{x}_k)=\boldsymbol{H}\boldsymbol{x}_k+\boldsymbol{c}$，则 $\bar{\boldsymbol{x}}$ 和 $\bar{\boldsymbol{\lambda}}$ 可表示为

$$\begin{pmatrix} \bar{x} \\ \bar{\lambda} \end{pmatrix}=\begin{pmatrix} x_k-Gg_k \\ -Bg_k \end{pmatrix} \tag{8-10}$$

拉格朗日乘子法的算法步骤如下：

(1) 输入矩阵 $\boldsymbol{H}$、$\boldsymbol{A}$ 和向量 $\boldsymbol{c}$、$\boldsymbol{b}$。

(2) 由式(8-7)和式(8-9)计算 $\boldsymbol{B}$、$\boldsymbol{C}$、$\boldsymbol{G}$。

(3) 根据式(8-4)计算可行点 $\boldsymbol{x}_0$ 和零空间 $\boldsymbol{N}(\boldsymbol{A})$ 的基矩阵 $\boldsymbol{Z}$。

(4) 根据式(8-10)计算 $\boldsymbol{x}^*$ 和 $\boldsymbol{\lambda}^*$，此为 KT 点。

(5) 计算全局极小点 $z^* = \frac{1}{2}(\boldsymbol{x}^*)^{\mathrm{T}}\boldsymbol{H}(\boldsymbol{x}^*) + \boldsymbol{c}^{\mathrm{T}}(\boldsymbol{x}^*)$。

## 8.2 一般凸二次规划的有效集方法

考虑一般二次规划

$$\begin{cases}\min \frac{1}{2}\boldsymbol{x}^{\mathrm{T}}\boldsymbol{H}\boldsymbol{x} + \boldsymbol{c}^{\mathrm{T}}\boldsymbol{x} \\ \text{s.t.} \quad \boldsymbol{a}_i^{\mathrm{T}}\boldsymbol{x} - b_i = 0, \quad i \in \varepsilon = \{1,2,\cdots,l\} \\ \qquad \boldsymbol{a}_i^{\mathrm{T}}\boldsymbol{x} - b_i \geqslant 0, \quad i \in I = \{l+1, l+2, \cdots, m\}\end{cases} \tag{8-11}$$

式中：$\boldsymbol{H}$ 为 $n$ 阶对称阵，记 $I(\boldsymbol{x}^*) = \{i \mid \boldsymbol{a}_i^{\mathrm{T}}\boldsymbol{x} - b_i = 0, i \in I\}$。

问题(8-11)的一个最优解的充分必要条件由定理 1 和定理 2 描述：

**定理 1：** $\boldsymbol{x}^*$ 是二次规划问题(8-10)的局部极小点，当且仅当

(1) 存在 $\boldsymbol{\lambda}^* \in \mathbf{R}^m$ 时，使得

$$\begin{cases}\boldsymbol{H}\boldsymbol{x}^* + \boldsymbol{c} - \sum_{i\in\varepsilon}\lambda_i^*\boldsymbol{a}_i - \sum_{i\in I}\lambda_i^*\boldsymbol{a}_i = \boldsymbol{0} \\ \boldsymbol{a}_i^{\mathrm{T}}\boldsymbol{x}^* - b_i = 0, \quad i \in \varepsilon \\ \boldsymbol{a}_i^{\mathrm{T}}\boldsymbol{x}^* - b_i \geqslant 0, \quad i \in I \\ \lambda_i^* \geqslant 0, \quad i \in \varepsilon, \quad \lambda_i^* = 0, \quad i \in I \backslash I(\boldsymbol{x}^*)\end{cases}$$

(2) 记

$\boldsymbol{S} = \{\boldsymbol{d} \in \mathbf{R}^n \backslash \{\boldsymbol{0}\} \mid \boldsymbol{d}^{\mathrm{T}}\boldsymbol{a}_i = 0, i \in \varepsilon; \boldsymbol{d}^{\mathrm{T}}\boldsymbol{a}_i = 0, i \in I(\boldsymbol{x}^*); \boldsymbol{d}^{\mathrm{T}}\boldsymbol{a}_i = 0, i \in I(x^*) \text{ 且 } \lambda_i^* > 0\}$

则对于任意的 $\boldsymbol{d} \in \boldsymbol{S}$，均有 $\boldsymbol{d}^{\mathrm{T}}\boldsymbol{H}\boldsymbol{d} \geqslant 0$。

**定理 2：** $\boldsymbol{x}^*$ 是二次规划问题(8-10)的全局极小点，当且仅当存在 $\boldsymbol{\lambda}^* \in \mathbf{R}^m$ 时，使得

$$\begin{cases}\boldsymbol{H}\boldsymbol{x}^* + \boldsymbol{c} - \sum_{i\in\varepsilon}\lambda_i^*\boldsymbol{a}_i - \sum_{i\in I}\lambda_i^*\boldsymbol{a}_i = \boldsymbol{0} \\ \boldsymbol{a}_i^{\mathrm{T}}\boldsymbol{x}^* - b_i = 0, \quad i \in \varepsilon \\ \boldsymbol{a}_i^{\mathrm{T}}\boldsymbol{x}^* - b_i \geqslant 0, \quad i \in I \\ \lambda_i^* \geqslant 0, \quad i \in \varepsilon, \quad \lambda_i^* = 0, \quad i \in I \backslash I(\boldsymbol{x}^*)\end{cases}$$

有效集方法基于以下定理。

**定理 3：** 设 $\boldsymbol{x}^*$ 是一般二次规划问题(8-10)的全局极小点，且在 $\boldsymbol{x}^*$ 处的有效集为 $\boldsymbol{S}(\boldsymbol{x}^*) = \varepsilon \cup I(\boldsymbol{x}^*)$，则 $\boldsymbol{x}^*$ 也是等式约束凸二次规划

$$\begin{cases}\min \frac{1}{2}\boldsymbol{x}^{\mathrm{T}}\boldsymbol{H}\boldsymbol{x} + \boldsymbol{c}^{\mathrm{T}}\boldsymbol{x} \\ \text{s.t.} \quad \boldsymbol{a}_i^{\mathrm{T}}\boldsymbol{x} - b_i = 0, \quad i \in \boldsymbol{S}(\boldsymbol{x}^*)\end{cases}$$

的全局极小点。

基于定理 3，有效集的算法原理如下：

第 1 步，形成子问题并求出搜索方向 $\boldsymbol{d}_k$。设 $\boldsymbol{x}_k$ 是问题(8-10)的一个可行点，据此确定相应的有效集 $\boldsymbol{S}_k = \varepsilon \cup I(\boldsymbol{x}_k)$，其中 $I(\boldsymbol{x}_k) = \{i \mid \boldsymbol{a}_i^{\mathrm{T}}\boldsymbol{x}_k - b_i = 0, i \in I\}$，求解相应的子问题

$$\begin{cases}\min \dfrac{1}{2}\boldsymbol{x}^{\mathrm{T}}\boldsymbol{H}\boldsymbol{x}+\boldsymbol{c}^{\mathrm{T}}\boldsymbol{x} \\ \text{s.t.}\quad \boldsymbol{a}_i^{\mathrm{T}}\boldsymbol{x}-b_i=0,\quad i\in S_k\end{cases} \tag{8-12}$$

上述子问题(8-11)等价于

$$\begin{cases}\min q_k(\boldsymbol{d})=\dfrac{1}{2}\boldsymbol{d}^{\mathrm{T}}\boldsymbol{H}\boldsymbol{d}+\boldsymbol{g}_k^{\mathrm{T}}\boldsymbol{d} \\ \text{s.t.}\quad \boldsymbol{a}_i^{\mathrm{T}}\boldsymbol{d}=0,\quad i\in S_k\end{cases} \tag{8-13}$$

式中：$\boldsymbol{x}=\boldsymbol{x}_k+\boldsymbol{d}$；$\boldsymbol{g}_k=\boldsymbol{H}\boldsymbol{x}_k+\boldsymbol{c}$。设求出问题(8-12)的全局极小点为 $\boldsymbol{d}_k$，$\boldsymbol{\lambda}_k$ 为对应的拉格朗日乘子。

第 2 步，进行线搜索确定步长 $\alpha_k$。假设 $\boldsymbol{d}_k\neq\boldsymbol{0}$，分两种情况讨论。

(1) 若 $\boldsymbol{x}_k+\boldsymbol{d}_k$ 是问题(8-10)的可行点，即

$$\boldsymbol{a}_i^{\mathrm{T}}(\boldsymbol{x}_k+\boldsymbol{d}_k)-b_i=0,\quad i\in\varepsilon\quad 及\quad \boldsymbol{a}_i^{\mathrm{T}}(\boldsymbol{x}_k+\boldsymbol{d}_k)-b_i\geqslant 0,\quad i\in I$$

则令 $\alpha_k=1$，$\boldsymbol{x}_{k+1}=\boldsymbol{x}_k+\boldsymbol{d}_k$。

(2) 若 $\boldsymbol{x}_k+\boldsymbol{d}_k$ 不是问题(8-10)的可行点，则通过线搜索求出下降最好的可行点

$$\alpha_k=\bar{\alpha}_k=\min\left\{\frac{b_i-\boldsymbol{a}_i^{\mathrm{T}}\boldsymbol{x}_k}{\boldsymbol{a}_i^{\mathrm{T}}\boldsymbol{d}_k}\,\middle|\,\boldsymbol{a}_i^{\mathrm{T}}\boldsymbol{d}_k<0\right\}$$

合并(1)和(2)，则步长 $\alpha_k$ 为 $\alpha_k=\min\{1,\bar{\alpha}_k\}$。

第 3 步，修正 $S_k$，当 $\alpha_k=1$ 时，有效集不变，即 $S_{k+1}=S_k$；而当 $\alpha_k<1$ 时，

$$\alpha_k=\bar{\alpha}_k=\frac{b_{i_k}-\boldsymbol{a}_{i_k}^{\mathrm{T}}\boldsymbol{x}_k}{\boldsymbol{a}_{i_k}^{\mathrm{T}}\boldsymbol{d}_k}$$

故 $\boldsymbol{a}_{i_k}^{\mathrm{T}}(\boldsymbol{x}_k+\alpha_k\boldsymbol{d}_k)=b_{i_k}$。因此在 $\boldsymbol{x}_{k+1}$ 处增加了一个有效约束，即 $S_{k+1}=S_k\cup\{i_k\}$。

第 4 步，考虑 $\boldsymbol{d}_k=\boldsymbol{0}$ 的情形。此时 $\boldsymbol{x}_k$ 是问题(8-11)的全局极小点，若这时对应的不等式约束的拉格朗日乘子均为非负，则 $\boldsymbol{x}_k$ 也是问题(8-10)的全局极小点，迭代终止；否则，如果对应的不等式约束的拉格朗日乘子有负的分量，则需按下列方法重新寻找一个下降可行方向。

$\boldsymbol{d}_k$ 应满足以下条件

$$\boldsymbol{a}_{i_k}^{\mathrm{T}}(\boldsymbol{x}_k+\boldsymbol{d}_k)>b_{i_k}\quad 和\quad \boldsymbol{a}_{i_k}^{\mathrm{T}}(\boldsymbol{x}_k+\boldsymbol{d}_k)=b_{i_k};\quad \forall i\in S_k,\quad i\neq i_k$$

即

$$\begin{cases}\boldsymbol{a}_{i_k}^{\mathrm{T}}\boldsymbol{d}_k>0 \\ \boldsymbol{a}_{i_k}^{\mathrm{T}}\boldsymbol{d}_k=0,\quad \forall i\in S_k,\quad i\neq i_k\end{cases}$$

因此，令 $S_k'=S_k\setminus\{i_k\}$，则修正后的子问题为

$$\begin{cases}\min q_k(\boldsymbol{d})=\dfrac{1}{2}\boldsymbol{d}^{\mathrm{T}}\boldsymbol{H}\boldsymbol{d}+\boldsymbol{g}_k^{\mathrm{T}}\boldsymbol{d} \\ \text{s.t.}\quad \boldsymbol{a}_i^{\mathrm{T}}\boldsymbol{d}=0,\quad i\in S_k'\end{cases}$$

据此，可写出有效集方法的算法步骤如下：

(1) 选取初始值。给定初始可行点 $\boldsymbol{x}_0\in\mathbf{R}^n$，令 $k=0$。

(2) 计算搜索方向，确定相应的有效集 $S_k=\varepsilon\cup I(\boldsymbol{x}_k)$，求解子问题(8-12)，得极小点 $\boldsymbol{d}_k$。若 $\boldsymbol{d}_k=\boldsymbol{0}$，则转步骤(3)；否则转步骤(4)。

(3) 检验终止准则。计算拉格朗日乘子

$$\boldsymbol{\lambda}_k=\boldsymbol{B}_k\boldsymbol{g}_k$$

式中：

$$\boldsymbol{B}_k=(\boldsymbol{A}_k\boldsymbol{H}^{-1}\boldsymbol{A}_k^{\mathrm{T}})^{-1}\boldsymbol{A}_k\boldsymbol{H}^{-1},\quad \boldsymbol{A}_k=(a_i)_{i\in S_k}$$

令

$$(\boldsymbol{\lambda}_k)_t=\min_{i\in I(x_k)}\{(\boldsymbol{\lambda}_k)_i\}$$

若$(\boldsymbol{\lambda}_k)_t\geqslant 0$,则停止计算,输出 $\boldsymbol{x}_k$ 作为原问题的全局极小点;否则,若$(\boldsymbol{\lambda}_k)_t<0$,则令 $S_k=S_k\backslash\{t\}$,转步骤(2)。

(4) 确定步长 $\alpha_k$。令 $\alpha_k=\min\{1,\bar{\alpha}_k\}$,其中

$$\bar{\alpha}_k=\min_{i\notin S_k}\left\{\frac{b_i-\boldsymbol{a}_i^{\mathrm{T}}\boldsymbol{x}_k}{\boldsymbol{a}_i^{\mathrm{T}}\boldsymbol{d}_k}\,\middle|\,\boldsymbol{a}_i^{\mathrm{T}}\boldsymbol{d}_k<0\right\}$$

令 $\boldsymbol{x}_{k+1}=\boldsymbol{x}_k+\alpha_k\boldsymbol{d}_k$。

(5) 若 $\alpha_k=1$,则令 $S_{k+1}=S_k$;否则,若 $\alpha_k<1$,则令 $S_{k+1}=S_k\cup\{i_k\}$,其中 $i_k$ 满足

$$\bar{\alpha}_k=\frac{b_{i_k}-\boldsymbol{a}_{i_k}^{\mathrm{T}}\boldsymbol{x}_k}{\boldsymbol{a}_{i_k}^{\mathrm{T}}\boldsymbol{d}_k}$$

(6) 令 $k=k+1$,转步骤(2)。

在实际使用有效集方法求解凸二次规划时,一般用渐进有效集约束指标代替有效集约束指标集,即取$\{i\in I\,|\,\boldsymbol{a}_i^{\mathrm{T}}\boldsymbol{x}^*-b_i\leqslant\varepsilon\}$近似代替 $I(\boldsymbol{x}^*)$,其中 $\varepsilon$ 是比较小的常数。此外,可以采用以下的方法确定初始点。

给出一个初始估计点 $\bar{\boldsymbol{x}}\in\mathbf{R}^n$,定义以下线性规划:

$$\begin{cases}\min\ \boldsymbol{e}^{\mathrm{T}}\boldsymbol{z}\\ \text{s.t.}\quad \boldsymbol{a}_i^{\mathrm{T}}\boldsymbol{x}+\tau_i z_i-b_i=0,\quad i\in\varepsilon=\{1,2,\cdots,l\}\\ \qquad\ \ \boldsymbol{a}_i^{\mathrm{T}}\boldsymbol{x}+z_i-b_i\geqslant 0,\quad i\in I=\{l+1,l+2,\cdots,m\}\\ \qquad\ \ z_1,z_2,\cdots,z_m\geqslant 0\end{cases}$$

式中:$\boldsymbol{e}=(1,1,\cdots,1)^{\mathrm{T}}$,$\tau_i=-\mathrm{sgn}(\boldsymbol{a}_i^{\mathrm{T}}\bar{\boldsymbol{x}}-b_i)(i\in\varepsilon)$。

上述线性规划的一个初始可行点为

$$\boldsymbol{x}=\bar{\boldsymbol{x}},z_i=|\boldsymbol{a}_i^{\mathrm{T}}\bar{\boldsymbol{x}}-b_i|\,(i\in\varepsilon),\quad z_i=\max\{b_i-\boldsymbol{a}_i^{\mathrm{T}}\bar{\boldsymbol{x}},0\}\,(i\in I)$$

## 8.3 算法的 MATLAB 实现

**【例 8.1】** 求解下列的最优化问题

$$\begin{cases}\min\ f(\boldsymbol{x})=\dfrac{3}{2}x_1^2+x_2^2+\dfrac{1}{2}x_3^2-x_1x_2-x_2x_3+x_1+x_2+x_3\\ \text{s.t.}\quad h(\boldsymbol{x})=x_1+2x_2+x_3=4\end{cases}$$

**解**:根据拉格朗日乘子法的原理,自编 myquad 函数进行计算。

```
>> clear;
>> H=[3 -1 0;-1 2 -1;0 -1 1];c=[1;1;1];A=[1 2 1];b=4;
>> [x,lamda,minf]=myquad(H,c,A,b)          %拉格朗日乘子法函数(只适用等式约束)
>> x =0.3889  1.2222  1.1667              % (x,lamda)是 KT 点
  lamda =0.9444
  minf =3.2778                             %最优函数值
```

**【例 8.2】** 求解下列最优化问题

$$\begin{cases}\min f(\boldsymbol{x})=\dfrac{1}{2}x_1^2+x_2^2-x_1x_2-2x_1-6x_2\\ \text{s. t.}\quad x_1+x_2\leqslant 2\\ \qquad -x_1+2x_2\leqslant 2\\ \qquad 2x_1+x_2\leqslant 3\\ \qquad x_1,x_2\geqslant 0\end{cases}$$

**解**:根据凸二次规划的有效集方法的原理,编写函数 myquad1 进行计算。

```
>> clear
>> H = [1 -1; -1 2];c = [-2 -6]';Ae = [];be = [];
>> Ai = [-1 -1;1 -2; -2 -1;1 0;0 1];                    %转化成标准式
>> bi = [-2 -2 -3 0 0]';x0 = [0 0]';
>> [xk,lamda,minf] = myquad1(H,c,Ae,be,Ai,bi,x0);      %有效集方法函数
>> xk = 0.6667   1.3333                                  %极值
```

**【例 8.3】** 利用光滑牛顿法求解下列二次规划问题

$$\begin{cases}\min f(\boldsymbol{x})=x_1^2+x_2^2-2x_1x_2-2x_1\\ \text{s. t.}\quad x_1+x_2+x_3=3\\ \qquad x_1+5x_2+x_4=6\\ \qquad x_1,x_2,x_3,x_4\geqslant 0\end{cases}$$

**解**:根据光滑牛顿法的原理,编写函数 newquad 进行计算。

```
>> clear
>> c = [-2 0 0 0]';H = [2 -2 0 0; -2 2 0 0;0 0 0 0;0 0 0 0];
>> Ae = [1 1 1 0;1 5 0 1]; be = [3 6]'; Ai = eye(4);bi = [0 0 0 0];
>> [xmin,minf,mu,lm] = newquad(H,c,Ae,be,Ai,bi);      %newquad 函数
>> xmin = 1.6944   0.8611   0.4444   -0.0000          %极值
```

此函数适用于求解任何形式的二次规划问题。

**【例 8.4】** 求解下面的最优化问题

$$\begin{cases}\min f(\boldsymbol{x})=\dfrac{1}{2}x_1^2+x_2^2-x_1x_2-2x_1-6x_2\\ \text{s. t.}\quad x_1+x_2\leqslant 2\\ \qquad -x_1+2x_2\leqslant 2\\ \qquad 2x_1+x_2\leqslant 3\\ \qquad 0\leqslant x_1,0\leqslant x_2\end{cases}$$

**解**:利用 MATLAB 中的二次规划函数 quadprog 进行计算。

```
>> H = [1 -1; -1 2];f = [-2; -6];A = [1 1; -1 2;2 1];b = [2;2;3];lb = zeros(2,1);
>> options = optimset('Largescale','off');             %采用中型算法
>> [x,fval] = quadprog(H,f,A,b,[],[],lb,[],[],options);
>> x = 0.6667   1.3333                                 %最优解
>> fval = -8.2222                                      %最优值
```

# 第 9 章

# 多目标规划

线性规划、整数规划和非线性规划都只有一个目标函数，但在实际问题中往往要考虑多个目标。如设计一个橡胶配方时，往往要同时考察强力、硬度、变形、伸长等多个指标。由于需要同时考虑多个目标，这类多目标问题要比单目标问题复杂得多。另一方面，在这一系列目标之间，不仅有主次之分，而且有时会互相矛盾，这就给解决多目标问题传统方法带来了一定的困难。目标规划(Goal Programming，GP)正是为了解决多目标问题而提出的一种方法。

多目标规划和目标规划的应用范围很广，包括生产计划、投资计划、市场战略、人事管理、环境保护、土地利用等。

## 9.1 多目标规划的概念

在线性规划中，考虑多个(两个以上)目标函数的最优化问题，就是多目标规划。

假设商店有 $A_1$、$A_2$ 和 $A_3$ 三种水果，单价分别为 4 元/kg、2.80 元/kg 和 2.40 元/kg。今要筹办一次晚会，要求用于买水果的费用不能超过 500 元，水果的总量不少于 30 kg，$A_1$、$A_2$ 两种水果的总和不少于 5 kg，问应如何确定最好的买水果方案。

设 $x_1$、$x_2$、$x_3$ 分别为购买 $A_1$、$A_2$、$A_3$ 三种水果的质量数(kg)，$y_1$ 为用于购买水果所花费的总费用，$y_2$ 为所买水果的总质量，则该问题的目标函数为

$$\begin{cases} y_1 = 4x_1 + 2.8x_2 + 2.4x_3 \to \min \\ y_2 = x_1 + x_2 + x_3 \to \max \end{cases}$$

而约束条件为

$$\begin{cases} 4x_1 + 2.8x_2 + 2.4x_3 \leqslant 500 \\ x_1 + x_2 + x_3 \geqslant 30 \\ x_1 + x_2 \geqslant 5 \\ x_1, x_2, x_3 \geqslant 0 \end{cases}$$

显而易见，这是一个包含两个目标的 LP 问题，称为多目标 LP 问题。

由此可得多目标规划的一般形式，即多目标极小化模型(VMP)

$$\begin{cases} \min(f_1(\boldsymbol{x}), f_2(\boldsymbol{x}), \cdots, f_p(\boldsymbol{x})) \\ \text{s.t.} \quad g_i(\boldsymbol{x}) \leqslant 0, \quad i = 1, 2, \cdots, k \\ \qquad\ \ h_j(\boldsymbol{x}) = 0, \quad j = 1, 2, \cdots, l \end{cases} \tag{9-1}$$

式中：$\boldsymbol{x} = (x_1, x_2, \cdots, x_n)^{\mathrm{T}}$；$p \geqslant 2$。

令 $R = \{\boldsymbol{x} \mid g_i(\boldsymbol{x}) \leqslant 0, i = 1, 2, \cdots, k\}$ 为问题(9-1)的可行集或约束集，$\boldsymbol{x} \in R$ 称为问题(9-1)的可行解或容许解。

在许多实际问题中，各个目标的量纲一般是不相同的，所以有必要把每个目标事先规范化。例如，对 $j$ 个带量纲的目标 $F_j(\boldsymbol{x})$，可令

$$f_j(\boldsymbol{x}) = F_j(\boldsymbol{x}) / F_j$$

式中：$F_j = \min\limits_{x \in R} F_j(\boldsymbol{x})$。

这样，$f_j(\boldsymbol{x})$就是规范化的目标。

多目标规划具有以下特点：

(1) 诸目标可能不一致，如下述多目标规划

$$\begin{cases} \max(x_1, x_2) \\ \text{s.t.} \quad x_1^2 + x_2^2 \leqslant 1 \\ \qquad\quad x_1, x_2 \geqslant 0 \end{cases} \tag{9-2}$$

式(9-2)对应两个单目标规划

$$\begin{cases} \max\ x_1 \\ \text{s.t.} \quad x_1^2 + x_2^2 \leqslant 1 \\ \qquad\quad x_1, x_2 \geqslant 0 \end{cases} \quad 和 \quad \begin{cases} \max\ x_2 \\ \text{s.t.} \quad x_1^2 + x_2^2 \leqslant 1 \\ \qquad\quad x_1, x_2 \geqslant 0 \end{cases}$$

前者的最优解为 $\boldsymbol{x}=(1,0)^{\mathrm{T}}$，后者的最优解为 $\boldsymbol{x}=(0,1)^{\mathrm{T}}$。

(2) 绝对最优解（使诸目标函数同时达到最优解的可行解）往往不存在，只有在特殊情形下才可能存在。如多目标规划(9-2)显然不存在绝对最优解，但多目标规划

$$\begin{cases} \min(x_1, x_2) \\ \text{s.t.} \quad x_1^2 + x_2^2 \leqslant 1 \\ \qquad\quad x_1, x_2 \geqslant 0 \end{cases} \tag{9-3}$$

却有绝对最优解 $\boldsymbol{x}=(0,0)^{\mathrm{T}}$。

(3) 往往无法比较两个可行解的优劣。因可行解对应的目标函数是一个向量，而两个向量是无法比较大小的，故无法比较两个可行解的优劣。如对多目标规划(9-3)的两个可行解 $\boldsymbol{x}^1=(1,0)^{\mathrm{T}}, \boldsymbol{x}^2=(0,1)^{\mathrm{T}}$，因$\begin{pmatrix} f_1(\boldsymbol{x}^1) \\ f_2(\boldsymbol{x}^1) \end{pmatrix} = \begin{pmatrix} f_1(1,0) \\ f_2(1,0) \end{pmatrix} = \begin{pmatrix} 1 \\ 0 \end{pmatrix}$，$\begin{pmatrix} f_1(\boldsymbol{x}^2) \\ f_2(\boldsymbol{x}^2) \end{pmatrix} = \begin{pmatrix} f_1(0,1) \\ f_2(0,1) \end{pmatrix} = \begin{pmatrix} 0 \\ 1 \end{pmatrix}$，故无法比较 $\boldsymbol{x}^1$ 与 $\boldsymbol{x}^2$ 的优劣。

基于以上特点，需要定义适用于多目标规划的“最优解”概念。

## 9.2　有效解、弱有效解和绝对有效解

先引进向量空间中向量之间的比较关系，即向量的“序”。

**定义 1**：设 $\boldsymbol{\alpha}=(a_1,a_2,\cdots,a_n)^{\mathrm{T}}$，$\boldsymbol{\beta}=(b_1,b_2,\cdots,b_n)^{\mathrm{T}}$ 是 $n$ 维空间 $\mathbf{R}^n$ 中的两个向量。

(1) 若 $a_i=b_i, i=1,2,\cdots,n$，则称向量 $\boldsymbol{\alpha}$ 等于向量 $\boldsymbol{\beta}$，记作 $\boldsymbol{\alpha}=\boldsymbol{\beta}$。

(2) 若 $a_i \leqslant b_i, i=1,2,\cdots,n$，则称向量 $\boldsymbol{\alpha}$ 小于或等于向量 $\boldsymbol{\beta}$，记作 $\boldsymbol{\alpha} \leqslant \boldsymbol{\beta}$。

(3) 若 $a_i \leqslant b_i, i=1,2,\cdots,n$，且至少有一个是严格不等式，则称向量 $\boldsymbol{\alpha}$ 小于向量 $\boldsymbol{\beta}$，记作 $\boldsymbol{\alpha} \leqq \boldsymbol{\beta}$。

(4) 若 $a_i < b_i, i=1,2,\cdots,n$，则称向量 $\boldsymbol{\alpha}$ 严格小于向量 $\boldsymbol{\beta}$，记作 $\boldsymbol{\alpha} < \boldsymbol{\beta}$。

由上述定义确定的向量之间的序，称为向量的自然序。

利用自然序的概念就可以给出一般的多目标极小化模型(VMP)解的一些概念。

**定义 2**：设 $R$ 是模型(VMP)的约束集，$F(\boldsymbol{x})$是(VMP)的向量目标函数，若对 $\tilde{\boldsymbol{x}} \in R$，不存在 $\boldsymbol{x} \in R$，使得

$$F(\boldsymbol{x}) \leqq F(\tilde{\boldsymbol{x}})$$

则称 $\tilde{x}$ 是多目标极小化模型(VMP)的有效解。

这个定义表明,有效解是这样的一种解:在向量不等式"≦"下,在所考虑的模型的约束集中已找不到比它更好的解。

有效解也称帕累托(Pareto)最优解,它是多目标最优化中一个最基本的概念。模型(VMP)的全部有效解所组成的集合称做模型(VMP)关于向量目标函数 $F(\boldsymbol{x})$ 和约束集 $R$ 的有效解集,记作 $E(F,R)$,或简记为 $E$。

**定义 3**:设 $R$ 是模型(VMP)的约束集,$F(\boldsymbol{x})$ 是(VMP)的向量目标函数,若对 $\tilde{\boldsymbol{x}}\in R$,不存在 $\boldsymbol{x}\in R$,使得

$$F(\boldsymbol{x}) < F(\tilde{\boldsymbol{x}})$$

则称 $\tilde{x}$ 是多目标极小化模型(VMP)的弱有效解。

这个定义表明,在向量不等式"<"下,在问题(VMP)的约束集中已找不到比它更好的解。模型(VMP)的全部弱有效解所组成的集合称做模型(VMP)的弱有效解集,记作 $E_W(F,R)$,或简记为 $E_W$。

**定义 4**: 设 $R$ 是模型(VMP)的约束集,$F(\boldsymbol{x})$ 是(VMP)的向量目标函数,若对 $\boldsymbol{x}^*\in R$,并且对一切 $\boldsymbol{x}\in R$,使得

$$F(\boldsymbol{x}^*) \leqslant F(\boldsymbol{x})$$

则称 $\boldsymbol{x}^*$ 是多目标极小化模型(VMP)的绝对有效解。

这个定义表明,模型(VMP)的绝对最优解 $\boldsymbol{x}^*$ 就是对于 $F(\boldsymbol{x})$ 的每个分目标函数都同时是最优的解。由模型(VMP)的全部绝对有效解所组成的集合称为模型(VMP)的绝对有效解集,记作 $E^*(F,R)$,或简记为 $E^*$。

在一般情况下,一个给定的多目标极小化模型的绝对最优解是不存在的(但也有存在的情况)。

向量目标函数经过一个单调变换之后,对应的多目标极小化模型的有效解(或弱有效解)和原模型的有效解(或弱有效解)之间存在如下的关系。

**定理 1**: 设 $R$ 是模型(VMP)的约束集,$F(\boldsymbol{x})$ 是(VMP)的向量目标函数,若 $\Phi(\boldsymbol{x})=[\varphi_1(\boldsymbol{x}),\cdots,\varphi_m(\boldsymbol{x})]^{\mathrm{T}}$,其中 $\varphi_i(\boldsymbol{x})=\varphi_i(f_i(\boldsymbol{x}))$,且每一个 $\varphi_i$ 关于对应的 $f_i$ 都是严格单增函数,$i=1,2,\cdots,m$,则

(1) $E(\Phi,R)\subset E(F,R)$;

(2) $E_W(\Phi,R)\subset E_W(F,R)$。

**定理 2**: 模型(VMP)的有效解一定是弱有效解。

**定理 3**: 对模型(VMP),若绝对有效解集 $E^*(\Phi,R)\neq\varnothing$,则有效解集与绝对最优解集相同,即 $E(F,R)=E^*(F,R)$。

**定理 4**: 设约束集是凸集,每个 $f_i(\boldsymbol{x})$ 是 $R$ 上的严格凸函数,$i=1,2,\cdots,m$,则模型(VMP)的有效解集和弱有效解集相同,即 $E(F,R)=E_W(F,R)$。

## 9.3 处理多目标规划问题的一些方法

### 9.3.1 评价函数法

对于一个给定的多目标极小化模型(VMP),一般具有多个有效解。因此,对于模型

(VMP)，通常不满足于求出它任意的一个有效解或弱有效解，而是设法求出这样一个解，它既是问题的有效解或弱有效解，同时又是某种意义下决策者所满意的解，这正是求解多目标最优化与单目标最优化的一个重要的不同点。

评价函数法是把模型(VMP)中的分目标函数转化为一个与之相关的单目标(数值)极小化问题，然后通过求解这个单目标函数的极小化问题，来达到求解原模型(VMP)的目的。一般来说，采用不同形式的评价函数，可求得(VMP)在不同意义下的解，从而也对应了一种不同的求解方法。

对于一个多目标极小化模型

$$V\text{-}\min_{x\in R}(\boldsymbol{x})$$

其中，$F(\boldsymbol{x})=[f_1(\boldsymbol{x}),\cdots, f_m(\boldsymbol{x})]^{\mathrm{T}}$，$R$ 为约束集。构造一个单目标极小化问题

$$\min_{x\in R}\phi[f_1(\boldsymbol{x}),\cdots,f_m(\boldsymbol{x})]=\min_{x\in R}\phi[F(\boldsymbol{x})]$$

易见，只要所作函数 $\phi(\cdot)$满足一定的条件，就可以通过求解 $P_\phi$，得到模型(VMP)的有效解或弱有效解。函数 $\phi(\cdot)$称为评价函数。

**1. 线性加权和法**

取评价函数为

$$\phi[F(\boldsymbol{x})]=\sum_{i=1}^{m}\lambda_i f_i(\boldsymbol{x})$$

其中，$\lambda_i\geqslant 0, i=1,2,\cdots,m$，且 $\sum_{i=1}^{m}\lambda_i=1$。于是把模型(VMP)的最优化问题转换为下列数值函数的极小化问题，即求解

$$\min_{x\in R}\phi[F(\boldsymbol{x})]=\min_{x\in R}\sum_{i=1}^{m}\lambda_i f_i(\boldsymbol{x})$$

其最优解 $\tilde{\boldsymbol{x}}$ 便是在按各分目标的重要程度的意义下，使各分目标值尽可能小的解，也即为原模型(VMP)的有效解或弱有效解。当 $\lambda_i>0(i=1,2,\cdots,m)$时，$\tilde{\boldsymbol{x}}$ 为(VMP)的有效解；当 $\lambda_i\geqslant 0(i=1,2,\cdots,m)$时，$\tilde{\boldsymbol{x}}$ 为(VMP)的弱有效解。

通常 $\lambda_i\geqslant 0(i=1,2,\cdots,m)$称为对应项的权系数。由一组权系数组成的向量 $\boldsymbol{\Lambda}=(\lambda_1,\cdots,\lambda_m)^{\mathrm{T}}$ 称为权向量。

由于评价函数为线性加权和形式，因此该方法就称为线性加权和法，其关键在于如何合理地确定权系数 $\lambda_i$。

例如，对下列的多目标极小化模型(VMP)

$$V\text{-}\min_{x\in R}(x_1x_2, x_1^2+x_2^2) \tag{9-4}$$

式中：$R=\left\{(x_1,x_2)^{\mathrm{T}}:\begin{matrix}2.5-x_1\geqslant 0, x_1-x_2\geqslant 0, x_1\geqslant 0\\ x_1^2x_2-1\geqslant 0, 4x_1-x_2\geqslant 0, x_2\geqslant 0\end{matrix}\right\}$。

如果根据研究确定权系数 $\lambda_1=0.3$，$\lambda_1=0.7$，则(VMP)可以转化为

$$\min_{x\in R}\{0.3x_1x_2+0.7(x_1^2+x_2^2)\}$$

这是一个单目标非线性规划问题，可用非线性约束的最优化方法求解其最优解为

$$\tilde{\boldsymbol{x}}=(x_1,x_2)^{\mathrm{T}}=(1.151\,1, 0.754\,7)^{\mathrm{T}}$$

由于给定的权系数均大于零，所以 $\tilde{\boldsymbol{x}}$ 是问题(9-4)的有效解。

**2. 平方和加权法**

先求出各个单目标规划问题的一个尽可能好的下界 $f_1^0, f_2^0,\cdots,f_p^0$，即

$$\min_{x\in R} f_i(\boldsymbol{x}) \geqslant f_i^0, \quad i=1,2,\cdots,m$$

然后构造评价函数

$$\phi[F(\boldsymbol{x})]=\sum_{i=1}^{m}\lambda_i[f_i(\boldsymbol{x})-f_i^0]^2 \tag{9-5}$$

式中：$\lambda_i>0, i=1,2,\cdots,m$，且 $\sum_{i=1}^{m}\lambda_i=1$。

再求出问题(9-5)的最优解 $\tilde{\boldsymbol{x}}$ 作为模型(VMP)的最优解。

**3. 极小-极大法**

极小-极大法的出发点是基于这样一种决策偏好：希望在最不利的情况下找出一个最有利的决策方案。根据这个设想，可以取评价函数为

$$\phi[F(\boldsymbol{x})]=\max_{1\leqslant i\leqslant m}\{f_i(\boldsymbol{x})\}$$

于是，多目标极小化模型(VMP)可以转换为求解下列极小化问题

$$\min_{x\in R}\phi[F(x)]=\min_{x\in R}\max_{1\leqslant i\leqslant m}\{f_i(\boldsymbol{x})\}$$

其最优解 $\tilde{\boldsymbol{x}}$ 为模型(VMP)的弱有效解。

为了在评价函数中反映各个分目标的重要性，评价函数取下列带权系数的更为广泛，即

$$\phi[F(\boldsymbol{x})]=\max_{1\leqslant i\leqslant m}\{\lambda_i f_i(\boldsymbol{x})\}$$

此时转换为以下的数值极小化问题

$$\min_{x\in R}\phi[F(\boldsymbol{x})]=\min_{x\in R}\max_{1\leqslant i\leqslant m}\{\lambda_i f_i(\boldsymbol{x})\} \tag{9-6}$$

式中：$\lambda_i>0, i=1,2,\cdots,m$，且 $\sum_{i=1}^{m}\lambda_i=1$。

在求解问题(9-6)时，要作极大值选择，然后再作极小化运算，这在实际求解时是不方便的，可以引进一个数值变量

$$W=\max_{1\leqslant i\leqslant m}\{\lambda_i f_i(\boldsymbol{x})\}$$

这样求解原问题(VMP)就转化为通常的数值极小化问题

$$\begin{cases}\min W \\ \text{s.t.} \quad \boldsymbol{x}\in R \\ \qquad \lambda_i f_i(\boldsymbol{x})\leqslant W, \quad i=1,2,\cdots,m\end{cases} \tag{9-7}$$

当 $\lambda_i>0, i=1,2,\cdots,m$，且 $\sum_{i=1}^{m}\lambda_i=1$ 时，问题(9-7)的最优解为 $(\tilde{\boldsymbol{x}}^{\mathrm{T}},\widetilde{\boldsymbol{W}})^{\mathrm{T}}$，则 $\tilde{\boldsymbol{x}}$ 即为(VMP)的弱有效解。

**4. 乘除法**

在模型(VMP)中，设对任意 $\boldsymbol{x}\in R$，各目标函数值均满足 $f_i(\boldsymbol{x})>0, i=1,\cdots,m$。

现将目标函数分为两类，不妨设其分别为：

① $f_1(\boldsymbol{x}),\ f_2(\boldsymbol{x}),\cdots,\ f_t(\boldsymbol{x})\rightarrow \min$；

② $f_{t+1}(\boldsymbol{x}),\ f_{t+2}(\boldsymbol{x}),\cdots,\ f_m(\boldsymbol{x})\rightarrow \max$，

则可以构造评价函数

$$\phi[F(\boldsymbol{x})]=\frac{\prod_{j=1}^{t}f_j(\boldsymbol{x})}{\prod_{j=t+1}^{m}f_j(\boldsymbol{x})} \tag{9-8}$$

然后求解问题(9－8)，即可得到模型(VMP)的最优解。

**5. 理想点法**

对于多目标极小化模型(VMP)，为了使各个目标函数均尽可能地极小化，也可以先分别求出各分目标函数的极小值，然后让各目标尽量接近各自的极小值来获得它的解，也即分别求解

$$f_i(\boldsymbol{x}^{(i)})=\min_{x\in R} f_i(\boldsymbol{x}),\quad i=1,2,\cdots,m$$

如果各个 $\boldsymbol{x}^{(i)}(i=1,2,\cdots,m)$ 都相同，则 $\boldsymbol{x}^*=\boldsymbol{x}^{(i)}(i=1,2,\cdots,m)$ 即为模型(VMP)的绝对最优解。但在一般情况下各个 $\boldsymbol{x}^{(i)}(i=1,2,\cdots,m)$ 不完全相同，因此各个最小值 $f_i^*\triangleq f_i(\boldsymbol{x}^{(i)})$ 分别是对应的分目标函数 $f_i(\boldsymbol{x})$ 最理想的值，因此，点 $\boldsymbol{F}^*\in\boldsymbol{R}^m$，即

$$\boldsymbol{F}^*\triangleq(f_1^*,f_2^*,\cdots,f_m^*)$$

称作模型(VMP)的理想点。

理想点法就是取目标 $\boldsymbol{F}$ 与理想点 $\boldsymbol{F}^*$ 之间的“距离”，即

$$\phi[F(\boldsymbol{x})]=\|F(\boldsymbol{x})-F^*\|$$

作为评价函数的方法，即把求解模型(VMP)转换为求解数值极小化问题

$$\min_{x\in R}\|F(\boldsymbol{x})-F^*\| \tag{9-9}$$

式中：$\|F(\boldsymbol{x})-F^*\|$ 表示向量 $F(\boldsymbol{x})-\boldsymbol{F}^*$ 的模。

在理想点法中，只要选取适当的模 $\|\cdot\|$，使得 $\|F(\boldsymbol{x})-F^*\|$ 关于 $\boldsymbol{F}(\boldsymbol{x})$ 是严格的增函数或增函数，则问题(9－9)的最优解必为模型(VMP)的有效解或弱有效解。

通常采用以下形式定义的模函数：

(1) 距离模评价函数

$$\phi[F(\boldsymbol{x})]=\|F(\boldsymbol{x})-F^*\|=\sqrt{\sum_{i=1}^{m}[f_i(\boldsymbol{x})-f_i^*]^2} \tag{9-10}$$

(2) 带权 $p$－模评价函数

$$\phi[F(\boldsymbol{x})]=\|F(\boldsymbol{x})-F^*\|=\left\{\sum_{i=1}^{m}\lambda_i[f_i(\boldsymbol{x})-f_i^*]^p\right\}^{\frac{1}{p}},\quad 1\leqslant p\leqslant+\infty \tag{9-11}$$

(3) 带权极大模评价函数

$$\phi[F(\boldsymbol{x})]=\|F(\boldsymbol{x})-F^*\|=\max_{1\leqslant i\leqslant m}\{\lambda_i\mid f_i(\boldsymbol{x})-f_i^*\mid\} \tag{9-12}$$

若分别采用式(9－10)、式(9－11)和式(9－12)作为评价函数，则各方法相应地称为最短距离法、$p$－模理想点法和极大模理想点法。

对于最短距离法，问题(9－9)的最优解即为模型(VMP)的有效解。

对于 $p$－模理想点法，当权系数 $\lambda_i>0,i=1,2,\cdots,m$，且 $\sum_{i=1}^{m}\lambda_i=1$ 时，问题(9－9)的最优解即为模型的弱有效解。

对于极大模理想点法，当 $\lambda_i>0,i=1,2,\cdots,m$，且 $\sum_{i=1}^{m}\lambda_i=1$ 时，问题(9－9)的最优解即为模型(VMP)的弱有效解。

下面给出理想点法的计算步骤。

(1) 求理想点：求出各分目标的极小点和极小值

$$f_i^*=f_i(\boldsymbol{x}^{(i)})=\min_{x\in R} f_i(\boldsymbol{x}),\quad i=1,2,\cdots,m$$

(2) 检验理想点：若 $\boldsymbol{x}^{(1)}=\cdots=\boldsymbol{x}^{(m)}$，则输出绝对最优解 $\boldsymbol{x}^*=\boldsymbol{x}^{(i)}(i=1,2,\cdots,m)$；否则转步骤(3)。

(3) 求解数值极小化问题

$$\min_{x\in R}\|F(\boldsymbol{x})-F^*\|$$

求得最优解 $\tilde{x}$,输出 $\tilde{x}$。

对于带权极大模理想点法,用问题(9-12)的形式求解仍不方便,还需要引进数值变量

$$W=\max_{1\leqslant i\leqslant m}\{\lambda_i\mid f_i(\boldsymbol{x})-f_i^*\mid\}$$

于是把问题转化为如下等价的问题

$$\begin{cases}\min W\\ \text{s.t.}\quad \boldsymbol{x}\in R\\ \qquad \lambda_i\mid f_i(\boldsymbol{x})-f_i^*\mid\leqslant W,\quad i=1,2,\cdots,m\\ \qquad W\geqslant \boldsymbol{0}\end{cases}$$

设该问题的最优解为$(\tilde{\boldsymbol{x}}^{\mathrm{T}},\widetilde{W})^{\mathrm{T}}$,则 $\tilde{\boldsymbol{x}}$ 即为$\min\limits_{x\in R}\max\limits_{1\leqslant i\leqslant m}\{\lambda_i|f_i(\boldsymbol{x})-f_i^*|\}$的最优解。

## 9.3.2 约束法

在多目标极小化模型(VMP)中,从 $m$ 个目标函数 $f_1(\boldsymbol{x}),\cdots,f_m(\boldsymbol{x})$中,若能确定出一个主要目标,例如 $f_1(\boldsymbol{x})$,而对其他的目标函数 $f_2(\boldsymbol{x}),\cdots,f_m(\boldsymbol{x})$只要求满足一定的条件即可,例如要求

$$a_i\leqslant f_i(\boldsymbol{x})\leqslant b_i,\quad i=2,3,\cdots,m$$

这样,就可以把其他目标当做约束来处理,则模型(VMP)可化为求解如下的非线性规划问题

$$\begin{cases}\min f_1(\boldsymbol{x})\\ \text{s.t.}\quad g_i(\boldsymbol{x})\leqslant 0,\quad i=1,2,\cdots,m\\ \qquad a_j\leqslant f_j(\boldsymbol{x})\leqslant b_j,\quad j=2,\cdots,m\end{cases}$$

## 9.3.3 逐步法

逐步法是一种迭代方法,在求解过程中的每一步,把计算结果告诉决策者,决策者对计算结果作出评价,若认为满意,则迭代终止;否则根据决策者的意见再重复计算,如此循环进行,直到求得满意的解为止。这种方法主要是针对如下的多目标 LP 问题设计的。

$$\begin{cases}\min F(\boldsymbol{x})=(f_1(\boldsymbol{x}),f_2(\boldsymbol{x}),\cdots,f_p(\boldsymbol{x}))^{\mathrm{T}}\\ \text{s.t.}\quad \boldsymbol{Ax}\leqslant\boldsymbol{b}\\ \qquad \boldsymbol{x}\geqslant\boldsymbol{0}\end{cases}\tag{9-13}$$

式中:$f_i(\boldsymbol{x})=\sum\limits_{j=1}^{n}c_{ij}x_j,i=1,2,\cdots,p;\boldsymbol{A}=(a_{ij})_{m\times n};\boldsymbol{b}=(b_1,b_2,\cdots,b_m)^{\mathrm{T}}$。

令 $R=\{\boldsymbol{x}|\boldsymbol{Ax}\leqslant\boldsymbol{b},\boldsymbol{x}\geqslant\boldsymbol{0}\}$,逐步法的计算步骤如下:

(1) 分别求解如下的 $p$ 个单目标线性规划问题

$$\begin{cases}\min f_i(\boldsymbol{x})=\sum\limits_{j=1}^{n}c_{ij}x_j,\quad i=1,2,\cdots,p\\ \text{s.t.}\quad \boldsymbol{x}\in R\end{cases}$$

记所得的最优解为 $\boldsymbol{x}^{(i)}(i=1,2,\cdots,p)$,相应的最优值为 $f_i^*(i=1,2,\cdots,p)$。

令

$$f_i^M\triangleq\max_j\{f_i(\boldsymbol{x}^{(j)})\}$$

(2) 令

$$\alpha_i=\begin{cases}(f_i^M-f_i^*)\Big/f_i^*\left(\sum_{j=1}^{n}c_{ij}^2\right)^{1/2}, & 若 f_i^*>0\\ (f_i^*-f_i^M)\Big/f_i^*\left(\sum_{j=1}^{n}c_{ij}^2\right)^{1/2}, & 若 f_i^*<0\end{cases} \tag{9-14}$$

$$\lambda_i=\frac{\alpha_i}{\sum_{j=1}^{p}\alpha_j},\quad i=1,2,\cdots,p \tag{9-15}$$

由式(9-14)和式(9-15),易见 $0\leqslant\lambda_i\leqslant 1(i=1,2,\cdots,p)$, $\sum_{i=1}^{p}\lambda_i=1$。

(3) 求出问题

$$\begin{cases}\min t\\ \text{s.t.}\quad [f_i(\boldsymbol{x})-f_i^*]\lambda_i\leqslant t,\quad i=1,2,\cdots,p\\ \qquad \boldsymbol{x}\in R,\quad t\geqslant 0\end{cases} \tag{9-16}$$

的最优解 $\boldsymbol{x}^{(1)}$ 及 $f_1(\boldsymbol{x}^{(1)}), f_2(\boldsymbol{x}^{(1)}),\cdots, f_p(\boldsymbol{x}^{(1)})$。

(4) 将前述的计算结果 $f_1(\boldsymbol{x}^{(1)}), f_2(\boldsymbol{x}^{(1)}),\cdots, f_p(\boldsymbol{x}^{(1)})$ 告诉决策者,若决策者认为满意,则取 $\boldsymbol{x}^{(1)}$ 为问题(9-13)最优解,$\boldsymbol{F}(\boldsymbol{x}^{(1)})=(f_1(\boldsymbol{x}^{(1)}), f_2(\boldsymbol{x}^{(1)}),\cdots, f_p(\boldsymbol{x}^{(1)}))^{\mathrm{T}}$ 为最优值,计算结束;否则由决策者把某个目标(例如第 $j$ 个目标)的值提高 $\Delta f_j$(称为宽容值),则式(9-16)中的约束集 $R$ 应修正为 $R^{(1)}$,即令 $R=R^{(1)}$,其中

$$R^{(1)}=\{\boldsymbol{x}\mid \boldsymbol{x}\in R, f_j(\boldsymbol{x})\leqslant f_j(\boldsymbol{x}^{(1)})+\Delta f_j, f_i(\boldsymbol{x})\leqslant f_i(\boldsymbol{x}^{(1)}), i=1,2,\cdots,p, i\neq j\}$$

且 $\lambda_j=0$。再求问题(9-16),得到最优解 $\boldsymbol{x}^{(2)}$ 及 $f_1(\boldsymbol{x}^{(2)}), f_2(\boldsymbol{x}^{(2)}),\cdots, f_p(\boldsymbol{x}^{(2)})$,这样继续迭代下去,直到求出一组决策者满意的解为止。

### 9.3.4 分层求解法

在多目标最优化模型中,有一类不同于模型(VMP)形式的模型。这类模型的特点是:在约束条件下,各个分目标函数不是等同地被优化,而是按不同的优先层次先后地进行最优化。这种多目标最优化模型通常称作分层多目标最优化模型。对于每个优先层,可以有多个分目标等同地被优化。

考虑如下的分层多目标极小化模型

$$L\text{-}\min_{\boldsymbol{x}\in R}[P_1\boldsymbol{F}_1(\boldsymbol{x}), P_2\boldsymbol{F}_2(\boldsymbol{x}),\cdots,P_L\boldsymbol{F}_L(\boldsymbol{x})]$$

其中,$R$ 表示约束集,$L$ 表示有 $L$ 个优先层次,其优先顺序如下:

(用 $P_1$ 表示) 第 1 优先层次 —— $\boldsymbol{F}_1(\boldsymbol{x})=[f_1^1(\boldsymbol{x}),\cdots,f_{l_1}^1(\boldsymbol{x})]^{\mathrm{T}}$

(用 $P_2$ 表示) 第 2 优先层次 —— $\boldsymbol{F}_2(\boldsymbol{x})=[f_1^2(\boldsymbol{x}),\cdots,f_{l_2}^2(\boldsymbol{x})]^{\mathrm{T}}$

⋮

(用 $P_L$ 表示) 第 $L$ 优先层次 —— $\boldsymbol{F}_L(\boldsymbol{x})=[f_1^L(\boldsymbol{x}),\cdots,f_{l_L}^L(\boldsymbol{x})]^{\mathrm{T}}$

且 $l_1+l_2+\cdots+l_L=m(m\geqslant 2)$。

**1. 完全分层法**

考虑如下的完全分层多目标极小化模型,即每一个优先层只有一个目标的分层多目标极小化模型($m\geqslant 2$)

$$L\text{-}\min_{x\in R}[P_1f_1(\boldsymbol{x}),P_2f_2(\boldsymbol{x}),\cdots,P_mf_m(\boldsymbol{x})] \tag{9-17}$$

同一般多目标极小化模型不同的是,式(9-17)中各个分目标在问题中并不处于同等地位,而是具有不同的优先层次。由于此模型每一个优先层次中只考虑一个目标,所以求解时只要按模型所规定的优先层次依次对每一层求出最优解,最后一层的最优解即为所求解。该算法称作完全分层法。

完全分层法算法的具体步骤如下:

(1) 确定初始约束集(可行域)$R$,将 $R$ 作为模型(9-17)的第1优先层次问题的可行域 $R^1$:$R^1=R$,令 $k=1$。

(2) 极小化分层问题。在第 $k$ 优先层次的可行域上求解第 $k$ 优先层次目标函数 $f_k(\boldsymbol{x})$ 的数值极小化问题

$$\min_{x\in R^k} f_k(\boldsymbol{x})$$

设得最优解 $\boldsymbol{x}^{(k)}$ 和最优值 $f_k(\boldsymbol{x}^{(k)})$。

(3) 检验求解的优先层次数。若 $k=m$,则输出 $\tilde{x}=\boldsymbol{x}^{(m)}$;若 $k<m$,则转步骤(4)。

(4) 建立下一层次的可行域。取第 $k+1$ 优先层次的可行域为

$$R^{(k+1)}=\{\boldsymbol{x}\in R^k \mid f_k(\boldsymbol{x})\leqslant f_k(\boldsymbol{x}^{(k)})\}$$

令 $k=k+1$,转步骤(2)。

在进行完全分层法运算时,若在某一中间优先层次得到了唯一解,则下一层的求解实际上已不必再进行,这种情况是经常出现的。为了在求解中避免出现这种情况,可以对算法作修正,即在对每一优先层求解之后给其最优值以适当的宽容,从而使下一层次的可行域得到适当的放宽。此时的算法称为宽容完全分层法,其算法步骤如下:

(1) 确定初始约束集(可行域)$R$,取 $R^1=R$,令 $k=1$。

(2) 极小化分层问题。在第 $k$ 优先层次的可行域上求解第 $k$ 优先层次目标函数 $f_k(\boldsymbol{x})$ 的数值极小化问题

$$\min_{x\in R^k} f_k(\boldsymbol{x})$$

设为得最优解 $\boldsymbol{x}^{(k)}$ 和最优值 $f_k(\boldsymbol{x}^{(k)})$。

(3) 检验求解的优先层次数。若 $k=m$,则输出 $\tilde{x}=\boldsymbol{x}^{(m)}$;若 $k<m$,则转步骤(4)。

(4) 建立下一层次的可行域。给出第 $k$ 优先层次的宽容量 $\delta_k>0$,取第 $k+1$ 优先层次的可行域为

$$R^{(k+1)}=\{\boldsymbol{x}\in R^k \mid f_k(\boldsymbol{x})\leqslant f_k(\boldsymbol{x}^{(k)})+\delta_k\}$$

令 $k=k+1$,转步骤(2)。

宽容完全分层法是求解多目标完全分层模型的实用方法,其各层次的宽容量需决策者酌情提供。

**2. 分层评价法**

对于一般的分层多目标极小化模型

$$L\text{-}\min_{x\in R}[P_1\boldsymbol{F}_1(\boldsymbol{x}),P_2\boldsymbol{F}_2(\boldsymbol{x}),\cdots,P_L\boldsymbol{F}_L(\boldsymbol{x})] \tag{9-18}$$

它的特点是每一优先层次的目标函数一般是一个向量函数。因此,若按模型(9-18)要求的先后层次依次进行求解,则一般来说,每一层次已不是求解一个数值极小化问题,而是需要求解一个多目标极小化问题。据此,可以先在式(9-18)的约束集 $R$ 上对第1优先层次的向量目标函数 $\boldsymbol{F}_1(\boldsymbol{x})$ 进行多目标极小化,设得到有效解集 $E^1(F_1,R)$ 或弱有效解集 $E_W^1(F_1,R)$,再在

$E^1(F_1,R)$或$E_W^1(F_1,R)$上对第 2 优先层次的目标函数$\boldsymbol{F}_2(\boldsymbol{x})$进行求解，……最后，在第$L-1$优先层次的有效解集$E^{L-1}(F_{L-1},R)$或$E_W^{L-1}(F_{L-1},R)$弱有效解集上对第$L$优先层次的目标函数$\boldsymbol{F}_L(\boldsymbol{x})$进行多目标极小化，设得到有效解集或弱有效解集$\tilde{\boldsymbol{x}}$，则$\tilde{\boldsymbol{x}}$即为模型(9-18)在某种意义下的解。

如果在前述的逐层求解中，每一层次的多目标极小化都采用某评价函数法，则有下面求解模型(9-18)的分层评价法步骤：

(1) 确定初始约束集(可行域)$R$，取$R^1=R$，令$k=1$。

(2) 选用评价函数。确定求解第$k$优先层次的评价函数，设选用第$k$优先层次的评价函数为$\phi_k[\boldsymbol{F}_k(\boldsymbol{x})]$。

(3) 利用选定的评价函数$\phi_k[\boldsymbol{F}_k(\boldsymbol{x})]$，把第$k$优先层次的问题归为求解数值极小化问题

$$\min_{x\in R^k}\phi_k[\boldsymbol{F}_k(\boldsymbol{x})]$$

设得最优解$\boldsymbol{x}^{(k)}$和最优值$\phi_k[\boldsymbol{F}_k(\boldsymbol{x}^{(k)})]$。

(4) 检验迭代优先层次数。若$k=L$，则输出$\tilde{\boldsymbol{x}}=\boldsymbol{x}^{(L)}$；若$k<L$，则转步骤(5)。

(5) 建立下一层次的可行域。取第$k+1$优先层次的可行域为

$$R^{(k+1)}=\{\boldsymbol{x}\in R^k \mid \phi_k[\boldsymbol{F}_k(\boldsymbol{x})]\leqslant\phi_k[\boldsymbol{F}_k(\boldsymbol{x}^{(k)})]\}$$

令$k=k+1$，转步骤(2)。

如果模型(9-18)的某一优先层次只有一个数值目标函数，则用上述的分层评价法进行求解时，该层次已不是一个多目标极小化问题，因此对于该层次就不需要选用评价函数而直接对该层次的目标函数进行数值极小化即可，而且分层评价法也可以像宽容完全分层法那样考虑加上宽容的技巧。

## 9.3.5 图解法

对于双变量多目标规划问题，可以采用类似于求解双变量线性规划问题的图解法来解。

例如，求下列多目标规划问题的有效解

$$\begin{cases}\max(f_1(x),f_2(x))\\ \text{s.t.}\quad 0\leqslant x\leqslant 2\end{cases}$$

式中：$f_1(x)=2x-x^2$；$f_2(x)=\begin{cases}x, & 0\leqslant x\leqslant 1\\ 3-2x, & 0<x\leqslant 2\end{cases}$。

根据题意，可以画出如图 9-1 所示的多目标规划示意图的左侧图。从图 9-1 中可看出，两个目标的最优解均为$x=1$，故该问题的有效解(也是绝对最优解)为$x=1$。

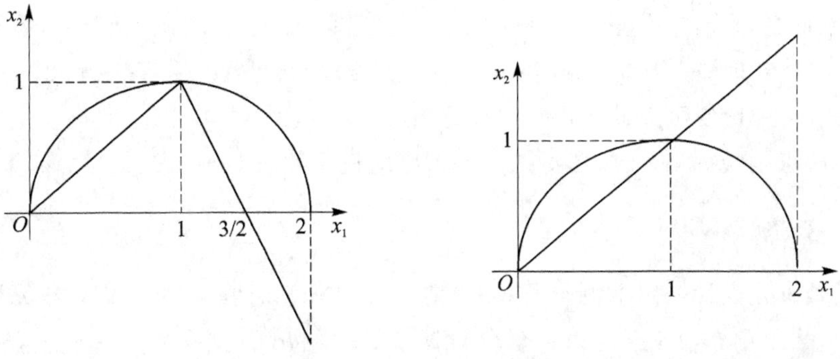


图 9-1　多目标规划示意图

如果将上述的两个目标函数改为 $f_1(x)=2x-x^2$，$f_2(x)=x$，则可得图 9-1 中的右侧图，第 1 个目标的最优解为 $x=1$，而第 2 个目标的最优解为 $x=2$，不能同时达到，故原多目标规划问题无绝对最优解，但有效解为 $x\in[1,2]$。

## 9.4 权系数的确定方法

在评价函数法中，需要确定权系数，这些权系数刻画了各分目标的相对重要程度。

### 9.4.1 α-方法

此方法主要是根据 $m$ 个分目标的极小点信息，借助于引进的辅助参数 $\alpha$，通过求解由 $m+1$ 个线性方程构成的线性方程组来确定出各分目标的权系数。

设多目标极小化模型(VMP)，首先在其约束集 $R$ 上求各分目标的极小化问题，即

$$f_i(\boldsymbol{x}^{(i)})=\min_{x\in R} f_i(\boldsymbol{x}),\quad i=1,2,\cdots,m$$

利用 $\boldsymbol{x}^{(i)}$ 计算出 $m^2$ 个函数值

$$f_{ki}=f_k(\boldsymbol{x}^{(i)}),\quad k,i=1,2,\cdots,m \tag{9-19}$$

再引进参数 $\alpha$ 并作如下关于 $\lambda_i(i=1,2,\cdots,m)$ 和 $\alpha$ 的 $m+1$ 个线性方程

$$\begin{cases}\sum_{i=1}^{m} f_{ij}\lambda_i=\alpha,\quad j=1,2,\cdots,m\\ \sum_{i=1}^{m}\lambda_i=1\end{cases} \tag{9-20}$$

设方程组(9-19)前面 $m$ 个方程的系数矩阵

$$(\boldsymbol{f}_{ij})_{m\times m}=\begin{bmatrix} f_{11} & f_{12} & \cdots & f_{1m}\\ f_{21} & f_{22} & \cdots & f_{2m}\\ \vdots & \vdots & & \vdots\\ f_{m1} & f_{m2} & \cdots & f_{mm}\end{bmatrix}$$

可逆，则可以求得方程组(9-19)的唯一解

$$\begin{cases}(\lambda_1,\cdots,\lambda_m)=\dfrac{1}{\boldsymbol{e}^{\mathrm{T}}(\boldsymbol{f}_{ij})^{-1}\boldsymbol{e}}\boldsymbol{e}^{\mathrm{T}}(\boldsymbol{f}_{ij})^{-1}\\ \alpha=\dfrac{1}{\boldsymbol{e}^{\mathrm{T}}(\boldsymbol{f}_{ij})^{-1}\boldsymbol{e}}\end{cases} \tag{9-21}$$

式中：$\boldsymbol{e}$ 为 $m$ 维向量，且每个分量均为 1；$(\boldsymbol{f}_{ij})^{-1}$ 为矩阵 $(\boldsymbol{f}_{ij})_{m\times n}$ 的逆矩阵。

在求解(9-20)时，只需要求出各分目标 $f_i(\boldsymbol{x})$ 的极小点 $\boldsymbol{x}^{(i)}(i=1,2,\cdots,m)$ 后，由式(9-19)和式(9-21)便可以计算出一组权系数 $\lambda_i(i=1,2,\cdots,m)$。

此方法的缺点是当 $m>2$ 时，并不能保证求出的权系数 $\lambda_i(i=1,2,\cdots,m)$ 都是非负的。

### 9.4.2 老手法

这种方法是事先设计一定的调查问卷，邀请一批专家分别填写，请他们就权系数的选取发表意见。设 $\lambda_{ij}$ 表示第 $i$ 个专家对第 $j$ 个分目标 $f_j(\boldsymbol{x})$ 给出的权系数($i=1,\cdots,k$；$j=1,\cdots,m$)，由此可计算出权系数的平均值

$$\bar{\lambda}_j=\frac{1}{k}\sum_{i=1}^{k}\lambda_{ij},\quad j=1,2,\cdots,m$$

并对每一位专家 $i(1\leqslant i\leqslant k)$ 给出的权系数，算出与均值 $\bar{\lambda}_j$ 的偏差，即

$$\Delta_{ij}=|\lambda_{ij}-\bar{\lambda}_j|,\quad j=1,2,\cdots,m,\quad i=1,\cdots,k$$

确定权系数的第二轮是进行集中讨论。首先让那些有较大偏差的专家发表意见，通过充分讨论以达到对各分目标重要程度的正确认识，再对权系数作适当调整。上述过程可重复进行。

### 9.4.3 最小平方法

在许多情况下，一开始就给出各个分目标的权系数比较困难，但可以把分目标成对地加以比较，然后再确定权。

设第 $i$ 个分目标相对于第 $j$ 个分目标的相对重要程度为 $a_{ij}$，它的大小表示两者之间的相对重要程度。例如，$a_{ij}=1$ 表示目标 $f_i(\boldsymbol{x})$ 相对于目标 $f_j(\boldsymbol{x})$ 同样重要，$a_{ij}>1$ 表示目标 $f_i(\boldsymbol{x})$ 相对于目标 $f_j(\boldsymbol{x})$ 重要，$a_{ij}<1$ 表示目标 $f_i(\boldsymbol{x})$ 相对于目标 $f_j(\boldsymbol{x})$ 不重要。于是 $m$ 个分目标两两比较，它们的相对重要程度可用一个矩阵表示

$$\boldsymbol{A}=\begin{bmatrix} a_{11} & a_{12} & \cdots & a_{1m} \\ a_{12} & a_{22} & \cdots & a_{2m} \\ \vdots & \vdots & & \vdots \\ a_{m1} & a_{m2} & \cdots & a_{mm} \end{bmatrix}$$

一般，$a_{ij}\lambda_j-\lambda_i\neq 0(i\neq j)$，所以可以选择一组权系数 $\lambda_i(i=1,2,\cdots,m)$，使误差平方和最小，即

$$\min\sum_{i=1}^{n}\sum_{j=1}^{n}(a_{ij}\lambda_j-\lambda_i)^2$$

且 $\sum_{i=1}^{m}\lambda_i=1,\lambda_i>0(i=1,2,\cdots,m)$。

然后利用拉格朗日乘数法可求得权系数 $\lambda_i(i=1,2,\cdots,m)$。

## 9.5 目标规划法

目标规划的概念在 20 世纪 60 年代提出后，其理论和方法不断发展和丰富，它的内容包括线性目标规划、整数目标规划、非线性目标规划和随机目标规划等。目标规划方法不仅在解决实际问题中有着广泛的应用，而且还特别适用于解决不同度量单位和相互冲突的多个目标最优化问题。目标规划模型与多目标最优化模型及分层多目标最优化模型不同的是，这类模型并不是考虑对各个分目标进行极小化或极大化，而是希望在约束条件的限制下，每一个分目标都尽可能地接近于事先给定的各自对应的目标值。

### 9.5.1 目标规划模型

一般地，设给定 $m(m\geqslant 2)$ 个目标函数和决策者希望它们要达到的各自对应的目标值，即

目标函数：$f_1(\boldsymbol{x}),f_2(\boldsymbol{x}),\cdots,f_m(\boldsymbol{x})$；

目标值：$f_1^0,f_2^0,\cdots,f_m^0$。

为了使各个分目标都尽可能地达到或接近于它们对应的目标值，考虑

$$f_i(\boldsymbol{x}) \to f_i^0,\quad i=1,\cdots,m$$

设 $R$ 为问题的可行域，记 $\boldsymbol{F}(\boldsymbol{x})=(f_1(\boldsymbol{x}),f_2(\boldsymbol{x}),\cdots,f_m(\boldsymbol{x}))^{\mathrm{T}}$，$\boldsymbol{F}^0=(f_1^0,f_2^0,\cdots,f_m^0)$，其中 $\boldsymbol{F}^0$ 称为问题的向量目标值，则上述在约束条件 $\boldsymbol{x}\in R$ 下考虑各分目标 $f_i(\boldsymbol{x})$ 逼近其对应目标值 $f_i^0$ 的问题可记作

$$V-\text{appr}\ \boldsymbol{F}\to\boldsymbol{F}^0\quad(\text{AGP})$$

模型(AGP)(Approximete Goal Programming，逼近目标规划)称作以 $\boldsymbol{F}^0$ 为目标值的逼近目标规划模型，式中记号 $V-\text{appr}$ 表示向量逼近。

由于逼近于可用它们之间的模尽可能的小来描述，则问题(AGP)可归纳为数值极小化问题

$$\min_{x\in R}\|\boldsymbol{F}(x)-\boldsymbol{F}^0\| \tag{9-22}$$

显然，当赋予模 $\|\cdot\|$ 以不同的意义时，式(9-22)就表示在相应意义下的 $\boldsymbol{F}(\boldsymbol{x})$ 逼近于 $\boldsymbol{F}^0$，这时也就对应了一种在该意义下的求解(AGP)的方法。

定义各目标函数 $f_i(\boldsymbol{x})$ 关于其对应目标值 $f_i^0$ 的几个偏差概念。

**1. 绝对偏差**

$$\delta_i=|f_i(\boldsymbol{x})-f_i^0|,\quad i=1,\cdots,m$$

**2. 正偏差**

$$\delta_i^+=\begin{cases}f_i(\boldsymbol{x})-f_i^0, & f_i(\boldsymbol{x})\geqslant f_i^0\\ 0, & f_i(\boldsymbol{x})<f_i^0\end{cases},\quad i=1,\cdots,m$$

**3. 负偏差**

$$\delta_i^-=\begin{cases}0, & f_i(\boldsymbol{x})\geqslant f_i^0\\ f_i^0-f_i(\boldsymbol{x}), & f_i(\boldsymbol{x})<f_i^0\end{cases},\quad i=1,\cdots,m$$

显然，各偏差之间存在如下关系：

$$\delta_i^++\delta_i^-=\delta_i=|f_i(\boldsymbol{x})-f_i^0|$$

$$\delta_i^+-\delta_i^-=f_i(\boldsymbol{x})-f_i^0$$

而且 $\delta_i^+\geqslant 0,\delta_i^-\geqslant 0,\delta_i^+\cdot\delta_i^-=0(i=1,2,\cdots,m)$。

根据模的不同定义，可得到不同的目标规划模型。

如果模取

$$\|\boldsymbol{F}(\boldsymbol{x})-\boldsymbol{F}^0\|=\sum_{i=1}^{m}|f_i(\boldsymbol{x})-f_i^0| \tag{9-23}$$

则式(9-22)就变成

$$\min_{\boldsymbol{x}\in R}\sum_{i=1}^{m}|f_i(\boldsymbol{x})-f_i^0| \tag{9-24}$$

根据偏差的定义以及偏差间的关系式，可得在式(9-23)的模意义下各 $f_i(\boldsymbol{x})$ 逼近 $f_i^0$ 的模型为

$$\begin{cases}\min\sum_{i=1}^{m}(\delta_i^++\delta_i^+)\\ \text{s.t.}\quad \boldsymbol{x}\in R\\ \qquad f_i(\boldsymbol{x})-\delta_i^++\delta_i^-=f_i^0\\ \qquad \delta_i^+\cdot\delta_i^+=0\\ \qquad \delta_i^+\geqslant 0,\quad \delta_i^-\geqslant 0,\quad i=1,\cdots,m\end{cases}$$

为了在应用中能使用简单和便于求解的模型，可以考虑在上述模型中弃去 $\delta_i^+ \cdot \delta_i^- = 0$ $(i=1,2,\cdots,m)$ 的约束条件的模型

$$\begin{cases} \min \sum_{i=1}^{m} (\delta_i^+ + \delta_i^+) \\ \text{s. t.} \quad \boldsymbol{x} \in R \\ \qquad f_i(\boldsymbol{x}) - \delta_i^+ + \delta_i^- = f_i^0 \\ \qquad \delta_i^+ \geqslant 0, \quad \delta_i^- \geqslant 0, \quad i = 1,\cdots,m \end{cases} \tag{9-25}$$

如果式(9-25)是普通线性规划问题，则可采用线性规划的单纯形法或其他方法求解；如果是非线性规划问题，则可采用恰当的求解有约束的非线性规划的方法来对它们进行求解。

设它的最优解是 $(\tilde{x}_1,\cdots,\tilde{x}_n;\tilde{\delta}_1^+,\cdots,\tilde{\delta}_m^+;\tilde{\delta}_i^-,\cdots,\tilde{\delta}_m^-)^{\mathrm{T}}$，其中的 $\tilde{\boldsymbol{x}} = (\tilde{x}_1,\cdots,\tilde{x}_n)^{\mathrm{T}}$ 是模型(9-24)的最优解，此时的模型称作以 $\boldsymbol{F}^0 = (f_1^0, f_2^0, \cdots, f_m^0)$ 为目标值的简单目标规划模型。

如果考虑取

$$\| \boldsymbol{F}(\boldsymbol{x}) - \boldsymbol{F}^0 \| = \sum_{i=1}^{m} \delta_i^+$$

则有

$$\begin{cases} \min \sum_{i=1}^{m} \delta_i^+ \\ \text{s. t.} \quad \boldsymbol{x} \in R \\ \qquad f_i(\boldsymbol{x}) - \delta_i^+ + \delta_i^- = f_i^0 \\ \qquad \delta_i^+ \geqslant 0, \quad \delta_i^- \geqslant 0, \quad i = 1,\cdots,m \end{cases} \tag{9-26}$$

如果考虑取

$$\| \boldsymbol{F}(\boldsymbol{x}) - \boldsymbol{F}^0 \| = \sum_{i=1}^{m} \delta_i^-$$

则有

$$\begin{cases} \min \sum_{i=1}^{m} \delta_i^- \\ \text{s. t.} \quad \boldsymbol{x} \in R \\ \qquad f_i(\boldsymbol{x}) - \delta_i^+ + \delta_i^- = f_i^0 \\ \qquad \delta_i^+ \geqslant 0, \quad \delta_i^- \geqslant 0, \quad i = 1,\cdots,m \end{cases} \tag{9-27}$$

如果考虑取

$$\| \boldsymbol{F}(\boldsymbol{x}) - \boldsymbol{F}^0 \| = \sum_{i=1}^{m} (\lambda_i^+ \delta_i^+ + \lambda_i^- \delta_i^-)$$

式中：$\lambda_i^+ \geqslant 0$ 和 $\lambda_i^- \geqslant 0 (i=1,\cdots,m)$ 分别称关于正偏差和负偏差的权系数，它表示偏差在极小化过程中的重要程度，则有

$$\begin{cases} \min \sum_{i=1}^{m} (\lambda_i^+ \delta_i^+ + \lambda_i^- \delta_i^-) \\ \text{s. t.} \quad \boldsymbol{x} \in R \\ \qquad f_i(\boldsymbol{x}) - \delta_i^+ + \delta_i^- = f_i^0 \\ \qquad \delta_i^+ \geqslant 0, \quad \delta_i^- \geqslant 0, \quad i = 1,\cdots,m \end{cases} \tag{9-28}$$

如果考虑取

$$\|\boldsymbol{F}(\boldsymbol{x})-\boldsymbol{F}^0\|=\left[P_1\sum_{i=1}^{l_1}(\lambda_{1i}^+\delta_{1i}^++\lambda_{1i}^-\delta_{1i}^-),\cdots,P_L\sum_{i=1}^{l_L}(\lambda_{Li}^+\delta_{Li}^++\lambda_{Li}^-\delta_{Li}^-)\right]$$

式中：$\delta_{si}^+$ 和 $\delta_{si}^-(i=1,2,\cdots,l_s)$分别为第 $s$ 优先层次的目标函数 $f_i^s(\boldsymbol{x})$关于对应目标值 $f_i^{0s}$ 的正偏差和负偏差，则有

$$\begin{cases}L-\min\left[P_1\sum_{i=1}^{l_1}(\lambda_{1i}^+\delta_{1i}^++\lambda_{1i}^-\delta_{1i}^-),\cdots,P_L\sum_{i=1}^{l_L}(\lambda_{Li}^+\delta_{Li}^++\lambda_{Li}^-\delta_{Li}^-)\right]\\ \text{s.t.}\quad \boldsymbol{x}\in R\\ \qquad f_i^s(\boldsymbol{x})-\delta_{si}^++\delta_{si}^-=f_i^{0s}\\ \qquad \delta_{si}^+\geqslant 0,\quad \delta_{si}^-\geqslant 0,\quad s=1,\cdots,L,\quad i=1,\cdots,l_s\end{cases}\tag{9-29}$$

类似的，模型(9－29)称作分层目标规划模型，其中仅含偏差的分层目标 $\sum_{i=1}^{l_s}(\lambda_{si}^+\delta_{si}^++\lambda_{si}^-\delta_{si}^-)(s=1,\cdots,L)$ 称作偏差目标，各层带有目标函数及其对应目标值的约束 $f_i^s(\boldsymbol{x})-\delta_{si}^++\delta_{si}^-=f_i^{0s}(i=1,\cdots,l_s)$称为目标约束，$\lambda_{si}^+$ 和 $\lambda_{si}^-(s=1,\cdots,L)$分别是第 $s$ 优先层的正偏差和负偏差的权系数。值得注意的是，每一正偏差 $\delta_{si}^+$ 和每一负偏差 $\delta_{si}^+$ 至多只能在某一优先层中出现一次。

若式(9－29)中各目标是 $\boldsymbol{x}$ 的线性函数，即 $f_i^s(\boldsymbol{x})=(C_i^s)^{\mathrm{T}}\boldsymbol{x},s=1,\cdots,L;i=1,\cdots,l_s$ 且 $R=\{\boldsymbol{x}\in R^n\mid \boldsymbol{A}\boldsymbol{x}\leqslant\boldsymbol{b},\boldsymbol{x}\geqslant\boldsymbol{0}\}$是线性可行域，则有下列的线性目标规划模型

$$\begin{cases}L-\min\left[P_1\sum_{i=1}^{l_1}(\lambda_{1i}^+\delta_{1i}^++\lambda_{1i}^-\delta_{1i}^-),\cdots,P_L\sum_{i=1}^{l_L}(\lambda_{Li}^+\delta_{Li}^++\lambda_{Li}^-\delta_{Li}^-)\right]\\ \text{s.t.}\quad (\boldsymbol{C}_i^s)^{\mathrm{T}}\boldsymbol{x}-\delta_{si}^++\delta_{si}^-=f_i^{0s},\quad s=1,\cdots,L,\quad i=1,\cdots,l_s\\ \qquad \boldsymbol{A}\boldsymbol{x}\leqslant\boldsymbol{b}\\ \qquad \boldsymbol{x}\geqslant\boldsymbol{0},\quad \delta_{si}^+\geqslant 0,\quad \delta_{si}^-\geqslant 0,\quad s=1,\cdots,L,\quad i=1,\cdots,l_s\end{cases}\tag{9-30}$$

式中：$\boldsymbol{C}_i^s$ 为 $n$ 维列向量；$\boldsymbol{b}$ 是 $l$ 维列向量；$\boldsymbol{A}$ 是 $l\times n$ 矩阵。

模型(9－30)具有广泛的应用范围和很好的实用价值，具有使用灵活和便于求解的优点。

## 9.5.2 目标点法

类似于 9.3.1 评价函数法中的理想点法，将求解模型(9－22)的方法称作目标点法。

显然，当模型(9－22)中的模有不同的意义时，就相应地有一种不同的目标点法。通常关于目标点法的几种常用模和对应的距离如下：

(1) 平方加权距离

$$\|\boldsymbol{F}(\boldsymbol{x})-\boldsymbol{F}^0\|=\sum_{i=1}^{m}\lambda_i[f_i(\boldsymbol{x})-f_i^0]^2$$

(2) 带权 $p$-模距离

$$\|\boldsymbol{F}(\boldsymbol{x})-\boldsymbol{F}^0\|=\left\{\sum_{i=1}^{m}\lambda_i[f_i(\boldsymbol{x})-f_i^0]^p\right\}^{\frac{1}{p}},\quad 1\leqslant p<+\infty$$

(3) 带权极大模距离

$$\|\boldsymbol{F}(\boldsymbol{x})-\boldsymbol{F}^0\|=\max_{1\leqslant i<m}\{\lambda_i\mid f_i(\boldsymbol{x})-f_i^0\mid\}$$

其中，以上各式中的 $\lambda_i(i=1,\cdots,m)$是表示目标函数 $f_i(\boldsymbol{x})$接近于其对应目标值 $f_i^0$ 重要程度的权系数。

据此，可以给出平方和距离的目标点法求解步骤：

(1) 给定权系数。确定目标函数 $f_i(\boldsymbol{x})$ 接近于其对应目标值 $f_i^0$ 重要程度的权系数 $\lambda_i$，且要求 $\sum_{i=1}^{m}\lambda_i=1$。

(2) 求解数值极小化问题

$$\|\boldsymbol{F}(\boldsymbol{x})-\boldsymbol{F}^0\|=\sum_{i=1}^{m}\lambda_i[f_i(\boldsymbol{x})-f_i^0]^2$$

得到并输出最优解 $\tilde{\boldsymbol{x}}$。

### 9.5.3 目标规划单纯形法

对于线性目标规划模型(LGP)

$$\begin{cases} L\text{-}\min\left[P_1\sum_{i=1}^{l_1}(\lambda_{1i}^+\delta_{1i}^+ + \lambda_{1i}^-\delta_{1i}^-),\cdots,P_L\sum_{i=1}^{l_L}(\lambda_{Li}^+\delta_{Li}^+ + \lambda_{Li}^-\delta_{Li}^-)\right] \\ \text{s.t.}\quad (\boldsymbol{C}_i^s)^{\mathrm{T}}\boldsymbol{x}-\delta_{si}^+ + \delta_{si}^- = f_i^{0s},\quad s=1,\cdots,L,\quad i=1,\cdots,l_s \\ \qquad \boldsymbol{A}\boldsymbol{x}\leqslant\boldsymbol{b} \\ \qquad \boldsymbol{x}\geqslant\boldsymbol{0},\quad \delta_{si}^+\geqslant 0,\quad \delta_{si}^-\geqslant 0,\quad s=1,\cdots,L,\quad i=1,\cdots,l_s \end{cases}$$

式中：$\boldsymbol{C}_i^s$ 为 $n$ 维列向量；$\boldsymbol{b}$ 是 $l$ 维列向量；$\boldsymbol{A}$ 是 $l\times n$ 阶矩阵。

由于(LGP)是一个具有 $L$ 个优先层次的完全分层模型，故可以采用完全分层法依模型规定的优先层次逐层进行求解，即首先对模型的第 1 优先层求解线性规划问题

$$\begin{cases} \min z_1=\sum_{i=1}^{l_1}(\lambda_{1i}^+\delta_{1i}^+ + \lambda_{1i}^-\delta_{1i}^-) \\ \text{s.t.}\quad (\boldsymbol{C}_i^1)\boldsymbol{x}-\delta_{1i}^+ + \delta_{1i}^- = f_i^{0s},\quad i=1,\cdots,l_1 \\ \qquad \boldsymbol{A}\boldsymbol{x}\leqslant\boldsymbol{b} \\ \qquad \boldsymbol{x}\geqslant\boldsymbol{0},\quad \delta_{1i}^+\geqslant 0,\quad \delta_{1i}^-\geqslant 0,\quad i=1,\cdots,l_1 \end{cases} \tag{9-31}$$

设得到最优解 $\left[(\widetilde{\boldsymbol{x}^{(1)}})^{\mathrm{T}},(\widetilde{\boldsymbol{\Delta}}_1^+)^{\mathrm{T}},(\widetilde{\boldsymbol{\Delta}}_1^-)^{\mathrm{T}}\right]^{\mathrm{T}}$，其中 $\boldsymbol{\Delta}$ 为相应维数的向量，对应的偏差目标值 $\tilde{z}_1$ 在进行第 2 优先层次求解时，为了保持第 1 层次已得到的结果，需要加上关于第 1 优先层次的约束

$$\sum_{i=1}^{l_1}(\lambda_{1i}^+\delta_{1i}^+ + \lambda_{1i}^-\delta_{1i}^-)=\tilde{z}_1$$

即此时求解的模型为

$$\begin{cases} \min z_2=\sum_{i=1}^{l_2}(\lambda_{2i}^+\delta_{2i}^+ + \lambda_{2i}^-\delta_{2i}^-) \\ \text{s.t.}\quad (\boldsymbol{C}_i^1)\boldsymbol{x}-\delta_{si}^+ + \delta_{si}^- = f_i^{0s},\quad s=1,2,\quad i=1,\cdots,l_s \\ \qquad \boldsymbol{A}\boldsymbol{x}\leqslant\boldsymbol{b} \\ \qquad \sum_{i=1}^{l_1}(\lambda_{1i}^+\delta_{1i}^+ + \lambda_{1i}^-\delta_{1i}^-)=\tilde{z}_1 \\ \qquad \boldsymbol{x}\geqslant\boldsymbol{0},\quad \delta_{si}^+\geqslant 0,\quad \delta_{si}^-\geqslant 0,\quad s=1,2,\quad i=1,\cdots,l_s \end{cases}$$

设又得到最优解 $\left[(\widetilde{\boldsymbol{x}^{(2)}})^{\mathrm{T}},(\widetilde{\boldsymbol{\Delta}}_2^+)^{\mathrm{T}},(\widetilde{\boldsymbol{\Delta}}_2^-)^{\mathrm{T}}\right]^{\mathrm{T}}$ 和对应的偏差目标值 $\tilde{z}_2$，则进行第 3 优先层次的

求解，同时还需要加上关于第2优先层次的约束，以此类推，求解每一优先层次的线性规划问题。

归纳以上过程，注意到每一层次都为一个普通的线性规划问题，故若对每一优先层次均采用单纯形法求解，则有如下的逐次单纯形法。

逐次单纯形法的计算步骤如下：

(1) 求解第1优先层次问题。用单纯形法求解模型(9－31)，设得到最优解 $\left[(\widetilde{x^{(1)}})^{\mathrm{T}},(\widetilde{\boldsymbol{\Delta}}_1^+)^{\mathrm{T}},(\widetilde{\boldsymbol{\Delta}}_1^-)^{\mathrm{T}}\right]^{\mathrm{T}}$ 和对应的偏差目标值 $\tilde{z}_1$，令 $k=2$。

(2) 求解第 $k$ 优先层次问题。用单纯形法求解

$$
\begin{cases}
\min\ z_k=\sum\limits_{i=1}^{l_2}(\lambda_{ki}^+\delta_{ki}^++\lambda_{ki}^-\delta_{ki}^-) \\
\text{s.t.}\quad (\boldsymbol{C}_i^s)\boldsymbol{x}-\delta_{si}^++\delta_{si}^-=f_i^{0s},\quad s=1,\cdots,k,\quad i=1,\cdots,l_s \\
\qquad \boldsymbol{A}\boldsymbol{x}\leqslant\boldsymbol{b} \\
\qquad \sum\limits_{i=1}^{l_t}(\lambda_{ti}^+\delta_{ti}^++\lambda_{ti}^-\delta_{ti}^-)=\tilde{z}_t,\quad t=1,\cdots,k-1 \\
\qquad \boldsymbol{x}\geqslant\boldsymbol{0},\quad \delta_{si}^+\geqslant 0,\quad \delta_{si}^-\geqslant 0,\quad s=1,\cdots,k,\quad i=1,\cdots,l_s
\end{cases}
$$

设得到最优解 $[(\widetilde{\boldsymbol{x}^{(k)}})^{\mathrm{T}},(\widetilde{\boldsymbol{\Delta}}_k^+)^{\mathrm{T}},(\widetilde{\boldsymbol{\Delta}}_k^-)^{\mathrm{T}}]^{\mathrm{T}}$ 和对应的偏差目标值 $\tilde{z}_k$。

(3) 检验层次数，若 $k=L$，则输出 $\tilde{x}=\widetilde{x^{(L)}}$，以及正、负偏差向量 $\widetilde{\boldsymbol{\Delta}}^+=\widetilde{\boldsymbol{\Delta}}_L^+$，$\widetilde{\boldsymbol{\Delta}}^-=\widetilde{\boldsymbol{\Delta}}_L^-$；若 $k<L$，则令 $k=k+1$，转步骤(2)。

很显然，上述方法实际上只是在每一优先层次都使用了单纯形法去求解线性规划问题。但由于线性目标规划模型(LGP)有自己的特点，通常将单纯形法加以适当的推广，使之直接求解出模型(LGP)的解。

首先将模型(LGP)中的一些变量作以下统一规定

$$\boldsymbol{C}_i=(a_{i1},\cdots,a_{in})^{\mathrm{T}},\quad i=1,\cdots,m$$

$$\begin{bmatrix}(\boldsymbol{C}_1^1)^{\mathrm{T}}\\ \vdots \\ (\boldsymbol{C}_{l_L}^L)^{\mathrm{T}}\end{bmatrix}=\begin{bmatrix}a_{11} & \cdots & a_{1n}\\ \vdots & & \vdots\\ a_{m1} & \cdots & a_{mn}\end{bmatrix}$$

$$\boldsymbol{A}=\begin{bmatrix}a_{m+1,1} & \cdots & a_{m+1,n}\\ \vdots & & \vdots\\ a_{m+l,1} & \cdots & a_{m+l,n}\end{bmatrix}$$

$$(f_1^{01},\cdots,f_{l_1}^{01},f_1^{0L},\cdots,f_{l_L}^{0L})^{\mathrm{T}}=(b_1,b_2,\cdots,b_m)^{\mathrm{T}}$$

$$\boldsymbol{b}=(b_{m+1},b_{m+2},\cdots,b_{m+l})^{\mathrm{T}}$$

$$(\delta_{11}^+,\cdots,\delta_{1l_1}^+,\delta_{L1}^+,\cdots,\delta_{Ll_L}^+)^{\mathrm{T}}=(\delta_1^+,\delta_2^+,\cdots,\delta_m^+)^{\mathrm{T}}$$

$$(\delta_{11}^-,\cdots,\delta_{1l_1}^-,\delta_{L1}^-,\cdots,\delta_{Ll_L}^-)^{\mathrm{T}}=(\delta_1^-,\delta_2^-,\cdots,\delta_m^-)^{\mathrm{T}}$$

且 $l_1+\cdots+l_L=m$。

再将模型(LGP)改写成

$$\begin{cases} L-\min\left[P_1\sum_{i=1}^{l_1}(\lambda_{1i}^+\delta_{1i}^+ + \lambda_{1i}^-\delta_{1i}^-),\cdots,P_L\sum_{i=1}^{l_L}(\lambda_{Li}^+\delta_{Li}^+ + \lambda_{Li}^-\delta_{Li}^-)\right] \\ \text{s. t.}\quad \sum_{j=1}^{n}a_{ij}x_j-\delta_i^+ + \delta_i^- = b_i,\quad i=1,\cdots,m \\ \sum_{j=1}^{n}a_{ij}x_j \leqslant b_{m+i},\quad i=1,\cdots,l \\ x_j\geqslant 0,\quad j=1,\cdots,n,\quad \delta_i^+\geqslant 0,\quad \delta_i^-\geqslant 0,\quad i=1,\cdots,m \end{cases} \tag{9-32}$$

在模型(9-32)中，令 $x_{n+i}=\delta_i^+$，$x_{n+m+i}=\delta_i^-$，$i=1,\cdots,m$，且引进松驰变量 $x_{n+2m+i}(i=1,\cdots,l)$，则得到式(9-32)的标准形式，并且在此基础上得到表9-1所列的初始单纯形表。式(9-32)的标准形式如下：

$$\begin{cases} L-\min\left[P_1\sum_{i=1}^{l_1}(\lambda_{1i}^+\delta_{1i}^+ + \lambda_{1i}^-\delta_{1i}^-),\cdots,P_L\sum_{i=1}^{l_L}(\lambda_{Li}^+\delta_{Li}^+ + \lambda_{Li}^-\delta_{Li}^-)\right] \\ \text{s. t.}\quad \sum_{j=1}^{n}a_{ij}x_j-x_{n+i}+x_{n+m+i}=b_i,\quad i=1,\cdots,m \\ \sum_{j=1}^{n}a_{ij}x_j+x_{n+2m+i}=b_{m+i},\quad i=1,\cdots,l \\ x_j\geqslant 0,\quad j=1,\cdots,n+2m+l \end{cases} \tag{9-33}$$

在表9-1中，$\sigma_{kj}(k=1,\cdots,L;j=1,\cdots,n+2m+l)$表示关于第 $k$ 优先层次的目标和变量 $x_j$ 的检验数，其计算公式为

$$\sigma_{kj}=\sum_{i=1}^{m+l}a_{ij}\lambda_{kj}^-,\quad k=1,\cdots,L,\quad j=1,\cdots,n$$

$$\sigma_{k,n+j}=-(\lambda_{kj}^+ + \lambda_{kj}^-),\quad k=1,\cdots,L,\quad j=1,\cdots,n$$

$$\sigma_{k,n+m+j}=0,\quad k=1,\cdots,L,\quad j=1,\cdots,m+l$$

表9-1所列的单纯形表有 $m$ 行检验数，而且对于检验数合格的判断，也必须按照优先层次一层一层地进行，即先考虑 $P_1$ 行，然后再考虑 $P_2$ 行，$P_3$ 行，……，直到最后一行 $P_L$ 行。在考虑 $P_k(k=1,\cdots,L)$行时，若该行中所有的检验数均为非正，即 $\sigma_{kj}\leqslant 0(j=1,\cdots,n+2m+l)$，则表明第 $k$ 优先层次的全部检验数合格，可以进入下一优先层 $P_{k+1}$ 行检验数的判断；若 $P_k$ 行中有大于0的检验数，则需要检查该大于0的检验数所在列的上方检验数中有无负数。若有负数，则此正检验数所对应的变量不能进入基变量，这时仍认为正检验数是合格的；若无负数，则此检验数是不合格的。最大的不合格检验数所对应的变量作为进基变量。在确定了进基变量后，问题有无最优解的判断，以及出基变量的确定，就与普通线性规划单纯形法完全一样。如果每一优先层次的检验都判断合格，则对应的最优解就是原问题的解。另外，每迭代一次，必须重新计算各个层次的检验数，并且逐层判断。

以上求解方法称作目标规划单纯形法，其具体的计算步骤如下：

(1) 建立初始单纯形表。把(LGP)模型转化为如式(9-33)的标准形式，建立如表9-1所列的初始单纯形表，令 $k=1$。

(2) 检查第 $k$ 优先层次的检验数。设这时的单纯表如表9-2所列，检验 $P_k$ 行的检验数 $\sigma_{kj}(j=1,\cdots,n+2m+l)$。若对所有的 $j(1\leqslant j\leqslant n+2m+l)$有 $\sigma_{kj}\leqslant 0$，或某个 $\sigma_{kj_0}>0$，但存在 $k'<k$，使得 $\sigma_{k'j_0}>0$，则转步骤(5)；否则转步骤(3)。

表 9-1 初始单纯形表

| $X_B$ | $b$ | $x_1$ | … | $x_n$ | $x_{n+1}=\delta_1^+$ | … | $x_{n+m}=\delta_m^+$ | $x_{n+m+1}=\delta_m^-$ | … | $x_{n+2m}=\delta_m^-$ | $x_{n+2m+1}$ | … | $x_{n+2m+1}$ |
|---|---|---|---|---|---|---|---|---|---|---|---|---|---|
| $x_{n+m+1}$ | $b_1$ | $a_{11}$ | … | $a_{1n}$ | $-1$ | … | 0 | 1 | … | 0 | 0 | … | 0 |
| ⋮ | ⋮ | ⋮ | | ⋮ | ⋮ | | ⋮ | ⋮ | | ⋮ | ⋮ | | ⋮ |
| $x_{n+2m}$ | $b_m$ | $a_{m1}$ | … | $a_{mn}$ | 0 | … | $-1$ | 0 | … | 1 | 0 | … | 0 |
| $x_{n+2m+1}$ | $b_{m+1}$ | $a_{m+1,1}$ | … | $a_{m+1,n}$ | 0 | … | 0 | 0 | … | 0 | 1 | … | 0 |
| ⋮ | ⋮ | ⋮ | | ⋮ | ⋮ | | ⋮ | ⋮ | | ⋮ | ⋮ | | ⋮ |
| $x_{n+2m+l}$ | $b_{m+l}$ | $a_{m+l,1}$ | … | $a_{m+l,n}$ | 0 | … | 0 | 0 | … | 0 | 0 | … | 1 |
| | | $\sigma_1$ | … | $\sigma_n$ | $\sigma_{n+1}$ | … | $\sigma_{n+m}$ | $\sigma_{n+m+1}$ | … | $\sigma_{n+2m}$ | $\sigma_{n+2m+1}$ | … | $\sigma_{n+2m+l}$ |
| $P_1$ | | $\sigma_{11}$ | … | $\sigma_{1n}$ | $\sigma_{1,n+1}$ | … | $\sigma_{1,n+m}$ | 0 | … | 0 | 0 | … | 0 |
| $P_2$ | | $\sigma_{21}$ | … | $\sigma_{2n}$ | $\sigma_{2,n+1}$ | … | $\sigma_{2,n+m}$ | 0 | … | 0 | 0 | … | 0 |
| ⋮ | | ⋮ | | ⋮ | ⋮ | | ⋮ | ⋮ | | ⋮ | ⋮ | | ⋮ |
| $P_L$ | | $\sigma_{L1}$ | … | $\sigma_{Ln}$ | $\sigma_{L,n+1}$ | … | $\sigma_{L,n+m}$ | 0 | … | 0 | 0 | … | 0 |

表 9-2 单纯形表

| $X_B$ | $b$ | $x_1$ | … | $x_n$ | $x_{n+1}$ | … | $x_{n+m}$ | $x_{n+m+1}$ | … | $x_{n+2m}$ | $x_{n+2m+1}$ | … | $x_{n+2m+1}$ |
|---|---|---|---|---|---|---|---|---|---|---|---|---|---|
| $x_{B_1}$ | $b'_1$ | $a'_{11}$ | … | $a'_{1n}$ | $a'_{1,n+1}$ | … | $a'_{1,n+m}$ | $a'_{1,n+m+1}$ | … | $a'_{1,n+2m}$ | $a'_{1,n+2m+1}$ | … | $a'_{1,n+2m+l}$ |
| ⋮ | ⋮ | ⋮ | | ⋮ | ⋮ | | ⋮ | ⋮ | | ⋮ | ⋮ | | ⋮ |
| $x_{B_i}$ | $b'_i$ | $a'_{i1}$ | … | $a'_{in}$ | $a'_{i,n+1}$ | … | $a'_{i,n+m}$ | $a'_{i,n+m+1}$ | … | $a'_{i,n+2m}$ | $a'_{i,n+2m+1}$ | … | $a'_{i,n+2m+l}$ |
| ⋮ | ⋮ | ⋮ | | ⋮ | ⋮ | | ⋮ | ⋮ | | ⋮ | ⋮ | | ⋮ |
| $x_{B_{m+l}}$ | $b'_{m+l}$ | $a'_{m+l,1}$ | … | $a'_{m+l,n}$ | $a'_{m+l,n+1}$ | … | $a'_{m+l,n+m}$ | $a'_{m+l,n+m+1}$ | … | $a'_{m+l,n+2m}$ | $a'_{m+l,n+2m+1}$ | … | $a'_{m+l,n+2m+l}$ |
| | | $\sigma_1$ | … | $\sigma_n$ | $\sigma_{n+1}$ | … | $\sigma_{n+m}$ | $\sigma_{n+m+1}$ | … | $\sigma_{n+2m}$ | $\sigma_{n+2m+1}$ | … | $\sigma_{n+2m+l}$ |
| $P_1$ | | $\sigma_{11}$ | … | $\sigma_{1n}$ | $\sigma_{1,n+1}$ | … | $\sigma_{1,n+m}$ | $\sigma_{1,n+m+1}$ | … | $\sigma_{1,n+2m}$ | $\sigma_{1,n+2m+1}$ | … | $\sigma_{1,n+2m+l}$ |
| ⋮ | ⋮ | ⋮ | | ⋮ | ⋮ | | ⋮ | ⋮ | | ⋮ | ⋮ | | ⋮ |
| $P_k$ | | $\sigma_{k1}$ | … | $\sigma_{kn}$ | $\sigma_{k,n+1}$ | … | $\sigma_{k,n+m}$ | $\sigma_{k,n+m+1}$ | … | $\sigma_{k,n+2m}$ | $\sigma_{k,n+2m+1}$ | … | $\sigma_{k,n+2m+l}$ |
| ⋮ | ⋮ | ⋮ | | ⋮ | ⋮ | | ⋮ | ⋮ | | ⋮ | ⋮ | | ⋮ |
| $P_L$ | | $\sigma_{L1}$ | … | $\sigma_{Ln}$ | $\sigma_{L,n+1}$ | … | $\sigma_{L,n+m}$ | $\sigma_{L,n+m+1}$ | … | $\sigma_{L,n+2m}$ | $\sigma_{L,n+2m+1}$ | … | $\sigma_{L,n+2m+l}$ |

(3) 确定主元。选 $q(1\leqslant q\leqslant n+2m+l)$,使

$$\sigma_{kq}=\max_{1\leqslant j\leqslant n+2m+l}\{\sigma_{kj}\mid\sigma_{kj}>0,\sigma_{k'j}>0,k'=1,\cdots,k-1\}$$

若对每一个 $i(1\leqslant i\leqslant m+l)$ 有 $a'_{iq}\leqslant 0$,则问题无最优解,停止计算;否则取 $p(1\leqslant p\leqslant m+l)$,使

$$\frac{b'_p}{a'_{pq}}=\min_{1\leqslant i\leqslant m+l}\left\{\frac{b'_i}{a'_{iq}}\middle|a'_{iq}>0\right\}$$

则对应的 $x_q$ 为进基变量,$x_{B_p}$ 为出基变量,主元为$[a'_{pq}]$。

(4) 以主元$[a'_{pq}]$为中心,进行旋转计算 令

$$a'_{pj}=\frac{a'_{pj}}{a'_{pq}},\quad j=1,\cdots,n+2m+l$$

$$a'_{ij}=a'_{ij}-\frac{a'_{pj}}{a'_{pq}}a'_{iq}, \quad i=1,\cdots,m+l, \quad i\neq p, \quad j=1,\cdots,n+2m+l$$

$$b'_p=\frac{b'_p}{a'_{pq}}$$

$$b'_i=b'_i-\frac{b'_p}{a'_{pq}}a'_{iq}, \quad i=1,\cdots,m+l, \quad i\neq p$$

$$\sigma_{kj}=\sigma_{kj}-\frac{a'_{pj}}{a'_{pq}}\sigma_{kq}, \quad k=1,\cdots,L, \quad j=1,\cdots,n+2m+l$$

$$x_{B_p}=x_q$$

得到新的单纯形表,转步骤(2)。

(5) 检验层次数。若 $k=L$,则转步骤(6);若 $k<L$,则令 $k=k+1$,转步骤(2)。

(6) 输出有关解,停止计算。

## 9.6 算法的 MATLAB 实现

**【例 9.1】** 把横截面为圆形的树干加工成矩形横截面的木梁。为使木梁满足一定规格、应力和强度条件,要求木梁的高度不超过 2.5 m,横截面的惯性矩不小于给定值 1,并且横截面的高度要介于其宽度和宽度的 4 倍之间。问应如何确定木梁的尺寸,可使木梁的质量最小,并且成本最低?

**解:** 设所设计的木梁横截面的高为 $x_1$,宽为 $x_2$,则根据题意,可以得出如下的数学模型

$$V\text{-}\min_{X\in R}\{x_1x_2, x_1^2+x_2^2)$$

式中:
$$R=\left\{(x_1,x_2)^{\mathrm{T}}\left|\begin{array}{l}2.5-x_1\geqslant 0, x_1-x_2\geqslant 0, x_1\geqslant 0\\ x_1^2x_2-1\geqslant 0, 4x_2-x_1\geqslant 0, x_2\geqslant 0\end{array}\right.\right\}$$

现利用线性加权法求解,因考虑到成本目标比质量目标更重要,给定与质量目标相应的权系数为 0.3,与成本目标相应的权系数为 0.7,于是目标函数就转化为

$$V\text{-}\min_{X\in R}\{0.3x_1x_2+0.7x_1^2+0.7x_2^2)$$

这是一个单目标非线性规划问题,可以用非线性约束的最优化方法求解。

```
>> clear
>> fun = '0.3 * x1 * x2 + 0.7 * x1^2 + 0.7 * x2^2';
>> gfun = {'2.5 - x1';'x1 - x2';'x1';'x2';'x1^2 * x2 - 1';'4 * x2 - x1'};hfun = [];x_syms = 'x1,x2';x0 = [1 1];
>> [xmin,minf] = newsqp(fun,hfun,gfun,x0,x_syms);
>> xmin = 1.1511   0.7546       % 由于权系数都大于 0,所以为原问题的有效解
```

**【例 9.2】** 某工厂生产 3 种产品。每种产品的生产能力和盈利能力分别为:第 1 种,3 t/h 和 5 万元/t;第 2 种,2 t/h 和 7 万元/h;第 3 种,4 t/h 和 3 万元/t。根据市场预测,下月各产品的最大销售量分别是 240 t、250 t 和 420 t。工厂下月的开工工时能力为 208 h,下月市场需要尽可能多的第 1 种产品。问应如何安排下月的生产计划,在避免开工不足的条件下使得(1) 工人加班时间尽量少;(2) 工厂获利最大;(3) 满足市场对第 1 种产品的尽可能多的需求?

**解:** 设该厂下月生产第 i 种产品的时间为 $x_i$ 小时,根据所给条件,则得出以下的数学模型

$$V\text{-}\min_{X\in R}\{f_1(\boldsymbol{x}), f_2(\boldsymbol{x}), f_3(\boldsymbol{x}))=(x_1+x_2+x_3-208, -15x_1-14x_2-12x_3, -3x_3)^{\mathrm{T}}$$

式中：
$$R=\left\{(x_1,x_2,x_3)^{\mathrm T}\left|\begin{array}{l}240-3x_1\geqslant 0\\420-4x_3\geqslant 0\\250-2x_2\geqslant 0,\quad x_1+x_2+x_3-208\geqslant 0\end{array}\right.\right.$$
$$x_j\geqslant 0,j=1,2,3$$

现采用极大模理想点法求解。

首先可求得三个分目标的极小值。

```
>> fun = 'x1 + x2 + x3 - 208';
>> gfun = {'240 - 3 * x1';'250 - 2 * x2';'420 - 4 * x3';'x1 + x2 + x3 - 208';'x1';'x2';'x3'};
>> hfun = [];x0 = [1 1 1]; x_syms = 'x1,x2,x3';
>> [xmin,minf] = newsqp(fun,hfun,gfun,x0,x_syms);
>> minf = - 4.1288e-010                    %第 1 个分目标的极小值
>> fun = '- 15 * x1 - 14 * x2 - 12 * x3';
>> [xmin,minf] = newsqp(fun,hfun,gfun,x0,x_syms);
>> minf = - 4.2100e+003                    %第 2 个分目标的极小值
>> fun = '- 3 * x1';
>> [xmin,minf] = newsqp(fun,hfun,gfun,x0,x_syms);
>> minf = - 240.0000                       %第 3 个分目标的极小值
```

因而理想点为 $F^*=(0,-4\,210,-240)^{\mathrm T}$。

设决策者给出表示各个分目标重要程度的权系数分别为 0.1、0.8、0.1。

因各分目标的极小点并不完全相同，故考虑求解下列辅助规划问题

$$\begin{cases}\min W\\ \text{s.t.}\quad X\in R\\ \qquad 0.1(x_1+x_2+x_3-208-0)\leqslant W\\ \qquad 0.8(-15x_1-14x_2-12x_3+4210)\leqslant W\\ \qquad 0.1(-3x_1+240)\leqslant W\\ \qquad W\geqslant 0\end{cases}$$

利用线性规划或约束优化函数可以求得它的最优解为$(80,125,103,10.2)^{\mathrm T}$。

```
>> A = [0.1 0.1 0.1 -1; -15 * 0.8 -14 * 0.8 -12 * 0.8 -1; -0.3 0 0 -1;3 0 0 0;0 2 0 0;0 0 4 0; -1 -1 -1 0];
>> B = [20.8; -4210 * 0.8; -24;240;250;420; -208];f = [0 0 0 1];LB = [0;0;0;0];
>> [x,val] = linprog(f,A,B,[],[],LB,[]);
>> x' = 80.0000   125.0000   103.9485    10.0948
```

于是，原问题的弱有效解为$(80,125,103)^{\mathrm T}$。所以，该工厂下月应安排生产计划如下：

生产第 1 种、第 2 种、第 3 种产品的时间分别为 80 h、125 h、103 h；工人加班时间 80 h+125 h+103 h−208 h=100 h；总利润 15×80+14×125+12×103=4 186 万元；第 1 种产品的产量 3 t/h×80 h=240 t。

**【例 9.3】** 某水稻区一农户承包 10 亩农田从事农业种植。已知有三类复种方式可供耕种选择，并且其相应的经济效益如表 9-3 所列。设该农户全年至多可出工 3 410 h，至少需要油料 156 kg。今该农户希望优先考虑年总利润最大和粮食总产量最高，然后考虑使投入的氮素最少。问如何确定满足的种植方案？

**解**：这是一个分层多目标优化问题。设 $x_1$ 为方案 1 的种植亩数，$x_2$ 为方案 2 的种植亩数，$x_3$ 为方案 3 的种植亩数，则根据题意可得到多目标优化数学模型

$$L-\min_{x\in R}[P_1F_1(\boldsymbol{x}),P_2f_3(\boldsymbol{x})]$$

式中：

$$R=\left\{(x_1,x_2,x_3)^{\mathrm T}\middle|\begin{array}{l}320x_1+350x_2+390x_3\leqslant 3\,410\\130x_3\geqslant 156\\x_1+x_2+x_3=10,\quad x_j\geqslant 0,\quad j=1,2,3\end{array}\right.$$

其中

$$f_1(x_1,x_2,x_3)=120.27x_1+111.46x_2+208.27x_3$$
$$f_2(x_1,x_2,x_3)=1\,056x_1+1008x_2+336x_3$$
$$f_3(x_1,x_2,x_3)=50x_1+48x_2+40x_3$$
$$F_1(\boldsymbol{x})=[-f_1(\boldsymbol{x}),-f_2(\boldsymbol{x})]$$

**表 9-3　数据表**

| 方　案 | 复种方式 | 粮食产量/ (kg·亩$^{-1}$) | 油料产量/ (kg·亩$^{-1}$) | 利润/ (元·亩$^{-1}$) | 投入氮素/ (kg·亩$^{-1}$) | 用工量/ (h·亩$^{-1}$) |
|---|---|---|---|---|---|---|
| 1 | 大麦—早稻—晚稻 | 1 056 | — | 120.27 | 50 | 320 |
| 2 | 大麦—早稻—玉米 | 1 008 | — | 111.46 | 48 | 350 |
| 3 | 油料—玉米—蔬菜 | 336 | 130 | 208.27 | 40 | 390 |

该问题有两个层次，第 1 优先层次有两个目标。现用线性加权法进行求解。

因为目标 1 与目标 2 具有不同的量纲，所以应先进行归一化处理，即用目标函数的系数和/100 再除以目标函数的各系数，得

$$\hat f_1(\boldsymbol{x})=-\frac{82}{3}x_1-\frac{76}{3}x_2-\frac{142}{3}x_3$$

$$\hat f_2(\boldsymbol{x})=-44x_1-42x_2-14x_3$$

设两个分目标的权系数分别为 0.6 和 0.4，则可得第 1 层的评价函数为

$$\phi[\hat F_1(\boldsymbol{x})]=-34x_1-32x_2-34x_3$$

利用线性规划或约束优化可得到以下结果。

```
>> A = [320 350 390;0 0 -130];b = [3410; -156];Aeq = [1 1 1];beq = 10;
>> options = optimset('Algorithm','sqp');    % 用 sqp 算法
>> [x,fval] = fmincon(@(x) - 34 * x(1) - 32 * x(2) - 34 * x(3),[1 1 1],A,b,Aeq,beq,[0;0;0],[],[],options);
>> x = 7.1275     0.0000     2.8725
>> fval = - 340.0000
```

根据第 1 优先层计算结果，第 2 优先层次的约束条件增加一个，即

$$-34x_1-32x_2-34x_3\leqslant -340$$

从而可计算

```
>> A = [320 350 390;0 0 -130; -34  -32  -34];
>> b = [3410; -156; -340];
>> [x,fval] = fmincon(@(x) 50 * x(1) + 48 * x(2) + 40 * x(3),[1 1 1],A,b,Aeq,beq,[0;0;0],[],[],options);
>> x = 7.0000   0   3.0000              % 最优解
```

因此，当该农户认为利润目标和粮食产量目标在问题中的重要程度以 6 和 4 之比为宜时，则该农户的满意种植方案为：方案 1 种植 7 亩，方案 2 不种植，方案 3 种植 3 亩，这样安排可得到的总利润为 1 466.7 元，粮食总产量为 8 400 kg，氮素投入量为 470 kg，总用工量为 3 410 h，油料需要量为 390 kg。

**【例 9.4】** 有 3 个产地向 4 个销地供应物资,产地 $A_i(i=1,2,3)$的供应量为 $a_i$,销地 $B_i$ $(i=1,2,3,4)$的需求量为 $b_i$,运往各销地之间的单位物资运费为 $c_{ij}$,具体数据见表 9-4。

**表 9-4 相关数据表**

| 产地 \ 销地 | $B_1$ | $B_2$ | B3 | $B_4$ | 供应量 $a_i$/吨 |
|---|---|---|---|---|---|
| $A_1$ | 5 | 2 | 6 | 7 | 300 |
| $A_2$ | 3 | 5 | 4 | 6 | 200 |
| $A_3$ | 4 | 5 | 2 | 3 | 400 |
| 需求量 $b_j$/t | 200 | 100 | 450 | 250 | |

现划分各优化层次,即

$P_1$:$B_4$ 是重点保证单位,应尽可能满足其全部需求量;

$P_2$:$A_3$ 向 $B_1$ 提供的物资不少于 100 t;

$P_3$:每个销地得到的物资数量不少于其需求量的 80%;

$P_4$:实际的总运费不超过不考虑 $P_1 \sim P_6$ 各目标时的最小总运费的 110%;

$P_5$:因路况问题,尽量不安排调运产地 $A_2$ 的物资到销地 $B_4$;

$P_6$:对销地 $B_1$ 和 $B_3$ 的供应率要尽可能相同;

$P_7$:力求最小的总运费。

**解**:设 $x_{ij}$ 为供给地 $A_i$ 运往销地 $B_j$ 的物资数量,$d_k^+$、$d_k^-(k=1,2,\cdots,10)$为偏差变量,则目标函数为

$$P_1:\min z_1=d_1^-,\quad P_2:\min z_2=d_2^-,\quad P_3:\min z_3=d_3^-+d_4^-+d_5^-+d_6^-$$

$$P_4:\min z_4=d_7^+,\quad P_5:\min z_5=d_8^+,\quad P_6:\min z_6=d_9^++d_9^-,\quad P_7:\min z_7=d_{10}^+$$

约束条件如下:

(1) 硬约束

对于产地,所有的物资都要被运走,则应满足

$$\begin{cases}\text{产地 } A_1 \text{ 的约束} \sum_{j=1}^{4} x_{1j}=300 \\ \text{产地 } A_2 \text{ 的约束} \sum_{j=1}^{4} x_{2j}=200 \\ \text{产地 } A_3 \text{ 的约束} \sum_{j=1}^{4} x_{3j}=400\end{cases}$$

对于销地,能收到的物资量不超过其需求量,则应满足

$$\begin{cases}\text{销地 } B_1 \text{ 的约束} \sum_{i=1}^{3} x_{i1}\leqslant 200 \\ \text{销地 } B_2 \text{ 的约束} \sum_{i=1}^{3} x_{i2}\leqslant 100 \\ \text{销地 } B_3 \text{ 的约束} \sum_{i=1}^{3} x_{i3}\leqslant 450 \\ \text{销地 } B_4 \text{ 的约束} \sum_{i=1}^{3} x_{i4}\leqslant 250\end{cases}$$

(2) 软约束

$$P_1: x_{14}+x_{24}+x_{34}-d_1^+ + d_1^- = 250$$

$$P_2: x_{31}-d_2^+ + d_2^- = 100$$

$$P_3:\begin{cases}\sum\limits_{i=1}^{3} x_{i1}-d_3^+ + d_3^- = 200\times 80\% = 160\\ \sum\limits_{i=1}^{3} x_{i2}-d_4^+ + d_4^- = 100\times 80\% = 80\\ \sum\limits_{i=1}^{3} x_{i3}-d_5^+ + d_5^- = 450\times 80\% = 360\\ \sum\limits_{i=1}^{3} x_{i4}-d_6^+ + d_6^- = 250\times 80\% = 200\end{cases}$$

$$P_4: \sum_{i=1}^{3}\sum_{j=1}^{4} c_{ij}x_{ij}-d_7^+ + d_7^- = 2\,950\times 110\% = 3\,245$$

$$P_5: x_{24}-d_8^+ + d_8^- = 0$$

$$P_6: \frac{\sum\limits_{i=1}^{4} x_{i1}}{200}-\frac{\sum\limits_{i=1}^{3} x_{i3}}{450}-d_9^+ + d_9^- = 0$$

$$P_7: \sum_{i=1}^{3}\sum_{j=1}^{4} c_{ij}x_{ij}-d_{10}^+ + d_{10}^- = 2\,950$$

(3) 非负约束

$$x_{ij}\geqslant 0,\quad d_k^+, d_k^- \geqslant 0,\quad i=1,2,3,\quad j=1,2,3,4,\quad k=1,2,\cdots,10$$

这是一个有着 7 个优先层的多目标规划,要分成 7 步才能完成,比较费时。实际上如果用数量级差别非常大的正整数来表示优化层次进行层次划分,则可以将多目标转化成单目标。这种方法就是加权目标规划。

在这里,设定 $P_1=9\,999\,999$, $P_2=999\,999$, $P_3=99\,999$, $P_4=9\,999$, $P_5=999$, $P_6=99$, $P_7=1$,这样目标函数就变成

$$\begin{aligned}\min z = & 9\,999\,999d_1^- + 999\,999d_2^- + 99\,999(d_3^- + d_4^- + d_5^- + d_6^-) + \\ & 9\,999d_7^+ + 999d_8^+ + 99(d_9^- + d_9^+) + d_{10}^+\end{aligned}$$

约束条件不变,再利用线性规划求解。

```
>> f = [zeros(1,13) 9999999 0 999999 0 99999 0 99999 0 99999 0 99999 9999 0 999 0 99 99 1 0];
>> Aeq = [ones(1,4) zeros(1,28); zeros(1,4) ones(1,4) zeros(1,24); zeros(1,8) ones(1,4) zeros(1,20);
zeros(1,3) 1 zeros(1,3) 1 zeros(1,3) 1 -1 1 zeros(1,18);zeros(1,8) 1 zeros(1,5) -1 1 zeros(1,16); 1...
zeros(1,3) 1 zeros(1,3) 1 zeros(1,7) -1 1 zeros(1,14);zeros(1,1) 1 zeros(1,3) 1 zeros(1,3) 1...
zeros(1,8) -1 1 zeros(1,12);zeros(1,2) 1 zeros(1,3) 1 zeros(1,3) 1 zeros(1,9) -1 1 zeros(1,10);...
zeros(1,3) 1 zeros(1,3) 1 zeros(1,3) 1 zeros(1,10) -1 1 zeros(1,8);...
5 2 6 7 3 5 4 6 4 5 2 3 zeros(1,12) -1 1 zeros(1,6);zeros(1,7) 1 zeros(1,18) -1 1 zeros(1,4);...
1/200 0 -1/450 0 1/200 0 -1/450 0 1/200 0 -1/450 zeros(1,17) -1 1 zeros(1,2);...
5 2 6 7 3 5 4 6 4 5 2 3 zeros(1,18) -1 1];
>> Beq = [300 200 400 250 100 160 80 360 200 3245 0 0 2950];
>> A = [zeros(1,0) 1 zeros(1,3) 1 zeros(1,3) 1 zeros(1,23); zeros(1,1) 1 zeros(1,3) 1 zeros(1,3) 1...
      zeros(1,22);zeros(1,2) 1 zeros(1,3) 1 zeros(1,3) 1 zeros(1,21);
      zeros(1,3) 1 zeros(1,3) 1 zeros(1,3) 1 zeros(1,20)];
>> B = [200 100 450 250]; LB = zeros(32,1); UB = [];
>> [x,fval] = linprog(f,A,B,Aeq,Beq,LB,UB);
```

根据计算结果，可得出以下结论。

(1) 各优先层达成的情况。

```
1    2    3    4    5    6    7         %优先层
1    1    1    0    1    0    0         %1 表示达到,0 表示未达成
```

(2) 各优先层的具体情况及其达成情况。

① 优先层 1：$B_4$ 是重点保证单位，应尽可能满足其全部需求量(250)：250.000 000；

② 优先层 2：$A_3$ 向 $B_1$ 提供的物资不少于 100 吨：100.000 000；

③ 优先层 3：每个销地(需求地)得到的物资数量不少于其需求量的 80%，销地 $B_1$～$B_4$ 的满足量分别为 190.000 000、100.000 000、360.000 000、250.000 000；

④ 优先层 4：实际的总运费不超过不考虑 1～6 各目标时的最小总运费的 110%，总运费为 3 360.000 000；

⑤ 优先层 5：因路况问题，尽量不要安排调运产地 $A_2$ 的物资到销地 $B_4$：0.000 000；

⑥ 优先层 6：对销地 $B_1$ 和 $B_3$ 的供应率要尽可能相同，销地 $B_1$ 的供应率为 0.950 000，销地 $B_3$ 的供应率为 0.800 000；

⑦ 优先层 7：力求最小的总运费 3 360.000 000。

**【例 9.5】** 某企业生产 A、B 两种产品，有关数据见表 9-5。

**表 9-5 两种产品的相关数据(1)**

| 产品<br>内容 | A | B | 拥有量 |
|---|---|---|---|
| 设备/件 | 4 | 1 | 300 |
| 原材料/kg | 3 | 2 | 400 |
| 利润/(元·件$^{-1}$) | 5 | 3 | |

试求获得最大的生产方案，并尽可能达到如下优先目标。

$P_1$：产品 A 正好 50 件，产品 B 最多 100 件，"产品 A 等于 50 件"是"产品 B 不多于 100 件"重要性的 3 倍；

$P_2$：设备使用控制在 250 台之内，原材料的供应量必须小于 450 kg，且二者的重要性相同；

$P_3$：尽可能达到并超过利润指标的目标值(550 元)。

**解**：本题有 2 个优先层，$P_1$ 层包含两个不同权系数的目标；$P_2$ 层包含两个相同权系数的目标。

设 $x_1$、$x_2$ 分别表示 A、B 产品的产量，$d_i^+$、$d_i^-$ $(i=1,2,\cdots,5)$ 分别表示 A、B 产品的产量、设备台数、原材料公斤数、最大利润的正、负偏差，则可得出多目标的数学模型为

$$\min z = 999\,999\{3(d_1^+ + d_1^-) + d_2^-\} + 999(d_3^+ + d_4^+) + d_5^-$$

$$\text{s.t.}\begin{cases} 3x_1 + 2x_1 \leqslant 500, \quad 4x_1 + x_2 \leqslant 300, \quad x_1 - d_1^- + d_1^+ = 50, \quad x_2 - d_2^- + d_2^+ = 100 \\ 4x_1 + x_2 - d_3^- + d_3^+ = 250, \quad 3x_1 + 2x_2 - d_4^- + d_4^+ = 450, \quad 5x_1 + 3x_2 - d_5^- + d_5^+ = 550 \\ x_1, x_2 \geqslant 0, \quad d_i^-、d_i^+ \geqslant 0(i=1,2,3,4,5) \text{ 且为整数} \end{cases}$$

利用线性规划求解。

```
>> f = [zeros(1,2) 999999 * 3 999999 * 3 0 999999 999 0 999 0 0 1];
>> Aeq = [1 0 -1 1 zeros(1,8); 0 1 0 0 -1 1 zeros(1,6); 4 1 zeros(1,4) -1 1 zeros(1,4);...
```

```
3 2 zeros(1,6) - 1 1 zeros(1,2); 5 3 zeros(1,8) - 1 1];Beq = [50 100 250 450 550];
>> A = [3 2 zeros(1,10);4 1 zeros(1,10)]; B = [500 300]; LB = zeros(12,1);UB = [];
>> [x,fval] = linprog(f,A,B,Aeq,Beq,LB,UB);
```

根据计算结果，可得到以下结论：

(1) A、B 两种产品各需要生产的数量分别为(件)

50.000 0　　100.000 0

(2) 偏差变量为

| 序号 | 正偏差 | 负偏差 |
|---|---|---|
| 1.000 0 | 0.000 0 | 0.000 0 |
| 2.000 0 | 0.000 0 | 0.000 0 |
| 3.000 0 | 50.000 0 | 0.000 0 |
| 4.000 0 | 0.000 0 | 100.000 0 |
| 5.000 0 | 0.000 0 | 0.000 0 |

(3) 最优值:49 950.000 001。

(4) 设备控制、原材料供应量及利润的达成值分别为

300.000 0　　350.000 0　　550.000 0

(5) 各目标的达成情况为

| | | |
|---|---|---|
| 1 | 2 | 3 |
| 1 | 0 | 1 |

**【例 9.6】** 某厂计划利用 A、B 两种原料生产甲、乙两种产品，有关数据见表 9-6。

问应如何安排生产计划，才能使(按照优先层从高到低的顺序)(1) 原料的消耗量不超过供应量；(2) 利润不少于 800 元；(3) 产品的产量不少于 7 吨？

**表 9-6　两种产品的相关数据(2)**

| 单位消耗 产品 / 原料 | 甲 | 乙 | 原料的供应量/吨 |
|---|---|---|---|
| A | 4 | 5 | 80 |
| B | 4 | 2 | 48 |
| 利润/(元·吨$^{-1}$) | 800 | 100 | |

**解**:设甲、乙两种产品的生产量为 $x_1, x_2$，则根据题意可建立该问题的多目标规划数学模型

$$\min z = P_1(d_1^+ + d_2^-) + P_2 d_3^- + P_3 d_4^+$$

$$\text{s.t.}\begin{cases} 4x_1 + 5x_1 + d_1^- - d_1^+ = 80 \\ 4x_1 + 2x_1 + d_2^- - d_2^+ = 48 \\ 80x_1 + 100x_2 + d_3^- - d_3^+ = 800 \\ x_1 + x_2 + d_4^+ - d_4^- = 7 \\ x_1, x_2 \geqslant 0, \quad d_i^-, d_i^+ \geqslant 0, \quad i = 1,2,3,4 \end{cases}$$

利用多目标规划单纯形法求解。

```
>> A=[4 5 -1 1 0 0 0 0 0 0;4 2 0 0 -1 1 0 0 0 0;80 100 0 0 0 0 -1 1 0 0;1 1 0 0 0 0 0 0 -1 1];
>> b=[80;48;800;7];
>> f=[0 0 1 0 1 0 0 0 0 0;0 0 0 0 0 0 0 1 0 0;0 0 0 0 0 0 0 0 0 1];
>> minx=multgoal(f,A,b);
>> minx=0   8   0   40   0   32   0   0   1      %最优解
```

只生产乙产品 8 吨。

**【例 9.7】** 某工厂因生产需要欲购一种原材料，市场上的这种原料有两个等级，甲级单价 2 元/kg，乙级单价 1 元/kg，要求所花总费用不超过 200 元，购得原料总量不少于 100 kg，其中甲级原料不少于 50 kg，问如何确定最好的采购方案。

**解：** 设 $x_1$、$x_2$ 分别为采购甲级和乙级原材料的数量，要求所采购的总费用尽量少，采购的总质量尽量多，采购甲级原材料尽量多。根据题意有

$$\min z_1 = 2x_1 + x_2$$

$$\max z_2 = x_1 + x_2$$

$$\max z_3 = x_1$$

$$\text{s.t.} \begin{cases} 2x_1 + x_2 \leqslant 200 \\ x_1 + x_2 \geqslant 100 \\ x_1 \geqslant 50 \\ x_1, x_2 \geqslant 0 \end{cases}$$

利用 MATLAB 中的多目标求解函数 fgoalattain 进行计算。

首先编写目标函数。

```
function y = optifun12(x)
  f(1) = 2 * x(1) + x(2);
  f(2) = - x(1) - x(2);
  f(3) = - x(1);
```

给定目标，权重按目标比例确定，给出初值及约束条件的系数。

```
>> goal=[200 -100 -50];weight=[2040 -100 50];x0=[60 60];
>> A=[2 1;-1 -1;-1 0];b=[200 -100 -50];lb=zeros(2,1);
>> [x,fval]=fgoalattain(@optifun12,x0,goal,weight,A,b,[],[],lb,[]);
>> x=50     50                    %最优解
>> fval=150    -100     -50       %最优值
```

最好的采购方案是采购甲和乙各 50 kg，此时采购总费用 150 元，总质量为 100 kg，甲级原材料总质量为 50 kg。

# 第 10 章 图论

图论起源于 18 世纪。第一篇图论论文是瑞士数学家欧拉于 1736 年发表的《哥尼斯堡的七座桥》。1847 年，克希霍夫为了给出电网络方程而引进了“树”的概念。1857 年，凯莱在计数烷烃 $C_nH_{2n+2}$ 的同分异构物时，也发现了“树”。哈密尔顿于 1859 年提出“周游世界”游戏，用图论的术语表示就是如何找出一个连通图中的生成圈。近几十年，由于计算机技术和科学的飞速发展，大大促进了图论的研究和应用，图论的理论和方法已经渗透到物理、化学、通信科学、建筑学、运筹学，生物遗传学、心理学、经济学、社会学等学科中。

## 10.1 图的理论基础

图论中所谓的“图”是指某类具体事物和这些事物之间的联系。如果我们用点表示这些具体事物，用连接两点的线段（直的或曲的）表示两个事物的特定的联系，就得到了描述这个“图”的几何形象。图论为任何一个包含了一种二元关系的离散系统提供了一个数学模型，借助于图论的概念、理论和方法，可以对该模型求解。哥尼斯堡七桥问题就是一个典型的例子（见图 10-1）。在哥尼斯堡有七座桥将普莱格尔河中的两个岛及岛与河岸连接起来，问题是要如何从这四块陆地中的任何一块开始，恰好通过每一座桥一次，再回到起点？

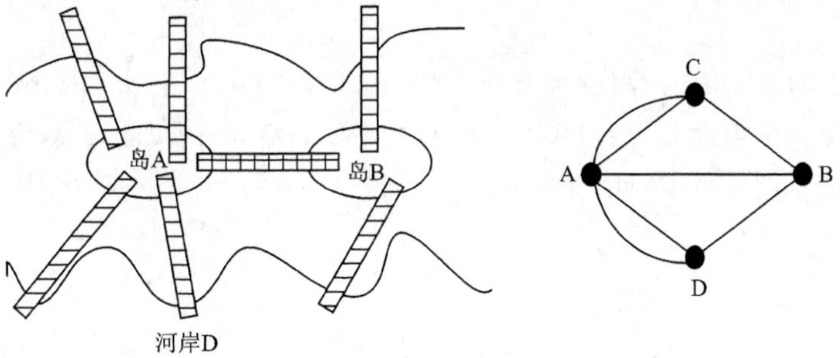


**图 10-1 哥尼斯堡七桥问题的实际图与简化图**

当然可以通过试验去尝试解决这个问题，但该城居民的任何尝试均未成功。欧拉为了解决这个问题，采用了建立数学模型的方法。他将每一块陆地用一个点来代替，将每一座桥用连接相应两点的一条线来代替，从而得到一个有四个“点”，七条“线”的“图”。问题成为从任一点出发一笔画出七条线再回到起点。欧拉考察了一般一笔画的结构特点，给出了一笔画的一个判定法则：这个图是连通的，且每个点都与偶数线相关联。将这个判定法则应用于七桥问题，得到了“不可能走通”的结果，不但彻底解决了这个问题，而且开创了图论研究的先河。

### 10.1.1 图的基本概念

**1. 图的定义**

在实际应用中，为了研究对象之间的相互关系，通常以点来表示对象，用点与点之间的连线来表示对象之间的关系。例如，有 A、B、C、D、E 五座城市，为了反映这五座城市之间的铁路状况，可以用点来表示城市，用点与点之间的连线表示两城市间的铁路，如图 10－2 左图所示。又如，甲、乙、丙、丁、戊五个人进行比赛，用带箭头的线段来表示胜负关系。如果甲胜乙，则可用以甲为起点、乙为终点、箭头指向乙的箭线(→)来表示，以此类推，如图 10－2 右图所示。

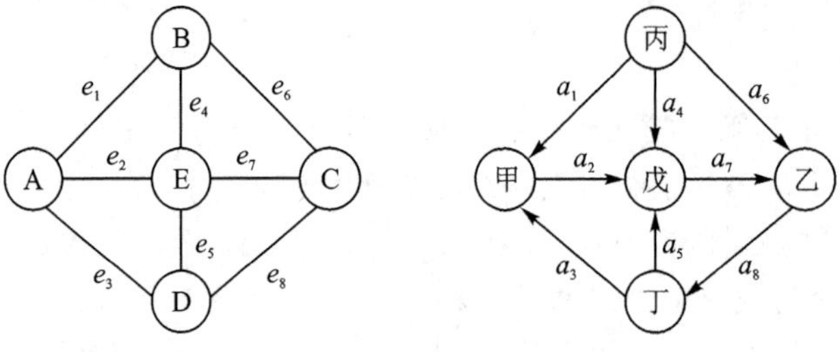


**图 10－2　对象之间的关系**

图是反映对象之间相互关系的一种非常简单、直观的手段。在图中，点与点的相对位置关系以及点与点之间连线的长短曲直，对于反映对象之间的关系并不重要。重要的是对象之间的相应连接关系，这是对象之间的本质关系。由此“图”是由一些点及点之间的连线(不带箭头或带箭头)所组成的。为区别起见，将两点间不带箭头的线称为边，而将带有箭头的线称为弧(有向边)。

**2. 图的相关记号**

(1) 无向图

如果图是由点与边构成的，则称为无向图(见图 10－3(a))，记作 $G=(V,E)$，其中 $V=\{v_1,v_2,\cdots,v_m\}$ 是 $m$ 个顶点的集合，$E=\{e_1,e_2,\cdots,e_n\}$ 是 $n$ 条边的集合，连接点 $v_i$、$v_j\in V$ 的边记作$[v_i,v_j]$。因为边不存在方向性，所以$[v_i,v_j]$与$[v_j,v_i]$表示同一条边。

(2) 有向图

如果图是由点和弧构成的，则称为有向图(见图 10－3(b))，记作 $D=(V,A)$，其中 $V=\{v_1,v_2,\cdots,v_m\}$ 是 $m$ 个顶点的集合，$A=\{a_1,a_2,\cdots,a_n\}$ 是 $n$ 条弧的集合，连接点 $v_i$、$v_j\in V$ 的弧记作$(v_i,v_j)$。因为弧有方向性，所以$(v_i,v_j)$与$(v_j,v_i)$表示的是两条不同的弧。

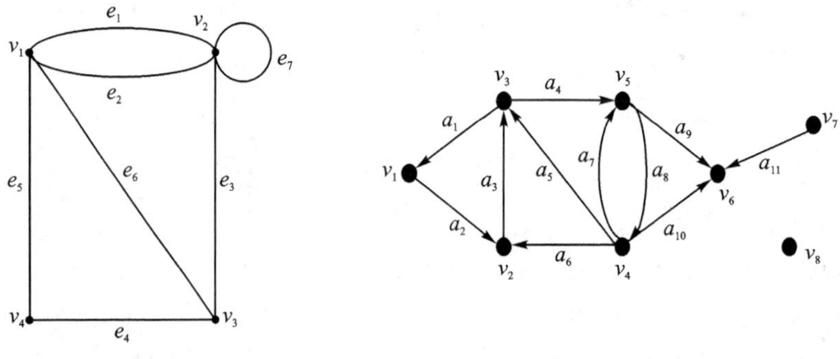


(a) 无向图　　　　(b) 有向图

**图 10－3　无向图与有向图**

如果图中既有边又有弧，则称之为混合图。

很显然，有向图实际上可以看做无向图的一种特例，因为无向图的边可以看作长度相同、方向相反的两条弧。

(3) 顶点相邻与关联边

若边 $e=[u,v]\in E$,则称 $u,v$ 为边 $e$ 的顶点,也称 $u,v$ 相邻,称边 $e$ 为点 $u,v$ 的关联边。如图 10-3(a)中的 $e_1=[v_1,v_2]$为顶点 $v_1,v_2$ 的关联边。

(4) 环与多重边

若图中某一条边的两端点是相同的,则称该边为环,如图 10-3(a)中的边 $e_7$;若两个点之间有一条以上的边,则称这些边为多重边,如图 10-3(a)中的边 $e_1,e_2$。

(5) 顶点的度(次)、出度和入度

以点 $v$ 为端点的边的条数称为顶点的度(次),记作 $d(v)$。图 10-3(a)中,$d(v_1)=4$,$d(v_2)=4$,$d(v_3)=3$,$d(v_4)=2$。以顶点 $v$ 为终点的弧的数目称为顶点的入度,记作 $d^-(v)$;以顶点 $v$ 为始点的弧的数目称为顶点 $v$ 的出度,记作 $d^+(v)$。图 10-3(b)中,$d^-(v_3)=d^+(v_3)=2$。

(6) 悬挂点与悬挂边

次(度)为 1 的顶点称为悬挂点,如图 10-3(b)中的点 $v_7$;悬挂点的关联边称为悬挂边,如图 10-3(b)中的 $a_{11}$。

(7) 点数与边(弧)数

图 $G$ 或 $D$ 中的点数记为 $p(G)$或 $p(D)$,边(弧)数记为 $q(G)$或 $q(D)$,在不引起混淆的情况下,也分别记为 $p$、$q$(也可以用$|V|$、$|E|$分别表示顶点数和边数)。

(8) 孤立点

次(度)为 0 的顶点称为孤立点,如图 10-3(b)中的点 $v_8$。

(9) 始点与终点

图 $D(V,A)$中,若 $a=(u,v)$,则称 $a$ 为从 $u$ 到 $v$ 的一条弧(或有向边),称 $u$ 为 $a$ 的始点,$v$ 是 $a$ 的终点。

(10) 奇点和偶点

次(度)为奇数的点称为奇点,否则称为偶点。

(11) 链、圈、初等链与初等圈

给定一个图 $G=(V,E)$,一个顶点、边交错序列$(v_{i_1},e_{i_1},v_{i_2},e_{i_2},\cdots,v_{i_{k-1}},e_{i_{k-1}},v_{i_k})$,如果满足 $e_{i_t}=[v_{i_t},v_{i_{t+1}}](t=1,2,\cdots,k-1)$,则称为一条连接 $v_{i_1}$ 和 $v_{i_k}$ 的链,记作 $\mathrm{Ch}(v_{i_1},v_{i_k})=(v_{i_1},e_{i_1},v_{i_2},e_{i_2},\cdots,v_{i_{k-1}},e_{i_{k-1}},v_{i_k})$,其中边不重合的链称为迹。

若链$(v_{i_1},e_{i_1},v_{i_2},e_{i_2},\cdots,v_{i_{k-1}},e_{i_{k-1}},v_{i_k})$中 $v_{i_1}=v_{i_k}$,则称为一个圈,记作 $\mathrm{Cy}(v_{i_1},v_{i_1})=(v_{i_1},e_{i_1},v_{i_2},e_{i_2},\cdots,v_{i_{k-1}},e_{i_{k-1}},v_{i_k})$。

若链 $\mathrm{Ch}(v_{i_1},v_{i_k})=(v_{i_1},e_{i_1},v_{i_2},e_{i_2},\cdots,v_{i_{k-1}},e_{i_{k-1}},v_{i_k})$中各顶点都是不相同的,则称为初等链(Simple Chain)。

若圈 $\mathrm{Cy}(v_{i_1},v_{i_1})=(v_{i_1},e_{i_1},v_{i_2},e_{i_2},\cdots,v_{i_{k-1}},e_{i_{k-1}},v_{i_1})$中,$v_{i_1},v_{i_2},\cdots,e_{i_{k-1}}$ 都是不同的,则称为初等圈(Simple Cycle)。

(12) 路、回路、初等路与初等回路

如果$(v_{i_1},a_{i_1},v_{i_2},a_{i_2},\cdots,v_{i_{k-1}},a_{i_{k-1}},v_{i_k})$是 $D$ 中的一条链,并且对 $t=1,2,\cdots,k-1$ 均有 $a_{i_t}=[v_{i_t},v_{i_{t+1}}]$,则称为从 $v_{i_1}$ 到 $v_{i_k}$ 的一条路(Path),记作 $P(v_{i_1},v_{i_k})$,$P(v_{i_1},v_{i_k})$上除起点 $v_{i_1}$ 和终点 $v_{i_k}$ 外的其余顶点$(v_{i_2},a_{i_2},\cdots,v_{i_{k-1}})$为中间顶点。当路的第一个顶点(起点)和最后一个顶点(终点)相同时,则称为回路(Circuit),记作 $\mathrm{Ci}(v_i,v_i)$。类似无向图,可定义初等路与初等回路。

图 10-4 即为相应概念的示意图。

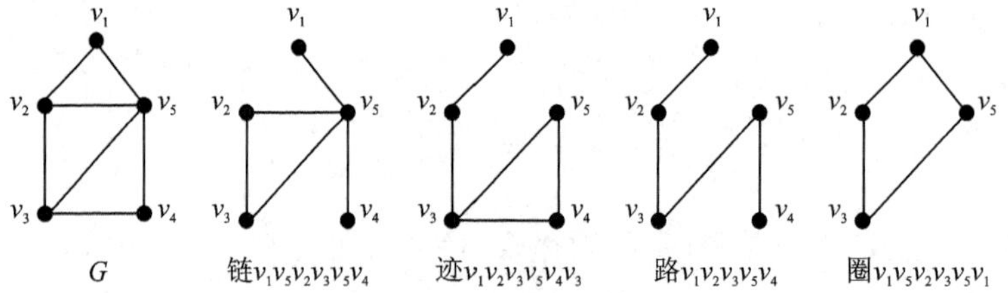


**图 10-4　图的相应概念的示意图**

(13) 可到达

(有向)图 $D$ 中存在有向路 $P(u,v)$，则顶点 $v$ 称为在 $D$ 中从顶点 $u$ 出发可到达。

(14) 简单图与多重图

一个无环、无多重边的图称为简单图，如图 10-2 所示；一个无环但允许有多重边的图称为多重图，如图 10-3(b)所示。

(15) 基础图与定向图

给定一个有向图 $D=(V,A)$，从 $D$ 中去掉所有弧上的箭头，就得到一个无向图，称为 $D$ 的基础图，记为 $G(D)$；反之，给定一个无向图 $G=(V,E)$，对于它的每一条边，均为其端点指定一个顺序，从而确定一条有向边，由此得到一个有向图 $D=(V,A)$，称此有向图为原无向图的定向图。

(16) 赋权图

如果图中的每条边(弧)都被赋予了一个权数(实数值)$w_{ij}$，则称为赋权图，记为 $G(V,E,W)$ 或 $D(V,A,W)$。实际上，权可以代表两点之间的距离、费用、利润、时间和容量等不同的含义。

**3. 图的类型**

(1) 有限图与无限图

如果图的顶点和边(弧)数都是有限集，则称为有限图；否则称为无限图。

(2) 平凡图与非平凡图

仅有一个顶点的图，称为平凡图；其他所有的图称为非平凡图。

(3) 连通图与非连通图

任何两点之间至少有一条链的图，称为连通图；否则称为非连通图。

(4) 单向连通图与双向连通图

有向图中任意两个顶点 $u$ 和 $v$，顶点 $u$ 可连通 $v$ 或 $v$ 可连通 $u$，则称该有向图为单向连通图；若任意两个顶点可相互到达，则称该有向图为双向连通图。

(5) 完全图

任意两个互异顶点之间均恰好有唯一一条边相连的图称为完全图，记为 $K_v$，如图 10-5 所示。

(6) 二分图

顶点分为两个不相交的集合，边仅在两集合顶点之间产生的图称为二分图，如图 10-6 所示。

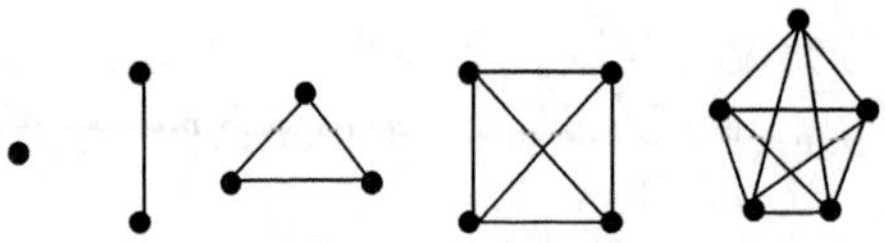

**图 10-5　完全图**

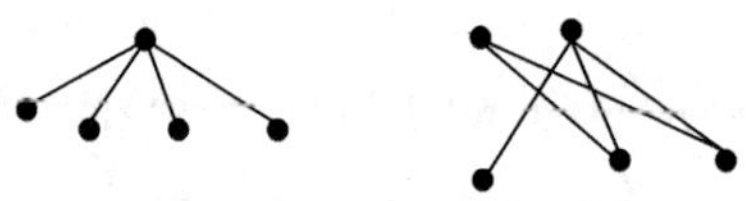

**图 10-6　二分图**

(7) 网络图

连通的赋权图,称为网络图。

### 10.1.2 图的矩阵表示

图 $G=(V,E)$ 或 $D=(V,A)$,一方面,由它的顶点与边(弧)之间的关联关系唯一确定,也由它的顶点与顶点之间的邻接关系唯一确定;另一方面,图在计算机中存储的数据结构完全等价于图本身的顶点与边(弧)之间的结构关系。这两方面都需要用图的矩阵表示。

**1. 邻接矩阵**

设(无向)图 $G=(V,E)$,其中顶点集 $V=\{v_1,v_2,\cdots,v_n\}$,边集 $E=\{e_1,e_2,\cdots,e_m\}$。用 $x_{ij}$ 表示顶点 $v_i$ 与顶点 $v_j$ 之间的边数,可能的取值为0,1,2,称所得矩阵 $\boldsymbol{M}_N=\boldsymbol{M}_N(G)=(x_{ij})_{n\times n}$ 为图 $G$ 的邻接矩阵。

根据定义,可以得到图 $G$ 的邻接矩阵有如下的性质:

(1) $\boldsymbol{M}_N(G)$ 为对称矩阵,且主对角线上的元素全部为0。

(2) 若 $G$ 无环,则 $\boldsymbol{M}_N(G)$ 中第 $i$ 行(列)的元素之和等于顶点 $v_i$ 的度。

(3) 两图 $G_1$ 和 $G_2$ 同构的充分必要条件是,存在转换矩阵 $\boldsymbol{P}$,使得

$$\boldsymbol{M}_N(G_1)=\boldsymbol{P}^{\mathrm{T}}\boldsymbol{M}_N(G_2)\boldsymbol{P}$$

记做 $G_1\cong G_2$。其中图 $G_1=[V_1,E_1]$ 和 $G_2=[V_2,E_2]$ 同构是指这两个简单图,若存在一一对应的函数 $\phi:V_1\to V_2$,使得当且仅当 $(u,v)\in E$ 时有 $(\phi(u),\phi(v))\in E_2$。同构的图必然有着相同的顶点数和边数。

类似的,可定义有向图的邻接矩阵 $\boldsymbol{M}_N=\boldsymbol{M}_N(D)=(x_{ij})_{n\times n}$ 的元素 $x_{ij}$ 从始点 $v_i$ 到终点 $v_j$ 的有向边的条数,其中 $v_i$ 和 $v_j$ 是 $D$ 的顶点。

由无向图 $G$ 和有向图 $D$ 的邻接矩阵的定义可知,无向图 $G$ 的边数为所有元素之和的二分之一(或主对角线右上部元素之和,或主对角线左下部元素之和),有向图 $D$ 的边数为矩阵中非零元素之和。

邻接矩阵是描述图的一种常用的矩阵表示,是图论应用的基础。

**2. 关联矩阵**

设任意(无向)图 $G=(V,E)$,其中顶点集 $V=\{v_1,v_2,\cdots,v_n\}$,边集 $E=\{e_1,e_2,\cdots,e_m\}$。用 $m_{ij}$ 表示顶点 $v_i$ 与边 $e_j$ 之间的边数,可能的取值为0,1,2,称所得矩阵 $\boldsymbol{M}_C=\boldsymbol{M}_N(G)=(m_{ij})_{n\times n}$ 为图 $G$ 的关联矩阵。

类似的,有向图 $D$ 的关联矩阵 $\boldsymbol{M}_C=\boldsymbol{M}_C(G)=(m_{ij})_{n\times n}$ 的元素 $m_{ij}$ 定义为

$$m_{ij}=\begin{cases}1, & v_i\text{ 是有向边 }a_j\text{ 的始点}\\-1, & v_i\text{ 是有向边 }a_j\text{ 的终点}\\0, & v_i\text{ 是有向边 }a_j\text{ 的非关联点}\end{cases}$$

根据关联矩阵的定义,可知关联矩阵的一个特点:矩阵的每列必有且只有两个非零元素。从而可进一步得知:对于无向图 $G$ 的关联矩阵,各列之和为2,各行之和为对应顶点的度;对于有向图 $D$,各列之和为0,各行负数的绝对值之和与正数之和分别表示对应顶点的入度和出度,各行所有数(或非零元素)的绝对值之和为对应顶点的度。

邻接矩阵和关联矩阵是图的不同形式的矩阵表示,它们均代表着图的拓扑结构,重要的是,无论是无向图还是有向图,它们均能相互转换。

**3. 图的权值矩阵**

图的权值矩阵是对赋权图的矩阵表示，是求解实际问题的数学抽象，也是利用应用软件解决实际问题的重要基础。

设 $n$ 阶无向或有向连通赋权图 $G=(V,E)$ 或 $D=(V,A)$，顶点集 $V=\{v_1,v_2,\cdots,v_n\}$，边集 $E=\{e_1,e_2,\cdots,e_m\}$ 或弧集 $a=\{a_1,a_2,\cdots,a_m\}$，且边或弧上的权值为 $f(v_i-v_j)(i,j=1,2,\cdots,n)$。它们的权值矩阵分别定义如下：

无向图 $G=(V,E)$ 的权值矩阵 $\boldsymbol{M}_{G(W)}=(x_{ij})_{n\times n}$ 定义为

$$x_{ij}=\begin{cases}f(v_i-v_j), & \text{若 } v_i \text{ 到 } v_j \text{ 存在边}\\ \infty, & \text{若 } v_i \text{ 到 } v_j \text{ 不存在边}\\ 0, & \text{若 } i=j\end{cases}$$

显然，对于无向图，对于任意的 $i,j=1,2,\cdots,n$，均有 $x_{ij}=x_{ji}$，故无向图的权值矩阵 $\boldsymbol{M}_{G(W)}$ 为主对角线上元素全部为零的对称矩阵。

有向图 $D=(V,A)$ 的权值矩阵 $\boldsymbol{M}_{D(W)}=(x_{ij})_{n\times n}$ 定义为

$$x_{ij}=\begin{cases}f(v_i-v_j), & \text{若 } v_i \text{ 到 } v_j \text{ 存在有向弧}\\ \infty, & \text{若 } v_i \text{ 到 } v_j \text{ 不存在有向弧}\\ 0, & \text{若 } i=j\end{cases}$$

由图的权值矩阵的定义可知，实际上图的权值矩阵是根据图的邻接矩阵得来的，即只需用对应边(弧)权值将邻接矩阵中对应位置的非零元素替换，用∞将非主对角线上的全部零元素替换。因此也可以将图的权值矩阵称为带权邻接矩阵。

### 10.1.3 图论的基本性质和定理

**定理 1(握手定理)**：图 $G=(V,E)$ 中所有点的度之和等于边数的两倍，即

$$\sum_{v\in V}d(v)=2q$$

**推论**：在任何图中，奇点的个数为偶数，也即图中的奇点一定是成对出现的。该定理是欧拉在解决"一笔画问题"时给出的判定法则。

**定理 2**：对任意有向图 $G=(V,E)$，均有 $\sum\limits_{v\in V}d_D^+(v)=\sum\limits_{v\in V}d_D^-(v)=|A|$，其中 $|A|$ 为有向图中的弧数。

## 10.2 最短路

在图论理论中，路具有特殊的重要性，它不仅直接应用于解决生产实践中的众多问题，如管道铺设、线路安排、厂区的选址和布局、设备的更新等，而且经常被作为一种基本工具，用于解决其他的最优化问题以及预测和决策问题。

图 $G$ 中的路具有如下的性质：

(1) 若图 $G$ 中有一条 $(u,v)$-途径，则 $G$ 中也存在一条 $(u,v)$-路。

(2) 设 $G$ 为简单图，且最小度 $\delta(G)\geqslant k$，则 $G$ 中存在长为 $k$ 的路。

(3) 在连通图中任意两条最长的路都有公共顶点。

(4) 若顶点 $u,v$ 在 $G$ 中是连通的，定义 $G$ 中最短的 $(u,v)$-路的长度为 $G$ 中 $u,v$ 之间的距离，记为 $d_0(u,v)$；若 $u,v$ 在 $G$ 中不连通，定义 $d_0(u,v)$ 为无穷，则对于任意三个顶点有

$d_0(u,v)+d_0(v,w)\geqslant d_0(u,w)$。

(5) 若最小度 $\delta\geqslant 2$,则简单图 $G$ 含有圈。

(6) 若 $G$ 是简单图,且最小度 $\delta\geqslant 2$,则 $G$ 含有长最小为 $\delta+1$ 的圈。

在给定赋权图中,求两个互异顶点之间的最短路(径),简记为最短路(径)问题。它一般归为两类:一类是求从某个顶点(源点)到其他顶点(终点)的最短路径;另一类是求图中每一对顶点间的最短路径。

## 10.2.1 Dijkstra 算法

最短路径问题要解决的就是求加权图 $G=(V,E,W)$ 中两个给定顶点之间的最短路径,其中一个著名的算法就是 Dijkstra 算法。

设源点为 $u_0$,目标点为 $v_0$。Dijkstra 算法的基本思想是:按距离由近及远为次序,依次求得 $u_0$ 到 $G$ 的各顶点的最短路和距离,直至 $v_0$(或直至 $G$ 的所有顶点),算法结束。

Dijkstra 算法的具体步骤如下:

(1) 令 $l(u_0)=0$,对于 $v\neq u_0$,令 $l(v)=\infty$,$S_0=\{u_0\}$,$i=0$。

(2) 对每个 $v\in\overline{S}_i$($\overline{S}_i=V\backslash S_i$),用 $\min\limits_{u\in\overline{S}_i}\{l(v),l(u)+w(uv)\}$ 代替 $l(v)$,当 $u,v$ 不相等时,$w(uv)=\infty$。计算 $\min\limits_{u\in\overline{S}_i}\{l(v)\}$,把达到这个最小值的一个顶点记为 $u_{i+1}$,令 $S_{i+1}=S_i\cup\{u_{i+1}\}$。

(3) 若 $i=|V|-1$,则停止;若 $i<|V|-1$,则用 $i+1$ 代替 $i$,转到步骤(2)。

算法结束时,从 $u_0$ 到各顶点 $v$ 的距离由 $v$ 的最后一次的标号 $l(v)$ 给出。在 $v$ 进入 $S_i$ 之前的标号 $l(v)$ 称 $T$ 标号,$v$ 进入 $S_i$ 时的标号称 $P$ 标号。算法就是不断修改各个点的 $T$ 标号,直至获得 $P$ 标号。若在算法运行过程中,将每一顶点获得 $P$ 标号所由来的边在图上标明,则当算法结束时,$u_0$ 到各个点的最短距离也在图上标示出来了。

以上算法存在许多不足,尤其是当节点数很大时,该算法会占用大量存储空间,并且该算法需要计算从起点到每一个节点的最短距离,大大降低了算法的效率。可以对算法进行改进。

## 10.2.2 Warshall - Floyd 算法

设图 $G=(V,E)$,顶点集为 $\{v_1,v_2,\cdots,v_n\}$,$G$ 的每一条边赋有一个权值 $w_{ij}$ 表示边 $v_iv_j$ 上的权,若 $v_i,v_j$ 不相邻,则令 $w_{ij}=+\infty$。

Warshall - Floyd 算法(简称 Floyd 算法):利用动态规划的基本思想,即若 $d_{ik}$ 是顶点 $v_i$ 到顶点 $v_k$ 的最短距离,$d_{kj}$ 是顶点 $v_k$ 到顶点 $v_j$ 的最短距离,则 $d_{ij}=d_{ik}+d_{kj}$ 是顶点 $v_i$ 到顶点 $v_j$ 的最短距离。对于任何一个顶点 $v_k\in V$,顶点 $v_i$ 到顶点 $v_j$ 的最短路经过顶点 $v_k$ 或者不经过顶点 $v_k$。比较 $d_{ij}$ 与 $d_{ik}+d_{kj}$ 的值。若 $d_{ij}>d_{ik}+d_{kj}$,则令 $d_{ij}=d_{ik}+d_{kj}$,保持 $d_{ij}$ 是当前搜索的顶点 $v_i$ 到顶点 $v_j$ 的最短距离,重复这一过程,直到最后,当搜索完所有顶点 $v_k$ 时,$d_{ij}$ 就是顶点 $v_i$ 到顶点 $v_j$ 的最短距离。

Floyd 算法的基本步骤如下:

(1) 输入图 $G$ 的权矩阵 $\boldsymbol{W}$。对所有 $i,j$,有 $d_{ij}=w_{ij}$,$k=1$。

(2) 更新 $d_{ij}$。对所有 $i,j$,若 $d_{ij}>d_{ik}+d_{kj}$,则令 $d_{ij}=d_{ik}+d_{kj}$。

(3) 若 $d_{ii}<0$,则存在一条含有顶点 $v_i$ 的负回路,停止计算;或者当 $k=n$ 时停止计算;否则转步骤(2)。

### 10.2.3 求最大可靠路的算法

在给定的网络(例如通信或运输网)中,往往要利用已知的各弧(边)的可行性概率,求出指定顶点 $v_i$(发出点)到 $v_t$(接收点)的一条使得可行性概率最大的路。生产实践中的很多问题都可以转换成此类问题。

求最大可行路算法的基本思想:已知网络 $N$ 上各顶点间有向路(或路)的完好概率为 $0 \leqslant p_{ij} \leqslant 1$。设一条由发出点 $v_s$ 到接收点 $v_t$ 的有向路(或路)所经过的顶点依次为$\{v_1, v_2, \cdots, v_k, v_t\}$,则这条路所经过的各弧(或边)的完好概率分别为 $p_{v_sv_1}, p_{v_1v_2}, \cdots, p_{v_kv_t}$。这条路的总完好率 $p_{v_sv_t}$ 是它所经过的所有弧(或边)的完好概率的乘积。因此,目标可以转换为寻找一条使 $p_{v_sv_t}$ 取极大值的有向路(或路)的问题。

完好概率矩阵的概念:在网络 $N$ 中,其完好概率 $p_{ij}$ 有着特殊的规定:当 $i=j$ 时,$p_{ij}=1$;当 $v_i, v_j \notin E$ 时,$p_{ij}=0$。从而,可定义完好概率矩阵 $M_{\text{good}}=(p_{ij})_{n\times n}$,其中 $p_{ij}$ 为顶点 $v_i$ 与 $v_j$ 之间的完好概率。当网络中某两点不邻接时,约定其完好概率为 0。

为了利用赋权图中最短路的求解思路,可以进行以下的转换,即

$$p'_{ij}=\begin{cases} -\ln p_{ij}, & 0<p_{ij}<1 \\ \infty, & p_{ij}=0 \\ 0, & p_{ij}=1 \text{ 或 } i=j \end{cases}$$

从而,将所求问题转换成在矩阵 $\boldsymbol{A}=(p'_{ij})_{n\times n}$ 中寻找从 $v_s$(发出点)到 $v_t$(接收点)的最短路问题。因此,最大可靠路的算法是最短路算法的一个变种。设求得的最短路的长度为 $d_{v_sv_t}$,则最大可靠路的概率为 $p_{v_sv_t}=\mathrm{e}^{-d_{v_sv_t}}$。

### 10.2.4 求期望最大可靠容量路

在生产实践中,常常会遇到既希望路的完好概率较大又希望路的流量尽可能大的问题,这就涉及期望最大可靠容量路的问题。

求解期望最大可靠容量路的判定准则为所求路的最大通过能力(流量)与该路的完好概率的乘积达到最大,用数学语言表达即为

$$f(P)=\left(\prod_{(i,j)\in P} p_{ij}\right)\times \min_{(i,j)\in P}\{u_{ij}\}$$

式中:$P$ 为指定的发出点 $v_s$ 到接收点 $v_t$ 的一条路;$p_{ij}$ 为这条路上的弧$(v_i, v_j)$的完好概率,$u_{ij}$ 为此路上弧$(v_i, v_j)$的容量(最大通过能力)。使 $f(P)$达到最大值的路就是期望最大可靠容量路。此外,由 $p_{ij}$ 构成的 $n$ 阶矩阵称为完好概率矩阵 $\boldsymbol{M}_{\text{good}}$,由 $u_{ij}$ 构成的 $n$ 阶矩阵称为该网络的容量矩阵 $\boldsymbol{M}_u$。

在已知网络图的完好概率 $\boldsymbol{M}_{\text{good}}$、容量矩阵 $\boldsymbol{M}_u$ 和指定的发出点 $v_s$ 到接收点 $v_t$ 的情况下,求从发出点 $v_s$ 到接收点 $v_t$ 的期望最大可靠容量路的步骤如下:

第 1 步,首先,选取一条从发出点 $v_s$ 到接收点 $v_t$ 的最大可靠路,记作 $P$;否则转第 3 步;接着计算路 $P$ 的容量 $U_p=\min\limits_{(i,j)\in P}\{u_{ij}\}$(瓶颈弧上的容量决定了该条路上的容量);然后,计算路 $P$ 的期望容量 $f(P)=\left(\prod\limits_{(i,j)\in P} p_{ij}\right)\times \min\limits_{(i,j)\in P}\{u_{ij}\}=\left(\prod\limits_{(i,j)\in P} p_{ij}\right)\times U_p$。

第 2 步,在矩阵 $\boldsymbol{M}_{\text{good}}$ 与 $\boldsymbol{M}_u$ 中去掉容量小于或等于 $U_p$ 的那些弧,返回第 1 步。

第 3 步,在前面逐次选取的从发出点 $v_s$ 到接收点 $v_t$ 的所有路中,选择满足 $P_{\max}=$

max{$f(P)$}的路,即为所要求的期望最大可靠容量路。若期望容量相同,则应选择可靠性较大的那条路。

## 10.3 树

树是一种特殊的图,是无圈的连通图,记作 $T$。它是由德国物理学家克希霍夫(Kirchhoff)于1847年在研究电网络方程时首次提出的,它的应用很广泛,在概率树、组织结构、家谱、化学物质的结构(同分异构体)、决策树等方面都有重要的应用。对于许多实际的或图论理论中的一般图问题至今未能得到解决或者没有找到简单的方法,而应用树的方法则已圆满解决,而且方法较为简单。

**1. 树的概念和性质**

连通且无圈的图称为树(tree),记为 $T$。$v=1$ 的树称为平凡树,否则称为非平凡树。树中度为1的顶点称为叶,亦称悬挂点。树的边称为树枝。

图10-7所示即为树,不难看出,树是从其形状而得名的。

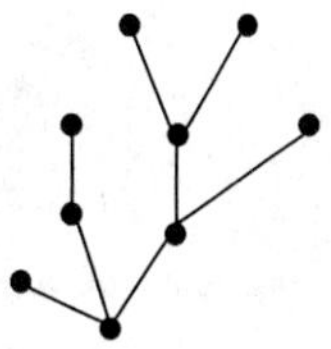

图 10-7 树

有关树的性质如下:

(1) 树 $T$ 中任意两个顶点之间必有且只有一条链;

(2) 在树 $T$ 的两个不相邻顶点之间添加一条边,就得到一个圈;

(3) 在树 $T$ 中去掉任何一条边,图都不连通;

(4) 树 $T$ 的顶点数比边数多1;

(5) 一棵树 $T$ 至少有两个悬挂点;

(6) 当有且只有两个顶点的度为1时,它是一条路。

**2. 图的支撑树**

包含图 $G$ 的所有顶点树称为图 $G$ 的一棵生成树或支撑树。图的支撑树具有如下的性质:

(1) 每个连通图均包含支撑树 $T$;

(2) 图 $G$ 是连通图当且仅当图 $G$ 含有支撑树 $T$ 时。换言之,图 $G$ 有支撑树的充分必要条件是 $G$ 连通。

寻找图的支撑树的方法分为"破圈法"和"避圈法"。它们是两种不同的方法,前者是将现有的圈予以破除,后者则是避免形成圈,可称前者为逆向思维,后者为正向思维。

破圈法:如果连通图 $G$ 无圈,则图 $G$ 本身就是树;如果连通图 $G$ 不是树,则图 $G$ 中至少有一个圈,任取一个圈并从圈中去掉一条边,对余下的图重复该操作,直到不含有圈为止,这样就得到了该图的一个支撑树。

避圈法:在图 $G$ 中任取一条边 $e_1$,然后找另一条与 $e_1$ 不构成圈的边 $e_2$,再找一条与{$e_1$,$e_2$}不构成圈的边 $e_3$,重复该操作直至不能进行为止,这时由所有取出的边构成的图就是一个支撑树。

例如,图10-8(a)所示的图 $G$ 的支撑树,如用破圈法寻找为图10-8(b),如用避圈法寻找则为图10-8(c)。

**3. 最小支撑树**

赋权图中权值之和最小的支撑树,称为最小支撑树,简称为最小树。在实际应用中,赋权图中的权值往往代表距离或费用等指标,因此赋权图被广泛运用于生产实践中。求最小支撑树问题具有较高的实际应用价值,许多网络问题都可以归结为最小支撑树问题,例如设计长度最小的公路网把若干个城市联系起来,设计用料最省的电话线网(光纤)把有关单位联系起来,等等。

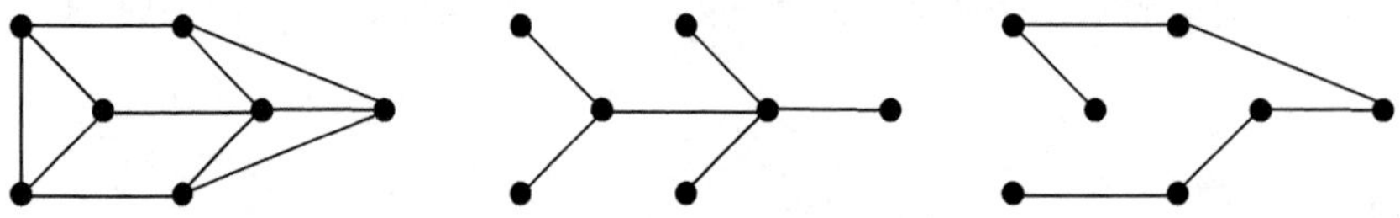


**图 10-8　图 G 及支撑树**

与支撑树问题类似，有如下的最小树问题算法。

破圈法：其基本思想是在保持连通性的前提下，逐次去掉图 $G$ 的所有圈中权最大的边，直到无圈为止。

避圈法：其基本思想是在保持连通性的前提下，从图 $G$ 的某一顶点开始，逐次生成树最小的边，直到连通(所有顶点都被生成到)为止。

例如，对图 10-8(a) 所示的图 $G$ 进行赋权，得到图 10-9(a)。如用破圈法寻找，则可以得到图 10-9(b)所示的最小树；如用避圈法寻找，则可以得到图 10-9(c)所示的最小树。

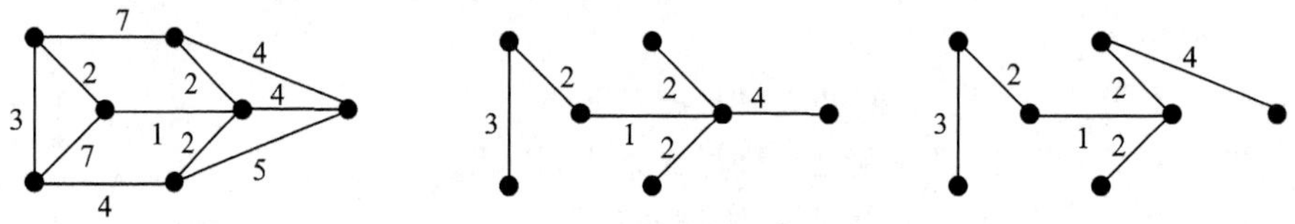


**图 10-9　赋权图及相应的最小树**

**4. 最大支撑树**

赋权图中权值之和最大的支撑树称为最大支撑树。最大支撑树问题可以视为最小支撑树问题的逆问题，或者说最小支撑树问题与最大支撑树问题互为逆问题。在实际生产实践中，求最大支撑树问题同样具有较高的实际应用价值，它可以与求最小支撑树问题联合起来为科学决策提供参考。如设计公路网把若干个城市联系起来，设计电话线图(光纤)把有关单位联系起来，等等，求出最小支撑树和最大支撑树可以知道公路长度、线网用料，从而为经费预算提供依据。

对于最大支撑树问题的求解，只需要在求最小支撑树问题的方法上进行即可。

## 10.3.1　求最小树的 Kruskal 算法

求最小树的 Kruskal 算法的基本思想：设一个有 $n$ 个顶点的连通图 $G=(V,E)$，最初先构造一个只有 $n$ 个顶点，但没有边的非连通图 $T=\{V,\Phi\}$，图中每个顶点自成一个连通分量。在 $E$ 中选一条权值最小的边，若该边的两个顶点落在不同的连通分量上，则将此边加入到 $T$ 中；否则将此边舍去，重新选择一条权值最小的边。重复以上过程，直到所有顶点落在同一个连通分量上。

根据算法的基本思想，就可以给出求最小树的 Kruskal 算法：

(1) 选择边 $e_1$，使权 $w(e_1)$ 最小(最大)。

(2) 若已选定 $e_1,e_2,\cdots,e_i$，则从 $E\backslash\{e_1,e_2,\cdots,e_i\}$ 中选取边 $e_{i+1}$，使

① $G[\{e_1,e_2,\cdots,e_i\}\cup\{e_{i+1}\}]$无圈；

② 树 $w(e_{i+1})$是满足①的最小(最大)者。

(3) 重复(2)，直到选取了 $n-1$ 条边。

算法的具体步骤如下：

(1) 按权的不减顺序将边重排成 $a_1, a_2, \cdots, a_n$，并按这个顺序逐步选取候选边。算法中无圈的判定办法是：当 $S=\{e_1, e_2, \cdots, e_i\}$ 已取定时，对候选边 $a_j$ 均有 $G[S\cup\{a_j\}]$ 无圈 $\Leftrightarrow a_j$ 的两端点在 $G[S]$ 的不同分支中，其中 $S$ 为 $G$ 的任一子边集，$G[S]$ 表示以 $S$ 为边集的 $G$ 的生成子圈。

(2) 求最小树的标记法，开始时，取 $a_1$ 为候选边，并将每个顶点 $v_k$ 标以 $k$，其中 $k=1, 2, \cdots, n$。当 $S=\{e_1, e_2, \cdots, e_i\}$ 已取定时，若候选边 $a_j$ 的两端点有相同标号，则舍弃 $a_j$ 不再考虑，并改取 $a_{j+1}$ 为新的候选边；否则选定 $e_{i+1=}a_j$，并将 $G[S]$ 中两端点各自所在的两分支的顶点重新标号，标以两者中的小者。

### 10.3.2 求最小树的 Prim 算法

求最小树的 Prim 算法的基本思想：从连通图 $G=(V,E)$ 的某一顶点出发，选择与其关联的具有最小权值的边 $(u_0, v)$，将其顶点加入到生成树的顶点集合 $U$ 中。以后每一步从一个顶点在 $U$ 中而另一个顶点不在 $U$ 中的各条边中选择权值最小的边 $(u, v)$，把它的顶点加入到集合 $U$ 中，如此下去，直到图中的所有顶点都加入到生成树顶点集合 $U$ 中为止，这时得到一棵最小树。

## 10.4 欧拉(Euler)图和 Hamilton 图

与中国邮递员和旅行售货员等有关的问题均能抽象为在图中的环游问题，一个问题的本质是对图的所有边的环游，另一个是对图的所有顶点的环游。若对边或顶点赋权以后求环游中的最小值，则这种环游就是最优环游问题，这是实际生活中众多问题的本质。

### 10.4.1 Euler 图

图 10-1 所示的哥尼斯堡七桥问题的实质就是在图 $G$ 中寻找经过每一条边一次且仅一次的闭迹。

经过图 $G$ 的每条边至少一次的闭迹称为图 $G$ 的环游；经过每条边仅一次的环游称为图 $G$ 的 Euler 环游。包含 Euler 环游的图称为 Euler 图，它实际上就是从其任意顶点出发，每条边恰能经过一次又能回到出发点的图，即不重复地行遍所有的边再回到出发点。

含有 Euler 迹，不含有 Euler 环游的图称为半欧拉图，其他图称为非欧拉图。图 10-10 所示的三个图依次为欧拉图、半欧拉图和非欧拉图。

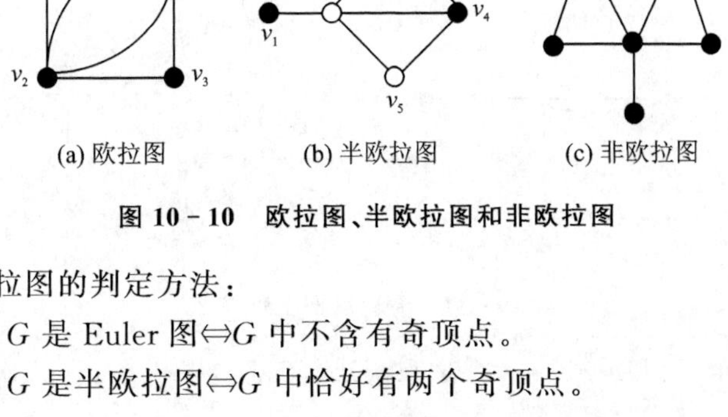

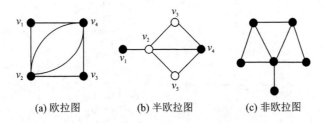

**图 10-10 欧拉图、半欧拉图和非欧拉图**

Euler 图与半欧拉图的判定方法：

(1) 非空连通图 $G$ 是 Euler 图 $\Leftrightarrow G$ 中不含有奇顶点。

(2) 非空连通图 $G$ 是半欧拉图 $\Leftrightarrow G$ 中恰好有两个奇顶点。

与 Euler 图有关的一个问题是“一笔画”问题(即能一笔将图上的边都画到且不重复),可以得出的结论:对 Euler 图,任选一个顶点为始点和终点,即可一笔画;对半欧拉图,任选两个奇度顶点的一个为始点,另一个为终点,即可一笔画;对非欧拉图,不可一笔画。

## 10.4.2 中国邮递员问题

一位邮递员从邮局选好邮件去投递,必须经过某街区的所有街道,任务完成后再回到邮局,问他应如何安排投递路线,才能使所走路线最短?这一问题由我国数学家管梅谷于1962年首先提出,并给出了奇偶点图上作业法,故在国际上被称为中国邮递员问题。

奇偶点图上作业法可以解决中国邮递员问题,其基本思想是:若 $G$ 是 Euler 图,则 $G$ 含有的一条 Euler 环游即为唯一最优投递路线;若 $G$ 不是 Euler 图,则 $G$ 中不含有 Euler 环游,故可行投递路线中必含有某些重复边,而且这些重复边显然仅与 $G$ 的奇度顶点相关联,为使投递路线最优,应设法使这些重复边的权之和最短。

在算法上,奇偶点图上作业法要求从某一个可行投递路线开始,不断修正,直到满足最优性判断标准,即得最优投递路线。因此,中国邮递员问题要求在半欧拉图和非欧拉图中,添加某些重复边,使新图(已变为 Euler 图)无奇度顶点,且重复边的权之和最小。

(1) 初始可行投递路线的确定:找出图 $G$ 中的所有奇度顶点,将其一一配对,找出每一对奇度顶点之间的任一路线,将路上各边重复一次,权不变,取新图(已变为 Euler 图)中唯一的一条 Euler 环游作为初始可行投递路线。

(2) 最优投递路线的判断标准:

① 图的每条边至多有一条重复边;

② 图的每个圈的重复边的权之和不大于该圈的权的 1/2(即重复边的权之和不大于未重复边的权之和)。

(3) 投递路线的调整:

① 若某条边的重复边的条数≥2,则可从中去掉偶数条边,使此边至多有一条重复边;

② 若某一个圈上的重复边的权之和大于该圈的权的 1/2(即重复边的权之和大于未重复边的权之和),则可以去掉重复边,而将未重复边均重复一次。

图 10-11 所示为奇偶点图上作业法的一个实例。奇偶点图上作业法需要检查图的每一个圈,当图的规模较大时,圈的数目很大,难以一一检查。

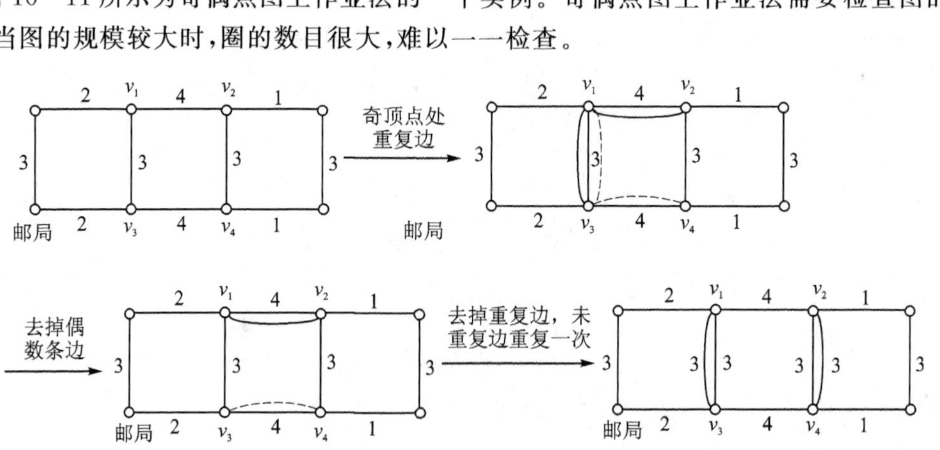


**图 10-11 奇偶点图上作业法**

中国邮递员问题也可以用 Fleury 算法来解决,其基本思想是:用依次描画一条迹的方法来构作 Euler 环游图，在描画过程的每一步中，遵循“未描画的子图的割边仅当没有其他边可选择时才被描画”的原则。

Fleury 算法的基本步骤如下：

(1) $\forall v_0 \in V(E)$，令 $W_0 = v_0$。

(2) 设行迹 $W_i = v_0 e_1 v_1 e_2 \cdots e_i v_i$ 已选定，则从 $E - \{e_1, e_2, \cdots, e_i\}$ 中选取一条边 $e_{i+1}$，使得：

① $e_{i+1}$ 与 $e_i$ 相邻；

② 除非已无选择余地，否则 $e_{i+1}$ 不要选 $G_i = G - \{e_1, e_2, \cdots, e_i\}$ 的桥。

(3) 直到步骤(2)不能进行为止。

## 10.4.3 Hamilton 图

包含图的所有顶点的路称为 Hamilton 路，包含图的所有顶点的圈称为 Hamilton 圈。含有 Hamilton 圈的图称为 Hamilton 图。含有 Hamilton 路、不含有 Hamilton 圈的图称为半 Hamilton 图，其他图称为非 Hamilton 图，如图 10-12 所示。

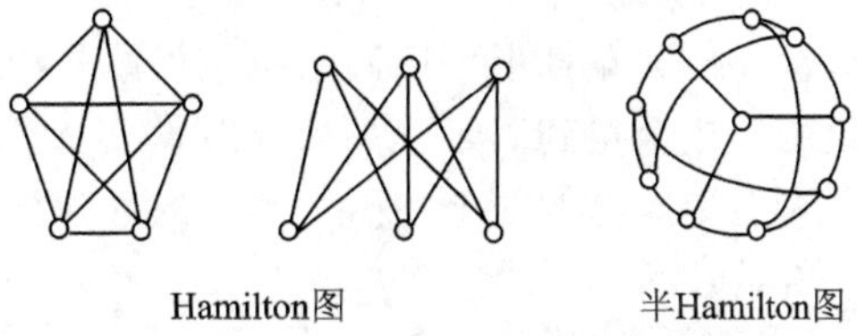


**图 10-12 Hamilton 图与半 Hamilton 图**

与 Euler 图不同，至今未找到判定一个图是 Hamilton 图的充分必要条件，这是一个悬而未决的图论问题。下面给出一些有关 Hamilton 图的已有结论。

(1) 判断图是否是 Hamilton 图的必要条件：若 $G$ 是 Hamilton 图，则对于 $V$ 的每个非空真子集 $S$，均有 $w(G-S) \leqslant |S|$。$V$ 是图 $G$ 的顶点集，$S$ 是 $V$ 的子集，$G-S$ 是从图 $G$ 中去掉 $S$ 以及和 $V$ 中顶点相关联的边得到的子图。

(2) 图是 Hamilton 图的充分条件：设 $G$ 是简单图，$u$ 和 $v$ 是 $G$ 中不相邻的顶点，且满足 $d(u) + d(v) \geqslant v$，则 $G$ 是 Hamilton 图当且仅当 $G + uv$ 是 Hamilton 图。

## 10.4.4 旅行售货员问题

一名旅行售货员想去访问若干村，最后回到他的出发地。给定各村之间所需的旅行时间，应该怎样计划他的路线，使得这位售货员能对每个村恰好进行一次访问而总时间最短？这个问题就是著名的旅行售货员问题，或称货郎担问题。

货郎担问题的本质就是要在赋权完全图中，找出一个最小权的 Hamilton 圈，此圈称为最优圈。与最短路问题相反，至今还没有求解货郎担问题的有效算法，下面给出较好的近似算法，即最邻近算法及它的一个修正算法。

最邻近算法的基本思想是：

(1) 任选一个点 $v_0$ 作起点，找一条与 $v_0$ 关联且权最小的一条边 $e_1$，$e_1$ 的另一个端点记为 $v_1$，得一条路 $v_0 v_1$；

(2) 设已选出路 $v_0 v_1 \cdots v_i$，在 $V(G) - \{v_0, v_1, \cdots, v_i\}$ 中取一个与 $v_i$ 最近的相邻顶点 $v_{i+1}$ 得路 $v_0 v_1 \cdots v_i v_{i+1}$；

(3) 若 $i+1 < n-1$，则用 $i$ 代 $i+1$ 返回步骤(2)；否则记 $C = v_0 v_1 \cdots v_p v_0$，停止。

最后所得的 $C$ 就是赋权完全图 $G$ 的一条近似最优的 Hamilton 回路。此回路一般不是最优的，但可以通过以下的改良，获得更短的 Hamilton 回路。

设 $C=v_1v_2\cdots v_nv_1$ 是图 $G$ 的一个已知的 Hamilton 圈。对圈 $C$ 中所有满足 $1<i+1<j<v$ 的 $i$、$j$，按照以下方法最终可得一条新的 Hamilton 圈 $C_1$：

在 $C$ 上检查是否有 $i\neq j$，使得 $v_iv_j\in E(G)$，$v_{i+1}v_{j+1}\in E(G)$ 且 $w(v_iv_j)+w(v_{i+1}v_{j+1})<w(v_iv_{i+1})+w(v_jv_{j+1})$，则构成新图 $C_1=v_1v_2\cdots v_iv_jv_{j-1}\cdots v_{i+1}v_{j+1}\cdots$。

以上改良圈算法最终得到的 Hamilton 圈完全取决于选取的初始 Hamilton 圈，因此它未必最优。为求得一个"尽可能最优的"Hamilton 圈，可选取若干不同的初始 Hamilton 圈分别求最小权 Hamilton 圈，再从中取权最小者为最优 Hamilton 圈即可。

## 10.5 匹配问题及其算法

匹配理论起源于组合数学中著名的婚配问题。某团体有若干个未婚的姑娘和小伙，为了使所有姑娘都能相中小伙，唯一的条件是可供选择的小伙至少要和姑娘一样多。但因每位姑娘都有可能排除一些小伙作为她的可能配偶，实际上有一个她认为是可以接受的配偶名单。问：这个团体里的姑娘是否都可以与自己认可的小伙结婚？显然这并非永远可以，因为或许有3位姑娘手头上的名单都列出相同的2位小伙，而且3张名单竟完全一样！既然并非永远可行，那么，在什么条件下可以满足每位姑娘的心愿？当这种条件不具备时，又问：(1)最多有几位姑娘的愿望会得到满足？如何配对，才会使婚后这个团体的家庭最为美满？

很多实际问题都与上述婚配问题的数学模型一致，为了解决此类问题，就需要匹配理论和相应的有效算法。

### 10.5.1 匹配、完善匹配、最大匹配

匹配理论针对的是二分图。

设 $M$ 是图 $G=(V,E)$ 中边集 $E$ 的子集，如果 $M$ 中任何两边都不邻接，则称 $M$ 为 $G$ 的一个匹配（或对集）；匹配 $M$ 中边元素个数称为此匹配的基数，而在匹配 $M$ 中边的端点称为 $M$-饱和点，其他顶点称为 $M$-未饱和点。进一步，若 $G$ 中每个顶点都为 $M$-饱和点，即匹配 $M$ 将 $G$ 中所有顶点配成对，则称 $M$ 为 $G$ 的完美匹配（或完整匹配）；而若在图 $G$ 中不存在另一匹配 $M'$，使得 $|M'|>|M|$，则称 $M$ 为最大匹配，其中 $|M|$ 称为 $G$ 的匹配数。

设 $M$ 是 $G$ 的匹配，$G$ 的 $M$ 交错路是指其边在 $E\backslash M$ 和 $M$ 中交错出现的路，$M$ 可扩路是指其起点和终点都是 $M$ 未饱和的 $M$ 交错路。

图 $G$ 的一个覆盖是指 $V$ 的子集 $K$，使得 $G$ 的每条边都至少有一个端点在 $K$ 之中。若不存在一个覆盖 $K'$，使得 $|K'|<|K|$，则称覆盖 $K$ 为 $G$ 的最小覆盖。

设 $S$ 为图 $G$ 的任意顶点子集，为了方便叙述，定义 $G$ 中 $S$ 的邻集为与 $S$ 的顶点相邻的所有顶点的集，此集记为 $N_G(S)$。此外，图的分支根据它有奇数个或偶数个顶点而分别称为奇分支或偶分支，常用 $o(G)$ 表示 $G$ 的奇分支的个数。

### 10.5.2 匹配的基本定理

以下各定理及推论均是在二分图中寻找最大匹配与最佳匹配算法的理论基础。

**定理 1:** $G$ 的匹配 $M$ 是最大匹配当且仅当 $G$ 不包含 $M$ 可扩路。

**定理 2:** 设 $X,Y$ 为二分图 $G$ 的二分类，则 $G$ 包含饱和 $X$ 的每个顶点的匹配当且仅当 $|N(S)|\geqslant|S|$，对所有 $S\subseteq X$ 成立。

**推论 1:** 若 $G$ 是 $k$ 正则偶图($k>0$)，则有 $G$ 完美匹配。

**推论 2**：若一个乡村里每位姑娘恰好认识 $k$ 位小伙，而每位小伙也恰好认识 $k$ 位姑娘，则每位姑娘能够和她认识的一位小伙结婚，并且每位小伙也能和他认识的一位姑娘结婚。

**定理 3**：$G$ 有完美匹配当且仅当 $o|G-S|\leqslant|S|$，对所有 $S\subset V$ 成立。

**推论 3**：每个没有割边的 3 正则图都有完美匹配。

## 10.5.3 人员分配问题

某公司准备分派 $n$ 名工人（或若干台机器）$X_1,X_2,\cdots,X_n$ 做 $n$ 件工作（任务）$Y_1,Y_2,\cdots,Y_n$，已知这些工人中每人（每台机器）都胜任一件或几件工作（任务），试问能否把所有工人都分派做一件他所胜任的工作？此问题就是著名的人员分配问题。

解决人员分配问题的思路是：构作一个具有二分类$(X,Y)$的二分图 $G$，其中 $\boldsymbol{X}=\{x_1,x_2,\cdots,x_n\}$，$\boldsymbol{Y}=\{y_1,y_2,\cdots,y_n\}$，且 $x_i$ 与 $y_i$ 相连当且仅当工作 $X_i$ 胜任工作 $Y_i$，这样，人员分配问题就转化为确定二分图 $G$ 是否存在完美匹配的问题。按照定理 2，或者 $G$ 有这样的对集，或者存在 $X$ 的子集 $S$，使得 $|N(S)|<|S|$。

人员分配问题可以利用匈牙利算法进行求解，具体算法见第 7 章“整数规划”。

在生产实践中，经常会遇到匹配问题的各种变形——不满足平衡匹配问题所有假设中的一个或者多个。通常有如下的一些变形问题：

**1. 变形 1**

加工对象（任务）多于加工工具（人或机器），在一个加工工具只能加工一个加工对象的前提下，加工对象不能完全被加工。

此时可以按以下方法进行处理：

(1) 添加虚拟的“加工工具”，使得加工工具与加工对象的数量一致，但是需要将虚拟的“加工工具”加工各加工对象的费用系数设为 0，意味着这些费用实际上并未发生。

(2) 将所有加工对象的需求约束由原来的“＝”改为“⩽”，意味着有加工对象得不到加工。

**2. 变形 2**

加工工具多于加工对象，在一个加工工具只能加工一个加工对象的前提下，加工工具不能完全得到利用。

此时处理方法有两种：

(1) 添加虚拟的“加工对象”，使得加工工具与加工对象的数量一致，但是需要将虚拟的“加工对象”被各加工工具加工的费用系数设为 0，意味着这些费用实际上并未发生。

(2) 将所有加工工具的供给约束由原来的“＝”改为“⩽”，意味着有些加工工具得不到利用。

**3. 变形 3**

某加工工具可能同时被分配加工多个加工对象。

在“一机多用”的情况下，一个加工工具可以被分配加工几个加工对象。处理方法有两种：

(1) 若某加工工具可以用于加工几个加工对象，则可以将该加工工具化作相同的几个“加工工具”来匹配，显然这几个“加工工具”加工同一加工对象的费用系数完全一致。

(2) 将该加工工具的供应量由原先的“1”改为“$k$”，意味着某加工工具可以同时加工 $k$ 个加工对象（$k$ 为给定正整数）。

**4. 变形 4**

某加工对象可由多个加工工具共同来加工，在一个加工工具只能加工一个加工对象的前提下，总加工工具的数量要多于总加工对象的数量。处理方法有以下两种：

(1) 若某加工对象可由多个加工工具来加工，则可以将该加工对象化作相同的几个“加工对象”来匹配，显然这几个“加工对象”被同一加工工具加工的费用系数完全一样。

(2) 将该加工对象的需求量由原来的“1”改为“$k$”，意味着某加工对象可以同时被 $k$ 个加工工具加工($k$ 为给定正整数)。

**5. 变形 5**

实际需要加工的加工对象不超过总加工工具，也不超过总加工对象。

处理该问题的方法为：首先，将加工工具的供应约束由原来的“＝”改为“≤”，意味着多余的加工工具不能分配加工对象；然后，将加工对象的需求约束由原来的“＝”改为“≤”，意味着有些加工对象不能被加工；最后，增加约束条件——实际总匹配的加工工具＝实际匹配的加工对象数 $k$($k$ 为给定正整数，$k$ 小于实际总加工工具与总加工对象二者中的较小者)。

**6. 变形 6**

有些加工工具不能加工某些特定的加工对象(部分加工工具与加工对象之间无法匹配)。

由于加工条件或能力受限，经常会碰到一些加工工具不能加工某个加工对象的情况。解决这种情况的方法有以下三种：

(1) 将该“工具-对象”组合所对应的 $x_{ij}$ 从决策变量中删除。

(2) 将相应的费用系数取足够大的正整数。

(3) 增加约束条件，即设相应的决策变量为 $x_{ij}=0$。

**7. 变形 7**

目标是与匹配有关的总利润最小，而不是总成本最小。

实际上，该变形问题只是对平衡匹配问题的目标函数进行了变形，只需要将原平衡匹配问题的费用系数看作效益系数，最终求目标函数的最大值即可。

## 10.5.4 最优分派问题

最优分派问题是在人员分配问题中把工人对各种工作的效率考虑进去(这种效率可利用公司的收益来衡量)，以使工人的总效率达到最大。此问题称为最优分派问题(或最佳分配问题)

考虑具有二分类$(X,Y)$的赋权二分图 $G$，其中两个顶点部分分别为 $X=\{x_1,x_2,\cdots,x_n\}$，$Y=\{y_1,y_2,\cdots,y_n\}$，并且给任意边 $x_iy_j$ 赋权 $w_{ij}=w(x_iy_j)$，表示工人 $X_i$ 做工作 $Y_j$ 时的效率。设 $M$ 为该图 $G$ 的匹配，则 $M$ 中所有边的权值之和称为匹配 $M$ 的权值。

设 $L$ 为二分图 $G$ 的顶点集 $V$ 到实数集 $\mathbf{R}$ 的映射，若对任意 $x\in X$，$y\in Y$，均有 $L(x)+L(y)\geqslant w(xy)$，则称 $L$ 为 $G$ 的可行顶点标记；令 $E_L=\{xy\,|\,e=xy\in E(G)$，且 $L(x)+L(y)=w(e)$，则称以 $E_L$ 为边集的二分图 $G$ 的生成子图为 $G$ 的相等子图，简记为 $G_L$。

显然，可行顶点标记是存在的，例如常用的可行顶点标记

$$\begin{cases} L(x)=\max\limits_{y\in Y} w(xy), & x\in X \\ L(y)=0, & y\in Y \end{cases}$$

显然，最优分派问题等价于在赋权二分图 $G$ 中寻找一个最大权值的完美匹配，称此匹配为最优匹配(或最佳匹配)。

解决最优分派问题的算法为 Kuhn－Munkres 算法(KM 算法)，其基本思想是：欲求二分图的最佳匹配，只需用匈牙利算法求其相等子图的完美匹配。但在实际中经常会遇到相等子

图没有完善匹配的情况，此时就需要反复修改顶点标记，使得新的相等子图的最大匹配逐渐扩大，直到最终出现相等子图的完美匹配，也就是二分图 $G$ 的最优匹配。

Kuhn－Munkres 算法的计算步骤如下：

(1) 若 $X$ 的每个点都是 $M$ 的饱和点，则 $M$ 是最佳匹配；否则，取 $M$ 的非饱和点 $u \in X$，令 $S=\{u\}$，$T=\varnothing$转步骤(2)。

(2) 记 $N_L(S)=\{v \mid u \in S, uv \in E_L\}$，若 $N_L(S)=T$，则 $G_L$ 没有完美匹配，转步骤(3)；否则，转步骤(4)。

(3) 调整可行顶点标记，计算

$$a_L=\min\{L(x)+L(y)-F(xy) \mid x \in S, y \in Y \backslash T\}$$

由此可得新的可行顶点标记为

$$H(v)=\begin{cases} L(v)-a_L, & v \in S \\ L(v)+a_L, & v \in T \\ L(v), & \text{其他} \end{cases}$$

令 $L=H$，$G_L=G_H$，重新给出 $G_L$ 的一个匹配 $M$，转步骤(1)。

(4) 取 $y \in N_L(S) \backslash T$，若 $y$ 是 $M$ 的饱和点，转步骤(5)；否则转步骤(6)。

(5) 设 $xy \in M$，则令 $S=S \cup \{x\}$，$T=T \cup \{y\}$，转步骤(2)。

(6) 在 $G_L$ 中的$(u,y)$-路是 $M$-增广路，记为 $P$，并令 $M=M \oplus P$，转步骤(1)。

## 10.6 网络流的算法

网络流理论是图论中极其重要的分支，它不仅提供了图论中多个著名结果的证明，而且应用广泛，例如运输问题、分派问题、通信问题等均可转化为网络流来解决。

### 10.6.1 网络和流

所谓网络 $N$ 就是规定了源和汇，并且每条弧(或有向边)上都赋了非负整数权的赋权有向图 $D$，其中此有向图 $D$ 称为网络 $N$ 的基础有向图。具体定义如下，若：

(1) $D=(V,E)$是一个有向图。

(2) $c$ 是 $E$ 上的正整数函数，称为容量函数；对每条弧 $e$，称 $c(e)$为边 $e$ 的容量。

(3) $X$ 与 $Y$ 是 $V$ 的两个非空不相交子集，分别称为 $G$ 的发点集与收点集，$I=V\backslash(X \cup Y)$称为 $G$ 的中间点集，$X$ 的顶点称为发点或源，$Y$ 的顶点称为收点或汇，$I$ 的顶点称为中间点，则称有向图 $G$ 构成一个网络，简记为 $N=(V,E,c,X,Y)$。

对于任意一个有多个收、发点的网络，可以通过简单的方法转换成只有一个发点和一个收点的网络。

结合实际问题，网络中的弧$(x,y)$上的容量可以看作是某种物质在单位时间内允许通过弧$(x,y)$的最大数量。例如弧$(x,y)$的容量可以看作是某个航空公司从城市 $x$ 到城市 $y$ 直飞航班上座位的总数；也可以看作是在自来水厂的输水网络中，从 $x$ 点到 $y$ 点的一条管路的最大流量，等等。从而，网络流问题就是在不超过弧的容量的情况下，使得从源到汇的“流”为最大的问题。

在一个网络中，通过每条有向边的流量可看作是边集 $E$ 上的一个函数，它受两种限制：① 边的流量不能超过边的最大输送能力，即流量不能超过容量；② 在每个中间点，流进与流出该顶点的总流量相等,即保持中间点的流量平衡。由此可给出可行流的定义。

对于网络 $N=(V,A,C)$,称弧集 $A$ 上的函数 $f$ 为网络 $N$ 上的流;对于弧 $a\in A$,$f(a)$称为弧 $a$ 上的流量,若 $a=(v_i,v_j)$,则 $f(a)$亦可记为 $f(v_i,v_j)$或 $f_{ij}$;对于顶点 $v\in V$,记 $f^+(v)=\sum_{v_i=v} f_{ij}$,$f^-(v)=\sum_{v_j=v} f_{ij}$ 分别为流出和流入顶点 $v$ 的流量。

若流 $f$ 进一步满足:

(1) 容量限制条件,即 $0\leqslant f(a)\leqslant C(a)$,$\forall a\in A$;

(2) 平衡条件,即 $f^+(v)=f^-(v)$,$\forall v\in V\setminus\{x,y\}$,

则称 $f$ 为网络 $N$ 的一个可行流。

若 $S\subseteq V$,则用 $\overline{S}$ 表示 $V\setminus S$,此外,若 $f$ 为定义在弧集 $A$ 上的实值函数,并且 $K\subseteq A$,则用 $f(K)$表示 $\sum_{a\in K} f(a)$;若 $K$ 为形为$(S,\overline{S})$的弧集,则 $f(S,\overline{S})$写为 $f^+(S)$,而把 $f(\overline{S},S)$写为 $f^-(S)$。

若 $S$ 是网络 $N$ 的顶点子集,而 $f$ 是 $N$ 中的流,则称 $f^+(S)-f^-(S)$为流出 $S$ 的合成流量,而 $f^-(S)-f^+(S)$称为流进 $S$ 的合成流量。由于守恒条件要求流出任何中间点的合成流量都是零,故对于任何流,流出的合成流量等于流进的合成流量,这个共同的量值,表示为 $\mathrm{val}\ f$,即 $\mathrm{val}\ f=f^+(X)-f^-(X)$。

若网络 $N$ 中不存在流 $f'$ 使得 $\mathrm{val}\ f'>\mathrm{val}\ f$,则称 $f$ 为网络 $N$ 中的最大流,它在运输网络应用中占据十分重要的地位。

### 10.6.2 割

设 $N$ 是具有单一发点 $x$ 和单一收点 $y$ 的网络。形如$(S,\overline{S})$的弧集称为 $N$ 中的割,其中 $x\in S$,$y\in\overline{S}$,而割 $K$ 的容量 $\mathrm{cap}\ K$ 是其各条弧的容量之和,即

$$\mathrm{cap}\ K=\sum_{a\in K} c(a)$$

割具有以下的性质:

(1) 对于网络 $N$ 中的任一流 $f$ 和任一割$(S,\overline{S})$,均有

$$\mathrm{val}\ f=f^+(S)-f^-(S)$$

为方便起见,若 $f(a)$分别为 0、大于 0、小于 $c(a)$和等于 $c(a)$,则分别称弧 $a$ 是 $f$ 零的、$f$ 正的、$f$ 非饱和的和 $f$ 饱和的。

(2) 对于 $N$ 中的任一流 $f$ 和任一割 $K=(S,\overline{S})$,均有 $\mathrm{val}\ f\leqslant \mathrm{cal}\ K$,而且式中的等式成立当且仅当$(S,\overline{S})$中的每条弧都是 $f$ 饱和的,且$(\overline{S},S)$中的每条弧都是 $f$ 零的。

(3) 设 $K$ 为网络中的割。若 $N$ 中不存在割 $K'$ 使得 $\mathrm{cap}\ K<\mathrm{cal}\ K$,则称割 $K$ 为 $N$ 中的最小割。

显然,若满足 $\mathrm{val}\ f=\mathrm{cal}\ K$,则 $f$ 是最大流而 $K$ 是最小割。

### 10.6.3 网络的最大流问题及 Ford - Fulkerson 算法

在生产实践中存在着许多求解网络最大流问题的实例。例如,把商品从产地 $v_1$ 运往销地 $v_2$,这样就构成一个交通网,该交通网的每条弧 $v_iv_j$ 代表着从某地 $v_i$ 到 $v_j$ 的运输线,产品经过这条弧由 $v_i$ 输送到 $v_j$,并且赋这条运输线的最大通过能力。现在要求制订一个运输方案,使得从 $v_1$ 运到 $v_2$ 的产品数量最多。这样类似的问题还有很多,此时产品数量应根据实际情况变成公路系统中的车辆数、控制系统中的信息流、供水系统中的水流,以及金融系统中的现金流等。

求解网络最大流的 Ford－Fulkerson 算法的基本思想是：从一个已知流开始，比如零流，递推地构作出一个其值不断增加的序列，并且终止于最大流，在每一个新的流 $f$ 作出之后，若存在 $f$ 可增路 $P$，则求出，然后作出基于 $P$ 的修改流 $\hat{f}$，并且取为这个序列的下一个流；若不存在 $f$ 可增路，则算法停止。这样最终得出的就是最大流。

算法中的可增路、修改路等概念的意义如下：

设 $f$ 是网络 $N$ 中的一个流。对于 $N$ 中的每条路 $P$，相应地有一个非整数 $\tau(P)$，其定义为 $\tau(P)=\min\limits_{a\in A(P)}\tau(a)$，其中，$\tau(a)=\begin{cases}c(a)-f(a)，若 a 是 P 的顺向弧\\ f(a)，若 a 是 P 的反向弧\end{cases}$。

容易看出，$\tau(P)$是在不违反容量限制条件的前提下沿着 $P$ 所能增加的流量(相对于 $f$)的最大数值。若 $\tau(P)=0$，则称路 $P$ 是 $f$ 饱和的；若 $\tau(P)>0$，则称路 $P$ 是 $f$ 非饱和的(即若 $P$ 的每条顺向弧是 $f$ 非饱和的，而 $P$ 的每条反向弧是 $f$ 正的，则路 $P$ 是非饱和的)。简单地说，$f$ 非饱和路是没有用足整个容量的路。$f$ 可增路是指从发点 $x$ 到收点 $y$ 的非饱和路。

网络中 $f$ 可增路的存在是有意义的，因为这意味着 $f$ 不是最大流。沿着增减一个值的附加流量，得到由

$$\hat{f}(a)=\begin{cases}f(a)+\tau(P), & 若 a 是 P 的顺向弧\\ f(a)-\tau(P), & 若 a 是 P 的反向弧\\ f(a), & 其他\end{cases}$$

所定义的新流 $\hat{f}$，并满足 $\mathrm{val}\ \hat{f}=\mathrm{val}\ f+\tau(P)$，则 $\hat{f}$ 称为基于 $P$ 的修改流。

Ford－Fulkerson 算法的基本步骤如下：

(1) 标号过程

① 给发点 $v_s$ 以标号$(0,+\infty)$，$\tau_s=+\infty$。

② 选择一个已标号的点 $x$，对于 $x$ 的所有未给标号的邻接点 $y$，按下列规则处理：

➢ 当 $yx\in E$，且 $f_{yx}>0$ 时，令 $\delta_y=\min\{f_{yx},\delta_x\}$，并给 $y$ 以标号$(x^-,\delta_y)$。

➢ 当 $xy\in E$，且 $f_{xy}<C_{xy}$ 时，令 $\delta_y=\min\{C_{xy}-f_{yx},\delta_x\}$，并给 $y$ 以标号$(x^+,\delta_y)$。

③ 重复②，直到收点 $v_t$ 被标号或不再有点可标号时为止。若 $v_t$ 得到标号，则说明存在一条可增广链，则转“(2)调整过程”；若 $v_t$ 未得到标号且标号过程已无法进行，则说明 $f$ 已经是最大流。

(2) 调整过程

① 决定调整量 $\delta=\delta_{vt}$，令 $u=v_t$。

② 若 $u$ 点标号为$(v^+,\delta_u)$，则以 $f_{vu}+\delta$ 代替 $f_{vu}$；若 $u$ 点标号为$(v^-,\delta_u)$，则以 $f_{vu}-\delta$ 代替 $f_{vu}$。

③ 若 $v=v_s$，则去掉所有标号转“(1)标号过程”进行重新标号；否则令 $u=v$，转②。

算法终止后，令已有标号的点集为 $S$，则割集$(S,S^c)$为最小割，从而 $W_f=C(S,S^c)$。

## 10.7 最小费用流

在最大流问题中，讨论的网络仅仅涉及流量，而未考虑网络流的费用。但在许多实际问题中，往往还必须考虑流的费用。例如在标准运输问题中，一般还要求在完成一定运输任务的前提下，使运输总费用最少。

### 10.7.1 最小费用流问题

给定一个有向图 $D=(V,A)$，对任意的弧 $a\in A$，设 $l(a)$、$c(a)$是弧 $a$ 的下、上容量函数，其中 $0\leqslant l(a)\leqslant c(a)$；$b(a)$是弧 $a$ 上单位流量的费用，称为费用函数；对于任意的顶点 $v\in V$，称 $a(v)$为顶点 $v$ 的供应量或需求量，称为供需函数，且满足 $\sum_{v\in V}a(v)=0$。

以上所得到的网络 $N(V,A,l,c,a,b)$称为容量-费用网络。

设 $f:\{f_{ij}\}$是给定的网络 $N$ 上的一个流，且满足

$$\begin{cases}f^{+}(v)-f^{-}(v)=a(v)\\ l_{ij}\leqslant f_{ij}\leqslant c_{ij}\end{cases}$$

则称 $f$ 是 $N$ 上的一个可行流，流的总费用可以表示为 $b(f)=\sum_{(i,j)\in A}b_{ij}f_{ij}$。

最小费用流问题就是在以上网络中寻找总费用最小的可行流。另一方面，最小费用流问题也可以描述成下面一个线性规划问题，即

$$\begin{cases}\min b(f)=\sum_{(i,j)\in A}b_{ij}f_{ij}\\ \text{s.t.}\quad \sum_{j}f_{ij}-\sum_{j}f_{ji}=a(V_i),\quad \forall V_i\in V\\ \qquad l_{ij}\leqslant f_{ij}\leqslant c_{ij},\qquad \forall(i,j)\in A\end{cases}$$

不妨设 $N(V,A,l(a),c(a),a(v),b(a))$为容量-费用网络。首先给出 $D=(V,A)$的一个流是最小费用的判别准则。设 $C$ 是 $D$ 的一个圈，若给 $C$ 规定一个方向，则相对于这个方向，$C$ 上的弧被分为两类，分别记为 $C^{+}$，$C^{-}$。设 $f$ 是 $D$ 上的一个流，若满足：当$(i,j)\in C^{+}$时有 $f_{ij}<c_{ij}$，或当$(i,j)\in C^{-}$时有 $f_{ij}>l_{ij}$，则称 $C$ 是关于 $f$ 的增广圈。值得注意的是，$C$ 是否是增广圈，不仅与 $f$ 有关，而且还与 $C$ 有关。

设 $C$ 是 $D$ 中关于 $f$ 的增广圈，令 $\theta=\min\left\{\min_{C^{+}}(c_{ij}-f_{ij}),\min_{C^{-}}(f_{ij}-l_{ij})\right\}$，则 $\theta>0$。下面构造一个新的流

$$f'_{ij}=\begin{cases}f_{ij}+\theta, & v_iv_j\in C^{+}\\ f_{ij}-\theta, & v_iv_j\in C^{-}\\ f_{ij}, & v_iv_j\notin C^{+}\end{cases}$$

称 $f'$是在圈 $C$ 上作平移而得到的，记为 $f'=f\underline{C}\theta$。

显然，对任意顶点 $v\in V$，均有 $f^{+}(v)-f^{-}(v)=f'^{+}(v)-f'^{-}(v)$，也就是这种变换总保持在每一点的"净流出量"不变，且

$$f_{ij}<f'_{ij}\leqslant c_{ij},\quad 对任意\ v_iv_j\in C^{+}$$

$$l_{ij}\leqslant f'_{ij}<c_{ij},\quad 对任意\ v_iv_j\in C^{-}$$

显然，若 $f$ 是 $N$ 上的可行流，则 $f'$也是 $N$ 上的可行流，比较 $f$ 和 $f'$的费用变化，即

$$b(f')-b(f)=\sum_{A}b_{ij}f'_{ij}-\sum_{A}b_{ij}f_{ij}=\theta\left(\sum_{v_iv_j\in C^{+}}b_{ij}-\sum_{v_iv_j\in C^{-}}b_{ij}\right)$$

称 $\sum_{v_iv_j\in C^{+}}b_{ij}-\sum_{v_iv_j\in C^{-}}b_{ij}$ 为圈 $C$ 的费用，记为 $b(C;f)$。显然，若 $C$ 的定向不同，则 $b(C;f)$相差一个符号。由 $b(f')-b(f)=\theta b(C;f)$和 $\theta>0$，可得：若 $f$ 是最小费用流，则对任一关于 $f$ 的增广圈 $C$，有 $b(C;f)\geqslant 0$。

从而可得到以下定理：

**定理**：可行流 $f^*$ 是最小费用流，当且仅当 $N$ 中不存在关于 $f$ 的负费用的增广圈时，即对 $N$ 中的任意增广圈 $C$，都有 $b(C;f^*)\geqslant 0$。

从而可见，一个流是否是最小费用流，需验证以下两个条件是否成立：

① 可行性条件，即满足

$$\begin{cases} f^+(v)-f^-(v)=a(v), & v\in V \\ l(a)\leqslant f(a)\leqslant c(a), & a\in A \end{cases}$$

② 最优性条件，即不存在关于 $f$ 的负费用的增广圈。

在许多实际问题中，费用的因素很重要。例如，在运输问题中，人们总是希望在完成运输任务的同时，寻求一个使总的运输费用最小的运输方案。这就是最小费用流问题。

在运输网络 $N(s,t,V,A,U)$ 中，设 $c_{ij}$ 是定义在 $A$ 上的非负函数，且表示通过弧$(i,j)$单位流的费用，所谓最小费用流就是从发点到收点怎样以最小费用输送一已知量为 $v(f)$ 的总流量。

最小费用流问题可以用如下的线性规划问题描述，即

$$\min \sum_{(i,j)\in A} c_{ij} f_{ij}$$

$$\text{s. t.} \quad \sum_{j:(i,j)\in A} f_{ij} - \sum_{j:(j,i)\in A} f_{ji} = \begin{cases} v(f), & i=s \\ -v(f), & i=t \\ 0, & i\neq s,t \end{cases}$$

$$0\leqslant f_{ij}\leqslant u_{ij}, \quad \forall (i,j)\in A$$

设 $f_{\max}$ 为最大流，若 $v(f)=v(f_{\max})$，则就是最小费用流最大流问题；若 $v(f)>v(f_{\max})$，则无解。

## 10.7.2　Busacker - Gowan 迭代算法

Busacker - Gowan 迭代算法的主要步骤如下：

设网络 $G=(V,E,C)$，取初始可行流 $f$ 为零流。

(1) 构造有向赋权图 $G_f=(V,E_f,F)$，对于任意的 $v_iv_j\in E$，$E$ 和 $F$ 的定义如下：

➢ 当 $f_{ij}=0$ 时，$v_iv_j\in E_f$，$F(v_iv_j)=b_{ij}$。

➢ 当 $f_{ij}=C_{ij}$ 时，$v_jv_i\in E_f$，$F(v_jv_i)=-b_{ij}$。

➢ 当 $0<f_{ij}<C_{ij}$ 时，$v_iv_j\in E_f$，$F(v_iv_j)=b_{ij}$；$v_jv_i\in E_f$，$F(v_jv_i)=-b_{ij}$ 转步骤(2)。

(2) 求出有向赋权图 $G_f=(V,E_f,F)$中发点 $v_s$ 到收点 $v_t$ 的最短路 $\mu$，若最短路 $\mu$ 存在，则转步骤(3)；否则 $f$ 是所求的最小费用流最大流，停止。

(3) 增流，与求最大流问题一样处理。令 $\delta_{ij}=\begin{cases} c_{ij}-f_{ij}, & v_iv_j\in\mu^+ \\ f_{ij}, & v_iv_j\in\mu^- \end{cases}$，$\delta=\min\{\delta_{ij}\mid v_iv_j\in\mu\}$

重新定义流 $f=\{f_{ij}\}$为

$$f_{ij}=\begin{cases} f_{ij}+\delta, & v_iv_j\in\mu^+ \\ f_{ij}-\delta, & v_iv_j\in\mu^- \\ f_{ij}, & \text{其他} \end{cases}$$

若所得的最大流量 $W_f$ 大于或等于预定的流量值，则适当减小 $\delta$ 值，使 $W_f$ 等于预定的流量值，故 $f$ 就是所求的最小费用流，停止计算；否则转步骤(1)。

## 10.8 图的染色

染色问题源于图论在化学、生物科学、管理工程、计算机科学以及通信与网络等领域的广泛应用。

图的染色问题的研究源于著名的四色问题，即在平面上的任何一张地图，总可以用至多四种颜色给每一个国家染色，使得任何相邻国家（公共边界上至少有一段连续曲线）的颜色是不同的，如图 10－13(a)所示，图(b)则是从地图(a)出发构成的，其中图中每个顶点代表地图的一个区域，如果两个区域有一段公共边界线，就在相应的顶点之间连上一条边。

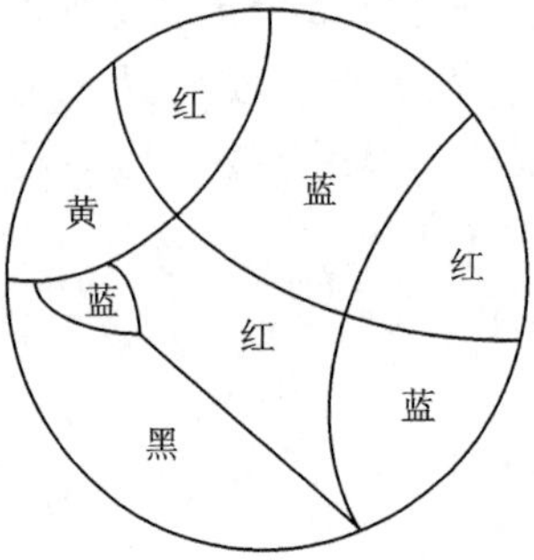


(a) 地图示意图

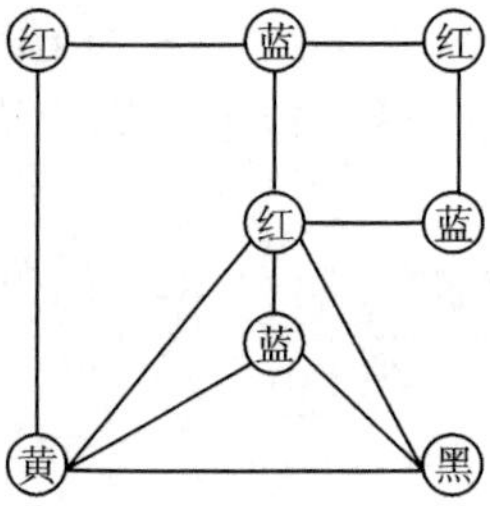


(b) 由地图构成的图

**图 10－13　四种颜色的染色**

直到 1976 年，借助于高速计算机花费了 1 200 h 才得以证明四色定理。

### 10.8.1 顶点染色及其算法

图 $G$ 的一个正常 $k$ 顶点染色是指 $k$ 种颜色 $1,2,\cdots,k$ 对于 $G$ 的各顶点的一个分配，使得任意两个相邻顶点分配以不同颜色。若图 $G$ 有一个正常 $k$ 顶点染色，则称 $G$ 是 $k$ 顶点可染的。而 $G$ 的色数就是 $G$ 有正常 $k$ 顶点染色的数 $k$ 的最小值，用 $\chi(G)$表示。若 $\chi(G)=k$，则称 $G$ 是 $k$ 色的。通常把“正常 $k$ 顶点染色”简称为 $k$ 染色，把“$k$ 顶点可染色”简称为 $k$ 可染色。

给定图 $G=(V,E)$的一个 $k$ 染色，用 $V_i$ 表示 $G$ 中染以第 $i$ 色（$i=1,2,\cdots,k$）的顶点集合，则每个 $V_i$ 都是 $G$ 的独立集。因而 $G$ 的一个 $k$ 染色对应 $V(G)$的一个划分$[V_1,V_2,\cdots,V_k]$，其中每个 $V(G)$是独立集。反之，给出的这样一个划分$[V_1,V_2,\cdots,V_k]$，其中每个 $V_i$ 均是独立集（$1\leqslant i\leqslant k$），则相应地得到 $G$ 的一个 $k$ 染色，称 $V(G)$的这样一个划分为 $G$ 的一个色划分，每个 $V_i$ 称为色类（$i=1,2,\cdots,k$）。因此，图 $G$ 的顶点色数 $\chi(G)$就是使这种划分成为可能的最小自然数 $k$。

根据以上讨论，可得到以下有关顶点色数的结论：

(1) 图 $G$ 是空图当且仅当 $\chi(G)=1$ 时。

(2) 若 $G$ 是 $p$ 阶完全图，则 $\chi(G)=p$。

(3) 图 $G$ 是至少一条边的二分图当且仅当 $\chi(G)=2$ 时。

(4) 若 $G$ 为奇圈，则 $\chi(G)=3$。

(5) 对任意图 $G$，均有 $\chi(G)\leqslant\Delta(G)+1$。

(6) 若 $G$ 是连通图，但不是正则图，则 $\chi(G)\leqslant\Delta(G)$。

(7) 设 $u,v$ 是 $G$ 中两个不相邻的顶点，则 $\chi(G)=\{\chi(G+uv),\ \chi(G\cdot uv)\}\leqslant\chi(G)$ 。

下面给出简单图的染色数尽可能少的顶点染色方案算法的基本思想：从顶点度最小的顶点开始染色，找到不与其相邻的顶点并选择其中一个顶点进行染色，再找与这两个顶点都不相邻的顶点集合，并对其中一个顶点染色，直到找不到为止。再找未染色的度数小的顶点，重复进行以上过程，直到所有顶点都已染色为止。

顶点染色在实际问题中的一个具体应用就是储藏问题，即某一仓库要存放 $n$ 种化学药品，其中某些化学药品不能放在一起，否则会引起化学反应甚至爆炸。因此，为了安全，该仓库应分割成若干个小仓库，以便把这些不能放在一起的化学药品放在不同的小仓库中。试问该仓库至少应分割成几个小仓库？这就是顶点染色问题的具体应用。

### 10.8.2　边染色及其算法

图 $G$ 的一个 $k$ 边正常染色是指 $k$ 种颜色 1，2，…，$k$ 对于 $G$ 的各边的一个分配，使得相邻的两条边染成不同的颜色。若 $G$ 有 $k$ 边正常染色，则称 $G$ 是 $k$ 边可染色的。图 $G$ 的边色数是指 $G$ 为 $k$ 边可染色的最小值 $k$，记为 $\chi'(G)$。若 $\chi'(G)=k$，则称 $G$ 是 $k$ 边色的。

二分图 $G=(X,Y,E)$ 的边色数 $\chi'(G)=\Delta(G)$，则对于简单图 $G$，$\Delta(G)\leqslant\chi'(G)\leqslant\Delta(G)+1$。

下面给出边染色算法的基本思想：从图的任意一边染色，然后找到一条与其不相邻的边进行染色，再找与两条染色边都不相邻的一条边进行染色，直到没有可以染色的边为止；再找一条没有染色的边重复上述过程。

边染色问题在实际中的一个具体应用就是排课表问题，即一所学校有 $m$ 位教师 $x_1$，$x_2$，…，$x_m$ 和 $n$ 个班级 $y_1$，$y_2$，…，$y_n$。在明确教师 $x_i$ 需要给班级 $y_j$ 授 $p_{ij}$ 节课后，要求制订一张课时尽可能少的完善的课表，其中在所考虑的排课问题中，可供使用的教室没有限制。但如果可供上课的教室数给定，则安排一张完美的课表需要多少课时？这就是边染色问题的具体应用。

## 10.9　算法的 MATLAB 实现

图论在实际中的应用主要为本章中介绍的七大类经典而常见的网络及路径规划决策问题。求解这些问题既可以采用线性规划或 0－1 规划，也可以采用相应的图论算法。对于第一种求解方法，首先要建立正确的数学模型，其次根据模型正确地设置相关变量和参数。限于篇幅，习题中不再给出每一题的第一种算法，而主要给出第二种算法，即图论算法。

**【例 10.1】** 已知某企业有两个工厂（$F_1$ 和 $F_2$），生产某种产品，这些产品需要运送到两个仓库（$W_1$ 和 $W_2$）中，其中配送网络如图 10－14 所示。各工厂的生产量和各仓库的需求量用图中相应位置的数字表示；图中弧（箭头）表示交通路线，弧（箭头）上括号内的数值为（运输能力限制，单位运价），运输能力的单位为件，单位运价的单位为元。请为该企业设计一个配送方案，使得通过网络的运输成本最低。

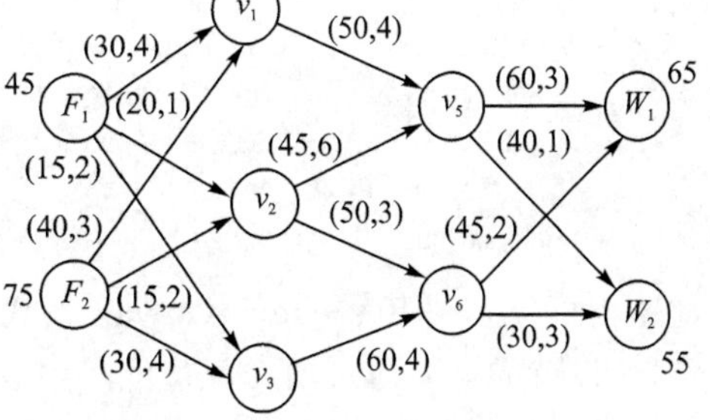


**图 10－14　某企业的配送网络图**

**解**:这是一个典型的最小费用流问题。

设 $f_{ij}$ 为通过弧$(v_i, v_j)$的流量,则有

(1) 约束条件。

① 各节点流量的约束关系为

各中间节点:流入量－流出量＝0;

各端点节点:流入量－流出量＝净流量。

② 各弧的容量的约束条件:各弧流量≤运输能力限制。

③ 各弧非负并取整的约束条件:各弧流量≥0 且为整数。

(2) 目标函数:总流量的成本最小。

根据以上约束条件,则可建立数学模型

$$
\begin{aligned}
\min z = \sum c_{ij} f_{ij} = & (4f_{F_1v_1} + f_{F_1v_2} + 2f_{F_1v_3}) + (3f_{F_2v_1} + 2f_{F_2v_2} + 4f_{F_2v_3}) + \\
& (4f_{v_1v_4} + 6f_{v_2v_4} + 3f_{v_2v_5} + 4f_{v_3v_5}) + (3f_{v_4W_1} + f_{v_4W_2}) + \\
& (2f_{v_5W_1} + 3f_{v_5W_2})
\end{aligned}
$$

$$
\text{s.t.}\begin{cases}
f_{F_1v_1} + f_{F_1v_2} + f_{F_1v_3} = 45, \quad f_{F_2v_1} + f_{F_2v_2} + f_{F_2v_3} = 75 \\
f_{F_1v_1} + f_{F_2v_1} - f_{v_1v_4} = 0, \quad f_{F_1v_2} + f_{F_2v_2} - f_{v_2v_4} - f_{v_2v_5} = 0 \\
f_{F_1v_3} + f_{F_2v_3} - f_{v_3v_5} = 0, \quad f_{v_1v_4} + f_{v_2v_4} - f_{v_4W_1} - f_{v_4W_2} = 0 \\
f_{v_2v_5} + f_{v_3v_5} - f_{v_5W_1} - f_{v_5W_2} = 0, \quad f_{v_4W_1} + f_{v_5W_1} = 65, \quad f_{v_4W_2} + f_{v_5W_2} = 55 \\
f_{F_1v_1} \leqslant 30, \quad f_{F_1v_2} \leqslant 20, \quad f_{F_1v_3} \leqslant 13, \quad f_{F_2v_1} \leqslant 40, \quad f_{F_2v_2} \leqslant 15 \\
f_{F_2v_3} \leqslant 30, \quad f_{v_1v_4} \leqslant 50, \quad f_{v_2v_4} \leqslant 45, \quad f_{v_2v_5} \leqslant 50, \quad f_{v_3v_5} \leqslant 60 \\
f_{v_4W_1} \leqslant 60, \quad f_{v_4W_2} \leqslant 40, \quad f_{v_5W_1} \leqslant 45, \quad f_{v_5W_2} \leqslant 30 \\
(f_{F_1v_1}, f_{F_1v_2}, f_{F_1v_3}, f_{F_2v_1}, f_{F_2v_2}, f_{F_2v_3}, f_{v_1v_4}, f_{v_2v_4}, f_{v_2v_5}, f_{v_3v_5}, f_{v_4W_1}, f_{v_4W_2}, \\
f_{v_5W_1}, f_{v_5W_2}) \geqslant 0 \text{ 且为整数}
\end{cases}
$$

这是一个整数规划问题,可用整数规划函数求解。

```
>> f=[4 1 2 3 2 4 4 6 3 4 3 1 2 3];
>> Aeq=[ones(1,3) zeros(1,11);zeros(1,3) ones(1,3) zeros(1,8); 1 zeros(1,2) 1 zeros(1,2) -1 zeros(1,7);
  zeros(1,1) 1 zeros(1,2) 1 zeros(1,2) -1*ones(1,2) zeros(1,5);...
  zeros(1,2) 1 zeros(1,2) 1 zeros(1,3) -1 zeros(1,4); zeros(1,6) 1 1 zeros(1,2) -1 -1...
  zeros(1,2);zeros(1,8) 1 1 zeros(1,2) -1 -1;zeros(1,10) -1 0 -1 0;zeros(1,11) -1 0 -1];
>> Beq=[45 75 0 0 0 0 0 -65 -55];LB=zeros(1,14)';
>> UB=[30 20 15 40 15 30 50 45 50 60 60 40 45 30]';
>> [x,val]=intprog(f,[],[],1:14,Aeq,Beq,LB,UB);
>> x=10.0000  20.0000  15.0000  40.0000  15.0000  20.0000   %供给点各弧
     50.0000   0.0000  35.0000  35.0000                      %转运点各弧
     20.0000  30.0000  45.0000  25.0000                      %需求点各弧
>> val=1.0200e+003                                           %总运输成本
```

此题也可以采用 Busacker－Gowan 迭代算法求解。因算法要求只有一个供给点和一个需求点,所以首先需要通过增加虚拟的供给点和需求点,将图 10－14 转化成只有一个供给点和一个需求点的网络图,如图 10－15 所示。

然后构造容量矩阵和费用矩阵,再调用 Busacker 函数进行计算。

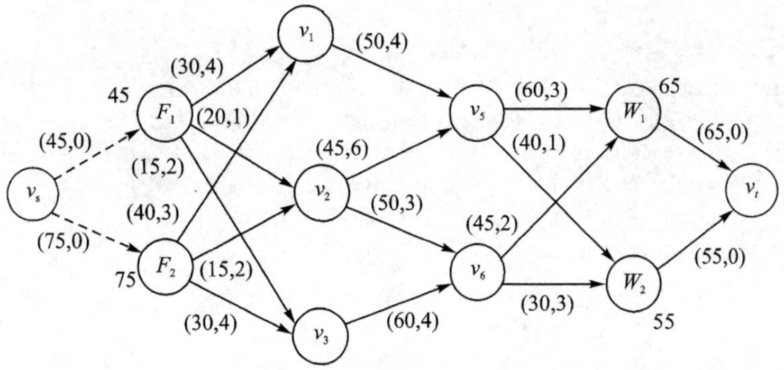


图 10-15　只有一个供给点和一个需求点的网络图

```
>> clear
>> c=[0 45 75 zeros(1,8);zeros(1,3) 30 20 15 zeros(1,5); zeros(1,3) 40 15 30 zeros(1,5);
  zeros(1,6) 50 zeros(1,4);zeros(1,6) 45 50 zeros(1,3); zeros(1,7) 60 zeros(1,3); zeros(1,8) 60 40 0;
  zeros(1,8) 45 30 0;zeros(1,10) 65;zeros(1,10) 55;zeros(1,11)];
>> b=[0 0 0 zeros(1,8); zeros(1,3) 4 1 2 zeros(1,5); zeros(1,3) 3 2 4 zeros(1,5); zeros(1,6) 4 zeros(1,4);
      zeros(1,6) 6 3 zeros(1,3); zeros(1,7) 4 zeros(1,3); zeros(1,8) 3 1 0; zeros(1,8) 2 3 0;zeros(1,10) 0;
      zeros(1,10) 0;zeros(1,11)];
>> [f,wf,zwf]=Busacker(c,b);
```

$f$ 中扣除虚拟点(第 2～9 行及第 3～10 列)的结果即为配送方案。

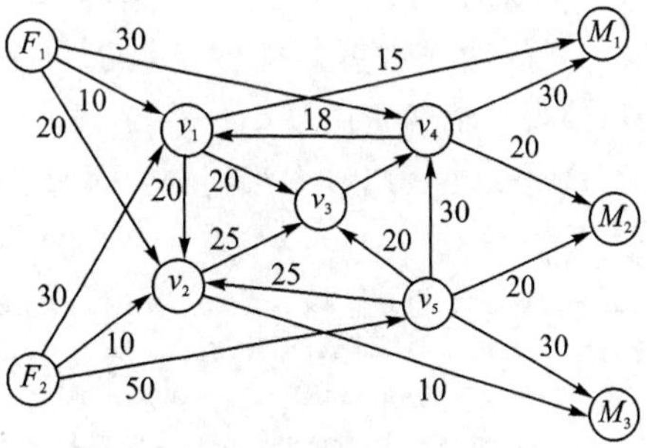


图 10-16　配送网络图

**【例 10.2】**　两家工厂 $F_1$ 和 $F_2$ 生产一种产品,并通过如图 10-16 所示的网络运送到三家市场 $M_1$,$M_2$ 和 $M_3$(弧边的数学表示运输能力)。试确定从工厂到市场所能运送产品的最大总量。

**解:**这是一个最大流问题。与例 10.1 类似,可以采用整数线性规划求解。但对于最大流量问题,在图论中有专门的算法进行求解,即 Ford-Fulkerson 标号算法。

Ford-Fulkerson 标号算法针对的也是供给点和需求点各有一个的网络图,对于某些实际问题,则需要根据具体情况,通过增加虚拟的点和弧将其转化成只有一个供给点和一个需求点的网络图。对于本题,修改后的网络图如图 10-17 所示。

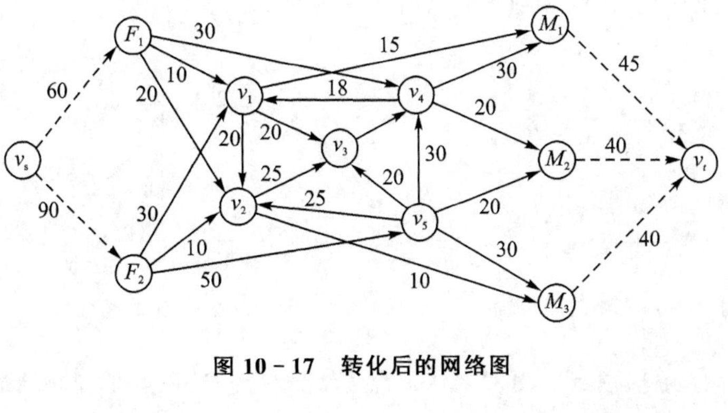


图 10-17　转化后的网络图

再利用 Ford－Fulkerson 标号算法进行求解。

```
>> clear
>> C=[zeros(1,1) 60 90 zeros(1,9);zeros(1,3) 10 20 zeros(1,1) 30 zeros(1,5);...
      zeros(1,3) 30 10 zeros(1,2) 50 zeros(1,4);zeros(1,4) 20 20 zeros(1,2) 15 zeros(1,3);...
      zeros(1,5) 25 zeros(1,4) 10 zeros(1,1);zeros(1,6) 30 zeros(1,5);zeros(1,3) 18 zeros(1,4) 30 20 zeros
      (1,2);zeros(1,4) 25 20 30 zeros(1,2) 20 30 zeros(1,1);...
      zeros(1,11) 45;zeros(1,11) 40;zeros(1,11) 40;zeros(1,12)];
>> [f,nf,wf,nwf,No]=Ford(C);
```

根据 $f$ 矩阵中第 2～8 行、第 4～11 列间的数据(扣除虚拟点后的矩阵)，可以得到配送方案，如下：

工厂 $F_1$ 配送给 $v_1$、$v_2$ 和 $v_4$ 的量分别为 10、10 和 30，工厂 $F_2$ 配送给 $v_1$ 和 $v_5$ 的量分别为 25 和 50，$v_1$ 转运给 $v_3$ 的量为 20，$v_1$ 转运给市场 $M_1$ 的量为 15，$v_2$ 转运给市场 $M_3$ 的量为 10，$v_3$ 转运给 $v_4$ 的量为 20，$v_4$ 转运给市场 $M_1$ 和 $M_2$ 的量分别为 30 和 20，$v_5$ 转运给市场 $M_2$ 和 $M_3$ 的量分别为 20 和 30。此时配送量最大，值为 125。

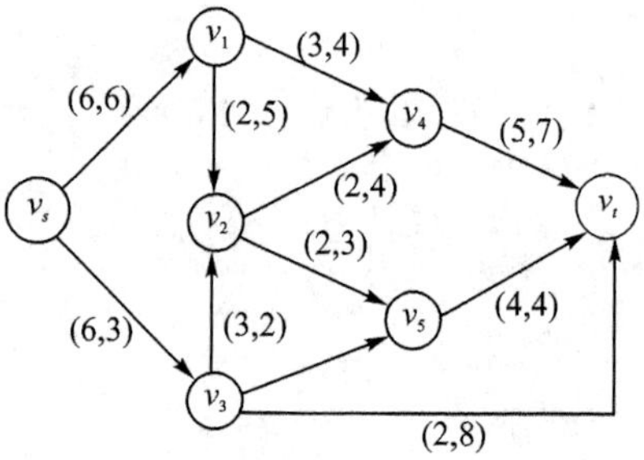

图 10－18　石油输送网络图

**【例 10.3】**　某石油公司使用如图 10－18 所示的管道网络系统将石油从采地 $v_s$ 运送到销地 $v_t$。每段管道旁标注的是(流量/t，费用/百元)。请问应采取怎样的输送方案才能保证输送最多的石油的同时，使得总输送费用最小？

**解**：这是最小费用最大流问题，可以用 Busacker－Gowan 迭代算法求解。

```
>> clear
>> c=[zeros(1,1) 6 zeros(1,1) 6 zeros(1,3); zeros(1,2) 2 zeros(1,1) 3 zeros(1,2);...
      zeros(1,4) 2 2 zeros(1,1); zeros(1,2) 3 zeros(1,2) 1 2; zeros(1,6) 5;zeros(1,6) 4;zeros(1,7)];
>> b=[zeros(1,1) 6 zeros(1,1) 3 zeros(1,3); zeros(1,2) 5 zeros(1,1) 4 zeros(1,2);...
      zeros(1,4) 4 3 zeros(1,1); zeros(1,2) 2 zeros(1,2) 3 8; zeros(1,6) 7;zeros(1,6) 4;zeros(1,7)];
>> [f,wf,zwf]=Busacker(c,b);
```

根据计算结果，可以得出：源各弧的配送量为 4 t、6 t；转运点各弧的配送量为 1 t、3 t、2 t、2 t、1 t；汇各弧的配送量为 2 t、5 t、3 t；最大流量为 10 t，最小费用为 14 500 元。

**【例 10.4】**　“最短路问题”是重要的优化问题，也是图论研究中的一个经典算法问题。下面求解各种情况下的最短路问题。

(1) 求图 10－19 中任意两点间的最短路。

(2) 求图 10－20 中从顶点 3 到其他所有顶点的最短路。

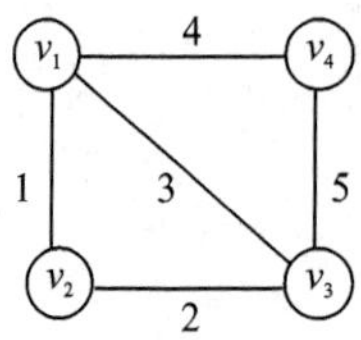

图 10－19　无向图(1)

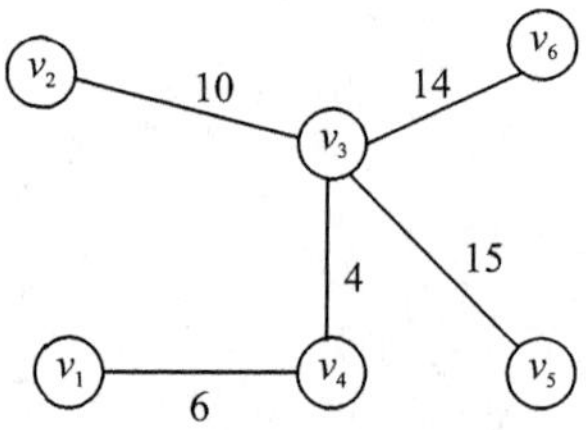

图 10－20　无向图(2)

(3) 求图 10－21 中从顶点 3 出发到达顶点 4，且必须经过顶点 1 和 6 的最短路。

(4) 求图 10－22 中顶点 1 和顶点 6 之间的最短路与次最短路。

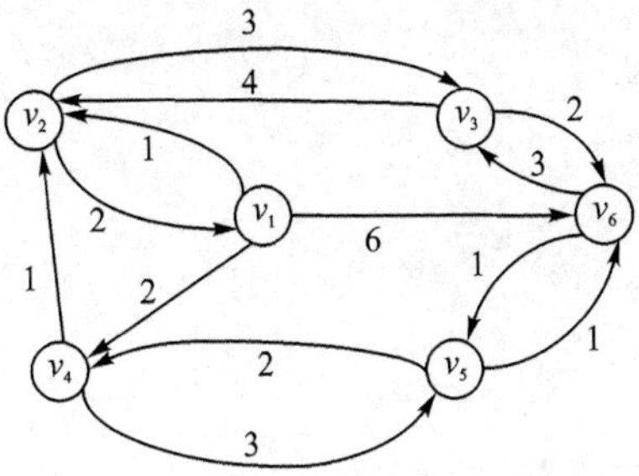


图 10－21　有向图(1)

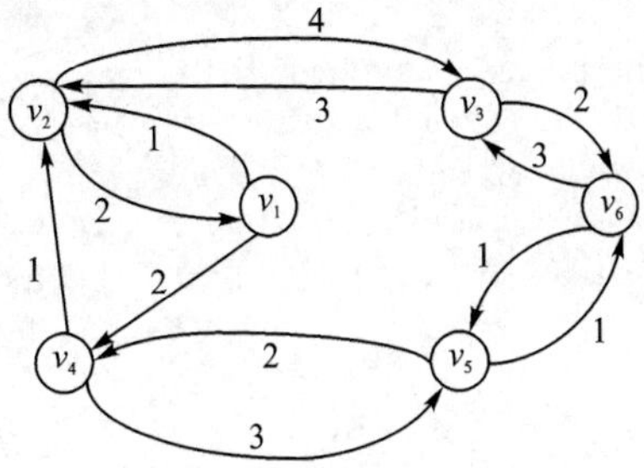


图 10－22　有向图(2)

(5) 求图 10－23 中任意两点间的最大可靠路及概率。

(6) 求图 10－24 中顶点 1 和 3 之间的期望最大可靠容量路及其期望最大可靠容量。

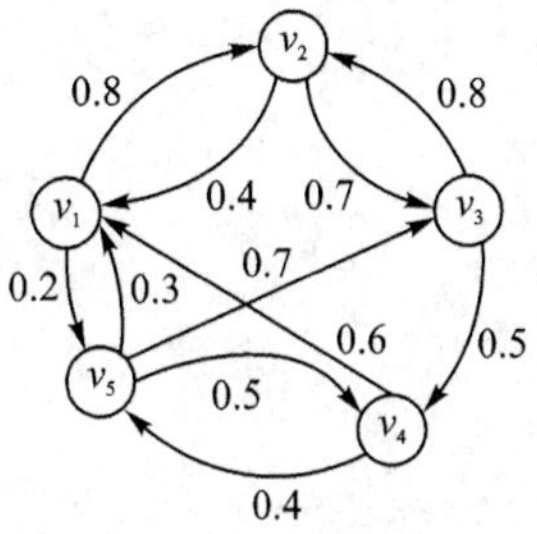


图 10－23　有向图(3)

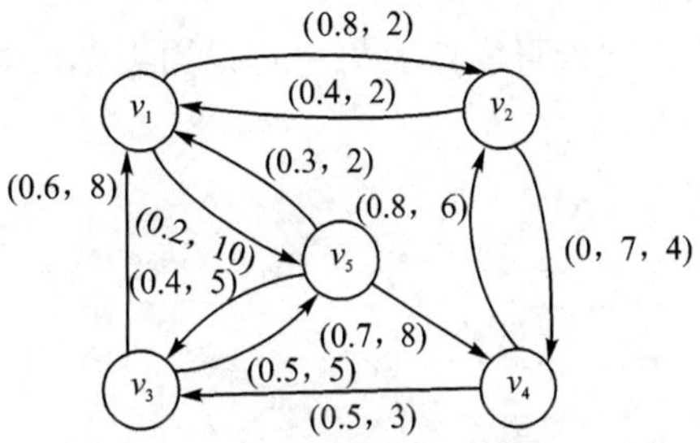


图 10－24　有向图(4)

**解**:所有情形的最短路都可以采用 0－1 规划整数规划求解,在此不再列出。现采用图论中的相应方法求解。

(1)

```
>> clear;
>> M = [0 1 3 4;1 0 2 inf;3 2 0 5;4 inf 5 0];
>> [path,dist] = Mindist(M);                    % 求两端点最短路
>> path = 1      4                              % 1 到 1 的最短路,距离为 4
>> dist  = 4
```

(2)

```
>> clear;
>> M = [0 inf * ones(1,2) 6 inf * ones(1,2); inf * ones(1,1) 0 10 inf * ones(1,3); inf 10 0 4 15 14;
       6 inf 4 0 inf * ones(1,2); inf * ones(1,2) 15 inf 0 inf; inf * ones(1,2) 14 inf * ones(1,2) 0];
>> for i = 1:6; [path,dist(i)] = Mindist(M,3,i,1);end
>> dist  = 10   10   0   4   15   14             % 3 顶点到其他顶点间的距离
```

(3)

```
>> clear;
>> M = [0 1 inf 2 inf 6; 2 0 4 inf * ones(1,3); inf 3 0 inf * ones(1,2) 2;...
        inf 1 inf 0 3 inf; inf * ones(1,3) 2 0 1; inf * ones(1,2) 3 inf 1 0];
>> [path,dist] = Mindist(M,3,4,1,6);            % 从 3 出发经 1,6 而到达 4 的最短路
>> dist = 10                                    % 最短路的长度
>> path = 3   6   5   4   2   1   1   4         % 最短路的路径
```

(4)

```
>> clear
>> M=[0 1 inf 2 inf 6; 2 0 4 inf*ones(1,3); inf 3 0 inf*ones(1,2) 2;
        inf 1 inf 0 3 inf; inf*ones(1,3) 2 0 1; inf*ones(1,2) 3 inf 1 0];
>>[path,dist]=Mindist(M,1,6,2);
>> path{1}=1   6                          %最短路的路径
>> path{2}=1   4  5  6                    %次最短路的路径
```

(5)

```
>> clear
>> M=[1 0.8 zeros(1,2) 0.2; 0.4 1 0.7 zeros(1,2); 0 0.8 1 0.5 0;
     0.6 zeros(1,2) 1 0.4; 0.3 0 0.7 0.5 1];
>>[path,probability,flag]=Maxpath(M,1,3);     %顶点 1 与 3 之间的最大可靠路及概率
>>[path,probability,flag]=Maxpath(M,1,3)
>> path=1 2  3                                %最大可靠路的路径
>> probability=0.5600                         %最大可靠路的概率
```

其余点之间的可靠路及概率可以用类似的方法求出，在此不再列出。

(6)

```
>> clear
>> M = [1 0.8 zeros(1,2) 0.2; 0.4 1 0.7 zeros(1,2); 0 0.8 1 0.5 0;
       0.6 zeros(1,2) 1 0.4; 0.3 0 0.7 0.5 1];
>> C = [inf 2 zeros(1,2) 10; 3 inf 4 zeros(1,2); zeros(1,1) 6 inf 3 zeros(1,1);
       8 zeros(1,2) inf 5; 2 inf 8 5 inf];
>>[path,probability,flag]=Maxpath(M,C,1,3);
>> path=1    2    3            %期望最大可靠容量路
>> probability=0.5600          %期望最大可靠容量概率
>> flag=1.1200                 %期望最大可靠路的容量
```

**【例 10.5】** 有 6 个村庄，其位置及相互之间的距离如图 10－25 所示。乡政府拟在 6 个村庄之一建立一所小学，问应在哪个村庄建立此小学，才能使学生上学所走的总路程最短？

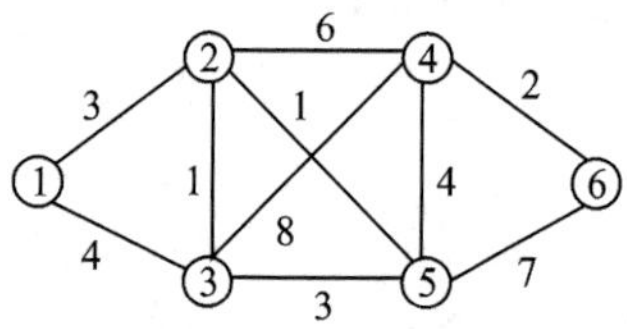


**图 10－25　各村庄的相对位置**

**解：**很明显，只要求出每一个村庄到其余村庄的距离和，就可以得出在哪个村庄建立小学较为合适。

```
>> M=[0 3 4 inf inf inf;3 0 1 6 1 inf;4 1 0 8 3 inf;inf 6 8 0 4 2;inf inf 3 4 0 7;inf inf inf 2 7 0];
>> dist=zeros(1,6);
>> for i=1:6;for j=1:6;[path,a]=Mindist(M,i,j,1);dist(i)=dist(i)+a;end;end
```

根据计算结果可知，在村庄 2 建立小学可以使学生所走的路最短。

**【例 10.6】** 如图 10－26 所示，某人每天开车上班，图上各弧上的数字表示道路的长度（单位：km），请问：应如何选择路线，才能使在路上行驶的总路程最短？

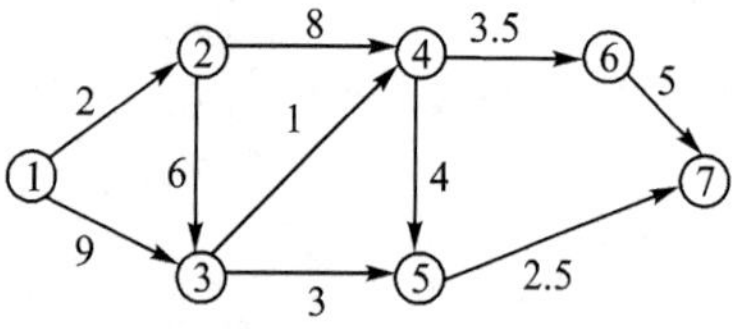


**图 10－26　开车上班路线图**

**解：**

```
>> M = [0 2 9 inf*ones(1,4); inf*ones(1,1) 0 6 8 inf*ones(1,3);
       inf*ones(1,2) 0 1 3 inf*ones(1,2); inf*ones(1,3) 0 4 3.5 inf*ones(1,1);
       inf*ones(1,4) 0 inf 2.5; inf*ones(1,5) 0 5; inf*ones(1,6) 0];
>>[path,dist]=Mindist(M,1,7,1);
```

```
>> path =1    2    3    5    7        % 开车最短路线
>> dist =13.5000                      % 最短路线长度
```

此题也可以利用最小费用最大流问题求解：

```
>> M = [zeros(1,1) 1 zeros(1,6); zeros(1,2) 1 1 zeros(1,4); zeros(1,3) 1 1 zeros(1,3);
        zeros(1,4) 1 1 zeros(1,2); zeros(1,5) 1 1 zeros(1,1); zeros(1,7) 1; zeros(1,7) 1; zeros(1,8)];
>> N=[zeros(1,1) 0 zeros(1,6); zeros(1,2) 2 9 zeros(1,4); zeros(1,3) 6 8 zeros(1,3);
zeros(1,4) 1 3 zeros(1,2); zeros(1,5) 4 3.5 zeros(1,1); zeros(1,7) 2.5; zeros(1,7) 5; zeros(1,8)];
>> [f,wf,zwf]=Busacker(M,N);
```

求得相同的结果(应注意求解时需要添加虚拟源)。

**【例 10.7】** 已知某台机器可连续工作 5 年，决策者在每年年初都要决定机器是否更新。若购置新机器，则要支付购置费用；若连续使用，则需要支付维修与运行费用，而且随着机器使用年限的增加，费用会逐年增多。已知计划期(5 年)中每年的购置价格及运行费用如表 10－1 所列。请问：在机器的更新问题上应作出什么样的决策，才能使支付的总费用最少？

**表 10－1 机器购置价格及维修与运行费用**

| 购买设备时间 | 第 1 年 | 第 2 年 | 第 3 年 | 第 4 年 | 第 5 年 |
|---|---|---|---|---|---|
| 购置费/万元 | 11 | 11 | 12 | 12 | 13 |
| 设备使用年限/年 | 0～1 | 1～2 | 2～3 | 3～4 | 4～5 |
| 维修与运行费/万元 | 5 | 6 | 8 | 11 | 18 |

**解**：如果设节点 1 和 6 分别表示计划期的开始点和终止点(节点 6 可以理解为第 5 年年末)，并将每年的费用视为两点间的距离，则本题可以看作最短路问题。根据所给数据，可得如图 10－27 所示的网络图，图中各弧表示第 $i$ 年年初购进的机器使用到第 $j$ 年年初，各弧上的数字表示两节点之间的权值(费用)，可由表中数据计算而得，而弧长＝购置价格＋使用多年的维修与运行总费用。例如，(1,4)表示第 1 年年初购置设备一直使用到第 3 年年末，则弧长＝总费用＝购置价格＋使用多年的维修与运行总费用＝(11＋5＋6＋8)万元＝30 万元，其余各弧的权照此计算即可，于是可得到图 10－27 的网络图。

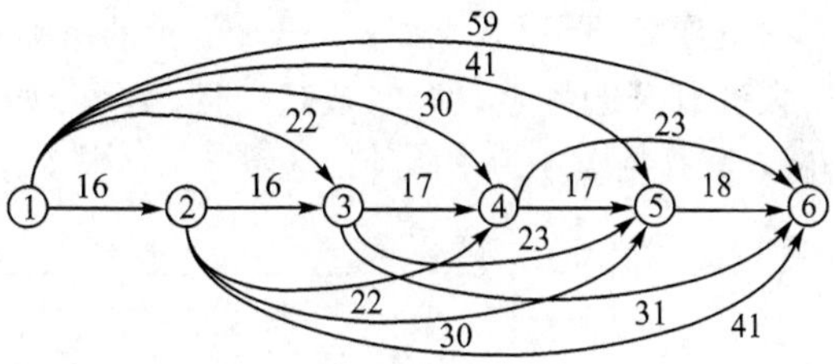

**图 10－27 设备更新的网络图**

```
>> clear
>> M1=[0 16 22 30 41 59; inf*ones(1,1) 0 16 22 30 41; inf*ones(1,2) 0 17 23 31;...
inf*ones(1,3) 0 17 23; inf*ones(1,4) 0 18; inf*ones(1,5) 0];
>> [path,dist]=Mindist(M1,1,6,1);
>> path =1    3    6
>> dist = 53
```

更新的决策：第 1 年年初购置新机器，使用 2 年，直到第 3 年年初重新购置新机器，一直使用到第 5 年年末，第 6 年年初需要再重新购买新机器。

**【例 10.8】** 某公司计划 20 个月后将一款新产品投放市场，但目前尚有 4 个没有时间重叠的阶段需要完成，而每个阶段的实施水平可以从“正常水平”提高为“优先水平”或“应急水平”，使之能够加速完成；且最后 3 个阶段中都可以考虑提高实施水平。第一阶段可以正常完成，也可以加速完成。表 10－2 和表 10－3 分别列出了在这些水平下各阶段所需要的时间及所需费用。问管理层应如何决策这 4 个阶段各自采取什么实施水平，才能使预算控制在 3 000 万元以内，并且尽可能提前向市场推出产品。

表 10－2　新产品各阶段所需时间

| 实施水平 | 剩下的研究 | 研　制 | 制备系统设计 | 开始生产和分销 |
|---|---|---|---|---|
| 正常/月 | 5 | — | — | — |
| 优先/月 | 4 | 3 | 5 | 2 |
| 加急/月 | 2 | 2 | 3 | 1 |

表 10－3　新产品各阶段所需费用

| 实施水平 | 剩下的研究 | 研　制 | 制备系统设计 | 开始生产和分销 |
|---|---|---|---|---|
| 正常/万元 | 300 | — | — | — |
| 优先/万元 | 600 | 600 | 900 | 300 |
| 加急/万元 | 900 | 900 | 1200 | 600 |

**解：**产品要推向市场，需要完成 4 个阶段的任务，每个阶段在不同的实施水平下有不同的完成时间，4 个阶段在不同实施水平的组合下会有不同的总完成时间，于是可以用最短路问题的方法求解。但是需注意的是约束指标有两个，即时间越短越好，费用控制在 3 000 万元内。这不是严格意义上的最短路问题，为此需要考虑将指标转化为单一的，以化为以时间为"距离指标"的严格意义上的最短路问题。

根据题意，可以画出图 10－28 所示的决策网络图，其中各节点下面的数字组合表示所处的阶段和剩余的资金，例如，节点 1 因为是开始，所以有剩余资金 30，节点 2 因为是正常阶段所花资金 3(见表 10－3)，所以还剩下 27，其余类同。

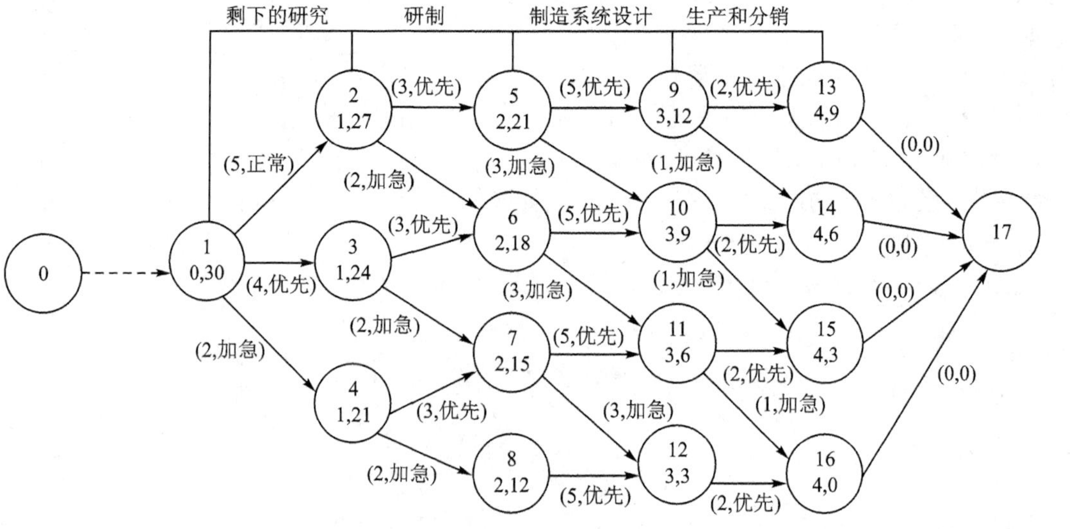


图 10－28　决策网络图

根据图 10－28 写出网络的权值图，从而可计算最短路。

```
>> M = [zeros(1,1) 5 4 2 inf * ones(1,13); inf zeros(1,1) inf * ones(1,2) 3 2 inf * ones(1,11);...
inf * ones(1,2) zeros(1,1) inf * ones(1,2) 3 2 inf * ones(1,10);inf * ones(1,3) zeros(1,1) ...
inf * ones(1,2) 3 2 inf * ones(1,9);inf * ones(1,4) zeros(1,1) inf * ones(1,3) 5 3 inf * ones(1,7);...
```

```
inf * ones(1,5) zeros(1,1) inf * ones(1,3) 5 3 inf * ones(1,6);inf * ones(1,6) zeros(1,1) inf * ones(1,3)
5 3 inf * ones(1,5);inf * ones(1,7) zeros(1,1) inf * ones(1,3) 5 inf * ones(1,5);inf * ones(1,8)
zeros(1,1) inf * ones(1,3) 2 1 inf * ones(1,3);inf * ones(1,9) zeros(1,1) inf * ones(1,3) 2 1
inf * ones(1,2);inf * ones(1,10) zeros(1,1) inf * ones(1,3) 2 1 inf * ones(1,1);inf * ones(1,11)
zeros(1,1) inf * ones(1,3) 2 inf * ones(1,1);inf * ones(1,12) zeros(1,1) inf * ones(1,4);
inf * ones(1,13) zeros(1,1) inf * ones(1,2) 0;inf * ones(1,14) zeros(1,1) inf * ones(1,1) 0;
inf * ones(1,15) zeros(1,2); inf * ones(1,16) zeros(1,1)];
>> [path,dist] = Mindist(M,1,17,1)
>> path = 1   4   7  1216  17
```

决策方案为(方案中 16 与 17 是等同的):

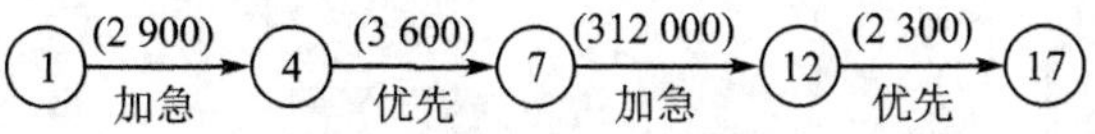


【例 10.9】 已知某电力公司在图 10－29 所示的网络图沿道路为 8 个居民点架设输电网络。图中的边(虚线)表示可能架设输电网络的道路,边上的赋权数为选择这个道路的长度(单位:km)。请设计一个输电网络,连通这 8 个居民点,并使得总的输电线路最短,同时,请计算最长输电线路的长度。

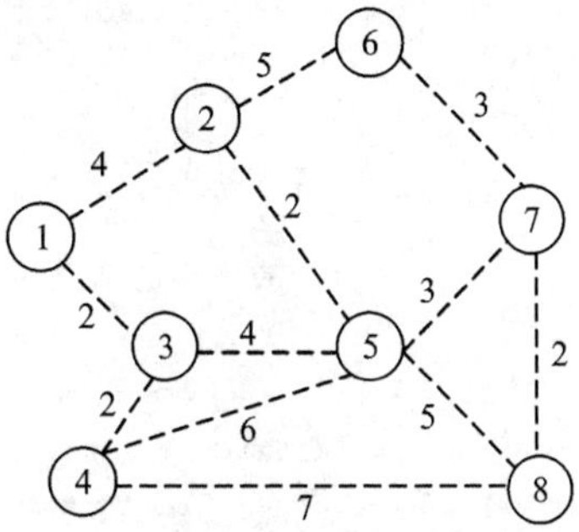


图 10－29 居民点的网络图

**解**:这是典型的求最小支撑树和最大支撑树的问题。

(1) 求最小树

```
>> M = [0 4 2 inf * ones(1,5);4 0 inf * ones(1,2) 2 5 inf * ones(1,2);2 inf 0 2 4 inf * ones(1,3);...
inf * ones(1,2) 2 0 6 inf * ones(1,2) 7;inf 2 4 6 0 inf 3 5;inf 5 inf * ones(1,3) 0 3 inf;...
inf * ones(1,4) 3 3 0 2;inf * ones(1,3) 7 5 inf 2 0];
>> [t,c] = mintree(M,'k')        % 最小树的 Kruskal 算法,用 Prim 算法可以得到相同的结果
>> t = 1    2    3    7    5    6    1
       3    5    4    8    7    7    2
>> c = 18                        % 最小树长度
```

最小树如图 10－30 所示。

(2) 求最大树

```
>> M1 = [0 4 2 - inf * ones(1,5);4 0 - inf * ones(1,2) 2 5 - inf * ones(1,2);2 - inf 0 2 4
  - inf * ones(1,3); - inf * ones(1,2) 2 0 6 - inf * ones(1,2) 7; - inf 2 4 6 0 - inf 3 5; - inf 5 - inf * ones(1,3)
  0 3 - inf; - inf * ones(1,4) 3 3 0 2; - inf * ones(1,3) 7 5 - inf 2 0];
>> [t,c] = mintree(M1,'k','max');        % 最小支撑树的权值矩阵中的 inf 元素修改为 - inf
>> t = 4    4    2    1    3    5    6     % 最大树,见图 10 - 31
       8    5    6    2    5    7    7
>> c = 32                                 % 最大树长度
```

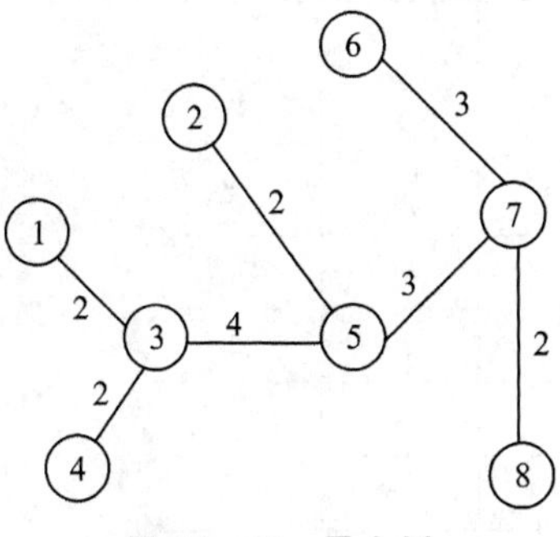


图 10－30 最小树

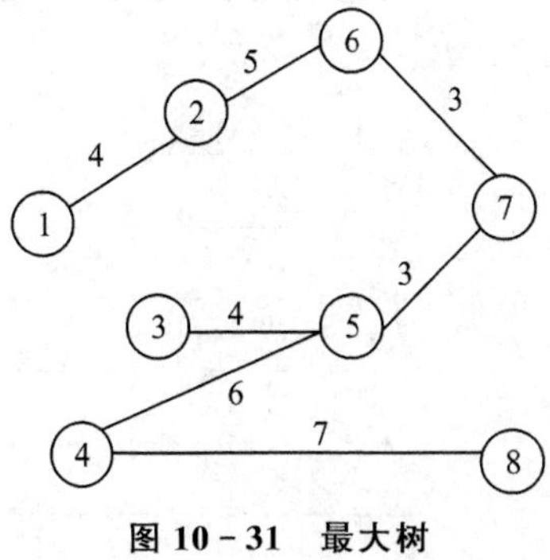


图 10－31 最大树

**【例 10.10】** 在图 10-32 中,1 是报社所在地。请帮助邮递员设计一条派送路线,使之从报社出发,将报纸投递到所管辖的所有街道,最后回到报社而走过的总路程最短。

解:如果一个图为 Euler 图,则任何一条路线均是最优路线,所有边的权值之和即为路线长度。但根据 Euler 图的判定规则可知,图 10-32 并不是 Euler 图,所以需要改进。

根据"奇偶点图上作业法",可以构成如图 10-33 所示的 Euler 图,然后再根据 Fleury 算法就可以求出"最优环游"。

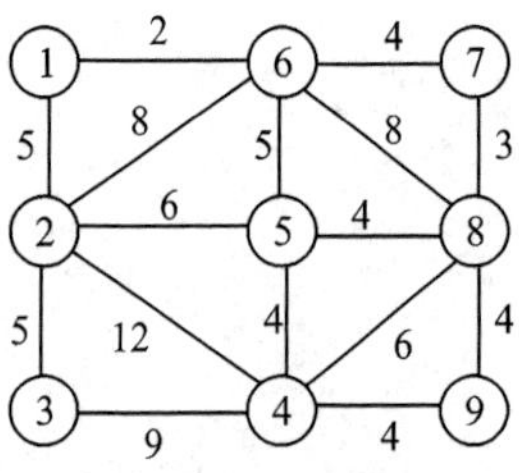

图 10-32　街道示意图

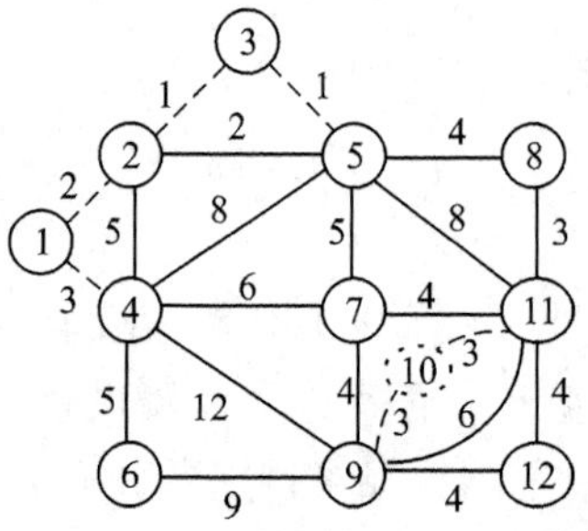

图 10-33　图 10-32 的 Euler 图

```
>> M = [zeros(1,1) 2 zeros(1,1) 3 zeros(1,8); 2 zeros(1,1) 1 5 2 zeros(1,7);...
zeros(1,1) 1 zeros(1,2) 1 zeros(1,7); 3 5 zeros(1,2) 8 5 6 zeros(1,1) 12 zeros(1,3);...
zeros(1,1) 2 1 8 zeros(1,2) 5 4 zeros(1,2) 8 zeros(1,1);...
zeros(1,3) 5 zeros(1,4) 9 zeros(1,3); zeros(1,3) 6 5 zeros(1,3) 4 zeros(1,1) 4 zeros(1,1);...
zeros(1,4) 4 zeros(1,5) 3 zeros(1,1); zeros(1,3) 12 zeros(1,1) 9 4 zeros(1,2) 3 6 4;...
zeros(1,8) 3 zeros(1,1) 3 zeros(1,1); zeros(1,4) 8 zeros(1,1) 4 3 6 3 zeros(1,1) 4;...
zeros(1,8) 4 zeros(1,1) 4 zeros(1,1)];
>> [Edge,Sum] = Postman(M);
>> Edge = 1  4  2  3  5  7  9  6  4  9  10  11  8  5  11  12  9  11  7  4  5  2
          4  2  3  5  7  9  6  4  9  10  11  8  5  11  12  9  11  7  4  5  2  1
>> Sum = 102
```

因计算时添加了虚拟边,所以扣除虚拟边后可以得到最佳的派送路线:

$$2 \xrightarrow{\text{虚拟边1:2→3→5}} 5 \to 7 \to 9 \to 6 \to 4 \to 9 \xrightarrow{\text{虚拟边2:9→10→11}} 11 \to 8 \to 5$$
$$\to 11 \to 12 \to 9 \to 11 \to 7 \to 4 \to 5 \to 2 \xrightarrow{\text{虚拟边3:2→1→4}} 4 \to 2$$

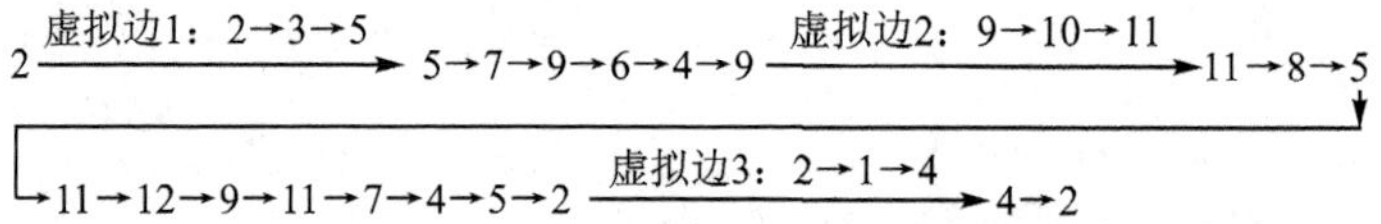

**【例 10.11】** 某奶厂 A 每天往 B、C、D、E 四个小区送奶,五地之间均有道路直达且道路的长度如表 10-4 所列。

表 10-4　各小区间道路的长度

| 距离　小区 / 小区 | A | B | C | D | E |
|---|---|---|---|---|---|
| A | 0 | 15 | 15 | 5 | 25 |
| B | 15 | 0 | 10 | 15 | 20 |
| C | 15 | 10 | 0 | 35 | 30 |
| D | 5 | 15 | 35 | 0 | 15 |
| E | 25 | 20 | 30 | 15 | 0 |

试为该厂设计一条最佳的送奶路线，即由奶厂A将奶送到B、C、D、E四个小区后，再回到奶厂，且总路程最短。

**解**：这是一个典型的TSP问题，可以用多种方法求解。

在此利用改良圈算法来求解。

```
>> M=[0 15 15 5 25;15 0 10 15 20;15 10 0 35 30;5 15 35 0 15;25 20 30 15 0];
>>[Road,Distance]=graphTSP(M,1);
>> Road=1  2  3  5  4  1       %较佳路线图
>> Distance=75                 %路线长度
```

但应注意的是这是一种近似算法，给出的结果不一定是最优的，但可以认为是较好的。另外可以通过改进初始的回路来达到更好的结果。

如通过动态规划可以求得以下的最佳路线，计算结果明显要更好些。

```
>>[road,f0]=dyprogTSP(M)
>> road=1  4  5  2  3  1
>> f0=65
```

事实上，因该问题的维度较小，所以可以通过求解所有路径并计算出每条路径的长度，从而找到最短距离及最短路径。

```
>>[Road,Distance]=graphTSP(M,2);        %枚举法
>> Road =1  3  2  5  4  1               %最短路线图
         1  4  5  2  3  1
>> Distance=65
```

**【例10.12】** 为了提升企业的竞争能力，某公司决定实行多元化生产。根据市场调研，决定由5名管理人员负责5种产品的开发项目。为了保证这些管理人员都能获得他们最感兴趣的项目，建立了一个投标系统。已知5位管理人员各自的投标点都是1 000点，他们可以向每个项目投标，并把较多的投标点投向自己最感兴趣的项目，具体情况见表10-5。

**表10-5　管理人员投标项目的情况一览表**

| 项　目<br>人　员 | A | B | C | D | E |
|---|---|---|---|---|---|
| 管理人员1 | 100 | 400 | 200 | 200 | 100 |
| 管理人员2 | 0 | 200 | 800 | 0 | 0 |
| 管理人员3 | 100 | 100 | 100 | 100 | 600 |
| 管理人员4 | 267 | 153 | 99 | 451 | 30 |
| 管理人员5 | 100 | 33 | 33 | 34 | 800 |

为保证各管理人员的总满意度最高，公司在做出决策前，需要对如下一些可能的情况进行评估分析。

情况1：根据所给出的投标情况，需要为每位管理人员匹配一个最感兴趣的项目，那么，应当如何匹配？

情况2：如果管理人员5临时有了更为感兴趣的项目，从而退出投标，公司只好放弃其中的一个项目。那么应当放弃哪个？

情况3：尽管管理人员因为临时被更感兴趣的项目吸引而退出投标，但是公司仍不希望放弃任何一个项目。公司决定让管理人员2或4同时负责两个项目。在只有4位管理人员的情

况下,又应如何匹配?

情况 4:由于诸方面的原因,有 3 位管理人员不能负责几个特定项目,具体如表 10-6 所列。需要重新调整这几位管理人员的投标点,使其总投标点仍维持在 1 000,具体的调整方法是将不能负责的投标点全部放在他自己最感兴趣的项目上。在这种情况下,又应如何匹配?

**表 10-6 3 位管理人员不能负责项目的相关数据**

| 项目 / 人员 | A | B | C | D | E |
|---|---|---|---|---|---|
| 管理人员 1 | 100 | 700 | 200 | 不能负责 | 不能负责 |
| 管理人员 4 | 871 | 不能负责 | 99 | 不能负责 | 30 |
| 管理人员 5 | 不能负责 | 33 | 33 | 34 | 900 |

情况 5:在情况 4 的前提下,公司认为项目 D 和 E 太复杂了,各让一位管理人员负责是不合适的。因此,这两个项目都要匹配两位管理人员。为此,现在需要再雇用两位管理人员。由于身体原因,这两位新管理人员不能负责项目 C。这两位管理人员的投标情况如表 10-7 所列。在该情况下,应如何匹配?

**表 10-7 新雇用的两位管理人员的相关数据**

| 项目 / 人员 | A | B | C | D | E |
|---|---|---|---|---|---|
| 管理人员 6 | 250 | 250 | 不能负责 | 250 | 250 |
| 管理人员 7 | 111 | 1 | 不能负责 | 333 | 555 |

情况 6:如果受到资金限制,公司只能挑选 3 位管理人员来负责其中的 3 个项目。那么又应如何匹配?

**解**:这是一个典型的变形的指派问题。对于每个问题都可以根据实际情况建立数学模型从而通过求解 0-1 规划而得到相应的答案。因第 1 个问题是典型的指派问题,其他问题都是它的变形,所以只列出第 1 个问题的数学模型,其他问题的数学模型就不再列出而只给出求解结果。

(1) 这是一对一匹配问题,其数学模型为

$$\max z = \sum_{i=1}^{5}\sum_{j=A}^{E} x_{ij} y_{ij}$$

$$\text{s.t.}\begin{cases}\sum_{j=A}^{E} x_{ij} = 1, & i=1,2,\cdots,5,\text{第 } i \text{ 个管理人员只能负责 1 个项目}\\ \sum_{i=1}^{5} x_{ij} = 1, & j=A,B,\cdots,E,\text{第 } j \text{ 个项目只能由 1 位管理人员负责}\\ x_{ij} \geqslant 0, & i=1,2,\cdots,5, \quad j=A,B,\cdots,E\end{cases}$$

```
>> clear
>> F = -[100 400 200 200 100 0 200 800 0 0 100 100 100 100 600 267 153 99 451 30 100 33 33 34 800];
>> A = []; B = [];
>> Aeq = [ones(1,5) zeros(1,20); zeros(1,5) ones(1,5) zeros(1,15);
        zeros(1,10) ones(1,5) zeros(1,10);
        zeros(1,15) ones(1,5) zeros(1,5); zeros(1,20) ones(1,5);
        zeros(1,0) 1 zeros(1,4) 1 zeros(1,4) 1 zeros(1,4) 1 zeros(1,4) 1 zeros(1,4);
```

```
          zeros(1,1) 1 zeros(1,4) 1 zeros(1,4) 1 zeros(1,4) 1 zeros(1,4) 1 zeros(1,3);
          zeros(1,2) 1 zeros(1,4) 1 zeros(1,4) 1 zeros(1,4) 1 zeros(1,4) 1 zeros(1,2);
          zeros(1,3) 1 zeros(1,4) 1 zeros(1,4) 1 zeros(1,4) 1 zeros(1,4) 1 zeros(1,1);
          zeros(1,4) 1 zeros(1,4) 1 zeros(1,4) 1 zeros(1,4) 1 zeros(1,4) 1 zeros(1,0)];
>> Beq = ones(1,10);
>>[x,min_fval] = bintprog(F,A,B,Aeq,Beq);
```

根据计算出的 $x$ 值就可以得出专家与项目的匹配情况：

专家1负责B($x$(1:5)的值)；专家2负责C($x$(6:10)的值)；专家3负责A($x$(11:15)的值)；专家4负责D($x$(16:20)的值)；专家5负责E($x$(21:25)的值)。

(2)

```
clear
>> F = -[100 400 200 200 100 0 200 800 0 0 100 100 100 100 600 267 153 99 451 30 zeros(1,5)];
>> A = [zeros(1,0) 1 zeros(1,4) 1 zeros(1,4) 1 zeros(1,4) 1 zeros(1,4) 1 zeros(1,4);
        zeros(1,1) 1 zeros(1,4) 1 zeros(1,4) 1 zeros(1,4) 1 zeros(1,4) 1 zeros(1,3);
        zeros(1,2) 1 zeros(1,4) 1 zeros(1,4) 1 zeros(1,4) 1 zeros(1,4) 1 zeros(1,2);
        zeros(1,3) 1 zeros(1,4) 1 zeros(1,4) 1 zeros(1,4) 1 zeros(1,4) 1 zeros(1,1);
        zeros(1,4) 1 zeros(1,4) 1 zeros(1,4) 1 zeros(1,4) 1 zeros(1,4) 1 zeros(1,0)];
>> B = ones(1,5);
>> Aeq = [ones(1,5) zeros(1,20); zeros(1,5) ones(1,5) zeros(1,15);
>> zeros(1,10) ones(1,5) zeros(1,10); zeros(1,15) ones(1,5) zeros(1,5); zeros(1,20) ones(1,5)];
>> Beq = [ones(1,4) 0];
>>[x,min_fval] = bintprog(F,A,B,Aeq,Beq);
```

计算结果：

专家1负责B；专家2负责C；专家3负责E；专家4负责D；专家5退出，即公司放弃A项目。

(3)

```
clear
>> F = -[100 400 200 200 100 0 200 800 0 0 100 100 100 100 600 267 153 99 451 30 zeros(1,5)];
>> A = [zeros(1,5) ones(1,5) zeros(1,15); zeros(1,15) ones(1,5) zeros(1,5)]; B = 2 * ones(1,2);
>> Aeq = [ones(1,5) zeros(1,20); zeros(1,10) ones(1,5) zeros(1,10); zeros(1,20) ones(1,5);
          zeros(1,0) 1 zeros(1,4) 1 zeros(1,4) 1 zeros(1,4) 1 zeros(1,4) 1 zeros(1,4);
          zeros(1,1) 1 zeros(1,4) 1 zeros(1,4) 1 zeros(1,4) 1 zeros(1,4) 1 zeros(1,3);
          zeros(1,2) 1 zeros(1,4) 1 zeros(1,4) 1 zeros(1,4) 1 zeros(1,4) 1 zeros(1,2);
          zeros(1,3) 1 zeros(1,4) 1 zeros(1,4) 1 zeros(1,4) 1 zeros(1,4) 1 zeros(1,1);
          zeros(1,4) 1 zeros(1,4) 1 zeros(1,4) 1 zeros(1,4) 1 zeros(1,4) 1 zeros(1,0)];
>> Beq = [ones(1,2) 0 ones(1,5)];
>>[x,min_fval] = bintprog(F,A,B,Aeq,Beq);
```

计算结果：

专家1负责B；专家2负责C；专家3负责E；专家4负责A和D；专家5不负责任何项目。

类似的方法可以计算其余三种情况，限于篇幅只列出计算结果：

(4) 专家1负责B；专家2负责C；专家3负责D；专家4负责A；专家5负责E。

(5) 专家1负责B；专家2负责C；专家3和5共同负责E；专家4负责A；专家6和7共同负责D。

(6) 专家1不负责任何项目；专家2负责C；专家3不负责任何项目；专家4负责D；专家5负责E。

**【例10.13】** 一家公司生产7种药品(用a、b、c、d、e、f、g表示)，其中某些药品不能放在一

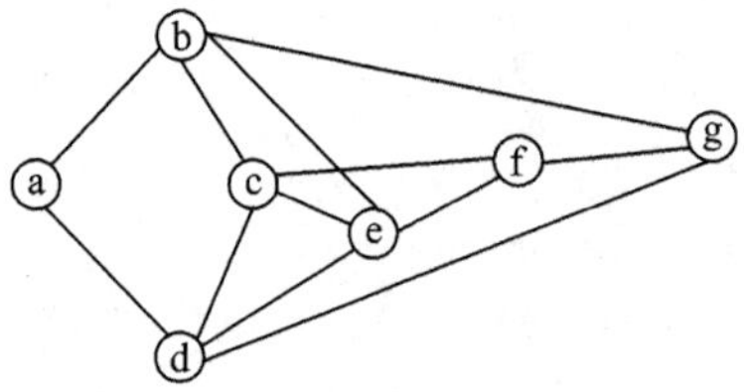


图 10-34 药品间的关系图

起(不相容),不能放在一起的药品为(a,b)、(a,d)、(b,c)、(b,e)、(b,g)、(c,d)、(c,e)、(c,f)、(d,e)、(d,g)、(e,f)、(f,g)。问公司应将仓库分成几个互相隔绝的小区,才能把不相容的药品分开存放?

**解**:这是一个典型的顶点染色的问题。用图表示这些药品间的关系,其中把不能放在一起的两种药品用顶上之间的边连接起来,可得到图 10-34。

根据图可得出图的连接矩阵,然后利用顶点染色算法求解。

```
>> W=[0 1 0 1 0 0 0;1 0 1 0 1 0 1;0 1 0 1 1 1 0;1 0 1 0 1 0 1;0 1 1 1 0 1 0;0 0 1 0 1 0 1;
      0 1 0 1 0 1 0];
>> [k,C] = colorcodf(W);
>> k = 3                              % 即需要分隔 3 个小区
>> C = 1  2  1  2  3  2  1            % 即(a,c,g)、(b,d,f)、(e)各放在一起
```

**【例 10.14】** 图染色理论的一个重要的应用就是解决排课问题。排课过程中一个很关键的问题就是尽可能地避免冲突,包括教师授课时间、授课地点方面的冲突,也包括教室利用方面的冲突。

假设某个工作日内,教师情况和授课情况如下:教师 5 人,班级数 6 个,教师与班级的授课关系如表 10-8 所列。请设计一张该工作日内教师与班级授课关系的课表。

表 10-8 教师与班级授课关系表

| 班级<br>教师 | $y_1$ | $y_2$ | $y_3$ | $y_4$ | $y_5$ | $y_6$ |
|---|---|---|---|---|---|---|
| $x_1$ | √ | | √ | | √ | |
| $x_2$ | | √ | | √ | | √ |
| $x_3$ | | | √ | | | √ |
| $x_4$ | √ | | | √ | √ | |
| $x_5$ | | √ | | √ | | √ |

**解**:根据表 10-8 得出教师与班级间的关系图 10-35,写出图中各点的邻接矩阵,然后计算出对应边的邻接矩阵,将边转化成点,最后利用点染色方法就可以进行边的染色。

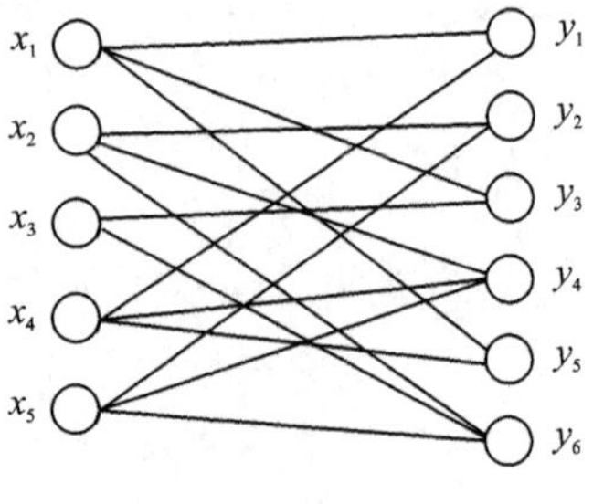


图 10-35 教师与班级间关系图

根据以上原理,自编函数图的染色函数 colorcodf 就可以设计出课表。

由于图 10-35 最大点的度数为 3,所以至少需要 3 种颜色才能染色,也即需要 3 个时间段才能安排授课。在这里根据一般的情况,安排 4 个时间段,即上午 1、2 节为第一段,上午 3、4

节为第二段，下午 5、6 节为第三段，下午 7、8 节为第四时间段。

```
>> W=[0 0 0 0 0 1 0 1 0 1 0;0 0 0 0 0 0 1 0 1 0 1;0 0 0 0 0 0 0 1 0 0 1;0 0 0 0 0 1 0 0 1 1 0
     0 0 0 0 0 0 1 0 1 0 1;1 0 0 1 0 0 0 0 0 0 0;0 1 0 0 1 0 0 0 0 0 0;1 0 1 0 0 0 0 0 0 0 0
     0 1 0 1 1 0 0 0 0 0 0;1 0 0 1 0 0 0 0 0 0 0;0 1 1 0 1 0 0 0 0 0 0];
>> [k,C]=colorcodf(W,4);
>> k=4                                          %4 种颜色，即安排 4 个时间段
>> C=1  1  1  2  2  2  3  3  4  4  4  5  5  5   %染色方案
     1  3  5  2  4  6  3  6  1  4  5  2  4  6
     2  4  3  1  3  2  1  4  4  1  2  3  2  1
```

染色方案 C 中最后一行为各边，前 2 行表示边的两端教师与班级的序号，如第 1 条边对应第 1 位教师与第 1 个班级，第 2 条边对应第 1 位教师与第 3 个班级，……，以此类推。据此可得出 4 个时间段内教师的安排情况，即[4,7,10,14]、[1,6,11,13]、[3,5,12]、[2,8,9]分别为一组，排成的表格如表 10-9 所列。

**表 10-9 课 表**

| 时间段 / 教师 | $M_1$ | $M_2$ | $M_3$ | $M_4$ |
|---|---|---|---|---|
| $x_1$ | — | $y_1$ | $y_5$ | $y_3$ |
| $x_2$ | $y_2$ | $y_6$ | $y_4$ | — |
| $x_3$ | $y_3$ | — | — | $y_6$ |
| $x_4$ | $y_4$ | $y_5$ | — | $y_1$ |
| $x_5$ | $y_6$ | $y_4$ | $y_2$ | — |

需要说明的是，符合题意要求的课表有很多种(即可以有多种染色方法)，程序只给出其中的一种，有时甚至可能需要对计算结果人为进行调节，以避免产生矛盾。

# 下　篇

# 现代智能优化算法

# 第11章 进化算法

进化算法(Evolutionary Algorithm,EA)是通过模拟自然界中生物基因遗传与种群进化的过程和机制,而产生的一种群体导向随机搜索技术和方法。它的基本思想来源于达尔文的生物进化学说,即生物进化的主要原因是基因的遗传与突变,以及“优胜劣汰、适者生存”的竞争机制。进化算法能在搜索过程中自动获取搜索空间的知识,并积累搜索空间的有效知识,缩小搜索空间范围,自适应地控制搜索过程,动态有效地降低问题的复杂度,从而求得原问题的最优解。另外,由于进化算法具有高度并行性、自组织、自适应、自学习等特征,且效率高、易于操作、简单通用,有效地克服了传统方法解决复杂问题的困难和障碍,因此被广泛应用于不同的领域。

进化算法基于其发展历史,有四个重要分支:遗传算法(Genetic Algorithm,GA)、进化规划(Evolution Programming,EP)、进化策略(Evolution Strategy,ES)和差分进化(Differential Evolution,DE)。

## 11.1 进化算法概述

一直以来,人类从大自然中不断得到启迪,通过发现自然界中的一些规律,或模仿其他生物的行为模式,从而获得灵感来解决各种问题,进化计算即为其中的一种。

进化计算模仿生物的进化和遗传过程,通过迭代过程得到问题的解。每一次迭代都可以被看作一代生物个体的繁殖,因此被称为“代”。进化算法的求算过程,一般是从问题的一群解出发,改进到另一群较好的解,然后重复这一过程,直至达到全局的最优解,每一群解被称为一个“解群”,每一个解被称为一个“个体”。每个个体用一组有序排列的字符串来表示,即用编码方式表示。进化计算的运算基础是字符串或字符段,相当于生物学的染色体,字符串或字符段由一系列字符组成,每个字符都有自己的含义,相当于基因。

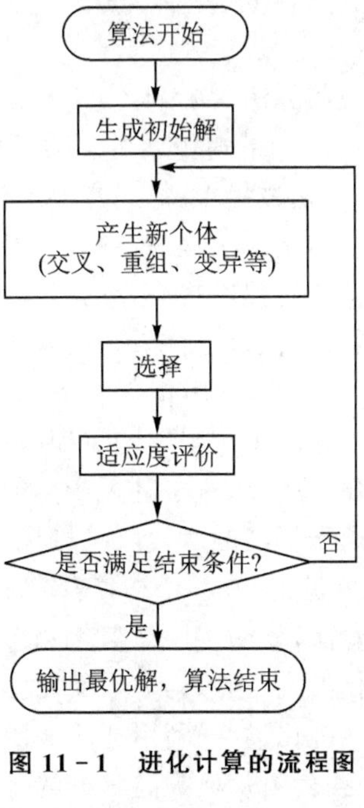


图 11-1 进化计算的流程图

进化计算中,首先利用交叉算子、重组算子、变异算子由父代繁殖出子代,然后对子代进行性能评价,选择算子挑选出下一代的父代。交叉算子、重组算子、变异算子和选择算子等统称为进化算子。在初始化参数后,进化计算能够在进化算子的作用下进行自适应调整,并采用优胜劣汰的竞争机制来指导对问题空间的搜索,最终达到最优解。进化计算的算法流程如图 11-1 所示。

进化计算具有如下的优点:

(1) 渐近式寻优。进化算法与传统的方法有很大的不同,它不要求研究的问题的目标函数是连续、可导的;进化计算从随机产生的初始可行解出发,一代代地反复迭代,使新一代的结果优越于上一代,逐渐得出最优的结果,这是一个逐渐寻优的过程,但却可以很快得出所要求的最优解。

(2) 体现“适者生存,劣者淘汰”的自然选择规律。进化计算在搜索中借助进化算子操作,无须添加任何额外的作用,就能使群体的品质不断得到提高,具有自动适应环境的能力。

(3) 有指导的随机搜索。进化计算既不是一种盲目式的搜寻,也不是穷举式的全面搜索,而是一种有指导的随机搜索,指导进化计算执行搜索的依据是适应度函数,一般也就是目标函数。

(4) 并行式搜索。进化计算的每一代运算都针对一组个体同时进行,而不是只对单个个体。因此,进化计算是一种多点并进的并行算法,这大大提高了进化计算的搜索速度。

(5) 直接表达问题的解,结构简单。进化计算根据所解决问题的特性,用字符串表达问题及选择适应度,一旦完成这两项工作,其余的操作都可按固定方式进行。

(6) 黑箱式结构。进化计算只研究输入与输出的关系,并不深究造成这种关系的原因,具有黑箱式结构。个体的字符串表达如同输入,适应度计算如同输出,因此,从某种意义上讲,进化计算是一种只考虑输入与输出关系的黑箱问题,便于处理因果关系不明确的问题。

(7) 全局最优解。由于采用多点并行搜索,而且每次迭代借助交换和突变产生新个体,不断扩大探寻搜索范围,所以进化计算很容易搜索出全局最优解而不是局部最优解。

(8) 通用性强。传统的优化算法需要将所解决的问题用数学式表示,而且要求该函数的一阶导数或二阶导数存在。采用进化计算,只用某种字符表达问题,然后根据适应度区分个体的优劣,其余的交叉、变异、重组、选择等操作都是统一的,由算法自动完成。

## 11.2 遗传算法

遗传算法(Genetic Algorithm,GA)的基本思想是基于达尔文(Darwin)的进化论和孟德尔(Mendel)的遗传学说。关于生物的进化,达尔文的进化论认为:生物是通过进化演化而来的,在进化过程中,每一步由随机产生的前辈到自身的产生都足够简单。但生物从初始点到最终产物的整个过程并不简单,而是通过一步一步的演变构成了并非是一个纯机遇的复杂过程。整个演变过程由每一步的幸存者控制,每一物种在发展中越来越适应环境。物种每个个体的基本特征由后代所继承,但后代又会产生一些异于父代的新特征。在环境变化时,只有那些能适应环境的个体方能保留下来。孟德尔遗传学说最重要的是基因遗传原理。它认为遗传以密码方式存在于细胞中,并以基因形式包含在染色体内,每个基因都有特殊的位置并控制某种特殊性质。所以,每个基因产生的个体对环境都具有某种适应性。基因突变和基因杂交可产生更适应于环境的后代。经过优胜劣汰,适应性高的基因结构得以保存下来。

20 世纪 70 年代初,美国 Michigen 大学的 Holland 教授受到达尔文进化论的启发创立了遗传算法,算法按照类似生物界自然选择(selection)、变异(mutation)和杂交(crossover)等自然进化方式,用数码串来类比生物中的染色个体,通过选择、交叉、变异等遗传算子来仿真生物的基本进化过程,利用适应度函数来表示染色体所蕴涵问题解的质量的优劣,通过种群的不断“更新换代”,从而提高种群的平均适应度,通过适应度函数引导种群的进化方向,并在此基础上使得最优个体所代表的问题解逼近问题的全局最优解。

遗传算法是对自然界的有效类比,并从自然界现象中抽象出来,所以它的生物学概念与相应生物学中的概念不一定等同，而只是生物学概念的简单“代用”。

## 11.2.1 遗传算法的基本概念

**1. 名词解释**

① 个体(individual)：GA 所处理的基本对象、结构。

② 群体(population)：个体的集合称为种群体，该集合内个体的数量称为群体的大小。例如，如果个体的长度是 100，适应度函数变量的个数为 3，我们就可以将这个种群表示为一个 100×3 的矩阵。相同的个体在种群中可以出现不止一次。每一次迭代，遗传算法都对当前种群执行一系列的计算，产生一个新的种群。每一个后继的种群称为新的一代。

③ 串(bit string)：个体的表现形式，对应于生物界的染色体。在算法中其形式可以是二进制的，也可以是实值型的。

④ 基因(gene)：串中的元素。例如有一个串 $S_{二进制}=1011$，其中的 1,0,1,1 这 4 个元素分别称为基因，其值称为等位基因(alletes)，表示个体的特征。个体的适应度函数值就是它的得分或评价。

⑤ 基因位置(gene position)：一个基因在串中的位置称为基因位置，有时也简称为基因位。基因位置由串的左边向右边计算，例如，在串 $S_{二进制}=1101$ 中，0 的基因位置是 3。基因位置对应于遗传学中的地点(locus)。

⑥ 基因特征值(gene feature)：在用串表示整数时，基因的特征值与二进制数的权一致。例如，在串 $S=1011$ 中，基因位置 3 的 1，它的基因特征值为 2；基因位置 1 的 1，它的基因特征值为 8。

⑦ 串结构空间(bit string space)：在串中，基因任意组合所构成的串的集合称为串结构空间，基因操作是在串结构空间中进行的。串结构空间对应于遗传学中的基因型(genotype)的集合。

⑧ 参数空间(parameter space)：这是串空间在物理系统中的映射，它对应遗传学中的表现型(phenotype)的集合。

⑨ 适应度及适应度函数(fitness)：表示某一个体对于生存环境的适应程度，其值越大即对生存环境适应程度较高的物种将会获得更多的繁殖机会；反之，其繁殖机会相对较少，甚至逐渐灭绝。适应度函数则是优化目标函数。

⑩ 多样性或差异(diversity)：一个种群中各个个体间的平均距离。若平均距离大，则种群具有高的多样性；否则，其多样性低。多样性是遗传算法必不可少的本质属性，它能使遗传算法搜索一个比较大的解的空间区域。

⑪ 父辈和子辈：为了生成下一代，遗传算法在当前种群中选择某些个体(称为父辈)，并且使用它们来生成下一代中的个体(称为子辈)。典型情况下，算法更可能选择那些具有较佳适应度函数值的父辈。

⑫ 遗传算子：遗传算法中的算法规则，主要有选择算子、交叉算子和变异算子。

**2. 遗传算法的基本原理**

遗传算法把问题的解表示成“染色体”，也即是以二进制或浮点数编码表示的串。然后给出一群“染色体”即初始种群(假设解集)，把这些假设解置于问题的“环境”中，并按适者生存和优胜劣汰的原则，从中选择出较适应环境的“染色体”进行复制、交叉、变异等过程，产生更适应环境的新一代“染色体”群。这样，一代代地进化，最后收敛到最适应环境的一个“染色体”上，经过解码，就得到问题的近似最优解。

基本遗传算法的数学模型可表示为

$$GA = F(C, E, P_0, M, \varphi, \Gamma, \Psi, T)$$

式中：$C$ 为个体的编码方法；$E$ 为个体适应度评价函数；$P_0$ 为初始种群；$M$ 为种群大小；$\varphi$ 为选择算子；$\Gamma$ 为交叉算子；$\Psi$ 为变异算子；$T$ 为遗传运算终止条件。

遗传算法的具体步骤如下：

① 对问题进行编码。

② 定义适应度函数后，生成初始化群体。

③ 对于得到的群体选择复制、交叉、变异操作，生成下一代种群。

④ 判断算法是否满足停止准则。若不满足，则重复执行步骤③。

⑤ 算法结束，获得最优解。

整个操作过程如图 11-2 所示。

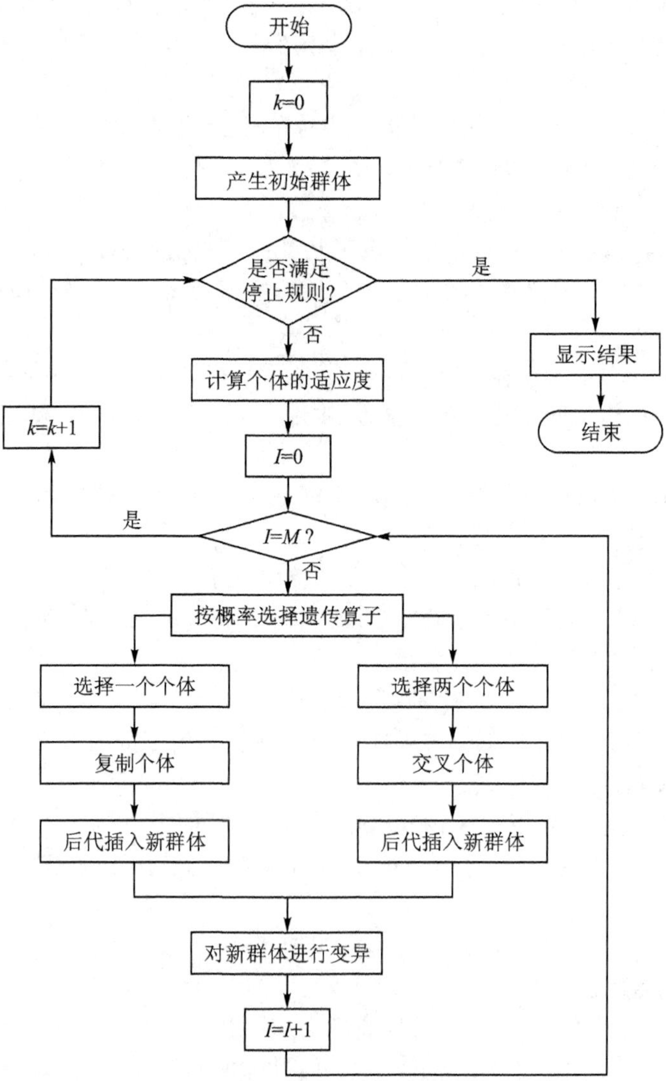


**图 11-2　GA 流程图**

**3. 遗传算法的优点**

遗传算法从数学角度讲是一种概率性搜索算法，从工程角度讲是一种自适应的迭代寻优

过程。与其他方法相比,它具有以下优点:

① 编码性:GA 处理的对象不是参数本身,而是对参数集进行了编码的个体,遗传信息存储在其中。通过在编码集上的操作,使得 GA 不受函数条件的约束,具有广泛的应用领域,适于处理各类非线性问题,并能有效地解决传统方法不能解决的某些复杂问题。

② 多解性和全局优化性:GA 是多点、多途径搜索寻优,且各路径之间有信息交换,因此能以很大的概率找到全局最优解或近似全局最优解,并且每次都能得到多个近似解。

③ 自适应性:GA 具有潜在的学习能力,利用适应度函数,能把搜索空间集中于解空间中期望值最高的部分,自动挖掘出较好的目标区域,适用于具有自组织、自适应和自学习的系统。

④ 不确定性:GA 在选择、杂交和变异操作时,采用概率规则而不是确定性规则来指导搜索过程向适应度函数值逐步改善的搜索区域发展,克服了随机优化方法的盲目性,只需较少的计算量就能找到问题的近似全局最优解。

⑤ 隐含并行性:对于 $n$ 个群体的 GA 来说,每迭代一次实际上隐含能处理 $O(n^3)$ 个群体,这使 GA 能利用较少的群体来搜索可行域中的较大的区域,从而只需花较少的代价就能找到问题的全局近似解。

⑥ 智能性:遗传算法在确定了编码方案、适应值函数及遗传算子之后,利用进化过程中获得的信息自行组织搜索。这种自组织和自适应的特征赋予了它根据环境的变化自动发现环境的特征和规律的能力,消除了传统算法设计过程中的一个最大障碍,即需要事先描述问题的全部特点,并说明针对问题的不同,算法应采取的措施。于是,利用遗传算法可以解决那些结构尚无人能理解的复杂问题。

## 11.2.2　遗传算法的分析

基本遗传算法只使用选择算子、交叉算子和变异算子三种基本遗传算子,操作简单、容易理解,是其他遗传算法的雏形和基础。

构成基本遗传算法的要素是染色体编码、个体适应度函数、遗传算子以及遗传参数设置等。

**1. 染色体的编码**

所谓编码,就是将问题的解空间转换成遗传算法所能处理的搜索空间。编码是应用遗传算法时要解决的首要问题,也是关键问题。它决定了个体的染色体中基因的排列次序,也决定了遗传空间到解空间的变换解码方法。编码的方法也影响到遗传算子的计算方法,好的编码方法能够大大提高遗传算法的效率。遗传算法的工作对象是字符串,因此对字符串的编码有两点要求:一是字符串要反映所研究问题的性质;二是字符串的表达要便于计算机处理。

常用的编码方法有以下几种:

(1) 二进制编码

二进制编码是遗传算法编码中最常用的方法。它是用固定长度的二进制符号{0,1}串来表示群体中的个体,个体中的每一位二进制字符称为基因。例如,长度为 10 的二进制编码可以表示 0~1 023 之间的 1 024 个不同的数。如果一个待优化变量的区间$[a,b]=[0,100]$,则变量的取值范围可以被离散成$(2^l)p$ 个点,其中,$l$ 为编码长度,$p$ 为变量数目。从离散点 0 到离散点 100,依次对应于 0000000000~0001100100。

二进制编码中符号串的长度与问题的求解精度有关。如变量的变化范围为$[a,b]$,编码长度为 $l$,则编码精度为$\dfrac{b-a}{2^l-1}$。

二进制与自变量之间的转换公式为

$$a=a_{\min}+\frac{b}{2^m-1}(a_{\max}-a_{\min})$$

式中：$a$ 是$[a_{\min},a_{\max}]$之间的自变量；$b$ 是 $m$ 位二进制数。

二进制编码、解码操作简单易行，杂交和变异等遗传操作便于实现，符合最小字符集编码原则，具有一定的全局搜索能力和并行处理能力。

(2) 符号编码

符号编码是指个体染色体编码串中的基因值取自一个无数值意义而只有代码含义的符号集。这个符号集可以是一个字母表，如{A,B,C,D,…}；也可以是一个数字序列，如{1,2,3,4,…}；还可以是一个代码表，如$\{A_1,A_2,A_3,A_4,\cdots\}$，等等。

符号编码符合有意义的积木块原则，便于在遗传算法中利用所求问题的专业知识。

(3) 浮点数编码

浮点数编码是指个体的每个基因用某一范围内的一个浮点数来表示。因为这种编码方法使用的是变量的真实值，所以也称为真值编码方法。

浮点数编码方法适合在遗传算法中表示范围较大的数，适用于精度要求较高的遗传算法，以便于在较大空间进行遗传搜索。

浮点数编码更接近于实际，并且可以根据实际问题来设计更有意义和与实际问题相关的交叉和变异算子。

(4) 格雷编码

格雷编码是这样的一种编码，其连续的两个整数所对应的编码值之间只有一个码位是不同的，其余的则完全相同。例如，31 和 32 的格雷码为 010000 和 110000。格雷码与二进制编码之间有一定的对应关系。

设一个二进制编码为 $B=b_m b_{m-1}\cdots b_2 b_1$，则对应的格雷码为 $G=g_m g_{m-1}\cdots g_2 g_1$。由二进制向格雷码转换的公式为

$$g_i=b_{i+1}\oplus b_i,\quad i=m-1,m-2,\cdots,1$$

由格雷码向二进制转换的公式为

$$b_i=b_{i+1}\oplus g_i,\quad i=m-1,m-2,\cdots,1$$

其中，$\oplus$表示异与算子，即运算时两数相同时取 0，不同时取 1。如

$$0\oplus 0=1\oplus 1=0,\quad 0\oplus 1=1\oplus 0=1$$

使用格雷码对个体进行编码，编码串之间的一位差异，对应的参数值也只是微小的差异，这样与普通的二进制编码相比，格雷编码方法就相当于增强了遗传算法的局部搜索能力，便于对连续函数进行局部空间搜索。

**2. 适应度函数**

在用遗传算法寻优之前，首先要根据实际问题确定适应度函数，即要明确目标。各个个体适应度值的大小决定了它们是继续繁衍还是消亡，以及能够繁衍的规模。它相当于自然界中各生物对环境的适应能力的大小，充分体现了自然界适者生存的自然选择规律。

与数学中的优化问题不同的是，适应度函数求取的是极大值，而不是极小值，并且适应度函数具有非负性。

对于整个遗传算法性能影响最大的是编码和适应度函数的设计。好的适应度函数能够指导算法从非最优的个体进化到最优个体，并且能够用来解决一些遗传算法中的问题，如过早收敛与过慢结束。

过早收敛是指算法在没有得到全局最优解之前，就已稳定在某个局部解（局部最优值）。其原因是：因为某些个体的适应度值大大高于个体适应度的均值，在得到全局最优解之前，它们就有可能被大量复制而占群体的大多数，从而使算法过早收敛到局部最优解，失去了找到全局最优解的机会。解决的方法是压缩适应度的范围，防止过于适应的个体过早地在整个群体中占据统治地位。

过慢结束是指在迭代许多代后，整个种群已经大部分收敛，但是还没有得到稳定的全局最优解。其原因是因为整个种群的平均适应度值较高，而且最优个体的适应度值与全体适应度均值间的差异不大，使得种群进化的动力不足。解决的方法是扩大适应度函数值的范围，拉大最优个体适应度值与群体适应度均值的距离。

在进行简单问题的优化时，通常可以直接利用目标函数作为适应度函数；而在进行复杂问题的优化时，往往需要构造合适的适应度函数。通常适应度函数是费用、盈利、方差等目标的表达式。在实际问题中，有时希望适应度越大越好，有时要求适应度越小越好。但在遗传算法中，一般是按最大值处理，而且不允许适应度小于零。

为了使遗传算法能正常进行，同时保持种群内染色体的多样性，改善染色体适应度值的分散程度，使之既要有差距，又不要差距过大，以利于染色体之间的竞争，保证遗传算法的良好性能，需要对所选择的适应度函数进行某些数学变换。常见的几种数学变换方法如下：

(1) 线性变换。把优化目标函数变换为适应度函数的线性函数，即

$$f(Z)=aZ+b$$

式中：$f(Z)$为适应度函数；$Z=Z(\boldsymbol{x})$为优化目标函数；$a$，$b$ 为系数，可根据具体问题的特点和期望的适应度分散程度，在算法开始时确定或在每一代生成过程中重新计算。

(2) 幂变换。把优化目标函数变换为适应度函数的幂函数，即

$$f(Z)=Z^a$$

式中：$a$ 为常数，据经验确定。

(3) 指数变换。把优化目标函数变换为适应度函数的指数函数，即

$$f(Z)=\exp(-\beta Z)$$

式中：$\beta$ 为常数。

对于有约束条件的极值，其适应度可用罚函数方法处理。

例如，原来的极值问题为

$$\begin{aligned}&\max\ g(\boldsymbol{x})\\&\text{s.t.}\quad h_i(\boldsymbol{x})\leqslant 0,\quad i=1,2,\cdots,n\end{aligned}$$

可转化为

$$\max\ g(\boldsymbol{x})-\gamma\sum_{i=1}^{n}\Phi[h_i(\boldsymbol{x})]$$

式中：$\gamma$ 为惩罚系数；$\Phi$ 为惩罚函数，通常可采用平方形式，即

$$\Phi[h_i(\boldsymbol{x})]=h_i^2(\boldsymbol{x})$$

### 11.2.3 遗传算子

遗传算子就是遗传算法中进化的规则。基本遗传算法的遗传算子主要有选择算子、交叉算子和变异算子。

**1. 选择算子**

选择算子就是用来确定如何从父代群体中按照某种方法，选择哪些个体作为子代的遗传

算子。选择算子建立在对个体的适应度进行评价的基础上，其目的是为了避免基因的缺失，提高全局收敛性和计算效率。选择算子是 GA 的关键，体现了自然界中适者生存的思想。

选择算子的常用操作方法有以下几种：

(1) 赌轮选择方法

此方法的基本思想是个体被选择的概率与其适应度值大小成正比。为此，首先要构造与适应度函数成正比的概率函数 $p_s(i)$，即

$$p_s(i)=\frac{f(i)}{\sum\limits_{i=1}^{n} f(i)}$$

式中：$f(i)$为第 $i$ 个个体的适应度函数值；$n$ 为种群规模。

然后将每个个体按其概率函数 $p_s(i)$组成面积为 1 的一个赌轮。每转动一次赌轮，指针落入串 $i$ 所占区域的概率即被选择复制的概率为 $p_s(i)$。当 $p_s(i)$较大时，串 $i$ 被选中的概率大，但适应度值小的个体也有机会被选中，这样有利于保持群体的多样性。

(2) 排序选择法

排序选择法是指在计算每个个体的适应度值之后，根据适应度大小顺序对群体中的个体进行排序，然后按照事先设计好的概率表按序分配给个体，作为各自的选择概率。所有个体按适应度大小排序，选择概率和适应度无直接关系而仅与序号有关。

(3) 最优保存策略

此方法的基本思想是希望适应度最好的个体尽可能保留到下一代群体中。其步骤如下：

- 找出当前群体中适应度最高的个体和适应度最低的个体；
- 若当前群体中最佳个体的适应度比总的迄今为止的最好个体的适应度还要高，则以当前群体中的最佳个体作为新的迄今为止的最好个体；
- 用迄今为止的最好的个体替换当前群体中最差的个体。

该策略的实施可保证迄今为止得到的最优个体不会被交叉、变异等遗传算子破坏。

**2. 交叉算子**

交叉算子体现了自然界信息交换的思想，其作用是将原有群体的优良基因遗传给下一代，并生成包含更复杂结构的新个体。参与交叉的个体一般为两个。

交叉算子有一点交叉、二点交叉、多点交叉和一致交叉等。

(1) 一点交叉

首先在染色体中随机选择一个点作为交叉点；然后第一个父辈交叉点前的串和第二个父辈交叉点后的串组合形成一个新的染色体，第二个父辈交叉点前的串和第一个父辈交叉点后的串形成另外一个新染色体。

在交叉过程的开始，先产生随机数与交叉概率 $p_c$ 比较，若随机数比 $p_c$ 小，则进行交叉运算；否则不进行，直接返回父代。

例如，下面两个串在第五位上进行交叉，生成的新染色体将替代它们的父辈而进入中间群体。

$$\left.\begin{array}{l}\text{1010} \otimes \text{xyxyyx}\\ \text{xyxy} \otimes \text{xxxyxy}\end{array}\right\} \longrightarrow \begin{array}{l}\text{1010xxxyxy}\\ \text{xyxyxyxyyx}\end{array}$$

(2) 二点交叉

在父代中选择好两个染色体后，选择两个点作为交叉点。然后将这两个染色体中两个交叉点之间的字符串互换就可以得到两个子代的染色体。

例如，下面两个串选择第五位和第七位为交叉点，然后，交换两个交叉点间的串就形成两个新的染色体。

$$\left.\begin{array}{l}1010 \otimes xy \otimes xyyx \\ xyxy \otimes xx \otimes xyxy\end{array}\right\} \longrightarrow \begin{array}{l}1010xxxyxy \\ xyxyxyxyyx\end{array}$$

(3) 多点交叉

多点交叉与二点交叉相似。

(4) 一致交叉

在一致交叉中，子代染色体的每一位都是从父代相应位置随机复制而来的，而其位置则由一个随机生成的交叉掩码决定。如果掩码的某一位是 1，则表示子代的这一位是从第一个父代中的相应位置复制的；否则从第二个父代中的相应位置复制。

例如，下面父代按相应的掩码进行一致交叉。

$$\left.\begin{array}{ll}\text{父代 1} & 1010xyxyyx \\ \text{父代 2} & xyxyxxxyxy \\ \text{掩码} & 1001011100\end{array}\right\} \longrightarrow 1yx0xyxyxy$$

**3. 变异算子**

变异算子是遗传算法中保持物种多样性的一个重要途径，它模拟了生物进化过程中的偶然基因突变现象。其操作过程是：先以一定概率从群体中随机选择若干个体；然后，对于选中的个体，随机选取某一位进行反运算，即由 1 变为 0，0 变为 1。

而对于实数编码的基因串，基因变异的方法可以采用与二进制串表示时相同的方法，也可以采用不同的方法。例如，“数值交叉法”采用了两个个体的线性组合来产生子代个体，即个体 $p$ 和个体 $q$ 的基因交换结果为

$$p' = kp + (1-k)q$$
$$q' = kq + (1-k)p$$

式中：$k$ 为 0～1 的控制参数，可以采用随机数，也可以采用与进化过程有关的参数。

同自然界一样，每一位发生变异的概率都是很小的，一般在 0.001～0.1 之间。如果过大，则会破坏许多优良个体，也可能无法得到最优解。

GA 的搜索能力主要是由选择和交叉赋予的。变异因子则保证了算法能搜索到问题解空间的每一点，从而使算法具有全局最优，进一步增强了 GA 的能力。

对产生的新一代群体进行重新评价选择、交叉和变异。如此循环往复，使群体中最优个体的适应度和平均适应度不断提高，直到最优个体的适应度达到某一限值或最优个体的适应度和群体的平均适应度不再提高，则迭代过程收敛，算法结束。

### 11.2.4　控制参数的选择

GA 中需要选择的参数主要有串长 $l$、群体大小 $n$、交叉概率 $p_c$ 以及变异概率 $p_m$ 等。这些参数对 GA 的性能影响较大，要从中确定最优参数是一个极其复杂的优化问题，现阶段为止要从理论上严格解决这个问题是十分困难的，它依赖于 GA 本身理论研究的进展。

(1) 串长 $l$

串长的选择取决于特定问题解的精度，如设精度为 $p$，变量的变化区间为 $[a,b]$，则串长 $l$ 为

$$l = \log_2\left(\frac{b-a}{p} + 1\right)$$

精度越高，串长越长，需要的计算时间也越长。为了提高运行效率，可采用变长度串的编码方式。

(2) 群体大小 $n$

群体大小的选择与所求问题的非线性程度相关，非线性越大，$n$ 越大。如果 $n$ 越大，则可以含有较多的模式，为遗传算法提供足够的模式采样容量，以改善遗传算法的搜索质量，防止成熟前收敛，但同时也增加了计算量。一般建议取 $n=20\sim200$。

(3) 交叉概率 $p_c$

交叉概率控制着交叉算子的使用频率。在每一代新群体中，需要对 $p_c\times n$ 个个体的染色体结构进行交叉操作。交叉概率越高，群体中新结构的引入就越快，同时，已是优良基因的丢失速率也相应提高了；而交叉概率太低则可能导致搜索阻滞。一般取 $p_c=0.6\sim1.0$。

(4) 变异概率 $p_m$

变异概率是群体保持多样性的保障。变异概率太小，可能使某些基因位过早地丢失信息而无法恢复，而太高则遗传算法将变成随机搜索。一般取 $p_m=0.005\sim0.05$。

在简单遗传算法或标准遗传算法中，这些参数是不变的。但事实上这些参数的选择取决于问题的类型，并且需要随着遗传进程而自适应变化。只有这种有自组织性能的 GA 才能具有更高的鲁棒性、全局最优性和效率。例如，对于实数编码的个体 $p=(p_1,\cdots,p_k,\cdots,p_n)$ 可以采用如下的变异方式：

$$p'_k=\begin{cases}p_k+\Delta(t,\mathrm{UB}-p_k), & r\leqslant0.5\\ p_k-\Delta(t,p_k-\mathrm{LB}), & r>0.5\end{cases}$$

式中：UB、LB 分别为 $p_k$ 的上、下边界值；$r$ 为随机数；$t$ 为进化代数；$\Delta(t,y)$ 的定义为

$$\Delta(t,y)=y\left[1-r^{(1-t/T)^b}\right]$$

式中：$T$ 为最大进化代数；$b$ 为控制非一致性参数（一般取 0.8 左右）。这样 $\Delta(t,y)$ 为 $0\sim y$ 之间的数，随着 $t$ 的增加逐步趋向于 0。

### 11.2.5 简单遗传算法的改进

针对简单遗传算法存在的问题，研究者们提出了各种改进算法，这些改进算法基本上体现在遗传算法实现的方方面面。

**1. 对选择规则的改进**

简单遗传算法的种群进化方式是针对个体的劣中选优，主要的进化手段是杂交、后代替换双亲，优良基因结构被破坏的可能性较大，以致延缓种群性能的进化；简单遗传算法以适应度作为选种的选择激励，若种群的适应度变化不大或过大，都会引起选择激励不足或波动，导致进化过程过早收敛或发生振荡；各代种群中的最优个体未得到保护，劣质后代可能取代优良的双亲。为此，可以对选择规则进行如下改进。

(1) 最差个体替换法

将种群中各个体按适应度大小排序，并以其序号代替各个体的等级，用各个体的等级作为选择激励，选取一对双亲，经交叉、变异等过程繁殖两个后代，随机抛弃一个后代或抛弃适应度低的一个后代，用另一个后代来替换种群中等级最差的一个个体。

(2) 杰出个体保护法

对于种群中适应度最高的个体，可直接进入下一代种群中，从而防止最杰出个体由于选择、交叉与变异的偶然性而被破坏掉。

(3) 扫描窗最小适应度屏障法

对于本代种群中的所有个体进行扫描,凡是适应度小于某约定适应度阈值的个体,将不允许参加选种,就好似加了一个扫描窗。

(4) 代沟控制法

它是以一定概率来控制由一代种群进化到下一代种群时,被其后代代替的个体的比例,而其余部分的个体将直接进入下一代种群中。

**2. 对构造初始种群(初始种群产生)方法的改进**

在构造初始种群时,个体不全是随机产生,而是根据关于待解问题的部分先验知识,给出部分有着较好基因结构的个体,其余个体随机产生,从而有利于加速搜索过程。

**3. 对交叉算子的改进**

经典的GA算法强调交叉的作用,且认为在交叉机制中强度最弱的单断点交叉是最好的。但研究表明,强度较大的多断点、均匀交叉有可能优于单断点交叉。为此,人们对交叉算子提出了一些改进策略。

(1) 多断点交叉。断点太多易破坏优良个体,所以断点数应小于或等于3。

(2) 同源交叉。遗传算法的关键在于提高交叉效率,同源交叉不只限于评价个体,而且还深入到各基因码优劣的评价和决策中。若把基因码链称为"全码链",则其中对应于各自变量分量的码段称为相应"自变量的源码链"。基本的交叉方案是针对全码链进行的,称为"全码交叉",实际上它主要起到了各个体间自变量分量互换也即自变量分量重组的作用,就各自变量分量本身而言,交叉效率不高。

根据遗传变异机理,交叉主要是在同源染色体间进行的,因此,如把交叉操作改为对每一源基因码链同时进行,交叉效率可望有所提高。这种交叉称为"同源交叉"。

**4. 对变异算子的改进**

(1) 优种基因码导引变异

这是一种向优种个体看齐的变异方案。对于每代种群,在各个体按适应度排序后,第MT(MT>1)到$N$的个体的各同源基因码链作如下变异:

① 从高位到低位与最优个体作逐位比较,设比到第$n$位出现二者不同。

② 这一同源基因码链的前$n-1$位不动,而其余部分随机化。

(2) 自适应变异

它是在选定了双亲进行交叉时,先以Hamming距离测定其双亲基因码的差异;然后,根据该差异决定其后代的变异概率。双亲的差异越小,则给定的变异概率越大。当种群的各个体过分趋于一致时,它可使变异的可能性增大,从而提高种群的多样性,增强算法维持搜索的能力,而在种群的多样性已经很强时,则减小变异概率,以免破坏优良个体。

**5. 对基因操作的改进**

(1) 双倍体和显性

简单遗传算法实际上是"单倍体遗传"。自然界中一些简单的植物采用这种遗传,大多数动物和高级植物则采用双倍体遗传(每个基因型由一对或几对染色体组成)。双倍体遗传提供了一种记忆以前十分有用的基因块的功能,使得当环境再次变为以前发生过的情况时,物种会很快适应。当一对染色体对应的基因块不同时,显性基因遗传给后代。

这种双倍体遗传和显性遗传延长了曾经适应度很高,但目前很差的基因块的寿命,并且在变异概率低的情况下,也能保持一定水平的多样性。这在非稳定性函数,尤其是周期函数中非常有用。

(2) 倒位操作

在自然遗传学中,有一种称为倒位的现象。在染色体中有两个倒位点,在这两点之间的基因倒换位置。这种倒位现象,使那些在父代中离得很远的位在后代中靠在一起,这相当于重新定义基因块,使其更加紧凑,更不易被交换所分裂。如果基因块代表的是一个平均适应高的区域,那么结构紧凑的块会自动取代结构较为松散的块,因为结构较紧凑的复制到后代的错误少,损失也小。因此,利用倒位作用的遗传算法能发现并助长有用基因的紧密形式。

**6. 基于种群的宏观操作——小生境及其物种生成**

在自然界中具有相同特征的一群个体被认为是一个物种。环境也被分成不同的小环境,形成小生境。基于这种生物原理,在遗传算法中引入了共享和交换限制,即交换操作不再是随机选择,而是在具有相同特征的种群中选择,而且产生的后代将取代具有相同特征的种群中的个体。

## 11.3 进化规划算法

进化规划(Evolutionary Programming,EP)是 20 世纪 60 年代由美国的 L. J. Fogel 等为了求解预测问题而提出的一种有限机进化模型。L. J. Fogel 等借用进化的思想对一群有限态自动机进行进化以获得较好的有限态自动机,并将此方法应用到数据诊断、模式识别和分类以及控制系统的设计等问题中,取得了较好的结果。20 世纪 90 年代,D. B. Fogel 借助进化策略方法对进化规划进行了发展,并用于数值优化及神经网络训练等问题中且获得成功,这样进化规划就演变成为一种优化搜索算法,并在很多实际领域中得到应用。后来,Back 和 Schwefel 提出了带有自适应的进化规划算法,实验表明,该算法要优于不带有自适应的进化规划算法。随后,出现了多种形式的进化规划算法,如快速进化规划算法、推广进化规划算法等。这些改进的算法在求解高维组合优化和复杂的非线性优化问题具有较好的效果。

作为进化计算的一个重要分支,进化规划算法具有进化计算的一般流程。在进化规划中,用高斯变异方法代替平均变异方法,以实现种群内个体的变异,保持种群中丰富的多样性。在选择操作上,进化规划算法采用父代与子代一同竞争的方式,采用锦标赛选择算子,最终选择适应度较高的个体,其基本流程如图 11-3 所示。与其他进化算法相比,进化规划有其特点,它使用交叉、重组之类体现个体之间相互作用的算子,而变异算子是最重要的算子。

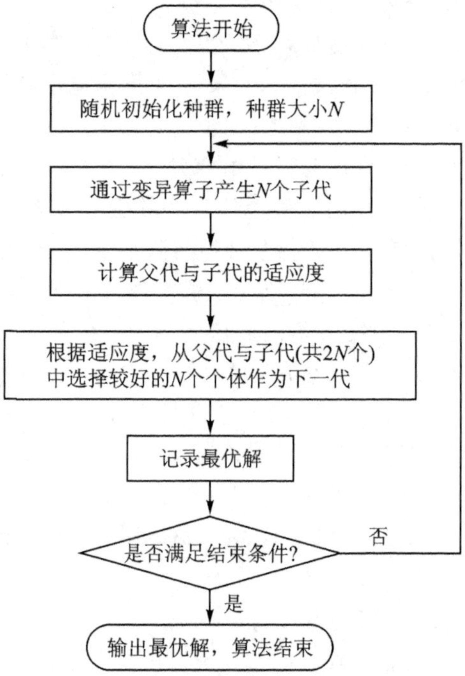


**图 11-3 进化规划算法的流程图**

进化规划可应用于组合优化问题和复杂的非线性优化问题,它只要求所求问题是可计算的,使用范围比较广。

从图 11－3 中可以看出，进化规划的工作流程主要包括以下几个步骤：

(1) 确定问题的表达方式。

(2) 随机产生初始种群，并计算其适应度。

(3) 用如下操作产生新群体：① 变异，对父代个体添加随机量，产生子代个体；② 计算新个体适应度；③ 选择、挑选优良个体组成新的种群；④ 重复执行①～③，直到满足终止条件；⑤ 选择最佳个体作为进化规划的最优解。

## 11.3.1 进化规划算法算子

进化规划算法中的算子有变异算子、选择算子。

**1. 变异算子**

遗传算法和进化策略对生物进化过程的模拟着眼于单个个体在其生存环境中的进化，强调的是“个体的进化过程”。与遗传算法和进化策略的出发点不同，进化规划是从整体的角度出发来模拟生物的进化过程的，它着眼于整个群体的进化，强调的是“物种的进化过程”。所以，在进化规划中不使用交叉运算之类的个体重组算子，因为这些算子的生物基础是强调个体的进化机制。这样，在进化规划中，个体的变异操作是唯一的一种最优个体搜索方法，这是进化规划的独特之处。

在标准的进化规划中，变异操作使用的是高斯变异算子。后来又发展了柯西变异算子、Lévy 变异算子以及单点变异算子。变异算子是区别不同变异算法的主要特征。

高斯变异算子在变异过程中，通过计算每个个体适应度函数值的线性变换的平方根来获得该个体变异的标准差 $\sigma_i$，并将每个分量加上一个服从正态分布的随机数。

设 $X$ 为染色体个体解的目标变量，有 $L$ 个分量(即基因位)，在 $t+1$ 时有

$$\boldsymbol{X}(t+1)=\boldsymbol{X}(t)+N(0,\sigma)$$

$$\sigma(t+1)=\sqrt{\beta F(\boldsymbol{X}(t))+\gamma}$$

$$x_i(t+1)=x_i(t)+N(0,\sigma(t+1))$$

式中：$\sigma$ 为高斯变异的标准差；$x_i$ 为 $\boldsymbol{X}$ 的第 $i$ 个分量；$F(\boldsymbol{X}(t))$为当前个体的适应度值(在这里，越是接近目标解的个体适应度值越小)；$N(0,\sigma)$是概率密度为 $p(\sigma)=\frac{1}{\sqrt{2\pi}}\exp\left(-\frac{\sigma^2}{2}\right)$的高斯随机变量；系数 $\beta_i$ 和 $\gamma_i$ 是待定参数，一般将它们的值分别设为 1 和 0。

根据以上计算方法，就可以得到变量 $\boldsymbol{X}$ 的变异结果。

**2. 选择算子**

在进化规划算法中，选择操作是按照一种随机竞争的方式，根据适应度函数值从父代和子代的 $2N$ 个个体中选择 $N$ 个较好的个体组成下一代种群。选择的方法有依概率选择、锦标赛选择和精英选择三种。锦标赛选择方法是比较常用的方法，其基本原理如下：

① 将 $N$ 个父代个体组成的种群和经过一次变异运算后得到的 $N$ 个子代个体合并，组成一个共含有 $2N$ 个个体的集合 $I$。

② 对每个个体 $x_i\in I$，从 $I$ 中随机选择 $q$ 个个体，并将 $q$ 个个体的适应度函数值与 $x_i$ 的适应度函数值相比较，计算出这 $q(q\geqslant 1)$个个体中适应度函数值比 $x_i$ 的适应度差的个体的数目 $w_i$，并把 $w_i$ 作为 $x_i$ 的得分，$w_i\in(0,1,\cdots,q)$。

③ 在所有的 $2N$ 个体都经过这个比较后，按每个个体的得分 $w_i$ 进行排序，选择 $N$ 个具有最高得分的个体作为下一代种群。

通过这个过程，每代种群中相对较好的个体都被赋予了较大的得分，从而能保留到下一代的群体中。

为了使锦标赛选择算子发挥作用，需要适当地设定 $q$ 值。当 $q$ 值较大时，算子偏向确定性选择，当 $q=2N$ 时，算子确定从 $2N$ 个个体中选择 $N$ 个适应度较高的个体，容易造成早熟等弊端；相反，当 $q$ 的取值较小时，算子偏向于随机性选择，使得适应度的控制能力下降，导致大量低适应度值的个体被选出，造成种群退化。因此，为了既能保持种群的先进性，又能避免确定性选择带来的早熟等弊病，需要根据具体问题，合理地选择 $q$ 值。

## 11.3.2 进化算法的改进算法

**1. 自适应的标准进化规划算法(CEP 算法)**

CEP 算法的步骤如下：

(1) 随机产生由 $\mu$ 个个体组成的种群，并设 $k=1$。每个个体用一个实数对 $(\boldsymbol{x}_i,\eta_i)$，$\forall i\in\{1,2,\cdots,\mu\}$ 表示。其中，$\boldsymbol{x}_i$ 是目标变量，$\eta_i$ 是正态分布的标准差。

(2) 计算种群中每个个体关于目标函数的适应度函数值。在求解函数最小问题中，适应度函数值即为目标函数值 $f(\boldsymbol{x}_i)$。

(3) 对于每个个体 $(\boldsymbol{x}_i,\eta_i)$，通过下面的方法产生唯一的后代 $(\boldsymbol{x}'_i,\eta'_i)$。

$$\begin{cases}\boldsymbol{x}'_i(j)=\boldsymbol{x}_i(j)+\eta_i(j)N_j(0,1)\\ \eta'_i(j)=\eta_i(j)\exp(\tau' N(0,1)+\tau N_j(0,1))\end{cases}$$

式中：$\boldsymbol{x}_i(j)$、$\boldsymbol{x}'_i(j)$、$\eta_i(j)$、$\eta'_i(j)$ 分别表示向量 $\boldsymbol{x}_i$、$\boldsymbol{x}'_i$、$\eta_i$、$\eta'_i$ 的第 $j$ 个分量；$N(0,1)$ 是一个均值为 0，标准差为 1 的标准正态分布随机数；$N_j(0,1)$ 是指为每一个 $j$ 都产生一个新的标准正态分布的随机数。$\tau$ 和 $\tau'$ 通常设为 $\left(\sqrt{2\sqrt{n}}\right)^{-1}$ 和 $\left(\sqrt{2n}\right)^{-1}$。

(4) 计算每个后代 $(\boldsymbol{x}'_i,\eta'_i)$ 的适应度函数值 $f(\boldsymbol{x}'_i)$。

(5) 在所有的父代个体 $(\boldsymbol{x}_i,\eta_i)$ 和子代个体 $(\boldsymbol{x}'_i,\eta_i)$ 中进行成对比较。方法是：对每个个体，从所有的父代和子代的 $2\mu$ 个个体中随机选择 $q$ 个与其进行比较。在每次比较中，如果该个体的适应度函数值不大于与其进行比较的个体的适应度函数值，则赋给该个体一个“win”。

(6) 从 $(\boldsymbol{x}_i,\eta_i)$ 和 $(\boldsymbol{x}'_i,\eta'_i)$ 中选择 $\mu$ 个具有“win”的个数最多的个体，组成产生下一代个体的种群。

(7) 判断是否满足终止条件。如果满足，则算法结束；否则 $k=k+1$，回到步骤(3)。

CEP 算法在求解高维单模函数和低维函数问题时效果较好，但是在求解有较多局部最小值的高维多模函数时，由于其搜索步长的局限性，算法容易被困在局部最优值附近，得到全局最优解的效果比较差。

**2. 快速进化规划算法(FEP 算法)**

FEP 算法是由姚新等提出的，与标准规划算法相比，它主要是使用柯西分布变异算子。

柯西分布是概率论与数理统计中的著名分布之一，具有很多特殊的性质。当随机变量为 $x$ 时，柯西分布的概率密度函数为

$$f(x)=\frac{1}{\pi}\cdot\frac{\lambda}{\lambda^2+(x-a)^2}\quad(-\infty<x<+\infty)$$

式中：$\lambda(\lambda>0)$，$a$ 为常数。柯西分布与正态分布的概率密度函数图形相似，比正态分布平坦一些，两翼较为宽大。

FEP 算法与自适应的标准进化规划算法相比，除了产生下一代个体的方法不同外，其余

步骤完全相同。对于每个个体$(\boldsymbol{x}_i,\eta_i)$，FEP 算法通过下面的方法产生唯一的后代$(\boldsymbol{x}'_i,\eta'_i)$，即

$$\begin{cases}\boldsymbol{x}'_i(j)=\boldsymbol{x}_i(j)+\eta_i(j)\delta_j\\ \eta'_i(j)=\eta_i(j)\exp(\tau' N(0,1)+\tau N_j(0,1))\end{cases}$$

式中：$\delta_j$ 是一个符合柯西分布的随机变量，对每一个分量 $j$ 都产生一个新的值。

采用柯西分布这种变异方式，产生的子代个体距离父代个体较远的概率要高于采用正态分布的变异方式，对于局部极小点很多的数值优化问题，采用柯西变异算子的优化效果要好于正态分布变异算子。但是，在进化过程中，FEP 算法可能会产生非法解，尤其是在进化的初始阶段。这些非法解的存在，在一定程度上影响了算法的求解效率。

**3. 单点变异算法(SPMEP 算法)**

SPMEP 算法是在 CEP 算法的基础上对个体的变异方法进行了改进，其他的步骤与 CEP 算法相同。

SPMEP 算法产生后代个体的具体方法为

$$\begin{cases}\boldsymbol{x}'_i(j_i)=\boldsymbol{x}_i(j_i)+\eta_i N_i(0,1)\\ \eta'_i(j)=\eta_i(j)\exp(-\alpha)\end{cases}$$

其中，$j_i$ 是从集合$\{1,2,\cdots,n\}$中随机选择的一个数，除了这一个分量的值进行改变之外，$\boldsymbol{x}'_i$其他分量的值与 $\boldsymbol{x}_i$ 的对应分量的值相同。$N_i(0,1)$是一个均值为 0，标准差为 1 的正态分布随机数，参数 $\alpha=1.01$。$\eta_i$ 的初始值为$\frac{1}{2}(b_i-a_i)$。如果 $\eta_i<10^{-4}$，则令$\frac{1}{2}(b_i-a_i)$。

SPMEP 算法求解高维多模函数问题具有明显的优越性，该算法也具有良好的稳定性。与 CEP 和 FEP 算法不同，SPMEP 算法在每次迭代中，仅对每个父代个体中的一个分量执行变异操作，大大减少了计算时间。

**4. MSEP 算法**

MSEP 算法是一种混合策略进化规划算法。该算法将进化博弈论的思想运用到个体的进化过程中。个体通过变异和选择进行进化博弈，并通过调整进化策略来获得更好的结果。

在 MSEP 算法中，设 $I$ 是由 $\mu$ 个个体组成的一个种群，由 CEP、FEP、LEP 和 SPMEP 四种变异方式组成一个变异算子集合，对每个个体定义一个混合策略向量 $\rho$，该向量的每一个分量与变异算子集合中的变异方式一一对应。在进化过程中，每个个体根据混合策略向量的值选取变异算子，并对混合策略向量进行更新。

在 MSEP 算法使用的四种变异算子中，CEP、FEP 和 SPMEP 算法的变异算子见前面介绍，此处仅对 LEP 算法进行简要的说明。

除个体的变异方法外，LEP 算法的其他步骤与 CEP 算法完全相同。LEP 算法中个体的变异方法为

$$\begin{cases}\boldsymbol{x}'_i(j)=\boldsymbol{x}_i(j)+\sigma_i(j)L_j(\beta)\\ \sigma'_i(j)=\sigma_i(j)\exp(\tau' N(0,1)+\tau N_j(0,1))\end{cases},\quad j=1,2,\cdots,n$$

式中：$L_j(\beta)$是一个符合 Lévy 分布的随机数，对每一个 $j$ 都产生一个新的数，其中，参数 $\beta=0.8$。

下面为 MSEP 算法的具体方法和步骤：

(1) 初始化。随机产生一个由 $\mu$ 个个体组成的种群，每个个体都用一个向量体$(\boldsymbol{x}_i,\sigma_i)$表示，其中 $i\in\{1,2,\cdots,\mu\}$，$\boldsymbol{x}_i$ 为目标变量，$\sigma_i$ 为标准差，则

$$\begin{cases}\boldsymbol{x}_i=(\boldsymbol{x}_i(1),\boldsymbol{x}_i(2),\cdots,\boldsymbol{x}_i(n))\\ \sigma_i=(\sigma_i(1),\sigma_i(2),\cdots,\sigma_i(n))\end{cases},\quad i=1,2,\cdots,\mu$$

对每个混合策略向量 $\rho_i=(\rho_i(1),\rho_i(2),\rho_i(3),\rho_i(4))$，其中 1,2,3,4 分别对应 CEP、FEP、LEP 和 SPMEP 四种变异方式。

(2) 变异。每个个体 $i$ 根据混合策略向量 $\rho_i(\rho_i(1),\rho_i(2),\rho_i(3),\rho_i(4))$ 的值从四种变异方法中选择一种变异方法 $h$，然后使用选择的变异方法产生一个后代个体。将父代种群记作 $I(t)$，产生的子代个体组成的种群记作 $I'(t)$。

(3) 计算适应度函数值。计算所有的父代个体和子代个体的适应度函数值，$f_1,f_2,\cdots,f_{2\mu}$。

(4) 选择。对父代和子代的每个个体，从所有的 $2\mu$ 个个体中随机选择 $q$ 个个体与其进行比较；在每次比较中，如果该个体的适应度函数值不大于与其进行比较的个体的适应度函数值，则赋给该个体一个“win”。从父代和子代的 $2\mu$ 个个体中选择 $\mu$ 个具有“win”的个数最多的个体组成产生下一代种群，记作 $I(t+1)$。

(5) 策略调整。对于种群 $I(t+1)$ 中的每个个体 $i$，按照下面的方法更新它的混合策略向量。

① 如果个体 $i$ 来自后代种群 $I'(t)$，并且使用的变异算子为 $h$，则加强 $h$ 并按照下面的方法调整它的混合策略概率分布

$$\begin{cases}\rho_{ih}^{(t+1)}=\rho_{ih}^{(t)}+(1-\rho_{ih}^{(t)})\gamma\\ \rho_{il}^{(t+1)}=\rho_{il}^{(t)}-\rho_{lh}^{(t)}\gamma, \quad \forall l\neq h\end{cases}$$

其中，$\gamma\in(0,1)$，是一个小正数，作为调整混合策略的概率分布的控制参数，可以取 1/3。

② 如果个体 $i$ 来自父代种群 $I(t)$，并且使用的变异算子为 $h$，则减弱策略 $h$ 并使用下面的方法调整它的混合策略概率分布

$$\begin{cases}\rho_{ih}^{(t+1)}=\rho_{ih}^{(t)}+\rho_{ih}^{(t)}\gamma\\ \rho_{il}^{(t+1)}=\rho_{il}^{(t)}+\rho_{lh}^{(t)}\gamma/3, \quad \forall l\neq h\end{cases}$$

(6) 重复步骤(2)～(5)直到满足终止条件。

在 MSEP 算法中，四种变异方法在处理不同类型函数时贡献的大小有所不同。

在以上各算法中，CEP 算法对于高维单模函数和低维函数的性能比较好，在高维多模函数的优化问题上收敛速度较慢，获得的最优解精确度较低；FEP 算法具有较快的收敛速度，对于高维多模函数有较好的效果，但是在单模函数的优化问题上效果要差一些；SPMEP 算法在解决高维多模函数问题时比 CEP 算法和 FEP 算法好，但在解决具有较少局部最小值的低维函数时比 CEP 算法差。单一变异算子普遍存在这样的问题：在解决某些问题时是有效的，但在解决另一些问题时却不能得到令人满意的结果。解决这个问题的一种方法是使用某种混合策略将各种变异算子结合起来。MSEP 算法将进化博弈论引入到个体的进化过程中，通过策略集合将四种变异方法结合起来，形成混合策略进化规划算法。该算法在求解各种类型函数的性能上都有了很大的提高。





### 11.3.3 进化规划算法的特点

进化规划能适应于不同的环境、不同的问题，并且在大多数情况下都能得到比较有效的解。与遗传算法和进化策略相比，进化规划主要具有下面几个特点：

(1) 进化规划以 $n$ 维实数空间上的优化问题为主要处理对象，对生物进化过程的模拟主要着眼于物种的进化过程，所以它不使用交叉算子等个体重组方面的操作算子。

(2) 进化规划中的选择运算着重于群体中各个个体之间的竞争选择，但当竞争数目 $q$ 较

大时，这种选择也就类似于进化策略中的确定选择过程。

(3) 进化规划直接以问题的可行解作为个体的表现形式，无需再对个体进行编码处理，也无需再考虑随机扰动因素对个体的影响，更便于进化规划在实际中的应用。

与常规搜索算法相比较，进化规划具有以下一些优点：

(1) 多解性。在每次迭代过程中都保留一群候选解，从而有较大的机会摆脱局部极值点，可求得多个全局最优解。

(2) 并行性。具有并行处理特性，易于并行实现。一方面，算法本身非常适合大规模并行计算，各种群分别独立进化，不需要相互之间进行信息交换；另一方面，进化规划算法可以同时搜索解空间的多个区域并相互交流信息，使得算法能以较小的代价获得较大的收益。

(3) 智能性。确定进化方案之后，算法将利用进化过程中得到的信息自行组织搜索；基于自然选择策略，优胜劣汰；具备根据环境的变化自动发现环境的特征和规律的能力，不需要事先描述问题的全部特征，可用来解决未知结构的复杂问题。也就是说，算法具有自组织、自适应、自学习等智能特性。

除此之外，进化规划的优点还包括过程性、不确定性、非定向性、内在学习性、整体优化、稳健性等多个方面。

## 11.4 进化策略算法

20世纪60年代，德国柏林大学的I. Rechenberg和H. P. Schwefel等在进行风洞试验时，由于设计中描述物体形状的参数难以用传统的方法进行优化，因而利用生物变异的思想来随机改变参数值，获得了较好的结果。随后，他们对这种方法进行了深入的研究和发展，形成了一种新的进化计算方法——进化策略(Evolution Strategy,ES)。

在进化策略算法中，采用重组算子、高斯变异算子实现个体更新。1981年，Schwefel在早期研究的基础上，使用多个亲本和子代，分别构成$(\mu+\lambda)$-ES和$(\mu,\lambda)$-ES两种进化策略算法。在$(\mu+\lambda)$-ES中，由$\mu$个父代通过重组和变异，生成$\lambda$个子代，并且父代与子代个体均参加生存竞争，选出最好的$\mu$个作为下一代种群。在$(\mu,\lambda)$-ES中，由$\mu$个父代生成子代后，只有$\lambda(\lambda>\mu)$个子代参加生存竞争，选择最好的$\mu$个作为下一代种群，代替原来的$\mu$个父代个体。

进化策略是专门为求解参数优化问题而设计的，而且在进化策略算法中引入了自适应机制。进化策略是一种自适应能力很好的优化算法，因此更多地应用于实数搜索空间。进化策略在确定了编码方案、适应度函数及遗传算法以后，算法将根据"适者生存，不适者淘汰"的策略，利用进化中获得的信息自行组织搜索，从而不断地向最佳方向逼近，具有隐含并行性和群体全局搜索性这两个显著特征，而且鲁棒性较强，对于一些复杂的非线性系统求解具有独特的优越性能。

### 11.4.1 进化策略算法的基本流程

进化策略算法的流程图如图11-4所示。

### 11.4.2 进化策略算法的构成要素

**1. 染色体的构造**

在进化策略算法中，常采用传统的十进制实数型来表达问题，并且为了配合算法中高斯变异算子的使用，染色体一般用以下二元表达方式：

$$(\boldsymbol{X},\sigma)=((x_1,x_2,\cdots,x_L),(\sigma_1,\sigma_2,\cdots,\sigma_L))$$

式中：$\boldsymbol{X}$ 为染色体个体的目标变量；$\sigma$ 为高斯变异的标准差。其中，每个 $\boldsymbol{X}$ 有 $L$ 个分量，即染色体的 $L$ 个基因位；每个 $\sigma$ 有对应的 $L$ 个分量，即染色体每个基因位的方差。

**2. 进化策略算法的算子**

(1) 重组算子

重组是将参与重组的父代染色体上的基因进行交换，形成下一代染色体的过程。目前，常见的有离散重组、中间重组、混杂重组等重组算子。

① 离散重组是通过随机选择两个父代个体来进行重组产生新的子代个体，子代上的基因随机从其中一个父代个体上复制。

两个父代：

$$(\boldsymbol{X}^i,\sigma^i)=((x_1^i,x_2^i,\cdots,x_L^i),(\sigma_1^i,\sigma_2^i,\cdots,\sigma_L^i))$$

$$(\boldsymbol{X}^j,\sigma^j)=((x_1^j,x_2^j,\cdots,x_L^j),(\sigma_1^j,\sigma_2^j,\cdots,\sigma_L^j))$$

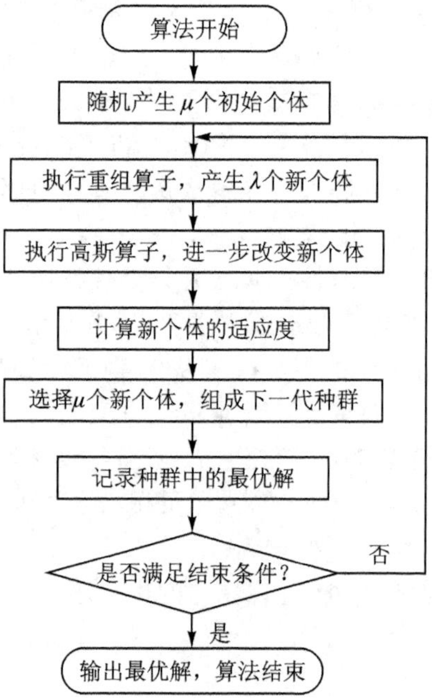


**图 11-4　进化策略算法的流程图**

然后将其分量进行随机交换，构成子代新个体的各个分量，从而得到以下的新个体：

$$(\boldsymbol{X},\sigma)=((x_1^{i\text{ or }j},x_2^{i\text{ or }j},\cdots,x_L^{i\text{ or }j}),(\sigma_1^{i\text{ or }j},\sigma_2^{i\text{ or }j},\cdots,\sigma_L^{i\text{ or }j}))$$

很明显，新个体只含有某一个父代个体的因子。

② 中间重组是通过对随机的两个父代对应的基因进行求平均值，从而得到子代对应基因的方法，进行重组产生子代个体。

两个父代：

$$(\boldsymbol{X}^i,\sigma^i)=((x_1^i,x_2^i,\cdots,x_L^i),(\sigma_1^i,\sigma_2^i,\cdots,\sigma_L^i))$$

$$(\boldsymbol{X}^j,\sigma^j)=((x_1^j,x_2^j,\cdots,x_L^j),(\sigma_1^j,\sigma_2^j,\cdots,\sigma_L^j))$$

新个体：

$$(\boldsymbol{X},\sigma)=(((x_1^i+x_1^j)/2,(x_2^i+x_2^j)/2,\cdots,(x_L^i+x_L^j)/2),$$
$$((\sigma_1^i+\sigma_1^j)/2,(\sigma_2^i+\sigma_2^j)/2,\cdots,(\sigma_L^i+\sigma_L^j)/2))$$

这时，新个体的各个分量兼容两个父代个体信息。

③ 混杂重组的特点是在父代个体的选择上。混杂重组时先随机选择一个固定的父代个体，然后针对子代个体每个分量再从父代群体中随机选择第二个父代个体，也即第二个父代个体是经常变化的。至于父代个体的组合方式既可以采用离散方式，也可以采用中值方式，甚至可以把中值重组中的 1/2 改为[0,1]上的任一权值。

(2) 变异算子

变异算子的作用是在搜索空间中随机搜索，从而找到可能存在于搜索空间中的优良解。但若变异概率过大，则使搜索个体在搜索空间内大范围跃迁，使得算法的启发性和定向性作用不明显，随机性增强，算法接近于完全的随机搜索；而若变异概率过小，则搜索个体仅在很小的邻域范围内变动，发现新基因的可能性下降，优化效率很难提高。

进化策略的变异是在旧个体的基础上增加一个正态分布的随机数，从而产生新个体。

设 $\boldsymbol{X}$ 为染色体个体解的目标变量，有 $L$ 个分量(即基因位)，$\sigma$ 为高斯变异的标准差，在 $t+1$ 时有

$$\boldsymbol{X}(t+1)=\boldsymbol{X}(t)+N(0,\sigma)$$

即

$$\sigma_i(t+1)=\sigma_i(t)\cdot\exp[N(0,\tau')+N_i(0,\tau)]$$

$$\boldsymbol{x}_i(t+1)=x_i(t)+N(0,\sigma_i(t+1))$$

其中，$(\boldsymbol{x}_i(t),\sigma_i(t))$为父代个体第 $i$ 个分量，$(\boldsymbol{x}_i(t+1),\sigma_i(t+1))$为子代个体的第 $i$ 个分量，$N(0,1)$是服从标准正态分布的随机数，$N_i(0,1)$是针对第 $i$ 个分量产生一次符合标准正态分布的随机数，$\tau'$、$\tau$ 分别是全局系数和局部系数，通常设为$\left(\sqrt{2\sqrt{L}}\right)^{-1}$和$\left(\sqrt{2L}\right)^{-1}$，常取 1。

(3) 选择算子

选择算子为进化规定了方向，只有具有高适应度的个体才有机会进行进化繁殖。在进化策略中，选择过程是确定的。

在不同的进化策略中，选择机制也有所不同。

在$(\mu+\lambda)$- ES 策略中，在原有 $\mu$ 个父代个体及新产生的 $\lambda$ 个新子代个体中，再择优选择 $\mu$ 个个体作为下一代群体，即精英机制。在这个机制中，上一代的父代和子代都可以加入到下一代父代的选择中，$\mu>\lambda$ 和 $\mu=\lambda$ 都是可能的，对子代数量没有限制，这样就最大程度地保留了那些具有最佳适应度的个体，但是它可能会增加计算量，降低收敛速度。

在$(\mu,\lambda)$- ES 策略中，因为选择机制是依赖于出生过剩的基础上的，因此要求 $\mu>\lambda$。在新产生的 $\lambda$ 个新子代个体中择优选择 $\mu$ 个个体作为下一代父代群体。无论父代的适应度和子代相比是好是坏，在下一次迭代时都被遗弃。在这个机制中，只有最新产生的子代才能加入选择机制中，从 $\lambda$ 中选择最好的 $\mu$ 个个体，作为下一代的父代，而适应度较低的 $\lambda-\mu$ 个个体被放弃。

## 11.5　进化规划与进化策略的关系

进化规划与进化策略虽然是独立发展起来的，但是最初都是被用来解决离散问题的；两种算法都是基于种群的概念，种群中的每个个体都代表所求问题的一个潜在结论；它们都把变异算子作为进化过程的主要算子，对这些个体进行变异、选择等操作，使种群中的个体向着全局最优解所在的区域不断进化。进化策略的一些成果也被引进到进化规划中，促进了进化规划的发展。

进化规划与进化策略的不同点主要包括变异过程和选择策略。从变异过程来看，进化规划只使用变异算子；而进化策略则引入了重组算子，但是重组算子只是起到辅助作用，就如变异算子在遗传算法中的作用一样。对于适应度函数的获取，进化规划中的适应度函数值可通过对目标函数进行一定的变换后得到，也可以直接使用目标函数；而在进化策略中，则直接把目标函数值作为适应度函数值。

从选择策略上看，进化规划的选择是一种概率性的选择，而进化策略的选择则是完全确定的选择。

## 11.6　差分进化计算

差分进化计算(Differential Evolution，DE)是 Storn R 和 Price K 于 1995 年提出的一种随

机的并行搜索算法。差分进化计算保留了基于种群的全局搜索策略，采用实数编码、基于差分的简单变异操作和一对一的竞争生存策略，降低了进化操作的复杂性。差分进化计算特有的进化操作使其具有较强的全局收敛能力和鲁棒性，非常适合求解一些复杂环境中的优化问题。

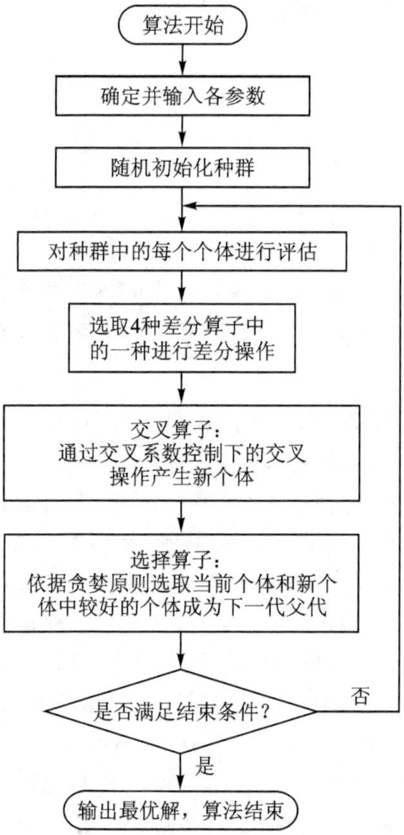

图 11-5　差分进化计算的流程图

## 11.6.1　差分进化计算的基本流程

差分进化计算的基本流程如图 11-5 所示。

从图 11-5 中可见，差分计算的原理和算法流程与遗传算法十分相似，只不过差分计算的变异操作采用差分变异操作，即将种群中任意两个个体的差分向量加权后，根据一定的规则加到第三个个体上，再通过交叉系数控制下的交叉操作产生新个体，这种变异操作更有效地利用了群体分布特性，提高了算法的搜索能力，避免了遗传算法中变异方式的不足。选择操作则采用贪婪选择操作，即如果新生成个体的适应度值比父代个体的适应度值大，则用新生成个体替代原种群中对应的父代个体，否则原个体保存到下一代。以此方法进行迭代寻找。

## 11.6.2　差分进化计算的构成要素

### 1. 差分变异算子

常见的差分方法有以下 4 种。

(1) 随机向量差分法(DE/rand/1)

种群中除去当前个体外，随机选择的两个互不相同的个体进行向量差分，并将结果乘以放大因子，加到当前个体上。

对于当代第 $i$ 个个体 $\boldsymbol{X}^i(t)$，$i=1,2,\cdots,N$，经过差分变异新产生的子代 $\boldsymbol{X}^i(t+1)$ 可以表示为

$$\boldsymbol{X}^i(t+1)=\boldsymbol{X}^i(t)+F\cdot[\boldsymbol{X}^j(t)-\boldsymbol{X}^k(t)]$$

式中：$\boldsymbol{X}^j(t)$、$\boldsymbol{X}^k(t)$ 表示种群中除去当前个体外，随机选取的两个互不相同的个体；放大因子 $F$ 为差分向量的加权值，取值一般在[0,2]上。如果太大，则群体的差异度不易下降，使群体收敛速度变慢；如果太小，则群体的差异度过早下降，使群体早熟收敛。

(2) 最优解加随机向量差分法(DE/best/1)

种群中除去当前个体外，随机选取的两个互不相同的个体进行向量差分，并将结果乘以放大因子加到当前种群的最优个体上。这种方法有利于加速最优解的搜索，但同时可能会使算法陷入局部最优解。

对于当代第 $i$ 个个体 $\boldsymbol{X}^i(t)$，$i=1,2,\cdots,N$，经过差分变异新产生的子代 $\boldsymbol{X}^i(t+1)$ 可以表示为

$$\boldsymbol{X}^i(t+1)=\boldsymbol{X}^{\text{best}}(t)+F\cdot[\boldsymbol{X}^j(t)-\boldsymbol{X}^k(t)]$$

式中：$\boldsymbol{X}^{\text{best}}(t)$为当前种群中的最优个体；$\boldsymbol{X}^j(t)$、$\boldsymbol{X}^k(t)$分别表示种群中除去当前个体外，随机选取的两个互不相同的个体；$F$ 为放大因子。

(3) 最优解加多个随机向量差分法(DE/best/2)

该方法与 DE/best/1 方法基本相同，种群中除当前个体外，随机选取的 4 个互不相同的个体，将其中两个个体进行向量相加，其和分别减去另外两个个体，并将向量差分结果乘以放大因子，加到当前种群的最优个体上。这种方法有利于加速最优解的搜索，但同时可能会使算法陷入局部最优解。

对于当代第 $i$ 个个体 $\boldsymbol{X}^i(t)$，$i=1,2,\cdots,N$，经过差分变异新产生的子代 $\boldsymbol{X}^i(t+1)$可以表示为

$$\boldsymbol{X}^i(t+1)=\boldsymbol{X}^{\text{best}}(t)+F\cdot[\boldsymbol{X}^j(t)+\boldsymbol{X}^k(t)-\boldsymbol{X}^m(t)-\boldsymbol{X}^n(t)]$$

式中：$\boldsymbol{X}^{\text{best}}(t)$为当前种群中的最优个体；$\boldsymbol{X}^j(t)$、$\boldsymbol{X}^k(t)$、$\boldsymbol{X}^m(t)$和 $X^n(t)$分别表示种群中除当前个体外，随机选取的 4 个互不相同的个体；$F$ 为放大因子。

(4) 最优解与随机向量差分法(DE/rand - to - best/1)

该方法将当前种群的最优个体置于差分向量中，种群中除当前个体外，取最优解与随机选取的一个个体进行向量差分，并乘以贪婪因子，同时任意选取互不相同的两个个体，并将二者的向量差分结果乘以放大因子，加到当前种群个体上。这种方法既利用了当前种群最优个体的信息，加速了搜索的速度，同时又降低了优化陷入局部最优解的危险。

对于当代第 $i$ 个个体 $\boldsymbol{X}^i(t)$，$i=1,2,\cdots,N$，经过差分变异新产生的子代 $\boldsymbol{X}^i(t+1)$可以表示为

$$\boldsymbol{X}^i(t+1)=\boldsymbol{X}^i(t)+\lambda\cdot[\boldsymbol{X}^{\text{best}}(t)-X^j(t)]+F\cdot[\boldsymbol{X}^m(t)-\boldsymbol{X}^n(t)]$$

式中：$\lambda$ 为控制算法的“贪婪程度”，一般可取 $\lambda+F$；$F$ 为放大因子；$\boldsymbol{X}^{\text{best}}(t)$为当前种群中的最优个体；$\boldsymbol{X}^j(t)$、$\boldsymbol{X}^m(t)$和 $\boldsymbol{X}^n(t)$分别表示种群中除当前个体外，随机选取的 3 个互不相同的个体。

**2. 交叉算子**

为了保持种群的多样性，父代个体 $\boldsymbol{X}^i(t)$与经过差分变异操作后产生的新个体 $\boldsymbol{X}^i(t+1)$进行下式的交叉操作：

$$x_j^i(t+1)=\begin{cases}x_j^i(t+1), & \text{rand}_j^i \geqslant P_{\text{c}} \quad \text{或} \quad j=J_{\text{rand}} \\ x_j^i(t), & \text{rand}_j^i \leqslant P_{\text{c}} \quad \text{或} \quad j \neq J_{\text{rand}}\end{cases}$$

式中：$x_j^i(t)$表示当前第 $i$ 个个体第 $j$ 位基因位的取值，其中 $i=1,\cdots,N$(种群规模)，$j=1,\cdots,L$(基因长度)；$\text{rand}_j^i$ 表示第 $i$ 个个体的第 $j$ 位基因上产生一个符合均匀分布的随机数，目的是为了与交叉概率 $P_{\text{c}}$ 进行比较，其中 $P_{\text{c}}\in(0,1)$。如果$\text{rand}_j^i\geqslant P_{\text{c}}$，则保留 $x_j^i(t+1)$的基因值；否则，用 $x_j^i(t)$代替 $x_j^i(t+1)$的相应基因值。引入基因位 $J_{\text{rand}}$，并强制使该位的基因取自变异后的新个体，这样使新个体 $\boldsymbol{X}^i(t+1)$至少有一位基因由变异后产生的新个体提供，使 $\boldsymbol{X}^i(t)$、$\boldsymbol{X}^i(t+1)$不会完全相同，从而更有效地提高种群多样性，保证个体的进化。

**3. 贪婪选择算子**

经过变异、交叉操作后得到的子代个体 $\boldsymbol{X}^i(t+1)$将与原向量 $\boldsymbol{X}^i(t)$进行适应度的比较，只有当子代个体 $\boldsymbol{X}^i(t+1)$的适应度值优于原向量 $\boldsymbol{X}^i(t)$时，才会被选取成为下一代的父代，否则将直接进入下一代。这一比较过程称为“贪婪”选择。

## 11.6.3　差分进化计算的特点

差分进化计算与遗传算法等其他进化算法不同的主要是变异算子和交叉算子。在差分进

化计算中，每个基因位的改变值都取决于其他个体之间的差值，充分利用群体中其他个体的信息，达到扩充种群多样性的同时，避免单纯在个体内部进行变异操作所带来的随机性和盲目性。而在交叉算子中，差分进化计算的主体是父代个体和由它所经过差分变异操作后得到的新个体。由于新个体是经过差分变异而来的，本身保存有种群中其他个体的信息，因此，差分进化的交叉算子同样具有个体之间进行信息交换的机制。

差分进化计算的群体在寻优过程中，具有协同搜索的特点，搜索能力强。最优解加随机向量差分法和最优解与随机向量差分法充分利用当前最优解来优化每个个体，尤其是最优解加随机向量差分法，意图在当前最优解附近搜索，避免盲目操作。最优解与随机向量差分法利用个体局部信息和群体全局信息指导算法进一步搜索。这两种方法的群体具有记忆个体最优解的能力，在进化过程中可充分利用种群繁衍进程中产生的有用信息。

差分进化计算虽然有可能实现全局最优解搜索，但也有可能出现早熟的弊端。种群在开始时有较分散的随机配置，但是随着进化的进行，各代之间种群分布密度偏高，信息的交换逐渐减少，使得全局寻优能力逐渐下降。种群中各个个体的进化采用贪婪选择操作，依靠适应度值的高低作简单的好坏判断，缺乏深层的理论分析。

## 11.7 Memetic 算法

Memetic 算法（Memetic Algorithm，MA）是近几年发展起来的一种新的全局优化算法，它借用人类文化进化的思想，通过个体信息的选择、信息的加工和改造等作用机制，实现人类信息的传播。该算法是一种基于人类文化进化策略的群体智能优化算法，从本质上来说，就是遗传算法与局部搜索策略的结合，它充分吸收了遗传算法和局部搜索策略的优点，因此又被称为“混合遗传算法”或“遗传搜索算法”，其搜索效率在某些应用领域比传统的遗传算法快几个数量级，显示出较高的寻优效率。

Memetic 算法的产生与遗传算法的产生有一定的相似性，前者是由词 Meme 演化而来的，后者是由词 Gene 演化而来的。Meme 是英国学者 Richard Dawkins 在其 *The Selfish Gene* 中首先提出的，它用来表示人们交流时传播的信息单元，可直译为“文化遗传因子”或“文化基因”。Meme 在传播中往往会因个人的思想和理解而改变，因此父代传递给子代时信息可以改变，表现在算法上就有了局部搜索的过程。

Memetic 算法提出的是一种框架，采用不同的搜索策略便可以构成不同的算法。如全局搜索可以采用遗传算法、进化规划、进化策略等，局部搜索策略可以采用模拟退火、爬山算法、禁忌搜索等。对于不同的问题，可以灵活地构建适合该问题的 Memetic 算法。

### 11.7.1 基本概念

考虑到 Memetic 算法是一种群体智能优化算法，与遗传算法有一定的相似性，为了便于理解算法的基本操作，首先定义几个基本概念。

**1. 染色体**

染色体是一种由数字或其他字符组成的串，能够代表所求解优化问题的解，也可以称为个体，一定数量的个体组合在一起便构成了一个群体。

**2. 编　码**

编码是一种能把问题的可行解从其解空间转化到算法所能处理的搜索空间的转换方法。由于该算法与遗传算法的相似性，所以编码方式上基本可以采用与遗传算法相同的策略。

**3. 解　码**

解码是一种能把问题的可行解从算法所能处理的搜索空间重新转换到问题解空间的方法，它是编码的逆操作。

**4. 适应度函数**

适应度函数由优化目标决定，用于评价个体的优化性能，指导种群的搜索过程。算法迭代停止时适应度函数最优的解变量即为优化搜索的最优解。

**5. 交　叉**

交叉是指按一定的概率随机选择两条染色体，并按某种方式进行互换其部分基因，从而形成两个新的个体的过程。

**6. 变　异**

变异是指以某一概率随机改变染色体串上的某些基因位，从而形成新的个体的过程。

**7. 局部搜索**

局部搜索是指采用一定的操作策略，对染色体某些基因位进行部分改变，以优化种群的分布结构，及早剔除不良个体。局部搜索是算法对遗传算法改进的主要方面，简单来说，就是在每个个体的周围进行一次邻域搜索，如果搜索到比当前位置更好的解，就用好的解来代替；否则，就保留当前解，即选出局部区域中最优的个体来替代种群中原有的个体。

## 11.7.2 Memetic 算法的基本流程

Memetic 算法通常按下列步骤进行：

(1) 确定问题的编码方案，设置相关的参数。

(2) 初始化群体。

(3) 执行遗传算法的交叉算子，生成下一代群体。

(4) 执行局部搜索算子，对种群中的每一个个体进行局部搜索，更新所有个体。

(5) 执行遗传算法的变异算子，产生新的个体。

(6) 再次执行局部搜索算子，对种群中的每一个个体进行局部搜索，更新所有个体。

(7) 根据适应度函数计算种群中所有个体的适应度。

(8) 执行选择算子，进行群体更新。

(9) 判断算法是否满足终止条件，若满足，则算法结束，输出最优解；否则，继续执行步骤(3)。

Memetic 算法的基本流程图如图 11 - 6 所示。

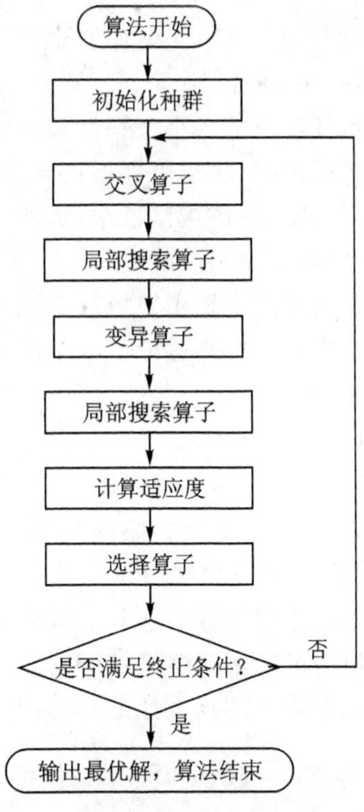


**图 11 - 6　Memetic 算法的基本流程图**

从算法的流程图可以看出，Memetic 算法采用与遗传算法相似的框架，但它不局限于简单遗传算法，而是充分吸收了遗传算法和局部搜索算法的优点，不仅具有很强的全局寻优能力，而且在每次交叉和变异后均进行局部搜索，通过优化种群分布，及早剔除不良种群，进而减少迭代次数，加快算法的求解速度，保证了算法解的质量。因此，在 Memetic 算法中，局部搜索策略非常关键，它直接影响到算法的效率。

### 11.7.3 Memetic 算法的要点

**1. 局部搜索策略**

Memetic 算法与遗传算法基本一致，主要的区别是局部搜索。Memetic 算法的局部搜索策略的效率和可靠性直接决定算法的求解速度和求解质量。对于不同的优化问题，局部搜索策略的选取尤为重要。在实际的求解问题中要适当地选择合适的局部搜索策略，才更有利于求解到最优解。

选择局部搜索策略的关键主要在于以下几个方面：

(1) 局部搜索策略的确定

常用的局部搜索策略有爬山法、禁忌搜索算法、模拟退火算法等，要根据不同的问题来选择不同的搜索方法。

(2) 搜索邻域的确定

对于每一个个体，搜索的邻域越大，能够找到最优解的可能性就越大，但会增加计算的复杂度；但搜索邻域太小，又不容易找到全局最优解。

(3) 局部搜索在算法中位置的确定

在遗传算法与局部搜索策略结合的过程中，局部搜索策略插入的位置也是一个很重要的问题。根据问题的不同，在适合的位置加入局部搜索才能发挥其最大的作用。

**2. 控制参数选择**

在 Memetic 算法中，关键参数主要有群体规模、交叉概率、变异概率、最大进化次数等。这些参数都是在算法开始时就已经设定，对于算法的性能有很大的影响。

(1) 群体规模

群体规模的大小要根据具体的求解优化问题来决定，不同的问题适用于不同的群体规模。群体规模过大，虽然可以增大搜索空间，使所求的解更逼近于最优解，但是这也同样增加了求解的计算量；群体规模过小，虽然可以较快地收敛到最优，但是又不容易求解最优解。

(2) 交叉概率

交叉概率主要用来控制交叉操作的频率。交叉概率过大，群体中个体的更新速度过快，这样很容易使一些高适应度的个体结构遭到破坏；交叉概率过小，即交叉操作很少进行，则会使搜索很难进行。

(3) 变异概率

变异概率在进化阶段起着非常重要的作用。若变异概率太小，则很难产生新的基因结构；若变异概率太大，则会使算法变成单纯的随机搜索。

(4) 最大进化次数

最大进化次数的选取是根据某一具体问题的实验得出的。若进化次数过少，则使算法还没有取得最优解就已经结束；若进化次数过多，则可能算法早已收敛到最优解，之后进行的迭代对于最优解的改进几乎没有什么帮助，只是增加了算法的计算时间。

### 11.7.4 Memetic 算法的优点

Memetic 算法作为一种新型的群智能优化算法，与传统优化算法相比，具有以下几个优点：

(1) 不需要目标函数的导数，可以扩大算法的应用领域，尤其适合很难求导的复杂优化问题。

(2) 采用群体搜索的策略,扩大了解的搜索空间,提高了算法的求解质量。

(3) 算法采用局部搜索策略,改善了种群结构,提高了算法局部搜索能力。

(4) 算法提供了一种解决优化问题的方法,对于不同领域的优化问题,可以通过改变交叉、变异和局部搜索策略来求解,大大拓宽了算法的应用领域。

## 11.8　算法的 MATLAB 实现

**【例 11.1】** 求解下列函数的极小值:

(1) $f(\boldsymbol{X})=20+[x_1^2-10\cos(2\pi x_1)]+[x_2^2-10\cos(2\pi x_2)]$, $|x_i|\leqslant 5.12, i=1,2$。

(2) $\begin{cases}\min\ f(x,y)=100(y-x^2)^2+(1-x)^2\\ \text{s.t.}\quad g_1(x,y)=-x-y^2\leqslant 0\\ \qquad g_2(x,y)=-x^2-y\leqslant 0\\ \qquad -0.5\leqslant x\leqslant 0.5, y\leqslant 1\end{cases}$ 。

**解:**(1) 此函数的图像如图 11-7 所示,其极值为 $f(0,0)=0$。

```
zfun = inline('20 + [x^2 - 10 * cos(2 * pi * x)] + [y^2 - 10 * cos(2 * pi * y)]'); ezmesh(zfun,100)
```

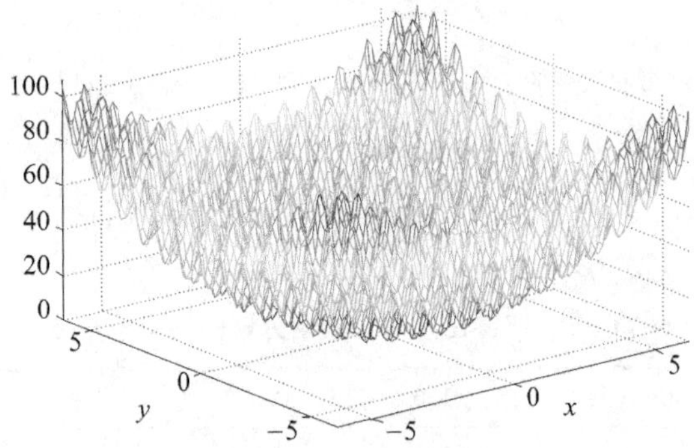


**图 11-7　函数的图像**

现利用遗传算法求解。

根据遗传算法的原理,编写函数 myga。此函数利用实数编码,通过设定不同的参数(主要是变异概率、交叉概率、迭代次数、适应度函数形式等),可以发现这些参数对寻优结果的影响较大。

```
>> cbest = myga(@optifun14,numvar,popsize,iterm_max,pm,px,LB,UB)
>> cbest = x: [ - 3.0784e - 004  - 3.0198e - 004]
       fitness: 3.6892e - 005
       index: 4991
```

(2) 对于约束优化问题,可以参照上篇“经典优化方法”第 3 章中的方法将其转化为无约束优化问题(本例中为罚函数法),再调用遗传算法进行求解。

```
>> cbest = myga(@optifun16,2,70,9000,0.2,0.95,[ - 0.5; - 1],[0.5;1])
>> cbest = x: [0.4999 0.2497]
       fitness: 0.2501
       index: 4777
```

此函数的求解效果并不理想,多次寻优才成功一次,需要改进。

【例 11.2】 求下列函数的极大值：

$$f(\boldsymbol{X})=\frac{\sin x}{x}\cdot\frac{\sin y}{y},\quad -10\leqslant x,y\leqslant 10$$

解：现利用二进制编码的遗传算法进行求解，编写函数 mygal。

```
>> [max_x,maxfval] = mygal(@optifun15,LB,UB,popsize,iterm_max,px,pm,1e-8)
>> min_x = 1.0e-003 * (0.6680    0.0882)          % 极值点
   minfval = 1                                     % 极大值
```

【例 11.3】 GA 算法的本质是对确定的初始解（“串”）进行选择、交叉与变异过程，以求得最优解，这个过程相当于有限枚举。根据这个思想，可以借助现代计算机的优势，遍历计算每个解（即每个基因串），最终比较解的结果便可得到其中的最优解，这个方法即为穷举法。对于较为简单的函数，这个方法不失为一种较好的方法。试利用遍历穷举法求解下列函数的最小值：

$$f(x)=-x^2+2x+0.5,\quad -10\leqslant x,y\leqslant 10$$

解：根据遍历穷举法的原理，编写函数 gaexhause 进行计算。此函数首先需要根据计算精度确定染色体（解）串的长度，再根据排列组合理论列出所有解（基因串），最终通过计算每个串的目标函数值便可以得到最终的结果。

很明显，此方法可能会得到精确解，也可能只得到近似解，关键就看有没有基因串恰好等于最优值。

```
>> [MinValue,MinFounction] = gaexhause(@optifun20,-10,10,0.001)
>> MinValue = -10                         % 最优点
   MinFounction = -119.5000               % 函数极小值
```

【例 11.4】 体重约 70 kg 的某人在短时间内喝下 2 瓶啤酒后，隔一段时间测量他血液中的酒精含量（mg/100 mL），得到表 11-1 所列的数据。

**表 11-1 酒精在人体血液中分解的动力学数据**

| 时间/h | 0.25 | 0.5 | 0.75 | 1.0 | 1.5 | 2.0 | 2.5 | 3.0 | 3.5 | 4.0 | 4.5 | 5.0 |
|---|---|---|---|---|---|---|---|---|---|---|---|---|
| 酒精含量/($10^{-2}$mg·mL$^{-1}$) | 30 | 68 | 75 | 82 | 82 | 77 | 68 | 68 | 58 | 51 | 50 | 41 |
| 时间/h | 6.0 | 7.0 | 8.0 | 9.0 | 10.0 | 11.0 | 12.0 | 13.0 | 14.0 | 15.0 | 16.0 | |
| 酒精含量/($10^{-2}$mg·mL$^{-1}$) | 38 | 35 | 28 | 25 | 18 | 15 | 12 | 10 | 7 | 7 | 4 | |

根据酒精在人体血液分解的动力学规律可知，血液中酒精浓度与时间的关系可表示为

$$c(t)=k(e^{-qt}-e^{-rt})$$

试根据表 11-1 中的数据求出参数 $k$、$q$、$r$。

解：这是一个最小二乘问题，现利用 MATLAB 自带的遗传算法相关函数求解。

首先编写目标函数并以文件名 optifun18 保存。

```
function y = optifun18(x)
c = [30 68 75 82 82 77 68 68 58 51 50 41 38 35 28 25 18 15 12 10 7 7 4];
t = [0.25 0.5 0.75 1.0 1.5 2.0 2.5 3.0 3.5 4.0 4.5 5.0 6.0 7.0 8.0 9.0 10.0 11.0 12.0 13.0 14.0 15.016.0];
[r,s] = size(c);y = 0;
for i = 1:s
    y = y + (c(i) - x(1) * (exp( - x(2) * t(i)) - exp( - x(3) * t(i))))^2;        % 残差的平方和
end
```

然后在 MATLAB 工作窗口输入下列命令：

```
>> Lb = [-1000, -10, -10];             %定义下界
>> Lu = [1000,10,10];                  %定义上界
>> x_min = ga(@optifun18,3,[],[],[],[],Lb,Lu)
```

得到结果：

```
x_min = 72.9706    0.0943    3.9407
```

由于遗传算法是一种随机性的搜索方法，所以每次运算可能会得到不同的结果。为了得到最终的结果，可用其他方法进行验证。在此，用直接搜索工具箱中的 fminsearch 函数求出最佳值，如下：

```
>> fminsearch(@optifun18,x_min)          %利用遗传算法得到的值作为搜索初值
  ans = 114.4325     0.1855     2.0079   %最终结果
```

图 11-8 所示为原始数据及用优化结果绘制的曲线。

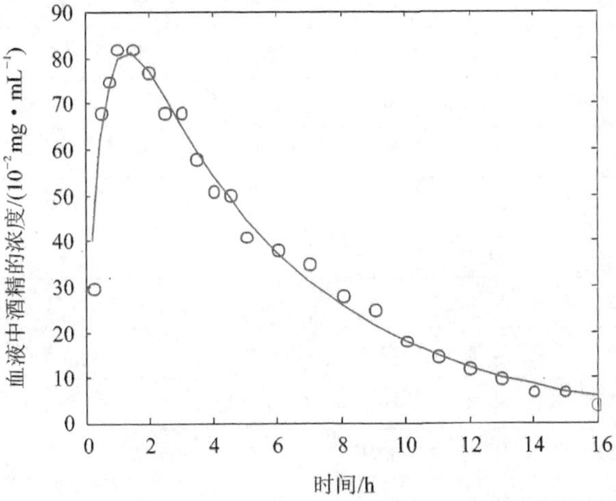


**图 11-8　酒精在人体血液中分解的动力学曲线**

从这个例子可看出，用遗传算法求解非线性最小二乘问题时，对最终的结果要用其他方法进行验证。

**【例 11.5】**　某钢铁公司炼钢转炉的炉龄按 30 炉/天炼钢规模，大约一个月就需对炉进行一次检修。为了减少消耗，厂方希望建立炉龄的预测模型，以便适当调节参数，以延长炉龄。通过实际测定，得到表 11-2 所列的数据，其中 $x_1$ 为喷补料量、$x_2$ 为吹炉时间、$x_3$ 为炼钢时间、$x_4$ 为钢水中含锰量、$x_5$ 为渣中含铁量、$x_6$ 为作业率，目标变量 $y$ 为炉龄（炼钢炉次/炉）。请利用遗传算法确定 $y$ 与哪些因素存在着明显的关系。

**表 11-2　转炉炉龄数据**

| 序　号 | $x_1$ | $x_2$ | $x_3$ | $x_4$ | $x_5$ | $x_6$ | $y$ |
|---|---|---|---|---|---|---|---|
| 1 | 0.292 2 | 18.5 | 41.4 | 58.0 | 18.0 | 83.3 | 1 030 |
| 2 | 0.267 2 | 18.4 | 41.0 | 51.0 | 18.0 | 91.7 | 1 006 |
| 3 | 0.268 5 | 17.7 | 38.6 | 52.0 | 17.3 | 78.9 | 1 000 |
| 4 | 0.183 5 | 18.9 | 41.8 | 18.0 | 12.8 | 47.2 | 702 |

续表 11 - 2

| 序号 | $x_1$ | $x_2$ | $x_3$ | $x_4$ | $x_5$ | $x_6$ | $y$ |
|---|---|---|---|---|---|---|---|
| 5 | 0.234 8 | 18.0 | 39.4 | 51.0 | 17.4 | 57.4 | 1 087 |
| 6 | 0.138 6 | 18.9 | 40.5 | 39.0 | 12.8 | 22.5 | 900 |
| 7 | 0.208 3 | 18.3 | 39.8 | 64.0 | 17.1 | 52.6 | 708 |
| 8 | 0.418 0 | 18.8 | 41.0 | 64.0 | 16.4 | 26.7 | 1 223 |
| 9 | 0.103 0 | 18.4 | 39.2 | 20.0 | 12.3 | 35.0 | 803 |
| 10 | 0.489 3 | 19.3 | 41.4 | 49.0 | 19.1 | 31.3 | 715 |
| 11 | 0.205 8 | 19.0 | 40.0 | 40.0 | 18.8 | 41.2 | 784 |
| 12 | 0.092 5 | 17.9 | 38.7 | 50.0 | 14.3 | 66.7 | 535 |
| 13 | 0.185 4 | 19.0 | 40.8 | 44.0 | 21.0 | 28.6 | 949 |
| 14 | 0.196 3 | 18.1 | 37.2 | 46.0 | 15.3 | 63.0 | 1 012 |
| 15 | 0.100 8 | 18.2 | 37.0 | 46.0 | 16.8 | 33.9 | 716 |
| 16 | 0.270 2 | 18.9 | 39.5 | 48.0 | 20.2 | 31.3 | 858 |
| 17 | 0.146 5 | 19.1 | 38.6 | 45.0 | 17.8 | 28.1 | 826 |
| 18 | 0.135 3 | 19.0 | 38.6 | 42.0 | 16.7 | 39.7 | 1 015 |
| 19 | 0.224 4 | 18.8 | 37.7 | 40.0 | 17.4 | 49.0 | 861 |
| 20 | 0.215 5 | 20.2 | 40.2 | 52.0 | 16.8 | 41.7 | 1 098 |
| 21 | 0.031 6 | 20.9 | 41.2 | 48.0 | 17.4 | 52.6 | 580 |
| 22 | 0.049 1 | 20.3 | 40.6 | 56.0 | 19.7 | 35.0 | 573 |
| 23 | 0.148 7 | 19.4 | 39.5 | 42.0 | 18.3 | 33.3 | 832 |
| 24 | 0.244 5 | 18.2 | 36.6 | 41.0 | 15.2 | 37.9 | 1 076 |
| 25 | 0.222 2 | 18.4 | 37.0 | 40.0 | 13.7 | 42.9 | 1 376 |
| 26 | 0.129 8 | 18.4 | 37.2 | 45.0 | 17.2 | 44.3 | 914 |
| 27 | 0.230 0 | 18.4 | 37.1 | 47.0 | 22.9 | 21.6 | 861 |
| 28 | 0.243 6 | 17.7 | 37.2 | 45.0 | 16.2 | 37.9 | 1 105 |
| 29 | 0.280 4 | 18.3 | 37.5 | 46.0 | 17.3 | 20.3 | 1 013 |
| 30 | 0.197 0 | 17.3 | 35.9 | 46.0 | 13.8 | 57.4 | 1 249 |
| 31 | 0.184 0 | 16.2 | 35.3 | 43.0 | 16.6 | 44.8 | 1 039 |
| 32 | 0.167 9 | 17.1 | 34.6 | 43.0 | 20.3 | 37.3 | 1 502 |
| 33 | 0.152 4 | 17.6 | 36.0 | 51.0 | 14.2 | 36.7 | 1 128 |

**解:**这是特征或变量的选择问题,采用变量扩维-筛选方法求解。变量扩维即除了原有的变量外,还引入原变量的一些非线性因子。本例中最终确定的变量除原变量外,再加上以下的14个变量,共27个因子,见表11-3。

根据以上数据就可以通过遗传算法筛选最终的变量数,即哪些变量对炉龄的影响最大。采用二进制编码,其中0、1分别表示变量未被选中和被选中。

表 11-3 变量组成

| 变量序号 | 因子组成 | 变量序号 | 因子组成 | 变量序号 | 因子组成 |
|---|---|---|---|---|---|
| $x_7$ | ${x_1}^2$ | $x_{14}$ | $x_2x_3$ | $x_{21}$ | $x_3x_6$ |
| $x_8$ | $x_1x_2$ | $x_{15}$ | $x_2x_4$ | $x_{22}$ | ${x_4}^2$ |
| $x_9$ | $x_1x_3$ | $x_{16}$ | $x_2x_5$ | $x_{23}$ | $x_4x_5$ |
| $x_{10}$ | $x_1x_4$ | $x_{17}$ | $x_2x_6$ | $x_{24}$ | $x_4x_6$ |
| $x_{11}$ | $x_1x_5$ | $x_{18}$ | ${x_3}^2$ | $x_{25}$ | ${x_5}^2$ |
| $x_{12}$ | $x_1x_6$ | $x_{19}$ | $x_3x_4$ | $x_{26}$ | $x_5x_6$ |
| $x_{13}$ | ${x_2}^2$ | $x_{20}$ | $x_3x_5$ | $x_{27}$ | ${x_6}^2$ |

适应度函数用 PRESS 值。此值的含义如下：将 $m$ 样本中 $m-1$ 个样本用作训练样本，剩下的一个样本作检验样本。利用 $m-1$ 样本建模，用检验样本代入模型，可求得一个估计值 $y_1$。然后换另外一个样本作为检验样本，用其余样本建模，检验样本进行检验，得到第二个估计值 $y_2$。如此循环 $m$ 次，每次都留下一个样本作估计，最后可求得 $m$ 个估计值，并可求出 $m$ 个预报残差 $y_i-y_{i-1}$，再将这 $m$ 个残差平方求和，即为 PRESS。此值越小，表示模型的预报能力越强。具体的计算公式如下：

$$\text{PRESS}=\sum_{i=1}^{m}(y_i-y_{i-1})^2$$

为了减小计算量，在实际中可以通过普通残差来求 PRESS，即

$$\text{PRESS}=\sum_{i=1}^{m}\left(\frac{e_i}{1-h_{ii}}\right)^2$$

式中：$e_i$ 为普通残差；$h_{ii}$ 为第 $i$ 个样本点到样本点中心的广义化距离，$h_{ii}=x_i^{\mathrm{T}}(\boldsymbol{X}^{\mathrm{T}}\boldsymbol{X})^{-1}x_i$，其中，$\boldsymbol{X}$ 为数据矩阵，$x_i$ 为 $\boldsymbol{X}$ 中的某一行矢量。

对于 GA 算法，既可以用行命令（GA 命令），也可以用 OPTIMTOOL（优化工具箱）中的 GA 算法进行求解，后者易调整算法中的各种参数，以期得到较好的结果。

通过运算可得到变量选择的情况，其中的一次结果如下：

x：[0 0 1 1 0 0 1 0 0 1 1 1 1 1 1 0 0 0 0 0 0 1 0 0 0 0 0]

即序号为 3、4、7、10、11、12、13、14、15 和 22 的变量被选中，其 PRESS 值为 10.129 3。

对求出的变量的原始数据（即不进行归一化，这样在实际中应用更方便）进行多元线性回归，可得到以下的关系式：

$$y=50\,144-2\,391x_3-131x_4-8\,757x_1^2+140x_1x_4-124x_1x_5+11x_1x_6-139x_2^2+127x_2x_3+8x_2x_4-0.456\,8x_4^2$$

在实际工作中，可以通过逐步回归（stepwise）或其他方法进行上述结果的验证。

**【例 11.6】** 作业车间调度问题（Job-shop Scheduling Problem，JSP）是指根据产品制造的合理需求分配加工车间顺序，从而达到合理利用产品制造资源、提高企业经济效益的目的。JSP 是一类满足任务配置和顺序约束要求的组合优化问题，相关研究表明，这属于 NP 完全问题。

JSP 从数学上可以描述为有 $n$ 个待加工零件（工件）要在 $m$ 台机器上加工，要求通过合理安排工件的加工顺序以使总加工时间最小——最小的最大完工时间，其具体数学模型为

(1) 工件集合 $\boldsymbol{P}=\{p_1,p_2,\cdots,p_n\}$，$p_i$ 表示第 $i$ 个工件（$i=1,2,\cdots,n$）。

(2) 机器集合 $\boldsymbol{M}=\{m_1,m_2,\cdots,m_m\}$，$m_j$ 表示第 $j$ 台机器（$j=1,2,\cdots,m$）。

(3) 工序集 $\mathbf{OP}=\{\mathrm{op}_1,\mathrm{op}_2,\cdots,\mathrm{op}_n\}^{\mathrm{T}}$，$\mathrm{op}_i=\{\mathrm{op}_{i1},\mathrm{op}_{i2},\cdots,\mathrm{op}_{im}\}$ 表示工件 $\mathrm{op}_i$ 的工序序列，$\mathrm{op}_{ik}$ 表示第 $i$ 个工件的第 $k$ 道工序的机器号。

(4) 每个工件使用每台机器加工的时间矩阵 $\boldsymbol{T}=\{t_{ij}\}$，$t_{ij}$ 表示第 $i$ 个工件在第 $j$ 台机器上的加工时间，若 $t_{ij}=0$，则意味着工件 $p_i$ 不需要在机器 $j$ 上加工，也就是说，工件 $p_i$ 的这道工序实际上是不存在的，则在工序序列 $\mathrm{op}_i$ 中与之对应的机器号可以为任何一个机器代号。

(5) 每个工件使用每台机器加工的费用矩阵 $\boldsymbol{C}=\{c_{ij}\}$，$c_{ij}$ 表示第 $i$ 个工件 $p_i$ 在第 $j$ 台机器上的加工费用，若 $c_{ij}=0$，则意味着工件 $p_i$ 不需要在机器 $j$ 上加工。

另外，JSP 还需要满足以下约束条件：

① 每个工件使用每台机器不多于 1 次；

② 每个工件使用每台机器的顺序可以不同，即 $\mathrm{op}\neq\mathrm{op}_d(i\neq d)$；

③ 每个工件的工序必须依次进行，后工序不能先于前工序；

④ 任何工件没有抢先加工的优先权，应服从生产顺序；

⑤ 工件加工过程中没有新工件加入，也不临时取消工件的加工。

已知一个 3 机器 5 工件的 JSP 问题的加工工序及加工时间矩阵，求最优加工顺序及在该加工顺序下最小的最大完工时间。

$$\mathbf{OP}=\begin{bmatrix}3&2&1\\1&3&2\\2&3&1\\1&2&1\\3&1&2\end{bmatrix},\quad \boldsymbol{T}=\begin{bmatrix}27&8&10\\6&10&5\\14&10&3\\25&20&16\\5&12&28\end{bmatrix}$$

**解**：从算法本质上讲，遗传算法并不复杂，自编程序或利用 MATLAB 中的遗传算法工具箱（较高版本的 MATLAB 则包含在优化算法工具箱中）都可以。在应用遗传算法时，首先要确定一个编码方案。编码时要根据问题的实际设计，总的原则是有利于求解。编码设定好后，才可以根据编码的意义，编写适应度函数以及相应的选择、交叉与变异算子，最终完成整个遗传算法过程。

此例中编码如下：每条染色体表示全部工件的加工顺序及加工各工件的机器。当需要加工的工件总数为 $n$，工件 $n_i$ 的加工工序为 $m_j$ 时，每条染色体的长度为 $2\sum_{i=1}^{k}n_i m_j$，其中前面的 $\sum_{i=1}^{k}n_i m_j$ 个整数表示所有工件在机器上的加工顺序，后面的 $\sum_{i=1}^{k}n_i m_j$ 个整数则是与之对应的加工机器的代号。例有这样一个 4 工件 3 机器的 JSP 的染色体个体：

[2 4 2 3 1 3 4 1 2 3 1 4| 1 2 3 3 3 1 3 2 2 2 1 1]

该染色体的前 12 位表示工件的加工顺序，数字表示工件号，该数字出现的次数则表示为该工件的加工顺序，所以该染色体表示的加工顺序为：工件 2（第 1 道工序）→工件 4（第 1 道工序）→工件 2（第 2 道工序）→工件 3（第 1 道工序）→……；后 12 位则表示与第 1～12 位依次对应的各工序的机器代号，即工件 2 的第 1 道工序由机器 1 加工，工件 4 的第 1 道工序由机器 2 加工，其余依次类推。

编码方案确定后，其余的算子及程序就可以确定。对一般的遗传算法算子稍作修改，便可以用来计算本例题。

```
>> NIND = 40;                                          %种群所包含的个体数目
>> MAXGEN = 50;                                        %最大遗传代数
>> GGAP = 0.9;                                         %代沟
>> P_Cross = 0.8;                                      %交叉概率
>> P_Mutation = 0.6;                                   %变异概率
>> Jm = {3,2,1;1,3,2;2,3,1;1,2,1;3,1,2;};              %加工工序矩阵
>> T = {27,8,10;6,10,5;14,10,3;25,20,16;5,12,28;};     %时间矩阵
>> MakeSpan = GAJSP(NIND,MAXGEN,GGAP,P_Cross,P_Mutation,Jm,T);
```

计算中其中一次的加工方案如图 11－9 所示，在该方案下最长流程时间为 86 个时间，即工件 2 在机器 2 上的最后 1 道工序加工结束的时刻。图 11－9 中各矩形条上的数字表示工序，例如 401 表示为工件 4 的第 1 道工序，502 表示工件 5 的第 2 道工序。

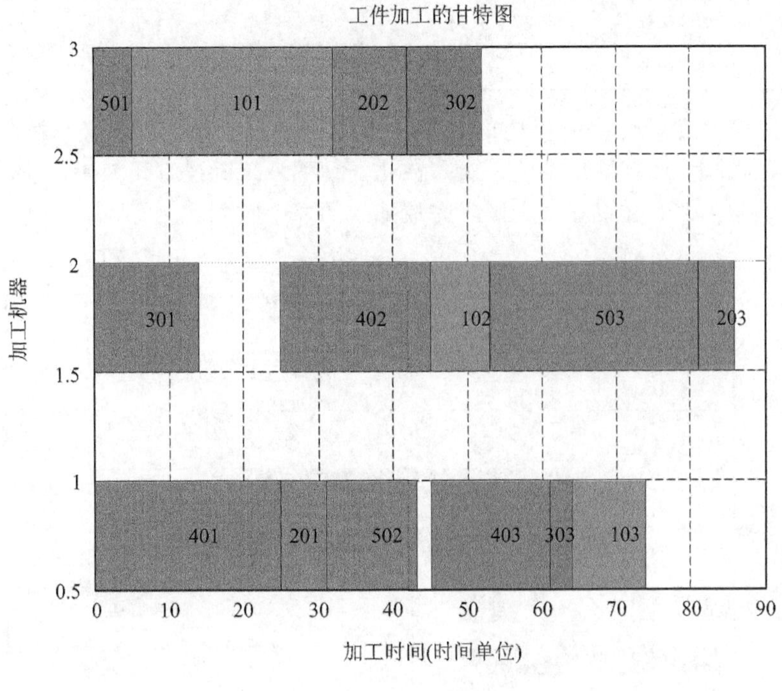


**图 11－9　加工方案(1)**

本例题是基本的 JSP 问题，其他 JSP 问题都是此问题的变种，主要的变化是加工工序矩阵和时间矩阵。如果能对具体的问题写出加工工序矩阵和时间矩阵，则利用本例题的程序就可以作相应的求解。例如已知 6 个待加工工件将在 10 台机器上加工，每个工件都要经过 6 道工序，每个工序可选择的加工机器及加工时间如表 11－4 所列。

**表 11－4　工件的加工工序、加工机器及加工时间**

| 工序 ＼ 工件 | | 工件 1 | 工件 2 | 工件 3 | 工件 4 | 工件 5 | 工件 6 |
|---|---|---|---|---|---|---|---|
| 工序 1 | 加工机器 | 3,10 | 2 | 3,9 | 4 | 5 | 2 |
| | 加工时间 | 3,5 | 6 | 1,4 | 7 | 6 | 2 |
| 工序 2 | 加工机器 | 1 | 3 | 4,7 | 1,9 | 2,7 | 4,7 |
| | 加工时间 | 10 | 8 | 5,7 | 4,3 | 10,12 | 4,7 |

续表 11－4

| 工序 \ 工件 | | 工件 1 | 工件 2 | 工件 3 | 工件 4 | 工件 5 | 工件 6 |
|---|---|---|---|---|---|---|---|
| 工序 3 | 加工机器 | 2 | 5,8 | 6,8 | 3,7 | 3,10 | 6,9 |
| | 加工时间 | 9 | 1,4 | 5,6 | 4,6 | 7,9 | 6,9 |
| 工序 4 | 加工机器 | 4,7 | 6,7 | 1 | 2,8 | 6,9 | 1 |
| | 加工时间 | 5,4 | 5,6 | 5 | 3,5 | 8,8 | 1 |
| 工序 5 | 加工机器 | 6,8 | 1 | 2,10 | 5 | 1 | 5,8 |
| | 加工时间 | 3,3 | 3 | 9,11 | 1 | 5 | 5,8 |
| 工序 6 | 加工机器 | 5 | 4,10 | 5 | 6 | 4,8 | 3 |
| | 加工时间 | 10 | 3,3 | 1 | 3 | 4,7 | 3 |

将表 11－4 中的数据转换成相应的加工工序矩阵和时间矩阵，再代入程序计算可得到图 11－10 所示的方案(计算结果中的一次)，在此方案下最长流程时间为 42 个时间单位，即工件 3 在机器 5 上与工件 5 在机器 4 上同时完成加工的那个时刻。

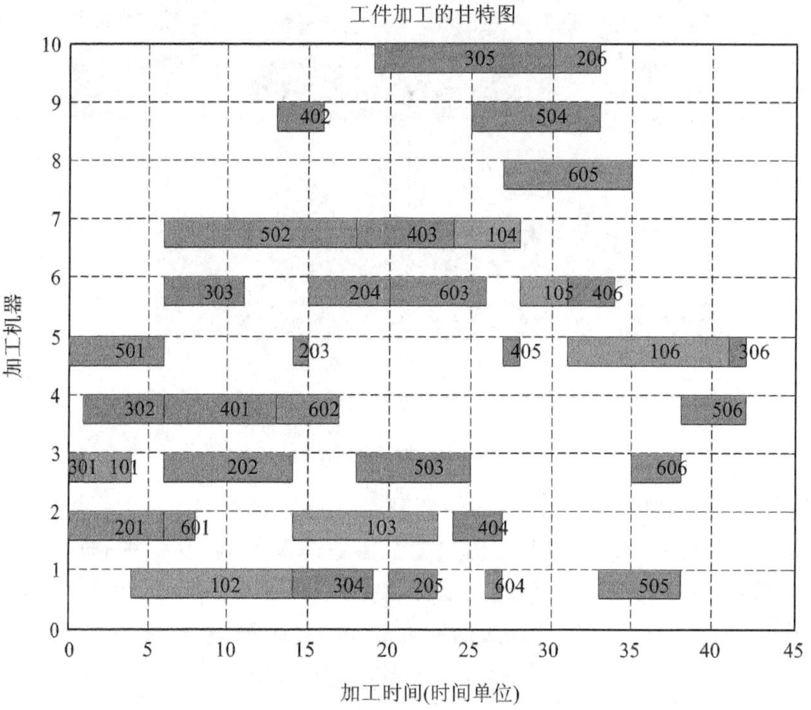


图 11－10 加工方案(2)





**【例 11.7】** 用进化规划算法求解下列函数的最优值：

$$f_i(\boldsymbol{x})=\sum_{i=1}^{n}[x_i^2-10\cos(2\pi x_i)+10],\quad |x_i|\leqslant 5.12$$

此函数是多峰函数，在 $x_i=0$ 时达到全局极小点 $f(0,0,\cdots 0)=0$，在 $S=\{x_i\in(-5.12, 5.12), i=1,2,\cdots,n\}$ 范围内大约存在 $10n$ 个局部极小点。

**解：**根据进化规划算法的原理，编写 gaEP 函数进行优化计算。程序中采用标准进化规划、自适应标准进化规划和单点变异进化规划三种算法，分别用 type 等于 1、2 或 3 控制。

```
>> [minx,minf] = gaEP(@optifun21,100,500, - 5.12 * ones(10,1),5.12 * ones(10,1),3)      % 单点变异
minx = 1.0e - 003 * ( - 0.2025   0   0   - 0.0394   0   0   0   0   0   0)
minf = 8.4460e - 006
```

根据计算结果，可看出第三种方法寻优效果较佳，可以寻找到最优点，另外两种方法效果欠佳，并不能寻到最优点。

**【例 11.8】** 用进化规划算法求解下列 0－1 背包问题：

$$\begin{cases} \max z = \sum_{i=1}^{n} c_i x_i \\ \text{s. t.} \quad \sum_{i=1}^{n} a_i x_i \leqslant b \end{cases}$$

其中，$n=10$，$a$、$b$、$c$ 三者的数值见表 11－5。

**表 11－5 *a*、*b*、*c* 三者的数值**

| | | | | | | | | | | |
|---|---|---|---|---|---|---|---|---|---|---|
| $c_i$ | 160 | 87 | 18 | 71 | 176 | 101 | 35 | 145 | 117 | 54 |
| $a_i$ | 198 | 30 | 167 | 130 | 35 | 20 | 105 | 196 | 94 | 126 |
| $b$ | 546 | | | | | | | | | |

**解：**对例 11.7 中的程序进行修改，便可以用于求解 0－1 背包问题。

(1) 编码：采用二进制编码。

(2) 变异方法：随机选取 $i$，如果 $b-\sum_{i=1}^{n} a_i x_i \geqslant a_i$ 且 $x_i=0$，则 $x_i=1$；如果对所有的 $i$，$b-\sum_{i=1}^{n} a_i x_i < a_i$，则随机选取 $j$，令 $x_j=0$。

据此，便可以编写函数 gaEP1 进行计算。多运行几次，便可以得到以下的结果。

```
>> [maxx,maxf] = gaEP1(@optifun22,200,500)
maxx = 1   1   0   1   1   1   0   0   1   0
maxf = 712
```

**【例 11.9】** 用进化策略算法求解下列函数的最优值：

$$\max f(x,y)=200-(x^2+y-11)^2-(y^2+x-7)^2$$

**解：**此函数为线性不可分的二维多峰函数，其典型特点是峰值点等高、非等距。性能不佳的算法很难精确搜索到其全部 4 个峰值。

根据进化策略算法的原理，编写函数 gaES 进行求解。

```
>> for i = 1:20            % 计算多次
     [val_x(i,:),val_f(i)] = gaES(@optifun23,300,500,400, - 5.12 * ones(2,1),5.12 * ones(2,1));
end
```

可以搜索到其全部 4 个峰值，其中峰值(3.0000　2.0000)最易找到。

```
>> val_x = 3.0000       2.0000            % 最优点
         - 3.7793     - 3.2832
         - 2.8051       3.1313
           3.5844     - 1.8481
  val_x = 200                             % 极大值
```

**【例 11.10】** 利用进化策略算法求解下列非线性方程组：

$$\begin{cases}\sin(x+y)-6e^x y=0\\5x^2-4y-100=0\end{cases}$$

**解**：利用优化算法求解方程组，关键在于适应度函数的设计。

设方程组中方程的个数为 $m$，$y_j=\phi_j$，$j=1,2,\cdots m$，则每个方程的解是使 $y_j=0$ 的值，取函数 $e=\sum_{i=1}^{m}\varphi_i^2$ 为方程组的解，适应度函数为 $f=\dfrac{1}{1+\sqrt{e}}$。

据此，再利用进化策略算法求解，可得到全部的两个解。

```
>> [val_x,val_f] = gaES(@optifun24,300,500,400, - 10 * ones(2,1),10 * ones(2,1))
val_x = - 4.2711      - 2.1973        % 两个根
        - 4.5929      1.3681
```

**【例 11.11】** 利用差分进化算法求解下列函数的极小值：

$$f(x,y)=\left(4-2.1x^2+\frac{x^4}{3}\right)x^2+xy+(4y^2-4)y^2$$

**解**：差分进化算法虽然具有算法简单、受控参数少、收敛速度快等优点，但与其他随机优化算法类似，仍存在搜索停滞和早熟收敛等缺陷，因此很多学者通过改进变异策略、优化交叉策略及引进其他算法的进化方式，对基本进化算法进行改进。

根据这些改进，编写差分进化算法函数 gaDE 进行计算，程序中有 7 种变异方式，可以选择或随机选择其中的一种进行计算，得到的结果有可能会有所差异。

```
>> [val_x,val_f] = gaDE(@optifun25,150,1000,[ - 3; - 2],[3;2])
>> val_x = - 0.089845254999300    0.712631691797248            % 最优点
   val_f = - 1.031628448368335                                 % 极小值
```

**【例 11.12】** 利用差分进化计算方法求解下列定积分：

$$\int_0^1 x\sin(100x)\sin x\,dx$$

**解**：该积分函数为振荡函数，如图 11-11 所示。

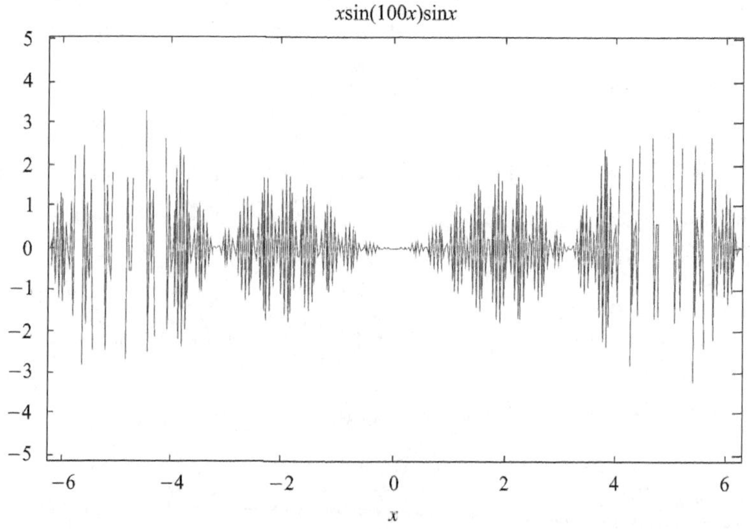


**图 11-11 函数的图像**

利用优化方法计算定积分，是将积分区间分割成多个区间，当区间分割比较合理时，可用各中点的函数值代替整个区间的函数值，然后求下列各区间值的和便可得到定积分值。

$$\int_{x_k}^{x_{k+1}} f(x)\mathrm{d}x \approx (x_{k+1}-x_k)f\left(\frac{x_k+x_{k+1}}{2}\right)$$

优化算法的作用就是求积分区间的最优分割。对例 11.11 中的程序作一些修改，便可以利用差分进化算法计算此积分。

```
>> val_f = gaDE1(@optifun26,40,800,zeros(200,1),ones(200,1),3)
  val_f = -0.0073
```

**【例 11.13】** 利用 Memetic 算法求下列函数的最大值：

$$f(x,y)=x\sin(4\pi x)-y\sin(4\pi+\pi+1),\quad x,y\in[-1,2]$$

**解**：根据 Memetic 算法的原理，编写 memetic 函数进行计算。程序中采用二进制编码，局部搜索算法为爬山法。

```
>> cbest = memetic(@optifun27,80,3,0.8,0.02,1000,[-1;-1],[2;2])
cbes  = fitness: -3.3099          % 极大值为 3.3099
       var: [1.6284 2]            % 最优点
```

**【例 11.14】** 利用 Memetic 算法求解以下 50 个城市的 TSP 问题，50 个城市的坐标数值如表 11-6 所列。

**表 11-6　50 个城市的坐标数值**

| | | | | | | | | | | | | | | | | | |
|---|---|---|---|---|---|---|---|---|---|---|---|---|---|---|---|---|---|
| 坐标值 | 31 | 32 | 40 | 37 | 27 | 37 | 38 | 31 | 30 | 21 | 25 | 16 | 17 | 42 | 17 | 25 | 5 |
| | 32 | 39 | 30 | 69 | 68 | 52 | 46 | 62 | 48 | 47 | 55 | 57 | 63 | 41 | 33 | 32 | 64 |
| | 8 | 12 | 7 | 5 | 10 | 45 | 42 | 32 | 27 | 56 | 52 | 49 | 58 | 57 | 39 | 46 | 59 |
| | 52 | 42 | 38 | 25 | 17 | 35 | 57 | 22 | 23 | 37 | 41 | 49 | 48 | 58 | 10 | 10 | 15 |
| | 51 | 48 | 52 | 58 | 61 | 62 | 20 | 5 | 13 | 21 | 30 | 36 | 62 | 63 | 52 | 43 | |
| | 21 | 28 | 33 | 27 | 33 | 63 | 26 | 6 | 13 | 10 | 15 | 16 | 42 | 69 | 64 | 67 | |

**解**：根据 Memetic 算法及求解 TSP 问题的原理，编写 memeticTSP 函数求解本例题。程序中交叉概率与变异概率采用自适应的方法；交叉算子采用顺序交叉，并且交叉产生的下一代与最优个体再进行交叉，局部搜索算法中邻域采用贪婪倒位算子、递归插孤算子及一个体三基因位变异算子求解。使用时可以自行选择最优算法。

```
>> city = [31 32;32 39;40 30;37 69;27 68;37 52;38 46;31 62;30 48;21 47;25 55;16 57;
        17 63;42 41;17 33;25 32;5 64;8 52;12 42;7 38;5 25;10 17;45 35;42 57;32 22;
        27 23;56 37;52 41;49 49;58 48;57 58;39 10;46 10;59 15;51 21;48 28;52 33;
        58 27;61 33;62 63;20 26;5 6;13 13;21 10;30 15;36 16;62 42;63 69;52 64;43 67];
>> cbest = memeticTSP(city,50,7,1000)          % 最优路径如图 11-12 所示
>> cbest = 457.8048                            % 最优值
```

计算结果并不是最优值（最优值为 427.855），说明此函数在求解城市数较多的 TSP 问题时性能并不是十分优良，需要改进。而且从计算结果可以看出，局部搜索算法采用算法 2（贪婪倒位算子）与算法 3（递归插孤算子）求邻域时效果并不理想，说明求邻域时个体的变异程序不易太大。

**【例 11.15】** MATLAB 中有专门的函数 ga（遗传算法工具箱，在较高版本中，合并到 Global Optimization Toolbox 工具箱或优化工具箱 Optimization Toolbox 中）。下面利用函数 ga 计算下列函数的极小值：

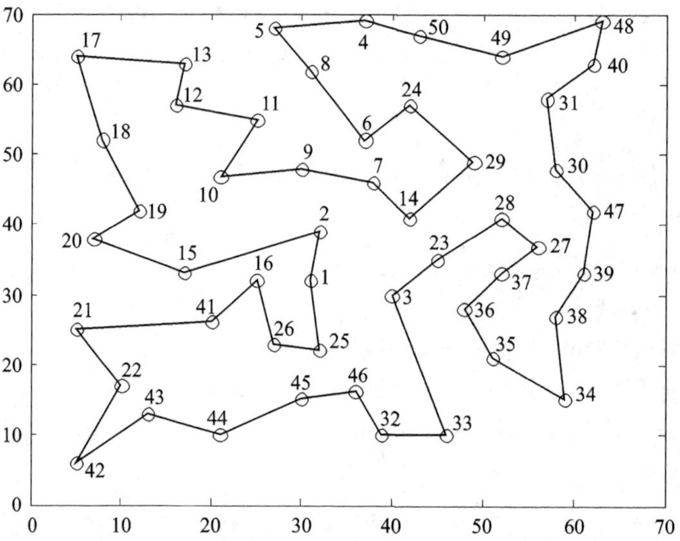


**图 11-12　TSP 问题的较优路径图**

$$\begin{cases} f(x,y)=[4\cos(2x)+y]\exp(2y) \\ \text{s.t.}\quad x+y\leqslant 6 \\ \qquad\quad 0\leqslant x,\quad y\leqslant 6 \end{cases}$$

**解**:根据 ga 函数的使用方法,计算如下:

```
>> fitness = inline('(4 * cos(x(1) * 2) + x(2)). * exp(2 * x(2))');
>> A = [1 2];b = 6;
>> Lb = [0 0];ub = [6 6];
>> options = gaoptimset('tolfun',1e - 6);
>> [x,fval,exitflag] = ga(@(x)fitness(x),2,A,b,[],[],Lb,ub,[],options)
Optimization terminated: average change in the fitness value less than options.TolFun.
x = 1.4911     2.2550              % 极值点
fval =  - 154.0372                 % 极值
exitflag = 1
```

exitflag 表示各种计算退出条件,当值等于 1 时,表示适应度函数值的平均变化在 StallGenLimit 属性值小于 TolFun 属性值并且约束小于 TolCon 范围外。

# 第12章 模拟退火算法

模拟退火算法(Simulated Annealing,SA)是一种适合解决大规模组合优化问题,特别是NP完全类问题的通用有效近似算法。它与其他近似算法相比,具有描述简单、使用灵活、运用广泛、运行效率高和较少受初始条件限制等优点,而且特别适合于并行计算,其算法特点可概括为高效、鲁棒、通用、灵活。与局部搜索算法相比,模拟退火算法可望在较短时间内求得更优近似解。

SA算法是基于Monte Carlo迭代求解策略的一种随机寻优算法,其出发点是基于物理中固体物质的退火过程与一般组合优化问题之间的相似性。在某一初温下,随着温度参数的不断下降,结合概率突跳特性在解空间中随机寻找目标函数的全局最优解,即在局部最优解能概率性地跳出并最终趋于全局最优。模拟退火算法是一种通用的优化算法,目前已在工程中得到了广泛的应用,如生产调度、控制工程、机器学习、神经网络、图像处理等领域。

## 12.1 固体退火与模拟退火算法

模拟退火算法源于对固体退火过程的模拟,采用Metropolis准则,并用一组称为冷却进度表的参数控制算法的进程,使算法在多项式时间里可以给出一个近似最优解。

### 12.1.1 固体退火过程和Metropolis准则

简单而言,固体退火过程由以下三部分组成。

(1) 加温过程。其目的是增强粒子的热运动,使其偏离平衡位置。当温度足够高时,固体将熔解为液体,从而消除系统原先可能存在的非均匀态,使随后进行的冷却过程以某一平衡态为起点。熔解过程与系统的熵增过程相联系,系统能量也随温度的升高而增大。

(2) 等温过程。根据热力学原理可知,对于与周围环境交换热量而温度不变的系统,系统状态的自发变化总是朝着自由能减少的方向进行,当自由能达到最小时,系统达到平衡。

(3) 冷却过程。其目的是使粒子的热运动减弱并逐渐趋于有序,系统能量逐渐下降,从而得到低能的晶体结构。

固体在恒定温度下达到热平衡的过程可以用Monte Carlo方法加以模拟,但因为需要大量采样才能得到比较精确的结果,所以计算量很大。鉴于系统倾向于能量较低的状态,而热运动又妨碍它准确落到最低态的图像,采样时着重取那些有重要贡献的状态则可较快地达到较好的结果,因此,Metropolis等在1953年提出了重要性采样法,即以概率接受新状态。具体而言,首先给定粒子相对位置表征的初始状态$i$作为固体的当前状态,该状态的能量是$E_i$,然后用摄动装置使随机选取的某个粒子的位移随机地产生一个微小变化,得到一个新状态$j$,新状态的能量是$E_j$。如果$E_j<E_i$,那么该状态就作为“重要”状态;如果$E_j>E_i$,那么要考虑热运动的影响,该状态是否为“重要状态”,要依据固体处于该状态的概率来判断。因为固体处于$i$和$j$的概率的比值等于相应玻尔兹曼常数的比值,即

$$r=\exp\left(\frac{E_i-E_j}{kT}\right)$$

式中：$T$ 为热力学温度；$k$ 为玻尔兹曼常数。

因此，$r\in[0,1]$越大，新状态 $j$ 是重要状态的概率就越大。若新状态 $j$ 是重要状态，则以 $j$ 取代 $i$ 成为当前状态；否则仍以 $i$ 为当前状态。再重复以上新状态的产生过程。在大量迁移（固体状态的变称）后，系统趋于能量较低的平衡状态，固体状态的概率分布趋于下式的吉布斯正则分布：

$$P_i=\frac{1}{Z}\exp\left(\frac{-E_i}{kT}\right)$$

式中：$P_i$ 为处于某微观状态或其附近的概率分布；$Z$ 为常数。

综上可知，高温下可接受状态与当前状态能差较大的新状态为重要状态，而在低温下只能接受与当前状态能差较小的新状态为重要状态，在温度趋于零时，不接受任何 $E_j>E_i$ 的新状态。

以上接受新状态的准则称为 Metropolis 准则，相应的算法称为 Metropolis 算法。这种算法的计算量显然减少了。

## 12.1.2 模拟退火算法的基本过程

1983 年 Kirkpatrick 等意识到组合优化与固体退火的相似性，并受到 Metropolis 准则的启迪，提出了模拟退火算法。归纳而言，SA 算法是基于 Monte Carlo 迭代求解策略的一种随机寻优算法，其出发点是基于固体退火过程与组合优化之间的相似性，SA 由某一较高初温开始，利用具有概率突跳特性 Metropolis 抽样策略在解空间进行随机搜索，伴随温度的不断下降重复抽样过程，最终得到问题的全局最优解。

标准模拟退火算法的一般步骤可描述如下：

(1) 给定初温 $t=t_0$，随机产生初始状态，$s=s_0$，令 $k=0$。

(2) 重复。

(2.1) 重复。

(2.1.1) 产生新状态 $s_j=\text{Genete}(s)$。

可以用不同的策略产生新解，一般采用的方法是在当前解的基础上产生新解，即

$$s_j=s_i+\Delta s,\quad \Delta s=y(UB-LB)$$

式中：$y$ 为零两侧对称分布的随机数，随机数的分布由概率密度决定；$UB$ 和 $LB$ 为各参数区间的上、下界。

(2.1.2) 如果 $\min\{1,\exp[-(C(s_j)-C(s))/t_k]\}\geqslant\text{random}[0,1]$，$s=s_j$。

(2.1.3) 重复执行，直到满足抽样稳定准则。

(2.2) 退温 $t_{k+1}=\text{update}(t_k)$并令 $k=k+1$。

(3) 直到算法满足终止准则。

(4) 输出算法搜索结果。

标准模拟退火算法的流程图如图 12－1 所示。从算法结构可知，新状态产生函数、新状态接受函数、退温函数、抽样稳定准则和退火结束准则以及初始温度是直接影响算法优化结果的主要环节。模拟退火算法具有质量高、初值鲁棒性强、通用易实现的优点。但是，为寻到最优解，算法通常要求较高的初温、较慢的降温速率、较低的终止温度以及各温度下足够多次的抽样，因而模拟退火算法往往优化过程较长，这也是 SA 算法最大的缺点。因此，在保证一定优

化质量的前提下提高算法的搜索效率，是对 SA 进行改进的主要内容。

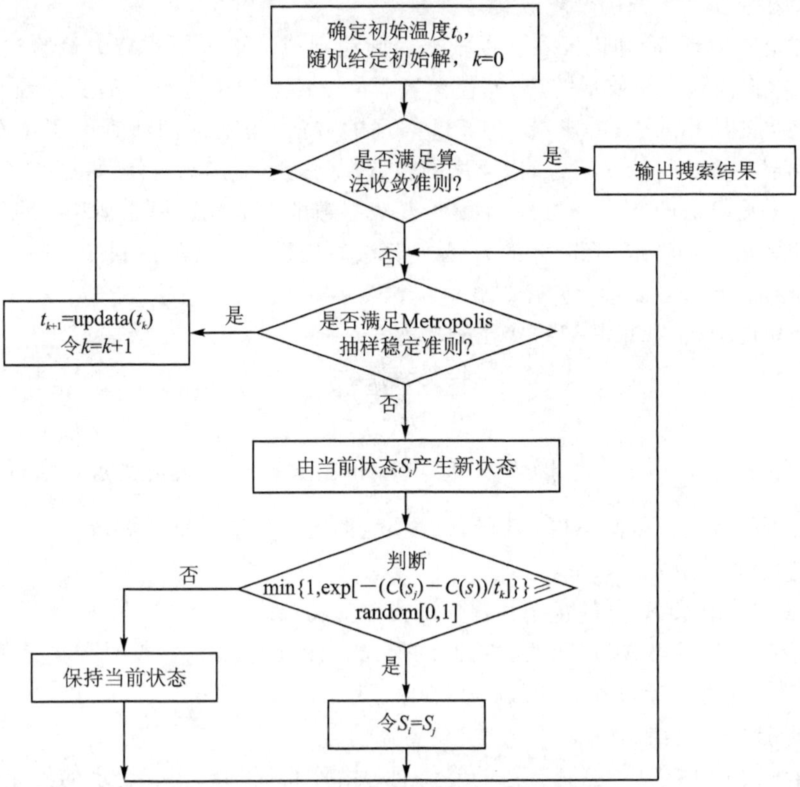


图 12－1　标准模拟退火算法的流程图

## 12.2　模拟退火算法的控制参数

如何合理地选取一组控制算法进程的参数，用以逼近模拟退火算法的渐近收敛状态，使算法在有限时间内返回一个近似最优解，是算法的关键。这样一组控制参数一般被称为冷却进度表，它包括以下参数：① 控制参数 $t$ 的初始值(初温)；② 控制参数 $t$ 的衰减函数 $t_k=f(k)$；③ 控制参数 $t$ 的终值(停止准则)；④ 马尔可夫链的长度 $L_k$(对 $t$ 为 $t_k(k=0,1,2,\cdots)$时进行的所有迭代过程称为一个马尔可夫链)。

冷却进度表的构造是基于算法的准平衡概念。设 $L_k$ 是第 $k$ 个马尔可夫链，$t_k$ 是相应的第 $k$ 个控制参数值，若第 $k$ 个马尔可夫链的 $L_k$ 次变换后，解的概率分布充分逼近 $t=t_k$ 时的平衡分布，则称模拟退火算法达到准平衡。基于准平衡概念将得出两个结论：一是只要 $t_k$ 值充分大，算法在控制参数的这些取值上就会立即达到准平衡；二是控制参数 $t_k$ 的衰减量越大，需要马尔可夫链的长度越长，算法才能恢复准平衡，通常选取 $t_k$ 的小衰减量以避免过长的马尔可夫链，也可以选用大的 $L_k$ 值以对 $t_k$ 进行大的衰减。

任何有效的冷却进度表都必须处理好两个问题：一是算法的收敛性，这个问题可以通过 $t_k$、$L_k$ 以及停止准则的合理选择加以解决；二是算法的效率问题，基于算法准平衡概念，采用较高量化标准构造的冷却进度表将控制算法进行较多次的变换，因此搜索的解空间范围也就越大，对应较高质量的最终解，也就必然与较长的 CPU 时间相对应，反之亦然。因此，算法效率问题的妥善解决只有一种方法:折中,即在合理的 CPU 时间里尽量提高最终解的质量。这种选择涉及冷却表所有参数的合理选择。

基于上述折中原理,冷却进度表可以根据经验法则或理论分析选取。经验法则从合理的 CPU 出发,探索提高最终解质量的途径,简单直观但有赖于使用者丰富的实践经验;而理论分析则是从最终解的质量入手,寻求减少 CPU 时间的方法,精确透彻却难以避免推理的烦琐。在用折中原理解决算法的效率问题时,算法的收敛性问题也就迎刃而解。

根据模拟退火算法的使用经验,以下是冷却表参数的一般性选择原则和一些经验性结论。

(1) 控制参数 $t_0$ 的选取:充分大的 $t_0$ 会使算法的进程一开始就达到准平衡。无论是从理论分析还是经验法则都可以推出这个结论。

从理论的角度分析,如果其初始接受概率为

$$\chi_0 = \frac{\text{接受变换数}}{\text{提出变换数}} \approx 1$$

则由 Metropolis 准则 $\exp\left(-\frac{\Delta f}{t_0}\right) \approx 1$,可推知 $t_0$ 值很大。经验法则要求算法进程在合理的时间里搜索尽可能大的解空间范围,只有 $t_0$ 的值足够大才能满足这个要求。

确定初温 $t_0$ 的常用方法如下:

① 均匀抽样一组状态,以各状态目标值的方差为初温。

② 随机产生一组状态,确定两两状态间的最大目标值差 $|\Delta_{\max}|$,然后依据差值,利用一定的函数确定实值,例如 $t_0 = -\Delta_{\max}/\ln p_r$,其中 $p_r$ 为初始接受概率。

③ 利用经验公式给出。

(2) 控制参数 $t_f$ 的选取:控制参数的终值通常由停止规则确定。合理的停止规则既要保证算法收敛于某一近似解,又要使最终解具有一定的质量。常用的是 Kirkpatrick 等提出的停止规则:在若干个相继的马尔可夫链中解无任何变化(含优化或恶化)就终止算法。

(3) 马尔可夫链的长度 $L_k$ 的选取:$L_k$ 的选取与控制参数 $t_k$ 的衰减量密切相关,过长的马尔可夫链无助于最终解的质量,而只会导致计算时间无谓地增加。因此,在控制参数 $t$ 的衰减函数已确定的情况下,$L_k$ 应选取在控制参数的每一取值上都能恢复准平衡。

(4) 控制参数衰减函数的确定:控制参数衰减函数的选取原则是以小为宜,这样可以避免过长的马尔可夫链;过长的马尔可夫链可能使算法进程的迭代次数增加,接受更多的变换,搜索更大范围的解空间,返回更高质量的最终解,但同时也需更多的计算时间。

最简单的控制衰减函数为

$$t_{k+1} = \alpha t_k, \quad k = 0,1,2,\cdots$$

式中:$\alpha$ 是接近于 1 的常数,常取 0.5~0.99。

(5) 内循环终止准则或称 Metropolis 抽样稳定准则,用于决定在各温度下产生候选解的数目。常用的抽样稳定准则包括:

① 检验目标函数的均值是否稳定;

② 连续若干步的目标值变化较小;

③ 按一定的步数抽样。

(6) 外循环终止准则即算法终止准则,用于决定算法何时结束。设置温度终值是一种简单的方法,通常的做法包括:

① 设置终止温度的阈值;

② 设置外循环迭代次数;

③ 算法搜索到的最优值连续若干步保持不变；

④ 检验系统熵是否稳定。

冷却进度表对模拟退火算法效率的影响是所有参数整体作用的结果，而随着各参数取值的不同，各因素与交互作用的影响也随之不同，时而重要，时而不重要，具有动态性。除此之外，算法效率还与其他因素有关，因此合理的冷却进度表只能有限地改进算法性能。

## 12.3　模拟退火算法的改进

在确保一定要求的优化质量基础上，提高模拟退火算法的搜索效率（时间性能），是对模拟退火算法进行改进的主要内容，可行的方案如下：

(1) 设计合适的状态产生函数，使其根据搜索进程的需要表现出状态的全空间分散性或局部区域性。

(2) 设计高效的退火历程。

(3) 避免状态的迂回搜索。

(4) 采用并行搜索结构。

(5) 为避免陷入局部极小，改进对温度的控制方式。

(6) 选择合适的初始状态。

(7) 设计合适的算法终止准则。

此外，对模拟退火算法的改进也可通过增加某些环节来实现，主要的改进方式如下：

(1) 增加升温或重升温过程。在算法进行的适当时机，将温度适当提高，从而可激活各状态的接受概率，以调整搜索进程中的当前状态，避免算法在局部极小解处停滞不前。

(2) 增加记忆功能。为避免搜索过程中由于执行概率接受环节而遗失当前遇到的最优解，可通过增加存储环节，将“best so far”的状态记忆下来。

(3) 增加补充搜索过程。在退火过程结束后，以搜索到的最优解为初始状态，再次执行模拟退火过程或局部趋化性搜索。

(4) 对每一当前状态，采用多次搜索策略，以概率接受区域内的最优状态，而非标准的模拟退火的单次比较方式。

(5) 结合其他搜索机制的算法，如遗传算法、混沌算法等。

(6) 上述各方法的综合应用。

以下是一种对退火过程和抽样过程进行修改的两阶段改进策略，其做法是在算法搜索过程中保留中间最优解，并即时更新；设置双阈值使得在尽量保持最优解的前提下减小计算量，即在各温度下当前状态连续 $n_1$ 步保持不变则认为 Metropolis 抽样稳定，若连续 $n_2$ 次退温过程中所得的最优解均不变则认为算法收敛。具体步骤如下：

**1. 改进的退火过程**

① 给定初温 $t_0$，随机产生初始状态 $s$，令初始最优解 $s^*=s$，当前状态为 $s(0)=s$，$i=p=0$。

② 令 $t=t_i$，以 $t$、$s^*$ 和 $s(i)$ 调用改进的抽样过程，返回其所得最优解 $s^{*\prime}$ 和当前状态 $s'(k)$，令当前状态 $s(i)=s'(k)$。

③ 判断 $C(s^*)<C(s^{*\prime})$？若是，则令 $p=p+1$；否则，令 $s^*=s^{*\prime}$，$p=0$。

④ 退温 $t_{i+1}=\text{updata}(t_i)$，令 $i=i+1$。

⑤ 判断 $p>n_2$？若是，则转第⑥步；否则，返回第②步。

⑥ 以最优解 $s^*$ 作为最终解输出，停止算法。

**2. 改进的抽样过程**

① 令 $k=0$ 时的初始当前状态为 $s'(0)=s(i)$，初始最优解为 $s^{*\prime}=s^*$，$q=0$。

② 由状态 $s$ 通过状态产生函数产生新状态 $s'$，计算增量 $\Delta C'=C(s')-C(s)$。

③ 若 $\Delta C'<0$，则接受 $s'$ 作为当前解，并判断 $C(s^{*\prime})>C(s')$？若是，则令 $s^{*\prime}=s'$，$q=0$；否则，令 $q=q+1$。若 $\Delta C'>0$，则以概率 $\exp(-\Delta C'/t)$ 接受 $s'$ 作为下一当前状态。若 $s'$ 被接受，则令 $s'(k+1)=s'$，$q=q+1$；否则，令 $s'(k+1)=s'(k)$。

④ 令 $k=k+1$，判断 $q>n_1$？若是，则转第⑤步；否则，返回第②步。

⑤ 将当前最优解 $s^{*\prime}$ 和当前状态 $s'(k)$ 返回到改进的退火过程。

## 12.4 算法的 MATLAB 实现

**【例 12.1】** 已知敌方 100 个目标的经度、纬度如表 12－1 所列。

**表 12－1　经度和纬度数据表**

| 经　度 | 纬　度 | 经　度 | 纬　度 | 经　度 | 纬　度 | 经　度 | 纬　度 |
|---|---|---|---|---|---|---|---|
| 53.712 1 | 15.304 6 | 51.175 8 | 0.032 2 | 46.325 3 | 28.275 3 | 30.331 3 | 6.934 8 |
| 56.543 2 | 21.418 8 | 10.819 8 | 16.252 9 | 22.789 1 | 23.104 5 | 10.158 4 | 12.481 9 |
| 20.105 0 | 15.456 2 | 1.945 1 | 0.205 7 | 26.495 1 | 22.122 1 | 31.484 7 | 8.964 0 |
| 26.241 8 | 18.176 0 | 44.035 6 | 13.540 1 | 28.983 6 | 25.987 9 | 38.472 2 | 20.173 1 |
| 28.269 4 | 29.001 1 | 32.191 0 | 5.869 9 | 36.486 3 | 29.728 4 | 0.971 8 | 28.147 7 |
| 8.958 6 | 24.663 5 | 16.561 8 | 23.614 3 | 10.559 7 | 15.117 8 | 50.211 1 | 10.294 4 |
| 8.151 9 | 9.532 5 | 22.107 5 | 18.556 9 | 0.121 5 | 18.872 6 | 48.207 7 | 16.888 9 |
| 31.949 9 | 17.630 9 | 0.773 2 | 0.465 6 | 47.413 4 | 23.778 3 | 41.867 1 | 3.566 7 |
| 43.547 4 | 3.906 1 | 53.352 4 | 26.725 6 | 30.816 5 | 13.459 5 | 27.713 3 | 5.070 6 |
| 23.922 2 | 7.630 6 | 51.961 2 | 22.851 1 | 12.793 8 | 15.730 7 | 4.956 8 | 8.366 9 |
| 21.505 1 | 24.090 9 | 15.254 8 | 27.211 1 | 6.207 0 | 5.144 2 | 49.243 0 | 16.704 4 |
| 17.116 8 | 20.035 4 | 34.168 8 | 22.757 1 | 9.440 2 | 3.920 0 | 11.581 2 | 14.567 7 |
| 52.118 1 | 0.408 8 | 9.555 9 | 11.421 9 | 24.450 9 | 6.563 4 | 26.721 3 | 28.566 7 |
| 37.584 8 | 16.847 4 | 35.661 9 | 9.933 3 | 24.465 4 | 3.164 4 | 0.777 5 | 6.957 6 |
| 14.470 3 | 13.636 8 | 19.866 0 | 15.122 4 | 3.161 6 | 4.242 8 | 18.524 5 | 14.359 8 |
| 58.684 9 | 27.148 5 | 39.516 8 | 16.937 1 | 56.508 9 | 13.709 0 | 52.521 1 | 15.795 7 |
| 38.430 0 | 8.464 8 | 51.818 1 | 23.015 9 | 8.998 3 | 23.644 0 | 50.115 6 | 23.781 6 |
| 13.790 9 | 1.951 0 | 34.057 4 | 23.396 0 | 23.062 4 | 8.431 9 | 19.985 7 | 5.790 2 |
| 40.880 1 | 14.297 8 | 58.828 9 | 14.522 9 | 18.663 5 | 6.743 6 | 52.842 3 | 27.288 0 |
| 39.949 4 | 29.511 4 | 47.509 9 | 24.066 4 | 10.112 1 | 27.266 2 | 28.781 2 | 27.665 9 |
| 8.083 1 | 27.670 5 | 9.155 6 | 14.130 4 | 53.798 9 | 0.219 9 | 33.649 0 | 0.398 0 |
| 1.349 6 | 16.835 9 | 49.981 6 | 6.082 8 | 19.363 5 | 17.662 2 | 36.954 5 | 23.026 5 |
| 15.732 0 | 19.569 7 | 11.511 8 | 17.388 4 | 44.039 8 | 16.263 5 | 39.713 9 | 28.420 3 |
| 6.990 9 | 23.180 4 | 38.339 2 | 19.995 0 | 24.654 3 | 19.605 7 | 36.998 0 | 24.399 2 |
| 4.159 1 | 3.185 3 | 40.140 0 | 20.303 0 | 23.987 6 | 9.403 0 | 41.108 4 | 27.714 9 |

我方有一个基地，经度和纬度为(70,40)。假设我方飞机的速度为 1 000 km/h。我方派一架飞机从基地出发，侦察完敌方所有目标，再返回原来的基地。在敌方每一目标点的侦察时间不计，求该架飞机所花费的时间（假设我方飞机巡航时间可以充分长）。

**解**：这是一个固定起点和终点的 TSP 问题，并且问题中给定的是地理坐标（经度和纬度），求解时必须求两点间的实际距离。

设 $A$、$B$ 两点的地理坐标分别为$(x_1, y_1)$和$(x_2, y_2)$，过 $A$、$B$ 两点的大圆的劣弧长即为两点的实际距离。以地心为坐标原点 $O$，以赤道平面为 $XOY$ 平面，以 0°经线圈所在的平面为 $XOZ$ 平面建立三维直角坐标系，则 $A$、$B$ 两点的直角坐标分别为

$$A(R \cdot \cos x_1 \cos y_1, R \cdot \sin x_1 \cos y_1, R \cdot \sin y_1)$$

$$B(R \cdot \cos x_2 \cos y_2, R \cdot \sin x_2 \cos y_2, R \cdot \sin y_2)$$

其中，$R=6\ 370$ 为地球半径。

$A$、$B$ 两点间的实际距离为

$$d = R \cdot \arccos\left(\frac{\boldsymbol{OA} \cdot \boldsymbol{OB}}{|\boldsymbol{OA}| \cdot |\boldsymbol{OB}|}\right)$$

化简后得

$$d = R \cdot \arccos[\cos(x_1 - x_2)\cos y_1 \cos y_2 + \sin y_1 \sin y_2)]$$

再调用 MainAnealTSP 函数进行计算。

```
>> [best_fval,best_route] = MainAnealTSP(d,1);
```

此函数如果输入城市坐标或距离矩阵以及其一城市序号，则为计算固定起点的 TSP 问题；如果只输入城市坐标或距离，则为计算一般的 TSP 问题。

函数中新路径的产生有以下 4 种方式，计算时可以任意选择其中一种方式。

(1) 两城市的交换；

(2) 一段路径插入另一城市后；

(3) 两城市间的路线倒置；

(4) 一段路径的两端路径倒置。

其中一次计算结果的路径如图 12－2 所示，时间约为 42 h。

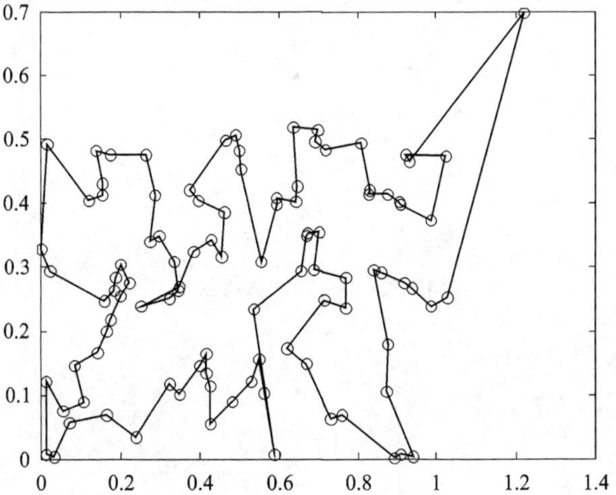


**图 12－2 较为优化的路径图**

**【例 12.2】** 利用模拟退火算法求解下列函数的极值：

$$\min f(x_1,x_2)=\sum_{i=1}^{5} i\cos[(i+1)x_1+i]\sum_{i=1}^{5} i\cos[(i+1)x_2+i],\quad x_1,x_2\in[-10,10]$$

**解**：此函数有 720 个局部极值，其中 18 个为全局极值点。

自编函数 MainAneal 进行计算。

```
>> LB = [-10; -10];UB = [10;10];
>> [best_fval,best_x] = MainAneal(@optifun28,LB,UB)
```

其中一次的计算结果如下：

```
best_fval =  -186.7309                    %极小值
best_x = -1.4250      -7.0836             %极值点
```

多运行几次，还可以得到其他的极值点。

程序中在每个退火温度下，计算 5 次扰动，选择其中的最优值作为最终的扰动值，并且迭代计算 10 次。这些参数都可以自行修改以进一步提高计算效率。

**【例 12.3】** 已知下列观察数据(见表 12-2)，请用模拟退火算法对其进行数据拟合。

**表 12-2 观察数据**

| $x$ | 9 | 14 | 21 | 28 | 42 | 57 | 63 | 70 | 79 |
|---|---|---|---|---|---|---|---|---|---|
| $y$ | 8.93 | 10.80 | 18.59 | 22.33 | 39.35 | 56.11 | 61.73 | 64.62 | 67.08 |

**解**：对数据作图(见图 12-3)，可以发现数据模型为 S 形曲线。

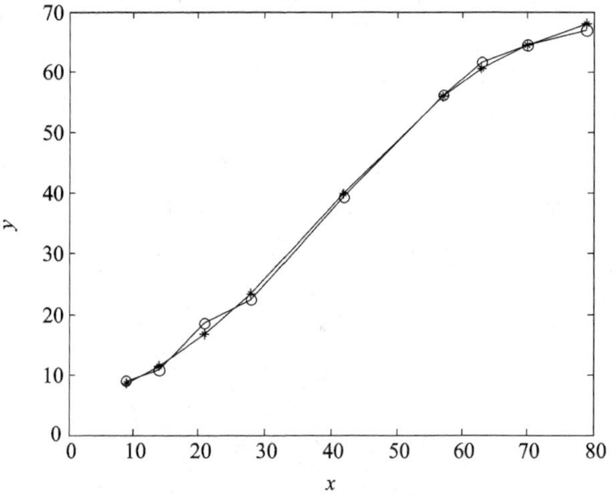


**图 12-3 数据曲线图**

适用于 S 形曲线的数学模型有以下几种：

(1) Gompertz 模型

$$f(x)=T\exp[-\exp(U-Vx)]$$

(2) Logistic 模型

$$f(x)=\frac{T}{1+\exp(U-Vx)}$$

(3) Richards 模型

$$f(x)=\frac{T}{(1+\exp(U-Vx)^{\frac{1}{w}}}$$

(4) Weibull 模型

$$f(x)=T-U\exp(-Vx^{w})$$

调用函数 MainAneal 利用最小二乘方法拟合这些模型，便可得到这些模型的参数。从计算结果可看出 Logistic 模型的拟合误差较小(图 12-3 中星号为拟合结果)，其计算结果如下：

```
>> LB = [0;0;0];UB = [80;4;1];
>> [best_fval,best_x] = MainAneal(@optifun29,LB,UB)
>> best_fval  = 8.0760
   best_x  =  72.4870     2.6264     0.0675
```

**【例 12.4】** 在煤矿生产过程中，基于地质条件的复杂性和经济因素方面的考虑，优先进行突水预测研究显得非常重要。

煤层突水与多种因素有关，经研究分析，可得到表 12-3 所列的特征与突水有关，请对表中的数据进行聚类分析。

**表 12-3　工作面突水与正常状态数据统计表**

| 序号 | 含水层厚度/m | 隔水层厚度/m | 断层落差/m | 煤层倾角/(°) | 距断层距离/m | 泥性岩比例/% | 采高/m | 水压/MPa | 采深/m | 采速/($m\cdot d^{-1}$) | 是否突水 |
|---|---|---|---|---|---|---|---|---|---|---|---|
| 1 | 6.17 | 46.91 | 1.00 | 11.00 | 24.00 | 53.78 | 1.50 | 2.30 | 291.28 | 2.00 | 0 |
| 2 | 6.20 | 43.11 | 1.10 | 8.00 | 130.00 | 50.36 | 1.50 | 1.91 | 243.00 | 2.00 | 0 |
| 3 | 6.20 | 38.90 | 3.00 | 13.50 | 27.00 | 49.49 | 1.50 | 1.45 | 369.50 | 2.00 | 0 |
| 4 | 6.20 | 38.90 | 1.20 | 13.50 | 7.00 | 49.49 | 1.50 | 1.50 | 369.50 | 2.00 | 0 |
| 5 | 6.20 | 38.90 | 1.20 | 14.00 | 30.00 | 49.49 | 1.50 | 1.78 | 369.50 | 2.00 | 0 |
| 6 | 520.00 | 65.00 | 79.00 | 11.00 | 63.00 | 53.26 | 7.50 | 0.74 | 175.50 | 0.50 | 1 |
| 7 | 520.00 | 50.00 | 15.00 | 14.00 | 15.00 | 64.36 | 8.00 | 1.37 | 218.80 | 0.50 | 1 |
| 8 | 520.00 | 46.00 | 2.50 | 15.00 | 9.00 | 64.36 | 8.00 | 1.45 | 230.00 | 0.50 | 1 |
| 9 | 520.00 | 45.00 | 68.00 | 14.00 | 75.00 | 64.36 | 8.00 | 1.01 | 187.50 | 0.50 | 1 |
| 10 | 7.98 | 28.00 | 0.60 | 18.00 | 10.00 | 64.36 | 8.00 | 2.01 | 344.00 | 0.50 | 1 |
| 11 | 520.00 | 43.00 | 1.50 | 11.00 | 2.00 | 64.36 | 8.00 | 1.91 | 295.40 | 2.00 | 1 |
| 12 | 520.00 | 50.00 | 4.00 | 13.00 | 10.00 | 63.97 | 8.00 | 2.55 | 412.40 | 2.00 | 1 |
| 13 | 520.00 | 50.00 | 100.00 | 16.00 | 153.00 | 64.36 | 2.00 | 2.35 | 369.10 | 1.00 | 1 |
| 14 | 520.00 | 42.00 | 32.00 | 12.00 | 19.00 | 66.55 | 7.50 | 0.69 | 152.00 | 0.50 | 1 |

**解**：求解聚类(或分类)问题可以采用两种方法：第一种方法是先随机求出各类中心，接着计算每个样本与各类中心的距离段，再确定每个样本的类别情况；然后根据聚类优化函数对各类中心进行迭代优化，最终确定每个样本的类别归属。第二种方法是先随机对每个样本进行类别归属，再计算出聚类优化函数，然后进行迭代计算，最终实现每个样本的归属优化。

本例中为了能直接调用 MainAneal 函数，采用第一种方法，其中优化函数为类内距离与类间距离的比值，此值越小分类效果越好，即分类时各类间的距离要大，但类内各样品间的距离要小。

$$\min J(w,c)=\frac{\sum_{i=1}^{N_j}\sum_{p=1}^{n}w_{ij}\|x_{ip}-c_{jp}\|^2}{\sum_{j=1}^{M-1}\sum_{p=1}^{n}\|c_{j+1,p}-c_{jp}\|^2}$$

其中，$c_{jp}=\frac{\sum_{i=1}^{N_j}w_{ij}x_{ip}}{\sum_{i=1}^{N_j}w_{ij}}, j=1,2,\cdots,M;p=1,2,\cdots,n$。

$$w_{ij}=\begin{cases}1, & \text{若样品 } i \text{ 类属于 } j \text{ 类}\\0, & \text{否则}\end{cases}$$

其中，$x_{ip}$ 为第 $i$ 个样本的第 $p$ 个属性，$c_{jp}$ 为第 $j$ 个类中心的第 $p$ 个属性。

```
>> load data;
>> data = guiyi_range(data,[0 1]);                    % 将数据归一到[0 1]区间
>> LB = [0 0;0 0;0 0;0 0;0 0;0 0;0 0;0 0;0 0;0 0];UB = [1 1;1 1;1 1;1 1;1 1;1 1;1 1;1 1;1 1;1 1];
>> [best_fval,best_x] = MainAneal(@(x)optifun33(x,data),LB,UB)
>> best_fval  = 0.1056
>> best_x = 0.1161 0.0933 0.8422 0.1432 0.4666 0.0133 0.1919 0.8581 0.8148 0.9559
           0.9880 0.6199 0.4172 0.6761 0.1190 0.8783 0.9690 0.3548 0.5863 0.1733
>> y = myclass(data,best_x)                           % 根据聚类中心,对样本进行归类
>> y =1  1  1  1  1  2  2  2  2  2  2  2  2  2        % 样本分类,与原归属相同
```

**【例 12.5】** MATLAB 中有利用模拟退火算法的极小化函数 simulannealbnd，请利用此函数求下列函数的极小值：

$$f(\boldsymbol{x})=(a-bx_1^2+x_1^4/3)x_1^2+x_1x_2+(-c+cx_2^2)x_2^2$$

其中，$a$、$b$、$c$ 为常数。

**解：**

```
>> a = 4; b = 2.1; c = 4; X0 = [0.5 0.5];
>> [x,fval] = simulannealbnd(@(x)optifun30(x,a,b,c),X0)
```

计算后得到以下结果：

```
x = 0.0893    -0.7134              % 极值点
fval = -1.0316                     % 极值
```

如果要改变优化条件，则可以用以下形式通过改变 options 实现。

```
options = saoptimset('ReannealInterval',300,'PlotFcns',@saplotbestf)
```

# 第 13 章 禁忌算法

禁忌算法(Tabu Search 或 Taboo Search,TS)的思想最早由 Glover 于 1986 年提出,它是对局部邻域搜索的一种扩展,是一种全局逐步寻优算法,是对人类智力活动的一种模拟。TS 算法通过引入一个灵活的存储结构和相应的禁忌准则来避免迂回搜索,并通过藐视准则来赦免一些被禁忌的优良状态,进而保证多样化的有效搜索以最终实现全局优化。相对于模拟退火算法和遗传算法,TS 是又一种搜索特点不同的 meta - heuristic 算法。迄今为止,TS 算法在组合优化、生产调度、机器学习、电路设计和神经网络等领域取得了很大的成功,近年来又在函数全局优化方面得到较多的研究,并大有发展的趋势。

## 13.1 禁忌搜索

局部邻域搜索容易陷入局部极小而无法保证全局优化性。为了实现全局优化,可尝试的途径有:以可控性概率接受劣解来逃逸局部极小,如模拟退火算法;扩大邻域搜索结构如 TSP 的 2 - opt 扩展到 $k$ - opt;多点并行搜索,如进化计算;变结构邻域搜索;另外,就是采用 TS 的禁忌策略以尽量避免迂回搜索,它是一种确定性的局部极小突破策略。

### 13.1.1 禁忌搜索示例

组合优化是 TS 算法应用最多的领域。假设有一个 TSP 问题,当前解为以下排列,适配值(反比于目标函数值)为 10,禁忌表为空。对 TSP 问题中的两个元素进行互换(SWAP)操作(共 21 次)后的排列为候选解,其中列出最优 5 次的适配值与当前适配值的差值;为一定程度上防止迂回搜索,每个被采纳的移动互换在禁忌表中将滞留 3 步(禁忌长度),即次移动在以下连续 3 步搜索中将视为禁忌对象。但要注意的是,由于当前的禁忌对象状态的适配值可能很好,因此在算法中设置判断,若禁忌对象对应的适配值优于“best so far”状态,则无视其禁忌属性而仍采纳其为当前选择,也就是通常所说的藐视准则。

第1步　当前解　适配值　10

| | | | | | | |
|---|---|---|---|---|---|---|
| 2 | 5 | 7 | 3 | 4 | 6 | 1 |

禁忌表(空)

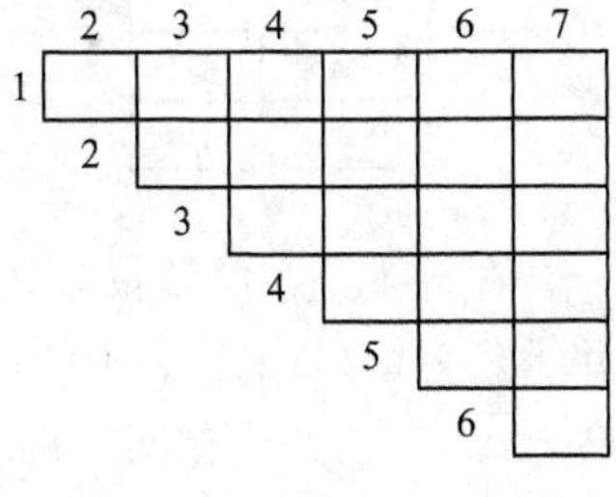


SWAP与当前解的适配值差

| | |
|---|---|
| 5,4 | 6 |
| 7,4 | 4 |
| 3,6 | 2 |
| 2,3 | 0 |
| 4,1 | −1 |

第 1 步,由于 5 个最佳候选解中(5 4)互换后得到解的适配值为 16,因此当前解更新为

(2 4 7 3 5 6 1)，并把(5 4)加入到禁忌表中，同时又有 5 个最佳候选解。

第2步　当前解　适配值　16

| | | | | | | |
|---|---|---|---|---|---|---|
| 2 | 4 | 7 | 3 | 5 | 6 | 1 |

禁忌表

| | 2 | 3 | 4 | 5 | 6 | 7 |
|---|---|---|---|---|---|---|
| 1 | | | | | | |
| 2 | | | | | | |
| 3 | | | | | | |
| 4 | | | | 3 | | |
| 5 | | | | | | |
| 6 | | | | | | |

SWAP与当前解的适配值差

| | |
|---|---|
| 3,1 | 2 |
| 2,3 | 1 |
| 3,6 | −1 |
| 7,1 | −2 |
| 6,1 | −4 |

第 2 步，由于 5 个候选解中的(3 1)将使适配值增加 2，从而当前解更新为(2 4 7 1 5 6 3)，并把(3 1)加入到禁忌表中，此时禁忌表中(5 4)改为 2。

第3步　当前解　适配值　18

| | | | | | | |
|---|---|---|---|---|---|---|
| 2 | 4 | 7 | 1 | 5 | 6 | 3 |

禁忌表

| | 2 | 3 | 4 | 5 | 6 | 7 |
|---|---|---|---|---|---|---|
| 1 | | 3 | | | | |
| 2 | | | | | | |
| 3 | | | | | | |
| 4 | | | | 2 | | |
| 5 | | | | | | |
| 6 | | | | | | |

SWAP与当前解的适配值差

| | |
|---|---|
| 1,3 | −2T |
| 2,4 | −4 |
| 7,6 | −6 |
| 4,5 | −7T |
| 5,3 | −9 |

第 3 步，由于 5 个候选解都不能使适配值提高，但禁忌算法却无视这一点，同时由于(1 3)和(4 5)是禁忌对象，因此算法在候选解集中选择非禁忌的最佳候选解(2 4)为下一个当前解，此时适配值减少 2，为 14，并在禁忌表中加入禁忌对象(2 4)。

第4步　当前解　适配值　14

| | | | | | | |
|---|---|---|---|---|---|---|
| 4 | 2 | 7 | 1 | 5 | 6 | 3 |

禁忌表

| | 2 | 3 | 4 | 5 | 6 | 7 |
|---|---|---|---|---|---|---|
| 1 | | 2 | | | | |
| 2 | | | 3 | | | |
| 3 | | | | | | |
| 4 | | | | 1 | | |
| 5 | | | | | | |
| 6 | | | | | | |

SWAP与当前解的适配值差

| | |
|---|---|
| 4,5 | 6T |
| 5,3 | 2 |
| 7,1 | 0 |
| 1,3 | −3T |
| 2,6 | −6 |

第 4 步，虽然(5 4)是禁忌对象，但由于它导致的适配值为 20，优于“best so far”状态，因此算法仍选择它为下一个当前状态，即(5 2 7 1 4 6 3)，并重新置(4 5)禁忌表中的值为 3，这就是藐视准则为防止遗失最优解的作用。进而，搜索过程转入第 5 步，并按相同的机理持续到算法终止条件。

第5步　　当前解　　　　适配值　14

| | | | | | | |
|---|---|---|---|---|---|---|
| 5 | 2 | 7 | 1 | 4 | 6 | 3 |

禁忌表

| | 2 | 3 | 4 | 5 | 6 | 7 |
|---|---|---|---|---|---|---|
| 1 | | 1 | | | | |
| 2 | | | 2 | | | |
| 3 | | | | | | |
| 4 | | | | 3 | | |
| 5 | | | | | | |
| 6 | | | | | | |

SWAP与当前解的适配值差

| | |
|---|---|
| 7,1 | 0 |
| 3,3 | −3 |
| 6,3 | −5 |
| 5,4 | −6T |
| 2,6 | −8 |

从以上禁忌算法的示例中可以看出，简单的禁忌算法是在邻域搜索的基础上，通过设置禁忌表来禁忌一些已经历的操作，并利用藐视规则来奖励一些优良状态，其中邻域结构、候选解、禁忌长度、禁忌对象、藐视规则、终止准则等是影响禁忌搜索算法性能的关键。

### 13.1.2 禁忌算法的流程

简单禁忌算法的步骤可描述如下：

(1) 给定算法参数，随机产生初始解 $x$，置禁忌表为空。

(2) 判断算法终止条件是否满足？若是，则结束算法并输出最优结果；否则，继续以下步骤。

(3) 利用当前解 $x$ 的邻域函数产生其所有(或若干)邻域解，并从中确定若干个候选解。

(4) 判断候选解是否满足藐视准则？若成立，则用满足藐视准则的最佳状态 $y$ 代替 $x$ 成为新的当前解，并用与 $y$ 对应的禁忌对象替换最早进入禁忌表的禁忌对象，同时用 $y$ 替换“best so far”状态，然后转步骤(6)；否则，继续以下步骤。

(5) 判断候选解对应的各对象的禁忌属性，选择候选解集中非禁忌对象对应的最佳状态为新的当前解，同时用与之对应的禁忌对象替换最早进入禁忌表的禁忌对象元素。

(6) 转步骤(2)。

以上算法流程如图 13-1 所示。

算法中的邻域函数、禁忌对象、禁忌表和藐视准则是关键，其中，邻域函数沿用局部邻域搜索的思想，用于实现邻域搜索；禁忌表和禁忌对象的设置，体现了算法避免迂回搜索的特点；藐视准则则是对优良状态的奖励，它是对禁忌策略的一种放松。

### 13.1.3 禁忌算法的特点

与传统的优化算法相比，禁忌算法的主要特点是：

(1) 在搜索过程中可以接受劣解，因此具有较强的“爬山”能力。

(2) 新解不是在当前解的邻域中随机产生，而或是优于“best so far”的解，或是非禁忌的最佳解，因此选取优良解的概率远远大于其他解。

但是，算法也存在明显的不足，即

(1) 对初始解有较强的依赖性，好的初始解可使算法在解空间中搜索到好的解，而较差的初始解则会降低算法的收敛速度。

(2) 迭代搜索过程是串行的，仅是单一状态的移动，而非并行搜索。

为了进一步改善禁忌搜索的性能，一方面可以对禁忌算法本身的操作和参数选取进行改

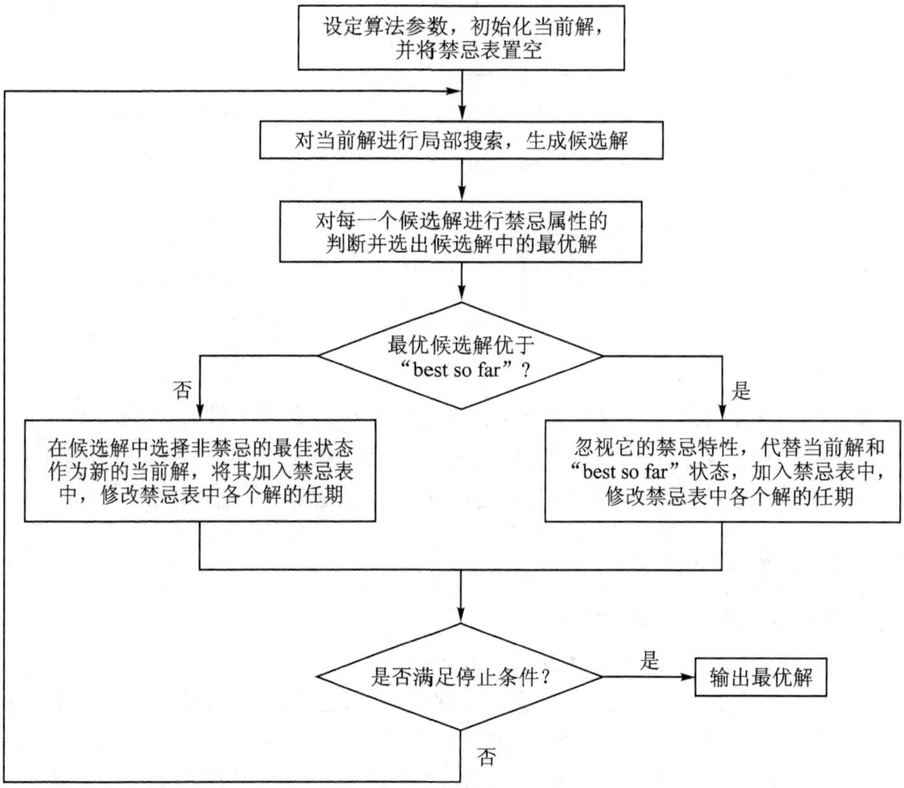


**图 13-1　禁忌算法的基本流程图**

进，另一方面可以与模拟退火算法、遗传算法、神经网络以及基于问题信息的局部搜索相结合。

## 13.2　禁忌算法的关键参数和操作

一般而言，要设计一个禁忌算法，需要确定以下环节：

(1) 初始解和适配值函数；

(2) 邻域结构和禁忌对象；

(3) 候选解选择；

(4) 禁忌表及其长度；

(5) 藐视准则；

(6) 集中搜索和分散搜索策略；

(7) 终止准则。

**1. 适配值函数**

类似于遗传算法，禁忌搜索的适配值函数也是用于对搜索状态的评价，进而结合禁忌准则和藐视准则来选取新的当前状态。显然，目标函数可以直接作为适配值函数，也可以对其进行任何形式的变形。若目标函数的计算比较困难或耗时较多，如一些复杂工业过程的目标函数需要一次仿真才能获得，此时可采用反映问题目标的某些特征值来作为适配值，进而改善算法的时间性能。当然，选取何种特征值要视具体问题而定，但必须保证特征值的最佳性与目标函数的最优性一致。

**2. 禁忌对象**

禁忌对象就是被置入禁忌表中的那些变化元素，而禁忌的目的是为了尽量避免迂回搜索而多搜索一些有效的搜索途径。归纳而言，禁忌对象通常可选取状态本身、状态分量或适配值的变化等。

以状态本身或其变化作为禁忌对象是最为简单的一种方法，即当状态由 $x$ 变化到状态 $y$ 时，将状态 $y$（或 $x \to y$ 的变化）视为禁忌对象，从而在一定条件下禁止了 $y$（或 $x \to y$ 的变化）的再度出现。

状态变化包含了多个状态分量的变化，因此以状态分量的变化为禁忌对象将扩大禁忌的范围，并可减少相应的计算量。例如对高维函数的优化，可以将某一维分量本身或其变化作为禁忌对象。同样适配值或其变化也可以作为禁忌对象。

**3. 禁忌长度和候选解**

禁忌长度和候选解集的大小是影响算法性能的两个关键参数。禁忌长度是指禁忌对象在不考虑藐视准则情况下不允许被选取的最大次数（即在禁忌表中的任期），对象只有当其任期为0时才被解禁。候选解集则通常是当前状态的邻域解集的一个子集。

禁忌长度的选取与问题特性、研究者的经验有关，它决定了算法的计算复杂性。一方面，禁忌长度可以是常定不变的，如将禁忌长度固定为某个数，或者固定为与问题规模相关的一个量（如$\sqrt{n}$，$n$ 为问题维数或规模）；另一方面，禁忌长度也可以是动态的，如根据搜索性能和问题特性设定禁忌长度的变化区间，而禁忌长度则可按某种原则或公式在其区间内变化。当然，禁忌对象的区间大小也可随搜索性能的变化而动态变化。

一般而言，当算法的性能动态下降较大时，说明算法当前的搜索能力比较强；也可能是当前解附近极小解形成的“波谷”较深，可设置较大的禁忌长度来延续当前的搜索行为，避免陷入局部极小。研究表明，禁忌长度的动态设置比静态方式具有更好的性能和鲁棒性。

候选解通常在当前状态中的邻域中择优选择，但选取过多将造成较大的计算量，而选取过少则易造成早熟收敛。然而，要做到整个邻域的择优往往需要大量的计算，因此可以确定性或随机性地在部分邻域解中选取候选解，具体数据大小可以视问题特性和对算法的要求而定。

**4. 藐视准则**

在禁忌算法中，可能会出现候选解全部被禁忌，或者存在一个优于“best so far”状态的禁忌候选解，此时藐视准则将使某些状态解禁，以实现更高效的优化性能。

下面是藐视准则的几种常用形式。

(1) 基于适配值的准则。全局形式：若某个禁忌候选解的适配值优于“best so far”状态，则解禁此候选解为当前状态和新的“best so far”状态；区域形式：将搜索空间分成若干个子区域，若某个禁忌候选解的适配值优于它所在区域的“best so far”状态，则解禁此候选解为当前状态和相应区域的新“best so far”状态。

(2) 基于搜索方向的准则。若禁忌对象上次被禁忌时适配值有所改善，并且目前该禁忌对象对应的候选解的适配值优于当前解，则对该禁忌对象解禁。

(3) 基于最小错误的准则。若候选解均被禁忌，且不存在优于“best so far”状态的候选解，则对候选解中最佳的候选解进行解禁，以继续搜索。

(4) 基于影响力的准则。在搜索过程中不同对象的变化对适配值的影响有所不同，而这种影响力可作为一种属性与禁忌长度和适配值来共同构造藐视准则。此时应注意的是影响力仅是一种标量指标，可以表征适配值的下降，也可以表征适配值的上升。例如，若候选解均关于"best so far"状态,而某个禁忌对象的影响力指标很高,且很快将被解禁,则立即解禁该对象以期待更好的状态。

**5. 禁忌频率**

记忆禁忌频率(或次数)是对禁忌属性的一种补充,可放宽选择决策对象的范围。例如某个适配值频繁出现,则可以推测算法陷入某种循环或某个极小点,或者说现有算法参数难以有助于发掘更好的状态,进而应当对算法结构或参数进行修改。在实际求解时,可以根据问题和算法的需要,记忆某个状态出现的频率,也可以是某些对换对象或适配值等出现的信息,而这些信息又可以是静态的,或者是动态的。

静态的频率信息主要包括状态、适配值或对换等对象在优化过程中出现的频率,其计算相对比较简单;动态的频率信息主要记录从某些状态、适配值或对换等对象转移到另一些状态、适配值或对换等对象的变化趋势,常用的方法有如下几种:

(1) 记录某个序列的长度,即序列中的元素个数,而在记录某些关键点的序列中,可以按这些关键点的序列长度的变化来进行计算。

(2) 记录由序列中的某个元素出发后再回到该元素的迭代次数。

(3) 记录某个序列的平均适配值,或者是相应各元素的适配值的变化。

(4) 记录某个序列出现的频率等。

上述频率信息有助于加强禁忌搜索的能力和效率,并且有助于对禁忌搜索算法参数的控制,或者可据此对相应的对象实施惩罚。例如若某个对象频繁出现,则可以增加禁忌长度来避免循环;若某个序列的适配值变化较小,则可以增加对该序列所有对象的禁忌长度,反之则缩小禁忌长度。

**6. 终止准则**

禁忌算法的终止准则通常采用近似的收敛准则,常用的方法如下:

(1) 给定最大迭代步数。此方法简单,但难以保证优化质量。

(2) 设定某个对象的最大禁忌频率。如若某个状态、适配值或对换等对象的禁忌频率超过某一阈值,则终止算法,其中也包括最佳适配值连续若干步保持不变的情况。

(3) 设定适配值的偏离幅度。首先用估界算法估计问题的下界,一旦算法中最佳适配值与下界的偏离值小于某规定的阈值,则终止算法。

## 13.3 算法的 MATLAB 实现

**【例 13.1】** 求解表 13-1 所列的 30 个城市的 TSP 问题。

**表 13-1 30 个城市的坐标数值**

| | | | | | | | | | | | | | | | |
|---|---|---|---|---|---|---|---|---|---|---|---|---|---|---|---|
| 城市坐标值 | 41 | 37 | 54 | 25 | 7 | 2 | 68 | 71 | 54 | 83 | 64 | 18 | 22 | 83 | 91 |
| | 94 | 84 | 67 | 62 | 64 | 99 | 58 | 44 | 62 | 69 | 60 | 54 | 60 | 46 | 38 |
| | 25 | 24 | 58 | 71 | 74 | 87 | 18 | 13 | 82 | 62 | 58 | 45 | 41 | 44 | 4 |
| | 38 | 42 | 69 | 71 | 78 | 76 | 40 | 40 | 7 | 32 | 35 | 21 | 26 | 35 | 50 |

**解:**根据禁忌算法的原理,编写函数 TSOATSP 求解本例题,程序中最大迭代次数、禁忌表长度、候选解数目等参数可自己设定,也可以用默认值;邻域解是通过交换某个路线中的两个城市序号获得的。

```
≫ city=[41 94;37 84;54 67;25 62;7 64;2 99;68 58;71 44;54 62;83 69;64 60;18 54;
        22 60;83 46;91 38;25 38;24 42;58 69;71 71;74 78;87 76;18 40;13 40;82 7;
        62 32;58 35;45 21;41 26;44 35;4 50];
≫ cBest = TSOATSP(city);
≫ cBest =
  fitness: 423.7406
  route: [25 24 15 14 8 7 11 10 21 20 19 18 9 3 2 1 6 5 4 13 12 30 23 22 17 16 29 28 27 26]
  bTabu: 0
  index: 1131
```

从计算结果可看出，在第 1 131 次迭代时出现最优值，包括最优路线与距离。

根据计算结果可绘出如图 13-2 所示的最优路线。

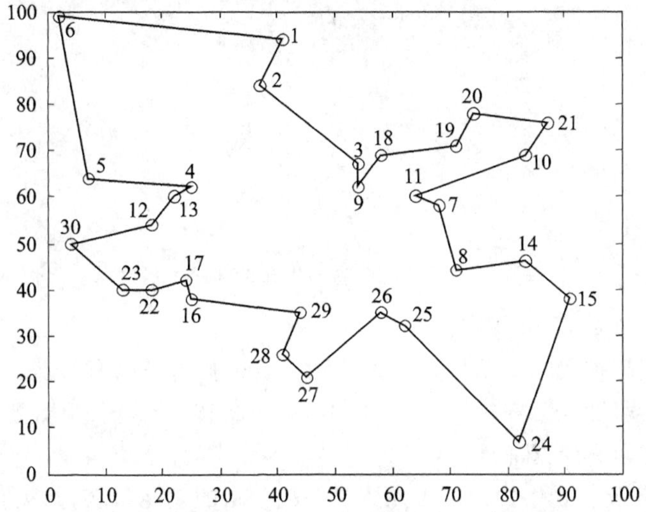


**图 13-2　最优路线图**

**【例 13.2】**　求解下列函数的极小值：

$$f(x,y)=\frac{\sin^2(\sqrt{x^2+y^2})-0.5}{[1+0.001(x^2+y^2)]^2}-0.5,\qquad |x_i|\leqslant 10$$

**解：**此函数的图像如图 13-3 所示，有无穷个局部极小值，并且强烈振荡，全局最小值为 $f(0,0)=0$。

禁忌算法虽然常用于组合优化问题，但对求解组合优化（例 13.1）中的程序做一些修改，便可以对连续函数进行优化。

程序修改如下：

(1) 初始解的产生，在变量取值范围内随机产生初始解。

(2) 候选解的产生（即邻域解），既可以利用随机的方法，也可以利用遗传算法中的变异算子。此例中为了进一步提高效率，在一定的迭代次数内，利用随机的方法；超过时则利用变异的方法，而且只对其中一个分量做变异处理。

(3) 禁忌状态的判断，当一个候选解与禁忌表中的一个解的距离（2-范数）小于某一个数，且两者的函数值相差不小于某一个数时，可认为这个候选解处于禁忌状态。

根据以上几点，对例 13.1 中的程序做修改得到函数 TSOA 进行连续函数的优化。

```
≫ cBest = TSOA(@optifun13,2,[-10;-10],[10;10]);
≫ cBest = x: [-1.9089e-004 -9.9862e-005]          %极小点
```

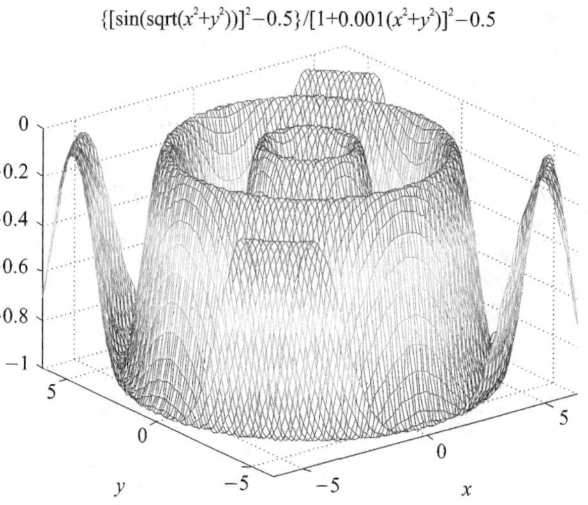


**图 13-3 函数的图像**

```
fitness：-1.0000                          %极小值
bTabu：1                                  %禁忌状况
index：1974                               %最优值出现时的迭代数
```

通过调整不同的参数，可以发现：

(1) 当变量的范围扩大 10 倍时，即变为 $|x_i|\leqslant 100$，则寻优过程较为困难，得到的极小值精度较差，如其中一次的计算结果为 $x=[-0.0032\ 0.0028]$，且迭代次数要几千次以上。

(2) 禁忌表长度影响计算时间。

**【例 13.3】** 含氟化合物中掺入稀土元素是一代新型的发光材料，这类化合物的结构通式为 $AB_mF_n$，其中 A、B 分别为某金属原子，F 为氟原子。请根据表 13-3 所列训练集数据利用禁忌算法对表 13-2 所列的 12 个特征进行筛选。

**表 13-2 关于化合物 $AB_mF_n$ 的变量**

| 序号 | 特征 | 意义 |
|---|---|---|
| 1 | $Z_a/R_{ka}$ | 原子 A 的价电子数与其原子实半径之比 |
| 2 | $Z_a/R_{kb}$ | 原子 B 的价电子数与其原子实半径之比 |
| 3 | $X_a$ | 原子 A 的电负性 |
| 4 | $X_b$ | 原子 B 的电负性 |
| 5 | $R_{ca}/R_{cb}$ | 原子 A 的离子半径与原子 B 的离子半径之比 |
| 6 | $Z_a/R_{ca}$ | 原子 A 的价电子数与它的共价原子半径之比 |
| 7 | $Z_b/R_{cb}$ | 原子 B 的价电子数与它的共价原子半径之比 |
| 8 | $m$ | 原子 A 的摩尔比 |
| 9 | $Z_{a'}$ | 原子 A 的价态 |
| 10 | $Z_{b'}$ | 原子 B 的价态 |
| 11 | $R_{ca}$ | 原子 A 的离子半径 |
| 12 | $R_{cb}$ | 原子 B 的离子半径 |

**表 13-3　训练集数据**

| 化合物 | 1 | 2 | 3 | 4 | 5 | 6 | 7 | 8 | 9 | 10 | 11 | 12 | 类　别 |
|---|---|---|---|---|---|---|---|---|---|---|---|---|---|
| $NaBeF_3$ | 1.05 | 6.45 | 0.90 | 1.50 | 2.77 | 0.63 | 2.08 | 1.00 | 1.00 | 2.00 | 0.97 | 0.35 | 1 |
| $KBeF_3$ | 0.75 | 6.45 | 0.80 | 1.50 | 3.80 | 0.50 | 2.08 | 1.00 | 1.00 | 2.00 | 1.33 | 0.35 | 1 |
| $RbBeF_3$ | 0.68 | 6.45 | 0.80 | 1.50 | 4.20 | 0.47 | 2.08 | 1.00 | 1.00 | 2.00 | 1.47 | 0.35 | 1 |
| $KMgF_3$ | 0.75 | 3.08 | 0.80 | 1.20 | 2.01 | 0.50 | 1.45 | 1.00 | 1.00 | 2.00 | 1.30 | 0.66 | 1 |
| $NaMgF_3$ | 1.05 | 3.08 | 0.90 | 1.20 | 1.47 | 0.63 | 1.45 | 1.00 | 1.00 | 2.00 | 0.97 | 0.66 | 1 |
| $CsMgF_3$ | 0.59 | 3.08 | 0.75 | 1.20 | 2.53 | 0.43 | 1.45 | 1.00 | 1.00 | 2.00 | 0.17 | 0.66 | 1 |
| $BaBeF_4$ | 1.48 | 6.45 | 0.90 | 1.50 | 3.83 | 1.02 | 2.08 | 1.00 | 2.00 | 2.00 | 1.34 | 0.35 | 1 |
| $KAlF_4$ | 0.75 | 6.00 | 0.80 | 1.50 | 2.61 | 0.50 | 2.38 | 1.00 | 1.00 | 3.00 | 1.33 | 0.51 | 1 |
| $NaAlF_4$ | 1.05 | 6.00 | 0.90 | 1.50 | 1.90 | 0.63 | 2.68 | 1.00 | 1.00 | 3.00 | 0.97 | 0.51 | 1 |
| $CsAlF_4$ | 0.59 | 6.00 | 0.75 | 1.50 | 3.27 | 0.43 | 2.38 | 1.00 | 1.00 | 3.00 | 1.67 | 0.51 | 1 |
| $SrAlF_5$ | 1.77 | 6.00 | 1.00 | 1.50 | 2.20 | 1.05 | 2.38 | 1.00 | 2.00 | 3.00 | 1.12 | 0.51 | 1 |
| $BaAlF_5$ | 1.48 | 6.00 | 0.90 | 1.50 | 2.63 | 1.02 | 2.38 | 1.00 | 2.00 | 3.00 | 1.34 | 0.51 | 1 |
| $SrGaF_5$ | 1.77 | 4.84 | 1.00 | 1.60 | 1.81 | 1.05 | 2.40 | 1.00 | 2.00 | 3.00 | 1.12 | 0.62 | 1 |
| $RbIn_2F_7$ | 0.68 | 3.70 | 0.80 | 1.70 | 1.81 | 0.47 | 2.05 | 2.00 | 1.00 | 3.00 | 1.47 | 0.81 | 1 |
| $SrSiF_6$ | 1.77 | 9.77 | 1.00 | 1.90 | 2.67 | 1.05 | 3.42 | 1.00 | 2.00 | 4.00 | 1.34 | 0.42 | 1 |
| $BaSiF_6$ | 1.48 | 9.77 | 0.90 | 1.90 | 3.19 | 1.02 | 3.42 | 1.00 | 2.00 | 4.00 | 1.34 | 0.42 | 1 |
| $KYF_4$ | 0.75 | 3.23 | 0.80 | 1.20 | 1.46 | 0.50 | 1.86 | 1.00 | 1.00 | 3.00 | 1.33 | 0.92 | 1 |
| $BaY_2F_8$ | 1.48 | 3.23 | 0.90 | 1.20 | 1.46 | 1.02 | 1.86 | 1.00 | 2.00 | 3.00 | 1.34 | 0.91 | 1 |
| $BaSmF_5$ | 1.48 | 2.80 | 0.90 | 1.30 | 1.19 | 1.02 | 1.83 | 1.00 | 2.00 | 3.00 | 1.34 | 1.13 | 2 |
| $BaTbF_5$ | 1.48 | 2.97 | 0.90 | 1.30 | 1.31 | 1.02 | 1.89 | 1.00 | 2.00 | 3.00 | 1.34 | 1.02 | 2 |
| $PbSnF_4$ | 1.57 | 1.82 | 1.60 | 1.70 | 1.18 | 1.33 | 1.42 | 1.00 | 2.00 | 2.00 | 0.84 | 0.71 | 2 |
| $SrSnF_4$ | 1.77 | 1.82 | 1.00 | 1.70 | 1.58 | 1.02 | 1.43 | 1.00 | 2.00 | 2.00 | 1.34 | 0.71 | 2 |
| $CrAlF_5$ | 2.56 | 6.00 | 1.40 | 1.50 | 1.02 | 1.68 | 2.38 | 1.00 | 2.00 | 3.00 | 0.52 | 0.51 | 2 |
| $CrVF_5$ | 2.56 | 4.69 | 1.40 | 1.40 | 0.88 | 1.68 | 2.48 | 1.00 | 2.00 | 3.00 | 0.52 | 0.59 | 2 |
| $KCdF_3$ | 0.75 | 2.06 | 0.80 | 1.70 | 1.37 | 0.50 | 1.40 | 1.00 | 1.00 | 2.00 | 1.33 | 0.97 | 2 |
| $TlCdF_3$ | 0.63 | 2.06 | 1.40 | 1.70 | 0.98 | 0.67 | 1.40 | 1.00 | 1.00 | 2.00 | 0.95 | 0.97 | 2 |
| $BaCeF_5$ | 1.48 | 2.63 | 0.90 | 1.20 | 1.14 | 1.02 | 1.85 | 1.00 | 2.00 | 3.00 | 1.34 | 1.18 | 2 |
| $BaNdF_5$ | 1.48 | 2.73 | 0.90 | 1.30 | 1.17 | 1.02 | 1.85 | 1.00 | 2.00 | 3.00 | 1.34 | 1.15 | 2 |
| $BaSmF_5$ | 1.48 | 2.80 | 0.90 | 1.30 | 1.19 | 1.02 | 1.83 | 1.00 | 2.00 | 3.00 | 1.34 | 1.13 | 2 |
| $BaDyF_5$ | 1.48 | 3.00 | 0.90 | 1.30 | 1.25 | 1.02 | 1.90 | 1.00 | 2.00 | 3.00 | 1.34 | 1.07 | 2 |
| $BaTmF_5$ | 1.48 | 3.13 | 0.90 | 1.30 | 1.33 | 1.02 | 1.94 | 1.00 | 2.00 | 3.00 | 1.34 | 1.01 | 2 |
| $BaYbF_5$ | 1.48 | 3.16 | 0.90 | 1.20 | 1.34 | 1.02 | 1.76 | 1.00 | 2.00 | 2.00 | 1.34 | 1.00 | 2 |
| $BaPr_2F_8$ | 1.48 | 2.68 | 0.90 | 1.20 | 1.16 | 1.02 | 1.85 | 2.00 | 2.00 | 3.00 | 1.34 | 1.16 | 2 |
| $BaEu_2F_8$ | 1.48 | 2.86 | 0.90 | 1.20 | 1.20 | 1.02 | 1.85 | 2.00 | 2.00 | 3.00 | 1.34 | 1.12 | 2 |
| $BaDy2F_8$ | 1.48 | 3.00 | 0.90 | 1.30 | 1.25 | 1.02 | 1.90 | 2.00 | 2.00 | 3.00 | 1.34 | 1.07 | 2 |
| $BaTmF_8$ | 1.48 | 3.13 | 0.90 | 1.30 | 1.33 | 1.02 | 1.94 | 2.00 | 2.00 | 3.00 | 1.34 | 1.01 | 2 |

**解**:此例涉及特征变量(即特征子集)的选择,可以采用多种方法求解。由于禁忌算法采用二进制编码,所以可以较为方便地应用于特征的选择中。

在特征子集的选择中,关键在于适应度函数,不同的适应度函数可能会得到不同的结果。本例中的适应度函数为类间(内)距离、分类正确率及特征子集大小的组合,下面为一次的计算结果:

```
>> load data;
>> data = guiyi(data);
>> target = [1 1 1 1 1 1 1 1 1 1 1 1 1 1 1 1 1 1 2 2 2 2 2 2 2 2 2 2 2 2 2 2 2 2 2 2];
>> cBest = TSOA1(@(x)optifun40(x,data,target))
cBest = fitness: - 5.4337
    pattern: [0 1 0 0 1 0 0 0 1 0 0 1]        %变量 2、5、9、12 被选中
      bTabu: 0
   index: 3
```

# 第14章 蚁群算法

蚁群算法(Ant Colony Optimization,ACO)是近年来提出的一种基于种群寻优的启发式搜索算法。该算法受到自然界中真实蚁群通过个体间的信息传递、搜索从蚁穴到食物间的最短距离的集体寻优特征的启发,来解决一些离散系统中优化困难的问题。目前,该算法已被应用于求解旅行商问题、指派问题以及调度问题等,取得了较好的效果。

## 14.1 蚂蚁系统模型

蚁群算法是受到对真实的蚁群行为的研究的启发而提出的。像蚂蚁、蜜蜂、飞蛾等群居昆虫,虽然单个昆虫的行为极为简单,但由单个的个体所组成的群体却表现出极其复杂的行为。这些昆虫之所以有这样的行为,是因为它们个体之间能通过一种称之为外激素的物质进行信息传递。蚂蚁在运动过程中,能够在它所经过的路径上留下该种物质,而且蚂蚁在运动过程中能够感知这种物质,并以此指导自己的运动方向。所以大量蚂蚁组成的蚁群的集体行为便表现出一种信息正反馈现象:某路径上走过的蚂蚁越多,则后来者选择该路径的概率就越大,蚂蚁的个体之间就是通过这种信息的交流达到搜索食物的目的的。

蚁群算法就是根据真实蚁群的这种群体行为而提出的一种随机搜索算法,与其他随机算法相似,通过对初始解(候选解)组成的群体来寻求最优解。各候选解通过个体释放的信息不断地调整自身结构,并且与其他候选解进行交流,以产生更好的解。

作为一种随机优化方法,蚁群算法不需要任何先验知识,最初只是随机地选择搜索路径,随着对解空间的了解,搜索更加具有规律性,并逐渐得到全局最优解。

### 14.1.1 基本概念

**1. 信息素**

蚂蚁能在其走过的路径上分泌一种化学物质即信息素,并形成信息素轨迹。信息素是蚂蚁之间通信的媒介。蚂蚁在运动过程中能感知这种物质的存在及其强度,并依此指导自己的运动路线,使之朝着信息素强度大的方向运动。信息素轨迹可以使蚂蚁找到它们返回食物源(或蚁穴)的路径。当同伴蚂蚁进行路径选择时,会根据路径上不同的信息素进行选择。

**2. 群体活动的正反馈机制**

个体蚂蚁在寻找食物源的时候只提供了非常小的一部分贡献,但是整个蚁群却表现出具有找出最短路径的能力。其群体行为表现出一种信息的正反馈现象,即某一路径上走过的蚂蚁越多,信息素就越强,对后来的蚂蚁就越有吸引力;而其他路径由于通过的蚂蚁较少,路径上的信息素就会随时间而逐渐蒸发,以至最后没有蚂蚁通过。蚂蚁的这种搜索路径的过程就称为自催化过程或正反馈机制。寻优过程与这个过程极其相似。

**3. 路径选择的概率策略**

蚁群算法中蚂蚁从节点移动到下一个节点,是通过概率选择策略实现的。该策略只利用当前的信息去预测未来的情况，而不能利用未来的信息。

### 14.1.2 蚂蚁系统的基本模型

**1. 蚁群算法的常用符号**

$q_i(t)$——$t$ 时刻位于节点 $i$ 的蚂蚁个数；

$m$——蚁群中的全部蚂蚁个数，$m=\sum_{i=1}^{n}q_i(t)$；

$\tau_{ij}$——边$(i,j)$上的信息素强度；

$\eta_{ij}$——边$(i,j)$上的能见度；

$d_{ij}$——节点 $i,j$ 间的距离；

$P_{ij}^k$——蚂蚁 $k$ 由节点 $i$ 向节点 $j$ 转移的概率。

**2. 每只蚂蚁具有的特征**

(1) 蚂蚁根据节点间的距离和连接边上信息素的强度作为变量概率函数，选择下一个将要访问的节点。

(2) 规定蚂蚁在完成一次循环以前，不允许转到已访问过的节点。

(3) 蚂蚁在完成一次循环时，在每一条访问的边上释放信息素。

**3. 蚁群算法流程**

蚁群算法的流程如图 14－1 所示。

(1) 初始化蚁群：初始化蚁群参数，设置蚂蚁数量，将蚂蚁置于 $n$ 个节点上，初始化路径信息素。

(2) 蚂蚁移动：蚂蚁根据前面蚂蚁留下的信息素强度和自己的判断选择路径，完成一次循环。

(3) 释放信息素：对蚂蚁所经过的路径按一定的比例释放信息素。

(4) 评价蚁群：根据目标函数对每只蚂蚁的适应度进行评价。

(5) 若满足终止条件，则为最优解，输出最优解；否则，算法继续。

(6) 信息素的挥发：信息素会随着时间的延续而不断挥发。

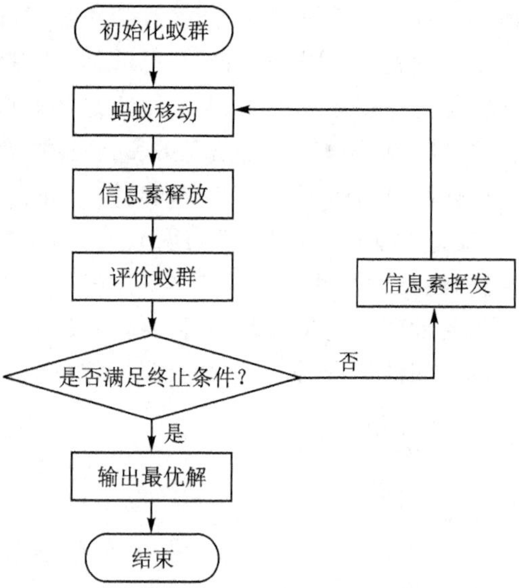


**图 14－1 基本蚁群算法的流程图**

初始时刻，各条路径上的信息素相等，即 $\tau_{ij}(0)=C$（常数）。蚂蚁 $k(k=1,2,\cdots,m)$在运动过程中根据各条路径上的信息素决定移动方向，在 $t$ 时刻，蚂蚁 $k$ 在节点 $i$ 选择节点 $j$ 的转移概率 $P_{ij}^k$ 为

$$P_{ij}^k(t)=\begin{cases}\dfrac{\tau_{ij}^{\alpha}(t)\eta_{ij}^{\beta}(t)}{\sum\limits_{s\in \text{allowed}_k}\tau_{is}^{\alpha}(t)\eta_{is}^{\beta}(t)}, & 若\ j\in \text{allowed}_k\\ 0, & 否则\end{cases} \tag{14-1}$$

其中，$\text{allowed}_k=[1,2,\cdots,n-1]$表示蚂蚁 $k$ 下一步允许选择的节点。$\eta_{ij}$ 为能见度因数，用某种启发式算法得到。一般取 $\eta_{ij}=1/d_{ij}$。$\alpha$ 和 $\beta$ 为两个参数，反映了蚂蚁在活动过程中信息素

轨迹和能见度在蚂蚁选择路径中的相对重要性。与真实蚁群不同,人工蚁群系统具有记忆功能。为了满足蚂蚁必须经过所有 $n$ 个不同的节点这个约束条件,为每只蚂蚁都设计了一个数据结构,称为禁忌表,它记录了在 $t$ 时刻蚂蚁已经走过的节点,不允许该蚂蚁在本次循环中再经过这些节点。当本次循环结束后,禁忌表被用来计算该蚂蚁当前所建立的解决方案(即蚂蚁所经过的路径长度)。之后,禁忌表被清空,该蚂蚁又可以自由地进行选择。

经过 $n$ 个时刻,蚂蚁完成了一次循环,各路径上信息素根据下式进行调整,即

$$\tau_{ij}(t+1)=\rho\tau_{ij}(t)+\Delta\tau_{ij}(t,t+1) \tag{14-2}$$

$$\Delta\tau_{ij}(t,t+1)=\sum_{k=1}^{m}\Delta\tau_{ij}^{k}(t,t+1) \tag{14-3}$$

其中,$\Delta\tau_{ij}^{k}(t,t+1)$表示第 $k$ 只蚂蚁在时刻$(t,t+1)$留在路径$(i,j)$上的信息素量,其值视蚂蚁的优劣程度而定。路径越短,信息素释放的就越多,$\Delta\tau_{ij}(t,t+1)$表示本次循环中路径$(i,j)$的信息素量的增量,$(1-\rho)$为信息素轨迹的衰减系数,通常设置 $\rho<1$ 来避免路径上信息素的无限累积。

算法不同,$\Delta\tau_{ij}$、$\Delta\tau_{ij}^{k}$ 和 $P_{ij}^{k}$ 的表达形式可以不同,要根据具体问题而定。M. Dorigo 曾给出三种不同模型,分别称为蚁密系统、蚁量系统和蚁周系统。

### 14.1.3　蚁密系统、蚁量系统和蚁周系统

蚁密系统和蚁量系统的差别仅在于 $\Delta\tau_{ij}^{k}$ 的表达式不同。在蚁密系统模型中,一只蚂蚁在经过路径$(i,j)$上释放的信息素量为每单位长度 $Q$;在蚁量模型中,一只蚂蚁在经过路径$(i,j)$上释放的信息素量为每单位长度 $Q/d_{ij}$。从而在蚁密系统模型中

$$\Delta\tau_{ij}^{k}=\begin{cases}Q, & \text{若第 } k \text{ 只蚂蚁在本次循环中经过路径}(i,j)\\ 0, & \text{否则}\end{cases}$$

在蚁量系统模型中

$$\Delta\tau_{ij}^{k}=\begin{cases}\dfrac{Q}{d_{ij}}, & \text{若第 } k \text{ 只蚂蚁在本次循环中经过路径}(i,j)\\ 0, & \text{否则}\end{cases}$$

从上面可以看出,在蚁密模型中,一只蚂蚁从 $i$ 向着 $j$ 移动的过程中路径$(i,j)$上信息素轨迹强度的增加与 $d_{ij}$ 无关;而在蚁量系统模型中,它与 $d_{ij}$ 成反比。就是说,在蚁量模型中短路径对蚂蚁将更有吸引力,因此进一步增加了系统模型中的能见度因数 $\eta_{ij}$ 的值。

蚁周系统与上述两种模型的差别在于 $\Delta\tau_{ij}^{k}$ 的表达式不同,在蚁周模型中,$\Delta\tau_{ij}^{k}$ 表示更新蚂蚁 $k$ 所走过的路径,$(t,t+n)$表示蚂蚁经过 $n$ 步完成一次循环,具体更新值由下式给出

$$\Delta\tau_{ij}^{k}(t,t+n)=\begin{cases}\dfrac{Q}{L_k}, & \text{若蚂蚁 } k \text{ 在本次循环中经过路径}(i,j)\\ 0, & \text{否则}\end{cases}$$

式中:$L_k$ 为第 $k$ 只蚂蚁在本次循环中所走的路径长度。

在蚁密系统和蚁量系统中,蚂蚁在建立方案的同时释放信息素,利用的是局部信息,而蚁周系统是在蚂蚁已经建立了完整的轨迹后再释放信息素,利用的是整体信息。信息素轨迹根据如下公式进行更新

$$\tau_{ij}(t+n)=\rho_1\tau_{ij}(t)+\Delta\tau_{ij}(t,t+n) \tag{14-4}$$

$$\Delta\tau_{ij}(t,t+n)=\sum_{k=1}^{m}\Delta\tau_{ij}^{k}(t,t+n) \tag{14-5}$$

上式中的 $\rho_1$ 与 $\rho$ 不同，因为在蚁周系统中不再是每一步都对轨迹进行更新，而是在一只蚂蚁建立了一个完整的路径（$n$ 步）后再更新轨迹量。

### 14.1.4 蚁群算法的特点

蚁群算法具有以下的优点：

(1) 它本质上是一种模拟进化算法，结合了分布式计算、正反馈机制和贪婪式搜索算法，在搜索的过程中不容易陷入局部最优，即在所定义的适应函数是不连续、非规划或有噪声的情况下，也能以较大的概率发现最优解，同时贪婪式搜索有利于快速找出可行解，缩短了搜索时间。

(2) 蚁群算法采用自然进化机制来表现复杂的现象，通过信息素合作而不是个体之间的通信机制，使算法具有较好的可扩充性，能够快速可靠地解决困难的问题。

(3) 蚁群算法具有很高的并行性，非常适合于巨量并行机。

但它也存在如下的缺点：

(1) 通常该算法需要较长的搜索时间。由于蚁群中个体的运动是随机的，当群体规模较大时，要找出一条较好的路径就需要较长的搜索时间。

(2) 蚁群算法在搜索过程中容易出现停滞现象，表现为搜索到一定阶段后，所有解趋向一致，无法对解空间进一步搜索，不利于发现更好的解。

因此，在实际工作中，要针对不同优化问题的特点，设计不同的蚁群算法，选择合适的目标函数、信息更新和群体协调机制，尽量克服算法缺陷。

## 14.2 蚁群算法的参数分析

在各种形式的蚁群算法中，蚂蚁数量 $m$、信息启发式因子 $\alpha$、期望值启发式因子 $\beta$ 和信息素挥发因子 $\rho$ 都是影响算法性能的重要参数。

(1) 蚂蚁数量 $m$

蚂蚁数量 $m$ 是蚁群算法的重要参数之一。蚂蚁数量多，可以提高蚁群算法的全局搜索能力以及算法的稳定性，但数量过多会减弱信息正反馈的作用，使搜索的随机性增强；反之，蚂蚁数量少，特别是当要处理的问题规模比较大时，会使搜索的随机性减弱，虽然收敛速度加快，但会使算法的全局寻优性能降低，稳定性差，容易出现停滞现象。

(2) 信息启发式因子 $\alpha$

信息启发式因子 $\alpha$ 的大小反映了信息素因素作用的强度。其值越大，蚂蚁选择以前走过路径的可能性就越大，搜索的随机性减弱，当 $\alpha$ 值过大时会使蚁群的搜索过早陷于局部最优；当 $\alpha$ 值较小时，搜索的随机性增强，算法收敛速度减慢。

(3) 期望值启发式因子 $\beta$

期望值启发式因子 $\beta$ 的大小反映了先验性、确定性因素作用的强度。其值越大，蚂蚁在某个局部点上选择局部最短路径的可能性就越大，算法的随机性减弱，易于陷入局部最优；而 $\beta$ 过小，将导致蚂蚁群体陷入纯粹的随机搜索，很难找到最优解。

(4) 信息素挥发因子 $\rho$

信息素挥发因子 $\rho$ 的大小直接关系到蚁群算法的全局搜索能力及其收敛速度。当值较大时，由于信息正反馈的作用占主导地位，以前搜索过的路径被再次选择的可能性过大，搜索的随机性减弱；反之，当值很小时，信息正反馈的作用相对较弱，搜索的随机性增强，因此蚁群算法收敛速度很慢。

## 14.3　蚁群算法的改进

蚂蚁系统在解决一些小规模的 TSP 问题时的表现尚可令人满意，但随着问题规模的扩大，蚂蚁系统很难在可接受的循环次数内找出最优解。针对蚂蚁系统的这些不足，研究者进行了大量的改进工作，使得蚁群优化算法在很多重要的问题上跻身于最好的算法行列。

### 14.3.1　带精英策略的蚂蚁系统

带精英策略的蚂蚁系统是最早改进的蚂蚁系统。与遗传算法类似，为了使目前为止所找出的最优解在下一循环中对蚂蚁更有吸引力，在每次循环之后给予最优解以额外的信息素量，这样的解被称为全局最优解，找出这个解的蚂蚁被称为精英蚂蚁。信息素根据下式进行更新，即

$$\tau_{ij}(t+1)=\rho\tau_{ij}(t)+\Delta\tau_{ij}+\Delta\tau_{ij}^{*}$$

其中

$$\Delta\tau_{ij}=\sum_{k=1}^{m}\Delta\tau_{ij}^{k}$$

$$\Delta\tau_{ij}^{k}=\begin{cases}\dfrac{Q}{L_k}, & \text{如果蚂蚁 } k \text{ 在本次循环中经过路径}(i,j)\\ 0, & \text{否则}\end{cases}$$

$$\Delta\tau^{*}=\begin{cases}\sigma\times\dfrac{Q}{L^{*}}, & \text{如果边}(i,j)\text{是所找出的最优解的一部分}\\ 0, & \text{否则}\end{cases}$$

式中：$\Delta\tau_{ij}^{*}$ 表示精英蚂蚁引起的路径$(i,j)$上的信息素量的增加；$\sigma$ 是精英蚂蚁的个数；$L^{*}$ 为所找出的最优解的路径长度。

使用精英策略可以使蚂蚁系统找出更优的解，并且在运行过程的更早阶段就能找出这些解。但是如果所使用的精英蚂蚁过多，搜索会很快地集中在极优值周围，从而导致搜索早熟收敛。因此，需要恰当地选择精英蚂蚁的数量。

### 14.3.2　基于优化排序的蚂蚁系统

和蚂蚁系统一样，带精英策略的蚂蚁系统有一个缺点：若在进化过程中，解的总质量提高了，则解元素之间的差异就减小了，导致选择概率的差异也随之减小，使得搜索过程不会集中到目前为止所找出的最优解附近，从而阻止了对更优解的进一步搜索。当路径非常接近时，特别是当很多蚂蚁沿着局部极优的路径行进时，则对短路径的增强作用就被削弱了。

在遗传算法中，为了解决这种维持选择压力的问题，一个可行的选择机制就是排序，首先根据适应度对种群进行分类，然后被选择的概率取决于个体的排序。适应度越高表明该个体越优，个体在群体中的排名越靠前，则被选择的概率就越高。

将遗传算法中排序的概念扩展应用到蚂蚁系统中，称之为基于优化排序的蚂蚁系统。具体实施的过程如下：当每只蚂蚁都生成一个路径后，蚂蚁按路径排序($L_1\leqslant L_2\leqslant\cdots\leqslant L_m$)，蚂蚁对信息素轨迹量更新的贡献根据该蚂蚁的排名的位次进行加权，信息素轨迹更新按下式进行，即

$$\tau_{ij}(t+1)=\rho\tau_{ij}(t)+\Delta\tau_{ij}+\Delta\tau_{ij}^{*}$$

式中：$\Delta\tau_{ij}=\sum_{\mu=1}^{\sigma-1}\Delta\tau_{ij}^{\mu}$，表示 $\sigma-1$ 只蚂蚁在节点$(i,j)$之间根据排名对信息素轨迹量的更新。

$$\Delta\tau_{ij}^{\mu}=\begin{cases}(\sigma-\mu)\dfrac{Q}{L_{\mu}}, & \text{若第 }\mu\text{ 只最好的蚂蚁经过路径}(i,j)\\ 0, & \text{否则}\end{cases}$$

$$\Delta\tau_{ij}^{*}=\begin{cases}\sigma\times\dfrac{Q}{L^{*}}, & \text{若边}(i,j)\text{ 是所找出的最优解的一部分}\\ 0, & \text{否则}\end{cases}$$

式中：$\mu$ 为最好的蚂蚁排列顺序号；$\Delta\tau_{ij}^{\mu}$ 表示由第 $\mu$ 只最好蚂蚁引起的路径$(i,j)$上的信息素量的增加；$L_{\mu}$ 是第 $\mu$ 只最优蚂蚁的路径长度；$\Delta\tau_{ij}^{*}$ 表示由精英蚂蚁引起的路径$(i,j)$上的信息素量的增加；$\sigma$ 为精英蚂蚁的数量；$L^{*}$ 是所找出的最优解的路径长度。

事实上这是一个带精英和排序混合策略的优化算法。

### 14.3.3 蚁群系统

蚁群系统在蚂蚁系统的基础上主要做了三个方面的改进：

(1) 状态转移规则为更好、更合理地利用新路径和关于问题的先验知识提供了方法。

(2) 全局更新规则只应用于最优的蚂蚁路径上，从而增大了最优路径和最差路径在信息素上的差异，使得蚂蚁更倾向于选择最优路径中的边，使其搜索行为能够很快地集中到最优路径附近，提高了算法的搜索效率。

(3) 在建立问题解决方案的过程中，应用局部信息素更新规则。

蚁群系统的工作过程可表述如下：根据一些初始化规则(如随机)，$m$ 只蚂蚁在初始阶段被随机地置于各节点(城市)上，每只蚂蚁通过重复应用状态转移规则建立一个路径(可行解)。在建立路径的过程中，蚂蚁也通过应用局部更新规则来修改已访问路径上的信息素。一旦所有蚂蚁都完成了它们的路径，应用全局更新规则再次对路径上的信息轨迹量进行修改。与蚂蚁系统一样，在建立路径时，蚂蚁受启发信息和激发信息的指导，信息素强度高的边对蚂蚁更有吸引力，图 14－2 为蚁群系统的流程图。

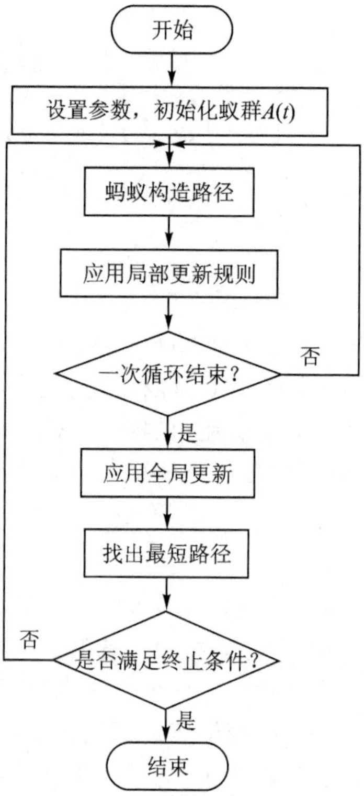


图 14－2 蚁群系统的流程图

**1. 蚁群系统状态转移规则**

蚁群系统的状态转移规则如下：一只位于节点 $r$ 的蚂蚁通过应用如下的方程式给出的规则选择下一个将要移动到的节点(城市)$s$

$$s=\begin{cases}\arg\max\limits_{u\in \text{allowed}}\{[\tau(r,u)]^{\alpha}[\eta(r,u)^{\beta}]\}, & \text{若 } q\leqslant q_0 \text{ 按先验知识选择路径}\\ S, & \text{否则按(14－1)进行概率式搜索}\end{cases}\tag{14-6}$$

式中：$q$ 是在[0,1]区间均匀分布的随机数；$q_0$ 是一个参数（$0 \leqslant q_0 \leqslant 1$）；$S$ 为根据式(14－1)给出的概率分布所选出的一个随机变量。

由式(14－1)和式(14－6)产生的状态转移规则称为伪随机比例规则，它倾向于选择短的且有着大量信息素的边作为移动方向。$q_0$ 的大小决定了利用先验知识与探索新路径之间的相对重要性。

**2. 蚁群系统全局更新规则**

在蚁群系统中，只有全局最优的蚂蚁才被允许释放信息素，其目的是为了使搜索更具有指导性。蚂蚁的搜索主要集中在当前循环所找出的最好路径的邻域内。全局更新在所有蚂蚁都完成了它们的路径之后执行，应用下式对所建立的路径进行更新

$$\tau(r,s) = (1-\alpha)\tau(r,s) + \alpha \cdot \Delta\tau(r,s) \tag{14-7}$$

$$\Delta\tau(r,s) = \begin{cases} (L_{gb})^{-1}, & 若(r,s) \in 全局最优路径 \\ 0, & 否则 \end{cases}$$

式中：$\alpha$ 为信息素挥发参数；$L_{gb}$ 为到目前为止找出的全局最优路径。

式(14－7)规定只有那些属于全局最优路径上的边上的信息素才会得到增强。全局更新规则的另一个类型为迭代最优，此时用 $L_{ib}$（当前迭代中的最优路径长度）代替 $L_{gb}$，并且只有属于当前迭代中的最优路径才会得到激素增强。

**3. 蚁群系统局部更新规则**

在建立一个解决方案的过程中，蚂蚁利用下式的局部更新规则对它们所经过的边进行激素更新

$$\tau(r,s) = (1-\rho)\tau(r,s) + \rho \cdot \Delta\tau(r,s) \tag{14-8}$$

式中：$\rho$ 为一个参数，$0 \leqslant \rho \leqslant 1$。

由实验发现，设置 $\tau_0 = (nL_{nn})^{-1}$ 可以产生好的结果，其中 $n$ 是节点（城市）的数量，$L_{nn}$ 是由最近的邻域启发产生的一个路径长度。

应用局部更新规则可以有效地避免蚂蚁收敛到同一路径（最优解）。

**4. 候选集合策略**

由于蚁群优化算法是一种结构上的启发算法，所以在每一步，即蚂蚁在选择一个城市（节点）之前都要考虑所有可能的城市集合，其时间复杂性为 $O(n^2)$（$n$ 为城市的规模）。为了提高蚁群算法的搜索效率，特别是对于较大规模的实际问题，一种方法是将选择城市的数量限制在一个合适的子集或候选表内，这种方法称为候选集合策略。一个城市的候选表包括 cl 个（cl 是一个参数）按递增的距离排序的城市，表被按顺序检测，并且根据蚂蚁禁忌表避免访问已经经过的城市。

候选集合既可以是用先验知识产生的静态候选集合，也可以是动态候选集合。前者在应用蚁群算法以前得到，且在运行过程中不被更新或改变；而后者需要在搜索过程中不断被修改，它更适合于解决不同类型的问题。

## 14.3.4　最大－最小蚂蚁系统

通过对蚁群算法的研究表明，将蚂蚁的搜索行为集中到最优解的附近可以提高解的质量和收敛速度，但这种搜索方法会收敛早熟。最大－最小蚂蚁系统（Max－Min Ant System，MMAS）将这种搜索方法和能够有效避免早熟的机制结合在一起，获得了最优性能的蚁群算法。

**1. 信息素轨迹更新**

在 MMAS 中只有一只蚂蚁用于在每次循环后更新信息轨迹。因此，经修改的轨迹更新规则如下：

$$\tau_{ij}(t+1)=\rho\tau_{ij}(t)+\Delta\tau_{ij}^{\text{best}}$$

式中：$\Delta\tau_{ij}^{\text{best}}=1/f(s^{\text{best}})$，$f(s^{\text{best}})$表示迭代最优解($s^{\text{ib}}$)或全局最优解($s^{\text{gb}}$)的值。

只对一个解 $s^{\text{gb}}$ 或 $s^{\text{ib}}$ 进行轨迹更新是 MMAS 开发搜索过程最重要的手段。通过这个选择，频繁地在最优解中出现的解元素将得到大量的信息素增强。当仅使用 $s^{\text{gb}}$ 时，搜索可能会过快地集中到这个解的周围，从而限制了对更优解的进一步搜索，有陷入差质量解的危险。而选择进行信息素更新可以减少这样的危险，这是因为迭代最优解在每个循环都会有较大的不同，更多数量的解元素都有机会获得信息素增强。当然，也可以使用混合策略，如默认使用 $s^{\text{ib}}$ 进行信息素更新，而只在固定循环次数时使用 $s^{\text{gb}}$。

**2. 信息素轨迹的限制**

不管是选择迭代最优还是全局最优蚂蚁进行信息素更新，都可能导致搜索的停滞。避免这一停滞状态发生的一种方法是改变用来选择下一个解元素的概率，它直接依赖于信息素轨迹和启发信息。启发信息是依问题而定的，在整个算法运行过程中是不变的，但通过限制信息素轨迹的影响，可以很容易地避免在算法运行过程中各信息素轨迹之间的差异过大。为了达到这一目的，MMAS 对信息素轨迹的最小值和最大值分别施加了 $\tau_{\min}$ 和 $\tau_{\max}$ 限制，从而使得对所有信息素轨迹 $\tau_{ij}(t)$，有 $\tau_{\min}\leqslant\tau_{ij}(t)\leqslant\tau_{\max}$。在每一次循环后，必须确保轨迹量遵从这一限制，若有 $\tau_{ij}(t)>\tau_{\max}$，则设置 $\tau_{ij}(t)=\tau_{\max}$；若 $\tau_{ij}(t)<\tau_{\min}$，则设置 $\tau_{ij}(t)=\tau_{\min}$。

当然，选择合适的信息素轨迹界限也是很重要的。一般将最大轨迹量设置为渐进的最大值估计，即$\dfrac{1}{1-\rho}\cdot\dfrac{1}{f(s^{\text{gb}})}$，每次找出一个新的最优解，$\tau_{\max}$ 都被更新，导致了一个动态变化的 $\tau_{\max}(t)$值；而对于 $\tau_{\min}$，则为$\dfrac{\tau_{\max}(1-\sqrt[n]{P_{\text{best}}})}{(\text{avg}-1)\sqrt[n]{P_{\text{best}}}}$，式中 $P_{\text{best}}$ 为构造最优解的概率，$\text{avg}=n/2$。

**3. 信息素轨迹的初始化**

在 MMAS 中信息素轨迹的初始化是在第一次循环后所有信息素轨迹与 $\tau_{\max}(1)$相一致。实验表明，将初始值设为 $\tau(1)=\tau_{\max}$ 可以改善 MMAS 的性能。

**4. 信息素轨迹的平滑化**

当 MMAS 已经收敛或非常接近收敛时，信息素轨迹的平滑可以增加信息素轨迹量，以提高搜索新解的能力。

信息素轨迹平滑的公式为

$$\tau_{ij}^{*}(t)=\tau_{ij}(t)+\delta(\tau_{\max}(t)-\tau_{ij}(t))$$

式中：$0<\delta<1$，$\tau_{ij}(t)$和 $\tau_{ij}^{*}(t)$分别为平滑化之前和之后的信息素轨迹量。

平滑机制有助于对搜索空间进行更有效的搜索，同时，这个机制可以使 MMAS 对信息素轨迹下限的敏感程度更小。

### 14.3.5 最优-最差蚂蚁系统

通过对蚁群与蚁群算法的研究表明，不论是真实蚁群还是人工蚁群系统，通常情况下，信息量最强的路径与所需要的最优路径比较接近。然而，由于人工蚁群系统中，路径上的初始信息量是相同的，因此，在第一次循环中蚁群在所经过的路径上的信息不一定能反映出最优路径的方向(也即信息量最强的路径不是所需要的最优路),特别是蚁群中个体数目少或所计算的路径组合较多时,就更不能保证蚁群创建的第一条路径能引导蚁群走向全局最优路径。在第一次循环后,蚁群留下的信息会因正反馈作用使这条路径不是最优,而且可能使离最优解相差很远的路径上的信息得到不应有的增加,阻碍以后的蚂蚁发现更好的全局最优解。

不仅是第一次循环所建立的路径可能对蚁群产生误导,任何一次循环,只要这次循环所利用的信息较平均地分布在各个方向上,这次循环所释放的信息素可能会对以后蚁群的决策产生误导。因此,蚁群所找出的解需要通过一定的方法来增强,使蚁群所释放的信息素尽可能地不对以后的蚁群产生误导。

鉴于蚂蚁系统搜索效率低和质量差的特点,提出了最优-最差蚂蚁系统(Best-Worst Ant System,BWAS)。该改进算法在蚁群算法的基础上进一步增强了搜索过程的指导性,使蚂蚁的搜索更集中于到当前循环为止所找出的最好路径的邻域内,其基本思想是对最优解进行更大限度的增强,而对最差解进行消弱,使属于最优路径的边与属于最差路径的边之间的信息素差异进一步增大,从而使蚂蚁的搜索行为更集中于最优解的附近。

BWAS 的工作过程如下:

(1) 初始化;

(2) 根据式(14-1)和式(14-4)为每只蚂蚁选择路径;

(3) 每生成一只蚂蚁就按式(14-8)执行一次局部更新规则;

(4) 循环执行步骤(2)、(3)直至每只蚂蚁都生成一条路径;

(5) 评选出最优和最差蚂蚁;

(6) 对最优蚂蚁按式(14-7)执行全局更新规则;

(7) 对最差蚂蚁按下式执行全局更新规则

$$\tau(r,s)=(1-\rho)\tau(r,s)-\varepsilon\frac{L_{\text{worst}}}{L_{\text{best}}} \tag{14-9}$$

式中:$\varepsilon$ 为该算法引入的一个参数;$L_{\text{worst}}$、$L_{\text{best}}$ 分别表示当前循环中最差、最优蚂蚁的路径长度;$\tau(r,s)$表示节点 $r$(城市)和节点 $s$(城市)之间的信息素轨迹量。

循环执行步骤(2)~(7)直至执行次数达到指定数目或连续若干代内没有更好的解出现为止。

同样,也可以将式(14-9)应用到最大-最小蚂蚁系统中,可以有效地抑制由于最优与最差路径信息量之间差异的加剧而引起的停滞现象。

## 14.3.6 自适应蚁群算法

基本蚁群算法在构造解的过程中,利用随机选择策略。这种选择策略使得进化速度较慢,正反馈原理旨在强化性能较好的解,但容易出现停滞现象,这是造成蚁群算法不足之处的根本原因。因而从选择策略方面进行修改,采用确定性选择和随机选择相结合的选择策略,并且在搜索过程中动态地调整确定性选择的概率。当进化到一定代数后,进化方向已经基本确定,这时对路径上的信息量作动态调整,缩小最好和最差路径上的信息量的差异,并且适当加大随机选择的概率,有利于对解空间的更完全搜索,从而可以有效地克服基本蚁群算法的两个不足。这就是自适应蚁群算法。此算法按照下式确定蚂蚁由城市 $i$ 转移到下一个城市 $j$,即

$$j=\begin{cases}\arg\max x_{u\in\text{allowed}}\{\tau_{iu}^{\alpha}(t)\eta_{iu}^{\beta}(t)\}, & r\leqslant p_0\\ \text{依概率 } p_{ij}^{k}(t), & \text{其他}\end{cases}$$

式中:$p_0\in(0,1)$;$r$ 是(0,1)中均匀分布的随机数。当进化方向确定后,为加大随机选择的概

率，确定性选择的概率必须自适应地调整，$p(t)$调整规则如下：

$$p(t)=\begin{cases}0.95p(t-1), & 0.95p(t-1)\geqslant p_{\min}\\ p_{\min}\end{cases}$$

## 14.4 算法的 MATLAB 实现

**【例 14.1】** 请用蚁群算法求解 75 个城市的 TSP 问题。表 14－1 所列为各城市的坐标值。

**表 14－1 城市坐标值**

| | | | | | | | | | | | | | | | | | |
|---|---|---|---|---|---|---|---|---|---|---|---|---|---|---|---|---|---|
| 坐标值 | 48 | 52 | 55 | 50 | 41 | 51 | 55 | 38 | 33 | 45 | 40 | 50 | 55 | 54 | 26 | 15 | 21 |
| | 21 | 26 | 50 | 50 | 46 | 42 | 45 | 33 | 34 | 35 | 37 | 30 | 34 | 38 | 13 | 5 | 48 |
| | 29 | 33 | 15 | 16 | 12 | 50 | 22 | 21 | 20 | 26 | 40 | 36 | 62 | 67 | 62 | 65 | 62 |
| | 39 | 44 | 14 | 19 | 17 | 40 | 53 | 36 | 30 | 29 | 20 | 26 | 48 | 41 | 35 | 27 | 24 |
| | 55 | 35 | 30 | 45 | 21 | 36 | 6 | 11 | 26 | 30 | 22 | 27 | 30 | 35 | 54 | 50 | 44 |
| | 20 | 51 | 50 | 42 | 45 | 6 | 25 | 28 | 59 | 60 | 22 | 24 | 20 | 16 | 10 | 15 | 13 |
| | 35 | 40 | 40 | 31 | 47 | 50 | 57 | 55 | 2 | 7 | 9 | 15 | 10 | 17 | 55 | 62 | 70 |
| | 60 | 60 | 66 | 76 | 66 | 70 | 72 | 65 | 38 | 43 | 56 | 56 | 70 | 64 | 57 | 57 | 64 |
| | 64 | 59 | 50 | 60 | 66 | 66 | 43 | | | | | | | | | | |
| | 4 | 5 | 4 | 15 | 14 | 8 | 26 | | | | | | | | | | |

**解**：根据蚁群算法的原理，编写函数 antTSP 进行求解。

```
>> [Shortest_Route,Shortest_Length] = antTSP(city,1000,50,1,2,0.1,100)
Shortest_Route = 35 72 73 74 69 70 49 71 51 50 1 2 12 13 14 23 6 7 3 4 66 53 52 44 43 24 17 39 25 26 27 9 18
19 37 36 5 38 10 11 8 29 75 28 48 40 15 47 46 45 21 22 20 16 41 42 60 61 62 63 65 64 55 54 56 57 58 59 68 67
30 31 32 33 34
Shortest_Length = 558.8244
```

求解结果与最优值(549.180)有一定的差异，这是算法中的参数不是最优值所引起的。较佳的路径图如图 14－3 所示。

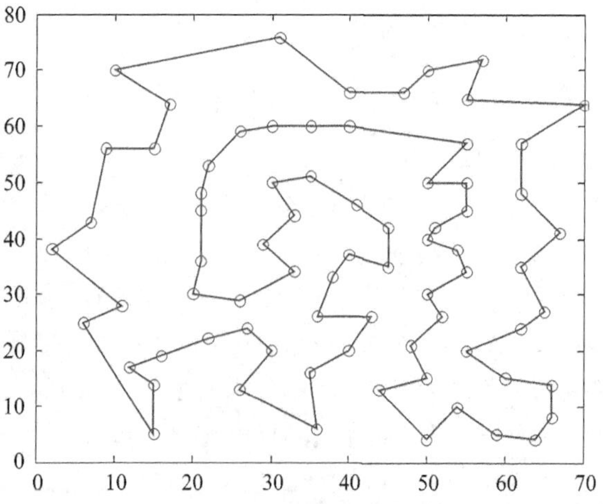


图 14－3 较佳的路径图

【例 14.2】　蚁群算法也可以用于函数的优化。试用蚁群算法优化下列函数：

(1) $\max f(x)=|(1-x)x^2\sin(200\pi x)|, x\in[0,1]$。

(2) $\min f(x,y)=\dfrac{x}{1+|y|}, x,y\in[-10,10]$。

**解**：(1) 此函数有许多局部极值，其图像如图 14-4 所示。

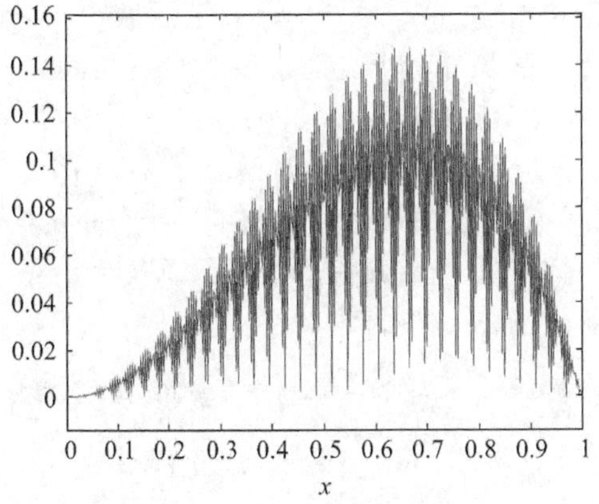


**图 14-4　所求函数的图像**

利用蜂群算法求解函数的优化问题可以采用多种方法。对于第 1 个函数可以采用以下的方法：

对于一个在[0,1]上的函数最小化问题，可以将小数点后的数字作为城市，这样每个蚂蚁经过的路径就是自变量小数点后的数值。

设问题要求自变量精确到小数点后 $d$ 位，则自变量 $x$ 可以用 $d$ 个十进制数来近似表示，就可以构造 $d\times10+2$ 个“城市”，其中第一层和末层分别为起始城市和终止城市，而中间层城市，每层城市分别有 10 个城市，分别代表数字 0～9，而每层从左到右代表小数点后的十分位、百分位、……，并且让每只蚂蚁只能从左往右移动，这样，从起始城市到终止城市的一次游走，就可以找到小数点后的各位数字。让 $m$ 只蚂蚁经过一定次数的循环寻找，就可以找到符合要求的结果，其中城市选择概率的计算公式为

$$p(a,b)=\frac{\tau_{ab}^{k}}{\sum_{x=0}^{9}\tau_{ax}^{k}}$$

式中：$a$ 为当前城市；$b$ 为下次选择城市；$\tau_{ab}^{k}$ 为这两个城市的信息素；$\tau_{ax}^{k}$ 为当前城市与下一层所有 10 个城市间的信息素外。除了起始城市与下一层之间只有 10 个信息素外，每层间的信息素为 10×10 的矩阵，并且蚂蚁在游走的过程中，要不断地在经过的路径上减弱所留下的信息素，其计算公式为

$$\tau_{k,k-1}^{k}\leftarrow(1-\rho)\tau_{k,k-1}^{k}+\rho\tau_0$$

式中：$k$ 代表层数；$\rho$ 为(0,1)间的常数，代表信息素减弱的速度；$\tau_0$ 为初始信息素。这个过程称为信息素的局部更新。当所有 $m$ 只蚂蚁按上述过程完成一次循环，就对信息素进行全局更新。首先对每只蚂蚁经过的过程解码，得到自变量的值，然后计算函数值，并得到其中的最小值，再按下列公式更新信息素：

$$\tau_{ij}^{k}\leftarrow(1-\rho)\tau_{ij}^{k}+\alpha\times f_{\min}^{-1}$$

式中：$\alpha$ 为(0,1)的常数，$f_{\min}^{-1}$ 为最小函数值的倒数。

至此就完成了一个循环。反复进行上面的步骤直到达到指定的循环次数或得到的解在一定循环次数后没有改进。

因为对于任何一个连续函数优化问题，都可以通过一定的变换而成为一个在[0,1]上的函数最小化问题，所以上述的设计不失一般性，并且也可以用于多元函数的优化问题。

对于多元连续函数的优化问题，设自变量由 $n_x$ 个分量组成，并要求自变量的每一个分量都精确到小数点后 $d$ 位，则可构造一 $n_x\times d+n_x+1$ 层城市，且第 $1,d+2,2d+3,\cdots,n_x\times d+n_x+1$ 层由 1 个标号为 0 的城市组成，其余层都由标号为 0～9 的 10 个城市组成。第 $(k-1)\times(d+1)+2$ 到 $k\times(d+1)$ 层 $(k=1,2,\cdots,n_x)$ 表示自变量的第 $k$ 个分量。其余层都是辅助层。解码时，就对各分量对应的层分别解码。

采用这种方法，每个自变量分量的最后一位与下一个分量的第一位之间都由辅助层隔开，因此前面一个分量的末位就不会影响后面一个分量的首位。

根据这个原理，编写函数 antmin 进行求解。

```
>> [x_best,y_best] = antmin(@optifun31,1)      % 最后一个参数控制算法类型
>> x_best = 0.667501
   y_best = -0.1481474                         % 极大值为 0.1481474
```

运行时需要输入算法中的各参数，既可以采用默认值，也可以重新输入。

(2) 对于一般的多元连续函数，用蚁群算法优化，常规的方法是用多组蚁群，每组蚁群负责寻找一个自变量的最佳值，其步骤如下。

① 初始化：根据每个自变量的范围，组成函数解的空间，并将蚁群随机设置在解空间中，设函数值为信息素。

② 蚁群转移规则：每只蚂蚁每次移动都是根据信息素大小来判断的，转移概率 $p$ 为最大信息素（即最大函数值）与下一转移点的信息素（函数值）之差与最大信息素的比值。

③ 当 $p$ 大于某个随机数时，进行全局搜索，即扩大函数值的范围，否则进行局部搜索。

④ 判断全局或局部搜索的结果是否超过自变量的边界，如超过则将其置于边界。

⑤ 判断蚂蚁是否移动，即全局或局部搜索的结果是否比原来的值大，如果是则蚂蚁移动。

⑥ 更新信息素：$\tau_i^k\leftarrow(1-\rho)\tau_i^k+f_i$，其中 $f$ 为函数值。

⑦ 至此，完成一个循环，直到达到一定的循环次数。

据此，可以编写程序进行求解。

```
>> [x_best,y_best] = antmin(@optifun32,2)      % 求解时上、下界以列向量形式输入
>> x_best = -9.999984   0.000006               % antmin 函数为求最大
   y_best = -9.999922
```

对求解过程进行作图，如图 14－5 所示，从图中可看出，计算过程收敛，说明算法有效。

**【例 14.3】** 为了解耕地的污染状况与水平，从 3 块由不同水质灌溉的农田里共取 16 个样品，每个样品均作土壤中铜、镉、氟、锌、汞和硫化物等 7 个变量的浓度分析，原始数据见表 14－2。试用蚁群算法对 16 个样品进行分类。

**表 14－2 原始数据**

mg/kg

| 序号 | $x_1$ | $x_2$ | $x_3$ | $x_4$ |
|---|---|---|---|---|
| 1 | 11.853 | 0.480 | 14.360 | 25.210 |
| 2 | 3.681 | 0.327 | 13.570 | 25.120 |

续表 14-2

| 序 号 | $x_1$ | $x_2$ | $x_3$ | $x_4$ |
|---|---|---|---|---|
| 3 | 48.287 | 0.386 | 14.500 | 25.900 |
| 4 | 4.741 | 0.140 | 6.900 | 15.700 |
| 5 | 4.223 | 0.340 | 3.800 | 7.100 |
| 6 | 6.442 | 0.190 | 4.700 | 9.100 |
| 7 | 16.234 | 0.390 | 3.400 | 5.400 |
| 8 | 10.585 | 0.420 | 2.400 | 4.700 |
| 9 | 48.621 | 0.082 | 2.057 | 3.847 |
| 10 | 288.149 | 0.148 | 1.763 | 2.968 |
| 11 | 316.604 | 0.317 | 1.453 | 2.432 |
| 12 | 307.310 | 0.173 | 1.627 | 2.729 |
| 13 | 82.170 | 0.105 | 1.217 | 2.188 |
| 14 | 3.777 | 0.870 | 15.400 | 28.200 |
| 15 | 62.856 | 0.340 | 5.200 | 9.000 |
| 16 | 3.299 | 0.180 | 3.000 | 5.200 |

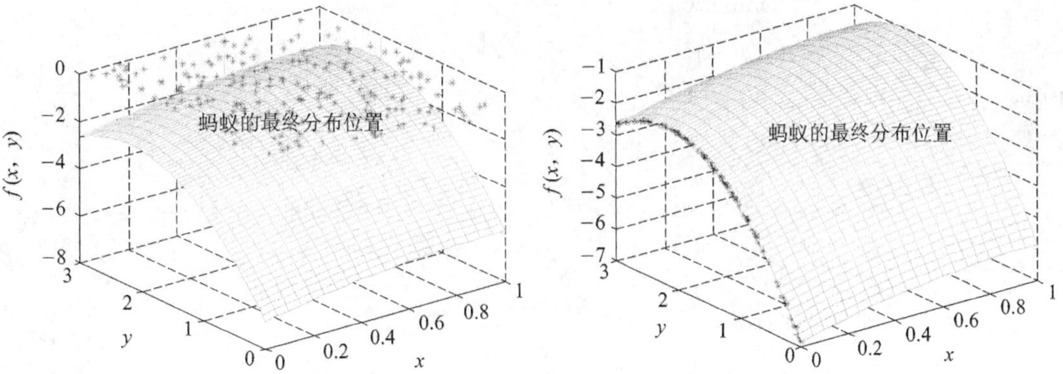


图 14-5 计算初始及终点时的函数图像

**解**:首先通过 MATLAB 中的聚类函数,求出样品间的聚类情况。当用最小距离法时,样品间的聚类树见图 14-6。可见根据不同的标准,有多种划分方法。

为了简单起见,本例用蚁群算法聚类时分为 3 类。

与例 14.2 的思路类似,设计 18 层城市,其中除了前后两座城市各为一个城市外,其余各层均为 3 个城市,代表类别数。每只蚂蚁从左到右所找到的路径即代表各样品所对应的类别,而每次移动的路径,则受层间信息素和各样品与类之间的信息素的共同作用。每次移动后对路径间的信息素进行局部更新。

当所有 $m$ 只蚂蚁按上述过程完成一次循环时,就对样品与各类别间的信息素进行全局更新。首先对每只蚂蚁经过的路径解码,得到各样品所对应的类别,由此计算优化函数,并得到最小值。根据函数最小值对应的路径更新样品与类别间的信息素。以上过程所涉及的计算公式与例 14.2 的类似,在此就不再列出。

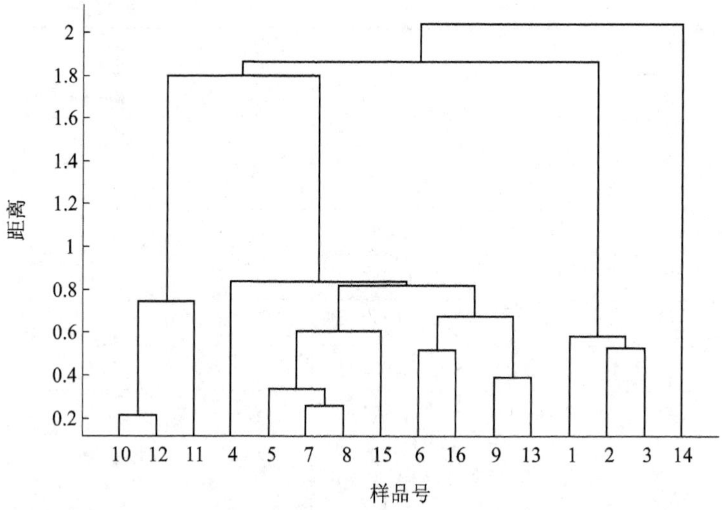


**图 14-6　样品聚类树**

优化函数为类内距离与类间距离的比值(最小),即分类时各类间的距离要大,但类内各样品间的距离要小。

$$\min J(w,c)=\frac{\sum_{i=1}^{N_j}\sum_{p=1}^{n}w_{ij}\left\|x_{ip}-c_{jp}\right\|^2}{\sum_{j=1}^{M-1}\sum_{p=1}^{n}\left\|c_{j+1,p}-c_{jp}\right\|^2}$$

式中:

$$c_{jp}=\frac{\sum_{i=1}^{N_j}w_{ij}x_{ip}}{\sum_{i=1}^{N_j}w_{ij}},\quad j=1,2,\cdots,M,\quad p=1,2,\cdots,n$$

$$w_{ij}=\begin{cases}1, & \text{若样品 } i \text{ 类属于 } j \text{ 类}\\0, & \text{否则}\end{cases}$$

式中:$x_{ip}$ 为第 $i$ 个样本的第 $p$ 个属性,$c_{jp}$ 为第 $j$ 个类中心的第 $p$ 个属性。

根据蚁群算法的基本原理,可以编制相应的程序计算,得到如下的结果:

```
>> load data;
>> [pattern_best,d_best] = antcluster(data,1);      %已知类别数的聚类
>> pattern_best =1  1  1  1  1  1  1  1  1  2  2  2  1  3  1  1
>> d_best  = 0.0310                                  %各参数采用默认值
```

如果事先不知道聚类的数目,则可以根据样本间的距离矩阵,确定一个阈值距离。当多个类之间的距离小于此值时,根据概率选择其中两个类的归并,而概率大小与路径的信息素有关,规定当两类之间的距离小于阈值时,信息素为 1,否则为 0。

```
>> [pattern_best,d_best] = antcluster(data,2);          %类别数未知
>> pattern_best = 1  1  1  2  2  2  2  2  2  3  3  3  4  5  6  6
   d_best  = 0.0070                                      %各参数采用默认值
```

# 第 15 章

# 粒子群算法

粒子群算法(Particle Swarm Optimiztion,PSO)是一种有效的全局寻优算法,最初由美国学者 Kennedy 和 Eberhart 于 1951 年提出。它是基于群体智能理论的优化算法,通过群体中粒子间的合作与竞争产生的群体智能指导优化搜索。与传统的进化算法相比,粒子群算法保留了基于种群的全局搜索策略,但是采用的速度-位移模型,操作简单,避免了复杂的遗传操作,它特有的记忆可以动态跟踪当前的搜索情况而相应调整搜索策略。由于每代种群中的解具有"自我"学习提高和向"他人"学习的双重优点,从而能在较少的迭代次数内找到最优解。目前该方法已广泛应用于函数优化、数据挖掘、神经网络训练等领域。

## 15.1 粒子群算法的基本原理

粒子群算法具有进化计算和群体智能的特点。与其他进化算法类似,粒子群算法也是通过个体间的协作和竞争,实现复杂空间中最优解的搜索。

在粒子群算法中,可以把每个优化问题的潜在解看作是 $n$ 维搜索空间上的一个点,称为"粒子"或"微粒",并假定它是没有体积和质量的。所有粒子都有一个被目标函数所决定的适应度值和一个决定它们位置和飞行方向的速度,然后粒子们就以该速率追随当前的最优粒子在解空间中进行搜索,其中,粒子的飞行速度根据个体的飞行经验和群体的飞行经验进行动态的调整。

算法开始时,首先生成初始解,即在可行解空间中随机初始化 $m$ 粒子组成的种群 $Z=\{Z_1,Z_2,\cdots,Z_m\}$,其中每个粒子所处的位置 $Z_i=\{z_{i1},z_{i2},\cdots,z_{in}\}$都表示问题的一个解,并且根据目标函数计算每个粒子的适应度值。然后每个粒子都将在解空间中迭代搜索,通过不断调整自己的位置来搜索新解。在每一次迭代中,粒子将跟踪两个"极值"来更新自己,一个是粒子本身搜索到的最好解 $p_{id}$,另一个是整个种群目前搜索到的最优解 $p_{gd}$,这个极值即全局极值。此外每个粒子都有一个速度 $V_i=\{v_{i1},v_{i2},\cdots,v_{in}\}$,当两个最优解都找到后,每个粒子根据下式来更新自己的速度

$$v_{id}(t+1)=wv_{id}(t)+\eta_1\mathrm{rand}()(p_{id}-z_{id}(t))+\eta_2\mathrm{rand}()(p_{gd}-z_{id}(t))$$

$$z_{id}(t+1)=z_{id}(t)+v_{id}(t+1)$$

式中:$v_{id}(t+1)$表示第 $i$ 个粒子在 $t+1$ 次迭代中第 $d$ 维上的速度;$w$ 为惯性权重,它具有维护全局和局部搜索能力平衡的作用,可以使粒子保持运动惯性,使其有扩展空间搜索的趋势,有能力搜索到新的区域;$\eta_1$、$\eta_2$ 为学习因子,分别称为认知学习因子和社会学习因子,$\eta_1$ 主要是为了调节粒子向自身的最好位置飞行的步长,$\eta_2$ 是为了调节粒子向全局最好位置飞行的步长;rand()为 0~1 之间的随机数。

在基本粒子群算法中,如果不对粒子的速度有所限制,则算法会出现"群爆炸"现象,即粒子将不收敛。此时,可设置速度上限和选择合适的学习因子 $\eta_1$ 和 $\eta_2$。限制最大速度即定义一个最大速度,如果 $v_{id}(t+1)>v_{\max}$,则令 $v_{id}(t+1)=v_{\max}$;如果 $v_{id}(t+1)<-v_{\max}$,则令

$v_{id}(t+1)=-v_{max}$。大多数情况下，$v_{max}$ 由经验进行设定，若太大，则不能起到限制速度的作用；若太小，则容易使粒子移动缓慢而找不到最优点。

如果令 $\eta=\eta_1+\eta_2$，则研究发现，当 $\eta>4.0$ 时，粒子将不收敛，建议采用 $\eta_1=\eta_2=2$。

从粒子的更新公式（进化方程）可看出，粒子的移动方向由三部分决定，自己原有的速度 $v_{id}$；自己最佳经历的距离 $p_{id}-z_{id}(t)$，即“认知”部分，表示粒子本身的思考；群体最佳经历的距离 $p_{gd}-z_{gd}(t)$，即“社会”部分，表示粒子间的信息共享，并分别由权重系数 $w$、$\eta_1$ 和 $\eta_2$ 决定其相对重要性。如果进化方程只有“认知”部分，即只考虑粒子自身的飞行经验，那么不同的粒子间就缺少了信息和交流，得到最优解的概率就非常小；如果进化方程中只有“社会”部分，那么粒子就失去了自身的认知能力，虽然收敛速度比较快，但是对于复杂问题，却容易陷入局部最优点。

当达到算法的结束条件，即找到足够好的最优解或达到最大迭代次数时，算法结束。

粒子群算法的基本流程如图 15-1 所示。算法中参数选择对算法的性能和效率有较大的影响。在粒子群算法中有 3 个重要参数，惯性权重 $w$、速度调节参数 $\eta_1$ 和 $\eta_2$。惯性权重 $w$ 使粒子保持运动惯性，速度调节参数 $\eta_1$ 和 $\eta_2$ 表示粒子向 $p_{id}$ 和 $p_{gd}$ 位置飞行的加速项权重。如果 $w=0$，则粒子速率没有记忆性，粒子群将收缩到当前的全局最优位置，失去搜索更优解的能力。如果 $\eta_1=0$，则粒子失去“认知”能力，只具有“社会”性，粒子群收敛速度会更快，但是容易陷入局部极值。如果 $\eta_2=0$，则粒子只具有“认知”能力，而不具有“社会”性，等价于多个粒子独立搜索，因此很难得到最优解。

实践证明没有绝对最优的参数，针对不同的问题选取合适的参数才能获得更好的收敛速度和鲁棒性，一般情况下 $w$ 取 0～1 之间的随机数，$\eta_1$ 和 $\eta_2$ 分别选取 2。

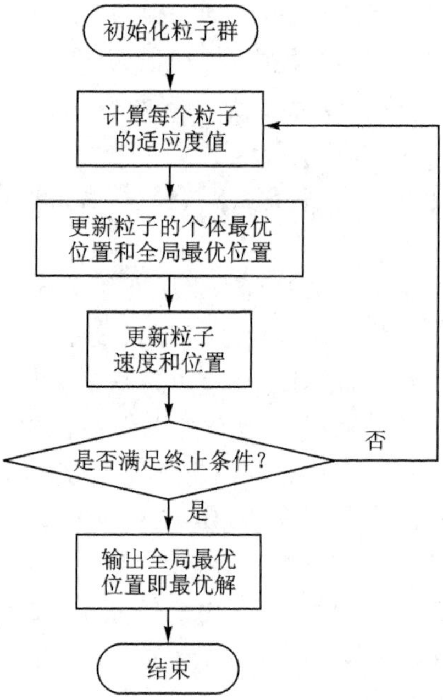


**图 15-1　粒子群算法的流程**

## 15.2　全局模式与局部模式

Kennedy 等在对鸟群觅食的观察中发现，每只鸟并不总是能看到鸟群中其他所有鸟的位置和运动方向，而往往只是看到相邻的鸟的位置和运动方向。由此而提出了两种粒子群算法模式即全局模式（Global Version PSO）和局部模式（Local Version PSO）。

全局模式是指每个粒子的运动轨迹受粒子群中所有粒子状态的影响，粒子追寻两个极值即自身极值和种群全局极值。前述算法的粒子更新公式就是全局模式。而在局部模式中，粒子的轨迹只受自身的认知和邻近的粒子状态的影响，而不是被所有粒子的状态所影响，粒子除了追随自身极值 $p_{id}$ 外，不追随全局极值 $p_{gd}$，而是追随邻近粒子当中的局部极值 $p_{nd}$。在该模式中，每个粒子需记录自己及其邻居的最优解，而不需要追寻粒子当中的局部极值，此时，速度更新过程可用下式表示

$$v_{id}(t+1)=wv_{id}(t)+\eta_1\,\text{rand}()(p_{id}-z_{id}(t))+\eta_2\,\text{rand}()(p_{nd}-z_{id}(t))$$
$$z_{id}(t+1)=z_{id}(t)+v_{id}(t+1)$$

全局模式具有较快的收敛速度，但是鲁棒性较差。相反，局部模式具有较高的鲁棒性而收敛速度相对较慢。因而在运用粒子群算法解决不同的优化问题时，应针对具体情况采用相应模式。

# 15.3 改进的粒子群算法

## 15.3.1 带活化因子的粒子群算法

从粒子群算法的迭代式可以看出，当粒子 $i$ 到达种群当前最优位置时，有 $z_{id}(t)=p_{id}(t)=p_{ng}(t)$，此时，迭代式就变为

$$v_{id}(t+1)=wv_{id}(t)$$

粒子将一直沿着 $v_{id}(t)$ 的方向直线前进，由于 $w<1$，则前进速度将随着迭代次数的增加而不断减小，直至为 0，此时粒子将停止前进，沿着直线向前搜索有限距离，很难找到更好的解。

粒子群的当前全局最优点有可能是局部最优点，也有可能是最终全局最优点，粒子群在当前全局最优点的指引下逐渐趋向最终全局最优点。为了保证粒子在到达当前全局最优位置后能继续搜索最终全局最优点，必须修正 $p_{id}(t)$ 和 $p_{ng}(t)$ 项的大小，使个体认知部分 $(p_{id}(t)-z_{id}(t))$ 或社会信息共享部分 $(p_{ng}(t)-z_{id}(t))$ 在粒子到达当前全局最优点时不为 0。

由于粒子个体最优位置 $p_{id}$ 和种群全局最优位置 $p_{ng}$ 指引着所有粒子的前进方向，若修正 $p_{ng}$ 项，使粒子到达当前全局最优点时 $(p_{ng}(t)-z_{id}(t)\neq 0)$，则修正后的 $p_{ng}$ 项在粒子飞行过程中将引导粒子逐渐偏离最终全局最优点，从而导致算法无法达到全局最优解；而粒子个体最优位置 $p_{id}$ 仅仅是各粒子向全局最优点飞行的指导方向，并不妨碍粒子趋向全局最优，故可以考虑修正此项。经多方面的综合考虑，为了补偿搜索后期 $w$ 值对算法全局搜索性能的消极作用，以及加强全局最优点粒子的续航能力，在 $p_{id}$ 项前增加一系数 $a$，称为活力因子，其作用是在粒子到达局部最优位置后能够摆脱局部最优继续搜索更优点，以增强粒子的全局寻优能力。解空间的维数，$a$ 因子的作用越显著，算法的全局寻找能力就越强。一般来说，当解空间的维数 $D\leqslant 2$ 时，$a$ 取 1.0；当解空间的维数 $D>2$ 时，$a$ 取 2.0，可大大提高算法的全局寻优能力。通常标准的粒子群算法 $\eta_1$ 和 $\eta_2$ 分别取 2.0，为了补偿活力因子 $a$ 对个体认知部分的作用，$\eta_1$ 和 $\eta_2$ 分别取 1.0 和 2.0。改进后的算法可表示为

$$v_{id}(t+1)=wv_{id}(t)+\eta_1\,\text{rand}()(ap_{id}-z_{id}(t))+\eta_2\,\text{rand}()(p_{nd}-z_{id}(t))$$
$$z_{id}(t+1)=z_{id}(t)+v_{id}(t+1)$$
$$w=w_{\max}-\frac{\text{Iter}(w_{\max}-w_{\min})}{\text{MIter}}$$
$$a=\begin{cases}1.2, & D\leqslant 2\\ 2.0, & D>2\end{cases}$$

式中：$w_{\max}$ 和 $w_{\min}$ 分别为最大加权系数和最小加权系数；Iter 为当前迭代次数；MIter 为算法预定的迭代总次数。

### 15.3.2 动态自适应惯性粒子群算法

由于粒子群算法存在着容易陷入局部最优的缺点，因而必须对其进行改进。改进的策略有两点：第一，在每次粒子群算法的求解过程中，达到收敛的迭代次数是不一样的，有的优化几次就达到了收敛，而有的在整个计算过程中均达不到收敛，这样大大降低了其收敛速度。为了提高收敛速度，引入了动态的次数因子(Temp)，这主要是考虑到，在每个周期内，达到收敛的代数是不一样的，那么在所有计算周期内达到收敛的代数之和也是不一样的，因此它是动态的。其原理为在每一次计算周期中，当其迭代次数之和累计大于事先规定的某个数值时，就重新进行初始化，这样做就会使原先达不到收敛条件的粒子重新以一定的速度搜索，算法可以在较大的搜索空间内持续搜索，使粒子可以保持大范围的寻优，粒子群就不易陷入局部最优。第二，改进惯性权重值的设置方法。其基本思想是随着粒子群算法过程的进行，逐渐达到其最优解，每相邻两次最优解比值的大小，能够说明算法运行速度的快慢。迭代次数为 $T$ 时，所有粒子的适应度值之和的平均值同当前粒子群的最优适应度值的比值，表现了整个粒子群的运动状态是分散的还是比较集中的，以此为依据来动态调整它们的运动状态，使其达到全局最优解，而不陷入局部最优值。

下面对第二种方法的数学模型做一简单介绍。

影响粒子群算法的因素有两个：

(1) 第一个因素是进化速度因子。在进化过程中，全局最优值取决于个体最优值的变化，同时也反映了粒子群所有粒子的运动效果。在优化过程中，当前迭代的全局最优值总是要优于或至少等于上一次迭代的全局最优值。

定义进化速度因子(Pspeed)：

$$\text{Pspeed}=\frac{1}{\exp(\min((\text{PBEST}-\text{prepbest}),(\text{prepbest}-\text{PBEST})))+1.0}$$

式中：PBEST 表示当前代数粒子群的最优适应度值；prepbest 表示前一次粒子群的全局最优适应度值。

很明显，0≤Pspeed≤1，它考虑了算法的运行历史，也反映了粒子群的进化速度，即越小，进化速度就越快。当经过了一定的迭代次数后，值将会保持在 1，则可判定算法停滞或者找到了最优解。

(2) 第二个因素是粒子群的聚集度因子。在算法中，全局最优值总是优于所有个体的当前适应度值。

定义聚集度因子(Ptogether)：

$$\text{Ptogether}=\frac{1}{\exp(\min((\text{PBEST}*\text{popsize}-\text{paccount}),(\text{paccount}-\text{PBEST}*\text{popsize})))+1.0}$$

式中：popsize 表示粒子群的粒子数；paccount 表示当前代数所有粒子的适应度值之和。

同样，0≤Ptogether≤1，该参数考虑了算法的运行历史，也反映了粒子群当前的聚集程度，同时在一定程度上也反映出粒子的多样性，即 Ptogether 越大，粒子群聚集程度就越大，粒子多样性就越小。当经过了一定的迭代次数后，Ptogether 值将会保持在 1，粒子群中的所有粒子均具有同一性，如果此时算法陷入局部最优，则结果不容易跳出局部最优。

根据计算的仿真结果分析，粒子群优化算法中的惯性权重 $w$ 的大小应该随着粒子群的进化速度和粒子的逐渐聚集程度而改变，即 $w$ 可表示为进化速度因子和聚集度因子的函数。如果粒子群进化速度较快，算法可以在较大的搜索空间内持续搜索，粒子就可以保持大范围的寻优。当粒子群进化速度减慢时，可以减少 $w$ 的值，使粒子群在小空间内搜索，以便更快地找到最优解。若粒子较分散，粒子群就不容易陷入局部最优解。随着粒子群的聚集程度的提高，算法容易陷入局部最优，此时应增大粒子群的搜索空间，提高粒子群的全局寻优能力。

综上分析，$w$ 可表示为

$$w = 1.0 - \text{Pspeed} \times w_h + \text{Ptogether} \times w_s$$

式中：$w_h$ 为一常数，取值一般为 0.4～0.6；$w_s$ 也为一常数，取值一般为 0.05～0.20。针对不同的问题，可以有所改变。

根据算法模型，可得出以下的算法流程：

(1) 初始化粒子群的位置、速度，计算粒子群的适应度值。

(2) 初始化粒子群的个体最优和全局最优。

(3) 如果达到了粒子的收敛条件，执行步骤(7)；否则执行步骤(4)、(5)。

(4) 用迭代速度的位置公式对粒子群进行更新，并计算粒子的适应度值，更新粒子的全局最优值和个体最优值。

(5) 判断条件是否大于事先给定的一个值，如果大于给定的值，就重新进行初始化，执行步骤(1)；否则执行步骤(4)、(5)。

(6) 将迭代次数加入，并执行步骤(3)。

(7) 输出全局最优值，算法结束。

### 15.3.3　自适应随机惯性权重粒子群算法

设粒子群的粒子数为 $N$，$f_i$ 为第 $i$ 个粒子的适应度值，$f_{\text{avg}}$ 为粒子群目前的平均适应度值，$\sigma^2$ 为粒子群的群体适应度方差，其定义如下：

$$\sigma^2 = \sum_{i=1}^{N} \left( \frac{f_i - f_{\text{avg}}}{f} \right)^2$$

式中：$f$ 的取值为

$$f = \begin{cases} \max\{|f_i - f_{\text{avg}}|\}, & \max\{|f_i - f_{\text{avg}}|\} > 1 \\ 1, & \text{其他} \end{cases}$$

群体适应度方差反映的是粒子群中所有粒子的“收敛”程度，其值越小，粒子群越趋于收敛；反之，粒子群处于随机搜索阶段。

如果粒子群算法陷入早熟收敛或达到全局收敛，则粒子群中的粒子将聚集在搜索空间的一个或几个特定位置，群体适应度方差趋于零。对于粒子群中的任意粒子，其最终收敛位置将是整个粒子群找到的全局极值点。如果粒子群找到的全局极点只有一个，那么所有粒子都会“聚集”到该位置；如果全局极值点不止一个，那么粒子将随机聚集在这几个全局极值点位置。全局极值点是所有粒子在算法运行过程中找到的最佳粒子位置，该位置并不一定就是搜索空间中的全局最优点。若该位置为全局最优点，则算法达到全局收敛；否则算法陷入早熟收敛。

从以上分析可知，粒子群算法收敛状态与群体适应度方差之间存在一定关系，但是，仅凭群体适应度方差等于零并不能区别早熟收敛与全局收敛，还须进一步判断算法此时得到的最优解是否为理论全局最优解或期望最优解。如果此时已经得到全局最优，则可以认为达到全局收敛；反之则表明算法陷入局部最优。

因此，如果要克服早熟收敛问题，就必须提供一种机制，可以使算法在发生早熟收敛时，容易跳出局部最优，进入解空间的其他区域继续进行搜索，直到最后找到全局最优解。这种机制可以通过自适应动态改变惯性权重值来实现，即自适应随机惯性权重粒子群算法。

自适应随机惯性权重的计算公式为

$$w=\begin{cases}0.5+\mathrm{rand}()/2.0, & \sigma^2\geqslant\sigma_c\\ 0.4+\mathrm{rand}()/2.0, & \sigma^2<\sigma_c\end{cases}$$

式中：$\sigma_c$ 为一常数，一般可取 0.2 左右。

按这个方法计算随机惯性权重，有两个优点：第一，使粒子的历史速度对当前速度的影响是随机的；第二，惯性权重的数学期望值将群体适应度方差自适应地调整。这将使全局搜索和局部搜索的能力较好地相互协调，并且这种随机的惯性权重值可以增加粒子的多样性。

算法流程如下：

(1) 初始化粒子群的位置、速度。

(2) 计算粒子群的适应度值。

(3) 对于每个粒子，将其适应度值与所经历的最好位置 $P_{id}$ 的适应度值进行比较，若较好，则将其作为当前最好位置。

(4) 对于每个粒子，将其适应度值与全局所经历的最好位置 $P_{ig}$ 的适应度值进行比较，若较好，则将其作为当前全局最好位置。

(5) 计算方差 $\sigma^2$，判断条件 $\sigma^2$ 和 $\sigma_c$ 的大小。

(6) 计算自适应随机惯性权重值。

(7) 根据两个迭代公式对粒子的速度和位置进行更新。

(8) 如未达到结束条件，则返回步骤(2)；否则执行步骤(9)。

(9) 输出全局最优值，算法结束。

## 15.4 粒子群算法的特点

粒子群算法有以下一些特点：

(1) 粒子群算法和其他进化算法都基于“种群”概念，用于表示一组解空间中的个体集合。其采用随机初始化种群方法，使用适应度值来评价个体，并且据此进行一定的随机搜索，因此不能保证一定能找到最优解。

(2) 具有一定的选择性。在粒子群算法中通过不同代种群间的竞争实现种群的进化过程。若子代具有更好的适应度值，则子代将替换父代，因而具有一定的选择机制。

(3) 算法具有并行性，即搜索过程是从一个解集合开始的，而不是从单个个体开始的，不容易陷入局部极小值，并且这种并行性易于在并行计算机上实现，提高了算法的性能和效率。

(4) 收敛速度更快。粒子群算法在进化过程中同时记忆位置和速度信息，并且其信息通信机制与其他进化算法不同。在遗传算法中染色体互相通过交叉、变异等操作进行通信，蚁群算法中每只蚂蚁以蚁群全体构成的信息轨迹作为通信机制，因此整个种群比较均匀地向最优区域移动，而在全局模式的粒子群算法中，只有全局最优粒子提供信息给其他的粒子，整个搜索更新过程是跟随当前最优解的过程，因此所有的粒子很可能更快地收敛于最优解。

## 15.5 算法的 MATLAB 实现

**【例 15.1】** 试用粒子群算法求解下列函数的极小值：

$$\min f(\boldsymbol{X})=\sum_{i=1}^{11}\left[a_i-\frac{x_1(b_i^2+b_ix_2)}{b_i^2+b_ix_3+x_4}\right]^2,\quad |x_i|\leqslant 5$$

其中，

$$(a_i)=(0.1957,0.1947,0.1735,0.16,0.0844,0.0627,0.0456$$
$$0.0342,0.0323,0.0235,0.0246)$$
$$(1/b_i)=(0.25,0.5,1,2,4,6,8,10,12,14,16)$$

**解**：根据粒子群算法的原理，编写函数 mypso 进行求解，其中输入参数粒子数为 30，最大迭代数为 2 000，LB=[−5;−5;−5;−5]；UB=[5;5;5;5]。

```
>> [bestx,bestf] = mypso(@optifun35,1)
>> bestx = 0.1928     0.1909     0.1231     0.1358            %极值点
   bestf = 3.0749e-004                                         %极小值
```

**【例 15.2】**　粒子群算法也可以求解离散数学问题，如邮递员问题。试用粒子群算法求解下列 20 个城市的 TSP 问题，城市坐标见表 15-1。

**表 15-1　城市坐标值**

| | | | | | | | | | | |
|---|---|---|---|---|---|---|---|---|---|---|
| 坐标值 | 15.20 | 10.00 | 360.00 | 50.00 | 46.00 | 50.30 | 90.54 | 100.00 | 154.00 | 79.00 |
| | 3.00 | 25.00 | 20.00 | 6.00 | 92.00 | 70.60 | 658.70 | 360.00 | 82.00 | 659.00 |
| | 360.40 | 39.40 | 99.50 | 65.00 | 302.40 | 58.68 | 98.36 | 100.20 | 87.00 | 65.90 |
| | 258.10 | 56.80 | 887.00 | 68.40 | 54.00 | 78.00 | 65.60 | 200.30 | 6.00 | 2.30 |

**解**：粒子群算法求解 TSP 问题的关键在于有关路径的加减及乘法运算，可以采用两种方法解决这个问题：一是与其他方法如遗传算法等联合；二是定义新的运算规则。此例采用第二种方法。

(1) 位置或路径

位置或路径可以定义为一个具有所有节点的哈密顿圈，设有 $N$ 个节点，它们之间的弧均存在，粒子的位置可表示为序列 $x=(n_1,n_2,\cdots,n_n,n_1)$，与常规的定义一致。

(2) 速　度

速度定义为粒子位置的变换序列，表示一组置换序列的有序列表，可以表示为 $v=\{(i_k,j_k),i_k,j_k\in\{1,2\cdots,N\},k\in\{1,2\cdots,m\}$。式中$(i_k,j_k)$表示路径中的第 $i_k$ 与第 $j_k$ 的位置互相交换，$m$ 表示该速度所含交换的数目，交换序中先执行第一个交换子，再执行第二个，以此类推。

(3) 位置与速度的加法操作

该操作表示将一组置换序列依次作用于某个粒子位置，结果为一个新的位置。

(4) 位置与位置的减法操作

粒子位置与另一粒子位置相减后为一组转换序列，即速度，也即是比较两个位置不同后所得出的序列。

(5) 速度与速度的加法操作

此操作为两个置换序列的合并，结果为一个新的置换序列，即一个新的速度。

(6) 实数与粒子速度的乘法操作

实数 $c$ 为(0,1)的随机数，设速度 $v$ 为一个由 $k$ 个交换子组成的置换序列，乘法操作的实质即对这个置换序列进行截取，新速度的置换序列的长度则为 $c\times k$ 后下取整。

根据以上定义，则可以得到粒子群算法求解 TSP 问题的公式：

$$V_i^{k+1}=\omega\otimes V_i^k\oplus c_1\times\text{rand}\otimes(P_i^k-X_i^k)\oplus c_2\times\text{rand}\otimes(P_i^k-X_i^k)$$
$$X_i^{k+1}=X_i^k\oplus V_i^{k+1}$$

据此便可以编写函数进行求解，另外在函数中加入了自学习功能，即进化结束后对路径中的每一个城市进行两两交换，试探是否更加优化，如有则替换路径，否则保持不变。

从实际运算结果分析，此函数在解决较大维数(城市)的 TSP 问题时需要改进。

```
>> city = [15.20 3.0000;10.00 25.00;360.00 20.00;50.00 6.00;46.00 92.00;50.30 70.60;
        90.54 658.70;100.00 360.00;154.00 82.00;79.00 659.00;360.40 258.10;
        39.40 56.80;99.50 887.00;65.00 68.40;302.40 54.00;58.68 78.00;
        98.36 65.60;100.20 200.30;87.00 6.00;65.90 12.30];
>> [bestx,bestf] = mypsoTSP(city)               % 最大迭代数 3000
>> bestx = 4 20 19 17 9 15 3 11 13 10 7 8 18 5 16 14 6 12 2 1
bestf  = 2.2785e + 003
```

图 15-2 所示为计算结果路径图。

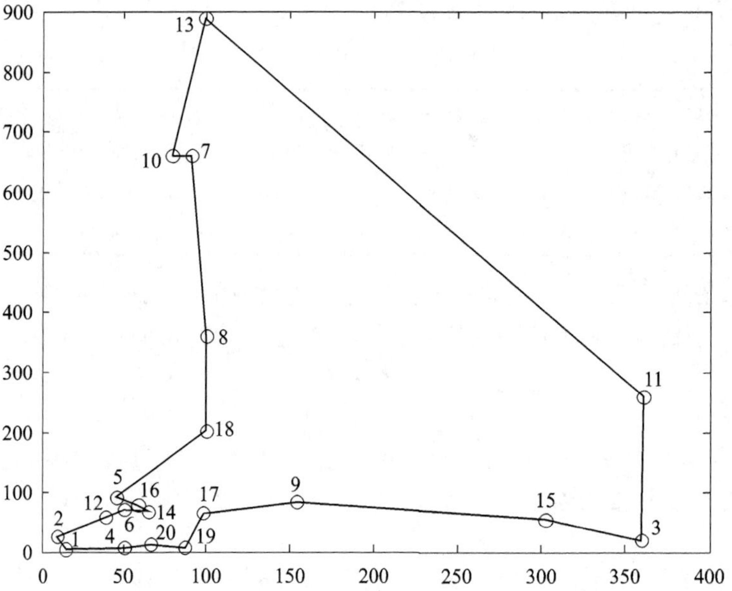


**图 15-2　计算结果路径图**

【**例 15.3**】　例 15.2 中的离散化方法只适用于求解 TSP 问题，对于其他的离散域问题则可以采用二进制粒子群算法 DPSO。

二进制粒子群算法中将每个粒子的位置向量 $\boldsymbol{X}_i=(x_{i1},x_{i2},\cdots,x_{iD})$ 中的元素 $x_{id}(1\leqslant d\leqslant D)$ 取 0 或 1，而速度 $\boldsymbol{V}_i=(v_{i1},v_{i2},\cdots,v_{iD})$ 中的元素 $v_{id}(1\leqslant d\leqslant D)$ 仍然取连续值，它表示为粒子的位置发生变化的概率。当 $v_{id}$ 值较大时，$x_{id}$ 以较大的概率取 0；否则 $x_{id}$ 以较大的概率取 1。具体计算公式如下：

$$P_{\text{best}}=\alpha p_{\text{best}}+\beta(1-p_{\text{best}})$$

$$G_{\text{best}}=\alpha g_{\text{best}}+\beta(1-g_{\text{best}})$$

$$\boldsymbol{V}_i^{k+1}=c_1V_i^k+c_2P_{\text{best}}+c_3G_{\text{best}}$$

$$\boldsymbol{X}_i^{k+1}=\begin{cases}1, & \boldsymbol{V}_i^{k+1}<\text{rand 或者}\dfrac{1}{1+\exp(-V_i^{k+1})}<\text{rand}\\ 0, & \text{其他}\end{cases}$$

式中：$p_{\text{best}}$ 为个体极值；$g_{\text{best}}$ 为全局极值。$\alpha$、$\beta$、$c_1$、$c_2$、$c_3$ 均为[0,1]区间的常数，且 $\alpha+\beta=1$，$c_1+c_2+c_3=1$。

为模拟某发动机曲轴轴承磨损故障，设置曲轴轴承配合间隙为 0.08 mm、0.20 mm 和 0.40 mm，分别对应于曲轴轴承配合正常、中度磨损和严重磨损三种状态。表 15-2 所列为实验数据。试用 DPSO 算法选择表中的特征向量。

**表 15-2　实验数据**

| 序号 | 轴承配合间隙/mm | 故障特征 | | | | | | | |
|---|---|---|---|---|---|---|---|---|---|
| | | $c_1$ | $c_2$ | $c_3$ | $c_4$ | $c_5$ | $c_6$ | $c_7$ | $c_8$ |
| 1 | 0.08 | 0.550 6 | 0.484 5 | 0.441 2 | 0.411 4 | 0.389 2 | 0.372 2 | 0.360 9 | 0.357 2 |
| 2 | 0.08 | 0.379 6 | 0.333 4 | 0.306 1 | 0.292 0 | 0.287 5 | 0.290 5 | 0.299 8 | 0.315 0 |
| 3 | 0.08 | 0.119 4 | 0.115 9 | 0.114 6 | 0.115 0 | 0.116 7 | 0.119 3 | 0.122 6 | 0.126 3 |
| 4 | 0.08 | 0.114 0 | 0.112 0 | 0.111 1 | 0.109 7 | 0.107 1 | 0.103 5 | 0.099 1 | 0.094 9 |
| 5 | 0.08 | 0.189 3 | 0.195 1 | 0.205 0 | 0.218 2 | 0.232 7 | 0.244 6 | 0.250 0 | 0.247 8 |
| 6 | 0.20 | 1.646 7 | 1.492 7 | 1.372 5 | 1.295 2 | 1.264 8 | 1.284 3 | 1.358 7 | 1.495 6 |
| 7 | 0.20 | 0.638 1 | 0.568 3 | 0.514 5 | 0.472 7 | 0.440 4 | 0.416 8 | 0.402 2 | 0.396 7 |
| 8 | 0.20 | 1.160 3 | 1.076 5 | 0.971 4 | 0.852 3 | 0.723 1 | 0.601 5 | 0.502 9 | 0.430 9 |
| 9 | 0.20 | 0.909 9 | 0.865 3 | 0.821 4 | 0.782 2 | 0.749 8 | 0.721 0 | 0.691 3 | 0.659 0 |
| 10 | 0.20 | 2.599 2 | 1.795 3 | 1.334 4 | 1.074 9 | 0.929 8 | 0.856 6 | 0.836 0 | 0.860 7 |
| 11 | 0.40 | 10.327 8 | 5.358 2 | 4.436 2 | 3.690 4 | 3.126 3 | 2.711 1 | 2.412 5 | 2.205 6 |
| 12 | 0.40 | 3.043 7 | 2.910 8 | 2.780 1 | 2.611 4 | 2.412 6 | 2.233 5 | 2.105 1 | 2.033 8 |
| 13 | 0.40 | 2.669 1 | 2.397 4 | 2.228 3 | 2.105 7 | 1.971 1 | 1.811 0 | 1.661 8 | 1.554 3 |
| 14 | 0.40 | 10.273 0 | 10.102 5 | 5.999 4 | 10.032 1 | 10.241 6 | 10.663 2 | 7.341 2 | 8.336 7 |
| 15 | 0.40 | 4.499 9 | 5.041 9 | 5.688 5 | 10.265 5 | 10.533 4 | 10.390 7 | 5.974 0 | 5.395 0 |

**解**：根据算法原理，可编写程序进行计算。程序中适应度函数为类间距离、类内距离、分类正确率及特征数比率四个参数的组合，分类正确率采用 $k$-折交叉验证法求得。不同的适应度函数影响最终的计算结果，即可以得到不同的特征选择结果。以下是其中的一次计算结果：

```
>> load data;target = [1 1 1 1 1 2 2 2 2 2 3 3 3 3 3];
>> [bestx,bestf] = mypso(@(x)optifun37(x,data,target),2)        %用 type 控制算法类型
>> bestx = 0  0  1  1  0  0  1  1                                %特征选择为 c3、c4、c6、c7
>> bestf = -14.9059
```

**【例 15.4】**　虽然粒子群算法具有算法直观，易于理解，收敛快且简单易行，寻优策略简单等优点，但粒子群算法在运行过程中，如果某粒子发现一个当前最优位置，则其他粒子将迅速向其靠拢。如果该最优位置是局部最优点，那粒子群就无法继续在解空间中进行搜索，此时算法就陷入局部最优，出现所谓的早熟收敛现象。

粒子群的离散程序可以用方差来描述：

$$\sigma^2 = \sum_{i=1}^{N}\left(\frac{f_i - f_{\text{avg}}}{f}\right)^2$$

式中：$\sigma^2$ 为粒子群的群体适应度方差；$N$ 为粒子数；$f_i$ 为第 $i$ 个粒子的适应度；$f_{\text{avg}}$ 为当前粒子群的平均适应度；$f$ 为归一化因子，用于限制方差的大小，其取值如下：

$$f = \begin{cases} \max\{|f_i - f_{\text{avg}}|\}, & \max\{|f_i - f_{\text{avg}}|\} \geqslant 1 \\ 1, & \text{其他} \end{cases}$$

方差 $\sigma^2$ 越小,粒子群就越趋于收敛;反之,粒子群处于分散状态,粒子距最优位置就越远。

当粒子群算法处于早熟时,可以有多种方法解决这个问题,其中一种方法是混沌搜索,即采用混沌粒子群优化算法。

试用混沌粒子群优化算法求解下列函数:

$$\max f(x,y)=\left(\frac{3}{0.05+x^2+y^2}\right)^2+(x^2+y^2)^2,\quad |x_i|\leqslant 5.12$$

**解**:混沌粒子群算法可以有多种形式,下面是常见的几种方法:

(1) 对初始化种群进行混沌优化,并选出性能较好的种群规模的粒子作为初始种群。

(2) 对个体最优或全局最优位置进行混沌优化。当搜索出个体最优或全局最优后,采用混沌迭代的方式对其进行优化,保留性能最好的个体随机取代当前群体中的个体。

(3) 对粒子的新位置进行混沌扰动,保留性能较好的作为最终的粒子新位置。

(4) 按一定的概率混沌迭代生成 $N\times P$ 个混沌向量($N$ 为种群规模,$P$ 为概率),随机取代同样数量的种群粒子。

根据以上算法的原理,编写程序进行求解。

```
>> [bestx,bestf] = COApso(@optifun38,1)           %第一种方法,即扰动粒子位置
>> bestx = 1.0e-005 *(-0.8714   -0.2297)         %(0,0)为全局极值点
   bestf = -3.6000e+003                           %极大值为 3 600
```

其余三种方法与其类似,不再列出计算过程,其中参数输入时迭代次数为 1 000 以上,下界为[-5.12;-5.12],上界为[5.12;5.12]。

从计算结果可以看出,此函数的性能比常规的粒子群算法函数有所提高。为了简单,程序没有考虑方差。

**【例 15.5】** 在 MATLAB 的较高版本(如 2014a)中,有粒子群算法函数 pso。请用 pso 函数求解下列函数的最优值:

$$\min f(x,y)=100(x^2-y)^2+(1-x)^2,\quad |x_i|\leqslant 2.048$$

**解**:在 2014a 版本的 MATLAB 上,运行下列函数便可得到所求结果:

```
>> [x,fval] = pso(@optifun39,2,-2.048,2.048)
>> x = 1.0006    1.0012                 %极小点为(1,1)
   fval = 3.5222e-07                    %极小值为 0
```

# 第 16 章 人工鱼群算法

人工鱼群算法(Artificial Fish School Algorithm,AFSA)由李晓磊博士于 2002 年首次提出。通过研究鱼群的行为,李晓磊总结并提取了适用于鱼群算法的几种典型行为——鱼的觅食行为、聚群行为和追尾行为,并用于寻优过程,进而形成了鱼群优化算法。

人工鱼群算法是一种新型的寻优策略,它具有鲁棒性强、全局收敛性好、对初值的敏感性小等优势,随着人们对这一算法地不断了解和研究,应用鱼群算法解决实际工程优化问题的案例越来越多,有关鱼群算法的理论研究论文和算法的应用论文也逐年增加。

## 16.1 人工鱼群算法的基本原理

集群是生物界常见的一种现象,通常定义为一群具备自身活动能力的自治体的集合,如昆虫、鸟类、鱼类、微生物及人类等。生物的这种特性是在漫长的进化过程中逐渐形成的,对其生存和进化有着重要的影响。集群中的自治体利用相互间的直接或间接通信,通过全体的活动来解决一些分布式的难题。集群中每个自治体自身行为较为简单,不具有高级智能,但它们群体活动所表现出来的则是一种高级智能才能达到的活动,这种活动可称为群体智能。

自治体的行为受到环境的影响,同时每一个自治体又是环境的构成要素。环境的下一个状态是当前状态和自治体活动的函数,自治体的下一个刺激是环境的当前状态和其自身活动的函数,自治体的合理架构就是能在环境的刺激下做出最好的应激活动。

将动物自治体的概念引入鱼群优化算法中,采用自上而下的设计思路,应用基于行为的人工智能方法,便可以形成一种新的解决问题的模式,因为是从分析鱼类活动出发的,所以称为鱼群模式,该模式用于寻优过程中,就形成了人工鱼群算法。人工鱼群算法的基本思想就是在一片水域中,鱼生成数目最多的地方一般就是该水域中富含营养物质最多的地方,依据这一特点来模仿鱼群的觅食、聚群、追尾等行为,从而实现全局寻优。

## 16.2 人工鱼的结构模型

人工鱼是真实鱼的一个虚拟实体,是一个封装了自身数据和一系列行为的实体,可以通过感官来接收环境的刺激信息,并做出相应的应激活动。

人工鱼所在的环境主要是问题的解空间和其他人工鱼的状态,它在下一时刻的行为取决于目前自身的状态和环境状态(包括问题当前解的优劣和其他同伴的状态),并且它还通过自身活动来影响环境,进而影响其他同伴的活动。人工鱼对外界的感知是靠视觉来实现的。

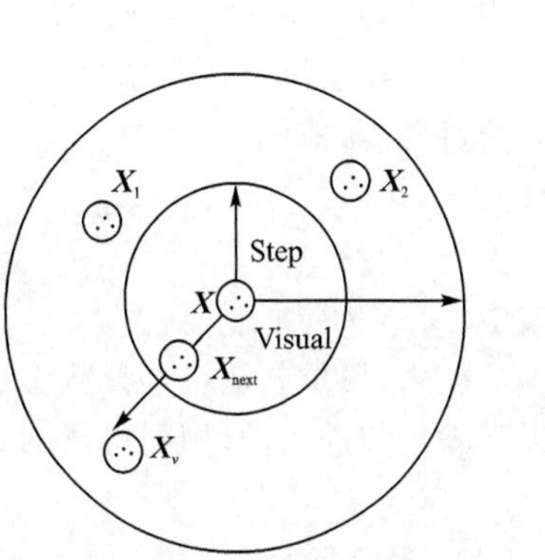

图 16-1 人工鱼视觉概念示意图

图 16-1 所示是人工鱼视觉概念示意图。

一条虚拟人工鱼的当前状态为 $\boldsymbol{X}$，Visual 为其视野范围，状态 $\boldsymbol{X}_v$ 为其某时该视点所在的位置，若该位置的状态优于当前状态，则考虑向该位置方向前进一步，即到达状态 $\boldsymbol{X}_{next}$；若状态 $\boldsymbol{X}_v$ 不比当前状态更优，则继续巡视视野内的其他位置。巡视的次数越多，对视野的状态了解得就越全面，从而对周围环境有一个全方位立体的认识，这有助于做出相应的判断和决策。当然，对于状态多或状态无限的环境也不必全部遍历，允许人工鱼具有一定的不确定性的局部寻优，从而对寻找全局最优有帮助。

以上过程可表示为

$$\boldsymbol{X}_v = \boldsymbol{X} + \text{Visual} \cdot \text{Rand}()$$

$$\boldsymbol{X}_{next} = \boldsymbol{X} + \frac{\boldsymbol{X}_v - \boldsymbol{X}}{\|\boldsymbol{X}_v - \boldsymbol{X}\|} \cdot \text{Step} \cdot \text{Rand}()$$

式中：状态 $\boldsymbol{X}=(x_1,x_2,\cdots,x_n)$；状态 $\boldsymbol{X}_v=(x_{1v},x_{2v},\cdots,x_{nv})$；Rand()为 0～1 的随机数；Step 为移动步长。

由于环境中同伴的数目是有限的，因此人工鱼在视野中感知同伴的状态，并相应地调整自身状态，其方法与上述过程类似。

通过模拟鱼类的四种行为即觅食行为、聚群行为和追尾行为和随机行为，使鱼类活动在其周围的环境，这些行为在不同的条件下会相互转换。鱼类通过对行为的评价，选择一种当前最优的行为来执行，以到达食物浓度更高的位置。

## 16.3 人工鱼的四种基本行为算法描述

鱼类不具备人类所具有的复杂逻辑推理能力和综合判断能力等高级智能，它们的目的是通过个体的简单行为或群体的简单行为来达到或突现出来的。

观察鱼类的活动可以发现它有四种基本的行为，即觅食行为、聚群行为、追尾行为和随机行为，模拟这四种鱼类的基本行为，就可以构成基本人工鱼群算法中的核心算子。

**1. 觅食行为**

这是人工鱼的一种基本行为，也就是趋向食物的一种活动。一般认为人工鱼是通过视觉或味觉来感知水中的食物量或浓度进而选择趋向的。

设人工鱼 $i$ 当前状态为 $\boldsymbol{X}_i$，适应度值为 $Y_i$，在其感知范围内随机选择一个状态 $\boldsymbol{X}_j$，适应度值为 $Y_j$。

$$\boldsymbol{X}_j = \boldsymbol{X}_i + \text{Visual} \cdot \text{Rand}()$$

式中：Rand()是一个介于 0 与 1 之间的随机数；Visual 为视野范围。

如果在求极大值问题中，$Y_i<Y_j$（在求极小值时为 $Y_i>Y_j$，它们之间可以转换），则向该方向前进一步，即

$$\boldsymbol{X}_i^{t+1} = \boldsymbol{X}_i^t + \frac{\boldsymbol{X}_j - \boldsymbol{X}_i^t}{\|\boldsymbol{X}_j - \boldsymbol{X}_i^t\|} \cdot \text{Step} \cdot \text{Rand}()$$

式中：Step 为步长。

反之，再重新随机选择状态 $\boldsymbol{X}_j$，判断是否满足前进条件，反复尝试 Try_number 次后，若仍不满足前进条件，则随机行动一步，即

$$\boldsymbol{X}_i^{t+1} = \boldsymbol{X}_i^t + \text{Visual} \cdot \text{Rand}()$$

**2. 聚群行为**

鱼在游动过程中会自然地聚集成群，这也是为了保证群体的生存和躲避危险而形成的一

种生活习性。在人工鱼群算法中对每条人工鱼做如下规定：一是尽量向邻近伙伴的中心移动；二是避免过分拥挤。

设人工鱼 $i$ 的当前位置为 $\boldsymbol{X}_i$，适应度值为 $Y_i$，以自身位置为中心、其感知范围($d_{ij}<\text{Visual}$)内的工人鱼的数目为 $n_f$，这些人工鱼形成集合 $\boldsymbol{S}_i$，$\boldsymbol{S}_i=\{\boldsymbol{X}_j \| \boldsymbol{X}_j-\boldsymbol{X}_i \| \leqslant \text{Visual}\}$。

若集合 $\boldsymbol{S}_i \neq \varnothing$(即不为空集)，表明第 $i$ 条人工鱼 $\boldsymbol{X}_i$ 的感知范围内存在其他伙伴，即 $n_f \geqslant 1$，则该集合的中心位置(伙伴中心)为

$$\boldsymbol{X}_{\text{center}}=\frac{\sum_{j=1}^{n_f}\boldsymbol{X}_j}{n_f}$$

计算该中心位置的适应度值 $Y_{\text{center}}$，如果满足 $Y_{\text{center}}>Y_i$ 且 $Y_{\text{center}}/n_f<\delta\times Y_i$($\delta$ 为拥挤因子)，表明伙伴中心有很多食物并且不大拥挤，则向该中心位置方向前进一步；否则执行觅食算子，即

$$\boldsymbol{X}_i^{t+1}=\boldsymbol{X}_i^t+\frac{\boldsymbol{X}_{\text{center}}-\boldsymbol{X}_i^t}{\|\boldsymbol{X}_{\text{center}}-\boldsymbol{X}_i^t\|}\cdot\text{Step}\cdot\text{Rand}()$$

**3. 追尾行为**

当某一条鱼或几条鱼发现食物较多且周围环境不太拥挤时，附近的人工鱼会尾随其后快速游到食物处。在人工鱼的感知范围内，找到处于最优位置的伙伴，然后向其移动一步；如果没有，则执行觅食算子。追尾算子加快了人工鱼向更优位置的游动，同时也能促使人工鱼向更优位置移动。

设人工鱼 $i$ 的当前位置为 $\boldsymbol{X}_i$，适应度值为 $Y_i$，当前邻域内 $Y_j$ 为最大值的伙伴为 $\boldsymbol{X}_j$，若 $Y_{\text{center}}/n_f>\delta\times Y_i$ 表明伙伴 $\boldsymbol{X}_j$ 的状态具有较高的食物浓度并且其周围不太拥挤，则向 $\boldsymbol{X}_j$ 的方向前进一步，即

$$\boldsymbol{X}_i^{t+1}=\boldsymbol{X}_i^t+\frac{\boldsymbol{X}_j-\boldsymbol{X}_i^t}{\|\boldsymbol{X}_j-\boldsymbol{X}_i^t\|}\cdot\text{Step}\cdot\text{Rand}()$$

否则执行觅食行为。

**4. 随机行为**

平时会看到鱼在水中自由游来游去，表面看是随机的，其实它们也是为了在更大范围内寻觅食物或同伴。

随机行为的描述比较简单，就是在视野中随机选择一个状态，然后向该方向移动，其实它是觅食行为的一个缺省行为。

这四种行为在不同的条件下会相互转换，鱼类通过对行为的评价选择一种当前最优的行为进行执行，以到达食物浓度更高的位置，这是鱼类的生存习惯。

对行为的评价是用来反映鱼自主行为的一种方式。在解决优化问题时，可选用两种简单的评价方式：一种是选择最优行为作为执行行为，也就是在当前状态下，哪一种行为向最优的方向前进最大，就选择哪一种行为；另一种是选择较优方向前进，也就是任选一种行为，只要能向优的方向前进即可。

## 16.4 人工鱼群算法流程

从人工鱼群的四种行为的描述可知，在人工鱼群算法中，觅食行为奠定了算法收敛的基础，聚群行为增强了算法收敛的稳定性，追尾行为则增强了算法收敛的快速性和全局性。

人工鱼群算法模型中包括三个主要算子,即聚群算子、追尾算子和觅食算子。这三个算子是算法的核心思想,并且决定算法的性能和最优解探寻的准确度。

假设在一个 $D$ 维的目标搜索空间中,由 $N$ 条人工鱼组成一个群体,其中第条 $i$ 人工鱼的位置向量为 $\boldsymbol{X}_i$,$i=1,2,\cdots$。人工鱼当前所在位置的食物浓度(即目标函数适应度值)表示为 $Y=f(\boldsymbol{X})$,其中人工鱼个体状态为欲寻优变量,即每条人工鱼的位置就是一个潜在的解。根据适应度值的大小衡量 $\boldsymbol{X}_i$ 的优劣,两条人工鱼个体之间的距离表示为 $\|\boldsymbol{X}_i-\boldsymbol{X}_j\|$。$\delta$ 为拥挤度因子,代表某个位置附近的拥挤程度,以避免与邻域伙伴过于拥挤。Visual 表示人工鱼的感知范围,人工鱼每次移动都要观察感知范围内其他鱼的运动情况及适应度值,从而决定自己的运动方向。Step 表示人工鱼每次移动的最大步长,为了防止运动速度过快而错过最优解,步长不能设置得过大,当然,太小的步长也不利于算法的收敛。Try_number 表示人工鱼在觅食算子中最大的试探次数。

人工鱼群算法的步骤如下:

(1) 首先进行初始化设置,包括人工鱼群的个体数 $N$、每条人工鱼的初始位置、人工鱼移动的最大步长 Step、人工鱼的视野 Visual、试探次数 Try_number 和拥挤度因子 $\delta$。

(2) 计算每条人工鱼的适应度值,并记录全局最优的人工鱼的状态。

(3) 对每条鱼进行评价,对其要执行的行为进行选择,包括觅食行为、聚群行为、追尾行为和随机行为。

(4) 执行人工鱼选择的行为,更新每条鱼的位置信息。

(5) 更新全局最优人工鱼的状态。

(6) 若满足循环结束条件,则输出结果,否则跳转到步骤(2)。

基本人工鱼群算法的流程图如图 16-2 所示。

人工鱼群算法对初始条件要求不高,算法的终止条件可以根据实际情况设定,如通常的方法是判断连续多次所得值的均方差小于允许的误差,或判断聚集于某个区域的人工鱼的数目达到某个比率,或连续多次所获得的值均不超过已寻找的极值,或限制最大迭代次数等。为了记录最优人工鱼的状态,算法中引入一个公告牌。人工鱼在寻优过程中,每次迭代完成后就对自身的状态与公告牌的状态进行比较,如果自身状态优于公告牌状态,就将自身状态写入并更新公告牌,这样公告牌就记录下了历史最优的状态,最终公告牌记录的值就是系统的最优值,公告牌状态就是系统的最优解。

人工鱼在决定执行行为时需要进行评价。在解决优化问题时,可以采用简单的评价方式,也就是在当前状态下,哪一种行为向最优方向前进最大,就选择哪一种,根据所要解决问题的性质,对人工鱼所处的环境进行评价,从而选择一种行为。对于求解极大值问题,最简单的评估方法可以使用试探法,以便模拟执行聚群、追尾等行为,然后评价行动后的值,选择最优行为来实际执行,缺省行为为觅食行为。

在人工鱼群算法寻优过程中,人工鱼可能会集结在几个局部极值域的周围。使人工鱼跳出局部极值域,实现全局寻优的因素主要有以下几点:① 觅食行为中重试次数较少,为人工鱼提供了随机活动的机会,从而能跳出局部极值的邻域;② 随机步长的采用使人工鱼在前往局部极值的途中,有可能转而游向全局极值;③ 算法中拥挤度因子限制了聚群的规模,只有较优的地方才能聚集更多的人工鱼,使人工鱼能够更广泛地寻优;④ 聚群行为能够促使少数陷入局部极值的人工鱼向多数趋向全局极值的人工鱼方向聚集,从而逃离局部极值;⑤ 追尾行为加快了人工鱼向更优状态游动,同时也能促使陷入局部极值的人工鱼向处于更优的全局极值的人工鱼方向追随并逃离局部极值。

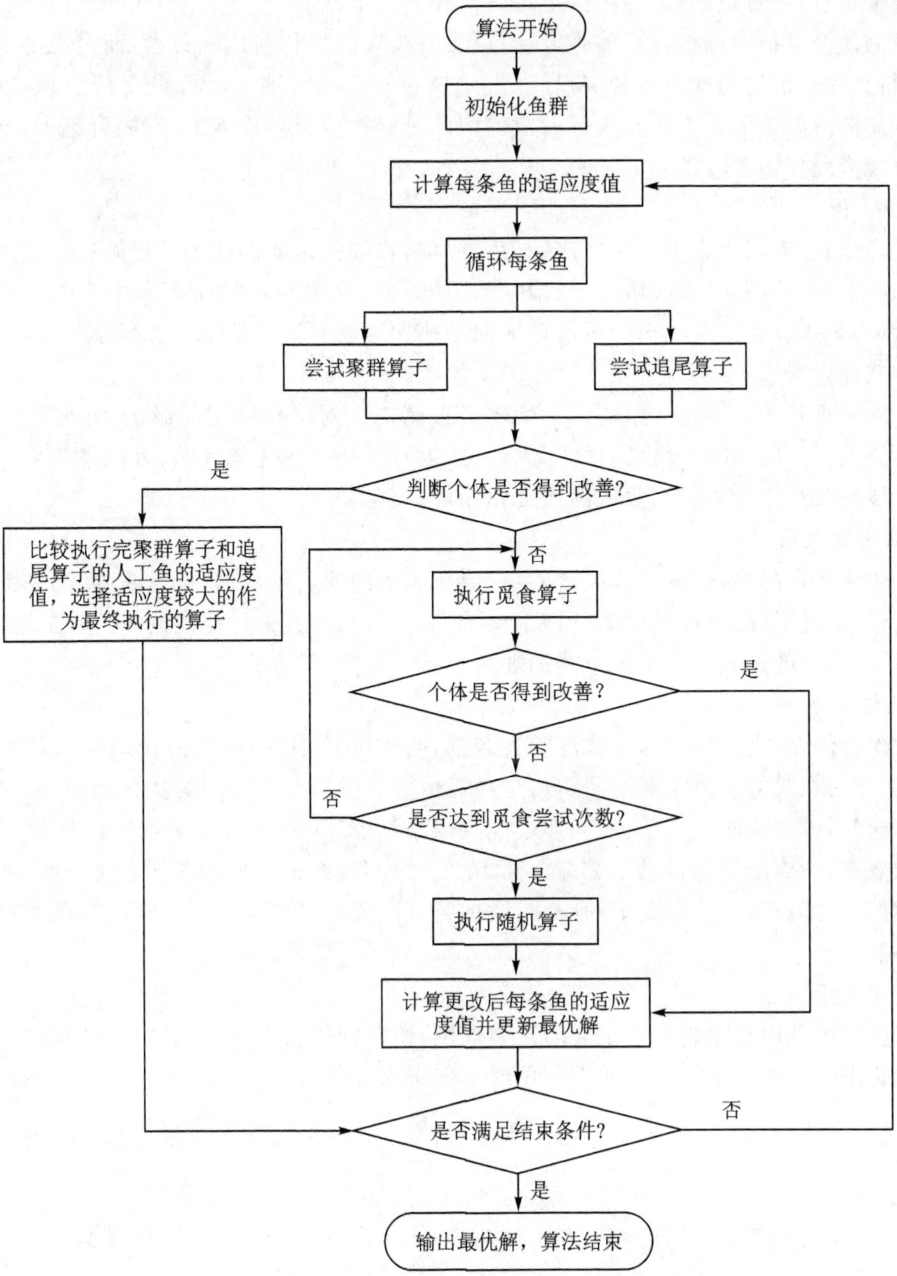


图 16-2　人工鱼群算法的流程图





## 16.5　各种参数对算法收敛性能的影响

人工鱼群算法有 5 个基本参数：视野 Visual、步长 Step、人工鱼总数 $N$、尝试次数 Try_number 及拥挤度因子 $\delta$。

**1. 视　野**

人工鱼的各个行为都是在视野范围内进行的，因此视野的选取对算法收敛性的影响比较大。一般来讲，当视野范围较小时，人工鱼的追尾行为和聚群行为受到了很大的局限，而其在邻近区域内的搜索能力则得到了加强，此时觅食行为和随机行为比较突出；而当视野范围较大时，追尾行为和聚群行为变得比较突出，而人工鱼在较大的区域内执行觅食行为和随机行为，不利于全局极值附近的人工鱼发现邻近范围内的全局极值点。总体来看，视野越大，越容易使人工鱼发现全局极值并收敛。

**2. 步　长**

选择大步长，有利于人工鱼快速向极值点收敛，收敛的速度得到了一定的提高。随着步长的增加，越过一定范围之后，收敛速度会减缓，有时会出现振荡现象而大大影响收敛速度。但在收敛后期，会造成人工鱼在全局极值点来回振荡而影响收敛的精度。选择小步长，易造成人工鱼收敛速度慢，但精度会有所提高。

采用随机步长的方式在一定程度上削弱了振荡现象对优化精度的影响，并使该参数的敏感度大大降低，但其收敛速度也同样降低了。所以对于特定的优化问题，可以考虑采用合适的固定步长或变步长方法来提高收敛的速度和精度。

**3. 人工鱼总数**

人工鱼的数目越多，鱼群的群体智能越突出，收敛的速度越快，精度越高，跳出局部极值的能力也越强，但是，算法每次迭代的计算量也越大。因此，在具体优化应用中，应在满足稳定收敛的前提下，尽可能地减少人工鱼个体的数目。

**4. 尝试次数**

尝试次数越多，人工鱼执行觅食的能力越强，收敛的效率也越高，但在局部极值突出的情况下，人工鱼易在局部极值点聚集而错过全局极值点。所以对于一般的优化问题，可以适当地增加尝试次数，以加快收敛速度；在局部极值突出的情况下，应减少尝试次数以增加人工鱼随机游动的概率，而克服局部极值的影响。尝试次数越多，人工鱼摆脱局部极值的能力就会越弱，但是对于局部极值不是很突出的问题，增加尝试次数可以减少人工鱼随机游动而提高收敛的效率。

**5. 拥挤度因子**

拥挤度因子是用来限制人工鱼群的聚集规模，使在较优状态的邻域内聚集较多的人工鱼，而在次优状态的邻域内聚集较少的人工鱼或不聚集人工鱼。

在求极大值问题中，一般拥挤度因子可定义为 $\delta=\dfrac{1}{\alpha n_{\max}}$；而在求极小值问题中，一般设 $\delta=\alpha n_{\max}$，$\alpha\in(0,1]$。其中 $\alpha$ 为极值接近水平，$n_{\max}$ 为该邻域内聚集的最大人工鱼数目。例如，如果希望在接近极值 90% 水平的邻域内不会有超过 10 条的人工鱼聚集，那么取 $\delta=\dfrac{1}{0.9\times10}=0.11$。这样若 $Y_c/(Y_i n_f)<\delta$，则算法就认为 $Y_c$ 状态过于拥挤，其中 $Y_i$ 为人工鱼自身状态的值，$Y_c$ 为人工鱼所感知的某状态的值，$n_f$ 为人工鱼邻域内伙伴的数目。

以求极大值的情况为例，拥挤度因子对算法的影响可以分为三种情况：

(1) 当 $\delta n_f>1$ 时，拥挤度因子越大，算法执行追尾行为和聚群行为的机会越小，鱼群的聚集能力越弱，致使收敛速度和精度明显下降，克服局部极值的能力也有所降低；但同时由于觅食行为的增加，又使得算法的收敛能力和克服局部极值的能力得到了一定的补偿。

(2) 当 $0<\delta n_f<1$ 时，拥挤度因子的变化对追尾行为不会产生影响，从而保证了算法能快速收敛；而拥挤度因子越小，聚群行为越强，越来越多的比中心值位置更优的人工鱼向中心移动，会使收敛速度逐渐下降；同时，由于觅食行为受到了削弱，会抵消因聚群行为增强所带来的

克服局部极值的优势，甚至使克服局部极值的能力有所下降。

(3) 当忽略拥挤的因素，即令 $\delta n_f=1$ 时，人工鱼主要比较以下两种行为的值：一是执行追尾行为后的值（最优人工鱼执行觅食行为）；二是函数值比中心食物浓度低的人工鱼执行聚群行为的值，比中心食物浓度值高的人工鱼执行缺省的觅食行为的值。与 $0<\delta n_f<1$ 时相比，第一种行为的效果与其是相同的；而在第二种行为中执行聚群行为的人工鱼的个数比 $0<\delta n_f<1$ 时少。此时，算法由于聚群行为减少所导致的克服局部极值能力的减弱又因为觅食行为的增加得到了补偿。因此忽略拥挤的因素，算法的复杂度、收敛速度、优化精度和克服局部极值的能力都是比较理想的。

这 5 个参数，特别是前 4 个对算法收敛速度的影响是较大的，在实际应用过程中，需要根据不同的寻优函数和寻优精度来合理地配置人工鱼的各个参数，而不能一成不变。

## 16.6 人工鱼群算法的改进

人工鱼群算法具有以下的优点：

(1) 算法中只比较目标函数值，因此对目标函数要求不高；

(2) 算法对初值的要求不高，初值随机产生或设为固定值均可以；

(3) 算法对参数设定的要求不高，有较大的容许范围。

同时，它也存在一些有待改进的地方：

(1) 随着人工鱼数目的增多，将会需要更多的存储空间，也会造成计算量的增长；

(2) 视野和步长的随机性和随机行为的存在，使寻优的精度难以很高；

(3) 由于解的选择是根据在极大值域附近的人工鱼的中心来确定的，而这个中心随着鱼群的运动而轻微地浮动，在迭代结束时有可能错过最优解。

基于以上几点，对人工鱼算法进行改进。

**1. 自适应策略**

(1) 策略一

在基本人工鱼算法中，由于视点的选择是随机的，因此移动的步长也是随机的，这样虽然能在一定程度上扩大寻优的范围，尽可能保证寻优的全局性，但是会使算法的收敛速度减慢，有大量的计算时间浪费在随机的移动中。

可以引入下列的自适应步长的改进方式。

人工鱼的当前状态为 $\boldsymbol{X}=(x_1,x_2,\cdots,x_n)$，探索的下一个状态为 $\boldsymbol{X}_v=(x_{1v},x_{2v},\cdots,x_{nv})$，其表示如下：

$$\boldsymbol{X}_v=\boldsymbol{X}_i+\text{Visual}\cdot\text{Rand}()$$

$$\boldsymbol{X}_{\text{next}}=\boldsymbol{X}+\frac{\boldsymbol{X}_v-\boldsymbol{X}}{\|\boldsymbol{X}_v-\boldsymbol{X}\|}\cdot\left|1-\frac{Y_v}{Y}\right|\cdot\text{Step}\quad\text{（求极小值问题）}$$

或

$$\boldsymbol{X}_{\text{next}}=\boldsymbol{X}+\frac{\boldsymbol{X}_v-\boldsymbol{X}}{\|\boldsymbol{X}_v-\boldsymbol{X}\|}\cdot\left|1-\frac{Y}{Y_v}\right|\cdot\text{Step}\quad\text{（求极大值问题）}$$

式中：Step 为移动步长；$Y_v$ 为 $\boldsymbol{X}_v$ 状态的目标函数值；$Y$ 为状态 $\boldsymbol{X}$ 的目标函数值。

这样改进后，移动步长的大小取决于当前所在的状态和视野中视点感知的状态。

(2) 策略二

先定义最优适应值变化率 $k$ 和变化方差 $\sigma$，即

$$k=\frac{f(t)-f(t-n)}{f(t-n)}$$

$$\sigma=D[f(t),f(t-n),f(t-2n)]$$

式中：$f(t)$为种群在 $t$ 代时的最优适应度值；$f(t-n)$为种群在 $t-n$ 代时的最优适应度值；$f(t-2n)$为种群在 $t-2n$ 代时的最优适应度值。

利用最优适应度值变化率和变化方差作为是否进行参数变化的衡量标准，使算法在运算过程中自适应地调整参数，具体实现如下：

$$\begin{cases}\text{Step}=f(\text{Step}), & \delta=f(\delta), \quad k\leqslant\theta, \quad \sigma\leqslant\varphi\\ \text{Step}=\text{Step}, & \delta=\delta, \quad k>\theta, \quad \sigma>\varphi\end{cases}$$

式中：$f(\text{Step})$表示步长根据鱼群算法的性能做相应的调整，一般采取先大后小的原则，前期步长大有利于寻找最优值的邻域，防止局部收敛，后期减小步长可以提高搜索精度；$f(\delta)$表示对拥挤度 $\delta$ 做相应的调整；$\theta$ 和 $\varphi$ 为评价系数，可根据不同的问题做相应的调整。

这样改进后，首先要判断当前代数是否是 $n$ 的整数倍，如果是，则对人工鱼个体按适应度值大小进行排序，对最优解和次优解进行 $k$ 和 $\sigma$ 值的评价，满足要求的执行 Step、$\delta$ 和 Visual 的相应调整。

(3) 策略三

在觅食行为中，引入函数 $\text{Visual}_{k+1}=\alpha\cdot\text{Visual}_k$，自适应地减小人工鱼的视野范围，其中，$\alpha\in[0,1]$为衰减因子。最终 Visual 减小为 1，使寻优变量每次发生一变异。

(4) 策略四

网格划分策略，加入了变量最小值向量、变量最大值向量和网格长度向量。在人工鱼移动时，取相应的网格长度作为其步长，并引入一个新的定义 $\text{grad}_{ij}$，表示由网格点 $\boldsymbol{X}_i$ 至 $\boldsymbol{X}_j$ 的坡度，计算方法为

$$\text{grad}_{ij}=\frac{Y_j-Y_i}{d_{ij}}$$

式中：$Y_i$、$Y_j$ 分别为 $\boldsymbol{X}_i$、$\boldsymbol{X}_j$ 的目标函数值；$d_{ij}$ 为两点之间的距离。

在聚群行为中，还引入了符号向量 $\boldsymbol{S}=(s_1,s_2,\cdots,s_n)$，其中

$$S_i=\begin{cases}1, & x_i'-x_i>0\\ 0, & x_i'-x_i=0\\ -1, & x_i'-x_i<0\end{cases}$$

相应的，人工鱼从当前位置向伙伴中心移动的公式变为

$$x_{i,\text{next}}=x_i+s_i\cdot\text{gridlength}_i, \quad i=1,2,\cdots,n$$

式中：gridlength 为网格长度。如果公告牌历史最优解 $\boldsymbol{X}_i$ 对称的相邻两个网格点 $\boldsymbol{X}_i^1$ 和 $\boldsymbol{X}_i^2$ 的 $\boldsymbol{X}_i$ 坡度相等，那么 $\boldsymbol{X}_i$ 即为系统的精确最优解；如果坡度不相等，那么令 $x_{iL}=\min(x_i^j)$，$x_{iU}=\max(x_i^j)$，$i=1,2,\cdots,n$；$j=1,2,\cdots,2n$，即以其邻居确定的变量取值范围重新进行网格划分，直到 $\max(\text{gridlength}_i)<\varepsilon(i=1,2,\cdots,n)$，其中 $\varepsilon$ 是一个给定的很小的数，这样就可以获得系统的精确或较精确的最优解。

引入网格划分策略后，可以有效减少寻优过程中进行的大量无用的计算，提高了寻优的速度。

**2. 生存竞争机制**

在人工鱼群算法中，当寻优的区域较大或处于变化平坦的区域时，一部分人工鱼将处于无

目的的随机移动之中，影响寻优的效率，这时可以引入生存竞争机制加以改善。

随着人工鱼所处环境的变化，赋予人工鱼一定的生存能力，这样就使人工鱼在全局极值附近拥有最强的生命力，从而具有最长的生命周期；位于局部极值的人工鱼将会随着生命的消失而重生。

生存机制的描述如下：

$$h=\frac{E}{\lambda T},\quad 当\begin{cases}h\geqslant 1, & 继续寻优\\ h<1, & 初始化\end{cases}$$

式中：$h$ 为生存指数；$E$ 为人工鱼当前所处位置的食物能量值；$T$ 为人工鱼的生存周期，$\lambda$ 为消耗因子，即单位时间内消耗的能量值。

当人工鱼所处位置的食物能量足以维持其生命时，按正常行为寻优；否则，当所处位置的能量低于其生命力维持所需时，通常此时处于非全局极值点附近，寻优通常没有结果，所以强制初始化。

竞争机制就是实时地调整人工鱼的生存周期，其描述如下：

$$T=\varepsilon\frac{E_{\max}}{\lambda}$$

式中：$E_{\max}$ 为当前所有的人工鱼所处位置的食物能量的最大值；$\varepsilon$ 为比例系数。

随着寻优的逐步进展，人工鱼的生存周期将被其中最强的竞争者所提升，从而使那些处于非全局极值点附近的人工鱼能有机会展开更广范围的搜索。

**3. 引入跳跃行为**

跳跃行为的主要思想是当整个人工鱼连续迭代 $M$ 次，最优目标函数值未发生明显变化时，在鱼群中按概率 $P(0<P<1)$ 随机选择人工鱼个体，并对选出的个体鱼进行大幅度的变化，其目的是使这些个体鱼跳出局部极值范围，到达全局最优的可能性。

**4. 引入禁忌表**

引入禁忌表的基本思想是建立一张禁忌表，表中记录各条人工鱼已经到达的历史最优点和已经遍历的解空间，在人工鱼下一次觅食或随机移动时，利用禁忌表中的信息不再搜索这些点，转而搜索尚未到达的点。这样改进后，可以扩大人工鱼的邻域搜索范围，增强其全局寻优能力和寻优效率。

**5. 最优个体保留策略**

为了防止人工鱼群个体在游动中出现退化，对人工鱼的行为方式进行改进，人工鱼在执行觅食、追尾、聚群行为时，若目标点位置不如自身位置，则人工鱼静止不动；若人工鱼位置优于自身位置，则向目标点的方向前进，但在前进过程中，如遇到食物浓度比目标点食物浓度高的位置，则移动到该位置；若未发现比目标点食物浓度高的位置，则向目标点移动一步。

## 16.7　全局人工鱼群算法

在人工鱼群算法中，由于人工鱼个体的行为都是局部寻优行为，所以有时会出现个体趋向、早熟现象，从而陷入局部极值，难以保证全局最优解的发现。虽然现在提出了许多改进算法，但是没有从根本上改变人工鱼群算法，人工鱼只利用局部最优信息的位置更新模式。为了提高人工鱼群算法的全局搜索能力，全局人工鱼群算法，在人工鱼的位置更新模式中加入了最优人工鱼的信息，并引入了人工鱼的吞食行为。

**1. 觅食行为**

设人工鱼 $i$ 当前状态为 $\boldsymbol{X}_i$，在其感知范围内随机选择一个状态 $\boldsymbol{X}_j$

$$\boldsymbol{X}_j = \boldsymbol{X}_i + \text{Visual} \cdot \text{Rand}()$$

式中：Rand()是一个介于 0 与 1 之间的随机数；Visual 为视野范围。

在求极大值问题中，若 $Y_i < Y_j$（在求极小值时为 $Y_i > Y_j$，它们之间可以转换），则向该位置和全局最优位置 $\boldsymbol{X}_{\text{best\_af}}$ 的向量和方向前进一步；反之，再重新随机选择状态 $\boldsymbol{X}_j$，判断是否满足前进条件，若满足，则

$$\boldsymbol{X}_i^{t+1} = \boldsymbol{X}_i^t + \frac{(\boldsymbol{X}_j - \boldsymbol{X}_i^t) + (\boldsymbol{X}_{\text{best\_af}} - \boldsymbol{X}_i^t)}{\|\boldsymbol{X}_j - \boldsymbol{X}_i^t + (\boldsymbol{X}_{\text{best\_af}} - \boldsymbol{X}_i^t)\|} \cdot \text{Step} \cdot \text{Rand}()$$

式中：Step 为步长。

若不满足则继续试探，反复尝试 Try_number 次后，若仍不满足前进条件，则随机行动一步

$$\boldsymbol{X}_i^{t+1} = \boldsymbol{X}_i^t + \text{Visual} \cdot \text{Rand}()$$

**2. 聚群行为**

设人工鱼 $i$ 的当前位置为 $\boldsymbol{X}_i$，探索当前邻域内(即 $d_{ij} < \text{Visual}$)伙伴数目 $n_{\text{f}}$ 及中心位置 $\boldsymbol{X}_{\text{c}}$。如果 $Y_{\text{c}} \cdot n_{\text{f}} < \delta \times Y_i$（$\delta$ 为拥挤因子），表明伙伴中心有很多食物并且不大拥挤，则向该中心位置和全局最优位置的向量 $\boldsymbol{X}_{\text{best\_af}}$ 及方向前进一步

$$\boldsymbol{X}_i^{t+1} = \boldsymbol{X}_i^t + \frac{(\boldsymbol{X}_{\text{c}} - \boldsymbol{X}_i^t) + (\boldsymbol{X}_{\text{best\_af}} - \boldsymbol{X}_i^t)}{\|\boldsymbol{X}_{\text{c}} - \boldsymbol{X}_i^t + (\boldsymbol{X}_{\text{best\_af}} - \boldsymbol{X}_i^t)\|} \cdot \text{Step} \cdot \text{Rand}()$$

否则执行觅食算子。

**3. 追尾行为**

设人工鱼 $i$ 的当前位置为 $\boldsymbol{X}_i$，搜索当前邻域内伙伴中函数值 $Y_j$ 为最小的伙伴 $\boldsymbol{X}_j$，若 $Y_j \cdot n_{\text{f}} < \delta \times Y_i$，表明伙伴 $\boldsymbol{X}_j$ 的状态具有较高的食物浓度并且其周围不太拥挤，则向 $\boldsymbol{X}_j$ 的方向和全局最优位置 $X_{\text{best\_af}}$ 前进一步

$$\boldsymbol{X}_i^{t+1} = \boldsymbol{X}_i^t + \frac{(\boldsymbol{X}_j - \boldsymbol{X}_i^t) + (\boldsymbol{X}_{\text{best\_af}} - \boldsymbol{X}_i^t)}{\|\boldsymbol{X}_j - \boldsymbol{X}_i^t + (\boldsymbol{X}_{\text{best\_af}} - \boldsymbol{X}_i^t)\|} \cdot \text{Step} \cdot \text{Rand}()$$

否则执行觅食行为。

**4. 随机行为**

随机行为是为了在更大范围内寻觅食物或同伴，在视野中随机选择一个状态，然后向该方向移动，其实它是觅食行为的一个缺省行为。

**5. 跳跃行为**

为了提高鱼群算法的全局搜索能力，引入人工鱼的跳跃行为，强制随机地改变陷入局部极值的某些人工鱼的参数，让它们跳出此时的局部极值区域。

设连续 $n$ 次迭代，如果最优人工鱼的目标函数值差都小于一个预先设置的值，那么就随机选择一些人工鱼，随机设定这些人工鱼的参数

$$\boldsymbol{X}_{\text{some}}(t+1) = \boldsymbol{X}_{\text{some}}(t) + \beta \cdot \text{Visual} \cdot \text{Rand}()$$

式中：$\beta$ 是一个参数或是一个可以令人工鱼的参数产生突变的函数。

**6. 吞食行为**

人工鱼算法的收敛速度与人工鱼的数量成正比，人工鱼个体越多，算法的收敛速度越快。但是随着人工鱼数目的增多，将会需要更多的存储空间，也会造成算法复杂度的增长。为此引

人人工鱼的吞食行为，对算法做进一步改进来降低计算复杂度。

自然界生存的鱼类很容易被大而强壮的鱼吞食。人工鱼群算法中目标函数值很低，弱小的人工鱼对算法的性能影响很小，但却增加了算法的复杂度。根据自然界弱小的鱼会被大鱼吞食的现象，经过一定迭代次数后，将目标函数值低于一定阈值的人工鱼淘汰掉，以减少人工鱼的数量从而降低算法的复杂度。

设算法经过 $n$ 次迭代后（$n$ 取总迭代次数的一半），如果某条人工鱼的目标函数值低于一个值 T_value（最大值问题）或者高于一个值 T_value（最小值问题），那么释放此条人工鱼所占空间，人工鱼的总数 Af_total＝Af_total－1，此后的迭代将舍去此条鱼。

全局人工鱼群的算法步骤如下：

(1) 进行初始化设置，包括人工鱼的个体数 Total、每条人工鱼的初始位置、人工鱼的视野 Visual、人工鱼的步长 Step、最大迭代数 IT、尝试次数 Try_number、拥挤度因子 $\delta$ 和要执行吞食行为的阈值 T_value。

(2) 计算每条鱼的适应度值，并记录全局最优的人工鱼的状态。

(3) 对每条人工鱼进行评价，对其要执行的行为进行选择，包括觅食行为、群聚行为、追尾行为、吞食行为和跳跃行为。

(4) 执行人工鱼选择的行为，基于全局信息和局部信息更新人工鱼的位置信息。

(5) 更新全局最优人工鱼的状态。

(6) 若满足循环结束的条件则输出结果，否则跳转到(2)。

全局人工鱼群算法的流程图如图 16－3 所示。

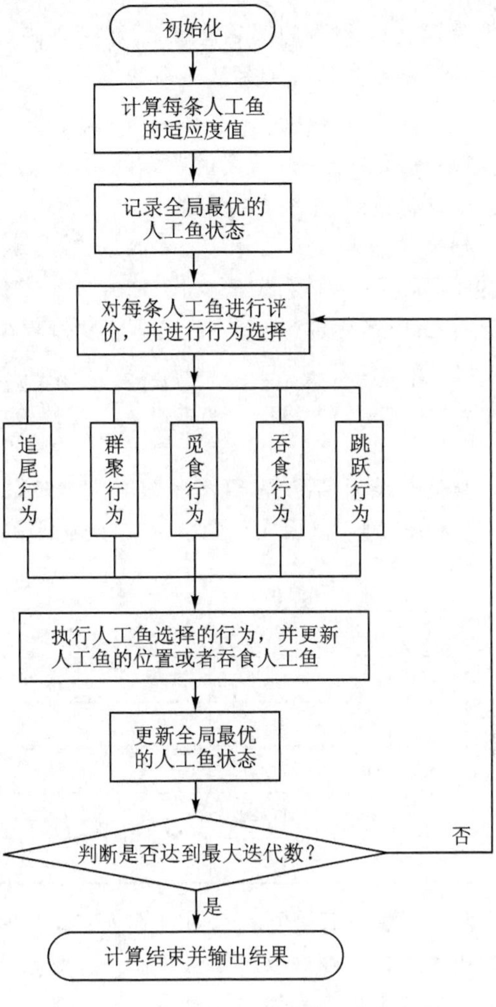


**图 16－3　全局人工鱼群算法的流程图**

## 16.8　算法的 MATLAB 实现

**【例 16.1】**　请用基本人工鱼群算法求解下列函数的极值：

$$\max f(x,y)=\cos(2\pi x)\cos(2\pi y)e^{-\frac{x^2+y^2}{10}},\quad |x_i|\leqslant 1$$

**解**：根据基本人工鱼群算法的原理，编写函数 fish 进行求解，其中输入参数时变量的上、下界分别为[－1;－1]、[1;1]，视野为 5，步长为 0.3，试验次数为 2，拥挤度为 0.11。

```
>> [best_x,fval] = fish(@optifun41)             % 此函数为求极大
>> best_x = -0.0053    0.0001                   % 极值点，理论极值点为(0,0)
   fval  = 0.9994                               % 极值，理论极大值为 1
```

**【例 16.2】** 基本人工鱼群算法虽然具有良好的求取全局极值的能力，并具有对初值和参数选择不敏感、鲁棒性强、简单、易实现等优点，但随着人工鱼群算法应用的不断拓宽，人们发现其中也存在着一些不足：(1) 当寻优的域是平坦的区域时，收敛于全局的最优解速度减慢，容易陷入局部最优；(2) 由于参数取固定值，算法一般在优化初期收敛速度快，后期往往收敛速度减慢；(3) 得到的解是满意解，精度不高，因此在具体应用中常常要对它进行改造。

请对基本人工鱼群算法进行改造，求解下列函数的极大值：

$$\max f(x,y) = -x\sin(\sqrt{|x|}) - y\sin(\sqrt{|y|}), \quad |x,y| \leqslant 500$$

**解**：此函数是一个著名的欺骗问题，它的次优点与全局最优点相距很远，一般的优化算法一旦陷入局部最优将很难跳出。

根据对基本人工鱼群算法的改进，编写函数进行求解。函数中：(1) 视野为人工鱼与最优鱼的距离，其余参数自适应变化；(2) 当公告板上的最优值变化不大时，将对最差鱼进行高斯变异；(3) 当迭代进行一半时，对适应度值较小的鱼进行重新初始化或进行吞食。

```
>> [best_x,fval] = newfish(@optifun42,30,100,[-500;-500],[500;500],15,50,8)
>> best_x = -420.9687  -420.9687          % 极值点
   fval = 837.9658                        % 极值
```

从运行结果情况看，算法参数对优化结果有影响。

**【例 16.3】** 试用人工鱼群算法求解城市坐标(见表 16-1)的 TSP 问题。

**表 16-1 各城市坐标**

| 城 市 | 1 | 2 | 3 | 4 | 5 | 6 | 7 |
|---|---|---|---|---|---|---|---|
| X | 16.47 | 16.47 | 20.09 | 22.39 | 25.23 | 22.00 | 20.47 |
| Y | 96.10 | 94.44 | 92.54 | 93.37 | 97.24 | 96.05 | 97.02 |
| 城市 | 8 | 9 | 10 | 11 | 12 | 13 | 14 |
| X | 17.20 | 16.30 | 14.05 | 16.53 | 21.52 | 19.41 | 20.09 |
| Y | 96.29 | 97.38 | 98.12 | 97.38 | 95.59 | 97.13 | 94.55 |

**解**：根据此问题的特点，对基本人工鱼群算法程序进行适当的修改，便可以求出问题的解。在应用人工鱼群算法求解 TSP 问题时，新路径的产生为两个城市在路径序列中交换位置；两条人工鱼的距离表示如下：

$$\text{Distance}(A,B) = \sum_{i=1}^{n} \text{sgn}(|a_i - b_i|)$$

式中：

$$\text{sgn}(x) = \begin{cases} 0, & x = 0 \\ 1, & x > 0 \\ -1, & x < 0 \end{cases}$$

根据以上原理，即可编写程序进行求解。

```
>> city = [16.47 16.47 20.09 22.39 25.23 22.00 20.47 17.20 16.30 14.05 16.35 21.52 19.41 20.09
          96.10 94.44 92.54 93.37 97.24 96.05 97.02 96.29 97.38 98.12 97.38 95.59 97.13 94.55]';
>> [best_route,fval] = fishTSP(city,30,100,10,30,2)
>> best_route = 4  3  14  2  1  10  9  11  8  13  7  12  6  5     % 最优路径
   fval = 30.8013                                                % 最短路程
```

最优路径如图 16-4 所示。

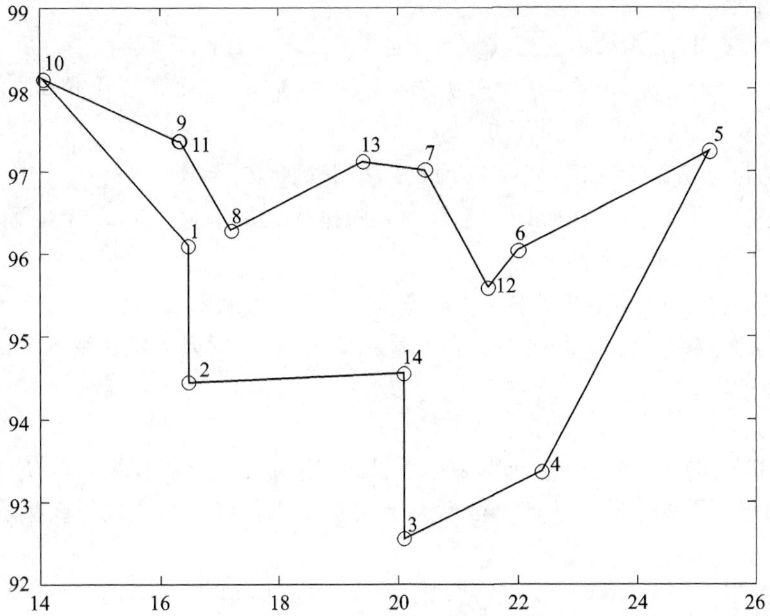


图 16-4　最优路径图

**【例 16.4】**　利用优化方法可以求函数的导数值。

近似求导数的基本思想：记 $P_n(x)=a_0+a_1(x-x_0)+a_2(x-x_0)^2+\cdots+a_n(x-x_0)^n$ 是一个 $n$ 次多项式，如果 $f(x)=P_n(x)+o[(x-x_0)^n)]$，而 $f(x)=T_n(x)+o[(x-x_0)^n)]$，其中 $T_n(x)=f(x_0)+f'(x_0)(x-x_0)+\dfrac{f''(x_0)}{2!}(x-x_0)^2+\cdots+\dfrac{f^{(n)}(x_0)}{n!}(x-x_0)^n$，则由唯一性原理可知 $T_n(x)\equiv P_n(x_0)$，所以 $f^{(n)}(x)=n!a_n$。可见，如果求得 $f(x)$ 的 $n$ 次逼近多项式 $P_n(x)$ 的系数 $a_n$ 就可以计算导数。优化算法的作用便是提供数据拟合的方法来求出 $f(x)$ 的 $n$ 次逼近多项式 $P_n(x)$ 的系数 $a_n$。

利用此方法，求函数 $f(x)=x\sin(x)$ 在 $x_0=0$ 处的导数。

**解：**根据题意可知，只要将适应度函数写成最小二乘的形式，再利用人工鱼群算法便可以求出多项式的系数，进而求出函数的导数。因此编写适应度函数 optifun43，再利用人工鱼群算法求解。

```
>> format long
>> x0 = 0;xi = 1e-5. * rand(1,20) + x0;
>> [best_x,fval] = newfish(@(x)optifun43(x,xi,0,1),30,500,-4,4,30,100,8)
best_x = 8.585208409052143e-006                % 所以函数在 x0 = 0 处的导数值为 0
fval = -2.583636358789493e-021
```

对其他函数可以作同样的计算。

**【例 16.5】**　利用二进制的人工鱼群算法对第 13 章例 13.3 中的数据进行特征选择。

**解：**二进制人工鱼群算法的要点如下：

(1) 两条人工鱼间的距离

$$d_{ij}=\sum_{k=1}^{n}|x_{ik}-x_{jk}|$$

式中：$n$ 为数据集的维数。

(2) 觅食行为

根据当前鱼 $\boldsymbol{X}_i$ 按下式求邻近鱼 $\boldsymbol{X}_j$：

$$x_{jk}=\begin{cases}-x_{ik}, & \text{在 } x_i \text{ 中随机选择 } n(n\leqslant \text{Visual}) \text{ 个位置作异操作}\\ x_{ik}, & \text{其余不变}\end{cases}$$

计算 $\boldsymbol{X}_j$ 的目标函数值，如果 $Y_j>Y_i$，则 $\boldsymbol{X}_i$ 按下式向 $\boldsymbol{X}_j$ 移动一步：

$$x_{ik\_next}=\begin{cases}x_{jk}, & \text{在所选 } n \text{ 个位置再随机选择 } m(m\leqslant \text{Step}) \text{ 个位置}\\ x_{ik}, & \text{其余不变}\end{cases}$$

或者在 $Y_i$ 与 $Y_j$ 的差异位中随机选择 $m(m\leqslant\text{Step})$位作异操作。

如果在试探次数(Try_number)内仍没有满足前进条件，则人工鱼在视野范围内随机移动一步。

(3) 群聚行为

按基本人工鱼群算法中的方法求群聚中心，即对当前人工鱼所有视野内伙伴的对应状态位进行叠加，如果所得结果除以伙伴个数后大于 0.5，那么伙伴中心位置的该状态位就置为 1，否则置 0。

如果存在群聚中心且满足一定条件，则 $\boldsymbol{X}_i$ 按下式向该中心移动一步，否则执行觅食行为。

$$x_{ik\_next}=\begin{cases}x_{center\_k}, & \text{在 } x_{center} \text{ 与 } x_{ik} \text{ 不同的位次中随机选择 } m(m\leqslant \text{Step}) \text{ 个位置}\\ x_{ik}, & \text{其余不变}\end{cases}$$

如果不存在群聚中心，则执行觅食行为。

(4) 追尾行为

在当前人工鱼所有视野内伙伴中求最优鱼，如果存在且满足一定条件，则 $\boldsymbol{X}_i$ 按下式向该中心移动一步，否则执行觅食行为。

$$x_{ik\_next}=\begin{cases}x_{max\_k}, & \text{在 } x_{max} \text{ 与 } x_{ik} \text{ 不同的位次中随机选择 } m(m\leqslant \text{Step}) \text{ 个位置}\\ x_{ik}, & \text{其余不变}\end{cases}$$

(5) 随机行为

与向某方向前进一步非常相似，不同点在于 $\boldsymbol{X}_i$ 的每一位都有可能发生变异，且变异个数不超过 Step。

其余与基本人工鱼群算法相同，在此不再赘述。

根据以上二进制人工鱼群算法原理，编写函数 binfish 进行求解，程序中在迭代过程中如极优值变化不大，则对最差鱼进行变异处理。

```
>> load data;
>> data = guiyi(data);
>> target = [1 1 1 1 1 1 1 1 1 1 1 1 1 1 1 1 1 1 2 2 2 2 2 2 2 2 2 2 2 2 2 2 2 2 2 2];
>> [best_x,fval] = binfish(@(x)optifun37(x,data,target),30,2000,8,4,50,3,12)
>> best_x = 0   0   0   1   0   0   0   1   0   1   1   0
   fval  = 0.5291
```

与例 13.3 的结果有所差异，可能与算法的参数有关。

**【例 16.6】** 大气环境质量评价有多种方法，其中常用的评价方法有指数评价法、BP 人工神经网络法、密切值法、模糊综合评价法等，每种方法各有其特点。传统的幂函数加和型指数法因方法简单已被应用于空气质量评价，对其改造后可以得到可适用于所有空气指标的普适指数公式。

幂函数加和型空气质量评价指数公式一般可以表示为

$$PI = a\left(\sum_{i=1}^{n} W_i I_i\right)^b$$

式中：PI 为空气质量综合指数；$W_i$ 为指标的分指数归一化权值；$n$ 为指标的个数；$a$、$b$ 为常数；$I_i$ 为指标 $i$ 的分指数，其计算公式为 $I_i = C_i / C_{ia}$，其中 $C_i$ 为污染物的浓度值，$C_{ia}$ 为设定的污染物的明显危害浓度“参照值”。表 16－2 是空气污染物日平均浓度限值及其分指数值和设定值。

请用人工鱼群算法利用表 16－2 中的数据求出指数公式中的常数 $a$ 和 $b$。

**表 16－2　空气污染物日平均浓度限值及其分指数值和设定值**

mg/m$^3$

| 污染物名称 | 1 级 | | 2 级 | | 3 级 | | 4 级(危害级) | |
|---|---|---|---|---|---|---|---|---|
| | $C_1$ | $I_1$ | $C_2$ | $I_2$ | $C_3$ | $I_3$ | $C_4$ | $I_4$ |
| $SO_2$ | 0.05 | 0.10 | 0.15 | 0.30 | 0.25 | 0.50 | 0.50 | 1 |
| $NO_x$ | 0.05 | 0.17 | 0.10 | 0.33 | 0.15 | 0.50 | 0.30 | 1 |
| $NO_2$ | 0.08 | 0.32 | 0.12 | 0.48 | 0.12 | 0.48 | 0.25 | 1 |
| TSP | 0.12 | 0.12 | 0.30 | 0.30 | 0.50 | 0.50 | 1.00 | 1 |
| $PM_{10}$ | 0.05 | 0.10 | 0.15 | 0.30 | 0.25 | 0.50 | 0.50 | 1 |
| $PI_0$ | 0.256 4 | | 0.350 9 | | 0.480 3 | | 0.900 0 | |

**解：**公式中的常数 $a$ 和 $b$ 可以利用最小二乘方法求出。人工算法的作用就是通过求解偏差的平方和(适应度函数)从而求出 $a$ 和 $b$。

```
>> [best_x,fval] = newfish(@optifun45,30,1000,[0;0],[1;1],10,30,0.1)
>> best_x = 0.9000      0.7019                 % a 和 b 的值
   fval = 0
```

# 第 17 章

# 混合蛙跳算法

混合蛙跳算法(Shuffled Frog Leaping Algorithm,SFLA)是 Muzaffar Eusuff 和 Kevin Lansey 在 2003 年提出的一种基于青蛙群体的协同搜索方法。它的基本思想来源于文化基因传承,其显著特点是具有局部搜索与全局信息混合的协同搜索策略。经过大量仿真测试表明,混合蛙跳算法对解决高维、病态、多局部极值等函数问题具有优越性,是一种行之有效的优化技术。

## 17.1 基本原理

SFLA 的基本思想是通过模拟一群青蛙(解)在一片湿地(解空间)中跳动觅食的行为而得到问题的解。在一片湿地中生活着一群青蛙。湿地内离散地分布着许多石头,青蛙通过寻找不同的石头进行跳跃去找到食物较多的地方。每只青蛙个体之间通过文化的交流实现信息的交换。每只青蛙都具有自己的文化。每只青蛙的文化被定义为问题的一个解。湿地的整个青蛙群体被分为不同的子群体,每个子群体有着自己的文化,执行局部搜索策略。在子群体中的每个个体有着自己的文化,并且影响着其他个体,也受其他个体的影响,并随着子群体的进化而进化。当子群体进化到一定阶段以后,各个子群体之间再进行思想的交流(全局信息交换)实现子群体间的混合运算,一直到所设置的条件满足为止。

每一只青蛙在觅食行为中被看作元或思想的载体,每只青蛙可以与其他的青蛙交流思想并且可以通过传递信息的方式来改进其他青蛙的元信息。该元信息是指文化信息或者智力信息,这些信息可以通过诸如模仿等行为进行传递。

在 SFLA 中,元信息的改变是通过改变个体的位置来实现的。在算法执行初期,一群青蛙被分成多个子群,不同的子群被认为是具有不同思想的青蛙的集合。子群中的青蛙按照一定的元进化策略,采用类似粒子群算法的进化方法,在解空间中进行局部深度搜索及内部思想交流。在达到预先定义的局部搜索迭代步数之后,采用随机联合体进化算法的混合过程,将局部思想在各个子群间进行思想交流。这一过程不断重复演进,直到预先定义的收敛性条件得到满足为止。全局性的信息交换和内部思想交流机制的结合,使得算法具有避免过早陷入局部极值点的能力,从而指引算法搜索过程向着全局最优点的方向进行搜索。SFLA 是一种结合了确定性方法和随机性方法的进化计算方法。确定性策略使得算法能够有效利用响应信息来指导搜索,随机元素保证了算法搜索模式的柔性和鲁棒性。

混合蛙跳算法按照种群分类进行信息传递,将局部进化和重新混合过程交替进行,有效地将全局信息交互与局部进化搜索相结合,具有高效的计算性能和优良的全局搜索能力。

## 17.2 基本术语

**1. 青蛙个体**

每只青蛙称为一个单独的个体,在算法中每只青蛙代表问题的一个解。

**2. 青蛙群体**

一定数量的青蛙个体组合在一起构成一个群体，青蛙是群体的基本单位。

**3. 群体规模**

群体中的个体数目总和称为群体规模，又称为群体大小。

**4. 模因分组**

青蛙群体分成若干个小的群体，每个青蛙子群称为模因分组。

**5. 食物源**

食物源为青蛙要搜索的目标，在算法中体现为青蛙位置的最优解。

**6. 适应度**

适应度是青蛙对环境的适应程度，在算法中体现为青蛙距离目标解的远近。在实际问题中，就是处于某个位置的青蛙的优化函数的值。

**7. 分级算子**

混合蛙跳算法根据一定分级规则，把整个种群分为若干个模因组。

**8. 局部位置更新算子**

每个模因组中最差青蛙位置的更新与调整的策略称为局部位置更新算子。

## 17.3　算法的基本流程及算子

**1. 基本流程**

混合蛙跳算法的标准步骤如图 17－1 所示，具体如下。

Step1：初始化。根据问题特征和规模设置合适的子种群个数 $m$ 和每个子种群中的青蛙个数 $n$。

Step2：生成一个规模为 $F$ 的种群，其中 $F=m\times n$。对于 $d$ 维优化问题，种群中的个体为 $d$ 维变量，表示青蛙当前所处的位置。利用适应度函数 $f(i)$ 的大小来衡量第 $i$ 个个体位置 $P(i)$ 的性能的好坏。

Step3：对整个青蛙种群划分等级，按照适应度大小降序排列个体。

Step4：将青蛙循环分组生成子种群。将种群分成 $m$ 个子种群：$Y_1, Y_2, \cdots, Y_m$，每个子种群中包含 $n$ 个青蛙。例如 $m=3$，那么第 1 只青蛙进入第一个种群，第 2 只青蛙进入第二个种群，第 3 只青蛙进入第三个种群，第 4 只青蛙进入第一个种群，…，依此类推，直至分配完毕。

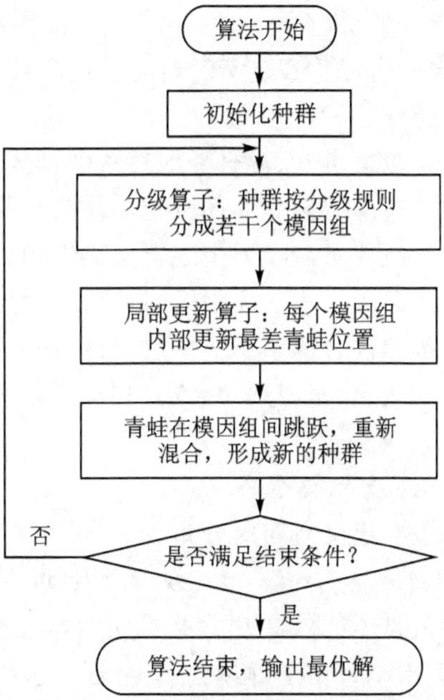


**图 17－1　基本混合蛙跳算法的流程图**

Step5：在每个子种群内部执行 memetie(文化)进化。通过 memetie 进化，使得子种群中个体的位置得到改善。以下是子种群中 memetie 进化的详细步骤。

Step5.0：设 im=0，im 表示对子群体的计数，在 0 到 $m$ 之间变化。设 in 为进化次数，且

in=0。每个子种群中允许的最大进化次数为 $N$。在每个子种群中,用 $P_b$ 表示性能(位置)最好(即适应度值最佳)的青蛙,而用 $P_w$ 表示性能最坏的青蛙,整个群体性能最好的青蛙用 $P_g$,表示。在每一次的进化中,利用当前子种群中的最好青蛙 $P_b$,来指导最坏青蛙 $P_w$ 位置的改善。

Step5.1:im=im+1。

Step5.2:in=in+1。

Step5.3:尝试调整最坏青蛙的位置。最坏青蛙尝试移动的距离为

$$D_i(t+1)=\text{Rand}()\times(P_b-P_w)$$

其中,Rand()是 0 到 1 之间的随机数。最坏青蛙移动后的新位置为

$$P_w(t+1)=P_w(t)+D_i \quad (D_{max}\geqslant D_i\geqslant -D_{max})$$

其中,$D_{max}$ 是青蛙移动步长的上限。

Step5.4:如果 Step5.3 能够产生一个更好的解,那么就用新位置的青蛙取代原来的最差青蛙;否则,用 $P_g$ 代替 $P_b$,然后重复 Step5.3。

Step5.5:如果尝试上述方法仍不能生成更好的青蛙,那么就随机生成一个新个体取代原来最坏的青蛙 $P_w$。

Step5.6:如果 in<$N$,那么执行 Step5.2。

Step5.7:如果 im<$m$,那么执行 Step5.1。

Step6:执行混合运算。当每个子种群执行了一定次数的 memetic 进化之后,将各个子群 $\boldsymbol{Y}_1,\boldsymbol{Y}_2,\cdots,\boldsymbol{Y}_m$ 合并到 $\boldsymbol{X}$,即 $\boldsymbol{X}=\{\boldsymbol{Y}_k,k=1,2,\cdots,m\}$。将 $\boldsymbol{X}$ 重新按降序排列,并更新种群中最好的青蛙 $P_g$。

Step7:检查终止条件。若迭代终止条件满足,则停止算法,输出结果;否则,重新执行 Step4。通常达到定义的最大进化次数或者代表全局最优解的青蛙不再发生改变时,混合蛙跳算法停止。

从以上可知,混合蛙跳算法的群体进化行为与传统的进化算法不同,它并不是通过选择操作选取适应度较高的部分个体作为父代来产生下一代以提高每一代中整体的解的质量,而是通过分组算子和模因组融合成群体的机制进行信息的传递,形成独特的进化机制,即把整个种群分为若干个小的模因组,每个模因组在每次迭代过程中独立进化,不受其他模因组的影响;而模因组混合成整个群体后,群体的适应度必然得到相应的改善,使得群体向着最优解靠近,而且通过这种信息的交流与共享机制,使得算法不易陷入局部最优,有利于搜索全局最优解。

**2. 算 子**

(1) 分组算子

设在定义空间内分布着 $P$ 只青蛙组成的种群,第 $i$ 只青蛙的位置代表定义空间的一个解 $\boldsymbol{X}_i=(x_{i1},x_{i2},\cdots,x_{is})$,$s$ 为维数空间。首先计算出每只青蛙(即每个解)的适应度值(即目标函数值)$F(\boldsymbol{X}_i)$,将 $P$ 只青蛙按目标函数值降序排列,然后将整个青蛙种群划分为 $M$ 个子群(模因组),每个子群包含 $N$ 个解。迭代过程中,第一个解进入到第一个子群,第二个解进入到第二个子群,……,第 $M$ 个解进入第 $M$ 个子群,之后,第 $M+1$ 个解进入到第一个子群,第 $M+2$ 个解进入到第二个子群,以此类推,直到所有解分配完为止。

(2) 局部位置更新算子

设每个子群中,适应度值最好的解和适应度值最差的解分别为 $P_b$ 和 $P_w$,群体中适应度值最好的解记为 $P_g$。每次迭代过程中,对每个子群的 $P_w$ 按下式进行更新

$$P_w(t+1)=P_w(t)+D_i \quad (D_{max}\geqslant D_i\geqslant -D_{max})$$
$$D_i(t+1)=\text{Rand}()\times(P_b-P_w)$$

式中：$t$ 为迭代次数；Rand()是 0 到 1 之间的随机数；$D_i$ 是 $P_w$ 的移动步长；$D_{max}$ 是青蛙移动步长的上限。在迭代过程中，如果 $P_w(t+1)$的适应度值优于 $P_w(t)$的适应度值，则用 $P_w(t+1)$代替 $P_w(t)$，否则用 $P_g$ 替换 $P_b$，重复执行以上过程，即用下式更新最差青蛙

$$P_w(t+1)=P_w(t)+D_i \quad (D_{max}\geqslant D_i\geqslant -D_{max})$$
$$D_i(t+1)=\text{Rand}()\times(P_g-P_w)$$

如果仍不能产生位置更好的青蛙或在调整过程中青蛙的移动距离超过了最大移动步长，那么就在定义域内随机产生一个新解取代 $P_w$，在固定迭代次数内继续执行以上操作，完成 SFLA 的一次局部搜索。

经过规定次数的局部搜索后，将各子群青蛙个体混合在一起，按目标函数值降序排列后，重新划分子群，这样使得青蛙个体间的信息得到充分交流，然后继续进行局部搜索，如此反复直到满足收敛条件为止。

一般情况下，当代表最好解的青蛙位置不再改变时或算法达到了预定的进化次数时，算法结束并输出结果。

## 17.4 算法控制参数的选择

混合蛙跳算法具有全局寻优能力强和局部搜索细致的特点，具有较强的鲁棒性，对硬件的要求不高，便于应用。但是，混合蛙跳算法也存在一些缺陷：容易陷入早熟无法跳出，运算时间较长。实际应用时要根据问题的具体要求来进行算法设计，主要是对各算法参数进行适当的调整。

**1. 青蛙的数量 *n***

青蛙的数量越多，算法找到或接近全局最优的概率越大，但是算法的复杂度也就相应地越高，所以应根据问题的特点选择合适的青蛙数量。

**2. 模因组的数量 *m***

模因组的数量 $m$ 也要合适，如果太大，则每个模因组中的个数会很少，会减少子种群内部信息的交流，无法发挥 memetic 进化的优点，进行局部搜索的优点就会丢失；相反，会增加搜索陷入局部最优的可能性。

**3. 模因组内的进化次数**

如果此值太小，则每个模因组内执行很小的进化次数就会重新混合成新的群体，然后再按照分组算子重新分组，这样会使模因组之间频繁地跳跃，减少了模因组内部信息之间的交换；但如果此值太大，则模因组将多次执行局部位置更新算子，不仅增加了算法的搜索时间，而且会使模因组容易陷入局部极值。

**4. 青蛙能够移动的最大距离**

此参数直接影响着算法的全局收敛性能。如果这个参数设置得较大，会有利于个体在全局范围内进行的搜索，但可能跳过全局最优解；如果这个参数设置得较小，算法将在局部区域内进行细致搜索，但容易陷入局部最优。

**5. 整个种群的最大进化代数**

此参数的设置与问题的规模相关。如果待求解问题的规模较大，那么整个种群的最大进

化代数也应该设置得较大，但同时算法的执行速度会相应变慢。

参数对混合蛙跳算法的性能影响很大。目前参数选择没有普遍性的方法，往往依靠经验得出。参数的设置不仅对问题有很强的依赖性，而且要求算法设计者有一定的使用经验。

## 17.5 混合蛙跳算法的改进

混合蛙跳算法具有以下优点：

(1) 相对于其他进化算法，参数较少。

(2) 算法执行过程中采用分组策略，每个子群可以搜寻一个方向，并由子群中最优个体指引方向，使得算法执行过程中能在局部快速找到最优解。

(3) 各个子群每组进行局部深度搜索，多组并行进行全局搜索，并在执行一定次数的局部搜索后，进行全局性的个体融合，然后再次分组，实现不同组间的信息交互，达到快速全局搜索的目的。

(4)每次迭代过程中，所有的个体均可以通过融合操作达到多次选择参与进化的目的。

混合蛙跳算法也存在一些缺点如下：

(1) 算法的执行过程中含有参数，算法的时间和空间复杂度较高。

(2) 算法易陷入局部极值，最优解不唯一。

为了在应用蛙跳算法求解实际工程问题时，能有效地提高算法的效率和搜索的广度，根据算法的原理，可以对算法采用不同的改进方法，以下是几种混合蛙跳的改进方法。

**1. 局部搜索中步长公式的改进**

在基本混合蛙跳算法的局部搜索过程中，改善低适应度青蛙的步长公式，对于每一个决策变量都取相同的 Rand 值，这样会限制各个决策变量向最优方向变化的随机性。若对每一个决策变量随机生成不同的 Rand 值，则会避免这个问题，即步长公式改为

$$D^{(i)}(t+1)=\mathrm{Rand}^{(i)}\times(P_b^{(i)}-P_w^{(i)})$$

式中：$\mathrm{Rand}^{(i)}$ 为每个分量的随机变量值；$P_b^{(i)}$、$P_w^{(i)}$ 分别为适应度最佳和最差的青蛙的位置值。

**2. 较差适应度值青蛙改良策略的改进**

基本混合蛙跳算法更新最差青蛙的策略是利用子族群中适应度最优青蛙的模因改变适应度最差的青蛙，这样一个族群每进行一次模因进化过程最多只能改进一只青蛙的适应度值，因此在每一次全局搜索中只能更新族群数量 $n$ 与模因进化次数 $m$ 乘积的青蛙数量，即只能更新 $n\times m$ 只青蛙，族群内青蛙模因更新的效率较低。

可以采用以下的改进策略：在局部搜索过程中，对族群中排序在后一半的青蛙，即适应度在族群中处于中下游水平的青蛙做改进，而非基本算法中仅针对适应度最差的青蛙做改良。改良过程中，若青蛙经过一次模因变换后未改良其适应度值，则再给其一次模因变换的机会，若第二次模因进化后青蛙的适应度值仍小于未进化前的值，则随机生成一只新的青蛙替换。

混合蛙跳算法经过这样的改进后，一方面提高了族群内部青蛙模因更新的效率，保证了大多数模因变换朝着适应度值变大的方向进行；另一方面，提高了族群中引入更优青蛙模因的概率，拓宽了搜索范围。

**3. 采用随机分组的策略**

在对青蛙分组时，采用随机分组的策略，其基本思想是：将 $P$ 只青蛙按目标函数值降序排列，然后将整个青蛙种群划分为 $M$ 个子群，每个子群包含 $N$ 个解，在迭代过程中，前 $M$ 个解

随机进入 $M$ 个分组，每个解只能进入一个分组。之后，第 $M+1$ 至 $2M$ 个解随机进入 $M$ 个分组，每个解只能进入一个分组，以此类推，直到所有解分配完为止。

对于基本混合蛙跳算法，全局最优解所在分组更新得到新的全局最优解的次数最多，寻优能力强于其他分组。一旦该分组陷入局部最优，则整个种群很难跳出局部极值。采用随机分组策略，各分组更新得到新的全局最优解的次数相当，强化了其他分组的寻优能力，保持了种群的多样性，提高了算法跳出局部最优的能力。

**4. 引入自适应学习因子**

由于青蛙个体带有记忆功能，能够记住自身上次的更新步长和个体邻域的历史最优值，因而迭代过程中 $P_w$ 不仅向 $P_b$ 或 $P_g$ 学习，而且在延续上次更新的部分惯性步长的同时，还向记忆中的个体邻域历史最优值学习，随着迭代次数的增加，学习因子对个体更新策略影响呈线性减弱趋势。这种更新策略在加快收敛速度的同时，扩大了个体的搜索区域，维持了种群的多样性，在一定程度上扩展了算法的搜索能力，具体来说，青蛙更新公式变为下式

$$D_i(t+1)=W(R_1\times D_i(t)+R_2\mathrm{His}(P_w))+R_3(P_b-P_w)$$

$$W=W_e+(W_s-W_e)\frac{T_{\max}-T}{T_{\max}}$$

$$P_w(t+1)=P_w(t)+D_i(t+1)\quad(D_{\max}\geqslant D_i\geqslant -D_{\max})$$

式中：$R_1$、$R_2$、$R_3$ 分别为 0～1 间的随机数，$T$ 是当前迭代次数，$T_{\max}$ 是总的迭代次数，$W$ 是权重因子，$W_s$ 和 $W_e$ 是权重因子的初始值和结束值，$\mathrm{His}(P_w)$是 $P_w$ 的个体邻域历史最优值，其余符号意义见前。

所谓个体邻域结构是指有 $P$ 个存储体，标记为$\{\boldsymbol{C}(i),\ i=1,\ 2,\ \cdots,P\}$，按照初始化种群的适应值降序排列，自左至右存储相应个体迭代过程中的历史最优值。个体邻域指个体所对应存储体左右半径内的存储体集合，如以 $\boldsymbol{C}(3)$为中心，半径为 2 的个体邻域集合是$\{\boldsymbol{C}(j),\ j=1,2,3,4,5\}$。存储体采用循环结构，$\boldsymbol{C}(1)$包含在 $\boldsymbol{C}(P)$的右邻域内，$\boldsymbol{C}(P)$包含在 $\boldsymbol{C}(1)$的左邻域内。

**5. 引入收缩因子**

为了提高最差个体 $P_w$ 向子群内最好个体 $P_b$ 和整个群体中全局最优个体 $P_g$ 移动的速度，同时保证算法收敛，将收缩因子 $\chi$ 和粒子群优化算法中的加速因子 $\eta_1$、$\eta_2$ 引入到基本 SFLA 算法中，对更新策略进行改进。最差个体 $P_w$ 向子群内最好个体 $P_b$ 按下式学习更新

$$D_i(t+1)=\chi\times\mathrm{Rand}\times\eta_1(P_b-P_w)$$

最差个体 $P_w$ 向全局最优个体 $P_g$ 按下式学习更新

$$D_i(t+1)=\chi\times\mathrm{Rand}\times\eta_2(P_g-P_w)$$

式中：$\chi=\dfrac{2}{\left|2-\phi-\sqrt{\phi^2-4\phi}\right|}$，$\phi=\eta_1+\eta_2>4$，通常取 $\eta_1=\eta_2=2.05$，则 $\chi=0.729$。

通过这样的改进，可以提高最差个体 $P_w$ 向子群体中最优个体 $P_b$ 或整个群体中全局最优个体 $P_g$ 学习的能力，加快算法的搜索速度，同时保证算法的收敛性。

**6. 最差个体自学习算子**

在混合蛙跳基本算法中，最差个体 $P_w$ 向子群体中最优个体 $P_b$ 或整个群体中全局最优个体 $P_g$ 学习没有进步时，在搜索范围内随机产生一个新的个体替代 $P_w$，这种更新方式虽然增加了群体的多样性，但没有利用原有个体 $P_w$ 的信息，导致算法收敛速度变慢。

为了充分利用原有个体 $P_w$ 中的有用信息，最差个体 $P_w$ 向子群体中最优个体 $P_b$ 或整个

群体中全局最优个体 $P_g$ 学习没有进步时，在自己位置附近按下式以小半径进行搜索

$$newP_w = P_w + (2 \times Rand - 1) \times Step$$

式中：Step 为青蛙个体随机移动的步长，在迭代过程中按下式进行调整

$$Step = Step \times a + Step_{min}$$

$$a = \exp(-30(t/T_{max})^s)$$

一般情况下 Step 初值为 $X_{max}/16$（$X_{max}$ 为搜索范围的最大值），$Step_{min}=0.002$，$t$ 为当前迭代次数，$T_{max}$ 为最大迭代次数，$s$ 为一定范围内的常数。

如果 $newP_w$ 的适应度优于 $P_w$，则用 $newP_w$ 代替 $P_w$，反之，再重新按上式随机产生状态 $newP_w$，判断是否满足进步条件；反复 Try_number 次后，如果仍不满足进步条件，则在搜索范围内随机产生一个新的个体替代原来的最差个体 $P_w$。

## 17.6 算法的 MATLAB 实现

**【例 17.1】** 用混合蛙跳算法求解下列函数的极小值

$$\min f(\boldsymbol{x}) = 4x_1^2 - 2.1x_1^4 + \frac{x_1^6}{3} + x_1x_2 - 4x_2^2 + 4x_2^4, \quad |x_i| \leqslant 5$$

**解：**根据混合蛙跳算法的原理，编写函数 SFLA 进行求解。

```
>> [best_x,fval] = SFLA(@optifun46,[-5;-5],[5;5],40,4,2000,30)
>> best_x = -0.0897    0.7125        % 极值点
   或者 0.0896    -0.7125
   fval = -1.0316                    % 极小值
```

**【例 17.2】** 利用混合蛙跳算法求解第 16 章的例 16.3 的 TSP 问题。

**解：**利用混合蛙跳算法求解 TSP 问题，关键要解决最差青蛙位置的更新，更新策略为

$$S = \begin{cases} \min\{\text{int}[\text{rand}(P_g - P_w)], S_{max}\}, & P_g - P_w \geqslant 0 \\ \max\{\text{int}[\text{rand}(P_g - P_w)], -S_{max}\}, & P_g - P_w < 0 \end{cases}$$

式中：$S$ 表示青蛙个体的调整，$S_{max}$ 表示青蛙个体允许改变的最大步长，int()表示取整。

根据混合蛙跳算法的原理，编写函数 SFLATSP。程序中各个模因的青蛙进行局部搜索后，将全体青蛙重新混合在一起，按照一定的概率对每一只青蛙个体进行贪婪倒位变异操作。

```
>> load city;
>> [best_x,fval] = SFLATSP(city,40,6,200,30,0.02)
>> best_x = 1  2  14  3  4  5  6  12  7  13  8  11  9  10     % 最优路径
   fval = 30.8013                                             % 最短路程
```

计算结果与鱼群算法的结果完全一致。

**【例 17.3】** 表 17-1 所列为 1999—2002 年间西部 12 省市信息化水平指数标准化数据，利用混合蛙跳算法对此进行聚类分析。

**表 17-1 12 省市信息化水平指数标准化数据**

| 区 域 | 信息化基础设施 | 信息产业水平 | 信息资源水平 | 信息经济效用水平 |
|---|---|---|---|---|
| 内蒙古 | −0.537 | −0.066 9 | −0.769 4 | −0.128 9 |
| 广西 | −0.551 3 | −0.334 5 | 0.246 3 | 0.599 1 |
| 重庆 | 1.190 3 | −0.037 2 | 1.511 2 | 1.069 3 |

续表 17-1

| 区　域 | 信息化基础设施 | 信息产业水平 | 信息资源水平 | 信息经济效用水平 |
|---|---|---|---|---|
| 四川 | 0.279 8 | 1.687 4 | 0.807 3 | −2.161 3 |
| 贵州 | −1.741 3 | −0.750 8 | −0.696 0 | 0.447 4 |
| 云南 | −0.629 6 | −0.899 4 | −0.476 0 | 1.220 9 |
| 西藏 | 1.764 7 | 0.765 6 | −1.007 7 | −0.978 3 |
| 陕西 | 0.099 8 | 2.079 3 | 1.841 2 | −0.629 4 |
| 甘肃 | −0.910 2 | −0.869 7 | −0.175 4 | 0.947 9 |
| 青海 | −0.537 0 | −0.810 2 | −1.374 4 | −0.856 9 |
| 宁夏 | 0.724 5 | −0.572 4 | −0.384 4 | 0.128 9 |
| 新疆 | 0.847 3 | −0.185 8 | 0.477 3 | 0.341 3 |

**解**:求解聚类问题,可以利用两种方法:一种是对各类的类中心进行优化,最终确定各样本的归属;另外一种是对代表各样本的类号编号进行优化,最终确定各样本的归属。本题采用第一种方法。

对基本的混合蛙跳程序作适当的修改可得到聚类的程序,运行后得到以下的结果,即各样品对应的类别号,与其他方法得出的结果相同。

```
>> load data;data = guiyi_range(data,[0 1]);
>> LB = [0 0 0 0;0 0 0 0;0 0 0 0;0 0 0 0];UB = [1 1 1 1;1 1 1 1;1 1 1 1;1 1 1 1];
>> [class,fval] = SFLAcluster(@(x)optifun33(x,data),100,10,500,30,LB,UB,data)
>> class = 4  4  3  2  4  4  1  2  4  4  1  3          %分类结果
```

**【例 17.4】** 利用混合蛙跳算法求解下列非线性 0-1 规划问题:

$$\min f(\boldsymbol{X}) = 3x_1^5 + 4x_1x_3 + 2x_2^3 - 7x_4x_5x_6 + 2x_4^2 + 5x_5^3 + 8x_6^2 - 4x_1x_2 - 3x_1x_3$$

$$\text{s.t.}\begin{cases}4x_1 + 3x_2 + 2x_3 + 3x_4 + 4x_5 + 6x_6 \geqslant 14\\3x_1 + 2x_2 + 3x_3 + 4x_4 + 2x_5 + 3x_6 \geqslant 10\end{cases}$$

**解**:解决 0-1 规划及其类似问题,关键在于算法怎样适应二进制。在本例中用一对序列 $(x,c)$ 表示青蛙个体,其中 $x\in[-5,5]$ 为一般的实数,$c$ 为二进制数,且根据 $\text{sign}(x)=\dfrac{1}{1+e^{-x}}$ 从实数 $x$ 转化而来。从而可以通过实数运行混合蛙跳算法,然后再转化成二进制,这样混合蛙跳算法就可以适用于二进制问题。

根据以上原理,对基本混合蛙跳算法程序作一些修改,便可以求解本例的 0-1 非线性规划问题。

```
>> [bestx,fval] = bitSFLA(@optifun47,100,20,500,50,6)
>> bestx = 0  0  1  1  1  1          %本题的其中一个最优解
```

# 第 18 章 量子遗传算法

量子遗传算法(Quantum Genetic Algorithm,QGA)是以量子计算的一些概念和理论为基础,将量子计算和遗传算法相结合,利用量子位编码来表示染色体,用量子旋转门作用更新种群来完成进化搜索的一种概率优化方法,具有很重要的意义和研究价值。和传统的遗传算法相比,QGA 具有以下三个优点:(1) 可以用很少的个体数表示较大的解空间,即使一个个体也可以搜索到最优解或者接近最优解;(2) 具有较强的全局搜索能力;(3)具有较快的收敛速度,可以在较短的时间内搜索到全局最优解。

## 18.1 量子计算的基础知识

量子计算的概念最早是 Richard Feynman 在 1982 年提出的,它最本质的特征就是利用了量子态的叠加性和相干性,以及量子比特之间的纠缠性,是量子力学直接进入算法领域的产物。它和其他经典算法最本质的区别就在于它具有量子并行性。我们也可以从概率算法去认识量子算法,在概率算法中,系统不再处于一个固定的状态,而是对应于各个可能状态有一个概率,即状态概率矢量。如果知道初始状态概率矢量和状态转移矩阵,则通过状态概率矢量和状态转移矩阵相乘可以得到任何时刻的概率矢量。量子算法与此类似,只不过需要考虑量子态的概率幅度,因为它们是平方归一的,所以概率幅度相对于经典概率有 $N$ 倍的放大,状态转移矩阵则用 Walsh - Hadamard 变换、旋转相位操作等酉正变换实现。

**1. 状态叠加**

在经典数字计算机中,信息被编码为位(bit)链,1 比特信息就是两种可能情况中的一种,0 或 1,假或真,对或错。例如,一个脉冲可以代表 1 比特信息,上升沿表示 1,而下降沿表示 0。在量子计算机中,基本的存储单元是一个量子位(qubit),一个简单的量子位是一个双态系统,例如半自旋或两能级原子:自旋向上表示 0,向下表示 1;或者基态代表 0,激发态代表 1。不同于经典比特,量子比特不仅可以处于 0 或 1 的两个状态之一,而且更一般的可以处于两个状态的任意叠加形式。一个 $n$ 位的普通寄存器处于唯一的状态中,而由量子力学的基本假设,一个 $n$ 位的量子寄存器可处于 $2^n$ 个基态的相干叠加态$|\Phi\rangle$中,即可以同时表示 $2^n$ 个数。叠加态和基态的关系可以表示为

$$|\Phi\rangle = \sum C_i \, |\Phi_i\rangle$$

式中:$C_i$ 表示状态$|\Phi_i\rangle$的概率幅,$|C|^{2^i}$ 表示 $\Phi$ 在受到量子计算机系统和纠缠的测量仪器观测时坍塌到基态的概率,即对应得到结果 $i$ 的概率,因此有 $\sum_i |C_i|^2 = 1$。

**2. 状态相干**

量子计算的一个主要原理就是:使构成叠加态的各个基态通过量子门的作用发生干涉,从而改变它们之间的相对相位。如一个叠加态为

$$|\Phi\rangle = \frac{2}{\sqrt{5}}\,|0\rangle + \frac{1}{\sqrt{5}}\,|1\rangle = \frac{1}{\sqrt{5}}\begin{bmatrix}2\\1\end{bmatrix}$$

设量子门 $\hat{U}=\frac{1}{2}\begin{bmatrix}1 & 1\\1 & -1\end{bmatrix}$ 作用其上，则两者的作用结果是 $|\Phi'\rangle=\frac{3}{\sqrt{10}}|0\rangle+\frac{1}{\sqrt{10}}|1\rangle$，可以看出，基态 $|0\rangle$ 的概率幅增大，而 $|1\rangle$ 的概率幅减少。若量子系统 $|\Phi\rangle$ 处于基态的线性叠加的状态，则称系统为相干的。当一个相干的系统和它周围的环境发生相互作用（测量）时，线性叠加就会消失，具体坍塌到某个 $|\Phi_i\rangle$ 基态的概率由 $|C_i|^2$ 决定。如对上述 $|\Phi'\rangle$ 进行测量，其坍塌到 0 的概率为 0.9，这个过程称为消相干。

**3. 状态的纠缠**

量子计算的另一个重要机制是量子纠缠态，它违背人们的直觉。对于发生相互作用的两个子系统中所存在的一些态，若不能表示成两个子系统态的张量积，即每个子系统的状态不能单独表示出来，则两个子系统彼此关联，量子态是两个子系统的共有的状态，这种量子态就称为纠缠态。例如叠加状态 $\frac{1}{\sqrt{2}}|01\rangle+\frac{1}{\sqrt{2}}|10\rangle$，因无论采用什么方法都无法写成两个量子比特的乘积，所以为量子纠缠状态。量子纠缠现象是量子力学特有的不同于经典物理的最奇特现象。

对处于纠缠态的量子位的某几位进行操作，不但会改变这些量子位的状态，还会改变与它们相纠缠的其他量子位的状态。量子计算能够充分实现，也是利用了量子态的纠缠特性。

**4. 量子并行性**

在经典计算机中，信息的处理是通过逻辑门进行的。量子寄存器中的量子态则是通过量子门的作用进行演化，量子门的作用与逻辑电路门类似，在指定基态条件下，量子门可以由作用于希尔伯特空间中向量的矩阵描述。由于量子门的线性约束，量子门对希尔伯特空间中量子状态的作用将同时作用于所有基态上，对应到 $n$ 位量子计算机模型中，相当于同时对 $2^n$ 个数进行运算，而任何经典计算机为了完成相同的任务必须重复此相同的计算，或者必须使用各不相同的并行工作的处理器，这就是量子并行性。换言之，量子计算机利用了量子信息的叠加性和纠缠性，与经典计算机相比，在使用相同时间和存储量的计算资源时提供了巨大的增益。

## 18.2　量子计算

量子的重叠与牵连原理产生了巨大的计算能力。普通计算机中的 2 位寄存器在其一时间仅能存储 4 个二进制数（00，01，10，11）中的一个，而量子计算机中的 2 位量子位寄存器可同时存储这 4 个数，因为每一个量子位可以表示两个值。如果有更多量子位，计算能力就呈指数级提高。量子计算具有天然的并行性，极大地加快了对海量信息处理的速度，使得大规模复杂问题能够在有限的指定时间内完成。

**1. 量子信息**

用量子比特来存储和处理信息，称为量子信息。区别量子信息与经典信息最大的不同在于：经典信息，比特只能处在一个状态，非 0 即 1；而在量子信息中，量子比特可以同时处在 $|0\rangle$ 和 $|1\rangle$ 两个状态，量子信息的存储单元称为量子比特（qubit）。一个量子比特的状态是一个二维复数空间的矢量，它的两个极化状态 $|0\rangle$ 和 $|1\rangle$ 对应于经典状态的 0 和 1。

量子比特不仅可以表示 0 和 1 两种状态，而且可以同时表示两个量子的叠加态，即"0"态和"1"态的任意中间态。一般情况下，用 $n$ 个量子位就可以同时表示 $2^n$ 个状态，其叠加态可以描述为

$$|\varphi\rangle=\alpha\,|0\rangle+\beta\,|1\rangle$$

式中：$(\alpha,\beta)$是一对复数，表示相应比特状态的概率幅，且满足归一化条件，即$|\alpha|^2+|\beta|^2=1$，$|0\rangle$和$|1\rangle$分别表示两个不同的比特态，且$|\alpha|^2$表示$|0\rangle$的概率，$|\beta|^2$表示$|1\rangle$的概率。利用不同的量子叠加态记录不同的信息，量子比特在同一位置可拥有不同的信息。

量子态可用矩阵的形式表示。

一对量子比特$|0\rangle\equiv\begin{bmatrix}1\\0\end{bmatrix}$和$|1\rangle\equiv\begin{bmatrix}0\\1\end{bmatrix}$能够组成 4 个不重复的量子比特对$|00\rangle$、$|01\rangle$、$|10\rangle$、$|11\rangle$。它们的张量积的矩阵表示如下：

$$|00\rangle\equiv|0\rangle\otimes|0\rangle=\begin{bmatrix}1\\0\end{bmatrix}\otimes\begin{bmatrix}1\\0\end{bmatrix}=\begin{bmatrix}1\times\begin{bmatrix}1\\0\end{bmatrix}\\0\times\begin{bmatrix}1\\0\end{bmatrix}\end{bmatrix}=\begin{bmatrix}1\\0\\0\\0\end{bmatrix}$$

$$|01\rangle\equiv|0\rangle\otimes|1\rangle=\begin{bmatrix}1\\0\end{bmatrix}\otimes\begin{bmatrix}0\\1\end{bmatrix}=\begin{bmatrix}1\times\begin{bmatrix}0\\1\end{bmatrix}\\0\times\begin{bmatrix}0\\1\end{bmatrix}\end{bmatrix}=\begin{bmatrix}0\\1\\0\\0\end{bmatrix}$$

$$|10\rangle\equiv|1\rangle\otimes|0\rangle=\begin{bmatrix}0\\1\end{bmatrix}\otimes\begin{bmatrix}1\\0\end{bmatrix}=\begin{bmatrix}0\times\begin{bmatrix}1\\0\end{bmatrix}\\1\times\begin{bmatrix}1\\0\end{bmatrix}\end{bmatrix}=\begin{bmatrix}0\\0\\1\\0\end{bmatrix}$$

$$|11\rangle\equiv|1\rangle\otimes|1\rangle=\begin{bmatrix}0\\1\end{bmatrix}\otimes\begin{bmatrix}0\\1\end{bmatrix}=\begin{bmatrix}0\times\begin{bmatrix}0\\1\end{bmatrix}\\1\times\begin{bmatrix}0\\1\end{bmatrix}\end{bmatrix}=\begin{bmatrix}0\\0\\0\\1\end{bmatrix}$$

很明显，集合$|00\rangle$、$|01\rangle$、$|10\rangle$、$|11\rangle$是 4 维向量空间的生成集合。

由于量子状态具有叠加的物理特性，所以描述量子信息的量子比特使用二维复数向量的形式表示量子信息的模拟特性。与只能取 0 或 1 的经典比特相比，理论上量子比特可以取无限多个值。

**2. 量子比特的测定**

对于量子比特，给定一个量子比特$|\varphi\rangle=\alpha|0\rangle+\beta|1\rangle$，通常不可能正确地知道$\alpha$和$\beta$的值。通过一个被称为测定或观测的过程，可以把一个量子比特的状态以概率幅（概率区域）的方式变换成 bit 信息，即$|\varphi\rangle$以概率$|\alpha|^2$取值 bit0，以概率$|\beta|^2$取值 bit1。特别地，当$\alpha=1$时，$|\varphi\rangle$取值 0 的概率为 1；当$\beta=1$时，$|\varphi\rangle$取值 1 的概率为 1。在这样的情况下，量子比特的行为与 bit 完全一致。从这个意义上讲，量子比特包含了经典比特，是信息状态更一般性的表示。

**3. 量子门**

在量子计算中，某些逻辑变换功能是通过对量子比特状态进行一系列的幺正变换来实现的。而在一定时间间隔内实现逻辑变换的量子装置称为量子门，它是在物理上实现量子计算的基础。

量子门的作用与经典计算机中的逻辑电路门类似，量子寄存器中的量子态则是通过量子门的作用进行操作。量子门可以由作用于希尔伯特空间中的矩阵描述。由于量子态可以叠加的物理特性，量子门对希尔伯特空间中量子状态的作用将同时作用于所有基态上。描述逻辑门的矩阵都是幺正矩阵，即$\boldsymbol{U}^*\boldsymbol{U}=\boldsymbol{I}$，其中$\boldsymbol{U}^*$是$\boldsymbol{U}$的伴随矩阵，$\boldsymbol{I}$是单位矩阵。根据量子计算理论可知，只要能完成单比特的量子操作和两比特的控制非门操作，就可以构建对量子系统的任一幺正操作。

量子门的类型很多,分类方法也不相同,按照量子逻辑门作用的量子比特数目可以把其分为单比特、二比特和三比特逻辑门等。

(1) 单比特门

常见的单比特门主要有量子非门(Quantum NOT gate)$\boldsymbol{X}$、Hadamard 门(Hadamard gate)$\boldsymbol{H}$ 和相转移门(Quantum Rotation gate)$\boldsymbol{\Phi}$。在基矢$|0\rangle=\begin{bmatrix}1\\0\end{bmatrix}$,$|1\rangle=\begin{bmatrix}0\\1\end{bmatrix}$下,可以用矩阵来表示这几个常见的单比特门。

➢ 量子非门($\boldsymbol{X}$)

$$\boldsymbol{X}=|0\rangle\langle 1|+|1\rangle\langle 0|=\begin{bmatrix}0 & 1\\1 & 0\end{bmatrix}$$

➢ Hadamard 门($\boldsymbol{H}$)

$$\boldsymbol{H}=\begin{bmatrix}\frac{1}{\sqrt{2}} & \frac{1}{\sqrt{2}}\\ \frac{1}{\sqrt{2}} & -\frac{1}{\sqrt{2}}\end{bmatrix}$$

➢ 相转移门($\boldsymbol{\Phi}$)

$$\boldsymbol{\Phi}=\begin{bmatrix}1 & 0\\0 & \mathrm{e}^{i\varphi}\end{bmatrix}$$

(2) 二比特门

量子"异或"门是最常用的二位门之一,其中的两个量子位分别为控制位$|x\rangle$与目标位$|y\rangle$,其特征是控制位$|x\rangle$不随门操作而改变,当控制位$|x\rangle$为$|0\rangle$时,它不改变目标位$|y\rangle$;当控制位$|x\rangle$为$|1\rangle$时,它将翻转目标位$|y\rangle$,所以量子"异或"门又可称为量子受控非门。在两量子位的基矢下:

$$|00\rangle\equiv|0\rangle\otimes|0\rangle=\begin{bmatrix}1\\0\\0\\0\end{bmatrix},\quad |01\rangle\equiv|0\rangle\otimes|1\rangle=\begin{bmatrix}0\\1\\0\\0\end{bmatrix}$$

$$|10\rangle\equiv|1\rangle\otimes|0\rangle=\begin{bmatrix}0\\0\\1\\0\end{bmatrix},\quad |11\rangle\equiv|1\rangle\otimes|1\rangle=\begin{bmatrix}0\\0\\0\\1\end{bmatrix}$$

用矩阵表示为

$$\boldsymbol{C}_{\text{not}}=\begin{bmatrix}1 & 0 & 0 & 0\\0 & 1 & 0 & 0\\0 & 0 & 0 & 1\\0 & 0 & 1 & 0\end{bmatrix}$$

(3) 三比特门

三位门,即三比特量子逻辑门是由作用到三个量子位上的所有可能的幺正操作构成的。它有三个输入端$|x\rangle$、$|y\rangle$、$|z\rangle$。两个输入量子位$|x\rangle$和$|y\rangle$(控制位)控制第三个量子位$|z\rangle$

（目标位）的状态，两控制位 $|x\rangle$ 和 $|y\rangle$ 不随门操作而改变。当两控制位 $|x\rangle$ 和 $|y\rangle$ 同时为 $|1\rangle$ 时目标位改变，否则保持不变。用矩阵表示为

$$\mathbf{CC}_{\text{not}}=\begin{bmatrix}1&0&0&0&0&0&0&0\\0&1&0&0&0&0&0&0\\0&0&1&0&0&0&0&0\\0&0&0&1&0&0&0&0\\0&0&0&0&1&0&0&0\\0&0&0&0&0&1&0&0\\0&0&0&0&0&0&1&0\\0&0&0&0&0&0&0&1\end{bmatrix}$$

因为三位门只有当 $|x\rangle$ 和 $|y\rangle$ 同时为 $|1\rangle$ 时，$|z\rangle$ 才变为相反的态，所以又称为“受控门”。

## 18.3 量子遗传算法的流程

量子计算具有天然的并行性，极大地加快了对海量信息处理的速度，使得大规模复杂问题能够在有限的指定时间内完成。利用量子计算的这一思想，将量子算法与经典算法相结合，通过对经典表示方法进行相应的调整，使得其具有量子理论的优点，从而成为有效的算法。

量子遗传算法的基本原理是：它基于量子计算的原理，利用量子计算的概念和理论，融合遗传算法能很好地保持种群多样性。它将量子比特的概率幅表示应用于染色体的编码，使得一条染色体可以表达多个态的叠加并利用量子旋转门和量子非门实现染色体的更新操作，从而实现种群的优化。

量子遗传算法是在传统的遗传算法中引入量子计算的概念和机制后形成的新算法。目前，融合点主要集中在种群编码和进化策略的构造上。种群编码方式的本质是利用量子计算的一些概念和理论，如量子位、量子叠加态等构造染色体编码，这种编码方式可以使一个量子染色体同时表征多个状态的信息，隐含着强大的并行性，并且能够保持种群多样性和避免选择压力，以当前最优个体的信息为引导，通过量子门作用和量子门更新来完成进化搜索。在量子遗传算法中，个体用量子位的概率幅编码，利用基于量子门的量子位相位旋转实现个体进化，用量子非门实现个体变异以增加种群的多样性。

与传统的遗传算法一样，量子遗传算法中也包括个体种群的构造、适应度值的计算、个体的改变，以及种群的更新。而与传统遗传算法不同的是，量子遗传算法中的个体是包含多个量子位的量子染色体，具有叠加性、纠缠性等特性，一个量子染色体可呈现多个不同状态的叠加。通过不断的迭代，每个量子位的叠加态将坍塌到一个确定的态，从而达到稳定，趋于收敛。量子遗传算法就是通过这样的一个方式，不断地进行探索、进化，最后达到寻优的目的。

量子遗传算法的流程图如图 18－1 所示，可分为以下各步骤：

(1) 给定算法参数，包括种群大小、最大迭代次数、交叉概率、变异概率。

(2) 种群初始化。

初始化 $N$ 条染色体 $\boldsymbol{P}(t)=(\boldsymbol{X}_1^t,\boldsymbol{X}_2^t,\cdots,\boldsymbol{X}_N^t)$，将每条染色体 $\boldsymbol{X}_i^t$ 的每一个基因用二进制表示，每一个二进制位对应一个量子位。设每个染色体有 $m$ 个量子位，$\boldsymbol{X}_i^t=(x_{i1}^t,x_{i2}^t,\cdots,x_{im}^t)$ $(i=1,2,\cdots,N)$ 为一个长度为 $m$ 的二进制串，有 $m$ 个观察角度 $\boldsymbol{Q}_i^t=(\varphi_{i1}^t,\varphi_{i2}^t,\cdots,\varphi_{im}^t)$，其值决定量子位的观测概率 $|\alpha_i^t|^2$ 或 $|\beta_i^t|^2(i=1,2,\cdots,m)$，$\begin{bmatrix}\alpha_i\\\beta_i\end{bmatrix}=\begin{bmatrix}\cos\varphi\\\sin\varphi\end{bmatrix}$，通过观察角度 $\boldsymbol{Q}(t)$ 的

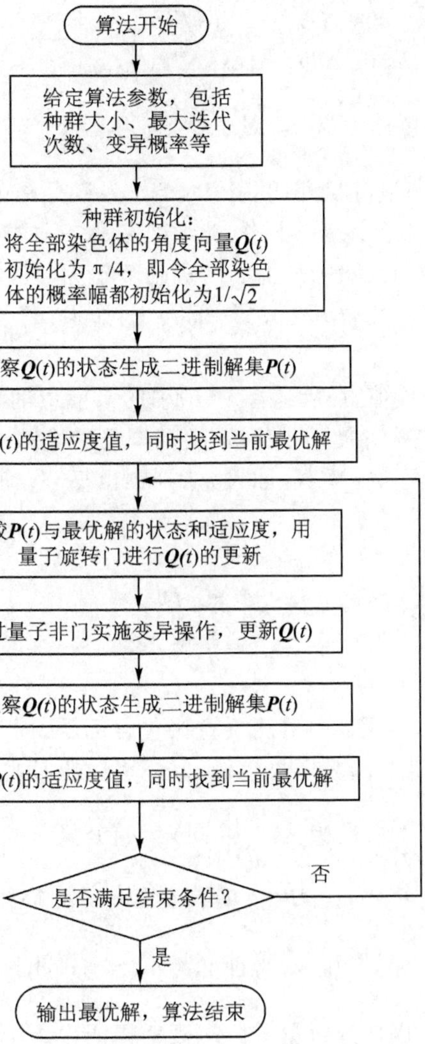


**图 18－1　量子遗传算法的流程图**

状态来生成二进制解集 $\boldsymbol{P}(t)$。初始化使所有量子染色体的每个量子位的观察角度 $\varphi_{ij}^{0}=\frac{\pi}{4}$，其中 $i=1,2,\cdots,N$；$j=1,2,\cdots,m$，概率幅都初始化为$\frac{1}{\sqrt{2}}$，它表示在 $t=0$ 代，每条染色体以相同的概率$\frac{1}{\sqrt{2^m}}$处于所有可能状态的线性叠加态之中，即 $|\psi_{qj}^{0}\rangle=\sum_{k=1}^{2m}\frac{1}{\sqrt{2^m}}|s_k\rangle$，其中 $s_k$ 是由二进制串$(x_1,x_2,\cdots,x_m)$描述的第 $k$ 个状态。

(3) 计算 $\boldsymbol{P}(t)$中每个解的适应度，存储最优解。

(4) 开始进入迭代。

(5) 量子旋转门。量子旋转门操作是以当前最优解为引导的旋转角度作为量子染色体变异的表现，通过观测最优个体和当前个体相应量子位所处状态，以及比较它们的适应度值，来确定其旋转角度的变化方向和大小。量子门可根据实际问题具体设计，令 $\boldsymbol{U}(\Delta\theta)=\begin{bmatrix}\cos(\Delta\theta) & -\sin(\Delta\theta)\\ \sin(\Delta\theta) & \cos(\Delta\theta)\end{bmatrix}$表示量子旋转门，设 $\varphi$ 为原量子位的幅角，旋转后的角度调整操作为

$$\begin{bmatrix}\alpha_i'\\ \beta_i'\end{bmatrix}=\begin{bmatrix}\cos(\Delta\theta) & -\sin(\Delta\theta)\\ \sin(\Delta\theta) & \cos(\Delta\theta)\end{bmatrix}\begin{bmatrix}\alpha_i\\ \beta_i\end{bmatrix}=\begin{bmatrix}\cos(\varphi+\Delta\theta)\\ \sin(\varphi+\Delta\theta)\end{bmatrix}$$

式中：$\begin{bmatrix}\alpha_i\\ \beta_i\end{bmatrix}=\begin{bmatrix}\cos\varphi\\ \sin\varphi\end{bmatrix}$为染色体中第 $i$ 个量子位，且$|\alpha_i|^2+|\beta_i|^2=1$，$\Delta\theta$ 为旋转角度。

(6) 通过量子非门进行变异操作，更新 $\boldsymbol{P}(t)$。为避免陷入早熟和局部极值，在此基础上进一步采用量子非门实现染色体变异操作，这样能够保持种群的多样性和避免选择压力。

(7) 通过观察角度 $\boldsymbol{Q}(t)$的状态来生成二进制解集 $\boldsymbol{P}(t)$，即对于每一个比特位，随机产生一个[0,1]之间的随机数 $r$。比较 $r$ 与$|\alpha_i^t|^2$ 的大小，如果 $r<|\alpha_i^t|^2$，则令该比特位值为 1；否则令其为 0。

(8) 计算 $\boldsymbol{P}(t)$的适应度值，最后选择 $\boldsymbol{P}(t)$中的当前最优解，若该最优解于优于目前存储的最优解，则用该最优解替换存储的最优解，更新全局最优解。

(9) 判断是否达到最大迭代次数，如果是，则跳出循环，输出最优解；否则，转到步骤(5)，继续进行。

## 18.4 量子遗传算法的控制参数

**1. 量子染色体**

与传统进化算法不同，量子遗传算法不直接包含问题，而是引入量子计算中的量子位，采用基于量子位的编码方式来构造量子染色体，以概率幅的形式来表示某种状态的信息。

一个量子位可由其概率幅定义为$\begin{bmatrix}\alpha\\ \beta\end{bmatrix}$，同理 $m$ 个量子位可定义为$\begin{bmatrix}\alpha_1|\alpha_2|\cdots\alpha_m\\ \beta_1|\beta_2|\cdots\beta_m\end{bmatrix}$，其中$|\alpha_i|^2+|\beta_i|^2=1, i=1,2,\cdots,m$。因此，染色体种群中第 $t$ 代的个体 $\boldsymbol{X}_j^t$ 可表示为 $\boldsymbol{X}_j^t=\begin{bmatrix}\alpha_1^t|\alpha_2^t|\cdots\alpha_m^t\\ \beta_1^t|\beta_2^t|\cdots\beta_m^t\end{bmatrix}$，$j=1,2,\cdots,m$，其中 $N$ 为种群大小，$t$ 为进化代数。

量子比特具有叠加性，因此通过量子位的概率幅产生新个体使每一个比特位上的状态不再是固定的信息，一个染色体不再仅对应于一个确定的状态，而变成了一种携带着不同叠加态的信息。由于这种性质，使得基于量子染色体编码的进化算法，比传统遗传算法具有更好的种群多样性。经过多次迭代后，某一个量子比特上的概率幅$|\alpha|^2$ 或$|\beta|^2$ 趋近于 0 或 1 时，这种不确定性产生的多样性将逐渐消失，最终坍塌到一个确定状态，从而使算法最终收敛，这就表明量子染色体同时具有探索和开发两种能力。

**2. 量子旋转门**

在量子计算中，各个量子状态之间的转移变换主要是通过量子门实现的。而量子门对量子比特的概率幅角度进行旋转，同样可以实现量子状态的改变。因此，在量子遗传算法中，使用量子旋转门来实现量子染色体的变异操作。同时，由于在角度旋转时考虑了最优个体的信息，因此，在最优个体信息的指导下，可以使种群更好地趋向最优解，从而加快了算法收敛。在 0,1 编码的问题中，令 $\boldsymbol{U}(\Delta\theta)=\begin{bmatrix}\cos(\Delta\theta) & -\sin(\Delta\theta)\\ \sin(\Delta\theta) & \cos(\Delta\theta)\end{bmatrix}$表示量子旋转门，旋转角度变异的角度 $\theta$ 可由表 18-1 得到。

表 18-1 中 $x_i$ 为当前量子染色体的第 $i$ 位；$x_i^{best}$ 为当前最优染色体的第 $i$ 位，均为观察值；$f(\boldsymbol{X})$为适应度函数；$\Delta\theta_i$ 为旋转角度的大小，控制算法收敛的速度，取值太小将造成收敛

速度过慢，但太大可能会使结果发散，或"早熟"收敛到局部最优解；$\Delta\theta_i$ 取值可固定也可自适应调整大小；$\alpha_i$，$\beta_i$ 为当前染色体第 $i$ 位量子位的概率幅；$s(\alpha_i\beta_i)$为旋转角度的方向，保证算法的收敛。

**表 18-1　变异角 θ(二值编码)**

| 旋转角度 | | | | 旋转角度符号 $s(\alpha_i\beta_i)$ | | | |
|---|---|---|---|---|---|---|---|
| $x_i$ | $x_i^{\text{best}}$ | $f(\boldsymbol{X})\geqslant f(\boldsymbol{X}^{\text{best}})$ | $\Delta\theta_i$ | $\alpha_i\beta_i>0$ | $\alpha_i\beta_i<0$ | $\alpha_i=0$ | $\beta_i=0$ |
| 0 | 0 | 假 | 0 | 0 | 0 | 0 | 0 |
| 0 | 0 | 真 | 0 | 0 | 0 | 0 | 0 |
| 0 | 1 | 假 | 0 | 0 | 0 | 0 | 0 |
| 0 | 1 | 真 | 0.05π | −1 | +1 | ±1 | 0 |
| 1 | 0 | 假 | 0.05π | −1 | +1 | ±1 | 0 |
| 1 | 0 | 真 | 0.05π | +1 | −1 | 0 | ±1 |
| 1 | 1 | 假 | 0.05π | +1 | −1 | 0 | ±1 |
| 1 | 1 | 真 | 0.05π | +1 | −1 | 0 | ±1 |

**3. 量子非门操作**

采用量子非门实现染色体的变异。首先从种群中随机选择出需要实施变异操作的量子染色体，并在这些量子染色体的若干量子比特上实施变异操作。假设 $\begin{bmatrix}\alpha_i\\\beta_i\end{bmatrix}$ 为该染色体的第 $i$ 个量子位，使用量子非门实施变异操作的过程可描述为

$$\begin{bmatrix}0 & 1\\1 & 0\end{bmatrix}\begin{bmatrix}\alpha_i\\\beta_i\end{bmatrix}=\begin{bmatrix}\beta_i\\\alpha_i\end{bmatrix}$$

由上式可以看出，量子非门实施的变异操作，实质上是量子位的两个概率幅互换。由于更改了量子比特态叠加的状态，使得原来倾向于坍塌到状态"1"变为倾向于坍塌到状态"0"，或者相反，因此起到了变异的作用。显然，该变异操作对染色体的所有叠加态具有相同的作用。

从另一角度看，这种变异同样是对量子位幅角的一种旋转，如假设某一量子位幅角为 $q$，则变异后的幅角变为$(\pi/2)-q$，即幅角正向旋转了 $\pi/2$。这种旋转不与当前染色体比较，一律正向旋转，有助于增加种群的多样性，降低"早熟"收敛的概率。

基因的染色体概率幅可以定义为

$$q_j^t=\begin{bmatrix}\alpha_1^t & | & \alpha_2^t & | & \cdots\alpha_m^t\\\beta_1^t & | & \beta_2^t & | & \cdots\beta_m^t\end{bmatrix},\quad j=1,2,\cdots,n$$

式中：$q_j^t$ 代表第 $t$ 代，第 $j$ 个染色体；$m$ 为染色体的基因个数；$k$ 是每个基因的量子比特编码数，且$|\alpha_i|^2+|\beta_i|^2=1$。

量子遗传算法采用这种量子比特染色体的表示形式，使得染色体可以同时表示多个状态，这样就减少了染色体的数量，从而使种群规模变小，即减少迭代次数，也进一步保持了种群个体的多样性，克服早熟收敛。

## 18.5　量子遗传算法的改进

QGA 被广泛地应用于图像分割、路由选择、旅行商等问题并取得很好的效果，但是，QGA

却不能克服如下三个缺点：

(1) 进化早期，搜索效率低下，寻优速度特别慢。

(2) 进化期间，在量子交叉中，是通过量子旋转门来进行更新的，其中的旋转角 $\theta_i$ 就尤为重要，它的幅度影响收敛速度，如果其幅度太大，会导致早熟；幅度太小，收敛速度又会变得很慢。一般推荐使用 $0.001\pi \sim 0.05\pi$ 之间的值。初始化时，如果对旋转角 $\theta_i$ 选择一个固定的值进化时，则会发现固定值的旋转角寻优的速度特别慢。

(3) 进化后期，算法处于停滞阶段或进化速度很慢，而且常常容易陷入早熟收敛。

为了克服量子遗传算法的以上三个缺点，可从以下几方面进行改进。

(1) 初始化时，用有向路由选择方法初始化染色体，对初始化的量子位进行测量，使之对应的量子位塌陷到确定的“1”或“0”状态，另外每个个体增加一个计数器 $k_i$，当 $k_i$ 为某个体的最大量子位时，不再对此个体进行测量。然后对剩下的个体进行测量，直到最大量子位，根据测量的结果，测量塌陷到“1”的个体量子位将被路由的路径所选择，直到最后一个路径，这样，将得到一个可行的不可逆路径的染色体。用改进的初始化编码方法，因为不用像传统的遗传算法那样还要判断初始染色体的可行性，因而，编码速度大大提高。

(2) 在初始化时，对初始化的染色体，把顺序染色体和逆序染色体作为两个个体，这样，当要产生一定数目的初始种群时，编码的初始化速度比一般遗传算法的编码速度要快。

(3) 在改进的量子遗传算法中，增加精英库和干扰库。精英库的作用在早期进化的时候效果非常明显，因为精英库里存放的是种群进化的每代的最优个体，进化一代后从精英库里随机地取出一个精英个体来替换子代中最差个体，这样子代的染色体质量会大大提高，在进行迭代进化的时候寻优的速度也会大大地提高；另外，干扰库里存放的是每代的适应度值最高、适应度值中等和适应度值较差的个体变异以后的三个个体，其作用主要是在种群进化到一定阶段处于停滞不前或进化速度很慢的时候来对它进行干扰，这样，种群就可以重新进行进化直到寻找到最优解。

(4) 在量子交叉中，是通过量子旋转门来进行更新的，其中的旋转角 $\theta_i$ 就尤为重要。可以将 $\theta_i$ 改为自适应变化，即随着迭代次数的变化自适应变化，其中一种自适应公式如下：

$$\theta_i = \begin{cases} \dfrac{k_1(f_{\max} - f')}{f_{\max} - f_{\text{avg}}}, & f' \geqslant f_{\text{avg}} \\ k_2, & f < f_{\text{avg}} \end{cases}$$

式中：$f_{\max}$ 为群体中最大的适应度值；$f_{\text{avg}}$ 为每代群体的平均适应度值；$f'$ 为要进行量子交叉的个体与目标个体中较大的适应度值；$k_1$ 和 $k_2$ 为[$0.001\pi$，$0.05\pi$]区间的常数。

也可以采用以下的方法：该算法在进化初期，个体之间差异较大，采用下式进行旋转角的调整

$$\Delta\theta_i = \theta_{\min} + f \times (\theta_{\max} - \theta_{\min})$$

$$f = \frac{f_{\max} - f_t}{f_{\max}}$$

到了进化后期，接连数代的最优个体都无任何变化时，表明算法陷入了局部极值，则要采用下式对进化过程中的旋转角施加一个较大扰动，使其脱离局部最优点，开始新的搜索，即

$$\Delta\theta_i = \theta_{\min} + \left(f + \frac{e^{1-\frac{T}{t}}}{2}\right) \times (\theta_{\max} - \theta_{\min})$$

式中：$\theta_{\min}$ 为[$0.001\pi$，$0.05\pi$]区间的最小值 $0.001\pi$；$\theta_{\max}$ 为[$0.001\pi$，$0.05\pi$]区间的最大值

$0.05\pi$；$t$ 为当前迭代次数；$T$ 为最大迭代次数；$f_{max}$ 为搜索到的最优个体的适应度；$f_t$ 为当前个体的适应度。

很明显，这是一种动态调整策略，当适应度值低于平均适应度值时，说明该个体是性能不好的个体，对它采用较大的旋转角，以加快搜索的速度；如果适应度值高于平均适应度值，则说明该个体性能优良，对它根据其适应度值取相应的旋转角，转角步长要非常小，进行细搜索。这样既保证了群体的多样性，同时又保证了它的收敛性。另外，改进的算法采用最优保留的机制，以保证算法具有全局收敛性。用最优保留机制保留的最优个体来更新量子旋转门的旋转角，以取代 QGA 用当前最优个体更新量子门的方法，这样就容易趋于全局最优解，而且能加快算法的收敛速度，避免了解趋于局部最优。

(5) 量子交叉操作。

为了能在下一代中产生新的个体，在遗传算法过程中需要对种群个体进行交叉操作。通常是把两个父代个体的部分结构加以替换重组，进而生成新个体。因为不断增加新个体，所以交叉操作使得遗传算法的搜索能力得到了很大的提高。

常用的交叉方法有单点交叉、多点交叉、均匀交叉和算术交叉等，具体操作过程详见遗传算法。下面为量子相干交叉操作，即利用量子的相干特性进行遗传交叉操作，其具体实现过程如下：

① 对种群的所有个体进行重新排序，可以采用简单的随机排序；

② 对排序后的所有个体，分别取第 1 个个体的第 1 位基因作为新个体的第 1 位基因，第 2 个个体的第 2 位基因作为新个体的第 2 位基因，依次取后面的基因，直到新个体与原个体基因数相同为止，确定第 1 个个体；

③ 按此方法依次确定第 2 个、第 3 个新个体，直到生成的新种群与原种群规模相同，结束交叉操作。

(6) 群体灾变操作。

为了更好地解决量子遗传算法易陷入局部极值的问题，此时可以采用群体灾变操作使之跳出局部极值。群体灾变操作就是通过对进化过程中的种群施加一个较大扰动，使其脱离局部最优点，开始新的搜索，其具体实现方法可以是只保留当前代的最优值，而重新生成其余所有个体。也可以采用其他的方法。

## 18.6　算法的 MATLAB 实现

**【例 18.1】**　利用量子遗传算法求解下列函数的极值：

$$\min f(\boldsymbol{x}) = -20\mathrm{e}^{-0.2\sqrt{\frac{x_1^2+x_2^2}{2}}} - \mathrm{e}^{\frac{1}{2}[\cos(2\pi x_1)+\cos(2\pi x_2)]} + 22.712\,82, \quad |x_i| \leqslant 5$$

**解：**此函数是一个多峰函数，其全局有一极小值：$f(0,0)=0$。

根据量子遗传算法的原理，可编程计算得到以下的结果，其中输入参数中变量范围为 LB=[−5;5]，UB=[5;5]，自变量离散精度 1e−8，最大迭代次数 5 000。

```
>> [best_x,fval] = qGA(@optifun48)
>> best_x = 0.0017    0.0002        %极值点
   fval = - 0.0020                  %极值
```

**【例 18.2】**　在解决一些实际优化问题时，不仅需要找到一个全局最优解，而且需要找到其他多个优化解，但是，传统的优化算法仅仅以找到单一的最优解作为优化目标。小生境技术可以用来解决这个问题。所谓小生境是指在特定环境下的一种组织结构，在自然界中往往特征和形状相似的物种相聚在一起，并在同类中繁衍后代。在多模域中，每一个极值可以看作一个小生境，而物种则是居住于一个小生境的由相似个体组成的子群。

利用小生境技术，计算下列函数的极小值：

$$\min f(\boldsymbol{X})=\left(x_2-\frac{5.1}{4\pi^2}x_1^2+\frac{5}{\pi}x_1-6\right)^2+10\left(1-\frac{1}{8\pi}\right)\cos x_1+10,$$
$$-5\leqslant x_1\leqslant 10,\quad 0\leqslant x_2\leqslant 15$$

**解**：此函数的理论极小值为 $f(-3.142,12.275)=f(3.142,2.275)=f(9.425,2.425)=0.398$。

根据小生境的原理，编写函数 qGA1，其中建立小生境的原则是：如果一个量子作为其他量子的局部最优解量子(lbest)，这些量子与 lbest 量子的欧氏距离的平均值作为一个潜在小生境的半径 radius，则与 lbest 量子的欧氏距离小于半径的量子就与这个 lbest 量子组成一个小生境。另一方面如果小生境技术是用于其他算法，则为了防止产生过多的小生境而导致局部收敛，还需要建立删除小生境的原则：如果有的小生境个体数小于 2，并且这个个体还是 lbest 量子自己，那么就删除这个小生境；如果在下一轮迭代中这个个体与其他个体的参考因子 RFER 值仍然是这个个体自己最大，那么这个个体不再以自己作为局部最优解，取而代之的是参考因子 RFER 值第二大的个体。但因为量子遗传算法的特点(一个量子也能取得较好的计算结果)，所以在量子遗传算法中不需要删除数量只有一个的小生境。

RFEF 值的计算公式如下：

$$\mathrm{RFER}_{(i,j)}=\alpha\times\frac{\dfrac{f(p_i)}{f(p_s)}}{\|p_j-p_i\|}$$

式中：$f(p_i)$ 表示量子 $i$ 的适应度；$f(p_s)$ 表示种群中所有量子的适应度和；$\alpha=\dfrac{\|s\|}{f(p_M)/f(p_s)}$ 是尺度因子，保证适应度和欧氏距离的作用平衡，$\|s\|$ 是搜索空间的大小，由 $\|s\|=\sqrt{\sum\limits_{k=1}^{\dim}[LB(k)-UB(k)]^2}$ 确定(dim 为维度)，$f(p_M)$ 是当前种群中适应度最差的量子。

对每一个小生境进行量子遗传计算，便可以得到所有的极小点，其中输入参数为粒子数 100，最大迭代次数 2 000，上界[-5;0]，下界[10;15]，自变量离散精度 1e-14，变异概率 0.02。

```
>> [cbest1,cbest2] = qGA1(@optifun49)
cbest1 =    3.1425     2.2622
           -3.1425    12.2622
            9.4303     2.4771
            3.1509     2.2700
            9.4264     2.4719
cbest2 =    0.3980     0.3981     0.3980     0.3983     0.3979
```

利用此方法，可大大提高搜索速度，减少迭代次数，并可以得到多个极值。

**【例 18.3】** 利用量子遗传算法求解例 16.3 的 TSP 问题。

**解**：根据量子遗传算法的原理，可编程计算。计算结果与例 16.3 有所差异，并不是最优点，其中输入参数为默认值。

```
>> load city;
>> [route,f] = qGATSP(city)
>> route = 13   11   9   10   1   8   2   3   14   4   5   6   12   7      %路径
>> f  = 31.8146
```

**【例 18.4】** 从量子遗传算法(QGA)中可看出,QGA 只保持当前代数的最优结果,并用于更新量子门。如果当前代数的最佳结果是局部最优值时,算法就会陷入局部最优和早熟现象。

试对 GQA 算法进行改进,并求解下列函数的极大值:

$$\max f(\boldsymbol{X})=\frac{\sin\left(\sum_{i=1}^{n}|x_i-5|\right)}{\sum_{i=1}^{n}|x_i-5|},\quad x_i\in[1,10]$$

**解**:可以从以下几个方面对 QGA 算法进行改进:

(1) 旋转角采用以下公式计算:

$$\Delta\theta=\begin{cases}\theta_{\min}+\dfrac{f_{\max}-f_i}{f_{\max}}(\theta_{\max}-\theta_{\min}), & \text{迭代初期}\\ \theta_{\min}+\left(\dfrac{f_{\max}-f_i}{f_{\max}}+\dfrac{e^{1-\frac{T}{t}}}{2}\right)(\theta_{\max}-\theta_{\min}), & \text{迭代后期}\end{cases}$$

式中:$\theta_{\min}$、$\theta_{\max}$ 分别为旋转角的最小角和最大角,其值分别为 $0.001\pi$ 和 $0.05\pi$;$f_{\max}$ 为最大适应度;$f_i$ 为个体的适应度值;$T$ 为最大迭代数;$t$ 为当前迭代数。

(2) 旋转角符号采用表 18-2 所列的规则。

(3) 增加量子交叉算子。

根据以上改进原理,就可以编程得到改进的量子遗传算法函数 qGA3,其中输入参数自变量下界[1;1;1],上界[10;10;10],最大迭代次数 2 000,其余为默认值。

```
>> [best_x,fval] = qGA3(@optifun50)               %此函数为求极大值
>> best_x  =  5.0080     5.0298     4.9764         %极值点
>> fval  =  0.9994                                 %理论值为 1
```

**表 18-2　变异角 θ(二值编码)**

| 旋转角度 | | | | 旋转角度符号 $s(\alpha_i\beta_i)$ | | | |
|---|---|---|---|---|---|---|---|
| $x_i$ | $x_i^{best}$ | $f(\boldsymbol{X})\geqslant f(\boldsymbol{X}^{best})$ | $\Delta\theta_i$ | $\alpha_i\beta_i>0$ | $\alpha_i\beta_i<0$ | $\alpha_i=0$ | $\beta_i=0$ |
| 0 | 0 | 假 | $0.0001\pi$ | −1 | +1 | ±1 | 0 |
| 0 | 0 | 真 | $0.0001\pi$ | +1 | −1 | ±1 | 0 |
| 0 | 1 | 假 | $0.0001\pi$ | +1 | −1 | 0 | +1 |
| 0 | 1 | 真 | $0.0001\pi$ | +1 | −1 | ±1 | 0 |
| 1 | 0 | 假 | $0.0001\pi$ | −1 | +1 | ±1 | 0 |
| 1 | 0 | 真 | $0.0001\pi$ | +1 | −1 | 0 | ±1 |
| 1 | 1 | 假 | $0.0001\pi$ | −1 | +1 | 0 | ±1 |
| 1 | 1 | 真 | $0.0001\pi$ | −1 | +1 | 0 | ±1 |

# 第 19 章

# 人工蜂群算法

人工蜂群算法(Artificial Bee Colony Algorithm,ABC)是由 Karaboga 于 2005 年提出的基于蜜蜂群体的觅食行为的一种新的启发式仿生算法。它建立在蜜蜂群体生活习性模型基础上,模拟了蜂群依各自分工不同协作采蜜、交换蜜源信息以找到最优蜜源这一群体行为。ABC 算法具有良好的优化能力,可以用来解决数值优化问题,且优化性能优于基本的差分进化算法、粒子群算法等,在其他方面如生产调度、路径规划等方面也取得了良好的应用效果。

## 19.1 自然界中的蜂群

蜜蜂属膜翅目、蜜蜂科,体长 8~20 mm,黄褐或黑褐色,生有密毛,一生要经过卵、幼虫、蛹和成虫四个虫态。蜂群中通常存在三种类型的蜜蜂:蜂王、工蜂和雄蜂。此三种蜜蜂分工协作、各司其职、互相依存、彼此交互,最终实现了复杂的蜜蜂群体的行为。

(1) 工蜂:工蜂是发育不完全的雌性蜂,由受精卵发育而来,不能产卵,占蜂群的绝大多数。工蜂负责的工作主要有:照顾蜂巢中的卵和幼虫、建筑蜂巢、采集花蜜及负责浓缩蜂蜜。工蜂在三种蜜蜂中体型最小,但是数量最多,一个蜂群中大约 98%都是工蜂。

(2) 蜂王:蜂王是蜂群中唯一发育完全的雌性蜂,其上颚腺所分泌的蜂王质可通过工蜂在蜂巢中传递,稳定蜂群情绪,控制工蜂发育及分蜂,使工蜂能够知道本群的蜂王是否存在,使蜂群保持安定状态。如果蜂王不在,经过几十分钟,蜂群中工作秩序就会受到严重的影响,工蜂就会显得焦燥不安。蜂群一般只有一只蜂王,出现两只蜂王就会争斗,直到剩下一只为止。

(3) 雄蜂:雄蜂由未受精卵发育而成,是自然单倍体,在蜂群中的唯一职责是与新蜂王交尾,故一般仅分蜂季才产生。雄蜂无群界,可以自由出入各蜂群。蜂群繁殖旺期,尤其即将分蜂之前,工蜂也对雄蜂进行饲喂,但是到了活动后期,即当外界蜜源稀少的时候,工蜂就把雄蜂从蜂巢中赶出。因为雄蜂不能自己采蜜,也不能自卫,所以离开蜂群后,很快就会死亡。

单个蜜蜂的行为是单一简单的,看似杂乱无章的,但是成千上万只蜜蜂组成的群体所表现出来的行为确是复杂的,而且有条不紊。在任何环境下蜜蜂种群都能够以极高的效率从食物源(花粉)中采集花蜜;同时,它们能根据环境的变化而改变自己的生活习性,能够非常好地适应环境。蜜蜂繁殖机理示意图如图 19-1 所示。

蜂群采蜜过程中产生非常高的群体智慧,采蜜过程中去寻找蜜源这个搜索模型包含三个基本组成要素:食物源、雇佣蜂(employed foragers)和未被雇佣的蜜蜂(unemployed foragers);两种最基本的行为模型:食物源招募(recruit)蜜蜂和放弃(abandon)某个食物源。为了更好地说明蜜蜂采蜜机理,图 19-2 给出了详细的蜜蜂采蜜过程。

假设有两个已经发现的蜜源 A 和 B。刚开始时,待工蜂没有任何关于蜂巢附近蜜源的信息,它有两种可能的选择:

(1) 自发地搜寻蜂巢附近的蜜源(S 线);

(2) 通过分享舞池里面的信息,被其他蜜蜂招募(B 线)。

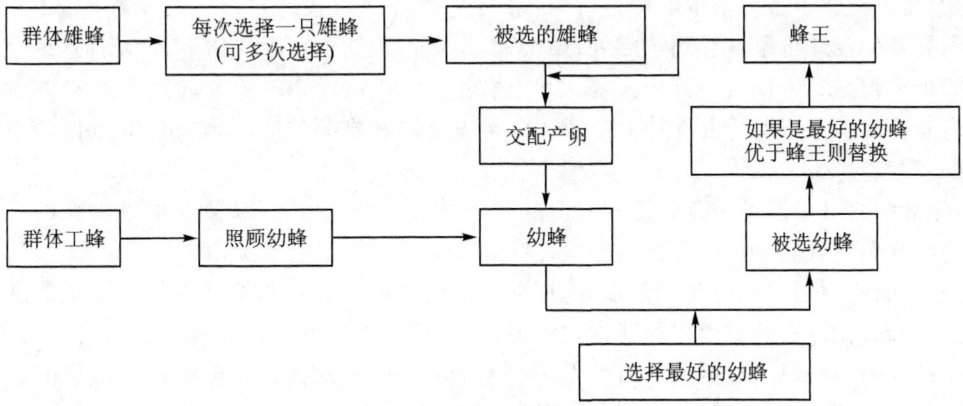


**图 19-1　蜜蜂繁殖机理示意图**

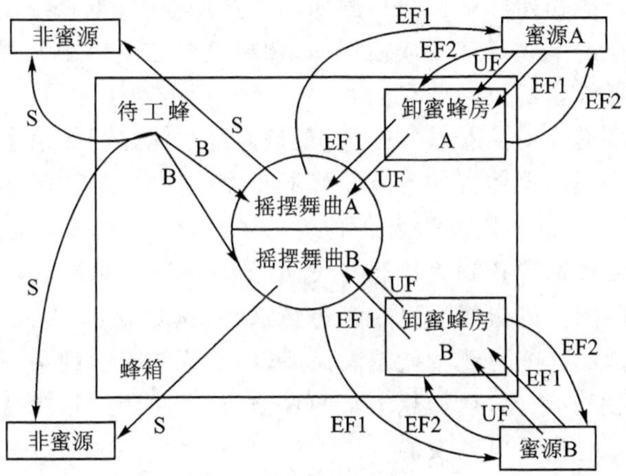


**图 19-2　蜜蜂采密过程示意图**

待工蜂被招募发现新蜜源后，迅速开采，并转变角色为采蜜蜂。采蜜蜂采蜜归来后，回到蜂巢里面卸载所开采的蜜，通过比较所开采蜜量的大小，产生三种新的选择。

(1) 蜜量太小，放弃蜜源，重新成为待工的观察蜂(UF 线)；

(2) 蜜量很好，以跳摇摆舞招募蜂巢其他蜜蜂过来共同采蜜(EF1 线)；

(3) 蜜量一般，不招募其他蜜蜂，自己继续采蜜(EF2 线)。

初始时，所有蜜蜂都没有任何经验知识，其角色都是侦察蜂。随机搜索到蜜源后，根据收益度相对的大小，侦察蜂可以转化为以上任何一种蜂种；收益率高于临界值的蜜蜂转换为引领蜂，继续采蜜，并招募观察蜂采蜜；收益率小于相对临界值的，可以成为跟随蜂；当蜜源周围搜索次数超过一定极限时，还未找到优质的蜜源，则放弃该蜜源，重新寻找新蜜源。

在整个蜂群智慧的形成过程中，蜜蜂个体之间的信息交互是最重要的一环。舞池区是它们信息交换的场地，它们交流的方式是跳摇摆舞，通过摇摆舞的时间、速度等来分享蜜源信息，观察蜂可以观察舞池大量引领蜂跳舞的信息，按照一定的策略选择某个蜜源去采蜜。侦察蜂随机去搜索新蜜源，所有蜜蜂都通过这种交流方式，形成群智能，达到开采与搜索的平衡，最终实现蜜量收益的最大化。

在人工蜂群算法中，主要通过模拟引领蜂、跟随蜂和侦察蜂三类蜜蜂的两种最为基本的蜂群行为实现群体智能。引领蜂、跟随蜂主要负责对蜜源的开采，侦察蜂则主要侦察蜜源，尽量找到多个蜜源。两种最为基本的蜂群行为:第一种,当某一只蜜蜂找到一处食物丰富的食物源时,会引导其他蜜蜂也跟随它到达此处;第二种,当觉得某处食物源食物不够丰富时,放弃这一食物源,继续找寻另一处食物源来代替。其中食物源可以从食物源的丰富程度、距离蜂巢的远近、取得食物的困难程度等几个方面来评价,算法中用食物源的收益率(profitability)来综合体现这些因素。

引领蜂的数量一般是与食物源相对应的,它能够记录自己已经搜索到的食物源的有关信息(如距离蜂巢的方向、远近,食物的丰富程度等),选择比较好的蜜源作为初始蜜源并标记,再释放与标记的蜜源成正比的路径信息,以招募其他的跟随蜂。而侦察蜂通常在蜂巢周围搜索附近的食物源,在算法的初始化和搜索过程中,始终伴随着侦察蜂对食物源的"探索"行为,依据经验,蜂群中侦察蜂的数量大约占整个种群数目的 5%~20%。跟随蜂是在蜂巢附近等待引领蜂共享食物源信息的蜜蜂,它们通过观察引领蜂的舞蹈,选择自己认为合适的蜜蜂进行跟随,同时在其附近搜索新的蜜源,与初始引领蜂标记蜜源进行比较,选取其中较好的,收益度较大的蜜源,更改本次循环的初始标记蜜源。假如在采蜜过程中,蜜源经过一段时间后它的蜜源搜索方式还不变,则相应的引领蜂就变成侦察蜂,随机搜索去寻找新蜜源,来代替初始标记蜜源中的相应位置,确定最终蜜源位置地点。

在群体智能中,信息交换扮演着重要角色,正是通过个体之间的信息交换才使得群体的整体智慧得以提高,从而表现出群体智能现象。蜂群中蜜蜂进行信息交换的主要场所就是蜂巢附近的舞蹈区,同时在这里也频繁发生着各种蜂的角色转换,蜜蜂是通过舞蹈来共享相关信息,进行信息交互的。侦察蜂寻找到食物源并飞回蜂巢,在舞蹈区通过摇摆舞的形式将食物源的信息传递给其他蜜蜂,周围的蜜蜂通过观察进行选择,选定自己要成为的角色并进行转换。食物源的收益率越大,被选择的可能性就越大。所以,蜜蜂被吸引到某一食物源的概率与这一食物源处的食物丰富程度成正比,食物越丰富的食物源,吸引到的蜜蜂越多。在自然界的生物模型中,这三种蜜蜂的角色是可以互换的。

## 19.2 人工蜂群算法的基本原理

ABC 算法中,同样由食物源位置代表优化问题的解。蜂群具有 3 种类型的工蜂:引领蜂、跟随蜂和侦察蜂。引领蜂专门进行采集;跟随蜂等待,在蜂巢中观看同伴表演的摇摆舞;侦察蜂进行随机搜索。其中,引领蜂和跟随蜂的数量(BN)相等,且都等于食物源的数量 SN。这样,解的群体由 SN 个 $D$ 维向量表示,其中第 $i$ 个解可表示为 $\boldsymbol{x}_i=(x_{i1},x_{i2},\cdots,x_{iD})$,$i=1,2,\cdots,\mathrm{SN}$,食物源花粉量对应解的质量(适应度值)。

在 ABC 算法中,蜜蜂对食物源的寻找过程分以下 3 种:① 引领蜂搜索到一处食物源,并将此处花蜜的数量记录下来;② 跟随蜂根据引领蜂所共享的花蜜信息,来决定跟随哪只引领蜂去采蜜;③ 当放弃某个食物源时,跟随蜂变成侦察蜂,随机找寻新的食物源。

算法开始时,首先随机产生初始解的群体 $\boldsymbol{P}(G=0)$,并评估其适应度值。初始化后,开始一个由引领蜂、跟随蜂和侦察蜂进行的对位置(解)进行改进的循环搜索过程。

先是引领蜂对相应食物源的邻域进行一次搜索,如果搜索到的食物源(解)的花蜜质量(适应度值)比之前的优,那么就用新的食物源的位置替代之前的食物源位置,否则保持旧的食物源位置不变。所有的引领蜂完成搜索之后,回到舞蹈区把食物源花蜜质量的信息通过跳摇摆舞传递给跟随蜂。跟随蜂依据得到的信息按照一定的概率选择食物源。花蜜越多的食物源,被跟随蜂选择的概率也就越大。跟随蜂选中食物源后,跟引领蜂采蜜过程一样,也进行一次邻域搜索,用较优的解代替较差的解。通过不断重复上述这个过程,来实现整个算法的寻优,从而找到问题的全局最优解。

跟随蜂对食物源的选择是通过观察完引领蜂的摇摆舞来判断食物源的收益率,然后根据收益率大小,按照轮盘赌的选择策略来选择到哪个食物源采蜜。收益率是通过函数适应度值来表示的,而选择概率 $p_i$ 按照下式确定

$$p_i=\frac{\text{fit}_i}{\sum\limits_{i=1}^{\text{SN}}\text{fit}_i}$$

式中:$\text{fit}_i$ 是第 $i$ 个解的适应度函数值;SN 是解的个数。

为在记忆中产生一个旧的位置的竞争食物位置,ABC 使用如下表达式

$$v_{ij}=x_{ij}+\varphi_{ij}(x_{ij}-x_{kj})$$

式中:$v_{ij}$ 是新的食物源的位置;$k\in\{1,2,\cdots,\text{SN}\}$,并且 $k\neq i$;$j\in\{1,2,\cdots,d\}$。尽管 $k$ 被随机决定,但它必须与 $i$ 不同。$\varphi_{ij}$ 是[−1,1]间的随机数。这一表达式控制了 $x$ 位置邻近食物源的产生,代表了蜜蜂视觉上对邻近食物源的比较,也即邻域搜索过程。

被蜜蜂放弃的食物源将由侦察蜂找到的新食物源所取代。ABC 算法中,如果一个位置不能被预先设定的称为"limit"的循环数进一步改进,则表明此位置(解)已陷入局部最优,那么这个位置就要被放弃,与这个解相对应的引领蜂也转变为侦察蜂。假设被放弃的解是 $\boldsymbol{x}_i$,且 $j\in\{1,2,\cdots,d\}$,那么就由侦察蜂通过下式随机产生一个新的解来代替 $\boldsymbol{x}_i$,即

$$\boldsymbol{x}_i^j=\boldsymbol{x}_{\min}^j+\text{Rand}\times(x_{\max}^j-x_{\min}^j)$$

式中:Rand 是 0~1 间的随机数。

ABC 算法将全局搜索和局部搜索的方法相结合,从而使蜜蜂在食物源的开采和探索这两方面都取得了很好的平衡。在算法的每一次循环迭代中,跟随蜂和引领蜂的数目都相等,它们负责执行开采过程;而侦察蜂的个数为 1,负责执行探索过程。

如上所述,ABC 算法的寻优过程由下面 4 个选择过程构成:① 局部选择过程,引领蜂和跟随蜂按照食物源更新计算公式进行食物源的邻域搜索;② 全局选择过程,跟随蜂按照选择概率的计算公式发现较好的食物源;③ 贪婪选择过程,所有人工蜂对新旧食物源进行比较判断,保留较优解、淘汰较差解;④ 随机选择过程,侦察蜂按照随机更新解的方法发现新的食物源。

## 19.3 人工蜂群算法的流程

人工蜂群算法的流程图如图 19-3 所示。

具体流程如下:

Step1:算法初始化。其包括初始化种群规模,控制参数"limit",最大迭代次数,随机产生初始解 $\boldsymbol{X}_i(i=1,2,\cdots,\text{SN})$,并计算每个解的适应度函数值。

Step2:引领蜂根据下式对邻域进行搜索产生新解 $\boldsymbol{V}_i$,并且计算其适应度值。

$$\boldsymbol{V}_{ij}=x_{ij}+\varphi_{ij}(x_{ij}-x_{kj})$$

如果 $\boldsymbol{V}_i$ 的适应度值优于 $\boldsymbol{x}_i$,则用 $\boldsymbol{V}_i$ 代替 $\boldsymbol{x}_i$,将 $\boldsymbol{V}_i$ 作为当前最好解;否则保留 $\boldsymbol{x}_i$ 不变。

Step3:计算所有 $\boldsymbol{x}_i$ 的适应度值,并按下式计算与 $\boldsymbol{x}_i$ 相关的概率值 $p_i$

$$p_i=\frac{\text{fit}_i}{\sum\limits_{i=1}^{\text{SN}}\text{fit}_i}$$

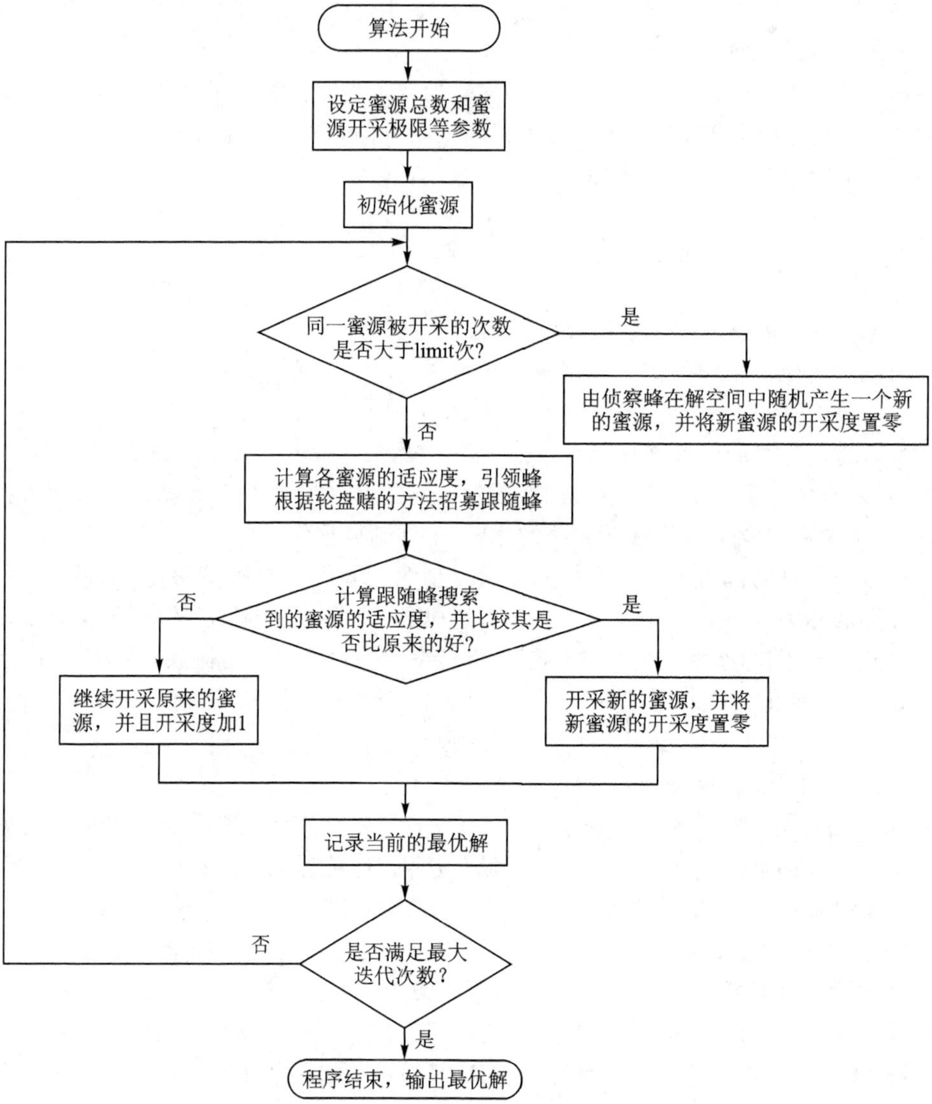


**图 19-3　人工蜂群算法的流程图**

Step4：跟随蜂根据 $p_i$ 选择食物源，并根据位置更新计算公式对邻域进行搜索产生新解 $\boldsymbol{V}_i$，并计算其适应度值。如果 $\boldsymbol{V}_i$ 的适应度值优于 $\boldsymbol{x}_i$，则用 $\boldsymbol{V}_i$ 代替 $\boldsymbol{x}_i$，将 $\boldsymbol{V}_i$ 作为当前最好解；否则保留 $\boldsymbol{x}_i$ 不变。

Step5：判断是否有要放弃的解，即如果某个解连续经过 limit 次循环之后没有得到改善，那么侦察蜂根据下式产生一个新解 $\boldsymbol{x}_i$ 来替换它，即

$$\boldsymbol{x}_i^j = \boldsymbol{x}_{\min}^j + \text{Rand} \times (\boldsymbol{x}_{\max}^j - \boldsymbol{x}_{\min}^j)$$

Step6：一次迭代完成之后，记录到目前为止最好的解。

Step7：判断是否满足循环终止条件，如果满足，则输出最优结果；否则返回 Step2。

从上面的流程可以看出，在人工蜂群算法中，适应度函数在整个群体进化的过程中起着至关重要的作用，群体的进化方向也由它来决定。另外，像种群规模、迭代次数这些参数是按照先前研究的经验来给出的，它们直接影响着算法的收敛速度和算法的鲁棒性。

## 19.4　算法控制参数

人工蜂群算法的主要参数有群体规模、同一蜜源被限定的采蜜次数、最大进化次数等。这些参数都是在算法开始之前就设定好的，对于算法性能有很大影响。人工蜂群算法参数的设置与问题本身的性质有很大关系，常用的方法是根据经验设置控制参数值。由于蜂群算法是一个动态寻优过程，故参数也应随着蜂群迭代过程进行自适应调节。

**1. 群体规模**

不同的群体规模适用于不同的问题。群体规模过大，虽然可以增大搜索空间，使所求的解更逼近最优解，但是这也同样增加了求解的计算量；群体规模过小，虽然可以较快地收敛到最优，但是这样所求的解很容易陷入局部最优，不能很好地得出全局最优解。

**2. 同一蜜源被限定的采蜜次数**

对于蜜源的开采次数，要进行适当的设定。开采次数过少，不能很好地进行局部搜索；开采次数过多，不但增加了算法的时间复杂度，而且对于局部最优解没有很好的改进作用。

**3. 最大进化次数**

最大进化次数的选取是根据具体问题的实验得出的。进化次数过少，使得算法无法取得最优解；进化次数过多，可能导致算法早已收敛到了最优解，而之后进行的迭代对于最优解的改进几乎没有什么效果，增加了算法的运算时间。

## 19.5　人工蜂群算法的改进

在基本的人工蜂群算法中，被雇佣蜂的邻域搜索方法使得可行解之间的差别在进化前期比较大，搜索到邻域解的能力较强。但随着进化代数的增加，可行解会很接近，搜索到的邻域解与当前解也十分接近，很容易陷入局部最优点，可以采用一定的措施进行改进。

**1. 基于反向学习的种群初始化**

根据概率论原理，相比随机产生的初始解，相反解有 50% 的概率更接近所求问题的最优解，因此，为加速收敛，常选择二者中更优的个体作为初始种群。

令 $\boldsymbol{V}=(v_1,v_2,\cdots,v_T)$ 为 $T$ 维空间中的一点，其中 $v_t\in[\boldsymbol{V}_{\min,t},\boldsymbol{V}_{\max,t}]$，$t=1,2,\cdots,T$，则其反向点 $\boldsymbol{V}'$ 定义为 $\boldsymbol{V}'=(v_1',v_2',\cdots,v_T')$，其中 $v_t'=\boldsymbol{V}_{\min,t}+\boldsymbol{V}_{\max,t}-v_t$。

如果 $\boldsymbol{V}'$ 对应的适应度值比 $\boldsymbol{V}$ 的适应度值更优，则用 $\boldsymbol{V}'$ 替代 $\boldsymbol{V}$；否则，保持 $\boldsymbol{V}$ 不变。

**2. 观察蜂根据概率选择食物的策略**

在基本 ABC 算法中，观察蜂根据概率选择食物源的方式是按轮盘赌的策略进行的。在演化的后期，轮盘赌策略容易导致种群的多样性不足，算法陷于局部最优。一般来说，在种群的演化过程中，早期为了维持种群的多样性，希望较差个体也具有一定选择概率；末期希望尽量缩小搜索范围，加快算法的收敛速度，动态调整搜索最优解的范围，据此可选择合适的选择策略。如 Bolzmann 选择策略。通过实验验证，Bolzmann 选择策略通过参数的自适应动态调整，加快了算法的收敛速度，其计算公式如下：

$$p_i=\frac{\exp\left(\dfrac{\text{fit}_i}{T}\right)}{\sum\limits_{i=1}^{\text{SN}}\exp\left(\dfrac{\text{fit}_i}{T}\right)}$$

式中：$T=T_0\times 0.99^{g-1}$，$T_0$ 为初始压力常数，$g$ 为当前进化代数。

**3. 扰动频率**

在基本ABC算法中，采蜜蜂的搜索方式并没有采用任何对比信息，只是从第 $i$ 个食物源周围随机选择第 $k$ 个食物源($i\neq k$)进行更新。随机选取好的食物源和不好的食物源的概率是相等的，可能导致算法的局部开采能力较差。可以通过控制扰动频率(MR)进行食物搜索

$$v_{ij}=\begin{cases}x_{ij}+\varphi_{ij}(x_{ij}-x_{kj}), & R_{ij}<\text{MR}\\ x_{ij}, & \text{其他}\end{cases}$$

式中：$R_{ij}\in[0,1]$均匀分布随机数。

**4. 自适应变异因子**

为了避免陷入局部最优的随机扰动，对引领蜂对邻域进行搜索产生新解公式中的$[-1,1]$的随机数 $\varphi_{ij}$ 的范围进行了改进，改进后的范围在 $[-\text{SF},\text{SF}]$之间，并且采用如下所示的自适应调整方式

$$\text{SF}(t+1)=\begin{cases}\text{SF}(t)\times 0.85, & \varphi(m)<1/5\\ \text{SF}(t)/0.85, & \varphi(m)>1/5\\ \text{SF}(t), & \varphi(m)=1/5\end{cases}$$

式中：SF为设定的常数；$t$ 为当前进化代数；$\varphi(m)$为随机数。

**5. 位置更新**

位置更新公式决定着蜜蜂能否快速准确地找到新的蜜源。基本蜂群算法中的位置更新公式具有很强的搜索能力，但是探索能力欠缺，在搜索邻域时具有迭代随机性、易陷入局部最优解、更新速度缓慢的缺点。为了克服这个缺陷，需要对此进行改进。其中一种便是引入全局因子，公式如下：

$$v_{ij}=x_{ij}+r_{ij}(x_{mj}-x_{kj})+\varphi(x_{\text{best},j}-x_{ij})$$

式中：$k$、$m\in\{1,2,\cdots,N\}$，$k$、$m$ 和 $j$ 都是随机数，$k$、$m$ 互斥且都不等于 $i$；$r_{ij}\in[-1,1]$；$\varphi\in[0,1]$是一个随机数；$x_{\text{best},j}$ 代表食物丰富度最高的食物源。

旧的位置更新公式在邻域搜索时仅仅向着 $r_{ij}(x_{mj}-x_{kj})$ 的矢量方向迭代，没有考虑迭代前后位置的优劣比较，在整个搜索过程中，每只引领蜂只能获得自己的历史最优位置和当前的位置信息，缺乏对于整个蜂群全局最优的考虑。从群体智能的进化角度来看，群体中的每个个体都可以从群体中所有其他个体经验中收益。所以，改进后的位置更新公式加上了全局引导因子($x_{\text{best},j}-x_{ij}$)，使蜜蜂的搜索具有很强的方向性和目的性，在全局因子前面加入了影响因子 $\varphi$，用于约束寻优的幅度。从因子组成可以看出，如果当前位置与最优位置差距大，则更新的步长会动态增加；反之，则缓慢逼近。

**6. 搜索策略**

基本ABC算法中候选位置的产生取决于两个因素：原位置信息、自身与随机邻域之差组成的位移量。因候选位置公式中的 $\varphi_{ij}$ 为$[-1,1]$间的随机数，因此位移的方向和大小均有很大随机性。从而可得：(1) 种群当前全局最优位置不参与候选位置的产生，缺乏有效的引导信息，因此算法的局部搜索能力很弱；(2) 个体搜索具有较大随机性，因此算法的全局搜索能力很强。

为了能对优化问题进行精确的求解，一个优化算法必须能够平衡全局和局部搜索能力。因此，使用加权的思想对ABC算法基本搜索策略进行改进，以提升算法的搜索性能，公式如下：

$$y_{ij}=w_i x_{ij}+w_g g_j,\quad \text{s.t.}\quad w_i+w_g=1$$

$$v_{ij}=y_{ij}+\varphi_{ij}(y_{ij}-x_{rj})$$

式中：$y_{ij}$ 为加权虚构位置；$g_j$ 表示当前全局最优位置；$w_i$ 为第 $i$ 个位置的加权系数；$w_g$ 为全局最优位置的加权系数。

由上式可知，加权虚构位置引导候选位置的产生，且加权虚构位置中包含了当前种群最优和个体原始位置，所以寻优过程中既保留了自身的位置信息又参考了种群的搜索经验，而且由于加权系数决定了不同位置的引导力度，随机的加权系数不能合理引导算法的搜索方向，因此加权系数赋值如下：

$$w_i=\frac{\text{fit}_i}{\text{fit}_i+\text{fit}_g}$$

$$w_g=\frac{\text{fit}_g}{\text{fit}_i+\text{fit}_g}$$

这样引导力度取决于对应解的适应度。在搜索过程中，若个体所在位置对应适应度较差，则种群当前最优位置起主要引导作用，增强算法的局部搜索能力，提升算法收敛速度；若个体位置对应适应度和当前最优适应度相近，则搜索中将综合考虑两者的位置信息，维持了算法的多样性；若个体位置为当前全局最优位置，则搜索公式即为基本 ABC 算法的基本搜索公式，具有很强的全局搜索能力，避免了陷入局部最优点。

## 19.6 算法的 MATLAB 实现

**【例 19.1】** 利用人工蜂群算法求解下列函数的极值：

$$\min f(\boldsymbol{x})=\sum_{i=1}^{10}x_i^2,\quad |x_i|\leqslant 100$$

**解**：根据人工蜂群算法的基本原理，可编程进行计算。

```
>> [best_x,fval] = ABC(@optifun51,200,3000,-100.*ones(10,1),100.*ones(10,1),20)
>> best_x = 1.0446e-026
>> fval = 1.0e-013 * (0.0518 0.2302 -0.0714 -0.5836 -0.1942 -0.6129 0.1930 0.0192 0.0203 -0.4380 )
```

**【例 19.2】** 基本人工蜂群算法存在收敛速度慢，容易陷入局部最优等缺陷，请对此进行改进，并用改进后的人工蜂群算法对下列函数求极小值：

$$\min f(\boldsymbol{X})=\sum_{i=1}^{30}|x_i|+\prod_{i=1}^{30}|x_i|$$

**解**：对例 19.1 中的基本人工蜂群算法主要进行以下两个方面的改进，编写函数 newABC 求解。

(1) 初始化：比较正、反向点的目标函数值，从中选出最优初始值，其中反向点 $\boldsymbol{v}_j$ 的定义为

$$\boldsymbol{v}_j=\boldsymbol{x}_j^{\max}+\boldsymbol{x}_j^{\min}-\boldsymbol{x}_j$$

式中：$\boldsymbol{x}_j$ 为自变量 $\boldsymbol{x}$ 的第 $j$ 维；$\boldsymbol{x}_j^{\max}$、$\boldsymbol{x}_j^{\min}$ 分别为第 $j$ 维的上、下界；$\boldsymbol{x}_j$ 为正向点。

(2) 将整个蜂群分成跟随蜂与观察蜂两部分，而且对这两部分都进行搜索、更新，此时参照粒子算法中的位置更新公式，利用全局最优点与局部最优点更新跟随蜂与观察蜂的位置。

```
>> [best_x,fval] = newABC(@optifun52,100,500,-10.*ones(30,1),10.*ones(30,1),100)
>> best_x = 1.0e-007 * ( -0.0311 0.0054 -0.0268 -0.1428 -0.0930 -0.0918 -0.1822 -0.0559 0.0049
-0.0664 0.0451 -0.0674 0.0569 0.1717 -0.0451 -0.0540 0.1552 -0.2581 0.0152 -0.0453 0.0577 -0.0509 0.1566
0.0455 0.2569 -0.2604 0.0421 0.0411 -0.0695 -0.0961)
>> fval = -2.6911e-007
```

**【例 19.3】** 对于未知函数表达式，仅通过相应的输入/输出数据是难以准确寻找函数极值的。如对于下式：

$$\min f(\boldsymbol{x}) = x_1^2 + x_2^2, \quad |x_i| \leqslant 5$$

虽然从函数表达式及其图形中很容易找出函数的极值，但如果给出的是从该函数表达式随机产生的输入/输出数据，则函数极值及其对应坐标就很难找到。对于这类问题可以结合人工神经网络、优化算法来进行寻优。

利用人工神经网络和人工蜂群算法对该函数所产生的 4 000 组输入/输出数据找到此函数的最优值。

**解**：对于由输入/输出数据组成的函数极值求解可以有两种方法：一种是根据输入/输出关系求出函数关系式，然后根据函数关系式求解极值，但要找到准确的函数比较困难；另一种方法是利用人工神经网络对非线性函数的拟合，即利用人工神经网络的预测作为人工蜂群算法的适应度函数。据此可编程进行计算，并得到如下的结果，与从理论表达式求出的极值相比，有一定的差别，但能满足要求。

```
>> LB = [-5;-5];UB = [5;5];
>> for i = 1:4000;x(i,:) = LB' + (UB - LB)'.* rand(1,2);y(i,1) = x(i,1)^2 + x(i,2)^2;end
>> k1 = randperm(4000);
>> input_train = x(k1(1:3900),:)';output_train = y(k1(1:3900),1)';
>> net = newff(input_train,output_train,5);net.trainParam.epochs = 100;net.trainParam.lr = 0.1;
>> net.trainParam.goal = 1e-7;net = train(net,input_train,output_train);
>> [best_x,fval] = newABC(@(x)optifun53(x,net),50,500,-5.*ones(2,1),5.*ones(2,1),100)
>> best_x = 1.0e-003 * ( 0.1896    0.5326)
   fval =  -0.0170
```

**【例 19.4】** 表 19-1 所列是某地区 1998—2005 年电力负荷的预测结果，请用组合方法对该地区电力负荷进行预测。

**表 19-1　某地区实际电力负荷及各种方法的预测值**

| | | | | | | | | |
|---|---|---|---|---|---|---|---|---|
| 实际值 | 43.785 | 45.646 | 50.209 | 55.758 | 62.882 | 72.520 | 83.301 | 94.633 |
| 线性回归 | 37.831 | 45.191 | 52.551 | 58.912 | 66.172 | 74.632 | 81.993 | 89.353 |
| 人工神经网络 | 40.684 | 45.075 | 51.032 | 58.298 | 65.885 | 72.541 | 77.537 | 85.896 |
| 指数平滑 | 43.785 | 46.181 | 49.065 | 54.487 | 61.503 | 71.830 | 81.674 | 89.248 |
| 灰色系统 | 43.785 | 44.221 | 50.073 | 56.116 | 64.201 | 72.789 | 82.807 | 93.749 |
| 灰色线性回归 | 44.015 | 46.179 | 50.134 | 55.380 | 62.387 | 72.292 | 84.821 | 95.659 |

**解**：组合预测法是指将各种方法按一定的权重线性组合在一起进行预测，所以对此方法来说关键是确定每种方法的权重。

确定权重可以有多种方法：一是等重法，即认为每种方法的权重相同，均为 $1/n$（$n$ 为方法类别数)；二是利用最小二乘方法确定，即根据下式确定每种方法的权重：

$$\min\sum_{t=1}^{n}\left[Y_t-\sum_{i=1}^{k}(\omega_{ti}\hat{Y}_{ti})\right]^2$$

式中：$Y_t$ 是 $t$ 时刻的实际值；$\hat{Y}_{ti}$ 是 $t$ 时刻第 $i$ 种方法的预测值。

下面调用蜂群算法求解此最小二乘问题，便可以得到各方法在组合预测中的权重。可以看出，第一种方法与第三种方法的权重可以忽略，即采用第二、四、五种方法预测就可以得到较好的结果。

```
>> [best_x,fval] = newABC(@optifun54,100,3000,zeros(5,1),ones(5,1),300)
>> best_x = 0.0000    0.0712    0.0000    0.2568    0.6713        %各方法的权重
>> fval = 0.7673
```

各年份的预测误差如下，结果可以满意。

```
>> e = 0.0971    0.0807    0.0618    0.0200    -0.1762    0.1333    -0.4248    0.2266
```

实际与预测结果如图 19-4 所示。

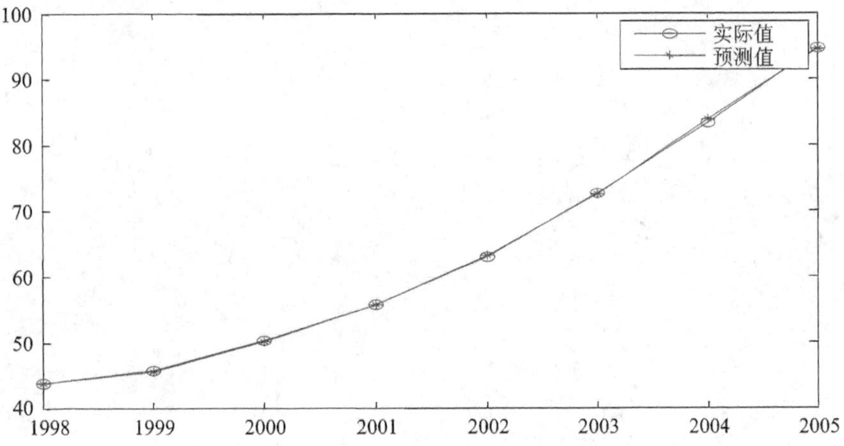


**图 19-4　实际与预测结果图**

【**例 19.5**】　利用人工蜂群算法求解下列的 0-1 规划：

$$\min f(\boldsymbol{X})=3x_1x_2x_4+2x_2x_3x_4+9x_2x_4+5x_1-2x_2+7x_4-17$$

$$\text{s.t.}\begin{cases}x_1x_2x_3x_4+2x_2x_3x_4+x_2x_4+6x_1-2x_2+6x_4=6\\x_1x_2x_3x_4+2x_2x_3x_4+x_2x_4+7x_1-2x_2+7x_4=7\end{cases}$$

**解**：利用蜂群算法求解离散问题，可以有两种方式：一是对算法进行改进，使之适应于离散问题，这可以通过设计一些算子来完成；二是通过一定的方式将连续变量转变为离散变量(二进制)。本例采用第二种方法，在目标函数中将实数转变成二进制的自变量，再进行目标函数的计算，这样可以不改变蜂群程序，较为方便。

```
>> [best_x,fval] = newABC(@optifun55,100,500,-5.*ones(4,1),5.*ones(4,1),300)
>> best_x = 3.5378    -0.4960    3.2243    -3.6548        %结果的实数形式
>> realbit(best_x) = 1    0    1    0                     %最终的结果
```

从而可求得极小值为－12。

【**例 19.6**】　利用蜂群算法求解第 16 章中的例 16.3 中的 TSP 问题。

**解**:利用部分匹配算子、逆转算子、免疫算子、多步 2 - opt 算子对基本人工蜂群算法进行改进,以便可以用于处理离散问题(包括 TSP 问题、0 - 1 规划或背包问题)。

```
>> [best_x,fval] = bitABC(30,500,10,city,'tsp')
>> best_x = 12  6  7  13  8  1  11  9  10  2  14  3  4  5       %路径
>> fval = - 31.7067
```

此结果与最优结果相比有所差异,有必要进行改进。

# 第 20 章
# 混沌优化算法

混沌是存在于非线性系统中的一种较为普遍的现象。混沌并不是一片混乱，而是有着精致内在结构的一类现象。混沌运动具有遍历性、随机性、规律性等特点，能在一定范围内按其自身的规律不重复地遍历所有状态。最重要的是，混沌的遍历性特点可被用来进行优化搜索而且能避免陷入局部极小，这与遗传算法等随机搜索方法存在明显区别，无疑会比随机搜索更具有优越性。因此，混沌优化方法（Chaos Optimization Algorithm，COA）已成为一种新颖的优化技术，引起了许多学者的重视，并在非线性函数问题、组合问题等方面得到了应用。

## 20.1 混沌优化的概念和原理

### 20.1.1 混沌的发展

混沌揭示了自然界及人类社会中普遍存在的复杂性，是有序性与无序性的统一、确定性与随机性的统一。它既涉及自然科学又涉及社会科学等领域，覆盖面大、跨学科广、综合性强，发展前景及影响之深都是空前的，改变着几乎所有科学和技术领域。

从 20 世纪 60 年代初，科学家们就开始探索自然界的一些捉摸不定的现象。1963 年麻省理工学院著名的气象学家 Lorenz 提出了确定性非周期流模型，后来他又提出了“蝴蝶效应”的理论。

1975 年，中国学者李天岩和美国数学家 J. Yorke 在 *America Mathematics Monthly* 杂志上发表了“周期三意味着混沌”的著名文章，深刻揭示了从有序到混沌的演变过程，这也使“混沌”作为一个新的科学名词正式出现在文献之中。1976 年，美国生物学家 R. May 在美国 *Nature* 杂志上发表的“具有极复杂的动力学的简单模型”论文中指出，非常简单的一维迭代映射也能产生复杂的周期倍化和混沌运动，它向人们揭示了生态学中一些简单的确定论数学模型竟然也可以产生看似随机的混沌行为。1978 年和 1979 年 M. Feigenbaum 等人在 R. May 的基础上独立地发现了倍周期分叉现象中的标度性和普适常数，从而使混沌在现代科学中具有了坚实的理论基础。

在 20 世纪 80 年代，混沌科学得到了进一步发展，人们更着重研究系统如何从有序进入新的混沌及混沌的性质和特点。1981 年，F. Takens 提出了判定奇异吸引子的实验方法。1983 年，加拿大物理学家 L. Glass 在《物理学》杂志上发表的《计算奇异吸引子的奇异程度》开创了全世界计算时间序列维数的热潮。1987 年，P. Grassbe 等人提出重构动力系统的理论和方法，通过由时间序列中提取分数维、Lyapunov 指数等混沌特征量，从而使混沌理论研究进入到实际应用阶段。

进入 20 世纪 90 年代后，混沌与其他学科相互渗透、相互促进并得到广泛应用，例如混沌同步、超混沌、混沌保密通信、混沌神经网络、混沌经济学等都已有成果涌现。

## 20.1.2 混沌的定义及其特征

**1. 混沌的定义**

混沌的定义方式有很多种，尽管逻辑上并不一定等价，但本质上是一致的。下面给出一种较为直观的定义。

设 $V$ 是一个紧的度量空间，连续映射 $f:V\to V$ 如果满足下列三个条件：

(1) 对初值敏感依赖：存在 $\delta>0$，对于任意的 $\varepsilon>0$ 和任意 $x\in V$，在 $x$ 的 $\varepsilon$ 邻域内存在 $y$ 和自然数 $n$，使得 $d(f^n(x),f^n(y))>\delta$；

(2) 拓扑传递性：对于 $V$ 上的任意一对开集 $X$、$Y$，存在 $k>0$，使 $f^k(x)\cap Y\neq\phi$；

(3) $f$ 的周期点集在 $V$ 中稠密，

则称 $f$ 是在 Devaney 意义下 $V$ 上的混沌映射或混沌运动。

**2. 混沌的特征**

从现象上看，混沌运动貌似随机过程，而实际上混沌运动与随机过程有着本质的区别。混沌运动是由确定性的物理规律这个内在特性引起的，是源于内在特性的外在表现，因此又称确定性混沌，而随机过程则是由外部特性的噪声引起的。混沌有着如下的特性：

(1) 内在随机性

混沌的定常状态不是通常概念下确定运动的三种状态：静止、周期运动和准周期运动，而是一种始终局限于有限区域且轨道永不重复的、形势复杂的运动。第一，混沌是固有的，系统所表现出来的复杂性是系统自身的、内在因素决定的，并不是在外界干扰下产生的，是系统的内在随机性的表现；第二，混沌的随机性是具有确定性的。混沌的确定性分为两个方面：首先，混沌系统是确定的系统；其次，混沌的表现是貌似随机，而并不是真正的随机，系统的每一时刻状态都受到前一状态的影响是确定出现的，而不是像随机系统那样随意出现的，混沌系统的状态是可以完全重现的，这和随机系统不同；第三，混沌系统的表现具有复杂性。混沌系统的表现是貌似随机的，它不是周期运动，也不是准周期运动，而是具有良好的自相关性和低频宽带的特点。

(2) 长期不可预测性

由于初始条件仅限于某个有限精度，而初始条件的微小差异可能对以后的时间演化产生巨大的影响，因此不可长期预测将来某一时刻之外的动力学特性，即混沌系统的长期演化行为是不可预测的。

(3) 对初值的敏感依赖性

随着时间的推移，任意靠近的各个初始条件将表现出各自独立的时间演化，即对初始条件的敏感依赖性，即使初始数据只有很小的偏差，在迭代几次后其差距也会变得很大。

(4) 普适性

当系统趋于混沌时，所表现出的特性具有普适性，其系统不因具体系统的不同和系统运动方程的差异而改变，即使是不同的混沌映射，其混沌状态从外表上是类似的。

(5) 分形性

分形(fractal)这个词是由曼德布罗特(B. B. Mandelbrot)在 20 世纪 70 年代创立分形几何学时所使用的一个新词。所谓分形是指 $n$ 维空间一个点集的一种几何性质，它们具有无限精细的结构，在任何尺度下都有自相似部分和整体相似性质，具有小于所在空间维数 $n$ 的非整数维数，这种点集叫分形体。分维就是用非整数维(分数维)来定量地描述分形的基本特性。

(6) 遍历性

遍历性也称为混杂性。由于混沌是一种始终局限于有限区域且轨道永不重复、形态复杂的运动。所以，随着时间的推移，混沌运动的轨迹绝不逗留于某一状态而是遍历区域空间中的每一点，即只要时间充分长，混沌会不重复地走过每一点。

(7) 有界性

混沌的运动轨线始终局限于一个确定的区域内，这个区域称为混沌吸引域。因此总体上讲混沌系统是稳定的。

(8) 分维性

混沌系统的运行状态具有多叶、多层结构，且叶层越分越细，表现为无限层次的自相似结构。

(9) 统计特性

对于混沌系统而一言，正的 Lyapunov 指数表明轨线在每个局部都是不稳定的，相邻轨道按指数分离。但是由于吸引子的有界性，轨道只能在一个局限区域内反复折叠，但又永远不相交，形成了混沌吸引子的特殊结构。

## 20.2　混沌优化

混沌是一种普通的非线性现象、其行为复杂且类似随机，但存在精致的内在规律性。混沌的发现，对科学的发展具有空前深远的影响。随着混沌科学研究的兴起，将混沌应用于非线性非凸的优化问题全局最优的求解引起了人们的广泛重视。为了克服传统优化算法的不足，许多学者引入混沌动力学系统以求解复杂的优化问题。这类优化算法就称为混沌优化算法。混沌优化就是根据其遍历性和规律性特点采用混沌变量在一定范围内进行搜索，促使混沌变量的搜索跳出局部极小点，最终达到全局最优点。

混沌优化方法在理论上可以遍历所有状态，但是需要一段很长的时间，在实际应用中很难较快地求得最优值。针对混沌优化的缺陷，许多学者提出了多种基于混沌机制的优化方法，并取得了较好的优化效果。李兵等用类似载波的方法将混沌状态引入待优化的变量中，同时将混沌的吸引子映射到优化变量的取值范围，然后利用混沌变量的遍历性进行搜索。在优化过程中，不必像随机搜索方法那样根据某种概率转移来摆脱局部极小，混沌优化搜索不存在局部极小，用混沌二次载波搜索的优化方法就能很好地求解无约束优化问题。梁瑞鑫基于对 Logistic 映射混沌变量概率分布的研究，提出了一种区间套混沌搜索方法，避免了混沌搜索的盲目性，将区间套混沌搜索方法与共扼梯度法结合，提出了一种混合优化方法，利用区间套混沌搜索方法搜索到近似最优点，再用共扼梯度法求得最优点，从而提高优化效率。何迪吸收了优化方法中内、外点法相结合的混合型惩罚函数的有效性，将改进的有约束全域最优化方法与 Lorenz 系统混沌同步方法相结合，同时保留了 Lorenz 混沌同步方法中驱动信号对响应信号相位的逐步修正，提出了一种对混沌 CDMA 扩频信号进行相位跟踪的新方法，非常适合于环境恶劣的移动信道，对提高 MA 移动通信系统的接收性能起到了十分重要的作用。尤勇为了克服现有混沌优化方法在大空间、多变量问题中的不足，提出一种新型的混沌优化方法，利用一类在有限区域范围内折叠次数无限的一维迭代混沌自映射进行混沌搜索，比一般的有限折叠次数迭代混沌自映射具有更好的混沌特性，选取优化变量的搜索空间，并不断提高搜索精度，构造新型的混沌优化方法。

## 20.2.1 混沌优化方法

**1. 二次载波混沌优化方法**

采用下面 Logistic 方程(虫口模型)产生的混沌变量来进行优化搜索,即

$$x_{n+1}=\mu x_n(1-x_n)$$

式中:$\mu$ 为控制参量,当 $\mu=4$ 时上式所示的系统完全处于混沌状态,此时的变量为混沌变量;$x_n$ 在(0,1)内,但是不能为混沌变量的不动点 0.25,0.5,0.75。根据需要优化的参数的个数,赋予任意的在(0,1)之间有差异的初值(一般随机产生),即可以得到多个不同轨迹的混沌变量。也可以用以下的方程来产生混沌变量:

立方映射

$$x_{n+1}=4(x_n)^3-3x_n,\quad -1<x(0)<1$$

无限折叠映射

$$x_{n+1}=\sin\left(\frac{2}{x_n}\right),\quad -1<x(0)<1$$

对于连续对象的优化问题,其混沌优化算法的具体步骤如下:

$$\min f(\boldsymbol{x}_i),\quad i=1,2,\cdots,N,\quad a_i\leqslant \boldsymbol{x}_i\leqslant b_i$$

Step1:初始化 $k=1$,对 Logistic 方程式中的 $\boldsymbol{x}_i$ 分别在(0,1)之间随机赋予 $N$ 个不同的初值,得到 $N$ 个轨迹不同的混沌变量。

Step2:通过下式将选定的 $N$ 个混沌变量 $x_i$ 分别引入目标函数中的 $N$ 个优化变量中使其变成混沌变量 $x'_{i,n+1}$,并将混沌变量的变化范围放大到相应的优化变量的取值区间。

$$x'_{i,n+1}=a_i+(b_i-a_i)x_{i,n+1}$$

Step3:用混沌变量进行迭代搜索。

令 $x_i(k)=x'_{i,n+1}$,计算相应的性能指标 $f_i(k)$,令 $x_i^*=x_i(0)$,$f^*=f(0)$。

如果 $f_i(k)\leqslant f^*$,则 $f^*=f_i(k)$,$x_i^*=x_i(k)$;否则 $k=k+1$,继续搜索。

Step4:如果经过若干步 Step3 后 $f^*$ 保持不变,则按下式进行二次载波。

$$x^{*\prime}_{i,n+1}=x_i^*+\beta_i x^*_{i,n+1}$$

式中:$x^{*\prime}_{i,n+1}$ 为遍历区间很小的混沌变量;$\beta_i$ 为调节系统,可以小于 1;$x_i^*$ 为当前最优解,反之,返回 Step3。

Step5:用二次载波后的混沌变量继续迭代搜索。

令 $x_i(k')=x'_{i,n+1}$,计算相应的性能指标 $f_i(k')$。

如果 $f_i(k')\leqslant f^*$,则 $f^*=f_i(k')$,$x_i^*=x_i(k')$;否则 $k'=k'+1$,继续搜索。

Step6:如果满足终止判据则终止搜索,输出最优解 $x_i^*$,$f^*$;否则返回 Step5。

**2. 变尺度混沌优化方法**

变尺度混沌优化方法,其特点在于:(1) 根据搜索进程,不断缩小优化变量的搜索空间;(2) 根据搜索进程,不断改变“二次搜索”的调节系数。

Step0:和第 1 种方法一样产生混沌变量。

Step1:初始化 $k=0$,$r=0$,$x_i^k=x_i(0)$,$x_i^*=x_i(0)$,$a_i^r=a_i$,$b_i^r=b_i$,其中 $r=1,2,\cdots,n$。这里 $k$ 为混沌变量迭代标志,$r$ 为细搜索标志,$x_j(0)$ 为(0,1)区间的 $n$ 个相异的初值,$x_i^*$ 为当前得到的最优混沌变量,当前最优解 $f^*$ 初始化为一个比较大的数。

Step2:把 $x_i^k$ 映射到优化变量取值区间成为 $\mathrm{mx}_i^k$,即

$$\mathrm{mx}_i^k = a_i^r + (b_i^r - a_i^r)x_i^k$$

Step3:用混沌变量进行优化搜索。

若 $f(\mathrm{mx}_i^k) < f^*$,则 $f^* = f(\mathrm{mx}_i^k)$,$x_i^* = x_i^k$;否则继续。

Step4:$k = k+1$,$x_i^k = 4x_i^k(1-x_i^k)$。

Step5:重复搜索,直到在一定步数内 $f^*$ 保持不变为止,然后进行以下步骤。

Step6:缩小各变量的搜索范围。

$$a_i^{r+1} = \mathrm{mx}_i^* - \gamma(b_i^r - a_i^r)$$

$$b_i^{r+1} = \mathrm{mx}_i^* + \gamma(b_i^r - a_i^r)$$

式中:$\gamma$ 在(0,0.5)之间;$\mathrm{mx}_i^* = a_i^r + (b_i^r - a_i^r)x_i^*$ 为当前最优解。对 $x_i^*$ 进行还原

$$x_i^* = \frac{\mathrm{mx}_i^* - a_i^{r+1}}{b_i^{r+1} - a_i^{r+1}}$$

Step7:线性组合形成新的混沌变量,用此混沌变量进行搜索。

$$y_i^k = (1-\alpha)x_i^* + \alpha x_i^k$$

式中:$\alpha$ 为一比较小的数。

Step8:以 $y_i^k$ 为混沌变量,进行 Step2~Step4 的操作。

Step9:重复 Step7 和 Step8 的操作,直到一定步数内 $f^*$ 保持不变为止。

Step10:$r = r+1$,减小 $\alpha$ 的值,重复 Step6~Step9 的操作。

Step11:重复 Step10 若干次后结束寻优计算。

Step12:此时的 $\mathrm{mx}_i^*$ 即为算法得到的最优变量,$f^*$ 为算法得到的最优解。

混沌优化方法利用混沌变量的自身规律进行搜索,若时间足够,在一定范围内肯定能找到最优解。变尺度优化方法在优化过程中不断缩小优化变量的搜索空间,不断加深优化变量的搜索精度,搜索效率很高。

## 20.2.2　混沌优化算法的改进

混沌优化策略思路直观,容易程序化实现,比较适合于连续变量的函数优化问题。但是它也存在明显的缺点,即当搜索起始点选择不合适或遍历区间很大或控制参数及其控制策略选取不合适时,搜索结果很难达到或接近最优解,或者说算法可能需要花费很长的时间才能取得较好的优化性能。因此,为了使混沌优化具有更为卓越的性能,如何选择搜索起点,如何缩小搜索空间,如何设计局部搜索方式,如何设计好两个阶段的终止准则,如何选取合适的初始控制参数及其控制策略,仍是提高上述基于混沌动态的优化算法性能的关键。

**1. 重复搜索**

对基本混沌搜索重复 $m$ 次(一般可取 $m=10$)。利用混沌变量对初始值的敏感性,每次搜索取不同的初始值,可以得出 $m$ 组解向量。尽管每一组解不尽相同,但解中的一些分量会接近最优解。为了把这些解向量中那些接近最优解的分量找出来,将这些解向量构造成一个 $m \times n$ 的矩阵 $\boldsymbol{A}$,其目的是对矩阵 $\boldsymbol{A}$ 中的每一列选择一个分量构成一个新的向量,代入目标函数中进行计算,使得目标函数值更优。这种新向量的选择,仍然可以采用混沌变量来实现。

**2. 调整最优解**

对当前最优解 $\boldsymbol{X}_m$ 的每一个分量 $x_k$,用 $x_k^* + z(t_k - 0.5)$ 进行调整,使混沌搜索在次优解的双侧邻域内进行,这里 $x_k^*$ 为 $\boldsymbol{X}^*$ 的第 $k$ 个分量,$t_k$ 为混沌变量 $t$ 的第 $k$ 个分量,$z$ 的初值取为

$$z=\min(x_k^*-a_k,b_k-x_k^*)\alpha,\quad \alpha\in(0,0.5)$$

同时在迭代过程中将 $z$ 的值进行更新：$z=\lambda z,\lambda\in[0.9,0.999]$。最终找出全局最优解。

**3. 并行混沌优化方法**

现有的混沌优化方法一般采用单行混沌机制，由于混沌运动的随机性，搜索算法受初始值影响较大，收敛稳定性不强，可以采用并行混沌搜索方法。

对于 $n$ 个变量的优化问题，并行地给定 $P\times n$ 个混沌变量，即每一个优化变量由 $P$ 个混沌变量来独立并行映射，优化结果取所对应的 $P$ 个混沌变量的映射最优值。

考虑以下的一类优化问题

$$\max f(x_i),\quad i=1,2,\cdots,N,\quad a_i\leqslant x_i\leqslant b_i$$

同时定义 $k$ 为迭代次数，$P$ 为并行数，$j$ 为每一个并行变量，$j=1,2,\cdots,P$，$x_{ij}^k$ 为第 $k$ 次迭代时，第 $i$ 个变量的并行第 $j$ 个变量值，$x^*$ 为变量优化值，$x_{ij}^*$ 为第 $i$ 个变量的并行第 $j$ 个变量优化值，mx 为混沌变量值，$\mathrm{mx}_{ij}^k$ 为第 $k$ 次迭代时，第 $i$ 个变量的并行第 $j$ 个混沌变量值，$fp_j^*$ 为每一组并行变量的当前最优值，$f^*$ 为整体最优值，即 $f^*=\max(fp_j^*)$。

为了提高搜索效率，该算法采取一种自适应收缩搜索范围的方式，算法步骤描述如下。

Step1：初始化。$k=1$，随机产生 $P\times n$ 个混沌轨迹，得到 $\mathrm{mx}_{ij}^k$，对于各个变量分别取初始值，取搜索范围为定义域 $a_{ij}^c=a_i$，$b_{ij}^c=b_i$。

Step2：迭代混沌变量和优化变量。这里采用下式混沌映射来计算混沌变量

$$\mathrm{mx}_{ij}^{k+1}=\sin\left(\frac{2}{\mathrm{mx}_{ij}^k}\right)$$

将混沌变量线性映射到优化变量的搜索区间，即

$$x_{ij}^k=a_{ij}^c+|\mathrm{mx}_{ij}^k|(b_{ij}^c-a_{ij}^c)$$

Step3：用混沌变量值进行优化搜索。

若 $f(x_{ij}^k)>fp_j^*$，则 $fp_j^*=f(x_{ij}^k)$，$x_{ij}^*=x_{ij}^k$，$f^*=\max(fp_j^*)$；否则继续。

Step4：自适应收缩搜索范围。

$$a_{ij}^c=x_{ij}^*-q(b_{ij}^c-a_{ij}^c),\quad b_{ij}^c=x_{ij}^*+q(b_{ij}^c-a_{ij}^c)$$

式中：$q$ 为自适应收缩系数。

如果 $k<m$，则 $q=1$；否则 $q=1-\left(\dfrac{k-m}{m}\right)^d$。式中，起始代数 $m$ 取比较小的正整数，系数 $d$ 为一个正数。

为了保证变化后的搜索区间不超过优化变量定义域 $[a_i,b_i]$，进行以下处理：

如果 $a_{ij}^c<a_i$，则 $a_{ij}^c=a_i$；如果 $b_{ij}^c>b_i$，则 $b_{ij}^c=b_i$。

Step5：判断是否满足终止条件，若满足，则结束；否则 $k=k+1$，转 Step2。

**4. 与其他优化方法混用**

由于混沌优化算法是基于混沌机制改进的，其根据遍历性和规律性特点采用混沌变量在一定范围内进行搜索，促使混沌变量的搜索跳出局部极小点，最终达到全局最优点。但是混沌优化在搜索某些状态时需要很长的时间，如果最优值恰好在这些状态中，则计算时间势必很长。可以采用与其他优化算法混用的方法来改善混沌算法的缺点，从而提高算法的实用性，如与共轭梯度法、最速下降法、神经网络、模拟退火法、变尺度法、禁忌搜索法等相结合的混合优化算法已获得一些良好的效果。

混合优化算法利用混沌算法的遍历性特点进行搜索，使系统达到全局最优解，避免了一些

算法易陷入局部极小解的问题。同时混沌算法也能利用其他一些算法(如共轭梯度法)快速性的特点,加快搜索速度,提高优化效率,从而使两种算法扬长避短。如混沌算法和共轭梯度法的混合算法与共轭梯度法相比多了一个混沌优化方法,它能使共轭梯度法跳出局部最优;与混沌优化方法相比多了一个共轭梯度法,它避免了混沌算法要遍历几乎所有状态的缺点,提高了优化效率。

从混合优化算法的构造来看,混沌优化具有非线性特性,这就保证了混合优化算法既能求解线性优化问题,也能求解非线性优化问题。如果求解非线性优化问题,则只需把混合优化算法的构造进行稍微的修改;在应用混合优化算法寻优时,先进行混沌优化搜索得出混沌优化最优值,再在此最优值的基础上进行其他算法的搜索。

## 20.3　算法的 MATLAB 实现

**【例 20.1】**　分别用基本混沌算法和变尺度混沌算法求解下列函数的极小值:

(1) $\min f(x_1,x_2)=4+4.5x_1-4x_2+x_1^2+2x_2^2-2x_1x_2+x_1^4-2x_1^2x_2$, $|x_i|\leqslant 8$。

(2) $\min f(x_1,x_2)=[1+(x_1+x_2+1)^2(19-14x_1+3x_1^2-14x_2+6x_1x_2+3x_2^2)]\times[1+(2x_1-3x_2)^2(18-32x_1+12x_1^2+48x_2-36x_1x_2+27x_2^2)]$, $|x_i|\leqslant 2$。

**解**:根据混沌算法的原理,编写函数 choas 便可以求解问题的解。

(1)

```
>> [best_x,fval] = chaos(@optifun56,[-8;-8],[8;8],10000,500,1)      %基本混沌算法
>> best_x =  -1.0527     1.0279             %极值点
   fval = -0.5134                           %极小值
```

还可以找到局部最优点 $f(1.9408,3.8537)=0.9856$。此函数输入中 1 是控制不同算法的参数,另外两个数分别为粗搜索及精搜索次数。

(2)

```
>> [best_x,fval] = chaos(@optifun57,[-2;-2],[2;2],10000,30,500,2)   %2为变尺度混沌算法
>> best_x = 0.0000    -1.0000               %极值点
   fval = 3.0000                            %极小值
```

**【例 20.2】**　用混沌算法求解第 13 章中的例 13.1 TSP 问题。

**解**:TSP 问题的图论描述为:给定图 $G=(V,A)$,其中 $V$ 为顶点集,$A$ 为各顶点相互连接所组成的边集。已知各顶点间的连接距离,要求确定一条长度最短的 Hamilton 回路,即遍历所有顶点当且仅当一次的最短回路。该问题的解答形式可采用如表 20-1 所列的方阵形式表示(以 5 个城市为例)。

表 20-1　TSP 路径关系矩阵

| 城市＼路径 | 1 | 2 | 3 | 4 | 5 |
|---|---|---|---|---|---|
| A | 0 | 1 | 0 | 0 | 0 |
| B | 0 | 0 | 0 | 1 | 0 |
| C | 1 | 0 | 0 | 0 | 0 |
| D | 0 | 0 | 0 | 0 | 1 |
| E | 0 | 0 | 1 | 0 | 0 |

在表 20-1 中,A、B、C、D、E 表示城市名称,1、2、3、4、5 表示路径顺序。为了保证每个城市只去一次,方阵每行只能有一个元素为 1,其余为 0。为了在某一时刻只能经过一个城市,方阵中每列也只能有一个元素为 1,其余为 0。为使每个城市必须经过一次,方阵中的个数总和必须为 $n$(城市总数)。对于所给方阵,其相应的路径顺

序为:C—A—E—B—D—C,所走的距离为相应的城市距离之和。

利用优化算法求解表形式的 TSP 问题,实质上就是通过优化算法指定列或行,实现列列之间与行行之间的交换,从而得到最优路径。例如,用 inter(混沌变量×城市数)便可以得到列数或行数,再列列与行行地交换。经过多次迭代,便可以得到最优解。

```
>> load city;
>>[best_route,fval] = chaosTSP(city,5000,0.3,0.8,1.01)
>> best_route = 2  14  3  4  5  6  12  7  13  8  11  9  10  1    %路径
fval  = 30.8013
```

此结果与最优值一致。此函数输入参数后 3 个数分别为列列、行行交换概率以及逃逸系数。当城市数较多时,需要进行 2 个以上城市的列列与行行交换才有可能取得较好的结果。

**【例 20.3】** 混沌算法更多的应用是与其他优化方法联合。下面利用牛顿迭代法结合混沌优化方法求解下列非线性方程组:

$$\begin{cases}4x_1^2+x_2^2-4=0\\ x_1+x_2-\sin(x_1-x_2)=0\end{cases}$$

**解**:牛顿迭代法的最大特点是具有二阶收敛速度,收敛速度快,迭代函数明了,但用牛顿法求解非线性方程组时是局部最优的,即初始点的选取决定了算法的收敛性及收敛速度,且计算量大,并只能得到一个解。由于混沌运动的遍历性,在一定的范围内系统按其“自身的规律”不重复地遍历所有状态。因此,利用混沌变量进行优化搜索无疑能跳出局部最优。

根据牛顿迭代法及混沌方法的原理,编写函数 newchoas 求解,此函数中输入参数的后 3 个数分别为初始值的输入个数、牛顿迭代法的迭代次数及解的精度,目标函数为方程组的函数值及相应的导数矩阵。

```
>> xmin = newchoas(@optifun58,[-1 1],[-2;-2],[2;2],50,500,1e-6)
>> xmin =  -0.9986      0.1055
            0.9986     -0.1055
```

可见,利用这个方法可以一次求得所有的解。

**【例 20.4】** 利用遗传-混沌算法求解下列函数的极大值:

$$f(\boldsymbol{X})=\frac{\sin x}{x}\cdot\frac{\sin y}{y},\quad -10\leqslant x,\quad y\leqslant 10$$

**解**:遗传-混沌算法是先进行遗传算法,然后再利用混沌算法对一部分的个体进行混沌粗、细搜索,得到较优值,然后比较所有的个体,将最优的个体代替最差的个体。

根据以上原理,编写函数 gachaos 进行求解,此函数由于设定混沌搜索的次数较长,所以需要一定的运行时间。

```
>> cbest = gachaos(@optifun59,30,500,0.1,0.9,-10.*ones(2,1),10.*ones(2,1))
>> cbest = x:[4.4676e-007 3.5988e-006]     %极值点
   fitness:1.0000
```

此函数因没有对参数和过程优化,所以对高维连续函数寻优的效果欠佳。

# 第 21 章 人工免疫算法

基于免疫学原理和免疫系统特性，研究人员已经设计出了多种免疫算法（Immune Algorithm，IA）。比较有代表性的有：基于克隆选择原理的克隆选择算法、基于免疫自我调节机制的免疫算法、基于疫苗接种的免疫算法。这些算法都是从免疫系统的特定方面提出的，而标准、通用的一般免疫算法框架目前尚未建立。事实上，由于免疫系统及其信息处理机制的高度复杂性，建立这样一个标准的免疫算法框架并不容易。

本章将介绍人工免疫算法、免疫遗传算法、免疫规划算法、免疫策略算法、免疫克隆算法等。

## 21.1 人工免疫算法概述

### 21.1.1 生物免疫系统

生物免疫系统是由具有免疫功能的器官、组织、细胞、免疫效应分子和有关的基因等组成的。它是生物在不断的进化过程中，通过识别“自己”和“非己”，排除抗原性“异物”；保护自身免受致病细菌、病毒或病原性异物的侵袭；维持机体环境平衡，维护生命系统正常运作。生物免疫系统是机体的保护性生理反应，也是机体适应环境的体现，具有对环境不断学习、后天积累的功能，它的结构及其行为特性极为复杂，关于其内在规律的认识，人们仍在进行不懈的努力。

为了便于了解免疫系统的基本原理，促进基本免疫机理的算法和模型用于解决实际工程问题，有必要先简单介绍一些基本概念和技术术语。

**1. 免疫淋巴组织**

免疫淋巴组织按照作用不同分为中枢淋巴组织和周围淋巴组织。前者包括胸腺、腔上囊，人类和哺乳类的相应组织是骨髓和肠道淋巴组织；后者包括脾脏、淋巴结和全身各处的弥散淋巴组织。

**2. 免疫活性细胞**

免疫活性细胞是能接受抗原刺激，并能引起特异性免疫反应的细胞。按发育成熟的部位及功能不同，免疫活性细胞分成 T 细胞和 B 细胞两种。

**3. T 细胞**

T 细胞又称胸腺依赖性淋巴细胞，由胸腺内的淋巴干细胞在胸腺素的影响下增殖分化而成，它主要分布在淋巴结的深皮质区和脾脏中央动脉的胸腺依赖区。T 细胞受抗原刺激时首先转化成淋巴细胞，然后分化成免疫效应细胞，参与免疫反应，其功能包括调节其他细胞的活动以及直接袭击宿主感染细胞。

**4. B 细胞**

B 细胞又称免疫活性细胞，由腔上囊组织中的淋巴干细胞分化而成，来源于骨髓淋巴样前体细胞，主要分布在淋巴结、血液、脾、扁桃体等组织和器官中。B 细胞受抗原刺激后，首先转化成浆母细胞，然后分化成浆细胞，分泌抗体，执行细胞免疫反应。

**5. 抗原与抗体**

抗原一般是指诱导免疫系统产生免疫应答的物质，包括各种病原性异物以及发生了突变的自身细胞（如癌细胞）等。抗原具有刺激机体产生抗体的能力，也具有与其所诱生的抗体相结合的能力。

抗体又称免疫球蛋白，是指能与抗原进行特异性结合的免疫细胞，其主要功能是识别、消除机体内各种病原性异物。抗体可分为分泌型和膜型，前者主要存在于血液及组织液中，发挥各种免疫功能；后者构成 B 细胞表面的抗原受体。各种抗原分子都有其特异结构 Idiotype（抗原决定基），又称 Epitope（表位），而每个抗体分子 V 区也存在类似机构的受体，或称 Paratope（对位）。抗体根据其受体与抗原决定基的分子排列的相互匹配情况识别抗原。当两种分子排列的匹配程度较高时，两者亲和度（Affinity）较大，亲和度大的抗体与抗原之间会产生生物化学反应，通过相互结合形成绑定（Banding）结构，并促使抗原逐步凋亡。

**6. 亲和力**

免疫细胞表面的抗体和抗原决定基都是复杂的含有电荷的三维结构，抗体和抗原的结构与电荷之间越互补就越有可能结合，结合的强度即为亲和力。

**7. 亲和力成熟**

数次活化后的子代细胞仍保持原代 B 细胞的特异性，但中间可能会发生重链的类转换或点突变，这两种变化都不影响 B 细胞对抗原识别的特异性，但点突变影响其产生抗体对抗原的亲和力。高亲和性突变的细胞有生长增殖的优先权，而低亲和性突变的细胞则选择性死亡，这种现象被称为亲和力成熟，它有利于保持在后继应答中产生高亲和性的抗体。

**8. 变　异**

在生物免疫系统中，B 细胞与抗原之间结合后被激活，然后产生高频变异。这种克隆扩增期间产生的变异形式，使免疫系统能适应不断变化的外来入侵。

**9. 免疫应答**

免疫应答是指抗原进入机体后，免疫细胞对抗原分子的识别、活化、分化和产生免疫效应等过程；它是免疫系统各部分生理的综合体现，包括了抗原识别、淋巴细胞活化、特异识别、免疫分子形成、免疫效应，以及形成免疫记忆等一系列的过程。

**10. 免疫耐受**

免疫耐受是指免疫活性细胞接触抗原物质时所表现的一种特异性的无应答状态。免疫耐受现象是指由于部分细胞的功能缺失或死亡而导致的机体对该抗原反应功能丧失或无应答的现象。

**11. 自体耐受**

自体耐受是抗体对抗原不应答的一种免疫耐受，它的破坏将导致自体免疫疾病。

### 21.1.2　生物免疫基本原理

生物免疫可以分为天然免疫和获得性免疫。天然免疫是机体先天就有的，天然免疫机制是当外来的入侵物穿过了机体表面的屏障时，体内参加天然免疫的细胞便会破坏这些入侵者。获得性免疫也称为特异性免疫，是指在机体内的免疫细胞与抗原发生接触后的免疫防御。自然获得免疫是生物机体获得性免疫的重要组成部分，而其中自然自动免疫和自然被动免疫又是生物免疫系统中自然获得免疫的两个分支。人体经感染后获得的免疫叫做自然自动免疫，如人体感染了某些传染病后，人体内发生免疫反应并获得免疫。自然自动免疫的有效期一般比较久。自然被动免疫是指机体直接通过从外部接受抗体，比如婴儿通过初乳从母亲那里获得的抗体可以使婴儿在短期内不受一些传染病的感染，但这种免疫维持的时间不长，在几个月后就会消失。

免疫系统对机体的保护功能是建立在免疫细胞对抗原和自身抗体的识别，以及分化抗体和记忆细胞的基础上的。免疫系统的主要功能是在能够识别自我免疫系统的基础上消除外来抗原，保持机体自身的稳定性。

**1. 免疫识别**

现代免疫学认为，免疫学的实质就是机体识别自我抗原和抗体，排除非己的抗原及异物。所以对抗原的识别和判断是机体免疫系统稳定执行的必要前提。当机体内的 B 淋巴细胞接触到侵入机体的抗原时，由于每个抗原表面都存在着特有的决定簇，所以 B 淋巴细胞就通过抗原表面的决定簇，对侵入机体的抗原进行识别操作，同时 B 淋巴细胞在抗原的刺激下分化，产生相应能够与抗原充分结合的成熟抗体。同时抗体与抗原相似，其表面也具有决定簇，其他的抗体能够对其进行识别并引起免疫耐受。

**2. 免疫应答**

抗原入侵机体后会刺激免疫系统发生一系列复杂的连锁反应，这个过程即为免疫应答或称免疫反应。

免疫系统中的固有性免疫应答和适应性免疫应答是最主要的两个免疫应答功能。固有性免疫应答反应很快且对大多数侵入物都有一定的杀伤作用，但其对抗原没有特异性的反应，不能对抗原进行有效清除。适应性免疫应答则更具有针对性，它是由 T 细胞和 B 细胞对巨噬细胞呈现过来的抗原物质进行识别，识别后接受抗原的刺激并被激活，大量繁殖并生成相应的抗体，排除特定的抗原。适应性免疫应答在清除抗原、治愈疾病的过程中起主要作用。

适应性免疫应答又分为初次应答和二次应答。

抗原初次进入机体后，免疫系统就产生应答(初次应答)，通过刺激有限的特异性克隆扩增，迅速产生抗体，以达到足够的亲和力阈值，消除抗原，并对其保持记忆，以便下次遇到同样的抗原时能更加快速地做出应答。初次应答比较慢，使免疫系统有时间建立更加具有针对性的免疫应答。机体受到相同的抗原再次刺激后，多数情况下会产生二次应答。由于有了初次应答的记忆，所以二次应答反应更加及时迅速，无须重新学习。应答的基本过程如图 21-1 所示。

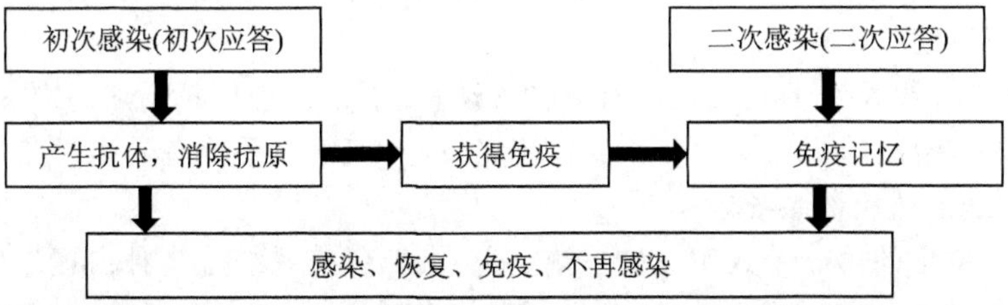


**图 21-1 免疫应答的基本过程**

免疫系统通过免疫细胞的分裂和分化作用，可产生大量的抗体来抑制各种抗原，具有多样性。免疫系统执行免疫防卫功能的细胞为淋巴细胞(包括 T 细胞和 B 细胞)，B 细胞的主要作用是识别抗原和分泌抗体，T 细胞的主要作用是能够促进和抑制 B 细胞的产生与分化。当抗原入侵体内后，B 细胞分泌的抗体与抗原发生结合作用，当它们之间的结合力超过一定限度时，分泌这种抗体的 B 细胞将会发生克隆扩增。克隆细胞在其母体的亲和力影响下，按照与母体亲和力成正比的概率对抗体的基因多次重复随机突变及基因块重组,进而产生种类繁多的免疫细胞,并获得大量识别抗原能力比母体强的 B 细胞。这些识别能力较强的细胞能有效缠住入侵抗原,这种现象称为亲和成熟。

一旦有细胞达到最高亲和力,免疫系统就会通过记忆进行大量复制,并直接保留,因而具有记忆功能和克隆能力。B 细胞的一部分克隆个体分化为记忆细胞,再次遇到相同抗原后能够迅速被激活,实现对抗原的免疫记忆。B 细胞的克隆扩增受 T 细胞的调节,当 B 细胞的浓度增加达到一定程度时,T 细胞对 B 细胞产生抑制作用,从而防止 B 细胞的无限复制。当有新的抗原入侵或某些抗体大量复制而破坏免疫平衡时,通过免疫系统的调节,可以抑制浓度过高或相近的抗体的再生能力,并实施精细进化达到重新平衡,因而具有自我调节的能力。

除了机体本身的免疫功能外,还可以人为地接种疫苗,起到免疫的作用。疫苗是将细菌、病毒等病原体微生物及其代谢产物,经过人工减毒、灭活或利用基因工程的方法制备的用于预防传染病的自动免疫制剂。疫苗保留了病原菌刺激动物免疫系统的特性,当动物体接触到这种不具有伤害力的病原菌后,免疫系统便会产生一定的保护物质,如免疫激素、活性物质、特殊抗体组织等。当动物再次接触到这种病原菌时,动物体的免疫系统便会依循其原有的记忆,制造出更多的保护物质来阻止病原菌的伤害。

**3. 免疫记忆**

B 细胞在接受抗原刺激进行分化、生成抗体的同时,一些 B 细胞也分化为记忆细胞。当免疫系统再次接触相同的抗原时,记忆细胞可以使机体对抗原产生快速的特异性反应,在短时间内迅速地产生大量的免疫球蛋白分子对抗原进行清除。同时记忆细胞在体内存活时间很长,可以使机体长期不再受相同病原的感染。

在免疫克隆学说中,B 细胞在抗原的刺激下克隆扩增,并进行高频变异,在生成消除抗原抗体的同时,部分 B 细胞分化为记忆细胞,为下次的免疫应答做好准备。

### 21.1.3 人工免疫系统及免疫算法

生物免疫系统是通过从不同种类的抗体中构造自己-非己的一个非线性自适应网络系统,在动态变化的环境中发挥作用,具有学习、记忆和识别功能。人工免疫系统是受生物免疫系统启发,模拟自然免疫系统功能的一种智能方法,它是基于人类和其他高等动物免疫系统理论而提出的信息处理系统,提供了噪声忍耐、无教师学习、自组织、不需要反面例子、能明晰地表达学习的知识、具有内容记忆,以及能遗忘很少使用的信息等进化学习的机理。

**1. 人工免疫系统的定义**

目前关于人工免疫系统的定义已经有多种表述,以下是几种比较贴切的定义。

(1) De Castro 给出的第二个人工免疫系统定义:人工免疫系统是受生物免疫系统启发而来的用于求解问题的适应性系统。

(2) Timmis 给出的第二个人工免疫系统定义:人工免疫系统是一种由理论生物学启发而来的计算范式,借鉴了一些免疫系统的功能、原理和模型,并用于复杂问题的解决。

(3) 黄宏伟给出的人工免疫系统的定义:人工免疫系统是基于免疫系统机制和理论免疫学而发展的各种人工范例的特称。

生物世界为计算问题求解提供了许多灵感和源泉。人工免疫系统作为一种智能计算方法,它与人工神经网络、进化计算及群集智能一样,都属于基于生物隐喻的仿生计算方法,且都来源于自然界中的生物信息处理机制的启发,并用于构造能够适应环境变化的智能信息处理系统,是现代信息科学与生命科学相互交叉渗透的研究领域。

20 世纪 80 年代中期，美国 Michigan 大学的 Holland 教授提出的遗传算法，虽然具有使用方便、鲁棒性强、便于并行处理等特点，但在对算法的实施过程中不难发现两个主要遗传算子都是在一定发生概率的条件下，随机地、没有指导地迭代搜索。因此它们在为群体中的个体提供进化机会的同时，也无可避免地产生了退化的可能，在某些情况下，这种退化现象还相当明显。另外，每一个待求的实际问题都会有自身一些基本的、明显的特征信息或知识。然而，遗传算法的交叉和变异算子却相对固定，在求解问题时，可变的灵活程度较小，这无疑对算法的通用性是有益的，但却忽视了问题的特征信息对求解问题时的辅助作用，特别是在求解一些复杂问题时，这种忽视所带来的损失往往是比较明显的。实践也表明，仅仅使用遗传算法或者以其为代表的进化算法，在模仿人类智能处理事务的能力还远远不足，必须更加深层次地挖掘与利用人类的智能资源。所以，研究者力图将生命科学中的免疫概念引入到工程实践领域，借助其中的有关知识与理论并将其与已有的一些智能算法有机地结合起来，以建立新的进化理论与算法，来提高算法的整体性能。基于这个思想，将免疫概念及其理论应用于遗传算法，在保留原算法优良特性的前提下，力图有选择、有目的地利用待求问题中的一些特征信息或知识来抑制其优化过程出现的退化现象，这种算法称为人工免疫算法。

**2. 人工免疫算法的基本思想**

人工免疫算法主要包括以下几个关键步骤。

(1) 产生初始群体。对初始应答，初始抗体随机产生；而对再次应答，则借助于免疫机制的记忆功能，部分初始抗体由记忆单元获取。由于记忆单元中抗体具有较高的适应度和较好的群体分布，因此可提高收敛速度。

(2) 根据先验知识抽取疫苗。

(3) 计算抗体适应度。

(4) 收敛判断。

若当前种群中包含最佳个体或达到最大进化代数，则算法结束；否则进行以下步骤。

(5) 产生新的抗体。每一代新抗体主要通过以下两条途径产生。

① 基于遗传操作生成新抗体。采用轮盘赌选择机制，当群体相似度小于阈值时，满足多样性要求，抗体被选中的概率正比于适应度；反之，按下述②的方式产生新抗体，交叉和变异算子均采用单点方式。

② 随机产生 $P$ 个新抗体。为保证抗体多样性，模仿免疫系统细胞的新陈代谢功能，随机产生 $P$ 个新抗体，使抗体总数为 $N+P$，再根据群体更新，产生规模为 $N$ 的下一代群体。

(6) 群体更新。对种群进行接种疫苗和免疫选择操作，得到新一代规模为 $N$ 的父代种群，返回步骤(3)。

人工免疫算法的流程图如图 21-2 所示。

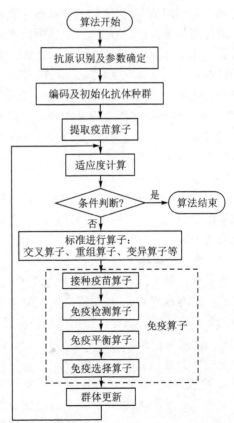

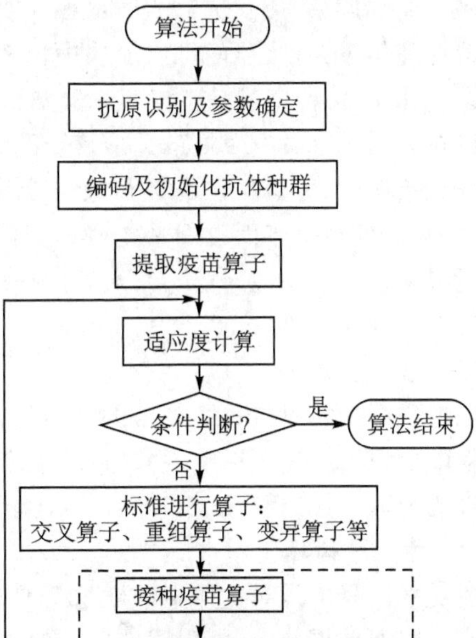


图 21-2　人工免疫算法的流程图

**3. 免疫算子**

免疫算法通常包括多种免疫算子：提取疫

苗算子、接种疫苗算子、免疫平衡算子、免疫选择算子、克隆算子等。增加免疫算子可以提高进化算法的整体性能并使其有选择、有目的地利用特征信息来抑制优化过程中的退化现象。

(1) 提取疫苗算子

疫苗是依据人们对待求问题所具备的或多或少的先验知识,它所包含的信息量及其准确性对算法的运行效率和整体性能起着重要的作用。

首先,对所求解的问题进行具体分析,从中提取出最基本的特征信息;然后,对此特征信息进行处理,以将其转化为求解问题的一种方案;最后,将此方案以适当的形式转化为免疫算子,以实施具体的操作。例如在求解 TSP 问题时,可以依据不同城市之间的距离作为疫苗;在应用于模式识别的分类与聚类时,可以依据样品与模板之间或样品与样品之间的特征值距离作为疫苗。由于每一个疫苗都是利用局部信息来探求全局最优解的,即估计该解在某一分量上的模式,所以没有必要对每个疫苗做到精确无误。如果为了精确,则可以尽量将原问题局域化处理得更彻底,这样局部条件下的求解规律就会越明显。但是这使得寻找这种疫苗的计算量会显著增加。还可以将每一代的最优解作为疫苗,动态地建立疫苗库,如果当前的最优解比疫苗库中的最差疫苗的亲和力高时,则取代该最差疫苗。

值得提出的是,由于待求问题的特征信息往往不止一个,所以疫苗也可能不止一个,在接种过程中可以随机地选取一种疫苗进行接种,也可以将多个疫苗按照一定的逻辑关系进行组合后再予以接种。

(2) 接种疫苗算子

接种疫苗主要是为了提高适应度,利用疫苗所蕴含的指导问题求解的启发式信息,对问题的解进行局部调整,使候选解的质量得到明显改善。接种疫苗有助于克服个体的退化现象和有效地处理约束条件,从而可以加快优化解的搜索速度,进一步提高优化计算效率。

设个体 $x$,接种疫苗是指按照先验知识来修改 $x$ 的某些基因位上的基因或其分量,使所得个体以较大的概率具有更高的适应度。这一操作应满足两点:① 若个体 $y$ 的每一基因位上的信息都是错误的,即每一位码都与最佳个体不同,则对任何一个体 $x$,转移为 $y$ 的概率为 0;② 若个体 $x$ 的每个基因位都是正确的,即 $x$ 已经是最佳个体,则 $x$ 以概率 1 转移为最佳个体。设群体 $c=(x_1,x_2,\cdots,x_n)$,对 $c$ 接种疫苗是指在 $c$ 中按比例 $\alpha$ 随机抽取 $n_\alpha=\alpha_n$ 个个体进行的操作。

(3) 免疫检测算子

免疫检测是指对接种了疫苗的个体进行检测,若其适应度不如父代,则说明在交叉、变异的过程中出现了严重的退化现象,这时该个体将被父代中所对应的个体所取代;否则原来的个体直接成为下一代的父代。

(4) 免疫平衡算子

免疫平衡算子是对抗体中浓度过高的抗体进行抑制,而对浓度相对较低的抗体进行促进的操作。在群体更新中,由于适应度高的抗体的选择概率高,因此浓度逐渐提高,这样会使种群中的多样性降低。因此当某抗体的浓度达到一定值时,就抑制了这种抗体的产生;反之,则相应提高浓度低的抗体的产生和选择概率。这种算子保证了抗体群体更新中的抗体多样性,在一定程度上避免了早熟收敛。

1) 浓度计算

对于每一个抗体,统计种群中适应度值与其相近的抗体的数目,则浓度为

$$c_i=\frac{\text{与抗体 } i \text{ 具有最大亲和力的抗体数}}{\text{抗体总数}}$$

2) 浓度概率计算

设定一个浓度阈值 $T$,统计浓度高于该阈值的抗体,记数量为 HighNum。规定 HighNum 个浓度较高的抗体浓度概率为

$$P_{\text{density}}=\frac{1}{\text{抗体总数}}\left(1-\frac{\text{HighNum}}{\text{抗体总数}}\right)$$

其余浓度较低的抗体浓度概率为

$$P_{\text{density}}=\frac{1}{\text{抗体总数}}\left(1+\frac{\text{HighNum}}{\text{抗体总数}}\cdot\frac{\text{HighNum}}{\text{抗体总数}-\text{HighNum}}\right)$$

(5) 免疫选择算子

免疫选择算子是对经过免疫检测后的抗体种群,依据适应度和抗体浓度确定的选择概率选择出个体,组成下一代种群。

概率的计算公式为

$$P_{\text{choose}}=\alpha\cdot p_{\text{f}}+(1-\alpha)\cdot p_{\text{d}}$$

式中:$p_{\text{f}}$ 为抗体的适应度概率,定义为抗体的适应度值与适应度总和之比;$p_{\text{d}}$ 为抗体的浓度概率,抗体的浓度越高越容易受到抑制,抗体的浓度越低越容易受到促进;$\alpha$ 为比例系数,决定了适应度与浓度的作用大小。

然后再利用轮盘赌选择方式,依据计算出的选择概率对抗体进行选择,选出相对适应度较高的抗体作为下一代的种群抗体。

(6) 克隆算子

克隆算子源于对生物具有的免疫克隆选择机理的模仿和借鉴。在抗体克隆选择学说中,当抗体侵入机体中时,克隆选择机制在机体内选择出识别和消灭相应抗原的免疫细胞,使之激活、分化和增殖,进行免疫应答以最终消除抗原。免疫克隆的实质是在一代进化中,在候选解的附近,根据亲和度的大小,产生一个变异解的群体,扩大了搜索范围,避免了遗传算法对初始种群敏感、容易出现早熟和搜索限于局部极小值的现象,具有较强的全局搜索能力。该算子在保证收敛速度的同时又能维持抗体的多样性。

通过不同的免疫算子和进化算子(交叉算子、重组算子、变异算子和选择算子)的重组融合,可形成不同的免疫进化算法。其中免疫算子可以优化其他智能算法,它不仅保留了原来智能算法的优点,同时也弥补了原来算法的一些不足。

**4. 免疫算法与免疫系统的对应**

免疫算法是借鉴了免疫系统学习性、自适应性以及记忆机制等特点而发展起来的一种优化组合方法。在使用免疫算法解决实际问题时,各个步骤都与免疫系统有对应关系。表 21-1 为免疫算法与免疫系统的对应关系表。其中根据疫苗修正个体基因的过程即为接种疫苗,其目的是消除抗原在新个体产生时带来的负面影响。

**表 21-1　免疫算法与免疫系统的对应关系**

| 免疫系统 | 免疫算法 |
|---|---|
| 抗原 | 要解决的问题 |
| 抗体 | 最佳解向量 |
| 抗原识别 | 问题分析 |
| 从记忆细胞产生抗体 | 联想过去的成功解 |

续表 21-1

| 免疫系统 | 免疫算法 |
| --- | --- |
| 淋巴细胞分化 | 优良解(记忆)的复制保留 |
| 细胞抑制 | 剩余候选解消除 |
| 抗体增加(细胞克隆) | 利用免疫算子产生新抗体 |
| 亲和力 | 适应度 |
| 疫苗 | 含有解决问题的关键信息 |

### 21.1.4 人工免疫算法与遗传算法的比较

人工免疫算法作为一种进化算法,所用的遗传结构与遗传算法中的类似,采用重组、变异等算子操作解决抗体优化问题,但它们之间也存在区别。

(1) 人工免疫算法起源于抗原与抗体之间的内部竞争,其相互作用的环境包括内部及外部环境;而遗传算法起源于个体和自私基因之间的外部竞争。

(2) 人工免疫算法假设免疫元素互相作用,即每一个免疫细胞等个体可以互相作用;而遗传算法不考虑个体间的作用。

(3) 在人工免疫算法中,基因可以由个体自己选择;而在遗传算法中基因由环境选择。

(4) 在人工免疫算法中,基因组合是为了获得多样性,一般不用交叉算子,因为人工免疫算法中基因是在同一代个体中进行进化的,这种情况下,设交叉概率为 0;而遗传算法后代个体基因通常是父代交叉的结果,交叉用于混合基因。

(5) 人工免疫算法在选择和变异阶段明显不同;而在遗传算法中它们是交替进行的。

所以,可以把人工免疫算法看作是遗传算法的补充。

与遗传算法相比,人工免疫算法在个体理论、选择算子、维持多样性等方面有很大的改进。

(1) 个体更新。在遗传算法中的交叉、变异算子之后,人工免疫算法利用先验知识,引入疫苗接种算子,这样对随机选出的个体的某些基因位,用疫苗的信息来替换,从而使个体向最优解逼近,加快了算法的收敛速度,实现了个体的更新。

(2) 选择算子。在遗传算法中,个体更新后并没有判断其是否得到了优化,以至于经过交叉、变异后的个体不如父代个体,即出现退化现象。而在人工免疫算法中,经过交叉、变异、疫苗接种算子的作用后,新生成的个体需要经过免疫检测算子操作,即判断其适应度是否优于父代个体,如果发生了退化,则用父代个体替换新生成个体,然后利用抗体的适应度值和浓度值所共同确定的选择概率,参加轮盘赌选择操作,最终选择出新一代种群。

(3) 维持多样性。在遗传算法中,适应度高的个体在一代中被选择的概率高,相应的浓度高;适应度低的个体在一代中被选择的概率低,相应的浓度低,没有自我调节功能。而在人工免疫算法中,除了抗体的适应度,还引入了免疫平衡算子参与到抗体的选择中。免疫平衡算子对浓度高的抗体进行抑制,反之对浓度低的抗体进行促进。由于免疫平衡算子的引入,使得抗体与抗体之间相互促进或抑制,维持了抗体的多样性及免疫平衡,体现了免疫系统的自我调节功能。

正是存在着与遗传算法不同的特点,人工免疫算法具有分布式、并行性、自学习、自适应、自组织、鲁棒性和凸显性等特点。与传统数学方法相比,人工免疫算法在进行问题求解时,与进化计算方法相似,不需依赖问题本身的严格数学性质(如连续性和可导性等),不需要建立关于问题本身的精确数学描述，一般也不依赖于知识表示，而是在信号或数据层直接对输入信号进行处理，可以求解那些难以有效建立形式化模型、使用传统方法难以解决或根本不能解决的问题。人工免疫算法是一种随机概率型的搜索方法，这种不确定性使其能有更多的机会求得全局最优解；人工免疫算法又是利用概率搜索来指导其搜索方向的，概率被作为一种信息来引导搜索过程朝搜索空间更优化的解区域移动，有着明确的搜索方向，算法具有潜在的并行性，并且易于并行化。

## 21.2 免疫遗传算法

免疫遗传算法(Immune - Genetic Algorithm with Elitism，IGAE)是将人工免疫算法与遗传算法结合，将人工免疫算法中抗体的自我调节和免疫记忆机制引入基础遗传算法中，以便克服遗传算法的“早熟”现象，并可以保持解的多样性。作为一种改进的遗传算法，免疫遗传算法延续了遗传算法的鲁棒性特点，并保留了遗传算法的搜索特性，在很大程度上克服了未成熟收敛和陷入局部最优的缺点，具有搜索速度快及全局搜索的特点。

(1) 自我调节机制：包括抗体浓度的计算和对抗体的促进和抑制操作。抗体的浓度表示某种相同或相似抗体在整个抗体群中所占的比例。抗体的选择概率主要取决于抗体的亲和度和抗体的浓度。亲和度高和浓度低的抗体，其选择概率会相对增加(即促进)；而高浓度和低亲和度的抗体的选择概率会减少(即抑制)，这样既可以保持抗体的多样性，又可以保证算法的收敛速度。

(2) 免疫记忆机制：当进入机体的抗原是新抗原时，将抗原中亲和度高的抗体写入记忆细胞；否则将当前群体中具有较高亲和度的抗体替换为记忆细胞中较低亲和度的抗体。

以上两种免疫机制既可以单独与遗传算法相结合，也可以全部引入遗传算法中以达到不同的效果。

免疫遗传算法由于增加了疫苗接种算子、免疫检测算子、免疫平衡算子等功能，在个体更新、选择算子、维持多样性等性能上有较大的改进。

(1) 个体更新

在采用传统遗传算法中的交叉、变异算子之后，免疫遗传算法利用先验知识，引入疫苗接种算子。疫苗是指依据具体问题而提取的先验知识，它往往保存优秀个体的信息。而疫苗接种算子即是对随机选出的个体的某些基因位，用疫苗的信息来替换，从而使个体向最优解逼近，加快了算法的收敛速度，实现个体更新的过程。

(2) 选择算子

在传统遗传算法中，个体更新后并没有判断其是否得到了优化，以至于经过交叉、变异后的个体不如父代个体，即出现了退化现象。而在免疫遗传算法中，经过交叉、变异、疫苗接种算子的作用后，新生成的个体需要经过免疫检测算子操作，即判断其适应度值是否优于父代个体，如果发生了退化，则用父代个体替换新生成个体。然后利用抗体的适应度值和浓度值共同确定的选择概率，参加轮盘赌选择操作，最终选择出新一代的种群。

(3) 维持多样性

在传统遗传算法中，适应度值高的个体在一代中被选择的概率高，相应的浓度高；适应度低的个体在一代中被选择的概率低，相应的浓度低，没有自我调节功能。而在免疫遗传算法中，除了抗体的适应度，还引入了免疫平衡算子参与到抗体的选择中。免疫平衡算子对浓度高的个体进行抑制，反之对浓度较低的抗体进行促进。由于免疫平衡算子的引入，使得抗体与抗体之间相互促进或抑制，维持了抗体的多样性及免疫平衡，体现了免疫系统的自我调节功能。免疫平衡算子是系统保持种群多样性的基本手段之一。

免疫遗传算法的流程图如图 21-3 所示。

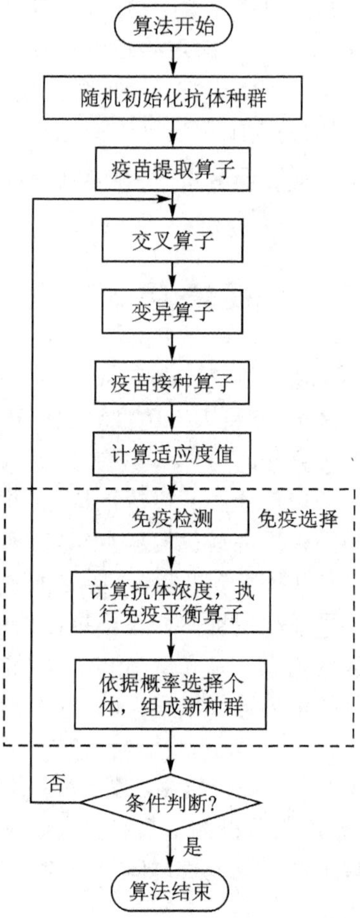


**图 21-3 免疫遗传算法的流程图**

免疫算法和遗传算法都是一种群体搜索策略，并且强调群体中个体之间的信息交换，因此两种算法之间有许多相似之处。首先，在算法的结构上，都要经过“初始种群的产生、评价标准的计算、种群之间个体信息的交换、新种群的产生”这一循环过程，最终以较大的概率获得问题的最优解；其次，在功能上，两种算法在本质上都具有并行性，并且都有与其他的智能算法结合的固有优势；再次，在主要算子上，多数免疫算法都采用了遗传算法中的免疫算子；最后，因为这两种算法存在的共性，集两者而成的免疫遗传算法已经成为免疫算法研究和应用最成功的领域之一。

虽然免疫算法和遗传算法有很多共同点，但从免疫算法与遗传算法的流程及步骤中可以看出，两种算法还是有一定差异性的。

(1) 搜索目的不同：免疫算法的搜索目的是多峰值函数的多个极值点；而遗传算法的搜索目标是全局最优解。

(2) 评价标准不同：免疫算法以解(抗体)对目标函数的适应度值和解个体本身之间的浓度的综合性为评价标准；而遗传算法以解(个体)对目标函数的适应度值作为唯一的评价标准。

(3) 交叉与变异算子的应用：在免疫算法中，为了维持抗体的多样性，操作以变异算子为主，交叉算子没有使用；在遗传算法中交叉算子则作为保留好基因的同时给种群带来多样性的操作，是遗传算法的主要操作，而变异算子带来的种群变化较为剧烈，是遗传算法的辅助操作。

(4) 记忆库的存在：在遗传算法中没有出现记忆库的概念；但在免疫算法中，记忆库是根据免疫系统中免疫记忆的特点引入的，在免疫算法结束时，将优化问题的最优解以及问题相关的特征参数存入记忆库中，在下次再遇到类似的问题时就可以借用这次优化的结论，从而加快问题的解决速度，提高问题优化的效率。

## 21.3 免疫规划算法

免疫规划算法(Immune-Programming Algorithm, IPA)与免疫遗传算法类似，是借鉴了免疫系统能够产生和维持多样性抗体的能力和自我调节能力，在进化规划算法的基础上引入生物免疫机制而形成的智能算法。

免疫规划算法在原理上与免疫遗传算法的不同之处是：它不使用交叉或重组算子，而是利用高斯变异算子作为生成新抗体的个体算子。由于高斯变异算子充分考虑了自身的适应度信息，使得原本较为盲目的随机搜索有了变异幅度的自适应性调整，从而得到性能上的优化，与进化算法类似。

免疫规划算法的流程如下：

(1) 根据具体问题(即问题的目标函数形式和约束条件)提取疫苗。

(2) 随机初始化群体，设置算法参数。

(3) 执行个体更新操作。

① 利用高斯变异算子产生新个体。对每一个抗体，循环每一位基因位，产生随机数 rand，当概率 $P_m$>rand 时，对该基因位进行高斯变异操作，通过在原来基因位上加一个符合高斯分布的随机数，生成新的子代个体。

② 接种疫苗算子。将选择出来的抗体用事先提取的疫苗接种，即依据疫苗中的相应基因位来修改抗体相应基因位上的值。

(4) 计算群体中每个抗体的适应度值。

(5) 免疫选择。

① 免疫检测算子。比较接种疫苗前后两个抗体的适应度值，如果接种疫苗后的适应度值没有父代的抗体高，则用父代的抗体代替接种之后的抗体，参加种群选择。

② 对于免疫检测后的个体，计算抗体浓度。

③ 免疫平衡算子。根据抗体的适应度和浓度确定选择概率，选择概率计算公式如下：

$$P_{choose}=\alpha \cdot p_f+(1-\alpha)\cdot p_d$$

式中各参数的含义前面已经介绍过，此处不再赘述。

④ 选择算子。依据一些常用的选择方法进行选择，如轮盘赌选择算子、模拟退火选择算子等，选择出新的种群。

(6) 从新种群中寻找最优个体并记录下来。

(7) 判断是否达到停止条件，即是否达到最大迭代次数，如果是，则跳出循环，输出最优解；否则，返回步骤(3)，进行迭代。

免疫规划算法的流程图如图 21-4 所示。

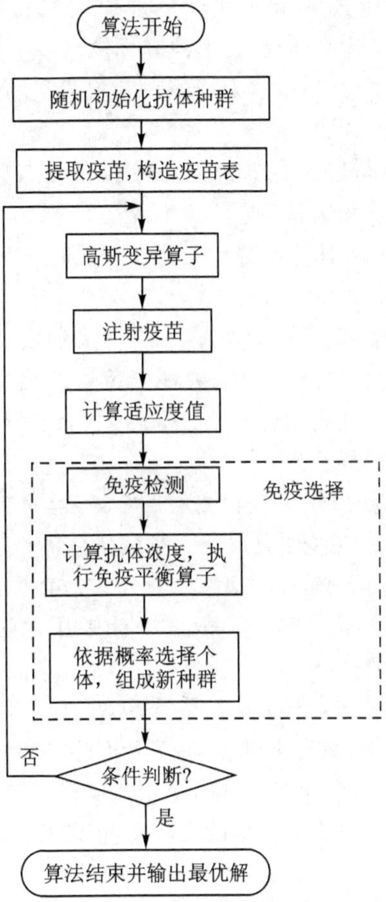


图 21-4 免疫规划算法的流程图

## 21.4 免疫策略算法

与免疫规划算法相同，免疫策略算法(Immune Strategy Algorithm，ISA)是在进化策略的基础上引入免疫原理与机制而形成的一种智能算法。在免疫策略算法中，使用了重组算子、高斯变异算子等进化算子，以及疫苗接种算子和免疫选择算子等免疫算子。种群通过重组算子，产生大于原种群的子代种群，并经过高斯变异算子进一步更新子代种群，然后执行疫苗接种算子和免疫选择算子，使得具有较高适应度的抗体个体被选出，组成下一代种群并进行迭代寻优。免疫策略提高了算法的搜索效率，对消除传统遗传算法在后期较常出现的振荡现象具有明显效果，并在很大程度上加快了原算法的收敛速度。

免疫策略算法的基本步骤如下：

(1) 根据具体问题(即问题的目标函数形式和约束条件)提取疫苗。

(2) 随机初始化群体，设置算法参数。

(3) 执行个体更新操作。

① 重组算子。从种群中随机选择两个父代个体，进行重组算子，即对于每一个基因位，依据重组概率，决定每一个基因位是遗传自哪一个父代个体，从而生成一个子代个体。依次执行 $q$ 次，共产生 $q$ 个子代个体($q$ 大于种群规模)。

② 高斯变异算子。利用高斯变异算子，生成新的子代个体。

③ 接种疫苗算子。将选择出来的抗体用事先提取的疫苗接种。

(4) 计算群体中每个抗体的适应度值。

(5) 免疫选择。

① 免疫检测算子。比较接种疫苗前后两个抗体的适应度值，如果接种疫苗后的适应度值没有父代的抗体高，则用父代的抗体代替接种之后的抗体，参加种群选择。

② 对于免疫检测后的个体，计算抗体浓度。

③ 免疫平衡算子。根据抗体的适应度和浓度确定选择概率，选择概率计算公式见前面的免疫算法。

④ 选择算子。依据一些常用的选择方法选择出新的种群。

(6) 从新种群中寻找最优个体并记录下来。

(7) 判断是否达到停止条件，如果是，则跳出循环，输出最优解；否则，返回步骤(3)，进行迭代。

免疫策略算法的流程图如图 21-5 所示。

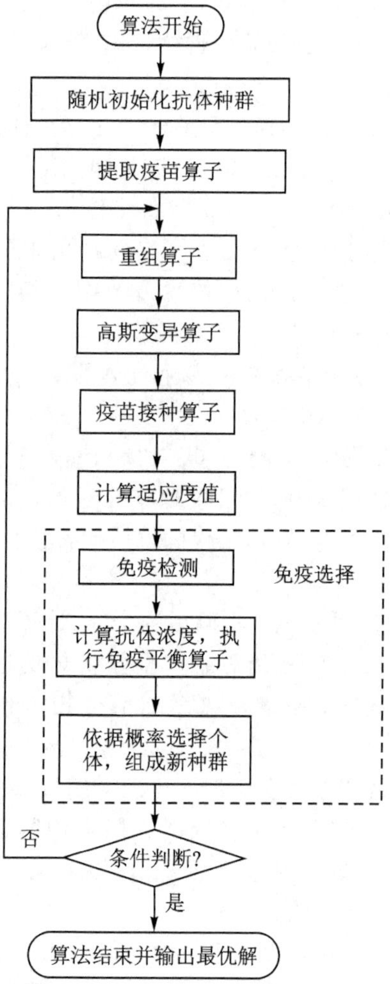


图 21-5 免疫策略算法的流程图

## 21.5 基于动态疫苗提取的免疫遗传算法

基于动态疫苗提取的免疫遗传算法是在免疫遗传算法的基础上改进而来的。对于疫苗算法，疫苗的选取在很大程度上影响着算法的效率，而优良的免疫疫苗是免疫算子有效发挥作用的基础和保障。

疫苗通常是根据先验知识设定的包含一个或几个连续基因的基因串，因此它具有使抗体以较大概率得到优化的作用，从而加快算法的收敛，有利于免疫操作发挥更大的作用。由于在每一代中，最优个体往往包含着有利于种群趋向进化的重要信息，即拥有高适应性的优良基因。因此，以每一代的最优个体作为疫苗，可以起到指导种群快速进化趋于收敛的作用。

将每一代中最优个体适应度较高的保存下来，组成动态疫苗库，通过适当地选择、组合及更新而形成更加优良的免疫疫苗。同时，把提取的疫苗放入动态疫苗库，以便于对疫苗进行综合分析。

动态疫苗库的建立方法如下：

(1) 设定动态疫苗库的大小为 $M$，即在此疫苗库存在 $M$ 个疫苗。

(2) 将每一代的最优个体放入动态疫苗库中。为了操作方便，在算法中要保持疫苗库的大小不变。当每次向疫苗库中加入新的疫苗后，都要按适应度对疫苗进行排序，淘汰适应度较差的疫苗。

该算法的基本步骤如下：

(1) 根据具体问题（即问题的目标函数形式和约束条件）提取疫苗。

(2) 随机初始化群体，设置算法参数。

(3) 计算种群的亲和度。

(4) 采用动态疫苗提取算法进行疫苗的提取，并将提取的疫苗保存在动态疫苗库中，从而更新疫苗库。

(5) 执行遗传算法的个体更新操作。

① 交叉算子。随机选择两个个体，由交叉概率 $P_c$ 来控制交叉位，然后对交叉位的基因进行交叉操作。

② 变异算子。对进行过交叉算子的抗体，循环每一个基因位，产生随机数 rand，当概率 $P_m>\text{rand}$ 时，对该基因位进行变异操作，随机产生解空间的一个数赋值给该位，生成子代群体。

③ 接种疫苗算子。随机选用动态疫苗库中的疫苗，对子代种群进行接种，随机指定某位基因，依据选择疫苗中相应的基因来修改抗体对应基因位上的值。

(6) 计算群体中每个抗体的适应度值。

(7) 免疫选择。

① 免疫检测算子。比较接种疫苗前后两个抗体的适应度值，如果接种疫苗后的适应度值没有父代的抗体高，则用父代的抗体代替接种之后的抗体，参加种群选择。

② 对于免疫检测后的个体，计算抗体浓度。

③ 免疫平衡算子。根据抗体的适应度和浓度确定选择概率，选择概率计算公式见前面的免疫算法。

④ 选择算子。依据一些常用的选择方法选择出新的种群。

(8) 从新种群中寻找最优个体并记录下来。将每一代的最优个体放入动态疫苗库中。操作时疫苗库的大小不变，而且当每次向疫苗库中加入新的疫苗后，都要淘汰适应度较差的疫苗。

(9) 判断是否达到停止条件，如果是，则跳出循环，输出最优解；否则，返回步骤(3)，进行迭代。

动态疫苗提取免疫算法的流程图如图 21-6 所示。

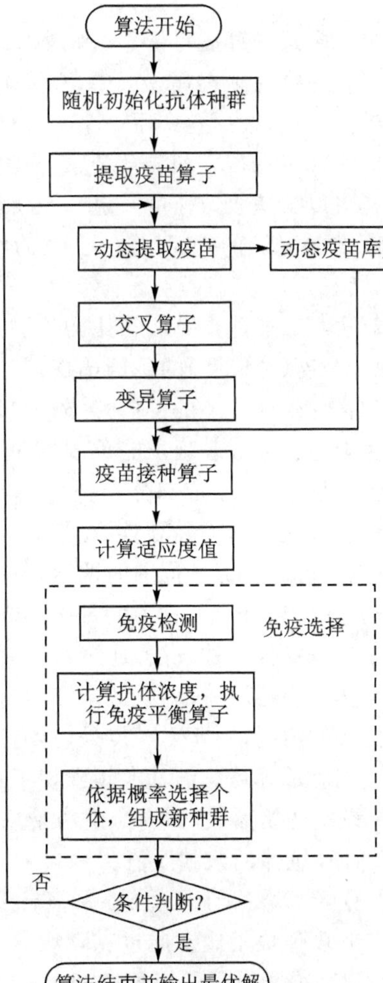


图 21-6　动态疫苗提取免疫算法的流程图

## 21.6 免疫克隆选择算法

1958 年 Burnet 等提出了著名的抗体克隆选择学说，其中心思想是：抗体是天然产物，以受体的形式存在于细胞表面，抗原可与它进行选择性的反应。抗原与相应抗体受体的反应可导致细胞克隆性增殖，该群体具有相同的抗体特异性，其中某些细胞分化为抗体生成细胞，另一些形成免疫记忆细胞以参加之后的二次免疫反应。在此过程中，主要借助克隆使之激活、分化和增殖，以增加抗体的数量，通过进行免疫应答最终清除抗原。因此，克隆选择是生物免疫系统自适应抗原刺激的动态过程，在这一过程中所体现出的学习、记忆、抗体多样性等生物特性，正是人工免疫系统所借鉴的。

目前，对抗体克隆选择机理进行模拟最为经典的算法是 De Castro 在 2000 年提出的克隆选择算法(Immune Clonal Selection Algorithm，ICSA)，它在传统进化算法的基础上，引入亲合度成熟、克隆和记忆机理来完成对抗体种群成熟过程的模拟，并利用相应的算子保证了算法快速收敛的特性。后续有许多研究人员分别从不同的角度重新提出了一系列高级克隆选择算法。

免疫克隆选择算法是依靠编码来实现与问题本身无关的搜索，并表现出更好的解决问题的潜力。在免疫克隆选择算法中，克隆的实质是在进化过程中，在每一代后选解的附近，根据亲和度的大小进行克隆，产生一个变异解的群体，从而扩大搜索解的范围(即增加抗体的多样性)；同时实现全局搜索和局部搜索，有助于防止进化早熟和搜索陷入局部极小值；另外，通过克隆选择可以加快收敛速度。进一步可以认为，克隆选择是将一个低维空间($n$ 维)的问题转化到更高维($N$ 维)的空间中解决，然后将结果投影到低维空间($n$ 维)中，从而获得对问题更全面的认识。

该算法与一般遗传算法相比的不同点在于，首先，将基于概率的轮盘赌选择改变为基于抗体-抗原亲合度(适应度)的比例选择；其次，构造了记忆单元，从而将遗传算法记忆单个最优个体变为记忆一个最优解的群体；另外通过新旧抗体的替代，增加了种群多样性。

在克隆选择算法表现出的重要特征中，高频变异(Hyper Mutation)、受体编辑(Receptor Editing)是其重要的组成部分，它们是实现多样性的基本保障。其中选择是前提，只有选择最佳的抗体进行变异和增殖才能有效提高算法效率。受体编辑提供了一种消除局部极值的能力，受体编辑可进行更大范围的搜索，有可能找到更好的抗体。高频变异机制是为了使免疫应答能快速地成熟。但是，其中大部分的变化将导致产生更加糟糕或者没有任何功能的抗体。选择机制可以提供一种方法，通过它，高频变异能被规范起来，使它严格地按照抗体的亲和力来进行。作为规范的一部分，低亲和力抗体所在的细胞可能会经历更加深度的变异，如果它没有出现更好的情况，则死亡。但是，具有高亲和力抗体的细胞，变异可能被抑制。

免疫克隆选择算法的基本步骤如下：

(1) 设定初始参数，随机产生初始抗体种群。

(2) 计算抗体的亲和度值。

(3) 克隆扩增算子。对于亲和度超过一定阈值的抗体进行克隆复制，并且其克隆规模与抗体的亲和度值成正比。通过克隆后，生成由多个克隆子群组成的种群。

(4) 克隆变异算子。对抗体进行变异，变异方式有多种，如单点突变、超突变、基因块重组、基因块反序、基因块替换等。

(5) 重新计算抗体的亲和度值。

(6) 克隆检测算子。依据亲和度值，从各克隆子群中选出亲和度最高的克隆抗体，与原被克隆抗体进行比较，如果适应度值得到改善，则用亲和度最高的克隆抗体替换相应克隆前的抗体，更新抗体种群。

(7) 免疫平衡算子。计算抗体浓度及抗体浓度概率。

(8) 克隆选择算子。依据亲和度值与浓度值，确定每个抗体的选择概率。采用依据选择概率的轮盘赌选择方式，从抗体种群中选择出个体，组合成新一代种群。

(9) 判断是否满足终止条件，不满足则转至步骤(3)；满足则结束迭代，输出最优解。

免疫克隆选择算法的流程图如图 21－7 所示。

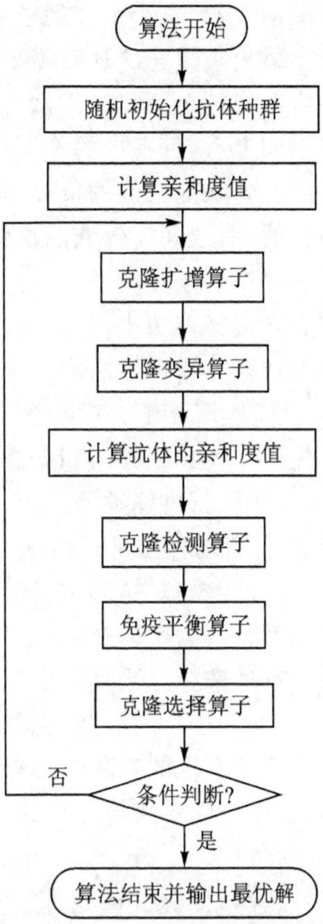


**图 21－7　免疫克隆选择算法的流程图**

免疫克隆选择算法中增加了以下一些算子。

(1) 克隆扩增算子

在生物免疫系统中，被选择进行应答的免疫细胞依据其应答抗原能力的强弱，繁殖一定数目的克隆细胞，免疫细胞繁殖克隆的数目与其亲和力成正比。

$$N_i = \mathrm{int}\left(N_{\mathrm{C}} \cdot \frac{f(\boldsymbol{X}_i)}{\sum_{j=1}^{N} f(\boldsymbol{X}_j)}\right), \quad i = 1, 2, \cdots, N$$

式中：$N_{\mathrm{C}}$ 为克隆后的总的抗体种群大小；$\mathrm{int}(\cdot)$为取整函数；$f(\boldsymbol{X}_i)$为第 $i$ 个个体的亲和度值，即适应度值；$N_i$ 为第 $i$ 个抗体的克隆数目，即第 $i$ 个抗体克隆出相同个体的数目。

可以看出，经过克隆扩增算子，每个抗体生成了多个镜像，实现了个体空间的扩张，为下一步克隆变异操作奠定了基础，以此增强了对解空间的搜索力度。

(2) 克隆变异算子

克隆变异算子是克隆算法中产生有潜力的新抗体，实现区域搜索的重要算子。亲和成熟的过程主要由抗体的突变完成，称为亲和突变，而突变的方式主要有单点突变、超突变、基因块重组、基因块反序、基因块替换等。

对于克隆选择算法的这种“克隆-变异”机制，实质上是一种局部搜索，即通过克隆复制限定每个解的邻域，并通过变异在邻域内搜寻多个邻域解，从而实现局部寻优的目的。这种搜索方式具有两个优点：

① 是建立在先验知识的基础上，即抗体的突变受其母体的亲和力制约，并且抗体的亲和度与其变异概率成反比。

② 随着亲和度的不断上升，变异的可能性及变异的程度逐渐变小，类似于梯度的搜索方法。

(3) 克隆选择算子

沿用生物进化理论中的概念，生物种群中能适应环境，在生存竞争中获得优胜的个体，将获得繁衍的机会；而不适应社会或是在生存竞争中失败的个体将遭到淘汰，即为自然选择过程。

从纵向上看，每个抗体经过克隆、变异，并不是都能产生亲和度更高的抗体，不可避免地会有部分个体出现退化。这时需要比较原抗体与克隆后个体的亲和度，选择亲和度较高的抗体，而亲和度不高的个体将被淘汰，从而更新抗体群，实现信息交换。

从横向上看，种群中的不同抗体与抗原的亲和度不同，因此得到克隆复制和亲和成熟的机会也不同。亲和度较高的抗体，需要大量复制出个体，并减少其发生变异的概率，以达到消灭抗原的目的；而亲和度较低的抗体，相对复制个数较小，但是发生变异的概率较高，使得其有可能经过变异提高亲和度。

在克隆选择算法中，显然克隆选择算子实现了在候选解附近的局部搜索，进而实现全局搜索。克隆选择分为以下两步。

① 克隆检测算子。对于每个抗体经过克隆和变异后形成的克隆子群，提取其中亲和度最高的克隆抗体。如果其亲和度高于原抗体的亲和度，则用该克隆个体代替原抗体；否则仍保持原抗体，以此更新抗体种群。

② 轮盘赌选择算子。根据个体亲和度及抗体浓度，共同衡量个体生存的能力，即亲和度越高且抗体浓度相对越低，其被选择的概率越高。通过轮盘赌选择算子，从克隆种群中选择出亲和度相对较高的个体，组成下一代种群。

免疫克隆选择算法具有学习记忆功能，为信息处理提供了新的方法。它在传统进化算法的基础上，引入亲合度成熟、克隆和记忆机理，并利用相应的算子保证了算法快速收敛的特性，基于人工免疫系统的克隆选择算法在解决优化问题中表现出良好的性能，将该方法用于特征选择中，表现出优于遗传算法的性能。



## 21.7 算法的 MATLAB 实现

**【例 21.1】** 利用人工免疫算法求下列函数的极小值：

$$\min f(\boldsymbol{X}) = -\sum_{i=1}^{4} c_i \exp\left[-\sum_{j=1}^{6} a_{ij}(x_j - p_{ij})^2\right],\quad 0 \leqslant x_j \leqslant 1$$

式中：$p_{ij}$、$a_{ij}$、$c_i$ 为矩阵 $\boldsymbol{p}$、$\boldsymbol{a}$、$\boldsymbol{c}$ 中的元素。

$$\boldsymbol{p} = \begin{bmatrix} 0.1312 & 0.1696 & 0.5569 & 0.0124 & 0.8283 & 0.5886 \\ 0.2329 & 0.4135 & 0.8307 & 0.3736 & 0.1004 & 0.9991 \\ 0.2348 & 0.1415 & 0.3522 & 0.2883 & 0.3047 & 0.6650 \\ 0.4047 & 0.8828 & 0.8732 & 0.5743 & 0.1091 & 0.0381 \end{bmatrix}$$

$$\boldsymbol{a} = \begin{bmatrix} 10 & 3 & 17 & 3.5 & 1.7 & 8 \\ 0.05 & 10 & 17 & 0.1 & 8 & 14 \\ 3 & 3.5 & 1.7 & 10 & 17 & 8 \\ 17 & 8 & 0.05 & 10 & 0.1 & 14 \end{bmatrix},\quad \boldsymbol{c} = [1\quad 1.2\quad 3\quad 3.2]$$



**解**：此函数的理论极小值为 $f(0.201, 0.15, 0.477, 0.275, 0.311, 0.657) = -3.32$。

人工免疫算法有多种形式，在此采用基于距离衡量抗体相似度的方法，其要点如下。

(1) 抗体相似度的定义：满足以下两个条件的抗体称为相似，即

$$\begin{cases} d(u,v) \leqslant r \\ |ax_u - ax_v| \leqslant m \quad 或 \quad \dfrac{ax_u}{ax_v} \leqslant 1+\varepsilon \end{cases}$$

式中：$u$、$v$ 为抗体；$d(u,v)$为抗体间的欧氏距离；$ax_u$、$ax_v$ 分别为抗体 $u$ 与 $v$ 的适应度值；$r$

与 $m$ 为设定的两个阈值。

(2) 抗体的浓度:在抗体种群中相似抗体的数目称为其浓度,即

$$c_u = \frac{1}{N}\sum_N h(u,v)$$

式中:$h(u,v)=\begin{cases}1, & d(u,v)<r \\ 0, & d(u,v)\geqslant r\end{cases}$,$r$ 为抗体亲和度阈值;$N$ 为抗体种群数。

(3) 抗体选择概率:每个抗体被选择的概率按下式计算,即

$$P_u = \frac{\dfrac{ax_u}{c_u}}{\sum\limits_{w=1}^{N}\dfrac{ax_w}{c_w}}$$

算法的其他步骤与遗传算法相同,在此不再列出。

根据以上算法的要点,便可以编程进行计算。

```
>> [bestx,f] = IA(@optifun64,50,3000,0.2,0.9,0.9,[0;0;0;0;0;0],[1;1;1;1;1;1])
>> bestx = 0.2018   0.1467   0.4752   0.2750   0.3117   0.6571
>> f = - 3.3220
```

**【例 21.2】** 在生物免疫学中,免疫应答是免疫系统对外在环境发生作用的首要环节,任何抗原入侵机体时,免疫系统皆作免疫应答。当抗原袭击机体时,免疫系统中产生的抗体数目较少,机体抵御抗原的能力较弱,抗原被清除较慢。由于免疫系统具有学习、识别、记忆、自保护、多样性等自适应能力,经过一定的时间后,抗体数目迅速增加。这些抗体被激活、分化和繁殖,经由亲和突变达到亲和成熟,提高识别抗原的能力,此时抗原被较快清除,剩余的抗体中一部分抗体应答抗原能力弱而被清除,其余的抗体作为记忆细胞存于免疫系统中,防御相同或相似抗原的入侵,这种应答过程属于免疫应答。在这种应答中,克隆选择、细胞克隆、亲和成熟及募集新成员四种基本机制发挥重要作用。粗略地讲,这四种机制的作用机制是:当抗原入侵机体时,选择识别能力(即亲和度)较高的抗体进行克隆,进而通过亲和突变提高识别能力,然后免疫系统随机产生一定量的抗体更新抗体群中低亲和度的抗体,这种作用机制不断重复,最终清除抗原,此过程属于一种进化过程。基于以上认识,免疫应答是机体自适应学习抗原的过程,模拟其简化机制可构建动态规模免疫算法。

请根据以上免疫机制,编写相应的函数,并求解下列的极小值:

$$\min f(x,y)=(x^2+y-11)^2+(x+y^2-7)^2$$

$$\text{s.t.}\begin{cases}g_1(x,y)=4.84-(x-0.05)^2-(y-2.5)^2\geqslant 0\\ g_2(x,y)=x^2+(y-2.5)^2-4.84\geqslant 0\\ 0\leqslant x,\quad y\leqslant 6\end{cases}$$

**解**:动态规模免疫算法的要点如下:

(1) 产生初始抗体。设进化代数为 $n$,随机产生规模为 $N_n$ 的初始抗体 Ab 群体。

(2) 计算抗体目标函数值,并按升序排列,同时激励度(目标函数值)最高的抗体作为抗原 Ag。

(3) 计算抗体的激励度,并按降序排列。激励度计算公式如下,即

$$\text{Aff}_i = \frac{1}{\text{dist}_i + 1}\times\frac{f_i}{c_i}$$

式中:$\text{dist}_i$ 为抗体 $i$ 与抗原 Ag 间的欧氏距离;$f_i$ 为适应度值;$c_i$ 为抗体的浓度。

(4) 突变。选取前 $I$ 个个体,按下列规则突变:

$$\mathrm{Ab}_i=\mathrm{Ab}_i+\beta(\mathrm{Ag}-\mathrm{Ab}_i),\quad \beta\in[0,\alpha_2]$$

式中:

$$\alpha_2=1-\exp(-\|\mathrm{Ab}_i-\mathrm{Ag}\|)$$

(5) 抑制。根据 $|f(\mathrm{Ab}_i)-f(\mathrm{Ab}_j)|$,将种群分成几个互不相交的子群,对各子群中的低激励度抗体进行处罚,所有子群中未被处罚的抗体构成抗体种群。

(6) 募集新成员。随机产生 $K$ 个新抗体插入抗体群,以维持群体自身平衡,保持群体多样性。

根据以上要点,编程计算。编程时因种群数发生变化,所以应注意各变量前后值的相互影响。

```
>> [best_x,fval] = dyIA(@optifun70,100,1000,0.9,[0;0],[6;6])        % 采用罚函数法
>> best_x = 2.2495    2.3916              % 极值点
   fval = 14.4173                         % 总目标函数值
>> [y,y1,g1,g2] = optifun70(best_x);
>> y1 = 13.5297                           % 原函数的值
   g1 = 0.0141    g2 = 0.2319             % 约束函数的值
```

**【例 21.3】** 利用免疫遗传算法求解下列函数的极小值:

$$\max f(x,y)=f_a\times f_b$$

式中:

$$f_a=\frac{1}{1+(x+y+1)^2(19-14x+3x^2-14y+6xy+3y^2)}$$

$$f_b=\frac{1}{30+(2x-3y)^2(18-32x+12x^2+48y-36xy+27y^2)}$$

**解**:在使用人工免疫遗传算法时要解决以下问题:

(1) 抗体个体的编码。虽然可以采用二进制编码,但其搜索能力较强需要频繁地进行交互编码与解码,计算工作量大且只能产生有限的离散值,所以在此采用十进制编码(实数编码)。

(2) 抗体浓度的计算。在计算中一般根据以下的标准判断抗体的相似性,即

$$\frac{f_i}{f_j}\leqslant 1+\varepsilon$$

式中:$\varepsilon$ 为一个较小的正数,如为 0.02 表示抗体 $i$ 与抗体 $j$ 之间的相似度有 98%。

(3) 疫苗的建立及接种。不同的问题可能有不同的疫苗,所以要根据具体的先验知识来确定疫苗。在此为了使算法具有通用性,根据以下方法建立疫苗。

① 建立疫苗库。一般将数目为 20%~40%群体规模的第 $k-1$ 代迭代过程中所产生的较优抗体作为疫苗库。

② 根据轮盘赌选择策略从疫苗库中选择出某些较优的个体作为疫苗。

③ 将疫苗接种于选择的个体,此时可以将疫苗全部替换(被选择个体的基因位),也可以替换部分基因位。

根据人工免疫遗传算法的原理,编程进行计算,并得到以下的结果。

```
>> [best_x,fval] = IAGA(@optifun71,100,500,0.9,0.2,[-2;-2],[2;2])
>> best_x =  -0.0000   -1.0000          % 极值点
fval = 0.3333                           % 极大值
```

【例21.4】 利用人工免疫遗传算法求解第16章中的例16.3的TSP问题。

解:对例21.3中的程序做一些相应的修改,便可以解决TSP问题。主要的修改有两处:一是编码及适应度函数的计算;二是疫苗的建立及注射。

编码与适应度函数的计算程序与例14.5相似。而本题的疫苗从一般的角度讲可以根据各城市间的距离来构建。在要注射的疫苗抗体中随机选择基因位(即城市位),然后根据与此城市距离最短的另一个城市的位号作为其邻近的基因值,但这个方法只适用于局部区域(如两三个城市间)。最通用的方法还是采用最优个体作为疫苗。另外,在交叉及注射过程中编码中不能出现重复的城市或缺失城市编号。

```
>> load city;
>> [best_route,fval] = ICA_TSP(city,50,500,0.9,0.1)
>> best_route = 4  5  6  12  7  13  8  11  9  10  1  2  14  3       %最优路径
>> fval = 30.8013                                                  %路径长度
```

计算结果与例16.3中的答案完全相同。

【例21.5】 利用人工免疫规划算法求解下列函数的极小值:

$$\min f(x,y) = -\cos(x)\cos(y)e^{-(x-\pi)^2-(y-\pi)^2}, \quad x,y \in [-100,100]$$

解:根据人工免疫规划算法的原理,编程进行求解。

```
>> [best_x,fval] = IAEP(@optifun72,50,500,[-100;-100],[100;100],3)     %此函数为求极大
>> best_x = 3.1416     3.1416                  %极值点
   fval  = 1.0000                              %极小值为-1
```

从运行结果看,进化规划算法中变量更新采用单点变异法(即函数中最后一位数为3时)能找到极值点,另外两种方法都不能找到极值点(即函数中最后一位数为1和2时)。

【例21.6】 利用人工免疫策略算法求解下列函数的极大值:

$$\max f(x) = e^{-(x-0.1)^2}\sin^6(5\pi x^{3/4}), \quad x \in [0,2]$$

解:根据人工免疫策略算法的原理,编程进行求解。

```
>> [best_x,fval] = IAES(@optifun73,50,500,0,2)
>> best_x = 0.0464
>> fval = 0.9971
```

从运行结果看,此函数寻优的效果并不理想。

【例21.7】 人工免疫算法有许多改进或衍生的方法,人工免疫克隆选择算法就是其中的一种。它的基本原理是:种群中的每个抗体,依据与抗原亲和力的强弱,复制一定数目的克隆个体。抗体繁殖克隆的数目与其亲和力成正比,即拥有较高亲和度的抗体,其复制的数目也相对较多;反之,复制的数目就较少。然后对克隆的个体进行变异,其变异受其母体的亲和力制约。亲和度较高的抗体,其变异概率较小;反之,亲和度较低的抗体,其变异概率较大。变异的方法有单点突变、超突变及基因块重组等。最后对变异后的抗体进行选择,确定下一代进化的父代。另外在免疫克隆选择算法中也可以引入疫苗的注射。

利用人工免疫克隆选择算法求解下列函数的极小值:

$$\min f(x,y) = x^2 - 0.4\cos(3\pi x) + 2y^2 - 0.6\cos(4\pi y) - 1, \quad x,y \in [-10,10]$$

解:人工疫苗克隆选择程序与人工免疫算法基本相似,主要增加了有关克隆的一些算子,如克隆(扩增)、克隆选择等。

抗体的克隆(扩增)主要是根据每个单体复制一定数量的抗体,其数量 $n$ 由下式决定:

$$n = p \times \operatorname{int}\left(\sqrt{\frac{N}{i}}\right)$$

式中：$p$ 为克隆参数，可选择为 1；$N$ 为抗体的数量；$i$ 为抗体按亲和力（适应度）大小排列的序号；int( · )表示取整。

克隆的选择是从每个子克隆群中选择比原来抗体适应值大的抗体代替原来的抗体，作为下一代迭代的父代。

根据人工免疫克隆选择算法的原理，编写函数 IAClone 进行求解。

```
>> [best_x,fval] = IAClone(@optifun74,50,3000,0.3,[-10;-10],[10;10])
>> best_x = 1.0e-003 * (-0.8344   -0.0030)          % 极值点
   fval = 2.0000                                      % 极小值为 -2
```

**【例 21.8】** 在实际中，经常会遇到离散数学问题，如 TSP 问题、整数及 0-1 规划等，背包问题就是其中的一类。

背包问题（knapsack problem）是指给出一套实体及它们的价值和尺寸，选择一个或多个互不相干的子集，使每个子集的尺寸不超过给定边界，而被选择的价值总和最大。下面为经典的 0-1 背包问题。

$$\max f(x) = \sum_{j=1}^{n} x_j \times p_j$$

$$\text{s.t.} \quad \sum_{j=1}^{n} x_j \times a_j \leqslant c, \quad x_j \in \{0,1\}, \quad j = 1,2,\cdots,n$$

式中：$a_j$ 为物体的体积（重量）；$c$ 为背包的最大容积（重量）。现有一组 0-1 背包问题的数据如下所示，请用人工免疫克隆选择算法求解此背包问题。

$a$=[72 490 651 833 883 489 359 337 267 441 70 934 467 661 220 329 440 774 595 98 424 37 807 320 501 309 834 851 34 459 111 253 159 858 793 145 651 856 400 285 405 95 391 19 96 273 152 473 448 231]；

$p$=[438 754 699 587 789 912 819 347 511 287 541 784 676 198 572 914 988 4 355 569 144 272 531 556 741 489 321 84 194 483 205 607 399 747 118 651 806 9 607 121 370 999 494 743 967 718 397 589 193 369]；

$c$=11 258。

**解**：在此选择人工免疫克隆选择算法。将例 21.7 程序中的编码改为二进制编码，再将克隆变异、免疫操作等函数做一些修改就可以求解离散问题了。

```
>> [best_x,fval] = IAClone_bit(@(x)optifun75(x,a,p,c),50,1000,0.05,50)
>> best_x = [1 1 1 0 1 1 1 1 1 0 1 1 1 0 1 1 1 0 0 1 0 1 0 1 1 1 0 0 1 1 1 1 1 0 0 1 1 0 1 0 0 1 1 1 1 1 1 1 0 1]
fval = 21599        % 价值
```

所取物品的总质量为 11 215。

**【例 21.9】** 拟对某省进行喷灌区划，其一级区预分 3 类。从 A、B、C 三个地区选择 27 种作物作为样本，数据如表 21-2 所列（各变量代表的物理意义及作物名称从略）。试用基于动态疫苗提取的疫苗遗传算法对其进行分类。

**解**：所谓动态疫苗是指建立动态的疫苗库（数量可以固定，也可以变化），将每一代的最优个体放入疫苗库中，在每次向疫苗库中加入新的疫苗后，都要按适应度对疫苗进行排序，淘汰适应度较差的疫苗。接种时随机选取动态疫苗库的疫苗，对子代种群进行接种，随机指定某位基因，依据选择疫苗中相应的基因来修改抗体对应基因位上的值。

表 21－2　原始数据

| 样本编号 | 地　区 | $X_1$ | $X_2$ | $X_3$ |
|---|---|---|---|---|
| 1 | A | 45 | 0.2 | 1903 |
| 2 | | 250 | 10.88 | 208.92 |
| 3 | | 225 | 19.2 | 146.92 |
| 4 | | 49.6 | 7.75 | 146.05 |
| 5 | | 240 | 26.4 | 6.25 |
| 6 | | 220 | 26.4 | 223.1 |
| 7 | | 240 | 26.4 | 203.1 |
| 8 | | 16.5 | 12.29 | −17.29 |
| 9 | | 20.5 | 6.91 | −5.41 |
| 10 | B | 22.71 | 3.0 | 0.71 |
| 11 | | 36.68 | 5.2 | 15.48 |
| 12 | | 97.85 | 3.0 | 68.85 |
| 13 | | 240 | 39.6 | 219.9 |
| 14 | | 220 | 39.6 | 189.9 |
| 15 | | 240 | 39.6 | 209.9 |
| 16 | | 110 | 4.95 | 67.05 |
| 17 | C | 11.82 | 5.2 | −2.91 |
| 18 | | 12.38 | 5.2 | −2.41 |
| 19 | | 6.78 | 5.2 | −8.00 |
| 20 | | 21.9 | 5.2 | 7.12 |
| 21 | | 9.35 | 5.2 | −2.80 |
| 22 | | 14.7 | 4.4 | −13.70 |
| 23 | | 8.48 | 5.2 | −3.66 |
| 24 | | 132 | 5.2 | 92.72 |
| 25 | | 107.2 | 5.2 | 65.42 |
| 26 | | 130.0 | 8.25 | 127.25 |
| 27 | | 120.0 | 8.25 | 117.75 |

疫苗遗传算法求解聚类时，随机指定各样本的类号，再进行交叉、变异、接种等操作，得到新的分类方式，并根据适应度的变化确定最佳的分类方式。

据此，可以编程计算并得到以下的结果，程序中适应度函数采用类内距离。

```
>> load data;
>> NC = size(samp,1);
>> [best_pattern,fval] = IA_cluster(@(x)optifun76(x,samp),30,1000,0.9,0.1,3,NC)
>> best_pattern = 1 3 3 2 1 1 3 3 3 2 3 2 1 3 1 3 2 2 1 1 3 3 2 3 3 3 3     %各样品分类情况
>> fval  = - 0.0436                                                          %类内距离和
```

# 第 22 章

# 细菌觅食算法

细菌觅食(Bacterial Foraging Optimization,BFO)算法是由 Passino 于 2002 年提出来的一种基于大肠杆菌觅食行为模型的一种新型智能算法。它具有对初值和参数选择不敏感、鲁棒性强、简单易于实现,以及并行处理和全局搜索等优点。目前,BFO 算法已经被应用于电气工程与控制、滤波器问题、模式识别、图像处理和车间调度等优化问题。

## 22.1 大肠杆菌的觅食行为

大肠杆菌是目前研究得比较透彻的微生物之一。大肠杆菌的表面遍布纤毛和鞭毛。纤毛是一些用来传递细菌之间某种基因的能运动的突起状细胞器,而鞭毛是一些用来帮助细胞移动的细长而弯曲的丝状物。另外,大肠杆菌在觅食过程中的行为可受到其自身控制系统的指引,且该控制系统能保证细菌始终朝着食物源的方向前进并及时地避开有毒的物质。例如,它会向着中性的环境移动,避开碱性和酸性的环境,并且在改变每一次状态之后及时对效果进行评价,为下一次状态的调整提供决策信息。

生物学研究表明,大肠杆菌的觅食行为主要包括以下四个步骤:

Step1:寻找可能存在食物源的区域。

step2:决定是否进入此区域,若进入,则进行下一步;若不进入,则返回上一步。

Step3:在所选定的区域中寻找食物源。

Step4:消耗掉一定量的食物后,决定是继续在此区域觅食还是迁移到一个更理想的区域。

通常大肠杆菌在觅食过程所遇到的觅食区域存在下面两种情形:

第一种是觅食区域营养丰盛。当大肠杆菌在该区域停留了一段时间之后,区域内的食物已被消耗完,大肠杆菌不得不离开当前区域去寻找另一个可能有更丰富食物的区域。

第二种是觅食区域营养缺乏。大肠杆菌根据自身以往的觅食经验,判断出在其他区域可能会有更为丰盛的食物,于是适当改变搜索方向,向着其认为可能有丰富食物的方向前进。

总的来说,大肠杆菌所移动的每一步都是在其自身生理和周围环境的约束下,尽量使其在单位时间内所获得的能量达到最大。细菌觅食算法是分析和利用了大肠杆菌的这一觅食过程而提出的一种仿生随机搜索算法,它主要是依靠细菌特有的趋化、繁殖、迁徙三种行为为基础的三种算子进行位置更新和最优解的搜索,进而实现种群的进化。

## 22.2 细菌觅食算法的基本原理

为了求解无约束优化问题,BFO 算法模拟了真实细菌系统中的四个主要操作:趋向、聚集、复制和迁徙。为了模拟实际的细菌行为,首先引入以下记号:$j$ 表示趋向操作,$k$ 表示复制操作,$l$ 表示迁徙操作。此外,令 $p$ 为搜索空间的维数,$S$ 为细菌种群大小,$N_c$ 为细菌进行趋向行为的次数,$N_s$ 为趋向操作中在一个方向上前进的最大步数,$N_{re}$ 为细菌进行复制行为的次数，$N_{ed}$ 为细菌进行迁徙行为的次数，$P_{ed}$ 为迁徙概率，$C(i)$为向前游动的步长。

设 $P(j,k,l)=\{\theta^i(j,k,l)|i=1,2,\cdots,S\}$表示种群中的个体在第 $j$ 次趋向操作、第 $k$ 次复制操作和第 $l$ 次迁徙操作之后的位置，$J(i,j,k,l)$表示细菌 $i$ 在第 $j$ 次趋向操作、第 $k$ 次复制操作和第 $l$ 次迁徙操作之后的适应度函数值。

**1. 趋向操作**

大肠杆菌在整个觅食过程中有两个基本运动：旋转（tumble）和游动（swim）。旋转是找一个新的方向运动，而游动是指保持方向不变的运动。BFO 算法的趋向操作就是对这两种基本动作的模拟。通常，细菌会在食物丰盛或环境的酸碱性适中的区域中较多地游动，而会在食物匮乏或环境的酸碱性偏高的区域中较多地旋转。其操作方式如下：先朝某随机方向游动一步；如果该方向上的适应度值比上一步所处位置的适应度值低，则进行旋转，朝另外一个随机方向游动；如果该方向上的适应度值比上一步所处位置的适应度值高，则沿着该随机方向向前移动；如果达到最大尝试次数，则停止该细菌的趋向操作，跳转到下一个细菌执行趋向操作。

细菌 $i$ 的每一步趋向操作表示如下：

$$\theta^i(j+1,k,l)=\theta^i(j,k,l)+C(i)\frac{\boldsymbol{\Delta}(i)}{\sqrt{\boldsymbol{\Delta}^{\mathrm{T}}(i)\boldsymbol{\Delta}(i)}}$$

式中：$\boldsymbol{\Delta}$ 表示随机方向上的一个单位向量。

**2. 聚集操作**

在菌群寻觅食物的过程中，细菌个体通过相互之间的作用达到聚集行为。细胞与细胞之间既有引力又有斥力。引力使细菌聚集在一起，甚至出现“抱团”现象。斥力使每个细胞都有一定的位置，令其能在该位置上获取能量，以维持生存。在 BFO 算法中模拟的这种行为称为聚集操作。细菌间聚集行为的数学表达式为

$$\begin{aligned}J_{cc}(\theta,P(j,k,l))&=\sum_{i=1}^{S}J_{cc}(\theta,\theta^i(j,k,l))\\&=\sum_{i=1}^{S}\left[-d_{\text{attractant}}\exp\left(-w_{\text{attractant}}\sum_{m=1}^{p}(\theta_m-\theta_m^i)^2\right)\right]+\\&\quad\sum_{i=1}^{S}\left[-h_{\text{repellant}}\exp\left(-w_{\text{repellant}}\sum_{m=1}^{p}(\theta_m-\theta_m^i)^2\right)\right]\end{aligned}\tag{22-1}$$

式中：$d_{\text{attractant}}$ 为引力的深度；$w_{\text{attractant}}$ 为引力的宽度；$h_{\text{repellant}}$ 为斥力的高度；$w_{\text{repellant}}$ 为斥力的宽度；$\theta_m^i$ 为细菌 $i$ 的第 $m$ 个分量；$\theta_m$ 为整个细菌中其他细菌的第 $m$ 个分量。上述式子实质上描述了整体菌群在细菌所处位置产生的作用力之和，一般情况下，取 $d_{\text{attractant}}=h_{\text{repellant}}$。

由于 $J_{cc}(\theta,P(j,k,l))$表示种群细菌之间传递信号的影响值，所以在趋向循环中引入聚集操作后，第 $i$ 个细菌的适应度值的计算公式变为

$$J(i,j+1,k,l)=J(i,j,k,l)+J_{cc}(\theta^i(j+1,k,l),P(j+1,k,l))$$

**3. 复制操作**

生物进化过程一直是“适者生存、优胜劣汰”。经过一段时间的觅食过程后，部分寻找食物能力弱的细菌会被自然淘汰，而为了维持种群规模不变，剩余的寻找食物能力强的细菌会进行繁殖。在 BFO 算法中模拟的这种现象称为复制操作。对给定的 $k$、$l$ 以及每个 $i=1,2,\cdots,S$，定义

$$J_{\text{health}}^i=\sum_{j=1}^{N_c+1}J(i,j,k,l)$$

为细菌 $i$ 的健康度函数(或能量函数),以此来衡量细菌所获得的能量。此值越大,表示细菌 $i$ 越健康,其觅食能力越强。将细菌能量按从小到大的顺序排列,淘汰掉前 $S_r=S/2$ 个能量值较小的细菌,复制后 $S_r$ 个能量值较大的细菌,使其又生成 $S_r$ 个与原能量值较大的母代细菌完全相同的子代细菌,即生成的子代细菌与母代细菌具有相同的觅食能力,或者说子代细菌与母代细菌所处的位置菌相同。

**4. 迁徙操作**

在实际环境中的细菌所生活的局部区域可能会发生逐渐变化(如食物消耗殆尽)或者发生突如其来的变化(如温度突然升高等),这样可能会导致生活在这个局部区域的细菌种群被迁徙到新的区域中或集体被外力杀死。在 BFO 算法中模拟的这种现象称为迁徙操作。

迁徙操作虽然破坏了细菌的趋向行为,但是细菌也可能会因此寻找到食物更加丰富的区域。所以从长远来看,这种迁徙操作是有利于菌群觅食的。为模拟这一过程,在算法中菌群经过若干代复制后,细菌以给定概率 $P_{ed}$ 执行迁徙操作,被随机重新分配到寻优区间。若种群中的某个细菌个体满足迁徙发生的概率,则这个细菌个体灭亡,并随机在解空间的任意位置生成一个新个体,新个体与原个体可能具有不同的位置,即不同的觅食能力。迁徙行为随机生成的这个新个体可能更靠近全局最优解,从而更有利于趋向操作跳出局部最优解,进而寻找全局最优解。

## 22.2.1 算法的主要步骤与流程

细菌觅食算法的主要计算步骤如下。

Step1:初始化参数 $p$、$S$、$N_c$、$N_s$、$N_{re}$、$N_{ed}$、$P_{ed}$、$C(i)(i=1,2,\cdots,S)$、$\theta^i$。

Step2:迁徙操作循环 $l=l+1$。

Step3:复制操作循环 $k=k+1$。

Step4:趋向操作循环 $j=j+1$。

① 令细菌趋向一步。

② 计算适应度函数值 $J(i,j,k,l)$,令

$$J(i,j,k,l)=J(i,j,k,l)+J_{cc}(\theta^i(j,k,l),P(j,k,l))$$

可以增加细菌间的斥引力来模拟聚集行为,其中 $J_{cc}$ 的计算公式如式(22-1)。

③ 令 $J_{last}=J(i,j,k,l)$,存储了细菌 $i$ 目前最好的适应度值。

④ 旋转。生成一个随机向量 $\boldsymbol{\Delta}(i)\in\mathbf{R}^p$,其每一个元素 $\boldsymbol{\Delta}_m(i)(m=1,2,\cdots,p)$都是分布在[-1,1]区间上的随机数。

⑤ 移动。令

$$\theta^i(j+1,k,l)=\theta^i(j,k,l)+C(i)\frac{\boldsymbol{\Delta}(i)}{\sqrt{\boldsymbol{\Delta}^{\mathrm{T}}(i)\boldsymbol{\Delta}(i)}}$$

细菌 $i$ 沿旋转后随机产生的方向游动一步长,大小为 $C(i)$。

⑥ 计算 $J(i,j+1,k,l)$,且令

$$J(i,j+1,k,l)=J(i,j,k,l)+J_{cc}(\theta^i(j+1,k,l),P(j+1,k,l))$$

⑦ 游动。

a) 令 $m=0$。

b) 若 $m<N_s$,令 $m=m+l$;

若 $J(i,j+1,k,l)<J_{last}$,则令 $J_{last}=J(i,j+1,k,l)$且

$$\theta^i(j+1,k,l)=\theta^i(j,k,l)+C(i)\frac{\boldsymbol{\Delta}(i)}{\sqrt{\boldsymbol{\Delta}^{\mathrm{T}}(i)\boldsymbol{\Delta}(i)}}$$

返回第⑥步，用此计算新的 $J(i,j+1,k,l)$；否则，令 $m=N_s$。

⑧ 返回第②步，处理下一个细菌 $i+1$。

Step5：若 $j<N_c$，则返回 Step4 进行趋向操作。

Step6：复制。

对给定的 $k$、$l$ 以及每个 $i=1,2,\cdots,S$，将细菌能量值 $J_{\text{health}}$ 按从小到大的顺序排列，淘汰掉前 $S_r=S/2$ 个能量值较小的细菌，选择后 $S_r$ 个能量值较大的细菌进行复制，每个细菌分裂成两个完全相同的细菌。

Step7：若 $k<N_{re}$，则返回 Step3。

Step8：迁徙。菌群经过若干代复制操作后，每个细菌以概率 $P_{ed}$ 被重新随机分布到寻优空间中。若 $l<N_{ed}$，则返回 Step2，否则结束寻优。

具体流程如图 22－1 所示。

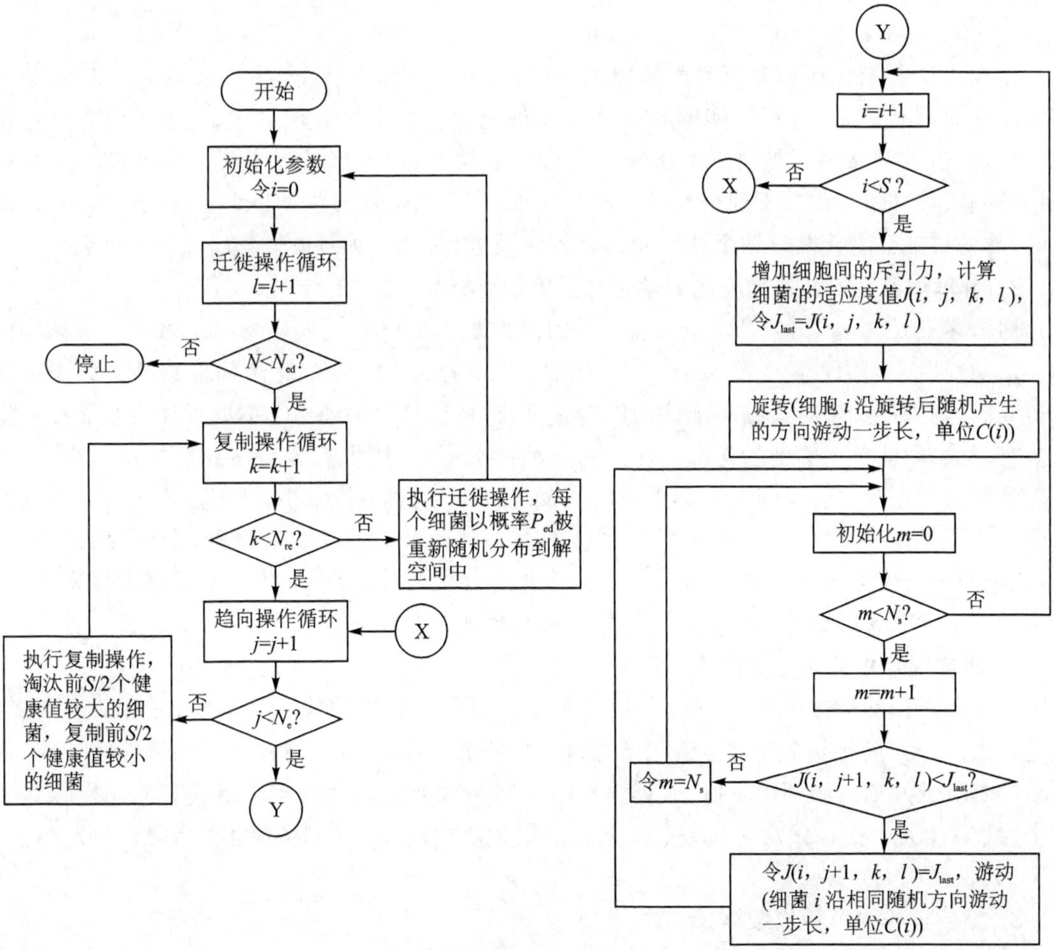


**图 22－1　细菌觅食算法的流程图**

## 22.2.2 算法参数的选取

算法参数是影响算法性能和效率的关键，如何确定最佳参数使算法性能达到最优本身就是一个极其复杂的优化问题。细菌觅食算法的参数有：游动步长 $C$，种群大小 $S$，以及趋向操作、复制操作、迁徙操作的执行次数 $N_c$、$N_{re}$、$N_{ed}$，种群细菌之间传递信号的影响值 $J_{cc}^i$ 的 4 个参数（$d_{attractant}$、$w_{attractant}$、$h_{repellant}$ 和 $w_{repellant}$），以及每次向前游动的最大步长数 $N_s$ 和迁徙概率 $P_{ed}$。BFO 算法的优化性能和收敛效率与这些参数值的选择密切相关。但由于参数空间的大小不同，目前在 BFO 算法的实际应用中还没有确定最佳参数的通用方法，往往只能凭经验选取。

**1. 种群大小 $S$**

种群大小 $S$ 表示 BFO 算法中同时进行搜索的细菌数目，其大小影响算法效能的发挥。种群规模小虽然可以提高 BFO 算法的计算效率，但由于降低了种群的多样性，所以算法的优化性能受到削弱；种群规模大虽然增加了靠近最优解的机会，能避免算法陷入局部极小值，但种群规模大的同时，也使算法的计算量增大。因此，如何选择适当的种群大小 $S$ 是 BFO 算法参数设置的关键问题之一。

**2. 游动步长 $C$**

游动步长 $C$ 表示细菌觅食基本步骤的长度，它控制种群的收敛性和多样性。一般来说，$C$ 不应小于某一特定值，这样才能够有效地避免细菌仅在有限的区域寻优，导致不易找到最优解。然而，当 $C$ 太大时虽然使细菌迅速向目标区域移动，但也容易因步长太大而离开目标区域以至陷入局部最优而找不到全局最优解。比如，当全局最优解位于一个狭长的波谷中，$C$ 太大时，算法可能会直接跳过这个波谷而到其他区域进行搜索，从而丧失全局寻优的机会。

**3. 种群细菌之间传递信号的影响值 $J_{cc}^i$ 的 4 个参数**

引力深度 $d_{attractant}$、引力宽度 $w_{attractant}$、斥力高度 $h_{repellant}$ 和斥力宽度 $w_{repellant}$ 代表了细菌间的相互影响程度。引力的两个参数 $d_{attractant}$ 和 $w_{attractant}$ 的大小决定了算法的群聚性。如果这两个值太大，则周围细菌对某细菌个体的影响过多，这样会导致该细菌个体向群体中心靠拢产生“抱团”现象，影响单个细菌的正常寻优。在这种情况下，算法虽有能力达到新的搜索空间，但是碰到复杂问题时更容易陷入局部极小值。反之，如果这两个值太小，则细菌个体将完全按照自己的信息去搜寻某区域，而不会借鉴群体智慧。细菌群体的社会性降低，个体间的交互太少，使得一个规模为 $S$ 的群体近似等价于 $S$ 个单个细菌的寻优，导致找到最优解的概率减小。斥力的两个参数 $h_{repellant}$ 和 $w_{repellant}$ 与引力的两个参数作用相反。

**4. 趋向操作中的两个参数 $N_c$ 和 $N_s$**

若趋向操作的执行次数 $N_c$ 的值过大，则尽管可以使算法的搜索更细致、寻优能力增强，但是算法的计算量和复杂度也会随之增加；反之，若 $N_c$ 的值过小，则算法的寻优能力减弱，更容易早熟收敛并陷入局部最小值，而算法性能的好坏就会更多地依赖于运气和复制操作。另一个参数 $N_s$ 是每次在任意搜索方向上前进的最大步长数（$N_s=0$ 时不会有趋向行为），$N_s$ 取决于 $N_c$，取值 $N_c>N_s$。

**5. 复制操作执行的次数 $N_{re}$**

$N_{re}$ 决定了算法能否避开食物缺乏或者有毒的区域而去食物丰富的区域搜索。这是因为只有在食物丰富的区域里的细菌才具有繁殖的能力。当 $N_c$ 足够大时，$N_{re}$ 越大，算法越易收敛于全局最优值。但是，$N_{re}$ 太大同样也会增加算法的计算量和复杂度；反之，如果 $N_{re}$ 太小，则算法容易早熟收敛。

**6. 迁徙操作中的两个参数 $N_{ed}$ 和 $P_{ed}$**

若迁徙操作执行的次数 $N_{ed}$ 的值太小，则算法无法发挥迁徙操作的随机搜索作用，算法易陷入局部最优；反之，若 $N_{ed}$ 的值越大，则算法能搜索的区域就越大，解的多样性增加，能避免算法陷入早熟，当然算法的计算量和复杂度也会随之增加。选取适当的迁徙概率 $P_{ed}$ 能帮助算法跳出局部最优而得到全局最优，但是 $P_{ed}$ 的值不能太大，否则 BFO 算法会陷于随机"疲劳"搜索。

上述参数与问题的类型有着直接的关系。问题的目标函数越复杂，参数选择就越困难。通过大量的仿真试验得到 BFO 算法参数的取值范围为：$N_s=3\sim8$、$P_{ed}=0.05\sim0.3$、$N_{ed}=(0.15\sim0.25)N_{re}$、$d_{attractant}=0.01\sim0.1$、$w_{attractant}=0.01\sim02$、$h_{repellant}=d_{attractant}$、$w_{repellant}=2\sim10$。此外，趋向操作的执行次数 $N_c$、复制操作的执行次数 $N_{re}$ 常作为算法的终止条件，需要根据具体问题并兼顾算法的优化质量和搜索效率等多方面的性能来确定。实际上从理论上讲，不存在一组适用于所有问题的最佳参数值，而且随着问题特征的变化，有效参数值的差异往往非常显著。因此，如何设定 BFO 算法的控制参数来改善 BFO 算法的性能，还需要结合实际问题深入研究，并且要基于 BFO 算法理论研究的发展。

## 22.3 细菌觅食算法的改进

通过对标准细菌觅食算法基本原理的分析，可知在趋向操作中游动步长 $C$ 是算法的关键参数之一，由于标准 BFO 算法中步长固定使得收敛速度慢，若能自适应调节其大小将会提高计算精度和收敛速度；在复制操作中是将细菌个体按照一次趋向操作中细菌个体经过的所有位置的适应值的累积和排序，淘汰一半数目的细菌，复制剩余的另一半细菌，该策略并不能保证能够在下一代保留适应值最优的细菌，从而影响算法的收敛速度；在迁徙操作中，对每个细菌给定相同的迁徙概率 $P_m$，容易丢失精英个体，降低种群的多样性。因此，为了提高标准 BFO 算法的性能，可以从以上三个操作着手对其进行改进。改进的方法有多种，下面只介绍了其中的一种方法。

**1. 初始化操作改进**

在细菌觅食算法中，细菌种群的大小直接影响细菌寻求最优解的能力。种群数量越大，其初始覆盖区域越大，靠近最优解的概率就越大，能避免算法陷入局部极值，但同时增加了算法的计算量。因此，可以将初始化操作进行改进，即确定群体规模 $S$ 之后，将群体搜索的空间分成 $S$ 个区域，每个细菌个体的初始位置为 $S$ 个区域的中心点，随即细菌将在各自区域内搜索。改进后在细菌规模较小的情况下，能比较有效地改善初始化后细菌群体的覆盖范围。

**2. 趋向操作的分析与改进**

基本 BFO 算法中的趋向行为确保了细菌的局部搜索能力，但固定的游动步长 $C$ 面临两个主要问题：第一，步长大小不容易确定。步长太大虽然使细菌迅速向目标区域移动，提高了搜索效率，但也容易离开目标区域而找不到最优解或者陷入局部最优；步长过小，在获得高精度计算结果的同时降低了计算效率，此外还可能使算法陷入局部极小区域，造成算法早熟或不熟。第二，能量不同的细菌取相同的步长，无法体现出能量高低不同的细菌之间的步长差异，在一定程度上降低了细菌趋向行为的寻优精度。

因此，对于收敛速度和计算精度而言，每个细菌的步长大小都起着决定作用。这就需要根据细菌和最优点之间的距离来调节步长。如果距离远则加大步长，如果距离近则减小步长。

可以赋予细菌灵敏度的概念以调节游动步长，即在一个趋向步骤内细菌具有灵敏度记忆功能。每个细菌按照以下步骤进行趋向操作：

Step1：灵敏度赋值，根据下式计算灵敏度，即

$$V=\frac{J_i}{J_{\max}}(\boldsymbol{x}_{\max}-\boldsymbol{x}_{\min})\times \mathrm{rand}()$$

式中：$V$ 是灵敏度；$\boldsymbol{x}_{\max}$、$\boldsymbol{x}_{\min}$ 表示变量的边界；$J$ 为适应度值；rand 为随机数。

Step2：翻转，产生随机向量 $\boldsymbol{\Delta}(i)$，进行方向调整，按照下式更新细菌位置和适应度值，即

$$\theta^i(j+1,k,l)=\theta^i(j,k,l)+C(i)\frac{\boldsymbol{\Delta}(i)}{\sqrt{\boldsymbol{\Delta}^{\mathrm{T}}(i)\boldsymbol{\Delta}(i)}}$$

Step3：游动，如果翻转的适应值改善，则按照翻转的方向进行游动，直到适应值不再改善。游动步长采用下式调整，即

$$C(i)=C(i)\times V$$

Step4：递减灵敏度，按下式线性递减灵敏度，即

$$V=\frac{\mathrm{Step}_{\max}-\mathrm{Step}_i}{\mathrm{Step}_{\max}}\times V$$

一般在迭代的开始，种群中的大部分细菌个体距离全局最优点较远，为了增加算法的全局搜索能力，游动步长 $C(i)$ 应该较大。但是，随着迭代的持续进行，许多细菌个体越来越靠近全局最优值，这时，游动步长 $C(i)$ 应该减小以便增加每个细菌个体的局部搜索能力。从上面的计算公式可很明显地看到，设计的移动步长变化满足上述的要求，赋予记忆灵敏度的自适应移动步长可以使整个算法的收敛速度加快。

**3. 复制操作的分析与改进**

在标准细菌觅食算法的复制操作中，细菌能量值 $J_{\mathrm{health}}$ 按照一次趋向操作中细菌个体经过的所有位置的适应值的累积和从小到大的顺序进行排列（能量值越大表示细菌越健康），淘汰掉前 $S_r=S/2$ 个能量函数值较小的细菌，选择后 $S_r$ 个能量值较大的细菌进行相同复制。以这种操作方式复制出来的子代细菌和其母代细菌觅食能力完全相同，在将觅食能力特别好的细菌进行复制的同时，也复制了虽然排在前 50%名，但觅食能力并不好的细菌，因而该策略并不能保证能够在下一代保留适应值最优的细菌。显然，标准 BFO 算法在这一操作上还有所欠缺，可以在细菌觅食的复制操作中，嵌入分布估计算法加以改进。

分布估计算法(Estimation of Distribution Algorithm，EDA)是基于变量的概率分布的一种随机搜索算法。它通过对优秀个体的采样和空间的统计分布分析，进而建立相应的概率分布模型，并以此概率模型产生下一代个体，如此反复迭代，实现群体的进化。具体步骤如下：

Step1：在经过一个完整的趋向循环后，对每个细菌按照能量（适应值的累加和）进行排序。

Step2：淘汰能量较差的半数细菌，对能量较好的半数细菌进行分布估计再生，假设待优化变量的每一维度相互独立，并且各维度之间服从高斯分布，则按下式进行复制：

$$X_{\mu,\sigma}=r_{\mathrm{norm}}\cdot\sigma+\mu$$

$$r_{\mathrm{norm}}=\sqrt{-2\ln r_1}\cdot\sin(2\pi r_2)$$

式中：$r_1$ 和 $r_2$ 是区间[0,1]上的均匀分布随机数；$\mu$、$\sigma$ 分别为细菌较优位置的分维度均值和标准差向量，乘积采用点乘。

也可以按下面的方法进行改进：首先将细菌个体随机与邻域周围的一个细菌进行交叉变异，变异后的细菌个体适应度值若优于原个体，则原个体将被替代。通过一次改进后的复制操

作后，整个菌群完成一次更新，菌群规模不变，每个细菌个体仅在各自区域及邻域内进行变异和适应度值比较，从而有效地防止了菌群向较小范围内聚集。改进后的复制操作不再只是觅食能力强的细菌个体单纯的自我繁殖过程，而是整个菌群群体都朝着更优的方向游动，提高了菌群整体的寻优能力。

**4. 迁徙操作的分析与改进**

在标准细菌觅食算法的迁徙操作中，算法只是以某一固定的概率将细菌群体重新分配到寻优空间中去，以此改善细菌跳出局部极值的能力。但是，该算法中对每个细菌赋予相同的迁徙概率 $P_m$，如果随机数小于这个数，则对该细菌进行迁徙，这对于那些位于全局最优值附近获得较好能量的细菌来说，相当于丢失了精英个体，迁徙实际上变成了解的退化。可以用一个自适应迁徙概率迁徙加以改进。

自适应迁徙概率的计算公式如下：

$$P_{self}(i)=\frac{J_{health}^{max}-J_{health}^{i}}{J_{health}^{max}-J_{health}^{min}}\cdot P_{ed}$$

式中：$J_{health}$ 为能量值函数；$P_{ed}$ 为基本迁移概率。为了提高算法后期的细菌群体多样性，在此按照细菌群体在生命周期内已经获得的能量大小进行概率迁移，能量值大的细菌迁移概率小，能量值小的细菌迁移概率大，迁移概率按照遗传算法中的轮盘赌方法作为选择机制。由于采用了轮盘赌方法进行选择，$J_{health}$ 最小的肯定被迁移，所以在式中乘以基本迁移概率。

根据以上改进方法所得的细菌觅食算法流程图如图 22－2 所示。

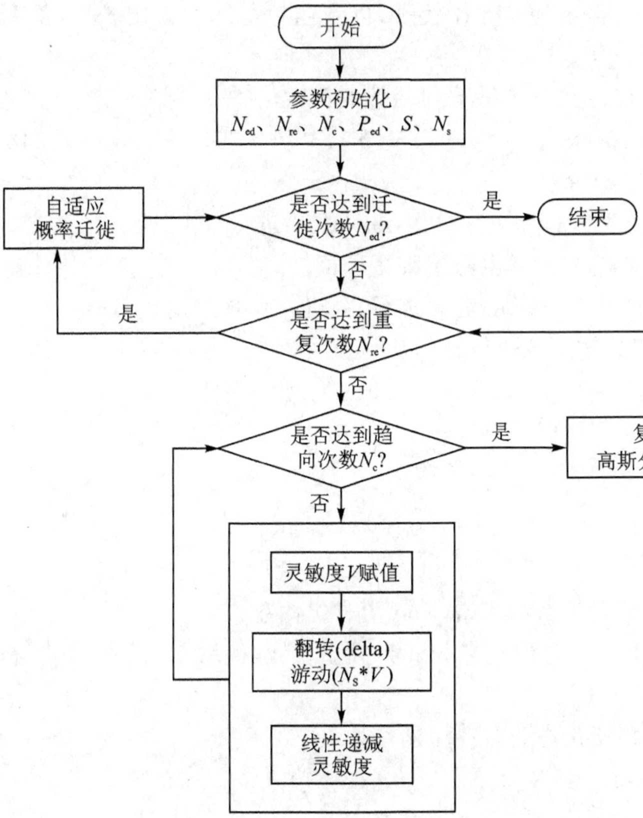


**图 22－2　改进后的细菌觅食算法的流程图**

## 22.4 算法的 MATLAB 实现

**【例 22.1】** 求解下列函数的极大值：

$$\min f(\boldsymbol{X}) = -\sum_{i=1}^{4} c_i \exp\left[-\sum_{j=1}^{3} a_{ij}(x_j - p_{ij})^2\right], \quad 0 \leqslant x_j \leqslant 1$$

式中：$c_i$、$a_{ij}$、$p_{ij}$ 为矩阵 $\boldsymbol{a}$、$\boldsymbol{c}$、$\boldsymbol{p}$ 中的元素。

$$\boldsymbol{a} = \begin{bmatrix} 3 & 10 & 30 \\ 0.1 & 10 & 35 \\ 3 & 10 & 30 \\ 0.1 & 10 & 35 \end{bmatrix}, \quad \boldsymbol{c}_i = [1 \quad 1 \quad 2 \quad 3 \quad 3.2], \quad \boldsymbol{p} = \begin{bmatrix} 0.3689 & 0.1170 & 0.2673 \\ 0.4699 & 0.4387 & 0.7470 \\ 0.1091 & 0.8732 & 0.5547 \\ 0.03815 & 0.5743 & 0.8828 \end{bmatrix}$$

**解**：根据细菌觅食算法的基本原理，编写函数 BFO 进行计算，得到如下的结果：

```
>> myval = [100 0.05 10 5 3 3 0.25 0.5];
>> bacterialnum = myval(1);step = myval(2);nc = myval(3);ns = myval(4);
>> nre = myval(5);ned = myval(6);ped = myval(7);sr = myval(8);
>> [best_x,best_f] = BFO(@optifun63,100,step,nc,ns,nre,ned,ped,sr,[0;0;0],[1;1;1]);
>> best_x  =  0.1110   0.5515   0.8521        % 理论极值点为(0.114,0.556,0.852)
   best_f  = 3.8622                           % 极小值为 - 3.86
```

**【例 22.2】** 尽管细菌觅食算法群体并行，且相对易于跳出局部极值，然而因其算法流程为一个三层嵌套循环，而且所需要的参数比较多，以致内存空间的占用较大，不利于解决大规模问题。

请对细菌觅食算法进行改进，并求解下列函数的极大值：

$$\max f(x,y) = 100(x^2 - y^2)^2 + (1-x)^2, \quad x,y \in [-2.048, 2.048]$$

**解**：此函数的极大值在其边界上。

对基本的细菌觅食算法改进的方法有很多，在此主要进行以下的改进。

(1) 初始化：用立方混沌的方法产生初始细菌种群。

(2) 改变算法的进程：按繁殖、迁徙、趋向进行，并进行循环迭代。

(3) 在趋向算子中的步长按下式进行自适应调整：

$$\mathrm{step}(i) = \frac{\sqrt[3]{J(i)} + 0.6 \times 10^{\frac{\mathrm{iter\_max-iter}}{\mathrm{iter\_max}}}}{\sqrt[3]{J(i)} + 30}$$

或者

$$\mathrm{step}(d) = \frac{\mathrm{MAX_d} - \mathrm{MIN_d}}{2 \times \mathrm{generation}}$$

式中：$\mathrm{MAX_d}$、$\mathrm{MIN_d}$ 分别为维的边界；generation 为进化代数。

前 40% 的个体按基本算法的位置更新公式计算新位置，而后 60% 的个体则利用差分算子进行位置更新。

(4) 在繁殖算子中，按高斯正态分布产生新个体：

$$\boldsymbol{X}_i = 0.8\boldsymbol{X}_{\mathrm{best}} + N(0,1)$$

(5) 在复制操作中，需淘汰的 $N/2$ 个个体的一半用最优个体取代，另一半用差分算子更新。

按以上思路，编写函数 BFO1 进行求解。

```
>> [best_x,best_f] = BFO1(@optifun65,300,1000,0.5,[-2.048;-2.048],[2.048;2.048])
>> best_x = -2.0476   -2.0478              %理论极值点为(-2.048   -2.0478)
best_f = 3.9035e+003                       %理论极大值为 3905
```

同样可求出此函数的极小值为

```
best_x = 0.9995    0.9991           %理论极值点为(1,1)
best_f = -2.7691e-007               %理论极小值为 0
```

从结果分析，改进的方法是可行的。

**【例 22.3】** 粒子群算法与细菌觅食算法都属于群智能方法，虽然它们都具有不少的优点，但也存在一些缺点。粒子群算法的主要缺点是局部搜索能力差，搜索精度不够高，容易陷入局部极值；而细菌觅食算法的全局搜索能力较差，不如粒子群算法。在实际应用中可以将这两种方法结合（混合算法），取长补短，以达到理想的结果。

利用融合粒子群算法和细菌觅食算法的混合算法，求解下列函数的极优值：

$$\min f(\boldsymbol{x}) = (9x_1^2 + 2x_2^2 - 11)^2 + (3x_1^2 + 4x_2^2 - 7)^2, \quad x_1, x_2 \in [-1, 2]$$

**解**：混合算法有两点不同于基本细菌觅食算法：一是将细菌觅食算法中的趋化算子中的细菌位置更改公式用粒子群算法中的粒子位置更改公式替换；二是引入对立数。对立数的定义如下：假设 $x \in [a, b]$，则其对立数为 rand($c, x$)，它表示对立数为分布于$[c, x]$区间的随机数，其中 $c = (a+b)/2$，是区间的中心。对立数的引入在两个程序的两个阶段：第一个阶段是初始化；第二个阶段是趋向操作结束后，以概率 $J_r$ 进行对立学习，对每一个种群中的个体都产生其反近似对立个体，选择两者中适应度更优的个体进入下一代种群。与初始化过程的对立学习不同的是，在计算对立个体时用到的第 $m$ 个分量的上下限 $a_m^{\min}$ 和 $b_m^{\max}$ 是随种群进化而动态变化的，并且 $a_m^{\min} \geqslant a$，$b_m^{\max} \leqslant b$。这样做在一定程度上避免了新生的对立个体跳到已经搜索过的搜索空间中，防止算法收敛速度变慢。

根据以上两点，在 BFO1 函数的基础上修改得到函数 psoBFO 进行求解。

```
>> [zbest_x,zbest_f] = psoBFO(@optifun66,100,1000,0.5,[-1;-1],[2;2])
>> zbest_x = 1.0000     1.0000          %极值点
   zbest_f = -1.8451e-016               %极小值为 0
```

**【例 22.4】** 利用混合细菌觅食算法求解下列方程组：

$$f_1(\boldsymbol{x}) = x_1^2 + x_2^2 + x_3^2 - 3 = 0$$

$$f_2(\boldsymbol{x}) = x_1^2 + x_2^2 + x_1 x_2 + x_1 + x_2 - 5 = 0$$

$$f_3(\boldsymbol{x}) = x_1 + x_2 + x_3 - 3 = 0$$

其中，$-1.732 \leqslant x_1, x_2, x_3 \leqslant 1.732$。

**解**：解方程组实际上就是求下列问题的极小值：

$$\min f(\boldsymbol{x}) = \sum_{i=1}^{n} | f_i(\boldsymbol{x}) - A_i |$$

利用混合细菌觅食算法求解此问题：

```
>> LB = [-1.732;-1.732;-1.732];UB = [1.732;1.732;1.732];
>> [zbest_x,zbest_f] = psoBFO(@optifun67,100,1000,0.5,LB,UB)
>> zbest_x = 0.9997    1.0003    1.0000     %理论解为(1,1,1)
>> zbest_f = -4.3304e-005
```

**【例 22.5】** 利用细菌觅食算法求解第 16 章的例 16.3 的 TSP 问题。

**解**：利用细菌觅食算法求解 TSP 可以有多种形式，在此利用对基本细菌觅食算法的修改来求解。

修改的内容有以下几点：

(1) 趋化算子。利用贪心交叉方法对一对细菌进行路径的变异计算。

(2) 繁殖算子。用自适应的繁殖数代替固定的细菌繁殖数，计算公式为

$$N_{re}=\frac{N}{2}\times \text{int}\left(\frac{11-k}{N_e}\times\frac{101-q}{100}\right)$$

式中：$N$ 为细菌总数；$k$ 为繁殖算子当前迭代数；$q$ 为迁徙算子当前迭代数；$N_e$ 为迁徙总代数；int 表示取整。

(3) 迁徙算子。用自适应迁徙算子代替，其中固定概率用自适应概率代替，即

$$P_m=\begin{cases}P_{max}\times\exp\left(\frac{q-N_e}{N_e-1}\times\frac{f_i-f_{avg}}{f_{max}-f_{avg}+1}\right), & f_i>f_{avg}\\ P_{max}, & f_i\leqslant f_{avg}\end{cases}$$

式中：$f_i$、$f_{avg}$、$f_{max}$ 分别为细菌的适应度值、平均适应度值、适应度最优值，其余符号意义与前述相同。

迁徙时新个体并不是随机产生的，而是根据最优个体变异而来的，其中从最优个体截取的编码长度为

$$N_{retain}=\text{int}\left(\frac{51-q}{100}\times n\right)$$

式中：$n$ 为城市数，其余符号与前述相同。

根据以上要点，对例 22.1 的程序做相应的修改，便可用来计算例 14.3 的 TSP 问题，函数中输入参数分别为城市坐标值、细菌种群数、趋向次数、繁殖次数、迁徙次数及迁徙概率。

```
>> load city;
>> [best_route,best_f] = BFOTSP(city,200,20,4,20,0.4)
>> best_route =7  13  8   11  9  101  2  3  4  5  6  12  14
   best_f  = 31.7511
```

算法是可行的，但计算结果与最优值有些差别，运行时间有点长，需要对参数优化。

**【例 22.6】** 在水环境保护中需要对水质质量进行实时监测，此时监测点的布点非常重要。如果监测点位设计得不合理，则将导致监测的全部投入和前期工作前功尽弃。

某地对排水干管布设了 23 个监测点，某天的监测数据如表 22-1 所列。请利用细菌优化算法对监测点优化。

**表 22-1　各监测点监测数据**

| 监测点 | 1# | 2# | 3# | 4# | 5# | 6# | 7# | 8# | 9# |
|---|---|---|---|---|---|---|---|---|---|
| 最大水量 | 929.48 | 877.10 | 1 421.23 | 1 129.00 | 1 797.67 | 798.13 | 1 517.65 | 2 009.52 | 2 009.26 |
| 最小流量 | 602.33 | 701.05 | 542.18 | 0.50 | 430.05 | 455.18 | 324.99 | 386.37 | 1 129.00 |
| COD | 73.1 | 6 | 113 | 179 | 112 | 556 | 232 | 142 | 193 |
| 监测点 | 10# | 11# | 12# | 13# | 14# | 15# | 16# | 17# | 18# |
| 最大水量 | 85.47 | 4 140.48 | 2 379.87 | 5 232.40 | 819.17 | 0.5 | 95.98 | 109.46 | 723.52 |
| 最小流量 | 71.58 | 759.98 | 1 314.55 | 1 206.59 | 614.95 | 0.5 | 84.70 | 78.23 | 641.51 |
| COD | 179 | 212 | 138 | 137 | 141 | 44 | 360 | 72.8 | 135 |

续表 22－1

| 监测点 | 19# | 20# | 21# | 22# | 23# | | | | |
|---|---|---|---|---|---|---|---|---|---|
| 最大水量 | 297.99 | 216.72 | 36.62 | 212.31 | 105.94 | | | | |
| 最小流量 | 228.33 | 189.05 | 26.72 | 117.04 | 66.59 | | | | |
| COD | 141 | 311 | 223 | 225 | 446 | | | | |

**解**:此问题实质上就是对监测点进行聚类,性质属于同一类的监测点可以撤销、归并。

对于本问题可以直接进行聚类分析。在此先利用优化算法对聚类函数的初始聚类中心进行优化,然后再利用聚类分析函数进行聚类。假设此问题中监测点可以分成 10 种类型。

```
>> load data;data = guiyi_range(data,[0 1]);LB = zeros(10,3);UB = ones(10,3);
>> [best_x,fval] = BFO1cluster(@(x)optifun68(x,data),50,2000,0.5,LB,UB);
>> [label,m] = mymykmeans(data,10,best_x)          % kmeans 分类函数
label = 8    8    8    7    8    9    8    8    6    7    1    6
        1    8    7    9    7    8    7    9    7    7    9
```

从计算结果看,23 个监测点被分成 5 类,与假设 10 类有所区别。这可能是因为细菌觅食法中评价分类效果的函数不是十分合适。但事实上从图 22－3 所示的数据冰柱图看,分成 5 类的计算结果只有 1 个点分类错误,其余正确。

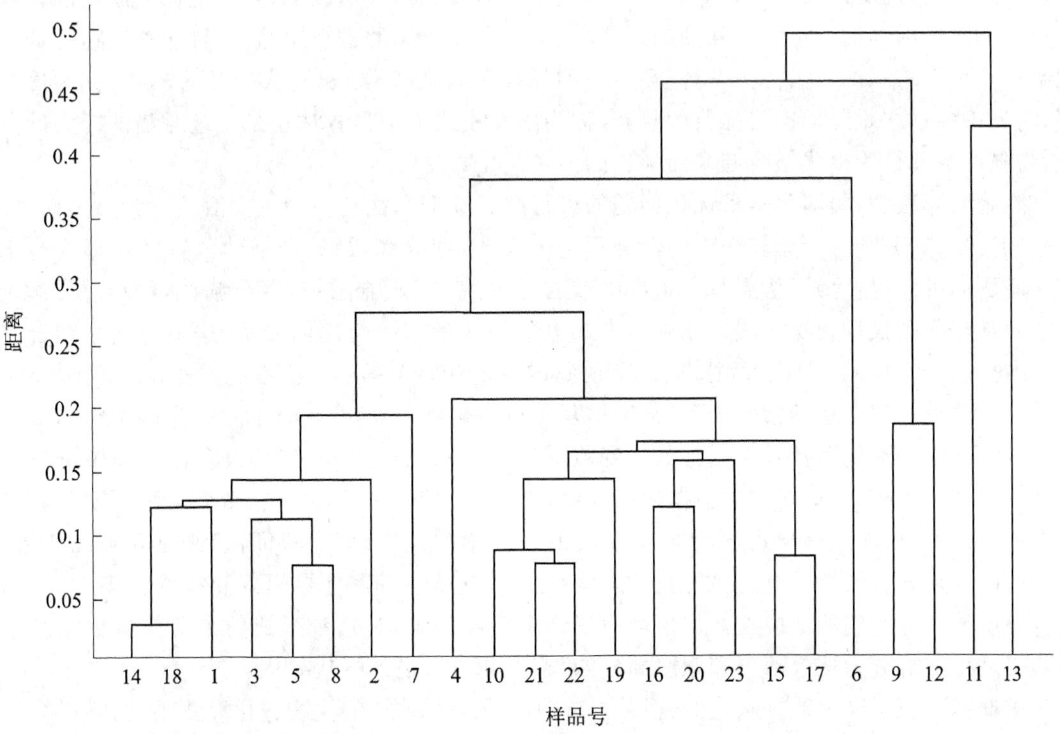


图 22－3　数据冰柱图

# 第 23 章 猫群算法

猫群算法(Cat Swarm Optimization,CSO)最早是由我国台湾学者 Shu - Chuan Chu 通过观察猫在日常生活中的行为而提出的群智能算法。其最大特征表现为在进化过程中能够同时进行局部搜索和全局搜索,具有很好的收敛速度。猫群算法独特的搜索结构使其拥有克服遗传算法局部搜索能力不足和粒子群算法求解离散问题时容易陷入局部最优点的能力。猫群算法在连续函数优化和图像处理方面得到了良好应用,证明了其较遗传算法和粒子群算法优异的算法性能。

## 23.1 猫群算法的基本思想

猫群算法是通过观察猫的行为动作提出来的。日常生活中,猫总是非常懒散地躺在某处不动,花费大量的时间处在一种休息、张望的状态,即使在这种情况下,它们也保持高度的警惕性。它们对于活动的目标具有强烈的好奇心,一旦发现目标便进行跟踪,并且能够迅速地捕获到猎物。可以将猫的行为分为两种模式:一种是猫在懒散、环顾四周状态时的模式,称为搜寻模式;另一种是在跟踪动态目标时的状态,称为跟踪模式。猫群算法正是通过对猫的行为的分析,将猫的两种行为模式结合起来而提出的一种优化算法。

在猫群算法中,猫即为待求优化问题的可行解。猫群算法将猫的主要活动行为分为两种:休息和捕猎,其分别对应于算法中的两种不同的模式:搜寻和跟踪,而猫的位置信息即为待求优化问题的可能解。为了仿照真实世界中猫的行为,整个猫群中的一部分猫执行搜寻模式,剩下的一部分猫则执行跟踪模式。在两种模式下猫的数量有一个比例关系,这里定义为结合率(Mixture Ratio,MR),即执行跟踪模式下的猫的数量在整个猫群中所占的比例,在程序中 MR 应为一个较小的值。在搜索模式下,猫通过复制自身位置,对自身位置的每一个副本根据维数(即为特征个数)改变个数及根据维数改变范围来产生新的位置,并将其放在记忆池中进行适应度值计算及比较,在记忆池中根据适应度值,以一定的概率选择一个位置作为猫所要移动到的下一个位置点;在跟踪模式下,通过改变猫的每一维的速度(即为特征值)来更新猫的位置,速度的改变是通过增加一个随机的扰动来实现的。当猫进行完搜寻模式和跟踪模式后,根据适应度函数计算它们的适应度并保留当前群体中最好的解,之后混合成整个群体再根据结合率随机地将猫群分为搜寻部分和跟踪部分的猫,以此方法进行迭代寻优。

猫群算法属于群智能算法范畴,但其群体进化行为与传统的生物进化算法不同,猫群算法并不是通过选择操作来选取适应度较高的部分个体作为父代来产生下一代,以提高每一代中整体的解的质量,而是通过不断地迭代过程来不断地寻找当前最优解。猫群算法在寻优的过程中,通过两种模式的结合来提高算法的局部搜索和全局搜索能力,由于结合率为一个较小的值,这就使得大部分的猫的状态处在搜寻模式下,而且每一只猫都是在记忆池中根据适应度函数来选择较好的位置,作为猫的下一次移动的位置点,所以在整个群体迭代的过程中,就有大部分的猫的适应度得到了整体的提升,从整体上扩大了解的搜索空间,而那一小部分处于跟踪模式下的猫，经过改变全部的特征值来更新猫的位置，在一定程度上丰富了解的多样性。

猫群算法作为一种模仿生物活动而抽象出来的一种搜索算法，虽然可以实现全局最优解搜索，但也有出现"早熟"现象的弊端。群体中个体的进化，只是根据一些表层的信息，即只是通过适应度值来判断个体的好坏，缺乏深层次的理论分析和综合因素的考虑。

### 23.1.1　基本术语

**1. 编码和解码**

编码是一种能把问题的可行解从其解空间转化到算法所能处理的搜索空间的转换方法；而解码是一种能把问题的可行解从算法所能处理的搜索空间重新转换到问题解空间的方法，它是编码的逆操作。

**2. 群体及群体规模**

一定数量的猫个体组合而成一个群体。群体中个体的总数目称为群体规模，又称群体大小。

**3. 适应度及适应度值**

适应度是指个体对环境的适应程度，可以作为所求问题中个体的评价。适应度值由优化目标决定，用于评价个体的优化性能，指导种群的搜索过程，算法迭代停止时适应度值最优的解变量即为优化搜索的最优解。

**4. 搜寻模式**

搜寻模式代表猫在休息时，环顾四周以寻找下一个转移地点的行为。在算法中，猫将复制自身的位置，将复制的位置放在记忆池中，通过变异算子，改变记忆池中复制的副本，使所有的副本都到达一个新的位置点，从中选取一个适应度值最高的位置，来代替它的当前位置，具有竞争机制。

**5. 记忆池**

在搜寻模式下，存储猫所搜寻过邻域位置点的地方。它的大小代表猫能够搜索的地点数量，通过变异算子，改变原值，使记忆池存储了猫在自身的邻域内能够搜索的新地点。猫将依据适应度值的大小从记忆池中选择一个最好的位置点。

**6. 跟踪模式**

在跟踪模式下，在每一次迭代中，猫将跟踪一个"极值"来更新自己，这个"极值"是目前整个种属找到的最优解，使得猫的移动向着全局最优解逼近，利用全局最优的位置来更新猫的位置，具有向"他人"学习的能力。

**7. 算　子**

算法中为了某种目的而设立的一种操作。在猫群算法中，主要有变异算子、选择算子。

变异算子是一种局部搜索操作，每只猫经过复制、变异产生邻域候选解，在邻域中找出最优解，即完成了变异算子。

选择算子是指在搜寻模式下，由猫自身位置的副本产生新的位置放在记忆池中，从记忆池中选取适应度最高的位置来代替当前位置。

**8. 分组率**

将猫群分成搜寻模式和跟踪模式两个组的一个比例关系，一般是指执行跟踪模式的猫在整个猫群中所占的比例，此值一般较小，以符合现实世界中猫的行为。

## 23.1.2 基本流程

猫群算法的基本流程如图 23-1 所示，可分为以下 5 步：

(1) 初始化猫群。

(2) 根据分组率将猫群随机分成搜寻模式和跟踪模式两组。

(3) 根据猫的模式特点更新位置，如果猫在搜寻模式下，则执行搜寻模式；否则执行跟踪模式。

(4) 通过适应度函数来计算每一只猫的适应度，记录保留适应度最优的猫。

(5) 判断是否满足终止条件，若满足则输出结果，算法结束；否则继续执行步骤(2)。

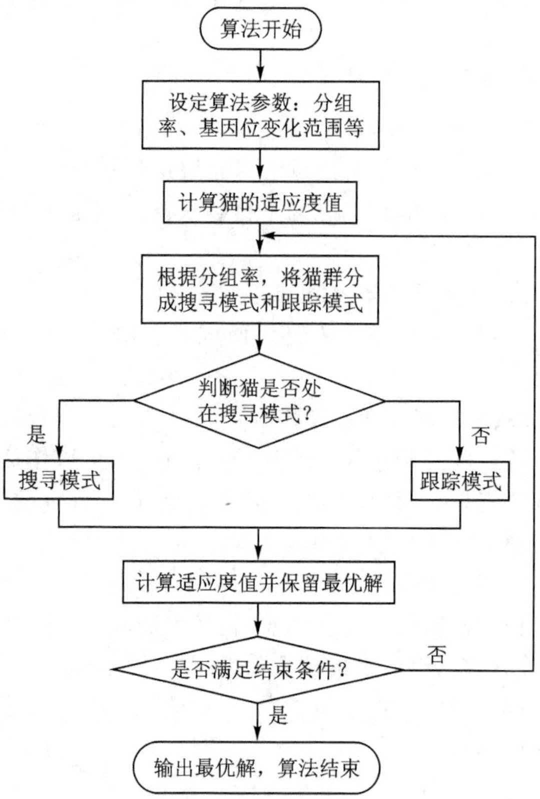


**图 23-1 猫群算法的基本流程**

搜寻模式和跟踪模式的工作步骤如下：

**1. 搜寻模式**

该模式主要是通过模拟猫在休息时不断地搜寻周围的环境，以便于下一次向目标位置移动。搜寻模式需要使用的参数和主要步骤如下。

参数：SMP(Seeking Memory Pool)为记忆池，定义了每只猫所观察的范围，为一个整数，用来存放猫所搜寻的位置点，猫将根据适应度值的大小从记忆池中选择一个最好的位置点；SRD(Seeking Range of the Selected Dimension)表示所选维数的变化率，它为(0,1)区间内的某一值；CDC(Count of Dimension to Change)为维度的变化比率，是(0,1)区间内的某一值；SPC(Self - Position Considering)为自身位置思考，是一个逻辑变量，其值为 0 或者 1，用于表示猫当前所处的位置是否会成为其中一只猫需要移入的候选点。

搜寻模式的工作可分为以下 5 步：

(1) 对于第 $k$ 只猫的当前位置复制 $j$ 份，这里记忆池的大小为 $j$，即 $j=\text{SMP}$。如果自身位置思考的值为真，则令 $j=\text{SMP}-1$，然后保留当前的位置作为一个候选点。

(2) 执行变异算子，对于(1)中的每一个副本，根据维数改变的个数和维数的变化率随机地在原来位置增加一个扰动到达新的位置来代替原来位置。

(3) 计算记忆池中所有候选点的适应度值。

(4) 如果所有的适应度值并不完全相等，则根据下式计算候选点被选择的概率，否则将所有候选点的选择概率置为 1。

$$P_i=\frac{|\text{FS}_i-\text{FS}_b|}{\text{FS}_{\max}-\text{FS}_{\min}},\quad 0<i<j$$

式中：$P_i$ 代表第 $i$ 只猫被选择的概率；$\text{FS}_i$ 表示第 $i$ 只猫的适应度值，适应度函数越大越好，则此时 $\text{FS}_b=\text{FS}_{\min}$，否则 $\text{FS}_b=\text{FS}_{\max}$。

(5) 根据(4)中计算出来的候选点的概率,从候选点中选择一个位置,并且替代当前第 $k$ 只猫的位置。

**2. 跟踪模式**

跟踪模式(tracing mode)是猫跟踪目标时所建立的一个模型。一旦猫进入跟踪模式,它就会按照自身速度进行移动,具体活动行为描述如下:

(1) 由下式更新第 $k$ 只猫每一维的速度 $V_{k,d}$:

$$V_{k,d}(t+1)=V_{k,d}(t)+c\times \text{rand}\times[x_{\text{best},d}(t)-x_{k,d}(t)],\quad d=1,2,\cdots,M$$

式中:$V_{k,d}(t+1)$表示更新后第 $k$ 只猫的第 $d$ 位基因的速度值;$M$ 为个体上总基因长度;$x_{\text{best},d}(t)$表示适应度值最高的猫 $\boldsymbol{X}_{\text{best}}(t)$所处的第 $d$ 个分量;$x_{k,d}(t)$指的是第 $k$ 只猫 $\boldsymbol{X}_k(t)$所处位置的第 $d$ 个分量;$c$ 是一个常量,其值需要根据不同的问题而定;rand 为[0,1]区间上的随机数。

检查速度的大小是否在最大可变范围,如果超出了最大值,则将它设置为最大值。

(2) 根据下式更新第 $k$ 只猫的位置,即

$$x_{k,d}(t+1)=x_{k,d}(t)+V_{k,d}(t+1)$$

式中:$x_{k,d}(t+1)$代表位置更新后第 $k$ 只猫的第 $d$ 个位置分量。

## 23.2 控制参数的选择

在猫群算法中,关键参数主要有群体规模、分组率、个体上每个基团的改变范围、最大进化次数等。这些参数都是在算法开始前就设计好的,对于算法的运算性能有很大的影响。

**1. 群体规模**

群体规模的大小要根据具体的求解优化问题来决定。较大的群体规模虽然可以增大搜索的空间,使所求的解更逼近最优解,但是这也同样增加了算法的时间和空间的复杂度;较小的群体规模,虽然能够使算法较快地收敛,但容易陷入局部最优。

**2. 分组率**

真实世界中大多数猫都处于搜索觅食状态,分组率就是为了使猫群算法更加逼近真实世界猫的行为而定的一个参数,该参数一般取一个很小的值,使少量的猫处于跟踪模式,保证猫群中的大部分猫处于搜寻模式。

**3. 个体上每个基因的改变范围**

该项参数类似于传统进化算法中的变异概率。进行基因的改变主要是为了增加解的多样性,它在猫群算法中起着非常重要的作用。如果个体上每个基因的改变范围太小则很难产生新解;如果个体上每个基因的改变范围太大则会使算法变成随机搜索。

**4. 最大进化次数**

最大进化次数的选取是根据具体问题的实验得出来的。进化次数过少,则使算法还没有取得最优解就提前结束,出现"早熟"现象;进化次数过多,则算法可能早已收敛到了最优解,之后进行的迭代对于最优解的改进几乎没有任何效果,却增加了算法的运算时间。

## 23.3 猫群算法与粒子群算法的比较

猫群算法(CSO)与其他群智能算法相比具有许多类似的地方。首先,猫群算法和其他群智能算法一样,都具有仿生特性,来源于对自然界中存在的生物的观察,都具有种群(swarm)这个概念。种群在算法中用来抽象表示一组解的空间集合,对应于猫群算法中,就是猫群。猫

群算法同样具有群智能算法中对种群初始化的特点，并且都使用适应度来评价个体的优劣性，都不保证能搜索到最好的解。

具体分析 CSO 和粒子群算法(PSO)，可以发现它们具有很多相似的联系，但机制又不尽相同。根据粒子群算法的原理，可以看出，PSO 的原理与 CSO 的跟踪模式相似，在速度更新公式中，PSO 只比 CSO 多了一项个体经历最优值的加权相加，其速度更新都依赖于上一代的速度值和全局最优值。CSO 和 PSO 的位置更新公式相同。这些都说明 CSO 的跟踪模式具有类似 PSO 的特点：算法在迭代的过程中个体逐渐向最优位置靠近；算法在一定程度上具有对之前迭代的位置的记忆性；随机地调整速度分量的大小和方向；在全局最优值的方向上搜寻。

CSO 的寻优过程建立在每次迭代后对猫群的重新分配模式之上。重新分配模式之后，个体猫的行为模式有可能会改变，即个体猫有可能从全局最优搜索转换到局部最优的搜索中，或者相反。这样的机制使得 CSO 跟踪模式对应的全局搜索在迭代的初期仅需要很少部分的猫来执行就能得到比 PSO 更快的收敛速度。在迭代次数逐渐增加的过程中，PSO 中的粒子执行统一的运行模式，所以聚集较快，一旦找到相距最优值比较近的点，所有粒子就会很快收敛到其周围，所以在迭代次数增加的过程中，PSO 搜索的解的精度更高。对应于 CSO，迭代次数的增加并不会使猫在很快的速度内都聚集到最优值的附近，因为每次迭代后，猫都会被重新分配模式，故执行局部搜索的猫的数量远大于执行全局搜索的猫，这样在同样的迭代次数后，猫群必然比粒子群分布得更加分散。CSO 寻优得到的解的精度会低于 PSO，这样的现象在单峰函数的寻优中表现比较明显，因为在单峰函数中，全局最优值单一，个体搜索方向明确。CSO 在整个迭代过程中的个体分散性使其在复杂的应用和跳出局部最优等方面更具优势。

PSO 提出较早，因其原理简单、易于应用，成为了群智能算法中的热点，对其原理、性能、参数、算法改进、应用等的研究成果都给 CSO 的研究提供了海量的参考资料。然而，CSO 与 PSO 相比也有其不同的机制，对 CSO 仍需广泛地研究和深入地分析。



## 23.4 猫群算法的改进

猫群算法的改进算法目前只处于起步研究阶段，大概包括如下三种类型：针对跟踪模式下的速度更新公式和位置更新公式的修改；对 CSO 的种群大小或者分组的改进；CSO 与其他算法的结合。不同出发点的改进方法其实都是为了改进 CSO，避免其易陷入最优，随着迭代次数的增加种群多样性下降而搜索到的最优解精度不高这两个缺点。通常情况下，两者的改进在一定程度上存在矛盾的关系。改进其中一个有时会使另一个的情况变差，而且针对不同的应用环境，究竟是哪个因素起到主要作用也不是很确定。

## 23.5 算法的 MATLAB 实现



**【例 23.1】** 求解下列函数的极小值：

$$f(x,y)=-\frac{1+\cos\left(12\sqrt{x^2+y^2}\right)}{0.5(x^2+y^2)+2},\quad |x,y|\leqslant 10$$

**解**：根据猫群算法的原理，编写函数 CAT，运行后可以得到以下的结果。

```
>> cbest = CAT(@optifun60,100,30,0.2,1000,[-10;-10],[10;10])
>> cbest = x:[3.6877e-004 1.8924e-004]          %极值点
          v:[-1 -0.2237]
          flag:0
          fitness:1.0000                        %极小值为-1。
```

**【例 23.2】** 利用猫群算法求解下列方程全部的根：

$$x^7 + x^5 - 10x^4 - x^3 - x + 10 = 0$$

**解**:将解方程转化为求方程的极小值,根据猫群算法的原理,可以编写函数 cat1 进行求解。为了一次运行能得到方程的全部根,对基本猫群算法程序做了一点改动。

```
>> myval = [300 6 0.3 600];
>> cat_num = myval(1);SMP = myval(2);SRD = myval(3);iter_max = myval(4);
val_bound = [0 3;0 2;-i*2 0;0 2*i;-2 0;0 -1+3*i;-1-3*i 0];
x_max = cat1(@optifun61,cat_num,SMP,SRD,iter_max,val_bound(:,1),val_bound(:,2));
```

从运行结果分析,只要根的边界设置较好、合理,一次运行应该可以得到所有的根,只是复根的精度要低一些。

**【例 23.3】** 多目标优化是对一个以上的目标同时进行优化,它是优化问题的主要研究领域之一。从广义上讲,多目标优化问题一般由多个目标函数、多个决策变量和多个约束条件构成,在大多数情况下,各个目标是相互冲突的,某个目标的性能改善极有可能引起其他目标的性能损失,要想使各个目标同时得到理想状态下的最优是绝对不可能的,只能是在各个目标之间进行折中,尽量使所有的目标达到最优的性能,这就导致多目标问题解的不唯一性。所以与单目标问题不同的是,多目标问题的解由一个集合构成,集合中的每个解都是一个不太坏的解,并且可接受的程度不同。

求解下列多目标优化问题：

$$\min\begin{cases} f_1(\boldsymbol{x}) = \sum_{i=1}^{2}\left[-10\exp\left(-0.2\sqrt{x_i^2 + x_{i+1}^2}\right)\right] \\ f_2(\boldsymbol{x}) = \sum_{i=1}^{3}\left[|x_i|^{0.8} + 5\sin(x_i^3)\right] \end{cases}$$

**解**:将多目标优化问题,转化为下列优化问题：

$$\min\ y = \sum_{i=1}^{M}\omega_i f_i(\boldsymbol{x})$$

$$\text{s.t.}\begin{cases} \sum_{i=1}^{M}\omega_i = 1 \\ x \in \Omega,\quad \Omega\text{ 为可行解域} \end{cases}$$

据此,便可利用猫群算法对上述优化问题进行计算,可得到其中的一次结果：

```
>> cbest = CAT(@optifun62,100,10,0.2,3000,[-5;-5;-5;0;0],[5;5;5;1;1])
>> cbest =   x:[-3.6686 -0.1827 -1.3111 0.0151 0.9887]        %极值点
             v:[1 1 1 1 -0.1063]
       flag:0
    fitness:12.1940
```

从结果分析,对整个函数的极小起作用的是第二个函数,这两个函数的值分别为 4.307 7 与 −12.470 7。

**【例 23.4】** 猫群算法与粒子群算法有一定的相似性,所以借助第 15 章例 15.2 定义的一些算子,猫群算法便可以用来求解 TSP 问题。请用猫群算法求解第 16 章例 16.3 的 TSP 问题。

**解:**对粒子群算法求解 TSP 问题的函数做一些修改,猫群算法便可以求解 TSP 问题,其中跟踪模式下的算子与 PSO 中的完全一样,而搜寻模式下的算子则采用变异算子。

```
>> load city;
>> [bestx,bestf] = catTSP(city,50,10,2000)
>> bestx = 5   6   12   7   13   8   11   9   10   1   2   14   3   4      %较优路径
>> bestf  = 30.8013
```

与最优结果完全一致,说明方法是可行的。

# 第 24 章

# 神经网络与神经网络优化算法

人工神经网络(Artificial Neural Network,ANN)是近年来迅速发展的一个前沿课题,自20世纪40年代提出基本概念以来,其具有的大规模并行处理能力、分布式储存能力、自适应能力,以及适合于求解非线性、容错性和冗余性等问题而引起众多领域科学工作者的关注,已成为解决很多问题的有力工具,对突破现有科学技术的瓶颈,更深入探索非线性等复杂现象起到了重大作用,已广泛应用在许多领域中。

神经网络优化算法就是利用神经网络中神经元的协同并行计算能力来构造的优化算法,它将实际问题的优化解与神经网络的稳定状态相对应,把对实际问题的优化过程映射为神经网络系统的演化过程。

## 24.1 人工神经网络的基本概念

ANN是在人类对其大脑神经网络认识理解的基础上,人工构造的能够实现某种功能的网络系统,它对人脑进行了简化、抽象和模拟,是大脑生物结构的数学模型。ANN由大量功能简单而具有自适应能力的信息处理单元即人工神经元按照大规模并行的方式,通过拓扑结构连接而成。

### 24.1.1 人工神经元

人工神经元是对生物神经元的模拟。在生物神经元上,来自轴突的输入信号神经元终结于突触上。信息是沿着树突传输并发送到另一个神经元。对于人工神经元,这种信号传输由输入信号 $x$、突触权重 $w$、内部阈值 $\theta_j$ 和输出信号 $y$ 来模拟,如图 24-1 所示。

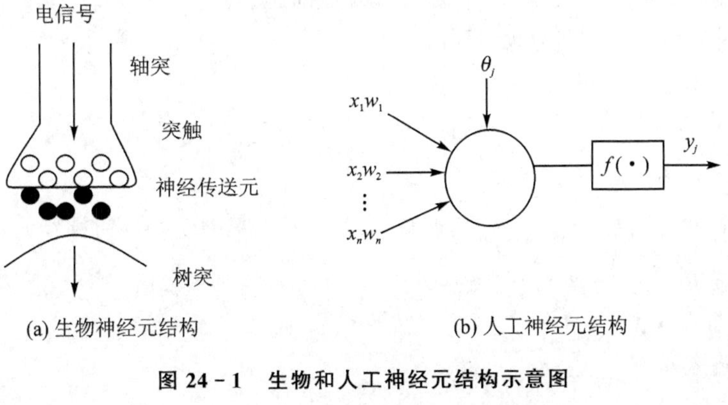


图 24-1 生物和人工神经元结构示意图

### 24.1.2 传递函数

在人工神经元系统中,其输出是通过传递函数 $f(\cdot)$ 来完成的。传递函数的作用是控制输入对输出的激活作用,把可能的无限域变换到给定范围的输出,对输入、输出进行函数转换,以模拟生物神经元线性或非线性转移特性。

由图 24-1 可见，简单神经元主要由权值、阈值和 $f(\cdot)$ 的形式定义，其数学表达式如下：

$$y=f\left(\sum_{i=1}^{n} w_i \cdot x_i - \theta_i\right)$$

表 24-1 所列为一些常用的传递函数，除线性传递函数外，其他变换给出的均是累积信号的非线性变换。因此，人工神经网络特别适合于解决非线性问题。

**表 24-1 神经网络传递函数**

| 类　型 | 函　数 |
|---|---|
| 阈值逻辑(二值) | $f(x)=\begin{cases}1(x\geqslant s)\\0(x<s)\end{cases}$ |
| 阈值逻辑(两极) | $f(x)=\begin{cases}1(x\geqslant s)\\-1(x<s)\end{cases}$ |
| 线性传递函数 | $f(x)=c\cdot x$ |
| 线性阈值函数 | $f(x)=\begin{cases}1(x\geqslant s)\\0(x<s)\\c(\text{其他})\end{cases}$ |
| Sigmoid 函数 | $f(x)=\dfrac{1}{1+e^{-c\cdot x}}$ |
| 双曲线-正切函数 | $f(x)=\dfrac{e^{cx}-e^{-cx}}{e^{cx}+e^{-cx}}$ |

## 24.2 神经网络的模型

### 24.2.1 单层感知机

单层感知机模型如图 24-2 所示，它具有简单的模式识别能力，但只能解决线性分类，而不能解决非线性问题。

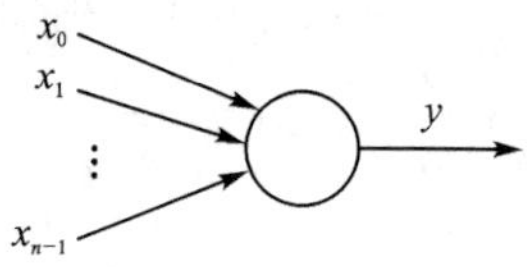


图 24-2 单层感知机模型

通常，单层感知机的学习算法如下：

(1) 给出初始权值 $w_i$ 和阈值 $\theta$。

(2) 给定连续输入样本 $x_i(i=1,2,\cdots,n-1)$ 和目标输出 $c(t)$。

(3) 计算实际输出 $y(t)=f\left(\sum_{i=0}^{n-1} w_i(t)x_i(t)-\theta\right)$，其中 $f(\cdot)$ 为神经元传递函数。

(4) 调整权值 $w_i(t+1)=w_i(t)+\eta[c(t)-y(t)]x_i(t)$，其中 $c(t)=\begin{cases}1, & \text{对 A 类输入样本}\\-1, & \text{对 B 类输入样本}\end{cases}$，$0\leqslant\eta<1$。

(5) 返回第(2)步。

### 24.2.2 多层感知机

**1. 多层感知机模型**

一个 $M$ 层的多层感知机模型可描述如下：

① 网络包含一个输入层(定义为第 0 层)和 $M-1$ 隐层,最后一个隐层称为输出层。

② 第 $l$ 层包含 $N_l$ 个神经元和一个阈值单元(定义为每层的第 0 单元),输出层不包含阈值单元。

③ 第 $l-1$ 层的第 $i$ 个单元到第 $l$ 层的第 $j$ 个单元的权值表示为 $w_{ij}^{l-1,l}$。

④ 第 $l$ 层的第 $j$ 个神经元的输入定义为 $x_j^l=\sum\limits_{i=0}^{N_{l-1}} w_{ij}^{l-1,l} y_i^{l-1}$,输出定义为 $y_j^l=f(x_i^l)$,其中 $f(\cdot)$ 为隐单元传递函数,常采用 Sigmoid 函数,即 $f(x)=[1+\exp(-x)]^{-1}$,输入单元一般采用线性传递函数 $f(x)=x$,阈值单元的输出始终为 1。

⑤ 目标函数通常采用

$$E=\sum_{p=1}^{P} E_p=\frac{1}{2}\sum_{p=1}^{P}\sum_{j=1}^{N_{M-1}}(y_{j,p}^{M-1}-t_{j,p})^2$$

式中:$P$ 为样本数;$t_{j,p}$ 为第 $p$ 个样本的第 $j$ 个输出分量。

对于典型的三层前向网络,其结构如图 24 - 3 所示。

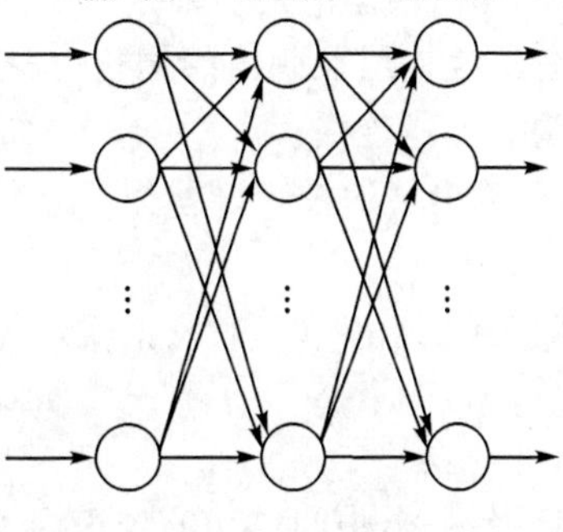

**图 24 - 3　BP 神经网络结构**

**2. BP 算法**

网络学习归结为确定网络的结构和权值,使目标函数值最小。1985 年,Rumelhart 提出的 Error Back Propagation 算法(简称 BP 算法),系统地解决了多层网络中隐单元层连接权的学习问题。目前 BP 模型已成为人工神经网络的重要模型之一,并得到了广泛的应用。

BP 人工神经网络由输入层、隐含层和输出层三层组成,其核心是通过一边向后传递误差,一边修正误差的方法来不断调节网络参数(权、阈值),以实现或逼近所希望的输入、输出映射关系。

(1) BP 算法步骤

BP 人工神经网络的学习算法步骤如下:

1) 确定参数

输入向量 $\boldsymbol{X}=[x_1,x_2,\cdots,x_n]^{\mathrm{T}}$,$n$ 为输入层单元个数;

输出向量 $\boldsymbol{Y}=[y_1,y_2,\cdots,y_q]^{\mathrm{T}}$,$q$ 为输出层单元个数;

希望输出向量 $\boldsymbol{O}=[o_1,o_2,\cdots,o_q]^{\mathrm{T}}$;

隐含层输出向量 $\boldsymbol{B}=[b_1,b_2,\cdots,b_p]^{\mathrm{T}}$,$p$ 为隐含层单元数;

输入层至隐含层的连接权值 $\boldsymbol{W}_j=[w_{j1},w_{j2},\cdots,w_{jt},\cdots,w_{jn}]^{\mathrm{T}}$,$j=1,2,\cdots,p$;

隐含层至输出层的连接权值 $\boldsymbol{V}_k=[v_{k1},v_{k2},\cdots,w_{kj},\cdots,w_{kp}]^{\mathrm{T}}$,$k=1,2,\cdots,q$。

2) 输入模式的顺传播

① 计算隐含层各神经元的激活值 $s_j$,即

$$s_j=\sum_{i=1}^{n} w_{ji}x_i-\theta_j,\quad j=1,2,\cdots,p$$

式中:$w_{ji}$ 为输入层至隐含层的连接权值;$\theta_j$ 为隐含层单元的阈值。

传递函数采用 S 形函数,即

$$f(x)=\frac{1}{1+\mathrm{e}^{-x}}$$

② 计算隐含层单元的输出值，即

$$b_j = f(s_j) = \frac{1}{1 + \exp(-\sum_{i=1}^{n} w_{ji} x_i + \theta_j)}$$

阈值在学习过程中和权值一样也不断地被修正。

同理，可求得输出端的激活值和输出值。

③ 计算输出层第 $k$ 个单元的激活值 $s_k$，即

$$s_k = \sum_{j=1}^{p} v_{kj} b_j - \theta_k$$

④ 计算输出层第 $k$ 个单元的实际输出值 $y_k$，即

$$y_k = f(s_k), \quad t = 1,2,\cdots,q$$

式中：$v_{kj}$ 为隐含层到输出层的权值；$\theta_k$ 为输出层单元阈值；$f(x)$为 S 形传递函数。

利用以上各式就可计算出一个输入模式的顺传播过程。

3) 输出误差的逆传播

各层连接层及阈值的调整，按梯度下降法的原则进行，并且其校正是从后向前进行的，所以称为误差逆传播。

① 输出层的校正误差为

$$d_k = (o_k - y_k) y_k (1 - y_k), \quad k = 1,2,\cdots,q$$

② 隐含层各单元的校正误差为

$$e_j = \left[\sum_{k=1}^{q} v_{kj} d_k\right] b_j (1 - b_j)$$

应注意，每一个中间单元的校正误差都是由 $q$ 个输出层单元校正误差传递而产生的。当校正误差求出后，可利用 $d_k$ 和 $e_j$ 沿逆方向逐层调整输出层至隐含层、隐含层至输入层的权值。

③ 输出层至隐含层连接权值和输出层阈值的校正量为

$$\Delta v_{kj} = \alpha d_k b_j$$

$$\Delta \theta_k = \alpha d_k$$

式中：$b_j$ 为隐含层 $j$ 单元的输出；$d_k$ 为输出层的校正误差；$\alpha > 0$ 为学习系数。

④ 隐含层至输入层的校正量为

$$\Delta w_{ji} = \beta e_j x_i$$

$$\Delta \theta_j = \beta e_j$$

式中：$e_j$ 为隐含层单元的校正误差；$0 < \beta < 1$ 为学习系数。

从校正量计算公式可以看出，调整量与误差成正比，即误差越大，调整的幅度就越大；调整量与输入值的大小成正比，因此，与其相连的调整幅度就应该越大；调整量与学习系数成正比。通常学习系数在 0.1～0.8 之间，为使整个学习过程加快又不引起振荡，可采用变学习速率的方法，即在学习初期取较大的学习系数，随着学习过程的进行逐渐减少其值。

为了使网络的输出误差趋于极小值，对于神经网络输入的每一组训练模式，一般要经过多次的循环记忆训练，才能使网络记住这一模式。这种循环记忆训练实际上就是反复重复以上的输入模式。

(2) BP 算法的缺陷及改进措施

实质上 BP 算法是一种梯度下降法，算法性能依赖于初始条件，学习过程易于陷入局部极小。实验表明，BP 算法的学习速度、精度、初值鲁棒性和网络推广性能都较差，不能满足应用

的要求。

1) BP 算法收敛缓慢的原因及改进措施

① 它利用梯度信息来调整权值,在误差曲面平坦处,导数值较小使得权值调整幅度较小,从而误差下降很慢;在曲面率较大处,导数值较大使得调整幅度较大,会出现跃冲极小点现象,从而引起振荡。

② 当神经元的总输入偏离阈值太远时,总输入就进入传递函数非线性特性的饱和区。此时若实际输出与期望输出不一致,则传递函数较小的导数值将导致算法难以摆脱“平台”区。

③ 由于网络结构的复杂性,不同权值和阈值对同一样本的收敛速度不同,从而使整体学习缓慢。

针对以上训练缓慢的原因,可提出相应的措施进行改进,如改变步长、加动量项和改变动量因子,选择适当的神经元传递函数和初始权值、阈值,并对输入样本进行归一化处理等。

2) BP 算法易陷入局部极小的原因和改进措施

由于不能保证目标函数在权空间中的正定,而误差曲面往往复杂且无规则,存在多个分布无规则的局部极小点,所以 BP 算法容易陷入局部极小。

BP 算法的改进措施主要有:

① 引入全局优化技术;

② 平坦化优化曲面以消除局部极小;

③ 设计合适的网络使其满足不产生局部极小的条件。

3) BP 算法推广性能差的原因和改进措施

网络的推广性能差主要表现为:网络能够很好地实现训练样本的输入/输出映射,但不能保证对未训练的样本输入得到理想的输出。

BP 算法的改进方法:

① 引入与问题相关的先验知识对权值加以限制;

② 产生虚拟“瓶颈层”,以便对权矩阵的秩施加限制;

③ 对目标函数附加惩罚项以强制无用权值趋于零;

④ 动态修改网络结构,对推广函数与目标函数进行多目标优化等。

## 24.2.3　径向基函数神经网络

径向基函数神经网络(Radial Basis Function,RBF)是 20 世纪 80 年代提出的一种人工神经网络结构,是具有单隐层的前向网络。它不仅可以用于函数逼近,还可以进行预测。

RBF 是一种三层前馈网络,输入层为信号源结构,仅起到数据信息的传递作用,对输入信息不进行任何变换;第二层为隐含层,结构数视需要而定,隐含层神经元的核函数(作用函数)为高斯函数,对输入信号进行空间映射变换;第三层为输出层,它对输入模式做出响应。输出层神经元的作用函数为线性函数,对隐含层神经元输出的信息进行线性加权后输出,作为整个神经网络的输出结构。其网络结构如图 24-4 所示。

径向基函数是径向对称的,最常用的是高斯函数,如下:

$$R_i(\boldsymbol{x}) = \exp\left(-\frac{\|\boldsymbol{x}-\boldsymbol{C}_i\|^2}{2\sigma_i^2}\right), \quad i=1,2,\cdots,p$$

式中:$\boldsymbol{x}$ 是 $m$ 维输入向量;$\boldsymbol{C}_i$ 是第 $i$ 个基函数的中心;$\sigma_i$ 是第 $i$ 个感知的变量,$p$ 是感知单元的个数,$\|\boldsymbol{x}-\boldsymbol{C}_i\|^2$ 是向量 $\boldsymbol{x}-\boldsymbol{C}_i$ 的范数。

从图 24－4 中可看出，RBF 网络的输入层实现从 $\boldsymbol{x} \to R_i(x)$ 的非线性映射，输出层实现从 $R_i(x) \to y_k$ 的线性映射，即

$$y_k = \sum_{i=1}^{p} w_{ij} R_i(x), \quad k = 1, 2, \cdots, q$$

式中：$q$ 是输出节点数。

从理论上讲，它可以逼近任何的非线性函数。

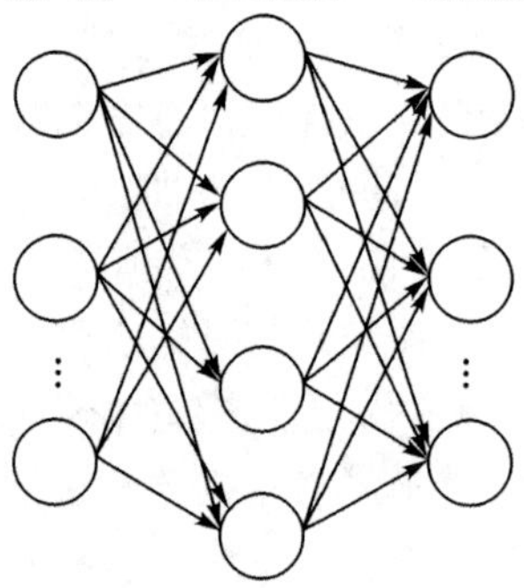

图 24－4　RBF 网络结构

RBF 人工神经网络的学习算法包含以下几步：

(1) 初始化。对连接权重 $w$、各神经元的中心参数 $c$、宽度向量 $\sigma$ 等参数按一定的方式进行初始化，并给定 $\alpha$ 和 $\eta$ 的取值。

(2) 计算隐含层的输出。利用高斯函数计算隐含层的输出 $R_i$。

(3) 计算输出层神经元的输出。利用下式求出输出神经元的输出：

$$y_k = \sum_{i=1}^{p} w_{ij} R_i(x)$$

(4) 误差调整。对各初始化值，根据下式进行迭代计算，以自适应调节到最佳值，即

$$w_{kj}(t) = w_{kj}(t-1) - \eta \frac{\partial E}{\partial w_{kj}(t-1)} + \alpha[w_{kj}(t-1) - w_{kj}(t-2)]$$

$$c_{ji}(t) = c_{ji}(t-1) - \eta \frac{\partial E}{\partial c_{ji}(t-1)} + \alpha[c_{ji}(t-1) - c_{ji}(t-2)]$$

$$\sigma_{ji}(t) = \sigma_{ji}(t-1) - \eta \frac{\partial E}{\partial \sigma_{ji}(t-1)} + \alpha[\sigma_{ji}(t-1) - \sigma_{ji}(t-2)]$$

式中：$w_{kj}(t)$ 为第 $k$ 个输出神经元与第 $j$ 个隐含层神经元之间在第 $t$ 次迭代计算时的调节权重；$c_{ji}(t)$ 为第 $j$ 个隐含层对应于第 $i$ 个输入神经元在第 $t$ 次迭代计算时的中心分量；$\sigma_{ji}(t)$ 为与中心 $c_{ji}(t)$ 对应的宽度；$\eta$ 为学习因子；$E$ 为 RBF 神经网络误差函数，由下式给出，即

$$E = \frac{1}{2} \sum_{l=1}^{N} \sum_{k=1}^{q} (y_{lk} - O_{lk})^2$$

式中：$O_{lk}$ 为第 $k$ 个输出神经元在第 $l$ 个输入样本时的期望输出值；$y_{lk}$ 为第 $k$ 个输出神经元在第 $l$ 个输入样本时的网络输出值。

(5) 当误差达到最小时，迭代结束，计算输出，否则转第(2)步。

### 24.2.4　自组织竞争人工神经网络

在生物神经系统中，存在着一种"侧抑制"现象，即一个神经细胞兴奋后，通过它的分支会对周围其他神经细胞产生抑制。由于这种现象的作用，各个细胞之间会相互竞争，其最终的结果是兴奋作用最强的神经元所产生的抑制作用消除了周围其他细胞的作用。

自组织(Kohonen 网络)竞争人工神经网络就是模拟了上述的生物结构和现象的一种人工神经网络。它以无导师学习方式进行网络训练，具有自组织能力。它能够对输入模式进行自组织训练和判断，并将其最终分为不同的类型。

在网络结构上，自组织竞争人工神经网络一般由输入层和竞争层两层网络构成，如图 24－5 所示。输入层和竞争层之间的神经单元实现双向连接，同时竞争层各个神经元之间还存在着横向连接。

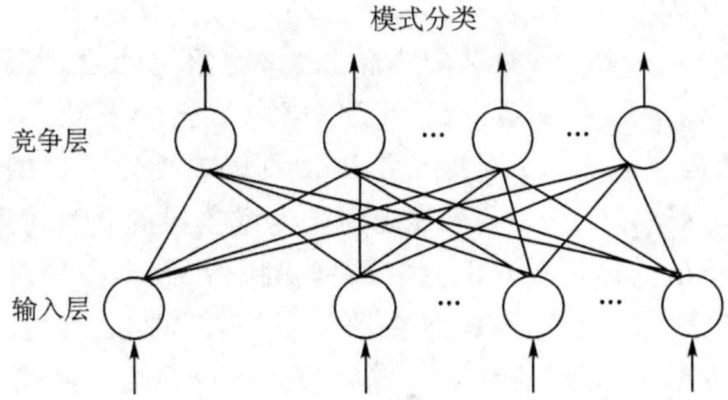


**图 24-5　自组织竞争网络结构图**

从图 24-5 中可以看出，自组织竞争网络的输出不但能判断输入模式所属的类别并使输出节点代表某一模式，还能够得到整个数据区域的大体分布情况，即从样本数据中找到所有数据分布的大体分布特征。

根据网络特点，自组织竞争神经网络在训练的初始阶段，不但对获胜节点进行调整，也对其较大范围内的几何邻近节点权重做相应的调整，而随着训练过程的进行，与输出节点相连接的权向量越来越接近其代表的模式，这时，对获胜节点的权重只做细微的调整，并对几何上较邻近的节点进行相应的调整。直至最后，只对获胜节点的权重进行调整。训练结束后，几何上相近的输出节点所连接的权重向量既有联系又有区别，保证了对某一类输入模式，获胜节点能做出最大响应，而相邻节点也能做出较大响应。

自组织竞争神经网络的学习算法如下：

(1) 连接权重初始化。对所有从输入节点到输出节点的连接权重进行随机赋值，读数器 $t=0$。

(2) 网络输入。对网络进行模式的输入。

(3) 调整权重。计算输入与全部输出节点连接权重的距离，即

$$d_i = \sum (\boldsymbol{x}_{ik} - \boldsymbol{w}_{ij})^2, \quad i=1,2,\cdots,n, \quad j=1,2,\cdots,m$$

式中：$\boldsymbol{x}_{ik}$ 为网络的输入；$\boldsymbol{w}_{ij}$ 各节点的权重；$n$ 是样本的维数；$m$ 是节点数。

(4) 竞争。具有最小距离的节点 $N_i^*$ 竞争获胜，即

$$d_j^* = \min_{j\in\{1,2,\ldots,m\}} \{d_j\}$$

(5) 调整权值。调整输出节点 $N_i^*$ 所连接的权向量及 $N_i^*$ 几何邻域 $NE_i^*(t)$ 内的节点连接权值，即

$$\Delta w_{ij} = \eta(t)(x_i^k - w_{ij}), \quad i=1,2,\cdots,n$$

其中，$\eta$ 是一种可变学习速度，随时间推移而衰减，这意味着随着训练过程的进行，权重调整幅度越来越小，以使竞争获胜点所连接的权向量能代表模式的本质属性。$NE_i^*(t)$ 也随时间而收缩。最后在 $t$ 充分大时，$NE_i^*(t)=\{N_j^*\}$，即只训练获胜节点本身，以实现权值的变化。

(6) 若还有输入样本数据，由 $t=t+1$，转入第(2)步。

## 24.2.5　对向传播神经网络

对向传播网络(Counter Propagation Network，CPN)是将自组织竞争网络与 Grossberg 基本竞争型网络相结合，发挥各自特长的一种新型特征映射网络。这一网络是美国计算机专家 Robert Hecht-Nielsen 于 1987 年提出的。这种网络被广泛应用于模式分类、函数近似、统

计分析和数据压缩等领域。

CPN 网络结构如图 24－6 所示，网络分为输入层、竞争层和输出层。输入层与竞争层构成 SOM 网络，竞争层与输出层构成基本竞争型网络。从整体上看，网络属于有导师型的网络，而由输入层和竞争层构成的 SOM 网络又是一种典型的无导师型的神经网络。其基本思想是由输入层到竞争层，网络按照 SOM 学习规则产生竞争层的获胜神经元，并按照这一规则调整相应的输入层到竞争层的连接权。由竞争层到输出层，网络按照基本竞争型网络学习规则，得到各输出神经元的实际输出值，并按照在导师型的误差方法，修正由竞争层到输出层的连接权。经过这样的反复学习，可以将任意的输入模式映射为输出模式。

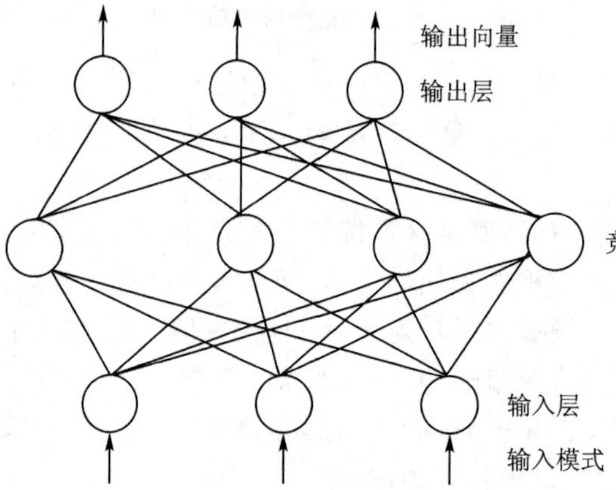


**图 24－6　CPN 网络结构**

CPN 网络的学习算法如下：

(1) 初始化及确定参数。确定输入层神经元数 $n$，并对输入向量 $\boldsymbol{X}$ 进行归一化处理。

$$x_i = \frac{x_i}{\sqrt{\sum_{i=1}^{n} x_i^2}}, \quad i = 1,2,\cdots,n$$

确定竞争层神经元 $p$，对应的二值输出向量 $\boldsymbol{B} = [b_1, b_2, \cdots, b_p]^{\mathrm{T}}$，输出层输出向量 $\boldsymbol{Y} = [y_1, y_2, \cdots, y_q]^{\mathrm{T}}$，目标输出向量 $\boldsymbol{O} = [o_1, o_2, \cdots, o_q]^{\mathrm{T}}$，读数器 $t = 0$。

初始化由输入层到竞争层的连接权值 $\boldsymbol{W}_j$ 和由竞争层到输出层的连接权重 $\boldsymbol{V}_k$，并对 $\boldsymbol{W}_j$ 进行归一化处理。

(2) 计算竞争层的输入。按下列公式求竞争层每个神经元的输入，即

$$S_j = \sum_{i=1}^{n} x_i w_{ji}, \quad j = 1,2,\cdots,p$$

(3) 计算连接权重 $\boldsymbol{W}_j$ 与 $\boldsymbol{X}$ 距离最近的向量。按下列公式计算，即

$$W_g = \max_{j=1,2,\cdots,p} \sum_{i=1}^{n} x_i w_{ji}$$

(4) 将神经元 $g$ 的输出设定为 1，其余神经元输出设定为 0，即

$$b_j = \begin{cases} 1, & j = g \\ 0, & j \neq g \end{cases}$$

(5) 修正连接权值 $\boldsymbol{W}_g$。按下列进行修正并进行归一化，即

$$w_{gi}(t+1) = w_{gi}(t) + \alpha(x_i - w_{gi}(t)), \quad i = 1,2,\cdots,n, \quad 0 < \alpha < 1$$

(6) 计算输出。按下式计算输出神经元的实际输出值，即

$$y_k = \sum_{j=1}^{p} v_{kj} b_j, \quad k=1,2,\cdots,q$$

(7) 修正连接权重 $\boldsymbol{V}_g$。按下式修正权重 $\boldsymbol{V}_g$，即

$$v_{kg}(t+1) = v_{kg}(t) + \beta b_j (y_k - o_k), \quad k=1,2,\cdots,q, \quad 0<\beta<1$$

(8) 返回(2)，直到将 $N$ 个输入模式全部输入。

(9) 置 $t=t+1$，将输入模式 $\boldsymbol{X}$ 重新提供给网络学习，直到 $t=T$，其中 $T$ 为预先设定的学习总次数，一般大于 500。

## 24.2.6　反馈型神经网络

反馈型神经网络(Hopfield)是最典型的反馈网络模型，是目前人们研究得最多的模型之一。它是由相同的神经网络元构成的单层，并且具有学习功能的自联想网络，可以完成制约优化和联想记忆等功能。

Hopfield 网络的拓扑结构如图 24－7 所示，其中第一层仅作为网络的输入，它不是实际的神经元，没有计算功能。第二层是实际神经元，执行对输入信息与系数相乘的积再求累加，并由非线性函数 $f$ 处理后产生输入信息。$f$ 是一个简单的阈值函数，如果神经元的输出信息大于阈值 $\theta$，那么神经元的输出就取值为 1；如果神经元的输出信息小于阈值 $\theta$，那么神经元的输出就取值为－1。

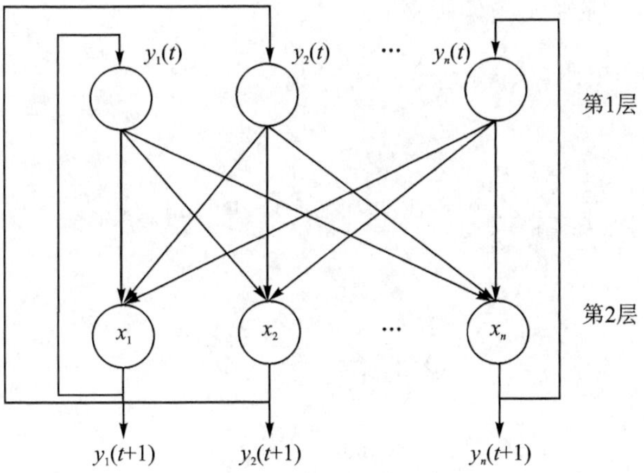


**图 24－7　Hopfield 网络结构**

从图 24－7 中还可看出，Hopfield 网络是一种循环神经网络，从输出到输入到反馈连接。反馈神经网络由于其输出端有反馈到其输入端，所以 Hopfield 网络在输入的激励下，会产生不断的状态变化。当有输入之后，可以求得 Hopfield 的输出。这个输出反馈到输入，从而产生新的输出，这个反馈过程一直进行下去。如果 Hopfield 网络是一个能收敛的稳定网络，则这个反馈和迭代的计算过程所产生的变化越来越小。一旦达到了稳定平衡状态，Hopfield 网络就会输出一个稳定的恒值。

**1. 离散型 Hopfield 网络**

离散型 Hopfield 网络的输出为二值型，网络采用全连接结构。用 $v_1, v_2, \cdots, v_n$ 表示各神经元的输出，$w_{1i}, w_{2i}, \cdots, w_{ni}$ 为各神经元与第 $i$ 神经元的连接权值，$\theta_i$ 为第 $i$ 神经元的阈值，则有

$$v_i = f\left(\sum_{\substack{j=1 \\ j\neq i}}^{n} w_{ji} v_j - \theta_i\right) = f(u_i) = \begin{cases} 1, & u_i \geqslant 0 \\ -1, & u_i < 0 \end{cases}$$

能量函数定义为 $E = -\dfrac{1}{2}\sum_{i=1}^{n}\sum_{\substack{j=1 \\ j\neq i}}^{n} w_{ij} v_i v_j + \sum_{i=1}^{n} \theta_i v_i$，则其变化量为

$$\Delta E = \sum_{i=1}^{n} \frac{\partial E}{\partial v_i} \Delta v_i = \sum_{i=1}^{n} \Delta v_i \left(-\sum_{\substack{j=1 \\ j\neq i}}^{n} w_{ij} v_j + \theta_i\right) \leqslant 0$$

**2. 连续型 Hopfield 网络**

连续型 Hopfield 网络如图 24-8 所示。网络的动态方程简化描述为

$$\begin{cases} C_i \dfrac{\mathrm{d}u_i}{\mathrm{d}t} = \sum\limits_{j=1}^{n} T_{ji} v_i - \dfrac{u_i}{R_i} + I_i \\ v_i = g(u_i) \end{cases}$$

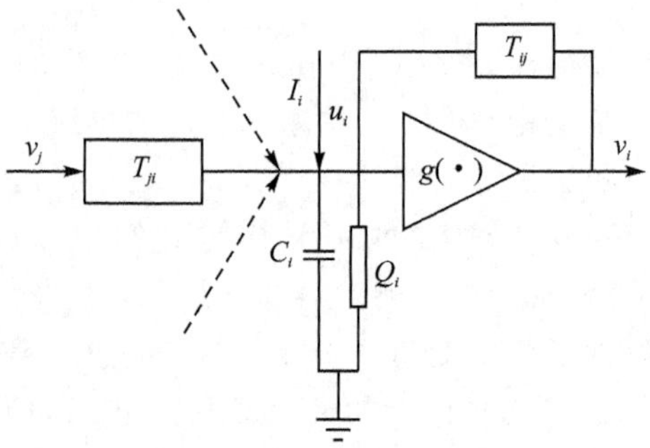


**图 24-8　连续型 Hopfield 网络**

式中：$u_i$、$v_i$ 分别为第 $i$ 神经元的输入和输出；$g(\cdot)$为具有连续且单调增性质的神经元传递函数；$T_{ij}$ 为第 $i$ 神经元到第 $j$ 神经元的连接权；$I_i$ 为施加在第 $i$ 神经元的偏置；$C_i > 0$ 和 $Q_i$ 为相应的电容和电阻，$\dfrac{1}{R_i} = \dfrac{1}{Q_i} + \sum_{j=1}^{n} T_{ji}$。

定义能量函数为

$$E = -\frac{1}{2}\sum_{i=1}^{n}\sum_{\substack{j=1 \\ j\neq i}}^{n} w_{ij} v_i v_j - \sum_{i=1}^{n} I_i v_i + \sum_{i=1}^{n}\int_0^{v_i} g^{-1}(v)\mathrm{d}v / R_i$$

则其变化量为

$$\frac{\mathrm{d}E}{\mathrm{d}t} = \sum_{i=1}^{n} \frac{\partial E}{\partial v_i} \frac{\mathrm{d}v_i}{\mathrm{d}t}$$

其中，

$$\begin{aligned} \frac{\partial E}{\partial v_i} &= -\frac{1}{2}\sum_{j=1}^{n} T_{ij} v_j - \frac{1}{2}\sum_{j=1}^{n} T_{ji} v_j + \frac{u_i}{R_i} - I_i \\ &= -\frac{1}{2}\sum_{j=1}^{n} (T_{ij} - T_{ji}) v_j - \left(\sum_{j=1}^{n} T_{ji} v_j - \frac{u_i}{R_i} + I_i\right) \\ &= -\frac{1}{2}\sum_{j=1}^{n} (T_{ij} - T_{ji}) v_j - C_i \frac{\mathrm{d}u_i}{\mathrm{d}t} = -\frac{1}{2}\sum_{j=1}^{n} (T_{ij} - T_{ji}) v_j - C_i g^{-1'}(v_i) \frac{\mathrm{d}v_i}{\mathrm{d}t} \end{aligned}$$

于是，当 $T_{ij} = T_{ji}$ 时，

$$\frac{\mathrm{d}E}{\mathrm{d}t} = -\sum_{i=1}^{n} C_i g^{-1'}(v_i) \left(\frac{\mathrm{d}v_i}{\mathrm{d}t}\right)^2 \leqslant 0$$

且当$\dfrac{\mathrm{d}v_i}{\mathrm{d}t} = 0$ 时，$\dfrac{\mathrm{d}E}{\mathrm{d}t} = 0$。因此，随时间的增长，神经网络在状态空间中的解轨迹总是向能量函数减小的方向变化，且网络的稳定点就是能量函数的极小点。

连续型 Hopfield 网络广泛用于联想记忆和优化计算问题。当用于联想记忆时，能量函数是给定的，网络的运行过程是通过确定合适的权值以满足最小能量函数的要求；当用于优化计

算时，网络的连接权值是确定的，首先将目标函数与能量函数相对应，然后通过网络的运行使能量函数不断下降并最终达到最小，从而达到问题对应的极小解。

Hopfield 网络的训练和分类利用的是 Hopfield 网络的联想记忆功能。当它作联想记忆时，首先通过一个学习训练过程确定网络中的权重，使所记忆的信息在网络的 $n$ 维超立方体的某一个顶角的能量最小。当网络的权值被确定之后，只要向网络给出输入向量，即使这个向量是不完全或部分不正确的数据，网络仍然产生所记忆的信息的完整输出。

Hopfield 网络的学习算法如下：

(1) 确定参数

将输入向量 $\boldsymbol{X}=[x_{i1},x_{i2},\cdots,x_{in}]^{\mathrm{T}}$ 存入 Hopfield 网络中，则在网络中第 $i$、$j$ 两个节点间的权重系数按下列公式计算

$$w_{ij}=\begin{cases}\sum\limits_{k=1}^{N}x_{ki}x_{kj}, & i\neq j\\ 0, & i=j\end{cases},\quad i,j=1,2,\cdots,n$$

确定输出向量 $\boldsymbol{Y}=[y_1,y_2,\cdots,y_n]^{\mathrm{T}}$。

(2) 对待测样本进行分类

对于待测样本，通过对 Hopfield 网络构成的联想存储器进行联想检索过程实现分类。

① 将 $\boldsymbol{X}$ 中各个分量的 $x_1,x_2,\cdots,x_n$ 分别作为第一层网络 $n$ 节点个输入，则节点有相应的初始状态 $\boldsymbol{Y}(t=0)$，即 $y_i(0)=x_j, j=1,2,\cdots,n$。

② 对于二值神经元，计算当前 Hopfield 网络输出。

$$U_j(t+1)=\sum_{i=1}^{n}w_{ji}y_i(t)+x_j-\theta_j,\quad j=1,2,\cdots,n$$

$$y_i(t+1)=f(U_j(t+1)),\quad j=1,2,\cdots,n$$

式中：$x_j$ 为外部输入；$f$ 是非线性函数，可以选择阶跃函数；$\theta_j$ 为阈值函数。

$$f(U_j(t+1))=\begin{cases}-1, & U_j(t+1)<0\\ 1, & U_j(t+1)\geqslant 0\end{cases}$$

③ 对于一个网络来说，稳定性是一个重要的性能指标。对于离散的 Hopfield 网络，其状态为 $\boldsymbol{Y}(t)$，如果对于任何 $\Delta t>0$，当网络从 $t=0$ 开始，有初始状态 $\boldsymbol{Y}(0)$，经过有限时间 $t$，有 $\boldsymbol{Y}(t+\Delta t)=\boldsymbol{Y}(t)$，则称网络是稳定的，此时的状态称为稳定状态。通过网络状态不断变化，最后状态会稳定下来，最终的状态是与待测样本向量 $\boldsymbol{X}$ 最接近的训练样本。所以，Hopfield 网络的最终输出也就是待测样本向量联想检索结果。

④ 利用最终输出与训练样本进行匹配，找出最相近的训练样本向量，其类别即是待测样本类别。所以，即使待测样本并不完全或部分不正确，也能找到正确的结果。

## 24.3　神经网络与优化问题

由于神经网络具有强大的自学习、自适应和自组织能力，有较好的容错和并行处理能力，以及对非线性函数有较强的逼近能力，因而得到了越来越广泛的研究和应用推广。人工神经网络的大部分模型是非线性动态系统，若将所计算问题的目标函数与网络某种能量函数对应起来，则网络动态向能量函数极小值方向移动的过程则可视作优化问题的解算过程。网络的动态过程就是优化问题的计算过程，稳定点则是优化问题的局部或全局最优动态过程解，这方

面的应用包括组合优化、条件约束优化等一类求解问题，如旅行商问题、任务分配、货物调度、路径选择、组合编码、排序系统规划、交通管理以及图论中各类问题的解算等。

应用神经网络方法求解优化问题，其关键问题是如何把求解一个优化问题转化成一个动力系统的收敛性问题。在这个方面有许多方法可以应用，如梯度方法、投影方法、罚方法、KKT 条件、Lagrange 乘数法等。对于一个具体的最优化问题，首先应用最优化理论和方法，如 Lagrange 乘子法、KKT 条件与对偶理论等，将其转化成一些等式或者不等式，然后利用这些等式或者不等式构造神经网络模型。通过研究所构造神经网络模型的稳定状态来求解最优化问题。

### 24.3.1 求解优化问题的神经网络方法

**1. 伪凸优化问题**

伪凸优化问题是指下式描述的优化问题

$$\begin{aligned}&\min\ f(\boldsymbol{x})\\ &\text{s.t.}\quad \boldsymbol{A}\boldsymbol{x}=\boldsymbol{b}\end{aligned}$$

式中：$\boldsymbol{x}\in\mathbf{R}^n$；$\boldsymbol{A}\in\mathbf{R}^{m\times n}$ 是一个行满秩矩阵（$\text{rank}(\boldsymbol{A})=m<n$）。目标函数 $f:\mathbf{R}^n\to\mathbf{R}$ 是局部连续的伪凸函数。

可以构造与原优化问题等价的神经网络模型来求解此优化问题。通过分析，可得到与原优化问题等价的的神经网络模型

$$\dot{x}=-(\boldsymbol{I}-\boldsymbol{P})\nabla f(\boldsymbol{x})$$

式中：$\boldsymbol{P}=\boldsymbol{A}^{\mathrm{T}}(\boldsymbol{A}\boldsymbol{A}^{\mathrm{T}})^{-1}\boldsymbol{A}$。

这样，原优化问题就可以通过找到神经网络的平衡解来求解。另外，如果神经网络的平衡解 $\bar{x}$ 满足 $\boldsymbol{A}\bar{x}=\bar{b}$，那么 $\bar{x}$ 就是原优化问题的一个最优解。

神经网络模型很容易通过电路来实现，如图 24-9 所示。

**2. 带有等式和不等式约束条件的优化问题**

对于以下的凸优化问题

$$\begin{aligned}&\min\ f(\boldsymbol{x})\\ &\text{s.t.}\quad g(\boldsymbol{x})\leqslant 0\\ &\qquad\ \ \boldsymbol{A}\boldsymbol{x}=\boldsymbol{b}\end{aligned}$$

式中：$\boldsymbol{x}\in\mathbf{R}^n$；$\boldsymbol{A}\in\mathbf{R}^{m\times n}$ 是一个行满秩矩阵（$\text{rank}(\boldsymbol{A})=m<n$）。目标函数 $f:\mathbf{R}^n\to\mathbf{R}$ 是局部连续的凸函数，$g:\mathbf{R}^n\to\mathbf{R}^m$ 是连续的向量值函数，且 $g_1,g_2,\cdots,g_m$ 也是凸函数。

同样，构造一个能够解决原优化问题的神经网络。通过分析，可得到与原优化问题等价的的神经网络模型，即

$$\begin{cases}\dfrac{\mathrm{d}x}{\mathrm{d}t}=-(\boldsymbol{I}-\boldsymbol{P})[\nabla f(\boldsymbol{x})+\nabla \boldsymbol{g}(\boldsymbol{x})^{\mathrm{T}}\bar{\boldsymbol{y}}]-\boldsymbol{Q}(\boldsymbol{A}\boldsymbol{x}-\boldsymbol{b})\\[2mm] \dfrac{\mathrm{d}y}{\mathrm{d}t}=-\dfrac{1}{2}(\boldsymbol{y}-\bar{\boldsymbol{y}})\end{cases}$$

式中：$\bar{\boldsymbol{y}}=[\boldsymbol{y}+g(\boldsymbol{x})]^{+}$；$\boldsymbol{P}=\boldsymbol{A}^{\mathrm{T}}(\boldsymbol{A}\boldsymbol{A}^{\mathrm{T}})^{-1}\boldsymbol{A}$；$\boldsymbol{Q}=\boldsymbol{A}^{\mathrm{T}}(\boldsymbol{A}\boldsymbol{A}^{\mathrm{T}})^{-1}$。

可以证明，神经网络模型的平衡解和相应的满足 KKT 条件的点是等价的，而相应的满足 KKT 条件的点又和原优化问题的最优解是等价的，从而优化问题的最优解可以通过求解神经网络的平衡解来找到。

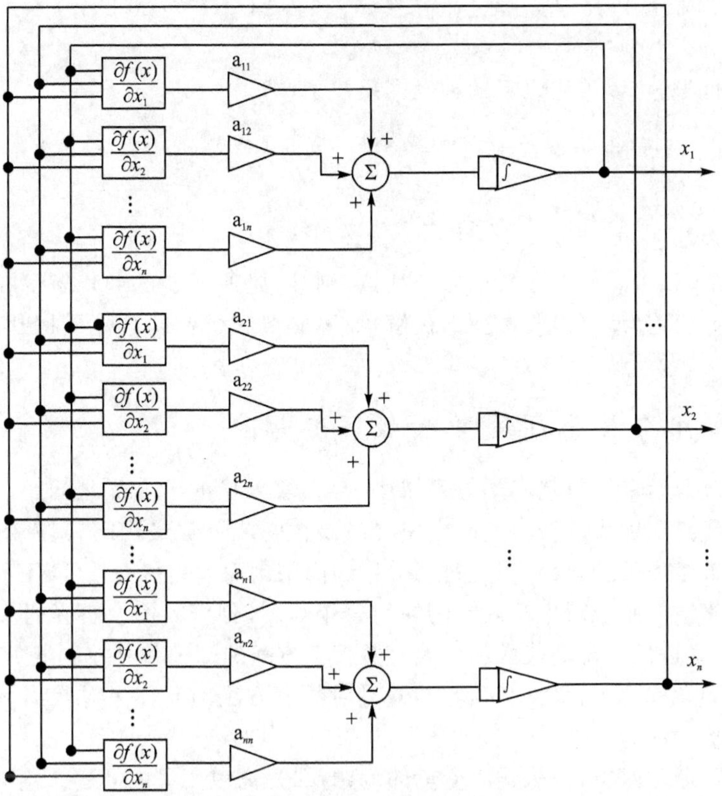


图 24－9　神经网络模型的电路图

**3. 带有等式和不等式约束条件的二次规划问题**

对于以下的二次规划问题

$$\min \frac{1}{2}\boldsymbol{x}^{\mathrm{T}}\boldsymbol{W}\boldsymbol{x}+\boldsymbol{c}^{\mathrm{T}}\boldsymbol{x}$$

$$\text{s.t.}\quad \boldsymbol{A}\boldsymbol{x}=\boldsymbol{b}$$

$$\boldsymbol{B}\boldsymbol{x}\leqslant \boldsymbol{d}$$

式中：$\boldsymbol{x}\in\mathbf{R}^n$；$\boldsymbol{W}$ 是 $n\times n$ 实对称半正定矩阵；$\boldsymbol{A}\in\mathbf{R}^{m\times n}$，$\mathrm{rank}(\boldsymbol{A})=m<n$；$\boldsymbol{B}\in\mathbf{R}^{p\times n}$；$\boldsymbol{b}\in\mathbf{R}^m$；$\boldsymbol{d}\in\mathbf{R}^p$。

构造与二次规划问题等价的神经网络，即

$$\begin{cases}\dfrac{\mathrm{d}x}{\mathrm{d}t}=-(\boldsymbol{I}-\boldsymbol{P})[\boldsymbol{W}\boldsymbol{x}+\boldsymbol{c}+\boldsymbol{B}^{\mathrm{T}}(\boldsymbol{y}+\boldsymbol{B}\boldsymbol{x}-\boldsymbol{d})^{+}-\boldsymbol{Q}(\boldsymbol{A}\boldsymbol{x}-\boldsymbol{b})]\\[2mm]\dfrac{\mathrm{d}y}{\mathrm{d}t}=-\dfrac{1}{2}\boldsymbol{y}+\dfrac{1}{2}(\boldsymbol{y}+\boldsymbol{B}\boldsymbol{x}-\boldsymbol{d})^{+}\end{cases}$$

容易知道，$\boldsymbol{x}^*$ 是原问题的最优解当且仅当存在 $\boldsymbol{y}^*\geqslant 0$ 时，使得$(\boldsymbol{x}^*,\boldsymbol{y}^*)^{\mathrm{T}}$ 是神经网络的平衡点，所以当神经网络收敛到平衡点时，对应的解轨道 $x(t)$收敛到原问题的最优解。

**4. 带线性约束的非线性凸规划问题**

对于以下的带线性约束的非线性凸规划问题

$$\min f(\boldsymbol{x})$$

$$\text{s.t.}\quad \boldsymbol{A}\boldsymbol{x}=\boldsymbol{b}$$

$$\boldsymbol{x}\geqslant 0$$

式中：$\boldsymbol{x}\in\mathbf{R}^n$；$f(\boldsymbol{x})$在 $\mathbf{R}^n\to\mathbf{R}$ 是连续可微并且是凸的；$\boldsymbol{A}\in\mathbf{R}^{m\times n}$，$\text{rank}(\boldsymbol{A})=m<n$；$\boldsymbol{B}\in\mathbf{R}^{p\times n}$；$\boldsymbol{b}\in\mathbf{R}^m$。

为了解决原问题，可以采用以下的神经网络模型，即

$$\begin{cases}\dfrac{\mathrm{d}x}{\mathrm{d}t}=-(\boldsymbol{I}-\boldsymbol{P})[\nabla f(\boldsymbol{x})-(\boldsymbol{\mu}-\boldsymbol{x})^+]-\boldsymbol{Q}(\boldsymbol{A}\boldsymbol{x}-\boldsymbol{b})\\ \dfrac{\mathrm{d}\mu}{\mathrm{d}t}=-\dfrac{1}{2}[\mu-(\mu-\boldsymbol{x})^+]\end{cases}$$

可以证明，如果$(\boldsymbol{x}^*,\boldsymbol{\mu}^*)^{\mathrm{T}}$是系统的平衡点，则 $\boldsymbol{x}^*$ 是原问题的最优解。在此只要目标函数是凸的，神经网络模型就可以收敛到最优解，而不必要求目标函数是严格凸的，这样就扩大了应用的范围。

### 24.3.2 求解组合优化问题的神经网络方法

在工程技术、管理科学、自然科学等领域中，存在着大量的组合优化问题。这类问题的共同特征是需要在复杂而庞大的搜索空间中去寻找最优解或近似最优解，其求解时间随问题规模的扩大将呈指数级增长，当规模稍大时就会因时间限制而失去可行性，若不能利用问题的固有知识来缩小搜索空间则会产生搜索空间的组合爆炸。因此，人们一直在研究一系列的搜索算法，以便能在搜索过程中自动获取和积累有关搜索空间的知识并且控制搜索过程，最终得到最优解。这一类问题称为组合优化问题，即通过对数学方法的研究去寻找离散事件的最优编排、最优分组、最优次序等。

组合优化问题分为两类：一是连续变量的问题；二是离散变量的问题。连续变量的优化问题通常是求一组实数或一个函数，而离散变量的优化问题是从一个无限集中寻找一个对象，它可以是一个整数、一个集合、一个排列或一个图。这两类问题有不同的特点，而且它们的求解方法也各不相同。组合优化问题的实质就是从可行解中求出最优解的问题。

Hopfield 网络在求解组合优化问题时具有计算速度快、受问题规模影响小的优点，特别在处理只有距离而无位置或不满足三角不等式的组合优化问题时弥补了启发式算法的无效性。但在应用中也存在易陷入局部极小、不稳定以及对参数等高度敏感性问题。

**1. 基于 Hopfield 反馈网络的优化策略**

Hopfield 网络(HNN)是一种非线性动力学模型，通过引入类似 Lyapunov 函数的能量函数，可以把神经网络的拓扑结构(用连接权矩阵表示)与所求问题(用目标函数描述)对应起来，转换成神经网络动力学系统的演化问题。因此，在用 Hopfield 网络求解优化问题之前，必须将问题映射为相应的神经网络。例如对 TSP 问题的求解，首先将问题的合法解映射为一个置换矩阵，并给出相应的能量函数，然后将满足置换矩阵要求的能量函数的最小值与问题的最优解相对应。

对于一般性问题，通常需要以下几方面的工作：

(1) 选择合适的问题表示方法，使神经网络的输出与问题的解相对应；

(2) 构造合适的能量函数，使其最小值对应问题的最优解；

(3) 由能量函数和稳定条件设计网络参数，如连接权值和偏置参数等；

(4) 构造相应的神经网络和动态方程；

(5) 用硬件实现或软件模拟。

但是，鉴于理论上的不严格性，同时由于传统 Hopfield 网络仍采用梯度下降策略，因此基于 Hopfield 网络的优化计算通常会导致以下问题：

(1) 网络最终收敛到局部极小解，而非问题的全局最优解；

(2) 网络可能会收敛到问题的不可行解；

(3) 网络优化的最终结果在很大程度上依赖于网络的参数，即参数鲁棒性较差。

**2. 算法的实现**

针对 TSP 问题，能量函数如下：

$$E=\frac{A}{2}\sum_{x}\sum_{i}\sum_{j\neq i}v_{xi}v_{xj}+\frac{B}{2}\sum_{i}\sum_{x}\sum_{y\neq x}v_{xi}v_{yi}+\frac{C}{2}\Big(\sum_{x}\sum_{i}v_{xi}-n\Big)^{2}+$$
$$\frac{D}{2}\sum_{x}\sum_{i}\sum_{y\neq x}d_{xy}v_{xi}(v_{y,i+1}+v_{y,i-1})$$

相应的神经网络动力学方程和网络的连接权矩阵 $\boldsymbol{T}$、外加偏置 $\boldsymbol{I}$ 可描述为

$$\begin{cases}\dfrac{\mathrm{d}u_i}{\mathrm{d}t}=-\dfrac{u_{xi}}{\tau}-A\sum_{j\neq i}v_{xi}-B\sum_{y\neq x}v_{yi}-C\Big(\sum_{x}\sum_{i}v_{xi}-n\Big)-D\sum_{y\neq x}d_{xy}(v_{y,i+1}+v_{y,i-1})\\ v_{xi}=g(u_{xi})=\dfrac{1}{2}\left[1+\tanh\Big(\dfrac{u_{xi}}{u_0}\Big)\right]\end{cases}$$

$$\begin{cases}\boldsymbol{T}_{xi,yj}=-A\delta_{xy}(1-\delta_{ij})-B\delta_{ij}(1-\delta_{xy})-C-Dd_{xy}(\delta_{j,i+1}+\delta_{j,i-1})\\ \boldsymbol{I}_{xi}=Cn\end{cases}$$

其中，使用一个 $n\times n$ 神经网络，用神经元的状态来表示某一城市在某一条有效路径中的位置，例如神经元 $x_i$ 的状态用 $v_{xi}$ 表示，$x\in[1,2,\cdots,n]$表示第 $x$ 个城市 $C_x$，而 $i\in[1,2,\cdots,n]$表示城市 $C_x$ 在路径中的第 $i$ 个位置出现；$v_{xi}=0$ 表示 $C_x$ 在路径中第 $i$ 个位置不出现，此时第 $i$ 个位置上是其他城市。$\delta_{xy}$ 与 $\delta_{ij}$ 定义为 $\delta_{ij}=\begin{cases}1, & i=j\\ 0, & 其他\end{cases}$。

算法的具体步骤如下：

(1) 确定网络参数 $A$、$B$、$C$、$D$ 和初值 $u_0$、$u_{xi}$、$\delta u_i$。

选取 $A=B=D=500$，$C=A/\sqrt{n}$，$n=10$，$u_0=0.02$，$\lambda=10^{-5}$。其中，$\delta u_{xi}$ 为初始随机扰动用以打破各神经元间的平衡，$\lambda$ 为迭代步长控制 $u_{xi}$ 的变化速率。假设各城市横、纵坐标均取(0,200)内的随机数。

(2) 由 Sigmoid 传递函数计算每个神经元的输出 $v_{xi}$。

(3) 计算能量函数 $E$ 和 $\mathrm{d}u_{xi}/\mathrm{d}t$ 的值。

(4) 以 $u_{xi}^{k+1}=u_{xi}^{k}+\lambda\dfrac{\mathrm{d}u_{xi}}{\mathrm{d}t}$确定新的 $u_{xi}$ 和 $v_{xi}$。

(5) 判断能量函数是否满足稳定条件。若到一定条件仍不稳定则认为“冻结”而退出算法，否则转(2)；若满足稳定条件则转(6)。

(6) 输出最优路径、路径长度以及执行时间。

通过仿真计算，可得到参数对算法性能的影响。

(1) $u_0$ 的影响：$u_0$ 下降导致寻优时间缩短，但 $u_0$ 太小会导致路径不优或“非法”路径的出现；$u_0$ 太大又可能出现“冻结”现象。

(2) $\lambda$ 的影响：$\lambda$ 减少导致寻优时间增加，$\lambda$ 太小会引起“冻结”现象或路径不优；$\lambda$ 太大则会引起“非法”路径。

(3) 参数 $A$、$B$ 的影响：根据 $A$、$B$ 参数的设置情况，可知改变 $A$、$B$ 意味着同时改变能量函数的各系数，即间接地改变 $\lambda$ 值，出现的现象必然与改变 $\lambda$ 值相同。一般 $A$ 和 $B$ 应该定义在 400～700 之间。

(4) 参数 $C$ 的影响：$C$ 下降导致寻优时间增加，$C$ 值过小会引起“冻结”现象；$C$ 值太大则导致“非法”路径的出现。一般 $C$ 应该在 150～250 之间。

(5) 参数 $D$ 的影响：$D$ 下降使寻优时间缩短，$D$ 太小则引起路径不优；$D$ 过大则会引起“非法”路径。

归纳而言，基于 HNN 模型的不稳健性主要来源于：

(1) 初值的不稳键性，各神经元初值的大小和分布情况影响寻优结果。

(2) 模型参数的不稳键性，参数直接影响能量函数中约束项和目标项在优化过程中的地位和重要程度。

(3) 问题结构的不稳键性，相同模型参数对不同结构的问题会导致不同的收敛性。

(4) 传递函数的不稳键性，主要是受函数形态的影响。

(5) 算法收敛性标志的不严格性。

**3. HNN 模型的改进措施**

(1) 在迭代过程中设置神经元输出变“0”和“1”的阈值，一旦达到阈值相应的输出就设置为“0”或“1”，从而提高算法的收敛速度。

(2) 当矩阵每行或每列出现一个“1”时，相应行或列的其余元置“0”。

(3) 取消神经元动态方程中的自反馈项，以减小能量的消耗。

(4) 用离散化或其他形态的传递函数代替连续型 Sigmoid 函数，改善收敛速度和性能。

(5) 改变能量函数形式或置换矩阵的定义等。

(6) 与其他算法如 GA、SA、混沌优化等结合。

## 24.4 算法的 MATLAB 实现

**【例 24.1】** 请分别利用神经网络及遗传-神经网络方法拟合函数：

$$f(x)=0.12e^{-0.213x}+0.54e^{-0.17x}\sin(1.23x)$$

**解**：(1) 利用神经网络方法拟合：

```
>> x = 0:0.25:10;      % 网络的输入
>> y = 0.12 * exp( - 0.213 * x) + 0.54 * exp( - 0.17 * x). * sin(1.23 * x);
>> net = newff(x,y,[20,15,10,5]); y1 = sim(net,x); plot(x,y1,'k:');
>> net.trainFcn = 'trainlm'; net.trainParam.epochs = 500; net.trainParam.goal = 1e-6;
>> net = train(net,x,y); y2 = sim(net,x); E = y - y2; MSE = mse(E);
>> hold on;plot(x,y,'r',x,y2,'-. *')
>> legend('未经训练的曲线','原函数曲线','训练后的曲线')
```

可得到如图 24-10 所示的神经网络拟合曲线。

(2) 利用遗传-神经网络方法拟合曲线：

```
>> Input = 10 * rand(2000,1);
>> for i = 1:2000
       output(i,1) = 0.12 * exp( - 0.213 * Input(i)) + 0.54 * exp( - 0.17 * Input(i)) * sin(1.23 * Input(i));
   end
>> maxgen = 50; sizepop = 10; pc = 0.4; pm = 0.2;
>> [F1,F2,D1,D2] = GABP(Input,output,maxgen,sizepop,0.4,0.2);   % 遗传-神经网络函数
```

可得到如图 24-11 所示的拟合曲线，可见拟合结果较为满意。

**【例 24.2】** 请用神经网络方法求解下列各方程(组)及定积分：

(1) $\begin{bmatrix}0 & 1 & 2\\3 & 4 & 5\\6 & 7 & 8\end{bmatrix}\begin{bmatrix}x_1\\x_2\\x_3\end{bmatrix}=\begin{bmatrix}1\\2\\3\end{bmatrix}$；

(2) $f(X)=\sin x_1-x_2^2+x_3-2=0$ 在 $\mathbf{R}^3$ 中的实根；

(3) $\begin{cases}3x+x^3+y+1=0\\x+2y+e^y-2=0\end{cases}$，在 $\mathbf{R}^2$ 中的实根；

(4) $\int_0^2 x^2\,\mathrm{d}x$。

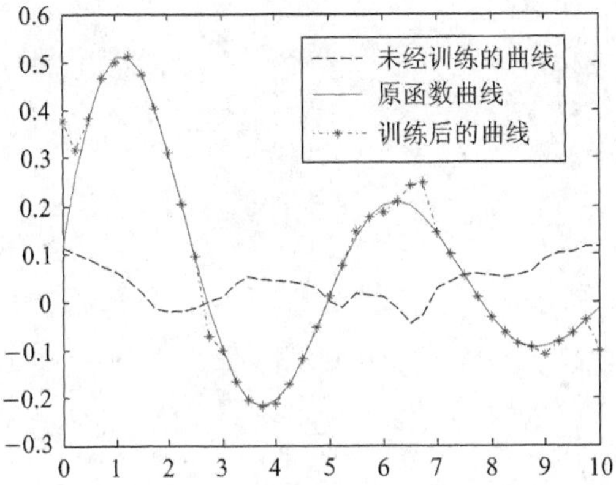


图 24-10　神经网络拟合曲线

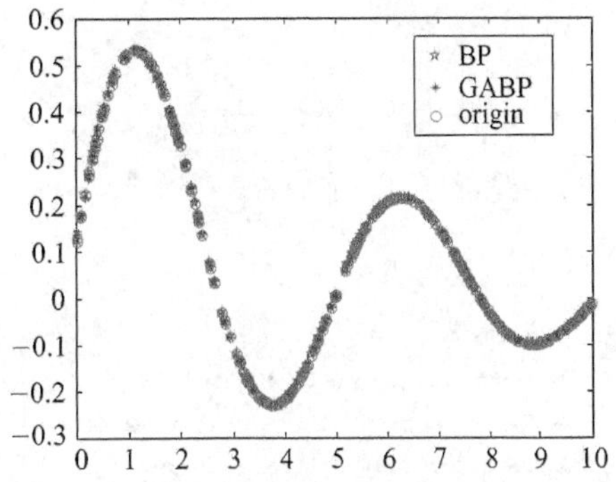


图 24-11　拟合曲线

**解**：在自然科学与工程应用领域中，许多优化问题最后都转化为线性方程组的求解问题。对于求解线性方程组有很多方法，其中，一类是传统的直接方法如高斯消去法，但此法对于大线性方程组计算量巨大，特别是当线性方程组的阶数较高或系数矩阵是大稀疏时更不适用；另一类是迭代法，比较适合系数矩阵是大稀疏的情况，常用的有 Jacob 迭代法、Gauss-Seidel 迭代等，但不同的迭代受到不同的限制，如收敛、病态方程、奇异方程等。神经网络方法可以很好地解决这些问题。

(1) 本例是一个严重的病态矩阵，其行列式的值为零，且主对角元素 $a_{11}=0$。对于这样的方程组各类迭代方法都无能为力。

由高斯消元法可知，该线性且有无穷多个解。

用神经网络计算的公式为

$$x^{k+1}=x^k-\lambda\mathbf{A}^{\mathrm{T}}E^k$$

要保证上述迭代过程收敛，其步长 $\lambda$ 的选择必须合理，应满足下列不等式：

$$0<\lambda<\frac{2}{\|A^{\mathrm{T}}\|_2^2}$$

式中：$\|\cdot\|_2^2$ 表示欧氏范数的平方。

根据以上原理，便可以求解方程组。

```
>> clear
>> A=[0 1 2;3 4 5;6 7 8];
>> b=[1;2;3];
>> lamda=1.8/(norm(A'))^2;
>> x=zeros(3,1);
```

```
>> for i = 1:1000
      x = x - lamda * A' * (A * x - b);
   end
>> x = -0.2222   0.1111   0.4444      %其中的一组解
```

(2)

```
>> clear
>> fun = 'sin(x) - y^2 + z - 2';x0 = unifrnd(0,1,1,3);
>> y = myjacobian(fun,'x,y,z');y1 = norm(y)^2;
>> y1 = myfeval(y1,x0,'x,y,z');lamda = 1.2/y1;
>> for i = 1:5000
      e = - myfeval(fun,x0,'x,y,z');
      if e^2/2<1e-6
        break
      end
      x0 = x0 + 0.05 * lamda * e * myfeval(y,x0,'x,y,z');
   end
>> x0 = 0.6213     0.1465     1.4380   %其中的一组解
```

(3)

```
>> clear
>> fun = {'3 * x + x^3 + y + 1';'x + 2 * y + exp(y) - 2'};x_syms = 'x,y';
>> J = myjacobian(fun,x_syms);x0 = unifrnd( - 1,1,1,2);
>> y = myfeval(J,x0,'x,y');y1 = norm(y' * y);lamda = 1.2/y1;
>> for i = 1:500
      e = - myfeval(fun,x0,'x,y');
      if norm(e)^2/2<1e - 6;break; end
      x0 = x0' + 1.3 * lamda * myfeval(J,x0,'x,y') * e;
      x0 = x0';
   end
>> x0 = - 0.4513     0.4450
```

(4)

```
>> clear
>> fun = 'x^2';x_syms = 'x';a = 0;b = 2;
>> for i = 1:100;xk(i) = 2 * (i - 1)/99;end
>> w = randn(100,1);
>> for i = 1:100;for j = 1:100;c(i,j) = cos(xk(j) * (i - 1));f(j,1) = myfeval(fun,xk(j));end;end
>> lamda = 1.35/(norm(c))^2;
>> for k = 1:300
      e = f - c' * w;J = norm(e)^2/2;
      if J<1e - 6;break;end
      w = w + lamda * c * e;
   end
>> I = 0;
>> for i = 2:100;I = I + sin((j - 1) * b) * w(j)/(j - 1);end
>> I = I + 2 * w(1);
>> I = 2.6661
```

**【例 24.3】** 利用 Hopfield 网络求解下列 TSP 问题,城市坐标如下:

| | | | | | | | | | |
|---|---|---|---|---|---|---|---|---|---|
| 0.400 0 | 0.243 9 | 0.170 7 | 0.229 3 | 0.517 1 | 0.873 2 | 0.687 8 | 0.848 8 | 0.668 3 | 0.619 5 |
| 0.443 9 | 0.146 3 | 0.229 3 | 0.761 0 | 0.941 4 | 0.653 6 | 0.521 9 | 0.360 9 | 0.253 6 | 0.263 4 |

**解**:根据 Hopfield 网络求解下列 TSP 问题的原理,编写函数 hopfieldTSP 进行求解,可以

得到如图 24-12 和图 24-13 所示的结果。

```
>> load city;
>> [route,f] = hopfieldTSP(city,10000)
>> route = 8    7    6    5    4    1    3    2    10    9    %最优路径
  f = 2.6907        %路径长度
```

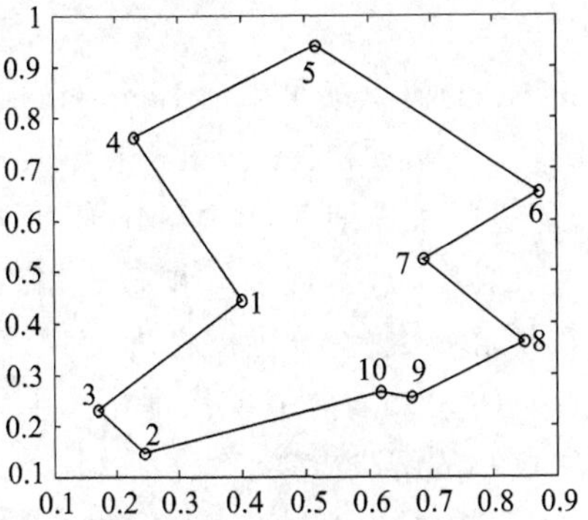


图 24-12 最优路径

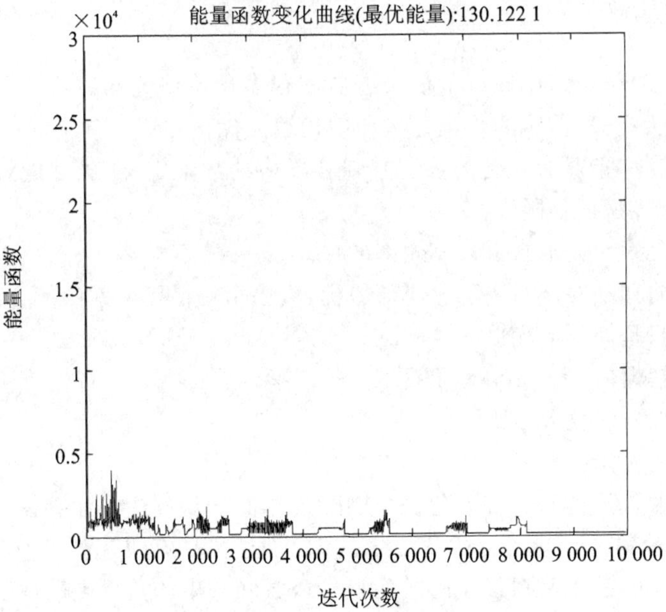


图 24-13 能量曲线

若您对此书内容有任何疑问，可以登录MATLAB中文论坛与作者和同行交流。

# 第 25 章

# 其他群智能优化算法

群智能(Swarm Intelligence,SI)的概念最早是由 Beni、Hackwood 和 Wang 在分子自动机系统中提出的。1999 年,Bonabeau、Dorigo 和 Theraulaz 在 *Swarm Intelligence From Nature to Artificial Systems* 中对群智能进行了详细的论述和分析。群智能通过模拟由简单个体组成的群落与环境以及个体之间的互动行为,实现求解复杂优化问题。许多群智能优化算法被相继提出和研究,如遗传算法、粒子群算法、差分优化算法、人工鱼群算法、果蝇优化算法、模拟植物生长算法、蚁群算法等,这些算法大大丰富了现代优化技术,也为那些传统优化技术难以处理的组合优化问题提供了切实可行的解决方案。

群智能优化算法有很多种,本章将介绍其中的一些群智能优化算法。

## 25.1 群智能概述

优化方法自从发展以来,已取得了很大进展和很多理论研究与应用成果。现有的优化方法主要可以分为两大类,即传统的优化方法和现代智能优化方法。

传统的优化方法一般具有完善的数学基础和严格的数学定义,虽然能解决一般的优化问题,但具有以下难以克服的局限性。

(1) 单点运算方式大大限制了计算效率的提高。

(2) 向改进方向移动易使算法陷入局部最优,失去全局最优搜索的能力。

(3) 停止条件只是局部最优性的条件。

(4) 不适合求解离散、不连续、无导数等优化问题。

(5) 计算复杂性一般较大。

(6) 对初始点的选择很敏感。

随着人们所面临问题的日益多元化、复杂化,传统的优化方法在计算速度、收敛性、初值敏感性等方面远远达不到实际问题的优化要求。因此,寻找具有快速的计算速度、好的收敛性能、对初值的选取不敏感,以及对优化问题的目标函数和约束函数无函数性质的要求等特点的高效优化算法,成了人们新的研究目标和方向。

自 20 世纪 50 年代中期以来,人们从生物进化激励中受到启发,提出采用模拟人及其他生物种群的结构、进化规律、思维结构、觅食过程的行为方式或自然过程的运行规律,按照自然机理方式,直观构造计算模型。一些新颖的优化算法,如人工神经网络、混沌、遗传算法、进化规划、模拟退火、禁忌搜索、免疫算法、蚁群算法、粒子群算法及其混合优化策略等具有的独特优点和机制,为现代优化问题的解决提供了新的思路,引起了国内外学者的广泛重视,并掀起了该领域的研究热潮,且在诸多领域得到了成功应用。

在这些算法中,人们尤其关注模拟自然界中社会性生物种群的生物行为的群体智能算法。

构建一个群智能系统应满足以下五条基本原则。

(1) Proximity Principle:群内个体具有能执行简单的时间或空间上的评估和计算的

能力。

(2) Quality Principle：群内个体能对环境(包括群内其他个体)的关键性因素的变化做出响应。

(3) Principle of Diverse Response：群内不同个体对环境中的某一变化所表现出的响应行为具有多样性。

(4) Stability Principle：不是每次环境的变化都会导致整个群体行为模式的改变。

(5) Adaptability Principle：在环境所发生的变化中，若出现群体值得付出代价的改变机遇，则群体必须能够改变其行为模式以适应环境的变化。

构建有效的群智能优化算法应处理好以下几个问题。

(1) 环境与个体

环境是个体寻优的空间，一般环境问题解的编码就是个体，个体也可以是解的一部分。常采用的编码方式有：二进制编码、格雷码编码、实数编码、符号编码、排列编码、二倍体编码、DNA 编码、混合编码、二维染色体编码、多参数编码、树结构编码、可变长编码、Agent 编码等。不同的编码方式可以看作是不同形态的生命个体，它们处理问题的能力也各不相同。例如，函数优化问题可采用实数编码和二进制编码，背包问题可采用下标子集的二进制编码，旅行商问题可采用排列编码或边组合编码，机器人路径规划问题可采用运动路径栅格离散化坐标序号或二进制数连接表示等。一般每一类问题都有一些常用的编码方式，这些编码往往和问题的契合度较高，就如同在不同环境中都存在结构更适合的个体。

(2) 群体结构与通信

在群体智能优化中，个体与个体之间的交互比较频繁，不同群体结构中信息传播的方向和速度都不同。群体结构可以采用环形结构、星形结构、全互联结构、金字塔结构、小世界网络结构、BA 无标度网络、生长树等，还可以引入共生结构、小生境的概念等。群体中另外一个要考虑的方面是种群的大小，此处在考虑计算时间和资源消耗的情况下，种群大小也应是动态可调的。

(3) 评价与记忆

记忆是对寻优过程中有用信息的存储，需要抽离各种信息，并对其评价。例如，通过对性能的评价，可以获得个体的适应性、群体的适应性和多样性。实际上记忆中存在的各种信息，例如个体历史中的最优值、群体历史中的最优值，也是环境的反映，可以通过所释放的信息素表征环境的适宜程度。对于那些不适宜的环境，也可以建立禁忌表等。这些对环境的集中或分散式记忆会影响个体的行动。另外，对群体的评价可以帮助系统自适应地进行调节，例如在多样性急速下降时，可以采用随机化、混沌的方法或重新引入一些新的个体以增强多样性。

(4) 学习与交互

学习不是全部，只是个体在提高适应性的过程中所采取的各种行为，大多可以在学习中找到类似的情况。具体如下。

① 自我探索、学习：包括自身对环境的随机性搜索，一般是在原有解的基础上随机变异、加入随机量；另外还可以依据一定策略学习，如爬山法、模拟退火法等。

② 经验学习：依据自身历史经验，如向最好位置、移动趋势学习。

③ 模仿学习：在可达范围内跟随其他个体，如萤火虫亮度跟随，鸟飞行跟随，与其他个体进行互换重组等。

④ 社会学习：向聚类中心学习，根据环境信息素的情况调整。

⑤ 差异学习：学习其他个体之间的差异，如差分学习。

⑥ 集成学习：是一种典型的互助合作，将现有找到的解进行融合，相当于多个解的交叉。

⑦ 推理学习：每个个体都是对环境的一个估计和描述，可以通过分布估计算法对环境做出推理，估计环境的形状，以找到全局最优点。

(5) 群体策略

群体策略包括过程中的策略和最终的结论产生策略。过程中的策略包括选择、淘汰、更新个体，对环境施加影响如施加扰动或改变采样概率等。在结论产生部分，由于绝大多数个体会收敛到当前最优个体上，因此产生最终结论的方法主要是优先出最优个体。如果群体被分为若干子群体，那么除了选择最优的方式外，还可以采用合作融合的方式。此时，每个子群体就是一个小生境，每个子群体的最优值可能不一样，可以采用加权平均、交叉重组等方式对其进行融合。

自然界中有许多社会性生物种群，都符合这些原则。虽然这些社会性生物种群的个体行为简单，能力非常有限，但当它们一起协同工作时，则体现出非常复杂的智能行为特征，而不是简单的个体能力的叠加。例如蜂群能够协同工作，完成诸如采蜜、御敌等任务；当个体能力有限的蚂蚁组成蚁群时，能够完成觅食、筑巢等复杂行为；鸟群在没有集中控制的情况下能够很好地协同飞行等都是这类群体智能的表现。通过对这种社会性生物种群的群体体现出来的社会分工和协同机制的模拟，便可以开发出各种群体智能算法。群体智能是用分布搜索优化空间的点来模拟自然界中的个体，用个体的进化或觅食过程类比为随机搜索最优解的过程，用求解问题的目标函数判断个体对于环境的适应能力，根据适应能力采取优胜劣汰的淘汰机制类比于用好的可行解代替差的可行解，将整个群体逐步向最优解靠近的过程类比于迭代的随机搜索过程。

与传统的优化方法相比，群体智能算法具有以下特点。

(1) 简单的迭代式寻优

从随机产生的初始可行解出发，群体智能算法通过迭代计算，逐渐得出最优的结果，这是一个逐渐寻优的过程。同时由于系统中单个个体的能力比较简单，因此单个个体的执行时间比较短，实现起来比较方便，具有简单性，可以很快地找出所要求的最优解。

(2) 环境自适应性和系统自调节性

在寻优过程中，借助选择、交叉、变异等简单的算子，就能使适应环境的个体的品质不断得到改进，具有自动适应环境的能力，系统对搜索空间的自适应性强，使寻优过程始终向着最终目标移动。

(3) 有指导的随机并行式全局搜索

群体智能算法在适应度函数(即目标函数)驱动下，利用概率指导各群体的搜索方向，使寻优过程朝着更宽广的优化区域移动，逐步接近目标值；同时各种群分别独立进化，不需要相互之间进行信息交换，可以同时搜索可行解空间的多个区域，并通过相互交流信息，充分利用个体局部信息或群体全局信息，使算法不容易陷入局部最优解而得到全局最优解。

(4) 系统通用性和鲁棒性强

群体智能算法不过分依赖于问题本身的严格数学性质(如连续性、可导性)以及目标函数和约束条件的精确描述，而只有一些简单的原则要求，因此利用群体智能算法求解不同问题时，只需要设计相应的目标评价函数，而基本上无需修改算法的其他部分，通用性强；另外，其对初值、参数选择不敏感，可以剔除适应度很差的个体，使可行解不断地向最优解逼近，容错能力极强，不会由于个别个体的错误或误差而影响群体对整个问题的求解，具有较强的鲁棒性。

(5) 智能性

群体智能算法提供了噪声忍耐、无教师学习、自组织学习等进化学习机理，能够明晰地表达所学习的知识和结构，适应于不同环境、多种类型的优化问题，并且在大多数情况下都能得到比较有效的解，具有明显的智能性特点。

(6) 易于与其他算法相结合

群体智能算法对问题定义的连续性无特殊要求，实现简单，易于与其他智能计算方法相结合，既可以方便地利用其他方法所特有的一些操作算子，也可以很方便地与其他各种算法相结合产生新的优化算法。

## 25.2　人工萤火虫群优化算法

人工萤火虫群优化(Glowworm Swarm Optimization，GSO)算法是由印度学者 K. N. Krishnanand 和 D. Ghose 于 2005 年提出的一种新的群智能优化算法。迄今为止，人工萤火虫群优化算法在多模态函数优化问题、多信号源追踪问题、多信号源定位问题、有害气体泄漏定位问题、组合优化等方面得到成功的应用，且表现出良好的性能。但人工萤火虫群优化算法也有自身的缺点，如存在陷入局部最优、在迭代后期收敛速度慢、求解精度不高、缺乏数学理论基础等缺陷。与粒子群算法、蚁群算法等算法相比，人工萤火虫群优化算法的应用范围还比较窄，有待进一步拓宽。

人工萤火虫群优化算法是模拟自然界萤火虫在晚上的群聚活动的自然现象而提出的，在萤火虫的群聚活动中，每只萤火虫通过散发荧光素与同伴进行寻觅食物以及求偶等信息交流。一般来说，荧光素越亮的萤火虫其号召力也就越强，最终会出现很多萤火虫聚集在一些荧光素较亮的萤火虫周围。在人工萤火虫群优化算法中，每只萤火虫被视为解空间的一个解，萤火虫种群作为初始解随机地分布在搜索空间中，然后根据自然界萤火虫的移动方式进行解空间中每只萤火虫的移动。通过每一代的移动，最终使萤火虫聚集到较好的萤火虫周围，也即是找到多个极值点，从而达到种群寻优的目的。

在基本人工萤火虫群优化算法中，每一只人工萤火虫都被随机地分布在目标函数的定义空间内，这些萤火虫拥有各自的荧光素，并且每一只萤火虫都有自己的视野范围(决策域半径 local - decision range)。每只萤火虫荧光素的亮度和自己所在位置对应的目标函数的适应度值有关。荧光越亮的萤火虫表示它所在的位置越好，即它所对应的目标函数值也更优。萤火虫的移动方式是：每只萤火虫在各自的视野范围内寻找邻域，在邻域中找到发出荧光较亮的萤火虫，从而向其移动。萤火虫每次移动的方向会因为挑选的邻域不同而改变。另外，萤火虫的决策域半径也会根据邻域中萤火虫数量的不同而受影响，当邻域中萤火虫的数目过少时，萤火虫会加大自己的决策半径以便找到更多的萤火虫；反之，就会减小自己的决策半径。最终，使得大部分萤火虫都聚集在较优的位置上。

人工萤火虫群优化算法的具体步骤如下：

(1) 随机初始化萤火虫 $i(i=1,2,\cdots,n)$。

(2) 萤火虫荧光素亮度更新。计算出 $t$ 代时第 $i$ 只萤火虫所处的位置 $\boldsymbol{x}_i(t)$ 所对应的函数值 $J(x_i(t))$，并通过下式计算出当前萤火虫的荧光素值 $l_i(t)$，即

$$l_i(t)=(1-\rho)l_i(t-1)+\gamma J(\boldsymbol{x}_i(t))$$

式中：$\rho$ 代表信息素的衰减因子；$\gamma$ 代表信息素的增强因子；$J(\boldsymbol{x}_i(t))$ 代表时间 $t$ 时第 $i$ 个萤火虫所处的位置对应的目标函数值；$l_i(t)$ 代表当前萤火虫的荧光素值。

(3) 萤火虫的移动。每只萤火虫在自己的动态决策域半径 $r_d^i(t)$ 内，寻找荧光素值比自己

高的个体组成其邻域集 $N_i(t)$，用下式计算萤火虫 $i$ 向邻域集内萤火虫个体 $j$ 移动的概率 $p_{ij}(t)$，即

$$p_{ij}(t)=\frac{l_j(t)-l_i(t)}{\sum_{k\in N_i(t)}[l_k(t)-l_i(t)]}$$

式中：$N_i(t)$代表比当前萤火虫荧光素值高的邻域集，邻域集由下式决定，即

$$N_i(t)=\{j:d_{ij}(t)<r_d^i(t);l_i(t)<l_j(t)\}$$

式中：$d_{ij}$ 表示萤火虫 $i$ 与 $j$ 在 $t$ 代的欧氏距离。

选择移动位置，然后根据下式进行位置的更新，即

$$\boldsymbol{x}_i(t+1)=\boldsymbol{x}_i(t)+\text{Step}\cdot\left(\frac{\boldsymbol{x}_j(t)-\boldsymbol{x}_i(t)}{\|\boldsymbol{x}_j(t)-\boldsymbol{x}_i(t)\|}\right)$$

式中：Step 代表移动步长。

再根据下式进行动态决策域半径的更新，即

$$r_d^i(t+1)=\min\{r_s,\max\{0,r_d^i(t)+\beta(n_t-|N_i(t)|)\}\}$$

式中：$r_d^i(t)$代表当前萤火虫的决策域；$r_s$ 代表萤火虫径向传感范围；$n_t$ 代表个体邻域集内包含的萤火虫数目阈值。人工萤火虫群优化算法的流程图如图 25-1 所示。

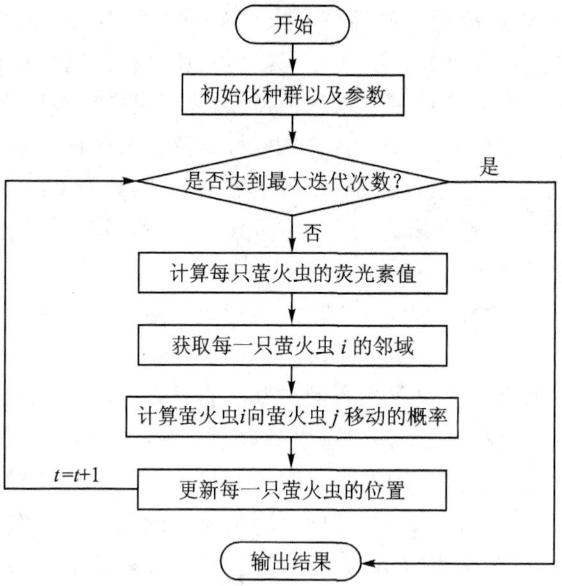


**图 25-1 人工萤火虫群优化算法的流程图**

2008 年 Krishnanand 和 Ghose 针对人工萤火虫群优化算法中参数的选取做了比较全面的分析，通过不断的仿真实验取得算法中所要用到的参数的经验值。各参数的取值如表 25-1 所列，表中 $l_0$ 为初始荧光素值。

**表 25-1 GSO 各参数的参考值**

| $\rho$ | $\beta$ | $\gamma$ | Step | $n_t$ | $l_0$ |
|---|---|---|---|---|---|
| 0.4 | 0.08 | 0.6 | 0.03 | 5 | 5 |

## 25.3 蝙蝠算法

蝙蝠(Bat Algorithm,BA)算法于 2010 年由英国剑桥大学 Yangxin - She 教授首次提出。由于蝙蝠算法概念简单、调整参数少、收敛速度快、易于实现和具有一定的智能搜索能力,因此自提出后就受到众多学者的广泛关注和研究。目前 BA 已经被广泛应用于工程计算、模糊系统控制、网络优化和游戏智能等众多应用领域。

蝙蝠算法是基于蝙蝠回声定位的行为而提出来的算法,每只蝙蝠在搜索空间中都有可能是优化问题的一个潜在解。首先将所有蝙蝠个体放置在一个理想化的环境进行考虑。

(1) 所有蝙蝠个体都可以运用超声波去感应并判断物体,以区分食物/猎物和背景障碍物等之间的差别。

(2) 蝙蝠在某个位置 $\boldsymbol{X}_i$ 以一定速度 $V_i$ 飞行时,以频率 $f_i$、可变化波长 $\lambda$ 和响度 $A_0$ 这些条件去寻找猎物,其可以依据目标物与自己的距离等条件选择自身所发射出的脉冲波长(或频率)和发射脉冲的频度。

(3) 蝙蝠发出的声响与自身变化是没有一定规律的。现在假定其变化是从最大值(正值)$A_0$ 逐渐减小到最小值 $A_{\min}$。

假设在 $D$ 维空间中进行搜索,由 $m$ 个蝙蝠构成一个蝙蝠种群,则第 $i$ 只蝙蝠的当前位置可以表示为向量 $\boldsymbol{X}_i=(x_{i1},x_{i2},\cdots,x_{in})$,其速度可以记为向量 $\boldsymbol{V}_i=(v_{i1},v_{i2},\cdots,v_{iD})$,目前整个蝙蝠群搜索到的全局最优位置为 $\boldsymbol{X}^*=(x_1,x_2,\cdots,x_D)$,其中 $i=1,2,\cdots,m$。位置更新公式如下:

$$f_i=f_{\min}+(f_{\max}-f_{\min})\beta$$

$$\boldsymbol{V}_i^t=\boldsymbol{V}_i^{t-1}+(\boldsymbol{X}_i^{t-1}-\boldsymbol{X}^*)f_i$$

$$\boldsymbol{X}_i^t=\boldsymbol{X}_i^{t-1}+\boldsymbol{V}_i^{\mathrm{T}}$$

式中:$t$ 为当前的迭代次数,$\beta$ 是在[0,1]区间上均匀分布的随机变量。$f_{\max}$、$f_{\min}$ 为频率的最大值与最小值。

蝙蝠个体在局部搜索中,一般从现有的最佳值随机游走中就近产生新值,更新公式为

$$\boldsymbol{X}_{\text{new}}=\boldsymbol{X}_{\text{old}}+\varepsilon A^t$$

式中:$\varepsilon\in[-1,1]$是随机的数值;$A^t=\langle A^t\rangle$是指在某一个时间段中所有蝙蝠的平均响度。

$$A_i^{t+1}=\alpha A_i^t$$

$$r_i^{t+1}=r_i^0[1-\exp(-\gamma t)]$$

在这里,$\alpha$ 和 $\gamma$ 是恒量,对于任何 $0<\alpha<1$ 和 $\gamma>0$ 的量都有

$$A_i^t\to 0,\quad r_i^t\to r_i^0,\quad \text{当 } t\to+\infty \text{ 时}$$

一般在文献中设定 $\alpha=\gamma=0.9$,在迭代过程中将每只蝙蝠所发出的响度和脉冲速率的值都设置为相同的数值,而且通常一起变化。蝙蝠算法搜索的中止条件一般设置为迭代次数达到设置的最大或搜索值的精度满足要求。

基于上述蝙蝠行为的理想化规则,提出如下的蝙蝠算法流程,蝙蝠算法的流程图如图 25 - 2 所示。

Step1:当 $t=0$ 时,对所有蝙蝠个体进行随机初始化,其取值约束在设置的范围内,使种群中各只蝙蝠具有位置向量 $x_{id}$, $i\in[1,m]$,$m$ 是蝙蝠个数,$d\in[1,D]$,$D$ 是粒子的维数,$A_0$ 是初始化脉冲响度,$r_i$ 是脉冲发射速率,$f_{\max}$ 是最大频率,$f_{\min}$ 是最小频率。

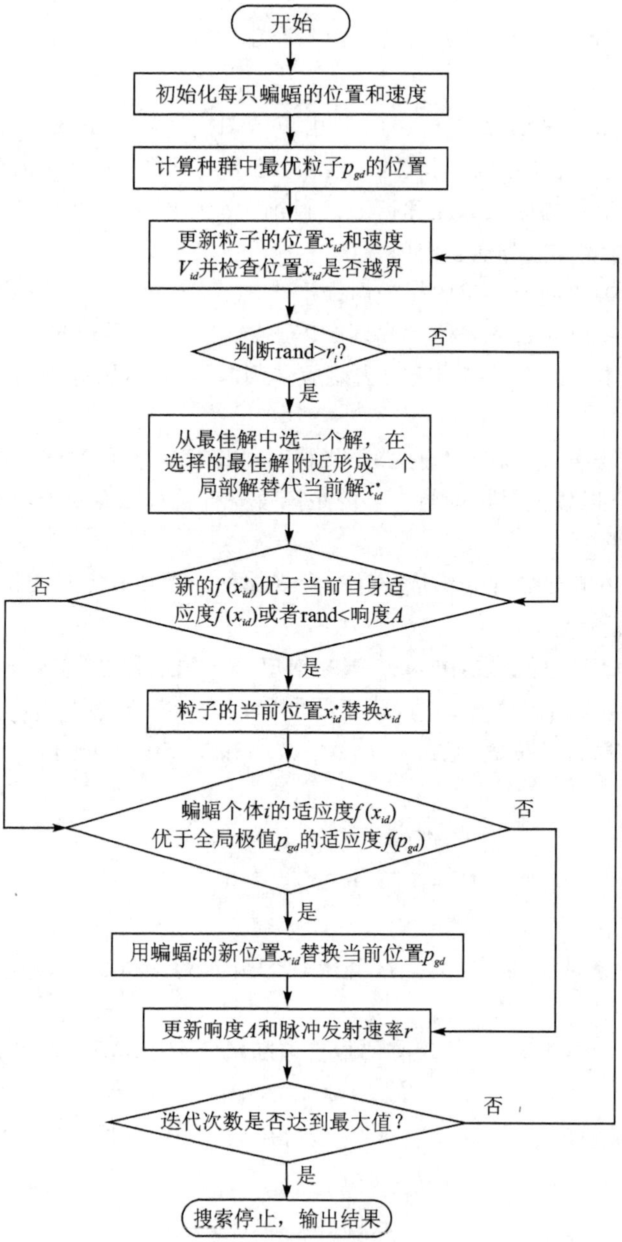


图 25-2 蝙蝠算法的流程图

Step2:计算种群中最优粒子的位置 $p_{gd}$。

Step3:根据相应的公式更新粒子 $i$ 的位置 $x_{id}$ 和速度 $V_{id}$ 并检查位置 $x_{id}$ 是否越界。

Step4:判断 rand 是否大于 $r_i$。如果是,则从最佳解中选一个解,在选择的最佳解附近形成一个局部解替代当前解 $x^*_{id}$;如果否,则直接跳过这步。

Step5:如果蝙蝠 $i$ 的新的适应度 $f(x'_{id})$优于个体当前自身极值 $x_{id}$ 的适应度 $f(x_{id})$或者 rand<响度 $A$,就用粒子的当前位置 $x'_{id}$ 替换 $x_{id}$;否则,$x_{id}$ 不用更新。

Step6:如果在当前迭代中蝙蝠个体 $i$ 的适应度 $f(x_{id})$优于全局最优值 $p_{gd}$ 的适应度 $f(p_{gd})$,就用蝙蝠 $i$ 的新位置 $x_{id}$ 替换当前位置 $p_{gd}$;否则 $p_{gd}$ 不用更新。

Step7：更新响度 $A$ 和脉冲发射速率 $r$。

Step8：若运行迭代次数达到预设最大值，则搜索停止，输出全局最优解 $p_{gd}$ 和相应的目标函数 $f(p_{gd})$；否则，返回 Step2 继续搜索。

## 25.4　果蝇优化算法

果蝇优化算法(Fruit Fly Optimization Algorithm，FOA)是我国台湾学者潘文忠于 2011 年提出的。他从果蝇的觅食行为推知：果蝇搜寻食物是先由嗅觉寻找食物的大概位置，再用视觉确定食物的正确位置，按照这两个步骤，提出果蝇优化算法。

果蝇优化算法的步骤可以总结如下：

(1) 随机初始化果蝇群体位置，即

$$\text{Init X\_axis}$$
$$\text{Init Y\_axis}$$

(2) 设置果蝇个体利用嗅觉搜寻食物的随机方向与距离，即

$$\boldsymbol{X}_i = \text{X\_axis} + \text{Rand Value}$$
$$\boldsymbol{Y}_i = \text{Y\_axis} + \text{Rand Value}$$

(3) 由于无法得知食物位置，因此先估计与原点的距离(Dist)，再计算味道浓度判定值(S)，并置其为距离的倒数，即

$$\text{Disti} = \sqrt{X_i^2 + Y_i^2}, \quad S_i = \frac{1}{\text{Disti}}$$

(4) 将味道浓度判定值(S)代入味道浓度判定函数(Fitness Function 函数)，以求出该果蝇个体位置的味道浓度(Smelli)，即

$$\text{Smelli} = \text{function}(S_i)$$

(5) 找出此果蝇群体中味道浓度最高的果蝇(求最大值)，即

$$[\text{bestSmell bestIndex}] = \max(\text{Smell})$$

(6) 保留最佳味道浓度值与 $X$、$Y$ 坐标，此时果蝇群体利用视觉往该位置飞去，并形成新的群聚位置，即

$$\text{Smellbest} = \text{bestSmell}$$
$$\text{X\_axis} = X(\text{bestIndex})$$
$$\text{Y\_axis} = Y(\text{bestIndex})$$

(7) 进入迭代寻优，重复执行步骤(2)～(5)，并判断味道浓度是否优于前一迭代味道浓度，若是则执行步骤(6)。

研究发现，果蝇少的群体，其缺点是搜寻路径较不稳定，且收敛速度会较慢；优点是执行速度快。相反，果蝇多的群体，其优点是搜寻路径较为稳定，且收敛速度会较快；缺点是执行速度较慢。因此，必须考虑最优化问题的复杂程度，适当选择果蝇群体的规模对问题进行处理。

果蝇优化算法的实质是：首先将种群随机初始化，其次将种群内的个体进行变异(随机位移步长)，然后利用适应度函数比较变异后每个个体的适应度(利用个体与原点的距离的倒数作为变异后的参数)，最后种群内所有个体复制为适应度最高的个体(飞向适应度最高的个体位置)，利用新位置上的种群继续变异，迭代至指定代数结束，与标准遗传算法比较相似。

## 25.5 生物地理优化算法

2008年,美国学者Simon受生物地理学的启发,提出了一种新的仿生优化算法——生物地理学优化算法(Biogeography - Based Optimization Algorithm,BBO)。其最初的目的是用于解决全局最优解。该算法通过模拟生物地理学中物种的迁移、形成、灭绝行为来制定数学模型,利用物种的迁移算子来实现信息资源共享,最终实现全局优化。

生物地理学是研究生物群落及其组成成分在地球表面的分布情况及形成原因的一门学科。生物地理学的众多种群分布、迁移和灭绝的数学模型为构建优化算法提供了新的思想和动力。

生物地理学的数学模型主要描述的是物种如何产生、灭绝以及迁移的过程。适合生物物种生存的栖息地(habitat)具有较高的栖息适应指数(Habitat Suitability Index,HIS),与该指数相关的因素包括该区域的降雨量、植被多样性、地貌特征和温度等,称其为适应指数变量(Suitability Index Variables,SIVs)。HIS较高的栖息地容纳的物种数目较多,而HIS较低的栖息地容纳的物种数目较少。每个栖息地根据物种数目的多少,对物种进行相应的迁入和迁出;对于HIS较高的栖息地,由于大量物种的涌入,使得容纳的物种数趋于饱和,就会有大量的物种迁出,即有较大的迁出率和较小的迁入率。相反,对于HIS较小的栖息地物种较少,就会有较多的物种迁入和较少的物种迁出,即有较大的迁入率与较小的迁出率,即栖息地的HIS与其所具有物种的种类数目成正比。如果某个栖息地的HIS一直较低,那么自然灾害的发生就可能导致该栖息地物种的灭绝,或大量的其他物种的迁入。以生物地理学数学模型为基础,将模型中各变量与优化算法中的量相对应(见表25-2),便可以构造生物地理学优化算法。在该算法中,具有较高适应度的个体,有较大的迁出率和较小的迁入率;相反,适应度较小的个体将有较大的迁入率和较小的迁出率。适应度较高的个体将提供进行优秀个体的变量(SIVs)与适应度较低的个体共享,使得适应度较低的个体接受来自优秀个体好的特征变量,将有较大的可能提高自己的适应度。

**表25-2 生物地理学数学模型和优化算法变量的对应关系**

| 生物地理学数学模型 | 生物地理学优化算法 |
|---|---|
| 栖息地 | 个体 |
| 适应指数变量(SIVs) | 个体的变量 |
| 栖息适应指数(HIS) | 个体的适应度 |
| HIS较高的栖息地 | 优秀个体 |

BBO算法是根据生物地理学发展而来的,所以算法的迁移操作、变异操作对算法的性能影响非常关键。

**1. 迁移算子**

根据个体的适应度排序,可得各栖息地的物种数,通过生物地理学中不同的迁移模型,每个个体可获得不同的迁入率和迁出率,一般可选择常用的线性模型,它包含的物种数$k$的个体迁入率$\lambda_k$和迁出率$\mu_k$分别定义为

$$\lambda_k = I\left(1-\frac{k}{S_{\max}}\right)$$

$$\mu_k = \frac{Ek}{S_{\max}}$$

式中：$S_{\max}$ 为栖息地所容纳的最大物种数；$I$ 和 $E$ 分别为最大的迁入率和迁出率，物种数 $k$ 越大，个体的迁入率越小，迁出率越大，即为优秀的个体。线性迁移模型如图 25－3 所示。

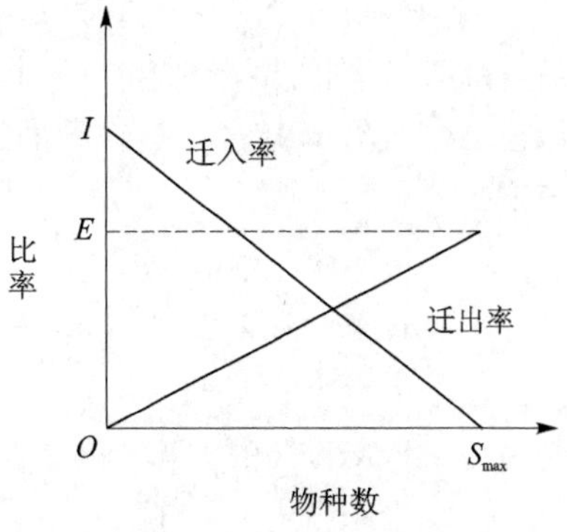


**图 25－3　物种迁移率模型**

从图 25－3 可看出，当物种数 $k=0$ 时，物种的迁出率 $\mu=0$，物种的迁入率为最大值 $I$；随着物种数 $k$ 的增加，迁入率 $\lambda$ 不断减小，迁出率 $\mu$ 不断增大，到交点处达到动态平衡；当物种数目取最大值 $S_{\max}$ 时，其迁入率为 0，而迁出率达到最大值 $E$；若出现自然灾害，则会破坏物种的动态平衡，使平衡点向左或向右发生偏移，经过一段时间调整，物种的迁入率与迁出率才会达到新的动态平衡。以个体的迁移模型为基础，BBO 中个体迁移算子伪代码描述如下：

```
for  i=1 to N
    用迁入率 λ_i 选择 x_i
    for  j=1 to N
        if  rand<λ_i 选择需要改变的特征变量 x_ij
            用迁出率 μ 选择 x_k
            if  rand<μ_k
                用 x_k 的特征 x_kj 替换 x_i 中的特征 x_ij
            end if
        end if
    end for
end for
```

其中，$N$ 表示群体大小，$\boldsymbol{x}_i$ 是群体中第 $i$ 个个体，$x_{ij}$ 是个体 $\boldsymbol{x}_i$ 的第 $j$ 维变量，rand 为[0,1]区间上的随机数。

**2. 变异算子**

大自然变化无常，有时会出现灾害、疾病等现象，这些现象不仅会破坏当地的生态环境而且也会影响生物种群的正常生存。这种随机事件会导致该栖息地的适应度变化。BBO 算法模拟现实中的现象，因此有了变异操作，栖息地特征变量的突变是依据栖息地 $i$ 的种群数量概率进行的。

BBO 中个体变异算子伪代码描述如下。

```
for  i=1 to N
  计算计数概率 p_i
    根据计数概率来选择特征变量 x_ij
      if  rand<m_i
        用一个随机产生的特征变量替换 x_ij
      end if
end for
```

在 BBO 算法中，假设栖息地有 $S$ 个物种的计数概率为 $p_S$，$p_S$ 在时间 $t \sim t+\Delta t$ 的变化如下：

$$p_S(t+\Delta t)=p_S(t)(1-\lambda_S\Delta t-\mu_S\Delta t)+p_{S-1}\lambda_{S-1}\Delta t+p_S\mu_{S+1}\Delta t$$

式中：$\lambda_S$ 和 $\mu_S$ 分别为栖息地包含 $S$ 个物种数时的迁入率与迁出率。

假设 $\Delta t$ 足够小，超过一类物种的迁入率或迁出率忽略不计，则当 $\Delta t \to 0$ 时，计数概率 $p_S$ 为以下形式

$$p_S=\begin{cases}-(\lambda_S+\mu_S)p_S+\mu_{S+1}p_{S+1}, & S=0\\ -(\lambda_S+\mu_S)p_S+\lambda_{S-1}p_{S-1}+\mu_{S+1}p_{S+1}, & 0\leqslant S<S_{\max}-1\\ -(\lambda_S+\mu_S)p_S+\lambda_{S-1}p_{S-1}, & S=0\end{cases}$$

可以简写为 $\boldsymbol{P}=\boldsymbol{AP}$，其中

$$\boldsymbol{A}=\begin{bmatrix}-(\lambda_0+\mu_0) & \mu_1 & 0 & \cdots & 0\\ \lambda_0 & -(\lambda_1+\mu_1) & \mu_2 & \cdots & \cdots\\ \vdots & \vdots & \vdots & \vdots & \vdots\\ \vdots & \vdots & \mu_{n-2} & -(\lambda_{n-1}+\mu_{n-1}) & \mu_{n-1}\\ 0 & \cdots & 0 & \lambda_{n-1} & -(\lambda_n+\mu_n)\end{bmatrix}$$

当迁入率 $\lambda_S$ 和迁出率 $\mu_S$ 为关于物种数量 $S$ 的线性函数时，由上式可推出物种数量为 $S$ 时的概率为

$$p_S=\begin{cases}\dfrac{1}{1+\sum\limits_{S=1}^{n}\dfrac{\lambda_0\lambda_1\cdots\lambda_{S-1}}{\mu_0\mu_1\cdots\mu_S}}, & S=0\\ \dfrac{\lambda_0\lambda_1\cdots\lambda_{S-1}}{\mu_0\mu_1\cdots\mu_S\left(1+\sum\limits_{S=1}^{n}\dfrac{\lambda_0\lambda_1\cdots\lambda_{S-1}}{\mu_0\mu_1\cdots\mu_S}\right)}, & 1\leqslant S\leqslant n\end{cases}$$

BBO 算法突变操作的核心问题是如何根据栖息地的种群数量的概率得出相应的突变率。从图 25-3 中可以看出，每个栖息地的种群数量概率暗示着解存在的可能性大小。适应度较低的栖息地和适应度较高的栖息地对应的种群数量概率都较小，反而平衡点对应的概率较高。如果一个栖息地具有较高的种群数量概率，则它突变的可能性就小。相反，如果一个栖息地数量概率较低，则它就需要发生突变，因为发生了突变，所以它就有可能提高数量概率。因此该栖息地的数量概率与突变概率函数成反比，二者关系如下：

$$m_i=m_{\max}\left(1-\frac{p_S}{p_{\max}}\right)$$

式中：$m_{\max}$ 是设定的突变率的最大值；$p_{\max}$ 为数量概率中的最大者。

此变异概率与栖息地的数量概率 $p_i$ 成反比。如果个体计数概率较低，则存在的概率较小，可能变异成更好的个体。相反，具有较高计数概率的个体突变到其他个体的可能性很小，从而保存了优秀的个体。

生物地理学优化算法流程图如图 25-4 所示。首先，随机产生初始群体；然后，计算群体中个体的适应度，根据适应度排序获得个体的物种计数，进而获得个体的迁入率与迁出率；最后，采用基于迁入率与迁出率的个体迁移算子和基于个体计数概率的变异算子对群体实行进化，得到子代群体，反复执行该过程直到满足终止条件。由于算法中采用了基于迁入率与迁出率的个体迁移算子，这使得优秀个体的变量信息在迁移过程中得到共享，确保了群体的收敛

性；同时，基于计数概率的变异算子可以有较大的可能性改变现有群体中最差的和最为优秀的个体，进而产生更为优秀的个体。

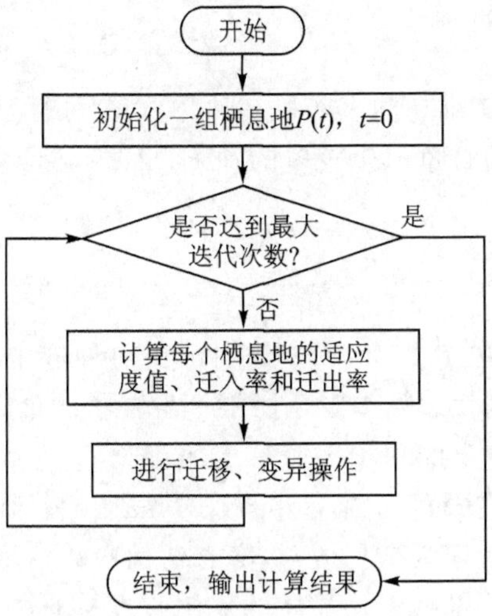


图 25-4　生物地理优化算法流程图

## 25.6　入侵野草优化算法

入侵野草优化算法(Invasive Weed Optimization Algorithm，IWO)是一个简单有效的数值型随机优化算法，是由 Mehrabian 和 Lucas 提出的。这一算法是基于在传统农业中野草繁殖这一现象的启发而产生的。

野草繁殖的行为特征主要包括：① 在耕地中有多余的空间允许野草生长繁殖；② 野草通过传播种子繁殖占领整片土地；③ 野草的生物多样性使得它们更有利于占领生存空间；④ 在农耕开始的季节，大量的空间也给野草提供了充分的机会，使得野草可以最大限度占领空间并发挥其适应性；⑤ 这些特征也在作物和野草间相互作用中体现。

根据上述特征，Mehrabian 和 Lucas 抽象出一个数值模型来描述野草入侵的这样一个过程：在算法中的群体中，一个个体表示一株野草，野草繁殖种子即产生新的个体。在农耕之初，田地空余较多时野草迅速在整个空间内进行扩展，到了后期，随着空间逐步缩小，生长繁殖的空间也随之缩小，对应算法中就是个体从迭代之初的在全局范围内的搜索，逐步缩小为局部范围内的搜索。算法主要包括了四个步骤：① 种群的初始化，在整个搜索空间随机初始化一定量的个体；② 繁殖个体，每一个父个体产生一定量的种子，产生种子的数量依据其适应度值；③ 特殊分布，该父个体产生的种子以正态分布的形式分布在其周围附近，并成长为新的个体；④ 竞争排除，设定一个种群的最大限度，当种群的规模超出了这一界限，则对于适应度值较低的(最小化问题)保留下来继续产生种子，而适应度高的则被淘汰不再产生种子。

入侵野草优化算法具有结构简单、参数少、鲁棒性强、易于理解和易于编程等特点。目前，这一算法已被应用到很多领域，如图像的聚类、天线配置优化、天线设计等。但该算法本身也存在着易陷入局部最优，后期寻优精度不高的缺陷，大大限制了入侵野草优化算法的应用范围。

在基本的 IWO 中，野草表示所求问题的可行解，种群是所有野草的集体，在进化过程中，野草通过繁殖产生种子，种子通过空间扩散，发育成野草，如此反复，当种群中野草的数量达到预先设定的最大种群规模时，野草通过竞争进行生存，保存适应度好的野草，淘汰适应度差的野草。

IWO 的基本步骤如下。

步骤 1：种群初始化。在 $D$ 维空间上随机初始化 $N$ 个可行解。

步骤 2：繁殖。适应度高的野草产生较多的种子；反之，适应度低的野草产生较少的种子。野草产生种子的公式为

$$\text{weed}_n = \frac{f - f_{\min}}{f_{\max} - f_{\min}}(s_{\max} - s_{\min}) + s_{\min}$$

式中：$f$ 为当前野草的适应度值；$f_{\max}$ 和 $f_{\min}$ 分别是当前种群中野草对应的最大适应度值和最小适应度值；$s_{\max}$ 和 $s_{\min}$ 分别代表一个野草所能产生种子的最大值和最小值。

步骤 3：空间扩散。野草产生的种子按照一定的步长 $D$ 生成为野草，并按照平均值为 0，标准差为 $\sigma$ 的正态分布，分布在野草周围，步长 $D \in [-\sigma, \sigma]$。其中，迭代初期 $\sigma$ 较大，种子分布在离野草较远的地方，算法表现为全局搜索，随着迭代次数的增加，$\sigma$ 逐渐减小，种子分布在离野草近的地方，算法表现为局部搜索。具体的变化公式如下：

$$\sigma_{\text{cur}} = \frac{(\text{iter}_{\max} - \text{iter})^n}{(\text{iter}_{\max})^n}(\sigma_{\text{init}} - \sigma_{\text{final}}) + \sigma_{\text{final}}$$

式中：iter 为当前的进化代数；$\text{iter}_{\max}$ 为最大进化代数；$\sigma_{\text{cur}}$ 为当前标准差；$\sigma_{\text{init}}$ 和 $\sigma_{\text{final}}$ 分别是标准差的最初值和最终值；$n$ 为非线性调和因子，一般情况下 $n=3$。

步骤 4：竞争性生存规则。算法经过若干代进化后，野草和种子的数目会达到预设的最大种群规模 P_max，种群中野草和种子按照适应度值大小进行排序，选取适应度好的前 P_max 个个体，淘汰其余的个体。

图 25 - 5 所示为入侵野草优化算法的流程图。

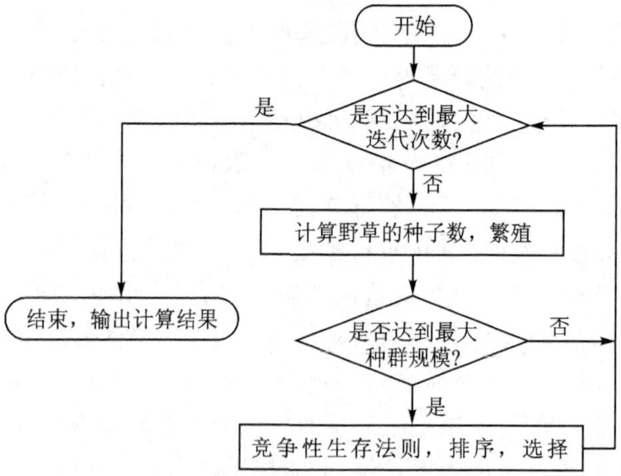


**图 25 - 5　入侵野草优化算法的流程图**

## 25.7　引力搜索算法

引力搜索算法(Gravitational Search Algorithm，GSA)是由伊朗的克曼大学教授 Esmat Rashedi 等人于 2009 年提出的。GSA 算法的思想来源于牛顿万有引力定律，它通过群体中各

粒子之间的万有引力相互作用产生的群体智能指导优化搜索。它从可行域中随机产生一组初始解，且把它们看成是带有一定质量的粒子，这个质量决定了粒子对种群中其他粒子吸引的强弱，即质量越大，吸引能力就越强；反之，质量越小，吸引力就越弱。之后求出合力、加速度，再对粒子进行速度、位置更新，从而完成一次迭代过程。引力搜索算法的收敛性明显优于粒子群算法、遗传算法等其他智能算法，同时引力搜索概念简单、容易实现，而且需要调整的参数少。

引力搜索算法用模拟的质点代表物体，它们的性能好坏用质点的质量大小来表示。所有的质点都通过万有引力对其他每一个质点产生吸引力，这些力使所有的质点都往质量大的质点处移动。因此，各个质点间的通信是直接通过万有引力进行的。质量大的质点就是代表好的解的质点，质量小的质点就是代表不好的解的质点。质量大的质点相对于质量小的质点移动得慢，这就保证了对空间的精细搜索。

在引力搜索算法中，每个质点都有四个特征量：位置、惯性质量、主动引力质量和被动引力质量。质点的位置对应于问题的解，质点的惯性质量和引力质量由适应函数确定。换句话说，每个质点代表一个解，算法本身是通过适当地调整引力质量和惯性质量来运行的。随着时间不断地前行，质量最大的质点将其他的质点吸引过去，这个质量最大的点就代表着搜索空间中的最优解。

可以将引力搜索算法看做是一个由质点组成的独立的系统。它就像是一个由质点组成的人工世界，在这个小小的世界中，质点遵循着牛顿的万有引力定律和运动定律。

引力定律：每一个质点都吸引着其他质点，两个质点之间的引力大小与它们质量的乘积成正比，与它们之间的距离成反比。在此用距离 $R$ 代替距离的平方，是因为用距离 $R$ 得到的结果比用距离的平方要好。

运动定律：每个物体当前的速度等于先前的速度与速度变化量之和。速度的变化量或者是加速度的大小等于作用在系统上的力和系统的惯性质量的商。

考虑一个由 $N$ 个质点组成的系统，其中，第 $i$ 个质点的位置如下式所示：

$$\boldsymbol{X}_i=(x_i^1,x_i^2,\cdots,x_i^n),\quad i=1,2,\cdots,N$$

式中：$x_i^d$ 是质点 $i$ 在第 $d$ 维的位置。

在特定的时间 $t$，物体 $j$ 作用于物体 $i$ 的力 $F_{ij}^d(t)$ 为

$$F_{ij}^d(t)=G(t)\frac{M_{pi}(t)M_{aj}(t)}{R_{ij}(t)+\varepsilon}[x_j^d(t)-x_i^d(t)]$$

式中：$M_{aj}$ 是近质点 $j$ 的主动引力质量；$M_{pi}$ 是质点 $i$ 的被动引力质量；$G(t)$是在时刻 $t$ 时的万有引力常量；$\varepsilon$ 是一个很小的常数；$R_{ij}$ 是质点 $i$ 和质点 $j$ 之间的欧几里德距离。

为了使算法具有随机特性，假设在 $d$ 维中作用在质点 $i$ 上的合力等于其他所有质点在 $d$ 维上的分量的加权和，即

$$F_i^d(t)=\sum_{j=1,j\neq i}^{N}\mathrm{rand}_j F_{ij}^d(t)$$

式中：rand 是[0,1]区间上的随机数。

根据牛顿第二定律，在时刻 $t$，质点 $i$ 在第 $d$ 维里的加速度可由下面的式子给出，即

$$a_i^d(t)=\frac{F_i^d(t)}{M_{ii}(t)}$$

式中：$M_{ii}$ 是质点 $i$ 的惯性质量。

此外，质点在下一时刻的速度被认为是当前速度的一部分与质点的加速度的和。因此质

点的位置和速度可由下面的式子计算得到：

$$v_i^d(t+1)=\text{rand}_i \times v_i^d(t)+a_i^d(t)$$

$$x_i^d(t+1)=x_i^d(t)+v_i^d(t+1)$$

式中：rand 为[0,1]区间上的均匀随机变量。利用这个随机数让搜索过程具有随机特性。

开始时将万有引力常量初始化，之后使它随着时间不断减小，以更好地控制搜索精度，也即万有引力常量 $G$ 是初始值($G_0$)和时间($t$)的函数，即

$$G(t)=G_0 \times \mathrm{e}^{-\alpha \frac{t}{T}}$$

式中：$T$ 为最大迭代次数；$\alpha$ 为时间常数。

再利用适应度函数对引力质量和惯性质量进行评估。质点的质量越大它的效果越好，即质量越大的质点它的吸引力越大且移动得越慢。假设引力等式、惯性质量等式、质量等式都与适应度函数有关。引力和惯性质量由下面的式子更新而得，即

$$M_{ai}=M_{pi}=M_{ii}=M_i,\quad i=1,2,\cdots,N$$

$$m_i(t)=\frac{\text{fit}_i(t)-\text{worst}(t)}{\text{best}(t)-\text{worst}(t)}$$

$$M_i(t)=\frac{m_i(t)}{\sum\limits_{j=1}^{N} m_j(t)}$$

式中：$\text{fit}_i(t)$表示质点 $i$ 在时刻 $t$ 时的适应度值，$\text{worst}(t)$和 $\text{best}(t)$则分别为 $t$ 时刻的最差适应度值和最好适应度值。

在搜索过程中需要在空间探索和精细寻优之间进行平衡，其中一个较好的平衡方法就是随着运行时间的推移在公式 $F_i^d(t)=\sum\limits_{j=1,j\neq i}^{N} \text{rand}_j F_{ij}^d(t)$ 中减少质点的数量。因此，将一些具有大质量的质点作为有效的质点来对其他的质点产生有效的吸引引力。要注意的是，这一策略将减小空间探索能力而增加精细寻优的能力。

为了避免算法陷入局部最优，在算法的开始时要进行空间探索。随着迭代次数的增加，空间探索逐渐减弱而精细寻优要逐渐加强。为了提升引力搜索算法的性能，需要对空间探索和精细寻优这两个过程进行控制，在此，需要前 $K$ ($k_{\text{best}}$)个好的质点对其他质点产生有效的引力。$k_{\text{best}}$ 是时间的函数，初始值为随着时间的流逝逐渐减小。开始的时候所有的质点都产生有效的吸引力，随着时间的流逝，一些惯性质量大的粒子作用于其他惯性质量小的粒子，即 $k_{\text{best}}$ 不断减少，到最后只有一个粒子作用于其他粒子。因此计算合力的公式改写为

$$F_i^d(t)=\sum_{j\in k_{\text{best}},j\neq i}^{N} \text{rand}_j F_{ij}^d(t)$$

根据以上引力搜索算法的原理，可写出算法的具体步骤，如下：

(1) 识别搜索空间。

(2) 随机初始化。

(3) 对各个质点进行适应性评估。

(4) 更新 $G(t)$、$\text{best}(t)$、$\text{worst}(t)$和 $M_i(t)$，$i=1,2,\cdots,N$。

(5) 计算不同方向上的合力。

(6) 计算速度和加速度。

(7) 更新质点的位置。

(8) 重复步骤(3)～(7)直到满足停止标准。

(9) 结束。

引力搜索算法的流程图如图 25 - 6 所示。

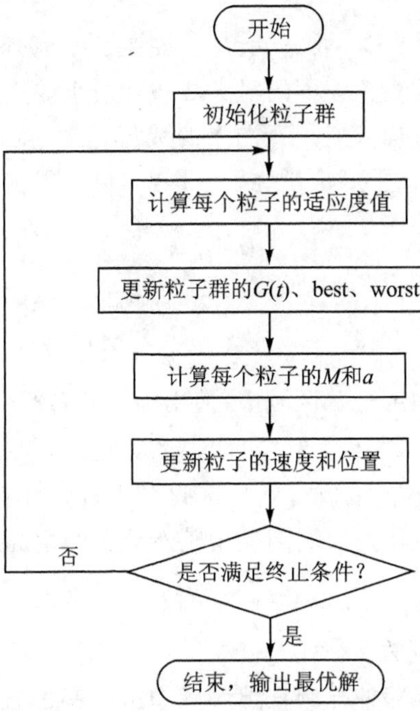


**图 25 - 6　引力搜索算法的流程图**

## 25.8　竞选算法

竞选是人类社会的一项重要活动，竞选人通过一系列竞选行为，以期望获得选民们的最大支持。竞选人通过对选民们的抽样调查来估算当前的支持情况，并以此决定下一步竞选行动。为了获得选民们的更高支持，竞选人总是趋向具有较高威望选民的位置。通过比较竞选过程与优化过程，可以发现两者在过程和原理上都存在着一定的相似性，因此可以借鉴竞选思想，并且模拟这一机制而建立一种新型的优化算法，即竞选算法(Election Campaign Algorithm, ECA)。

在竞选算法中，将解空间想象成选民，将优化问题的当前解想象成竞选人。选民即可行解所对应的函数值称为选民的威望，竞选人即当前解所对应的函数值称为竞选人的威望。

设有 $C_i(i=1,2,\cdots,n)$，使用 $a$ 个全局抽样调查选民 $V_j(j=1,2,\cdots,a)$，其位置坐标记为 $\boldsymbol{x}_{v_j}(j=1,2,\cdots,m)$，每个竞选人周围使用 $b$ 个局部抽样调查选民 $V_{i,j}(i=1,2,\cdots,a;j=1,2,\cdots,b)$。

首先计算竞选人的威望。在竞选算法中，竞选人即当前解所对应的函数值称为竞选人的威望，因此，可以直接由目标函数计算竞选人的威望。

$$P_i=f(\boldsymbol{x}_{C_i})$$

式中：$\boldsymbol{x}_{C_i}$ 是竞选人 $C_i$ 的位置坐标；$f(\cdot)$是目标函数。

计算竞选人的影响范围。竞选人的威望越高，他的影响范围也就越大。当超过一定的极限距离后，竞选人对选民的影响降低为零。因此，可以采用下面的规律建立竞选人的威望与影响范围之间的关系。

$$R_{C_i}=\frac{P_{C_i}-P_{\min}}{P_{\max}-P_{\min}}(R_{\max}-R_{\min})+R_{\min}$$

式中：$R_{C_i}$ 表示竞选人 $C_i$ 的影响范围；$R_{\max}$ 和 $R_{\min}$ 是最大和最小竞选人的影响范围，是算法的两个参数；$P_{\max}$ 和 $P_{\min}$ 是当前竞选人中的最大威望和最小威望。

计算竞选人的局部抽样调查均方差。竞选人的威望越高，竞选算法的局部抽样调查范围就越小，以使算法快速地稳定收敛于局部最优解。因此，可以采用下面的规律建立竞选人的威望与局部抽样调查均方差之间的关系，即

$$\sigma_{C_i}=\sigma_{\max}-\frac{P_{C_i}-P_{\min}}{P_{\max}-P_{\min}}(\sigma_{\max}-\sigma_{\min})$$

式中：$\sigma_{\max}$ 和 $\sigma_{\min}$ 是竞选人局部抽样调查均方差，是算法的参数。

生成全局抽样调查选民。在可行解区域中，使用均匀分布产生全局抽样调查选民，即

$$\boldsymbol{x}_{V_j^g}=\boldsymbol{x}_{\min}+\text{rand}\times(\boldsymbol{x}_{\max}-\boldsymbol{x}_{\min})$$

式中：$\boldsymbol{x}_{\max}$ 和 $\boldsymbol{x}_{\min}$ 是 $\boldsymbol{x}$ 的上、下界；rand 为[0,1]区间上均匀分布的随机数。

生成局部抽样调查选民。在竞选人周围使用正态分布产生局部抽样调查选民，即

$$\boldsymbol{x}_{V_{i,j}^l}=\boldsymbol{X}_{C_i}+\sigma_{C_i}\times[-2\ln(r_1)]^{\frac{1}{2}}\times\sin(2\pi r_2)$$

式中：$r_1$ 和 $r_2$ 为均匀分布的随机数。

找出每一个竞选人对应的局部抽样调查选民威望值最高的选民，让其与该竞选人进行威望大小的比较，如果选民威望高于该竞选人的威望，就把竞选人移到选民的位置。对于没有找到的情况，需要计算对应竞选人的支持重心。

计算竞选人与抽样调查选民之间的距离 $D_{C_iV_j}$。竞选人与抽样调查选民之间的距离可以采取多种定义，如欧氏距离等。这里 $V_j$ 泛指全局和局部抽样调查选民。因此可以计算出所有竞选人与所有抽样调查选民之间的距离。

计算竞选人对抽样调查选民的影响。竞选人可以对其影响范围内的选民产生影响，竞选人 $C_i$ 对抽样调查选民 $V_j$ 的影响为

$$F_{C_iV_j}=\begin{cases}\dfrac{R_{C_i}-D_{C_iV_j}}{R_{C_i}}P_{C_i}, & R_{C_i}\geqslant D_{C_iV_j}\\ 0, & \text{其他}\end{cases}$$

式中：$V_j$ 泛指全局和局部抽样调查选民。此处假设竞选人对选民的影响按线性规律衰减，也可以采用非线性规律衰减，如

$$F_{C_iV_j}=\begin{cases}\left(\dfrac{R_{C_i}-D_{C_iV_j}}{R_{C_i}}\right)^{\alpha_F}P_{C_i}, & R_{C_i}\geqslant D_{C_iV_j}\\ 0, & \text{其他}\end{cases}$$

一个抽样调查选民可能受到多个竞选人的影响。

计算选民受到的总影响。一个选民可能受到多个竞选人的影响，他所受到的总影响是所有竞选人对他的影响之和，即

$$F_{V_i}=\sum F_{C_iV_j}$$

可以计算出所有抽样调查选民受到的总影响。

计算选民的威望。直接由目标函数计算选民的威望，即

$$P_{V_j} = f(\boldsymbol{x}_{V_j})$$

式中：$f(\cdot)$是函数；$\boldsymbol{x}_{V_j}$ 是选民 $V_j$ 的位置坐标。

计算选民能产生的支持。选民能产生的支持正比于他的威望，比例系数会在以后的运算中约去，因此直接用选民的威望来表示选民能产生的支持。

抽样调查选民根据每个竞选人对他影响的大小，按比例分配他的支持。一个抽样调查选民可能受到多个竞选人的影响，选民要根据竞选人对他影响的大小按比例分配他的支持，即

$$S_{V_iC_j} = \frac{F_{V_iC_j}}{F_{V_i}} P_{V_i}$$

计算竞选人获得的总支持。一个竞选人可能得到多个抽样调查选民的支持，竞选人获得的总支持为

$$S_{C_i} = \sum S_{V_jC_i}$$

计算抽样调查选民对竞选人的贡献。抽样调查选民对竞选人的贡献是某个选民对一个竞选人的支持占该竞选人的总支持的比例，由下式计算，即

$$Q_{V_jC_i} = \frac{S_{V_jC_i}}{S_{C_i}}$$

计算竞选人的支持重心。抽样调查选民对竞选人的贡献就是引导竞选人向着该抽样调查选民所在方向移动的权重。抽样调查选民对某一竞选人的贡献与该抽样调查选民的位置坐标相乘后求和，计算出一个新的位置坐标即该竞选人的抽样调查支持重心，即

$$\boldsymbol{x}_{C_i}^m = \sum Q_{V_jC_i} \boldsymbol{x}_{V_j}$$

竞选人的支持重心是通过抽样调查获得的与竞选人较近的、具有较高威望的抽样调查选民位置，因此竞选人的下一步的竞选地点应该就是支持重心的位置，如此循环直至搜索到最优解为止。在计算过程中，为了加快搜索速度和跳出局部最优解，比较抽样调查选民的威望与竞选人的威望，如果抽样调查选民的威望高于竞选人的威望，则高威望的抽样调查选民将参选成为竞选人，而低威望的竞选人将被淘汰。

竞选算法的计算流程如下：

(1) 设置算法的参数；

(2) 生成竞选人的初始位置；

(3) 计算初始竞选人的威望；

(4) 计算竞选人的影响范围；

(5) 生成全局和局部调查选民样本；

(6) 计算抽样调查选民的威望；

(7) 计算竞选人与调查选民之间的距离；

(8) 计算竞选人对调查选民的影响；

(9) 计算调查选民受到的总影响；

(10) 分配调查选民对竞选人的支持；

(11) 计算竞选人获得的总支持；

(12) 计算调查选民对竞选人的贡献；

(13) 计算竞选人的支持重心，作为竞选人的下一位置；

(14) 计算竞选人在新位置的威望；

（15）比较全局抽样调查选民与竞选人的威望；

（16）判断是否满足要求，否则返回步骤（4），进行下一循环的计算。

竞选算法的流程图如图 25－7 所示。

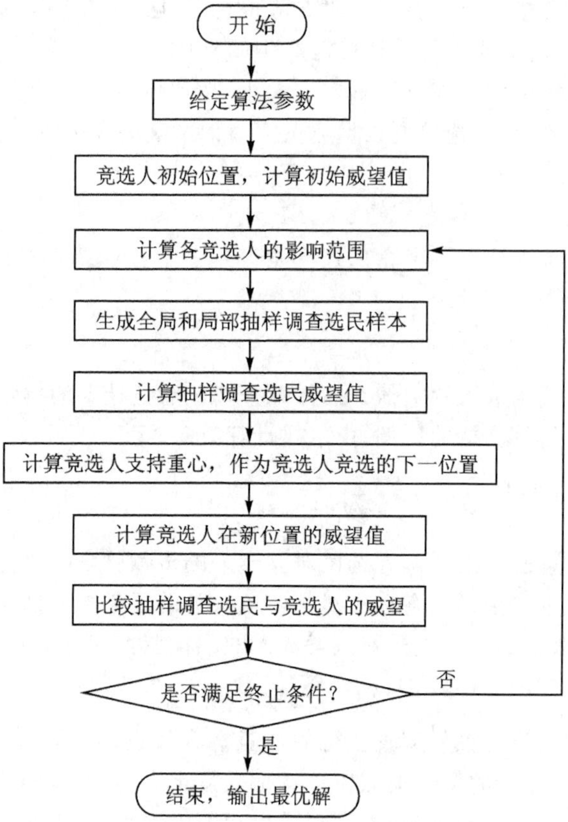


**图 25－7　竞选算法的流程图**

## 25.9　人工植物优化算法

人工植物优化算法（Artificial Plant Optimization Algorithm，APOA）是由崔志华博士等人于近年提出的一种智能优化算法。它借鉴了生物系统的自组织性，模拟植株的生长过程，在完整的生长迭代周期中构造了光合作用算子、向光性算子、顶端优势算子的人工植物算法模型，并设计了高效的算子实现机理，研究了参数的选择策略，讨论了该算法模型的稳定性、收敛性和计算复杂度等理论问题，建立起能反映植物生长过程的人工植物算法体系结构，为高维多模态优化问题的求解提供了一种新的途径，丰富了群体智能算法的优化方式。

下面为人工植物优化算法中的三个优化算子。

**1. 光合作用算子**

植物的光合作用是自然界存在的一种普遍现象，它利用叶绿素在可见光的作用下，将二氧化碳和水转化为有机物，并释放出氧气的过程。光合作用作为植物的物质和能量的来源，对其生长起着至关重要的作用。依据植物光合作用的自然规律，目前国内外已成功提出了很多有关光合作用的机理模型，例如直角双曲线模型、非直角双曲线模型、指数曲线模型等，为人工植物算法中的光合作用算子的构建提供了很多有益的借鉴，下式即为其中的一种。

$$p_i(f(x_i^k))=\frac{\alpha\times f(x_i^k)\times p_{\max}}{\alpha\times f(x_i^k)+p_{\max}}-Rd$$

式中：$x_i^k$ 为第 $i$ 个个体的第 $k$ 维位置；$p_i(f(x_i^k))$ 为将 $f(x_i^k)$ 光照强度规范为(0,1)范围内的光合速率；$Rd$ 为暗呼吸速度；$p_{\max}$ 为最大净光合速率；$\alpha$ 为光合作用光响应曲线在光照强度为零时的斜率。在光合作用阶段，依据以上的光合速率的大小将枝芽个体区分为生长期枝芽群体和成熟期枝芽群体。

**2. 向光性算子**

在自然界中，植物总有向光弯曲生长的趋势，学术上将植物的这种特性定义为向光性。植物的向光性是为了抵制不良光照对自身的影响而建立起来的能更好捕获有益光能的机制。随着生物技术日新月异的发展，植物向光性机制已有了更深入的理解，现如今有很多有关它的最新理论。这些理论的发展为人工植物优化算法向光性算子的建立奠定了坚实的生物学背景。该算子的运行机理可描述为：当植株进入向光性阶段时，根据两类枝条群体的特性以及重力因素和光照因素的影响，按照以下的进化规则分别进行进化生长。生长期枝芽群体，由于枝条正处于生长萌发期本身比较短小，可以忽略掉重力因素对它自身的影响，它们不会产生弯曲，只朝着当前光照最强点的位置进化生长；成熟期枝芽群体，枝条均已定型，往往细而长，应当考虑重力因素的影响，在其自然生长过程中它的个体会向弯曲后的光照强度最优点进化生长。向光性算子的数学公式如下：

$$x_i^k(t+1)=x_i^k(t)+[x_{\text{best}}^k-x_i^k(t)]\times \text{growth}\times r$$

$$x_i^k(t+1)=x_i^k(t)+\text{growth}\times r\times D_i^k$$

式中：$x_i^k(t)$ 为第 $t$ 次迭代后的位置信息；growth 为规范的生长范围权重；$r$ 为[0,1]区间上的随机数；$D_i^k$ 为笛卡儿积转换后的弯曲角度。

**3. 顶端优势算子**

植物的顶端优势是顶芽完全或部分抑制侧芽生长的现象，它是植物调节自身生长的主要环节。当植物的顶芽存在时，侧芽的生长受到抑制；如果去除顶芽，则顶端优势解除，侧芽得以生长发育。顶端优势的强弱随环境而变化，从而使植物能按照水分与营养的供应情况来调节分枝数。人工植物优化算法中的顶端优势算子是在不考虑人工剪枝的情况下，仅对顶芽群体进行竞争替换，通过给定比率，分区域局部寻优规则，找出拥有当前光照最强点的枝芽个体。该算子的竞争寻优规则可描述如下：

$$\begin{cases}x_i^k(t+1)=x_i^k(t)+[x_{\text{best}}^k-x_i^k(t)]\times \text{growth}\times r, & \text{rand}(1)<0.8\\ x_i^k(t+1)=x_{\max}+(x_{\max}-x_{\min})\times r, & 0.8\leqslant \text{rand}(1)<\dfrac{1}{n}\\ x_i^k(t+1)=x_{\text{best}}^k(t), & \text{rand}(1)\geqslant\dfrac{1}{n}\end{cases}$$

式中：$x_{\text{best}}^k$ 为当前光照强度最优点，即局部最优点；$x_i^k(t)$ 是以 $x_{\text{best}}^k$ 为中心的邻域范围内第 $t$ 次迭代后的任意一点；$\boldsymbol{X}_{\max}$、$\boldsymbol{X}_{\min}$ 分别为该邻域范围边界上的最优值点和最差值点。通过上述规则进行寻优既可以对邻域范围内当前最优值点进行改进，也可以在其临界边上进行改进，最终使顶芽得到有效替换，避免算法过早陷入局部极值点。

总之，人工植物优化算法将优化问题的定义域视为植物的生长环境，算法的迭代次数视为植物的生长周期。在植株的光合作用阶段根据光合强度大小将枝条进行分类；当进入向光性阶段时，植株分别利用生长期优化规则和成熟期优化规则进行进化；最后进入顶端优势阶段，整个枝芽群体会在竞争寻优规则的作用下完成全局寻优。在植株经历完整个生长周期后，算法收敛停止。

人工植物算法的具体步骤如下：

(1) 初始化信息参数，利用合光合速率 $p_i(f(x_i^k))=\dfrac{\alpha\times f(x_i^k)\times p_{\max}}{\alpha\times f(x_i^k)+p_{\max}}-Rd$，将枝芽个体划分为成熟期枝芽群体和生长期枝芽群体。

(2) 成熟期枝芽群体按规则 $x_i^k(t+1)=x_i^k(t)+[x_{\text{best}}^k-x_i^k(t)]\times \text{growth}\times r$ 进行进化生长，生长期枝芽群体按规则 $x_i^k(t+1)=x_i^k(t)+\text{growth}\times r\times D_i^k$ 进行进化生长。

(3) 对更新后的枝芽群体按给定概率分区域规则进行局部寻优，规则如下：

$$\begin{cases} x_i^k(t+1)=x_i^k(t)+[x_{\text{best}}^k-x_i^k(t)]\times \text{growth}\times r, & \text{rand}(1)<0.8 \\ x_i^k(t+1)=x_{\max}+(x_{\max}-x_{\min})\times r, & 0.8\leqslant \text{rand}(1)<\dfrac{1}{n} \\ x_i^k(t+1)=x_{\text{best}}^k(t), & \text{rand}(1)\geqslant\dfrac{1}{n} \end{cases}$$

(4) 判断是否完成迭代周期，若完成则停止运算，否则转入(1)。

## 25.10 文化算法

自然界中，人类与其他生物共存，但是在发展演化过程中，人类逐渐掌握了获得、记录和传播信息知识(文化)的能力。人类社会也以文化发展为进化的主要特征。文化是人类普遍认可的能够传承的意识形态，是人类所拥有经验的集合，其使群体以更快的速度进化和适应环境，不断推动社会向前发展，而且文化的传承为社会的新生代群体提供经验和知识，供后人直接学习，并用于指导每个个体的行为。新生代群体通过学习其中的经验和知识来更快地适应环境，而不需要通过亲自经历实验和分析错误来获取这些经验的过程。与此同时，当我们遇到一个新的问题时，就会有解决类似问题的结论，这些结论经过验证就可以成为知识用于指导解决新的问题。正是因为有文化的传承推动着，人类社会才能急速发展并达到今天这样高度发达的水平，这是自然界其他物种所不具有的。

1994 年 Reynolds 提出文化算法这一概念和基本模型。文化算法是一种双层进化机制，这种算法通过模拟人类文明社会的演进过程来完成高效寻优的过程。算法除种群进化空间外还通过一个独立于种群空间的信仰空间促进群体的进化，种群进化和文化进化两个过程既相互独立又相互影响，两个空间通过特定协议进行信息交换。信仰空间将每一代进化的经验和种群的知识积累在这一空间，保存并加以整合解决问题的知识，反馈指导种群的搜索过程，提高进化效率，针对性更高，更快地收敛于最优解。

**1. 文化算法框架**

文化算法包括三个主要组成部分：种群空间算法形式、信仰空间知识表达和通信协议。种群空间主要进行种群的进化操作及其个体评价，不同于标准遗传算法，文化算法在进行交叉和变异时，其算子通过影响函数，根据信仰空间中优秀的经验知识指导种群空间中的进化。种群空间选用不同的进化策略，信仰空间知识的表达形式也有所不同，算法应用于不同领域时，也需要不同形式的知识。信仰空间的核心是知识的表达与更新，其中知识被划分为五类：环境知识、标准知识、拓扑知识、领域知识和历史知识。通信协议是用来确定种群空间和信仰空间之间的相互影响方式，是种群空间和信仰空间之间的桥梁。文化算法的框架如图 25－8 所示。

算法中，接受函数为收集群体空间中适应度值高的个体知识，被选择的经验传递至信仰空间；更新函数通过种群空间传达的个体知识调节并对信仰空间的知识更新，形成这代种群的经验知识；影响函数利用信仰空间生成的经验知识对种群空间进化进行指导和调节；种群操作对种群进行交叉、变异等操作，生成下一代个体；选择函数通过评价个体适应度值，选择优良个体作为上一代传递经验知识给下一代；目标函数得到每个个体知识的适应值、性能评价。

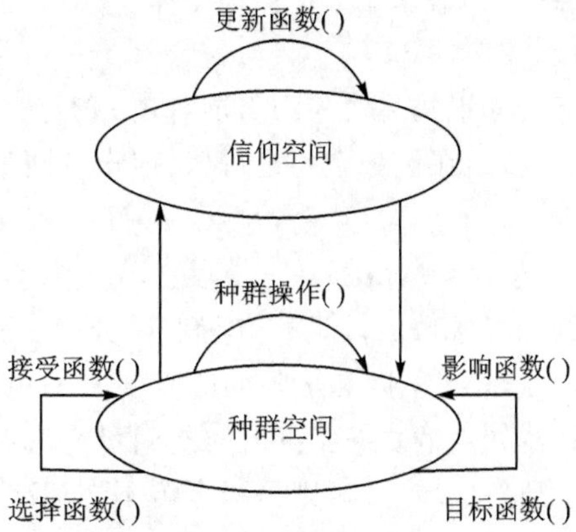

图 25-8　文化算法的框架

文化算法的特点为具有双层进化结构，即在种群空间的基础上扩展出了信仰空间，用信仰空间来对知识进行管理，并对知识也进行了进化，更重要的是把隐含在种群空间中的进化信息进行了显性的归纳和描述。这两层结构相互独立又相互促进，具体表现在不同层可以使用不同的进化速度，信仰空间中优秀经验指导种群进化，种群不断地进化，同时也更新信仰空间中的知识。因文化算法独特的进化机制，在求解问题时可以使用不同的算法混合求解，同一计算框架支持知识改变的不同表达方式。以上文化算法的特点也决定了算法可以解决的问题包括涉及多种群交叉、多层次空间问题、多个进化速度和多种知识形态的问题等。

**2. 文化算法种群空间及进化操作**

种群空间是指同种个体一定时间内所占据的一定空间，种群中的个体并不只是机械地聚集在一起，而是通过繁殖将自己的基因传给后代，同一种群共用一个基因库。种群内的个体通过不定向变异和自然选择不断进化。

文化算法中，种群空间的进化基于进化计算，以遗传算法为例，通过运用选择、交叉和变异等基因操作完成。不同于标准遗传算法，文化算法的交叉算子和变异算子会受到信仰空间中优秀个体经验的影响，经验知识通过影响函数对种群空间的进化操作加以指导和控制。

**3. 信仰空间**

知识的表达和进化是信仰空间的核心工作，信仰空间的经验知识一般划分为环境知识、标准知识、地形知识、领域知识和历史知识等五类。五种知识类型分别有不同的更新规则。

(1) 环境知识

环境知识的作用是对进化过程中优秀的个体进行记录，是种群空间中所产生优秀个体的集合，引导种群朝选出的范例进化。环境知识的结构可以描述为

$$< S_1, S_2, \cdots, S_k >$$

$$S_i = \{\boldsymbol{x}_i \mid f(\boldsymbol{x}_i)\}$$

式中：$k$ 为环境知识的容量；$S_i$ 为第 $i$ 个优秀个体；$f(\boldsymbol{x})$为适应值函数；$f(\boldsymbol{x}_i)$为 $\boldsymbol{x}_i$ 的适应值。

接受函数 Accept( )在种群每一代进化后，根据适应度值选择比较优良的个体进入信仰空间，也即选择那些能直接影响当前信仰空间知识经验的个体提交给信仰空间，从而使信仰空间的知识得以更新。

环境知识中记录的优秀个体按照适应值由高到低排列，Update( )选取其中最优秀的个体进入信仰空间更新，更新过程表示如下：

$$S(t+1) = \begin{cases} \boldsymbol{x}_{\text{best}}(t), & f(\boldsymbol{x}_{\text{best}}(t)) < f(S(t)) \\ S(t), & \text{其他} \end{cases}$$

式中：$\boldsymbol{x}_{\text{best}}(t)$表示第 $t$ 代最优个体。

(2) 标准知识

标准知识描述对象为当前种群可行解空间，即有效搜索空间，用于判断子代个体的可行性，保证搜索在优势空间进行，设搜索空间是由 $n$ 维变量构成的空间。标准知识可描述为

$$N=\langle x_1,x_2,\cdots,x_n\rangle$$

其中，$\boldsymbol{x}$ 包含$\langle I,L,U\rangle$三个参量，$\boldsymbol{x}_i=[I_i,L_i,U_i]$，$I_i=[l_i,u_i]=\{\boldsymbol{x}_i \mid l_i\leqslant \boldsymbol{x}_i\leqslant u_i\}$，$n$ 为优化问题的变量数目，$i\leqslant n$。$l_i$ 和 $u_i$ 分别表示变量的连续实数取值的下限和上限，$L_i$ 和 $U_i$ 分别表示变量 $\boldsymbol{x}_i$ 下限和上限的适应度值。

标准知识的更新指导着解空间可行域搜索的调整，随着进化代数的增加，搜索空间逐渐集中于优质解区域，其规则是当个体不在标准知识范围内时，标准知识将引导该个体进入可行搜索空间，进行标准知识更新，其更新规则如下：

$$l_i^{t+1}=\begin{cases}x_{j,i}, & x_{j,i}\leqslant l_i^t \quad \text{或} \quad f(x_{j,i})<L_i^t\\ l_i^t, & \text{其他}\end{cases}$$

$$L_i^{t+1}=\begin{cases}f(x_j), & x_{j,i}\leqslant l_i^t \quad \text{或} \quad f(x_{j,i})<L_i^t\\ L_i^t, & \text{其他}\end{cases}$$

$$u_i^{t+1}=\begin{cases}x_{j,i}, & x_{j,i}\geqslant u_i^t \quad \text{或} \quad f(x_{j,i})<U_i^t\\ u_i^t, & \text{其他}\end{cases}$$

$$U_i^{t+1}=\begin{cases}f(x_j), & x_{j,i}\geqslant u_i^t \quad \text{或} \quad f(x_{j,i})<U_i^t\\ U_i^t, & \text{其他}\end{cases}$$

式中：$U_i^t$、$L_i^t$ 分别表示第 $t$ 代变量 $i$ 的上限 $u_i^t$ 和下限 $l_i^t$ 所对应的适度值。

(3) 地形知识

地形知识是以标准知识为基础建立在区域划分模型的基础上，将标准知识所构成的搜索空间平均划分成许多小区域，称为细胞或单元(cells)，地形知识以细胞为单位的等级划分。每个细胞与可行搜索范围的变量维数相同，每个细胞的状态通过计算细胞内所含个体适应度的平均值(Fcells)来表达。设第 $i$ 个细胞内含有个体数目为 $\text{num}_i$，其中第 $j$ 个个体的适应度为平均值可表示为

$$\text{Fcells}^i=\frac{\sum_{j=1}^{\text{num}_i} f(x_{i,j})}{\text{num}_i}$$

根据细胞内所含个体适应度的平均值，将细胞划分为 4 种等级状态：低($L$)、中($M$)、高($H$)、未知(#)，细胞等级可表示为集合 cellse{$L$，$M$，$H$，#}；与约束条件相融合，判断细胞可行性，可将细胞划分为 3 种：可行(feasible)、半可行(semi - feasible)和不可行(unfeasible)。由此可见，地形知识通过这些细胞可以用来表示、储存和整合约束知识，描述标准知识内部适应度分布状况，另外，还可通过地形知识引导种群向细胞更高状态区域进化。

以二维空间为例，图 25 - 9 所示为约束条件将空间分割为不同类型的区域，图 25 - 10 所示为细胞将可行和不可行区域明确地标识出来。这些细胞可以被看作用图式的方式确认出问题每个参数值的范围，但这些范围并没有指定一个确切的值，而是通过识别细胞这一载体来指导整个空间搜索。简单来讲，细胞就像导航地图，通过删改不可行区域，推动有潜力的区域，用这种直接的方式引导优化搜索。其中图中白色部分为可行区域、灰色部分为半可行区域、黑色

部分为不可行区域。

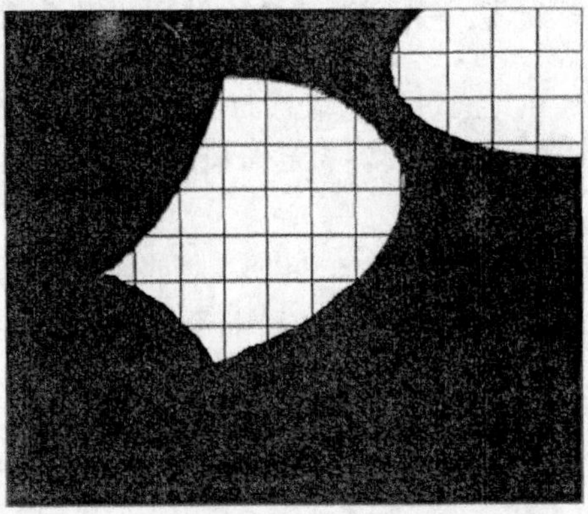

图 25-9　约束条件及在空间分割的结果

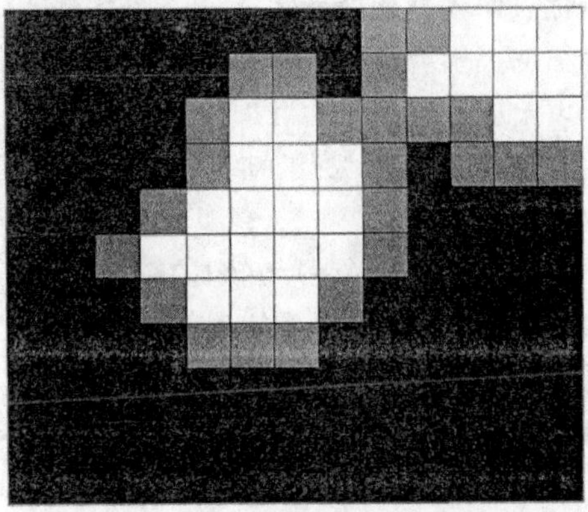

图 25-10　细胞表示问题约束

(4) 领域知识

此经验知识包含了很多有关给定问题的领域知识，通过获取环境中的动态变化信息对进化趋势进行预测，并记录其中发展较好的方向，引导种群向预测的优势方向进化，提高进化效率。其结构可以表示为

$$(<D_1,D_2,\cdots,D_k><\Delta x_1,\ \Delta x_2,\cdots,\ \Delta x_k>)$$

其中，$D_i=\{\boldsymbol{x}_i \mid f(\boldsymbol{x}_i)\}$为记录的第 $i$ 个优秀个体，$\Delta\boldsymbol{x}_i$ 为这个个体的进化方向变化预测。对于 $n$ 维变量，$\Delta\boldsymbol{x}_i=<d_i^1,d_i^2,\cdots,d_i^n>$，$d_i^j\in\{-1,0,1\}$用于描述 $\boldsymbol{x}_i$ 在 $j$ 维上的变化方向及步长，$-1$、$0$、$1$ 分别为后退、停留、前进，$k$ 为领域知识的容量。

领域知识更新规则可描述为

$$<D_1(t+1),D_2(t+1),\cdots,D_d(t+1)>=\begin{cases}<x_b(t),D_1(t),\cdots,D_l(t)>, & f(x_b(t))>f(D_1(t)) \quad 及 \quad l<d\\ <x_b(t),D_1(t),\cdots,D_{l-1}(t)>, & f(x_b(t))>f(D_1(t)) \quad 及 \quad l=d\\ <D_1(t),D_2(t),\cdots,D_d(t)>, & 其他\end{cases}$$

$$<\Delta x_1(t+1),\Delta x_2(t+1),\cdots,\Delta x_d(t+1)>=\begin{cases}<\Delta x_b(t),\Delta x_1(t),\cdots,\Delta x_l(t)>, & \nabla(\Delta x_b(t))>\nabla(\Delta x_1(t)) \quad 及 \quad l<d\\ <\Delta x_b(t),\Delta x_1(t),\cdots,\Delta x_{l-1}(t)>, & \nabla(\Delta x_b(t))>\nabla(\Delta x_1(t)) \quad 及 \quad l=d\\ <\Delta x_1(t),\Delta x_2(t),\cdots,\Delta x_l(t)>, & 其他\end{cases}$$

其中，$\nabla(\Delta\boldsymbol{x}_i)=\dfrac{f(\boldsymbol{x}_i+\varepsilon)-f(\boldsymbol{x}_i)}{\varepsilon}$用于表示个体 $\boldsymbol{x}_i$ 的变化梯度。根据其梯度变化值确定进化方向。

(5) 历史知识

历史知识记录了搜索过程中的很多重要事件，包括知识更新的次数、知识保持静态的代数和更新后的搜索范围等，以及搜索空间中个体的一些移动方向或长度，也可以是地势的改变。

历史知识可以表示为

$$<H_1(t+1),\cdots,H_k(t+1)>=\begin{cases}<H_1(t),\cdots,H_k(t),H_{k+1}(t)>, & k<w\\ <H_2(t),\cdots,H_k(t),H_{k+1}(t)>, & k=w\end{cases}$$

式中：$H_i$ 表示记录中的第 $i$ 个历史事件；$w$ 为历史知识的容量。历史知识相当于个体在选择前进方向时的参考事件。当进化过程中搜索范围逐渐局限于某一局部空间时,有可能陷入局部最优点而错过全局最优点,历史知识将引导搜索回到之前的记录点并重新进化。历史知识的容量取决于滑动窗口的大小。

以上五种知识对种群进化分别有不同的引导作用,并且通过知识信息的传播而相互影响。

(1) 环境知识对标准知识的影响:当种群进化进入到一个比较理想的阶段时,标准知识会相应缩小搜索空间。

(2) 标准知识对地形知识的影响:标准知识搜索空间越小,对应 cells 的空间也会越小。

(3) 历史知识对标准知识的影响:当种群进化过程中搜索范围逐渐局限于某一局部空间时,标准知识也将搜索范围局限在一个小区域中,历史知识引导种群返回之前记录的可行解空间,调整搜寻范围,标准知识的搜索范围将会扩大。

**4. 空间传递函数**

(1) 接受函数

接受函数 Accept( )描述了种群空间对信仰空间的影响,并决定了信仰空间中不同种类知识的更新。下面介绍三种接受函数。

1) 静态比率接受函数

静态比率接受函数在进化过程中按照一个固定的接受比率从种群空间中选取优秀个体,公式可表示为

$$\text{Accept}()=\beta\%\text{Pop}$$

若一个种群的规模为 Pop,则按照适应度绝对排名选取前 $\beta\%$Pop 个个体,通常设定 $\beta=0.2$,或采用相对排名,取高于平均适应度值的个体来更新信仰空间。在进化初期,种群具有多样性,而选择过多个体进入信仰空间易导致过早收敛和陷入局部最优;进化中期,优秀个体所携带的优势信息逐渐增加,可以多选择一些个体进入信仰空间,丰富知识结构;而在进化后期,优秀个体具有一定相似度,且算法逐渐收敛于最优解,为避免过多相似知识重复占用空间,保持知识的多样性,应减少个体的接受。但固定比率接受函数无法根据种群进化程度来动态调整选取优秀个体的数目。

2) 动态接受函数

将进化代数作为动态因子引入接受函数,随进化过程而动态调节选取优秀个体的数目,公式可表示为

$$\text{Accept}()=\text{Pop}\times\beta\%+\left(\frac{\text{Pop}\times\beta\%}{t}\right)$$

式中:Pop 为种群规模;$\beta$ 为接受比率;$t$ 为种群进化代数。由公式可见,选取数目随种群进化而变化,进化代数越大,从种群中选取的优秀个体越少。动态接受函数计算简单,然而不能确定调整信仰空间所需要的量,对进化程度表达不清晰。

3) 模糊接受函数

当许多个体评价值劣于前代时,需要降低接受函数的百分比。为使接受函数更加灵活、全面地反映当前进化程度,将模糊逻辑控制引入模糊接受函数,以个体成功率(子代中优于父代个体的比例)和当前进化代数作为输入,影响信仰空间的优秀个体接受量为输出,按表 25-3 所列的模糊规则表进行模糊运算。

其中,设置进化代数为 In(初始)、Mi(中期)、Fi(后期),个体成功率为 LO(低)、ME(中)、HI(高)。例如,在进化初期若个体成功率较低,则以一个中等概率 30%(BB)接受种群空间中的优秀个体;进化初期若个体成功率较高,则以高接受率 40%(CC)接受种群中的个体;在进化

后期若个体成功率低，则接受率降低至 20%(AA)。

表 25-3　模糊接受函数规则表

| 进化代数 \ 个体成功率 | LO | ME | HI |
|---|---|---|---|
| In | BB | BB | CC |
| Mi | AA | BB | BB |
| Fi | AA | AA | BB |

模糊接受函数虽然灵活，能够动态反映种群进化状况，并调节得到较合理的接受率，但计算复杂，有一定随机性，容易对算法造成一定影响。三种接受函数各有利弊，应在实际应用中视具体情况而进行选择。

(2) 影响函数

影响函数描述了信仰空间中知识对种群空间的指导和影响，不同类型的知识对种群空间的作用效果不同，而在种群空间进化的不同阶段，不同知识的作用也不尽相同。进化前期，标准知识和地域知识引导搜索性能较好的区域；进化中间阶段，随着环境知识的更新和种群的进化，逐渐缩小搜索空间，对地形知识进行更细致的划分；进化后期，搜索易陷入局部最优，过早收敛，历史知识引导种群返回之前记录的可行区域。

信仰空间主要通过改变变量的变化步长和变化方向两种方式对种群空间进行影响。对于非线性优化问题有四种影响函数。

① 标准知识对变量的变化步长进行调整，环境知识修改方向，函数表示如下：

$$x_{j,i}^{t+1}=\begin{cases}x_{j,i}^{t}+|\,\mathrm{size}(I_i)\cdot N(0,1)\,|, & x_{j,i}^{t}<s_i^{t}\\ x_{j,i}^{t}-|\,\mathrm{size}(I_i)\cdot N(0,1)\,|, & x_{j,i}^{t}>s_i^{t}\\ x_{j,i}^{t}+\lambda\cdot\mathrm{size}(I_i)\cdot N(0,1), & 其他\end{cases}$$

② 使用标准知识调整变量的变化步长，函数表示如下：

$$x_{j,i}^{t+1}=x_{j,i}^{t}+\lambda\cdot\mathrm{size}(I_i)N(0,1)$$

③ 使用标准知识调整变量的变化步长和方向，函数表示如下：

$$x_{j,i}^{t+1}=\begin{cases}x_{j,i}^{t}+|\,\mathrm{size}(I_i)\cdot N(0,1)\,|, & x_{j,i}^{t}<l_i^{t}\\ x_{j,i}^{t}-|\,\mathrm{size}(I_i)\cdot N(0,1)\,|, & x_{j,i}^{t}>u_i^{t}\\ x_{j,i}^{t}+\lambda\cdot\mathrm{size}(I_i)\cdot N(0,1), & 其他\end{cases}$$

④ 使用环境知识调整变量的前进方向，函数表示如下：

$$x_{j,i}^{t+1}=\begin{cases}x_{j,i}^{t}+|\,\sigma_{j,i}\cdot N(0,1)\,|, & x_{j,i}^{t}<s_i^{t}\\ x_{j,i}^{t}-|\,\sigma_{j,i}\cdot N(0,1)\,|, & x_{j,i}^{t}>s_i^{t}\\ x_{j,i}^{t}+\lambda\cdot\sigma_{j,i}\cdot N(0,1), & 其他\end{cases}$$

其中，$N(0,1)$是标准正态分布变量，size()为信仰空间中变量 $i$ 调整区间的长度，$\lambda$ 是变量变化步长因子，$\sigma_{j,i}$ 是第 $j$ 个个体中第 $i$ 个变量的变化步长。

**5. 算法的实现步骤**

(1) 初始化种群空间。随机生成定义域内的一个 $N$ 维实数向量，这个向量就是种群空间中的一个个体，以上步骤重复进行 $p$ 次，这样就形成了规模为 $p$ 的初始种群空间。

(2) 利用目标函数(适应度函数)评价种群空间中的各个个体。

(3) 初始化信仰空间。当给定某个具体问题时,问题中变量的取值范围也就确定了,依据变量的取值范围可以获得初始种群中的候选解,利用以上得到的这些条件,再根据信仰空间的结构,就得出了初始信仰空间。

(4) 利用影响函数对种群中的各个父个体进行变异,相应地产生 $p$ 个子个体。

(5) 选择新一代的父个体。通过对各个个体适应值的比较,从子代和父代共同组成的规模为 $2p$ 的种群空间中选取前 $p$ 个较优个体作为下一代的父体。

(6) 规定接受函数,然后根据相应的公式对信仰空间进行更新。

(7) 若满足终止条件,则结束;否则,转第(4)步。

算法的具体流程图见图 25-11。

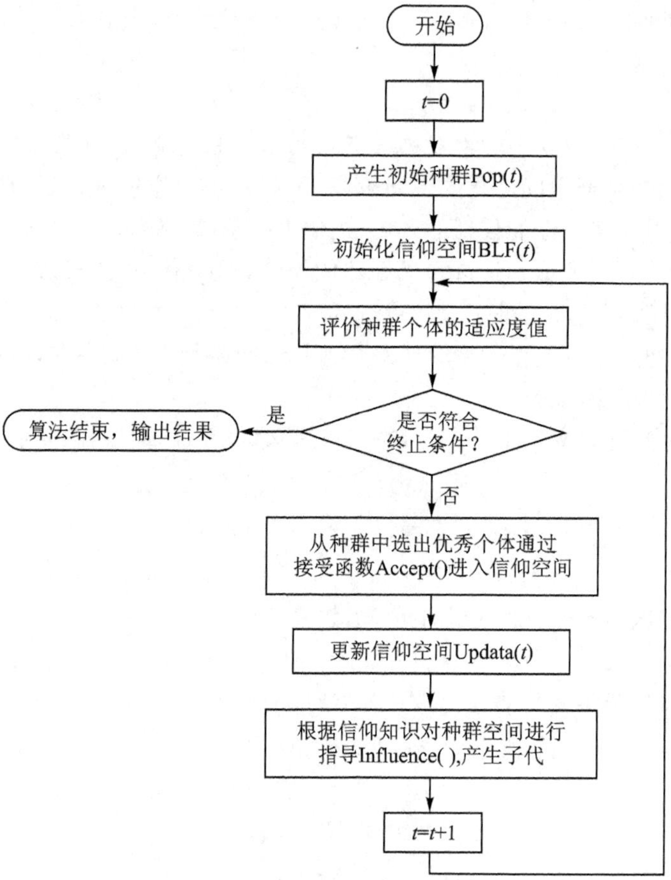


图 25-11 文化算法的流程图





## 25.11 和声搜索算法

2001 年,Geem. Z. W 等人根据音乐演奏时乐师们调节各种乐器的音调,使演奏的音乐达到一个美妙的和声状态,而提出了一种新型的优化算法,即和声搜索(Harmony Search,HS)算法。

在演奏中,每个演奏者发出一个音调,所有的音调构成一个和声向量,如果这个和声比较好,就把它记录下来,以便下次产生更好的和声。每个乐器的音调类比于优化问题中的一个决策变量，将各乐器声调的和声类比于解向量，美学评价类比于目标函数，音乐家要找到由美学评价定义的优美的和声，优化问题则是要找到由目标函数定义的全局最优解。和声搜索算法包括一系列的优化因素，例如和声记忆库(HM)、和声记忆库的大小(HMS)、和声保留概率(HMCR)、音调调节概率(PAR)等。在和声搜索算法中，和声记忆库储存可行解，和声记忆库的大小决定着存储可行解的数量，和声保留概率就是从记忆库中选择新产生的解的概率，音调调节概率是对产生的新解进行扰动的概率。

在和声搜索算法中，和声记忆库中储存着 $M$ 个 $N$ 维向量解。设定一个记忆库参数取值概率(Harmony Memory Considering Rate，HMCR)，它是一个介于 0 和 1 之间的实数。当随机数 rand ＜HMCR 时，从和声记忆库中每一维随机取出一个值，组成一个新的解向量；否则，解向量从解空间中取任意值。如果产生的新的解向量的目标函数值比和声记忆库中最差的目标函数值要好，就用新的解向量代替和声记忆库中目标函数值最差的解向量。

例如，设和声记忆库中解向量为 $\boldsymbol{X}^k=(x_1^k,x_2^k,\cdots,x_n^k)$，其中 $\boldsymbol{X}^k\in\mathbf{R}^n$，$k\in[1,m]$，和声记忆库初始化为

$$\mathbf{HM}=\begin{bmatrix} x_1^1 & x_2^1 & \cdots & x_n^1 \\ x_1^2 & x_2^2 & \cdots & x_n^2 \\ \vdots & \vdots & & \vdots \\ x_1^m & x_2^m & \cdots & x_n^m \end{bmatrix}$$

当 rand＜HCMR 时，产生新的解向量 $\boldsymbol{X}'=(x'_1,x'_2,\cdots,x'_n)$，其中 $x'_1$ 是从和声记忆库的第一个列向量中随机取的值，其余特征向量的取值同理。

设和声记忆库 HM 中原有的解向量的适应度值分别 fitness1，fitness2，…，fitnessm，其中最差的适应度值为 fitnessp。如果新的解向量 $\boldsymbol{X}$ 的适应度值 fitnessX 优于 fitnessp，就用新的解向量 $\boldsymbol{X}$ 代替最差的解向量 $\boldsymbol{p}$ 存入和声记忆库 HM 中。

另外，为了使目标适应度值跳出局部最优解，和声搜索算法中设定了另一个比较重要的参数——音调调节概率(Pitch Adjusting Rate，PAR)，PAR 也是一个介于 0 和 1 之间的实数。当随机数 rand＜PAR 时，解向量在音调调节区间内微调扰动，产生一个新的解向量。

和声搜索的算法流程如下：

Step1：设定和声搜索的基本参数，如变量的个数 nvar、各变量的取值范围、和声记忆库可保存和声的个数 HMS、和声记忆保留概率 HMCR、音调调节概率 PAR、最大迭代次数 iter_max 等。

Step2：初始化和声记忆库。

Step3：产生新解。每次可以通过三种机理产生一个新解：① 保留和声记忆库中的分量；② 随机选择产生；③ 对①、②中某些分量进行微调扰动产生。

Step4：更新记忆库。若新解优于记忆库中最差的解，则用新解替换最差的解，得到新的记忆库。

Step5：判断是否满足终止条件，若满足，则停止迭代，输出最优解；否则，重复 Step3 和 Step4。

和声搜索算法包括了现有的启发式算法结构，而且可以像遗传算法一样同步处理多个解向量。其与遗传算法不同的是，和声搜索可以从整个解集合中合成一个新的解向量，而遗传算法只能通过两个解向量杂交生成新的解向量。因此，和声搜索算法具有更好的全局搜索性能。

和声搜索算法的流程图如图 25-12 所示。

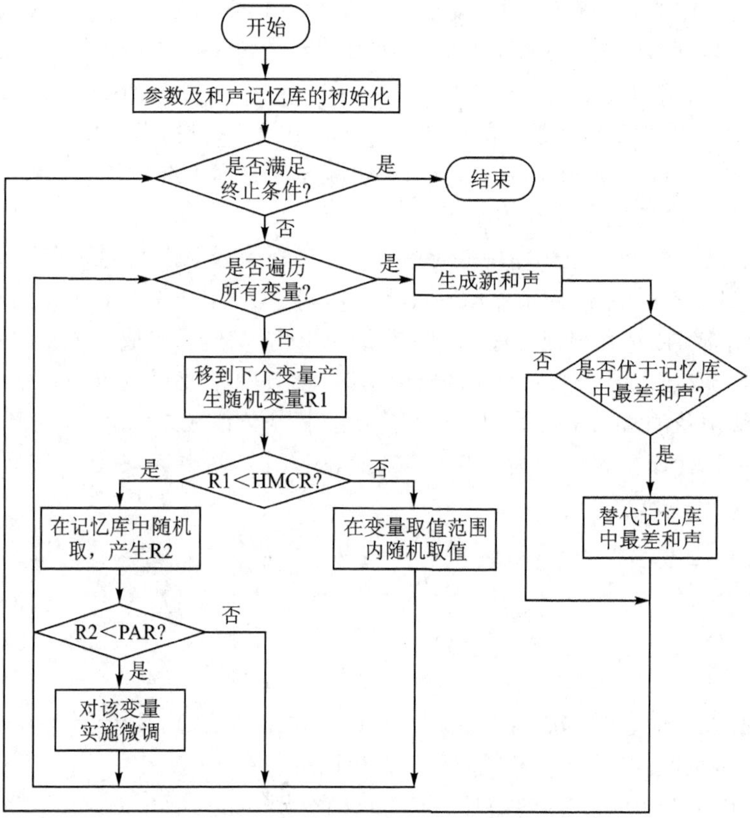


图 25-12 和声搜索算法的流程图

## 25.12 灰狼优化算法

灰狼优化(Grey Wolf Optimization,GWO)算法是一种模仿灰狼的社会等级制度和猎食行为的新型群智能优化算法。该算法由 Mirialili 等人于 2014 年提出,主要模拟包括狼群跟踪、追赶猎物,包围、骚扰猎物,待猎物筋疲力尽时攻击猎物等过程实现寻优的目的。

自然界中的灰狼是一种以群居生活为主的顶级食肉动物,通常每个群体中平均有 5～12 只狼,且它们之间有着严格的等级管理制度。灰狼家族中的狼按照社会地位从高到低可以划分为四类,分别是 $\alpha$ 狼、$\beta$ 狼、$\delta$ 狼和 $\omega$ 狼。$\alpha$ 狼是处于社会顶层的狼,也叫"头狼",它是狼群的最高统治者和管理者,负责决定狼群狩猎的时间、地点及战术。位于第二层的是 $\beta$ 狼,相当于狼群中的副首领,如果头狼死了,它就要接替头狼,负责继续领导狼群。位于最底层的是 $\omega$ 狼,$\omega$ 狼必须服从其他所有占优势地位的狼。如果一头狼不是 $\alpha$ 狼、$\beta$ 狼或 $\omega$ 狼,那么它就是属于第三层的 $\delta$ 狼。$\delta$ 狼必须服从 $\alpha$ 狼和 $\beta$ 狼,但它可以统治 $\omega$ 狼,它们主要负责侦查、放哨以及看护工作。

在 GWO 算法中,为构建灰狼的社会等级制度模型,将种群中适应度值最优的解、次优的解和第三优的解分别看作 $\alpha$ 狼、$\beta$ 狼和 $\delta$ 狼,而剩余的解被视为 $\omega$ 狼。然后由 $\alpha$ 狼、$\beta$ 狼和 $\delta$ 狼来负责引导,$\omega$ 狼则跟随着 $\alpha$ 狼、$\beta$ 狼和 $\delta$ 狼,通过搜寻猎物、包围猎物和攻击猎物来完成狩猎优化。

在 $D$ 维搜索空间中,假设 $N$ 只灰狼个体组成种群 $\boldsymbol{X}=(\boldsymbol{X}_1,\boldsymbol{X}_2,\cdots,\boldsymbol{X}_N)$,定义第 $i$ 只灰狼

的位置为 $\boldsymbol{X}_i=(x_1^i,x_2^i,\cdots,x_D^i)$，表示第 $i$ 只灰狼在第 $D$ 维上的位置。定义灰狼群体历史最优解为头狼 $\alpha$，历史上次最优解为下属狼 $\beta$，历史第三最优解为普遍狼 $\delta$，种群中其他个体为 $\omega$。

首先描述灰狼逐渐接近并包围猎物的行为。对第 $i$ 只灰狼：

$$X_i^d(t+1)=X_p^d(t)-A_i^d\mid C_i^d X_p^d(t)-X_i^d(t)\mid$$

式中：$t$ 为当前迭代次数；$\boldsymbol{X}_p=(x_p^1,x_p^2,\cdots,x_p^D)$ 为猎物位置；$A_i^d\mid C_i^d X_p^d(t)-X_i^d(t)\mid$ 为包围步长；$A_i^d$ 和 $C_i^d$ 分别为

$$A_i^d=2a\cdot \text{rand}_1-a$$

$$C_i^d=2\cdot \text{rand}_2$$

式中：$\text{rand}_1$、$\text{rand}_2$ 分别为[0,1]区间上的随机数；$a$ 称为收敛因子，随迭代次数的变化而变化，即

$$a=2\left(1-\frac{t}{t_{\max}}\right)$$

式中：$t$、$t_{\max}$ 分别为迭代次数和最大迭代次数。

灰狼群体根据 $\alpha$、$\beta$ 和 $\delta$ 的位置更新各自的位置，即

$$\begin{cases}X_{i,\alpha}^d(t+1)=X_\alpha^d(t)-A_{i,1}^d\mid C_{i,1}^d X_\alpha^d(t)-X_i^d(t)\mid\\ X_{i,\beta}^d(t+1)=X_\beta^d(t)-A_{i,2}^d\mid C_{i,2}^d X_\beta^d(t)-X_i^d(t)\mid\\ X_{i,\delta}^d(t+1)=X_\delta^d(t)-A_{i,3}^d\mid C_{i,3}^d X_\delta^d(t)-X_i^d(t)\mid\end{cases}$$

$$X_i^d(t+1)=\sum_{j=\alpha,\beta,\delta} w_j X_{i,j}^d(t+1)$$

式中：$w_j(j=\alpha、\beta、\delta)$表示 $\alpha$、$\beta$ 和 $\delta$ 的权重系数。

$$w_j=\frac{f(X_j(t))}{f(X_\alpha(t))+f(X_\beta(t))+f(X_\delta(t))}$$

式中：$f(X_j(t))$表示第 $j$ 只灰狼个体在第 $t$ 代的适应度值。

灰狼算法的计算步骤如下：

Step1：种群初始化，包括种群数量 $N$，最大迭代次数 $t_{\max}$，参数 $a$、$A$、$C$。

Step2：根据变量的上、下界随机初始化灰狼个体的位置 $\boldsymbol{X}_i$。

Step3：计算每一头狼的适应度值，并根据适应度的值，找出 $\alpha$、$\beta$ 和 $\delta$ 狼。

Step4：根据位置更新公式，更新灰狼个体 $\boldsymbol{X}_i$ 的位置。

Step5：更新参数 $a$、$A$、$C$。

Step6：判断是否达到最大迭代次数，若满足则算法停止并返回 $X_\alpha$ 的值作为最终得到的最优解；否则转到 Step4。

在 GWO 算法中，两个随机调节的参数 $A$ 和 $C$ 为算法提供了搜索和开采能力。当 $A$ 大于 1 或小于 −1 时算法开始全局搜索，当 $C$ 大于 1 时也为算法提供了搜索能力。相反，当 $|A|<1$ 和 $|C|<1$ 时算法则强调进行局部开采。

根据基本 GWO 算法的原理，可知算法存在以下的局限性：

(1) 寻优的结果与 $\alpha$、$\beta$ 和 $\delta$ 狼的位置有极大的关系，倘若它们的位置不理想，则容易误导整个狼群陷入局部最优，致使算法在迭代后期搜索能力不足，易陷入早熟收敛。

(2) 算法在进行位置更新时，是采用整体更新机制，每一次更新，同时改变所有维度的数值，再根据各解向量收益率的变化情况确定接下来的解向量的优化方向，使其对于不可分离变量函数有着很好的优化效果。但对于可分离变量函数而言，解向量的优化方向很难与每一维的优化方向一致，大多数情况是解向量整体收敛效率变好了，而某些维度却变差了，从而降低了算法的搜索效率。

(3) 由于算法的搜索和开采能力是由参数 $A$ 和 $C$ 提供的，而 $A$ 随着迭代次数的增加呈线性递减，当 $|A|<1$ 时 $A$ 不强调搜索，此时算法的搜索能力仅由 $C$ 提供，使得算法在面对多极值的全局优化问题时，全局搜索能力明显不足，灰狼易陷入局部最优，导致早熟收敛。

(4) 对于搜索到的新位置，算法并没有评估新解的好坏而是直接接受新解，这样无法保证新解优于旧解从而难以控制种群的进行方向，降低了算法的搜索效率。

## 25.13 布谷鸟搜索算法

布谷鸟搜索算法(Cuckoo Search,CS)是 2009 年英国剑桥大学的 Xin_she Yang 和 Suash Deb 提出的一种新型启发式智能优化算法。该算法的思想是基于布谷鸟的寻窝产卵行为并结合鸟类的莱维飞行。通过测试一些标准测试函数等例子的测试对比实验结果，表明该算法的结果优于遗传算法与粒子群算法的结果。该算法简单易行、参数少，且解决特殊问题无须大量参数，因此该算法引起了众多学者的关注。

自然界中很多动物的觅食行为是一种随机行为过程。所谓随机过程指的是下一步的移动取决于当前位置，选择哪个方向取决于所使用的数学模型。莱维飞行(Lévy 飞行)是具有截尾概率分布步长的随机游走，它是一种连续概率分布，其主要思想简单来说是在大量的小步长随机移动的前提下偶尔大步长地移动。这种特性非常适应于优化问题。利用 Lévy 飞行就不会在一个地方一直搜索而陷入局部极优点，增加了全局的搜索能力。

布谷鸟搜索算法具有三个要素：选择最优、局部随机飞行、全局 Lévy 飞行。为了简化描述布谷鸟搜索算法，假设下面三条理想化规则：

(1) 每只布谷鸟每次只有一个卵，即有一个最优的解，鸟巢进行孵化时遵从随机选择。

(2) 最优的鸟巢与最优的解保留到下一代。

(3) 巢主鸟的数量是固定的，且布谷鸟孵化的卵被巢主鸟发现的概率也是固定的。在这种情形下，巢主鸟或者把卵抛出鸟巢，或者丢弃此鸟巢去别处另寻并建立新的鸟巢。

在布谷鸟搜索算法中，布谷鸟、蛋及鸟巢都相当于优化问题的解。

基于以上三条规则，布谷鸟的寻巢路径和位置更新公式如下：

$$\boldsymbol{x}_i^{t+1}=\boldsymbol{x}_i^t+\alpha\oplus L(\lambda),i=1,2,\cdots,N$$

式中：$\boldsymbol{x}_i^t$ 表示第 $i$ 个鸟巢在第 $t$ 次迭代时的位置；$\alpha$ 为步长比例因子；$L(\lambda)$ 服从 Lévy 分布，为随机飞行步长，即

$$L(\lambda)=0.01\frac{u}{|v|^{1/\beta}}(\boldsymbol{x}_j^t-\boldsymbol{x}_i^t),\quad 0\leqslant\beta\leqslant 2$$

式中：$u$、$v$ 服从正态分布，$u\sim N(0,\delta_u^2)$，$v\sim N(0,\delta_v^2)$。

$$\begin{cases}\delta_u=\left\{\dfrac{\Gamma(\beta+1)\sin(\pi\beta/2)}{\Gamma[(\beta+1)/2]\times 2^{(\beta-1)/2}\beta}\right\}^{1/\beta}\\ \delta_v=1\end{cases}$$

式中：$\Gamma$ 为标准 Gamma 函数；$N$ 为卵巢数量；$\oplus$表示点乘。

布谷鸟搜索算法的步骤如下：

Step1：在 $D$ 维解空间中随机生成 $N$ 个鸟巢位置，根据目标函数分别计算每个鸟巢的适应度值。

Step2：布谷鸟进行 Lévy 飞行，并相应地进行位置的更新，计算新位置的适应度值，并与随机选择的一个鸟巢的适应度值相比，如更优，则替代鸟巢的位置。

Step3：设鸟巢主人发现外来鸟蛋的概率为 $P_a$，随机产生一随机数，若大于 $P_a$，则对所发现的鸟巢进行随机移动；否则不变。

Step4：然后再对更新后的鸟巢位置进行测试，与上一步得到的结果进行对比，取测试值较好的鸟巢位置，并选取全局最优位置。

Step5：判断寻找到的最优位置是否满足终止条件，若满足，则即为全局最优解；若不是则重新返回 Step2 循环。

## 25.14　化学反应优化算法

化学反应优化算法（Chemical Reaction Optimization，CRO）是由香港大学的 Albert Y. S. Lam 和 Victor O. K. Li 于 2010 年提出的一种新型算法，属于元启发式算法的一种，灵感来源于自然界的化学反应。化学反应优化算法是一个模拟了化学反应中分子与分子间的相互作用以寻找整个分子集中最小分子势能的过程。

假设有一个密闭容器存储了若干数量的分子，分子在容器中与分子发生相互碰撞或者与容器碰撞，但是不会发生分子逃逸。经过一系列的碰撞之后，分子间的状态逐渐趋于稳定。通过对这个过程的模拟，便可以得到化学反应优化算法。在这个过程中，化学反应转化成数学领域里的求解。因为每个分子的属性都不相同，所以用分子结构来表示分子的属性，对应数学上的一个解。解的表现形式取决于问题，什么类型的问题产生什么类型的解。解的适应性广，使分子结构的适应性也广，使 CRO 可适应大量的优化求解问题。

CRO 中，认为分子的能量由 PE（Potential Energy，势能）和 KE（Kinetic Energy，动能）构成。在最优化问题中，PE 对应于目标函数的解，而 KE 在化学反应中表示一个分子从原始状态转变到一个新状态的能力，对应优化问题中就表示从一个原解得到一个适应度函数值更高的新解的能力。

在不考虑 KE 时，当 $PE_{\omega} \geqslant PE_{\omega'}$ 成立时，分子结构 $\omega$ 可以转变成分子结构 $\omega'$，实际上当且仅当满足条件 $PE_{\omega}+KE_{\omega} \geqslant PE_{\omega'}$ 时，分子结构才会发生变化。根据此条件，如果分子的 KE 值越高，则转变后 PE 的值就越大，即新生分子结构的 PE 值就越大。KE 值越高的分子，获得新分子结构的能力就越强，新分子结构的变化就更多，这种变化是可行且必要的。因为在 CRO 中，如果一味选择 PE 值更低的分子结构，那么虽然能够很快达到稳定的分子状态，但是这种状态是一种亚稳态，只能获得局部最优，难以获得全局最优。

KE 的引入，使得分子结构能够逃离局部最优，暂时选择 PE 值更高的分子结构，目的是为了以后达到更低更稳定的全局最优。而且在 CRO 中因需要遵循能量守恒定律，所以 KE 的值不能随意增加或者删除，而只能相互转换，此时使用了一个 EB（Energy Buffer，能量缓存区）来存放 KE，保证分子经过化学反应后，能够转变到一个 KE 值更低、PE 值更低的状态，也就是分子结构能够达到一个能量最低或者极低的状态。

从化学反应的实质上分析，基本的化学反应可以分成四类：撞墙（壁）、分解、交换和合成。每类反应中产生的分子结构都不同，能量的转换也不同。根据参与反应的分子数量分类，可以分为单分子碰撞和双分子碰撞两类，其中撞墙反应和分解反应属于单分子碰撞反应，交换反应和合成反应属于双分子碰撞反应。碰撞之后分子结构发生了改变，能量也发生了转移。根据碰撞的力度可以将化学反应分为两类：撞墙反应和交换反应的碰撞力度小，分解反应和合成反应的碰撞力度大。撞墙反应和交换反应的碰撞力度小，产生的新分子结构与原分子结构变化不大，新分子被称为邻居分子。分解反应和合成反应的碰撞力度大，新分子结构与原子分子结构差距甚远，两代分子的 PE 值也差距甚远。

(1) 撞墙反应：发生撞墙反应的分子只有一个，该分子与容器壁碰撞后弹回。整个过程中，分子的属性发生了变化，分子结构也发生了变化，产生了一个新分子邻居分子。因为撞击力度不大，新分子的结构与原分子的结构近似，在优化问题中表示新解为原解的邻域。

要发生撞墙反应，需要当且仅当以下公式满足时才能发生：

$$\mathrm{PE}_{\omega} + \mathrm{KE}_{\omega} \geqslant \mathrm{PE}_{\omega'}$$

根据能量守恒定律，可以得到撞墙反应的新分子的 KE 为

$$\mathrm{KE}_{\omega'} = (\mathrm{PE}_{\omega} + KE_{\omega} - \mathrm{PE}_{\omega'}) \times q$$

在撞墙反应中，原分子的每次撞墙，都会损失一定的 KE 值。在 CRO 中用参数 KELossRate 表示每次分子撞墙过程中 KE 能量损失的最大百分比，则 KE 的损失比例为$(1-q)$，$q \in$[KELossRate,1]，损失的 KE 值保存在 EB，经过多次碰撞后，EB 中的 KE 值逐渐增多，用于支持分解反应。如果条件不满足，则撞墙反应不发生，分子保留原始结构的 PE 和 KE 值。

(2) 分解反应：单个分子在容器中撞击容器壁后弹回，变成两个或者两个以上的分子即为分解反应。分解反应中的撞墙力度非常大，造成单个分子分解成了两个分子，并且产生的两个新分子结构与原分子结构差异巨大，不能算邻居分子。很明显，分解反应需要满足以下的能量条件：

$$\mathrm{PE}_{\omega} + \mathrm{KE}_{\omega} \geqslant \mathrm{PE}_{\omega_1'} + \mathrm{PE}_{\omega_2'}$$

令 $\mathrm{temp}=\mathrm{PE}_{\omega}+\mathrm{KE}_{\omega}-\mathrm{PE}_{\omega_1'}-\mathrm{PE}_{\omega_2'}$，则两个新分子的动能为

$$\mathrm{KE}_{\omega_1'} = \mathrm{temp} \times \mathrm{rand}$$

$$\mathrm{KE}_{\omega_2'} = \mathrm{temp} \times (1 - \mathrm{rand})$$

从以上公式中可以看出，只有当 KE 非常大时，等式才会成立，而实际情况该等式难以满足，因为在化学反应的碰撞过程中，KE 值是一个逐渐趋小的过程。能量条件只会越来越难以满足。因此，为了实现分解反应，就必须利用 EB，即利用 EB 中的能量来补充提供给原分子结构，提高分解反应执行的概率，此时能量条件为

$$\mathrm{PE}_{\omega} + \mathrm{KE}_{\omega} + \mathrm{Buffer} \geqslant \mathrm{PE}_{\omega_1'} + \mathrm{PE}_{\omega_2'}$$

而两个新分子的动能为

$$\mathrm{KE}_{\omega_1'} = (\mathrm{temp} + \mathrm{Buffer}) \times m_1 \times m_2$$

$$\mathrm{KE}_{\omega_2'} = (\mathrm{temp} + \mathrm{Buffer} - \mathrm{KE}_{\varphi_1'}) \times m_3 \times m_4$$

式中：$m_1$、$m_2$、$m_3$、$m_4$ 为四个互为独立的[0,1]区间上的随机数。

分解反应结束后，Buffer 能量也发生改变，即

$$\mathrm{Buffer} = \mathrm{temp} + \mathrm{KE}_{\omega} - \mathrm{KE}_{\omega_1'} - \mathrm{KE}_{\omega_2'}$$

如果两个能量条件都不满足，则分子不发生分解反应，分子虽然和容器壁发生了碰撞，但仍然保留原来的结构。

(3) 交换反应：分子的交换反应是指容器内的两个分子发生了碰撞，碰撞之后两个分子相互弹开，碰撞的过程发生了能量转换，但不发生分子结构的改变，也即得到两个邻居分子。交换反应可以看作两个分子的撞墙反应，因为交换反应涉及的能量转换小，两个分子在碰撞的过程中，交换了少部分能量，能量的损失可以忽略不计，也就不会释放 KE 存储到 EB 中。

发生交换反应的能量条件为

$$\mathrm{PE}_{\omega_1} + \mathrm{KE}_{\omega_1} + \mathrm{PE}_{\omega_2} + \mathrm{KE}_{\omega_2} \geqslant \mathrm{PE}_{\omega_1'} + \mathrm{PE}_{\omega_2'}$$

令 $\mathrm{temp}=\mathrm{PE}_{\omega_1}+\mathrm{KE}_{\omega_1}+\mathrm{PE}_{\omega_2}+\mathrm{KE}_{\omega_2}-\mathrm{PE}_{\omega_1'}-\mathrm{PE}_{\omega_2'}$，则两个新分子的动能为

$$KE_{\omega_1'} = temp \times rand$$

$$KE_{\omega_2'} = temp \times (1 - rand)$$

如果条件不满足，则两个分子虽然发生了碰撞，但是没有发生能量的转换，分子交换反应未发生，两个分子的分子结构均保持不变。

（4）合成反应：当两个分子相互碰撞时，由于碰撞激烈、力度大，两个分子结合成一个分子，能量发生传递，这样的反应称为合成反应。

发生合成反应的必要条件是：

$$PE_{\omega_1} + KE_{\omega_1} + PE_{\omega_2} + KE_{\omega_2} \geqslant PE_{\omega'}$$

在分子碰撞的合成反应中，认为分子的能量没有损失，按照能量守恒定律，可知新分子的 KE 为

$$KE_{\omega'} = PE_{\omega_1} + KE_{\omega_1} + PE_{\omega_2} + KE_{\omega_2} - PE_{\omega'}$$

如果能量条件不满足，则认为两个分子虽然发生了碰撞，但是没有发生合成反应，分子保持原来的状态不变。如果发生了合成反应，由于生成的新分子和两个原分子的结构相近，即新分子的 PE 值与原分子 1 或者 2 的 PE 值相近，就可以判断出新分子的 KE 要远大于原分子的 KE，这就意味着新合成的分子拥有了更大的逃离局部最优的能力。

将上述四个化学反应过程用数学语言描述，就可以得到 CRO 的四种算子，进而构成 CRO 算法。

图 25－13 所示为 CRO 算法的流程图。

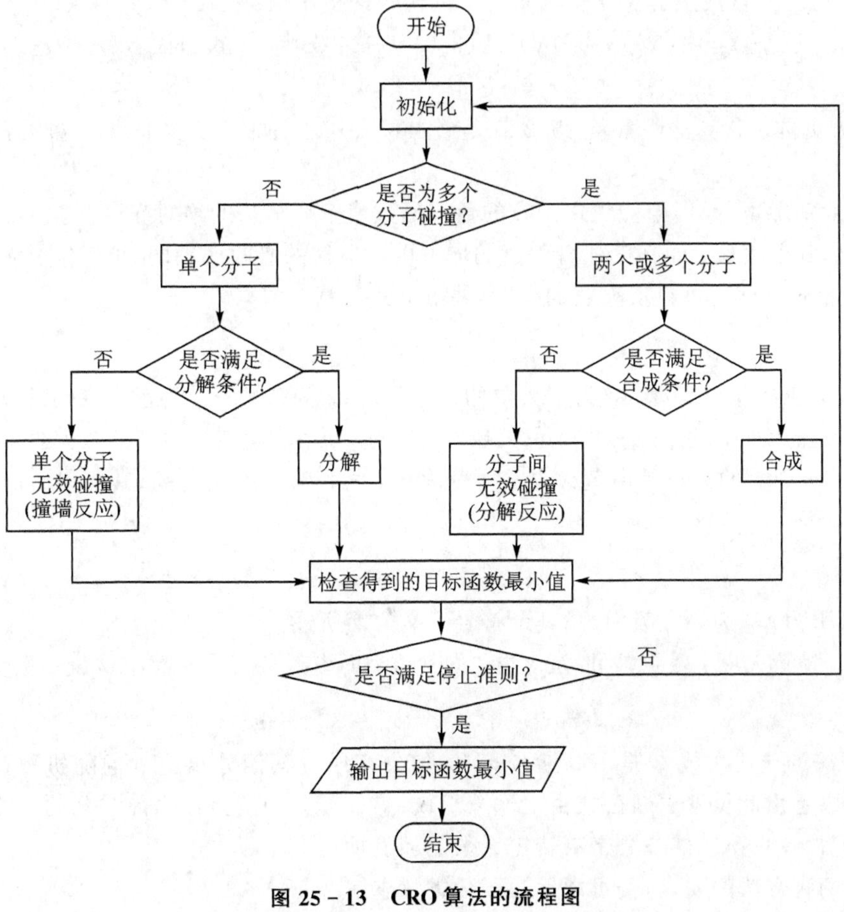


**图 25－13　CRO 算法的流程图**

CRO 算法的主要阶段是分子的碰撞阶段，执行了一定次数的迭代操作，每次的迭代操作都执行了一个基本反应。在迭代开始时，首先根据参与反应的分子数量来判断这次反应的反应类型，是执行撞墙和分解这类单分子化学反应，还是执行交换和合成这类双分子化学反应。这个过程可以用 MoleColl 参数进行判断，当某一随机数大于 MoleColl 时，则接下来执行单分子反应类型；反之，则执行双分子反应类型。这时有一个特殊情况，如果分子数 PopSize 最后只剩下一个分子时，则始终执行单分子操作。接着根据选择的反应类型，从反应分子集合 Pop 中随机地选取出对应数目的分子。如果是单分子，则判断该分子是否符合分解条件：若符合则执行单分子的分解反应，分解成两个新分子；若不符合则执行单分子的撞墙反应，生成一个新的邻居分子。如果是双分子，则判断该分子是否符合合成条件：若符合则执行双分子的合成反应，两个分子合成一个新分子；若不符合则执行双分子的交换反应，生成双分子的两个邻居分子。值得注意的是，分解反应时，一个分子分解成两个分子，PopSize 应该加一；合成反应时，两个分子合成一个分子，PopSize 应该减一。将每次反应获得的新分子结构的 PE 值记录下来，并与算法中记录的最小值进行比较，如果新分子的 PE 值更低，则将该分子结构记录下来。整个碰撞迭代过程在终止条件未满足时，将持续进行。最终，经过 $n$ 次的 CRO 迭代后，算法记录的 PE 值的最小值和其对应的分子结构即为所求的解，对其进行输出。

## 25.15 算法的 MATLAB 实现

【例 25.1】 用萤火虫群优化算法求解下列函数的极小值：

$$\min f(x,y)=(1.5-x+xy)^2+(2.25-x+xy^2)^2+(2.625-x+xy^3)^2$$

$$x,y\in[-4.5,4.5]$$

**解**：萤火虫群优化算法除本章 25.2 节介绍的算法外还有下面介绍的另一种算法，其要点如下：

(1) 一般情况下，我们用待优化函数的目标函数值表征算法的绝对亮度。

(2) 考虑到萤火虫 $i$ 的亮度随着距离的增加以及空气的吸收而减弱，可以定义萤火虫 $i$ 对萤火虫 $j$ 的相对亮度为每只萤火虫的亮度，并由下式计算：

$$I_{ij}=I_0\mathrm{e}^{-\gamma r_{ij}^2}$$

式中：$I$ 为萤火虫的相对亮度；$I_0$ 为萤火虫的绝对亮度；$\gamma$ 为常数；$r_{ij}$ 为萤火虫间的欧氏距离。

(3) 假设萤火虫 $j$ 的绝对亮度比萤火虫 $i$ 的绝对亮度大，则萤火虫 $i$ 被萤火虫 $j$ 吸引而向 $j$ 移动。这种吸引力的大小是由萤火虫 $j$ 对萤火虫 $i$ 的相对亮度决定的，其吸引力的大小由下式计算：

$$\beta_{ij}=\beta_0\mathrm{e}^{-\gamma r_{ij}^2}$$

式中：$\beta$ 为吸引力；$\beta_0$ 为最大吸引力；其余符号意义如前所述。

(4) 由于被萤火虫 $j$ 吸引，所以萤火虫 $i$ 向其移动而更新自己的位置，$i$ 位置的更新公式为

$$\boldsymbol{x}_i^{t+1}=\boldsymbol{x}_i^t+\beta_0\mathrm{e}^{-\gamma r_{ij}^2}(\boldsymbol{x}_j^t-\boldsymbol{x}_i^t)+\alpha\varepsilon$$

式中：$t$ 为算法的迭代次数；$\varepsilon$ 是由高斯分布、均匀分布或者其他分布得到的随机数；$\alpha$ 为随机项系数。可以看出此位置更新公式由三部分组成：第一部分为萤火虫当前时刻的位置信息，第二部分为吸引力项，第三部分是带有特定系数的随机项。

根据这两种方法的要点，便可以编写函数进行求解。

```
>> [best_x,fval] = FA(@optifun77,50,500,[-4.5;-4.5],[4.5;4.5],0.8,1)          %第 1 种方法
>> best_x = 3.1371    0.5323                                                  %理论极值点为(3,0.5)
fval = -0.0026
>> [best_x,fval] = FA(@optifun77,50,500,[-4.5;-4.5],[4.5;4.5],2)              %第 2 种方法
>> best_x = 3.0162    0.5075
        fval = -3.3510e-04
```

从运行情况看,第 1 种方法中的参数对结果影响较大,且不易确定,一般可采用第 2 种方法。

**【例 25.2】** 试用蝙蝠算法求解下列函数的极小值:

$$\min f(\boldsymbol{X})=\sum_{i=1}^{D-1}[100(x_{i+1}-x_i^2)^2+(1-x_i)^2],\quad |x_i|\leqslant 30$$

**解:**此函数的维度取 30。

根据蝙蝠算法的原理,编写函数 BA 进行求解。

```
>> [best_x,fval] = BA(@optifun78,100,3000,-30.*ones(30,1),30.*ones(30,1))     %此函数求极小
>> best_x = [0.9997  1.0000  0.9988  0.9994  0.9995  0.9994  0.9996  0.9999  0.9995  0.9991  0.9991
0.9991  0.9980  0.9993  0.9989  0.9997  1.0000  0.9996  0.9993  0.9995  0.9995  0.9994  0.9986  0.9990
1.0000  0.9990  1.0000  0.9999  1.0007  1.0000]
fval = 0.0039     %理论极小值为 f(1,…,1) = 0
```

**【例 25.3】** 试用果蝇优化算法求解下列函数的极值:

$$f(x,y)=100(x^2-y)^2+(1-x)^2,\quad |x,y|\leqslant 2.048$$

**解:**此函数有极小值和极大值,全局极小值为 $f(1,1)=0$,全局极大值为 $f(-2.048,-2.048)=3\,905$。对基本果蝇优化算法的流程分析可以发现,算法在寻优过程中是将气味浓度判定值 $S_i$ 作为极值点,代入目标函数进行处理的,而 $S_i$ 作为距离的倒数,始终保持 $S_i>0$,这也意味着算法不能处理参数为负数的情况。但在实际应用中,变量取负数是非常常见的情况;另外,在算法中,寻优时随机的取值范围是[-1,1],也就是说其搜索范围在半径为 1 的区域,当果蝇初始位置(X_axis,Y_axis)取值较大时,如果加入的随机方向区间很小,则会导致果蝇位置的变化对 $S_i$ 的影响较小,从而易于陷入局部最优。同时,这种搜索半径在循环迭代过程中由于被固定而不能随迭代进行而加以变化,所以也不尽合理。因为随着迭代的进行,果蝇的位置会逐渐向最优值靠近,所以在搜索早期需要比较大的搜索范围,而在后期搜索范围会逐渐缩小。为此,搜索半径需要自适应地进行调整。

根据以上的分析,编写果蝇优化算法的函数 FOA 进行求解。函数分两种算法:第 1 种算法为基本的果蝇算法;第 2 种算法为改进的果蝇算法,可以处理负数问题。

```
>> [best_x,fval] = FOA(@optifun79,100,3000,[-2.048;-2.048],[2.048;2.048],2)     %求极大
best_x = -2.0480    -2.0480
fval =  -3.9059e+03
```

求极小值的结果:

```
best_x = 0.9986    0.9971
fval = 2.0635e-06
>> [best_x,fval] = FOA(@optifun79,100,3000,2,1)       %利用基本算法求极小值
best_x = 0.9933    0.9859
fval = 1.0244e-04
```

**【例 25.4】** 请用生物地理优化算法求解下列函数的极小值:

$$\min f(x,y)=4+4.5x-4y+x^2+2y^2-2xy+x^4-2x^2y,\quad |x,y|\leqslant 100$$

**解**:根据生物地理优化算法的原理,编写函数 BBO 进行求解。与标准 BBO 算法相比,程序做了一些修改。

(1) 迁入率、迁出率及变异率的计算采用以下公式:

$$\lambda_i=\frac{I}{2}\left[\cos\left(\pi\frac{H_i}{H_{\max}}\right)+1\right]$$

$$\mu_i=\frac{E}{2}\left[-\cos\left(\pi\frac{H_i}{H_{\max}}\right)+1\right]$$

$$m_i=m_{\max}\frac{|H_i-H_{\mathrm{avg}}|}{H_{\mathrm{avg}}}$$

式中:$H_i$、$H_{\max}$、$H_{\mathrm{avg}}$ 分别为栖息适应指数、栖息指数最大值和栖息指数平均值。

(2) 迁移操作按下式进行:

$$\text{new}=\text{rand}\cdot\text{habitat}_i+(1-\text{rand})\cdot\text{habitat}_j$$

式中:rand 为[0,1]区间上的随机数;$\text{habitat}_i$ 为迁入栖息地的特征变量值;$\text{habitat}_j$ 为迁出栖息地的特征变量值。

(3) 为了防止陷入局部极优点,当最优值变化不大时对其进行柯西变异。

(4) 精英个体数为栖息地的 10%(可以另行设定)。

```
>> [best_x,fval] = BBO(@optifun84,100,500,[-100;-100],[100;100])
>> best_x = -1.0476    1.0121
   fval = -0.5130                  % 理论极小值为 -0.5134
```

**【例 25.5】** 请用入侵野草优化算法求解下列函数的极大值:

$$\min f(\boldsymbol{X})=\frac{1}{4\,000}\sum_{i=1}^{N}x_i^2-\prod_{i=1}^{N}\cos\left(\frac{x_i}{\sqrt{i}}\right)+1,\quad |\boldsymbol{X}|\leqslant 600$$

**解**:根据入侵野草优化算法的原理,编写函数 IWO 进行求解。

```
>> [best_x,fval] = IWO(@optifun82,50,500,-600.*ones(30,1),600.*ones(30,1))
>> best_x = 1.0e-05 *(-0.3404   -0.1155   -0.5696   -0.3413   -0.7285   -0.1144   -0.2872
-0.7545   -0.5873   -0.4679   -0.7086   -0.4617   -0.2044   -0.3654   -0.2618   -0.4821   -0.5908
-0.7156   -0.6608   -0.4527   -0.3375   -0.5077   -0.2454   -0.6246   -0.2309   -0.1424   -0.4241
-0.4161   -0.3988   -0.7011)
   fval = 3.8293e-11
```

**【例 25.6】** 请用引力搜索算法求解下列函数的极大值:

$$\max f(x,y)=-x\sin(\sqrt{|x|})-y\sin(\sqrt{|y|}),\quad |x,y|\leqslant 500$$

**解**:根据引力搜索算法的原理,可编写函数 GSA 进行求解。为了进一步提高函数的性能,程序中对最优值采用混沌或高斯变异,对最差值进行高斯变异。

```
>> [best_x,fval] = GSA(@optifun80,100,1000,[-512;-512],[512;512])
>> best_x = -511.9999   -511.9938
   fval = -511.7086                  % 理论极大值为 511.7319
```

**【例 25.7】** 请用和声搜索算法求解下列函数的极小值:

$$\min f(x,y)=\frac{-20}{0.09+(x-6)^2+(y-6)^2}+x^2+y^2,\quad |x,y|\leqslant 20$$

**解**:根据和声搜索算法的原理,编写函数 HS 进行求解。程序中做了一些修改,一是各参数都为自适应调整;二是每次迭代产生 $N$ 个新和声,再选择新和声与记忆库中和声排序的前 $N$ 个和声作为记忆库。

```
>> [best_x,fval] = HS(@optifun83,30,1000,[-20;-20],[20;20])
>> best_x = 5.9975    5.9974
  fval =  -150.2513          % 全局最优点,局部极优点为 f(0.0233,0.0233) = -0.2785
```

**【例 25.8】** 请用灰狼优化算法求解下列函数的极小值:

$$\min f(\boldsymbol{X}) = \sum_{i=1}^{30}(x_i + 0.5)^2, \quad |\boldsymbol{x}| \leqslant 100$$

**解:** 根据灰狼优化算法的原理,编写函数 GWO 进行求解。程序中做了一些改进如下:

(1) 搜索因子按下式计算为

$$a = 2\cos\left(\frac{\text{iter}}{\text{iter\_max}} \times \frac{\pi}{2}\right)$$

(2) 对于 $\alpha$ 狼,其位置更新公式为

$$\begin{cases} x_{id}^{t+1} = x_{\alpha k}^{t}, & d \neq k \\ x_{id}^{t+1} = x_{\alpha d}^{t} + 2a \cdot \text{rand} \cdot (x_{nd}^{t} - x_{md}^{t}), & d = k \end{cases}$$

式中:$k$ 是$[1,2,\cdots,D]$(维数)区间上的随机数(以下同),$m,n$ 是$[1,N]$(灰狼数)区间上的两个不相等且与 $i$ 不同的随机数。

对于 $\beta$ 狼,其位置更新公式为

$$\begin{cases} x_{id}^{t+1} = x_{1d}^{t}, & \text{rand} > 0.67 \\ x_{id}^{t+1} = (x_{\alpha k}^{t} + x_{\beta k}^{t})/2, & \text{rand} \leqslant 0.67 \end{cases}$$

对于 $\delta$ 狼,其位置更新公式为

$$\begin{cases} x_{id}^{t+1} = (x_{1d}^{t} + x_{1d}^{t})/2, & \text{rand} > 0.33 \\ x_{id}^{t+1} = (x_{\alpha k}^{t} + x_{\beta k}^{t} + x_{\delta k}^{t})/3, & \text{rand} \leqslant 0.33 \end{cases}$$

对于 $\omega$ 狼,其位置更新公式为

$$x_{id}^{t+1} = (x_{1d}^{t} + x_{2d}^{t} + x_{3d}^{t})/3$$

(4) 对于 $\alpha$ 狼进行随机变异。

(5) 对每次位置的改变均进行选优,即只有适应度变优的变异才被选取。

```
>> [best_x,fval] = GWO(@optifun85,100,500,-100.*ones(30,1),100.*ones(30,1))
>> best_x = (-0.5021   -0.5021   -0.5017   -0.5018   -0.5052   -0.5052   -0.5021   -0.5003
            -0.5017   -0.5008   -0.4978   -0.5003   -0.5052   -0.4944   -0.4988   -0.4995
            -0.4939   -0.5052   -0.5017   -0.4989   -0.4939   -0.5052   -0.4938   -0.4998
            -0.4961   -0.4969   -0.4969   -0.5017   -0.4998   -0.5017)
fval = 3.5361e-04
```

**【例 25.9】** 请用布谷鸟搜索算法求解下列函数的极小值:

$$\min f(x,y) = 4x^2 - 2.1x^4 + x^6/3 + xy - 4y^2 + 4y^4, \quad |x,y| \leqslant 5$$

**解:** 根据布谷鸟搜索算法的原理,编写函数 CS 进行求解。程序中做了以下一些修改:

(1) 算法中的一些参数自适应变化,即

$$P_a = P_{a_{\max}} - \frac{\text{iter}}{\text{iter\_max}}(P_{a_{\max}} - P_{a_{\min}})$$

$$\alpha = \alpha_{\min} + (\alpha_{\max} - \alpha_{\min})\exp\left[-20\left(\frac{\text{iter}}{\text{iter\_max}}\right)^4\right]$$

(2) 位置更新公式中加上惯性因子,即

$$x_i^{t+1} = w \cdot x_i^t + \alpha \oplus L(\lambda), \quad i = 1,2,\cdots,N$$

$$w = w_{\min} + (\alpha_{\max} - \alpha_{\min}) \cdot \text{unifrand}(0,1) + \sigma \cdot \text{randn}(0,1)$$

（3）对外来鸟蛋进行移动更新后，再进行扰动，以进一步提高搜索能力。

$$x_i^{t+1} = x_i^t [1 + \gamma \cdot \mathrm{randn}(0,1)]$$

```
>> [best_x,fval] = CS(@optifun86,50,1000,[-5;-5],[5;5])
>> best_x = 0.0899   -0.7127
   fval = -1.0316
```

**【例 25.10】** 请用人工植物优化算法求解下列函数的极小值：

$$\min f(x) = 10\sin(5\pi\sqrt{0.01x})\mathrm{e}^{-(0.01x-0.5)^2+1} + 30$$

**解**：根据人工植物优化算法的原理，编写函数 APOA 进行求解。程序中做了以下一些变动：

（1）光合作用算子采用抛物线方程式。

（2）算法中的 growth 参数采用以下的计算公式，即

$$\mathrm{growth} = \begin{cases} \mathrm{growth_{min}}, & \mathrm{mod}(\mathrm{iter},5) \neq 0 \\ (\mathrm{growth_{max}} - \mathrm{growth_{min}})\left(\dfrac{\mathrm{iter}}{\mathrm{iter\_max}}\right)^2 + (\mathrm{growth_{max}} - \mathrm{growth_{min}})\left(\dfrac{\mathrm{iter}}{\mathrm{iter\_max}}\right) \\ \mathrm{growth}, & \mathrm{mod}(\mathrm{iter},5) = 0 \end{cases}$$

（3）当个体适应度的方差 $\sigma^2$ 小于某一阈值时，说明有可能陷入局部极优点，此时进行变异，位置更新公式为

$$x_i^k(t+1) = x_i^k(t) + [x_{\mathrm{best}}^k - x_i^k(t)] \times \mathrm{growth} \times r + c \cdot \mathrm{rand}$$

式中：$c = \dfrac{1}{\sqrt{2\pi}}\mathrm{e}^{-\frac{\lambda}{2}}$，$\lambda = \mathrm{UB}$。

或者是变异的概率随方差而变化，即

$$p_m = (p_{max} - p_{min})\frac{\sigma^2}{\mathrm{iter\_max}} + (p_{min} - p_{max})\frac{2\sigma^2}{\mathrm{iter\_max}} + p_{min}$$

式中：iter 与 iter_max 为当前迭代数与最大迭代次数；$p_{min}$、$p_{max}$ 分别为最小、最大的变异概率（一般 $p_{min} = 0$）。

```
>> [best_x,fval] = APOA(@optifun87,100,300,0,200)
>> best_x = 25.4093
>> fval = -55.5353          % 理论极大值为 55.55
```

**【例 25.11】** 请用竞选算法求解下列函数的极大值：

$$\max f(x) = 0.4 + \mathrm{sinc}(4x) + 1.1\mathrm{sinc}(4x+2) + 0.8\mathrm{sinc}(6x-2) +$$
$$0.7\mathrm{sinc}(6x-4), \quad |x| \leqslant 2$$

**解**：根据竞选算法的原理，编写函数 ECA 进行求解。程序中为了跳出局部极优点，增加了变异算子，其过程与例 25.10 的第三个变动完全一样。

```
>> [bestx,fval] = ECA(@optifun88,10,8,10,100,[0.2 0.25],[0.01 0.06],-2,2)
>> bestx = -0.5071
   fval = -1.5016          % 极大值为 1.5016
```

**【例 25.12】** 请用文化算法求解下列函数的极小值：

$$\min f(x,y) = \frac{x^2+y^2}{2} - \cos(2x)\cos(2y), \quad |x,y| \leqslant 10$$

**解**：根据文化算法的原理，编写函数 CA 进行求解。程序中种群空间的进化采用遗传算法，并且当维数较高时采用逆转算子。

```
≫[bestx,fval] = CA(@optifun89,30,500,0.9,0.02,[-10;-10],[10;10])
≫bestx = 1.0e-08 *(-0.1299    0.0790)
  fval = -1
```

**【例 25.13】** 利用化学优化算法求解第 16 章的例 16.3 TSP 问题。

**解:** 根据 CRO 算法的原理,编写函数 CRO 进行求解。此函数既可以求解 TSP 问题,也可以求解函数的极优化问题,由输入参数的最后一位数控制。

求解 TSP 问题时函数的输入格式为

```
≫ load city;
≫[route,fval] = CRO(city,100,50000,1)
≫route = 12  6  5  4  3  14  2  1  10  11  9  8  13  7
  fval = 30.8801          %极优值为 30.8785
```

求解函数极优化问题时的输入格式为

```
[route,fval] = CRO(fun,popsize,iter_max,LB,UB,2)
```

算法中的各种参数可以采用默认值,也可以在最大迭代数后(求解 TSP 问题时)或上界变量后(求解函数时)自行输入。

从算法的运行情况分析,因为此函数没有对算子及参数进行优化,所以寻优结果与参数取值有很大关系。

**【例 25.14】** 请用人工烟花算法求解下列函数的极小值:

$$\min f(\boldsymbol{x})=\sum_{i=1}^{n}x_i^2+\left(\sum_{i=1}^{n}0.5ix_i\right)^2+\left(\sum_{i=1}^{n}0.5ix_i\right)^4,\quad -5\leqslant x_i\leqslant 10$$

**解:** 人工烟花算法的要点如下:

(1) 人工烟花 $i$ 的爆炸半径为

$$A_i=A\frac{f(\boldsymbol{x}_i)-y_{\min}+\varepsilon}{\sum_{j=1}^{n}[f(\boldsymbol{x}_j)-y_{\min}]+\varepsilon}$$

烟花 $i$ 爆炸产生的火花数为

$$s_i=M\frac{y_{\max}-f(\boldsymbol{X}_i)+\varepsilon}{\sum_{j=1}^{n}[y_{\max}-f(\boldsymbol{X}_j)]+\varepsilon}$$

式中:$y_{\max}$、$y_{\min}$ 分别为适应度的最高值和最低值;$A$、$M$ 分别为控制半径及火花数的常数;$\varepsilon$ 为计算机最小数;$f(\boldsymbol{X}_i)$为烟花的适应值。

(2) 爆炸的火花数目受下式约束,即

$$s_i=\begin{cases}\text{round}(aM), & s_i<aM\\ \text{round}(bM), & s_i>bM\\ \text{round}(s_i), & \text{其他}\end{cases}$$

式中:$a$、$b$ 为两常数($a<b<1$)。

(3) 爆炸火花的位置为

$$X_k=X_{i,k}+U(-1,1)\times A_i$$

式中:$k$ 为维数,共随机选择 $Z$ 维($Z<D$),$D$ 为原问题的维数。

(4) 为了维持多样性,随机选择 $m$ 个烟花进行高斯变异,即

$$\boldsymbol{X}_k=\boldsymbol{X}_{i,k}\times \text{randn}$$

同样共随机 $Z$ 维。

(5) 如果变异后的个体超界，则进行下式处理：

$$\boldsymbol{X}_k = \mathrm{LB}_k + \mathrm{rand} \times (\mathrm{UB}_k - \mathrm{LB}_k)$$

式中：LB、UB 分别为自变量的上界、下界。

(6) 从所有的个体(包括烟花、高斯爆炸火花、爆炸火花)中选择最优的个体以及通过轮盘赌选择的个体直接进入下一轮迭代。

根据以上人工烟花算法的原理，编写函数 FWA 进行求解，函数中做了以下一些修改：

(1) 对爆炸半径作自适应处理：

$$A_{\min} = A_{\mathrm{int}} - \frac{A_{\mathrm{int}} - A_{\mathrm{final}}}{\mathrm{iter\_max}} \sqrt{2\mathrm{iter\_max} - t}$$

$$A_i = \begin{cases} A_{\min}, & A_i < A_{\min} \\ A_i & 其他 \end{cases}$$

式中：iter_max、$t$ 分别为最大迭代数和当前迭代数。

(2) 高斯变异结束后，用一定数量的最优个体指导一定数量的最差个体进行变异，即

$$X_k = \theta \times W_k + (1-\theta) \times G_k$$

式中：$k$ 为维数；$\theta$ 为常数；$W$ 为差的个体；$G$ 为优秀个体。

```
>> [bestx,fval] = FWA(@optifun96,10,5,500,-5.*ones(30,1),10.*ones(30,1))
bestx = -0.0000    0.0000   -0.0000    0.0011   -0.0005    0.0000    0.0000    0.0000    0.0000
        -0.0002    0.0001    0.0000   -0.0000   -0.0001    0.0003   -0.0000    0.0000   -0.0000
        -0.0000   -0.0001    0.0000    0.0000   -0.0000   -0.0000    0.0005   -0.0000   -0.0000
        -0.0005    0.0000    0.0000
fval = 2.1426e-06
```

# 第 26 章 混合优化算法

随着科技的发展和工程问题范围的拓宽，问题的规模越来越大、复杂程度越来越高，传统算法的优化结果往往不够理想；同时算法理论研究的落后也导致了单一算法性能改进程度的局限性，而基于自然机理来提出新的优化思想又是一件很困难的事。指导性搜索方法具有较强的通用性，无需利用问题的特殊信息，但这也造成了对已知问题信息的浪费。尽管启发式算法对问题的依赖性较强，但对特殊问题却能利用问题信息较快地构造解，其时间性能较为理想。所以如何合理结合两者的优点来构造新算法，对于实时性和优化性同样重要的工程领域，具有很强的吸引力。基于这种现状，算法混合(组合)的思想已发展成为提高算法优化性能的一个重要且有效的途径，其出发点就是使各种单一算法相互取长补短，产生更好的优化效率。

本章将主要介绍混合优化的基本策略。

## 26.1 混合优化策略

为了设计好适合问题的高效混合算法，不仅需要处理好算法流程的各个要素，而且需要处理好统一结构中与分解策略相关的一些关键问题。

### 26.1.1 算法流程要素

**1. 搜索机制的选择**

搜索机制是构造算法框架和实现优化的关键，是决定算法搜索行为的根本点。基于局部优化的贪婪机制可用于构造局部优化算法，如梯度下降法、爬山法等；基于概率分布的优化机制可用于设计概率意义下的全局搜索算法，如 GA、SA 等；基于系统动态演化的优化机制可用于设计具有遍历性和自学习能力的优化算法，如混沌搜索、神经网络等。

**2. 搜索方式的选择**

搜索方式决定着优化的结构，即每代有多少解参与优化。并行搜索方式以多点同时或交叉优化，来取得较好的优化性能，但计算和存储量较大，如 GA、EP 和神经网络等；串行搜索方式可视为并行方式的一个特例，优化进程中始终只有一个当前状态，处理较为简单，但优化效率一般较差，如 SA、TS 等。

**3. 邻域函数的设计**

邻域函数决定了邻域结构和邻域解的产生方式。算法对问题解的不同描述方式，使解空间的优化曲面和解的分布有所差异，会直接影响邻域函数的设计，进而影响算法的搜寻行为。同时，即使在编码机制确定的情况下，邻域结构也可采用不同的形式，以考虑新状态产生的可行性、合法性和对搜索效率的影响，如基于路径编码的 TSP 优化中可利用互换、逆序和插入等多种邻域结构。在确定邻域结构后，当前状态邻域中候选解的产生方式既可以是确定性的，也可以是随机性的，甚至是混沌性的。

**4. 状态更新方式的设计**

更新方式是指以何种策略在新旧状态中确定新的当前状态，是决定算法整体优化特性的关键参数之一。基于确定性的状态更新方式的搜索，一般难以穿越大的能量障碍，容易陷入局部极值；而随机性的状态更新，尤其是概率性劣向转移，往往能够取得较好的全局优化性能。

**5. 控制参数的修改准则和方式的设计**

控制参数是决定算法的搜索进程和行为的又一关键因素。合适的控制参数应有助于增强算法在邻域结构中的优化能力和效率，同时也必须以一定的准则和方式进行修改以适应算法性能的动态变化。一般而言，在当前控制参数难以使算法取得较大提高时，就应考虑修改参数；同时，参数的修改幅度必须使算法性能的动态变化具有一定的平滑性，以实现算法行为在不同参数下的良好过渡。算法收敛理论为参数设计提供了指导，而实际设计时也可根据优化过程的动态性能按规则自适应调整。

**6. 算法终止准则的设计**

终止准则是判断算法是否收敛的标准，决定了算法的最终优化性能。算法收敛理论为终止判断提供了明确的设计方案，但是基于理论分析所得的收敛准则往往是很苛刻的，甚至难以应用。实际设计时，应兼顾算法的优化质量和搜索效率等多方面性能，或根据问题需要着重强调算法的某方面性能，采用与算法性能指标相关的近似收敛准则，如给定最大迭代步数、最优解的最大凝滞步数和最小偏差阈值等。

## 26.1.2 混合优化策略的关键问题

**1. 问题分解与综合的处理**

空间的分解策略有利于利用空间资源克服问题求解的复杂性，是提高优化效率的有效次优化求解手段。分解的层次数与问题的规模和所采纳的算法有关。由于不同算法在适用域上存在差异，所以在实际求解时要求子问题的规模适合于所采纳的子算法进行高效优化，同时还应考虑各子问题的分布能保证逆向综合时取得较好的优化度。例如，对平面大规模 TSP 问题，若以 SA 为子算法，研究表明，将子问题的规模设置在 50 点之内，并采用平面邻近分割或聚类的分解方法是比较有效的。

**2. 子算法和邻域函数的选择**

子算法和邻域函数的选择与问题的分解具有关联性，为提高整体优化能力，在对问题合理分解后，在进程层次上要求采用的各种子算法和邻域函数在机制和结构上具有互补性，使算法整体同时具有高效的全空间搜索能力和局部趋化能力。例如并行搜索和串行搜索机制相结合，全局遍历性与局部贪婪搜索相结合，大范围迁移和小范围摄动的邻域结构相结合等。

**3. 进程层次上算法转换接口的处理**

算法的接口问题，即在子算法确定后如何将它们在优化结构上融合，是提高优化效率和能力的主要环节。为此，首先要对各算法的机制和特点有所了解，对算法的优化行为和搜索效率进行深入的定性分析，并对问题的特性有一定的先验知识。当一种算法或邻域函数无助于明显改善整个算法的优化性能时，如优化质量长时间得不到显著提高，则可考虑切换到另一种搜索策略。例如，神经网络的 BP 训练进入平坦或多峰区时，可切换到 SA 搜索。但是，用严格的定量指标来准确衡量算法的动态优化能力和趋势具有一定的难度。并且完全定量且一成不变的接口处理，将难以适应优化过程的动态演变。合理的处理手段应是基于规则自适应动态变化的。为了研究混合算法的整体性能，如收敛性等，在理论上将涉及切换系统的研究内容，实际应用时也需要做广泛和深入的研究。

**4. 优化过程中的数据处理**

优化信息和控制参数在各算法间需要进行合理的切换，以适应优化进程的切换。特别是要处理好不同搜索方式的算法间当前状态的转换和各子问题的优化信息交换与同步处理。原则上，这些问题属于技术层面上的问题，应视所用算法、编程技术和计算机类型做出具体的设计。

总之，通过对上述关键问题的合理和多样化处理，可以构造出各种复合化结构的高效混合优化策略。

## 26.2　优化算法的性能评价指标

为了比较全面地衡量算法性能的优劣程度，可以通过以下三个基本指标评价算法的性能。

**1. 优化性能指标**

通常"相对误差 $E_m$"被用作优化性能指标。定义算法的离线最优性能指标如下：

$$E_{m,\text{off-line}}=\frac{c_b-c^*}{c^*}\times 100\%$$

式中：$c_b$ 为算法多次运行所得的最佳优化值；$c^*$ 为问题的最优值。当最优值为未知时，可用已知最佳优化值来代替。该指标用于衡量算法对问题的最佳优化度，其值越小意味着算法的优化性能越好。

定义算法的在线最优性能指标如下：

$$E_{m,\text{on-line}}=\frac{c_b(k)-c^*}{c^*}\times 100\%$$

式中：$c_b(k)$为算法运行第 $k$ 次时的最佳优化值。该指标用于衡量算法的动态最佳优化度，其值越小意味着算法的优化性能越好。

**2. 时间性能指标**

定义算法的时间性能指标如下：

$$E_s=\frac{I_a T_0}{I_{max}}\times 100\%$$

式中：$I_a$ 为算法多次运行所得的满足终止条件时的迭代步数平均值；$I_{max}$ 为给定的最大迭代步数阈值；$T_0$ 为算法一步迭代的平均计算时间。搜索率用于衡量算法对问题解的搜索快慢程度即效率，在 $I_{max}$ 固定情况下，$E_s$ 值越小说明算法收敛速度越快。

**3. 鲁棒性指标**

通常，"波动率 $E_f$"被用作鲁棒性指标。定义离线初值鲁棒性指标如下：

$$E_{f1,\text{off-line}}=\frac{c_a-c^*}{c^*}\times 100\% \quad 或 \quad E_{f2,\text{off-line}}=\text{STDEV}(c_i^*)$$

式中：$c_a$ 为算法多次运行所得的平均值；$c_i^*$ 为算法第 $i$ 次运行得到的最优值；STDEV( )为均方差。波动率 $E_{f1}$ 用于衡量算法在随机初值下对最优解的逼近程度，$E_{f2}$ 用于衡量算法性能对随机初值各操作的依赖程度，两者值越小说明算法的鲁棒性(或可靠性)越高。

定义在线波动性指标如下：

$$E_{f1,\text{on-line}}=\frac{c_a(k)-c^*}{c^*}\times 100\% \quad 或 \quad E_{f2,\text{on-line}}=\text{STDEV}(c_i^*(k))$$

式中：$c_a(k)$为算法运行第 $k$ 代所得的平均值；$c_i^*(k)$为算法第 $i$ 次运行在第 $k$ 代得到的最优值。在线指标用于衡量算法对随机初值和操作的动态依赖程度。

基于上述三个性能指标，优化算法的综合性能指标 $E$ 取它们的加权组合，即

$$E = \alpha_m E_m + \alpha_s E_s + \alpha_f E_f$$

式中：$\alpha_m$、$\alpha_s$ 和 $\alpha_f$ 分别为优化性能指标、时间性能指标和鲁棒性指标的加权系数，且满足 $\alpha_m + \alpha_s + \alpha_f = 1$。

综合性能指标值越小表明算法的综合性能越好，以此作为实际应用时选择算法的一个标准。因为工程中对算法性能的要求往往因问题而异，例如离线优化追求较高的优化性能指标，在线优化追求较高的时间性能指标和鲁棒性指标，因此在不同场合，除评价算法的各个单一指标外，可通过适当调整各加权系数来反映问题对算法的要求，并计算算法的综合性能，为算法的选取和性能比较提供合理的依据。

## 26.3 混合算法的统一结构

由于各种算法的搜索机制、特点和适用域存在一定的差异，"No Free Lunch"定理说明了没有一种方法对任何问题都是最有效的，实际应用时为选取适合问题的具有全面优良性能的算法，往往依赖于足够的经验和大量的实验结论。造成这种现象的根本原因是优化算法的研究缺乏系统化。特别是，目前不同算法各自孤立的研究现状，不利于开发新型混合机制的优化算法，也不利于算法应用领域地拓宽。因此建立统一的算法结构和研究体系，就成为一件很有必要的事情。

基于并行和分布式计算机技术的发展，为了使优化算法适合于求解大规模复杂优化问题，可以对优化过程做以下两方面的分解处理。

(1) 基于优化空间的分层：把原优化问题逐层分解成若干个子问题，利用有效算法首先对各子问题进行并行化求解，然后逆向逐层综合成原问题的解。

(2) 基于优化进程的分层：把优化过程在进程层次上分成若干个阶段，各阶段分别采用不同的搜索算法或邻域函数进行优化。

针对上述思想，目前混合算法的结构类型主要可归结为串行、镶嵌、并行及混合结构。

串行结构是一种最简单的结构，如图 26-1 所示。串行结构的混合算法就是吸收不同算法的优点，用一种算法的搜索结果作为另一种算法的起点依次来对问题进行优化，其目的主要是在保证一定优化质量的前提下提高优化效率。设计串行结构的混合算法需要解决的问题主要是确定算法的转换时机。

混合算法的镶嵌结构如图 26-2 所示，它表示为一种算法作为另一种算法的一个优化操作或用作操作搜索性能的评价器。前者混合的思想主要是鉴于各种算法优化机制的差异，尤其是互补性，进而克服单一算法早熟和陷入局部极值。设计镶嵌结构的混合算法需要解决的问题主要是子算法与嵌入点的选择。

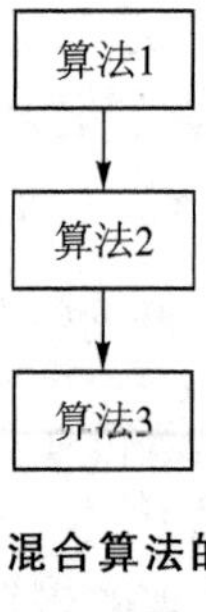


图 26-1 混合算法的串行结构

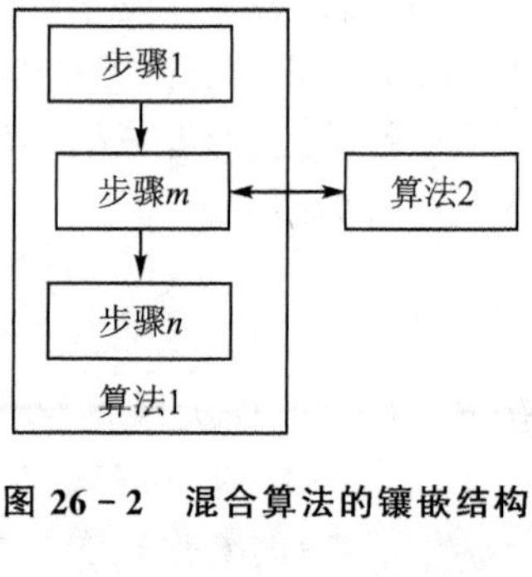


图 26-2 混合算法的镶嵌结构

混合算法的并行结构如图 26－3 所示，它包括同步式并行，异步式并行和网络结构。前两种方式有一个算法作为主过程（算法 A），其他算法作为子过程，子过程间一般不发生通信。同步方式中主过程与子算法是一种主仆关系，各子算法的搜索过程相对独立，而且可以采纳不同的搜索机制，但与主过程的通信必须保持同步。异步方式中各子算法通过共享存储器彼此无关地进行优化，与主过程的通信不受其他子算法的限制，其可靠性有所提高。网络方式中各算法分别在独立的存储器上执行独立的搜索，算法间的通信是通过网络相互传递的，由于网络式结构是一种并行实现方式，所以一般不将其纳入混合算法框架。问题分解与综合以及进程间的通信问题是设计并行结构混合算法需解决的主要问题。

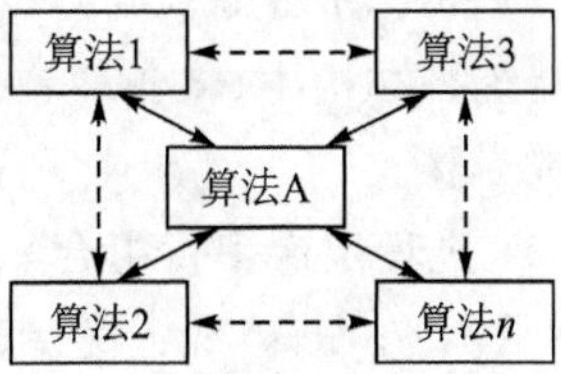


图 26－3　混合算法的并行结构

基于以上分析，可以得到如图 26－4 所示的混合算法的统一优化结构。这种优化的统一性主要体现在以下几个方面。

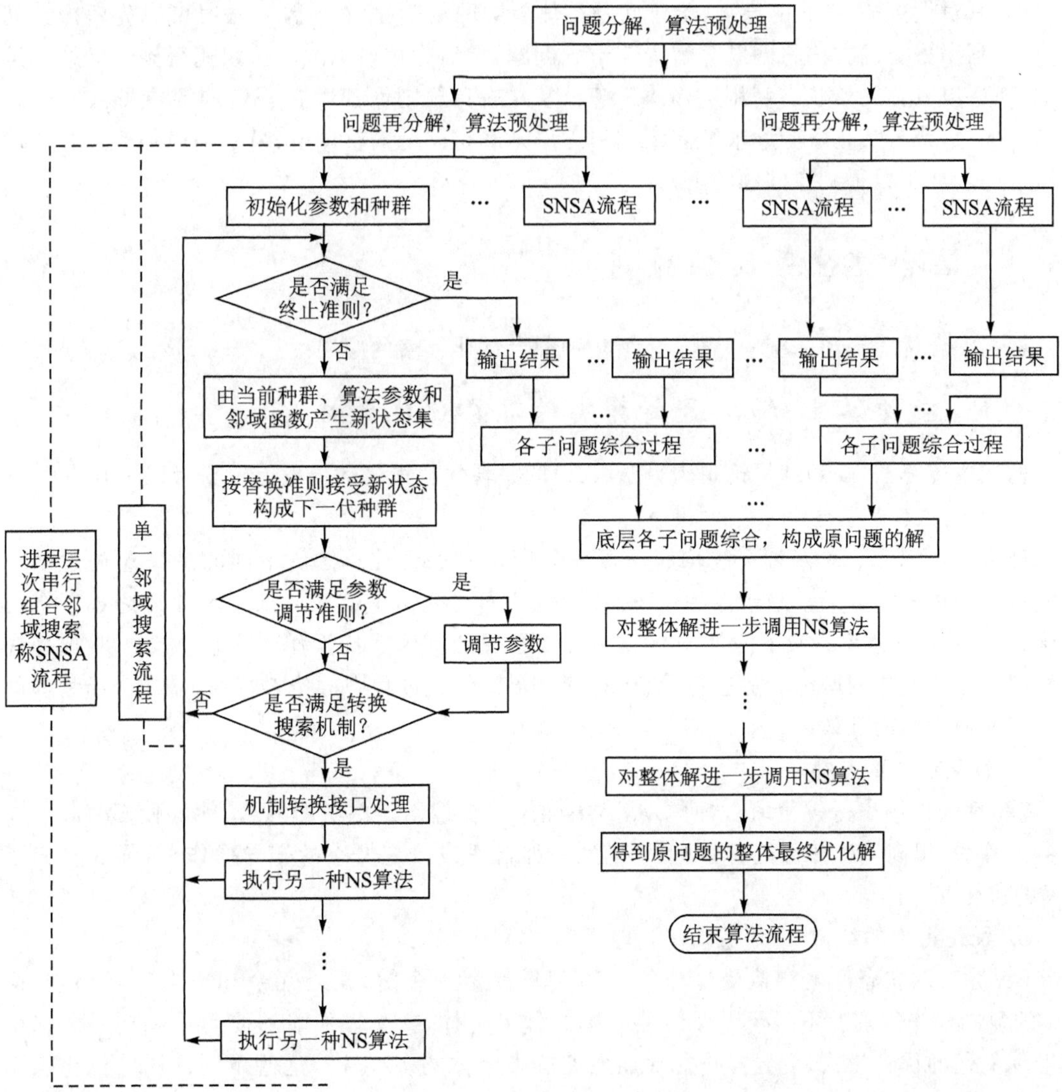


图 26－4　混合算法的统一结构

(1) 单一邻域搜索流程

在统一结构中，将各种单一搜索方式进行统一模块化描述，包含构成混合算法流程的的所有关键步骤。

(2) 进程层次串行组合邻域搜索，即SNSA流程

SNSA流程，体现了优化过程在进程层次上的分解，是在进程层次上对各种混合算法的统一描述。通过适当的接口处理，利用多种子算法，可构造出多种混合算法。

(3) 问题分解和预处理以及子问题的综合过程

它们体现了优化过程在空间层次上的分解，是基于"divide and conquer"思想的算法的统一描述。通过问题的分解，可降低求解复杂性，有利于提高优化效率。

(4) 整体解的进一步NS优化

此过程是对"原问题经分解求解"到"综合地处理"的混合算法手段所造成的全局优化质量一定程度降低的一个补充，同时也用于在统一结构中融进基于问题信息的构造性启发式搜索算法。

例如，对大规模TSP的求解，鉴于问题整体求解的复杂性，在设计算法时可以先考虑空间的分解，利用聚类的方法将问题分解为若干子问题，然后先用启发式方法快速得到子问题的近似解，而后以其为初始状态利用GA、SA、TS等方法和规则性搜索在一定的混合方式下进行指导性优化，待各优化子问题求解完毕用邻近原则确定问题的整体解，再采用局部改进算法对其做进一步加工以得到原问题的解。

## 26.4 混合优化策略的应用

根据混合优化算法的统一结构，介绍几种混合优化策略的应用。

### 26.4.1 遗传算法-模拟退火算法的混合优化策略

构造遗传算法(GA)和模拟退火算法(SA)的混合优化策略的出发点主要有以下几方面。

**1. 优化机制的融合**

理论上，GA和SA两种算法均属于概率分布机制的优化算法。不同的是，SA通过赋予搜索过程一种时变且最终趋于零的概率突跳性，从而有效避免陷入局部极小并最终趋于全局最优；GA则通过概率意义下的基于"优胜劣汰"思想的群体遗传操作来实现优化。对选择优化机制上如此差异的两种算法进行混合，有利于丰富优化过程中的搜索行为，增强全局和局部意义下的搜索能力和效率。

**2. 优化结构的互补**

SA算法采用串行优化结构，而GA采用群体并行搜索。两者相结合，能够使SA成为并行GA算法，提高其优化性能；同时SA作为一种自适应改变概率的变异操作，增强和补充了GA的进化能力。

**3. 优化操作的结合**

SA算法的状态产生和接受操作每一时刻仅保留一个解，缺乏冗余和历史搜索信息；而GA的复制操作能够在下一代中保留种群中的优良个体，交叉操作能够使后一代在一定程度上继承父代的优良模式，变异操作能够加强种群中个体的多样性。这些不同作用的优化操作相结合，丰富了优化过程的邻域搜索结构，增强了全空间的搜索能力。

**4. 优化行为的互补**

由于复制操作对当前种群外的解空间无探索能力,种群中各个体分布“畸形”时交叉操作的进化能力有限,小概率变异操作很难增加种群的多样性。所以,若算法收敛准则设计不好,则 GA 经常会出现进化缓慢或“早熟”收敛的现象。另一方面,SA 的优化行为对退温历程具有很强的依赖性,而理论上的全局收敛对退温历程的限制条件很苛刻,因此 SA 优化时间性能较差。两种算法结合,SA 的两准则可控制算法的收敛性以避免出现“早熟”收敛现象,并行化的抽样过程可提高算法的优化时间性能。

**5. 削弱算法选择的苛刻性**

SA 和 GA 对算法参数具有很强的依赖性,参数选择不合适将严重影响优化性能。SA 的收敛条件导致算法参数选择较为苛刻,甚至不实用;而 GA 的参数又没有明确的选择指导,设计算法时均要通过大量的试验和经验来确定。GA 和 SA 相混合,使算法各方面的搜索能力均有提高,因此对算法参数的选择不必过分严格。研究表明,混合算法在采用单一算法参数时,优化性能和鲁棒性均有大幅度提高,在对较大规模的复杂问题中表现得尤为明显。

基于以上出发点,可以构造 GASA 混合算法策略,其结构流程如图 26-5 所示。

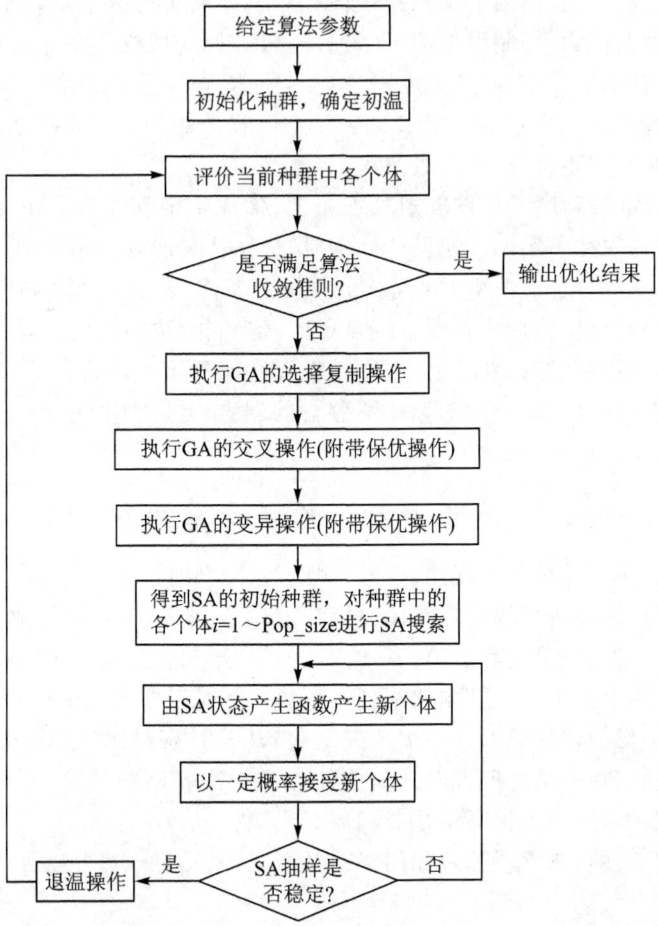


**图 26-5 GASA 混合策略流程图**

此混合算法的特点可归纳如下:

(1) GASA 混合策略是标准 GA、SA 以及并行 SA 算法的一个统一结构。若在 GASA 混合策略中移去有关 SA 的操作，则混合策略转化为 GA 算法；若移去 GA 的进化操作，则算法转化为并行 SA 算法；进一步，若置种群数为 1，则转化为标准 SA 算法。

(2) GASA 混合策略是一个两层并行搜索结构。在进程层次上，混合算法在各温度下串行地依次进行 GA 和 SA 搜索，是一种两层串行结构。其中，SA 的初始解来自 GA 的进化结果，SA 经 Metropolis 抽样过程得到的解又成为 GA 进一步进化的初始种群。空间层次上，GA 提供了并行搜索结构，使 SA 转化成为并行 SA 算法，因此混合算法始终进行群体并行优化。

(3) GASA 混合策略利用了不同的邻域搜索结构。混合算法结合了 GA 和 SA 搜索，优化过程中包含了 GA 的复制、交叉、变异和 SA 的状态产生函数等不同的邻域搜索结构。复制操作有利于优化过程中产生优良模态的冗余信息，交叉操作有利于后代继承父代的优良模式，高温下的 SA 操作有利于优化过程中状态的全局大范围迁移，变异和低温下的 SA 操作有利于优化过程中状态的局部小范围趋化性移动，从而增强了算法在解空间中的探索能力和效率。

(4) GASA 混合策略的搜索行为是可控的。混合策略的搜索行为，可通过退温历程（即初温、退温函数、抽样次数）加以控制。控制初温，可控制算法的初始搜索行为；控制温度的高低，可控制算法突跳能力的强弱，高温下的强突跳性有利于避免陷入局部极值，低温下的趋化性寻优有利于提高局部搜索能力；控制温度的下降速率，可控制突跳能力的下降幅度，影响搜索过程的平滑性；控制抽样次数，可控制各温度下的搜索能力，影响搜索过程对应的齐次马氏链的平稳概率分布。这种可控性增强了克服 GA 易“早熟”收敛的能力。算法实施时，退温历程还可以引入可变抽样次数、“重升温”等高级技术。

(5) GASA 混合策略利用了双重准则。理论上，抽样稳定和算法终止准则均由收敛条件决定。但是，这些条件往往不实用。在设计算法时，抽样稳定准则可用于判定各温度下算法的搜索行为和性能，也是混合算法中由 SA 切换到 GA 的条件；算法终止准则可用于判定算法优化性能的变化趋势和最终优化性能。两者结合可同时控制算法的优化性能和效率。

由此可见，在优化机制、结构和行为上，GASA 混合优化策略均结合了 GA 和 SA 的特点，使两种算法的搜索能力得到相互补充，弥补了各自的弱点，是一种优化能力、效率和可靠性较高的优化方法。

## 26.4.2 基于模拟退火-单纯形算法的混合策略

工程中的许多优化问题存在大规模、高维、非线性、非凸等复杂特性，而且存在大量局部极小。求解这类问题时，许多传统的确定性优化算法易陷入局部极值，而且对初值非常敏感，甚至需要导数信息，如牛顿法、单纯形法等。尽管一些具有全局优化特性的随机算法在较大程度上克服了这些困难，然而基于单一结构和机制的算法一般难以实现高效优化，因此如何有效求解高维复杂函数的全局最优解仍旧是一个开放问题，开发具有通用性的高效算法也一直是该领域的重要研究课题。在此结合模拟退火和单纯形搜索法（SM），提出一类通用、简单易实现的并行化混合优化策略，用于优化高维复杂函数。

SMSA 混合优化策略，其算法流程如图 26－6 所示，其出发点可归纳如下：

**1. 机制的融合**

SM 是确定性的下降方法，SA 是基于随机分布的算法。SM 利用 $n$ 维空间中的 $n+1$ 维多面体的反射、内缩、缩边等性质进化优化，可以迅速得到局部最优解。SA 通过赋予搜索过程一种时变且最终趋于零的概率突跳性，从而可有效避免陷入局部极小并最终趋于全局最优解。在选择机制上存在如此差异的两种算法进行混合，有利于丰富优化过程中的搜索行为，增强全

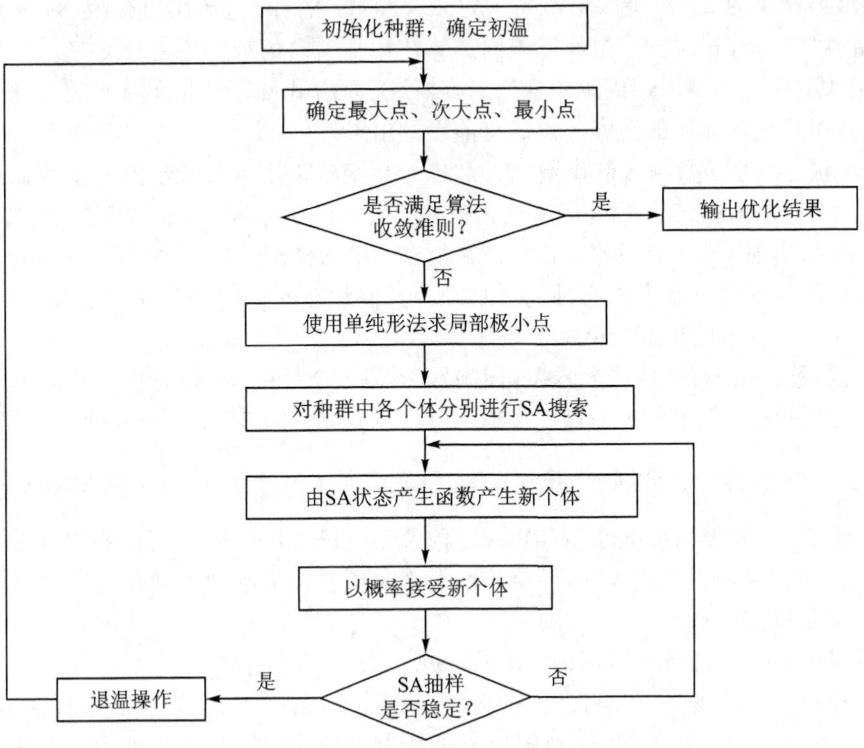


**图 26-6　SMSA 混合策略流程图**

局和局部意义下的搜索能力和效率。

**2. 结构互补**

SM 始终由 $n+1$ 个点进行搜索，SA 则是串行单链的，两者混合可使 SA 成为并行算法。

**3. 行为互补**

基于可变多面体结构的确定性 SM 收敛速度快，但易于陷入局部极值点。基于概率分布机制的 SA 具有突跳性，不易陷入局部极值点，但收敛速度慢。两种算法结合，可以互相弥补不足，大大提高算法的效率。具体算法流程是利用 SM 搜索到局部极值点，然后利用 SM 的突跳性搜索得到 SM 新的初始解，使它能跳出局部极值点，伴随退温操作通过循环而趋近于全局最优解。

**4. 削弱参数选择的苛刻性**

SA 对参数具有很强的依赖性，参数选择不合适将严重影响优化性能。SA 的收敛条件导致参数选择较为苛刻，甚至不实用，设计时均要通过大量的试验和经验来确定。SM 和 SA 相混合，使算法各方面的搜索能力均有提高，因而对参数的选择不必过分严格。研究表明，本混合算法在采用单一算法相同参数时优化性能和鲁棒性均有大幅度提高，尤其对较大规模的复杂问题。

为了使基于 SMSA 混合策略的函数优化取得高效的优化性能，对其操作和参数做如下设计。

(1) 由于经典单纯形搜索法是一种无约束的优化方法，无边界约束处理，而优化问题通常对变量的变化区间有要求，因而需要添加约束处理环节，通常采用撞壁法，即当反射、扩张等操作使变量越出可行域时，就取自变量为边界值。但此方法易陷入局部极值点，所以做如下处理：通常的反射操作为 $X^{(n+2)}=\overline{X}+\gamma(\overline{X}-\overline{X}^{(H)})$，$\gamma=1$；若 $x_i^{(n+2)}$ 越出可行域，则令 $\gamma=0.9\gamma$，并重新计算 $X^{(n+2)}$，直到 $X^{(n+2)}$ 在可行域内。算法中 $X^{(n+3)}$ 的处理方法也如此。混合算法中单纯形搜索法的终止准则采用固定步数法，这种处理方法既可以满足单纯形搜索法的搜索条件，又能将基于可变多面体的搜索优点尽可能发挥出来。

(2) SA 状态产生函数与接受函数：SA 状态产生函数采用附加扰动方式 $x'=x+\eta\xi$，其中 $\xi$ 为满足柯西分布的随机扰动，这样既可较大概率产生小幅度扰动以实现局部搜索，又可适当产生大幅度扰动以实现大步长迁移来走出局部极值点。状态接受函数采用 $\min\{1,\exp(-\Delta/t)\}>\text{random}[0,1]$ 作为接受新状态的条件，其中，$\Delta$ 为新旧状态的目标值差，$t$ 为温度。同时，及时更新“Best So far”的最优状态以免遗传最优解。

(3) 初温：算法中设置“最佳个体在初温下接受最差个体的概率”为 $p_r\in(0,1)$，当初始种群（即为单纯形法随机产生的 $n+1$ 个状态）产生后，可利用上述接受函数确定初温，即 $t_0=-\dfrac{f_w-f_b}{\ln(p_r)}$，其中 $f_b$ 和 $f_w$ 分别为种群中最佳和最差个体的目标值。由于考虑了初始种群的相对性能的分散度，初温与种群性能存在一定的关系，且通过调整 $P_r$ 可容易得到调整。因而此策略具有一定的普遍性和指导性，一定程度上避免了初温低导致突跳不充分和初温高导致过多迂回搜索的缺点。

(4) 退温函数：采用指数退温函数，即 $t_k=\alpha t_{k-1}$，$\alpha$ 为退温速率。

(5) 抽样稳定和算法终止准则：SA 的 Metropolis 抽样过程采用定步长抽样法，即在各温度下均以一定步数 $L_1$ 进行抽样，达到阈值就进行退温操作。算法终止准则兼顾优化性能和效率，避免过多无谓的搜索和优化度的严重下降，采用阈值判断法，即若最优解在连续步数 $L_2$ 的退温期间均不变则近似认为收敛。

### 26.4.3 基于混合策略的 TSP 优化

采用 GASA 混合策略对 TSP 问题进行优化，其优化流程图如图 26-7 所示。

**1. 编码选择**

采用城市在路径中的位置来构造用于优化的编码，这样可以在优化过程中加入启发式信息，有利于优化操作的设计。

**2. 适配值函数和选择操作的设计**

适配值函数用于对各状态的目标值进行适当变换，以体现各状态性能的差异。取 $f_x=\exp(-d_x)$ 为适配值函数，其中 $d_x$ 为状态 $x$ 的回路长度。为使赋予适配值高的个体有较高的生存概率，采用比例选择策略，即产生随机数 $\xi$，若

$$\frac{\sum_{j=1}^{i-1} f_j}{\sum_{j=1}^{\text{Pop\_size}} f_j}<\xi\leqslant\frac{\sum_{j=1}^{i} f_j}{\sum_{j=1}^{\text{Pop\_size}} f_j}$$

则选择状态 $i$ 进行复制。

**3. 交叉操作的设计**

交叉操作的目的是组合出继承父代有效模式的新个体，进行解空间中的有效搜索。但是，Non-ABEL 群置换操作产生后代方式简单，过分打乱了父串，不利于保留有效模式；次序交叉和循环交叉对父串的修改幅度也较大。PMX 算子在一定程度上满足了 Holland 图式定理的基本性质，子串能够继承父串的有效模式。因此可以利用 PMX 算子作为交叉算子。

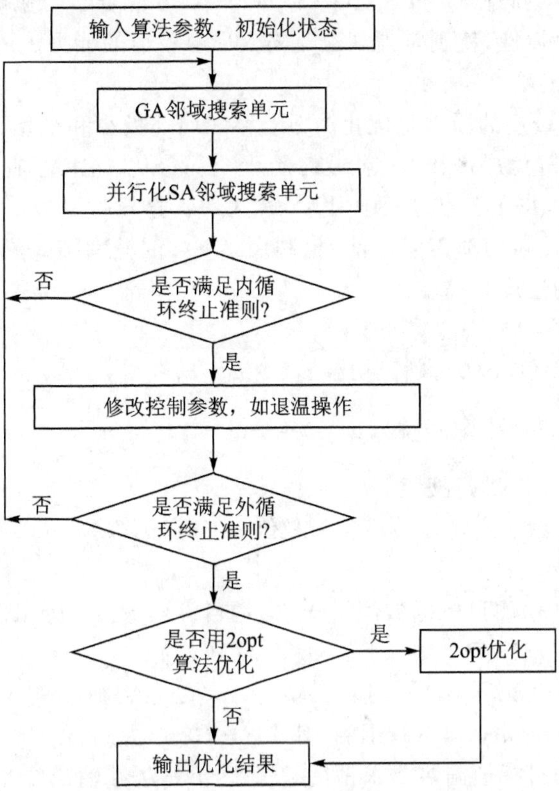


图 26-7　TSP 的 GASA 混合优化流程图

**4. 变异操作和 SA 状态产生函数的设计**

对于基于路径编码的变异和 SA 状态产生函数的操作，可将其设计为：① 互换操作(SWAP)；② 逆序操作(INV)；③ 插入操作(INS)。由于表示 TSP 解的串很长，SWAP 算子更有利于算法的大范围搜索，INV 算子则更有利于算法的小范围迁移。因此可以选择 INV 操作作为变异操作，在染色体中引入小幅度变化，增大一定的种群多样性。同时，为配合 INV 的变异操作，体现算法中邻域函数的"混合"，利用 SWAP 操作作为 SA 状态产生函数。

**5. SA 状态接受函数的设计**

设计 $\min\{1,\exp(-\Delta/t)\}>\mathrm{random}[0,1]$ 作为接受新状态的条件，其中 $\Delta$ 为新旧状态的目标值差，$t$ 为温度。

**6. 退温函数的设计**

采用指数退温函数，即 $t_k=\alpha t_{k-1}$，$\alpha$ 为退温速率。

**7. 温度修改准则和算法终止准则的设计**

为适应算法性能的动态变化，较好地兼顾算法的优化性能和时间性能，采用阈值法设计"温度修改"和"算法终止"两准则。若优化过程中得到的最佳优化值连续 20 代进化保持不变，则进行退温；若最佳优化值连续 20 次退温仍保持不变，则终止搜索过程，以此优化值作为算法的优化结果。

### 26.4.4　基于混合策略的神经网络权值学习

鉴于 GA、SA 和 TS 的全局优化特性和通用性，即优化过程无需导数信息，可以将其作为子算法。进而，基于实数编码构造 BPSA、GASA 和 GATS 混合学习策略，以提高前向网络学习的速度、精度和初值鲁棒性，特别是提高避免陷入局部极值的能力。

**1. BPSA 混合学习策略**

对于 BP 算法，学习缓慢的原因是优化曲面上存在局部极小和平坦区。SA 在搜索过程中基于概率突跳性能能够避免局部极小，可最终趋于全局最优。因此，在 BPSA 混合学习策略中，采用以 BP 为主框架，并在学习过程中引入 SA 策略。这样做，既利用了 BP 网络的基于梯度下降的有指导学习来提高局部搜索性能，也利用了 SA 的概率突跳性来实现最终的全局收敛性，从而可提高学习的速度和精度。

BPSA 混合学习策略的算法步骤如下：

(1) 随机产生初始权值 $w(0)$，确定初温 $t_1$，令 $k=1$。

(2)"细调"，即利用 BP 计算 $w(k)$，$w(k)=w(k-1)-\alpha\dfrac{\partial E}{\partial w}$。

(3)"粗调"，即利用 SA 进行搜索。

(3.1) 利用 SA 状态产生函数产生新权值 $w'(k)$，$w'(k)=w(k)+\eta$，其中 $\eta\in(-1,1)$ 为随机扰动。

(3.2) 计算 $w'(k)$ 的目标函数值与 $w(k)$ 的目标函数值之差 $\Delta C$。

(3.3) 计算接受概率 $P_r=\min\{1,\exp(-\Delta C/t_k)\}$。

(3.4) 若 $P_r>\text{random}[0,1]$，则取 $w(k)=w'(k)$；否则，$w(k)$ 保持不变。

(4) 利用退温函数 $t_k=\alpha t_{k-1}$，进行退温，其中 $\alpha\in(0,1)$ 为退温速率。

(5) 若 $w(k)$ 对应的目标值满足要求精度 $\varepsilon$，则终止算法并输出结果；否则，令 $k=k+1$，转步骤(2)。

**2. GASA 混合学习策略**

BPSA 混合策略利用 SA 来实现全局优化，但优化过程是串行的，需要大量复杂烦琐的梯度计算。因此，在此进行改进，利用 GA 提供并行搜索主框架，再结合遗传算法进化和 SA 概率突跳搜索，以多点并行化无导数搜索来实现全局优化，以此来解决传统算法中导数依赖性的弱点。

算法步骤如下：

(1) 随机产生初始种群 $P_0$，确定初温 $t_0$，令 $k=0$。

(2) 对 $P_k$ 中各个体进行 SA 搜索。

(2.1) 利用 SA 状态产生函数产生新个体(同 BPSA)。

(2.2) 计算新、旧个体的目标函数值之差 $\Delta C$。

(2.3) 计算接受概率 $P_r=\min\{1,\exp(-\Delta C/t_k)\}$。

(2.4) 若 $P_r>\text{random}[0,1]$，则用新个体取代旧个体；否则，旧个体不变。

(3) 以交叉概率对候选种群中目标值最小的两个个体进行交叉，产生两个新个体，采用 2/4 优先原则确定后代。

(4) 以变异概率对候选种群中各个体进行变异，采用保优原则确定后代。至此产生下一代种群 $P_{k+1}$。

(5) 利用退温函数进行退温(同 BPSA)。

(6) 若目标函数值满足精度要求，则终止算法并输出结果；否则，令 $k=k+1$，转步骤(2)。

**3. GATS 混合学习策略**

在此利用 GA 提供并行搜索主框架，结合遗传群体进化和 TS 较强的避免迂回搜索的邻域搜索能力，实现快速全局优化方法。

算法步骤如下：

(1) 确定算法参数，初始化种群，并确定最优状态。

(2) 判断目标值是否满足精度要求 $\varepsilon$？若满足，则终止算法并输出结果；否则，继续以下步骤。

(3) 基于当前种群进行遗传选择操作。

(4) 进行交叉操作，保留优良个体并及时更新最优状态。

(5) 对各个体进行禁忌搜索。

(5.1) 设置一个性能极差的临时状态。

(5.2) 判断 TS 邻域搜索次数是否满足？若满足，则以当前临时状态替换当前个体；否则，继续以下步骤。

(5.3) 由当前个体在其邻域中产生新状态，计算其评价值。

(5.4) 判断新状态是否满足藐视准则？若成立，则更新当前最优状态，并转步骤(5.6)；否则，继续以下步骤。

(5.5) 判断新状态是否满足禁忌准则？若禁忌表中已存在该状态，则转步骤(5.2)；否则，转入步骤(5.6)。

(5.6) 对禁忌表进行 FIFO 处理，移去最先进入表中的状态并将新状态加入禁忌表，然后判断新状态是否优于临时状态？若是，则以新状态替换临时状态；否则，保持临时状态不变。

(6)以新的种群返回步骤(2)。

**4. 编码和优化操作设计**

为了实现上述算法的高效优化性能，需要对算法操作和编码进行设计。

(1) 编码：对多变量优化问题二进制编码会导致很大的计算量和存储量，且串长度影响算法精度。因此，在给定网络结构下，以一组权值来表征问题，其中权值采用双精度实数编码。

(2) 交叉操作：为了配合上述实数编码策略，采用算术交叉算子以快速产生后代个体。

(3) 邻域搜索(变异、SA 状态产生函数和 TS 禁忌搜索)：变异、SA 状态产生函数和 TS 禁忌搜索，其目的均是基于邻域搜索增加种群的多样性，实现状态转移(包括局部趋化和劣向移动)。在上述实数编码的基础上，邻域搜索采用附加扰动的方式。

(4) 禁忌准则：禁忌准则是使 TS 避免迂回搜索现象的关键环节。在有限状态空间的组合优化中，对禁忌准则的判断归结为对新状态与禁忌表中各状态严格相同性的判断。显然，这种做法难以应用到高维无限实数空间的搜索中。为此，采用如下二重准则，作为状态禁忌的近似判断准则。

① 对新状态的目标值与禁忌表各状态的目标值进行判断：若相对偏差均大于禁忌阈值，则对禁忌表做 FIFO 处理，把新状态加入到禁忌表中；否则，进行步骤(2)的判断。

② 对新状态的各状态分量与禁忌表中所有状态的各状态分量进行判断：若禁忌表中所有状态至少存在某个分量与新状态相应分量的相对偏差大于禁忌阈值，则对禁忌表做 FIFO 处理，把新状态加入禁忌表；否则，认为新状态在禁忌表中已出现，禁止作为当前状态。

(5) 藐视准则：上述禁忌准则的近似性会造成若干优良状态(指优于至今所搜索到的最优状态)被禁忌。为避免上述现象的发生，在算法中先于禁忌准则的判断进行如下的藐视准则的判断：若新状态的目标值优于搜索过程至今所得的最优状态的目标值，则跳过禁忌判断，直接对禁忌表做 FIFO 处理，把新状态加入禁忌表；否则进行禁忌准则判断。

## 26.5 混合优化算法的发展趋势

针对某些特定问题,学者们提出了很多个性化的群智能混合优化算法,例如结合文化算法和遗传算法、遗传算法和模拟退火算法、人工鱼群算法和蚁群算法、粒子群算法和人工鱼群算法、蚁群算法与模拟退火算法和变邻域搜索算法、粒子群算法和人工免疫算法、粒子群优化算法与遗传算法和协方矩阵自适应演化策略、粒子群优化算法和蚁群算法、变邻域搜索算法与蚁群算法等形成的混合算法。

混合优化算法及应用虽取得了很多研究成果,但仍存在尚未解决的问题。

(1) 混合机制或混合策略有待进一步深入研究。现有群智能混合优化算法一般是针对各种群智能或智能优化算法存在的固有缺点,将两种或多种群智能或智能优化算法按照某种机制或策略混合,构成群智能混合优化算法。因此,根据所采用的群智能优化算法的不同和求解问题的特点,深入研究群智能混合优化算法的混合机制或混合策略,构建高性能的群智能混合优化算法以期提高群智能混合优化算法的全局和局部收敛能力。

(2) 群智能混合优化算法的内部机理仍需研究。大部分群智能混合优化算法都是研究者针对特定求解问题,从个人角度出发,提出的个性化群智能混合优化算法。这些混合算法大部分是启发式的简单组合,混合融合多种群智能或智能优化算法,通过将提出的群智能混合优化算法与已有算法相比较来说明其性能更好,但对群智能混合优化算法之间的内部机理及其内在联系研究较少,以至难以理解和应用所提出的群智能混合优化算法,从而限制了它的进一步发展。因此研究群智能混合优化算法内部机理与内在联系,揭示隐藏在算法性能中起关键作用的算法机理及其相互关系,是群智能混合优化算法理论研究的基础。

(3) 用于解决实际工程复杂问题的应用研究仍需加强。群智能混合优化算法的应用研究大多数停留在实验仿真阶段,用于解决实际工程问题的群智能混合优化算法的案例不多。所以为满足实际工程问题的复杂应用需求,研究实用型群智能混合优化算法是急需解决的关键问题。

综上所述,针对单一群智能优化算法在求解复杂问题所表现的易陷入局部最优、泛化能力弱和精度不高等缺陷,同时考虑综合利用不同智能优化算法的差异性与互补性,采取分而治之的策略,达到扬长避短,从而实现混合算法的信息增值与优势互补,进而增强混合算法的整体性能。

## 26.6 算法的 MATLAB 实现

**【例 26.1】** 请用群居蜘蛛算法/差分混合算法求解下列函数的极小值:

$$y=-\cos(x_1)\cos(x_2)\mathrm{e}^{-[(x_1-\pi)^2+(x_2-\pi)^2]}$$

**解:**群居蜘蛛算法(Social Spider Optimization,SSO)是模拟群居蜘蛛生物学行为的一种全新智能启发式计算技术。SSO 算法将蜘蛛种群依附的蜘蛛网等效为算法搜索空间,蜘蛛个体空间位置代表优化问题的一个解,通过雌雄蜘蛛不断协同进化,最终实现问题寻优目的。基本 SSO 算法原理描述如下:

(1) 种群初始化。在 $n$ 维搜索空间内,随机生成规模为 $N$ 的蜘蛛种群 $S$,它分别由一定数量的雌性子群和雄性子群所组成。

(2) 雌性蜘蛛更新方式。雌性蜘蛛主要通过振动来吸引或排斥其他个体，其个体 $F_i$ 更新方式为(以最小值优化问题为例)

$$F_i^{k+1}=\begin{cases}F_i^k+\alpha\cdot \mathrm{vibc}_i(S_c-F_i^k)+\beta\cdot \mathrm{vibb}_i(S_b-F_i^k)+\delta(\mathrm{rand}-0.5), & \mathrm{rand}<\mathrm{PF}\\ F_i^k-\alpha\cdot \mathrm{vibc}_i(S_c-F_i^k)-\beta\cdot \mathrm{vibb}_i(S_b-F_i^k)+\delta(\mathrm{rand}-0.5), & \text{其他}\end{cases}$$

式中：其中 $\alpha$、$\beta$ 和 $\delta$ 是[0,1]之间的随机数；$S_c$ 是权重高于自身且距离自己最近的雌性个体；$\mathrm{vibc}_i$ 表示蜘蛛 $i$ 对蜘蛛 $c$ 的振动的感知能力，$S_b$ 表示全部雌性中拥有最高权重的个体，$\mathrm{vibb}_i$ 表示蜘蛛对拥有最高权重蜘蛛振动的感知能力，其中相应的权重为

$$\omega_i=\begin{cases}1-\dfrac{J(S_i)-\mathrm{worst}_i}{\mathrm{best}_i-\mathrm{worst}_i}, & \text{求极大}\\ \dfrac{J(S_i)-\mathrm{worst}_i}{\mathrm{best}_i-\mathrm{worst}_i}, & \text{求极小}\end{cases}$$

式中：$J(S_i)$ 为蜘蛛的目标函数值；best、worst 分别为适应度最高、最低的蜘蛛个体。

蜘蛛之间振动感知能力计算如下：

$$\mathrm{vibi}_j=\omega_i \mathrm{e}^{-d_{i,j}^2}$$

式中：$d_{i,j}$ 表示的是个体 $i$ 与个体 $j$ 之间的欧式距离。

(3) 雄性个体更新方式。在生物学上，雄性蜘蛛具有自动聚焦识别功能，雄性蜘蛛种群可以分为两类：一类是较为优秀的支配雄性子种群，另一类是较差的非支配雄性子种群。其中支配蜘蛛具有吸引与其靠近的雌性蜘蛛的能力，而非支配雄性蜘蛛则具有向支配蜘蛛中心靠近的趋势。

在雄性子群中，个体按权重值降序排列，取中间权重 $\omega_{N_f+m}$ 为参考值，定义不同权重个体的更新方式为

$$M_i^{k+1}=\begin{cases}M_i^k+\alpha\cdot \mathrm{vibf}_i(S_f-M_i^k)+\delta(\mathrm{rand}-0.1), & \omega_{N_f+i}\geqslant\omega_{N_f+m}\\ M_i^k+\alpha\cdot\left(\dfrac{\sum_{h=1}^{N_m}M_i^k\omega_{N_f+h}}{\sum_{h=1}^{N_m}\omega_{N_f+h}}-M_i^k\right), & \text{其他}\end{cases}$$

式中：$S_f$ 表示离统治雄性蜘蛛 $i$ 最近的雌性蜘蛛；$\dfrac{\sum_{h=1}^{N_m}M_i^k\omega_{N_f+h}}{\sum_{h=1}^{N_m}\omega_{N_f+h}}$ 表示雄性蜘蛛的中心位置；$\omega_{N_f+m}$ 为中间蜘蛛的权重。

(4) 婚配。蜘蛛群中雌性蜘蛛会和在交配范围内的统治的雄性蜘蛛发生交配繁殖行为，此时可能会有不止一只雌性蜘蛛在雄性蜘蛛的交配范围内，因此用轮盘赌机制来产生新蜘蛛个体的位置，概率为父代蜘蛛的权重占总权重的比例。交配半径为

$$r=\frac{\sum_{j=1}^{N}(P_j^{\mathrm{high}}-P_j^{\mathrm{low}})}{2N}$$

式中：$P_j^{\mathrm{high}}$、$P_j^{\mathrm{low}}$ 分别为变量的上、下界。

在基本群集蜘蛛算法中，虽然有模拟雄性蜘蛛和雌性蜘蛛种群的单独行为和异性蜘蛛的

婚配行为，然而并没有将蜘蛛的变异作为算法的一部分考虑进去。这很可能会导致群集蜘蛛算法在搜索最优解的过程中丢失了很大一部分的潜在解，算法的收敛速度以及种群多样性方面表现得并不是十分优秀。

可以利用差分进化的特点来克服这个缺陷。差分进化通过各种位置来诱导空间解发生变异，在很大程度上提高了已经陷入局部最优的点跳出局部最优的可能性，从而增强种群的多样化达到快速收敛的结果。

基于上述考虑，可以将差分进化算法应用在群集蜘蛛算法中，形成基于差分进化算法变异策略的群集蜘蛛优化算法，即在蜘蛛婚配变异后，再进行差分进化变异，以进一步提高算法的个体多样性和收敛速度。

根据以上原理，编写函数 SSO 进行求解。

```
>> [best_x,fval] = SSO(@optifun90,30,1000,0.2,[-100;-100],[100;100])
>> best_x = 3.1416    3.1416
   fval = -1
```

事实上，差分进化是优化算法中经常使用的方法。

**【例 26.2】** 利用遗传-粒子群算法求解第 16 章的例 16.3 的 TSP 问题。

**解**：基本粒子群算法是通过追随个体极值和群体极值完成最优搜索的，虽然能够快速收敛，但随着迭代次数的不断增加，在种群收敛的同时，各粒子也越来越相似，多样性被破坏，从而可能陷入局部最优；而遗传算法中的变异操作是对群体中的部分个体随机变异，与历史状态和当前状态无关。在进化初期，变异操作有助于局部搜索和增加种群的多样性，在进化后期，群体已基本趋于稳定，变异操作反而会破坏这种稳定，变异概率过大会使遗传模式遭到破坏，变异概率过小则使搜索过程缓慢甚至停止不前。

如果将这两种方法结合，通过与个体极值和群体极值的交叉，实现遗传算法中的交叉变异操作，以粒子自身变异的方式来搜索最优解，就可以实现遗传-粒子群混合算法。

根据这个原理，编写函数 GAPSO_TSP 进行求解。

```
>> load city;
>> [MinDistance,Path] = GAPSO_TSP(city,100,300)
>> MinDistance = 30.8013        %与最优值完全一致
   Path = 13  7  12  6  5  4  3  14  2  1  10  9  11  8
```

**【例 26.3】** 利用模拟退火-粒子群算法求解下列函数的最小值：

$$\min f(x) = \left[0.01 + \sum_{i=1}^{5} \frac{1}{i + (x_i - 1)^2}\right]^{-1}, \quad -10 \leqslant x_i \leqslant 10$$

**解**：此算法以粒子群算法为主体，其主要步骤如下：

(1) 初始化各粒子，并评价各粒子的适应度，求出局部最优和全局最优个体。

(2) 确定初始温度。

(3) 按下式 Metropolis 准则计算各粒子的概率值：

$$\mathrm{TF}(p_i) = \frac{\mathrm{e}^{-[f(p_i) - f(p_g)]/t}}{\sum_{i=1}^{N} \mathrm{e}^{-[f(p_i) - f(p_g)]/t}}$$

(4) 采用轮盘赌策略从所有粒子中确定全局最优的某个替代值，然后更新各粒子的速度和位置，更新速度和位置的计算公式如下：

$$v_{ij}(t+1) = \frac{2\{v_{ij}(t) + c_1 r_1[p_{ij} - x_{ij}(t)] + c_2 r_2[p'_{g,j} - x_{ij}(t)]\}}{\left|2 - (c_1 + c_2) - \sqrt{(c_1 + c_2)^2 - 4(c_1 + c_2)}\right|}$$

$$x_{ij}(t+1)=x_{ij}(t+1)+v_{ij}(t+1)$$

(5) 计算新粒子的适应度值,更新局部最优值和全局最优值。

(6) 进行退温操作。

(7) 判断是否满足停止条件,若满足则搜索结束,输出结果;否则转入第(4)步。

根据以上原理,编写函数 SAPSO 函数进行求解。

```
>> [bestx,fval] = SAPSO(@optifun91,40,2.05,2.05,0.5,1000,-10.*ones(5,1),10.*ones(5,1))
>> bestx = 1.0000    1.0000    1.0000    1.0000    1.0000
   fval = 0.4360
```

**【例 26.4】** 请利用遗传-模拟退火算法进行聚类,并与模糊聚类的结果进行比较。聚类数据由二维平面随机的点组成。

**解:**模拟退火算法具有较强的局部搜索能力,但由于对参数的依赖比较强,从而使总体搜索能力较差;而遗传算法虽然有较强的的总体搜索能力,但易产生"早熟"收敛的问题,而且进化后期搜索效率较低。因此可以将这两者结合起来,形成遗传-模拟退火混合算法。

```
>> X = rand(400,2);
>> CN = input('请输入聚类数');                                    %输入大于2的整数
>> q = 0.8;T0 = 100;Tend = 90;                                    %模拟退火算法参数
>> sizepop = 10;MAXGEN = 100;pc = 0.7;pm = 0.01;                  %遗传算法参数
%遗传-模拟退火算法,可得到图 26-8~26-10
>> [JbValue,U_Matrix,A_Matrix,Center] = GASAA(X,CN,T0,Tend,q,sizepop,MAXGEN,pc,pm);
>> [JbValue1,A_Matrix1,Center1] = FCMCluster(X,CN);               %模糊聚类
>> Jb = [JbValue  JbValue1];A = [A_Matrix  A_Matrix1];CC = [Center Center1];
>> fprintf('遗传模拟退火算法(GA-SAA)与模糊C-矩阵(FCM)求得的结果对比如下:\n')
>> fprintf('1. 目标函数的值为:\n')
>> disp('GA-SAA算法     FCM算法')
>> disp(Jb)
>> fprintf('2. 聚类矩阵为:\n')
>> disp('       GA-SAA算法            FCM算法')
>> disp(A)
>> fprintf('3. 各聚类的中心位置为:\n')
>> disp('        GA-SAA算法                  FCM算法')
>> disp(CC)
>> 利用遗传模拟退火算法(GA-SAA)与模糊C-矩阵(FCM)求得的结果对比如下:
1. 目标函数的值为:
   GA-SAA算法    FCM算法
       6.6605    6.6738
2. 聚类矩阵为:
        GA-SAA算法           FCM算法
     [116x2 double]     [116x2 double]
     [151x2 double]     [148x2 double]
     [133x2 double]     [136x2 double]
3. 各聚类的中心位置为:
        GA-SAA算法                  FCM算法
     0.7217     0.2330     0.6849     0.2156
     0.6124     0.7753     0.2500     0.5116
     0.2512     0.4567     0.6582     0.7573
```

**【例 26.5】** 请利用遗传-蚁群算法求解第 16 章的例 16.3 的 TSP 问题。

**解:**遗传算法具有快速全局搜索能力,但是对于系统中的反馈信息则没有利用,往往导致大量无谓的冗余信息迭代,求精确解效率低。蚁群算法通过信息素的累积和更新而收敛于最

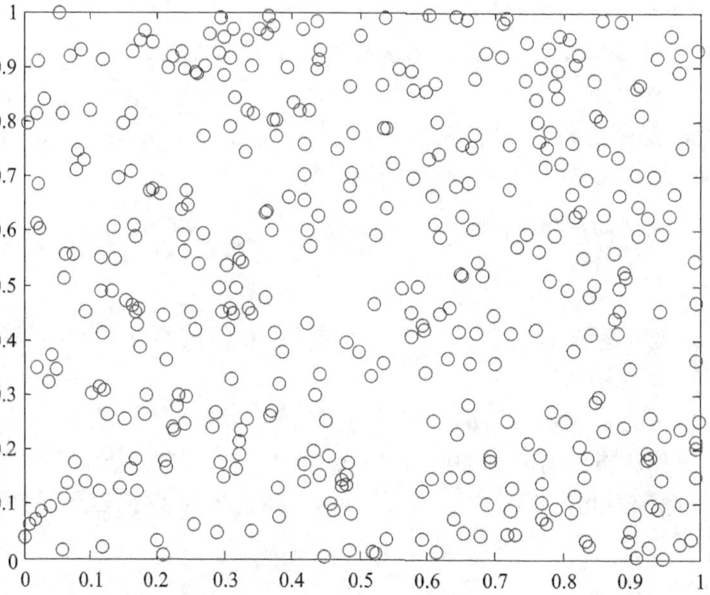

**图 26-8　原始聚类数据**

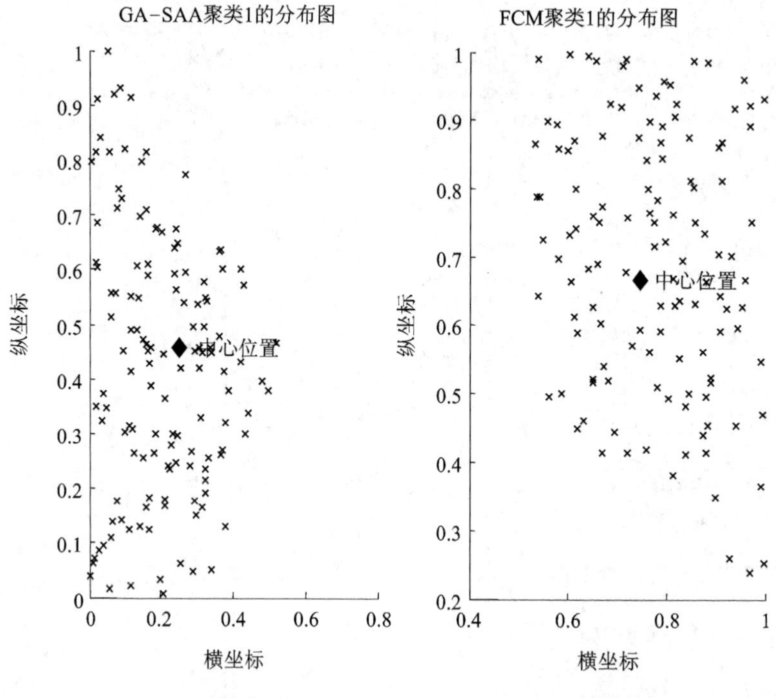


(a) GA-SAA聚类1的分布图　　(b) FCM聚类1的分布图

**图 26-9　第一类数据聚类结果**

优路径，具有分布、并行、全局收敛能力，但是在搜索初期，由于信息匮乏，导致信息素累积时间较长，求解速度慢。因此，可以将这两种方法融合在一起，形成遗传-蚁群算法。该算法首先通过 GA 算法求得较优解，进而将其转化为信息素，然后再利用蚁群算法求得一组解，再对这些解进行交叉和变异操作，反复进行蚁群-交叉、变异迭代过程，便可以较快地求出最优解。

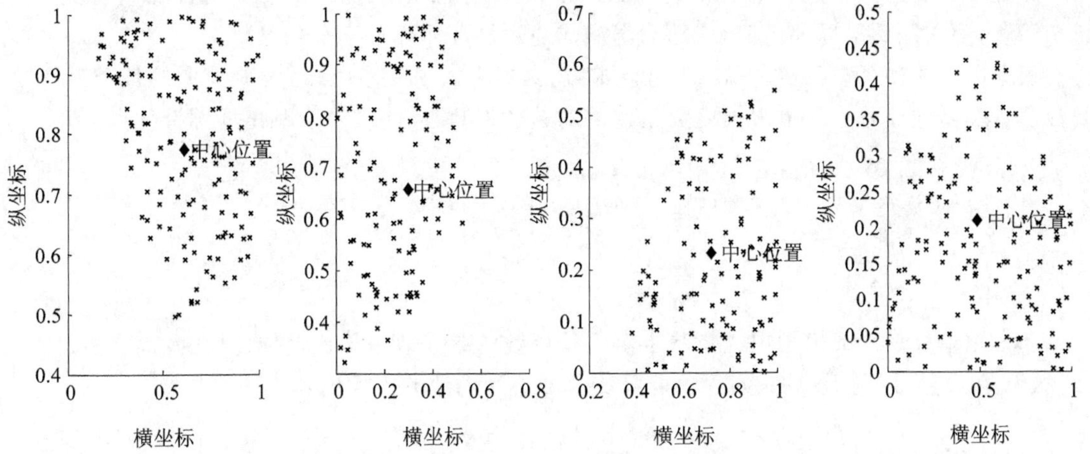


(a) GA-SAA聚类2的分布图　(b) FCM聚类2的分布图　(c) GA-SAA聚类3的分布图　(d) FCM聚类3的分布图

**图 26-10 第二、三类数据聚类结果**

在这个融合过程中，存在着一个最优的融合点，即求最初较优解的遗传算法的迭代次数有一个最佳值，通常可由遗传算法的收敛效率评价函数来确定，它由目标函数和适应度函数决定。

设第 $n$ 代种群最优的适应度函数为 $F(n)$，统计迭代过程子代群体的进化率 $R=\frac{F(n+1)-F(n)}{M}$，式中 $M$ 为一个常数。设定子代群体的最小进化度率 $R_{\min}$，并统计连续出现 $R\leqslant R_{\min}$ 最小进化率的次数，如果此值小于设定的值，则说明遗传算法已经变得低效冗余，此时可终止遗传算法而进入蚁群算法。

根据以上原理，编写函数 GAACOA_TSP 进行求解，程序中做了一些改动如下：

(1) 进化率是所有个体进化率的平均值。

(2) 蚁群算法迭代一次后，对最优值和次优值进行杂交，然后对每只蚂蚁进行变异操作，如果结果有所改进，则保留变异结果。

```
>> load city;
>> [Shortest_Route,Shortest_Length] = GAACOA_TSP(city,30,0.8,0.2,[5 5],1,5,0.9,100)
>> Shortest_Route = 6  12  7  13  8  1  11  9  10  2  14  3  4  5
Shortest_Length = 31.0511
```

函数输入参数中的[5　5]分别为遗传算法、蚁群算法的迭代次数，在此之前的参数为遗传算法的相关参数；之后则为蚁群算法的相关参数。

函数的收敛速度较快，但与极优值有一点差异。

**【例 26.6】** 请利用模拟退火-单纯形算法求解下列函数的极小值：

$$f(x)=\sum_{i=1}^{N}|x_i|+\prod_{i=1}^{N}|x_i|,\quad |x_i|\leqslant 10$$

**解**：单纯形算法(SM)简单、计算量小、优化快速，且不要求函数可导，因而适用范围较广。但它对初始解依赖性较强，容易陷入局部极小值，而且优化效果随函数维数的增加而明显下降；而基于概率分布机制的 SA 具有突跳性，不易陷入局部极值，但收敛速度慢，这两种算法结合，可以相互补充不足，大大提高算法的效率。

此混合算法的流程是利用 SM 搜索到局部极小点，然后利用 SA 的突跳性搜索得到 SM 新初始解，使它能跳出局部极值，伴随退温操作通过循环而趋近于全局最优解。

根据以上原理，编写函数 SMSA 进行求解，函数中做了一些修改，对单纯形的每个项目的函数值统一增加或减去与退火温度成正比的对数随机数，以能进一步跳出局部极优点。

```
>> [bestx,fval] = SMSA(@optifun92,[], - 10. * ones(30,1),10. * ones(30,1))
>> bestx = 1.0e - 27 * (0.0733  0.0003  - 0.0079  0.0319  0.2085  0.0828  - 0.1033  - 0.1176  0.2264
- 0.0651  0.0039  0.0048  0.0365  - 0.0908  - 0.1617  - 0.0774  0.0448  - 0.1072  - 0.0215  - 0.2693
- 0.0794  0.0101  0.0748  - 0.0397  - 0.0703  0.0338  0.0253  0.1743  0.1798  - 0.0254)
   fval = 2.4477e- 27
```

与单独单纯形法或模拟退火算法求解高维函数的寻优效果相比，混合算法要高得多。

**【例 26.7】** 请利用混沌-人工鱼群算法求解下列函数的极大值：

$$\max f(x,y)=-x\sin\sqrt{|x|}-y\sin\sqrt{|y|},\quad |x,y|\leqslant 10$$

**解**：人工鱼群算法具有很多优点，但由于固定步长和随机行为的存在，当人工鱼接近最优点时，收敛速度会下降并且难以得到精确的最优解，尤其对于一些很复杂的优化问题，当人工鱼陷入局部极值时不易跳出。

混沌运动貌似随机，却隐含着精致的内在结构，具有遍历性、随机性等特性，能在一定范围内按其自身规律不重复地遍历所有状态，因此它可以作为一种局部搜索方法来提高其他优化方法的全局搜索能力。

混沌搜索用到优化方法中，主要有三种方法：一是初始化阶段，用混沌序列代替一般的随机序列；二是对其他算法得到的最优值再进行混沌搜索，以跳出局部极优以及进一步提高搜索效率；三是对个体其他算法的每个行为都进行混沌优化搜索。

根据以上原理，编写函数 CAFSA 进行求解。函数中采用第一、二种方法，并且人工鱼执行觅食行为、追尾行为和聚群行为后，如果位置变好了，则进行位置的更新；否则人工鱼执行随机行为或反馈行为(即向全局最优游动)。

```
>> [best_x,fval] = CAFSA(@optifun93,30,200,100,50,10,0.2,[ - 500; - 500],[500;500])
>> best_x =  - 420.9126 - 420.9758    % 理论值为 - 420.9687  - 420.9687
   fval  = 837.9654                  % 理论值为 837.9658
```

混沌搜索是优化算法中经常使用的一种方法。

**【例 26.8】** 请利用混合蛙跳细菌觅食的和声搜索算法求解下列函数的极值：

$$\max f(x)=\frac{1}{N}\sum_{i=1}^{N}(x_i^4-16x_i^2+5x_i),\quad |x_i|\leqslant 3$$

**解**：取函数的维数为－78.332 3。

混合优化算法中还有一种算法融合思想，即借鉴某种优化算法的思想用于其他优化算法中。此例就采用这种方法。

和声算法(HS)存在早熟、收敛停滞等问题，这主要是由自身搜索机制引起的。首先，HS 算法是单个体进化算法，每次利用和声记忆库产生一个新和声，该和声首先通过学习和声记忆库随机产生，再通过音调微调机制及音调微调带宽进行调节。这种产生方式具有一定的单一性，搜索能力也较差，并且要求的进化次数较多，一旦产生的和声在最优和声附近，极易陷入局部最优，引起早熟收敛。其次，HS 算法虽提供了引入新和声的机制，即通过随机选择音调的方式产生新和声，但建立在和声记忆库取值概率上。由于以上 3 个参数大多为固定经验取值，从而导致 HS 算法求解精度不高。

FLBF - HSA 以原始 HS 算法为主体流程，受 SFLA 全局搜索及 BFOA 群聚特性启发，引入了 SFLA 局部搜索策略中的全局最优个体差异扰动方法，用于改进学习和声记忆库策略，以提高算法搜索能力；BFOA 群聚特性中的吸引和排斥信号可使和声个体间保持安全距离，将其引入 HS 算法，可避免和声音调向最优和声单一地搜索而引起早熟收敛和陷入局部极值的问题，提高解的多样性；全局共享因子 $\alpha$ 是一个由较小初值迅速增大到一个稳态值非线性动态变化的因子，利用它可以抑制和声音调学习、微调的随机性。

混合算法的具体算法步骤如下：

(1) 初始化和声记忆库，并找出最优个体与最差个体。

(2) 对最差个体和声进行更新，并求其函数值：

$$x_i^{\text{new}} = x_i^{\text{w,old}} + \alpha_G r(x_i^{\text{best}} - x_i^{\text{w,old}})$$

式中：$r$ 为随机数；$\alpha_G$ 为全局共享因子，其计算公式如下：

$$\alpha_G = (1-\delta_G)\cdot\alpha_{\text{final}},\quad \delta_G = 1-\left(\frac{\alpha_{\text{init}}}{\alpha_{\text{final}}}\right)^{\frac{1}{\text{iter}}}$$

(3) 如果其函数值小于最差值，则最差个体用 $x_i^{\text{new}}$；否则按下式更新，并求函数值：

$$x_i^{\text{new}} = x_i^{\text{w,old}} - \alpha_G r(x_i^{\text{best}} - x_i^{\text{w,old}})$$

(4) 如果函数值还是没有变优，则用随机化个体代替最差个体。

(5) 迭代第(2)～(4)步。

(6) 重新对和声记忆库进行排序，找出最优和最差个体，迭代第(1)～(5)步，直到找到最优点。

```
>> [best_x,fval] = HS1(@optifun94,1000,[300 3000],[0.1 1.2],-3.*ones(10,1),3.*ones(10,1))
>> best_x = -2.9004 -2.9039 -2.9018 -2.9052 -2.9050 -2.9054 -2.9043 -2.9040 -2.9045 -2.9027
   fval = -78.3322
```

**【例 26.9】** 请用猴群算法-高斯变异算法求解下列函数的极值：

$$f(x) = \sum_{i=1}^{D}\left(\sum_{j=1}^{i} x_j\right)^2,\quad |x_i| \leqslant 100$$

**解：**函数的维数取 30。

猴群算法(Monkey Algorithm，MA)是模拟猴群活动的一种智能算法，它由以下几个过程组成：

(1) 初始化，在解空间随机化初始种群，并计算每个个体的适应度值。

(2) 爬过程，爬过程是一个通过迭代逐步改善优化问题的目标函数值的过程。每次爬仅计算当前位置的两个临近位置的目标函数值，通过比较，逐步移动的过程。

爬过程的步骤如下：

① 对每一维产生随机数值 $a$ 或 $-a$，$a$ 为爬过程的步长，然后按下式计算每一维的伪梯度：

$$f'_{ij}(x_i) = \frac{f(x_i + \Delta x_i) - f(x_i - \Delta x_i)}{2\Delta x_i^j}$$

式中：$\Delta x_i$ 即为步长 $a$。

② 下式计算新位置 $Y$ 的每一维，并计算新位置的适应度值。

$$Y^j = x_i^j - a\cdot\text{sign}(f'_{ij}(x_i))$$

③ 如果新位置在可行域，则用新位置代替旧位置；否则不变。

④ 重复进行，直到达到爬山次数。

(3) 望-跳过程,猴群经多次爬后,每只猴子达到当前位置的最高山峰,即达到局部最优值。此时,猴子通过望动作,在视野范围内寻找一个优于当前位置的点,然后逃离当前位置。

其过程如下:

① 在视野内随机取 $n$ 维数值组成新位置 $Y$,如果 $Y$ 在可行域且 $Y$ 的适应度值小于原位置,则用新位置代替旧位置,直到找到新位置为止。

$$Y^j = \text{rand} \cdot (x_i^j - b, x_i^j + b)$$

式中:$b$ 为视野。

② 以找到的 $Y$ 为起点,再次执行爬过程。

(4) 翻过程,翻过程的主要目的是迫使猴群从当前的搜索区域转移到一个新的区域,从而避免陷入局部最优。选取所有猴子的位置的中心作为支点,每只猴子沿着指向支点的方向或者相反的方向翻到一个新的区域,其过程如下:

① 在区间$[c,d]$,以所有猴子的位置(整个猴群的重心点)为支点进行空翻,即计算新位置 $Y$:

$$Y^j = x_i^j + \alpha(P^j - x_i^j)$$

式中:$P^j$ 为质心点的 $j$ 维值。

② 若 $Y$ 在可行域,则用 $Y$ 代替旧位置;否则重复该过程,直到找到新位置为止。

以上四个过程便构成猴群算法的一次迭代过程,重复这四个过程便可以找到最优值。

由于 MA 中的参数过多且固定,使得算法后期的收敛速度减缓;并且算法的性能跟参数设置有很大的关系,如果参数设置不准确,就会丧失猴群多样性,易发生算法过早收敛,陷入局部最优的情况,从而无法获得全局最优解。

为了克服这个缺点,可采用多种方法。此例中采用跳出局部极值经常使用的方法,即当最优点连续多代不改善,则对其进行诸如高斯变异等变异处理,这样能够使算法较早跳出局部最优值,实现全局收敛。

根据以上算法原理,编写函数 MA 进行求解。此函数运行时间较长。

```
>> [bestx,fval] = MA(@optifun95,30,300,200,0.001,10,-100. * ones(30,1),100. * ones(30,1))
bestx = 1.0e-05 * (0.0309  0.0187  -0.0596  -0.0012  -0.0076  -0.0353  0.0731  -0.0247
-0.0074  0.0815  -0.1271  0.0516  0.0668  -0.1395  0.0939  0.0006  0.0611  -0.0339  -0.1115
0.1193  -0.1278  0.1601  -0.1301  -0.0079  0.0735  0.0096  0.0016  -0.0546  0.0966  -0.1270)
fval = 6.9787e-12
```

程序中做了以下修改:

(1) 个体中较差的一半作爬过程,另一半则作望-跳过程。

(2) 在翻的过程中,以猴王(最优值)作支点,且求出新位置后,根据与猴王的欧氏距离决定是接受,还是用随机值替代。

(3) 求出猴王后,再对其进行直接模式搜索(Hooke 方法)。

(4) 完成算法的一次迭代后,再判断对猴王是否进行高斯变异。

**【例 26.10】** 求解下列方程组:

$$\begin{cases} x^2 - y + 1 = 0 \\ x - \cos\left(\dfrac{\pi y}{2}\right) = 0 \end{cases}$$

**解**:可以将求解方程组的方法转化成求解最优化的问题,即方程组:

$$\begin{cases} f_1(\boldsymbol{x})=0 \\ f_2(\boldsymbol{x})=0 \\ \vdots \\ f_n(\boldsymbol{x})=0 \end{cases}$$

可以转化成下述最优化问题：

$$F(\boldsymbol{x})=\sum_{i=1}^{n} f^2(\boldsymbol{x})$$

求此函数的极小值便是方程组的根。

非线性方程组转化成最优化问题可以采用多种方法进行求解。本例采用最速下降法-修正牛顿法进行求解，即开始时用最速下降法进行求解，再用修正牛顿法求解，如果没有得到比最速下降法更优的值，则算法结束，否则再用修正牛顿法得到的值作为初值，再进行最速下降法求解，重复进行此过程，便可以得到最终的解。

```
>> fun = {'(x^2 - y + 1)^2 + (x - cos(pi * y/2))^2'};
>> fun1 = {'(x^2 - y + 1)';'(x - cos(pi * y/2))'};
>> esp = 1e - 6; >> x0 = [5 4];x_syms = {'x','y'};
>> [bestx,fval] = gradnewton(fun,fun1,5,[5 4],x_syms,esp)
>> bestx =  - 1.0000     2.0000
   fval = 1.9584e - 17
```

根据此例给定的初值如果单独用修正牛顿法求解，则得不到结果，但此函数可以得到正确的结果，说明此函数可以在给定初值不太好的情况下也能保证收敛性，同时又加快收敛速度，特别是当初值距最大解比较远时，效果显著。

# 参考文献


[1] 杨淑莹，张桦. 群体智能与仿生计算——Matlab 技术实现[M]. 北京：电子工业出版社，2012.

[2] 杨淑莹，张桦. 模式识别与智能计算——Matlab 技术实现[M]. 3 版. 北京：电子工业出版社，2015.

[3] 江铭炎，袁东风. 人工鱼群算法及其应用[M]. 北京：科学出版社，2012.

[4] 马昌凤，柯艺芬，谢亚君. 最优化计算方法及其 MATLAB 程序实现[M]. 北京：国防工业出版社，2015.

[5] 王凌. 智能优化算法及其应用[M]. 北京：清华大学出版社，2001.

[6] 施彦. 群体智能预测与优化[M]. 北京：国防工业出版社，2012.

[7] 王海英，黄强，李传涛，等. 图论算法及其 MATLAB 实现[M]. 北京：北京航空航天大学出版社，2010.

[8] 黄华江. 实用化工计算机模拟——MATLAB 在化学工程中的应用[M]. 北京：化学工业出版社，2004.

[9] 傅英定，成孝予，唐应辉. 最优化理论与方法[M]. 北京：国防工业出版社，2008.

[10] 唐焕文，秦学志. 实用最优化方法[M]. 沈阳：大连理工大学出版社，2010.

[11] 施光燕，董加礼. 最优化方法[M]. 北京：高等教育出版社，2005.

[12] 张建林. MATLAB & Excel 定量预测与决策——运作案例精编[M]. 北京：电子工业出版社，2012.

[13] 运筹学教程编写组. 运筹学教程[M]. 北京：国防工业出版社，2012.

[14] 苏金明，阮沈勇. MATLAB 6.1 实用指南(下册)[M]. 北京：电子工业出版社，2002.